KLINISCHE CHEMIE

VON

PROFESSOR DR. MED. L. LICHTWITZ

ÄRZTLICHEM DIREKTOR AM STÄDTISCHEN KRANKENHAUS
ZU ALTONA

ZWEITE AUFLAGE

MIT 52 ABBILDUNGEN

BERLIN

VERLAG VON JULIUS SPRINGER

1930

ISBN-13: 978-3-642-98443-3   e-ISBN-13: 978-3-642-99257-5
DOI: 10.1007/978-3-642-99257-5

Vorwort zur ersten Auflage.

Dieses Buch ist aus Vorlesungen hervorgegangen, die ich in den Jahren 1909 bis 1914 unter der Ankündigung „Ausgewählte Kapitel aus der chemischen Pathologie" an der Georg-August-Universität zu Göttingen gehalten habe. Obgleich das Wort „Klinische Chemie" für die Bezeichnung der chemischen Untersuchungen der Se- und Exkrete in Gebrauch ist, habe ich es als Buchtitel gewählt, weil es meine Absicht ist, dem Studierenden und jüngeren Arzte von physiologischer und pathologischer Chemie (und physikalischer Chemie) gerade das zu übermitteln, was er zum völligen Verständnis der medizinischen Klinik braucht.

Als ein Bindeglied zwischen chemischem Unterricht und Klinik ist dieses Buch gedacht. Es enthält von dem ungeheuren Wissensstoff der beteiligten Gebiete nur einen Teil. Die Auswahl des Stoffes wird sehr wahrscheinlich nicht an allen Stellen die glücklichste sein, da es nicht möglich ist, alle Arbeiten mit der für eine ideale Auswahl hinreichenden Genauigkeit zu kennen.

Hierüber wie über die Subjektivität der Auffassung strittiger Fragen mögen die Fachgenossen entscheiden, deren Beurteilung ich das Buch vorlege.

Endlich ist es mir ein wahres Bedürfnis, meiner lieben und verehrten Freunde vom Göttinger Biochemischen Referierabend, der Herren W. BORSCHE, J. VON BRAUN, FR. GÖPPERT, W. HEUBNER, A. KOCH, A. LOEB †, A. PÜTTER, G. TAMMANN und R. ZSIGMONDY für die Belehrung, Anregung und Hilfe, die ich in achtjährigem engen Verkehr von ihnen erhalten habe, an dieser Stelle dankbar zu gedenken.

Altona, im April 1918.

L. LICHTWITZ.

Vorwort zur zweiten Auflage.

Der „Klinischen Chemie" zweite Auflage ist bis auf kleine Stücke ein neues Buch, das fast den doppelten Umfang des alten hat.

Die Gebiete wissenschaftlicher Forschung, die den Unterbau der klinischen Chemie bilden, haben sich in den zehn Jahren, in denen diese Auflage vorbereitet wurde, in so außerordentlicher Weise entwickelt, wie in keiner früheren Periode. Das Buch im gleichen Schritt mit der Forschung zu halten, soweit das einem Einzelnen überhaupt möglich ist, war durchaus nicht immer leicht. Es bedurfte der Überzeugung, daß eine Darstellung der chemischen und physikalisch-chemischen Grundlagen des klinischen Unterrichts auch durch einen Kliniker erfolgen müsse, um an dieser in jugendlicherer Begeisterung übernommenen Aufgabe weiter zu arbeiten.

Das Altonaer Krankenhaus hat das Glück, einer Verwaltungsbehörde zu unterstehen, die, verkörpert in dem Oberbürgermeister M. BRAUER und dem Senator A. KIRCH, von der Bedeutung und Notwendigkeit der medizinischen Forschung durchdrungen ist. Daher war es möglich, diesem Buch in größerer Zahl Erfahrungen und Beobachtungen einzufügen, die durch die unermüdliche Arbeit des gesamten ärztlichen und technischen Stabes gewonnen wurden.

Allen meinen Mitarbeitern und Freunden, vor allem aber meiner Frau, schulde ich Dank für vielfältige Hilfe.

Altona, den 6. Februar 1930.

L. LICHTWITZ.

Inhaltsverzeichnis.

Erstes Kapitel.   Seite

Aminosäuren. Aufbau der Eiweißkörper. Albumosen, Peptone, Anaphylaxie. Mannigfaltigkeit und Einteilung der Eiweißkörper. Die Eiweißkörper als Kolloide 1

   1. Aminosäuren 1
      a. Aminosäuren der aliphatischen Reihe 2
      b. Aromatische und heterozyklische Aminosäuren 3
   2. Eigenschaften der Aminosäuren 4
   3. Aufbau der Eiweißkörper aus Aminosäuren. Peptidbildung. Biuret-Reaktion. Ringstruktur der Proteine 7
   4. Albumosen, Peptone. Anaphylaxie 11
   5. Mannigfaltigkeit und Einteilung der Eiweißkörper 20
   6. Die Eiweißkörper als Kolloide 21

Zweites Kapitel.

Allgemeines über Fermente. Eiweißfermente des Verdauungskanals. Eiweißverdauung. Eiweißumbau. Arteigenes Eiweiß. Eiweißumsatz 30

   1. Allgemeines über Fermente 30
   2. Eiweißfermente des Verdauungskanals. Eiweißverdauung 33
   3. Eiweißaufbau. Eiweißumbau. Arteigenes Eiweiß 35
   4. Eiweißumsatz 38

Drittes Kapitel.

Der Gesamtstoffwechsel. Eiweißernährung. Unvollständige Eiweißkörper. Nahrungshormone (Vitamine). Mangelkrankheiten (Avitaminosen) . . . 40

   1. Der Gesamtstoffwechsel 40
   2. Eiweißernährung 48
   3. Nahrungshormone (Vitamine), Mangelkrankheiten (Avitaminosen) . . . 57

Viertes Kapitel.

Hunger und Unterernährung. Toxogener Eiweißzerfall. Gesamtstoffwechsel und Eiweißzerfall im Fieber. Eiweißmast 66

   1. Hunger und Unterernährung 66
   2. Toxogener Eiweißzerfall 70
   3. Gesamtstoffwechsel und Eiweißumsatz im Fieber 71
   4. Eiweißmast 74

Fünftes Kapitel.

Aminosäurenbildung im Tierkörper. Aminosäurenabbau. Proteinogene Amine. Harnstoffbildung. Kreatin und Kreatinin. Das Ammoniakproblem . . . 75

   1. Aminosäurenbildung im Tierkörper 75
   2. Aminosäurenabbau 78
   3. Proteinogene Amine 81
   4. Kreatinin, Kreatin, Guanidin, Methylguanidine 85
   5. Das Ammoniakproblem 96
   6. Harnstoffbildung 99

Sechstes Kapitel.

Cystin, Cystinurie. Alkaptonurie, Ochronose. Tryptophan, Klinische Chemie des Indolrings. Pathologische Chemie der Schilddrüse. Die physiologische und pathologische Chemie der melanotischen Pigmente. Phenole im Harn 102

1. Cystin, Cystinurie 102
2. Alkaptonurie. Ochronose 111
   a) Alkaptonurie. 111
   b) Ochronose. 117
3. Das Tryptophan. Klinische Chemie des Indolrings 120
4. Pathologische Chemie der Schilddrüse 125
5. Die physiologische und pathologische Chemie des melanotischen Pigments
   (Melanins) 137

Siebentes Kapitel.

Bence-Jonessche Albuminurie. Amyloid. Diazo-Reaktion. Oxalsäurebildung und -ausscheidung. 145

1. Bence-Jonessche Albuminurie 145
2. Amyloid. 147
3. Die Diazo-Reaktion des Harns 152
4. Oxalsäurebildung und -ausscheidung 155

Achtes Kapitel.

Die Nucleoproteide. 160

1. Zusammensetzung des Nucleoproteide. Die Bausteine der Nucleinsäuren . . 160
2. Aufbau der Nucleinsäuren im Tierkörper. 164
3. Abbau der Nucleinsäuren im Tierkörper 165
4. Harnsäurebildung im Tierkörper 171
5. Harnsäure, Purinbasen, Nucleoside im Blut. 173
6. Physikalische Chemie der Harnsäure und ihrer Salze 174
7. Das Verhalten des Stoffwechsels bei Gicht 176
8. Harnsäureausscheidung durch die Niere. Verhalten der Niere bei der Gicht . 178
9. Die Harnsäure im Blut bei Gicht. Die Harnsäureablagerungen bei der Gicht.
   Ist Harnsäure ein Gift? 184
10. Theorie der Gicht 189

Neuntes Kapitel.

Chemie der Kohlehydrate. Gärung. Biologische Oxydation 192

1. Chemie der Monosaccharide. 192
2. Zuckerreaktionen im klinischen Laboratorium 194
3. Die Gärung 197
4. Die biologische Oxydation. 201
5. Die isomeren Formen der Hexosen. 208
6. Disaccharide. Polysaccharide. Glucoside 210

Zehntes Kapitel.

Kohlehydratstoffwechsel I 214

1. Verdauung und Resorption der Kohlehydrate 214
2. Zuckerspeicherung 215
3. Die Glykogenolyse 217
4. Der Blutzucker. 218
5. Zuckerabbau 229
6. Zuckerbildung aus Eiweiß 234
7. Zuckerbildung aus Fett 241
8. Zusammenfassung der gegenseitigen Beziehungen von Eiweiß, Fett, Kohlehydrat
   im intermediären Stoffwechsel 244

Elftes Kapitel.

Kohlehydratstoffwechsel II 245

  1. Glykosurie nach Einwirkung von Giften. Phlorizinglykosurie 245

    a) Glykosurie nach Einwirkung von Giften 245
    b) Die Phlorizinglykosurie 246

  2. Zuckerstich. Glykosurie und Nebennieren 247
  3. Der Pankreasdiabetes. Insulin 249
  4. Der Diabetes mellitus 267
  5. Renaler Diabetes. Schwangerschaftsglykosurie. Gutartiger Diabetes (Diabetes
    innocens) 277
  6. Lävulosurie. Galactosurie, Lactosurie. Dextrinartige Substanzen. Pentosurie . 281

    a) Die Lävulosurie 281
    b) Galactosurie, Lactosurie 282
    c) Dextrinartige Substanzen 282
    d) Pentosurie 283

Zwölftes Kapitel.

Die Fette 284

  1. Chemie der Fette 284
  2. Fettspaltende Fermente 286
  3. Das Fett des Menschen 288
  4. Fettbildung 289

    a) Fettbildung aus Fett 289
    b) Fettbildung aus Kohlehydrat 289
    c) Fettbildung aus Eiweiß. Fettinfiltration. Fettphanerose. Die sogenannte
    fettige Degeneration 291

  5. Die Phosphatide 294
  6. Die Sterine 297
  7. Lipämie und Lipoidämie 306
  8. Die Fettsucht 308
  9. Abbau der Fettsäuren. Die Acetonkörper 318

Dreizehntes Kapitel.

Hämoglobin 330

  1. Chemie des Hämoglobins 330
  2. Oxyhämoglobin. Atmungsfermente. Reduziertes Hämoglobin. Methämoglobin 336

Vierzehntes Kapitel.

Säurebasengleichgewicht und Atmung 346

Fünfzehntes Kapitel.

**Blutmenge. Blutkörperchenvolumen. Permeabilität der Blutkörperchen.
Blutkörperchenresistenz. Hämolyse. Chemische Genese von Anämien.
Stoffwechsel bei Blutkrankheiten. Der Eisenstoffwechsel. Hämochroma-
tose** 360

  1. Blutmenge. Blutkörperchenvolumen 360
  2. Permeabilität der Blutkörperchen 362
  3. Blutkörperchenresistenz 363
  4. Hämolyse. Chemische Genese von Anämien 367
  5. Der Stoffwechsel bei Blutkrankheiten 372
  6. Der Eisenstoffwechsel 375
  7. Hämochromatose 380

Sechzehntes Kapitel.

Seite

Die Hämoglobinurien. Blutgerinnung 382
1. Die Hämoglobinurien 382
   a) Die Kältehämoglobinurie 384
   b) Schwarzwasserfieber, Texasfieber 387
   c) Marschhämoglobinurie 388
   d) Paroxysmale nächtliche Hämoglobinurie 388
   e) Paroxysmale Hämoglobinurie (Paroxysmale Myoglobinurie) 388
2. Blutgerinnung 390

Siebzehntes Kapitel.

Porphyrine. Porphyrinurien. Bilirubin. Urobilinogen. Urobiline. Urochrom . 401
1. Porphyrine. Porphyrinurien 401
2. Bilirubin. Urobilinogen, Urobiline, Urochrom 416

Achtzehntes Kapitel.

**Gallenfarbstoffbildung. Bilirubinämie. Icterus. Leberfunktionen und ihre
Prüfung** 419
1. Gallenfarbstoffbildung 419
2. Bilirubinämie, Icterus 422
3. Leberfunktionen und ihre Prüfung 427

Neunzehntes Kapitel.

Verdauungstraktus 446
1. Der Speichel 446
2. Der Magen 447
3. Das Pankreas 466
4. Der Darm 473

Zwanzigstes Kapitel.

**Die Niere. I. Energetik der Nierensekretion. Theorien der Nierensekretion.
Neuroendokrine Bedingungen der Nierentätigkeit. Der Durst. Diabetes
insipidus** 478
1. Energetik der Nierensekretion. Theorien der Nierensekretion 478
2. Neuroendokrine Bedingungen der Nierentätigkeit 484
3. Der Durst 488
4. Diabetes insipidus 490

Einundzwanzigstes Kapitel.

Die Niere. II. Das Verhalten der Nierenfunktionen 500
1. Über Arbeitsweise und Arbeitsergebnis kranker Nieren und über die Feststellung
   dieser Verhältnisse durch Untersuchung des Harns 500
2. Über das Verhalten des Blutes bei krankhafter Nierenarbeit 511
   a) Die Blutmenge 511
   b) Das Plasma 512
   c) Stickstoffhaltige Stoffwechselendprodukte 516
   d) die Veränderungen der mineralischen Zusammensetzung 518
   e) Stickstofffreie Körper aromatischer oder heterocyclischer Konstitution . . 523
3. Die Niereninsuffizienz 526
4. Die Anurie 531

Zweiundzwanzigstes Kapitel.

Die Niere. III. Die unmittelbaren Nierenzeichen 534
1. Die Albuminurie 534
2. Die Kolloidurie 541
3. Die Harnzylinder 541

Dreiundzwanzigstes Kapitel.

Seite

Die Niere. IV. Das Ödem. Die Blutdrucksteigerung. Die Urämie 545
  1. Das Ödem 545
  2. Die Blutdrucksteigerung 567
  3. Die Urämie 571

Vierundzwanzigstes Kapitel.

Sedimentbildung, Phosphaturie, Steinbildung 575
  1. Sedimentbildung in Harn und Galle 575
  2. Phosphaturie 579
  3. Steinbildung 586
    a) Gallensteinbildung und Gallensteine 586
    b) Harnsteinbildung und Harnsteine 595
    c) Konkretionen in Speicheldrüsen, Darm, Prostata, Praeputium, Lunge und Haut 608

Fünfundzwanzigstes Kapitel.

Das Calcium 609
  1. Zustandsform des Blutkalkes unter normalen Verhältnissen 609
  2. Die Regulation des Blutkalkgehaltes 612
  3. Die Verkalkung 613
  4. Die Entkalkung 617
  5. Tetanie 621

Sechsundzwanzigstes Kapitel.

Transsudate, Exsudate. Liquor cerebrospinalis. Sputum 629
  1. Transsudate, Exsudate 629
  2. Der Liquor cerebrospinalis 633
  3. Das Sputum 638

Sachverzeichnis 642

Aminosäuren. Aufbau der Eiweißkörper. Albumosen, Peptone, Anaphylaxie. Mannigfaltigkeit und Einteilung der Eiweißkörper. Die Eiweißkörper als Kolloide.

Das Eiweiß nimmt in der Natur eine Sonderstellung ein. Man sah es früher als den wichtigsten Bestandteil der Organismen an und gab ihm daher den Namen „Protein". Jedoch sind alle regelmäßigen Bestandteile des Organismus in derselben Weise notwendig. Die Energieäußerungen, die wir Leben nennen, sind unlösbar an das Eiweiß gebunden. Die Kenntnis seiner Chemie und physikalischen Chemie ist die Grundlage für das Verständnis vieler normaler und krankhafter Vorgänge.

Das Eiweiß bildet sehr große Moleküle: ihr Gewicht — in wässerigem Medium gemessen — übertrifft das der Wasserstoffatome um das 10—20000fache. Von einer völligen Erkennung dieser riesigen Komplexe sind wir noch sehr weit entfernt. Aber die Fortschritte, die sich an die Namen F. HOFMEISTER, EMIL FISCHER, A. KOSSEL knüpfen, sind von der größten Bedeutung. Die Zusammensetzung der Eiweißkörper hat man schon früh zu erforschen begonnen, indem man durch Kochen mit Säuren oder Laugen eine Zerlegung herbeiführte und unter den Bruchstücken nach chemischen Individuen suchte. Die Zerlegung, die auf diese Weise erfolgt, geht ebenso wie der fermentative Eiweißabbau unter Aufnahme von Wasser, also durch Hydrolyse, vor sich. Einzelne Spaltstücke oder Bausteine der Eiweißkörper lernte man auf diese Weise schon früh kennen. Aber die Mehrzahl, die sich durch größere Löslichkeit auszeichnet und spontan schwer krystallisiert, wurde erst bekannt, als EMIL FISCHER ein Eiweißhydrolysat mit seiner berühmten Estermethode behandelte.

1. Aminosäuren.

Die Spaltung der Eiweißkörper durch Kochen mit Salzsäure oder Schwefelsäure oder durch die Verdauungsfermente (Pepsin, Trypsin, Erepsin) führt zu Produkten, die primär im Eiweißmolekül enthalten sind. Durch diese Eingriffe werden die Bindungen zwischen den Bausteinen gelöst. Die primären Spaltprodukte haben einen typischen Bau: sie sind Carbonsäuren, die in α-Stellung aminiert sind und daher α-Aminosäuren heißen.

$$\begin{array}{c} R \\ | \\ C{<}^{H}_{NH_2} \\ | \\ COOH \end{array}$$

Dieses substituierte α-C-Atom ist bei den in der Natur vorkommenden Aminosäuren, vom Glykokoll abgesehen, asymmetrisch. Die Aminosäuren sind daher, mit Ausnahme des Glykokolls, optisch aktiv. Die in der oben geschriebenen Formel unbestimmte Gruppe R kann in sehr mannigfaltiger Weise besetzt werden. Je nachdem ein Radikal der aliphatischen, aromatischen oder heterozyklischen Reihe eintritt, je nachdem dieses Radikal eine Oxy-, eine Carboxyl- oder eine zweite Aminogruppe trägt, ergeben sich weitere Körper.

A. Aminosäuren der aliphatischen Reihe.

In der einfachsten Aminosäure ist das Radikal durch ein H-Atom ersetzt.

$$C\!\!\begin{array}{c} =H_2 \\ -NH_2 \end{array}$$
$$|$$
$$COOH$$

Aminoessigsäure (Glykokoll)

Diese Aminosäure nimmt, wie wir später sehen werden, eine Sonderstellung ein. Wir wollen daher alle anderen Aminosäuren von der nächsten homologen Säure, der α-Aminopropionsäure (Alanin) ableiten.

$$
\begin{array}{ccc}
CH_3 & CH_2(OH) & CH_2(SH) \\
| & | & | \\
C\!\!\begin{array}{c}-H\\-NH_2\end{array} & CH(NH_2) & CH(NH_2) \\
| & | & | \\
COOH & COOH & COOH \\
\text{d-Alanin} & \text{l-}\alpha\text{-Amino-, }\beta\text{-Oxy-pro-} & \alpha\text{-Amino-, }\beta\text{-Sulfhydryl-} \\
C_3H_7O_2N & \text{pionsäure}=\text{l-Serin} & \text{propionsäure}=\text{Cysteïn} \\
 & C_3H_7O_3N & C_3H_7NSO_2
\end{array}
$$

Das Cystein ist in der Form des Cystins in sehr vielen Eiweißkörpern enthalten.

$$
\begin{array}{cc}
CH_2S\!\!-\!\!-\!\!-SCH_2 \\
| \qquad\quad | \\
CH(NH_2) \quad CH(NH_2) \\
| \qquad\quad | \\
COOH \quad\; COOH
\end{array}
$$

Das Cystin bedingt den Schwefelgehalt der Eiweißkörper.

Von Alanin lassen sich ferner folgende drei aliphatische Aminosäuren mit verzweigter Kette ableiten:

$$
\begin{array}{ccc}
CH_3\;CH_3 & CH_3\;CH_3 & CH_3\;C_2H_5 \\
\diagdown\!\diagup & \diagdown\!\diagup & \diagdown\!\diagup \\
CH & CH & CH \\
| & | & | \\
CH(NH_2) & CH_2 & CH(NH_2) \\
| & | & | \\
COOH & CH(NH_2) & COOH \\
\alpha\text{-Aminovaleriansäure} & | & \text{d-Isoleucin} \\
\text{(d-Valin)} & COOH & (\beta\text{-Methyl-Aethylalanin)} \\
(\beta\text{-Dimethylalanin)} & \alpha\text{-Aminoisocapronsäure} & C_6H_{13}NO_2 \\
C_5H_{11}NO_2 & =\text{l-Leucin} & \\
 & \text{(Isopropylalanin)} & \\
 & C_6H_{13}NO_2 &
\end{array}
$$

Eine Aminosäure derselben Bruttoformel $C_6H_{13}NO_2$, das Norleucin, ist im Nervengewebe aufgefunden worden.

$$CH_3$$
$$|$$
$$CH_2$$
$$|$$
$$CH_2$$
$$|$$
$$CH_2$$
$$|$$
$$CH(NH_2)$$
$$|$$
$$COOH$$

Norleucin = α-Aminocapronsäure
$C_6H_{13}NO_2$

Aliphatische Aminodicarbonsäuren sind:

$$COOH \qquad\qquad\qquad COOH$$
$$| \qquad\qquad\qquad\qquad\quad |$$
$$CH_2 \qquad\qquad\qquad\quad CH_2$$
$$| \qquad\qquad\qquad\qquad\quad |$$
$$CH(NH_2) \qquad\qquad\quad CH_2$$
$$| \qquad\qquad\qquad\qquad\quad |$$
$$COOH \qquad\qquad\qquad CH(NH_2)$$
$$|$$
$$COOH$$

Asparaginsäure = Aminobernsteinsäure
$C_4H_7NO_4$

Glutaminsäure = α-Aminoglutarsäure
$C_5H_9NO_4$

Aminosäuren mit mehr als einer Aminogruppe, Diaminosäuren, sind das d-Arginin (Guanidin-α-aminovaleriansäure), das beim Kochen mit Barytwasser d-Ornithin (α-δ-Diaminovaleriansäure) gibt

$$HN = C \diagup NH_2 \qquad CH_2(NH_2) \qquad CH(NH_2)$$

d-Arginin $C_6H_{14}N_4O_2$

Ornithin $C_5H_{12}N_2O_2$

Lysin = $C_6H_{14}N_2O_2$

und dessen nächst höhere homologe Säure, das Lysin (α-ε-Diaminocapronsäure).

B. Aromatische und heterozyklische Aminosäuren.

Durch eine Ringbildung unter Ammoniakabspaltung kann man sich aus Ornithin das Prolin entstanden denken.

$$H_2C{-}CH_2$$
$$|\qquad |$$
$$H_2C \quad CH \cdot COOH$$
$$\diagdown\ \diagup$$
$$NH$$

Prolin (α-Pyrrolidincarbonsäure) $C_5H_9NO_2$

In vielen Eiweißkörpern ist auch Oxyprolin (Oxypyrrolidincarbonsäure) $C_5H_9NO_3$ enthalten.

Diesem Pyrrolidin genannten Ring werden wir bei der Besprechung der Zusammensetzung des Hämoglobins wieder begegnen. In dem Globin, der Eiweißkomponente des Hämoglobins, ist ferner eine Aminosäure mit zyklischem Radikal besonders reich enthalten, das Histidin (α-Amino-β-imidazolpropionsäure, β-Imidazolylalanin).

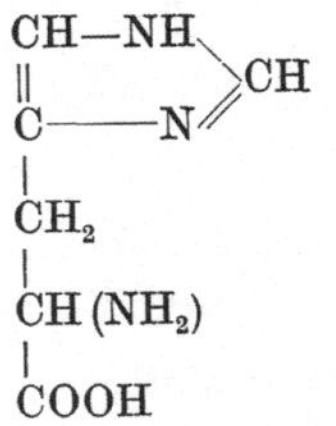

$$\begin{array}{c} CH-NH \\ \| \qquad \backslash CH \\ C\text{——}N \diagup \\ | \\ CH_2 \\ | \\ CH(NH_2) \\ | \\ COOH \end{array}$$

l-Histidin $C_6H_9N_3O_2$

Den Imidazolkern werden wir im Purinmolekül wiederfinden.

Von besonderer Bedeutung sind die Aminosäuren mit einem aromatischen Radikal:

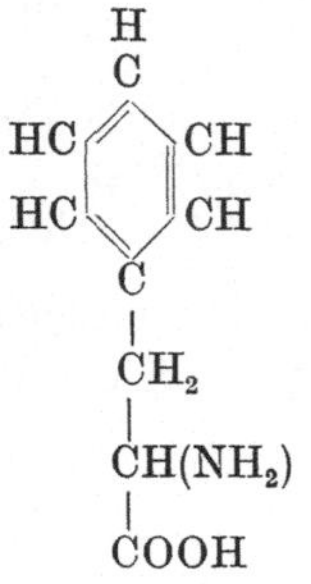

l-Phenylalanin $C_9H_{11}NO_2$ 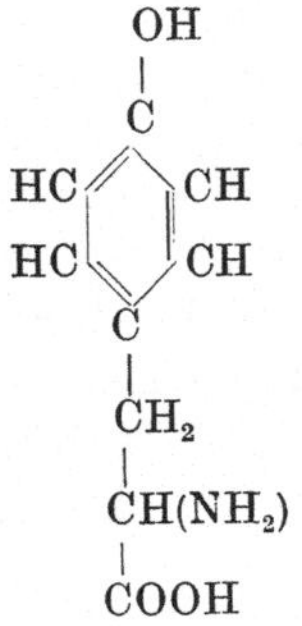   p-Oxyphenylalanin = l-Tyrosin $C_9H_{11}NO_3$

Zu der heterozyklischen Reihe gehört außer dem Prolin und Histidin das Tryptophan (Indolalanin).

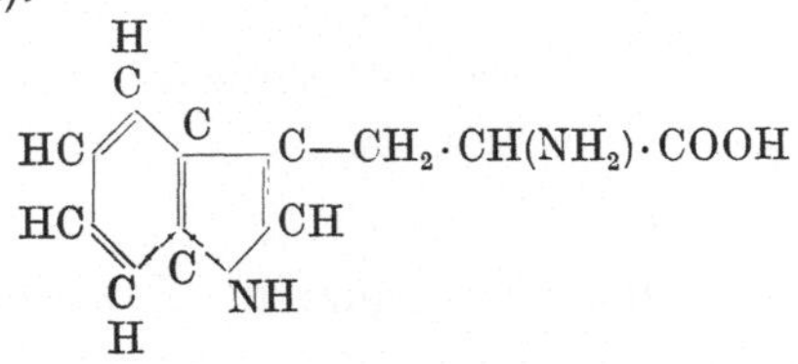

Tryptophan $C_{11}H_{12}N_2O_2$

Literatur.

Fischer, Emil: Aminosäuren, Polypeptide, Proteine. Berlin 1916.
Hofmeister, F.: Über Bau und Gruppierung der Eiweißkörper. Erg. Physiol. 1, 1, 759 (1902).

2. Eigenschaften der Aminosäuren.

Die Aminosäuren sind meist in Wasser leicht, in Alkohol schwer löslich. Die optische Aktivität ist bereits erwähnt. Mit Alkoholen bilden sie esterartige Verbindungen. Mit β-Naphthalinsulfochlorid, Phenylisocyanat und mit Pikrolonsäuren geben sie gut krystallisierte Körper, die zur Reindarstellung und Erkennung der Aminosäuren dienen.

Mit salpetriger Säure reagieren die Aminosäuren so, daß gasförmiger Stickstoff auftritt.

$$\begin{array}{c} CH_2 \cdot NH_2 \\ | \\ COOH \end{array} + HNO_2 = \begin{array}{c} CH_2OH \\ | \\ COOH \end{array} + N_2 + H_2O.$$

Diese Reaktion dient in der Form des VAN SLYKEschen Verfahrens auch in der Klinik zur quantitativen Bestimmung des Aminosäurestickstoffs.

Die Aminosäuren sind amphotere Elektrolyte (Ampholyte), d. h. sie vermögen je nach den Umständen Wasserstoff- oder Hydroxylionen abzuspalten.

Das wird durch die folgenden Formeln zum Ausdruck gebracht:

1. $NH_2 \cdot CHR \cdot COOH$
2. $NH_3 \cdot CHR \cdot CO$ Betainformel
$$NH_3 \cdot CHR \cdot CO{\diagdown O \diagup}$$
3. $^+NH_3 \cdot CHR \cdot COO^-$ Ampholytformel

Die Stärke der Säure- und Basennatur der Aminosäuren ist nur schwach ausgebildet (siehe S. 348). Daher besteht in wässeriger Lösung die Möglichkeit der Abspaltung von H^+- und OH'-Ionen. Der Aminosäurenrest, der nach Abdissoziierung eines dieser beiden differenten Ionen zurückbleibt, kann also den Charakter eines Anions oder Kations haben, also sowohl mit Säuren, als mit Laugen Salze bilden.

Aminodicarbonsäuren haben den Charakter einer Säure, Diaminosäuren den einer Base.

Wie der Ammoniak, was aus der Desinfektionslehre (Reaktion der Formaldehyddämpfe mit NH_3) und aus der Pharmakotherapie (Unwirksamkeit der Formaldehyd abspaltenden Stoffe bei ammoniakalischer Harngärung) bekannt ist, lagert auch die Aminogruppe sehr leicht Aldehyde an.

$$\begin{array}{c} CH_3 \\ | \\ CH \cdot NH_2 \\ | \\ COOH \end{array} + OCH_2 = \begin{array}{c} CH_3 \\ | \\ CH \cdot NH_2 \cdot (OCH_2) \\ | \\ COOH \end{array}$$

α-Aminopropionsäure   Formaldehyd   Methylen-α-Aminopropionsäure.

Eine derartige Amino-Aldehydverbindung hat ihren basischen Charakter verloren. Eine Methylenaminosäure reagiert nicht mehr amphoter, sondern ist ausschließlich Säure. Auf dieser Reaktion beruht die Formoltitration der Aminosäuren nach SÖRENSEN, die auch in der Harnanalyse häufig Anwendung findet.

Einzelne Aminosäuren geben spezifische Farbreaktionen, die zu ihrer Erkennung und auch zum Nachweis von Protein dienen.

a) Die MILLONsche Reaktion: Versetzt man eine eiweißhaltige Flüssigkeit, die etwas salpetrige Säure enthält, mit einer Lösung von salpetersaurem Quecksilberoxyd, so tritt eine weiße Fällung und beim Erhitzen eine rosarote bis dunkelrote Färbung der Lösung und des Niederschlages auf. Da diese Reaktion von allen am Ring hydroxylierten Benzolderivaten gegeben wird und von solchen im Eiweiß meist nur Tyrosin enthalten ist, so ist die MILLONsche Reaktion eine Reaktion auf Tyrosin.

b) Die Xanthoproteinreaktion. Beim Kochen mit starker Salpetersäure entsteht eine Gelbfärbung der Lösung und der sich bildenden Flocken infolge einer Nitrierung der Ringsysteme (z.B. Bildung von Mononitrotyrosin) und des Indolkerns.

c) Die Probe nach ADAMKIEWICZ. Bei Erwärmen einer Eiweißlösung mit einem Gemenge von konzentrierter Schwefelsäure und Eisessig tritt eine violett-rote Färbung auf. Nach HOPKINS und COLE ist die dabei wirksame Substanz die im Eisessig enthaltene Glyoxylsäure ($CHO \cdot COOH$). Die Reaktion beruht auf dem Tryptophangehalt des Proteins.

d) Freies Tryptophan gibt mit Chlor- oder Bromwasser eine violettrote Far-benreaktion. Diese Probe hat auch in der Klinik (Magencarcinomreagenz nach O. NEUBAUER und FISCHER) Anwendung gefunden. Ein mit Salzsäure vorbehan-delter und in eine starke Tryptophanlösung getauchter Fichtenspan nimmt nach dem Trocknen eine purpurrote Farbe an (Pyrrolreaktion).

e) Auch die LIEBERMANNsche Probe, Violettfärbung beim Kochen eines Ei-weißgerinnsels in konzentrierter Salzsäure, ist eine Tryptophanreaktion.

f) Aldehydreaktionen. Aromatische Aldehyde geben mit Eiweißkörpern schöne Färbungen. O. NEUBAUER und ROHDE verwenden den auch sonst im kli-nischen Laboratorium viel gebrauchten p-Dimethylaminobenzaldehyd. Bei Tryp-tophangehalt des Proteins entsteht eine violette Farbe. Auch für die Erkennung von Pyrrolen ist das „Aldehydreagens" von großer Bedeutung. Näheres darüber werden wir beim Kapitel „Urobilin und Urobilinogen" kennen lernen.

g) Diazoreaktion nach H. PAULY. Bei Behandlung einer Eiweißlösung mit einer alkalischen Diazobenzolsulfosäurelösung tritt eine starke kirschrote Färbung auf. Die Vermittler dieser Reaktion sind Histidin und Tyrosin.

h) Die Schwefelbleireaktion. Beim Kochen mit Lauge und einem Bleisalz entsteht ein schwarzer Niederschlag von Schwefelblei. Da von allen Aminosäuren nur Cystin abspaltbaren Schwefel enthält, so handelt es sich hier um eine Cystinreaktion.

i) Die Reaktion von MOLISCH, Violettfärbung bei Behandlung mit konzen-trierter H_2SO_4 und einer alkoholischen Lösung von α-Naphtol, ist eine Reaktion auf Kohlehydrate, die im Eiweißmolekül enthalten sind.

Da alle diese Reaktionen nur bestimmte Gruppen der Proteinmoleküle be-treffen, so sind sie für Eiweiß nicht charakteristisch. Nur wenn mehrere zu-sammentreffen, ist ein Resultat von größerer Sicherheit zu erhalten.

Literatur.

INOUYE, K.: Über die Xanthoproteinreaktion. Hoppe-Seylers Z. **81**, 80 (1912).

NEUBAUER, O. und H. FISCHER: Über das Vorkommen eines peptidspaltenden Fermentes im karzinomatösen Mageninhalt und seine diagnostische Bedeutung. Dtsch. Arch. klin. Med. **97**, 491 (1909).

PAULY, HERM.: Zur Kenntnis der Diazoreaktion des Eiweißes. Hoppe-Seylers Z. **94**, 284 (1915).

SÖRENSEN, S. P. L.: Enzymstudien. Biochem. Z. **7**, H. 45, 407 (1907).

3. Aufbau der Eiweißkörper aus Aminosäuren.
Peptidbildung. Biuret-Reaktion. Ringstruktur der Proteine.

Die wichtigste Eiweißfarbreaktion ist die Biuretreaktion. Beim Versetzen einer Eiweißlösung mit starker Alkalilauge und verdünntem Kupfersulfat entsteht eine violette Farbe. Ihren Namen hat die Reaktion von dem Körper Biuret,

$$\begin{array}{c} NH_2 \\ \diagup \\ CO \\ \diagdown NH \\ CO \\ \diagdown NH_2 \end{array}$$

Biuret

einem der einfachsten, die diese Reaktion geben.

Die Biuretreaktion tritt bei jenen Substanzen ein, die zwei $CONH_2$-Komplexe [bzw. $CS.NH_2$ oder auch $C(NH)NH_2$] durch ihr C-Atom verknüpft oder durch Vermittlung eines C- oder N-Atoms miteinander verbunden enthalten. Da von einfachen Körpern das Glycinamid und das Asparaginsäurediamid

$$\begin{array}{cc} CH_2-NH_2 & CO \cdot NH_2 \\ | & | \\ CO{-\!}NH_2 & CH \cdot NH_2 \\ \text{Glycinamid} & | \\ & CH_2 \\ & | \\ & CO \cdot NH_2 \end{array}$$

Asparaginsäurediamid

die Biuretreaktion geben, so liegt die Annahme nahe, daß die Gruppe

$$\begin{array}{c} | \\ CHNH_2 \\ | \\ CO \cdot NH{-} \\ | \end{array}$$

in dem Eiweißmolekül, aber auch in seinen höheren Abbauprodukten die Ursache der Biuretreaktion ist.

Diese Gruppe entsteht, wie E. Fischer gezeigt hat, bei der Vereinigung von Aminosäuren dadurch, daß die Carboxylgruppe der einen Aminosäure mit der Aminogruppe einer zweiten unter Wasseraustritt reagiert, so daß Säureamide entstehen, deren Stickstoff nur noch ein H-Atom trägt, also ein Imidstickstoff ist.

Das einfachste Beispiel einer solchen Synthese ist die Vereinigung von zwei Molekülen Glykokoll:

$$NH_2 \cdot CH_2 \cdot COOH + NH_2 \cdot CH_2 \cdot COOH = NH_2 \cdot CH_2 \cdot CO \cdot NH \cdot CH_2 \cdot COOH + H_2O.$$

Der so entstandene Körper, das Glycylglycin, ist das einfachste Dipeptid. Es enthält die Gruppe $-CO \cdot NH-$. Eine einzige derartige Gruppe genügt zur Biuretreaktion nicht. Di- und manche Tripeptide sind daher abiuret. Aber bereits Tetrapeptide, d. h. Ketten von vier Aminosäuren, geben die Biuretreaktion. Da alle diese Peptide, die Emil Fischer und Abderhalden in großer Zahl dargestellt haben, die Säureamidbindung haben, Biuretreaktionen geben und sich zum Teil bei der Ammonsulfatfällung wie Albumosen verhalten, so folgt daraus, daß auch im Eiweiß die Aminosäuren in derselben Weise miteinander verkettet sein müssen.

Emil Fischer und seine Mitarbeiter haben eine große Zahl von Peptiden aus Aminosäuren, wie man sie durch vollständige Hydrolyse von Eiweiß erhält, synthetisch dargestellt. Die gleichen Peptide kann man durch vorsichtige Säurehydrolyse aus Eiweißkörpern gewinnen.

Über die wichtigsten Bausteine des Proteinmoleküls und über die eine Art ihrer Bindung herrscht also hinreichende Klarheit. Wenn man sich den Vorgang der Aminosäureanlagerung auch noch so oft wiederholt denkt, immer muß, wie beim Glycylglycin, eine Amino- und eine Karboxylgruppe frei bleiben, d. h. der neue Körper muß die Eigenschaften eines Ampholyten haben. Das trifft in der Tat ebenso für die synthetisch dargestellten Polypeptide, wie für die in der Natur vorkommenden Eiweißkörper zu. Ein Protein kann also als Säure und als Base (als Anion und Kation) auftreten. Daher wandert mit dem elektrischen Strom ein Eiweißteilchen in saurer Lösung als Kation zur Kathode, in alkalischer Lösung als Anion zur Anode, und daher haben Eiweißlösungen ein deutliches Säure- und Basenbindungsvermögen.

Daß aber mit der ausschließlichen Annahme von Säureamidbindungen die Konstitution des Eiweißmoleküls nicht geklärt ist, geht daraus hervor, daß auch die noch so starke Verlängerung einer Polypeptidkette nicht zu einer eiweißähnlichen Substanz führt. Als ein sehr wichtiger Unterschied hat sich ergeben, daß Polypeptide nicht von Pepsin angegriffen werden. Man hat daher nach anderen Bindungen gesucht. M. Siegfried ist als erster zu der Auffassung gekommen, daß im Eiweiß zyklische Bindungen vorhanden seien, an die sich Aminosäuren anlagern. Er erhielt bei milder Säurehydrolyse Reste, Kyrine genannt, die zum überwiegenden Teile aus Diaminosäuren bestehen.

Diese basischen Reste hält Siegfried für die Kerne des Eiweißmoleküls. Besonders reich an basischen Aminosäuren sind die von Miescher entdeckten Protamine, die A. Kossel eingehend untersucht hat. Die Protamine, die im Sperma von Fischen in Verbindung mit Nucleinsäure (vgl. S. 163) vorkommen, bestehen hauptsächlich aus Diaminosäuren. Sie werden von Kossel als die einfachsten Eiweißkörper und als Kerne der Proteine angesehen. Diesen Körpern, die 80% und mehr Diaminosäuren enthalten, stehen am nächsten die Histone, die man aus Fischsperma, aber auch aus Leukocyten und dem Gerüst roter Blutkörperchen gewinnt. Sie enthalten bis zu 40% Diaminosäuren und unterscheiden sich dadurch von den Albuminen und Globulinen und überhaupt den gewöhnlichen Eiweißkörpern, deren Diaminosäuregehalt 10—15% beträgt.

Nach N. Troensegaard enthält das Eiweißmolekül Ringsysteme, die aus Oxypyrrolinen gebildet sind.

Einen neuen Antrieb erhielt die Eiweißchemie durch die Entdeckung (M. Bergmann, Abderhalden, H. D. Dakin), daß sich aus Eiweiß zyklische Anhydride gewinnen lassen, deren Typus das durch Vereinigung von zwei Molekülen Glykokoll entstehende Diketopiperazin ist.

$$\mathrm{NH}\!\!\begin{array}{c}\diagup\mathrm{CO-CH_2}\diagdown\\\diagdown\mathrm{CH_2-OC}\diagup\end{array}\!\!\mathrm{NH}$$

2,5-Diketopiperazin.

Nachdem angenommen war (P. KARRER, H. PRINGSHEIM u. a.), daß die Polysaccharide nicht aus einer Kette von Monosacchariden, sondern aus anhydridartig vereinigten Ringkomplexen bestehen (siehe S. 210), lag es nahe, die Konstitution der Proteine nach dieser Richtung zu untersuchen.

ABDERHALDEN und seine Mitarbeiter haben aus Seidenfibroin (bzw. Seidenpepton) 2,5-Diketopiperazine dargestellt. Daß diese Körper in den Proteinen präformiert sind und nicht erst bei dem chemischen Eingriff entstehen, geht daraus hervor, daß die Carbonyl-(CO)-Reaktionen mit Pikrinsäure und Sodalösung sowie mit m-Dinitrophenol in gleicher Weise von den Diketopiperazinen wie von allen Proteinen und Peptonen gegeben werden.

Die Erkenntnis des Aufbaus der Stoffe aus „Elementarkörpern" bedeutet die Erfüllung des Postulats des großen Schweizer Botanikers C. NAEGELI, der ganz unabhängig von den Chemikern (KEKULÉS „Verbindungen höherer Ordnung", LOTHAR MEYERS „Anziehungen, welche die zu Molekülen vereinigten Atome noch über die Grenze des Moleküls auszuüben vermögen") zeigte, daß in zahlreichen organisierten Systemen Gruppen von Molekülen dauernd zusammengefügt bleiben, und daß durch diese „Micell" genannten Gruppen die physikalischen Eigenschaften recht eigentlich bestimmt werden. Diese Anschauung, daß eine Zwischengröße zwischen den Molekülen und den mikroskopisch sichtbaren morphologischen Bestandteilen vorhanden ist, hat sich auf dem Gebiet der Kolloidik bereits bewährt.

Mit Hilfe der Röntgenstrahlen (LAUE) ist es möglich, den Feinbau von Krystallen kennen zu lernen. So ist im Diamanten jedes Kohlenstoffatom mit vier anderen gleichmäßig nahe verbunden. Die Entfernung beträgt nach EHRENBERG 1,53 Å $= 0{,}153\,\mu\mu$ ($1\,\mu\mu = 1$ Millionstel mm). In den organischen Verbindungen haben die einzelnen Atome bestimmte, stets annähernd gleichbleibende Entfernungen voneinander. Diese Untersuchungen sind von K. H. MEYER, H. MARK, H. STAUDINGER u. a. auch auf hochpolymere Naturstoffe ausgedehnt worden. So haben K. H. MEYER und H. MARK für die Cellulose festgestellt, daß sie aus orientierten Krystalliten (Micellen) zusammengesetzt ist. Jedes Micell besteht aus 6000—10000 Glukosen. Eine so weitgehende Röntgenanalyse ist bei den Eiweißkörpern wegen der Unregelmäßigkeit ihrer Mischmicellen nicht möglich. Die Bestimmung der Micellgröße der Globuline hat zu Werten von etwa 200000 geführt, also zu der Größenordnung der Kautschuk- und Celluloseteilchen. Wenn man den Eiweißketten ähnliche Längen zuspricht wie dem Kautschuk und der Cellulose, so kommt man zu einer Länge von 300—500 Å. Da ein Aminosäurenrest in peptidartiger Bindung eine Länge von etwa 3,5 Å hat, so würde im Seidenfibroin die Länge von 300—500 Å 80—150 Aminosäureresten entsprechen, d. h. die Kette etwa 100 mal so lang wie dick sein (K. H. MEYER). Die Anordnung der Eiweißketten hat mechanische Eigenschaften der Gewebe (Festigkeit, Kontraktilität) zur Folge (K. H. MEYER).

Wenn die Eiweißkörper aus ziemlich einfach strukturierten, aber mannigfaltigen zyklischen Elementarbestandteilen aufgebaut sind, so ist daran zu denken (ABDERHALDEN), daß die Erscheinungen der Peptisation und Agglutination auf einer Lösung, Bindung oder Assoziation von Elementarkomplexen beruhen, daß also die strukturchemische und die kolloidchemische Betrachtungsweise in eine höhere Einheit zusammenfließen. Abspaltung oder Aufnahme eines bestimmten Ringes könnte für den Eiweißumbau von sehr großer Bedeutung sein und würde eine, im Vergleich zu der bisherigen Annahme einer vollständigen Hydrolyse und aus den einzelnen Bausteinen erfolgenden Synthese, sehr kleine und leicht vorstellbare chemische Arbeit bedeuten.

Diese neue Eiweißstrukturchemie hat M. Bergmann auf synthetischem Wege in hervorragender Weise bearbeitet. Bergmann hat aus Dipeptiden (Alanylserin und Glycylserin) durch doppelte Wasserabspaltung 2,5-Diketopiperazine dargestellt, die sich von den bekannten Anhydriden natürlicher Aminosäuren nur durch die dem Piperazinring angefügte Methylengruppe unterscheiden.

$$NH_2 \cdot CH \cdot CO \cdot NH \cdot CH \cdot CH_2OH$$
$$| \qquad\qquad |$$
$$CH_3 \qquad\quad COOH$$

Alanylserin

$$\downarrow$$
$$CO \cdot NH \cdot C = CH_2$$
$$| \qquad\quad |$$
$$CH_3 \cdot CH \cdot NH \cdot CO$$

Methylenmethyldiketopiperazin.

Diese Körper lösen sich in schmelzendem und siedendem Phenol molekulardispers, erfahren aber durch Auflösen in Alkali und Wiederausfällen mit Säure eine Veränderung, so daß sie eine große Ähnlichkeit mit den natürlichen Proteinen haben. Sie zeigen das Verhalten hochmolekularer Stoffe, nehmen sehr schnell Gerb- und Farbstoffe auf und liefern bei der Hydrolyse mit Salzsäure Polypeptide (Tetrapeptide). Wie bei Gelatine, Fibroin und anderen wird bei Behandlung mit Phenol der hochmolekulare Zustand aufgehoben und molekulardisperse Aufteilung erzielt, aus der Phenollösung aber das hochmolekulare Produkt unverändert zurückgewonnen. Daraus geht hervor, daß der hochmolekulare Zustand nicht eine integrierende Strukturkonstante, sondern eine von den physikalischen und chemischen Bedingungen abhängige Zustandsform ist, und daß die früher — in wässerigem Medium — gemessenen riesigen Molekulargewichte der Eiweißkörper kein Bild von der molekularen Einheit geben.

Bergmann hat festgestellt, daß aus der komplexen Verbindung durch verschiedene chemische Eingriffe ganz verschiedene Elementarkörper entstehen. Das führt zu der neuen Erkenntnis, „daß der hochmolekulare Zustand der Proteine die Existenz der ursprünglich aufbauenden Moleküle weitgehend vernichtet", so daß eindeutig bestimmbare chemische Elementarkörper nicht auffindbar sind.

Die Beobachtung Bergmanns, daß bei dem Abbau seiner hochmolekularen Piperazinmodelle Tetrapeptide entstehen, zeigt, daß die bei Eiweißhydrolysen auftretenden Polypeptide keineswegs, wie man bisher für selbstverständlich ansah, im Eiweiß vorgebildet sein müssen. Die Darstellung proteinähnlicher Stoffe durch Synthese, wie sie Bergmann gelungen ist, bedeutet eine Errungenschaft von größter Tragweite.

Literatur.

Abderhalden, E.: Eiweiß, als eine Zusammenfassung assoziierter Anhydride enthaltender Elementarkomplexe. Naturwiss. **1924**, 716.

Bergmann, M. (1): Bemerkungen über ungesättigte Dypeptidanhydride. Hoppe-Seylers Z. **105**, 167 (1927). — (2): Über den hochmolekularen Zustand der Proteine und die Synthese proteinähnlicher Piperazin-Abkömmlinge. Naturwiss. **1925**, 1045.

Cohnheim, O.: Chemie der Eiweißkörper, 3. Aufl. 1911, S. 77/78.

Dakin, H. D.: Amino-acids of gelatin. J. of biol. Chem. **44**, 499 (1920).

HERZOG, R. O. und M. KOBEL: Proteinstudien II. Hoppe-Seylers Z. **134**, 296 (1924).
— und E. KRAHN: Proteinstudien I. Ebenda **134**, 290 (1924).
KARRER, P.: Neue Anschauung über den Aufbau der polymeren Kohlehydrate. Dtsch. med. Wschr. **1923**, 1074.
KOSSEL, A.: Über die basischen Stoffe des Zellkernes. Hoppe-Seylers Z. **22**, 176.
MEYER, K. H.: Neue Wege in der organischen Strukturlehre und in d. Erforschung hochpolymerer Verbindungen. Naturwiss. **1928**, 781.
MIESCHER, F. (1): Die histochemischen und physiologischen Arbeiten. Leipzig 1897. — (2): Physiologisch-chemische Untersuchungen in der Lachsmilch. Arch. f. exper. Path. **37**, 100 (1896).
PRINGSHEIM, H.: Polymerisation und Assoziation in der Kohlehydratchemie. Naturwiss. **1924**, 360.
SIEGFRIED, M.: Über Pepsinglutinpepton. Hoppe-Seylers Z. **90**, 271 (1914).
SPIRO, K.: Einige neuere Ergebnisse der Kohlehydratforschung. Med. Jahrb. **1930**.
STAUDINGER, H.: Über die Konstitution der hochmolekularen Stoffe. Naturwiss. **1929**, 141.
TROENSEGAARD, N.: Nachweis von Pyrrolkörpern in den Proteinstoffen. Hoppe-Seylers Z. **112**, 86 (1921); **130**, 84 (1923). — (2): Untersuchungen über die Zusammensetzung der Proteinstoffe. Ebenda **127**, 137 (1922); **133**, 116 (1923).

4. Albumosen, Peptone. Anaphylaxie.

Beim Eiweißabbau treten Zwischenstufen auf, die Albumosen und Peptone. Von den echten Eiweißkörpern unterscheiden sie sich durch das Fehlen der Hitzekoagulation. Ihre Abgrenzung untereinander hat man durch ihr Verhalten gegenüber fällenden Salzen durchzuführen versucht.

Die Einteilung, die in langer Arbeit W. KÜHNE geschaffen hat, ist nicht mehr haltbar. Und auch die Auffassung, daß bei der enzymatischen Eiweißspaltung erst höher molekulare Komplexe (Albumosen) entstehen, die noch mit Ammoniumsulfat ausfallen, und dann erst kleinere Moleküle (Peptone), hat sich nicht als richtig erwiesen. EMIL FISCHER hat gezeigt, daß die Aussalzbarkeit nicht von der Molekulargröße abhängig ist, sondern von dem Gehalt des Körpers an Tyrosin, Cystin und Tryptophan, die, wenn sie an bestimmter Stelle stehen, die Aussalzbarkeit bedingen. So kommt es, daß eine Reihe von relativ niedrigmolekularen Polypeptiden mit Ammonsulfat fällbar sind, während höher molekulare, die durch frühen Austritt von Tyrosin usw. aus dem Eiweiß entstanden sind, mit Ammonsulfat nicht ausfallen. ABDERHALDEN gibt für die Hydrolyse von Eiweiß folgendes Schema:

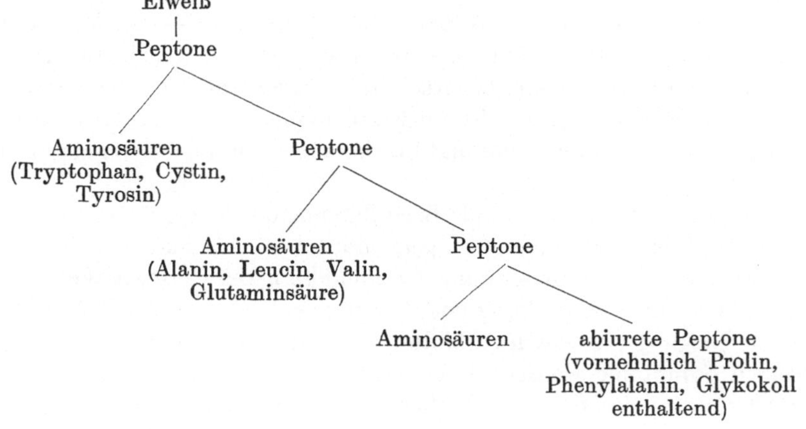

Albumosaemie. Albumosurie. Die Klinik nimmt an den Albumosen ein immer steigendes Interesse. L. KREHL und M. MATTHES fanden, daß man durch Injektion von Albumosen Fieber erzeugen kann. Da man im Harn von Fiebernden nicht selten solche Stoffe findet, so schien die Ansicht berechtigt, daß das Infektionsfieber auf der Bildung von Albumosen beruhen könne.

Neuere Untersuchungen haben ergeben, daß Ausscheidungen von Albumosen mit dem Harn und Vorkommen von Albumosen im Blute weit verbreitete Erscheinungen sind. So findet E. WOLFF im menschlichen Blute immer Albumosen und zwar 75—100 mg Albumosen-N = 450—600 mg Albumosen im Liter; F. KLEWITZ hatte im dritten Teil der von ihm untersuchten Fälle (Gesunde und Kranke) ein positives Ergebnis. Albumosurie tritt vor allem bei Gewebszerfall hervor, so bei Pneumonie, Eiterungen, Lungengangrän und malignen Tumoren. Sie findet sich ferner bei Darmstörungen. Über den Befund bei Lebererkrankungen lauten die Angaben widersprechend (L. POLLAK). Die enterogene und die hepatogene Bedingung gegeneinander abzugrenzen, ist von einer gewissen Bedeutung. Da im Darm ständig Peptone in großen Mengen entstehen und resorbiert werden, aber im kreisenden Blute nur in sehr kleiner Konzentration auftreten, so ist die Frage, an welcher Stelle die Bindung oder Umwandlung erfolgt. H. DELAUNAY und J. DESQUEYROUX haben im Experiment festgestellt, daß Injektion von Pepton in die Vena portae ebenso wie in eine periphere Vene zur Albumosurie führt, nicht aber Einbringung in eine Dünndarmschlinge. Nach diesem Versuch wäre also die Darmwand das protopexische Organ. Weiterhin gibt es eine nephrogene Albumosurie. POLLAK findet sie im Fütterungsversuch parallel dem Harneiweißgehalt. Diese Beobachtung fügt sich in den größeren Kreis von Tatsachen ein, nach denen man für die kranke Niere eine erhöhte Durchlässigkeit für Kolloide annehmen muß.

Wenn sich also die Ansicht KREHL und MATTHES' auch nicht — zum mindesten nicht in dieser einfachen Form — erfüllt hat, so hat sich doch durch die Studien über parenterale Einverleibung von Eiweiß unsere Kenntnis der krankhaften Zustände, die zu Eiweißspaltungsprodukten eine bedingungsweise Beziehung haben, so erweitert, und diese Beziehung ist für das Verständnis der Pathogenese einer großen Reihe krankhafter Vorgänge so grundlegend geworden, daß ein kurzer Rundblick über dieses zum Teil noch im Werden begriffene Gebiet notwendig ist.

Die bei dem physiologischen Abbau der Eiweißkörper — im Magen-Darmkanal wie im Reagenzglas — entstehenden Produkte vom Charakter der Albumosen sind von höchster biologischer Aktivität. Sogenannte Peptone verursachen bei parenteraler Verabreichung schwere Erscheinungen, die zwar nicht bei jeder Tierart in der gleichen Anordnung und Stärke auftreten, aber doch eine gemeinsame Grundlage erkennen lassen.

Die wesentlichen Symptome sind: Beeinflussung der Körpertemperatur — bei kleinen Dosen Fieber, bei großen Temperatursturz —, Absinken der Leukocyten im peripheren Blut, Blutdrucksenkung, Verminderung der Gerinnbarkeit des Blutes, Lungenödem, Leberschwellung und Füllung der abdominalen Gefäße, Darmkatarrh mit Neigung zur Geschwürbildung, Kollaps (Shock), Exitus.

Dieselben Symptome werden durch Histamin (s. S. 83) hervorgerufen und sind die Charakteristica des anaphylaktischen Shocks. Es sind daher Zusammenhänge zwischen diesen drei Vorgängen zu untersuchen. Man findet in vielen Handelsalbumosen Histamin und „histaminähnliche Substanz". Es läßt sich aber durch keimfreies Arbeiten ein wirksames Pepton darstellen, das kein Histamin enthält. Die Substanz, die den Peptonshock bewirkt, ist also mit Histamin nicht identisch (H. H. DALE). Unter Anaphylaxie (CH. RICHET) versteht man eine spezifische Überempfindlichkeit, die durch ein art- oder körperfremdes Protein hervorgerufen wird und die bewirkt, daß der Organismus bei erneuter Injektion auf Mengen dieses Proteins reagiert, die bis zum millionsten Teil kleiner sein können, als die für ein unvorbehandeltes Tier zur gleichen Reaktionsauslösung notwendigen.

E. FRIEDBERGER hat die Lehre aufgestellt, daß das vorbehandelte Tier die Fähigkeit erlangt hat, das artfremde Protein zu einem giftigen Zwischenprodukt, das er Anaphylatoxin nennt, abzubauen und hat gezeigt, daß die Darstellung dieser giftigen Eigenschaft aus dem Protein (Antigen), dem Serum des vorbehandelten Tieres (Antikörper) und frischem Meerschweinchenserum als Komplement auch in vitro gelingt. Dieser einfachen immunochemischen Deutung scheint zu widersprechen, daß Blutserum auch durch Behandlung mit Körpern, die keine Proteine sind, so mit Agar, Stärke, Gummi arabicum u. a., und auch mit Zellen (Bakterien) anaphylaktische Eigenschaften erhält. Das Gemeinsame dieser Körper liegt darin, daß sie Zellen oder Gele von elektronegativer Ladung sind. Diese Beobachtungen führten dazu, das Wesen des anaphylaktischen Shocks oder einer anderen anaphylaktischen Krankheit in einer Störung des Gleichgewichts der Blutplasmakolloide zu suchen. WIDAL, der versucht hat drei leicht faß- und meßbare Symptome des anaphylaktischen Shocks, den Leukocytensturz in der Peripherie, die Blutdrucksenkung und die Verminderung der Blutgerinnung, zur klinischen Analyse, insbesondere auch bei Erkrankungen der Leber, zu verwenden, sieht die Ursache der Anaphylaxie in einer Säftestörung, die er als „Kolloidoklase", deren Bereitschaft er als „kolloidoklastische Diathese" bezeichnet. Die Brauchbarkeit der Methode von WIDAL zur Erkennung von Leberkrankheiten wird stark angezweifelt.

Dieser Versuch einer physikalisch-chemischen Erklärung bedeutet eine Erschwerung für die Gleichstellung der anaphylaktischen Symptome mit den Folgen der Beibringung chemisch völlig (wie Histamin) oder annähernd (wie Albumosen) bekannter Körper. Es kann jedenfalls sehr zweifelhaft erscheinen, ob eine so scharfe und ausschließliche Trennung der Betrachtungsweise in chemisches und physikalisch-chemisches Geschehen berechtigt ist. Daß sich im anaphylaktischen Shock die physikalischen und kolloiden Eigenschaften des Blutserums tiefgreifend verändern, ist sicher. Aber hierbei werden bei der Labilität der Eiweißmoleküle auch chemische Prozesse vor sich gehen, da es bekannt ist, daß Oberflächenreaktionen mit chemischen Umsetzungen verlaufen und sogar solche vermitteln und begünstigen. Es ist also damit zu rechnen, daß bei der Einwirkung von Gelen oder Zellen auf Blutserum in unspezifischer Weise etwas geschieht, was chemisch der spezifischen, nach der Art einer Fermentreaktion verlaufenden Anaphylatoxinbildung ähnlich oder verwandt ist. Man kann daher die verschiedenen Bedingungen des anaphylaktischen Shocks unter dem chemischen Gesichtspunkt der Giftwirkung durch Eiweißspaltprodukte zusammenfassen.

Eine zweite sehr wichtige Frage ist die nach den Muttersubstanzen dieser

Eiweißprodukte. Nach FRIEDBERGER kommt dafür ausschließlich das Antigen in Betracht. Nach R. DOERR, dem sich eine Reihe von Autoren anschließt, liegen die Quellen in den körpereigenen Proteinen.

FRIEDBERGER ist der Ansicht, daß es sich bei den anaphylaktischen Erscheinungen um einen humoralen Vorgang handelt. Über die Vorgänge im Blute sind wir durch eine große Anzahl von Untersuchungen ziemlich gut unterrichtet.

Das Blutplasma mit seiner Zusammensetzung aus Wasser, Salzen, Eiweißkörpern (und zwar im wesentlichen Fibrinogen, Globulin und Albumin), aus Lipoiden, N-haltigen und N-freien Elektrolyten stellt ein äußerst verwickeltes und durch seinen Gehalt an Kolloiden sehr labiles System dar, dessen Veränderung durch chemische Analyse und durch ziemlich einfache, in der Klinik viel gebrauchte physikalische Meßmethoden (Brechungsindex, Drehung der Ebene des polarisierten Lichtes, Viscosität, Oberflächenspannung, Feststellung der Labilität der Proteinfällung, Blutkörperchensenkungsgeschwindigkeit) festgestellt werden kann. Die Eiweißkörper der Blutplasmas werden bekanntlich durch fraktionierten Salzzusatz voneinander unterschieden. Am leichtesten fällbar ist das Fibrinogen, dem das Globulin folgt, während das Albumin die größte Neigung zeigt im gelösten Zustand zu verharren. In die Sprache der Kolloidchemie, zu der diese Reaktionen gehören, übertragen, heißt das: die größere Lösungsneigung des Albumins, seine größere Hydrophilie, ist als eine Folge seiner besseren Aufteilung, seiner höheren Dispersität aufzufassen. Die Plasmaproteine sind also danach auch in bezug auf ihren Dispersitätsgrad unterschieden; die Reihe von der feineren zu der gröberen Aufteilung lautet: Albumin-Globulin-Fibrinogen.

Es ist bekannt, daß sich Fibrinogen sehr rasch bildet. Der Bildungsort ist die Leber. E. HERZFELD und R. KLINGER nahmen an, daß die Plasmaproteine in der Reihenfolge Fibrinogen-Albumin ineinander übergehen (Abbaureihe der Proteine). Diesen Versuchen ist mit Recht widersprochen worden. Da aber eine Vergröberung des Verteilungszustandes von Kolloiden durch Eingriffe der verschiedensten Art, auch „spontan", als eine Funktion der Zeit, erfolgt (Altern der Kolloide), so darf als Arbeitshypothese eine, allerdings nicht im strömenden Blute erfolgende, Umwandlung von Albumin in Globulin im Auge behalten werden. Wie O. ARND und E. A. HAFNER festgestellt haben, ist die „Verschiebung des Globulingehalts des Plasmas eine ganz allgemeine und häufige Reaktion des Organismus auf ganz verschiedene Einflüsse, ähnlich der reaktiven Temperatursteigerung. Die einzelnen Serumfraktionen werden ganz unabhängig voneinander im Organismus vermindert oder vermehrt. Das spricht für die Individualität der Serumeiweißfraktionen, deren biologische Verschiedenheit sich besonders eindrucksvoll in der Beobachtung von A. CARREL und H. A. EBELING äußert, daß natives Globulin junger Hühner die proliferative Tätigkeit homologer Fibroplasten fördert, das Albumin sie hemmt. Offensichtlich ist aber, daß diese Dreiteilung der Plasmaproteine nur aus der angewandten Methode folgt. Wenn es sich um eine Reihe handelt, die durch den Aufteilungsgrad gegliedert wird, so ist anzunehmen, daß sich auch Übergänge oder mehr Glieder der Reihe werden finden lassen. In der Globulingruppe sind verschiedene Fraktionen bekannt. Der Anfang dazu ist auch bei den Albuminen gemacht. Hier fand H. KAHN einen besonders hydrophilen Anteil, der als Albumin-A bezeichnet wird.

Die Betrachtung der Plasmaproteine als einer Reihe labiler, dem Umbau unterworfener Körper ist deswegen für unsere Betrachtung fruchtbar, weil dieser fließende Vorgang es verständlich macht, daß beim Eintritt einer fremden Bedingung eine stärkere derartige Reaktion erfolgt, die wegen ihrer Plötzlichkeit und ihres Umfanges auch qualitativ anders verläuft und zu giftigen Produkten und zu stärkerer Teilchenkoagulation führt. Daß, wie oben angedeutet, der Koagulationsvorgang (z. B. Blutgerinnung) mit der Entstehung giftiger Stoffe einhergeht, daß also ein physikalisch-chemischer Vorgang am Protein, durch dessen Beobachtung man leicht zu einer mechanischen Deutung der anaphylaktischen Phänomene kommen kann und auch gekommen ist (Kapillarverstopfung), mit chemischen Eiweißumwandlungen einhergeht, lehrt die alte Beobachtung, daß Blutplasma kurz vor und nach der Gerinnung giftig ist, und daß diese Giftstoffe, die unter anderem eine starke vasokonstriktorische Wirkung haben, nach 24 stündigem Stehen verschwunden sind.

Analytisch nachweisbare Veränderungen des Blutes treten bereits nach einer Eiweißinjektion ein. Die aus einer Reihe von Untersuchungen bekannte Erhöhung des Eiweißgehaltes im Blute (Hyperproteinämie) hat BERGER in bezug auf die einzelnen Serumbestandteile untersucht, indem er sich zur Feststellung der Albumin-Globulinverhältnisse des sogenannten unzuverlässigen ROHRER-Index bediente, der auf der Bestimmung der Differenz der Refraktions- und Viscositätswerte von Albumin- und Globulinlösungen beruht. Es zeigte sich, daß die Hyperproteinämie nach Eiweißinjektion mit einer Veränderung der Proteinzusammensetzung (des Bluteiweißbildes) einhergeht, daß die Hauptfraktionen einen Wechsel in ganz gesetzmäßiger Reihenfolge zeigen, indem (nach einer kurzdauernden Verminderung der einzelnen Fraktionen) auf eine Fibringlobulinvermehrung eine Serumglobulinvermehrung und schließlich eine Albuminvermehrung folgt. Diese Reihenfolge ist dieselbe, wie P. MORAWITZ sie beim Wiederersatz experimentell entfernter Proteine gefunden hat; sie entspricht der oben erwähnten Reihe zunehmender Stabilisierung. Solche Veränderungen des Bluteiweißbildes sind experimentell und klinisch schon lange bekannt. So wissen wir, daß eine Fibrinogenvermehrung des Blutes (Hyperinosis) bei solchen fieberhaften Erkrankungen auftritt, die mit der Bildung eines Exsudates einhergehen (Pneumonie, Pleuritis, Arthritis u. a.), ferner bei Scharlach, Erysipel, Lues, während sich bei Typhus abdominalis, Sepsis, chronischen Eiterungen eine Fibrinogenverminderung findet. Eine Vermehrung des Serumglobulins wird bei Entzündungen, bei akuten (Pneumonie) und chronischen (Lues, Tuberkulose) Infektionen, ferner bei Immunisierungsprozessen mit Toxinen und abgetöteten Bakterien, bei Neoplasmen, bei Intoxikationen und vielleicht nach Medikamenten und im Hunger beobachtet. Es ist eine Tatsache, die verdient festgehalten zu werden, daß eine parenterale Eiweißinjektion in bezug auf die Blutzusammensetzung einen ähnlichen Erfolg hat wie viele Infektionen und wie der Immunisierungsvorgang. W. BERGER hat festgestellt, daß die Hyperproteinämie und Hyperglobulinämie nach Eiweißinjektion zeitlich nicht mit der Präcipitinabgabe in das Blut zusammenfällt. Wenn wir uns vorläufig auf diese Tatsachen stützen (von den Beziehungen des Bluteiweißbildes zur Albuminurie wird später die Rede sein), so sehen wir, daß im anaphylaktischen Shock ähnliche chemische Veränderungen eintreten (E. ABDERHALDEN und E. WERTHEIMER), denen sich sehr wesentliche physikalisch-chemische hinzugesellen. Brechungswert, optisches Drehungsvermögen, Oberflächenspannung, Senkungsgeschwindigkeit der roten Blutkörperchen, Fällbarkeit der Eiweißkörper zeigen deutliche Abweichungen von der Norm und damit eine beträchtliche Verschiebung im kolloidalen Medium. Nimmt man dazu noch das Absinken der Blutlipoide (W. STERN und M. REISS), die Abnahme der Alkalireserve und die hier nicht näher zu besprechende Umstellung der morphologischen Blutzusammensetzung (Veränderung der Zahl der Leukocyten, abnorme Leukocytenverteilung, Thrombopenie), so könnte es scheinen, als ob die humoralen Prozesse in der Genese des anaphylaktischen Shocks eine sehr wesentliche Rolle spielen.

Bevor man einen solchen Schluß zieht, ist es aber notwendig, die Frage nach der Quelle zu stellen, aus der die Hyperproteinämie kommt. Da es sich hier nicht um eine scheinbare Proteinvermehrung durch Bluteindickung handelt, so muß man annehmen, daß eine Abgabe von Eiweißstoffen aus Organen und Geweben vorliegt. Daraus folgt die Frage, ob das auslösende Agens einen Reiz auf gewisse Zellen ausübt und ob sich noch andere Folgen einer solchen Reizung feststellen lassen. Das ist in der Tat der Fall. ABDERHALDEN und WERTHEIMER haben im anaphylaktischen Shock eine Verminderung des Gesamtgaswechsels und der Gewebsatmung beobachtet, und LOEHR fand eine sehr starke Beeinträchtigung der Reduktionskraft für aromatische Nitrogruppen (nach der Methode von W. LIPSCHITZ) in allen Organen, mit Ausnahme der Leber. Nach M. HASHIMOTO und E. P. PICK findet bereits nach einmaliger parenteraler Proteininjektion eine mächtige Proteolyse statt, die hauptsächlich die Leber betrifft. Diese Proteolyse tritt also schon vor der zum anaphylaktischen Shock führenden Reinjektion ein, ist somit von diesem unabhängig. Es scheint also, als ob der Shock fermentative Funktionen einschränke. Die Folgerung, daß der Temperatursturz, der ein Shocksymptom ist, wenigstens teilweise auf Verminderung von Verbrennungen beruht, ist berechtigt.

Es finden also nach parenteralen Proteininjektionen (ebenso nach Peptoninjektion) und im anaphylaktischen Shock celluläre Prozesse statt. Bei verschiedenen Tierarten treten dabei verschiedene Krankheitserscheinungen auf, so daß man von artspezifischen „Shockorganen" und „Shockgeweben" spricht (A. F. COCA).

Bekanntlich erkrankt das Meerschweinchen anaphylaktisch mit schwerer Dyspnoe, die durch einen Bronchialmuskelkrampf hervorgerufen wird. Beim Kaninchen tritt ein Krampf der kleineren Lungenarterien ein, durch den dem Ablauf des Blutes aus dem rechten Herzen ein unüberwindlicher Widerstand entgegengesetzt wird. Beim Hunde und beim Carnivoren überhaupt kommt es zu einer Blutdrucksenkung; es erfolgt eine Verblutung in die Abdominalorgane, vor allem in die Leber, die um das Doppelte bis Dreifache ihres Volumens anschwillt. Beim Menschen werden Atemstörungen, Herzschwäche, Ödeme und andere Hauterscheinungen, Durchfälle, Darmblutungen, Leberschwellung beobachtet.

So verschieden auch das Bild der anaphylaktischen Krankheit bei verschiedenen Tierarten aussehen mag, so ist es doch gelungen, die Erscheinungen auf zwei funktionelle Grundprozesse zurückzuführen, nämlich auf Prozesse an der glatten Muskulatur und an der Capillarendothelzelle.

Daß die anaphylaktischen Reaktionen an den Muskeln ohne jede Beteiligung des Blutes vor sich gehen, ist durch die Untersuchung der glatten Muskulatur sensibilisierter Meerschweinchen (Darm, Aorta, Vene, Blase, Uterus) wenigstens für diese Tierart erwiesen (W. H. Schultz, H. H. Dale, A. F. Coca, W. H. Manwaring u. a.).

Die anaphylaktische Erscheinung ist demnach nicht humoral, sondern **cellulär** bedingt. In diesem Punkte stimmen wohl die meisten der auf diesem Gebiet tätigen Autoren jetzt überein. Die Meinungsverschiedenheiten betreffen hauptsächlich noch die Frage, ob der Angriff an der Gefäßmuskulatur (Gefäßkrampf) oder an den Capillarendothelien erfolgt. Während nach den Arbeiten von J. Mauthner und E. P. Pick der Lebershock des Hundes auf einem Krampf des Muskelapparates im Lebervenensystem beruht, schließt Manwaring aus seinen Versuchen, daß primär eine vermehrte Durchlässigkeit der Portalendothelien einsetzt, die rasch zu einem mächtigen Leberödem mit allen seinen Folgen für den Kreislauf führt. Diese Auffassung findet eine Stütze in den Beobachtungen von W. F. Petersen, der beim sensibilisierten Hunde mit Lymphfistel nach einer kleinen shockauslösenden Reinjektion eine erhebliche Steigerung des Lymphflusses und Zunahme des Fibrinogen- und Globulingehaltes der Lymphe fand, eine Erscheinung, die als Leberreizung gedeutet wird. Im Sinne gleiche, dem Grade nach aber stärkere Reaktionen macht Pepton (50—100 mg pro Kilogramm Hund). Es kann hier auch zum Auftreten von Gallenfarbstoff, proteolytischen Fermenten und Erythrocyten in der Lymphe kommen. Da alle Shockgifte, wie das Pepton, Lymphagoga und Cholagoga sind, und da die Lymphagoga I. Ordnung in entsprechender Dosierung Lebergifte sind, so erscheint es einleuchtend, daß die Wirkung dieser Stoffe auf die Leber in Änderungen der Leberfunktionen bestehen könnte, von denen die der Lymphbildung und der Tätigkeit der Portalendothelien in engstem Zusammenhang steht. So wesentlich auch die Kontraktion glatter Muskelzellen für die Entstehung mancher anaphylaktischer Erscheinungen sein mag, so scheint mir — und das ist für die Therapie von allergrößter Wichtigkeit — auch aus klinischen Beobachtungen, der krankhaften Capillarerweiterung und -durchlässigkeit eine überaus große Bedeutung zuzukommen.

Nach der Feststellung, daß die anaphylaktische Erkrankung eine celluläre Reaktion ist, können wir versuchen, einen näheren Einblick in die Chemie oder physikalische Chemie dieses Vorganges zu gewinnen. Eine celluläre Reaktion bei einem sensibilisierten Tier kann nur dann folgen, wenn das reinjizierte Antigen in dieser Zelle den Stoff trifft, auf den es spezifisch eingestellt ist, den wir, wenn wir ihm im Blute begegnen, als Präcipitin bezeichnen. Die Reaktion mit dem noch zellständigen (sessilen) Präcipitin muß es sein, die alle weiteren Vorgänge auslöst.

Die Basis des chemischen Verständnisses ist auch hier wieder die Tatsache, daß das Histamin die gleichen Angriffspunkte hat wie das anaphylaktische Agens. Dale sagt, ,,daß die Ähnlichkeit der Wirkungen zu schlagend ist, um bloß eine zufällige sein zu können. Hier muß eine gemeinschaftliche Ursache bestehen, welche die Übereinstimmung der Resultate bedingt''. Dale kommt zu der Vorstellung, die er als die ökonomischste und brauchbarste Hypothese für weitere Forschungen bezeichnet, daß ,,wenn das Präcipitin in dem Zellprotoplasma das Antigen trifft, auf das es spezifisch eingestellt ist, eine Änderung in der Dispersität der Protoplasmakolloide erfolgt, die einen fermentativen Abbau einleitet und die Bildung einer analog dem Histamin wirkenden Substanz oder des Histamins selbst zur Folge hat''.

Die anaphylaktische Krankheit wird danach durch die Art der Zellen, Gewebe und Organe bestimmt, in denen das Präcipitin noch fixiert sitzt und weiter dadurch, ob im Blute beträchtliche Mengen Präcipitin kreisen, die imstande sind, das Antigen aufzufangen, zu neutralisieren und damit den Organismus immun zu machen. Die Art der Krankheit ergibt sich aus der Art der Gewebe, die mit Präcipitin geladen sind. So wird es verständlich, daß sehr große Verschiedenheiten in der Art der anaphylaktischen Erkrankungen bestehen. Um daran zu erinnern, wie bedeutungsvoll dieses Gebiet für die Klinik ist, seien hier kurz die wesentlichsten anaphylaktischen Erkrankungen des Menschen angeführt: Hautkrankheiten (Urticaria, Exantheme, Eczem, Ödeme, Pruritus), Asthma bronchiale, Magen-Darmerkrankungen, Heuschnupfen, Rhinitis, Angiospasmen der verschiedensten Art (peripher, manche Fälle von Migräne und Epilepsie und sogar, wenn auch selten, Angina pectoris), Serumkrankheit, Idiosynkrasien, Gelenkerkrankungen, Shock. Beim Menschen erfolgt die Sensibilisierung durch die Haut, durch die Schleimhäute der Luftwege, durch den Magen-Darmkanal. Als Antigen kommen alle Proteinkörper in Betracht und, da Anaphylaxie und Idiosynkrasie wesensgleiche Prozesse sind, auch Stoffe, die an sich keine Antigene, aber, wie man annimmt, imstande sind mit einem Zellbestandteil eine Reaktion zu geben, die zu anaphylaxieähnlichen Folgen führt. Wenn Stoffe, die keine Antigene sind, z. B. Arzneimittel, zu klinischen Bildern führen, die einer anaphylaktischen Krankheit gleich oder ähnlich sind, so spricht man von Idiosynkrasie. Die Reaktionsfähigkeit, die individuell so verschieden ist, und sogar die experimentelle Sensibilisierung ist von neuroendokrinen Bedingungen abhängig. Da die Angriffspunkte des anaphylaktischen Agens, die glatte Muskelzelle und das Capillarendothel, unter dem Einfluß des autonomen Nervensystems stehen, so ist es durchaus verständlich, daß die Tonusverhältnisse dieser doppelten Innervation auch auf die Reaktionen der Präcipitinbildung und Antigenbildung Einfluß haben. Nach FRIEDBERGER hebt Vagusdurchschneidung und Atropinisierung die anaphylaktische Vergiftung auf. Und da die autonome Innervation mit der Funktion der Inkretdrüsen auf das engste verbunden ist, so finden sich auch Einflüsse dieser Organe, z. B. Verhinderung der Sensibilisierung und der Auslösung des anaphylaktischen Shocks nach Thyreoidektomie (nicht von allen Untersuchern bestätigt), Unfähigkeit schwangerer Meerschweinchen zum anaphylaktischen Shock (A. LUMIÈRE). Für die Therapie von größter Bedeutung ist der Vorgang der Desensibilisierung. Diese beruht auf dem Verschwinden sessiler Antikörper und tritt mit Überstehen eines heftigen anaphylaktischen Shocks auf. Damit mag es wohl zusammenhängen, daß bei den sogenannten „Anfallskrankheiten" (s. S. 190) nach einem Anfall eine Zeit relativ besten Wohlbefindens folgt. Eine Desensibilisierung läßt sich aktiv durch Behandlung mit kleinsten, allmählich steigenden Dosen Antigens erzielen. Die Art des Antigens ergibt sich in vielen Fällen aus der Vorgeschichte, in anderen aus der kutanen Überempfindlichkeitsreaktion.

Literatur.

ABDERHALDEN, E.: Lehrbuch der physiologischen Chemie, 2. Aufl. 1909.
— und E. WERTHEIMER: Weitere Studien über das Wesen des anaphylaktischen Shocks. Pflügers Arch. **197**, 85 (1922).
ARND, O. und E. A. HAFNER: Über die Refraktion der Serumeiweißkörper und die Individualität von Albumin und Globulin. Biochem. Z. **167**, 440 (1925).

BERGER, W.: Über die Hyperproteinämie nach Eiweißinjektionen. Z. exper. Med. 28, 1 (1922).

CARREL, A. and H. A. EBELING: Antagonistic growth priniciples of serum and their relation to old age. Journ. of exp. med. 38, 419 (1927).

COCA, A. F.: Hypersensitiveness. J. of Immun. 5, 363 (1920).

DALE, H. H. (1): The biolog. significance of anaphylaxis. Proc. roy. Soc. 91, 126 (1920). — 2): Anaphylaxis. Bull. Johns Hopkins Hosp. 31, 310 (1920).

— and LAIDLAW: Histamine Shock. J. of Physiol. 52, 355 (1919).

DELAUNAY, H. et J. DESQUEYROUX: Sur l'arrêt des albumoses et des peptones par le foie. C. r. Soc. Biol. 88, 710 (1923).

DOERR, R. (1): Über Anaphylaxie. Wiener klin. Wschr. 331 (1922). — (2): Die Anaphylaxieforschung im Zeitraum von 1914—1921. Weichardts Erg. Hyg. 5, 71 (1922).

— Allergie und Anaphylaxie in Kolle-Kraus-Uhlenhuth, Handb. d. pathog. Mikroorganisma 1, 759 (1929).

HANKE, MILTON, T. und K. K. KOESSLER: Die Beziehungen des Histamins zum Peptonshock. J. of biol. Chem. 43, 567 (1920).

HASHIMOTO, M. und E. P. PICK: Über den intravitalen Eiweißabbau in der Leber sensibilisierter Tiere und dessen Beeinflussung durch die Milz. A. exp. Path. Pharm. 76, 89 (1914).

HERZFELD, E. und R. KLINGER: Studien zur Chemie der Eiweißkörper. Biochem. Z. 83, 228 (1917).

KAHN, H.: Weitere Untersuchungen über chemische Veränderungen im Blut von Krebskranken. Z. exper. Med. 31, 423 (1923).

KLEWITZ, F.: Über Albumosen im Blut. 33. Kongr. inn. Med. 1921, 416. — KOPACZEWSKI, W.: Die Phänomene des Kontaktshocks in der Pathologie. Rev. Méd. 39, 129, 211 (1922).

KREHL, L.: Versuche über die Erzeugung von Fieber bei Tieren. Arch. f. exper. Path. 35, 222 (1895).

— und M. MATTHES: Über die Wirkung von Albumosen verschiedener Herkunft, sowie einiger diesen nahestehender Substanzen. Ebenda 36, 437 (1895).

LÖHR, H.: Die Reduktion aromatischer Nitrogruppen während des anaphylaktischen Shocks. Z. exper. Med. 37, 442 (1923).

LUMIÈRE, A. et H. COUTURIER: Sur le rôle des centres nerveux dans le choc anaphylactique. Arch. internat. Pharmacodynamie 31, 265 (1926).

MANWARING, W. H., c. s. (1): Leberreaktionen bei Anaphylaxie. J. of Immun. 8, 191, 211, 217, 229, 233 (1923). — (2): The fundamental physiol. mechanism of anaphylaxis. Proc. Soc. exper. Biol. a. Med. 22, 1 (1924). — (3): Hepatic reactions in anaphylaxis. J. of Immun. 10, 567 (1925).

MORAWITZ, P.: Wiederersatz der Bluteiweißkörper. Hofmeisters Beitr. 7, 153.

— und E. REHN: Entstehung des Fribrinogens. Arch. f. exper. Path. 58, 141 (1907).

PETERSEN, W. F. c. s.: Studien über Endotheldurchlässigkeit. J. of Immun. 8, 323, 249, 361, 367, 377 (1923).

PICK, E. P. und M. HASHIMOTO: Über den intravitalen Eiweißabbau in der Leber sensibilisierter Tiere. Arch. f. exper. Path. 70, 89 (1914).

POLLAK, L.: Beiträge zur Klinik der Albumosurie. Z. exper. Med. 2, 314 (1913).

STERN, W. und M. REISS: Über das Verhalten der Blutlipoide bei der Anaphylaxie des Hundes. Ebenda 29, 388 (1922).

UNDERHILL, F. P. and M. RINGER: Alcalireserve and experimental shock. J. of biol. Chem. 48, 533 (1921).

WIDAL, F., P. ABRAMI et ET. BRISSAUD: Étude sur certains phénomenes de choc observés en clinique. Signification de l'haimoclasie. Presse méd. 28, 181 (1920).

WOLFF, E.: Über die physiologische und pathologische Albumosämie. Ann. Méd. 10, 185 (1921).

5. Mannigfaltigkeit und Einteilung der Eiweißkörper.

Ein Versuch, die Proteine nach ihrer Zusammensetzung aus Aminosäuren einzuteilen, ist wegen der Unvollständigkeit der Analyse, wegen der ungeheuer großen Zahl der möglichen Isomeren und wegen der noch ganz im Beginn stehenden Erkenntnisse von Kernbildungen nicht möglich. ABDERHALDEN hat den Versuch gemacht, die Eiweißkörper nach ihrem Gehalt an Diaminosäuren, die sich mit größerer Genauigkeit bestimmen lassen als die Monoaminosäuren, zu gliedern und unterscheidet:

1. Proteinoide enthalten weniger als 10% Diaminosäuren und unter den Monoaminosäuren besonders Glykokoll (Albuminoide, Gerüsteiweißstoffe).

2. Proteine enthalten 10—15% Diaminosäuren (Albumine, Globuline, Protamine (alkohollöslich).

3. Histone, 20—30% Diaminosäuren.

4. Protamine, 80% und mehr Diaminosäuren.

Um einen Überblick über das ganze Gebiet der Eiweißkörper zu gewinnen, ist eine Einteilung nach einem einzigen, wenn auch sehr interessanten Gesichtspunkt nicht ausreichend. Wir können daher die Gruppeneinteilung, wie sie O. HAMMARSTEN gegeben hat, noch nicht entbehren.

Einfache Eiweißkörper.

a) Albumine,
b) Globuline,
c) Prolamine,
d) Phosphorglobuline, -proteine (früher als Nucleoalbumine bezeichnet).

e) Koagulierte Eiweißkörper,
f) Histone;
g) Protamine.

Umwandlungsprodukte von Eiweißkörpern.

a) Albuminate,
b) Albumosen,

c) Polypeptide,
d) Peptone.

Zusammengesetzte Eiweißkörper (Proteide).

a) Chromoproteide,
b) Glykoproteide,

c) Nucleoproteide.

Albuminoide.

a) Keratin,
b) Elastin,
c) Collagen,

d) Reticulin,
e) Skeletine.

Bei der Vielheit von Bausteinen, die zu einem Eiweißmolekül zusammentreten, ist die Zahl der möglichen Eiweißkörper unendlich groß, und in der Natur finden wir eine ganz unübersehbare Menge von ihnen verwirklicht. Eine zahlenmäßige Vorstellung oder, richtiger vielleicht, die Unzulänglichkeit unseres Vorstellungsvermögens für Zahlen gibt eine Berechnung von PLANCK u. E. FISCHER, nach welcher von einem Polypeptid, das aus 30 Molekülen 19 verschiedener Aminosäuren besteht, $1{,}28$ mal 10^{27} Isomerien möglich sind. Daß jeder Organismus aus vielen verschiedenen Proteinen aufgebaut ist, war seit langem bekannt. Daß die Zusammensetzung eines biologisch gleichwertigen Proteins bei verschiedenen Gattungen eine verschiedene ist, hat TH. B. OSBORNE an Eiweißkörpern der Pflanzensamen festgestellt, deren Zusammensetzung von Gattung zu Gattung sehr erheblich wechselt, so daß eine fast unendliche Zahl von Samenproteinen angenommen werden muß.

Eine ganz ungeheure Mannigfaltigkeit der Proteine bei Tier und Pflanze folgt aus den Ergebnissen der biologischen Reaktion (Präcipitinreaktion, anaphylaktische Reaktion und ähnliches), die Unterschiede zwischen den Arten mit Sicherheit anzeigt. Die Eiweißkörper desselben Individuums sind aber ihrer chemischen Zusammensetzung nach sicherlich verschiedener als zwei Serumalbumine von Tieren verschiedener Art, die sich durch die Präcipitinreaktion unterscheiden lassen. Daß die biologische Reaktion mit Zahl und Art der Eiweißbausteine zusammenhängt, ist demnach sehr unwahrscheinlich.

Aus den Untersuchungen von K. LANDSTEINER c. s. geht hervor, daß die serologische Specifizität von der chemischen Konstitution der reagierenden Gruppen und deren Anordnung im Raum abhängt. So ließen sich spezifische Reaktionen erzielen mit Antigenen, an die aromatische Bausteine mit einem in verschiedener Weise substituierten Benzolkern gebunden waren. Auch stereoisomere Verbindungen konnten serologisch differenziert werden.

Literatur.

FISCHER, E.: Isomerie der Polypeptide. Hoppe-Seylers Z. **99**, 54 (1917).
HÖBER, R.: Physikalische Chemie der Zelle und der Gewebe. 2. Aufl. Leipzig 1922.
LANDSTEINER, K.: Specif. Serumreaktionen mit einfach zusammengesetzten Substanzen von bekannter Konstitution. Biochem. Z. **104**. 280 (1920).
— and J. VAN DER SCHEER: Serological differentiation of Steric Isomers. J. exp. Med. **48**, 315 (1928).
OSBORNE, TH. B.: Die Pflanzenproteine. Erg. Physiol. **10**, 47 (1910).
PINCUSSEN, L.: Physikalische Chemie des Blutes und der Lymphe. Handbuch der Biochemie, 2. Aufl., 4, 1 (1925).
WELLS, H. G.: The chemical aspects of immunity. Amer. chem. Soc. Monograph Series. New York **1925**, 77.

6. Die Eiweißkörper als Kolloide.

Als Kolloide bezeichnete TH. GRAHAM bekanntlich solche Stoffe, die im Gegensatz zu den Krystalloiden nicht krystallisieren und gar nicht oder nur sehr langsam durch eine Membran diffundieren. Die Gruppe der Krystalloide sollte der unbelebten Natur, die der Kolloide der belebten eigentümlich sein. Es zeigte sich aber, daß diese Zweiteilung den Tatsachen nicht entspricht. So z. B. gibt es Stoffe, die sich wie das Serumalbumin und das Hämoglobin in wässeriger Lösung als Kolloide verhalten und doch krystallisieren, während andererseits jeder Körper, auch jedes anorganische Salz, in einen Zustand zu bringen ist, in dem er nicht dialysiert, also den Charakter eines Kolloids hat. Man darf daher nicht mehr von kolloiden Stoffen sprechen, sondern nur den kolloiden Zustand der Materie betrachten.

Da die Eigentümlichkeiten des kolloiden Zustandes sich nur bei Gegenwart eines Lösungsmittels zeigen, und da von diesen dem Wasser eine überragende und für unsere Aufgabe eine ausschließliche Bedeutung zukommt, so handelt es sich darum, den Begriff der (wässerigen) kolloidalen Lösung aufzustellen.

Die Lösung eines beliebigen Stoffes in Wasser erfolgt unter Aufteilung. Von dem Grade dieser Aufteilung hängt es ab, ob eine Lösung kolloiden oder kristalloiden Charakter hat.

Denkt man sich ein reines Lösungsmittel chemisch oder physikalisch bis in seine kleinsten Einheiten aufgeteilt, so muß man immer zu einem kleinsten Teilchen gleicher Art kommen. Ein reines Lösungsmittel ist also homogen. Befindet sich ein zweiter Stoff in dem Lösungsmittel, so liegt ein heterogenes System vor, in dem sich Einzelteilchen verschiedener Art, verschiedene Phasen, das Dispersionsmittel und die „disperse Phase", befinden. Die disperse Phase kann von sehr verschiedener Größe sein.

Bei vollständiger Aufteilung hat sie Dimensionen eines Moleküls bzw. Ions, bei gröberer chemischer Aufteilung erreicht sie mikroskopische Wahrnehmbarkeit $(0,1\,\mu)$. Zwischen diesen äußersten Werten gibt es alle Übergänge, und diejenigen heterogenen Systeme, in denen die Aufteilung der Teilchen zwischen den Dimensionen von $0,1\,\mu$ und $1\,\mu\mu$ liegt, bezeichnet man als kolloidale Systeme.

Wenn die Eigenschaften des kolloidalen Zustandes von der Teilchengröße allein abhängig wären, so müßten sich bereits bei der außerordentlichen Spannung der Durchmesserwerte erhebliche Unterschiede ergeben. Dazu kommt noch, daß die Stoffe, je nach ihrer Natur, eine unterschiedliche Beziehung zum Dispersionsmittel haben. Das wird bereits bei der Darstellung der Lösungen ersichtlich. Während Gelatine oder Leim oder ein zweckmäßig hergestellter Eiweißkörper bei Gegenwart von Wasser zuerst Quellungserscheinungen zeigen und allmählich von selbst in Lösung gehen, läßt sich die kolloidale Aufteilung eines Edelmetalls, wenn man vom Metall ausgeht, nur durch elektrische Zerstäubung, wenn man von einer Edelmetallsalzlösung (molekulardispersen Phase) ausgeht, nur durch vorsichtige Reduktion herstellen. Eine solche Lösung ist unstabil, sie setzt mit der Zeit ab, läßt sich durch Zentrifugieren zerstören und ist gegen kleine Elektrolytmengen äußerst empfindlich. Diesem Verhalten liegt ein Fehlen von Anziehungskräften zum Wasser zugrunde. Hierauf beruht das Einteilungsprinzip. Solche Lösungen, die an der Grenze zu den groben Dispersionen stehen, bezeichnet man als Suspensionskolloide oder Suspensoide oder hydrophobe Kolloide. Sie spielen in der klinischen Medizin als Reagenzien (kolloidale Goldlösung, kolloidale Eisenhydroxydlösung, Mastixsuspension u. a.) eine Rolle. Im Gegensatz zu den Suspensoiden haben die biologisch wichtigen Kolloide, die Biokolloide, eine sehr enge Beziehung zum Wasser. Man hat einiges Recht zu der Vorstellung, daß das Einzelteilchen an seiner Oberfläche eine Wasserhülle trägt und selbst von Wasser durchdrungen ist. Man nennt daher diese Kolloide hydrophile Kolloide oder Emulsionskolloide oder Emulsoide.

Zu dieser Gruppe gehören alle Aufteilungen von Eiweiß in Wasser, somit auch alle Zellen und die Flüssigkeiten des Körpers. Diese Systeme bilden das Substrat der Lebensvorgänge. Alle Veränderungen in diesen Systemen haben physiologische oder pathologische Bedeutung. Das, was die pathologischen Anatomen trübe Schwellung, hyaline Degeneration, Koagulation, Nekrose, Verkäsung nennen, sind schwere (mit Ausnahme der trüben Schwellung) irreversible Störungen der Kolloidstruktur des Zellprotoplasmas. Die feineren Veränderungen, die der Funktion eigentümlich sind, und die noch reversiblen Veränderungen, die der krankhaften Affektion oder der krankhaft gestörten Funktion entsprechen mögen, sind der physikalisch-chemischen Analyse nicht zugänglich. Die histologische Untersuchung am fixierten und gefärbten Präparat kann nicht mehr als ein verzerrtes Bild geben, weil durch die Behandlung mit eiweißfällenden Mitteln (Fixation) die vitalen Vorgänge in unübersehbarer Weise überlagert werden.

Ganz anders steht es aber mit den Veränderungen der Körperflüssigkeiten.

Insbesondere bei Blut, Harn und Liquor cerebrospinalis bedient sich die Klinik einer großen Zahl physikalisch-chemischer und kolloidchemischer Methoden, mit denen es gelingt, in die Zusammensetzung und Struktur dieser Flüssigkeiten Einsicht zu gewinnen. Das Verständnis dieser Methoden und die Bewertung ihrer Ergebnisse hat die Kenntnis der Eigenschaften der Emulsoide zur Voraussetzung.

Emulsoide setzen die Oberflächenspannung des Lösungsmittels herab.

Jede Oberfläche ist der Sitz einer Kraft, der Oberflächen- oder Grenzflächenspannung. Das Produkt dieser Kraft und der Oberflächengröße ist die Oberflächenenergie, die, wie jede Energie, einem Minimum zustrebt. Das kann sowohl durch Verkleinerung der Oberfläche, wie der Oberflächenspannung geschehen. Stoffe, die die Oberflächenspannung des Wassers herabsetzen (oberflächenaktive oder positiv-kapillaraktive Stoffe), reichern sich unter Verdrängung der Wassermoleküle in der Oberfläche an und können dort zu Gerinnungen (Häutchenbildung) führen (Fibringerinnung. Thrombenbildung, irisierendes Häutchen auf alkalisch secerniertem Harn, siehe auch Steinbildung. Man mißt die Oberflächenspannung mit Hilfe des Stalagmometers (J. Traube) durch Feststellung der Tropfenzahl bei konstanter Temperatur. Bei einer Tropfenzahl des Wassers von 48,3 ist für Blutserum des Menschen 54,8 gefunden worden (Traube). Das sind Zahlen, die nur für ein bestimmtes Stalagmometer gelten. Absolute und vergleichbare Werte erhält man, wenn man die Zahl auf das Einheitsmaß umrechnet. Für menschliches Blutserum erhält man dann 70 Dyn/cm. Eine Herabsetzung der normalen Oberflächenspannung beobachtet man besonders bei Ikterus infolge der Anwesenheit der stark capillaraktiven Gallensäuren im Blute. Diese Eigenschaft der Gallensäuren liegt auch dem Versuch zugrunde, ihre Ausscheidung im Harn mit Hilfe der Schwefelblumenprobe nach Hay zu erkennen, bei der an der Oberfläche angereicherter feinverteilter Schwefel durch die Gallensäuren verdrängt und zum Sedimentieren gebracht wird. Eine Erniedrigung der Oberflächenspannung des Blutserums findet weiterhin statt bei Asphyxie, schwerer Kreislaufstörung und bei experimenteller Urämie nach Nierenausschaltung. Die Meiostagminreaktion nach M. Ascoli und G. Izar beruht darauf, daß die Oberflächenspannung des Serums durch eine alkoholische Linol-Ricinolsäurelösung primär herabgesetzt wird. Dadurch, daß die Kolloidteilchen des normalen (nicht des pathologischen) Serums mit den Linol-Ricinolsäurenmolekülen eine Oberflächenreaktion (Adsorption) eingehen, wird die Konzentration der Fettsäuren in der Oberfläche wieder kleiner und tritt eine Wiedererhöhung der Oberflächenspannung ein (L. F. Loeb).

Der Vorgang der Häutchenbildung und die von L. F. Loeb am Beispiel der Meiostagminreaktion diskutierte Möglichkeit der Reaktion der Eiweißteilchen mit anderen oberflächenaktiven Stoffen zeigt, daß mit einer spontanen Veränderung der Oberflächenspannung und mit Eingriffen, die diese Spannung beeinflussen, eine Umwandlung des Dispersitätsgrades der Kolloidteilchen einhergeht.

Die innere Reibung (Viscosität) der Lösungen von Emulsoiden ist gegenüber der reinen Wassers stark erhöht. Während bei den Suspensionskolloiden die innere Reibung vom Gesamtvolumen der dispersen Phase abhängt, rufen die Emulsoide eine viel stärkere Erhöhung der Viscosität hervor, als ihrem Trockenvolumen entspricht. Darin liegt ein deutlicher Hinweis darauf, daß sich das Emulsoidteilchen nicht isoliert, sondern mit einer Wasserhülle umgeben und von Wasser durchsetzt (gequollen) in der Flüssigkeit befindet, und daß infolge der dadurch bedingten Volumenvergrößerung die einzelnen Teilchen einander so benachbart stehen, daß ihre Bewegung mit starker Reibung und mit Deformierung der Micellen erfolgt. Nach E. Hatschek nimmt in einer 9,4%igen Kaseinlösung die disperse Phase 88% des Gesamtvolumens ein. Ein Bild von der Struktur des Blutserums gibt eine Berechnung, nach der in einer 6%igen Eiweißlösung (das Serum enthält 7—8%) 88% auf die disperse Phase und nur 12% auf das Dispersionsmittel entfallen. Die Viscosität der Emulsoidlösungen ist also abhängig vom Kolloidgehalt, von dem durch Quellung vergrößerten Teilchenvolumen und, da die Bildung der Wasserhülle eine Oberflächenerscheinung ist, von der Größe der Oberfläche (des Dispersionsgrades) und der Oberflächenbeschaffenheit.

Die Viscosität des menschlichen Serums beträgt bei 38⁰ — die des Wassers zu 1 gesetzt — 1,78 bis 2,09. St. Rusznyak hat die Differenzen, die durch verschiedenen Eiweißgehalt bedingt sind, dadurch ausgeglichen, daß er die Sera durch Ultrafiltration auf den gleichen Eiweißgehalt (10%) brachte. Den so gefundenen Wert bezeichnet er als „reduzierte Viscosität". Er findet Zahlen zwischen 2,0 und 2,7, im Durchschnitt 2,35 und sehr bedeutende Erhöhungen bei ödematösen und hydrämischen Nierenkranken. Die Tatsache, daß dann trotz gleichen Eiweißgehalts so große Schwankungen bestehen, weist auf die Bedeutung der obenerwähnten anderen Faktoren hin. Nach intravenöser Injektion hydrophiler Kolloide (Gummi arabicum, Gelatine u. a.) steigt die Viscosität stark an.

Zur vergleichenden Bestimmung der Viscosität eines Serums ist die Beziehung zur Viscosität eines Normalserums von gleicher Kolloidkonzentration notwendig (O. Naegeli; Viscositätsfaktor nach A. Ellinger und S. M. Neuschloss; spezifische Viscosität nach Paul Spiro).

Die Viscosität des Blutes ist bedeutend höher als die des Plasmas oder Serums; sie ist abhängig von der Zahl der roten Blutkörperchen, steigt aber bedeutend schneller als diese an. Für die Klinik ist das Viscosimeter nach Hess ein sehr brauchbares Instrument, weil nach E. Rothlin der angewandte Druck so groß ist, daß die Bedingungen für die Gültigkeit des Poiseuilleschen Gesetzes erfüllt sind. Die zahlenmäßige Beziehung der Viscosität zur Erythrocytenzahl hat zu einer Methode der Bestimmung des Blutkörperchenvolumens geführt (Ulmer, J. Aebly).

Von erheblichem Interesse ist die alte Beobachtung, daß die Viscosität des Blutes durch Kohlensäure erheblich erhöht wird, weil unter einem Ionenaustausch zwischen Körperchen und Plasma eine Volumenzunahme der Erythrocyten eintritt. Diese Tatsache, die uns später noch beschäftigen wird, zeigt, daß die Methode der Viscosimetrie einen Einblick in die Beziehungen zwischen Plasma und Zellen zu gewinnen gestattet. Die Viscositätsbestimmung des Blutes in der Klinik ergibt Beziehungen zur Körperchenzahl (Abnahme bei schwerer Anämie [auch wegen Veränderung des Plasmas], Zunahme bei Hyperglobulie, bei experimentellen Vergiftungen, bei akuter Beri-Beri). Bei Arteriosclerose ist nach W. Müller der Wert ganz normal. Der arterielle Hochdruck hat (bei normaler Blutkörperchenzahl) keine Beziehung zur Viscosität, und die Jodsalze, von denen man glaubte, daß sie die Viscosität herabsetzen, entfalten ihre vermeintliche Heilwirkung jedenfalls nicht auf diese Weise.

Die Teilchen der Kolloide haben eine elektrische Ladung, die von kleinen

Mengen adsorbierter anderer Stoffe, die H^+ oder OH' abspalten, herrührt, aber auch mit ihrer chemischen Konstitution zusammenhängen kann. Bringt man in eine kolloidale Lösung zwei Elektroden, so bewegen sich die Teilchen zur Anode oder Kathode. Diese Erscheinung nennt man Kataphorese. Die Eiweißkörper sind wie die Aminosäuren, aus denen sie zusammengesetzt sind, amphotere Elektrolyte (Ampholyte), die mit Säuren und Basen nach stöchiometrischen Beziehungen ionisierbare Salze bilden können. Sie verhalten sich in alkalischen Lösungen wie Säuren und in sauren Lösungen wie Basen. Daher kann die Wanderungsrichtung der Eiweißteilchen im elektrischen Feld durch Säuren und Laugen umgekehrt werden; mit anderen Worten: die Teilchen sind je nach der Reaktion des Mediums positiv oder negativ elektrisch. W. B. HARDY, dem diese Entdeckung verdankt wird, hat darauf hingewiesen, daß ein Punkt existieren muß, in dem die Teilchen und die sie umgebende Flüssigkeit keine Ladungsdifferenz haben, d. h. isoelektrisch sind. Im isoelektrischen Punkt ist das Protein praktisch weder mit einem sauren noch mit einem basischen Rest, auch nicht mit einem neutralen Salz verbunden. In diesem Punkt erreicht also der undissociierte Anteil des Elektrolyten sein Maximum (L. MICHAELIS). Dieser isoelektrische Punkt ist von großer Bedeutung, weil die Stabilität der kolloiden Lösung um so geringer wird, je mehr man sich ihm nähert, so daß schließlich, wenn er erreicht wird, Koagulation oder Flockung eintreten kann. Der Grund für dieses Verhalten liegt darin, daß die Proteine, wie viele Krystalloide, im ionisierten Zustand besser löslich sind als im nichtionisierten. Ein großer Teil der in der klinischen Diagnostik gebräuchlichen Reaktionen, in denen eine Präcipitierung, Agglutination (WIDALsche Reaktion), eintritt, haben zu diesen Verhältnissen enge Beziehungen. Wenn die Verminderung der elektrischen Ladung die Eiweißteilchen in die Richtung der Ausflockung oder der Teilchenvergröberung drängt, d. h. die Lösung unstabil macht, so folgt daraus die Umkehrung, daß die Stabilität und die Dispersion um so stärker sind, je größer die elektrische Ladung ist. Die Dispersion der Eiweißteilchen im lebenden Organismus kann durch Salze, Pharmaka und andere Kolloide in nachweisbarer Weise verändert werden. Die kolloidale Struktur des Blutplasmas z. B. ist also keine konstante Größe. Den auftretenden Verschiedenheiten kommt eine große biologische Bedeutung zu. In der Serodiagnostik spielen Labilitätsreaktionen der Eiweißkörper eine Rolle.

Die Lösung hydrophiler Kolloide übt einen osmotischen Druck aus, der entsprechend der relativ geringen Zahl der Einzelteilchen sehr gering, mit der Ionisierung veränderlich und daher am isoelektrischen Punkt am kleinsten ist. Der kolloidosmotische Druck, das Wasseranziehungsvermögen der Sole und das Quellungsvermögen der Gele, hat ein sehr großes biologisches Interesse und besonders auch für klinische Fragen (Ödem, Wasserbewegung, Diurese) erhebliche Bedeutung.

Hier ist zu bedenken, daß nirgendwo in der belebten Welt kolloidale Lösungen vorkommen, die frei von anorganischen Salzen sind. Es treten also innige Beziehungen zum Mineralstoffwechsel auf. Der kolloidosmotische Druck, die Viscosität und die Quellung der Lösungen hydrophiler Kolloide zeigen die gleiche gesetzmäßige Abhängigkeit von der Reaktion und von der Anwesenheit von Salzionen. F. HOFMEISTER, der dieses wichtige Gebiet eröffnet hat, fand die

Anionen von besonderer Wirksamkeit und stellte die bekannte (HOFMEISTERsche) Anionenreihe auf. Gegen diese Lehre ist in den letzten Jahren von J. LOEB ein heftiger Angriff geführt worden. Nach diesem Autor wirken alle Ionen auf die genannten Eigenschaften der Kolloide nur nach ihrer Valenz, also alle einwertigen ganz gleichmäßig. LOEB findet keine Wirkung der sonstigen chemischen Natur des Ions. Er hält die HOFMEISTERsche Reihe für fiktiv und für das Ergebnis einer falschen Methode, nämlich der Vernachlässigung der Wasserstoffionenkonzentration der Lösung. Gegen diese Auffassung von LOEB hat sich von vielen Seiten sehr starker Widerspruch bemerkbar gemacht. Die Mehrzahl der Autoren hält an der Bedeutung der HOFMEISTERschen Reihe fest, bestreitet aber nicht, daß die Berücksichtigung des p_H, für die zur Zeit der HOFMEISTERschen Untersuchungen noch alle Vorbedingungen fehlten, einen selbstverständlich wichtigen Faktor (s. o.) für die Beurteilung des strittigen Problems bildet.

Der Elektrolytgehalt der kolloidalen Flüssigkeiten des Organismus und die Tatsache, daß zwischen Eiweißteilchen und Medium eine elektrische Potentialdifferenz besteht, die Tatsache, daß die Eiweißteilchen ionisiert sind und das p_H nicht mit dem isoelektrischen Punkt zusammenfällt, weiterhin der Umstand, daß die Körperflüssigkeiten einer unendlich großen Grenzmembran gegenüberstehen, die für Kolloide undurchlässig ist, alles das zwingt zu einer kurzen Betrachtung, wie unter solchen Verhältnissen die Verteilung der Elektrolyte auf beiden Seiten der trennenden Membran erfolgt. Diese Frage hat eine vielfältige Bedeutung, die an einem alltäglichen Beispiel demonstriert werden soll, nämlich an der regelmäßigen Beobachtung, daß die Ödemflüssigkeit einen um etwa 15% höheren Gehalt an Chlorionen hat, als das Blutplasma, auch dann, wenn man nur den sogenannten lösenden Raum, das ist das Plasmavolumen vermindert um das Volumen der Proteine, in Rechnung stellt. Wenn hier die Gesetze des osmotischen Gleichgewichts in wässerigen Lösungen Gültigkeit hätten, so müßte die Konzentration aller Ionen auf beiden Seiten der Membran gleich sein. Die Kenntnis des Gleichgewichtes, das sich dann einstellt, wenn eine elektrolythaltige Lösung durch eine Membran, die für eine Art von Ionen undurchlässig ist, geteilt wird, verdanken wir F. G. DONNAN. Das DONNAN-Gleichgewicht oder Membrangleichgewicht ist dann erreicht, wenn die Produkte aus den Konzentrationen der diffusiblen Ionen auf beiden Seiten der Membran gleich sind. Da die Eiweißteilchen negative Ladungen haben, so wird Chlorion nach der Seite der eiweißärmeren Lösung verdrängt. Allgemeiner ausgedrückt besteht der Vorgang darin, daß bei dialysierunfähigem Anion des Innenelektrolyten (Kolloidelektrolyten) das Kation „angezogen“, das Anion „abgestoßen“ wird. Die einzelnen diffusiblen Anionen und Kationen finden sich nicht beiderseits der Membran in gleicher Konzentration, sondern es sind auf der einen Seite die diffusiblen Kationen, auf der anderen die diffusiblen Anionen angereichert. Diese ungleichmäßige Verteilung wird durch die Ladung des nichtdiffusiblen Ions bestimmt. Durch die Konzentrationsdifferenzen der Ionen auf beiden Seiten der Membran entsteht ein elektrisches Potential, das Membranpotential. Aus der Messung dieses Potentials läßt sich berechnen, welcher Teil des kolloidosmotischen Druckes durch die Elektrolytverschiebung bedingt ist.

Ein Membrangleichgewicht kann nur dann eintreten, wenn die Konzentration des Kolloidelektrolyten stark die des Elektrolyten überwiegt. Dieses Verhältnis ist in den Systemen, die für die Biologie das größte Interesse haben, verwirklicht. Die Anwendung dieses Prinzips in der Physiologie hat bereits begonnen. Aber auch für die Klinik beginnt die Theorie, von der J. Loeb übertreibend sagt, daß sie eine der Grundlagen sein wird, auf welcher sich die moderne Physiologie wird aufbauen müssen, Früchte zu tragen. So hat G. Hecht in unserem Laboratorium eine Untersuchung über das Membrangleichgewicht und den kolloidosmotischen Druck des normalen Blutserums angestellt und gefunden, daß von dem kolloidosmotischen Druck des Serums, der 40 cm Wasser beträgt, 18,6 cm auf Rechnung der dem Donnan-Gleichgewicht folgenden Elektrolytverschiebung kommen.

Koagulation. Agglutination. Dispersitätsgrad und Stabilität einer kolloidalen Lösung vermindern sich fortschreitend mit der Annäherung an den isoelektrischen Punkt, so daß, ohne daß eine Fällung wahrnehmbar wird, das Verhalten der Lösung der eines Suspensionskolloids immer ähnlicher wird. Auch die Teilchen der Suspensionskolloide haben, wie aus der Wanderungsgeschwindigkeit ersichtlich, eine elektrische Ladung und eine Stabilität, die im Verhältnis zu dem Potential ihrer Ladung steht. Ist dieses auf einen gewissen kritischen Wert erniedrigt, so ist das System unstabil. Suspensoide sind gegen Elektrolyte äußerst empfindlich. Der Zusatz eines starken Elektrolyten setzt das Grenzflächenpotential herab und führt über den unstabilen Zustand zur irreversiblen Ausflockung. W. B. Hardy hat festgestellt, daß die Flockung der positiven Kolloide hauptsächlich von den Anionen, die der negativen Kolloide hauptsächlich von den Kationen abhängt. Eine besondere Fällungskraft kommt dem Wasserstoffion und den mehrwertigen Metallionen zu. Die hydrophilen Kolloide erfordern zur Fällung eine weit höhere Salzkonzentration. Die Fällungen sind mit Ausnahme der durch Schwermetallsalze erzeugten reversibel. Weiterhin sind hydrophile Kolloide auch durch andere Kolloide fällbar, sowohl durch Suspensoide als durch Emulsoide. Bei der Reaktion mit einem Suspensoid ist wohl eine Adsorption des Proteins an die große Oberfläche der suspensoiden Teilchen der erste Akt, dem durch Entladung die Ausfällung als zweiter folgt. Tritt die Entladung nicht ein, so hat jedes Teilchen des Suspensoids eine Umhüllung mit dem hydrophilen Kolloid, durch welche es die Stabilität eines Emulsoids gegen Salze, Erhitzen, Eintrocknen und Gefrieren bekommt. Das Emulsoid schützt also das Suspensoid gegen zerstörende Einflüsse. Man spricht dann von einem Schutzkolloid (R. Zsigmondy). Solche Vorgänge spielen sowohl im Geschehen des lebenden Organismus wie in der klinischen Laboratoriumstechnik eine Rolle. Die Reaktion zwischen zwei Emulsoiden ist ein Vorgang von vielseitigem Interesse. Sie tritt um so leichter ein, je mehr bei dem einen die saure, bei dem anderen die basische Natur ausgesprochen ist, kommt aber auch ohne elektrische Gegensätze vor. Die Reaktion ist durchaus abhängig von einem Optimum der Konzentrationen. Ein Überschuß eines Kolloids verhindert die Fällung und kann sogar gefällte Substanz wieder zur Lösung bringen.

Unter diesem Gesichtspunkt der Kolloidfällung durch Salze, Säuren und durch andere Kolloide werden später die Eiweißreaktionen im Harn betrachtet werden.

Aber auch andere klinisch bedeutsame Vorgänge können nur auf dieser Basis verstanden werden.

An erster Stelle stehen die **Immunitätsreaktionen**, die ARRHENIUS in umfassender Weise als dem Massenwirkungsgesetz folgende chemische Reaktionen aufgefaßt hat. Von anderen Autoren, insbesondere auch von L. MICHAELIS, werden statt chemischer Affinitäten Oberflächenbeziehungen angenommen. Der Gegensatz zwischen diesen beiden Anschauungen verwischt sich immer mehr, so daß wir wohl berechtigt sind, die Reaktion zwischen präcipitabler Substanz und Präcipitin zu den Kolloidreaktionen zu rechnen. Übersichtlicher liegen die Verhältnisse bei den Agglutinationen von Zellen. Die Aufschwemmung von Bakterien (also eine Kultur) und andere Zellsuspensionen (Blut) haben nach der Größenordnung der Einzelteilchen den Charakter einer kolloidalen Suspension. Da aber die Oberfläche der Einzelteilchen aus hydrophilen Kolloiden besteht, so ändert sich dieser Charakter, wie es bei einem mit Schutzkolloid umhüllten Suspensoid geschieht, und es treten Eigenschaften zutage, die einem Emulsoid entsprechen. Dadurch nun, daß die Oberfläche der Teilchen in irreversibler Weise nach der Richtung der Dispersitätsverminderung verändert wird, erscheinen die Charakteristica des Suspensoids. Eine spezifische Veränderung dieser Art wird durch das spezifische Agglutinin bewirkt. H. BECHHOLD hat gezeigt, daß Typhusbakterien durch Salze von Alkalien und Erdalkalien in bestimmten Konzentrationen nicht fällbar sind, aber nach Behandlung und Beladung mit Agglutinin fällbar werden. Ebenso verhalten sich nach L. HIRSCHFELD und SV. ARRHENIUS die roten Blutkörperchen. Wir haben also bei diesem Vorgang wie bei anderen aus dem Gebiet der Immunitätslehre zunächst eine Oberflächenreaktion zwischen zwei hydrophilen Kolloiden (Bakterienoberfläche und Agglutinin) und, infolge der dadurch bedingten Veränderung der Oberfläche (Entladung u. a.), eine Ausflockung.

Für klinische Fragen der mannigfachsten Art hat in den letzten Jahren seit der Arbeit von R. FÅHRAEUS das entsprechende Verhalten der Erythrocyten Interesse und Bedeutung gewonnen. Das Blut ist eine Suspension, deren Stabilität aus der elektrischen Ladung der roten Blutkörperchen folgt. R. HÖBER hat festgestellt, daß die Erythrocyten zur Anode wandern, obwohl aus dem Verhalten ihrer Permeabilität (sie sind für Anionen durchgängig, für Kationen undurchgängig) das Gegenteil zu vermuten war. Hier liegt der sehr eigenartige Fall vor, daß eine Membran für Ionen undurchlässig ist, die sonst absolut unter den Begriff der Krystalloide fallen. Auch unter solchen Bedingungen, unter denen es sich also nicht (oder nicht ausschließlich) um ein Kolloid handelt, gilt die DONNAN-Theorie. E. J. WARBURG hat festgestellt, daß Cl', HCO'_3 und H^+ sich zwischen Blutkörperchen und Umgebung nach dem DONNAN-Gleichgewicht verteilen. Diese Verteilung hat ein Membranpotential zur Folge, und dieses Membranpotential ist an der Ladung der roten Blutkörperchen beteiligt (HOEBER). Die Stabilität der roten Blutkörperchen oder der reciproke Wert, die Blutkörperchensenkungsgeschwindigkeit (BSG), ist ein Gradmesser ihrer elektrischen Ladung. FÅHRAEUS hat beobachtet, daß die Erythrocyten von Schwangeren und solchen Menschen, die an Infektionen leiden, beschleunigt sedimentieren. Bei der Lungentuberkulose geht allem Anschein nach die BSG der Schwere des Prozesses parallel. Auch bei der secundären Lues ist sie beschleunigt, während bei Neugeborenen, Kachexie, Amenorrhoe, Ikterus die Stabilität des Blutes erhöht ist.

Die physikalisch-chemischen Vorgänge, die diesem Phänomen zugrunde liegen, sind in dem Laboratorium von HÖBER studiert worden. FÅHRAEUS hat festgestellt, daß die drei Hauptbestandteile des Plasmas, Fibrinogen, Globulin, Albumin, verschieden wirken und zwar so, daß die Sedimentierungsgeschwindigkeit in dieser Reihenfolge, die zugleich die Folge von der gröberen zur feineren Dispersität bezeichnet, abnimmt. Mit der Methode der Messung der Kataphorese hat FÅHRAEUS im Zitratblut, KANAI an Lösungen von Pseudoglobulin und Albumin gefunden, daß von Schwangeren gewonnenes Blut und Pseudoglobulin durch schwächere Salzlösungen als normales bzw. als Albumin umgeladen wird. HÖBER nimmt an, daß die Eiweißkörper des Plasmas von den roten Blutkörperchen adsorbiert sind, so daß die Erythrocytenfläche das Ladungspotential und damit die Stabilität des von ihm adsorbierten Eiweißkörpers erhält. Danach ist die BSG eine Folge der Struktur des Plasmas und kann im Zusammenwirken mit anderen Methoden (chemische Analyse, Messung der Viscosität, der Oberflächenspannung, des Brechungsindex) zur Auffindung physikalisch-chemischer Veränderungen der Blutflüssigkeit dienen.

Literatur.

ARRHENIUS, S.: Immunochemie. Leipzig 1907.

ASCOLI, M.: Die spezifische Meiostagminreaktion. Münch. med. Wschr. 1910, S. 62.

AEBLY, J.: Über Fehlerbestimmungen bei viskosimetrischer Volumbestimmung der Erythrocyten. Pflügers Arch. 179, 1 (1920).

ELLINGER, A. u. S. M. NEUSCHLOSS: Vergleich. Unt. u. Viscosität u. Ultrafiltrationsgeschwindigkeit von Serum. Biochem. Z. 127, 241 (1921).

FÅHRAEUS, R. (1): The suspension-stability of the blood. Stockholm 1921. — (2): Über die Ursachen der verminderten Suspenssionstabilität der Blutkörperchen während der Schwangerschaft. Biochem. Z. 89, 355 (1918).

FREUNDLICH, H.: Kolloidchemie und Biologie (1924).

HATSCHEK, E.: An introduction of the Physics and Chemistry of Colloids. London 1913.

HECHT, G.: Ü. d. Membrangleichgewicht und den kolloidosmotischen Druck des Serums. Biochem. Z. 165, 214 (1925).

HITCHCOCK, D. L.: Eiweißkörper und Donnangleichgewicht. Erg. Physiol. 23, 274 (1924).

KANAI, T.: Zur Theorie der Sedimentierung der roten Blutkörperchen. Pflügers Arch. 197, 583 (1923).

LOEB, J.: Die Eiweißkörper. Berlin 1924.

LOEB, L. F.: Das Wesen der Meiostagminreaktion. Biochem. Z. 136, 190 (1923).

MICHAELIS, L. (1): Die Wasserstoffionenkonzentration. 2. Aufl. Berlin 1922. — (2): Physikalische Chemie der Proteine. In: KORANYI-RICHTER, Physik. Chem. u. Med. 2, 341 (1908).

MÜLLER, H.: Untersuchungen über die Brauchbarkeit der HAY-Probe zum Nachweis der Gallensäuren im Harn. Schweiz. med. Wschr. 1921, 821.

MÜLLER, W.: Viskosität des menschlichen Blutes. Mitt. Grenzgeb. Med. u. Chir. 21, 377 (1910).

NAEGELI, O.: Blutkrankheiten und Blutdiagnostik. 1919.

ROTHLIN, E.: Methodik der Viskositätsbestimmung bei organischen Kolloiden. Biochem. Z. 98, 34 (1919).

RUSZNYAK, ST.: Die reduzierte Viskosität des Serums. Ebenda 133, 359 (1922).

SPIRO, P.: Ü. d. Quellungszustand der Blutserumeiweißkörper. Klin. Wo. 1923, S. 1744. — Klin. Unt. zur spezif. Viskosität des Blutserums. A. exp. Path. Pharm. 100, 38 (1922).

ULMER: Bestimmungen des Blutkörperchenvolumens auf viskosimetrischem Wege. J. D. Zürisch 1908.

WARBURG, E. J.: Studies on carbonic acid compounds and hydrogenion activities in blood and salt solutions. Biochem. J. 16, 153 (1922).

Zweites Kapitel.

Allgemeines über Fermente. Eiweißfermente des Verdauungskanals. Eiweißverdauung. Eiweißumbau. Arteigenes Eiweiß. Eiweißumsatz.

1. Allgemeines über Fermente.

Die Spaltung des Nahrungseiweißes erfolgt durch Fermente. Bei dem Interesse, das der Fermentanalyse, besonders nach Einführung der Duodenalsonde, in der Klinik zukommt, sind einige allgemeine Bemerkungen über die Fermente und über die Grundlagen der Messung ihres Wirkungsgrades angebracht.

Als Ferment bezeichnet man einen von oder aus Zellen gebildeten Stoff, der imstande ist, die Geschwindigkeit einer Reaktion zu steigern. Fermente gehören also in die Gruppe der Katalysatoren, die sich auch in der anorganischen Welt finden und bei vielen Prozessen eine große Rolle spielen. Trotz erheblicher Fortschritte, die die Chemie der Fermente, besonders durch die Arbeiten WILLSTÄTTERS, gemacht hat, ist die Reindarstellung noch nicht gelungen und über die Konstitution noch wenig bekannt. Die Arbeiten von R. WILLSTÄTTER und H. v. EULER haben aber das wichtige Resultat ergeben, daß die Fermente bestimmte „aktive Gruppen" enthalten. Die Fermentwirkung erfolgt bekanntlich in spezifischer Weise. Das kann dadurch geschehen, daß das Substrat die Fermente in spezifischer Weise bindet und damit unter den Einfluß der aktiven Gruppe kommt (eine Vorstellung, die in der Immunitätslehre als Spezifität der haptophoren Gruppe bezeichnet wird), oder aber auch dadurch, daß die Substratfermentbindung unspezifisch erfolgt und die aktive Gruppe eine spezifische Abbaureaktion in Gang bringt. Von anderen Autoren wird die Wirksamkeit der Fermente auf die Kolloidnatur zurückgeführt. Daß bei der Bindung Adsorptionsvorgänge eine Rolle spielen, ist wohl anzunehmen. Die neuere physikalische Chemie hat bereits sehr eindrucksvolle Hinweise dafür erbracht, daß unter einer Verdichtung an einer Oberfläche nicht eine strukturlose Verklumpung verstanden werden darf, sondern daß die Oberflächenstruktur der Moleküle, ihre Verteilung im Raume bei diesem Vorgang sehr in Betracht kommt (J. LANGMUIR, HARKINS). Für den Begriff der Fermentspezifität ist die Beobachtung wichtig, daß Bindung nicht notwendig den fermentativen Abbau zur Folge hat.

Das Ferment braucht zu seiner Wirkung ganz bestimmte Bedingungen. Für die Beobachtung, daß Fermente in den Zellen oder in den Organen in unwirksamer Form enthalten sind, hat man die Bezeichnung „Proferment" gebraucht. Es ist einfacher und übersichtlicher und mit vielen anderen Erfahrungen übereinstimmend, wenn man diesen Zustand der Unwirksamkeit nicht auf das Ferment, sondern auf das Medium bezieht. Die Wirkung der Fermente steht sehr stark unter dem Einfluß der Begleitstoffe, die die Tätigkeit des Ferments in Gang bringen, verstärken oder hemmen können. Der erste Vorgang spielt für die Verdauungsfermente eine sehr große Rolle. Man hat früher angenommen, daß das „Trypsinogen" (Proferment) durch die Enterokinase des Darmsaftes erst in Trypsin verwandelt wird. Eine Untersuchung von E. WALDSCHMITZ-LEITZ im Laboratorium WILLSTÄTTERS hat aber ergeben, daß es sich bei der Reaktion zwischen

Trypsin und Kinase nicht um eine feste Bindung, auch nicht um eine Umwandlung von „Trypsinogen" in Trypsin, sondern um ein ganz lockeres Additions- oder Adsorptionsprodukt handelt, das durch ein Adsorbens (Schütteln mit Tonerde in saurer Lösung) leicht trennbar ist, indem die Kinase an der Tonerde und in der Lösung inaktives, aktivierbares Trypsin bleibt. Die Enterokinase ist also nicht ein Ferment, das das Trypsinogen in Trypsin umwandelt, sondern ein spezifischer Aktivator, aus dessen lockerer Bindung man sich die Vorstellung gebildet hat, daß durch „gerichtete Adsorption" eine räumliche Annäherung der reagierenden Gruppen zustande kommt. Andere Aktivatoren entstehen durch die Tätigkeit der Fermente selbst. So wirken Peptide und Aminosäuren auf manche Prozesse stark beschleunigend. Außer den aktivierenden Begleitstoffen gibt es auch hemmende, die man als Paralysatoren bezeichnet. Man hat die Hemmungswirkung, die in einem bestimmten Medium eintritt, in manchen Fällen auf ein „Antiferment", also auf einen spezifischen Paralysator, zurückgeführt. Von dem Antitrypsingehalt des Blutserums ist eine Zeitlang viel gesprochen worden. Ob es sich dabei um einen spezifischen Antikörper handelt, ist aber zweifelhaft. Erzeugung von Antifermenten auf dem Wege aktiver Immunisierung scheint nur für Labferment und Trypsin gesichert zu sein. Damit ist aber die spezifische Antikörpernatur der spontan vorkommenden Hemmungskörper noch nicht erwiesen. Von dem Antipepsin des Serums hat sich herausgestellt, daß es durch die alkalische Reaktion des Blutes vorgetäuscht wird.

Von Interesse für die Klinik sind die Versuche P. Ronas und seiner Mitarbeiter über Ferment-

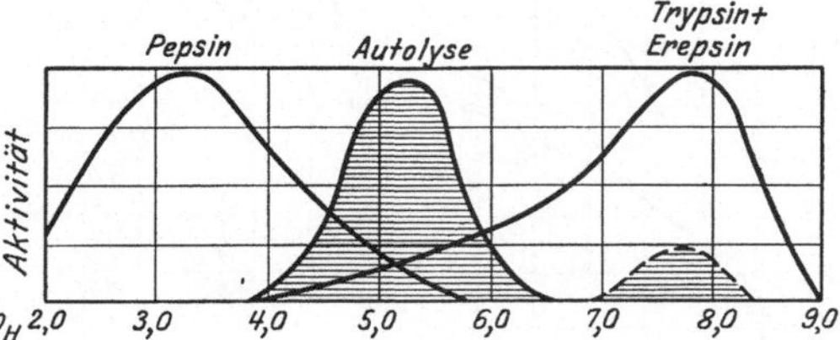

Abb. 1. Die Figur zeigt das Reaktionsoptimum für Pepsin, Trypsin und die gemeinschaftlich wirkenden autolytischen Fermente (nach DERNBY).

vergiftungen durch Pharmaka (Chinin, Atoxyl). Die Tatsache, daß beim Menschen die Serumlipase gegen Atoxyl und Chinin empfindlich, die Pankreaslipase aber atoxylfest und die Leberlipase chininfest ist, eröffnet sowohl für physiologische Erkenntnisse wie für diagnostische Aufgaben neue Möglichkeiten.

Für den Wirkungsgrad vieler Fermente und besonders auch der im Eiweißabbau tätigen hat die Reaktion des Mediums große Bedeutung. Für die proteolytischen Fermente der Hefezelle gibt K. G. DERNBY die Abhängigkeit von der Wasserstoffionenkonzentration in obiger Kurve, aus der gleichzeitig die allgemeinbiologische, sehr bemerkenswerte Tatsache hervorgeht, daß die Hefezelle die gleichen Eiweißabbaufermente besitzt, wie der hochentwickelte tierische Organismus.

Fermente sind auch zu Synthesen befähigt. Die Aufbautätigkeit im Organismus ist sicherlich fermentativer Natur. Auch über die synthetisierenden Eigenschaften proteolytischer Fermente gibt es bereits Positives. Wie aber diese Prozesse im Organismus vor sich gehen, wie die ab- und aufbauende Tätigkeit der Fermente ineinander greift, ist noch eine Welt der reizvollsten Rätsel.

Der qualitative Nachweis der Fermente ist methodisch sehr einfach. Über die quantitativen Verhältnisse kann man durch Messung der Reaktionsgeschwindigkeit Aufschluß gewinnen. Bei der Untersuchung der fermenthaltigen Sekrete, bei der eine genauere Kenntnis der Fermentkraft wohl wünschenswert ist, ergeben sich aber in der klinischen Laboratoriumspraxis große Schwierigkeiten, weil die wechselnden Einflüsse des Mediums (Katalysatoren, Paralysatoren, ionales Medium) die vergleichende Beurteilung, auf die es ankommt, sehr erschweren. Vielleicht wäre es aber möglich, mit Hilfe der Herstellung der optimalen Reaktion und mit ausgleichender Aktivierung durch Zusatz von Aktivatoren zu brauchbaren Methoden zu kommen.

Es ist notwendig, darüber nachzudenken, in welcher Weise die Tätigkeit der Fermente geregelt wird. Der Abbau der hochmolekularen Stoffe erfolgt stufenweise durch Ketten von Fermenten, von denen ein jedes das Produkt seines Vorgängers als Substrat übernimmt. Die Reaktionsgeschwindigkeit der einzelnen Vorgänge muß abgestimmt oder abstimmbar sein, wenn es nicht durch Trägheit eines Enzyms zu einer Stockung im ganzen Betrieb oder durch zu große Aktivität eines Abbauaktes zu einer Überschwemmung mit in gleichem Tempo nicht umwandelbaren Zwischenprodukten kommen soll.

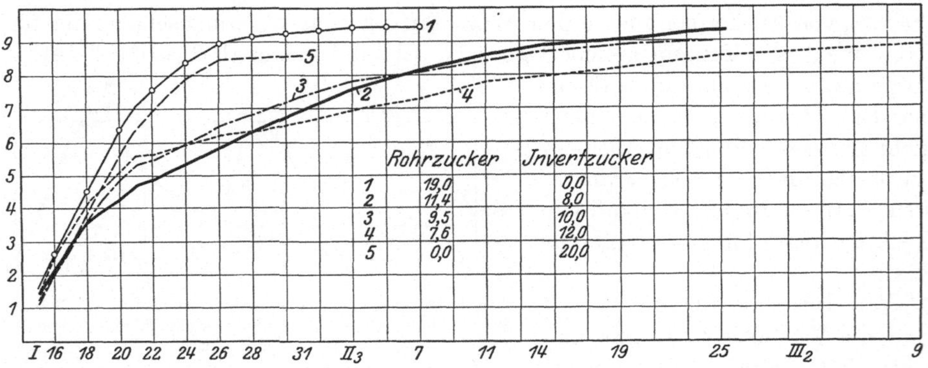

Abb. 2. Verlauf der Gärung in Hefekulturen, die Rohrzucker, Invertzucker und Gemische beider in verschiedenen Konzentrationen enthalten. Ordinate = g CO_2; Abscisse = Zeit.

Wenn auch gewiß im Organismus an dieser Regulation der Stoffwechselvorgänge Veränderungen der Oberfläche und Struktur der Zellen und Gewebe mitwirken (siehe S. 217), so läßt sich doch zeigen, daß die Aktivität der Fermente selbst auch durch die von ihnen gelieferten Produkte geregelt wird.

Diese Feineinstellung in einer Substratfermentkette ist nur unter physiologischen Bedingungen erkennbar, also nicht in einem Fermentversuch, in dem eine große Menge Ferments zur plötzlichen Wirkung gebracht wird, sondern, wenn man an dem klassischen Objekt der Fermentforschung, der Hefe, arbeitet, in einem Hefekulturversuch.

L. Lichtwitz hat solche Untersuchungen durchgeführt, indem er Hefe in Nährlösungen von Rohrzucker, Invertzucker und von verschiedenen Mischungen dieser Zucker wachsen ließ und die tägliche Kohlensäureproduktion und in Stichproben den Fortgang der Inversion bestimmte. Es zeigte sich, daß Rohrzucker allein und Invertzucker allein mit derselben Geschwindigkeit vergären wie die Monosaccharide in den Gemischen, daß aber der Rohrzucker dieser Gemische, nachdem die Monosaccharide vergoren waren, ganz außerordentlich langsam invertiert wird und ebenso langsam vergärt. Die Invertase erfährt also, wenn sie gegen eine hohe

Konzentration der von ihr gelieferten Produkte arbeitet, eine erhebliche und bleibende Abschwächung. Kurve 2 zeigt einen solchen Versuch. Man sieht, daß die Gärung in den Versuchen mit Rohrzucker-Invertzuckergemischen fast genau an der Stelle eine Verlangsamung erfährt, an der eine dem zugesetzten Invertzucker entsprechende Menge CO_2 gebildet ist.

Gruppe	Monosaccharid $= g\ CO_2$		Knick der Kurve bei $g\ CO_2$
II	8	$= 3{,}62$	3,90
III	10	$= 4{,}89$	5,07
IV	12	$= 5{,}86$	5,62

Literatur.

DERNBY, K. G. (1): Studien über die proteolytischen Enzyme der Hefe. Biochem. Z. **81**, 107 (1917). — (2): Studies on autolysis in animal tissue. J. of biol. Chem. **35**, 107 (1917).

v. EULER, H.: Chemie der Enzyme.

LANGMUIR, J.: The constitution and fundam. prop. of solids and liquids. J. amer. chem. Soc. **38**, 2221 (1916); **39**, 1848 (1917).

LICHTWITZ, L. (1): Über Fermentlähmung. Hoppe-Seylers Z. **78**, 128 (1912); **94**, 73 (1915). — (2): Über chemische Gleichgewichte und Endzustände im Stoffwechsel. Z. physik. Chem. **77**, 402 (1912); Kongr. inn. Med. **1911**, 534. — (3): Die Selbststeuerung des Reaktionsablaufs fermentativer Prozesse. Dtsch. med. Wschr. **1917**, Nr 21.

OPPENHEIMER, C.: Die Fermente und ihre Wirkungen. 5. Aufl. Leipzig 1925.

RONA, P. und E. BACH: Über die Wirkung des Atoxyls auf Serumlipase. Biochem. Z. **111**, 166 (1920).

— und P. GYÖRGY: Zur Kenntnis der Urease. Ebenda **111**, 115 (1920).

— und Mitarbeiter: Beiträge zum Studium der Giftwirkung. Ebenda **118**, 115, 213, 232 (1921); **130**, 582 (1922).

WALDSCHMIDT-LEITZ, E. (1): Enterokinase und die tryptische Wirkung der Pankreasdrüse. Ebenda **132**, 181 (1924). — (2): Die Enzyme. Braunschweig 1926.

WILLSTÄTTER, R. und Mitarbeiter: Zahlreiche Arbeiten in Berliner Berichten **55** ff.; Hoppe-Seylers Z. **123** f.

2. Eiweißfermente des Verdauungskanals.
Eiweißverdauung.

Die Spaltung des Nahrungseiweißes beginnt im Magen durch die Einwirkung des Pepsins bei saurer Reaktion. Bei den höheren Tieren entspricht dem Träger der sauren Reaktion, dem Wasserstoffion, bekanntlich Chlorion. Es handelt sich also im Magen um dissoziierte Salzsäure. Das Wasserstoffion ist der Aktivator des Pepsins. Von welcher Säure es abgespalten ist, hat keine prinzipielle Bedeutung (L. MICHAELIS). Für die Wirkung des Pepsins im Magen kommt also nur die Ionenacidität (= freie Salzsäure) und nicht die Titrationsacidität in Betracht. Die Salzsäure wirkt aber auch auf das Eiweiß unmittelbar ein, indem sie eine Quellung oder sogar Lösung, d. h. eine Vergrößerung der Oberfläche bewirkt, wodurch dem aktivierten Ferment der Angriff erleichtert wird. Dieser Einfluß der Salzsäure auf das Eiweiß ist aber keine notwendige Vorbedingung der Pepsinwirkung. MICHAELIS hat gezeigt, daß Pepsin auch durch Sulfosalicylsäure aktiviert wird, obwohl diese Säure eine Fällung, also eine erhebliche Verkleinerung der Oberfläche, bewirkt. Die Pepsinverdauung führt über lösliche Albuminate zu Albumosen und Peptonen, aber nicht zu freien Aminosäuren. Polypeptide werden nicht angegriffen. Im Darmkanal bewirkt das Trypsin nach seiner Aktivierung durch Enterokinase, am besten bei leicht alkalischer Reaktion, eine tiefgehende Spaltung, bei der zunächst Tyrosin, Tryptophan und Cystin aus dem Eiweißmolekül herausgesprengt werden, der die Abgabe anderer Aminosäuren langsamer folgt. Das Trypsin zerlegt die meisten genuinen Eiweißkörper, die meisten Albumosen und einen Teil der einfacheren Polypeptide. Eiweißkörper lebender Gewebe scheinen eine große Resistenz zu besitzen, die nicht allein auf die Anwesenheit eines Antitrypsins zurückgeführt werden kann. Vorbehandlung mit Pepsinsalzsäure hebt diese Unangreifbarkeit auf, wie überhaupt die Magenverdauung dem Trypsin die Arbeit sehr erleichtert. Das Verhalten der Polypeptide gegen das Pankreastrypsin ist von FISCHER und ABDERHALDEN eingehend untersucht worden. Es zeigte sich, daß nur ein Teil der synthetisch dargestellten Polypeptide von reinem Trypsin aufgespalten wird, und zwar nur diejenigen, an denen natürlich vorkommende, optisch aktive Aminosäuren beteiligt sind.

Bei der tryptischen Eiweißverdauung bleiben durch Trypsin nicht weiter angreifbare Reste übrig, die hauptsächlich Prolin und Phenylalanin enthalten. Diese Reste werden von dem von COHNHEIM entdeckten Erepsin, das native oder koagulierte Eiweißkörper gar nicht angreift, aber eine große Wirksamkeit auf Albumosen und Peptone besitzt, zu Aminosäuren aufgespalten. Das Erepsin ist im Darmextrakt aller untersuchten Säugetiere nachgewiesen worden. Pepsin und Erepsin zusammen spalten so vollständig wie siedende Säuren.

K. G. DERNBY fand in dem Brei der Magenschleimhaut ein Enzym von Trypsintypus (Optimum bei $p_H = 7,6$). WILLSTÄTTER findet in der Magenschleimhaut viel Erepsin und eine Protease (Proteinase), deren Wirkungsoptimum bei $p_H = 3,5—4$ liegt. Pepsinasen und Tryptasen wurden von DERNBY in Leber, Milz, Pankreas, von HEDIN in Milz, Niere und Lymphdrüsen beobachtet.

Nach E. WALDSCHMIDT-LEITZ und W. DEUTSCH lassen sich alle diese Organ- und Gewebsproteasen auf zwei Enzyme, eine im schwach sauren Gebiet wirkende Proteinase und eine im schwach alkalischen Gebiet wirkende Peptidase, zurückführen.

WILLSTÄTTER vermutet, daß diese beiden Enzyme mit den Proteasen der Leukocyten identisch sind. Die Proteinase der Magenschleimhaut wird als Kathepsin ($\varkappa\alpha\vartheta\acute\epsilon\psi\epsilon\iota\nu$ = verdauen) bezeichnet.

Kathepsin und Erepsin stellen nach der Arbeitshypothese von WILLSTÄTTER die proteolytische Ausrüstung der Leukocyten dar. Der leukocytäre Apparat des Magen-Darmkanals scheint mit diesen beiden Enzymen die von den Sekreten (Pepsin und Trypsin) eingeleitete Spaltung der Eiweißkörper zu vollenden und ihre Resorption zu bewirken.

Literatur.

COHNHEIM, O. (1): Umwandlung der Eiweißkörper durch die Darmwand. Hoppe-Seylers Z. **33**, 451 (1901); **35**, 134 (1902). — (2): Weitere Mitteilungen über Erepsin. Ebenda **36**, 13 (1902); **47**, 286 (1903). — (3): Chemie der Eiweißkörper. (1911).

DERNBY, K. G.: A study of autolysis of animal tissues. J. of biol. Chem. **35**, 179 (1918).

FISCHER und ABDERHALDEN: Über das Verhalten verschiedener Polypeptide gegen Pankreassaft und Magensaft. Hoppe-Seylers Z. **46**, 42 (1905).

HEDIN, S. J.: Die proteolytischen Enzyme der Lymphdrüsen. Hoppe-Seylers Z. **125**, 289 (1922).

MICHAELIS, L.: Die Bedeutung der Magensalzsäure. Biochem. Z. **111**, 105 (1920).

Waldschmidt-Leitz, E. und W. Deutsch: Über die proteolytischen Enzyme der Milz. Hoppe-Seylers Z. **167**, 285 (1927).

Willstätter, R.: Untersuchungen über Enzyme. Berlin 1928.

— und E. Bamann: Über die Proteasen der Magenschleimhaut. Hoppe-Seylers Z. **180**, 127 (1928).

3. Eiweißaufbau. Eiweißumbau. Arteigenes Eiweiß.

Die Eiweißfermente des Verdauungskanals sind in ihrem Zusammenwirken imstande, die Proteine in Aminosäuren zu zerlegen. Die Frage, ob das auch wirklich vollständig geschieht, kann nicht kurz mit ja oder nein beantwortet werden. Es ist sicher, daß Peptone resorbiert werden. Abel hat mit der Methode der Serumdialyse die Verdauungsalbumosaemie erwiesen. L. Borchardt und H. Lippmann haben Hemielastin und den Bence-Jonesschen Eiweißkörper nach Verfütterung auf chemischem und serologischem Wege im Blute nachweisen können. M. Rubner fand nach Leimfütterung Leim im Harn. Ad. Oswald hat gefunden, daß das Jodthyreoglobulin, das bei peroraler Darreichung einen Eiweißverlust verursacht, nach vorhergehender Trypsinverdauung diese Wirkung nicht mehr hat, und schließt daraus, daß dieser jodhaltige Eiweißkörper im Magen-Darmkanal nicht völlig aufgespalten wird. Daß nach seiner völligen Hydrolyse eine Synthese zu dem toxischen Ausgangsprodukt in der Darmwand eintritt, ist gewiß sehr unwahrscheinlich. Daß von rohem Eiereiweiß nach reichlicher Aufnahme kleine Mengen in den Harn übertreten, ist bekannt. Im Prinzip ist also die gesunde Darmschleimhaut zur Resorption auch nativer Eiweißkörper fähig. Diesem Vorgang kommt auch eine krankmachende Bedeutung zu, wie besonders Beobachtungen an kranken und schwachen Säuglingen und an Erwachsenen nach längerem Hungern lehren. Die Resorption artfremder Proteine oder hochmolekularer Eiweißprodukte kann unter solchen Verhältnissen zu Krankheitserscheinungen führen.

Aber quantitativ spielt die Aufnahme solcher Stoffe nur eine geringe Rolle. Da jede Tierart ihre spezifischen Proteine hat, und da die Ernährung durch Proteine anderer Arten und sehr verschiedener anderer Arten geschieht, so ist ein Umbau der Nahrungseiweißkörper notwendig. Dieser Umbau erfordert a priori nicht eine Zertrümmerung der Nahrungsproteine bis zu Aminosäuren. Auch die Tatsache, daß sich im Dünndarminhalt freie Aminosäuren nachweisen lassen, ist ebensowenig ein Beweis dafür, daß die Spaltung stets und vollständig bis zu Aminosäuren erfolgt, als die von Abderhalden gefundene Tatsache, daß in der Verdauung der Aminosäurengehalt des Blutes ansteigt. Die Vorfrage, ob eine ausreichende Eiweißernährung, das ist ein Aufbau arteigenen Eiweißes, mit einem Aminosäurengemisch möglich ist, muß vorher entschieden werden.

O. Loewi hat als erster einen Hund mit einem durch Pankreasautolyse gewonnenen abiureten Abbauprodukt im Stickstoffgleichgewicht erhalten. Abderhalden und seine Mitarbeiter haben bei Hunden mit Verdauungsprodukten, die nur die einfachsten Proteinbausteine, d. h. Aminosäuren, enthielten, Stickstoffgleichgewicht und sogar Stickstoffansatz erzielt. Auch der Mensch kann vollständig abgebautes Fleisch verwerten. Es gelang sogar, das gleiche Stickstoffminimum wie mit dem unversehrten Ausgangsstoff zu erreichen. Da selbst bei Verfütterung von 100 g des Aminosäuregemisches nur sehr wenige Aminosäuren in den Harn übergingen, während bei Einführung von Aminosäuren ins Blut ein beträchtlicher Teil durch die Nieren ausgeschieden wird, so schließt ABDERHALDEN, daß die Synthese der Bausteine bereits in der Darmwand vonstatten geht. Schließlich hat ABDERHALDEN einen Hund mit einem künstlichen Gemisch sämtlicher bekannten Aminosäuren, dazu mit Traubenzucker, Galaktose, Glycerin, Ölsäure, Palmitin- und Stearinsäure, den Bausteinen von Nucleinsäuren und Cholesterin ernährt und damit das Problem der Ernährung mit den einzelnen Bausteinen der Nahrungsstoffe — allerdings nur für die Verhältnisse eines kurzdauernden Experimentes — gelöst.

Auch am kranken Menschen sind Ernährungsversuche mit tief abgebautem Eiweiß gemacht worden. F. FRANK und A. SCHITTENHELM haben bei Einverleibungen per os und durch Klysma, die durch die gute Löslichkeit der Präparate sehr erleichtert werden, Vermeidung von Stickstoffverlust und sogar Stickstoffretention beobachtet. Die völlige Resorbierbarkeit vollständig abgebauter Nahrung vom Rektum aus hat auch O. COHNHEIM festgestellt. G. A. LALLEMANT und O. G. GROSS haben mit abgebautem Fleischeiweiß (Erepton) dieselben Ergebnisse erzielt und bei einem Patienten mit schwerer chronischer Degeneration des Pankreas, der bei Milchernährung eine dauernde negative N-Bilanz hatte, bei Gabe derselben Menge Stickstoff als Erepton eine positive Bilanz erreicht. Für die diätetische Therapie sind diese Versuche von praktischer Bedeutung, die sich noch erhöhen wird, wenn es gelingt, ein Präparat herzustellen, das frei von unangenehmem Geschmack und frei von Reizwirkungen bei rektaler Anwendung ist. An dieser örtlichen Reizwirkung, die sich auch bei peroraler Darreichung merklicher Mengen (30 g) in Enteritis äußert, sind wahrscheinlich höhermolekulare Stoffe von Peptoncharakter schuld, die bei subkutaner oder intravenöser Injektion des Präparates stark giftig wirken und eine Verwendung des Nährmittels zur parenteralen Ernährung ganz unmöglich machen.

Diese Versuche lehren, daß eine Synthese von arteigenem Eiweiß aus einem Aminosäuregemisch stattfinden kann.

Man nimmt an, daß im wesentlichen auch im Darmkanal die Eiweißaufspaltung bis zu Aminosäuren erfolge, daß also die Bildung von arteigenem Eiweiß von dem Zustand der höchsten Isomerienmöglichkeit ausgehe.

Der Eiweißaufbau vollzieht sich zum Teil mit überraschender Schnelligkeit — aller Wahrscheinlichkeit nach — bereits in der Darmwand. Es entsteht zunächst ein arteigenes Plasmaeiweiß, das die Eiweißnahrung der Körperzellen bildet. Da die Proteine der einzelnen Organe eine ganz verschiedene Zusammensetzung haben, so muß das Plasmaeiweiß, um Organeiweiß zu werden, eine zweite Umlagerung erfahren.

Das arteigene Plasmaeiweiß ABDERHALDENs ist ein anderer Ausdruck für das zirkulierende Eiweiß C. VOITs und seine Synonyma.

Es ist eine lebenswichtiger Teil der Eiweißverdauung, dem Nahrungseiweiß die Eigenschaften der fremden Art zu rauben.

Wird Eiweiß parenteral zugeführt, so wird nur ein ganz geringer Teil durch die Nieren ausgeschieden. Es ist gelungen, bei einem Hunde $2/3$ des Nahrungseiweißes durch Pferdeserum zu ersetzen, ohne das N-Gleichgewicht zu stören. Besonders gut scheint arteigenes Serum vertragen zu werden. Die Ansicht, daß das parenteral zugeführte Eiweiß durch die Arbeit des Darmes assimiliert wird, hat sich nicht als richtig erwiesen, da K. v. Kövösy auch bei Ausschaltung des Darmes das Eiweiß im Körper verbleiben sah. Diese Versuche mit einmaliger parenteraler Eiweißzufuhr besagen aber nichts für die praktische Möglichkeit einer parenteralen Eiweißernährung und gegen die Bedeutung der Darmverdauung im biologischen Sinne. Wir wissen aus der Immunitätslehre, daß parenterale Einverleibung artfremden Eiweißes zum Auftreten von Antikörpern und bei wiederholter Injektion nach passender Zeit zum anaphylaktischen Zustand führt. Die parenterale Ernährung mit Eiweiß ist also ein gefährlicher, sogar tödlicher Eingriff, ebenso wie die Zufuhr von hohen Spaltprodukten (Peptonen und Albumosen). Anders aber verhalten sich die tiefen Abbauprodukte. V. Henriques und C. Andersen ist es gelungen, durch fortdauernde intravenöse Zufuhr eines fast vollständig abgebauten Fleisches (Erepton der Höchster Farbwerke mit etwa 15% peptidgebundenem Stickstoff) mit Zusatz von Traubenzucker und Salz Tiere (Ziegenböcke) bis zu 20 Tagen am Leben zu erhalten und dabei eine bedeutende Stickstoffablagerung zu erzielen.

Nun ist allerdings N-Retention durchaus nicht gleichbedeutend mit Eiweißbildung. Aber ein Versuch von 20 Tagen macht es doch sehr wahrscheinlich, daß bei den Tieren von Henriques und Andersen wirklich ein Zusammentreten der Aminosäuren stattgefunden hat. Daß der Darm der Tiere ganz unbeteiligt gewesen ist, kann nicht behauptet werden. Aber auch allen anderen Zellen muß, da sie doch nach Abderhalden die Fähigkeit besitzen, aus dem arteigenen Serumeiweiß ihr spezifisches Organeiweiß zu machen, die Eigenschaft zukommen, Eiweiß aufzuspalten und die Spaltstücke zu Eiweiß wieder zusammenzufügen.

Literatur.

Abderhalden, E.: Fütterungsversuche mit vollständig abgebauten Nahrungsstoffen. Hoppe-Seylers Z. 77, 22 (1912).

Frank, F. und A. Schittenhelm: Über die Verwertung von tiefabgebautem Eiweiß im menschlichen Organismus. Ebenda 63, 215 (1909).

Borchardt, L. und H. Lippmann: Über die Resorptionsweise des Bence-Jonesschen Eiweißkörpers. Biochem. Z. 25, 6 (1910).

Cohnheim, O.: Die Wirkung vollständig abgebauter Nahrung auf den Verdauungskanal. Hoppe-Seylers Z. 84, 419 (1913).

Frank, F. und A. Schittenhelm: Zur Kenntnis des Eiweißstoffwechsels. II. Ebenda 73, 157 (1911).

Freund, E. und H. Popper: Über das Schicksal von intravenös einverleibten Eiweiß-Abbauprodukten. Biochem. Z. 15, 272 (1909).

Friedemann, M. und S. Isaac: Weitere Untersuchungen über parenteralen Eiweiß-Stoffwechsel. Z. exper. Path. u. Pharmak. 4, 820 (1907).

Henriques, V. und H. C. Andersen (1): Untersuchungen über permanente intravenöse Injektion von Peptonen und genuinen Proteinen. Hoppe-Seylers Z. 92, 194 (1914). — (2): Über parenterale Ernährung durch intravenöse Injektion. Ebenda 88, 357 (1913).

Kövösy, K. v.: Über parenterale Eiweißzufuhr. Ebenda 62, 68 (1909); 69, 313 (1910).

Lallemant, G. A. und O. G. Gross: Stoffwechselversuche mit abgebautem Fleischeiweiß. Ther. Mh. 1913, 127.

Loewi, O.: Über Eiweißsynthese im Tierkörper. Arch. f. exper. Path. 48, 303 (1902).

Lommel, F.: Über den Eiweißabbau bei parenteraler Eiweißzufuhr. Ebenda 58, 50 (1907).

Oswald, Ad.: Neue Beiträge zur Kenntnis der Bindung des Jods im Jodthyreoglobulin. Ebenda 63, 263 (1910).

Rona, P. und L. Michaelis: Untersuchungen über den parenteralen Eiweißstoffwechsel. Pflügers Arch. 124, 579 (1908).

4. Eiweißumsatz.

Nach seiner Resorption aus dem Darm erfährt das Eiweiß zwei im Prinzip grundverschiedene Umwandlungen. Die eine endet darin, daß es in das Gefüge der Zellen und Gewebe aufgenommen, also lebendes Protoplasma wird. Die andere verläuft so, daß das Eiweiß nicht bloß über Zwischenprodukte in Aminosäuren gespalten, sondern daß diese Aminosäuren ihres Stickstoffes beraubt, d. h. desaminiert werden, daß der Stickstoff mit dem Harn ausgeschieden wird und der stickstofffreie Rest im intermediären Stoffwechsel weitere Umwandlungen erfährt, die von vielseitigem Interesse sind und uns noch beschäftigen werden.

Zunächst betrachten wir das Eiweiß auf seinem Wege zu den Zellen.

C. Voit hat die Lehre aufgestellt, daß im gut genährten Organismus das Eiweiß in zwei biologisch verschiedenen Formen vorhanden ist, die eine verschiedene Zersetzlichkeit haben. In seinen klassischen Versuchen an hungernden Hunden zeigte er, daß die Stickstoffausscheidung am 1. und 2. Hungertage größer ist, wenn dem Hunger eine reichliche Eiweißfütterung voranging. C. Voit schloß daraus, daß das Eiweiß der Nahrung (zum Teil) im Körper zurückbleibt und, weil es nicht zu Organeiweiß geworden ist, eine höhere Zersetzlichkeit hat als dieses. Voit nannte dieses Eiweiß „zirkulierendes Eiweiß". Er beobachtete, daß die Eiweißzersetzung keineswegs dem Gesamteiweißgehalt des Körpers entspricht, sondern der aus dem Darm kommenden Eiweißmenge. Während im Hunger ein Eiweißumsatz von etwa 1% des Eiweißvorrates stattfindet, kann bei Eiweißnahrung der Umsatz entsprechend dem Eiweißgehalt der Nahrung zu fast beliebigen Höhen ansteigen. Organisches und lebloses Eiweiß haben also eine ganz verschiedene Zersetzlichkeit. Im Gegensatz dazu hat Ed. Pflüger die Theorie aufgestellt, daß die Ursache der starken Eiweißzersetzung nach Eiweißzufuhr ausschließlich in den Zellen liegt, die das Eiweiß der Nahrung in sich aufsaugen und den Umsatz je nach ihrem eigenen Ernährungszustande regeln. Diese Auffassung von Pflüger hat nur noch eine historische Bedeutung für die vorliegende Frage. Es ist völlig sicher, daß es zwei Arten von Eiweißstoffwechsel gibt, einen veränderlichen, der von der Art der Ernährung abhängig ist, und einen konstanten. Das Substrat des veränderlichen Eiweißstoffwechsels, das von Voit zirkulierendes Eiweiß genannt ist, wurde in sehr verschiedener Weise aufgefaßt und bezeichnet, je nachdem seine Lokalisation im Körper, seine chemische Angreifbarkeit oder seine physiologische Funktion der Namengebung zugrunde gelegt wurde. So entstanden die Begriffe: nicht organisiertes Eiweiß, Reserve-Eiweiß, Zelleinschluß-Eiweiß, totes Eiweiß, labiles Eiweiß, Vorrat-Eiweiß. Nach Rubner, der den letztgenannten Ausdruck gewählt hat, ist die gesteigerte Eiweißzersetzung nach Eiweißnahrung durchaus nicht die Folge irgendwelcher besonderer Eigenschaften des Eiweißes selbst. So wie die Kohlehydratzersetzung nach Kohlehydratzufuhr steigt, so wie Nahrungsfett das Körperfett aus der Zersetzung verdrängt, ebenso verhält sich das Eiweiß, das bei reichlicher Zufuhr nichts anderes ist als ein Nahrungsstoff, dessen Wesen es eben ist, verbraucht zu werden und dadurch die Körperstoffe vor der Verbrennung zu schützen. Der Teil des Nahrungseiweißes, der der Verbrennung entgeht, wird zum Vorratseiweiß.

Indessen ist es für Fragen der Ernährung wichtig zu betonen, daß von den drei Nahrungsstoffen dem Eiweiß eine ganz besonders starke Reizwirkung zukommt, die in der spezifisch-dynamischen Wirkung, im endogenen Purinstoffwechsel und in hervorragendem Maße bei dem Schwerdiabetiker in Erscheinung tritt.

RUBNER faßt „das Vorratseiweiß, dem engeren Begriff des Wortes entsprechend, als jenen, wenn auch etwas transformierten Anteil des Nahrungseiweißes auf, der bei der ausschließlichen Verwendung des letzteren im Körper noch während der Resorption vorhanden sein muß, um das N-Gleichgewicht zu erhalten. Es findet sich nur dort, wo durch das gefütterte Eiweiß rein dynamische Aufgaben in größerem Umfange erfüllt werden. Je mehr also das Eiweiß als reiner Ersatz für Fett oder Kohlehydrat eintritt, um so mehr muß ein gewisser Vorrat vorhanden sein, der in der Zeit der Nahrungsresorption den N-Verlust hindert. Das Vorratseiweiß ist also das kalorische Äquivalent an Nahrung für jene Zeit, in der der neue Eiweißstrom zur Ernährung noch nicht vollkommen ausreicht."

Ein großer Teil des aus der Nahrung stammenden Vorratseiweißes hat also für den Stoffwechsel keine andere Bedeutung als Fett und Kohlehydrat; es dient dem Kraftstoffwechsel. Dem anderen kleineren Teil aber kommt eine Sonderstellung zu. Es wird nicht abgebaut, sondern zu den spezifischen Proteinen der Zellen und Gewebe umgeprägt. Es unterliegt dem Ernährungsstoffwechsel, „durch den lebendes Gewebe in totes Eiweiß zerfällt und totes Nahrungseiweiß (Vorratseiweiß) wieder zu lebendem Gewebe wird" (C. SPECK). Es gibt zwei Arten des Eiweißstoffwechsels, die sich durch die Art des Abbaues unterscheiden. Diese von SPECK klar erkannte Zweiheit des Eiweißstoffwechsels ist von O. FOLIN eingehend untersucht worden. FOLIN gab seinen Versuchspersonen zwei Diätarten, die beide kalorisch ausreichend, purin- und kreatinfrei waren, aber sich durch ihren Eiweißgehalt (und somit durch ihren Gehalt an Stickstoff und Schwefel) sehr stark unterschieden. Es treten dann in dem Verhältnis der Stickstoff- und Schwefelfraktionen des Harns sehr große Abweichungen ein, wie folgende Tabelle (FOLIN) zeigt:

	Eiweißreiche Nahrung		Eiweißarme Nahrung	
Volumen des Harns	1170 ccm		385 ccm	
Gesamtstickstoff	16,8 g		3,60 g	
Harnstoff-N	14,70	= 87,5%	2,20	= 61,7%
Ammoniak-N	0,49	= 3,0%	0,42	= 11,3%
Harnsäure-N	0,18	= 1,1%	0,09	= 2,5%
Kreatinin-N	0,58	= 3,6%	0,60	= 17,2%
Unbestimmter N	0,85	= 4,9%	0,27	= 7,3%
Gesamt-SO_3	3,64		0,76	
Anorganische SO_3.	3,27	= 90%	0,46	= 60,5%
Gepaarte SO_3	0,19	= 5,2%	0,10	= 13,2%
Neutraler S als SO_3	0,18	= 4,8%	0,20	= 26,3%

Derartige Veränderungen in der Zusammensetzung des Harns zwingen zu der Annahme, daß es zwei Arten von Eiweißstoffwechsel gibt, die völlig unabhängig voneinander verlaufen. Der eine, der veränderlich ist, bei eiweißreicher Nahrung in den Vordergrund tritt und von FOLIN exogener genannt wird, liefert als Endprodukte hauptsächlich Harnstoff und anorganische Schwefelsäure, wenig oder kein Kreatin und wenig Neutralschwefel. Der andere, der unabhängig von der Nahrung verläuft und zu einer sehr starken (prozentualen) Ausscheidung von Ammoniak, Kreatinin und Neutralschwefel führt, tritt um so mehr hervor, je stärker die Eiweißzufuhr eingeschränkt ist. Er wird von FOLIN Gewebestoffwechsel oder endogener genannt.

Diese Folgerungen von SPECK und FOLIN sind von sehr großer Bedeutung. Wenn die Ausscheidung von Kreatinin ganz unabhängig von dem Eiweißgehalt der Nahrung ist, so wird es verständlich, daß eine bestimmte Menge Eiweiß mit der Nahrung zugeführt werden muß, um das im Gewebestoffwechsel verbrauchte Eiweiß zu ersetzen.

Diese Menge festzustellen, ist eine der wichtigsten Aufgaben. Für den größeren Teil des Eiweißes, der mit der Nahrung zugeführt wird, hat der Organismus keine Verwendung. Die schnell erfolgende Desaminierung hat nach RUBNER den Zweck, die Eiweißnatur zu zerstören, somit einen Nahrungsstoff aus der Welt zu schaffen, den der Organismus nur in sehr beschränktem Maße gebrauchen kann, und an seiner Stelle den N-freien Rest zurückzulassen, dem alle Wege offenstehen. Für die Zwecke des dynamogenen Verbrauches (Kraftstoffwechsel) braucht das Eiweiß in gar keine unmittelbaren Beziehungen zur lebenden Substanz zu treten. Daß es das in Wirklichkeit auch nicht tut, dafür spricht die Schnelligkeit der Harnstoffausscheidung nach der Mahlzeit.

Literatur.

FOLIN, O.: A theory of protein metabolism. Amer. J. Physiol. **13**, 171 (1905).

PFLÜGER, ED.: Über einige Gesetze des Eiweißstoffwechsels. Pflügers Arch. **54**, 333 (1893); **77**, 425 (1899).

RUBNER, M. (1): Die Frage des kleinsten Eiweißbedarfs des Menschen. Volksernährungsfragen. Leipzig 1908. — (2): Theorie der Ernährung nach Vollendung des Wachstums. Arch. f. Hyg. **66**, 1 (1908).

SPECK, C.: Über Kraft- und Ernährungsstoffwechsel. Erg. Physiol. **2**, 1, 1 (1903).

VOIT, C.: Physiologie des allgemeinen Stoffwechsels und der Ernährung. HERRMANNS Handbuch der Physiologie **6**, I, 1 (1881).

Drittes Kapitel.

Der Gesamtstoffwechsel. Eiweißernährung. Unvollständige Eiweißkörper. Nahrungshormone (Vitamine). Mangelkrankheiten (Avitaminosen).

1. Der Gesamtstoffwechsel.

Die stofflichen und energetischen Prozesse, die das Eiweißmolekül nach seiner Resorption aus dem Darm eingeht, sind mit dem Gesamtstoffwechsel auf das engste durchflochten. Die Klinik muß diesem Zusammenhang besondere Aufmerksamkeit schenken.

Die Berechtigung, ja die Notwendigkeit dieser Forderung für die Klinik tritt uns täglich entgegen. Während man sich früher mit der Beobachtung des Eiweißstoffwechsels oder wenigstens der Stickstoffbilanz in den Kliniken viel beschäftigte, steht gegenwärtig das Studium des Gesamtumsatzes (respiratorischer Stoffwechsel) im Vordergrund. Wie sehr aber zur Vertiefung unserer Erkenntnis und zur Vermeidung von Irrtümern und Irrlehren eine Synopsis dieser wichtigen

Untersuchungsmethoden notwendig ist, wird sich aus verschiedenen Punkten der folgenden Darstellung ergeben.

Alle Erscheinungen des Lebens beruhen auf chemischen Stoffumwandlungen, die im Prinzip oxydativ oder anoxydativ verlaufen können. Die letzteren, die eine quantitativ geringe, aber biologisch sehr wichtige Rolle spielen, gehen mit kleiner Wärmebildung einher, während die an energetischer Wirkung überwiegenden Oxydationen eine sehr starke positive Wärmetönung haben. Als Maß des Gesamtumsatzes haben wir demnach den Sauerstoffverbrauch und die Wärmeabgabe und somit zwei Methoden der Messung des Umsatzes, die gasanalytische und die calorimetrische. Die Klinik gebraucht fast ausnahmslos die erstere; auf diese wird sich die Darstellung vorzugsweise beziehen.

Die Größe des Sauerstoffbedarfs wird von der Zelle, von dem Zustand ihres Protoplasmas bedingt und ist von der Sauerstoffzufuhr in sehr weiten Grenzen unabhängig. Die Zelle ist der Ort der Verbrennungen (Oxydationen), deren Chemie uns später (s. S. 201) beschäftigen wird. Wenn auch die Stoffwechselphysiologie wegen der sehr großen Bedeutung der Regulationsvorrichtungen mehr als Zellphysiologie ist (ebenso wie die Pathologie mehr als Cellularpathologie), so sind doch Versuche an Einzellern und an isolierten Zellen für ihr Studium von höchster Bedeutung. In der Klinik wird durch die Feststellung des Energiegehalts der Nahrung, durch die Messung des aufgenommenen Sauerstoffs, der abgegebenen Kohlensäure, des Harns (Brennwert, Stickstoff, Acetonkörper u. a.) und des Kots der gesamte Umsatz, der Anfang und das Ende einer großen Reihe von Reaktionen festgestellt.

Eine intimere Einsicht in die Verhältnisse des Umsatzes der Hauptnährstoffe folgt aus der Beobachtung des „Respiratorischen Quotienten" (RQ), der von PFLÜGER eingeführt ist und das Verhältnis des Volumens der ausgeschiedenen Kohlensäure zum Volumen des aufgenommenen Sauerstoffs darstellt. Dieses Verhältnis ist bei Aufnahme verschiedener Nährstoffe ein verschiedenes, weil es abhängt von dem Gehalt des Moleküls an Kohlenstoff und an anderen oxydablen Atomen (H, S), ferner von dem Gehalt des Moleküls an Sauerstoff selbst und endlich von dem Grad der oxydativen Veränderung, den das Molekül erfährt. Nicht unter allen Umständen wird der ganze Kohlenstoff zu Kohlensäure verbrannt. So enthalten die N-haltigen Endprodukte des Eiweißstoffwechsels noch C, der in Form von Harnstoff, Harnsäure u. a. durch den Harn ausgeschieden wird. Das Volumenverhältnis der ausgeschiedenen CO_2 zum aufgenommenen O_2 ist also bei Eiweiß, Fett und Kohlenhydraten ein ganz verschiedenes.

Aus dem Sauerstoffgehalt, aus dem Sauerstoff, der zur Oxydation der oxydablen Atome notwendig ist, (beim Eiweiß dazu aus der Berechnung des nicht völlig verbrennbaren Restes) und aus der gebildeten Kohlensäure läßt sich für die drei Hauptnährstoffe RQ errechnen. Es beträgt:

$$RQ \text{ für Kohlehydrat} \ldots \ldots = 1$$
$$RQ \text{ für Fett} \ldots \ldots \ldots = 0{,}711$$
$$RQ \text{ für Eiweiß} \ldots \ldots \ldots = 0{,}801$$

Da kaum je ein Nährstoff für sich allein verbrennt, so muß RQ zwischen 0,711 und 1 liegen. Überschreitungen dieser Werte können vorkommen, wenn in größerem Maßstabe sauerstoffarme Körper in sauerstoffreiche übergehen oder umgekehrt. Wird z. B. bei Mästung mit Kohlehydraten aus Zucker Fett, d. h. aus einem sauerstoffreichen Körper ein sauerstoffarmer, so wird Sauerstoff für Oxydationszwecke verfügbar, die Sauerstoffaufnahme aus der Luft, also der Nenner des Quotienten, entsprechend kleiner. Wir erleben dann ein Steigen des RQ auf Werte über 1. Eine Senkung von RQ unter 0,711 ist bei winterschlafenden Tieren wiederholt beobachtet worden. Man hat hier den umgekehrten Vorgang, Zuckerbildung aus Fett, angenommen. In diesem Sinne sprechen die umfangreichen Beobachtungen von CARL PETRÉN an Zuckerkranken.

Zu beachten ist bei Messungen des RQ, daß ein niedriger Wert auch durch Zurückbehaltung von CO_2 bedingt sein kann. Daher ist, besonders bei kurzfristigen Versuchen, die CO_2-Abgabe und damit auch RQ nur mit größter Vorsicht zu bewerten. Hier spielt Abdunstung von CO_2 infolge falsch eingestellter Atmung eine sehr wichtige Rolle. Einwandfreie Atemmechanik und Vollständigkeit der Oxydationsprozesse (Korrektur bei Ketonurie) sind Vorbedingungen der Aufstellung und Bewertung des RQ in der Klinik.

Der Energiegehalt der Nahrung wird in Calorien ausgedrückt. In demselben Maße findet man die Größe des Umsatzes bei der direkten Calorimetrie. Bei der Untersuchung des respiratorischen Gaswechsels ergibt sich die Höhe des Sauerstoffverbrauches, aus der die Wärmebildung in guter Annäherung errechnet werden kann. Die Nährstoffe brauchen zu ihrer vollständigen Verbrennung für die Gewichtseinheit verschiedene Mengen O_2 und liefern verschiedene Mengen Wärme. Folgendes Schema gibt die zahlenmäßigen Beziehungen:

1 g	braucht g O_2 zur Verbrennung	liefert kg Cal.
Glykogen	0,828	4,2
Fett	1,995	9,4

1 Liter O_2 entspricht bei der Verbrennung von Glycogen 5,07, bei der Verbrennung von Fett 4,72 Cal. Diese Zahlen bedeuten also die calorischen Äquivalente für 1 Liter O_2.

Hat man RQ bestimmt, so wird bei gleichzeitiger Verbrennung von Kohlehydraten und Fett nach Subtraktion der auf Eiweißverbrennung entfallenden Werte RQ zwischen 0,711 und 1, der calorische Wert des verbrauchten O_2 zwischen 4,72 und 5,07 liegen. Die zahlenmäßigen Beziehungen zeigt folgende Aufstellung:

RQ	Calorischer Wert von 1 Liter O_2
0,711	4,72
0,800	4,83
0,900	4,95
1,0	5,07

Auf diese Weise läßt sich der Energieumsatz unter den normalerweise voraussetzbaren Bedingungen mit ausreichender Genauigkeit berechnen.

Die so erhaltenen Werte sind für Menschen verschiedenen Längenwachstums, Gewichts, Alters und Geschlechts und auch verschiedener Rasse sehr verschieden. Für eine vergleichende Betrachtung braucht man eine Bezugseinheit. Das lebende Protoplasma bestimmt den Umsatz in erster Linie durch seinen eigenen Bedarf.

Aus Versuchen an hungernden Menschen und Tieren (M. RUBNER, N. ZUNTZ, F. G. BENEDICT) folgt, daß im Zustand der Ruhe und Nahrungskarenz 100 g Organstickstoff rund 100 Calorien bilden. Leider sind wir nicht imstande, ganz allgemein den Bestand des Körpers an Protoplasma zu bestimmen. W. W. PALMER, H. H. MEANS und J. GAMBLE finden entsprechend der Lehre FOLINS, daß die Kreatininausscheidung bei kreatininfreier Kost ein Maß des Gewebestoffwechsels sei, bei Normalen eine zahlenmäßige Beziehung des Harnkreatinins zur Wärmeproduktion. Da aber die Kreatininbildung und -ausscheidung nur mit dem Muskelstoffwechsel in Zusammenhang steht, so kann die Beziehung zur Gesamtwärmeproduktion nur aus dem Umstand folgen, daß die Muskulatur die Hauptmasse des Körpers bildet. Vielleicht ergibt sich einmal eine chemisch faßbare Bezugseinheit. Vorläufig müssen wir uns mit einer empirischen begnügen. Bekanntlich hat sich um die Eignung der Oberfläche als Beziehungsmaßstab eine ausgedehnte Diskussion erhoben, deren Ergebnis so zusammengefaßt werden kann, daß sich das „Oberflächengesetz", trotzdem alle dagegen erhobenen theoretischen Einwände nicht abgelehnt werden können, als praktisch brauchbar erwiesen hat, wenn man die Oberfläche nach einer geeigneten Formel berechnet. Als solche gilt mit Recht die von E. F. DU BOIS:

$$O = P^{0,425} \times L^{0,725} \times 71,84$$

P = Körpergewicht; L = Körperlänge.

Die Abweichungen zwischen berechneter und gefundener Körperoberfläche betragen 1,5% im Durchschnitt, 5% in maximo.

Indessen ist der Umsatz auch bei vergleichbaren äußeren Bedingungen nicht allein von Gewicht und Länge abhängig, sondern auch das Alter und das Geschlecht spielen eine Rolle. Von den Versuchen, die zahlreichen Faktoren auf einen Nenner zu bringen, erfreuen sich die von J. A. HARRIS und F. G. BENEDICT auf Grund zahlreicher mühevoller Messungen gewonnenen Formeln der meisten Anwendung.

Danach beträgt die Wärmebildung in 24 Stunden bei normalen Männern:

$$W = +66,473 + 13,7516\,w + 5,003\,s - 6,755\,a,$$

bei normalen Frauen:

$$W = +655,096 + 9,563\,w + 1,850\,s - 4,676\,a$$

(W = Gewicht in Kilogramm; s = Körperlänge in Zentimetern; a = Alter in Jahren).

Nach STOELZNER ist eine Beziehung des Umsatzes auf den Wert $W^{2/3}$ für praktische Zwecke ausreichend.

BENEDICT hat die aus seinen Formeln berechneten Werte (die statistischen Durchschnittswerte) in vier Voraussagetafeln geordnet. Als normal gelten Werte, die innerhalb 10% (nach BENEDICT sogar 15%) den Tabellenwerten nahekommen.

Einer vergleichbaren Messung zugänglich ist der sogenannte Grundumsatz oder Basalstoffwechsel, der bei völliger körperlicher Ruhe und in nüchternem Zustande besteht. Die zweite Bedingung ist leicht zu erfüllen. Die Innehaltung strengster Körperruhe, auch einer ruhigen Atmung und die Vermeidung jeder seelischen Erregung ist bei Patienten nicht immer leicht und bei einer gewissen Zahl überhaupt nicht zu erreichen. Da körperliche und seelische Bewegung den Umsatz steigert, so gilt im allgemeinen der Satz, daß die Bestimmung des individuellen Umsatzes um so besser gelungen ist, ein je niedrigerer Wert sich ergeben hat. In der Tat kann man nicht selten sehen, daß mit fortschreitender Übung des Patienten am Respirationsapparat die Zahlen immer niedriger und schließlich konstant werden. Es ist also ganz selbstverständlich, daß nur eine durch wiederholte Messungen gewonnene konstante Zahl verwendet werden darf.

Es hat sich herausgestellt, daß bei dem gesunden Erwachsenen unter gleichen Bedingungen der Grundumsatz eine sehr bemerkenswerte Konstanz hat. Je besser ein Mensch auf die Untersuchungsmethodik eingeübt ist, um so deutlicher wird diese Konstanz. Auf jahreszeitliche Schwankungen hat H. GESSLER hingewiesen. Bei Kranken muß man sich nicht selten mit einer gewissen Fehlerbreite begnügen. Ich bin zufrieden, wenn die — am besten an zwei Apparaten verschiedener Systeme — wiederholt vorgenommenen Versuche nicht stärker als um 6% voneinander abweichen.

Die stärkste Steigerung des Stoffwechsels geschieht durch Muskelarbeit. Schon kleine Bewegungen einzelner Muskelgruppen erhöhen den respiratorischen Gasaustausch merklich.

Dazu kommt noch, besonders bei kurzdauernder schwerer Arbeit, eine sehr erhebliche Nachwirkung, die in bezug auf Stärke und Dauer große individuelle Unterschiede aufweist. Auch andere Beobachtungen, so die über das Verhalten des Blutzuckers (s. S. 218), zeigen, daß Stoffwechselsteigerung durch Muskelarbeit und Nachwirkung von dem Grade der Übung abhängen, durch welche nicht nur eine größere Ökonomie des arbeitenden Muskels, sondern auch eine Vermeidung unzweckmäßiger Mitbewegungen erzielt wird. Die Frage der Umsatzsteigerung durch Arbeit ist eine Frage der Ermüdung und Ermüdbarkeit und kann somit nach FR. KRAUS als „Maß der Konstitution" verwandt werden, soweit bei Kranken eine solche Untersuchung durchführbar ist.

Die Messung der Arbeit und der dazu notwendigen Verbrennungssteigerung ermöglicht den mechanischen Nutzeffekt der Arbeitsmaschine aufzustellen, welche die Muskulatur darstellt. Dieser Nutzeffekt beträgt bei einem normalen geübten Menschen in nicht ermüdetem Zustande 20—30%. In diesem Wert ist die Mehrverbrennung eingeschlossen, die bei körperlicher Anstrengung auf vermehrte Herz- und Atmungsarbeit entfällt. Am isolierten Muskel erhält man höhere Werte (40—50%), die aber für die Übertragung auf den Gesamtorganismus zu hoch ausfallen müssen, weil die Nachwirkung der Arbeit auf den Umsatz unberücksichtigt bleibt.

Messungen des Umsatzes isolierter Organe ergeben wenigstens einen Anhalt dafür, in welchem Maße und in welchem Verhältnis die einzelnen Organe und Organsysteme an dem Gesamtumsatz beteiligt sind, und in welchem Grade sie bei Arbeit ihren Umsatz vermehren.

An der durch Muskelarbeit bedingten Vermehrung des Umsatzes beteiligt sich unter normalen Verhältnissen — d. h. bei ausreichender Ernährung und bei Vermeidung von Überanstrengung — nicht das Eiweiß. Ob der Umsatz bei Muskelarbeit auf Verbrennung von Kohlehydrat allein oder aller Nährstoffe beruht, ist ein Problem, das uns später (s. S. 229) noch ausführlich beschäftigen wird. Sobald ein Nahrungsmangel vorliegt, wird durch Arbeit der Eiweißbestand angegriffen. Das ist von großer Bedeutung für weite Gebiete der Pathologie, da es die Voraussetzungen für das Verständnis schafft, wie sehr alle Menschen, die bei kärglicher Nahrung schwer arbeiten müssen, in bezug auf wertvolle Körperbestandteile gefährdet sind. Aus Untersuchungen von THOMAS und R. A. KOCHER geht weiter hervor, daß Arbeit auch bei einer Nahrung, die zwar calorisch ausreicht, aber an Eiweiß nur das Minimum enthält, den Stickstoffumsatz ansteigen macht.

Nächst der Arbeit ist der stärkste Stoffwechselreiz die Nahrung selbst. Diese Tatsache ist für die Ernährung gesunder und kranker Menschen von grundlegender Bedeutung.

RUBNER reichte nach Feststellung des wahren Nahrungsbedarfs eine Kost, deren Brennwert 50% über dem Bedarf lag. Er fand die Gesamtverbrennungen ansteigen und zwar, wenn der Überschuß bestand

aus Eiweiß um 18,4%
aus Fett um 3,6%
aus Kohlehydrat um . . . . . . 3,5—3,9%

Diese vermehrte Wärmebildung hat RUBNER als spezifisch-dynamische Wirkung der Nahrung bezeichnet. Diese Wärme kann unter Bedingungen, unter denen der Organismus zur Erhaltung seiner Eigenwärme genötigt ist mehr Wärme zu produzieren, unter denen also die chemische Wärmeregulation im Gange ist, nutzbar gemacht werden. Bei Temperaturen über 30⁰ aber, d. h. bei bekleidetem Körper und bei Zimmertemperatur, ist die Steigerung der Körperwärme nutzlos, und der Organismus muß mit physikalischen Regulationen eingreifen, um eine Überwärmung zu vermeiden. Eine sinnfällige Erläuterung dieser Vorgänge erlebt man am eigenen Körper an der behaglichen Wärme, die bei Kälte jede Nahrungszufuhr verursacht, und an der unangenehmen, mit Gesichtsröte und Schweißausbruch einhergehenden Hitze, die überreiche Nahrung bei höhere Umgebungstemperatur hervorruft.

Die große spezifisch-dynamische Wirkung des Eiweißes würde sicher bei einer reinen Eiweißkost, wenn sie vom menschlichen Verdauungskanal zu bewältigen wäre, zu Unbequemlichkeiten führen. Und das wird auch bei einer Eiweißmast nicht ausbleiben. „Auch in der Fieberernährung, sagt RUBNER, kann dem Menschen durch einseitige Anwendung eiweißreicher Kost wenig gedient sein. Und wenn auch die Steigerung der Körpertemperatur unter solchen unzweckmäßigen Eingriffen keine sehr wesentliche sein mag, so würde doch in der stärkeren Inanspruchnahme der Hilfsmittel physikalischer Regulation eine Mahnung liegen, diesen Nahrungsstoff, wie es ja zumeist mit Recht geschieht, zu meiden."

Die Umsatzsteigerung durch Nahrung beträgt bei gewöhnlicher Ernährung etwa 10—15% (N. ZUNTZ und seine Schule). Man ist nicht imstande diese Steigerung für sich allein zu messen, sondern man mißt den Grundumsatz plus Steigerung. Dabei wird stillschweigend die Annahme gemacht, daß der Grundumsatz in derselben Weise weitergeht wie im nüchternen Zustande. H. CHR. GEELMUYDEN erhebt dagegen berechtigte Bedenken, indem er sagt, daß „Grundumsatz und Umsatzsteigerung durch Nahrung von neuroendokrinen Regulatoren beherrscht sind, die auf ein Konstanthalten der Körpertemperatur unter möglichster Ökonomie der Wärme und für den höchstmöglichen Nutzeffekt der chemodynamischen Reaktionen abgestimmt sind". Er denkt an einen kompensatorischen Ausgleich der spezifisch-dynamischen Wirkung mit anderen chemodynamischen Funktionen, z. B. mit solchen, welche den Grundumsatz bedingen. Wie sehr solche Gedanken berechtigt und notwendig sind, geht aus den gesicherten Beobachtungen hervor, nach denen dem Abklingen der spezifisch-dynamischen Wirkung eine Senkung des Umsatzes unter den Nüchternwert folgt (A. MAGNUS-LEVY, J. E. JOHANSSON u. a.). Daß es eine solche Senkung überhaupt gibt, ist nach der Definition des Grundumsatzes eine Überraschung. Diese Senkung bewirkt, daß im langfristigen Respirationsversuch die Nahrungswirkung nicht immer deutlich in Erscheinung tritt. Zur Prüfung der spezifisch-dynamischen Wirkung sind daher kurzfristige Versuche besser brauchbar (MAGNUS-LEVY). Diese Wirkung steigt nach GIGON nach Fütterung von reinem Casein nicht proportional der zugeführten Menge, sondern viel stärker. Ihre Dauer ist abhängig von der Eiweißmenge; sie beträgt bei sehr großen Dosen bis zu 20 Stunden. Wir haben mit dem zur Prüfung bei uns gebräuchlichen, aus 200 g gebratenem Rindfleisch bestehendem Probefrühstück eine Dauer von 7 Stunden beobachtet. Das Maximum ist gewöhnlich in der dritten bis fünften Stunde erreicht. Nach F. G. BENEDICT und TH. M. CARPENTER verhalten sich animalische und vegetabilische Eiweiße gleich.

Daß die Steigerung des Stoffwechsels durch Nahrung nicht nur auf vermehrter Verdauungs- und Drüsenarbeit beruht, wie ZUNTZ ursprünglich annahm, ist jetzt allseitig anerkannt. Die Aussage, daß ein Reiz auf die Zellen vorliegt, ist wohl zu allgemein, um zu befriedigen, zumal sie die beiden Möglichkeiten enthält, daß der Reiz die Zellen unmittelbar trifft, und daß er über inkretorische Drüsen (Schilddrüse, Hypophyse) wirkt. Die zweite Möglichkeit hat für die Klinik der Fettsucht und des Diabetes großes Interesse. In der Frage, von welchem chemischen Körper der Reiz ausgeübt wird, gehen die Meinungen auseinander. Ganz sicher ist, daß isolierte Aminosäuren den Umsatz steigern (GR. LUSK, ED. GRAFE), und zwar am meisten Glykokoll und Alanin, sehr wenig Leucin und Tyrosin, gar nicht Asparaginsäure, Asparagin und Glutaminsäure (in kleinen Dosen). Da Essigsäure, Glykolsäure, Milchsäure den Umsatz steigern, Bernsteinsäure aber nicht, so folgert LUSK, daß die nach Desaminierung übrigbleibende Säure den Reiz ausübe. GRAFE dagegen findet, daß alle Aminosäuren die Wärmebildung annähernd konstant im Verhältnis zu ihrem N-Gehalt erhöhen, daß auch Zufuhr von Ammoniumsalzen eine solche Wirkung ausübt, und vermutet, daß der bei Desaminierung freiwerdende Ammoniak den Stoffwechselreiz entfaltet.

Die umsatzsteigernde Wirkung der Eiweißkörper beruht sicherlich auf ihrem Abbau. Untersuchungen der letzten Jahre haben ergeben, daß die spezifisch-dynamische Wirkung vom neuroendokrinen Apparat abhängt.

J. ABELIN fand bei Ratten, daß Reizstoffe des vegetativen Nervensystems den Gaswechsel erhöhen und auf die stoffwechselsteigernde Wirkung des Eiweißes von Einfluß sind. So stieg nach subkutaner Einverleibung von Tyramin, Phenyläthylamin, Schilddrüsensubstanz, Adrenalin sowohl Grundumsatz als spezifisch-dynamische Wirkung. Nach Verfütterung von Thyreoidea sahen ABELIN und K. MIYAZAKI sogar eine stoffwechselsteigernde Wirkung der Fette im Betrage von 9% und sogar 17% auftreten. Schon früher hatten ED. GRAFE und E. ECKSTEIN bei Hunden einen Einfluß der Schilddrüse auf die Anpassung an die Nahrungszufuhr festgestellt, derart, daß Hunde mit Fähigkeit der Luxuskonsumption nach Herausnahme der Schilddrüse diese Eigenschaft zum Teil einbüßen, eine viel geringere spezifisch-dynamische Steigerung des Umsatzes und eine Vermehrung des vorher konstanten Körpergewichtes zeigen. R. PLAUT glaubt, daß die spezifisch-dynamische Wirkung der Nährstoffe an die Hypophyse gebunden ist. Davon wird später ausführlich gesprochen werden (siehe S. 311). R. PLAUT und P. LIEBESNY finden eine Erhöhung der spezifisch-dynamischen Wirkung durch Hypophysenvorderlappenpräparate.

Wir sahen bei Fettsüchtigen einigemal die vorher fehlende oder fast fehlende spezifisch-dynamische Wirkung unter dem Einfluß einer Thyreoidinbehandlung auftreten. Daraus darf aber nicht geschlossen werden, daß die Nahrung infolge einer erhöhten Tätigkeit gewisser endokriner Drüsen zur Umsatzsteigerung führt. Zum mindesten ist vorher zu prüfen, ob die Umsatzsteigerung durch Produkte endokriner Drüsen nicht auf dem Wege eines vermehrten Eiweißabbaues zustande kommt, ein Verdacht, zu dem die Beobachtungen mit Schilddrüsenpräparaten besonders drängen.

Die spezifisch-dynamische Wirkung ist nicht nur beim Vergleich verschiedener Menschen, sondern auch beim selben Individuum zeitlich von sehr verschiedener Größe. Die für die Klinik wichtigsten Tatsachen sind folgende: Die spezifisch-dynamische Wirkung ist in ihrer zeitlichen und graduellen Auswirkung von der Magenentleerung (BORNSTEIN) und sehr wesentlich vom Ernährungszustand abhängig (GRAFE und ECKSTEIN); sie fehlt in einer nicht unbeträchtlichen Zahl von Fällen von Adipositas. Auf diese Fragen wird an anderer Stelle eingegangen werden.

Literatur.

ABELIN, J.: Wirkung der proteinogenen Amine auf den Gaswechsel. Biochem. Z. **101**, 196 (1920).

BENEDICT, F. G.: A Study of prolonged Fasting. Carnegie Inst. Publ. Nr 203 (1915).

— and TH. M. CARPENTER: Food Ingestion and Energy Transformations with special reference to the Stimulating Effect of Nutrients. Ebenda Publ. Nr 261 (1918).

BORNSTEIN, A. und K. HOLM: Über den Einfluß von Schlafmitteln auf den normalen und den pathologisch erhöhten Grundumsatz. Z. exper. Med. **53**, 451 (1926).

ECKSTEIN, E. und ED. GRAFE: Weitere Beobachtungen über Luxuskonsumption. Hoppe-Seylers Z. **107**, 73 (1919).

GEELMUYDEN, H. CHR.: Die Neubildung von Kohlehydrat im Tierkörper. Erg. Physiol. **21**, 1, 274 (1923).

GESSLER, H.: Die Wärmeregulation des Menschen Ebenda **26**, 185 (1928).

GIGON, A.: Über den Einfluß der Nahrungsaufnahme auf den Gaswechsel und Energieumsatz. Pflügers Arch. **140**, 509 (1911).

GRAFE, E. (1): Beiträge zur Kenntnis der Ursachen der spezifisch-dynamischen Wirkung der Eiweißkörper. Dtsch. Arch. klin. Med. **118**, 1 (1915). — (2): Die pathologische Physiologie des Gesamtstoff- und Kraftwechsels bei der Ernährung des Menschen. Erg. Physiol. **21**, II, 1 (1923) (Literatur).

JOHANSSON, J. E.: Über die Tagesschwankungen des Stoffwechsels. Skand. Arch. Physiol. **8**, 108, 118 (1898).

KOCHER, R. A.: Über die Größe des Eiweißzerfalls bei Fieber und bei Arbeitsleistung. Dtsch. Arch. klin. Med. **115**, 82 (1914).

KRAUS, FR.: Die Ermüdung als ein Maß der Konstitution. Kassel 1897.

LEHMANN, C., FR. MÜLLER, J. MUNK, H. SENATOR, N. ZUNTZ: Untersuchungen an zwei hungernden Menschen. Virchows Arch. **131** (Suppl.) 228 (1893).

Liebesny, P.: Die spezifisch-dynamische Eiweißwirkung. Biochem. Z. **144**, 308 (1924).

Loewy, A.: in Oppenheimers Handbuch der Biochemie. Erg.-Bd., S. 212 (1913) (Literatur).

Lusk, Gr.: The elements of Science of Nutrition, 3. Aufl. 223 (1917).

Magnus-Levy, A.: Über die Größe des respiratorischen Stoffwechsels unter dem Einfluß der Nahrungsaufnahme. Pflügers Arch. **55**, 1 (1894).

Miyazaki, K. und J. Abelin: Über die spezifisch-dynamische Wirkung der Nahrungsstoffe. Biochem. Z. **152**, 29 (1924).

Palmer, W. W., H. H. Means und J. Gamble: J. of biol. Chem. **19**, 239 (1914).

Plaut, R.: Gaswechseluntersuchungen bei Fettsucht und Hypophysiserkrankungen. Dtsch. Arch. klin. Med. **139**, 285 (1922).

Rubner, M. (1): Gesetze des Energieverbrauchs bei der Ernährung (1902). — (2): Theorie der Ernährung nach Vollendung des Wachstums. Arch. f. Hyg. **66**, 18 (1908).

Stoeltzner, W.: Die $^2/_3$-Potenz des Körpergewichts als Maß des Energiebedarfs. Schr. Königsberg. gelehrte Ges., Naturwiss. Kl. **5**, 145 (1928).

Thomas, K. (1): Über die biologische Wertigkeit verschiedener Nahrungsmittel. Arch. f. Physiol. **219** (1909). — (2): Über das physiologische N-Minimum. Ebenda **260** (1910).

Voit, E.: Über die Zunahme der Eiweißzersetzung im Hungerzustand. Z. Biol. **41**, 120 (1901).

2. Eiweißernährung.

Auf der Basis dieser kurzen Übersicht über den Gesamtstoffwechsel betrachten wir zunächst im Anschluß an die in den vorigen Kapiteln gegebene Darstellung des Eiweißstoffwechsels die Eiweißernährung. Das Nahrungseiweiß hat neben seinem kalorischen Wert, den es nach dem Gesetz der Isodynamie mit den anderen Energieträgern teilt, besondere Aufgaben, nämlich das Protoplasma vor dem Zerfall zu schützen und entsprechend seinem normalen Verbrauch zu ergänzen, spezifische Zelleistungen (Bildung von Inkreten, Sekreten u. a.) zu ermöglichen, stärkere Protoplasmaverluste, wie sie bei Krankheiten und Hunger auftreten, auszugleichen und im Wachstumsalter Zellen neuzubilden. In dem Betrag dieser besonderen Aufgaben kann das Eiweiß von Fett und Kohlehydraten nicht vertreten werden. Im Umfang dieses Betrages ist also das Isodynamiegesetz der Nahrungsstoffe durchbrochen. Indessen hat Rubner gezeigt, daß von Eiweiß nur 4—6% besonderen Zwecken dienen, während der weit überragende Teil zu dynamogenen Zwecken verwandt wird. Grafe hat dem Gesetz der Isodynamie Rubners eine Fassung gegeben, die auch die besonderen Aufgaben der Eiweißstoffe einschließt, indem er sagt, daß „die Nahrungsstoffe, soweit sie im Körper zur Verbrennung kommen und dynamischen Zwecken dienen, bei Betrachtung 24stündiger Perioden sich im Verhältnis ihrer Calorienwerte gegenseitig annähernd vertreten".

Die Besonderheit, die dem Eiweiß als Nahrungsstoff zukommt, bedingt, daß die Nahrung Eiweiß enthalten muß. Die Frage der notwendigen Eiweißzufuhr ist nicht allein eine quantitative, die sich mit einer Zahl beantworten läßt, sondern sie hängt in sehr wesentlichem Grade von der Art des Eiweißes und von der sonstigen quantitativen und qualitativen Zusammensetzung der Kost ab. Halten wir zunächst Umschau, mit welchen Eiweißmengen die Menschen unter verschiedenen Verhältnissen leben.

Eiweißverbrauch in verschiedenen Bevölkerungsgruppen und Ländern.

Gruppe	Ort	Zeit	g Eiweiß	Autor
Arbeiter	München	1877	118,0	C. Voit
Schwerarbeiter . . .	„	1881	135,0	C. Voit
Arbeiter	„	1873	131,9	Forster
Mäßige Arbeit. . . .	Deutschland	1904	100,0	
Mittlere Arbeit . . .	„	„	120	König
Schwere Arbeit . . .	„	„	140	
Weber	Zittau	1890	65	Rechenberg
Landarbeiter	Posen	1914	92	Hirschfeld
Weber	Sachsen	1880	88	Meinert
Arbeiter	Niederlausitz	1889	64	Strohmer
Arbeiter	Basel	1914	106,7	Gigon
Senner	Hochalpen	1914	180,33—209,80	Ceipek
Mittlerer Arbeiter . .	Schweden	1891	134,4	Hultgren und
Schwerarbeiter . . .	„	„	188,6	Landergren
Städtischer Arbeiter .	Finnland	1907	124—167	Sundström
Mittlerer Arbeiter . .	Belgien	1910	104,6	Slosse und Waxweiler
Arbeiter	England		115	H. C. Bowie
Fabrikarbeiter. . . .	Rußland	1889	131,8	Erismann
Schwerarbeiter . . .	Paris	1904	152,0	Gautier
Abruzzenbauer. . . .	Italien	1907	72,8	Albertoni und Rossi
Mittlerer Arbeiter . .	U. S. A.	1896	150,0	Atwater
Schwerarbeiter . . .	„	„	175,0	
Arbeiter	Japan	1912	90—95	Inaba
Karrenzieher	„	1914	157,6	Kisskalt
Bengalische Studenten	Indien	1908	67	McCay
Engl. Studenten. . .	„	1910	95	
Athleten im Training	Deutschland	1901	177—270	Lichtenfelt

Im Gegensatz zu diesen größtenteils recht hohen Zahlen stehen die niedrigen Werte, die Oshima über die japanische Kost angibt:

Japanische Diät. — Oshima.

Personen[1]	Verdauliche Nahrungsmittel und Energie pro Mann und Kopf				
	Körpergewicht kg	Eiweiß g	Fett g	Kohlehydrat g	Wärmewert g
Schulgeschäftsagent	57,5	65,3	11,3	493,8	2467
Arzt	—	61,9	8,0	468,5	2315
Kaufmann	47,6	81,5	19,6	366,2	2082
Medizinstudent	49,0	74,8	11,2	326,9	1811
„	48,5	64,7	5,1	469,6	2305
Militärkadett	—	72,3	11,7	618,1	3021
Gefangene ohne Arbeit.	47,6	36,3	5,6	360,4	1726
Gefangene mit leichter Arbeit . .	48,0 [1]	43,1	6,2	443,9	2112
Gefangene mit schwerer Arbeit . .	—	56,7	7,5	610,8	2884
Arzt	40,2	48,3	15,5	438,2	2201
Hygienischer Assistent	40,5	46,5	19,7	485,3	2430
Medizinstudent	51,0	42,8	14,0	438,2	2163
Polizeigefangener	—	42,7	8,7	387,3	1896
Stabsarzt	54,0	79,3	11,7	502,0	2567
Soldat {	66,7	75,8	13,5	563,8	2828
{	61,0	58,8	11,3	467,8	2330
{	56,7	55,2	10,9	459,6	2276

Bei der japanischen Kost ist das niedrige Körpergewicht und der Umstand

---

[1] Durchschnittsgewicht von 20 Menschen.

zu beachten, daß die Kost calorienreich und der Brennwert zum überwiegenden Teil durch Kohlehydrate gedeckt ist.

Sehen wir uns nun nach dem Gesundheitszustand der verschiedenen Gruppen um, so haben wir die Angabe von ALBERTONI und ROSSI, daß der körperliche und psychische Zustand der mit wenig Eiweiß, aber einer hinreichenden Calorienzahl ernährten Abruzzenbauern nichts weniger als befriedigend war. McCAY findet die physische Entwicklung der bengalischen Studenten mangelhaft, „wie es aus dem niedrigen Niveau des Stickstoffumsatzes zu erwarten ist". Auch der schlechte Gesundheitszustand der sächsischen Weber (1880) war bekannt. BENEDIKT kommt zu folgendem Schluß: „Die Untersuchungen auf der ganzen Welt zeigen, daß in Verbänden, wo produktive Kraft, Unternehmungsgeist und Zivilisation auf der höchsten Stufe stehen, der Mensch instinktiv und unabhängig sich eher reichliche als kleine Mengen Eiweiß ausgewählt hat." Eine sichere Tatsache ist, daß bei wohlhabenden Kindern ein besseres Längenwachstum stattfindet als bei armen. In all dem liegt aber kein Beweis für die Vorteile einer N-reichen Nahrung. Der geringe Eiweißgehalt der Kost ist eine der vielen Folgen der Armut, die in mannigfacher Weise auf die Entwicklung der Menschen einwirkt. Ein hinreichender Grund, die Eiweißarmut der Kost als kausales Moment hinzustellen oder auch nur in den Vordergrund zu rücken, besteht nicht. Eine reichere Ernährung wird sicher die Folge der hohen Entwicklung eines Volkes sein und braucht nicht notwendig ihre Ursache zu bilden.

Diese statistischen Untersuchungen geben also wohl einen sehr wertvollen Beitrag, aber keinen Aufschluß der Frage, wieviel Eiweiß ein Mensch und eine Gemeinschaft von Menschen mindestens braucht.

Die experimentellen Untersuchungen haben den Beweis erbracht, daß mit recht geringen Eiweißmengen durch ziemlich lange Zeiten Körpergewicht, Wohlbefinden und Arbeitsfähigkeit ungeschmälert bestehen können. An erster Stelle sind hier die Selbstversuche von R. O. NEUMANN zu nennen, der durch 746 Tage mit einer täglichen Aufnahme von 74,2 g Eiweiß und 2367 Calorien im Durchschnitt lebte. Sehr bekannt sind die großen Versuchsreihen von R. CHITTENDEN an Studenten, Soldaten und Athleten, die mit einer Stickstoffzufuhr von 0,10—0,12 g für das Kilogramm durch viele Monate gesund und leistungsfähig blieben. Noch niedrigere Eiweißwerte braucht M. HINDHEDE bei einer ganz einseitigen Ernährung mit Kartoffeln, Butter, Erdbeeren.

Die physiologische Bedeutung dieser Versuche ist außer allem Zweifel. Ihr praktischer Wert ist dann am größten, wenn man sich hütet, diese Resultate zu verallgemeinern und als Grundlagen für eine Massenernährung zu verwenden. Durch diese Versuche ist ja zunächst nicht mehr erwiesen, als daß Menschen bei der angewandten Art der Nahrung längere Zeit gut leben können. Es ist aber nicht erwiesen, daß jedermann mit dem Eiweißgehalt dieser Kostformen ohne Berücksichtigung der Art des Eiweißes und der sonstigen Zusammensetzung der Kost auskommen kann. Von diesen beiden Umständen ist der Eiweißmindestbedarf in hohem Grade abhängig. RUBNER warnt vor einer Überschätzung des Laboratoriumsversuches nach dieser Richtung, indem er sagt: „Eine Massenernährung ist nicht das einfache Problem einer Vertausendfachung irgendeiner individuellen Beobachtung."

Welche Mindestmenge von Eiweiß reicht zur Ernährung aus? Bei einer Nahrung, die eiweißfrei und über den Bedarf reich an Kohlehydratcalorien ist, gelingt es, den Eiweißumsatz so weit herabzusetzen, daß nur 0,04—0,05 g N für Kilogramm Körpergewicht und Tag zur Ausscheidung kommen. Dieser Eiweiß-umsatz, der durch weitere Erhöhung der Calorienzufuhr nicht mehr verringert werden kann, heißt die Abnutzungsquote. Ihr calorischer Wert stellt etwa 4% der Gesamtcalorienproduktion dar. Die dieser N-Ausscheidung entsprechende Eiweißmenge ist nicht bloß, wie der Name sagt, ein Maß der physiologischen Ab-nutzung, sondern schließt auch die Bildung derjenigen lebenswichtigen Stoffe (Inkrete, Sekrete) ein, die aus Eiweiß entstehen. Dieser Teil des Eiweißabbaues entspricht dem endogenen Eiweißstoffwechsel FOLINS (siehe S. 39).

K. THOMAS und H. STRACZEWSKI nehmen für die Abnutzungsquote eine be-sondere Art des Eiweißabbaues an und meinen, daß hier nur ein teilweiser Zerfall in Aminosäuren eintritt, und daß Eiweißsynthesen gleichzeitig stattfinden. Da-nach wäre der Eiweißabbau (Umbau) größer, als der N-Ausscheidung entspricht. Wenn man, wie es wohl notwendig ist, die Bildung lebenswichtiger Zellprodukte aus Eiweiß, die auch ohne Eiweißzufuhr vonstatten geht, in die Abnutzungsquote einbegreift, so ergibt sich, da diese Stoffe N-haltig sind, ganz sicher ein größerer Eiweißumsatz als die N-Ausfuhr anzeigt. Wenn auch der N-Anteil dieser Stoffe entsprechend ihrer sehr geringen Menge nur sehr klein ist, so muß man doch an die Möglichkeit denken, daß zur Bildung eines Inkretmoleküls aus einer einzigen Aminosäure ein ganzes Eiweißmolekül zertrümmert werden muß. Es ist sehr wohl denkbar, daß die größere Summe der übrigen Aminosäuren — wenigstens teilweise — anderen Zwecken dienstbar gemacht wird. Gerade die Bildung spe-zifischer Zellprodukte aus Eiweiß macht es, worauf auch FR. MÜLLER hinweist, deutlich, daß der Eiweißabbau in verschiedenen Organen in eigenartiger zell-spezifischer Weise, von der uns noch nichts bekannt ist, vor sich gehen muß.

Versucht man, die der Abnutzungsquote entsprechende Eiweißmenge mit der Nahrung zuzuführen, so ergibt sich kein N-Gleichgewicht. Das Eiweißmini-mum, das bei reichlicher Kohlehydratfütterung die Abnutzungsquote bilanz-mäßig deckt, ist größer als die Abnutzungsquote. Die Gründe für dieses Ver-halten mögen darin liegen, daß das Nahrungseiweiß schnell zersetzt wird, so daß es in den späteren Tagesstunden nicht mehr zur Verfügung steht, daß es vielleicht auch räumlich nicht immer dort ist, wo es gebraucht wird, und endlich, daß es in seiner Qualität dem Zell- und Vorratseiweiß nicht gleichwertig ist. Dieser letzte Umstand erhält dadurch eine besondere Bedeutung, daß, wie umfangreiche Be-obachtungen ergeben haben, das Eiweißminimum mit der Art des verfütterten Eiweißkörpers sehr deutlich schwankt. RUBNER hat die kleinsten Mengen eiweiß-haltigen Materials ermittelt, die genügen, das N-Bedürfnis eines 70 kg schweren Menschen bei einer Nahrungszufuhr von 3600 Calorien für den Tag zu befriedigen. Danach sind die kleinsten Eiweißgleichgewichte mit Kartoffeln, Reis und Brot zu erzielen. Jeder eiweißhaltige Stoff hat sein eigenes N-Minimum. Das N-Mini-mum wechselt weiterhin mit der Menge der Kost und ihrer Zusammensetzung. Aus den Untersuchungen vieler Autoren geht hervor — und das ist für die Kran-kenernährung sehr bedeutungsvoll —, daß durch Kohlehydratnahrung ein besserer Schutz erzielt wird als durch Fettnahrung. Je mehr Calorien gereicht werden, um so tiefer liegt der Eiweißverbrauch. Daher ist bei einer mittleren Eiweißzufuhr von 60—90 g eine negative N-Bilanz der schärfste Indicator für calorisch unzu-reichende Ernährung. THOMAS hat die Arbeiten RUBNERS weitergeführt und den

Begriff der biologischen Wertigkeit der Eiweißkörper aufgestellt, der ausdrückt, welche Menge von Körperstickstoff durch 100 Teile Nahrungsstickstoff ersetzbar ist. Danach ist das tierische Eiweiß dem pflanzlichen weit überlegen. Besonders ungünstig liegen die Verhältnisse beim Brot. H. C. SHERMANN fand für das Brot bessere Zahlen und zeigte, daß Zufütterung einer kleinen Menge Milch die Wertigkeit der Cerealienproteine erheblich steigert. F. EDELSTEIN und L. LANGSTEIN haben eine bedeutende Überlegenheit des Frauenmilcheiweißes gegenüber dem Kuhmilcheiweiß festgestellt.

Die Untersuchungen über das Eiweißminimum haben demnach, wie man sieht, einen großen praktischen Wert. Natürlich wird es niemandem einfallen, eine Ernährung mit dem Eiweißminimum durchzuführen. Wollte man das tun, so müßte für jeden Speisezettel und jedes Individuum je nach der Art der Eiweißkörper und dem Gehalt der Nahrung an Fett und Kohlehydraten das Eiweißminimum bestimmt werden. Bei freier Ernährung wird man dem Nahrungsinstinkt, der durch den Appetit und das subjektive Befinden geregelt wird, bis zu einem gewissen Grade Freiheit lassen können. Auch hier bereits kann aber eine Korrektur durch die Ernährungswissenschaft notwendig werden. Nicht jeder Ernährungsbrauch ist rationell. Bei dem Großstädter und Kopf- und Stubenarbeiter führt der Mangel an Bewegung dazu, den Geschmackwert der Kost immer stärker durch Würz- und Reizstoffe zu erhöhen, während die Erfahrungstatsache, daß ein voller Bauch nicht gern studiert, gleichzeitig dazu drängt, das Volumen der Kost immer mehr zu verkleinern. Diese beiden für die Gesunderhaltung der gesamten Verdauungsorgane nachteiligen Gewohnheiten einzudämmen, ist für diese Gruppen der Bevölkerung eine Aufgabe, die durch Belehrung, wirksamer aber durch den Sport erfüllt wird. Die Volumverkleinerung der Kost ist volkswirtschaftlich sehr einschneidend, da sie zu einem bedeutenden Teile durch Bevorzugung feinerer Gebäcke aus Weizenmehl erfolgt. Den Weizen aber muß Deutschland aus dem Ausland einführen, während Roggen, aus dem das so wohlschmeckende, wenn auch wegen der schlechten Resorbierbarkeit seiner Eiweißstoffe nicht in jeder Beziehung rationelle Schwarz-, Bauern- und Kommisbrot hergestellt wird, im eigenen Lande reichlich zuwächst. Bei rationierter Ernährung, d. h. in Anstalten, in Heer, Flotte usw., oder unter Verhältnissen, unter denen die Verantwortung für ausreichende Ernährung einer Dienststelle auferlegt ist, soll man sich weit über dem Eiweißminimum halten und bei calorisch ausreichender Kost 90 g Eiweiß (davon die Hälfte animalischer Herkunft) in Anschlag bringen.

Es erhebt sich nun die Frage, ob die verschiedene biologische Wertigkeit der Proteine durch ihre verschiedene Fähigkeit bedingt ist, arteigenes Eiweiß zu bilden. In diesem Sinne spricht die sehr wichtige Beobachtung von M. RUBNER und O. HEUBNER, daß für die Erhaltungsdiät des natürlich ernährten Säuglings — das ist bei einer Ernährung mit arteigenem Eiweiß —, nur 5% Eiweißcalorien notwendig sind. RUBNER berechnet für den Erwachsenen, wenn es für diesen ein so ideal zusammengesetztes Eiweiß gäbe, einen Mindesteiweißbedarf von 31,4 g. Dieses Ideal ist etwa bei den Menschenfressern verwirklicht. An entsprechenden Versuchen mit Hunden, die mit Hundefleisch gefüttert wurden, hatte L. MICHAUD geschlossen, daß zur Erhaltung des N-Gleichgewichtes geringere Mengen Eiweiß notwendig waren als bei der Fütterung von körperfremdem Eiweiß, und „daß es gelingt, ein Säugetier mit derjenigen Eiweißmenge im Gleichgewicht zu halten, die es nach lang dauerndem Eiweißhunger im Minimum umsetzt, aber nur, wenn man sie ihnen in Form des körpereigenen Eiweißes verfüttert"

F. FRANK und A. SCHITTENHELM haben bei ganz ähnlicher Versuchsanordnung aber stark schwankende Ergebnisse gehabt, und H. v. HOESSLIN und E. J. LESSER haben bei Hunden im Gegensatz zu MICHAUD beobachtet, daß die Verfütterung des Hungerverlustes bei Zufuhr von Hundeeiweiß nicht zum N-Gleichgewicht führt.

Der Aufbau des arteigenen Eiweißes geht nach dem Gesetz des Minimums vor sich (ABDERHALDEN). Ein solches Gesetz des Minimums hat JUSTUS VON LIEBIG für die Pflanzen aufgestellt und BUNGE für die gesamte Biologie postuliert. Sein Gesetz besagt, daß sich die Zunahme der Trockensubstanz einer Pflanze nach dem im Minimum vorhandenen Nährstoff richtet. Ganz analog ist das Maß der Eiweißsynthese im Tierkörper abhängig von dem Quantum der in geringster Menge vorhandenen notwendigen Aminosäure. MAGNUS-LEVY veranschaulicht das Gesetz des Minimums durch folgende schematische Rechnung: Es enthalten:

	I Leucin	II Tyrosin	III Diaminosäuren
100 g Körpereiweiß	1,0	1,0	1,0
100 g Nahrungseiweiß. . .	0,8	1,0	1,1

Es können von den Gruppen II und III des Nahrungseiweißes nur je 0,8 zur Synthese verwandt werden, so daß 100 g Nahrungseiweiß nur 80 g Körpereiweiß ergeben. Bei der außerordentlichen Verschiedenheit der Zusammensetzung der Proteine — so enthält Serumeiweiß 8—9%, Gliadin (aus Weizen) 43% Glutaminsäure — muß also der nicht zur Synthese verwendbare Rest und damit der minimale Eiweißbedarf von ganz verschiedener Größe sein.

Die Ansicht von ABDERHALDEN setzt voraus, daß der tierische Organismus Aminosäuren nicht oder nicht in ausreichendem Maße bilden kann, und daß auch die Bildung einer Aminosäure aus der anderen nicht in dem zur Konstruktion des arteigenen Eiweißes erforderlichen Umfange möglich ist. Davon wird weiter unten noch die Rede sein. Diese Voraussetzungen finden eine Stütze in der Tatsache, daß „unvollständige Eiweißkörper", d. h. solche, denen eine bestimmte Aminosäure oder mehrere Aminosäuren fehlen, als einzige Eiweißquelle völlig untauglich sind.

So ist es nicht möglich, mit Gelatine, die kein Tyrosin (MILLONsche Reaktion negativ) und kein Tryptophan enthält, den Eiweißbestand zu erhalten. Legt man aber diese Aminosäuren dem unzureichenden Futter zu, so tritt Stickstoffgleichgewicht ein. Die gleichen Beobachtungen haben TH. B. OSBORNE und L. B. MENDEL mit einem anderen unvollständigen Eiweißkörper, dem Zeïn (aus Mais), gemacht, dem Glykokoll, Lysin und Tryptophan fehlen. Im Gegensatz dazu ist Casein, das kein Glykokoll enthält, ein zur Ernährung ausreichender Eiweißkörper. Der tierische Organismus ist imstande, Glykokoll in großem Maßstabe zu bilden. Das Glykokoll, die einfachste Aminosäure, nimmt eine Sonderstellung ein; sie wird auch normalerweise im Harn ausgeschieden und sie geht Bindungen mit anderen Säuren ein. So bildet sie mit Benzoesäure Hippursäure

$$C_6H_5 \cdot COOH + NH_2 \cdot CH_2 \cdot COOH = C_6H_5 \cdot CO \cdot NH \cdot CH_2 \cdot COOH$$
$$\text{Hippursäure}$$

Führt man einem Tier (Pflanzenfresser) längere Zeit Benzoesäure zu, so scheidet es mit der Hippursäure viel mehr Glykokoll aus, als es ursprünglich in seinem Bestande hatte. Nach W. WIECHOWSKI können unter diesen Bedingungen bis zu 64% des Gesamt-N als Glykokoll im Harn ausgeschieden werden. Unter diesen Verhältnissen tritt also eine Neubildung von Glykokoll ein, die sicher nicht aus Ammonium und Essigsäure erfolgt, sondern vermutlich aus Ammonium und einem Aldehyd, von denen Acetaldehyd und besonders die Glyoxylsäure ($COH.COOH$), in Betracht kommen. Daß Aldehyd und Ammoniak leicht miteinander in Verbindung treten, haben wir bereits bei der Formoltitration kennen gelernt. Daß Aldehyde, und besonders solche mit einer Kette von zwei und drei C-Atomen, intermediär entstehen, werden wir später (vgl. S. 232) erfahren. Wenn der tierische Organismus imstande ist, diese einfachste Aminosäure in größtem Maßstabe und auch einige andere aufzubauen, so geht ihm doch sicher die Fähigkeit ab, die aromatischen und die heterocyclischen Gruppen zu bilden. Eiweißkörper, denen diese Aminosäuren fehlen, sind zur Ernährung nicht zulänglich. Die „Cyclopoiese“, das ist die Bildung der Aminosäuren mit einem Ring (OSBORNE und MENDEL), ist eine Eigenschaft der Pflanzenzellen.

Die Frage des Eiweißbedarfes, die in den letzten Jahren im wesentlichen unter dem Gesichtspunkt der Eiweißrekonstruktion, der Bildung des arteigenen Eiweißes, betrachtet worden ist, hat eine neue Beleuchtung erfahren durch Untersuchungen, von denen besonders die sehr bedeutsamen von OSBORNE und MENDEL zu nennen sind. Diese Autoren sind von der Basis ausgegangen, daß fortgesetztes Wachstum ein Index der Proteinsynthese ist. Sie fanden, daß ein Unterschied besteht zwischen einer Deckung des Stickstoffbedarfes, d. h. dem Ersatz der Abnutzungsquote, und einem Eiweißansatz, wie er bei dem Wachstum erfolgt. Es gibt Eiweißkörper, wie die Gelatine und das Zein, dem Glykokoll, Lysin und Tryptophan fehlen, die weder das eine noch das andere vermögen, während Gliadin, ein Eiweißkörper des Weizens, dem Glykokoll und Lysin fehlen, wohl den Stickstoffbedarf deckt, aber für das Wachstum unzureichend ist. Wird die Gliadinnahrung durch Lysin ergänzt, so tritt Wachstum ein. Daraus folgt, daß Lysin vom tierischen Körper nicht gebildet werden kann und für das Wachstum unentbehrlich ist. Diese Unentbehrlichkeit des Lysins kommt auch darin zum Ausdruck, daß die Eiweißkörper, die für das Wachstumsalter der Tiere bestimmt sind, sehr viel Lysin enthalten. An der Spitze einer von OSBORNE und MENDEL gegebenen Reihe steht Lactalbumin mit 8,10%, ihm sehr nahe Kuhcasein mit 7,61%; das Vitellin (aus dem Eidotter des Huhnes) enthält 4,81%.

Das Zeïn kann für das Wachstum wirksam gemacht werden, wenn ein Teil seines N durch andere Eiweißkörper ersetzt wird. Die Mindestmenge des Zusatzeiweißes wird durch seinen Gehalt an den Aminosäuren bedingt, die dem Zeïn fehlen. Vom Lactalbumin (Lysin 8,1%, Tryptophan vorhanden) genügen 25% des Zeïns, während von Edestin (Eiweißkörper aus Hanfsamen mit Lysin 1,65%, Tryptophan vorhanden) 75% erforderlich sind. Eine geringere Menge von Edestin kann durch Lysin ergänzt werden.

Wird zu einer Zeïnnahrung Tryptophan und Butter oder Lebertran zugelegt, so bleibt das Körpergewicht konstant; durch eine Zugabe von Gliadin zu Zeïn kann dasselbe erreicht werden. OSBORNE und MENDEL kommen zu dem Schluß, daß Tryptophan für die Erhaltung, Lysin für das Wachstum notwendig sei.

Diese Forschungen sind in den letzten Jahren besonders durch nordamerikanische Forscher in breitestem Maßstabe fortgesetzt worden und haben auch praktisch — auch in Fragen der Viehhaltung — zu wertvollen Ergebnissen geführt. So zeigte H. B. Lewis, daß das cystinarme Casein kein hochwertiger Eiweißkörper ist, aber durch Cystin sehr wesentlich verbessert werden kann. Es ist bewiesen, daß Cystin nicht nur für das Wachstum, sondern auch im Erhaltungsumsatz unentbehrlich ist. Sehr bemerkenswert ist die Beobachtung, daß das 4% Cystin enthaltende Lactalbumin Casein nicht ergänzen kann, wohl aber das Arachin, ein Globulin aus Erdnüssen, obgleich es weniger Cystin enthält als Casein. B. Sure schließt hieraus und aus anderen Erfahrungen, daß es nicht nur (oder nicht in allen Fällen nur) auf das Vorhandensein einer genügenden Menge aller Eiweißbausteine ankommt, sondern daß es außerdem noch unter den einzelnen Proteinen strukturchemische Unterschiede von biologischer Bedeutung geben müsse. Nach M. L. Mitchell kann bei weißen Mäusen das Cystin durch Taurin ersetzt werden. Für die Ratte gilt das nach G. T. Lewis und H. B. Lewis und nach W. C. Rose und B. T. Huddlestun nicht. Auch Cysteinsäure ist dazu nicht fähig.

Interessant ist, wie die Nahrungsgewohnheiten primitiver Völker von der Ernährungswissenschaft als zweckmäßig bestätigt werden. So haben sich die Gesamteiweißstoffe fast aller Nüsse (mit Ausnahme der amerikanischen „pecan"-Nuß) als biologisch hochwertig und wegen ihres reichen Gehaltes an Lysin und Tryptophan als sehr geeignet erwiesen, Getreideeiweiß zu ergänzen. Das hat die ärmere Bevölkerung in Kalifornien instinktmäßig herausgefunden, und Nüsse jeder Art nehmen daher in ihrer Kost einen breiten Raum ein.

Osborne und Mendel haben die Frage der Getreideproteine bearbeitet und gefunden, daß die Proteine des ganzen Kornes, wie sie nach vollständiger Ausmahlung im Mehl enthalten sind, eine ziemlich gute biologische Wertigkeit haben, während das Protein der weißen Mehle (Weizen) minderwertig ist. Der Mehlnährschaden der Säuglinge ist eine Krankheit, die aus der Ernährung mit unvollständigen Eiweißkörpern folgt. Durch Milch kann eine zu neun Zehnteilen aus den üblichen Cerealien bestehende Kost ergänzt werden (H. C. Sherman).

E. V. McCollum fand, daß eine Kost nur 9% hochwertiges Eiweiß zu enthalten brauche, um alle Tiere gesund und fruchtbar zu erhalten und die Aufzucht junger Tiere zu ermöglichen. Eiweißstoffe geringer Wertigkeit werden besser noch als durch Milch durch tierische Organe (vor allem Niere und Leber) ergänzt. Eine besonders schlechte Eiweißnahrung liefert der Mais, dessen Proteine zur Hälfte aus dem unvollständigen Zeïn bestehen. In der Viehhaltung hat sich eine Beifütterung des billigen Preßkuchens aus Kokosnuß, in dem Lysin und Tryptophan reichlich enthalten sind, als sehr nützlich erwiesen.

In den Gegenden, in denen der Mais das Hauptnahrungsmittel darstellt, ist die Pellagra heimisch, eine Krankheit, über deren Wesen viel diskutiert worden ist. Der Volksname „mal de sol" deutet darauf hin, daß Lichteinwirkung eine Rolle spielt. Die Hautentzündungen (pelle = Haut; agra = roh) betreffen die Teile der Haut, die der Sonne ausgesetzt sind. Andererseits ist aber aus neueren Untersuchungen sehr wahrscheinlich geworden, daß die Pellagra mit Ernährungsfehlern, und zwar mit einem qualitativ minderwertigen Eiweiß, zusammenhängt. In den Vereinigten Staaten war Pellagra früher unbekannt. Man bringt ihr Auftreten am Ende des vorigen Jahrhunderts mit der Verbesserung der Mahltechnik in Zusammenhang, durch die bewirkt wird, daß die Samenhaut des Maiskorns dem Mehl fernbleibt. In einem Gefängnis fand NIGHTINGALE in 1210 Fällen das Auftreten von Pellagra, als Mais ohne Samenhaut verabreicht wurde, während Mais mit Samenhaut ein brauchbares Nahrungsmittel darstellte. Diese Samenhaut enthält bei allen Cerealien unter anderen Stoffen Eiweißkörper, die die unvollständigen Proteine des Korninneren bis zu einem gewissen Grade ergänzen. J. GOLDBERGER hat an Strafgefangenen, die sich zu einem solchen Versuch gegen das Versprechen der Entlassung erboten, mit einer Kost, die in Pellagragegenden üblich ist und aus gesiebtem Weizenmehl, poliertem Reis, Mais ohne Samenhaut, Schweinefett und Zucker bestand, in 5 von 11 Fällen Pellagrasymptome hervorgerufen. Daß Pellagra ohne diätetische Behandlung nicht heilt, und daß die Prophylaxe der Krankheit eine Frage der Ernährung darstellt, ist durch zahlreiche Beobachtungen gesichert. Es ist sehr wahrscheinlich, daß ein besonderer „Ernährungsfaktor" (Nahrungshormon, Vitamin) dabei keine Rolle spielt, sondern daß die Bereitschaft zu dieser eigenartigen Krankheit, an deren Ausbruch noch andere Umstände beteiligt sein mögen und an deren Auswirkung (Symptomatologie) andere Umstände sicher beteiligt sind, durch eine qualitativ unterwertige Eiweißnahrung begründet wird.

Literatur.

ALBERTONI, P. et F. ROSSI: Bilance nutritif du paysan des Abruzzes. Arch. ital. Biol. **49**, 241 (1908).

BENEDICT, F. and G. BEARD: The nutritive requirements of the body. Amer. J. Physiol. **16**, 409 (1906).

CHITTENDEN, R. (1): Physiol. Economy in Nutrition. New York 1907. — (2): The nutrition of Man (1907).

EDELSTEIN, F. und L. LANGSTEIN: Die Eiweißprobleme im Säuglingsalter. Z. Kinderheilk. **20**, 112 (1919).

FRANK, F. und A. SCHITTENHELM: Beitrag zur Kenntnis des Eiweißstoffwechsels. Hoppe-Seylers Z. **70**, 99 (1911); **73**, 157 (1911).

GOLDBERGER, J.: Relation of diet to pellagra. J. Amer. med. Assoc. **78**, 1676 (1922).

HINDHEDE, M.: Eine Reform unserer Ernährung (1908).

HOESSLIN, H. v. und E. J. LESSER: Die Zersetzungsgeschwindigkeit des Nahrungs- und Körpereiweißes. Hoppe-Seylers Z. **73**, 345 (1911).

LEWIS, H. B. and L. E. ROOT: Amino-acid synthesis in the animal organism. J. of biol. Chem. **43**, 79 (1920).

LEWIS, G. T. and H. B. LEWIS: Can taurine replace cystine in the diet of the young white rat? J. of biol. Chem. **69**, 589 (1926).

MAGNUS-LEVY, A.: Physiologie des Stoffwechsels. In: NOORDENS Handbuch des Stoffwechsels **1**, 1 (1906).

McCAY: zitiert nach L. B. MENDEL, l. c.

MENDEL, L. B.: Theorien des Eiweißstoffwechsels. Erg. Physiol. **11**, 418 (1911).

MICHAUD, L.: Beiträge zur Kenntnis des Eiweißminimums. Hoppe-Seylers Z. **59**, 405 (1909).

MITCHELL, M. L.: The substitution of taurine for cystine in the diet of mice. Austral. J. exper. Biol. a. med. Sci. **1**, 5 (1924).

MÜLLER, FR.: Stoffwechselprobleme. Dtsch. med. Wschr. **1922**, 513, 544.

NEUMANN, R. O.: Experimentelle Beiträge zur Lehre von dem täglichen Nahrungsbedarf. Arch. f. Hyg. **45**, 1 (1902).

NIGHTINGALE, P. A.: Zeismor Pellagra? Brit. med. J. **1**, 300 (1914).

OSHIMA, K., zitiert nach L. B. MENDEL: Theorien des Eiweißstoffwechsels. Erg. Physiol. **11**, 418 (1911).

ROSE, W. C. and B. T.: HUDDLESTUN The availability of taurine as a supplementing agent in diets deficient in cystine. J. of biol. Chem. **69**, 599 (1926).

Rubner, M.: Über moderne Ernährungsreformen (1914).
— und O. Heubner: Zur Kenntnis der natürlichen Ernährung des Säuglings. Z. exper.
　Path. 1, 1 (1905).
Shermann, H. C.: The protein requirement of maintenance in man. Proc. nat. Acad. Sci.
　U. S. A. 6, 38 (1920).
Thomas, K. und Th. Straczewski: Weitere Untersuchungen über das N-Minimum. Arch.
　f. Physiol. 249 (1919/20).
Wiechowski, W.: Die Gesetze der Hippursäuresynthese. Hofmeisters Beitr. 7, 204 (1906).

3. Nahrungshormone (Vitamine).
Mangelkrankheiten (Avitaminosen).

Der eigentliche Begründer dieses Gebiets ist G. von Bunge, der bei seinen Studien über das Nahrungseisen als erster Tieren eine synthetische Nahrung zuführte und bei dieser und ihrer Ergänzung durch künstliches Eisen Wachstumsstillstand beobachtete. Bunge hat den Ernährungsversuch in die Biologie eingeführt.

Stillstand des Wachstums beobachtete F. G. Hopkins an jungen Ratten, wenn er sie mit sorgfältig gereinigten Nahrungsstoffen, auch in ausreichenden Mengen, fütterte. Die Nahrung bestand aus 22% Casein, 42% Stärke, 21% Rohrzucker, 12,4% Fett und 2,6% Salzen. Hopkins machte die überraschende Entdeckung, daß der Zusatz einer kleinen Menge Kuhmilch (2—3 ccm täglich) das Wachstum in normaler Weise in Gang brachte. Folgende Kurven zweier Versuche von Hopkins zeigen das in der überzeugendsten Weise.

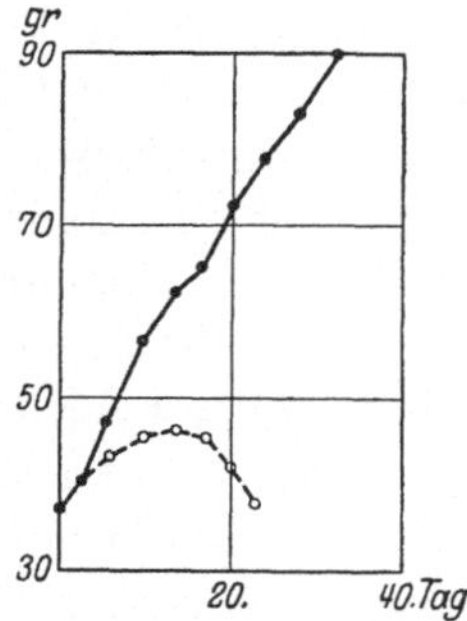

Abb. 3. Untere Kurve: 6 Ratten bei künstlicher Ernährung ohne Milch. Obere Kurve: 6 ebenso ernährte Ratten erhalten täglich je 2 ccm Milch.

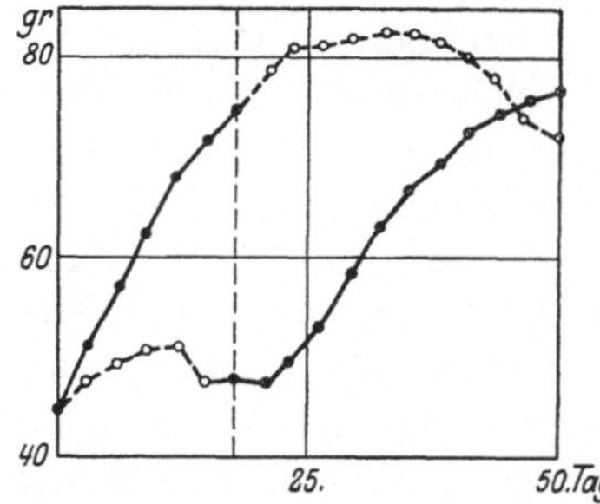

Abb. 4. Untere Kurve: 8 männliche Ratten bei künstlicher Ernährung ohne Milch. Obere Kurve: 8 ebenso ernährte Ratten erhalten täglich je 3 ccm Milch. Am 13. Versuchstage (gestrichelte Linie) wird der zweiten Gruppe die Milch entzogen und der ersten gegeben.

(Nach F. G. Hopkins.)

Dieselbe Beobachtung machten T. B. Osborne und L. B. Mendel, die statt der Milch auch eiweißfreie Milch, die den Milchzucker, die Salze und den Reststickstoff enthält, anwandten. Als diese Autoren aber dasselbe Ergebnis mit einer „künstlichen eiweißfreien Milch", d. h. einer Lösung der entsprechenden Salze mit Zusatz von Milchzucker, hatten, waren sie geneigt, diese Wirkung nicht einem Wachstumsstoff, sondern den Salzen zuzusprechen. Schon früher hatte F. Roehmann Versuche an Mäusen mit reinen Nahrungsstoffen gemacht. Es war ihm gelungen, bei Zusatz von Serumeiweiß die Tiere durch zwei Generationen aufzuziehen und zur Fortpflanzung zu bringen. Bei Verwendung von Casein allein hatte er weniger gute Resultate. Seine Ergebnisse und die Wirkung der „künstlichen eiweißfreien Milch" sprachen gegen eine Wachstumssubstanz. HOPKINS ist aber diesem Einwand nachgegangen und hat gefunden, daß die Handelslaktose das Wachstum begünstigt, weil sie Spuren von stickstoffhaltiger Substanz enthält. Ein durch wiederholtes Umkrystallisieren gereinigter Milchzucker ist, im Verein mit der Salzmischung von OSBORNE und MENDEL, nicht imstande, Wachstum auszulösen. Es scheinen also wirklich zu dem Wachstum Stoffe notwendig zu sein, von denen so geringe Mengen genügen, daß eine besonders gründliche Reinigung der Nahrungsstoffe vorgenommen werden muß, um ihr Fehlen mit Sicherheit zu erreichen.

W. STEPP hatte im Laboratorium HOFMEISTERs schon früher gefunden, daß Mäuse mit einer sorgfältig durch Alkohol extrahierten Nahrung nicht leben können und daraus zunächst die Unfähigkeit des tierischen Organismus zum Aufbau der Lipoide geschlossen. Es ist sicher, daß das Tier imstande ist, Phosphate zu esterifizieren, d. h. in die sogenannten organischen Phosphorverbindungen (Phosphorsäureester) überzuführen. Der Tierkörper kann auch, wie aus den Untersuchungen von G. FINGERLING hervorgeht, bei lipoidfreier Nahrung eine ganz normale Bildung von Phosphatiden bewerkstelligen (Untersuchungen an Enten, Messung der Phosphatbildung durch Analyse der Eier). Der Deutungsversuch von STEPP war also offenbar nicht richtig. Aus seinem großen Beobachtungsmaterial ging später hervor, daß in der Lipoidfraktion etwas Lebenswichtiges enthalten ist.

W. STEPP hat weiterhin festgestellt, daß eine vollständige Nahrung durch langdauerndes Kochen so verändert wird, daß Mäuse durch sie nicht am Leben erhalten werden können. Daß ausschließliche Ernährung mit zu hoch und zu lange erhitzter Milch gesundheitsschädlich wirkt, ist aus den zahlreichen Beobachtungen über die MOELLER-BARLOWsche Krankheit, eine dem Skorbut nahestehende Affektion des Säuglingsalters, bekannt, die durch Fütterung grüner Gemüse, durch Zitronensaft und ähnliches in überraschend schneller Weise heilt. Auch der Skorbut und die Segelschiff-Beri-Beri sind schon von jeher auf das Fehlen frischer Pflanzenstoffe in der Nahrung zurückgeführt worden. Diese Krankheiten sind durchaus nicht die Folge einer allgemeinen Unterernährung; sie brechen aus, wenn die Nahrung ausschließlich aus Brot, Stärke und Konserven besteht. A. HOLST und T. FRÖHLICH haben bei Meerschweinchen durch ausschließliche Fütterung mit Brot eine Krankheit hervorgerufen, die dem Skorbut und der MOELLER-BARLOWschen Krankheit sehr nahe steht. Die skorbutischen Veränderungen waren bei diesen Tieren schon zu einer Zeit nachweisbar, als noch keine Abmagerung eingetreten war. Die Krankheit konnte durch eine Beigabe von ganz geringen Mengen frischer Gemüse (1 g Kohl täglich) oder von Zitronensaft verhütet werden.

Auch die Beri-Beri-Krankheit, die in den tropischen Ländern sehr verbreitet ist, hatte man schon seit langer Zeit mit einer einseitigen Reisernährung in Beziehung gebracht, ohne daß es möglich war, die Ursachen näher festzustellen. Daß die Krankheit besonders bei der Ernährung mit poliertem (das ist der Schale und des Silberhäutchens beraubtem) Reis entsteht, hatten A. G. VORDERMANN und C. EIJKMANN gefunden. Dieser Forscher hat dann bei Vögeln durch Fütterung mit poliertem Reis eine Polyneuritis hervorgerufen, die mit der Beri-Beri des Menschen klinisch und anatomisch einheitlich ist. Ungeschälter Reis erhält die Tiere gesund, und Zusatz von Reiskleie zu poliertem Reis ist imstande, die Krankheit zu verhüten und zu heilen. Eijkmann versuchte als erster eine Erklärung für diese Erscheinungen, indem er sagte, daß die Krankheit ausbricht, weil in der Nahrung Stoffe fehlen, die für den Stoffwechsel des Nervensystems von Bedeutung sind.

Diese experimentellen und klinischen Beobachtungen stellen den Mutterboden dar, auf dem sich in den letzten 15 Jahren in einer wirklich unübersehbaren Zahl von Arbeiten ein neuer mächtiger Teil der Ernährungswissenschaft, die Lehre von den Vitaminen und den Avitaminosen, entwickelt hat.

Die Stoffe, deren Anwesenheit den normalen Ablauf der Funktionen ermöglicht, deren Fehlen zu schweren Krankheitserscheinungen führt, sind von C. Funk Vitamine genannt worden. Diese Bezeichnung ist falsch. Hopkins hat den Namen „accessory factors", Hofmeister „accessorische Nahrungsstoffe" gewählt. In der ersten Auflage dieses Buches wurde der Ausdruck „Nahrungshormone" vorgeschlagen. Was damals nur ein Wort war, gewinnt in der Auffassung von A. Tschirch, der „in den nur im pflanzlichen Stoffwechsel entstehenden Vitaminen Muttersubstanzen für tierische Hormone sieht", an Bedeutung. Auch R. Ehrstroem stellt Avitaminosen und hormonale Krankheiten in eine Parallele und wirft die Frage auf, ob die Vitamine Material zu weiteren Synthesen darstellen, durch welche sich Hormone bilden. Ebenso findet N. Ph. Tendeloo zwischen Avitaminosen und endokrinen Störungen eine auffallende Analogie. Er meint, daß man das Myxödem und die Addisonsche Krankheit als „Autoavitaminosen" bezeichnen könne. Die Bezeichnung „Nahrungshormon" halte ich aber für besser und passender. Indessen hat sich „Vitamin" so allgemein durchgesetzt, daß wir uns nun wohl oder übel mit dieser Wortbildung abfinden müssen.

Im folgenden soll versucht werden, eine Übersicht zu geben, die natürlich das Tatsachenmaterial auch nicht annähernd erschöpfen kann.

Stoff A. Hopkins, Hofmeister, Osborne und Mendel, E. Mellanby und Mc Collum mit seinen Mitarbeitern gebührt das Verdienst der wichtigen Entdeckungen auf diesem Gebiete. Unter Stoff A versteht man einen fettlöslichen Körper, der in Milchfett, in Fischtran (besonders im Lebertran), in Leber, Niere, Herz, in Eiern, in Weizenkeimen, in gekeimten Leguminosen, in Blättern (besonders reich im Spinat) und in Tomaten reichlich enthalten ist. Ärmer an diesem Stoff sind Wurzeln, Karotten, sehr arm ungekeimter Samen und Kartoffeln, ganz frei Pflanzenöle. Bei tierischen Lagerfetten (Talg, Schmalz) hängt der A-Gehalt vom A-Gehalt der Nahrung und von der Schnelligkeit ab, mit der das Fett angesetzt wurde; Schweineschmalz enthält sehr häufig den A-Faktor überhaupt nicht. Dagegen findet er sich in den sogenannten Fettdrüsen (W. Cramer), das ist im subpleuralen und interscapularen Fett, im Nacken-, Achselhöhlen- und Nierenfett, regelmäßig und in solchen Mengen, daß diese Teile des Fettgewebes als Reservelager des Stoffes A zu betrachten sind. Die Milch verdankt ihren Reichtum an A nicht dem Umstande, daß die Milchdrüse diesen Stoff bildet, sondern der Fähigkeit der Drüse, ihn von dem Blute aufzunehmen und in die Milch zu secernieren. Er entsteht in den Pflanzen, und zwar in den chlorophyllhaltigen Teilen, also unter dem Einfluß des Sonnenlichtes. Der Faktor A tritt sehr oft in Begleitung von Farbstoffen (Carotin, Xantophyllin u. a.) auf, ist aber ganz sicher nicht mit diesen identisch. So legen carotinfrei ernährte Hühner ganz farblose Eier, die aber genau so viel vom Stoff A enthalten wie normal gefärbte.

Auch das pflanzliche und tierische Plankton ist imstande, das Vitamin zu bilden. So kommt es, daß die Wassertiere in seinen Besitz gelangen. Diese Tiere speichern es besonders stark in der Leber. Daher ist der Gehalt im Lebertran 300 mal so hoch als im Butterfett.

Eine solche Zahlenangabe ist aber mit einigem Vorbehalt zu verstehen. Der Lebertran ist je nach Herstellungsart, Aufbewahrung und Alter sehr verschieden stark wirksam. Und dasselbe gilt vom Butterfett. Bei diesem ist zu beachten, daß die Sommermilch einen größeren Gehalt besitzt als die Wintermilch, entsprechend dem Unterschied von Frischfutter und Stallfütterung.

Das Fehlen des Nahrungshormons A bewirkt das Auftreten der Xerophthalmie (Keratomalazie). Nach diesem eindrucksvollsten Symptom wird es daher auch das antixerophthalmische Vitamin genannt. Diese Erkrankung ist durch entsprechende Ernährung im Tierversuch sehr leicht und sehr sicher hervorzurufen und durch Zuführung von Vitamin A sehr schnell zu heilen. Mit dem Tierversuch gut übereinstimmende Beobachtungen über Auftreten und Heilung dieser Krankheit liegen auch aus der menschlichen Pathologie vor (O. BLEGVAD, S. MORI, AD. CZERNY, C. E. BLOCH).

Nach G. F. POWERS, E. A. PARK und N. SIMMONDS bewirkt der Mangel an A ein Versiegen der Sekretion der Tränen- und Liddrüsen. Auch die Speichelproduktion leidet. Nach G. M. FINDLAY und R. D. MACKENZIE und STEPP wird die Blutbildung mangelhaft, die Blutplättchen verschwinden aus dem kreisenden Blute (W. CRAMER, A. H. DREW und J. C. MOTTRAM). Es tritt — wie man annimmt, durch schlechte Regenerierung des Sehpurpurs — Nachtblindheit auf.

Sehr beachtenswert sind die Beziehungen, die der A-Mangel zum Eiweißumsatz hat. Bei eiweißreicher Kost tritt die Xerophthalmie durch A-Mangel spät auf und ist therapeutisch schwer beeinflußbar, während bei eiweißarmer Kost die Erkrankung früher einsetzt, aber leicht geheilt werden kann (MCCOLLUM). Nach R. WAGNER wird das Eintreten der Xerophtalmie bei gleichzeitiger Darreichung von Schilddrüsensubstanz deutlich beschleunigt. Man muß also annehmen, daß im gesteigerten Stoffwechsel die abgelagerten Bestände an Vitamin A schneller verbraucht werden. Jugendliche Individuen sind besonders empfindlich.

BLEGVAD hat festgestellt, daß die Erkrankungszahl an Xerophthalmie dem Butterverbrauch parallel geht. Das gleiche gilt nach E. POULSSON von der Tuberkulosesterblichkeit.

Besonders in Wien sind Beobachtungen gemacht worden, nach denen Xerophthalmie auch bei hohem A-Gehalt eintritt. Vermutungsweise hat man einen zu hohen Salzbestand der Nahrung als schuldig angesehen. Da man auch sonst bei Mangelkrankheiten (z. B. beim Skorbut) solche Erfahrungen gemacht hat, die imstande sind, an der Bedeutung der Nahrungshormone Zweifel entstehen zu lassen, ist es vielleicht richtig, daran zu denken, daß die Nahrungshormone nicht allein durch ihre Anwesenheit im Körper wirken, sondern gewisse Angriffspunkte brauchen, deren Vernichtung dieselben Wirkungen haben muß wie der Mangel der Hormone.

Der Stoff A ist nicht der einzige fettlösliche von Vitamincharakter. Es hat sich gezeigt, daß im Lebertran, aber nicht in der Butter, neben dem antixerophthalmischen ein zweiter vorhanden ist, der imstande ist, die Rachitis der Menschen und der Tiere zu heilen. Dieses antirachitische Nahrungshormon (Stoff D) des Lebertrans wird im Gegensatz zu dem antixerophthalmischen durch Verseifung nicht zerstört.

E. Mellanby beobachtete, daß Tiere bei Ernährung ohne „fettlöslichesVitamin" weiche Knochen bekommen, Spontanfrakturen erleiden, also an einem der Rachitis ähnlichen Leiden erkranken. Mit diesen experimentellen Befunden stimmen die in der Hungerzeit während des Krieges gemachten Erfahrungen überein. Es erkrankten vielerseits besonders jugendliche Schwerarbeiter und alte Leute an einer Osteopathie oder Osteoporose, die durch Butter und Lebertran leicht geheilt werden konnte. Gleichzeitig mit Mellanby haben McCollum und seine Mitarbeiter (besonders Simmonds) diese Frage studiert und festgestellt, daß für die normale Knochenbildung mehrere Faktoren verantwortlich sind, so vor allem ein richtiges Verhältnis Calcium : Phosphorsäure in der Nahrung (die ideale Relation ist in der Milch gegeben) und ein Nahrungshormon.

Ist das Verhältnis Calcium : Phosphorsäure nach einer von beiden Seiten überschritten, so entsteht in jedem Falle fehlerhafte Knochenbildung. Es gibt also eine phosphatarme und eine calciumarme Rachitis (im Experiment). Bei gutem Verhältnis dieser beiden Mineralstoffe genügt eine sehr kleine Menge Vitamin, um normale Knochenbildung zu garantieren. Bei phosphatarmer Ernährung sinkt, ebenso wie bei der menschlichen Rachitis, der Phosphorsäuregehalt des Blutes bereits vor dem Eintreten klinischer Erscheinungen. Zufuhr von Vitamin stellt den normalen Phosphorsäuregehalt des Blutes her und schafft somit die Vorbedingung zur Ablagerung des Calciums und Phosphats in den Knochen.

Das antirachitische Vitamin ist vor allem enthalten in Lebertran, Eigelb und grünen Pflanzen. Es wird von McCollum als Vitamin D bezeichnet. Schon vor der Trennung des „fettlöslichen Faktors" in A und D wurden Versuche gemacht, die chemische Natur in Erfahrung zu bringen (Poulsson, K. Takahashi). Am nächsten ist der Wahrheit Takahashi gekommen, der einen Körper, das Biosterin, gewann, von dem eine sehr kleine Menge zum normalen Wachstum der Ratten ausreicht. Takahashi schreibt dem Biosterin zwei Alkoholgruppen und die Bruttoformel $C_{22}H_{44}O_2$ zu.

In ein neues Stadium trat die Rachitisforschung mit der Feststellung von K. Huldschinsky (1918), daß die menschliche Rachitis durch Bestrahlung mit ultraviolettem Licht geheilt werden kann. McCollum und seine Mitarbeiter, A. F. Hess, L. J. Unger, A. M. Pappenheimer bestätigten diese Entdeckung bei der experimentellen Rachitis und fanden, daß die Wirkung dem ultravioletten Spektrum in der Wellenlänge 290—300 $\mu\mu$ zukommt.

Hess und H. Steenbock fanden sodann, daß sich in pflanzlichen und tierischen Geweben durch Ultraviolettbestrahlung das antirachitische Vitamin bildet, und daß es genügt, die Nahrung zu bestrahlen, um die experimentelle Rachitis der Ratten zu heilen. Das Vitamin D ist also ein photochemisches Reaktionsprodukt einer Substanz, die in der Nahrung und in der Haut der Ratte enthalten ist.

Es zeigte sich, daß vollkommen inaktive Pflanzenöle durch halbstündige Bestrahlung unter Annahme eines fischtranähnlichen Geruches Vitaminwirkung erhalten. Hess und seine Mitarbeiter fanden aber auch, daß Cholesterin durch Ultraviolettbestrahlung unter Ausbleichung Vitamincharakter annimmt.

Da auch Cholesterin, das bis 120mal umkrystallisiert oder durch mehrfache Destillation im Vakuum gereinigt war, die Aktivierung durch Bestrahlung zeigte, so schien die Annahme, daß das Cholesterin das antirachitische Provitamin sei, berechtigt.

In diesem Stadium der Forschung gab HESS und gleichzeitig ROSENHEIM das Problem in die Hände von A. WINDAUS. Es zeigte sich bald, daß die Aktivierung des Cholesterins weder auf einer photochemischen Aktivierung, noch auf einer photochemischen Umlagerung beruht. Es gelang nicht durch Bestrahlung eine chemisch nachweisbare Änderung des Cholesterins herbeizuführen. In dieser schwierigen Situation erwies sich die Physik in der Person von R. W. POHL als Retter, der im Verein mit WINDAUS in wenigen Tagen das Problem restlos klärte.

Die Methode, die POHL anwandte, ermöglicht eine quantitative Ausmessung ultravioletter Absorptionsspectra. Er bediente sich der lichtelektrischen Photometrie, einer der hervorragendsten Entdeckungen der berühmten Physiker ELSTER und GEITEL in Wolfenbüttel, deren Prinzip darin beruht, daß die Messung der Lichtmenge auf eine methodisch einfache Messung von Elektrizitätsmengen zurückgeführt ist.

Das Studium der Ultraviolettabsorptionsspektra von unbestrahltem und bestrahltem Cholesterin ergab, daß der Absorptionskoeffizient bei 280 $\mu\mu$ durch Bestrahlung um mehr als die Hälfte vermindert wird. Das hätte darauf beruhen können, daß mehr als die Hälfte des Cholesterins photochemisch umgesetzt sei. Da aber nach den Analysen von WINDAUS höchstens ein minimaler Bruchteil (vielleicht einige Promille) verändert sein konnte, so folgte, daß nicht das Cholesterin das antirachitische Provitamin bildet, sondern daß es sich um eine dem Cholesterin beigemengte Substanz handeln muß. Mit dieser Schlußfolgerung stimmte überein, daß WINDAUS ein Allocholesterin kannte, das durch Licht nicht aktiviert werden konnte und das auch, wie die Spektralanalyse ergab, die Absorptionsbanden, die dem beigemengten Körper eigentümlich sind, nicht aufwies.

Da das Absorptionsspektrum des Provitamins nunmehr bekannt war, so gelang es WINDAUS, rasch provitaminreiche Präparate herzustellen. Auf Grund seiner eingehenden Bekanntschaft mit den Sterinen vermutete WINDAUS, daß das Provitamin mit einem in Hefe, Mutterkorn und Algen natürlich vorkommenden Sterin, dem Ergosterin, identisch sei. Die optische Analyse hat diese Vermutung glänzend bestätigt. Durch Bestrahlung des Ergosterins gelang es, das Vitamin D zu erzeugen, dessen Absorptionsspektrum von POHL festgestellt wurde. Das bestrahlte Ergosterin heilt in der Dosis von $^1/_{1000}$ mg rachitische Ratten.

Diese außerordentlich große und außerordentlich glückliche Entdeckung der Göttinger Gelehrten ist von weittragender Bedeutung. So hat WINDAUS aus den Digitalissubstanzen (Digitoxin, Gitoxin und Gitalin), deren zuckerfreier Anteil (Aglukon oder Genin genannt) den Sterinen und Gallensäuren (siehe S. 297) nahe verwandt ist, Stoffe (Anhydroaglucon) gewonnen, die nach Bestrahlung mit ultraviolettem Licht in Dosen von 0,002 mg pro Tag antirachitisch wirken, also in viel kleineren als die Dosen der Muttersubstanz, die das Froschherz in der Systole zum Stillstand bringen.

Stoff B. Dieser Stoff ist in der Natur sehr weit verbreitet. Besonders reichlich findet er sich in grünen Pflanzen, in der Reiskleie, der Hefe, allgemein in solchen pflanzlichen und tierischen Organen, denen besondere Funktionen (wie etwa Sekretion) eigentümlich sind. Der Stoff ist löslich in Wasser, unlöslich in Äther oder Chloroform, gegen alkalische Reaktion und hohe Temperatur sehr empfindlich und an Oberflächen leicht adsorbierbar. Die Versuche, den Stoff chemisch zu identifizieren (C. FUNK, R. R. SUZUKI, T. SHIMAMURA und S. ODAKE;

E. S. Edie; U. Williams, F. Hofmeister, C. Voegtlin und G. F. White u. a.), haben bisher noch nicht zu einem Resultat geführt.

B-arm gefütterte Tiere zeigen die Erscheinungen der Polyneuritis und eine Einschränkung aller Funktionen. Ihr Appetit ist schlecht. Sie magern ab, auch wenn sie zwangsweise ernährt werden. Die sekretorische und motorische Verdauungstätigkeit liegt danieder, die Körpertemperatur sinkt, wahrscheinlich weil die Wärmeproduktion ungenügend ist. Abderhalden und Schmidt fanden bei Tauben, die mit geschliffenem Reis gefüttert waren, den Sauerstoffverbrauch der Muskeln auffallend niedrig, aber durch Hefeextrakte auf das zwei- bis dreifache steigerungsfähig. Abderhalden findet in den Geweben so ernährter Tiere eine schwache Cysteinreaktion (siehe S. 104), ein Befund, der mit der Bedeutung des Glutathions (Dipeptid aus Glutaminsäure und Cystein) für die biologische Oxydation in Einklang steht (Hopkins).

Nach Bickel neigt der B-arm ernährte Organismus bei Kohlehydratnahrung zu Hyperglykämie. Nach Abderhalden ist die Leber glykogenfrei. A. Bickel findet im Harn den zuerst von K. Spiro studierten dysoxydablen Kohlenstoff vermehrt (desoxydative Carbonurie). Im Blut tritt eine Lymphocytopenie auf. Alle drüsigen Organe werden atrophisch (R. Carrison). Junge Tiere zeigen deutliche Störungen des Wachstums.

Die für B-Mangel charakteristische Krankheit der Menschen ist die Beri-Beri.

Zum Nachweis und zur Messung von B glaubte man in der Hefe ein einfaches Testobjekt zu finden. Aber weder die Beobachtung der Geschwindigkeit der Zellteilung noch die Aktivierung der Gärung geben Werte, die dem Tierversuch parallel gehen.

Die mächtige Anregung, die der B-Faktor nach F. Uhlmann auf alle Drüsen, besonders die Verdauungsdrüsen, ausübt, bietet therapeutische Aussichten. Mohrrübenextrakte haben sich bei Säuglingen bereits gut bewährt.

Stoff C ist löslich in Wasser und Äthylalkohol, im Gegensatz zu B nicht dialysabel, nicht adsorbierbar. C leidet bei längerem Lagern und ist gegen Wärme so empfindlich, daß er bereits, bei Gegenwart von Sauerstoff, durch eine Temperatur von 60⁰ inaktiviert wird (Kochkiste!). Von praktischer Bedeutung ist, daß auch alkalische Reaktion (bereits entsprechend n/50 NaOH) den Stoff (Untersuchungen an Citronensaft) unfähig macht, Skorbut zu verhüten. Über die chemische Natur von C ist so gut wie nichts bekannt. C findet sich in frischem Obst und Gemüse, in der Milch weidender Kühe, in keimenden aber nicht getrockneten Bohnen. Am reichsten ist es in Kohl, Citronen und Orangen enthalten. Sein Fehlen verursacht beim Menschen und bei vielen (nicht bei allen) Tierarten Skorbut oder skorbutähnliche Erkrankungen (Möller-Barlowsche Krankheit). Die Heilkraft der C-haltigen Nahrungsmittel ist erstaunlich.

Nach Untersuchungen, die mein früherer Mitarbeiter T. Warburg ausgeführt hat, ist der Faktor C gegen Milchsäuregärung beständig. Es ist gelungen Meerschweinchen durch Beifütterung von Sauerkraut gegen Skorbut zu schützen. Die Überführung von Kohl in Sauerkohl ist also eine Konservierungsmethode, die dem Trocknen oder dem Sterilisieren überlegen ist. Ein solches Resultat war wahrscheinlich. Die Zubereitung von Sauerkohl zur tischfertigen Nahrung ist nämlich in den verschiedenen Breitengraden ganz verschieden. Während der Kohl in der Schweiz und auch noch zum Teil in Süddeutschland, lange, oft durch Stunden, gekocht wird, nimmt die Erhitzung, je weiter man nach Norden kommt, immer mehr ab. In Norddeutschland wird der Sauerkohl vielfach nur gewärmt. In Norddeutschland und ganz allgemein in Rußland wird das Sauerkraut mit Vorliebe roh gegessen. Solchen Küchengewohnheiten uralter Überlieferung liegt nicht selten ein richtiger hygienischer oder diätetischer Sinn zugrunde.

Stoff E. K. S. Bishop und H. M. Evans finden in Getreidesamen und grünen Pflanzen, nicht aber im Lebertran, ein fettlösliches Nahrungshormon, dessen Fehlen bei Männchen Untergang der Keimdrüsen, bei trächtigen Weibchen vorzeitigen Fruchtabgang zur Folge hat. Sie nennen diesen Stoff das fettlösliche Fortpflanzungshormon.

C. Funk hat über ein „ansatzförderndes Vitamin", A. v. Szily und A. Eckstein über ein Star verhütendes Vitamin Mitteilungen gemacht.

Literatur.

Abderhalden, E.: Gaswechseluntersuchungen an mit geschliffenem Reis ernährten Tauben. Pflügers Arch. **187**, 80 (1921); **197**, 89 (1922).

Berg, R.: Die Vitamine, 2. Aufl. Leipzig 1927. (Literatur.)

Bickel, A.: Experimentelle Untersuchungen über den Einfluß der Vitamine auf Verdauung und Stoffwechsel. Klin. Wschr. 1922, 110.

Blegvad, O.: Häufigkeit der Xerophthalmie in Dänemark 1909—1920. C. r. Soc. Biol. Paris **1923**, 197.

Bloch, C. E.: Klinische Untersuchungen über Dystrophie und Xerophthalmie bei jungen Kindern. Handbuch für Kinderheilkunde **39**, 405 (1919).

Cramer, W.: On glandular adipose tissue. J. of exper. Path. **1**, 184 (1920).

— A. H. Drew und J. C. Mottram: Blood platelets etc. Proc. roy. Soc. Lond. **93**, B, 449 (1922).

Edie, E. S., c. s.: The antineuritic bases etc. Biochem. J. **6**, 234 (1912).

Ehrström, R.: Über die Bedingungen einer gestörten Funktion der Hormone. Klin. Wschr. **1924**, 769.

Eijkmann, C.: Eine Beri-Beri-ähnliche Erkrankung der Hühner. Virchows Arch. **148**, 523 (1897).

Evans, H. M. und K. S. Bishop: On the existence of a hitherto unknown dietary factor for reproduction. Amer. J. Physiol. **113**, 396 (1922/23).

Findlay, G. M. and R. D. Mackenzie: The bone marrow in deficiency diseases. J. of Path. **25**, 402 (1922).

Fingerling, W.: Bildung von organischen Phosphorverbindungen aus anorganischen Phosphaten. Biochem. Z. **38**, 448 (1912).

Fridericia, L. S.: Inactivating action of some fats on vitamin A in dotter fats. J. of biol. Chem. **62**, 471 (1924).

Funk, C.: Über die physiologische Bedeutung bisher unbekannter Nahrungsbestandteile der Vitamine. Erg. Physiol. **13**, 376 (1913).

— (1): Die Vitamine. Wiesbaden 1913. — (2): The Vitamines. Baltimore 1922 (Literatur).

— und H. E. Dubin: Vitamine requirem. of certain yeasts and bacteria. J. of biol. Chem. **48**, 431 (1921).

Goldberger, J. and W. F. Tanner: An amino-acid defic. as a primary etiol. factor in pellagra. J. amer. med. Res. **79**, 2132 (1922).

Gregersen, J. P.: Untersuchungen über den Phosphorstoffwechsel. Hoppe-Seylers Z. **71**, 49 (1911).

Hess, A. F. und Mitarbeiter: Zahlreiche Arbeiten, zitiert nach McCollum und Simmonds.

— M. Weinstock and D. Helmann: Oil activated by irradiation. J. of biol. Chem. **62**, 301 (1924); **63**, 305 (1925).

HOFMEISTER, F. (1): Über qualitativ unzureichende Ernährung. Erg. Physiol. 16, 510 (1918). — (2): Vitaminstudien. Ebenda 22, 32 (1923).

HOLST, A. and T. FRÖHLICH (1): Experiment. studies relating to Ship Beriberi and Scurvy. J. of Hyg. 7, 619, 634 (1907). — (2): Über experimentellen Scorbut. Ebenda 72, 1 (1912).

HOPKINS, F. G. (1): Feeding exper. illustrating the importance of accessory factors in normal dietaries. J. of Physiol. 44, 425 (1912). — (2): Feeding exper. illustrating the importance of accessory factors in normal dietaries. Biochem. J. 14, 721 (1920).

HULDSCHINSKY, K.: Heilung von Rachitis durch künstliche Höhensonne. Dtsch. med. Wschr. 1919, 712.

McCARRISON, R.: Effects of foulty food on endocrin glands. New York med. J. 1922, 309.

McCOLLUM, E. V. und SIMMONDS NINA: The Newer knowledge of Nutrition. New York 1925 (Literatur).

MELLANBY, E.: Experimental rickets. Med. Res. Council London (1921).

MORI, S.: Über den sogenannten Hikan. Handbuch für Kinderheilkunde 59, 175 (1904).

OSBORNE, T. B. und L. B. MENDEL: Beobachtungen im Wachstum bei Fütterungsversuchen mit isolierten Nahrungsstoffen. Hoppe-Seylers Z. 80, 307 (1912).

POHL, R.: Zum optischen Nachweis eines Vitamins. Naturwiss. 1927, 433.

POULSSON, E.: Das fettlösliche Vitamin. Arch. f. exper. Path. 111, 15 (1926).

POWERS, G. F., E. A. PARK und N. SIMMONDS: Einfluß von Licht und Dunkelheit auf die Entwicklung der Xerophthalmie bei der Ratte. J. of biol. Chem. 55, 575 (1923).

ROEHMANN, F.: Über künstliche Ernährung und Vitamine. Berlin 1916.

SJOLLEMA, B.: Ergebnisse und Probleme der modernen Ernährungslehre. Erg. Physiol. 20, 207 (1922).

SPIRO, K.: Zur Lehre vom Kohlehydratstoffwechsel. Hofmeisters Beitr. 10, 277 (1907).

STEPP, W. (1): Versuche über Fütterung mit lipoidfreier Nahrung. Biochem. Z. 22, 452 (1909). — (2): Experimentelle Untersuchungen über die Entbehrlichkeit der Lipoide für das Leben. Z. Biol. 57, 135 (1911); 59, 356 (1913); 66, 339, 250, 265 (1916). — (3): Über Vitamine und Avitaminosen. Erg. inn. Med. 23, 66 (1923). — (4): Vitaminforschung. Naturwiss. 1926, 1124.

SUZUKI, U., T. SHIMAMURA und S. ODAKA: Oryzanin. Biochem. Z. 43, 89 (1912).

SZILY, A. und A. ECKSTEIN: Vitaminmangel und Schichtstargenese. Klin. Mbl. Augenheilk. 71, 545 (1923).

TAKAHASHI, K.: Separation and Identification of active principle of Cod liver oil. J. chem. Soc. Japan 43, 828 (1922).

TENDELOO, N. PH.: Allgemeine Pathologie. Berlin 1919.

THOMAS, K.: Über die biologische Wertigkeit der Stickstoffsubstanzen in verschiedenen Nahrungsmitteln. Arch. f. Physiol. 1909, 219.

TSCHIRSCH, A.: Die Beziehungen zwischen Pflanze und Tier im Lichte der Chemie. Biochem. Tagesfragen 2. Stuttgart 1924.

UHLMANN, F.: Beiträge zur Pharmakologie der Vitamine. Z. Biol. 68, 419, 457 (1918).

VOEGTLIN, C. and G. F. WHITE: Can adenin acquire antineuritic properties? J. of Pharmacol. 9, 155 (1917).

VOIT, C.: Physiologie des allgemeinen Stoffwechsels und der Ernährung. HERRMANNs Handbuch der Physiologie 6 (I), 1 (1881).

VORDERMANN, A. G.: Untersuchungen über die Beziehungen zwischen der Art der Reisnahrung in den Gefängnissen von Java und der Beri-Beri-Prophylaxe. Batavia 1897.

WAGNER, R.: Zur biologischen Wertigkeit der N-haltigen Nahrungsmittel. Z. exper. Med. 33, 250 (1922).

WILLIAMS, R. R.: Antineuritic properties of hydroxy pyrimidins. J. of biol. Chem. 25, 437 (1916).

WINDAUS, A.: Z. angew. Chem. 40, 697 (1927).

Viertes Kapitel.

Hunger und Unterernährung. Toxogener Eiweißzerfall. Gesamtstoffwechsel und Eiweißzerfall im Fieber. Eiweißmast.

1. Hunger und Unterernährung.

Die krankhaften Veränderungen, die bei Fehlen von vollwertigem Eiweiß oder von Nahrungshormonen eintreten, fallen unter den Begriff des Hungers, der immer dann vorliegt, wenn die Zuführung von Nährstoffen mit dem Verbrauch nicht Schritt hält. Die durch Nahrungsmangel bedingten Zustände müssen nach Qualität und Quantität betrachtet werden. Unter absolutem Hunger versteht man das Fehlen jeder Nahrung, auch des Wassers. Das kommt beim Menschen unter den Verhältnissen, unter denen ärztliche Hilfe möglich ist, kaum vor und führt sehr schnell zum Tode durch Verdurstung. Die gänzliche Enthaltung von Nahrung bei Aufnahme von Wasser ist eine Form des Hungers, die uns aus dem Experiment und aus Beobachtungen am Krankenbett genau bekannt ist, der als sehr wirksamer, aber verantwortungsvoller therapeutischer Faktor eine große Bedeutung zukommt. Diesem absoluten Hunger schließt sich der partielle Hunger an, der dann besteht, wenn ein lebenswichtiger Stoff (Eiweiß, Kochsalz, Nahrungshormone) oder eine Mehrzahl solcher Stoffe fehlen. Die daraus entstehenden Folgen sind die sogenannten „Mangelkrankheiten“. Von derselben großen Bedeutung für die Gesundheit breiter Volksschichten und ganzer Völker sind die krankhaften Folgen, die durch eine Nahrung auftreten, die für längere Zeit weniger Brennwert, Eiweiß, Salze und Nahrungshormone enthält, als dem Mindestbedarf entspricht. Die Krankheitszustände, die auf diese Weise entstehen, die mit angedeuteten oder ausgebildeten Mangelkrankheiten einhergehen können, und die, auch wenn sie scheinbar ausgeglichen sind, für lange Zeit eine verminderte Widerstandsfähigkeit gegen Infektionen, insbesondere gegen Tuberkulose, hinterlassen, bezeichnet man als Unterernährung oder Unterernährungsfolgen.

Der Hunger ist — vom allgemeinsten Standpunkt aus — ein biologischer Faktor, den die Natur unter gewissen Umständen planmäßig verwendet. So z. B. bei dem Schmetterling während der Metamorphose von der Raupe zur Endgestalt, im Zustand der Puppe. Eindrucksvolle Beispiele für diesen physiologischen Hunger liefert die Beobachtung des Lebens der Fische. So hungert die Ostseescholle während des Laichgeschäfts vom Februar bis April, die Aallarve während der Metamorphose etwa 1 Jahr lang und der Rheinlachs (F. Miescher) während der Wanderung stromaufwärts durch $^3/_4$ Jahre. Er verliert während dieser Zeit 50% seines Körpergewichts. Eine noch stärkere Rückbildung erfährt seine Seitenmuskulatur, während seine Genitalorgane gewaltig, von 0,4% auf 30—40% des Körpergewichts, wachsen. Diese tiefgreifenden Umwandlungen, die während der Metamorphose oder während der Vorbereitung zum Laichgeschäft bei Nahrungskarenz auftreten, setzen voraus, daß die Tiere mit einem Besitz an Energiematerial, wie er für ihren durch die intermediären Umbauprozesse veränderten Grundumsatz und für die motorischen Leistungen ausreicht, in diese Epoche eintreten.

Bei der beherrschenden Stellung, die im Leben der Tiere die Nahrung einnimmt, muß aus der Durchführbarkeit solcher Hungerprozesse bei bewegungsfähigen Tieren geschlossen werden, daß die sonst normale seelische Beziehung, die bei Nahrungsmangel eintritt, das Hungergefühl, ausgeschaltet bleibt.

Für die Betrachtung der Verhältnisse beim Menschen geht hervor, daß Hunger nicht unter allen Umständen weh tut, daß eine Nahrungskarenz nicht unter allen Umständen zu einem Nahrungsverlangen führen muß. Beim normalen Menschen ist diese Dissoziation, die zu dem Beruf des Hungerkünstlers befähigt, wohl nicht sehr häufig. Am Krankenbett aber tritt sie uns täglich entgegen.

Da der Körper im Hunger von seinen eigenen Beständen lebt, so muß sich das Körpergewicht vermindern. Erfahrungsgemäß tritt in den ersten Tagen ein steiler Gewichtsabfall ein, für den aber Mittelzahlen nicht anzugeben sind, weil er zu stark von der letzten Nahrungsaufnahme und vom Wassergehalt abhängt. Nach 5—7 tägigem Hunger sind diese individuellen Besonderheiten ausgeglichen. Der weitere Gewichtsverlust geht dann langsam und gleichmäßig von statten, so gleichmäßig, daß sich der Verlauf nach einer einfachen Formel berechnen läßt (F. G. BENEDICT). Nach BENEDICT verliert der Mensch nach 14 Hungertagen: 12,6%, nach 20: 15,6%, nach 30: 20,6%, nach 40: 25,3% seines Körpergewichts. Nach einer Berechnung von A. PUETTER zehrt der Mensch bis zum 54.—58. Hungertage 50%, bis zum 71.—77. Tage 60% seiner organischen Stoffe auf. Die längste freiwillige Hungerzeit erlitt MAC SWINEY, der Bürgermeister von Cork, der nach 75 tägigem Hungern in einem englischen Gefängnis starb.

Der Gewichtsverlust, bei dem eine Gefahr für das Leben eintritt, liegt bei etwa 50%. In den Versuchen an Hungerkünstlern ist diese Grenze niemals erreicht worden.

Von besonderem Interesse ist ein Versuch von FR. N. SCHULZ und E. HEMPEL, die einen Hund, der am 27. Hungertage kollabierte, 4 Tage lang mit je 300 g Fleisch fütterten und danach eine zweite Hungerperiode von 61 Tagen folgen ließen, aus der das Tier ohne Schaden hervorging.

An dem Gewichtsverlust nehmen die Organe und Gewebe sehr ungleich teil. Nach VOIT schwindet das Fettgewebe zu 37%, die Leber zu 54%, die Muskulatur zu 31%, Gehirn und Herz aber nur zu 3%. Diese Zahlen betreffen das Bruttogewicht der Organe und Gewebe, umfassen also auch die Einlagerungen der Reservestoffe Fett und Glykogen, deren Bedeutung es ist, im Hunger verzehrt zu werden. Sehr viel wichtiger ist die Frage, ob die spezifischen Gewebsstoffe sich gegenüber dem Hunger verschieden verhalten. Wäre das nicht der Fall, wäre das Protoplasma aller Organe ohne innere Regelung und Ordnung, nach Schwund des Glykogens und des Fettes, dem Zugriff offen, so bestände die Möglichkeit, daß ein hungerndes Tier ein einziges Organ verbrauchte und an der Insuffizienz der Funktion dieses Organs schnell zugrunde ginge. Das geschieht nicht, sondern in Wirklichkeit werden alle Organe angegriffen, aber durchaus nicht gleichmäßig. Es ist wahrscheinlich richtig darüber zu sagen, daß die lebenswichtigen Organe, Herz, Zentralnervensystem und Blut, am wenigsten und am spätesten leiden. Das ist nur dadurch möglich, daß diese Organe auf Kosten anderer leben, daß also der physiologische Abbau dieser Organe durch einen fast physiologischen Anbau, für den andere Gewebe das Material liefern, annähernd ausgeglichen wird. LUCIANI hat von einem Kampf der Teile im hungernden Organismus gesprochen.

Die eindrucksvollste Tatsache dafür bietet der Rheinlachs, dessen Keimdrüsen während seiner langen Hunger- und Wanderperiode auf Kosten der Muskulatur wachsen. Diesem physiologischen Wachstum während eines physiologischen Hungers entspricht beim Menschen das krankhafte Wachstum maligner Geschwülste, das auch bei äußerst geringfügiger Nahrungsaufnahme und bei gleichzeitigem Verfall anderer Gewebe erfolgt. Eine solche Durchbrechung der physiologischen Korrelationen treffen wir auch bei der Basedowschen Krankheit, bei der die Schilddrüse gegen ihre eigenen, Umsatz mehrenden und den Protoplasmabestand angreifenden Produkte gefeit erscheint. Ein besonderes Interesse gebührt dem Einfluß des Hungers auf die Inkretdrüsen. Darüber hat uns die Zeit des Nahrungsmangels wertvolle Aufschlüsse gegeben. So fanden wir bei Autopsien von Menschen, die im mittleren Lebensalter hochgradig unterernährt gestorben waren, folgendes Verhalten der Organgewichte:

Normalgewicht in g		Männer (35—59 kg)		Frauen (30—49 kg)	
		Höchstgewicht	Mindestgewicht	Höchstgewicht	Mindestgewicht
30—40	Schilddrüse . . .	40	1,5	24,8	14,5
90—100	Pankreas	75	50	40,5	32,8
4,8—7,2	Nebennieren. . .	10	2,1	6,1	3,0
0,5	Hypophyse . . .	0,6	0,6	0,8	0,6
40—70	Hoden	45	9,6		
4,8—9	Ovarien.			3,8	1,3
1600—1800	Leber.	1000	765	760	720
300	Herz	340	170	290	230
	Blutmenge. . . .	5700	3600	5000	2400

Klinisch zeigt der Unterernährungszustand mannigfache Störungen im neuroendokrinen System, so Neigung zu Diabetes (F. Hoppe-Seyler), Tetanie (H. Schlesinger, L. Lichtwitz), Sinken des Blutdrucks (Nebennieren?), Amenorrhöe, Verminderung des Grundumsatzes (Schilddrüse). Die Neuromalacie, die Störungen des Wasserhaushalts (Hungerödem), die Osteoporose sind durch Mangel an Nahrungshormonen, vielleicht aber auch durch Störungen im endokrinen System bedingt. R. McCarrison fand im Tierexperiment bei sehr verschiedenen Formen unzureichender Ernährung Atrophie aller inkretorischen Drüsen, mit Ausnahme der Nebennieren und der Hypophyse. Die Nebennieren können sogar eine Gewichtsvermehrung erfahren. Diese Beobachtungen stimmen mit unseren Erfahrungen am Menschen überein.

Da sich das Blut im Hunger als ziemlich widerstandsfähig erweist, so gehört, falls nicht andere Noxen gleichzeitig einwirken, Anämie zu den ernsteren Symptomen des Unterernährungszustandes. Das Fehlen einer Anämie kann bis zu einem gewissen Grade durch eine Bluteindickung vorgetäuscht werden, die in manchen Fällen beobachtet wird. Diese geht mit einem Steigen des osmotischen Druckes einher. In anderen Fällen aber besteht eine hydrämische Plethora (Vermehrung der Plasmamenge). In vorgeschrittenen Stadien kommt es zu einer bemerkenswerten Veränderung des Knochenmarks. H. Aron berichtet, daß bei hungernden Kälbern das Mark in eine wässerige Masse verwandelt wird. Wir fanden, wie Roger und Josué, ein Mark von gelatinöser Beschaffenheit, das nach den Analysen von Roger und Josué äußerst fettarm, etwa dreimal wasserreicher und sehr viel proteinreicher ist als normales Mark.

Von den organischen Substanzen wird im Hunger zuerst das Glykogen bis auf verbleibende Spuren verbraucht. Sodann wird das Fett angegriffen, das aus den Fettlagern in die Leber wandert und dadurch zu der Erscheinung der Hungerlipämie und Fettleber führt.

Die Größe des Eiweißabbaus ist an der Ausscheidung des N kontrollierbar. Es zeigt sich, daß bei denjenigen Individuen, die mit guten Glykogenvorräten in die Hungerperiode eintreten, in den ersten Tagen die N-Abgabe relativ klein ist, daß nach Aufzehrung der Eiweiß schützenden Zuckerbestände, das ist etwa am 4. Hungertage, ein Ansteigen zu einem Maximum eintritt (bei Männern 10—12, bei Frauen 7—8 g Harn-N), dem nach kurzer Konstanz ein allmähliches deutliches Sinken folgt, das nicht nur dem verminderten Körpergewicht entspricht, sondern auch relativ, für das Kilogramm berechnet, gilt. So betrug im Hungerversuch LEVANZINS die N-Ausscheidung am 4. Hungertage 0,207, am 31. Hungertage 0,146 g für das Kilogramm.

Im späteren Hungerstadium steigt die Eiweißzersetzung an. Bei kleineren Versuchstieren ist dieser prämortale Eiweißzerfall leicht zu beobachten. Bei den Hungerexperimenten am Menschen ist es zu diesem Grade des Hungerzustandes bisher nie gekommen.

Eine sehr erhebliche Verminderung erfährt im Hunger und bei chronischer Unterernährung auch der Gesamtumsatz. P. AVROROW hat Hunde im Calorimeter hungern lassen und eine Abnahme der Calorienproduktion bis zu 12,8%, im Endstadium dagegen, entsprechend dem Eiweißzerfall, einen Anstieg gefunden. BENEDICT sah in dem Hungerversuch LEVANZINS pro Kilogramm und Stunde eine Wärmeproduktion von 1,09 cal. am 25. Tage, jedoch von nur 0,98 cal. im Durchschnitt der drei letzten Tage. ZUNTZ und LOEWY haben im Jahre 1917, als sie durch Nahrungsmangel gelitten hatten, eine erhebliche Verminderung ihres eigenen Umsatzes festgestellt, der sich früher durch eine Beobachtungszeit von 28 Jahren als ganz konstant erwiesen hatte. So war bei ZUNTZ die Calorienproduktion pro Tag und Quadratmeter Oberfläche auf 709—723 gesunken, nachdem sie sich früher in den engen Grenzen von 773—804 bewegt hatte.

Wir haben also die für die Pathologie außerordentlich wichtige Tatsache zu vermerken, daß sich bei Nahrungsentziehung und Nahrungsmangel Gesamtumsatz und Eiweißzersetzung den ungünstigen Verhältnissen anpassen. Wir beobachten auch unter solchen Verhältnissen, daß die spezifisch-dynamische Wirkung ausbleibt oder sehr gering ist.

Bei dem Versuch diese Vorgänge zu deuten ist daran zu denken, daß eine Herabminderung der Eiweißzersetzung eine Minderung der Verbrennungsvorgänge zur Folge haben könnte, weil ja Eiweißabbau die Oxydation steigert. Es könnten aber auch beide Prozesse koordiniert sein und Folgen einer Veränderung der hormonalen Steuerung. Die bei Nahrungsmangel eintretende Veränderung der Schilddrüse ist vielleicht die Bedingung der Änderung der Stoffwechselvorgänge. G. MANSFELD und E. HAMBURGER haben geglaubt, daß der prämortale Eiweißzerfall mit der Schilddrüse zusammenhänge. P. HARI hat aber gezeigt, daß zwischen normalen und thyreoidektomierten Tieren in dieser Beziehung kein prinzipieller Unterschied besteht. Die chemischen oder hormonalen Bedingungen der dem Tode vorangehenden Stoffwechselsteigerungen sind noch unbekannt. Zu erwägen ist, ob in den qualitativen Veränderungen des Eiweißabbaues die Möglichkeit der Entstehung eines toxischen Agens gegeben ist.

Die N-Verteilung im Harn, aus der wir Änderungen der Qualität des Eiweißabbaues ersehen, ist beim Hunger zunächst in der Weise beeinflußt, daß entsprechend der Hungeracidose die Harnstofffraktion prozentual geringer, die Ammoniakfraktion und vermutlich auch die Aminosäurefraktion größer wird. Eine sehr erhebliche prozentuale Zunahme erfährt die Ausscheidung von Kreatinin. Die Kreatinausscheidung nimmt beim Hunde bis auf Spuren ab (P. E. Howe, H. A. Mattill und P. B. Hawk), zeigt aber im letzten Hungerstadium eine deutliche Zunahme auf Kosten des Kreatinins, das in dieser Zeit abfällt. Nach Howe c. s. ist diese Kreuzung der Kreatin-Kreatininkurve eine charakteristische Begleiterscheinung des prämortalen Eiweißzerfalls. Auf die Kreatinfrage soll aber an dieser Stelle nicht eingegangen werden (s. S. 85).

Literatur.

Aron, H.: Die Stoffverluste des Säuglings im Hunger. Jb. Kinderheilk. **86**, 128 (1917).

Avrorow, P.: Metabolism of matter and energy in the organism during complete inanition. Diss. St. Petersburg 1900 (zitiert nach Morgulis).

Benedict, F. G.: A study of prolongated fasting. Carnegie Publ. 203. Washington 1915.

Grafe, E.: Die pathologische Physiologie des Gesamtstoff- und Kraftwechsels bei der Ernährung des Menschen. Erg. Physiol. **21**, II, 1 (1923).

Hari, P.: Beiträge zur Kenntnis der Beziehungen zwischen Eiweißumsatz und Eiweißstoffwechsel beim Hungern. Biochem. Z. **66**, 1 (1914).

Howe, P. E., H. A. Mattill and P. B. Hawk: The distribution of nitrogen during a fast of 117 days. J. of biol. Chem. **11**, 103 (1912).

Lichtwitz, L. (1): Über Unterernährung. Kongr. inn. Med. Wien **1923**, 185. — (2): Unterernährung. In: Bergmann-Mohr-Stäehelin, Handbuch der inneren Medizin, II. Aufl. **4**, 942 (1926).

Luciani, L.: Das Hungern. Hamburg-Leipzig 1890.

McCarrison, R.: The paethognesis of deficiency disease. Indian J. med. Res. **6**, 275 (1919).

Mansfeld, G. und E. Hamburger: Über die Ursache der prämortalen Eiweißzersetzung. Pflügers Arch. **152**, 50 (1913).

Morgulis, S.: Hunger und Unterernährung. Berlin 1923.

Pütter, A.: Stickstoffgleichgewicht und Stickstoffbestand. Z. Biol. **86**, 317 (1927).

Roger, H. et Josué: Des modifications chim. de la moelle osseuse dans l'inanition. C. r. Soc. Biol. Paris **52**, 417, 419 (1900).

Schulz, Fr. N. und E. Hempel: Beiträge zur Kenntnis des Stoffwechsels bei unzureichender Ernährung. Pflügers Arch. **114**, 439, 462 (1906).

Schlesinger, H. Erkrankung des Nervensystems bei Nährschäden und Hunger. Ztg. ges. Neurol. u. Psych. **59**, 1 (1920).

Zuntz, N. und A. Loewy (1): Der Einfluß der Kriegskost auf den Stoffwechsel. Berl. klin. Wschr. **1916**, 825. — (2): Weitere Mitteilungen über den Einfluß der Kriegskost auf den Stoffwechsel. Biochem. Z. **90**, 244 (1918).

2. Toxogener Eiweißzerfall.

Unter dem Einfluß von Giften, die im Körper entstehen oder von außen zugeführt werden, findet eine pathologische Eiweißzersetzung statt. Am übersichtlichsten liegen diese Verhältnisse bei den gewöhnlichen Vergiftungen. In unserem Laboratorium ist in einer Zahl solcher Fälle von G. Glaubitz eine N-Bilanz aufgenommen worden. Wir fanden einen Eiweißzerfall (negative Bilanz und oft Erhöhung des Reststickstoffs) bei Vergiftungen durch Pantopon, Kohlenoxyd, Oxalat, Lysol, Sublimat, dagegen bei einem Falle von chronischem Morphinismus (bis 1,8 g Morphin täglich) keinen Stickstoffverlust.

Es ist als sicher anzunehmen, daß bei den Giften, die zur Leberatrophie führen, besonders starke negative N-Bilanzen auftreten. Wir haben zwar keine Gelegenheit gehabt Vergiftungen durch Phosphor, Arsen u. a. zu analysieren. Aber wir kennen diese Verhältnisse von der akuten gelben Leberatrophie, bei der große Mengen von nichtkoagulablem N und Harnsäure im Blut auftreten, mit dem Harn ausgeschieden werden und sich post mortem in der Leber ganz beträchtliche Mengen von nichtkoagulablem Stickstoff finden.

Wir beobachteten bei Kranken, bei denen auf luischer Grundlage akut schwere degenerative Prozesse in Leber, Nieren und den Rückenmarkshintersträngen auftraten (wir gaben dem Prozeß, der in den beobachteten Fällen zum Tode führte, den Namen Lues degenerativa acuta maligna), einen sehr starken Eiweißzerfall mit sehr großer Erhöhung des Reststickstoffs in Blut und Liquor cerebrospinalis (A. PFEIFFER). Die dabei gefundenen relativ niedrigen Ammoniakzahlen des Harns erklären sich aus der Erkrankung der Nieren (s. S. 96).

Ganz erstaunlichen Eiweißabbau sahen wir, in Übereinstimmung mit früheren Autoren, bei der akuten Leukämie, bei der die Zellzerstörung in der reißenden Verminderung der Erythrocyten drastisch zum Ausdruck kommt. Auch bei bösartigen Tumoren, bei gewissen Formen der Basedowschen Krankheit und bei akuten Infektionen gibt es einen abnormen Eiweißzerfall.

Literatur.

GLAUBITZ, G.: Über den Eiweißzerfall bei Vergiftungen. Z. exper. Med. **25**, 230 (1921).
PFEIFFER, A.: Lues degenerativa maligna acuta. Dtsch. Arch. klin. Med. **139**, 245 (1922).

3. Gesamtstoffwechsel und Eiweißumsatz im Fieber.

Im experimentell erzeugten Fieber und bei dem Fieber der Menschen ist die Wärmebildung erhöht und zwar um 20—60, durchschnittlich um 25%. Diese Steigerung verläuft annähernd nach der VAN'T HOFFschen Regel (R-G-T-Regel), die aussagt, daß sich die Geschwindigkeit der meisten chemischen Reaktionen bei einer Temperaturerhöhung um 10° verdoppelt bis verdreifacht. Untersucht man in den ersten Tagen einer akuten Infektionskrankheit, also in einer Periode, in der die Überlagerung durch sekundäre Faktoren am geringsten ist, so kommt die Abhängigkeit der Umsatzsteigerung von der Temperatur deutlich heraus (DU BOIS).

Im Schüttelfrost kann die Steigerung der Wärmeproduktion bis über 200% betragen (E. NEBELTHAU, D. P. BARR und E. F. DU BOIS). Ein besonders geeignetes Objekt für das Studium des Verhaltens von Wärmeproduktion und Wärmeabgabe bietet der Malariaanfall. Im Fieberanstieg bleibt dabei die Wärmeabgabe unverändert; sie steigt erst mit absinkender Temperatur an und erreicht schließlich erhebliche Höhe.

Der Antrieb zum erhöhten Umsatz geht vom Zentrum auf nervösem Wege nach allen Organen. Einen Beitrag zur Stoffwechselsteigerung liefert die im Fieber vermehrte Herz- und Atmungsarbeit.

Ganz sicher ist, daß die Erhöhung der Oxydationen nicht die Ursache des Steigens der Körperwärme ist. Denn wir wissen, daß auch sehr viel stärkere Oxydationsprozesse (z. B. bei anstrengender Muskelarbeit) die Temperatur nicht verändern. Beim Fiebernden ist Störung der physikalischen Regulation, der Wärmeabgabe, die Bedingung der Überwärmung.

Im Fieber wird das Glykogen der Leber schnell aufgebraucht.

Schon seit mehr als 70 Jahren ist bekannt, daß sehr erhebliche N-Mengen ausgeschieden werden. Das ist aus dem Schwund der Muskulatur, der fast bei jeder schweren Infektionskrankheit eintritt, schon ohne Analyse zu entnehmen. Der Eiweißabbau tritt nicht bei jeder Infektionskrankheit und bei jedem Menschen mit gleicher Deutlichkeit hervor. Die Art des Erregers ist nicht ohne Einfluß. So sehen wir bei langdauerndem hohen Fieber durch Streptothrix, durch Meningococcen vollkommene Erhaltung des Körpergewichts. C. HEGLER[1] beobachtete dasselbe bei Morbus Bang, nicht aber bei Maltafieber, trotz der Ähnlichkeit oder Gleichheit des Erregers. Die Erfahrung, daß Meningococcensepsis, trotz hohen Fiebers, nicht zu Abmagerung führt, während bei der epidemischen Genickstarre ein reißender Verfall eintritt, zeigt, daß es auch auf die Lokalisation der Infektion oder den Ort der Giftbindung ankommt. Auf die Bedeutung des Gehirns als Angriffspunkt weist auch die Erfahrung hin, daß bei solchen hochfieberhaften Infektionen, bei denen das Allgemeinbefinden in der auffallendsten Weise ungestört ist — und das ist der Fall bei Meningococcensepsis, bei Morbus Bang und in unseren Beobachtungen auch bei Streptothrixinfektionen —, keine Abmagerung eintritt. Im allgemeinen ist der Eiweißabbau um so stärker, je höher das Fieber, je stärker die Infektion ist und in je besserem Ernährungszustand der Mensch in die Krankheit eintritt. Schwächliche und Unterernährte halten auch im Infektionsfieber ihr Eiweiß besser fest. Und je mehr durch lange Dauer der fieberhaften Krankheit der Protoplasmabestand sinkt, um so mehr nimmt die Eiweißeinschmelzung ab. Auch unter diesen Verhältnissen treten die Anpassungen ein, die wir im Hunger und Unterernährungszustand ohne Fieber kennen gelernt haben.

Der Anteil des Eiweißes am Gesamtstoffwechsel ist bei niedrigen und mittleren Temperaturen etwa der gleiche wie im Hunger; er beträgt etwa 15—20% des Gesamtumsatzes. Bei sehr hohen Temperaturen steigt er bis 30% (E. GRAFE).

Trotz des absolut und prozentual erhöhten Eiweißabbaues läßt sich auch im Fieber, wenigstens unter 39°, N-Gleichgewicht erzielen, wenn sehr große Mengen Kohlehydrat gegeben werden. Man braucht dazu 80—100 Calorien für das Kilogramm, eine Nahrungsmenge, die nur ganz ausnahmsweise von einem Fiebernden bewältigt werden kann. Meist ist es deshalb beim Fiebernden nicht möglich durch eine Nahrung, die dem Normalbedarf plus der durch Fieber bedingten Steigerung von 25% entspricht, einen Abbau von Körpereiweiß zu verhüten. Daß nicht die Steigerung des Umsatzes an sich dieses Verhalten bedingt, geht aus den Untersuchungen von R. A. KOCHER hervor, der bei einem Eiweißminimum von 3 g Harn-N sowohl bei reichlicher Calorienzufuhr, als bei Kohlehydratkarenz und auch bei unzureichender Nahrung durch Muskelarbeit eine Steigerung der Verbrennungen um etwa 100% herbeiführte, ohne daß eine Erhöhung der N-Ausscheidung eintrat. Bei hochfiebernden Kranken dagegen konnte durch eine eiweißarme, aber sehr kohlehydratreiche Kost (4000—6000 Calorien) das ist bis 80 Calorien für das Kilogramm, ein erheblicher Eiweißabbau nicht verhütet werden.

---

[1] Persönliche Mitteilung.

Die Stickstoffausscheidungen (13—22 g) waren zweifellos weit höher als sie bei nicht fiebernden auf diese Weise ernährten und daher in Umsatzerhöhung befindlichen Menschen sind. Die Verhältnisse beim Fiebernden liegen ganz wesentlich anders als bei anderen Erhöhungen des Stoffwechsels, weil der erhebliche Glykogenverbrauch im Fieber ganz anderer Wesensart ist als der bei schwerer Arbeit. Bei letzterer erfolgt die Kohlehydratverbrennung in der Muskulatur unter Koordination von Zuckerbildung und Zuckerverbrennung. Bei fieberhaften Infektionen aber wird die Leber glykogenarm, weil sie durch nervöse Störungen oder durch Parenchymschädigung in krankhafter Weise funktioniert. Wir werden später beim Diabetes (s. S. 261) sehen, daß die Unfähigkeit der Leberzelle, Glykogen festzuhalten, den intermediären Stoffwechsel in ganz andere Bahnen lenkt. Ob auch hier durch Insulin eine Annäherung an normale Verhältnisse erreicht werden kann, ist eine Frage, die untersucht werden muß.

Da der Fiebernde einen höheren Stoffverbrauch hat, ohne daß damit eine größere Arbeit geleistet wird, so könnte man an einen Vorgang denken, der der Luxuskonsumption ähnlich ist.

Nach den Untersuchungen von W. M. COLEMAN und E. F. DU BOIS wird beim Typhus der Umsatz durch Nahrung nicht in übernormaler Weise erregt. Im Gegenteil ist die spezifisch-dynamische Wirkung geringer als in der Norm.

Der Fiebernde hat also wegen seines höheren Umsatzes, wegen der mangelhaften Glykogenfixation in der Leber einen höheren Eiweißbedarf, den er — von Ausnahmefällen abgesehen — von seinen eigenen Eiweißbeständen bestreitet.

Ob der Eiweißabbau auch durch die Höhe der Temperatur selbst befördert wird, ist eine Frage, die man versucht hat durch Überhitzung von Menschen und Tieren zu lösen. Die Untersuchungen haben aber so widersprechende Ergebnisse, daß es nicht möglich ist darüber zu einem Urteil zu kommen.

Nach einer bereits altehrwürdigen Ansicht wirkt bei dem Eiweißabbau im Fieber ein toxisches Agens mit, von dem man früher uneingeschränkt annahm, daß es peripher an den Zellen angreife. In der neueren Zeit aber, in der die zentrale Regulation der Stoffwechselvorgänge besser erkannt und beobachtet worden ist, erhebt sich die Frage, ob hier eine wesentliche Bedingung liegt. H. FREUND und ED. GRAFE finden beim Hunde, dem die Fähigkeit der chemischen und physikalischen Wärmeregulation durch Halsmarksdurchtrennung genommen war, nach schwerer Infektion mit Naganatrypanosomen und Bacillus suipestifer keinen Einfluß auf Gesamtstoffwechsel und Eiweißumsatz. Für diese Versuche ist also ein Angriff des toxischen Agens am Protoplasma der Peripherie nicht anzunehmen. Daß aber die Gewebe auch unter der Bedingung aufgehobener chemischer Wärmeregulation auf Reizstoffe oder Gifte reaktionsfähig sind, lehren die Versuche von R. ISENSCHMID, der bei solchen Tieren durch Tetrahydro-β-Naphthylamin, Suprarenin, Cocain, Coffein, Natrium salicylicum Stoffwechselsteigerung hervorrufen konnte. Die Möglichkeit, daß auch bakterielle Toxine eine Wirkung in der Peripherie ausüben können, ist demnach nicht allgemein zu verneinen.

Im Fieber ist gemäß der Höhe des Zerfalls von Körpereiweiß die Art des Abbaues nach der endogenen Seite verschoben. Der prozentuale Anteil an Harnstoff sinkt, während Ammoniak, Kreatinin, Harnsäure zunehmen und Kreatin auftritt. Das Auftreten der Diazoreaktion, der Urochromogenreaktion nach WEISS und von Albumosen bei bestimmten Erkrankungen weisen auf Abnormität des Eiweißabbaues hin.

Literatur.

BARR, D. P. und E. F. DU BOIS: Arch. of intern. Med. 21, 627 (1918).

COLEMAN, W. M. and E. F. DU BOIS: Calorimetric observ. on the metabolism of typhoid patients with and without food. Ebenda 14, 168 (1914); 15, 887 (1915).

DU BOIS, E. F.: The basal metabolism in fever. J. amer. med. Assoc. 77, 352 (1921).

FREUND, H. und ED. GRAFE: Über das Verhalten von Gesamtstoffwechsel und Eiweißumsatz bei infizierten Tieren ohne Wärmeregulation. Dtsch. Arch. klin. Med. 121, 36 (1916).

ISENSCHMID, R.: Über die Wirkung der die Körpertemperatur beeinflussenden Gifte auf Tiere ohne Wärmeregulation. Arch. exper. Path. 85, 271 (1920).

KOCHER, R. A.: Über die Größe des Eiweißzerfalls bei Fieber und bei Arbeitsleistung. Dtsch. Arch. klin. Med. 115, 82 (1914).

NEBELTHAU, E.: Kalorimetrische Untersuchungen am hungernden Kaninchen im fieberfreien und fiebernden Zustand. Z. Biol. 31, 283 (1894).

4. Eiweißmast.

Das während einer Infektionskrankheit (und im Hunger) verlorene Eiweiß wird nach Überwinden der Krankheit bei guter Ernährung rasch wieder ersetzt, da, wie wir früher gesehen haben, der Körper in diesem Falle gierig Nahrungseiweiß zurückbehält. Ein besonderer Eiweißreichtum der Kost ist auch hier nicht unbedingt notwendig.

Wenn kein Eiweißverlust vorangegangen ist, wird Nahrungseiweiß im Körper nicht, oder nur in ganz geringem Maße, abgelagert.

Die klassischen Versuche von FRERICHS, BISCHOF, BIDDER und SCHMIDT, VOIT haben zu der Auffassung geführt, daß sich der Körper mit jeder zugeführten Eiweißmenge ins Gleichgewicht setzt, d. h. daß ebenso viel N ausgeschieden wie eingeführt wird. Spätere Arbeiten am Tier und am Menschen zeigten aber, daß bei geeigneter Ernährung ziemlich erhebliche N-Mengen im Körper verbleiben können (ED. GRAFE). So wurden von einem 20 kg schweren Hund 298 g retiniert (ED. GRAFE und D. GRAHAM). Die landwirtschaftliche Literatur enthält ein reiches Material, aus dem hervorgeht, daß bei Tieren durch eiweißreiche Fütterung der N-Gehalt der Muskulatur und der inneren Organe bedeutend anwächst.

Die N-Retentionen, die in diesen Versuchen und auch im Versuche am Menschen erzielt werden, sind zu groß, um durch Eiweißschlacken erklärt werden zu können. Analysen ergeben, daß es sich um einen Eiweißkörper handelt, dessen Ansatz im Körper aber in manchen Fällen ohne einen gleichzeitigen Wasseransatz erfolgt. Während die Bildung von lebendem Protoplasma, wie aus dem Verhalten der verschiedenen Organismen bekannt ist, mit einer fünfmal so hohen Gewichtsvermehrung erfolgt, als der gebildeten Eiweißmenge entspricht, kann dieses Masteiweiß scheinbar in trockener Form abgelagert werden oder mit dem Wenigen an Wasser, das in den normalen Reservebeständen zur Verfügung steht. Ein solches Mißverhältnis zwischen N-Retention und Gewichtsvermehrung ist bei Ansatz von lebendem Eiweiß (Protoplasma) nicht möglich.

Daher geht die Meinung der Autoren dahin, daß es sich bei dem Masteiweiß um totes Eiweiß handelt, das von PFLÜGER „unbekannte Mastsubstanz‘, von C. VOIT „cirkulierendes Eiweiß“, von H. LUETHJE „Zelleinschlußeiweiß“, von C. VON NOORDEN „Reserveeiweiß“, von RUBNER „Vorratseiweiß“, von HOFMEISTER „labiles Eiweiß“ genannt wird. Daß dieses Eiweiß in den Körperflüssigkeiten cirkuliert, kann als ausgeschlossen gelten, da es dann leicht nachweisbar sein müßte. Die Bezeichnung „Zelleinschlußeiweiß" findet eine Stütze in den Untersuchungen von W. BERG, der bei Tieren nach reichlicher Eiweißfütterung, und nur nach solcher, in den Leberzellen Tropfen fand, deren mikrochemisches Verhalten darauf hindeutet, daß sie aus Eiweiß bestehen.

Ob das Masteiweiß ein lebender oder toter Bestandteil des Körpers ist, muß aus dem Verhalten des Sauerstoffverbrauchs zu erkennen sein (ZUNTZ). Eine Vermehrung des Protoplasmas muß eine Erhöhung des Grundumsatzes ergeben. Darauf gerichtete Untersuchungen (M. SCHREUER, F. DENGLER und L. MAYER, A. MÜLLER) hatten ein negatives Resultat.

Danach dürfen wir also folgern, daß es bei Menschen und Tieren möglich ist Eiweiß als Reservesubstanz zur Ablagerung zu bringen, daß es aber nicht möglich ist durch Mästung mit Eiweiß einen Zuwachs von Protoplasma zu erzielen. Ein solcher tritt beim physiologischen und pathologischen Wachstum ein. Bei dem Wachstum maligner Tumoren erfolgt gewiß nicht eine Zunahme des Gesamtprotoplasmas. Wohl aber muß es bei der Ausbildung großer Myome der Fall sein. Darüber können Gaswechselversuche vor und nach Myomoperation leicht Aufschluß geben. Auch die Hypertrophie von Organen geht mit einem Protoplasmaansatz einher. Von praktisch-ärztlicher Bedeutung ist die Hypertrophie der Muskulatur, die durch Übung und ausreichende Eiweißernährung erfolgt. Hier handelt es sich nicht um Mehrbildung von Muskelfasern, sondern um eine stärkere Füllung.

Ob die Ablagerung von totem Masteiweiß für den Körper Vorteile hat, ist noch nicht zu überblicken.

Literatur.

BERG, W.: Über den mikroskopischen Nachweis der Eiweißspeicherung in der Leber. Biochem. Z. **61**, 428, 434 (1914).

DENGLER, F. und L. MAYER: Untersuchungen über den respiratorischen Gaswechsel bei Stickstoffanreicherung des Körpers. Zbl. ges. Physiol. u. Path. des Stoffwechsels **1906**, 228.

GRAFE, ED. und D. GRAHAM: Über die Anpassungsfähigkeit an überreichliche Nahrungszufuhr. Hoppe-Seylers Z. **73**, 1 (1911).

MÜLLER, A.: Stoffwechsel- und Respirationsversuche zur Frage der Eiweißmast. Zbl. ges. Physiol. u. Path. des Stoffwechsels **1911**, Nr 15.

SCHREUER, M.: Über die Bedeutung überreichlicher Eiweißnahrung für den Stoffwechsel. Pflügers Arch. **110**, 227 (1905).

Fünftes Kapitel.

Aminosäurenbildung im Tierkörper. Aminosäurenabbau. Proteinogene Amine. Harnstoffbildung. Kreatin und Kreatinin. Das Ammoniakproblem.

1. Aminosäurenbildung im Tierkörper.

Die Aminosäurenbildung in Lebewesen ist die Umkehr des Weges, den der Abbau dieser Stoffe einschlägt. Die Assimilationsfähigkeit der Pflanzen für anorganischen Stickstoff ist im Prinzip die Grundlage des Lebens aller Tiere und schien den Markstein einer prinzipiellen chemischen Scheidung zwischen Tier-

und Pflanzenreich zu bedeuten. Nur vom Glykokoll, der einfachsten Amino-säure, war schon länger bekannt, daß es auch vom Tier in reichlicher Menge gebildet wird (s. WIECHOWSKI, S. 73). F. KNOOP und G. EMBDEN ist es gelungen, die Entstehung einer höheren Aminosäure zu erweisen. KNOOP bediente sich eines Kunstgriffs, der die ersten Gesetzmäßigkeiten des physiologischen Abbaus orga-nischer Säuren aufzufinden ermöglichte, indem er zum Ausgangsmaterial Substanzen wählte, die einen endständigen, fast unangreifbaren Phenylrest enthalten. KNOOP ging von der Phenylaminobuttersäure aus, als deren Abbauprodukte er im Harn die entsprechende Oxysäure und Ketosäure, Hippursäure und ein optisch aktives Acetylprodukt der Aminosäure selbst isolierte. Er wählte dann, entsprechend einem später zu besprechenden Befund O. NEUBAUERs, die der Phenylaminobutter-säure entsprechende Ketosäure, die Phenyl-α-Ketobuttersäure, und erhielt Ace-tylphenylaminobuttersäure. Damit war der Beweis erbracht, daß der Tierkörper an-organischen Stickstoff zu binden und Aminosäuren synthetisch zu bilden vermag.

Rein formelmässig würde der Verlauf durch folgende Gleichung wiederzugeben sein, also einen Oxydations-Reduktionsprozeß darstellen:

$$
\begin{array}{ccc}
\mathrm{C_6H_5} & & \mathrm{C_6H_5} \\
| & & | \\
\mathrm{CH_2} & +\,\mathrm{H_2} & \mathrm{CH_2} \\
| & \xrightarrow{\hspace{1.5cm}} & | \\
\mathrm{CH_2} & \xleftarrow{\hspace{1.5cm}} & \mathrm{CH_2} \\
| & -\,\mathrm{H_2} & |\quad\mathrm{H} \\
\mathrm{C=O} + \mathrm{NH_3} & & \mathrm{C\!\!-\!\!NH_2} \\
| & & | \\
\mathrm{COOH} & & \mathrm{COOH}
\end{array}
$$

Phenyl-α-Kettobuttersäure   Phenyl-α-Aminobuttersäure

Scheinbar handelt es sich, wie bei Übergang von Ketosäure in Aminosäure, um einen Reduktionsprozeß. Als Zwischenprodukt käme eine Oxyaminosäure

$$\mathrm{R-C}\!\!\Big\langle{\!\!\begin{array}{l}\mathrm{NH_2}\\ \mathrm{OH}\end{array}}\!\!-\!\!-\mathrm{COOH}$$

oder eine Iminosäure $\mathrm{R-C(=NH)-COOH}$

in Betracht. Aus letzterer könnte durch einfache Hydrierung, aus ersterer durch Wasserabspaltung und Hydrierung die Aminosäure entstehen. Würde es sich um eine Oxyaminosäure handeln, so müßte nicht nur bei Verwendung von Ammoniak und Monomethylamin, sondern auch durch Dimethylamin eine Aminosäure ent-stehen. KNOOP hat festgestellt, daß Dimethylamin untauglich ist, und daraus die Schlußfolgerung gezogen, daß das Zwischenprodukt bei dem Ab- und Aufbau der Aminosäuren eine Iminosäure ist und daß die Doppelbindung zwischen C und N hydriert wird. KNOOP und H. OESTERLIN ist es gelungen, Aminosäuren-bildung im Reagenzglas zu erreichen, indem sie geeignete Ketonsäuren und Am-moniak einem Hydrierungsprozeß durch elementaren Wasserstoff unter dem katalytischen Einfluß feinverteilten Platins oder Palladiums unterwarfen und dadurch die entsprechenden Aminosäuren erhielten. Im Tierkörper gibt es sicher keinen elementaren Wasserstoff; und auch die Reduktionen erfolgen nur durch Oxydationen anderer Stoffe. Wir werden an anderer Stelle noch ein-gehender auf die Theorie von H. WIELAND zurückkommen, nach welcher bio-logische Oxydation nichts anderes ist als Dehydrierung unter Aufnahme des abgespaltenen aktivierten Wasserstoffs durch Wasserstoffacceptoren, d. h. re-duktionsfähige Stoffe. Solche gekoppelten Reduktionsvorgänge (durch Aldehyd-mutase) sind in der Leber nachgewiesen (J. PARNAS, F. HOFMEISTER, J. POHL).

Einen Fall dieser Umlagerung hat auch KNOOP im Tierkörper gefunden. Er erhielt aus der Phenylaminobuttersäure die beste Ausbeute von Acetylphenylaminobuttersäure, wenn er gleichzeitig Brenztraubensäure zuführte. Der Verlauf der Reaktion ist dann so, daß aus der Aminosäure die Iminosäure wird, die ihr Oxydationspotential auf die Brenztraubensäure überträgt, diese zu Essigsäure oxydiert, selbst aber wieder zu Aminosäure reduziert wird. KNOOP wirft die Frage auf, ob einem solchen System nicht die Eigenschaften eines (dem HOPKINSschen Glutathion entsprechenden) Sauerstoffüberträgers zukomme, indem es Sauerstoff so lange aufnehmen und abgeben könne, als die Aminosäurenoxydase das System regeneriert. Diese gekoppelte Reaktion ist ein exothermer Prozeß; bei dem Übergang von Alanin in Brenztraubensäure und Ammoniak werden 16,4 cal. frei (WIELAND), bei dem entgegengesetzten synthetischen Prozeß der gleiche Betrag gebunden; bei der Oxydation von Brenztraubensäure zu Essigsäure werden 71 cal. frei. Die Reaktion verläuft also unter positiver Wärmetönung und steht mit den Vorstellungen über die Thermodynamik im Tierkörper im Einklang.

Der Reduktionsprozeß der Iminosäure steht mit der Acetylierung im Zusammenhang. O. NEUBAUER hat bereits früher darauf hingewiesen, daß Acetylierungen meistens dann stattfinden, wenn irgendeine Reduktion Platz greifen muß. KNOOP und J. G. BLANCO haben die Zusammengehörigkeit dieser Reaktionen experimentell bewiesen.

Fast gleichzeitig mit KNOOP haben G. EMBDEN und E. SCHMITZ die Aminosäurenbildung im Tierkörper erwiesen. Sie sahen, daß in der künstlich durchbluteten Hundeleber aus p-Oxyphenylbrenztraubensäure Tyrosin, aus Phenylbrenztraubensäure Phenylalanin, aus Milchsäure Alanin entsteht. Die Aminosäuren konnten isoliert werden; Tyrosin und Alanin waren optisch aktiv. Bei der Durchblutung stark glykogenhaltiger Lebern mit Ammoniumsalzen bildete sich reichlich Alanin. Da aus Zucker Milchsäure entsteht, so ist durch diese Versuche eine chemische Beziehung zwischen Eiweiß und Zucker auf dem Wege Milchsäure—Alanin wahrscheinlich gemacht. Diese Deutung der Versuche EMBDENS steht im Einklang mit den Beobachtungen früherer Stoffwechselversuche, nach denen N-Retentionen nur auftreten, wenn in der Nahrung große Mengen Kohlehydrat gegeben werden. Aus dem Zucker bilden sich die Säuren, die aminierbar sind. Sehr bedeutende N-Retentionen sind wiederholt bei Diabetes mellitus beobachtet worden. E. GRAFE hat Zurückhaltung von N und sogar positive N-Bilanz und Gewichtszunahme bei kohlehydratreicher eiweißfreier Kost und Zulage von Ammoniumsalzen beobachtet und vermutungsweise als Eiweißsynthese gedeutet. Die Beobachtung der Retention des N der Ammoniumsalze ist auch von E. PESCHEK und ABDERHALDEN gemacht worden. Der Schluß, daß es sich um eine Eiweißbildung aus Ammoniak handelt, ist aber sicher nicht richtig. ABDERHALDEN hat Konstanz und sogar Steigen des Körpergewichts bei reiner Kohlehydrat-Fettkost beobachtet, und PESCHEK hat die gleiche Wirkung wie von Ammoniaksalzen von essigsaurem Natrium gesehen. Es handelt sich also um die Wirkung von Salzen bestimmter organischer Säuren. Zu einem Verständnis dieses Vorganges kommt man vielleicht durch folgende Erwägungen: Die Zufuhr von Salzen verbrennbarer organischer Säuren (auch der Kohlensäure) bedeutet eine Belastung des Organismus mit Kationen (Na^+, NH_4^+ usw), da die Anionen verbrannt und als CO_2 durch die Lungen abgegeben werden. In den Körpersäften besteht wie in allen Elektrolytlösungen eine Gleichzahl positiver und negativer Valenzen. Die Desaminierung von Aminosäuren stellt eine Schaffung von Kationen (NH_4) dar. Werden von außen solche in den erwähnten Salzen zugeführt, so ist die Bildung neuer Kationen (die Desaminierung) erschwert. Es können also vielleicht durch diese Salze die letzten Phasen des Eiweißabbaus aufgehalten werden. An der Retention von Stickstoff nach Fütterung von Ammoniumsalzen können auch die Darmbakterien beteiligt sein, die das Ammonium zum Aufbau ihres eigenen Protoplasmas verwenden. Gegen eine Neubildung von Eiweiß aus Ammoniak und Säuren sprechen besonders die Fütterungsversuche mit unvollständigen Eiweißkörpern, von denen oben die Rede war. Es ist erwiesen, daß der tierische Organismus nicht alle Aminosäuren von Grund aufbauen kann.

Literatur.

ABDERHALDEN, E. und P. HIRSCH: Die Wirkung des Salpeters auf den N-Stoffwechsel. Hoppe-Seylers Z. **84**, 189 (1913/14).

EMBDEN, G. und E. SCHMITZ: Über synthetische Bildung von Aminosäuren in der Leber. Biochem. Z. **29**, 423 (1910).

GRAFE, E.: Über N-Retention und N-Gleichgewicht bei Fütterung von Ammoniaksalzen. Hoppe-Seylers Z. **77**, 1 (1912).

KNOOP, F.: (1) Über den physiologischen Abbau der Säuren und die Synthese einer Aminosäure im Tierkörper. Ebenda **67**, 489 (1910).

— (2) Das Verhalten von Aminosäuren und Ketonsäuren im Tierkörper. Ebenda **71**, 252 (1910/11).

— und BLANCO, J. G.: Über die Acetylierung von Aminosäuren im Tierkörper. Ebenda **146**, 267 (1925).

— und H. OESTERLIN: Über die natürliche Synthese der Aminosäuren und ihre experimentelle Reproduktion. Ebenda **148**, 294 (1925).

NEUBAUER, O.: Über den Abbau der Aminosäuren im gesunden und kranken Organismus. Dtsch. Arch. klin. Med. **95**, 211 (1909).

PARNAS, J., Über fermentative Beschleunigung der Cannizzaroschen Umlagerung durch Gewebssäfte. Biochem. Zt. **28**, 274 (1910).

PESCHEK E.: Weitere Versuche am Fleischfresser über die N-sparende Wirkung von Salzen. Biochem. Z. **52**, 275 (1913).

2. Aminosäurenabbau.

Die wichtigste Veränderung, die die Aminosäuren erfahren, besteht in der Abspaltung der Aminogruppe, der Desaminierung, die durch Reduktion, Hydrolyse oder Oxydation erfolgen kann.

Reduktionsprozesse finden bei der Fäulnis von Eiweiß statt. Nach BAUMANN entsteht bei kurzdauerndem Faulen von Pankreas p-Oxyphenylproprionsäure (aus Tyrosin). Der reduktiven Desaminierung folgt eine Oxydation und

$$
\begin{array}{ll}
\begin{array}{l}
COOH \\
| \\
CH_2 \\
| \\
CH(NH_2) \\
| \\
COOH
\end{array}
\quad + H_2 = \quad
\begin{array}{l}
COOH \\
| \\
CH_2 \\
| \\
CH_2 \\
| \\
COOH
\end{array}
\quad + NH_3
\end{array}
$$

Asparaginsäure   Bernsteinsäure

eine fortschreitende Abspaltung von CO_2, so daß die Kohlenstoffketten immer kürzer werden. Ist der Abbau beim Kresol angelangt, so erfolgt eine Oxydation des Methyls zur Carboxylgruppe, die dann gleichfalls abgespalten wird. Nach BAUMANN verläuft die Reaktion in folgender Weise:

$$
\begin{array}{ccccccccccc}
\text{OH} & & \text{OH} & & \text{OH} & & \text{OH} & & \text{OH} & & \text{OH} \\
\bigcirc & \rightarrow & \bigcirc & \rightarrow & \bigcirc & \rightarrow & \bigcirc & \dashrightarrow & \bigcirc & \dashrightarrow & \bigcirc \\
| & & | & & | & & | & & | & & \\
\text{CH}_2 & & \text{CH}_2 & & \text{CH}_2 & & \text{CH}_3 & & \text{COOH} & & \\
| & & | & & | & & & & & & \\
\text{CH(NH}_2) & & \text{CH}_2 & & \text{COOH} & & & & & & \\
| & & | & & & & & & & & \\
\text{COOH} & & \text{COOH} & & & & & & & &
\end{array}
$$

Tyrosin — p-Oxyphenylproprionsäure — p-OxyphenylEssigsäure — Kresol — p-Oxybenzoësäure — Phenol

Intermediär verläuft indes der Abbau, wie wir später sehen werden, nicht in dieser Weise.

Die zweite Möglichkeit der Desaminierung ist die durch hydrolytische Spaltung, d. h. durch Aufnahme der Elemente des Wassers nach folgendem Schema:

$$
\begin{array}{ccc}
\text{CH}_3 & & \text{CH}_3 \\
| & & | \\
\text{C}\!\!-\!\!\overset{\text{H}}{\underset{\text{NH}_2}{}} + \text{H}_2\text{O} \longrightarrow & & \text{C}\!\!-\!\!\overset{\text{H}}{\underset{\text{OH}}{}} + \text{NH}_3 \\
| & & | \\
\text{COOH} & & \text{COOH} \\
\text{Alanin} & & \text{Milchsäure}
\end{array}
$$

Daß hydrolytische Desaminierungen im intermediären Stoffwechsel des Tieres stattfinden, ist ohne Zweifel. So hat BAUMANN im Harn des Hundes nach Phosphorvergiftung p-Oxyphenylmilchsäure gefunden. Nach H. D. DAKIN und H. W. DUDLEY tritt bei der hydrolytischen Desaminierung als Zwischenprodukt ein Ketoaldehyd, also im Falle des Alanins das Methylglyoxal ($CH_3.CO.CHO$) auf.

Der dritte Weg, auf den insbesondere O. NEUBAUER hingewiesen hat, ist die oxydative Desaminierung, bei der aus der α-Aminosäure die α-Ketosäure entsteht (s. Alkaptonurie).

$$
\begin{array}{ccc}
\text{CH}_3 & & \text{CH}_3 \\
| & & | \\
\text{C}\!\!-\!\!\overset{\text{H}}{\underset{\text{NH}_2}{}} & \longrightarrow & \text{CO} \\
| & & | \\
\text{COOH} & & \text{COOH} \\
\text{Alanin} & & \text{Brenztraubensäure}
\end{array}
$$

Oxy- und Ketosäuren gehen leicht ineinander über. Die Desaminierungen, die zu diesen beiden Typen führen, sind in der belebten Welt weit verbreitet. Von besonderem Interesse sind die Untersuchungen von F. EHRLICH über die chemischen Umwandlungen von Aminosäuren durch gärende und assimilierende Hefe und durch andere Mikroorganismen. Es ist bekannt, daß bei der Hefegärung höhere Alkohole entstehen, die Fuselöle. In einer zuckerhaltigen Nährlösung stellen die Aminosäuren, die in der Lösung enthalten sind oder die aus zerfallenden Hefezellen entstehen, die wichtigste Stickstoffquelle der Hefe dar. Die Hefe macht aber keine einfache Aminosäurensynthese zu Eiweiß, sondern sie benutzt nur die Aminogruppe, die sie abspaltet, und läßt die Kohlenstoffkette übrig. Den zu ihrem Eiweißaufbau notwendigen Kohlenstoff bezieht die Hefe aus dem Zucker. Von der Kohlenstoffkette wird außerdem CO_2 abgespalten, so daß Ausgangs- und Endprodukte in folgender Gleichung gegeben sind:

$$R \cdot CH(NH_2) \cdot COOH \longrightarrow R \cdot CH_2 \cdot OH + CO_2 + NH_3.$$

Es entsteht also aus einer Aminosäure der Alkohol mit der nächstniederen Kohlenstoffzahl, aus Leucin Amylalkohol, aus Isoleucin Isoamylalkohol, aus Valin Isobutylalkohol. O. NEUBAUER und K. FROMHERZ haben gezeigt, daß die Hefe eine oxydative Desaminierung macht und aus Phenylaminoessigsäure Phenylglyoxylsäure bildet.

$$C_6H_5 \cdot CH(NH_2) \cdot COOH \longrightarrow C_6H_5 \cdot CO \cdot COOH + NH_3$$
$$\text{Phenylaminoessigsäure} \qquad\qquad \text{Phenylglyoxylsäure}$$

Aus der Ketosäure entsteht durch CO_2-Abspaltung der entsprechende Aldehyd, der von der Hefe zu Alkohol reduziert wird. Bei der alkoholischen Gärung durch Hefe entsteht auch Bernsteinsäure. F. EHRLICH hat nachgewiesen, daß ihre Quelle die Glutaminsäure ist. Nach EHRLICH verläuft der Prozeß in folgender Weise:

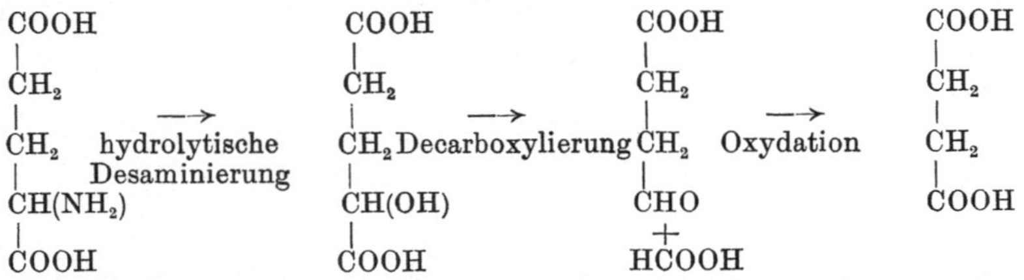

```
COOH                      COOH                      COOH                   COOH
 |                         |                         |                      |
CH₂                       CH₂                       CH₂                    CH₂
 |        ──→              |         ──→             |         ──→          |
CH₂  hydrolytische        CH₂ Decarboxylierung      CH₂  Oxydation         CH₂
 |   Desaminierung         |                         |                      |
CH(NH₂)                   CH(OH)                    CHO                    COOH
 |                         |                         +
COOH                      COOH                      HCOOH

Glutaminsäure             Oxyglutarsäure            Bernsteinsäure-        Bernsteinsäure
                                                    halbaldehyd +
                                                    Ameisensäure
```

Auch hier könnte der Prozeß entsprechend den Ausführungen von NEUBAUER und FROMHERZ über die Ketosäure gehen. Bernsteinsäure bildet sich auch bei der Eiweißfäulnis. Außerdem ist sie, was klinisches Interesse hat, in der Echinokokkenflüssigkeit enthalten und in ihr vielleicht durch den gleichen chemischen Prozeß entstanden.

F. EHRLICH hat weiter festgestellt, daß Schimmelpilze Aminosäuren zu den entsprechenden Oxysäuren verarbeiten. Der Prozeß geht bei Aminosäuren mit aromatischem Kern derartig quantitativ vor sich, daß er zur präparativen Darstellung der betreffenden Oxysäuren dienen kann. Da zwischen dem Aminosäurenabbau durch Einzeller und durch Säugetiere eine sehr weitgehende Ähnlichkeit besteht, so sehen wir auch hieraus, daß die hydrolytische Desaminierung nicht völlig zugunsten der oxydativen, der zweifellos im intermediären Betrieb die Hauptrolle zukommt, vernachlässigt werden darf.

Nach Abgabe der Aminogruppe erfolgt bei den aliphatischen Aminosäuren der weitere Abbau durch Oxydation am β-C-Atom. Das Verhalten der aromatischen Aminosäuren und des Cystins wird später eingehend besprochen werden.

Literatur.

DAKIN, H. D. und H. W. DUDLEY: The formation of amino- and hydroxyacids from glyoxal in the animal organism. J. of biol. Chem. 18, 29 (1914).

EHRLICH, F.: Über einige chemische Reaktionen der Mikroorganismen und ihre Bedeutung für chemische und biologische Prozesse. VIII. internat. Kongr. angew. Chem. New York 1912.

ELLINGER, A.: Die Chemie der Eiweißfäulnis. Erg. Physiol. **6**, 29 (1907).

NEUBAUER, O.: siehe V, 1.

NEUBAUER, O. und K. FROMHERZ: Über den Abbau der Aminosäuren bei der Hefegärung. Hoppe-Seylers Z. **70**, 326 (1920).

3. Proteinogene Amine.

Unter gewissen Verhältnissen wird die Aminosäure nicht auf dem Wege der Desaminierung, sondern durch Abspaltung der —COOH-Gruppe, durch Decarboxylierung, angegriffen. Es entstehen dann proteinogene Amine.

Abkömmlinge der Amine sind die in der Pflanzenwelt weit verbreiteten Alkaloide. Über ihre Bedeutung für die Lebensvorgänge der Pflanzen besteht noch keine genügende Klarheit, aber ihr ungeheuerer therapeutischer Wert begründet das Interesse, das die Biologie und besonders auch die Klinik an ihnen nimmt.

Fast alle Alkaloide finden sich in dikotylen Pflanzen; die meisten sind krystallinisch, wenige (wie Nikotin, Coniin) flüssig. Sie reagieren alkalisch, sind nicht in Wasser, wohl aber in organischen Lösungsmitteln löslich, von bitterem Geschmack, nicht selten optisch aktiv (und dann zum größten Teil linksdrehend); sie geben gut krystallisierende Salze.

Aus der wässerigen Lösung der Salze oder aus saurer Lösung werden sie durch die „Alkaloidreagentien" (Tannin, Ferrocyanwasserstoffsäure, Phosphormolybdänsäure, Jodkalium, Quecksilber u. a.) leicht gefällt. Viele Alkaloide geben charakteristische Farbreaktionen. Diese günstigen Umstände haben bei dem reichlichen Gehalt gewisser Pflanzen an Alkaloiden die Reindarstellung und Erforschung dieser wichtigen Stoffe außerordentlich erleichtert. Aber für die biogenen Amine liegen die Verhältnisse sehr viel schwieriger. Die Mengen, in denen sie vorkommen, sind oft so klein, daß ihre Auffindung nur durch biologische Methoden möglich ist. Daß Amine und Alkaloide im Tierreich, wenigstens bei den Warmblütern, so sehr viel seltener sind als bei Pflanzen, hat man auf die höhere Oxydationsgeschwindigkeit des tierischen Stoffwechsels zurückgeführt. Vielleicht wirkt aber auch der Umstand mit, daß die Tiere über weit vollkommenere Ausscheidungssysteme verfügen und nicht genötigt sind, N-haltige Produkte abzulagern. Bei niederen Seetieren ist es gelungen eine Reihe von Aminen zu isolieren, die bisher nur aus dem Pflanzenreich bekannt oder ganz unbekannt waren. Es ist sehr interessant, daß bei diesen Tieren die Endprodukte des Eiweißstoffwechsels, wie sie beim höheren Tier gefunden werden, Harnstoff, Kreatin und Harnsäure, fehlen. Die in diesen Tieren gefundenen Amine sind methyliert, und da auch beim Menschen methylierte Amine vorkommen und von physiologischer Bedeutung sind, so ist es notwendig, den schon früher kurz gestreiften Prozeß der Methylierung noch etwas näher zu besprechen.

Schon lange bekannt ist die auch beim Warmblüter eintretende Entstehung von Tellurmethyl aus telluriger Säure (HOFMEISTER) und von Methylpyridylammoniumhydroxyd aus Pyridin (W. HIS). Im Harn von mit Phosphor vergifteten Hunden findet sich die erschöpfend methylierte γ-Aminobuttersäure, die aus Glutaminsäure entstanden ist.

Methylierungen sind, wie D. ACKERMANN und FR. KUTSCHER hervorheben, bei den Pflanzen und Kaltblütern viel verbreiteter als bei den Warmblütern. Bei

den Pflanzen finden sich methylierte Aminosäuren in großer Zahl. Nach R. ENGE-
LAND stehen die völlig methylierten Aminosäuren in Beziehung zu den Alkaloiden
(vgl. auch E. SCHULZE, G. TRIER und E. WINTERSTEIN). Die Methylierung am

$$
\begin{array}{ccc}
\text{COOH} & & \\
| & & \\
\text{CH(NH}_2) & \text{CH}_2\text{(NH}_2) & \text{CH}_2\cdot\text{N}\big(\text{CH}_3\big)_3 \\
| & | & | \\
\text{CH}_2 \xrightarrow{-\text{CO}_2} & \text{CH}_2 \longrightarrow & \text{CH}_2 \\
| & | & | \\
\text{CH}_2 & \text{CH}_2 & \text{CH}_2 \\
| & | & | \\
\text{COOH} & \text{COOH} & \text{COO}
\end{array}
$$

Glutaminsäure   γ-Amino-   γ-Trimethylamino-
                          buttersäure   buttersäure
                                              (Inneres Anhydrid)

Stickstoff, die vermutlich durch Formaldehyd bewirkt wird (A. PICTET), führt, je
nach der Zahl der eintretenden Methylgruppen, zu verschiedenen Körpern. So
entsteht durch einfache Methylierung des Glykokolls das Methylglykokoll,
$CH_3.NH.CH_2.COOH$, aus dem nach VOLHARD durch Behandlung mit Cyanamid
$(NH_2.CN)$ Kreatin wird. Geht aber der dreiwertige N in fünfwertigen über, so
können drei Methylgruppen an den N der Aminogruppe treten, und es entsteht
unter Anlagerung der Hydroxylgruppe eine quarternäre Ammoniumbase, das
Betain (Glykokollbetain),

$$OH(CH_3)_3N\cdot CH_2COOH$$

das in Runkelrüben in reichlicher Menge vorkommt und auch im Muskelextrakt
des Dornhais gefunden wird, bei dem Kreatin ganz oder fast völlig fehlt. Das
Betain steht chemisch einem Körper nahe, der im Bau der Lecithine einen wichtigen Stein darstellt, dem Cholin

$$OH(CH_3)_3N\cdot CH_2\cdot CH_2OH.$$

Das Cholin entsteht wahrscheinlich aus dem Serin über Oxäthylamin:

$$CH_2OH\cdot CHNH_2\cdot COOH + H_2 \rightarrow CH_2OH\cdot CH_2NH_2 + H\cdot COOH \rightarrow CH_2OH\cdot CH_2N\big({}^{(CH_3)_3}_{OH}\big).$$

Serin   Oxaethylamin   Cholin

Nach RIESSER bewirken Betain und Cholin beim Kaninchen eine — wenn
auch geringe — Steigerung des Kreatingehaltes der Muskulatur.

M. GUGGENHEIM gibt für die biogenen Amine folgende Einteilung:

I. Die Alkylamine (Methyl-, Dimethyl-, Trimethyl-, Äthyl-, Butyl-, Amyl-
amin).

II. Die Alkanolamine (Aminoäthylalkohol, Cholin, Muscarin und Glu-
cosamin).

III. Die Neuringruppe = Alkylenamine.

IV. Die Diamine (Putrescin, Cadaverin, Ornithin und Lysin).

V. Die Guanidinverbindungen (Guanidin, Methylguanidin, Agmatin, Arginin, Kreatin und Kreatinin).

VI. Die Imidazolverbindungen (β-Imidazolyläthylamin, Histidin und
Carnosin).

VII. Die Betaine und ω-Aminosäuren.

VIII. Die Phenylalkyl- und Phenylalkanolamine (Phenyläthylamin,
Oxyphenyläthylamin, Adrenalin).

IX. Indoläthylamin.

X. Biogene Amine unbekannter Konstitution.

Ein Teil der aus Eiweiß stammenden Amine ist von außerordentlicher pharmakologischer Wirksamkeit, so besonders die Amine, die den cyclischen und heterocyclischen Aminosäuren entsprechen, Phenyläthylamin, p-Oxyphenyläthylamin, β-Imidazolyläthylamin (Histamin), Indoläthylamin. Diese Stoffe wirken auf die peripheren Nervenendigungen in der glatten Muskulatur. Von diesen Wirkungen hat die Medizin schon von alters her Gebrauch gemacht in Mutterkornpräparaten, die neben einem spezifischen Alkaloid (Ergotamin) einige der genannten Amine und wohl noch andere enthalten. Nicht nur die Pflanze liefert der arzneilichen Therapie stark wirkende Eiweißderivate, sondern auch das Tier. So enthalten die Extrakte aus dem Hinterlappen der Hypophyse pharmakologisch gut zu definierende Stoffe, die chemisch das allgemeine Verhalten von Aminen zeigen und ein Imidazolderivat erkennen lassen. BARGER hat die Meinung vertreten, daß das aktive Hypophysenprinzip ein Histidin enthaltendes Polypeptid sein könne.

Nach neueren Untersuchungen (J. J. ABEL, O. KAMM) handelt es sich im Hypophysenhinterlappen mindestens um zwei Hormone. Die Fraktionierung ist bisher so weit gediehen, daß das uteruserregende Prinzip (Oxytocin) frei von allen anderen Wirkungen gewonnen werden konnte. In einer zweiten Fraktion ist die antidiuretische und die pressorische Wirkung (Pitupressin) vereinigt, von denen als wahrscheinlich angenommen wird, daß sie von einem und demselben Hormon ausgehen.

Obgleich aus Hypophyse Histamin dargestellt werden kann, ist die wirksame Substanz keinesfalls einfach als Histamin zu betrachten. Dagegen sprechen sehr erhebliche Unterschiede im chemischen und pharmakologischen Verhalten, besonders auch in der Höhe der wirksamen Dosen, und auch die Tatsache, daß vollkommen frische Drüse keine Spur von Histamin enthält. Einfacher liegen die Verhältnisse beim Nebennereninkret, dem Adrenalin, einem Amin, auf das an anderer Stelle näher eingegangen wird (s. S. 140).

Die Tatsache, daß die aktiven Bestandteile der Hypophyse und der Nebenniere basische Umwandlungen von Aminosäuren sind, weist mit größter Deutlichkeit darauf hin, daß für den Ablauf der von der inneren Sekretion abhängigen Lebensvorgänge solchen Stoffen eine hervorragende Bedeutung zukommt.

Die Entstehung wirksamer Amine ist durchaus nicht immer an spezifische Organe gebunden. So findet sich Cholin in allen Organen. Es regt durch Einwirkung auf den Plexus Auerbachii die Darmtätigkeit an (J. W. LE HEUX). Von stärkerer Wirkung ist das Acetylcholin. Wenn dieses im Organismus auch nicht gefunden wurde, so ist doch wahrscheinlich, daß Cholin im Körper acetyliert wird. Daß es leicht verestert wird, ist aus der Bildung der Phosphatide (s. S. 294) bekannt. Für den Fall, daß das Nahrungshormon B (Vitamin) ein Amin ist, würde sich zwischen Hormonen und accessorischen Nahrungsstoffen eine chemische Verwandtschaft ergeben (s. S. 59).

Neben der physiologischen und therapeutischen Bedeutung kommt den Aminen ein sehr erhebliches Interesse für pathologische Vorgänge zu. H. H. DALE und P. P. LAIDLAW haben gefunden, daß eine Injektion von β-Imidazolyläthylamin bei Meerschweinchen Temperatursturz, Blutdrucksenkung, Lungenblähung hervorruft, also ein dem anaphylaktischen Shock sehr ähnliches Vergiftungsbild. Da auch andere Amine Blutdrucksenkung machen, so besteht die Aussicht, Kollapse im Verlauf von Infektionskrankheiten auf chemisch wohl definierte Gifte zurückzuführen, deren Entstehung aus Aminosäuren durch Bakterien oder durch intermediäre Stoffwechselvorgänge im Körper sehr wahrscheinlich ist (Lunge). Und darüber hinaus kann sich der Kreis der krankhaften Vorgänge, zu denen Amine Beziehungen haben, auf alle die Prozesse erweitern, die aus krankhaften Reaktionen an der glatten Muskulatur folgen.

Solchen Störungen ist öfters ein kausaler Zusammenhang mit Vorgängen im Darm zugesprochen worden, die man als gastrointestinale Autointoxikation bezeichnet. Im Darm ist sicher Gelegenheit zur Eiweißfäulnis vorhanden, und daß dort auf bakteriellem Wege giftige Basen entstehen können, haben z. B. E. MELLANBY und F. W. TWORT gezeigt, als sie aus menschlichem Darminhalt einen Bacillus züchteten, der aus Histidin β-Imidazolyläthylamin macht.

Diese Base ist von G. BARGER und DALE auch in Extrakten aus Darmschleimhaut gefunden worden, wie überhaupt die Wirkung von Organextrakten (Vasodilatin POPIELSKIS) auf basische Stoffe zurückzuführen ist. Daß proteinogene Amine im Stoffwechsel des Menschen gebildet werden können, werden wir bald im folgenden Abschnitt und bei der Cystinurie erfahren. W. F. KOCH gibt an, im Harn parathyreoidektomierter Hunde neben anderen Basen β-Imidazolyläthylamin gefunden zu haben.

Die Decarboxylierung der Aminosäuren, die Aminbildung, ist sicherlich nicht der Weg, über den der Eiweißabbau im tierischen Körper im allgemeinen geht, aber sie ist ein Chemismus von großer allgemeiner biologischer und auch klinischer Bedeutung.

Literatur.

ABEL, J. J.: Physiol., chemical and clinical studies on pituitary principles. Harvey Lect. **19**, 154 (1924).

ACKERMANN, D. und FR. KUTSCHER: Über die Aporrhegmen. Hoppe-Seylers Z. **69**, 266 (1910).

BARGER, G.: Die Chemie der Hormone. Erg. Physiol. **27**, 780 (1928).

DALE, H. H and P. P. LAIDLAW: The physiolog. action of β-Imidazolylaethylamin. J. of Physiol. **41**, 318 (1911).

ENGELAND, R.: Sitzungsberichte zur Beförderung der gesamten Naturwissenschaft. **10**, II. Marburg 1909.

GUGGENHEIM, M.: Die biogenen Amine. Berlin 1920.

HANKE, M. T. und K. K. KOESSLER: Ist Histamin ein normaler Bestandteil der Hypophyse? J. of biol. Chem. **43**, 557 (1920).

LE HEUX, J. W.: Cholin als Hormon der Darmbewegung. Pflügers Arch. **173**, 8 (1918); **179**, 177 (1919); **190**, 280, 301 (1921).

HIS, W.: Über Methylierung im Tierkörper. Arch. f. exper. Path. **33**, 198 (1914).

KAMM, O. c. s.: The active principles of the posterior lobe of the pituitary gland. J. Amer. chem. Soc. **50**, 573 (1928).

KOCH, W. F.: Toxische Basen im Harn parathyreoidektomierter Hunde. J. of biol. Chem. **15**, 43 (1913).

MELLANBY, E. and F. W. TWORT: On the presence of β-Imidazolylaethylamin in the intestinal wall. J. of Physiol. **45**, 53 (1912).

RIESSER, O.: Theoretisches und Experimentelles zur Frage der Kreatinbildung. Hoppe-Seylers Z. **86**, 415 (1913); **90**, 221 (1914).

Schulze, E. und G. Trier: Über die in den Pflanzen vorkommenden Betaine. Ebenda **67**, 46, 59 (1910).

Winterstein, E und G. Trier: Die Alkaloide. Berlin1910.

4. Kreatinin, Kreatin, Guanidin, Methylguanidine.

Diese Körper sollen, obwohl sie zu den biogenen Aminen gehören, wegen des ihnen zukommenden klinischen Interesses in einem gesonderten Abschnitt besprochen werden.

Schon seit etwa 90 Jahren ist bekannt, daß Kreatin ein regelmäßiger Bestandteil der Muskeln (von Warmblütern) ist. Im Jahre 1844 hat Pettenkofer im Harn das Kreatinin entdeckt. Kreatin und Kreatinin sind Guanidinabkömmlinge. Dem Guanidin (= Iminoharnstoff) kommt folgende Formel zu:

$$C \underset{NH_2}{\overset{NH_2}{<}} NH$$

Guanidin

Es findet sich in der Natur nicht nur frei, sondern auch in gebundener Form und in Form von Derivaten. So ist es uns bereits im Arginin (Guanidin-α-Amino-n-Valeriansäure) begegnet (siehe S. 3), einer Aminosäure, die in allen Eiweißkörpern vorkommt (Kossel) und für die Zell-, besonders die Zellkernfunktion eine große Bedeutung hat. Kossel hat diese Verhältnisse an den Fischspermien eingehend studiert und einen allmählichen Übergang von Proteiden mit fest gebundener Nucleinsäure und geringer basischer Natur (Histone) in solche mit locker gebundener Nucleinsäure und starker basischer Natur (Protamine) aufgefunden. Diese Umwandlung der Zellkernproteide, die Kossel als Dissoziation des Zellkernes bezeichnet, besteht also zu einem wesentlichen Teil in einer Abgabe von Monoaminosäuren (M) und einem Zuwachs von Diaminosäuren, besonders Arginin (A), so dass einer Zusammensetzung von A$_2$M (= $^2/_3$ Arginin, $^1/_3$ Monoaminosäuren) zugestrebt wird.

Dieser hohe Gehalt des Zellkerns an Arginin oder richtiger an Diaminosäuren steht sehr wahrscheinlich mit der Entstehung des Purinringes in Zusammenhang (siehe S. 161). Der Arginingehalt der Zelle scheint geradezu ein Gradmesser der Kernteilungs-, das ist Wachstumsgeschwindigkeit, zu sein. So findet Kocher, daß das Gewebe bösartiger Geschwülste etwa den doppelten Gehalt an Argininstickstoff hat als normales Gewebe. Im Exsudat carcinomatöser Geschwülste ist freies Arginin gefunden worden. Eine Abnahme des Arginingehaltes der Leber erzielte Kossel durch Phosphorvergiftung. Pflanzen haben in der ersten Zeit der Keimperiode, Eier in der ersten Zeit der Bebrütung erhöhten Argininbestand. Der Abbau des Arginins verläuft beim Säugetier unter dem Einfluß der Arginase, eines in der Leber enthaltenen Fermentes, und führt zu Harnstoff und Ornithin (siehe S. 3). Bei dieser Reaktion wird also der Guanidinkomplex zerstört. Es ist aber möglich, daß das Arginin wie andere Aminosäuren am α-C-Atom desaminiert und durch Oxydation der β-Stellung weiter abgebaut wird. Dann ergäbe sich über die Guanidinobuttersäure die Guanidinoessigsäure, aus der durch Methylierung (siehe S. 81) das Kreatin entstehen würde.

$$
\begin{array}{cccc}
H_2N & H_2N & H_2N & H_2N \\
| & | & | & | \\
C=NH & C=NH & C=NH & C=NH \\
| \quad H & | \quad H & | \quad H & | \quad CH_3 \\
N-CH_2 & N-CH_2 & N-CH_2 & N-CH_2 \\
| & | & | & | \\
CH_2 \longrightarrow & CH_2 \longrightarrow & COOH & COOH \\
| & | & & \\
CH_2 & CH_2 & & \\
| & | & & \\
CH(NH_2) & COOH & & \\
| & & & \\
COOH & & &
\end{array}
$$

Arginin　　　　　Guanidino-　　　　Guanidino-　　　Methylguanidino-
　　　　　　　　buttersäure　　　　essigsäure　　　　essigsäure =
　　　　　　　　　　　　　　　　　　　　　　　　　　　Kreatin

Eingehende und systematisch durchgeführte Untersuchungen von K. THOMAS c s. haben aber noch nicht zu einem Resultat geführt.

Das Kreatinin ist das Anhydrid des Kreatins

$$
\begin{array}{l}
NH \overline{} \\
| \\
C=NH \\
| \quad\quad CH_3 \\
N\diagdown \\
\quad\quad CH_2 \\
| \\
CO \overline{}
\end{array}
$$

Kreatinin

Nach B. STUBER, RUSSMANN u. PROEBSTING findet die Methylierung der Guanidinessigsäure unter Vermittlung der Schilddrüse statt. Schilddrüsenlose Tiere vollziehen die Reaktion nur bei Zufuhr von Schilddrüsensubstanz oder Jod. Nach Y. TAKAHASHI tritt bei Schilddrüsendarreichung eine Steigerung, nach Thyreoidektomie eine Herabsetzung der Kreatin- und Kreatininausscheidung ein. Beim Menschen finden H. BEUMER und C. ISEKE im Beginn einer Schilddrüsenanwendung Vermehrung des Harnkreatins. W. M. BOOTHBY c. s., die diesen Befund bestätigen, kommen beim Myxödem zu dem Schluß, daß es sich dabei nicht um eine Steige-, rung des endogenen Eiweißabbaues, sondern um eine Auswaschung von Muskelkreatin handelt.

Daß Arginin eine Vorstufe des Kreatins sei, lag auch auf Grund der Beobachtung nahe, daß man bei Insekten und Crustaceen in der Muskulatur kein Kreatin, sondern freies β-Arginin findet (ACKERMANN und KUTSCHER), und daß diese beiden Stoffe im Tierreich nicht nebeneinander, sondern vertretungsweise vorzukommen scheinen. Indessen haben die experimentellen Bemühungen, den Übergang von Arginin in Kreatin im Tierkörper nachzuweisen, lange Zeit zu keinem positiven Ergebnis geführt. Erst in neuerer Zeit ist es H. INOUYE in der durchströmten Katzenleber, THOMPSON an Vögeln und Säugetieren gelungen, diese Reaktion aufzufinden. Schon früher hatte JAFFE festgestellt, daß Guanidinoessigsäure regelmäßig eine Vermehrung des Harnkreatinins hervorruft. Auch Guanidin, nicht aber Methylguanidin (G. DORNER), geht leicht in Kreatin über (G. M. WISHART).

Damit sind aber die genetischen Möglichkeiten des Kreatins nicht erschöpft. O. RIESSER ist auf Grund der Beobachtung, daß Cholin im Organismus entmethyliert wird, der Frage nachgegangen, ob das Cholin eine Muttersubstanz des Kreatins sei. Das Experiment hat diese Annahme mehrfach bestätigt. Als chemischen Weg nimmt RIESSER an, daß aus Cholin Sarkosin (= Methylglykokoll) entsteht, das mit Harnstoff Kreatin gibt. Im Reagenzglas kann nach STREIKER Kreatin aus Sarkosin und Cyanamid gebildet werden.

$$\underset{\text{Cyanamid}}{\overset{NH_2}{\underset{|}{C}}\equiv N} \quad + \quad \underset{\text{Sarkosin}}{\overset{H \cdot N \cdot CH_3}{\underset{|}{CH_2 \cdot COOH}}} \quad = \quad \underset{\text{Kreatin}}{\overset{NH_2}{\underset{|}{\overset{C = NH}{\underset{|}{N{-}^{(CH_3)}_{CH_2COOH}}}}}}$$

$$\underset{\text{Cholin}}{\overset{OH \cdot N \cdot (CH_3)_3}{\underset{|}{CH_2 \cdot CH_2(OH)}}} \longrightarrow \underset{\text{Sarkosin}}{\overset{H \cdot N \cdot CH_3}{\underset{|}{CH_2 \cdot COOH}}} \quad + \quad \underset{\text{Harnstoff}}{C{\overset{NH_2}{\underset{NH_2}{=}}O}} \quad \dashrightarrow \quad \underset{\text{Kreatin}}{\overset{NH_2}{\underset{|}{\overset{C = NH}{\underset{|}{N{-}^{(CH_3)}_{CH_2COOH}}}}}} \quad + H_2O$$

ABDERHALDEN und BUADZE haben in der Tat am Tier nach Cholinfütterung Zunahme des Harnkreatinins gefunden. Im bebrüteten Hühnerei nimmt das Cholin ab, das Guanidin zu (J. S. SHARPE).

Eine dritte Möglichkeit wird deutlich, wenn man das Kreatinin in anderer Formelstellung schreibt,

$$\begin{array}{ccc} H_2C & \!\!\!\!-\!\!\!\! & CO \\ | & & | \\ CH_3{-}N & & NH \\ & C & \\ & \| & \\ & NH & \end{array}$$

Kreatinin.

Dann sieht man, daß es dem Imidazolring nahesteht, so daß an eine Verwandtschaft mit Histidin (siehe S. 4) gedacht werden kann (H. STEUDEL und R. FREISE). Der Nachweis dieses Überganges steht noch aus. Histidin ist eine für erwachsene Tiere zum Leben notwendige Aminosäure. Bei ihrem Fehlen in der Nahrung tritt Gewichtsabnahme und Kräfteverfall ein. Der Ernährungsversuch hat sich als ein gutes Mittel erwiesen, um die intermediäre Entstehung chemischer Körper zu prüfen. Es hat sich gezeigt (G. J. COX und W. C. ROSE), daß weder Kreatin noch Kreatinin (auch nicht die Purinbasen Adenin und Guanin) noch Arginin (B. HARROW und C. P. SHERWIN) Histidinbildner sind. Der hypothetisch angenommene Weg vom Histidin zum Guanidin und Kreatin ist also jedenfalls nicht reversibel.

HARDING und YOUNG haben auch das Cystin als Muttersubstanz des Kreatins in Betracht gezogen, das über die Zwischenkörper Taurin und Aminoäthylalkohol durch Methylierung, Oxydation und Paarung mit Harnstoff Kreatin bilden könnte. E. G. GROSS und H. STEENBOCK haben in der Tat bei Hunden und Schweinen durch Cystinzufuhr Kreatinurie hervorgerufen.

Größere Beachtung verdient die Möglichkeit einer Entstehung des Kreatins durch Synthese. Nach O. MERKELBACH kann das Kreatin als Verbindung aus

Ammoniak, Kohlensäure und einer Kette von 3 C-Atomen der Formel $C_3H_6O_3$ gedacht werden, Stoffen, die sämtlich im Muskel entstehen.

Das Kreatinin ist ein regelmäßiger Bestandteil des menschlichen Harns, also ein Stoffwechselendprodukt.

Das Harnkreatinin entstammt zum Teil der Nahrung, wahrscheinlich dem mit dem Fleisch aufgenommenen (exogenes Kreatinin), zum Teil dem im Gewebe gebildeten Kreatin (endogenes Kreatinin). Von zugeführtem Kreatinin wird ein kleinerer Teil intermediär zerstört, der größere Teil bei gesunden Nieren ziemlich schnell ausgeschieden. Auch von dem endogenen Kreatin wird ein Teil nicht anhydrisiert, sondern auf noch unbekannte Weise zerstört. Die Menge des Harnkreatinins zeigt bei demselben Individuum und bei Kreatin- und kreatininfreier Kost (wobei zu beobachten ist, daß nach Untersuchungen von SULLIVAN das Kreatinin auch im Pflanzenreich sehr verbreitet ist, z. B. in Getreide, Kartoffeln und gewissen Erbsenarten vorkommt) nur geringe Schwankungen. Der Mann scheidet in 24 Stunden etwa 24 mg, die Frau 11—18 mg für das Kilogramm Körpergewicht aus.

Das Kreatinin ist eine etwa 38mal so starke Base als das Kreatin. Zwischen diesen beiden Körpern besteht ein Gleichgewicht. Die Umlagerung der freien Säure in das Anhydrid verläuft bei alkalischer Reaktion unvollständig und führt zu einem gut definierten Gleichgewicht. In saurer Reaktion tritt völlige Umwandlung in Kreatinin ein (A. HAHN und G. BARKAN). Die Geschwindigkeit solcher Reaktionen ist vom Milieu abhängig. Daher kann unter gewissen Umständen (renal?) eine Hemmung der Anhydridbildung erfolgen. Dieser Vorgang ist klinisch in mancher Richtung von Interesse.

Auf das Körpergewicht berechnet aber haben Frauen und Männer die gleiche endogene Kreatininausscheidung, den gleichen Kreatininkoeffizienten, das ist Kreatinin-N in Milligramm pro Kilogramm Körpergewicht und 24 Stunden. Weniger brauchbar scheint die Beziehung der Kreatinin- zur Gesamtstickstoffausscheidung zu sein, wie sie in der Fassung des Kreatininquotienten Gesamt-N—Kreatinin-N $\times$ 100 zum Ausdruck kommt. Der Arginingehalt der Nahrung hat keinen Einfluß. Eine wesentliche Verminderung tritt im Hungerzustand, bei Leberkrankheiten und bei BASEDOWscher Krankheit auf. Steigerungen finden sich bei Fieber und bei Sauerstoffmangel. Geisteskranke sollen erhebliche Schwankungen zeigen. Nach F. S. HAMMET soll bei gesunden Nieren der Kreatiningehalt des Blutes unabhängig vom Reststickstoff und von Schwankungen des Stoffwechsels und für das Individuum charakteristisch sein.

Der Harn des gesunden erwachsenen Mannes ist gänzlich frei von Kreatin. Bei alkalischer Harnreaktion kann sich aber Kreatin aus Kreatinin bilden und so eine Kreatinurie vortäuschen. Die Umwandlung von Kreatin in Kreatinin geht im Körper ziemlich leicht vonstatten, und zwar nach der nicht unwidersprochen gebliebenen Meinung von R. GOTTLIEB und R. STANGASSINGER in Leber und Niere. Bei Kindern, denen die Fähigkeit fehlen soll das Kreatin zu verändern, findet sich Kreatin physiologisch im Harn. Auch bei Frauen wird es gelegentlich beobachtet. Da auch bei Eunuchen im Harn Kreatin und eine übernormale Ausscheidung von Kreatinin festgestellt wurde, so scheint die männliche Geschlechtsdrüse mit dem Fehlen von Kreatinurie beim Manne in einem Zusammenhang zu stehen (B. E. READ, W. J. McNEAL).

Das Kreatin hat offenbar eine Beziehung zur Muskelfunktion. Bereits LIEBIG beobachtete, daß in der Muskulatur eines gehetzten Fuchses der Kreatingehalt um das 10fache gesteigert war. Man glaubte zunächst, daß der Kreatingehalt der Muskeln mit der geleisteten Arbeit zusammenhänge. Aber Versuche an verschiedenen Objekten und in verschiedener Anordnung haben kein eindeutiges Resultat ergeben. C. A. PEKELHARING hat die Theorie aufgestellt, daß nicht die Muskelleistung an sich eine Steigerung des Muskelkreatins und der Kreatininausscheidung bedinge, sondern nur die Art der Muskelbeanspruchung, die in dem Festhalten eines Spannungszustandes besteht und als Tonus bezeichnet wird. Vielerlei deutet darauf hin, daß der quergestreifte Muskel zwei verschiedene Elemente enthält, solche, die sich schnell kontrahieren, und solche, die einen Spannungszustand erhalten, die also ihrer Funktion nach der glatten Muskulatur, die ja auch Tonusmuskulatur genannt wird, nahestehen. Daß die Arbeit dieser beiden Muskelarten unter ganz verschiedenen Energieumsetzungen erfolgt, geht aus Untersuchungen von I. v. UEXKÜLL, A. BETHE, J. K. PARNAS über die Schließmuskeln der Auster hervor.

Nach PEKELHARING und C. J. C. HOOGENHUYZE hat jede Tonusverstärkung, ob sie durch physiologische, chemische oder mechanische Reize erfolgt, eine Vermehrung der Kreatinbildung zur Folge. Diese Autoren beobachteten, daß eine Hirnverletzung, die zu der Starre einer Körperhälfte führt, eine Steigerung des Kreatingehaltes der Muskeln dieser Seite bewirkt, daß tonisierende Substanzen (Kalksalze, Veratrin, Nicotin) im Froschmuskel eine Kreatinvermehrung bedingen, und daß beim Menschen während des Strammstehens die Kreatininausscheidung im Harn steigt, während Tetanisierung von Muskeln und Muskelarbeit (Radfahren usw.) auf Kreatingehalt und Kreatininausscheidung ohne jeden Einfluß sind.

Eine sehr große Zahl experimenteller und klinischer Arbeiten beschäftigt sich mit diesem Problem und kommt teils zur Zustimmung, teils zur Ablehnung der Theorie PEKELHARINGS. So haben K. UYENO und T. MITRUDA wertvolles bestätigendes Material beigebracht, allerdings auch gefunden, daß im Froschmuskel der Kreatingehalt noch zunahm, nachdem die durch Nicotin erzeugte Kontraktur schon wieder zurückgegangen war. Bei Katatonikern (J. M. LOONEY), bei pseudoskleroseähnlichem Krankheitsbild (U. SANMARTINO), bei hypnotischer Muskelstarre des Frosches (H. SCHOENFELD), bei Muskelstarre durch Abkühlung (A. PALLADIN und A. KUDRJAWZEFF) hat man Vermehrung des Blutkreatins bzw. Vermehrung der Kreatininausscheidung gefunden. Andere Untersucher haben bei hemiplegischer Muskelstarre (A. RONCATO), bei katatoner Muskelspannung (W. HINSEN), bei postencephalitischer Starre (M. BÜRGER) ein durchaus negatives Ergebnis gehabt. In Übereinstimmung mit PEKELHARING findet E. SULGER Tonusverlust nach Durchschneidung der hinteren Wurzeln. LOONEY und J. G. DUSSER DE BARENNE bei Muskelschlaffheit Abnahme des Blutkreatins, B. W. WILLIAMS und S. C. DYKE bei Myasthenia gravis Kreatinurie und Abnahme des Muskelkreatins. F. M. KURÉ c. s. finden im Zwerchfell nach Ausschaltung der sympathischen Fasern Verminderung, nach Durchtrennung der motorischen Fasern Vermehrung des Kreatins und meinen, daß letztere durch eine kompensatorische Tonussteigerung des intakten Sympathicus bedingt sein könnte. RIESSER hat nachgewiesen, daß durch sympathisch erregende Gifte, vor allem durch Tetrahydro-β-Naphthylamin eine Kreatinvermehrung im Kaninchenmuskel herbeigeführt wird.

Trotz der großen Zahl der zustimmenden Ergebnisse kann aber die Theorie von Pekelharing keineswegs mehr als gesichert gelten. Der Begriff des Muskeltonus hat sich seit den Arbeiten von Pekelharing wesentlich geändert und ist noch immer nicht zur vollkommenen Klarheit gediehen. Ganz sicher ist, daß Wärmestarre, Totenstarre und chemische Kontrakturen dem Tonus durchaus nicht wesensgleich sind. Zudem haben O. Riesser und F. Hamann, sowie A. Schwartz und A. Ochsmann in neueren Untersuchungen bei Totenstarre, Wärmestarre und bei Kontrakturen die Kreatinvermehrung nicht bestätigen können. Ganz unvereinbar mit Pekelharings Theorie sind die wichtigen Befunde Riessers von dem verschiedenen Kreatingehalt verschiedener Muskeln.

Der Kreatingehalt des Gemisches der Skelettmuskeln des Kaninchens ist von einer ganz außerordentlichen Konstanz: er beträgt 450 mg% Kreatinin = 520 mg% Kreatin. Die einzelnen Muskeln aber zeigen gewaltige Unterschiede, so daß fast jeder Muskel seinen eigenen Kreatinwert hat. Aus dem von Riesser selbst bearbeiteten und aus der Literatur gesammelten Material ergibt sich, daß ein Muskel um so mehr Kreatin enthält, je schneller er zuckt, und daß der Kreatingehalt dem Gehalt an quergestreiften Fibrillen direkt, dem Gehalt an Sarkoplasma umgekehrt proportional ist. Daß gerade die glatten Muskeln und die „roten" Muskeln, denen man die Fähigkeit einer besonders starken tonischen Zustandsänderung zuschreibt, nur sehr wenig Kreatin enthalten (24—97 mg%), ist mit der Theorie Pekelharings kaum vereinbar. Riesser findet, daß Kreatin und Lactacidogengehalt der Muskeln sich völlig gleichsinnig verhalten, und daß, da die Totenstarre am Kreatingehalt nichts ändert, der Kreatingehalt toter Muskeln als Maß für den Gehalt intra vitam gelten kann. Aus dieser Feststellung ergibt sich die Möglichkeit, den Kreatinstoffwechsel durch „chemische Sektion" zu studieren.

In ein neues Stadium ist die Lehre vom Muskelkreatin mit der Entdeckung von P. und G. P. Eggleton und C. H. Fiske und G. Subbarow getreten, daß der Muskel Kreatinphosphorsäure (Phosphagen) enthält, deren Menge der der Hexosephosphorsäure umgekehrt proportional geht. Danach ist die Kreatinphosphorsäure wie die Adenosinphosphorsäure (G. Embden) als eine Tätigkeitssubstanz des Muskels aufzufassen (siehe S. 229).

$$
\begin{array}{c}
\ \ \ \ \ \ \ \ \nearrow\text{OH} \\
\text{HN} \cdot \text{P} \Leftarrow \text{O} \\
\ \ \ \ \ \ \ \ \searrow\text{OH} \\
| \\
\text{C} = \text{NH} \\
| \\
\text{N} \cdot \text{CH}_3 \\
| \\
\text{CH}_2 \\
| \\
\text{COOH}
\end{array}
$$

Kreatinphosphorsäure.

Die Homologie von Kreatinphosphorsäure und Hexosephosphorsäure weist auf den Zusammenhang zwischen Hexose ($C_6H_{12}O_6$ bzw. $2C_3H_6O_3$) und Kreatin hin, wie er in der Formulierung von O. Merkelbach zum Ausdruck kommt.

Die große biologische Bedeutung dieser Entdeckung wird noch offensichtlicher durch die Mitteilung von O. Meyerhof und K. Lohmann, daß die „instabile

Phosphorsäureverbindung" in der quergestreiften Muskulatur der Wirbellosen, die kein Kreatin, sondern Arginin enthält, von der Argininphosphorsäure gebildet wird.

$$HN \cdot P \underset{OH}{\overset{OH}{=}} O$$
$$|$$
$$C=NH$$
$$|$$
$$NH$$
$$|$$
$$(CH_3)_2$$
$$|$$
$$CHNH_2$$
$$|$$
$$COOH$$

Argininphosphorsäure.

Die Arbeitsleistung des Muskels beruht auf einem chemischen Vorgang. Durch die anaerobe Spaltung des Kohlehydrats in Milchsäure und durch die Reaktion der Milchsäure mit dem Muskelprotein wird der Hauptteil der Energie geliefert. Durch den Energiegehalt der Sauerstoffatmung erfolgt die Rückverwandlung der Milchsäure in Kohlehydrat und damit die Restitution des Alkalimuskelproteins (siehe S. 230).

Durch die Untersuchungen von EGGLETON und EGGLETON, FISKE und SUBBAROW, MEYERHOF, EMBDEN, PARNAS ist ein zweiter chemischer Vorgang bekannt geworden, der nur bei indirekter Reizung eintritt und zwischen den auslösenden Erregungsvorgang und die chemische Energieproduktion eingeschaltet ist. Dieser Vorgang ist an die Guanidinophosphorsäuren (Phosphagene) geknüpft, unbeständige Phosphorsäureverbindungen, die bei der Muskelkontraktion zerfallen und bei oder nach der Erholung wieder aufgebaut werden. MEYERHOF hat festgestellt, daß der Phosphagenzerfall in fester Beziehung zur Chronaxie steht. Die curaresierenden Gifte und die Nervendegeneration schränken den Zerfall ein.

Die (endogene) Kreatininausscheidung hängt mit diesem reversiblen Phosphagenprozeß zusammen. Wahrscheinlich ist es so, daß die Resynthese zu Phosphagen unter verschiedenen Bedingungen (O_2-Versorgung, Temperatur, Innervation) quantitativ verschieden verläuft, so daß eine gewisse Menge Kreatinin abfällt und ausgeschieden werden kann.

Unter vergleichbaren Bedingungen kann die endogene Kreatininausscheidung, die wir im Gesamtkreatininkoeffizienten messen, als ein Maß der Massenentwicklung der Muskulatur angesehen werden. Da die Muskeln die Hauptmasse des Körpers darstellen und daher die Kreatininausscheidung ein Maß des Muskelstoffwechsels ist (FOLIN), und PALMER, MEANS und GAMBLE eine zahlenmäßige Beziehung der Kreatininausscheidung zur Wärmeproduktion, nach E. F. TERROINE und L. JACOT zu dem Anteil der Muskulatur am Gesamtruheumsatz, aufgefunden haben, so ist es klar, daß dem Kreatinstoffwechsel ein erhebliches klinisches Interesse zukommt.

Die Umwandlung des Kreatins in die Stoffwechselendform, das Kreatinin, kann unter pathologischen Verhältnissen unvollkommen verlaufen. Dann verfällt unverändertes Kreatin der Ausscheidung; es kommt zur Kreatinurie. Das geschieht bei gesteigertem Abbau von Körpereiweiß, so im Hungerzustand, bei

Fieber, Kachexie, Morbus Basedowii, bei Acidose und bei Diabetes mellitus. Ganz zweifellos steht die Kreatinurie im Zusammenhang mit gestörtem Kohlehydratstoffwechsel (s. MERKELBACH S. 87). Sie findet sich weiter bei Leberinsuffizienz, nach Milzexstirpation, bei Mangelkrankheiten (Taubenpolyneuritis, Skorbut) und bei Myopathien (Trichinose, Poliomyelitis, Myasthenia gravis). BÜRGER hat darauf hingewiesen, daß bei Myopathien die Kreatinurie um so stärker ist, je rascher der Muskelabbau erfolgt. Das Studium der Kreatinurie verdient im klinischen Laboratorium bei allen Krankheiten, die mit einer Gefährdung des Eiweißbestandes verbunden sind, ein größeres Interesse. Ganz besonders wichtig sind die Beziehungen des Kreatinstoffwechsels zur inneren Sekretion.

Durch Guanidin kann man der parathyreopriven Tetanie sehr ähnliche Krankheitserscheinungen hervorrufen (D. N. PATON und L. FINDLAY; FRANK, STERN und NOTHMANN). Katzen zeigen nach Guanidinvergiftung heftiges Zittern, blitzartige Zuckungen, Streck- und Laufkrämpfe, epileptiforme Attacken und typische galvanische Übererregbarkeit, aber kein TROUSSEAUsches Phänomen, das sich bei Tieren durch Epithelkörperchenexstirpation meist leicht erzeugen läßt. Durch Dimethylguanidin,

$$\begin{array}{c} \text{N} {-}^{\text{CH}_3}_{\text{CH}_3} \\ | \\ \text{C} = \text{NH} \\ | \\ \text{NH}_2 \end{array}$$

Dimethylguanidin

einen Körper, der sich vom Kreatin nur durch Fehlen einer Carboxylgruppe an einem Methyl unterscheidet (Decarboxylierung nach M. GUGGENHEIM, R. KOTTMANN), konnten FRANK, STERN und NOTHMANN einen der Spasmophilie des jungen Kindes höchst ähnlichen Symptomenkomplex hervorrufen. Die Ähnlichkeit bezieht sich auch auf die biochemischen Vorgänge (Verminderung des Blutkalkes, Erhöhung des anorganischen Phosphors im Blut, Hypoglykämie, Steigerung des Harnammoniaks, Verminderung der Säureausscheidung). Ebenso ist die therapeutische Beeinflussung durch Kalksalze die gleiche.

Man hat daher die Guanidine als Tetaniegift bezeichnet. Im Harn von Tetaniekranken wurde eine Vermehrung der Guanidinausscheidung beobachtet. Während der Harn normaler Kinder 0,21 mg% Guanidin enthält, steigt im Harn tetanischer Kinder die Menge auf 0,58 (PATON und FINDLAY, D. BURNS und J. S. SHARPE). Ebenso verhalten sich tetaniekranke Erwachsene (FINDLAY und SHARPE). Beim parathyreoidektomierten Hund hatte W. F. KOCH schon früher eine Guanidinvermehrung beobachtet (von PATON und FINDLAY bestätigt). Auch im Blut ließ sich eine solche feststellen. In den Fäces tetaniekranker Kinder ist ebenfalls eine das Normale weit übertreffende Menge Guanidin gefunden worden (SHARPE). Nach HENDERSON ist bei Tetania parathyreoipriva der Gesamtguanidingehalt (freies Guanidin, Kreatin und Arginin) vermindert. PATON und FINDLAY versuchen eine Erklärung, indem sie sagen, daß die Epithelkörperchen die Aufgabe haben, die im Stoffwechsel entstehenden Guanidine zu entgiften, bzw. daß sich im parathyreopriven Zustand Guanidine in vermehrter Menge bilden. Neuerdings aber erklärt F. M. KUEN, der die Methodik der Guanidinbestimmung durchgeprüft hat, daß weder bei Normalen noch bei Tetaniekranken Guanidin im Harn zu finden sei.

A. PALLADIN und L. GRILICHES sahen, daß bei der parathyreopriven Tetanie die Kreatinausscheidung stark ansteigt und, im Gegensatz zu dem Befunde von L. J. HENDERSON, der Kreatingehalt der Muskeln erhöht ist. PATON und FINDLAY halten diese Kreatinvermehrung für eine Folge des in vermehrter Menge gebildeten Guanidins, für einen Entgiftungsvorgang. PALLADIN und GRILICHES werfen dagegen die Frage auf, ob dieses Plus an Kreatin nicht eine Folge der tetanischen Muskelkrämpfe sei. Sie sahen, daß bei Guanidintetanie das Muskelkreatin normal blieb, wenn durch Calcium die Tetaniesymptome verhindert oder beseitigt werden und erblicken in dieser Beobachtung eine Bejahung ihrer Frage.

Das Problem der Tetanie kann nicht ohne Erwähnung der ionalen Veränderungen verstanden werden, zumal nachdem J. B. COLLIP das aktive Prinzip der Epithelkörperchen dargestellt, seine Wirksamkeit an Tetaniehunden bewiesen und gezeigt hat, daß es bei diesen und auch bei gesunden Tieren eine Hypercalcämie hervorruft. Nach H. FÜHNER beruht die Wirkung der Guanidine auf dem einwertigen Guanidiniumion, das das organische Analogon des Natriumions darstellt, wie dieses die Leistungsfähigkeit des Muskels erhöht und Neigung zur Kontraktur erzeugt. Wie Calcium gegen Natrium antagonistisch wirkt, so auch gegen Guanidin, Damit wäre wohl die therapeutische Wirkung der Kalksalze erklärt, nicht aber die Verminderung des Blutkalkes, die für Tetanie so charakteristisch ist. FRANK. STERN und NOTHMANN stellen die Hypothese auf, daß die Fixation des Guanidins an die lebende Substanz zu einer Lockerung der Protoplasmacalciumbindung und zur Verdrängung des Calciums aus den Plasmakolloiden führt.

Wenn auch die Klärung dieser schwierigen Fragen noch lange keine restlose ist, so ist doch mit der Erkenntnis, daß endogen entstehende proteinogene Basen als eine wesentliche Krankheitsbedingung erkannt sind, sehr viel gewonnen. Als nächste Aufgabe ergibt sich bei Urämiefällen mit tetanischen Symptomen und Blutkalkverminderung nach toxischen Basen zu suchen. Bei Verbrühungen ist Methylguanidin im Harn gefunden und für die toxischen Erscheinungen verantwortlich gemacht worden (M. HEYDE). Nach H. FUCHS erzeugt Guanidin bei Katzen eine typische Encephalomeningomyelitis, die symptomatologisch und histologisch der infektiösen Encephalitis des Menschen gleichen soll. Dasselbe klinische und anatomische Bild entsteht nach FUCHS bei der Fleischvergiftung der Hunde mit ECKscher Fistel.

Literatur.

ABDERHALDEN, E. und S. BUADZE: Über die Wirkung des Cholins und die Beziehungen zum Kreatin. Hoppe-Seylers Z. **164**, 280 (1927).

ACKERMANN, D. und FR. KUTSCHER: Über Krabbenextrakt. Z. Unters. Nahrgsmitt. usw. **13**, 180 (1907).

BEUMER, H. und C. ISEKE: Der Kreatinstoffwechsel bei Myxödem und Gesunden unter Einwirkung von Thyreoidin. Berl. klin. Wschr. **1920**, 178.

BOOTHBY, W. M., J. SANDIFORD, K. SANDIFORD and J. SLOSSE: The effect of Thyroxin on the respir. and nitrogenous metabolism of normal and myxoedem subjects. Erg. Physiol. **24**, 728 (1925).

BÜRGER, M.: Beziehungen des menschlichen Kreatinstoffwechsels zu physiologischen und pathologischen Zustandsänderungen der Muskulatur. Dtsch. Arch. klin Med. **1922**, 480.

BURNS, D. und J. S. SHARPE: The parathyreoids etc. Quart. J. exper. Physiol. **10**, 345 (1917).

COLLIP, J. B.: Die innere Sekretion der Nebenschilddrüsen. Proc. nat. Acad. Sci. U. S. A. 11, 484 (1925).

Cox, G. J. and W. C. ROSE: Can purines, creatinine or creatine replace histidine in the diet for purposes of growth? J. of biol. Chem. 68, 769 (1926).

DORNER, G.: Zur Bildung von Kreatin und Kreatinin im Organismus. Hoppe-Seylers Z. 52, 225 (1907).

DRUMMOND, J. C (1): Die stickstoffhaltigen Extraktstoffe von Tumoren. Biochem. Z. 10, 473 (1917); 11, 246 (1917). — (2): Eine vergleichende Untersuchung des Wachstums von Tumoren und von normalem Gewebe. Ebenda 11, 325 (1917).

DUSSER DE BARENNE, J. G. und COHEN FERVAERT: Über den Kreatingehalt der Skelettmuskeln bei der Enthirnungsstarre und anderen Formen von Hyperinnervation. Pflügers Arch. 195, 370 (1922).

EGGLETON, P. and G. P. (1): Further observ. on „phosphagen". J. of Physiol. 63, 135 (1927). — (2): The physiol. significance of „phosphagen". Ebenda 65, 15 (1928).

EMBDEN, G.: Neue Untersuchungen über die Tätigkeitssubstanzen der quergestreiften Muskulatur und den Chemismus der Muskelkontraktion. Klin. Wschr. 1927, 628.

FINDLAY, L. and J. S. SHARPE: Adult tetany and methylguanidin. Quart. J. exper. Physiol. 13, 433 (1920).

FISKE, C. H. and Y. SUBBAROW (1): The nature of the "inorganic phosphate" in voluntary muscle. Science (N. Y.) 65, 401 (1927). — (2): The "inorganic phosphate" of muscle. J. of biol. Chem. 74, XXII (1927).

FRANK, E., R. STERN und M. NOTHMANN: Die Guanidin- und Dimethylguanidinintoxikation des Säugetiers. Z. exper. Med. 24, 241 (1921).

FUCHS, H.: Analyse der Guanidinvergiftung am Säugetier. Arch. exper. Path. 97, 79 (1923).

FÜHNER, H.: Über den Angriffspunkt der peripheren Guanidinwirkung. Ebenda 65, 401 (1911).

GOTTLIEB, R. und R. STANGASSINGER (1): Über das Verhalten des Kreatins bei der Autolyse. Hoppe-Seylers Z. 52, 1 (1907). — (2): Über die Bildung und Zersetzung des Kreatins. Ebenda 55, 322 (1908).

GROSS, E. G. und H. STEENBOCK: Kreatinuria. II. J. biol. Chem. 47, 33 (1921).

HAHN, A. und G. BARKAN: Über die gegenseitige Umwandlung von Kreatin und Kreatinin. Z. Biol. 72, 305 (1920).

HAMMETT, F. S.: Studien über Veränderungen in der Zusammensetzung des menschlichen Blutes. Proc. Path. Soc. Philad. 23, 23 (1921).

HARDING, V. J. and E. G. YOUNG: J. of biol. Chem. 41, XXXVI, (1920).

HARROW, B. und C. P. SHERWIN: Die Synthese des Histidins. Ebenda 70, 683 (1926).

HENDERSON, L. J.: Der Guanidingehalt des Muskels bei Tetania parathyreoipriva. J. of Physiol. 52, 1 (1918).

HEYDE, M. (1): Über den Verbrennungstod. Zbl. Physiol. 25, 443 (1911). — (2): Untersuchungen über die Beziehungen der Guanidine zum parenteralen Eiweißzerfall. Ebenda 26, 401 (1920.)

HINSEN, W.: Kreatininausscheidung bei katatoner Muskelspannung. Z. Neur. 86, 174 (1923).

INOUYE, H.: Über die Entstehung des Kreatins im Tierkörper. Hoppe-Seylers Z. 81, 71 (1912).

JAFFE, M.: Untersuchungen über die Entstehung des Kreatins im Tierkörper. Ebenda 48, 430 (1917).

KOCHER: Die Hexonbasen bösartiger Geschwülste. J. of biol. Chem. 22, 295 (1915).

KOSSEL, A.: Einige Bemerkungen über die Bildung der Protamine im Tierkörper. Hoppe-Seylers Z. 44, 347 (1905).

— und EDLBACHER, S.: Über die Dissociation des Spermakerns bei Echinodermen. Ebenda 94, 264 (1915).

KUEN, F. M.: Über die Bestimmung der Guanidine und über das angebliche Vorkommen derselben im Tetanieharn. Biochem. Z. 187, 283 (1927).

KURÉ, K. c. s.: Chemische Untersuchungen über den Zwerchfelltonus. Z. exper. Med. 26, 176 (1922).

McLaughlin, L. und K. Blunt: Einige Beobachtungen über die Kreatininausscheidung bei Frauen. J. of biol. Chem. **58**, 285 (1923).

Looney, J. M.: Beziehungen zwischen erhöhter Muskelspannung und Kreatin. Amer. J. Physiol. **69**, 638 (1924).

Merkelbach, O.: Die Löslichkeit des Cholesterins in der Galle. Schweiz. med. Wschr. **1929**, 620.

Meyerhof, O.: Über die Bedeutung der Guanidinophosphorsäuren (Phosphagene) für die Muskelfunktion. Naturwiss. **17**, 283 (1929).

— und K. Lohmann: Über eine neue Aminophosphorsäure. Ebenda **16**, 47 (1928).

Mitsuda, T. und K. Uyeno: Kreatinbildung im Froschmuskel bei durch Nikotin erzeugter Kontraktur. J. of Physiol. **57**, 280 (1923).

McNeal, W. J.: Die männliche Geschlechtsdrüse als Schutzfaktor gegen Kreatinurie. Amer. J. med. Sc. **164**, 222 (1922).

Palladin, A. und L. Griliches: Biochemie der experimentellen Tetanie. Biochem. Z. **146**, 458 (1924).

— und A. Kudrjawzeff: Über den Einfluß der Abkühlung auf das Muskelkreatin. Ebenda **133**, 89 (1922).

Parnas, J. K.: Über die NH_3-Bildung im Muskel. Ebenda **188**, 15 (1927).

Paton, D. N. and L. Findlay: The parathyreoids etc. Quart. J. exper. Physiol. **10**, 315 (1917).

Pekelharing, C. A. und C. J. C. Hoogenhuyze: Die Bildung des Kreatinins im Muskel beim Tonus und bei der Starre. Hoppe-Seylers Z. **64**, 415 (1910).

Pekelharing, C. A.: Die Kreatinausscheidung beim Menschen unter dem Einfluß von Muskeltonus. Ebenda **75**, 207 (1911).

Raphael, T. und F. C. Potter: Blutkreatiningehalt in 5 Fällen von striärer Erkrankung. J. nerv. Dis. **55**, 492 (1922).

Read, B. E.: Stoffwechsel des Eunuchen. J. of biol. Chem. **46**, 281 (1921).

Riesser, O.: Beiträge zur Physiologie des Kreatins. Hoppe-Seylers Z. **120**, 189 (1922).

— und F. Hamann: Über den Kreatingehalt der Muskeln bei chemischen Kontrakturen. Ebenda **143**, 59 (1924).

Roncato, A.: Die Kreatininausscheidung in Beziehung zum Lebensalter und zur tonischen Muskelfunktion. Arch. de Sc. Biol. **5**, 308 (1924).

Sanmartino, U.: Beiträge zum Kreatininstoffwechsel. Wien. Arch. inn. Med. **4**, 609 (1922).

Schönfeld, H.: Der Kreatingehalt des Froschmuskels im Zustande der hypnotischen Starre. Pflügers Arch. **191**, 211 (1921).

Schwartz, A. et A. Ochsmann: Récherches sur la créatine musculaire. C. r. Soc. Biol. **93**, 1645, 1648 (1925).

Sharpe, J. S.: The determination of guanidines in urine as picrates. Biochem. J. **19**, 168 (1925).

Sulger, E.: Über Tonus und Kreatingehalt der quergestreiften Muskulatur unter verschiedenen Dehnungs- und Innervationsbedingungen. Mitt. Grenzgeb. Med. u. Chir. **35**, 691 (1922).

Sullivan: Über das Vorkommen von Kreatinin in Böden. J. Amer. Chem. Soc. **33**, 2035 (1911).

Steudel, H. und R. Freise: Zur Frage über die Herkunft des Kreatins und Kreatinins. Hoppe-Seylers Z. **120**, 244 (1922).

Stuber, B., A. Russmann und E. A. Proebsting: Über eine Methylierungsfunktion der Schilddrüse. Biochem. Z. **143**, 221 (1923).

Takahashi, Y.: Einfluß der Schilddrüse und der Epithelkörperchen auf den Kreatinstoffwechsel. Kongreß-Zbl. **45**, 751 (1926).

Terroine, E. F. und L. Garot: Die Kreatininausscheidung und die Größe des Grundumsatzes bei den Homoiothermen. Arch. internat. de Physiol. **27**, 69 (1926).

Thomas, K. und M. H. G. Goerne: Über die Herkunft des Kreatins im tierischen Organismus. Hoppe-Seylers Z. **92**, 163 (1914); **104**, 73 (1918).

—, J. Kapfhammer und B. Flaschenträger: Über ∂-Methylornithin und ∂-Methylarginin. Ebenda **71**, 75 (1922).

Thompson, W. H.: Der Stoffwechsel des Arginins. IV. J. of Physiol. **51**, 347 (1917).

Uyeno, K. und T. Mitsuda: Kreatinbildung während der tonischen Muskelverkürzung.
  J. of Physiol. **57**, 313 (1923).
Williams, B. W. und S. C. Dyke: Beobachtungen über Kreatinurie und Glykosurie bei
  Myasthenia gravis. Quart. J. Med. **15**, 269 (1922).
Wishart, G. M.: The effect of inj. of guanidine on the creatin content of muscle. J. of
  Physiol. **53**, 440 (1920).

5. Das Ammoniakproblem.

Im Jahre 1896 haben Nencki, Pawlow und Zaleski eine große Untersuchung
„über den Ammoniakgehalt des Blutes und der Organe und die Harnstoffbildung
bei den Säugetieren" veröffentlicht. Trotz der Mängel, die vor 30 Jahren der
Methodik anhafteten, fanden diese berühmten Autoren die unumstößlich sichere
Tatsache, daß mit dem Portalblut in die Leber reichlich Ammoniumionen, die
der Desaminierung der Aminosäuren entstammen, einströmen, und daß in der
Leber eine Entgiftung dieser sehr differenten Ionen durch ihre Umbildung zu
Harnstoff eintritt. „Die Leber ist der treue Wächter des Organismus, der die von
dem Verdauungskanal kommenden, für die anderen Organe giftigen Substanzen
in ungiftige umwandelt" (Nencki).

Diese Untersuchungen sind erst in neuester Zeit mit einer verbesserten Methodik wieder aufgenommen worden, die wir Folin und Denis, Nast und Benedict und I. Parnas verdanken. Es zeigte sich, daß die Aminosäuren des
Nahrungseiweißes, in der Darmwand desaminiert, ihr Ammoniak durch die Pfortader in die Leber abgeben.

Beim Kaninchen enthält die Vena mesenterica coeci etwa 50 mal so viel Ammoniak als das periphere Blut. In der Leber wird das Ammoniak (wahrscheinlich)
zu Harnstoff, jedenfalls aber irreversibel verwandelt, und zwar so vollständig,
daß das Blut der Lebervene nicht mehr Ammoniak enthält als das arterielle Blut.

Im peripheren Blut sind nur wenige Hundertstel mg% NH_3 enthalten. Im
Venenblut des Menschen ist von Adlersberg und Taubenhaus nie mehr als
0,05 mg% beobachtet worden. Andere Autoren (A. D. Cholopoff) geben Werte
von 0,01—0,02 an. V. Henriques und E. Gottlieb, G. Fontès und A. Yovano-
witsch halten es für sehr wahrscheinlich, daß Ammoniak im peripheren Blute
überhaupt nicht enthalten ist, sondern in geringen Mengen schnell während der
Vorbereitungen zur Analyse entsteht.

Im Blut ist eine Substanz (Ammoniakmuttersubstanz = AMS) vorhanden, aus
der sich Ammoniak bildet, so daß das menschliche Blut am Ende dieses Prozesses
1,90—2,20 mg% Ammoniak enthält (D. Adlersberg und M. Taubenhaus).

Die AMS des Blutes geht beim Enteiweißen in das Filtrat, ist also nicht wie
Kolloide fällbar. Sie ist sicher nicht Harnstoff, gehört auch nicht der Amino-
säurenfraktion an und ist auch nicht, wie man vermutet hat, Cyanat.

Das periphere Blut hat also eine ganz andere Quelle des Ammoniaks als das
Portalblut, das exogenes Ammoniak enthält.

Der Ammoniakgehalt des peripheren Blutes zeigt im allgemeinen nur sehr geringe Veränderungen. Im Experiment ist es die Anoxämie, die, ob sie durch
Erstickung, Kohlenoxyd, Cyan oder auf irgendeine andere Weise herbeigeführt
wird, mit Sicherheit eine bedeutende und bei Aufhebung der Bedingung rück-
gängige Vermehrung zur Folge hat. Der Mechanismus der anoxämischen Hyper-

ammonämie beruht nach Parnas darauf, daß die Leber versagt und das portale, exogene Ammoniak unverändert in den großen Kreislauf hindurchläßt. Bereits durch Verschluß der Leberarterie kann man eine Hyperammonämie des peripheren Blutes veranlassen.

In Übereinstimmung mit diesen experimentellen Befunden finden Adlersberg und Taubenhaus hohen Blutammoniak bei Lebercirrhose, Icterus catarrhalis, perniziöser Anämie und nach Überventilation, die (s. S. 354) eine Hypoxämie zur Folge hat (s. S. 354, 357). Diese Autoren stellen bei den Leberkrankheiten auch Verminderung der AMS fest und kommen so zu der Vermutung, daß diese in der Leber gebildet wird.

Ganz im Gegensatz zu der Vorstellung, die man sich früher machte, zeigte es sich, daß bei den Zuständen, die mit einer Vermehrung des Harnammoniaks einhergehen, der Blutammoniak unverändert niedrig bleibt (Nash und Benedict, Parnas, Adlersberg und Taubenhaus, J. M. Rabinowitsch, A. Gigon u. a.), und die AMS vermindert befunden wird. Beim Menschen führt (anders beim Kaninchen) auch künstliche Acidose nicht zu einer Hyperammonämie. Rabinowitsch hat berechnet, daß bei diabetischer Acidose der Harn 100—145mal so viel NH_3 enthält als das Blut, das die Nieren in der Versuchszeit durchströmt.

Das Harnammoniak entstammt also nicht dem Blutammoniak. Es ist kein Ausscheidungsprodukt, sondern es wird, wie Nash und Benedict dargetan haben, in der Niere gebildet, und zwar in dem Maße, als zum Zwecke der Regulation des Säurebasengleichgewichtes und zur Erhaltung des Alkalibestandes Kationen in den Harn abgegeben werden müssen (s. S. 355).

Bei schweren Nierenkrankheiten kann der Ammoniakgehalt des Harns sehr klein werden, sogar völlig verschwinden, ohne daß der Gehalt im Blut ansteigt. Die schwerkranke Niere ist also nicht imstande, Ammoniak überhaupt oder in normaler Menge zu bilden. Hierauf wird später bei der Besprechung der renalen (urämischen) Acidose näher eingegangen werden.

Die AMS des Harnammoniaks ist sicher nicht der Harnstoff. Das muß man daraus schließen, daß in der Niere eine Urease nicht aufgefunden werden kann. Wenn man bedenkt, daß das exogene Ammoniak (in der Leber) zu Harnstoff wird, ganz sicher nicht in den allgemeinen Kreislauf kommt, daß das Mehr an Ammoniak, das bei acidotischen Zuständen im Harn erscheint, einem entsprechenden Minus an Harnstoff entspricht, daß aber die Niere aus Harnstoff Ammoniak nicht bilden kann, so erkennt man, daß es in der Folge dieser Reaktionen einen noch unbekannten Zwischenkörper geben muß (s. S. 101). Vielleicht ist es aber doch der Harnstoff selbst, aus dem in der Niere Ammoniak gebildet wird. Es ist möglich, daß die Nierenzelle, ohne daß eine einfache Urease nachweisbar ist, mit Hilfe der großen Möglichkeiten, die Zellen als heterogenen Systemen innewohnen, die Spaltung vollzieht. Und es ist möglich, daß diese Spaltung nicht den Harnstoff in seiner stabilen Form betrifft, sondern einen enolisierten Harnstoff

$$\left(C {\overset{\displaystyle NH_2}{\underset{\displaystyle NH}{-OH}}} \right) \quad \text{oder} \quad H-C-\overline{OH}\overset{NH}{\underset{NH}{|}} \quad \text{oder} \quad C-\overline{OH}\,\overset{NH_3}{\underset{N}{|}}$$

dem sicher, wie Enolen im allgemeinen, eine größere Reaktionsfähigkeit zukommt.

Nash und Benedict haben aus ihrer bedeutungsvollen Entdeckung den Schluß gezogen, daß die Niere der einzige oder hauptsächliche Ort der Ammoniakbildung sei. Offensichtlich trifft das aber nur für das Harnammoniak zu. In Wirklichkeit ist die Ammoniakbildung eine allen Zellen gemeinsame Eigenschaft. O. WARBURG c. s. hat gezeigt, daß Schnitte von Geweben und Organen Ammoniak an die Umgebungsflüssigkeit ausscheiden. WARBURG, MEYERHOF, GRAFE, P. GYÖRGY haben dargetan, daß dieser Prozeß in Verbindung mit der Atmung und Glykolyse steht. Auch in peripheren Nerven und im Zentralnervensystem findet Ammoniakbildung statt (K. TASHIRO, H. WINTERSTEIN und E. HIRSCHBERG). Von der allergrößten Bedeutung ist die Ammoniakbildung in der Muskulatur.

Nachdem N. GAD-ANDERSEN bei der Anaerobiose von Rattenmuskeln Ammoniakbildung beobachtet und als Harnstoffzersetzung gedeutet hatte, und nachdem MEYERHOF die von ihm gefundene Ammoniakbildung bei der Ruheanaerobiose des Zwerchfells auf den Eiweißabbau bezogen hatte, haben EMBDEN und PARNAS die Beziehungen der Ammoniakbildung zur Tätigkeit des Muskels entdeckt. PARNAS findet bei anaerober Arbeit das Molarverhältnis Ammoniak : Milchsäure etwa wie $1 : 14$. Die Ammoniakbildung ist wie die Milchsäurebildung dem Produkt aus Spannung und Länge genau proportional. Im Blut der Ellenbogenvenen findet man bei intensiver Arbeit der Hand 2—10 mal so viel Ammoniak als im Blut aus der ruhenden Hand. EMBDEN hat mit seinen Mitarbeitern gleichzeitig mit PARNAS die Ammoniakbildung im Muskel bearbeitet und unter anderem die bedeutende Entdeckung gemacht, daß die Muttersubstanz des Muskelammoniaks die Adenosinphosphorsäure ist.

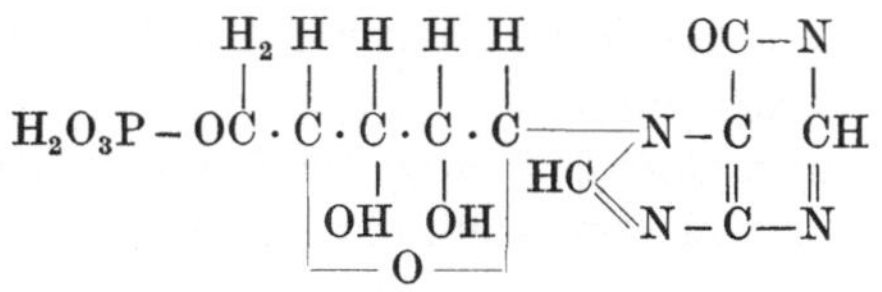

$$\text{H}_2\text{O}_3\text{P}-\text{O}\overset{\text{H}_2}{\text{C}}\cdot\overset{\text{H}}{\underset{\text{OH}}{\text{C}}}\cdot\overset{\text{H}}{\underset{\text{OH}}{\text{C}}}\cdot\overset{\text{H}}{\text{C}}\cdot\overset{\text{H}}{\text{C}}\underset{\text{O}}{\text{---}}\begin{matrix} & \text{OC}-\text{N} \\ & | \quad | \\ \text{N}-\text{C} \quad \text{CH} \\ \text{HC} \\ \text{N}-\text{C}-\text{N} \end{matrix}$$

Inosinsäure

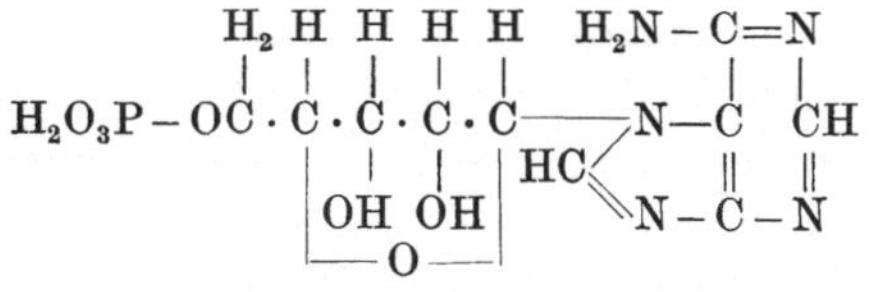

$$\text{H}_2\text{O}_3\text{P}-\text{O}\overset{\text{H}_2}{\text{C}}\cdot\overset{\text{H}}{\underset{\text{OH}}{\text{C}}}\cdot\overset{\text{H}}{\underset{\text{OH}}{\text{C}}}\cdot\overset{\text{H}}{\text{C}}\cdot\overset{\text{H}}{\text{C}}\underset{\text{O}}{\text{---}}\begin{matrix} & \text{H}_2\text{N}-\text{C}=\text{N} \\ & | \quad | \\ \text{N}-\text{C} \quad \text{CH} \\ \text{HC} \\ \text{N}-\text{C}-\text{N} \end{matrix}$$

Adenosinphosphorsäure (Adenylsäure).

Durch Abspaltung von Ammoniak wird aus der Adenylsäure die Inosinsäure, die bereits von LIEBIG im Muskel entdeckt, später (s. S. 163) als Mononucleotid, bestehend aus Hypoxanthin, Orthophosphorsäure und d-Ribose, erkannt wurde (HAISER, NEUBERG und BRAHM, P. A. LEVENE und JACOBS).

PARNAS kommt zu dem Schluß, daß bei indirekter Reizung von Froschmuskeln unter anaeroben Bedingungen die Umwandlung von Adenin in Hypoxanthin der Ammoniakbildung äquivalent ist, und daß dieser Vorgang die einzige Quelle des Ammoniaks zu bilden scheint.

Erfolgt aber die Arbeit unter guter Sauerstoffversorgung ermüdungslos, so bleibt die Umsetzung des Adenins zu Hypoxanthin weit hinter der Ammoniakmenge zurück. Diese Beobachtung wird so gedeutet, daß durch Ammoniak, der während der oxydativen Erholungsvorgänge infolge Desaminierung anderer Stoffe (Aminosäuren, Eiweiß) geliefert wird, eine Resynthese der Inosinsäure zu dem Adeninnucleotid erfolgt. Auf diese Weise wird ein System immer wieder regeneriert, das Ammoniak in einer augenblicklich und ohne Sauerstoffverbrauch abspaltbaren Form bereit hält.

Literatur.

ADLERSBERG, D. und M. TAUBENHAUS (1): Über das Verhalten der NH_3-Muttersubstanz im Blute. Arch. f. exper. Path. **113**, 1 (1926). — (2): Weitere Untersuchungen über das Verhalten des Blut-NH_3. Ebenda **121**, 35 (1927).

ARTOM, C.: Über die relativen Schwankungen von Harnstoff und NH_3 bei der Nierenautolyse. Arch. internat. de Physiol. **26**, 389 (1926).

BENEDICT, TH. P. and S. R. NASH (1): The site of NH_3-Formation and the rôle of vomiting. Ebenda **69**, 381 (1926).

BLISS, S.: The site of ammonia formation and the prominent rôle of vomiting in ammonia elimination. Ebenda **67**, 109 (1928).

CATHCART, E. P. and W. A. BURNETT: The influence of muscle work on metabolism in varying conditions of diet. Proc. roy. Soc. Lond., Ser. B, **99**, 405 (1926).

EMBDEN, G. (1): Bildung von NH_3 bei der Muskeltätigkeit. Ronas Berichte **42**, 560 (1928). — (2): Neue Untersuchungen über die Tätigkeitssubstanzen des quergestreiften Muskels. Klin. Wschr. **1927**, 628.

FONTÈS, G. et A. YOVANOWITCH: Sur l'absence propable d'ammoniaque dans le sang veineux circulant. C. r. Soc. Biol. Paris **93**, 271 (1925).

GAD-ANDERSEN, N.: J. of biol. Chem. **39**, 287 (1919).

GIGON, A.: Über den NH_3-Gehalt des Blutes. Schweiz. med. Wschr. **1926**, 626.

GRAFE, ED.: Probleme der Gewebsatmung. Dtsch. med. Wschr. **1925**, Nr 10.

GYÖRGY, P. und H. RÖTHLER: Über die Bedingungen der autolytischen Ammoniakbildung. Biochem. Z. **187**, 194 (1927).

HENRIQUES, V. und E. GOTTLIEB: Untersuchungen über den NH_3-Gehalt des Blutes. Hoppe-Seylers Z. **138**, 454 (1924).

KLISIECKI, A., W. MOZOLOWSKI und M. TAUBENHAUS: Über den NH_3-Gehalt und dieNH_3-Bildung im Blute. Biochem. Z. **181**, 80, 85 (1927).

LEVENE, P. A. und JACOBS (1): Über die Hefenucleinsäure. Berl. Ber. **43**, 150 (1910). — (2): On yeast nucleinic acid. Proc. Soc. Biol. Med. **7**, 89 (1910).

MEYERHOF, O. (1): Über die Energetik der Muskelkontraktion. Klin. Wschr. **1927**, 1219. — (2): Diskussion. Ronas Berichte **42**, 561 (1928).
— K. LOHMANN und K. MEYER: Über die Synthese des Kohlehydrats im Muskel. Biochem. Z. **157**, 459, 482 (1925).

NASH, TH. P. and S. R. BENEDICT: The ammonia content of the blood. J. of biol. Chem. **48**, 463 (1921); **51**, 183 (1922).

NENCKI, M.: Opera omnia **2**, 543.
— J. P. PAWLOW und J. ZALESKI: Über den NH_3-Gehalt des Blutes und der Organe und die Harnstoffbildung bei den Säugetieren. Arch. f. exper. Path. **37**, 26 (1895).

PARNAS, J. und A. KLISIECKI: Über den NH_3-Gehalt und die NH_3-Bildung im Blute. VI. Biochem. Z. **173**, 224 (1926).
— und W. MOZOLOWSKI: Über den NH_3-Gehalt und die NH_3-Bildung im Muskel und sein Zusammenhang mit Funktion und Zuständigkeit. I. Ebenda **184**, 399 (1927).

PARNAS, J. (1): Kommen Ammoniaksalze im Blute vor? Bull. de la Soc. chim. Biol. **9**, 76 (1927). — (2): Über die NH_3-Bildung im Muskel. Ronas Berichte **42**, 559 (1928).

RABINOWITSCH, J. M.: Studies on the origin of urinary ammonia III. J. of biol. Chem. **69**, 283 (1926).

TAUBENHAUS, M. und O. STERNBERG: Untersuchungen des NH_3-Gehalts des Menschenblutes bei einigen pathologischen Zuständen. Wien. Arch. inn. Med. **13**, 89 (1926).

WARBURG, O.: Der Stoffwechsel der Tumoren. Berlin 1926.
— K. POSENER und E. NEGELEIN: Über den Stoffwechsel der Carcinomzelle. Biochem. Z. **152**, 309 (1924).

WINTERSTEIN, H. und E. HIRSCHBERG: Über Ammoniakbildung im Nervensystem. Ebenda **156**, 138 (1925).

7*

6. Harnstoffbildung.

Das Ammoniak, das durch Desaminierung der Aminosäuren frei wird, ist als Base in den Körpersäften an einen Säurerest gebunden. Von den verfügbaren Anionen ist in größter Menge und überall das Carbonat zur Stelle. Nach der Theorie von SCHMIEDEBERG entsteht zuerst Ammoniumcarbonat, aus dem durch Wasserabspaltung erst carbaminsaures Ammonium und dann durch Abspaltung eines zweiten Moleküls Wasser Harnstoff werden kann.

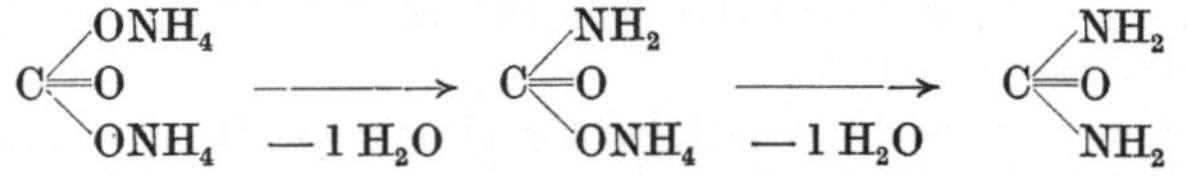

$$C\!\!<\!\!\begin{array}{l}ONH_4\\ O\\ ONH_4\end{array} \xrightarrow{-1\,H_2O} C\!\!<\!\!\begin{array}{l}NH_2\\ O\\ ONH_4\end{array} \xrightarrow{-1\,H_2O} C\!\!<\!\!\begin{array}{l}NH_2\\ O\\ NH_2\end{array}$$

$$\text{Kohlensaures Ammonium} \qquad \text{Carbaminsaures Ammonium} \qquad \text{Harnstoff}$$

Harnstoff ist das Diamid der Kohlensäure.

Wohl unter dem Einfluß der berühmten Entdeckung von WÖHLER, der aus cyansaurem Ammonium durch eine intramolekulare Umlagerung Harnstoff herstellte, glaubte HOPPE-SEYLER, daß auch im Organismus der Harnstoff auf diese Weise entstehe. HOFMEISTER nimmt an, daß bei der Oxydation N-haltiger Substanzen ⁻CONH₂, ein amidhaltiges Radikal und die Gruppe NH_2 gebildet werden, die sich zu Harnstoff zusammenfügen (oxydative Synthese). Wie nahe der Harnstoff dem Cyanat steht, geht aus folgender Schreibweise der Harnstofformel hervor:

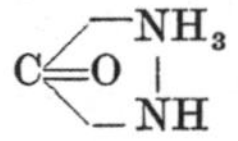

$$C\!\!<\!\!\begin{array}{l}NH_3\\ |\\ NH\end{array}O$$

Nach R. FOSSE ist der Harnstoff ein physiologisches Zellprodukt, das auch von Wirbellosen und von Pflanzen gebildet wird. Viele organische Stoffe werden in vitro bei Gegenwart von Ammoniak zu Harnstoff oxydiert. Als Zwischenprodukte treten Cyanwasserstoff und Cyansäure auf (R. FOSSE).

W. v. SCHRÖDER hat nachgewiesen, daß die überlebende Leber während der künstlichen Durchblutung aus kohlensaurem Ammonium und auch aus Ammoniaksalzen anderer organischer Säuren, die zu Kohlensäure verbrennen, Harnstoff bildet. Die überlebende Leber bildet sogar aus Ammoniumsalzen von Mineralsäuren Harnstoff (W. LÖFFLER). Die Harnstoffsynthese wird durch saure Reaktion nicht verhindert. Diese Tatsache erlaubt das carbaminsaure Ammonium als Zwischenprodukt auszuschließen. Da bei der Reaktion, die in LÖFFLERS Versuchen vorlag, Zellen nicht lebensfähig sind, so muß das Agens, das in der Leber die Harnstoffbildung herbeiführt, von dem eigentlichen Zelleben ziemlich unabhängig sein. In der Tat haben R. FOSSE und N. ROUCHELMAN auch mit toter Leber die Synthese erzielt. Daß derselbe Prozeß intra vitam vor sich geht, ist daraus zu entnehmen, daß beim Hunde das Pfortaderblut bedeutend mehr Ammoniak enthält als das Lebervenenblut. In der Leber verschwindet also Ammoniak. Verfüttert man Ammoniaksalze organischer verbrennbarer Säuren, so steigt die Harnstoffausscheidung. Aus diesen Beobachtungen geht die Bedeutung des Ammoniaks und die Bedeutung der Leber für die Harnstoffbildung mit Sicherheit hervor. Von den Störungen dieses Prozesses wird später die Rede sein (vgl. Leber, Acidose). Die Beobachtungen von F. C. MANN und TH. B. MAGATH am leberlosen Hund tun dar, daß nach Entfernung der Leber die Harnstoffproduktion aufhört meßbar zu werden. Da Harnstoff auch von Pflanzen (Pilzen) gebildet wird, so besteht gleichwohl die Möglichkeit — und darauf weisen experimentelle und klinische Beobachtungen hin —, daß auch andere tierische Organe und Gewebe diese Funktion besitzen. Sicheres Wissen haben wir aber nur bezüglich der Leber.

Von dem im Harn zur Ausscheidung kommenden Stickstoff sind etwa 80% in der Norm und bei der gewöhnlichen Kost zum Harnstoff gehörig (vgl. FOLINS Versuche, S. 14), 4—6% sind als Ammoniak enthalten, 2% werden als Aminosäuren ausgeschieden. Von dem Teil des Stickstoffes, der in der Form von Harnsäure und Purinbasen ausgeschieden wird, soll bei dem Kapitel „Nucleoproteide" die Rede sein.

Der Harnstoff ist ein außerordentlich reaktionsfähiger Stoff, der leicht mit Säuren, Salzen und Aldehyden Verbindungen eingeht. Von Bedeutung ist seine Fällbarkeit durch Xanthydrol, die auch zum Harnstoffnachweis im histologischen Präparat dient.

Xanthydrol

Auch mit der Aldehydgruppe von Zuckern und Glykonsäure verbindet er sich unter Austritt von Wasser. Mit Aminosäuren bildet er unter Abspaltung von Ammoniak Uramidosäuren. Von vielen anderen Reaktionen, die dem Harnstoff möglich sind, kommt den genannten und besonders vielleicht der letztgenannten Interesse zu. Denn — wie oben (s. S. 97) dargestellt — fehlt für die Frage der Ammoniakbildung in der Niere ein Zwischenkörper. Der Harnstoff als solcher, oder wenigstens seine stabile Form, wird, da die Niere keine Urease enthält (wie überhaupt Urease in tierischen Organen und Geweben bisher nicht gefunden wurde), von der Niere nicht gespalten. Bei acidotischen Zuständen erscheint aber ein großer Teil des N unter entsprechender Verkleinerung der Harnstofffraktion als Ammoniak, ohne daß der Ammoniakgehalt des Blutes erhöht ist.

Da es bisher nicht gelungen ist, im Durchströmungs- oder Organbreiversuch diese Harnstoffbildung herbeizuführen, so ist anzunehmen, daß eine nicht ganz einfache Bindung des Harnstoffes (mit Eiweiß, Aminosäuren oder Zucker) der Ammoniakabspaltung vorausgeht. Vielleicht ist an die Oxyproteinsäure zu denken, die nach S. EDLBACHER und E. FREUND und A. SITTENBERGER-KRAFT aus Harnstoff und einer organischen Säure oder einem Kohlehydrat besteht und von Urease gespalten wird.

Wenn die Oxyproteinsäure ein präformierter Harnbestandteil ist, so wäre ihre Existenz wohl als ein Beweis für Synthesen, die der Harnstoff in der Niere eingeht, zu betrachten. In diesem Zusammenhang verdient dieser Körper auch von Seiten der Klinik Beachtung.

Literatur.

CHOLOPOFF, A. D.: Herkunft und Verteilung des Blut-NH_3 nach Untersuchung an angiostomierten Hunden. Pflügers Arch. **218**, 670 (1928).

EDLBACHER, S.: Über die Proteinsäuren des Harns. Z. physiol. Chem. **120**, 71 (1922); **127**, 186 (1923); **131**, 177 (1923).

FOSSE, R.: L'urée. Presse univ. France (Paris) **1928**.

— N. ROUCHELMAN: Sur la formation de l'urée dans le foie après la mort. C. R. Acad. sc. **172**, 771 (1921).

FREUND, E. und A. SITTENBERGER-KRAFT: Über die unter dem Namen „Oxyproteinsäure" beschriebenen Harnbestandteile. Biochem. Z. **136**, 145 (1923).

HOFMEISTER, P.: Über Bildung des Harnstoffs durch Oxydation. Arch. f. exper. Path. **37**, 428 (1896).

LÖFFLER, W.: Desaminierung und Harnstoffbildung im Tierkörper. Biochem. Z. **85**, 230 (1918).

MANN, F. C. und Th. B. MAGATH: Über die Wirkung der totalen Leberexstirpation. Erg. Physiol. **23**, I. 212 (1924).

SCHRÖDER, W. v.: Über die Bildungsstätte des Harnstoffs. Ebenda **15**, 364 (1882).

TASHIRO, K.: Studies on urea-nitrogen concentration of the blood. Tohoku J. exper. Med. **6**, 601, 630 (1925).

Sechstes Kapitel.

Cystin, Cystinurie. Alkaptonurie, Ochronose. Tryptophan. Klinische Chemie des Indolrings. Pathologische Chemie der Schilddrüse. Die physiologische und pathologische Chemie der melanotischen Pigmente. Phenole im Harn.

Abnorme Ausscheidung von Aminosäuren kommt, wie oben erwähnt, als Folge eines qualitativ und quantitativ veränderten Eiweißabbaues bei zahlreichen Krankheiten vor. Eine Stoffwechselstörung, bei der es sich ausschließlich um Störungen im Eiweißabbau, und vorzugsweise im Abbau des Cystins, handelt, ist die Cystinurie.

1. Cystin, Cystinurie.

Das Cystin ist im Jahre 1810 von WOLLASTON in einem Blasenstein entdeckt worden. K. A. H. MOERNER und G. EMBDEN haben erkannt, daß das Cystin ein präformierter Bestandteil der Eiweißkörper und in besonders großer Menge in der Hornsubstanz und in der Linse (6—16%) erhalten ist. E. FRIEDMANN hat die Konstitution des Cystins aufgeklärt:

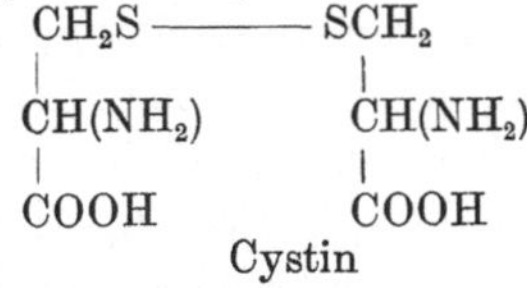

$$
\begin{array}{ccc}
CH_2S & \!\!\!\!\!\!\!\!\!\!\!\! & SCH_2 \\
| & & | \\
CH(NH_2) & & CH(NH_2) \\
| & & | \\
COOH & & COOH
\end{array}
$$

Cystin

Das Cystin ist also, wie alle Aminosäuren, die bisher in den Eiweißkörpern gefunden sind, eine α-Aminosäure; die Disulfidgruppe steht in β-Stellung.

Cystin krystallisiert gewöhnlich in Form farbloser sechseckiger Tafeln, selten auch in Form von Nadeln. Die Krystalle sind in verdünnten Säuren und in Ammoniak löslich. Sie geben beim Erhitzen mit Natronlauge und Bleiacetat die Schwefelbleireaktion.

Zur quantitativen Bestimmung des Cystins im Harn wird das krystallisierte Cystin in Lösung gebracht. Es kann dann auf gravimetrischem (GASKELL), polarimetrischem (MAGNUS-LEVY) und kolorimetrischem (J. M. LOONEY) Wege gemessen werden.

Die kolorimetrische Methode scheint den anderen überlegen zu sein, besonders wenn es sich um kleine Mengen Cystin (20—40 mg%) handelt.

Mit dieser Methode werden auch im normalen Harn kleine Mengen Cystin, bis 10 mg%, im Durchschnitt 4 mg%, gefunden. Danach scheidet also der Gesunde täglich etwa den dritten Teil der Cystinmenge aus, die bei Cystinurie im Harn auftritt.

Cystin verschwindet auch aus aseptisch aufbewahrtem Harn (Magnus-Levy); die quantitativen Untersuchungen müssen also sofort vorgenommen werden.

Das Cystin enthält den Schwefel in nicht oxydierter Form. Der beim Abbau von Eiweiß (Cystin) frei werdende Schwefel wird oxydiert und zum überwiegenden Teil als Sulfat (SO_4'') ausgeschieden. 5—24% (vgl. Folin, S. 14) des Schwefels erscheinen im Harn als Neutralschwefel, der zum Teil an Eiweißtrümmer (Oxyproteinsäuren) gebunden ist. Beim Cystinuriker besteht eine Unfähigkeit des Cystinabbaus, so daß Cystin in täglichen Mengen bis zu 1,5 g ausgeschieden wird. Da es sehr unlöslich ist und gut krystallisiert, wird es leicht erkannt. Es wird auch durch seine Unlöslichkeit nicht selten das Material zu einem Harnstein. Hierin liegt die hauptsächliche ärztliche Bedeutung der Cystinurie (Cystinkrankheit). Die Stoffwechselanomalie an sich ist in der Regel durchaus harmlos. Das Cystin, das beim Cystinuriker im Harn erscheint, entstammt sowohl der Nahrung wie dem Körpereiweiß. Gibt man dem Normalen Cystin (bis zu mehreren Gramm), so wird die Gesamtmenge verbrannt und der Schwefel geht zu $^2/_3$ als Sulfat, zu $^1/_3$ als Neutralschwefel in den Harn. Der Cystinuriker scheidet nach A. Löwy und C. Neuberg per os eingeführtes Cystin aus. Andere Untersucher sahen auch beim Cystinuriker Verbrennung des eingeführten Cystins. Daß es sich bei der Cystinurie nicht um eine völlige Aufhebung des Cystinabbaus handelt, geht daraus hervor, daß auch der Cystinuriker einen großen Teil des Schwefels als Sulfat ausscheidet. Die relative Menge des Neutralschwefels ist entsprechend dem Cystingehalt höher als beim Normalen (45%). Zweifellos handelt es sich aber bei der Cystinurie um eine schwerere Angreifbarkeit des Cystinmoleküls. Und da entsteht zunächst die Frage, in welcher Weise der Abbau des Cystins vor sich geht. Aus Stoffwechseluntersuchungen ist bekannt, daß nach Eiweißfütterung die Ausscheidung des Sulfats gleichzeitig mit der Harnstoffausfuhr erfolgt, mitunter derselben sogar vorausgeht. Hier wie auch sonst ist Vorsicht geboten, aus den Ausscheidungsverhältnissen auf die Geschwindigkeit und Reihenfolge der Zersetzungs- und Bildungsvorgänge zu schließen, da die Nierensekretion einen unbekannten, aber sehr zu beachtenden Faktor darstellt. Jedenfalls erfolgt die Schwefelabspaltung aus dem Cystin sehr schnell. Und dazu erscheint es notwendig, daß vorher die Bindung zwischen den beiden Schwefelatomen aufgelöst wird.

Der Abbau des Cystins beginnt mit der Lösung der Schwefel-Schwefelbindung. Diese kann durch reduktive Spaltung erfolgen; dann entstehen aus einem Molekül Cystin zwei Moleküle Cystein:

$$CH_2(SH)$$
$$|$$
$$CH(NH_2)$$
$$|$$
$$COOH$$

Cystein

Daß Cystein, wie aus Beobachtungen an Cystinurikern hervorgeht, sehr leicht in Cystin übergeht, spricht durchaus nicht gegen diese Möglichkeit, da reversible Prozesse im intermediären Stoffwechsel nicht selten vorkommen. Die umkehrbare Reaktion

$$\text{Cystin} \rightleftarrows \text{Cystein}$$

stellt ein oxydativ-reduktives System dar.

Nach F. G. HOPKINS hat in Zellen die Sulfhydrylgruppe besonders in Form eines Cystein-Glutaminsäuredipeptids, des Glutathions, die Funktion der Sauerstoffübertragung vornehmlich auf Fette und Proteine. Dem Glutathion kommt nach QUASTEL eine der folgenden Formeln zu:

$$\begin{array}{l} CH_2(SH) \\ | \\ CH\cdot NH-CO \\ |\qquad\quad | \\ COOH\quad CH_2 \\ \qquad\quad | \\ \qquad\quad CH_2 \\ \qquad\quad | \\ \qquad\quad CH(NH_2) \\ \qquad\quad | \\ \qquad\quad COOH \end{array}$$

Cystein-Glutaminsäure=Glutathion.

Nach G. HUNTER und B. A. EAGLES ist Glutathion ein aus Cystein, Glutaminsäure und Serin bestehendes Tripeptid.

Nach E. C. KENDALL c. s. besteht das Glutathion aus Cystein, Glutaminsäure und Glykokoll:

$$\begin{array}{l} CH_2(SH) \\ | \\ CH\cdot NH-CO\cdot CH_2\cdot CH_2\cdot CH(NH_2)\cdot CO \\ |\qquad\qquad\qquad\qquad\qquad\qquad\qquad\quad | \\ COOH\qquad\qquad\qquad\qquad\qquad\qquad NH \\ \qquad\qquad\qquad\qquad\qquad\qquad\qquad\quad | \\ \qquad\qquad\qquad\qquad\qquad\qquad\qquad\quad CH_2 \\ \qquad\qquad\qquad\qquad\qquad\qquad\qquad\quad | \\ \qquad\qquad\qquad\qquad\qquad\qquad\qquad\quad COOH \end{array}$$

WARBURG, nach dessen Theorie alle Oxydationen capillarchemische Vorgänge an den mit mehrwertigen Metallen (meist Eisen) besetzten Zellstrukturen sind, glaubt, daß es sich auch bei dem oxydoreduktiven System Cystin-Cystein um eine komplexe Cystinmetallverbindung handelt, die spezifisch auf ungesättigte Fettsäuren eingestellt ist (s. S. 203). Ob Oxydation oder Reduktion stattfindet, wird durch die Reaktion bestimmt; bei $p_H = 7{,}5$ ist die Oxydform, das Disulfid, beständig, bei $p_H = 6{,}8$ die Sulfhydrylform.

Da die Cystinreaktion mit Naphthochinon von den Geweben erst nach Hydrolyse gegeben wird, kann man die Anwesenheit von freiem Cystin oder Cystein in den Geweben nicht annehmen (M. X. SULLIVAN). Die Gewebe enthalten Cystin in Form des Glutathions und von diesem mehr als 90% in der Sulfhydrylform.

Die höchsten Glutathionwerte finden sich bei Embryonen (Ratten). Bereits bei Neugeborenen ist der Gehalt geringer. Weitere Abnahme erfolgt im Laufe des Lebens. Das Blutserum ist bei allen Tieren frei von Glutathion. In den Blutzellen trifft man bei verschiedenen Tierarten 80—150 mg%, in der Leber die höchsten Werte mit 150—260 mg%. Bei der Tumorkachexie nimmt der Glutathiongehalt des ganzen Organismus ab (J. W. THOMPSON und C. VÖGTLIN). Die Verteilung auf

S-S- und SH-Form ist bei den verschiedenen Tierarten verschieden. Im Tumorgewebe überwiegt die Oxydform. Bei Beri-Beri-Tauben wurde Verminderung der hydrierten Form festgestellt (SULLIVAN).

Die Lösung der S-S-Bindung des Cystins kann auch auf oxydativem Wege erfolgen. Dann entsteht die Cysteinsäure

$$CH_2 \cdot SO_3H$$
$$|$$
$$CH \cdot NH_2$$
$$|$$
$$COOH$$

Cysteinsäure

E. FRIEDMANN hat die Cysteinsäure aus Cystein durch Oxydation dargestellt und aus ihr durch Erhitzen mit Wasser im geschlossenen Rohr das Taurin gewonnen.

$$CH_2 \cdot SO_3H$$
$$|$$
$$CH_2 \cdot NH_2$$

Das Taurin kommt an Cholalsäure gebunden im Körper vor. Es ist das der Cysteinsäure entsprechende Amin. FRIEDMANN hat auf Grund dieser wichtigen Befunde das Taurin der Galle zum Cystin des Eiweißes in genetische Beziehungen gebracht. Die Richtigkeit dieser Auffassung hat G. VON BERGMANN bewiesen, der fand, daß beim Hunde die Taurinausscheidung in die Galle steigt, wenn ihm Cystin und Cholsäure zugeführt werden.

H. EPPINGER hat bei einem Cystinuriker im Gallenblaseninhalt eine schwefelhaltige Gallensäure gefunden. Von F. ROSENFELD, der diesen Befund vorausgesagt hat, wurde die Frage zur Diskussion gestellt, ob der Cystinuriker vielleicht eine Cysteincholsäure bilde. Diese Frage konnte EPPINGER wegen Materialmangels nicht beantworten. Aus dem chemisch eindeutigen Befund von Taurin würde sich ergeben, daß der Cystinuriker die Fähigkeit der oxydativen Cystinspaltung besitzt.

Dann bliebe übrig, daß der Cystinurie ein Fehlen oder eine Schwäche der reduktiven Cystinspaltung zugrunde liege. Darüber beim Menschen Aufschlüsse zu gewinnen, fehlt es an einer Methode. Beim Hunde aber läßt sich die große Bedeutung der reduktiven Cystinspaltung, der Cysteinbildung, leicht durch die von JAFFÉ und BAUMANN u. PREUSSE entdeckten Merkaptursäuren erkennen. Diese Autoren fanden, daß das Cystin beim Hund zur Bindung und damit zur Entgiftung gewisser Substanzen verwandt wird, so besonders der Halogenbenzole (Chlor-, Brom-, Jodbenzol). Das Halogen lagert sich an die Sulfhydrylgruppe des Cysteins an, so daß ein Halogenphenylcystein entsteht, das, an der Aminogruppe mit Essigsäure verestert, eine Halogenphenylmerkaptursäure ergibt. Für den Fall des Brombenzols verläuft, die Reaktion, wie FRIEDMANN gefunden hat, nach folgender Gleichung:

$$C_6H_5Br + \begin{array}{c} CH_2 \cdot SH \\ | \\ CH \cdot NH_2 \\ | \\ COOH \end{array} \rightarrow \begin{array}{c} CH_2S \cdot BrC_6H_4 \\ | \\ CH \cdot NH_2 \\ | \\ COOH \end{array} + CH_3 \cdot COOH \rightarrow \begin{array}{c} CH_2 \cdot S \cdot BrC_6H_4 \\ | \\ CH \cdot NH \cdot CO \cdot CH_3 \\ | \\ COOH \end{array}$$

Brom-   Cystein   Bromphenyl-   Bromphenyl-
benzol   cystein   merkaptursäure

Mit dieser Reaktion ist der Beweis erbracht, daß aus Cystin Cystein entsteht. Aus Cystein könnte sich durch Decarboxylierung Thioäthylamin und aus diesem

durch Oxydation Taurin bilden. Gleichgültig, ob der Weg zum Taurin über
Cysteinsäure oder über Thioäthylamin geht, in beiden Fällen besteht ein Widerspruch zu der Leichtigkeit, mit der bei anderen Aminosäuren als erster Eingriff
die Abspaltung der Aminogruppe stattfindet. Man hat die Taurinbildung so zu
erklären versucht, daß sich die Aminogruppe primär mit Cholsäure verbindet und
dadurch fest wird (Cystein-Cholsäure — F. ROEHMANN). Es wäre möglich, daß ein
so verändertes Cystein sich wie benzoylierte Aminosäuren im allgemeinen verhält, von denen MAGNUS-LEVY nachgewiesen hat, daß sie nicht desaminiert werden. Beim Cystein erhebt sich die Frage, wie eine Blockierung der Aminogruppe
auf die Oxydation der Sulfhydrylgruppe einwirkt. Nach den Untersuchungen
von H. B. LEWIS, H. UPDEGRAFF und D. M. MC GINTY, die mit Phenyluramino-
cystin (durch Anlagerung von Phenylisocyanat an die Aminogruppen) arbeiteten,
wird die Oxydation der Sulfhydrylgruppe gehemmt oder stark beschränkt. Nach
A. R. ROSE, G. J. SHIPLE und C. P. SHERWIN verhindert jedoch nur eine gleichzeitige Besetzung der Amino- und der Sulfhydrylgruppe (wodurch Körper etwa
vom Typus der Merkaptursäuren entstehen) die Oxydation vollständig, während
die Blockierung der Aminogruppe allein die Oxydation wohl wesentlich herabsetzt, aber nicht völlig aufhebt.

Die Abbaustörung des Cystins ist beim Cystinuriker nicht vollständig, so wie
auch beim Normalen der Cystinabbau nicht restlos erfolgt. Die Störung zeigt
beim Cystinuriker auch zeitlich Schwankungen und kann zeitweise oder für
immer verschwinden. Nach Beobachtungen verschiedener Autoren kann der
Cystinuriker sogar per os oder subkutan zugeführtes Cystin abbauen. Das legt
den Gedanken nahe, daß intermediär das Cystin vor seiner Freiwerdung, also
in einer Peptidbindung, angegriffen wird, und erweckt Zweifel, ob überhaupt
immer das Protein bis in seine einfachsten Bausteine zerfällt, ob nicht vielmehr
den Aminosäurekomplexen eine besondere Bedeutung zukommt (vgl. Glutathion).

Das Cystin ist eine Aminosäure, die vom Tierkörper nicht aufgebaut werden
kann. Eine cystinfreie Nahrung ist eine unvollständige Nahrung, bei der das
Wachstum nicht fortschreitet (s. S. 55).

In einer Reihe von Fällen von Cystinurie sind neben dem Cystin andere Aminosäuren im Harn gefunden worden. So fanden MOREIGNE, ABDERHALDEN und
SCHITTENHELM in je einem Falle Leucin und Tyrosin, A. E. GARROD und W. H.
HURTLEY Tryptophan, ACKERMANN und KUTSCHER Lysin. E. FISCHER und
U. SUZUKI haben in einem Cystinstein Tyrosin nachgewiesen. Andere Cystinuriker scheiden verfütterte Aminosäuren aus. Nach diesen Befunden kann also
die Cystinurie der wesentliche Teil einer allgemeineren Schädigung des Abbaus
der Aminosäuren sein, so wie sich umgekehrt bei der akuten gelben Leberatrophie, die eine universelle Störung im Aminosäurenstoffwechsel zur Folge hat,
auch Cystin im Harn findet (UMBER).

Und da der erste Eingriff in die Aminosäuren eine Desaminierung ist, so
muß man in diesen Fällen eine Schwäche der desaminierenden Fermente an-
nehmen. Diese Auffassung wird dadurch bekräftigt, daß von UDRANSKY und
BAUMANN und nach ihnen wiederholt von anderen im Harn von Cystinurikern
Diamine gefunden worden sind, und zwar Cadaverin und Putrescin. Diese
Basen entstammen, wie ELLINGER festgestellt hat, dem Arginin und dem Lysin.
Aus dem Arginin macht ein Ferment (Arginase) durch Abspaltung von Harn-

stoff das Ornithin und aus diesem durch Abgabe von Kohlensäure das Putrescin
(Tetramethylendiamin):

$$
\begin{array}{ccc}
& NH_2 & \\
NH & C-NH_2 & \\
\| & \| & \\
C-NH_2 & O & \\
| & | & | \\
CH_2-NH & CH_2(NH_2) & CH_2(NH_2) \\
| & | & | \\
CH_2 \dashrightarrow & CH_2 \longrightarrow & CH_2 \\
| \quad Arginase & | \quad -CO_2 & | \\
CH_2 & CH_2 & CH_2 \\
| & | & | \\
CH(NH_2) & CH(NH_2) & CH_2(NH_2) \\
| & | & \\
COOH & COOH & \\
Arginin & Ornithin & Putrescin \\
& & (Tetramethylendiamin)
\end{array}
$$

Aus dem Lysin entsteht das Cadaverin (Pentamethylendiamin).

$$
\begin{array}{ccc}
CH_2(NH_2) & CH_2(NH_2) & \\
| & | & \\
CH_2 & CH_2 & \\
| & | & \\
CH_2 & CH_2 & +CO_2 \\
| & | & \\
CH_2 \longrightarrow & CH_2 & \\
| & | & \\
CH(NH_2) & CH_2(NH_2) & \\
| & & \\
COOH & & \\
Lysin & Cadaverin & \\
& (Pentamethylendiamin) &
\end{array}
$$

Eine Gruppe von Cystinurikern scheidet nicht spontan, sondern nur nach Verfütterung von Diaminosäuren die Diamine aus (alimentäre Diaminurie).

Putrescin und Cadaverin wurden zuerst von Brieger bei der Fleischfäulnis
entdeckt. Gewisse Bakterien besitzen die Eigenschaft, diese Basen aus Arginin
bzw. Lysin zu bilden. Und zwar tun das sowohl nichtpathogene Mikroorganismen,
was durch das Vorkommen dieser Stoffe in verschiedenen Käsearten bewiesen
wird, als auch pathogene, z. B. der Tetanusbacillus und der Choleravibrio. Der
auffallende Geruch von Cholerastühlen soll von Pentamethylendiamin herrühren.
Diese Diamine finden sich im Mutterkorn, unter den basischen Extraktivstoffen
des Fliegenpilzes und auch in höheren Pflanzen. Sie lassen sich durch einfache
Reaktionen in heterocyclische Verbindungen überführen, und zwar das Putrescin
in das Pyrrolidin, das Pentamethylendiamin in das Piperidin, Ringsysteme, die
in einer Reihe wichtiger Alkaloide (Coca- und Tropaalkaloide, Nicotin) enthalten
sind. Nach A. Pictet und Court sind die Zellen alkaloidführender Pflanzen imstande durch anhydrisierende und desaminierende Fermente die intermediär entstehenden Diamine in Alkaloide überzuführen. Die Diamine haben auch in relativ
hohen Dosen keine Wirkung auf das Gefäßsystem und auf sympathisch innervierte
Organe. E. Behring beobachtete nach Injektion und Verfütterung von Cadaverinhydrochlorid Temperatursturz, Krämpfe und Tod. Nach J. Pohl wird durch Diamine die Fähigkeit des Organismus zu gewissen Synthesen herabgesetzt, so die
Hippursäurebildung, die Glucuronsäurepaarung, nicht aber die Ätherschwefel-

säurebildung. Über das Verhalten dieser Reaktionen bei Diaminurie finden sich
in der Literatur keine Beobachtungen.

Die Störung im Aminosäurenabbau des Cystinurikers kann also sehr mannigfaltiger Art sein. Die Ursache dieser Stoffwechselanomalie hat BAUMANN im Darm
gesucht. Gerade das Auftreten von Diaminen, die durch Fäulnis entstehen können,
und die Tatsache, daß im Darm bakterielle Eiweißfäulnis vorkommt, und bei
infektiösen Darmkatarrhen Diamine im Kot gefunden wurden, haben wohl zu
dieser Hypothese geführt. Gegen die Richtigkeit dieser Auffassung spricht aber
ebenso sehr das häufige Fehlen der Diamine bei der Cystinurie, als das nicht
seltene familiäre Auftreten dieser Stoffwechselanomalie. Wir können über die
Ursache der Cystinurie nicht mehr aussagen, als daß eine Schwäche bestimmter
Fermente bestehen muß. Das ist freilich keine genügende Erklärung. Wir können
aber wenigstens nach den gewonnenen Erfahrungen die Cystinurie in verschiedene
Gruppen zerlegen und unterscheiden:

1. Fälle von reiner Cystinurie.

2. Fälle von Cystinurie und Diaminurie,
    a) Fälle von Cystinurie und alimentärer Diaminurie,
    b) Fälle von Cystinurie und spontaner Diaminurie.

3. Fälle von Cystinurie und Aminosurie,
    a) Fälle von Cystinurie und alimentärer Aminosurie,
    b) Fälle von Cystinurie und spontaner Aminosurie.

4. Eventuelle Kombinationen von 2 und 3.

Diese Unterscheidung ist insofern nicht durchgreifend, als Cystinuriker
sich zu verschiedenen Zeiten sehr verschieden verhalten können.

Nicht in allen Fällen wird das unveränderte Cystin vollständig ausgeschieden.
Mitunter verbleibt es im Körper in krystallinischer Form. Solche Ablagerungen
fand z. B. G. O. E. LIGNAC bei zwei cystinurischen Knaben, EPPINGER in den
Nieren eines Erwachsenen. Es ist möglich, daß Drüsen und Muskelinfiltrate, die
bei diesen Anomalien vorkommen, mit Cystininfiltrationen in Zusammenhang
stehen.

Verwickelter wird das Problem noch dadurch, daß L. SPIEGEL bei Cystinurie im
Harn Hyposulfite und einen schwefelhaltigen krystallinischen Riechstoff beschrieben hat.

An der Annahme, daß Cystin in den Proteinen der einzige S-haltige Körper
sei, wird schon lange gezweifelt. MOERNER hat bei der Oxydation von Eiweißkörpern Methylsulfosäure festgestellt, die nicht aus Cystin gebildet sein kann.
J. H. MÜLLER hat aus Casein eine dem Aufbau nach noch unbekannte Aminosäure
von der Bruttoformel $C_5H_{11}O_2NS$ gefunden.

Das therapeutische Bestreben bei Cystinurie ging im wesentlichen dahin, die
Löslichkeitsbedingungen im Harn zu bessern. Das ist möglich durch Vermehrung
der Diurese und durch vorsichtiges Alkalisieren. Zwar sind auch im alkalischen
Harn Cystinkrystalle gefunden worden. Aber sicher ist die Löslichkeit des Cystins
bei leicht alkalischer Reaktion besser. Bei einem solchen Versuch haben M. JACOBY
und G. KLEMPERER die interessante Beobachtung gemacht, daß nicht nur
der Cystinniederschlag abnahm, sondern daß auch die Ausscheidung des Cystins
auf Null zurückging. Ich gebe ihren Versuch wieder:

g Natrium bicarb.	Cystin	
	im Niederschlag	Gesamt
6	0,0165	0,064
6	0,0247	0,105
10	0,0108	0,032
10	0,0060	0,030
10	0	0
Nach 10 Tagen 0	0,0240	0,419

ROSENFELD hat dieses Ergebnis (nach einem anfänglichen Mißerfolg) voll bestätigt. LOONEY, der in einem Fall bei Alkalisierung keine Abnahme des Neutralschwefels fand, nimmt nicht an, daß das Cystin auf diese Weise zur Verbrennung gebracht, sondern daß es in einer Form ausgeschieden wird, in der es — vorläufig — nicht nachgewiesen werden kann.

C. H. E. SIMON und D. G. CAMPBELL haben angeregt durch Verfütterung von Cholsäure die Cystinurie zu vermindern. Ihr Versuch ist nicht eindeutig ausgefallen. Weitere Beobachtungen liegen noch nicht vor.

Die Biochemie des Schwefels birgt noch manche Geheimnisse. Von Interesse ist der hohe S-Gehalt des Insulins, der auch am krystallinischen Präparate festgestellt werden konnte.

Aus Schweineerythrocyten wurde eine schwefelhaltige Verbindung gewonnen, die von G. HUNTER und B. A. EAGLES als Sympektothion, von BENEDICT u. a. als Thiasin bezeichnet wird. Die Verbindung $C_9H_{10}N_2SO_2$ ist mit dem von TARNET im Roggenmutterkorn gefundenen Ergothionein identisch, das von G. BARGET und EWINS als Betain des Thiohistidins erkannt wurde.

$$
\begin{array}{l}
CH—NH \\
\quad \Big| \Big| \qquad \diagdown C(SH) \\
\quad C——N \\
\quad \Big| \\
\quad CH_2 \\
\quad \Big| \\
\quad CN(CH_3)_3 \\
\quad \Big| \diagdown \\
\quad COO
\end{array}
$$

Betain des Thiohistidins.

Literatur.

ABDERHALDEN, E.: Lehrbuch der physiologischen Chemie 2, 254 (1923).
— und A. SCHITTENHELM: Ausscheidung von Leucin und Tyrosin in einem Fall von Cystinurie. Hopper-Seylers Z. 45, 468 (1905).
ACKERMANN, D. und F. KUTSCHER: Über das Vorkommen von Lysin im Harn bei Cystinurie. Z. Biol. 57, 355 (1911).
BAUMANN, E. und C. PREUSSE: Zur Kenntnis der Oxydationen und Synthesen im Tierkörper. Hopper-Seylers Z. 3, 156 (1879); 5, 309 (1881).
— und E. GOLDMANN: Zur Kenntnis der S-haltigen Verbindung des Harns. Ebenda 12, 254 (1888).
BEHRING, E.: Zur Kenntnis der physiologischen und toxischen Wirkung des Pentamethylendiamins. Dtsch. med. Wschr. 1888, 477.
BERGMANN, G. VON: Die Überführung von Cystin in Taurin. Hofmeisters Beiträge 4, 193 (1904).
BRIEGER, L. und M. STADTHAGEN: Über Cystinurie. Berl. klin. Wschr. 1899, 345.
BRIEGER, L.: Über Ptomaine. Berlin 1885/1886.

EAGLES, BL. A. und TR. B. JOHNSON: The biochemistry of sulfur. I. The identity of ergothioneine from ergot of rye with sympectothion ard thiosine from pig's blood. J. Amer. chem. soc. **49**, 575 (1927).

ELLINGER, A.: Die Konstitution des Ornithins u. Lysins. Hopper-Seylers Z. **29**, 334 (1900).

EMBDEN, G.: Über den Nachweis von Cystin und Cystein. Ebenda **32**, 34.

EPPINGER, H.: Zur Gallensäureausscheidung bei Cystinurie. Arch. f. exper. Path. **97**, 51 (1923).

FISCHER, E. und U. SUZUKI: Zur Kenntnis der Cystinurie. Hopper-Seylers Z. **45**, 405 (1905).

FRIEDMANN, E. (1): Über die Konstitution des Eiweißcystins. Hofmeisters Beiträge **2**, 433 (1902). — (2): Über die Konstitution des Cystins. Ebenda **3**, 1 (1903). — (3): Der Kreislauf des Schwefels in der Natur. Erg. Physiol. **1**, 15 (1902). — (4): Über die Konstitution der Merkaptursäuren. Ebenda **4**, 486 (1904).

GARROD, A. E. and W. H. HURTLEY: Concerning Cystinurie. J. of Physiol. **34**, 217 (1906).

HOPKINS, F. G.: On an autoxidable constituent of the cell. Bioch. J. **15**, 286 (1921).

— Glutathion, sein Einfluß auf die Oxydation von Fetten und Proteinen. Ebenda **19**, 787 (1925).

HUNTER, G. und B. A. EAGLES: Glutathione. A critical study. J. of biol. Chem. **72**, 147 (1927).

JACOBY, M. und G. KLEMPERER: Zur Behandlung der Cystinurie. Ther. Gegenw. **1914**, 101.

JAFFÉ, M.: Berl. Ber. **12**, 1093 (1879).

KENDALL, E. C., B. F. McKENZIE and H. L. MASON: A study of glutathione. J. biol. Chem. **84**, 655 (1929).

LEWIS, H. B., H. UPDEGRAFF und D. M. McGINTY: Oxydation des Cystins im Tierkörper. II. J. of biol. Chem. **59**, 59 (1924).

LIGNAC, G. O. E.: Über Störung des Cystinstoffwechsels. Münch. med. Wschr. **1924**, 1016.

LÖWY, A. und C. NEUBERG: Über Cystinurie. Hoppe-Seylers Z. **44**, 472 (1905).

LOONEY, J. M.: The colorimetric estimation of cystine in urine. J. of biol. Chem. **54**, 171 (1922).

— H. BERGLUND and R. C. GRAVES: A study of several cases of cystinuria. Ebenda **57**, 515 (1922).

MAGNUS-LEVY, A.: Kleine Beiträge zur Cystinurie. Biochem. Z. **156**, 150 (1925).

MESTER, B.: Beiträge zur Kenntnis der Cystinurie. Hoppe-Seylers Z. **14**, 109 (1890).

MITCHELL, M. L.: Ersatz des Cystins durch Taurin im Futter der Maus. Austral. J. exper. Biol. a. med. Sci. **1**, 5 (1924).

MOREIGNE, H.: Étude sur la cystinurie. Arch. Méd. **11**, 254 (1899).

MÖRNER, K. A. H.: Cystin, ein Spaltungsprodukt der Eiweißsubstanz. Hoppe-Seylers Z. **28**, 595 (1899).

MÖRNER, C. TH.: Über aus Proteinstoffen bei tiefgreifender Spaltung mit Salpetersäure erhaltene Verbindungen. Ebenda **93**, 175 (1914); **95**, 263 (1915); **98**, 89 (1916); **101**, 13 (1918).

MULDOON, J. A., G. J. SHIPLE und C. P. SHERWIN: Kann im Organismus des Hundes Cystin gebildet werden? J. of biol. Chem. **59**, 675 (1924).

MÜLLER, J. H.: A new sulfur-containing aminoacid isolated from the hydrolytic products of protein. Ebenda **56**, 157 (1923).

NEUBERG, C. und P. MAYER: Über Cystinurie. Hoppe-Seylers Z. **44**, 472 (1905).

PICTET, A. und COURT: Über einige neue Pflanzenalkaloide. Berl. Ber. **40**, 3771 (1907).

POHL, J.: Über Synthesehemmung durch Diamine. Arch. f. exper. Path. **41**, 127 (1907).

QUASTEL, J. H., C. B. STEWART and H. E. TUNNICLIFFE: Über Glutathion. IV. Biochem. J. **17**, 586 (1923).

RÖHMANN, F.: Biochemie. Berlin 1908.

ROSENFELD, G.: Cystinurie. Erg. Physiol. **18**, 118 (1920).

ROSE, A. R., G. J. SHIPLE und C. P. SHERWIN: Oxydation von Cystin und Cystein im Tierkörper. Amer. J. Physiol. **69**, 518 (1921).

SIMON, C. H. E. und D. G. CAMPBELL: Über Fütterungsversuche von Cholsäure bei Cystinurie. Hofmeisters Beitr. **5**, 401 (1904).

SPIEGEL, L.: Beiträge zur Kenntnis des Schwefelstoffwechsels beim Menschen. Virchows Arch. **166**, 364 (1901).

UDRANSKY, L. und E. BAUMANN: Vorkommen von Diaminen bei Cystinurie. Hoppe-Seylers Z. **13**, 564 (1899).

SULLIVAN, M. X.: Some applications of the new Cysteine reaction. J. of biol. Chem. **63**, XI (1925).

THOMPSON, J. W. and VOEGTLIN, C.: Glutathione content of normal animals. Ebenda **70**, 793 (1926).

UMBER, FR.: Stoffwechselkrankheiten. Münch. med. Wschr. **1925**, 653.

VÖGTLIN, C. and J. W. THOMPSON: Glutathione content of tumor animal. J. of biol. Chem. **70**, 801 (1926).

WARBURG, O. und S. SAKUMA: Über die sogenannte Autooxydation des Cystins. Pflügers Arch. **200**, 203 (1923).

2. Alkaptonurie. Ochronose.

a) Alkaptonurie.

Im Jahre 1859 fand BOEDEKER bei einem kachektischen Diabetiker einen Harn, der nach Zusatz von Alkali von der Oberfläche aus eine tiefbraune Verfärbung annahm. Diese Erscheinung führte zu dem Namen Alkaptonurie (Alkali und Κάπτειν = fassen). Bis zum Jahre 1908 waren von der eigenartigen Anomalie 58 Fälle entdeckt (FROMHERZ). Es handelt sich also um eine ziemlich seltene Krankheit, wenn auch sicherlich eine große Zahl von Fällen unveröffentlicht oder unentdeckt geblieben sein mag. Aber wie wohl bei keiner anderen Anomalie des Stoffwechsels ist fast mit jedem neuen Falle unser Wissen über das Wesen der chemischen Vorgänge, die ihr zugrunde liegen, gewachsen. Zunächst fand man neben der Schwarzfärbung andere charakteristische Reaktionen, die Reduktion von ammoniakalischer Silberlösung in der Kälte, von alkalischer Kupferlösung in der Wärme, keine Reduktion von NYLANDERS Reagens, eine durch Eisenchlorid hervorzurufende flüchtige Blaugrünfärbung und eine positive MILLONsche Reaktion. Der Harn ist optisch inaktiv und gärt nicht. C. TH. MÖRNER hat beobachtet, daß in dem Alkaptonharn nach Zufügung von Ammoniak bei langsamer Einwirkung des Luftsauerstoffs eine schöne rotviolette Färbung entsteht (Alkaptochromreaktion). Die älteste Reaktion (das Dunkelwerden des Harns) ist nicht für Alkaptonurie spezifisch. Nach äußerlichem oder innerlichem Gebrauch von Phenol, Dioxybenzolen u. a., Körpern, denen allen der aromatische Ring gemeinsam ist, wird der Harn dunkelschwärzlich.

Eine ähnliche Dunkelfärbung ist eine in der Natur weit verbreitete Erscheinung. Die Braunfärbung der Blätter, die Verfärbung angeschnittener Pilze, die Bildung der Pigmente der Haut und der melanotischen Tumoren, der schwarze Stoff, den der Tintenfisch produziert, und manches andere gehört hierher. Brenzcatechin (o-Dioxybenzol) und Hydrochinon (p-Dioxybenzol) geben die drei charakteristischen Alkaptonreaktionen. W. EBSTEIN hat daher geglaubt, daß im Harn des Alkaptonurikers Brenzcatechin enthalten sei. BAUMANN und WOLKOW haben zuerst den Körper aus dem Harn des Alkaptonurikers dargestellt und erkannt, daß es sich um Hydrochinonessigsäure

$$\begin{array}{c} \text{OH} \\ \text{HO}\hspace{-0.2em}\bigcirc \\ | \\ \text{CH}_2 \\ | \\ \text{COOH} \end{array}$$

handelt, die, weil sie eine Homologe der Gentisinsäure

$$\text{Gentisinsäure}$$

Strukturformel: Benzolring mit OH (oben rechts), HO (links) und COOH (unten).

ist, Homogentisinsäure genannt wird.

BAUMANN und FRAENKEL haben die Homogentisinsäure aus dem Gentisinaldehyd dargestellt und die Identität der durch Synthese gewonnenen Substanz mit der aus Harn bewiesen.

C. Th. MOERNER hat gezeigt, daß zur Bildung eines dunklen Produktes aus Homogentisinsäure Ammoniak und Luftsauerstoff gehört. Schon länger war aus gelegentlichen Beobachtungen bekannt, daß an Stelle des schwarzen Farbtones eine schöne rote bis rotviolette Farbe entstehen kann. MOERNER hat die Bedingungen dieser Alkaptochromreaktion festgestellt. Die Homogentisinsäurekonzentration muß zwischen $1/_2$—2%, die Ammoniakkonzentration zwischen 1 und 4% liegen. Der Sauerstoff darf nur an eine kleine Oberfläche der Flüssigkeit herantreten. Durch Ammonsalze, aber auch durch größere Mengen von Chlornatrium, Chlorcalcium, Natriumsulfat werden die Reaktionen gehemmt. G. KATSCH konnte durch verschieden starke Wasserstoffsuperoxydeinwirkung Schwarzbraun-, Rot-, Rotgelb-, Gelbfärbung und schließlich Entfärbung erzielen. MOERNER ist es gelungen ein Alkaptochrom in krystallinischem Zustand darzustellen.

Eine sehr scharfe Alkaptochromreaktion, die noch in einer Konzentration von 0,1% in ätherischer Lösung gelingt, geben KATSCH und G. NÉMET an. Schüttelt man eine Probe von Alkaptonharn mit einigen Kubikzentimetern Äther aus und gießt den Äther auf ein Stück ungebrannten Kalk, so entsteht eine mehr oder weniger flüchtige lebhafte Blaufärbung, nach der ein gelblicher oder hellbrauner Fleck zurückbleibt.

Für die quantitative Bestimmung der Homogentisinsäure hat BAUMANN eine Methode angegeben, die auf der Reduktion einer Silberlösung beruht.

Bei der Unfähigkeit des tierischen Organismus den Benzolring zu bilden (Unfähigkeit zur Cyclopoiese) war es klar, und diesen Schluß hat bereits BAUMANN gezogen, daß die Homogentisinsäure in Beziehungen stehen muß zu den aromatischen Aminosäuren. BAUMANN glaubte, daß eine Umwandlung der Aminosäuren zu Homogentisinsäure im Darmkanal unter dem Einfluß von Bakterien zustande komme.

Diese Annahme war irrig. Es zeigte sich, daß die Alkaptonausscheidung im Hunger eine konstante Höhe beibehielt, durch Fett- und Kohlehydratzufuhr nicht zu beeinflussen war, aber nach Eiweißnahrung anstieg. So beobachtete F. MITTELBACH folgende Tagesmengen: bei Hunger 2,57 g, bei eiweißfreier Kost 2,97 g und bei gewöhnlicher Kost 4,66 g. Hieraus und aus dem wiederholt festgestellten familiären Vorkommen der Alkaptonurie folgt die Notwendigkeit, den Sitz der Störung in die Gewebe zu verlegen. Die Anomalie besteht in einer Hemmung oder Veränderung im Abbau der aromatischen Aminosäuren bei sonst intaktem Stickstoffumsatz. Die aromatischen Aminosäuren sind, wie wir früher sahen, notwendige Bestandteile der Eiweißkörper des tierischen Organismus. Es müssen also beim Alkaptonuriker, der sich in bezug auf Gesundheit, Leistungsfähigkeit und Lebensdauer ganz wie ein Normaler verhält, die aromatischen Komplexe in normaler Weise in das Eiweißmolekül eingefügt sein. Erst beim Abbau der Eiweißkörper kann die Störung im chemischen Geschehen eintreten. Es hat sich denn auch gezeigt, daß der Alkaptonuriker gefüttertes l-Tyrosin zu Homogentisinsäure abbaut. ABDERHALDEN, BLOCH und RONA haben nach Verfütterung von Polypeptiden, je nach dem Gehalt an aromatischen Aminosäuren, Ansteigen der Homogentisinsäureausscheidung gesehen; W. FALTA hat beobachtet, daß die Eiweißkörper je nach ihrem Gehalt an aromatischen Komplexen die Alkaptonurie beeinflussen. Ist im Verhältnis zum N der Benzolring in großer Menge vorhanden, so wird im Harn der Quotient Homogentisinsäure: Stickstoff (H : N) groß sein. L. LANGSTEIN und E. MEYER stellten fest, daß nach Eiweißfütterung die Vermehrung der Homogentisinsäure nicht allein durch den Tyrosingehalt des Proteins zu erklären ist, sondern daß auch das l-Phenylalanin in Betracht kommen muß, dessen Übergang in Alkaptonsäure FALTA und LANGSTEIN feststellen konnten. G. EMBDEN und K. BALDES schließen aus Leberdurchblutungsversuchen, daß der Abbau des Phenylalanins zuerst zu l-Tyrosin führt oder zu p-Oxyphenylbrenztraubensäure, die leicht in l-Tyrosin übergeht. Wir können also die Betrachtung der Entstehung der Homogentisinsäure auf das Tyrosin als Ausgangspunkt beschränken. Versuche von O. ROSTOSKI und ABDERHALDEN, LANGSTEIN und E. MEYER, O. NEUBAUER und FALTA zeigten, daß die Stoffwechselanomalie nicht immer alle aromatischen Eiweißbausteine umfaßt. Einen Beitrag zu dieser Frage brachte KATSCH, der bei einem alkaptonurischen Kind im Hunger ein völliges Verschwinden der H-S-Ausscheidung beobachtete. Bei einer nachfolgenden Fett-Kohlehydratkost blieb die Alkaptonurie sehr klein. In beiden Versuchsperioden bestand Acidose. Die H-S-Ausscheidung verhielt sich entgegengesetzt der Acetonkörperausscheidung und hatte die Parallelität zum Eiweißumsatz völlig verloren. Mit noch größerer Schärfe zeigte sich das in einem späteren Versuch, in dem eine reine Fleischfettkost gereicht wurde. Hier fiel bei beträchtlicher Acidose, trotz hoher Harn-N-Zahlen, die H-S und der Quotient H-S : N auf sehr kleine Werte ab. Schon früher hat J. MATEJKA festgestellt, daß die Alkaptonurie bei kohlehydratarmer Kost verschwindet. Da aber nach KATSCH ein Hungerkünstler zugeführte Homogentisinsäure vor der Hungerperiode verbrannte, während der Hungerperiode aber ausschied, ist es wohl besser, zunächst keine Erklärung zu versuchen, sondern mehr Material zu sammeln. KATSCH findet also, daß Acidose (Ketonurie) die Alkaptonurie unterdrückt. Der Vorgang ist von dem Absinken der H-S-Ausscheidung bei niedrigem Eiweißumsatz gänzlich verschieden. Es findet vielmehr bei der Acidose eine Aufspaltung der H-S statt. Zweifellos ist die Acidose, durch die Ernährung bedingt, das Primäre. Ihr Einfluß auf die intermediären Vorgänge des Tyrosinabbaus ist vorläufig nicht klar. Indes wäre es denkbar, daß, nach dem Prinzip des chemischen Gleichgewichts, der Weg des Abbaus, der über Hydrochinonessigsäure führt, durch die Anwesenheit der Acetonkörper im Organismus gänzlich zum Stillstand kommt. Voraussetzung für diese Annahme ist, daß er bei Fällen von Alkaptonurie in einem gewissen Umfang besteht, und daß der zweite Weg über die 3,4-Dioxyphenylessigsäure nicht zu Acetonkörpern verläuft.

Eine wichtige Frage ist, ob der Abbau der aromatischen Aminosäuren beim Normalen auch über die Alkaptonsäure führt. ABDERHALDEN hat bei einem Gesunden nach Fütterung von 50 g l-Tyrosin eine Homogentisinsäureausscheidung erzielt. Damit ist festgestellt, daß es sich bei der Alkaptonurie nicht um die Bildung eines sonst fremden Produktes, also nicht um einen abnormen Abbau des aromatischen Kerns handelt.

Verfütterte Homogentisinsäure wird vom Normalen glatt verbrannt, vom Alkaptonuriker aber unverändert ausgeschieden. Hier sitzt also die Störung im Abbau der Aminosäure an einer anderen Stelle als bei der Cystinurie. Die große Bedeutung der Alkaptonurie liegt darin, daß wir ein Zwischenprodukt bekommen, das leicht aufzufinden und bequem quantitativ zu bestimmen ist. Der Weg, den der Abbau der aromatischen Aminosäuren nimmt, ist nun von dieser Etappe gut zu übersehen, indem man beim Alkaptonuriker alle in Betracht kommenden Körper auf ihre Fähigkeit, Homogentisinsäure zu bilden, prüft. Die schönen und wichtigen Untersuchungen an Alkaptonurikern haben uns die Kenntnis des Abbaus der Aminosäuren im tierischen Organismus erschlossen (O. Neubauer).

Bei dem Übergang von l-Tyrosin in Hydrochinonessigsäure

OH   OH

⟶

HO

CH_2 CH_2

$CH (NH_2)$ COOH

COOH

handelt es sich um eine Veränderung an der Seitenkette und am Kern.

Eine Veränderung der Seitenkette könnte durch Abspaltung von CO_2 erfolgen, also zu einer Aminbildung führen, wie wir sie bei der Diaminbildung und bei dem Übergang von Cystin in Taurin kennen gelernt haben. Es würde dann p-Oxyphenyläthylamin entstehen, eine giftige Base, die im Tierkörper gebildet werden kann und z. B. im Speichel des Tintenfisches vorkommt. Sie ist auch im Mutterkorn enthalten, und sie entsteht bei der Fäulnis von Fleisch und Casein.

Aus dem Amin würde über p-Oxyphenyläthylalkohol p-Oxyphenylessigsäure entstehen, so wie die Entstehung von Phenylessigsäure aus Phenyläthylamin nachgewiesen ist (K. Spiro). Die p-Oxyphenylessigsäure bewirkt beim Alkaptonuriker nach Blum keine Steigerung der Homogentisinsäureausscheidung. Ebenso verhält sich die Phenylessigsäure (O. Neubauer). Daraus geht hervor, daß die CO_2-Abspaltung in dem normalen Abbau der Aminosäuren nicht der erste Akt sein kann.

Der erste Eingriff muß am α-C-Atom erfolgen und kann nur eine Desaminierung sein, deren drei mögliche Arten — die reduktive, die hydrolytische und die oxydative — wir bereits kennen. Die reduktive Desaminierung würde zu der p-Oxyphenylpropionsäure führen, die vom Gesunden nicht abgebaut und vom Alkaptonuriker nicht in Homogentisinsäure verwandelt wird (O. Neubauer). Die hydrolytische Desaminierung des Phenylalanins ergibt Phenyl-α-milchsäure, die ein Homogentisinsäurebildner ist (Neubauer und Falta). Das entsprechende Produkt aus l-Tyrosin, die p-Oxyphenyl-α-milchsäure, ist aber nicht fähig, in die Alkaptonsäure überzugehen. Da nun nach Embden und Baldes der erste Angriff bei dem Phenylalanin eine Oxydation in p-Stellung am Kern ist, so spielt bei dem Abbau beider aromatischer Aminosäuren die hydrolytische Desaminierung keine Rolle. Dagegen ist die durch oxydative Desaminierung entstehende Phenylbrenztraubensäure Muttersubstanz der Alkaptonsäure (NEUBAUER). Aus diesem wichtigen Befunde folgt, daß die den Aminosäuren entsprechenden Ketosäuren die ersten Produkte auf dem Wege des Abbaues sind. In Übereinstimmung damit haben ja auch die Untersuchungen von F. KNOOP und EMBDEN gezeigt, daß die Ketosäuren zur Aminosäurensynthese am geeignetsten sind, den Aminosäuren also am nächsten stehen. Für die im Eiweiß nicht vorkommende d-Phenylaminoessigsäure hat NEUBAUER diesen Modus des Abbaues erwiesen. Es entsteht zuerst die Ketosäure (Phenylglyoxylsäure) und aus dieser durch optisch aktive Reduktion die Alkoholsäure (l-Mandelsäure).

$$\begin{array}{ccccc}
& & & & \\
\text{CH (NH}_2) & & \text{CO} & & \text{CH (OH)} \\
| & & | & & | \\
\text{COOH} & & \text{COOH} & & \text{COOH} \\
\text{Phenylaminoessigsäure} & & \text{Phenyl-} & & \text{Mandelsäure} \\
& & \text{glyoxylsäure} & &
\end{array}$$

Für diese Säuren liegen die Verhältnisse anders als für die aromatischen Aminosäuren im Eiweiß, da der Organismus überhaupt nicht imstande ist, im Ring nicht substituierte Körper mit einer zweigliedrigen Kette abzubauen. Die p-Oxyphenylbrenztraubensäure kann durch Abgabe von CO_2 zu p-Oxyphenylessigsäure werden, womit die Veränderung der Seitenkette bei dem Übergang von l-Tyrosin in Homogentisinsäure vollendet ist.

Die Umwandlung am Kern bei diesem Übergang besteht in einer Reduktion in p-Stellung und in einer doppelten Hydroxylierung.

Die Reaktion führt von

E. BAMBERGER hat derartige Reaktionen beobachtet und gefunden, daß als Zwischenprodukte Chinole auftreten. Eine Reaktion der Art ist die Bildung von Toluhydrochinon aus p-Kresol.

$$\begin{array}{ccc}
\text{OH} & \text{O} & \text{OH} \\
& & \\
\text{CH}_3 & \text{OH CH}_3 & \text{CH}_3,\ \text{OH} \\
\text{p-Kresol} & \text{p-Toluchinol} & \text{Toluhydrochinon}
\end{array}$$

E. MEYER und E. FRIEDMANN haben auf die Gleichartigkeit dieser Reaktionen mit der Umwandlung des Kernes bei der Bildung von Homogentisinsäure aus l-Tyrosin hingewiesen.

OH → OH → (O=) → OH —CH₂ / OH–CO–COOH → OH —CH₂ / OH–COOH

Tyrosin   p-Oxyphenyl-   Chinol   Hydrochinon-   Hydrochinon-
          brenztraubensäure   brenztraubensäure   essigsäure

Die Chinole sind außerordentlich reaktionsfähige Körper, die bereits im Glas
sehr unbeständig sind, aber im Organismus bei Gegenwart oxydabler Substanzen
so leicht in Hydrochinon übergehen müssen, daß Versuche, Chinole im Organismus zu fassen, sicher vergeblich sein werden. Von besonderem Interesse ist, daß
im Tierkörper, wie W. Heubner bei Studien über Methämoglobinbildung gefunden hat, aus o- und p-Verbindungen Chinone entstehen, so daß bei der Gültigkeit des Prinzips der umkehrbaren Reaktionen im Stoffwechsel die flüchtige
Existenz von Chinonen erwiesen ist.

Zu diesem Abbau über das Chinol gehört die Oxydation in p-Stellung. Damit
stimmt der Befund von L. Blum überein, daß o- und m-Oxyphenylalanin im wesentlichen unverbrannt ausgeschieden werden und keine Homogentisinsäure bilden.
Ist in p-Stellung anstatt des Hydroxyls eine unbewegliche Gruppe (z. B. CH₃)
eingetreten, so ist die Bildung eines chinolartigen Zwischenproduktes nicht möglich,
und ein solcher Körper müßte, wenn der Weg über das Chinol der einzige wäre,
unverbrennlich sein. H. D. Dakin u. Dakin und A. J. Wakemann haben aber
funden, daß p-Methylphenylalanin in der durchbluteten Leber Acetessigsäure
(s. unten) bildet, vom Normalen zu einem großen Teil verbrannt wird und beim
Alkaptonuriker nicht zu einer Vermehrung der Homogentisinsäureausscheidung
führt. L. Böhm und K. Fromherz u. L. Hermanns haben festgestellt, daß das
m-Methylphenylalanin, aus dem ein Chinol entstehen kann, nicht besser verbrannt
wird als die p-Verbindung, und daß der Alkaptonuriker beide Isomere ohne Bildung
eines Hydrochinonderivates abbaut. Und auch das p-Oxy-m-methylphenylalanin
wird vom Normalen und vom Alkaptonuriker zum größten Teil zerstört, ohne
daß ein Hydrochinonkörper entsteht. Daraus folgt, daß bei dem Abbau des Benzol-
ringes die erste Oxydation nicht unbedingt in p-Stellung erfolgen muß, sondern
auch an anderer Stelle erfolgen kann, und daß nach der Oxydation in p-Stellung
nicht Hydrochinon entstehen, also der zweite Schritt des Abbaues nicht über
ein Chinon führen muß. Fromherz und Hermanns haben weiterhin ermittelt, daß
der Alkaptonuriker ein normales Zwischenprodukt zwischen l-Tyrosin und Homogentisinsäure, die p-Oxyphenylbrenztraubensäure, zu einem wesentlichen Anteil
verbrennt, daß also auch für diesen Körper die Umwandlung in das Hydrochinon-
derivat über ein Chinon nicht die einzige Möglichkeit darstellt. Damit ist bewiesen, daß der Alkaptonuriker nicht ein vollständiges Unvermögen, die aromatischen Aminosäuren zu verbrennen, aufweist, sondern daß sich die Stoffwechselanomalie auf den Teil der aromatischen Kerne beschränkt, die den Weg über das
Hydrochinon gehen.

Auf den zweiten Weg, der, da es sich um eine Oxydation handelt, nur über ein anderes Dioxybenzol führen kann, weist eine Beobachtung von M. JAFFÉ hin, der nach Fütterung von Benzol an Hunden im Harn Muconsäure fand, die, wie die folgenden Formeln lehren, durch Oxydation zweier benachbarter Stellungen zu Carboxylgruppen und dadurch bedingte Aufsprengung des Ringes entsteht.

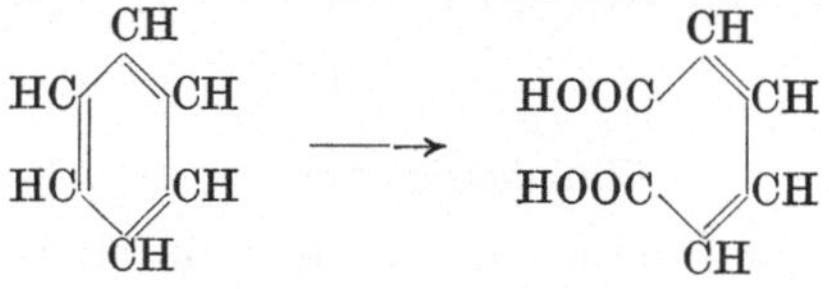

$$
\underset{\text{Benzol}}{\begin{array}{c} \text{CH} \\ \text{HC} \quad \text{CH} \\ \text{HC} \quad \text{CH} \\ \text{CH} \end{array}}
\longrightarrow
\underset{\text{Muconsäure}}{\begin{array}{c} \text{CH} \\ \text{HOOC} \quad \text{CH} \\ \text{HOOC} \quad \text{CH} \\ \text{CH} \end{array}}
$$

Das der Muconsäure vorausgehende Dioxybenzol ist das Brenzcatechin (o-Dioxybenzol). FROMHERZ und HERMANNS haben das 3,4-Dioxyphenylalanin

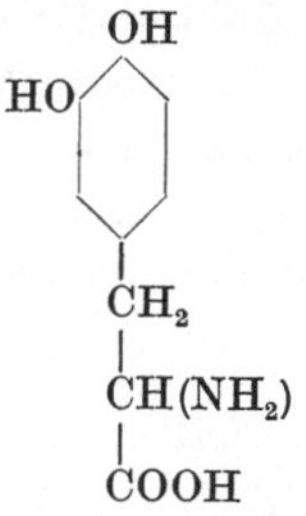

$$
\begin{array}{c} \text{OH} \\ \text{HO} \\ \big| \\ \text{CH}_2 \\ \big| \\ \text{CH(NH}_2) \\ \big| \\ \text{COOH} \end{array}
$$

im Tierversuch geprüft und gefunden, daß es in demselben Umfange der Verbrennung unterliegt, wie ein normales Stoffwechselzwischenprodukt, die p-Oxyphenylbrenztraubensäure. Und da diese bei dem Alkaptonuriker zum Teil verbrannt wird, so ist zu folgern, daß bei der Alkaptonurie derjenige Teil der aromatischen Ringe gesprengt und zu Ende oxydiert werden kann, der über das Brenzcatechinderivat abgebaut wird.

Die Feststellung der Verbrennbarkeit der Brenzcatechinverbindungen und der aus dem Verhalten des Alkaptonurikers zu ziehende Schluß, daß solche Zwischenprodukte intermediär entstehen müssen, ist bedeutungsvoll und wird dadurch gestützt, daß im Körper ein wichtiges Brenzcatechinderivat entsteht, das Suprarenin (Adrenalin), dessen Konstitution E. FRIEDMANN aufgeklärt hat.

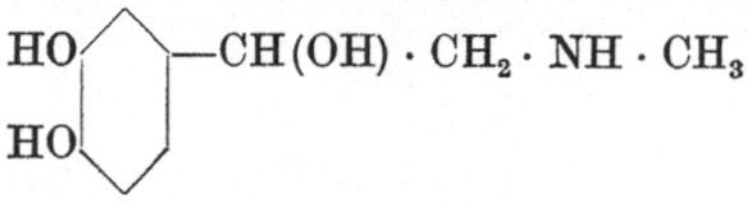

$$
\begin{array}{c} \text{HO} \\ \quad\quad -\text{CH(OH)} \cdot \text{CH}_2 \cdot \text{NH} \cdot \text{CH}_3 \\ \text{HO} \end{array}
$$

Wir haben also jetzt den Abbau der aromatischen Aminosäuren bis zu der oben beschriebenen Veränderung der Seitenkette und bis zum Auftreten der beiden Dioxybenzole verfolgt. Die Hydrochinonderivate werden am Kern weiter oxydiert, wodurch über p-Chinone (vgl. W. HEUBNER) eine Aufspaltung des Kernes unter Bildung zweier Carboxylgruppen erfolgt. KEMPF hat eine derartige Reaktion durch Oxydation mit Silberperoxyd durchgeführt und Fumarsäure erhalten.

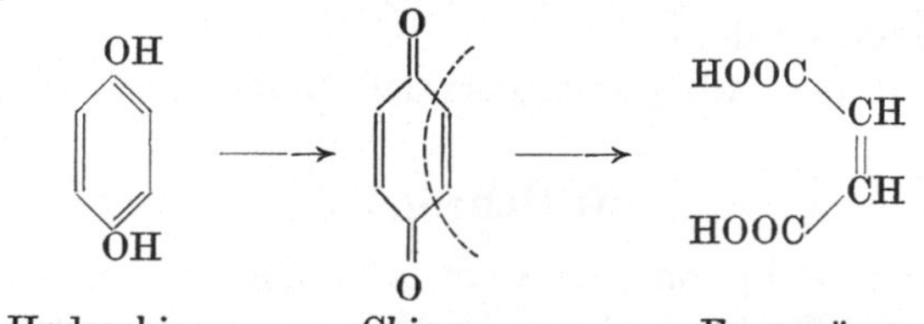

$$
\underset{\text{Hydrochinon}}{\begin{array}{c} \text{OH} \\ \\ \text{OH} \end{array}}
\longrightarrow
\underset{\text{Chinon}}{\begin{array}{c} \text{O} \\ \\ \text{O} \end{array}}
\longrightarrow
\underset{\text{Fumarsäure}}{\begin{array}{c} \text{HOOC} \quad \text{CH} \\ \text{CH} \quad \text{HOOC} \end{array}}
$$

Die Aufspaltung von Hydrochinonessigsäure würde nach folgenden Gleichungen

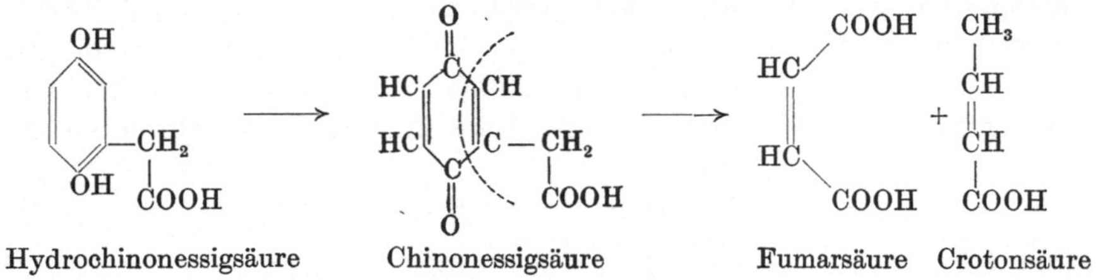

Hydrochinonessigsäure   Chinonessigsäure   Fumarsäure   Crotonsäure

vor sich gehen. Aus der Crotonsäure entsteht durch Wasseranlagerung β-Oxybuttersäure. Es müßten also die aromatischen Aminosäuren Bildner von Acetonkörpern sein, was durch das Experiment bestätigt wird (vgl. Acidose). Auch aus Homogentisinsäure wird in der durchbluteten Leber Acetessigsäure gebildet. Aus der Fumarsäure könnte durch Reduktion Bernsteinsäure, durch Wasseranlagerung Apfelsäure entstehen. Aus dem Brenzcatechinderivat würde über das o-Chinon die substituierte Muconsäure hervorgehen.

Der Abbau der aromatischen Aminosäuren im Organismus und der Sitz der Störung beim Alkaptonuriker sind aus folgendem Schema (FROMHERZ und HERMANNS) zu ersehen:

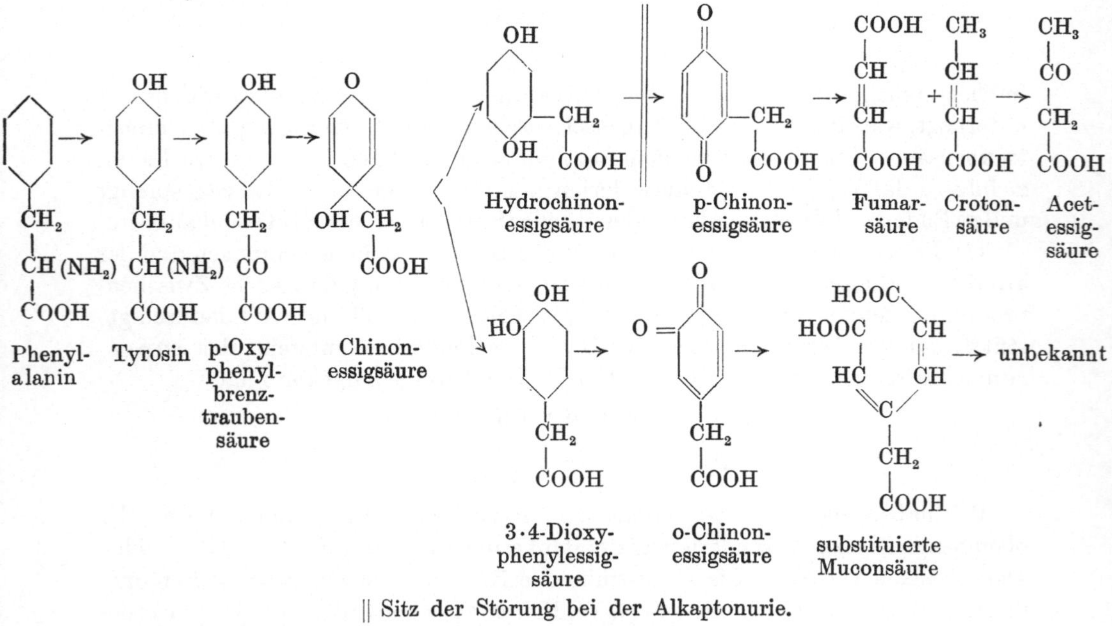

Phenylalanin   Tyrosin   p-Oxyphenylbrenztraubensäure   Chinonessigsäure   Hydrochinonessigsäure   p-Chinonessigsäure   Fumarsäure   Crotonsäure   Acetessigsäure

3·4-Dioxyphenylessigsäure   o-Chinonessigsäure   substituierte Muconsäure   unbekannt

‖ Sitz der Störung bei der Alkaptonurie.

Die Homogentisinsäureausscheidung erfolgt nur durch den Harn; sie ruft häufig Brennen und Tenesmen hervor, Symptome, die auch bei oraler Gabe der Substanz beobachtet wurden.

Auch im Blute des Alkaptonurikers ist Homogentisinsäure nachgewiesen worden.

b) Ochronose.

In einer kleineren Zahl von Fällen von Alkaptonurie kommt es zu Pigmentation der Scleren, der Fingernägel und zu Verfärbungen der Knorpel, die bereits intra vitam sichtbar sind, wenn die Veränderung die Nasen- und Ohrknorpel betrifft. Auch das Cerumen wird braunschwarz bis schwarz. In diesen Fällen findet sich meistens eine schwere Arthritis deformans, als deren Vorläufer rheumatische Schmerzen auftreten. Die Sektion ergibt eine tintenschwarze Verfärbung des Bindegewebes, besonders der Knorpel und Zwischenwirbelscheiben, der Intima der Gefäße, des Endokards und der Nieren. Sehr ausdrucksvolle, einem Falle eigener Beobachtung entstammende Bilder dieses sehr seltenen Prozesses habe ich in MOHR-STAEHELIN-BERGMANNs Handbuch der inneren Medizin (2. Aufl., Bd. 4) veröffentlicht.

Schwarzfärbung aller Knorpel hat VIRCHOW zuerst im Jahre 1865 beschrieben und als Ochronose bezeichnet. Unter 33 Fällen von Ochronose findet HEYMANN 17 mal Alkaptonurie. O. GROSS und TH. ALLARD beschreiben, daß Knorpelstücke in einer Lösung von Homogentisinsäure eine tiefschwarze Farbe annehmen. Die pathologisch-anatomische Untersuchung lehrt, daß sich das Pigment in den gefäßarmen Geweben anhäuft. Daß das Pigment der Homogentisinsäure entstammt, ist außer allem Zweifel. Daß nicht bei allen Alkaptonurikern Ochronose auftritt, deutet auf eine individuelle Besonderheit hin, deren Bedingungen unbekannt sind. Ob die Homogentisinsäure die Noxe darstellt, oder ob das Pigment nur dort abgelagert wird, wo das Gewebe geschädigt ist, entzieht sich der Beurteilung.

Ochronose findet sich auch nach jahrelangem Carbolgebrauch. Die Carbolsäure (C_6H_5OH) wird resorbiert und verfällt als Oxyphenol der analogen Veränderung wie die Homogentisinsäure.

B. S. OPPENHEIMER und B. S. KLINE haben einen Fall von Ochronose mit deformierender Arthritis mitgeteilt, in welchem der Harn keine Homogentisinsäure, sondern Melanin enthielt.

Literatur.

ABDERHALDEN, E.: Hoppe-Seylers Z. **38**, 557 (1903).
— und BR. BLOCH: Untersuchungen über den Eiweißstoffwechsel. Ebenda **53**, 464 (1907).
— — und P. RONA: Abbau einiger Dipeptide des Tyrosins und Phenylalanins bei einem Fall von Alkaptonurie. Ebenda **52**, 435 (1907).
BAUMANN, E. und WOLKOW: Über das Wesen der Alkaptonurie. Hoppe-Seylers Z. **15**, 228 (1891).
— und FRÄNKEL: Über die Synthese der Homogentisinsäure. Ebenda **20**, 219 (1895).
BAUMANN, E.: Über Bestimmung der Homogentisinsäure. Ebenda **16**, 268 (1892).
BLUM, L.: Über den Einfluß des o-Tyrosins auf die Homogentisinsäureausscheidung beim Alkaptonuriker. Hofmeisters Beitr. **11**, 143 (1907).
BÖHM, L.: Über den Abbau des m-Methylphenylalanins im Tierkörper. I. Hoppe-Seylers Z. **89**, 101 (1914).
DAKIN, H. D.: Exper. relating to the mode of decomposition of tyrosine and of related bodies. J. of biol. Chem. 8, 11 (1910).
EBSTEIN, W. und MÜLLER: Brenzkatechin im Urin eines Kindes. Virchows Arch. **62**, 554 (1875).
EMBDEN, G. und K. BALDES: Über den Abbau des Phenylalanins. Biochem. Z. **55**, 301 (1913).
FALTA, W. und L. LANGSTEIN: Zur Entstehung der Homogentisinsäure aus Phenylalanin. Hoppe-Seylers Z. **37**, 513 (1903).
FALTA, W.: Der Eiweißstoffwechsel bei Alkaptonurie. Dtsch. Arch. klin. Med. **81**, 231 (1904).
FISHBERG, E. H.: Über die Carbolochronose. Virchows Arch. **251**, 376 (1924).
FRIEDMANN, E. (1): Zur Theorie der Homogentisinsäurebildung. Hofmeisters Beitr. **11**, 304 (1908). — (2): Zur Kenntnis des Adrenalins. Ebenda **6**, 92 (1904); 8, 95 (1906).
FROMHERZ, K. und L. HERRMANNS (1): Über den Abbau des m-Methylphenylalanins im Tierkörper. Hoppe-Seylers Z. **89**, 113 (1914). — (2): Über den Abbau der aromatischen Aminosäuren im Tierkörper. Ebenda **91**, 194 (1914).

FROMHERZ, K.: Über Alkaptonurie. Inaug. Diss. Freiburg (Br.) 1908.

GROSS, O. und H. ALLARD: Untersuchungen über Alkaptonurie. Arch. f. exper. Path. **59**, 384 (1908).

HEUBNER, W.: Studien über Methämoglobinbildung. Ebenda **72**, 241 (1914).

HEYMANN, R.: Ein Beitrag zur Kenntnis der Ochronose. Inaug.-Diss. Gießen 1913.

JAFFÉ, M.: Über die Aufspaltung des Benzolrings im Organismus. Hoppe-Seylers Z. **62**, 58 (1909).

KATSCH, G.: Alkapton und Aceton. Dtsch. Arch. klin. Med. **127**, 210 (1918); **134**, 59 (1920).

— und G. NEMET: Über Alkapton-Chromogene. Biochem. Z. **120**, 212 (1921).

KUTSCHER, FR.: Die physiologische Wirkung einer Secalebase und des Imidazolyl-äthylamins. Zbl. Physiol. **24**, 163, 589 (1910).

LANGSTEIN, L. und MEYER, E.: Beiträge zur Kenntnis der Alkaptonurie. Dtsch. Arch. klin. Med. **78**, 161 (1903).

MATEIKA, J.: Über Alkaptonurie. Casopis lekarno ceskych. **53**, 1417 (1913).

MITTELBACH, F.: Beiträge zur Kenntnis der Alkaptonurie. Dtsch. Arch. klin. Med. **71**, 50 (1901).

MEYER, E.: Über Alkaptonurie. Ebenda **70**, 443 (1900).

MÖRNER, C. TH.: Zur Chemie des Alkaptonharns. Hoppe-Seylers Z. **69**, 329 (1911).

NEUBAUER, O. und W. FALTA: Über das Schicksal einiger aromatischer Säuren bei der Alkaptonurie. Ebenda **42**, 81 (1904).

NEUBAUER, O.: Über den Abbau der Aminosäuren im gesunden und kranken Organismus. Dtsch. Arch. klin. Med. **95**, 211 (1909).

OPPENHEIMER, B. S. und B. S. KLINE: Ochronose. Arch. int. Med. **29**, 732 (1922).

WAKEMAN, A. J. and H. D. DAKIN: The Catabolism of Phenylalanine, Tyrosine and of their Derivatives. J. of biol. Chem. **9**, 139 (1911).

3. Das Tryptophan. Klinische Chemie des Indolrings.

Das Tryptophan

$$\text{Indol}{-}C \cdot CH_2 \cdot CH(NH_2) \cdot COOH$$

gibt einige sehr charakteristische Farbenreaktionen, von denen die mit Bromwasser und mit aromatischen Aldehyden bereits erwähnt sind. Ein mit Salzsäure befeuchteter Fichtenspan wird durch Tryptophan rot gefärbt. Diese Reaktion wird durch den im Tryptophan erhaltenen Pyrrolkern bewirkt.

Die Konstitution des Tryptophans wurde durch A. ELLINGER aufgeklärt, der das l-Tryptophan synthetisch darstellte. ELLINGER hat zu der Synthese Indolaldehyd verwandt, ist also bereits vom fertigen Indolring ausgegangen. Die Frage nach der Entstehung des Indolringes ist aber von großer biologischer Bedeutung, weil, wie wir aus wichtigen, oben dargelegten Untersuchungen entnehmen müssen, der tierische Organismus zur Bildung dieses heterocyclischen Ringes nicht befähigt ist.

Im Laboratorium geht die Bildung des Indolringes leicht vonstatten. So wird aus o-Amidomandelsäure durch Wasserabspaltung Dioxindol,

$$\text{o-Amidomandelsäure} \longrightarrow \text{Dioxindol}$$

o-Amidomandelsäure   Dioxindol

aus dem durch Reduktion Indol entsteht. In der Technik wird aus o-Amidobenzoesäure (Anthranilsäure) und Monochloressigsäure zunächst Phenylglycincarbonsäure hergestellt, aus der dann durch Schmelzen mit Natron unter Abspaltung von H_2O und CO_2 Indoxyl entsteht.

$$\text{o-Amidobenzoesäure} + ClNH_2 \cdot COOH \longrightarrow \text{o-Phenylglycincarbonsäure} \longrightarrow$$

Indoxyl

Da diese Körper als normale Stoffwechselzwischenprodukte nicht bekannt sind, so dürfte in der lebenden Welt die Bildung des Indolringes auf einem anderen Wege vor sich gehen und vermutlich aus einer Aminosäure oder aus einem Amin erfolgen, so wie sich aus Ornithin Pyrrolidincarbonsäure (Prolin) bildet.

In den Pflanzen ist die Bildung heterocyclischer Ringe ein weit verbreiteter Prozeß, der zur Entstehung von Alkaloiden führt.

Daß auch das Tier im Prinzip zu solchen Reaktionen befähigt ist, dafür liefert gerade das Tryptophan ein treffendes Beispiel. Es findet sich nämlich als normaler Bestandteil des Hundeharns die **Kynurensäure**

Kynurensäure

die aus Tryptophan entsteht. Der Übergang des Indolringes in den Chinolinring geschieht nach ELLINGER und Z. MATSUOKA in der Weise, daß zunächst aus Tryptophan durch oxydative Desaminierung Indolbrenztraubensäure gebildet wird, von der nachgewiesen wurde, daß sie ein Kynurensäurebildner ist. Es folgt dann eine oxydative Aufspaltung des Pyrrolringes und ein neuer Zusammenschluß zum Pyridinring, wie folgende Formeln zeigen:

Indolbrenztraubensäure

Ein großer Teil des verfütterten Tryptophans wird abgebaut (ANNIE HORNER).

In einigen Pflanzen (Indigofera tinctoria und Indigofera leptostycha) kommt Indol in der Form eines Glucosides (Indican) vor.

In welcher Weise das Tryptophan im Tierkörper abgebaut wird, wissen wir nicht. Von ärztlichem Interesse ist, daß durch bakterielle Fäulnis, besonders im Darm, das Tryptophan desaminiert wird, so daß Indolpropionsäure entsteht, aus der durch Kürzung der Kette Indolessigsäure, Methylindol und Indol wird.

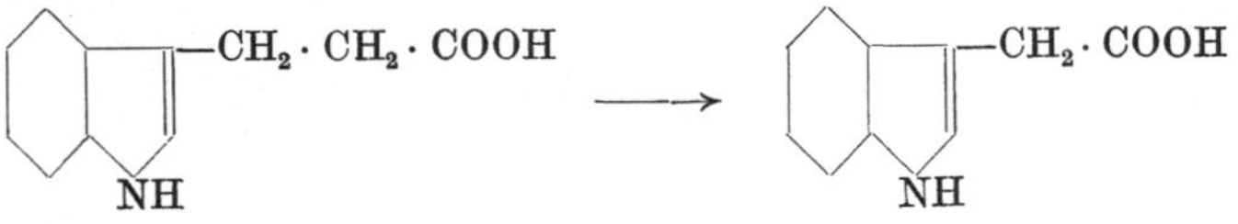

$$\text{—CH}_2 \cdot \text{CH}_2 \cdot \text{COOH} \qquad \longrightarrow \qquad \text{—CH}_2 \cdot \text{COOH}$$

Indolpropionsäure   Indolessigsäure

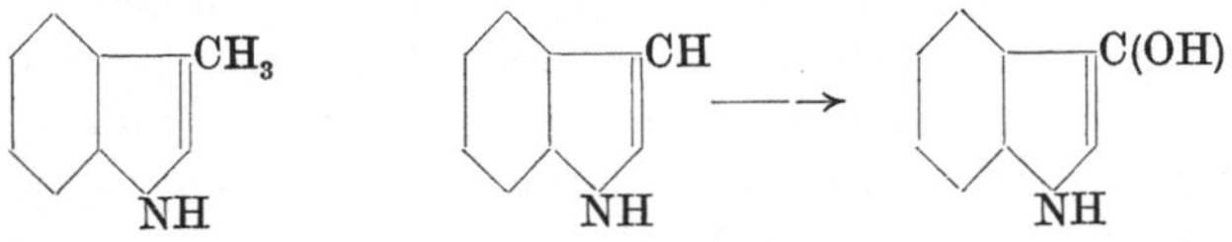

$$\text{—CH}_3 \qquad \qquad \text{—CH} \qquad \longrightarrow \qquad \text{—C(OH)}$$

Methylindol (Skatol)   Indol   Indoxyl

Bei eiweiß- oder richtiger bei tryptophanreicher Nahrung und unter Bedingungen, die der Fäulnis günstig sind, also bei besonderer Beschaffenheit der Darmflora, bei Obstipation, bei tiefsitzendem Darmverschluß, wird Indol in größerer Menge frei und, da dieser Komplex intermediär nicht vollständig aufgespalten wird, so erscheint er im Harn, in dem er einen Index der Darmfäulnis darstellt.

Mit den Fäulnisprozessen im Darm hat man eine große Reihe von Krankheitssymptomen in Zusammenhang gebracht. Es ist kein Zweifel, daß im Darm giftige und krankmachende Stoffe entstehen können. So hat E. MAGNUS-ALSLEBEN gefunden, daß der Dünndarminhalt von Hunden Gifte enthält, die auf das Nervensystem wirken und den Blutdruck erniedrigen. Aber wichtiger ist die allen Praktikern gemeinsame Erfahrung, daß nervöse Störungen, wie leichte Ermüdbarkeit, Unfähigkeit zu geistiger Arbeit, erhöhte Reizbarkeit mit der Hebung einer Darmträgheit verschwinden. Nach C. A. HERTER bewirkten 25—200 mg Indol beim Erwachsenen Kopfschmerzen, Reizbarkeit, Schlaflosigkeit und Verwirrtheit. Auch eine Reizwirkung auf epitheliale Gebilde (Mäusecarzinome) soll dem Indol zukommen. Man ist sogar so weit gegangen, an einen Zusammenhang zwischen Indolbildung und Carcinomentstehung zu denken. Zweifellos ist die Lehre von der gastro-intestinalen Autointoxikation durch Spekulationen und Übertreibungen in unsympathischer Weise entstellt, wie die Hypothesenmacherei in der Medizin sich überhaupt auf den Gebieten am meisten betätigt, die der exakten Forschung die größten Schwierigkeiten bieten. Daß es aber eine gastrointestinale Autointoxikation gibt, wird niemand bestreiten, und daß die bakterielle Fäulnis dabei eine wichtige Rolle spielt, ist sehr wahrscheinlich. Daß aber gerade das Indol das schädliche Agens sei, ist nicht bewiesen. Eine gewisse Giftigkeit des Indols an sich kann man daraus entnehmen, daß es nicht als solches den Körper passiert, sondern daß sich der Organismus dem Indol gegenüber so verhält, wie giftigen Stoffen der aromatischen Reihe. Das im Darm entstehende Indoxyl paart sich mit Schwefelsäure oder Glucuronsäure und wird als Salz dieser Säuren im Harn ausgeschieden. Daß es, wie gewöhnlich zu lesen ist, als Kaliumsalz im Harn erscheint, ist eine unbeweisbare Aussage, die sich durch ein Mißverständnis in der Literatur eingebürgert hat. BAUMANN u. BRIEGER und F. HOPPE-SEYLER haben aus Harn das indoxylschwefelsaure Kali durch Behandlung mit Kalilauge bzw. kohlensaurem Kali dargestellt und AD. BAEYER hat dasselbe Salz durch Synthese gewonnen. Es scheint das einzige Salz der Indoxylschwefelsäure zu sein, dessen physikalische Eigenschaften genau untersucht sind. Von der ursprünglichen Existenz dieses Salzes im Harn ist aber nirgends die Rede. Die Indoxylschwefelsäure ist vermutlich eine so starke Säure, daß sie nicht als solche, sondern als Salz, also in die Ionen dissoziiert, ausgeschieden wird.

Zum Nachweis dieses Körpers im Harn ist es nötig, die Schwefel- oder Glucuronsäure abzuspalten. Das geschieht durch konzentrierte Salzsäure. Behandelt man dann die Lösung vorsichtig mit Oxydationsmitteln (Chlorkalk, Eisenchlorid, Permanganat), so treten unter Abspaltung von Wasserstoff (Oxydation) zwei Moleküle Indoxyl zu Indigoblau zusammen, das in Chloroform löslich ist.

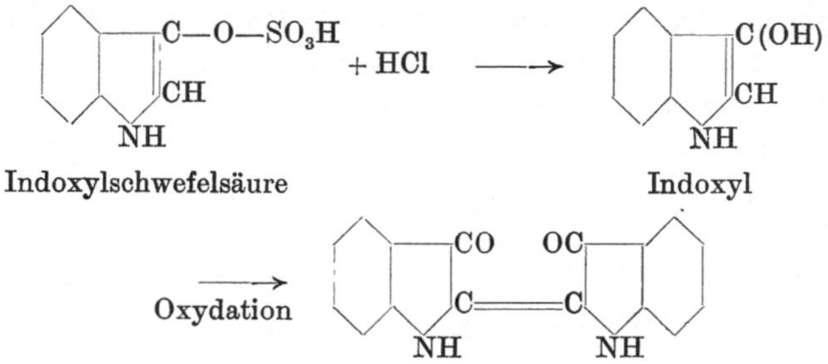

$$\text{Indoxylschwefelsäure} \quad + \text{HCl} \longrightarrow \quad \text{Indoxyl}$$

$$\xrightarrow{\text{Oxydation}} \quad \text{Indigoblau}$$

Mitunter bekommt man bei dieser Reaktion einen roten Farbstoff, der in Äther löslich und ein Isomeres des Indigoblaus ist von der wahrscheinlichen Formel:

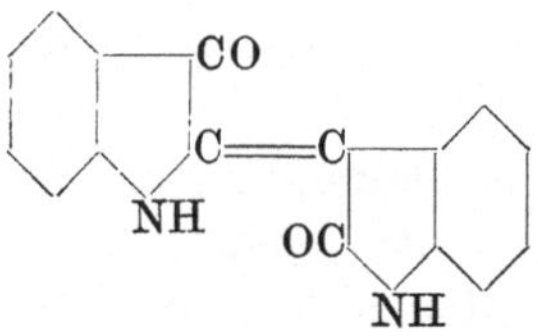

In seltenen Fällen geht dieser Prozeß der Indigobildung bereits intra corpus vor sich und zwar in den abführenden Harnwegen, vielleicht unter dem Einfluß einer bakteriellen Infektion. Es finden sich dann in Sedimenten und Konkrementen blaue Indigokrystalle.

Indigorot bildet sich bereits bei der Einwirkung starker nicht oxydierender Säuren auf Harn. Das Rotwerden des Harns bei dem Zufügen von konzentrierter Salzsäure ist eine alltägliche Beobachtung.

An dieser Farbänderung ist nicht nur die Bildung von Indigorot schuld, sondern auch die Anwesenheit von Skatol im Harn. Über die Beziehungen von Indol zu Skatol (Methylindol) haben die Auffassungen geschwankt. Das Skatol ist keine Vorstufe des Indols, wie man früher annahm. Nach der Verfütterung von Skatol tritt keine Indikanvermehrung ein, sondern es wird ein in Flocken ausfallender Körper ausgeschieden, der beim Ansäuern einen roten Farbstoff bildet, das Skatolrot, über das Genaueres noch nicht bekannt ist. Ellinger und Cl. Flamand vermuten, daß es zu einer von ihnen entdeckten Gruppe von Farbstoffen Beziehungen hat, von der sie einen Vertreter im Harn gefunden haben. Nencki und Sieber beobachteten in pathologischen Harnen beim Ansäuern mit Salz- oder Schwefelsäure eine Rotfärbung. Der Farbstoff ging in Amylalkohol über und gab einen Absorptionsstreifen zwischen D und E, während der Streifen von Skatolrot näher an D liegt. Nencki und Sieber nannten den Farbstoff Uroroseïn, und E. Salkowski sprach die Vermutung aus, daß er aus der Indolessigsäure stamme, die er in Eiweißfäulnisgemischen gefunden hat. Herter hat festgestellt, daß zum Eintreten der Uroroseinreaktion die Anwesenheit von Indolessigsäure und Nitriten nötig sei. Nach den Untersuchungen von Ellinger ist der aus Indolessigsäure entstehende rote Farbstoff ein Triindylmethanfarbstoff, d. h. ein Methan, bei dem drei H-Atome durch Indylradikale ersetzt sind. In demselben Maße durch Phenylgruppen substituierte Kohlenwasserstoffe (Triphenylmethane) sind als Farbkörper in großer Zahl bekannt; zu ihnen gehören Malachitgrün, Fuchsin, Methylviolett, die Rosolsäure, das Eosin u. a. m. Aus Indolaldehyd haben Ellinger und Flamand durch Kochen mit Säuren ein Triindylmethan in krystallinischer Form dargestellt. Die Reaktion verläuft nach folgender Gleichung:

$$C_8H_6N \cdot CHO \; + \; 2\,C_8H_7NH \; = \; C_8H_6N \cdot C\overline{=\!=\!H}\genfrac{}{}{0pt}{}{C_8H_6N}{C_8H_6N}$$

Indolaldehyd   Triindylmethan

Das gleichzeitige Vorkommen von Indolessigsäure und Nitriten im Harn kann durch die Darmbakterien verursacht werden. Daß durch eine bestimmte Darmflora Reduktionen stattfinden und besonders auch Nitrate zu Nitriten reduziert werden, ist bekannt. Und da bei der Eiweißfäulnis, wie Salkowski festgestellt hat, Indolessigsäure entstehen kann, so kann dieser Prozeß auch im Darm vor sich gehen. Ellinger macht darauf aufmerksam, daß der Choleraerreger Indol und Nitrite bildet und weist auf die Möglichkeit einer diagnostischen Verwertung der Uroroseinreaktion hin.

Indikan ist ein regelmäßiger Bestandteil des Blutserums. Man findet in der Norm 0,3—0,8 mg in 1000 ccm. Bei renalen Ausscheidungsstörungen steigt der Gehalt an und erreicht mitunter bedeutende Höhe (bis 24 mg). Die Indikanämie verläuft unabhängig von Veränderungen des Reststickstoffes und kann, wenn sie dieser zeitlich vorausgeht, diagnostische und prognostische Bedeutung haben.

Das dem Tryptophan entsprechende biogene Amin, Indoläthylamin, ist von M. X. Sullivan im Harn von Pellagrakranken nachgewiesen worden.

Das Tryptophan ist eine zum Leben notwendige Aminosäure, die vom Tierkörper nicht gebildet werden kann. Selbst wenn man dem Tier Indol und Alanin zuführt, erfolgt keine Synthese zu Tryptophan (B. Sure). Diese Aminosäure ist also ein notwendiger Nahrungsbestandteil. Eiweißkörper, die kein oder zu wenig Tryptophan enthalten, sind unvollständige Eiweißkörper (s. S. 53). Über den Tryptophangehalt der Proteine sind wir gut unterrichtet, da die Reaktionen des Tryptophans eine ziemlich einfache Bestimmung ermöglichen.

Literatur.

BRIEGER, L.: Über Phenolausscheidung bei Krankheiten und nach Tyrosingebrauch. Hoppe-Seylers Z. **2**, 241 (1878).

ELLINGER, A.: In: NEUBAUER-HUPPERT, Analyse des Harns, II. Aufl., 891 (1913).

— und CL. FLAMAND: Eine neue Farbstoffklasse von biochemischer Bedeutung: Triindyl-methanfarbstoffe. Hoppe-Seylers Z. **62**, 276 (1909).

— und Z. MATSUOKA: Zur Frage der Entstehung von Kynurensäure aus Tryptophan im Tierkörper. Ebenda **109**, 259 (1920).

HERTER, C. A. (1): An exp. study of the toxic properties of Indol. New York med. J. **1898**, 19.

— (2): On indolacetic acid as the chromogen of the „urorosein" of the urine. J. of biol. Chem. **4**, 239, 253 (1908).

HOPPE-SEYLER, F.: Beiträge zur Kenntnis der indigobildenden Substanzen im Harn. Hoppe-Seylers Z. **7**, 403 (1883).

HORNER, ANNIE: Die Ausscheidung von Kynurensäure im Harn von Hunden nach Verabreichung von Tryptophan. J. of biol. Chem. **17**, 509 (1914).

MAGNUS-ALSLEBEN, E.: Über die Giftigkeit des normalen Darminhalts. Hofmeisters Beitr. **6**, 503 (1905).

NENCKI, M. und N. SIEBER: Über das Urorosein. J. prakt. Chem. **26**, 333 (1882).

SALKOWSKI, E.: Zur Kenntnis des Harns und des Stoffwechsels der Herbivoren. Hoppe-Seylers Z. **42**, 213 (1904).

SULLIVAN, M. X.: Indoläthylamin im Pellagraharn. J. of biol. Chem. **50**, 39 (1922).

SURE, B.: Welche Rolle spielen Indol und Alanin bei der Synthese des Tryptophans im Tierkörper? Ebenda **59**, 12 (1924).

4. Pathologische Chemie der Schilddrüse.

Im Jahre 1895 hat E. BAUMANN die Entdeckung gemacht, daß die Schilddrüse Jod enthält. BAUMANN erhielt durch Behandlung von Schilddrüse mit Säuren einen jodhaltigen Körper (das Thyreojodin), das als ein melanoidinartiges Kondensationsprodukt eines jodhaltigen Eiweißkörpers aufzufassen ist (FÜRTH und SCHWARZ). Jodhaltige Eiweißkörper kommen auch sonst in der Natur vor, so in den Gerüstsubstanzen von Schwämmen und Korallen, und sind künstlich leicht herzustellen. Das Jodeiweiß der Schilddrüse hat insbesondere A. OSWALD unter HOFMEISTER untersucht. Er fand, daß Schilddrüsenextrakt bei Halbsättigung mit Ammoniumsulfat einen Niederschlag von Globulinen (Thyreoglobulinen) bildet, in dem sich ein jodhaltiges Globulin, das Jodthyreoglobulin, befindet.

Von den Aminosäuren haben sich die cyclischen und heterocyclischen als leicht jodierbar erwiesen. Das Skelett der Koralle Gorgonia Cavolinii enthält in einem Gorgonin genannten Eiweißkörper die Jodgorgosäure, die M. HENZE als 3,5-Dijodtyrosin erkannt hat.

$$OH$$
$$J\diagdown\diagup J$$
$$CH_2 \cdot CH\ (NH_2)\ COOH$$

Dijodtyrosin.

Dieser Körper läßt sich aus Jod und Tyrosin leicht darstellen; er entsteht auch bei Jodierung von Eiweißkörpern (Jodglidin, Jodcasein u. ä.). Die Vermutung, daß die jodhaltige aktive Substanz der Schilddrüse mit dem Tyrosin zusammenhängt, hat sich durch neuere Untersuchungen bestätigt, indem, wie HARRINGTON fand, dieses Jodtyrosin etwa in demselben Betrage wie das gleich zu besprechende Thyroxin in der Schilddrüse gefunden wird.

E. C. Kendall ist es in der Klinik der Brüder Mayo in Rochester gelungen, durch gemäßigte alkalische Hydrolyse aus der Schilddrüse eine krystallinische Substanz mit etwa 65% Jodgehalt darzustellen, die bei Myxödem und Kretinismus die charakteristischen Wirkungen der Schilddrüse entfaltet. C. R. Harington hat die Konstitution dieses Körpers, des Thyroxins, ermittelt. Die Substanz erwies sich als eine aromatische α-Aminosäure mit einem phenolischen Hydroxyl in p-Stellung. Harington und G. Barger haben sodann das Thyroxin synthetisch dargestellt.

$$\text{HO} \underset{J'}{\overset{J}{\bigcirc}} - O - \underset{J'}{\overset{J}{\bigcirc}} \cdot CH_2 \cdot CH(NH_2) \cdot COOH$$

Thyroxin.

Das Thyroxin enthält 69% Jod, ist aber nicht der einzige jodhaltige Körper der Schilddrüse. Nach der Methode von Kendall gelingt es, die wirksame jodhaltige Substanz von unwirksamen Stoffen zu trennen.

Der Jodgehalt der Schilddrüse schwankt in ziemlich weiten Grenzen und zeigt eine Abhängigkeit vom Jodgehalt der Nahrung und der Umwelt. Nach Marine ist beim Menschen ein Jodgehalt von 0,1—0,55% des Trockengewichtes der Schilddrüse als normal zu betrachten. Der durchschnittliche Wert beträgt 0,2%. Bei einem Jodgehalt von etwa 0,1% wird regelmäßig Hyperplasie beobachtet (D. Marine). Kröpfe sind daher meist jodarm. Beim normalen Menschen ist die Gesamtmenge des Jods im Körper nicht größer als 25 mg. Die Schilddrüse hat eine sehr starke Affinität zum Jod. So wurden in einem Versuch (Marine) 18,5% des eingeführten Jods in der Schilddrüse wiedergefunden.

Das Jod ist zunächst zum größten Teil im Kolloid enthalten. Das Kolloid ist aber chemisch keine einheitliche Substanz, und es ist nicht möglich, aus dem Kolloidgehalt einer Drüse auf ihre Funktion zu schließen (A. Kocher). Das Kolloid hat mit der Inkretbildung nichts zu tun, sondern stellt wahrscheinlich nur das Behältnis dar, in dem eine gewisse Menge Hormon als Notration aufbewahrt werden kann (F. de Quervain). Man findet ganz kolloidfreie oder sehr kolloidarme Basedow-Strumen bei der biologischen Prüfung höchst aktiv, dagegen kolloidreiche Strumen von Kretinen inaktiv. Daraus geht schon hervor, daß es auch nicht möglich ist, die Aktivität einer Thyreoidea in Beziehung zu ihrer Größe oder zu ihrem Gewicht zu bringen. Das Kolloid enthält vor allem jodfreies Globulin. Der Jodgehalt des Globulins von Kolloidkröpfen ist viel kleiner als der normaler Drüsen oder gar von Basedow-Strumen. Der durchschnittliche prozentuale Jodgehalt kolloidreicher Kretinstrumen ist nach den Untersuchungen von Branovacky viermal geringer als derjenige von Kolloidkröpfen von Euthyreoten und sechsmal geringer als derjenige von mäßig kolloidhaltigen Basedowkröpfen. Die biologische Aktivität geht auch nicht dem Jodgehalt parallel, weil eben nur ein Teil des Jods in wirksamer Form vorhanden, und vielleicht, weil der jodhaltige Körper nicht der einzige aktive ist (de Quervain).

Die biologische Aktivität wechselt mit dem Lebensalter. Bei Feten und Neugeborenen ist die Schilddrüse jod- und hormonfrei. Die Funktion nimmt im Alter ab; bei Tieren im Winterschlaf ist sie erloschen.

Gehen wir zuerst der Frage nach, in welcher Weise die Wirksamkeit des Hormons zu messen ist — eine Frage, die auch für die Therapie und für die Standardisierung der Schilddrüsenpräparate Bedeutung hat, — so ergibt sich bereits aus der Kenntnis der zahlreichen Veränderungen, die bei hyper- und hypothyreotischen Zuständen auftreten, daß für die Lösung dieses Problems genügend Möglichkeiten vorliegen.

Die Einwirkungen des Hormons, die einer Messung im Experiment zugänglich sind, betreffen den Gesamtstoffwechsel von Gesamtorganismen oder isolierten Geweben, den Eiweißstoffwechsel, den Einfluß auf das Körpergewicht, den Einfluß auf den Glykogengehalt der Leber, das Wachstum, die Beschleunigung von chemischen Reaktionen, so der Acetonitrilverseifung oder der Methylierung, die Vaguserregbarkeit, die Verstärkung der Adrenalinwirkung, die Diurese und physikalisch-chemische und physikalische Veränderungen des Blutes.

Die Beeinflussung des Gesamtstoffwechsels ist von größter klinischer Bedeutung. Die Erhöhung des Umsatzes bei Basedowscher Krankheit und seine Herabsetzung beim Myxödem gehören zu den eindrucksvollsten Beobachtungen, die die Stoffwechseluntersuchung dem Kliniker bietet. Es ist durchaus möglich, im Tierexperiment unter vergleichbaren Bedingungen die stoffwechselsteigernde Wirkung von Schilddrüsen oder Schilddrüsenpräparaten zu messen und eine Beziehung zum Jodgehalt und zum Thyroxingehalt zu suchen. Daß das Thyroxin den Sauerstoffverbrauch erhöht, ist sichergestellt. Ob die Wirkung dem Thyroxingehalt parallel geht, ist — was bei der Schwierigkeit und Neuheit der Thyroxinbestimmungsmethode nicht anders sein kann — noch nicht zweifelsfrei bewiesen. Für die Standardisierung der Präparate und für den Nachweis der Wirkung einer Schilddrüsentherapie ist die Umsatzmessung nur unter besonderen Bedingungen und Kautelen ein brauchbares Verfahren. Auffallend und bemerkenswert ist, daß — im Gegensatz zu anderen Hormonen — ein so stark wirksamer Körper wie die aktive Schilddrüsensubstanz eine relativ lange Zeit braucht, bis sein Einfluß in Erscheinung tritt.

Die Beeinflussung des Eiweißstoffwechsels wird in einer negativen Stickstoffbilanz deutlich, die sich auch beim akuten Basedow findet. MAGNUS-LEVY hatte schon früher gefunden, daß bei Schilddrüsenbehandlung Myxödemkranker der Grundumsatz anstieg und trotz kalorienreicher Nahrung eine stark negative Stickstoffbilanz einsetzte, daß aber nach einiger Zeit bei konstant hohem O_2-Verbrauch die N-Ausscheidung absank und N-Gleichgewicht eintrat. Die Ansicht von MAGNUS-LEVY, daß sich der Organismus an die toxische Wirkung der Schilddrüsensubstanz gewöhne, hat in neueren Versuchen von BOOTHBY, SANDIFORD, SANDIFORD und SLOSSE eine sehr interessante Umänderung und Vertiefung gefunden.

Diese amerikanischen Autoren haben in eingehenden Versuchen die Beobachtung von MAGNUS-LEVY bestätigt und bei drei Myxödemkranken gefunden, daß eine genaue Beziehung zwischen der auf Wasserverlust beruhenden Körpergewichtsabnahme und dem N-Verlust besteht. In den drei Versuchen lag das N—Wasserverhältnis zwischen 1,9 und 2,0. Da für Blutserum diese Beziehung 1,1 beträgt, so folgern die Autoren, daß das Ödem des Myxödemkranken, das

Myxödem, ein eiweißreiches Kolloid (etwa von der Konsistenz von Hühnereiweiß) ist, und daß ausschließlich dieses Ödem durch die Schilddrüsentherapie aus dem Körper entfernt wird. Nach dieser Auffassung handelt es sich also bei der negativen N-Bilanz durch Thyreoidea nicht um einen Abbau von aktivem Protoplasma, sondern um eine Ausschwemmung von einem Eiweiß, das etwa einem vermehrten Reserveeiweiß entspricht. In diesen Beobachtungen trat keine Veränderung der Harnsäureausscheidung und nur eine geringe flüchtige Kreatinurie auf. Wir haben bei endogen Fettleibigen (noch nicht veröffentlichte Untersuchungen) ähnliche Beobachtungen gemacht, allerdings in solchen Fällen auch eine Steigerung der Harnsäureausscheidung gesehen, von der nicht sicher ist, daß sie nur Ausschwemmung gespeicherter Harnsäure durch vermehrte Diurese sei.

L. LICHTWITZ und L. CONITZER haben durch die Analyse eines Falles von Myxödem festgestellt, daß Stickstoff und Wasser in zeitlich sehr verschiedenem Verhältnis abgegeben werden, derart, daß zuerst bedeutend mehr Wasser, später bedeutend mehr Stickstoff zur Ausscheidung kommt. Das Studium der Fälle von BOOTHBY e. s. bestätigte diese Beobachtung. Daraus kann vielleicht geschlossen werden, daß es verschieden stark hydratisierte Reserveeiweißkörper gibt, von denen die mit höherem Wassergehalt zuerst abgegeben werden.

Das am leichtesten unter dem Einfluß des Schilddrüsenhormons abbaubare Reserveeiweiß scheint vorwiegend im Unterhautzellgewebe zu lagern. Denn es ist auffallend, wie außerordentlich stark das charakteristische Aussehen des Myxödemkranken, das durch die Beschaffenheit seiner Haut bedingt ist, mit dem Verlust von 1,5—2 kg Körpergewicht verschwindet.

Eine kleine Menge der Eiweißkörper ist im kreisenden Blut nachweisbar. DEUSCH fand bei Myxödem hohe Refraktions- und Viscositätswerte des Blutplasmas. Der von LICHTWITZ und CONITZER beobachtete Fall hatte den hohen Plasmaeiweißgehalt von 9,2%. Es zeigte sich, daß im Laufe der Behandlung die Rückkehr der Plasmaeiweißmenge zur Norm der Negativität der N-Bilanz parallel ging. Man kann daher vielleicht den Plasmaeiweißstand als Maßstab der Füllung des Körpers mit Reserveeiweiß ansehen.

Vor einer Verallgemeinerung der Folgerungen von BOOTHBY e. s. über das Geschehen beim Myxödemkranken hinaus muß aber wohl gewarnt werden, da aus zahlreichen ärztlichen Beobachtungen hervorgeht, daß das Thyreoideahormon, besonders bei calorienarmer Ernährung, den Protoplasmabestand ernstlich schädigen kann.

Zur Meßmethode für Schilddrüsenwirksamkeit eignet sich die Beobachtung des N-Stoffwechsels nicht, da die individuellen Unterschiede ziemlich groß sind, und da der Bestand an Reserveeiweiß, der das Resultat der ersten Periode entscheidend beeinflussen muß, unbekannt ist.

Unter dem Einfluß von Schilddrüsenhormon sinkt (auch bei Versuchstieren) das Körpergewicht. Das Fettgewebe wird stark vermindert.

Aus den Beobachtungen verschiedener Autoren geht hervor, daß die Leber von Ratten, Katzen und Kaninchen durch einige wenige Fütterungen frischer oder getrockneter Schilddrüse glykogenarm oder sogar glykogenfrei wird, und zwar auch bei kohlehydratreicher Nahrung.

Daß die Schilddrüse eine mächtige Einwirkung auf das Wachstum hat, lehrt das Studium des Kretinismus. Im Experiment ist diese Funktion einer Prüfung zugänglich durch die Messung der Beschleunigung der Froschlarvenmetamorphose bzw. des Axolotls. Diese Reaktion ist aber für Schilddrüsenhormon nicht streng spezifisch; sie gelingt auch mit Dijodtyramin, Dijodtyrosin, Jodalbacid (J. ABELIN).

Die Beschleunigung chemischer Vorgänge wird durch die Acetonitrilreaktion gemessen. S. LANG hat nachgewiesen, daß bei Fütterung von Acetonitril im Harn Rhodan (CNS) erscheint, und damit die wichtige Tatsache festgestellt, daß Blausäure (CNH) durch Umlagerung in Rhodanwasserstoffsäure, d. h. durch Schwefelanlagerung, entgiftet wird. Nach LANG wird das Acetonitril im Organismus in Blausäure und Ameisensäure aufgespalten. Dieser Vorgang wird, wie REID HUNT gefunden hat, durch Schilddrüsensubstanz verlangsamt. Die Tiere überstehen dann die normalerweise tödliche Acetonitrildosis.

Die Reaktion nach REID HUNT hat auch in der Klinik erfolgreiche Anwendung gefunden (R. SALOMON, G. VON BERGMANN, VON BERGMANN und M. GOLDNER). Der Ausfall der Versuche ist von einer Reihe anderer Faktoren, so von der Art der Nahrung und von der Jahreszeit, abhängig. Nach E. GELLHORN läßt sich eine gleiche Wirkung wie mit Schilddrüse auch mit tief abgebauter Hypophyse und mit Hodensubstanz erzielen. Auch diese Reaktion ist also nicht streng spezifisch. Nach STUBER, RUSSMANN und PROEBSTING bleibt bei schilddrüsenlosen Tieren die Bildung von Kreatinin aus Guanidinessigsäure (s. S. 86) aus. Bei Fütterung von Schilddrüse oder bei Darreichung von Jodalkali geht die in einer Methylierung bestehende Umwandlung vor sich. Die Autoren glauben, daß das Jod im Tierkörper für die Methylierung dieselbe Rolle spiele wie in der Retorte.

ASHER und seine Schüler haben gefunden, daß Schilddrüsenhormon eine Erhöhung der Erregbarkeit der Nervi depressores verursacht, die Wirkung von Adrenalin auf den Blutdruck steigert und die Tiere gegen Sauerstoffmangel sehr empfindlich macht.

EPPINGER hat auf die wichtige Tatsache hingewiesen, daß das Schilddrüsenhormon ein extrarenal angreifendes Diureticum ist. Der Einfluß der Schilddrüse auf die Wasserbindung in den Geweben und den Wasserhaushalt im allgemeinen ist bei geeigneter Versuchsanordnung leicht zu demonstrieren. Einer vergleichenden Messung aber widerstreben, wie ich aus sehr zahlreichen eigenen Beobachtungen aussagen kann, die sehr erheblichen individuellen Besonderheiten, die auch normale Menschen bieten.

Zu bemerken ist, daß bei dem ausgebildeten Myxödemzustand eine Störung im allgemeinen Wasserhaushalt nicht vorliegt. Der Wasserversuch, d. h. die Prüfung der Ausscheidung einer gemessenen Wassermenge verläuft, wie wir bei einer Reihe von Fällen gesehen haben, in ganz normaler Weise. Der höhere Wasserbestand des Organismus, dessen Eigenartigkeit aus den oben wiedergegebenen Beobachtungen BOOTHBYS hervorgeht, ist also nicht, wie bei gewöhnlicher Ödemneigung, durch Flüssigkeitszufuhr beliebig erhöhbar.

Endlich hat die Schilddrüse einen Einfluß auf das Blut. Die Zahl der roten Blutkörperchen wird durch Thyreoidin erhöht; sie ist bei Myxödem im mäßigen Grad vermindert. In seltenen Fällen, von denen wir einige beobachtet haben, besteht eine hochgradige Anämie, die durch Schilddrüsenbehandlung

— und nur durch solche (über Lebertherapie liegen Erfahrungen nicht vor) — in ganz kurzer Zeit geheilt werden kann.

Bei der Anwendung der Schilddrüse in der Therapie wird ebenso wie im Tierversuch immer wieder die Beobachtung gemacht, daß die Individuen große Unterschiede zeigen, die durch Alter, Fütterung, Jahreszeit u. a. nicht erklärt werden können. Selbst unter gleichen Bedingungen gehaltene Tiere desselben Wurfes verhalten sich ungleichmäßig gegen Thyroxin (B. ROMEIS). Dieser Umstand erschwert nicht nur die Standardisierung, sondern auch die Beantwortung der überaus wichtigen Frage, ob dasselbe Präparat imstande ist alle die verschiedenen Wirkungen in gleicher Weise und gleicher Stärke hervorzubringen. Man pflegt ja die Erscheinungen, die die beiden wichtigsten Schilddrüsenkrankheiten, die Basedowsche Krankheit und das Myxödem, bieten, nach der Plus-Minusformel zu ordnen. Indessen gibt es doch eine Anzahl von Tatsachen, die sich in eine so einfache Beziehung nicht einordnen lassen. Daß nicht in jedem Falle alle Symptome einer Richtung ausgeprägt sind, daß nicht alle Erfolgsorgane und -systeme in gleicher Weise reagieren, wäre noch mit der gebräuchlichen Fassung in Einklang zu bringen. Wenn aber ein Mensch Symptome der Basedowschen Krankheit und Myxödemsymptome vereinigt aufweist, so ist das Fassungsvermögen der Theorie überschritten. Man hat in solchen Fällen von Dysthyreoidismus gesprochen und daran gedacht, daß die Schilddrüse ein qualitativ verändertes Inkret liefere. DE QUERVAIN findet zwischen kropfigen Kretinen und Kretinen mit atrophischer Schilddrüse typische Unterschiede, die zu der Vermutung führen, daß bei diesen die Schilddrüse auf der ganzen Linieun genügend funktioniert, während bei den ersteren noch gewisse Teilfunktionen, so die Beeinflussungen des Skelettes, der Haut- und Geschlechtsdrüsen, in verschiedenen Abstufungen erhalten sind. Es ist also die Frage, ob die Schilddrüse ein Hormon oder mehrere Hormone bildet. Auch KENDALL glaubte zwei verschieden wirkende Inkrete nachweisen zu können.

Indessen ist bei allen Funktionen, die durch endogene oder exogene Hormone geregelt werden, daran zu denken, daß der Funktionsausfall nicht nur durch Fehlen des Hormons, sondern auch dann eintreten muß, wenn die Bindung des Hormons an das Erfolgsorgan unmöglich geworden ist. Es gibt eine Anzahl von Beobachtungen, die dafür sprechen, daß solche Gewebsveränderungen, meist auf bestimmte Stellen oder Gewebe lokalisiert, vorkommen.

Auch wenn wir also das Thyroxin für ein wirkliches Schilddrüseninkret halten, so reicht doch diese hervorragende Entdeckung nicht aus, volles Licht über die Tiefen des Schilddrüsenproblems zu verbreiten.

Erscheinungsform der Schilddrüse und Inkretbildung stehen in einem gegenseitigen Abhängigkeitsverhältnis. Es bleibt nicht nur die Inkretbildung aus, wenn die Schilddrüse fehlt, sondern die Schilddrüse erkrankt und geht zugrunde, wenn es am Material zur Inkretbildung mangelt. Dieses Material besteht aus Jod und einem Eiweiß, das die zur Thyroxinbildung notwendigen aromatischen Gruppen enthält.

Das Jod. Das Jod ist ein zum Leben notwendiges Element. Es findet sich in fast allen Naturprodukten. Meerwasserpflanzen sind bedeutend jodreicher als Landpflanzen. Am meisten Jod enthält der Badeschwamm, dessen Asche in der Volksmedizin als Kropfmittel gebraucht wurde, und der Meerestang. Der Jodgehalt der Pflanzen ist von dem Standort abhängig. Der Jodgehalt der Flußwässer ist starken Schwankungen unterworfen, abhängig von Menge und Jodgehalt der Niederschläge. Auch in der Luft läßt sich Jod nachweisen. Es geht aus dem Wasser und dem Boden, auch aus verwesenden Pflanzen und Tieren, ferner durch die Steinkohleverbrennung in die Luft über, aus der es mit dem Regen auf die Erde zurückkehrt oder von den Blättern unmittelbar assimiliert wird. Die Gewässer, die aus stark ausgewaschenem Gestein kommen, sind sehr jodarm. Auch in allen tierischen Organen findet sich Jod, am meisten in der Schilddrüse und nächstdem im Ovarium. Das jodreichste tierische Produkt, das als Nahrungsmittel dient, ist der Lebertran. Jodreich ist auch die Brunnenkresse. Von den pflanzlichen Nahrungsmitteln sind im allgemeinen die Blattgemüse am jodreichsten, von den tierischen die Eier.

Die Mengenverhältnisse, in denen das Jod in der Natur gefunden wird, sind so gering, daß sie nicht in den gewöhnlichen Gewichtseinheiten, sondern in γ (= 1 Millionstel g) ausgedrückt werden. Hier soll nur durch die Mitteilung weniger Zahlen eine Vorstellung von der Größenordnung gegeben werden. Es enthalten γ in einem Kilogramm:

$$
\begin{array}{ll}
\text{Eier} & 54 \text{ (Bayern)},\\
\text{„} & 12 \text{ (Italien)},\\
\text{Rindfleisch} & 5 \text{ (Bern)},\\
\text{„} & 30\text{—}40 \text{ (Bayern)},\\
\text{Schweinefett} & 17 \text{ (amerikanisches)};\\
\text{„} & 110\text{—}120 \text{ (Bayern)},\\
\text{„} & 110\text{—}120 \text{ (Bayern)},\\
\text{Roher Lebertran} & 3370,\\
\text{Sardinen} & 163 \text{ (Mittelmeer)},\\
\text{Milch} & 5 \text{ (Bern)},\\
\text{„} & 30\text{—}38 \text{ (München)}.
\end{array}
$$

Man erkennt aus diesen Zahlen die großen regionären Unterschiede. Unmittelbar deutlich werden diese bei Untersuchungen von Ackerböden. So hat B. BLEYER in 15 landwirtschaftlich benutzten Böden einen Jodgehalt von unbestimmbaren Spuren bis 930 γ % gefunden. TH. von FELLENBERG, dem wir ganz umfassende Untersuchungen auf diesem Gebiet verdanken, findet in der Schweiz in Trinkwässern 0,02—3,0 und in Flußwässern (Emme und Aare) 0,38—1,32 im Liter. BLEYER sah in der Münchener Wasserleitung und in verschiedenen Wasserleitungsquellen 0,5—4,4. Das Meerwasser in der Nähe von Helgoland enthält 17 γ, die Jodquelle in Wiessee 38700—40000, die Adelheidsquelle in Heilbrunn 23 700—24 300, die Jodquelle in Tölz 996 γ/kg.

Von besonderer Bedeutung ist auch der Jodgehalt der Speisesalze. TH. VON FELLENBERG fand im Salz der Vereinigten schweizerischen Rheinsalinen 4,4, im Salz der Saline von Bex 260 γ pro kg.

Die Jodmenge, die der Mensch zum größten Teil mit der Nahrung, zu einem kleinen Teile durch die Atmungsluft (FELLENBERG) und zu einem noch geringeren mit dem Trinkwasser aufnimmt, muß also je nach der Gegend, in der der Mensch lebt oder aus der er seine Nahrungsmittel bezieht, sehr verschieden sein.

Schon vor 60—70 Jahren hat der Franzose AD. CHATIN (zit. nach FELLENBERG) die Behauptung aufgestellt, daß sich Kropf durch Verabreichung sehr kleiner Jodmengen verhüten lasse. CHATIN hat umfassende Untersuchungen über das Vorkommen von Jod in der Natur angestellt und ist zu der Überzeugung gekommen, daß zwischen endemischem Kropf und Jodmangel ein Zusammenhang besteht. Diese Lehre wurde von einer zu ihrer Prüfung eingesetzten Kommission angezweifelt und geriet allmählich in Vergessenheit. Und es dauerte mehr als 50 Jahre, bis sie zu neuem Leben erwachte und sich für viele Tausende von Menschen als höchst segensreich erwies.

Jetzt ist es sicher, daß das Jodvorkommen in der Natur und seine regionäre Verschiedenheit, wenn auch nicht der alleinige, so zum wenigsten ein außerordentlich wichtiger Faktor für die Genese des Kropfes ist. Aber darüber hinaus hat es ein weitgehendes medizinisches Interesse. Wir kennen die außerordentlich großen Unterschiede in der Jodempfindlichkeit des Menschen aus und in jodreichen und jodarmen Gegenden. Und es muß unser Bestreben sein eine Geographie der Jodbiologie aufzustellen. Bei dem großen Einfluß, den der Jodgehalt der Umwelt auf die Schilddrüsenfunktion hat, und bei der vielseitigen Entwicklung, die die Schilddrüse auf Bildung und Funktionen des Organismus ausübt, ist vielleicht das Jod ein Faktor, der für die Rassenbildung und für das Verständnis der unter dem Einfluß der Umwelt erfolgenden Rassenumbildung (vgl. W. HELLPACH: Rasse und Stämme im deutschen Volkstum. Neue Rundschau 37 B. [1926]) in Betracht kommt.

Es ist ein Bedürfnis den Jodgehalt der Nahrung in allen Gegenden kennen zu lernen. So hat FELLENBERG den Jodgehalt der Nahrungsmittel aus einer nahezu kropffreien Gegend (La Chaux de Fonds) und einer stark mit Kropf verseuchten Gegend (Signan) analysiert und findet als tägliche Aufnahme in der ersten 31,3, in der zweiten 13,0 γ Jod, also einen sehr beträchtlichen Unterschied. Bekanntlich haben die Kropfländer einen Ausgleich des fehlenden Jods dadurch bewirkt, daß sie ein jodhaltiges Speisesalz eingeführt haben. Mit 10 g des jodreichen Salzes der schweizerischen Kropfkommission wird Jod im Betrage von 38,3 γ zugeführt, also die Nahrung einer jodarmen kropfreichen Gegend in ausreichender Weise ergänzt. J. F. McCLENDON hat in den Vereinigten Staaten kropfarme und kropfreiche Gegenden in bezug auf natürlich vorkommendes Jod untersucht und eine sehr gute Übereinstimmung der Jodkarte mit der Kropfkarte aufgefunden. FELLENBERG hat im Aargau festgestellt, daß in kropfarmen Gegenden der Jodgehalt von Luft, Trinkwasser, Gestein, Erde, Milch und Eiern viel höher ist als in Kropfgegenden, und daß in kropfarmen Gegenden die Menschen mit dem Harn nahezu viermal so viel Jod ausscheiden als in kropfreichen.

Was hier kurz als Jod bezeichnet wird, ist chemisch durchaus nicht einheitlich. Es handelt sich zum Teil um Jodion, zum Teil um organisch gebundenes Jod.

Der Jodgehalt der menschlichen Organe — mit Ausnahme der Schilddrüse — liegt in derselben Größenordnung wie der tierischer Lebensmittel.

Von klinischem Interesse ist besonders der Jodgehalt des Blutes. E. GLEY und P. BOURCET haben als erste Jod im Blut nachgewiesen und als normalen Blutbestandteil erkannt. E. C. KENDALL und F. S. RICHARDSON fanden den Jodgehalt des Blutes durchschnittlich zu 13γ%. W. H. VEIL und A. STURM beobachteten mit der Methode VON FELLENBERGS in München im Spätsommer und Herbst 12,8, im Winter 8,3γ%. In Oslo (J. LUNDE, K. CLOSS und O. CHR. PEDERSEN) liegen die normalen Werte zwischen 11 und 16γ%.

Eine starke Verminderung (2,1—5,6 mg%) besteht bei Kretinen (FELLENBERG, DE QUERVAIN und SMITH), bei Hypofunktion der Schilddrüse (VEIL und STURM), eine mäßige Erniedrigung (durchschnittlich 9,88) bei Kropfträgern ohne hypothyreotische Erscheinungen (VEIL und STURM, DE QUERVAIN). Bei Hyperthyreosen besteht starke Erhöhung (VEIL und STURM, LUNDE c. s.), ebenso bei kardial bedingter Tachykardie. Während der Menstruation, gegen das Ende der Gravidität und im Wochenbett liegt der Blutjodwert höher, im Fieber tiefer (VEIL und STURM).

VON FELLENBERG hat gezeigt, daß das Blutjod in eine organische und eine anorganische Fraktion aufgeteilt werden kann. G. LUNDE c. s. fanden, daß die Erhöhung bei Thyreotoxikosen besonders die alkoholunlösliche organische Fraktion betrifft. J. HOLST, G. LUNDE c. s. sahen, daß primäre Basedowkröpfe, die jod- und kolloidarm sind, durch Jodbehandlung nach H. S. PLUMMER jod- und kolloidreich werden. Bei dieser Zufuhr von anorganischem Jod (LUGOLscher Lösung) steigt der Gesamtjodgehalt des Blutes stark an, während die organische Fraktion stark abnimmt und nach einigen Tagen eine normale oder annähernd normale Höhe erreicht. Gleichzeitig erfolgt ein Zurückgehen der Grundumsatzsteigerung und der anderen thyreotoxischen Symptome. G. HOLST, J. LUNDE c. s. folgern aus diesen Beobachtungen, daß die organische Fraktion des Blutjods, wenigstens teilweise, das aktive Prinzip der Schilddrüse enthält, und daß Zuführung von anorganischem Jod (in bestimmter Dosierung) die Hormonabgabe aus der Schilddrüse einschränkt.

Bis vor kurzem war es eine offene Frage, ob anorganisches Jod überhaupt einen Einfluß auf den Stoffwechsel ausübt. F. HILDEBRANDT hat jedoch festgestellt, daß kleine Mengen Jodkali (0,5—10 mg) bei normalen Ratten eine bedeutende Herabsetzung des Sauerstoffverbrauchs herbeiführen. Größere Gaben (30—50 mg) wirken stark toxisch, sogar tödlich, und stoffwechselsteigernd. Schilddrüsenlose Tiere reagieren auf kleine Mengen wie normale. Der Angriff des Jodids erfolgt also nicht über die Schilddrüse als Schilddrüsenhemmung, sondern in der Peripherie, als direkte Zellwirkung oder als nervöse Beeinflussung der peripheren Erfolgsorgane. E. HESSE fand bei Hühnern, Katzen und regelmäßig bei Hunden nach Dosen über 30 mg für das Kilogramm eine Mehrausscheidung von N und Phosphorsäure, einen Schwund des Depoteiweißes in der Leber und eine Steigerung des Grundumsatzes, gemessen bei 24^0 Außentemperatur. Auch in diesen Versuchsreihen verhielten sich schilddrüsenlose Tiere wie normale. Nach GRABFIELD und PRENTON steigern auch beim Menschen Jodide (6 mg für kg) den N-Stoffwechsel.

Die unterschiedliche Bedeutung großer und kleiner Jodgaben ist von unmittelbarer klinischer Bedeutung. H. S. PLUMMER und E. NEISSER haben schon vor diesen experimentellen Arbeiten am Krankenbett beobachtet, daß in Fällen von Basedow durch eine vorsichtige Gabe von Jodkali überraschend gute Erfolge erzielt werden können. Bei allmählicher Steigerung der Dosen tritt plötzlich eine Besserung ein, die sich in Gewichtszunahme, Abnahme der Pulsbeschleunigung und Besserung der nervösen Symptome äußert. A. LOEWY und H. ZONDEK haben die Angaben NEISSERs bestätigt und gefunden, daß in einigen Fällen der pathologisch gesteigerte Stoffwechsel durch die Jodtherapie zur Norm zurückgebracht wurde. Daß jedoch die Verhältnisse nicht immer so einfach, wie in den Versuchen HILDEBRANDTS, liegen, lehren uns eigene Erfahrungen, bei denen durch die Therapie NEISSERs Rückgang der Basedowsymptome und Gewichtszunahme eintritt, ohne daß sich an der Stoffwechselsteigerung irgend etwas änderte. Die zu einem Erfolg notwendigen Joddosen sind individuell sehr verschieden. Und auch hier kommt die geographische Differenz der Jodempfindlichkeit zum Ausdruck. So sah ich jüngst einen in Hamburg lebenden Mann, dessen alter, stationär gewordener Basedow in Amerika durch die dort gebräuchlichen und nützlichen Joddosen, die weit höher sind als bei uns, so aktiviert wurde, daß ein rapider Verfall und der Tod eintrat. Die Wirksamkeit, ja die Gefährlichkeit kleinster Dosen geht noch deutlicher aus den in der Literatur niedergelegten letal verlaufenen Jodthyreotoxikosen hervor, die in Süddeutschland nach dem Gebrauch jodierten Speisesalzes beobachtet wurden.

Das Schilddrüsenhormon bildet sich also aus einer Aminosäure und Jod. Da der Angriffspunkt vorwiegend in der Peripherie liegt, muß das Hormon dorthin gelangen. Da erhebt sich zunächst die Frage, ob unter allen Umständen die Abgabe der Substanz aus der Schilddrüse in ungestörter Weise vonstatten geht. Ein Hyperthyreoidismus könnte auch erfolgen, wenn ein in normaler Menge gebildetes Inkret zu schnell aus der Schilddrüse abgegeben würde, und ein Hyperthyreoidismus könnte trotz stark vermehrter Bildung ausbleiben, wenn das Inkret nicht abgegeben wird. Einen Beitrag zu der zweiten Frage liefern MEYER-HÜRLIMANN und AD. OSWALD, die einen Fall von Carcinom der Schilddrüse beobachteten, bei dem der Tumor durch das Sternum gewachsen und zentral erweicht war. Es wurden mit 20 Punktionen fast 3 Liter einer eiweiß- und jodreichen Flüssigkeit entleert, die im physiologischen Experiment ganz wie das Jodthyreoglobulin eine Steigerung der Vaguserregbarkeit bewirkte. Trotz dieser ausgesprochenen Sekretionsvermehrung der Schilddrüse bestand kein Symptom der Basedowschen Krankheit.

Der Transport des Hormons kann nur auf dem Blut- oder Lymphwege erfolgen. Der Nachweis von Schilddrüsensubstanz in den Körpersäften ist mit den verschiedensten Methoden versucht worden. ASHER und FLACK beobachteten bei Reizung der die Schilddrüse versorgenden Nervi laryngei eine gesteigerte Erregbarkeit der Nervi depressores und eine Verstärkung der Adrenalinwirkung auf den Blutdruck. Da bei schilddrüsenlosen Tieren diese Reizerfolge ausbleiben, so folgern die Autoren, daß die Hormonabgabe aus der Drüse in das Blut in ihren Versuchen erhöht war. Sie fanden weiter das Blut von Basedowkranken in bezug auf den Vagus und die Adrenalinwirkung stärker wirksam. Das Blut wochenlang mit Schilddrüse gefütterter Ratten verhält sich ebenso wie Basedowblut. Die Eindeutigkeit dieser Ergebnisse wurde aber durch Versuche von E. CSILLAG eingeschränkt, der auch durch Blut normaler Menschen und durch das Blut schilddrüsenloser Ratten eine Erhöhung der Adrenalinwirkung auftreten sah. DE QUERVAIN und HARA u. BRANOVACKY erzielten mit dem Armvenenblut von Kropfträgern und besonders mit dem Kropfvenenblut eine Empfindlichkeitssteigerung der Ratte gegen Sauerstoffmangel (ASHERS Reaktion zum Nachweis von Schilddrüsenstoffen). Dagegen hatten die Versuche, im Armvenenblut und im Schilddrüsenblut (auch von Basedowkranken) aktive Substanz vermittels der Kaulquappenmethode (ROGOFF und H. GOLDBLATT, E. SHARPEY-SCHAFER, B. ROMEIS) nachzuweisen, ein negatives Ergebnis. Ebenso erwies sich im Kaulquappenversuch Schilddrüsenlymphe als wirkungslos (A. J. CARLSON und WOELFEL).

E. GLEY und J. CHEYMOL haben zur Klärung dieser Frage den Weg der chemischen Analyse gewählt und gefunden, daß bei Ziegen das Schilddrüsenvenenblut etwas mehr Jod enthält als das Körpervenenblut (0,191 gegen 0,120 mg im Liter).

A. J. CARLSON, L. HEKTOEN und R. SCHULHOF berichten, durch Injektion von Thyreoglobulin ein spezifisches Präcipitin erzeugt und mit diesem in der aus der Schilddrüse abströmenden Lymphe geringe, aber doch nachweisbare Mengen Thyreoglobulin aufgefunden zu haben. Etwa gleiche Mengen entdeckten sie im Schilddrüsenvenenblut, größere in der Lymphe aus den Halslymphdrüsen. In der Lymphe des Ductus thoracicus und im arteriellen Blut des Kreislaufs war die Reaktion negativ.

Es hat demnach den Anschein, als ob das Schilddrüsenhormon sehr rasch aus dem Kreislauf verschwindet bzw. sein Gehalt so klein wird, daß es auch mit den schärfsten Methoden, die wir bislang kennen, nicht nachgewiesen werden kann. Das geht auch aus Versuchen von ABELIN und SCHEINFINKEL hervor, die die Schilddrüsensubstanz nach Verabreichung an Tiere weder in den Organen noch im Blut und Harn auffinden konnten.

Literatur.

ABEL, A. R., R. W. BACKUS, H. BOURQUIN and R. W. GERARD: Tryptophan und Schilddrüsenfunktion. Amer. J. Physiol. **73**, 287 (1925).

ABELIN, J: Einfluß von Dijodtyramin und Tyramin auf die Entwicklung von Froschlarven. Biochem. Z. **102**, 58 (1920); **116**, 138 (1921).

— und N. SCHEINFINKEL: Über das Verhalten der Schilddrüsenstoffe und des Dijodtyrosins im Organismus. Erg. Physiol. **24**, 690 (1925).

ASHER, L. und FLACK: Die innere Sekretion der Schilddrüse usw. Z. Biol. **55**, 83 (1910).

— und v. RODT: Die Wirkungen von Schilddrüsen- und Nebennierenprodukten usw. Zbl. Physiol. **26**, 229 (1912).

— und H. WAGNER: Unters. über die Spezif. der Asherschen Methode der Prüfung der Schilddrüsenfunktion durch Sauerstoffmangel. Z. exper. Med. **68**, 32 (1929).

BALINT, M.: Neues diätetisches Verfahren bei Basedowkranken. Klin. Wschr. **1925**, 1263.

BARGER, G.: Die Chemie der Enzyme. Erg. Physiol. **27**, 780 (1928) (Literatur).

BAUMANN, E.: Über das normale Vorkommen von Jod im Tierkörper. Hoppe-Seylers Z. **21**, 319, 481 (1895).

VON BERGMANN, G.: Die klinische Bedeutung der Reaktion nach REID HUNT. 40. Kongr. inn. Med. **285** (1928).

— und M. GOLDNER: Die vegetativ Stigmatisierten und die Reaktion nach REID HUNT. Z. klin. Med. **108**, 100 (1928).

BOOTHBY, W. M., J. SANDIFORD, K. SANDIFORD and J. SLOSSE: The effect of Thyroxin on the resp. and nitrogenous metabolism. Erg. Physiol. **24**, 728 (1925).

CARLSON, A. J., L. HEKTOEN und R. SCHULHOF: Versuche ein experimentelles Anwachsen der Thyreoglobulinausscheidungsgeschwindigkeit hervorzurufen. Amer. J. Physiol. **71**, 5481 (1925).

McCLENDON, J. F. and A. WILLIAMS: Simple goiter as a result of iodine deficiency. J. amer. med. Assoc. **86**, 600 (1923).

CRAMER: Tryptophan, Schilddrüse und Tumorwachstum. J. of Physiol. **57**, 69 (1923).

CSILLAG, E.: Über den biologischen Nachweis von Schilddrüsenstoffen im Blut. Pflügers Arch. **202**, 588 (1924).

DEUSCH, G. (1): Blutuntersuchungen beim Myxödem. Münch. med. Wschr. **1921**, 297. — (2): Serumkonzentration und Viscosität des Blutes beim Myxödem. Dtsch. Arch. klin. Med. **134**, 342.

VON FELLENBERG, TH.: Das Vorkommen, der Kreislauf und der Stoffwechsel des Jods. Erg. Physiol. **25**, 176 (1926).

v. FÜRTH, O. und C. SCHWARZ: Über die Wirkung des Jodothyrins auf den Cirkulationsapparat. Pflügers Arch. **124**, 142 (1908).

GELLHORN, E.: Schilddrüse und Nitrilvergiftung. Ebenda **200**, 571 (1923).

GLEY, E. und J. CHEYMOL: Die Anwesenheit von Jod im venösen Blut der Schilddrüse. C. r. Acad. Sc. Paris **179**, 930 (1924).

GLEY, E. et P. BOURCET: Présence de l'iode dans le sang. C. r. Acad. Sci. Paris 130, 1721 (1900).
HARA, Y.: Untersuchung über die pathologische Physiologie des Kropfes. Mitt. Grenzgeb. Med. u. Chir. 36, 47 (1923).
HARINGTON, C. R.: Chem. of thyroxine. Biochem. J. 20, 293, 300 (1926).
— und G. BARGER: Chem. of thyroxine. Ebenda 21, 169 (1927).
HENZE, M.: Zur Kenntnis der jodbindenden Gruppe der natürlich vorkommenden Eiweißkörper. Hoppe-Seylers Z. 51, 64 (1907).
HESSE, E.: Beziehungen zwischen Kropfendemie und Radioaktivität. Dtsch. Arch. klin. Med. 110, 338 (1913).
HILDEBRANDT, F.: Über die Wirkung des Thyroxins und kleinster Jodgaben auf den Stoffwechsel der Ratten. Ther. Gegenw. 60, 360 (1922).
HOLST, J., G. LUNDE, K. CLOSS und O. CHR. PEDERSEN: Über den inneren Jodstoffwechsel bei primären Thyreotoxikosen. Klin. Wschr. 1928, 2287.
KENDALL, E. C.: Isolation of thyroxine. J. of biol. Chem. 72, 213 (1927).
— and F. S. RICHARDSON: Determination of iodine in blood and in animal tissues. J. of biol. Chem. 43, 161 (1920).
KOCHER, TH.: Über Jodbasedow. Dtsch. Arch. klin. Chir. 92, 1007 (1910).
LANG, S.: Über die Umwandlung des Acetonitrils und seiner Homologen im Tierkörper. Arch. f. exper. Path. 34, 247 (1894).
LICHTWITZ, L. und L. CONITZER: Beiträge zum Einfluß des Schilddrüsenhormons auf den Eiweißstoffwechsel. Z. exper. Med. 56, 527 (1927).
LOEWY, A. und H. ZONDEK: Morbus Basedowii und Jodtherapie. Dtsch. med. Wschr. 1921, 1087.
LUNDE, G., K. CLOSS und K. WÜLFERT: Untersuchungen über den Jodstoffwechsel. II. Biochem. Z. 208, 248 (1929).
— — und O. CHR. PEDERSEN: Untersuchungen über den Jodstoffwechsel. Ebenda 208, 261 (1929).
MAGNUS-LEVY, A. (1): Über Myxödem. Z. klin. Med. 52, 201 (1904). — (2): Untersuchungen zur Schilddrüsenfrage. Ebenda 33, 269 (1897).
MARINE, D.: Quant. studies on the in vivo absorption of iodine by dogs thyroid glands. J. of biol. Chem. 22, 547 (1915).
MEYER-HÜRLIMANN und Ad. OSWALD: Karzinom der Schilddrüse mit explosiver spez. Drüsenfunktion. Korresp.bl. Schweiz. Ärzte 43, 1468 (1913).
MIURA, M.: Der Einfluß von Schilddrüse, Thyroxin und anderen jodhaltigen Stoffen auf die Acetonitrilprobe. J. Labor. a. clin. Med. 7, 349 (1922).
OSWALD, AD.: Die Beziehung zwischen Schilddrüse u. Nervensystem. Klin. Wschr. 1925, 1033.
— Ad. (1): Die Eiweißkörper der Schilddrüse. Hoppe-Seylers Z. 27, 14 (1899). — (2): Zur Kenntnis des Thyreoglobulins. Ebenda 32, 121 (1901).
PLUMMER, H. S.: The function of the thyroid gland. Beaumont lecture, Detroit, Michigan 27, I (1925).
DE QUERVAIN, F. (1): Einige Fragen aus der Schilddrüsenpathologie. Erg. Physiol. 24, 701 (1925). — (2): Zur pathologischen Physiologie der verschiedenen Kropfarten. Schweiz. med. Wschr. 1923.
— und F. PEDOTTI: Beiträge zur Pathologie der Schilddrüse. Mitt. Grenzgeb. Med. u. Chir. 39, 415 (1926).
— and W. E. SMITH: Endocrinology 12, 177 (1928).
REID HUNT (1): The relation of iodine in the thyreoid gland. J. amer. med. Assoc. 49, 240 (1907). — (2): The probable demonstration of thyreoidea secretion in the blood in exophthalmic goitre. Ebenda 49, 1323 (1907). — (3): The acetonitril test for thyreoid and some alterations of metabolism. Amer. J. Physiol. 63, 257 (1923).
ROGOFF, J. M., und H. GOLDBLATT: Versuch eines Nachweises von Thyreoideasekret im Blut von Basedowschilddrüsen. J. of Pharmacol. 17, 473 (1921).
ROMEIS, B. (1): (Anmerkung des Referenten!) Ronas Ber. 19, 536 (1923). — (2): Untersuchungen über die Wirkung des Thyroxins. Biochem. Z. 135, 85 (1923). — (3): Quantitative Untersuchungen über die Wirkung von Thyroxin. Klin. Wschr. 1922, 1262.
SALOMON, R.: Greift die Acetonitrilreaktion über den Morbus Basedowii hinaus? Dtsch. Arch. klin. Med. 154, 221 (1927).

SHARPEY-SCHÄFER, E.: Enthält das Blut der Basedowkranken wirksame Schilddrüsenprodukte? Quart. J. exper. Physiol. **13**, 131 (1923).

STUBER, B,, A. RUSSMANN und E. A. PROEBSTING: Über eine Methylierungsfunktion der Schilddrüse. Biochem. Z. **143**, 221 (1923).

VEIL, W. H. und A. STURM: Beitrag zur Kenntnis des Jodstoffwechsels. Arch. klin. Med. **147**, 165 (1925).

5. Die physiologische und pathologische Chemie des melanotischen Pigments (Melanins).

Melanotisches Pigment wird von den meisten Tieren in Zellen gebildet, die als Melanoblasten bezeichnet werden. Es findet sich in diesen und auch in anderen Zellen, die die Eigenschaft haben fertiges Pigment durch Phagocytose aufzunehmen (Melanophoren). Die Melanoblasten sind ektodermaler oder mesodermaler Herkunft. Aus dem Ektoderm stammen die Basalzellen der Deckepidermis, die von ihnen sich ableitenden Haarmatrixzellen und die Pigmentzellen des retinalen Blattes. Zum Mesoderm gehören die Pigmentzellen der Chorioidea und der Iris, des Mongolenflecks, des blauen Naevus und die tiefen, kutanen Pigmentzellsysteme mancher Tierarten. Die im Chorion des Menschen schon normalerweise, besonders aber bei Pigmentalterationen liegenden Pigmentzellen (Chromatophoren bzw. Melanophoren) sind keine Melanoblasten, sondern pigmentphagocytierende Bindegewebszellen (BR. BLOCH). Sowohl im Auge als auch in der Haut findet die Pigmentbildung nur in jungen Zellen statt.

Die Pigmentation ist im Tier- und Pflanzenreich ein fermentativer Prozeß. Der Chemiker SCHOENBEIN, der Entdecker des Ozons, hat um die Mitte des vorigen Jahrhunderts die grundlegende Erkenntnis gewonnen, daß viele lebende Substanzen die Fähigkeit haben, den Sauerstoff der Luft zu aktivieren und an charakteristischen Farbänderungen erkennbare Oxydationen zu erfahren. SCHOENBEIN, der Entdecker des Ozons, ist der Begründer der Lehre von den Oxydationsfermenten, deren Bezeichnung als „Oxydasen" auf BERTRAND zurückgeht. Nach der Entdeckung, daß die Schwarzfärbung des Milchsaftes des Lackbaumes durch ein oxydierendes Ferment, die Laccase, bewirkt wird, wurden zunächst die Oxydasen der Pflanzen (G. BERTRAND, A. BACH und R. CHODAT u. a.), später auch die der Tiere eingehend studiert.

F. BATTELLI und L. STERN unterscheiden fünf Arten von Oxydasen: Polyphenoloxydasen, Tyrosinoxydasen, Alkoholoxydasen, Xanthinoxydasen und Uricooxydasen. In dem Zusammenhange dieses Abschnittes haben wir nur mit den ersten beiden zu tun. Man versteht unter Oxydasen Fermente, die spontan erfolgende Oxydationen zu beschleunigen vermögen, während unter Peroxydasen Katalysatoren solcher Reaktionen verstanden werden, die durch Peroxyde bedingte Oxydationen positiv beeinflussen.

Die von BERTRAND entdeckte Tyrosinase ist ein spezifisches Ferment, das imstande ist Tyrosin, peptidartige Verbindungen des Tyrosins, auch p-Kresol und Phenol zu oxydieren. Aus Tyrosin entsteht ein roter bis rotvioletter, schließlich schwarzer melaninartiger Körper. Die Tyrosinase ist im Pflanzenreich weit verbreitet und auch bei niederen Tieren mit Sicherheit nachgewiesen, so im Darm des Mehlwurmes, in der Haut von Rana esculenta, im Tintenbeutel der Sepia u. a.

Auch für die physiologische und pathologische Hautpigmentierung wird Tyrosinasewirkung angenommen (MEIROWSKY, O. v. FÜRTH, DURHAM u. a.).

H. S. RAPER hat den Verlauf der Einwirkung von Tyrosinase auf Tyrosin aufgeklärt. Bei schwach saurer Reaktion ($p_H = 6{,}0$) entsteht eine rote Substanz, aus der sich, auch in Abwesenheit des Ferments, durch Oxydation und Zusammenschluß vieler Moleküle Melanin bildet.

Die Reaktion verläuft in folgenden Stufen: Aus Tyrosin (I) wird 3, 4-Dioxyphenylalanin (II), das über das entsprechende Chinon (III) in 5, 6-Dioxydihydrindol-2-carbonsäure (IV) und weiter in das entsprechende Chinon, die rote Substanz (V) übergeht. Aus dieser entsteht 5, 6-Dioxyindol (VI) oder 5, 6-Dioxyindol-2-carbonsäure (VII).

$$CH_2 \cdot CH(NH_2) \cdot COOH \qquad CH_2 \cdot CH(NH_2) \cdot COOH \qquad CH_2 \cdot CH(NH_2) \cdot COOH$$

I.   II.   III.

IV.   V.   VI.

Rote Substanz.   VII.

Die Polyphenoloxydasen oder Phenolasen greifen Tyrosin nicht an, sie wirken auf eine große Zahl von Polyphenolen und Polyphenolderivaten.

Am längsten bekannt ist der bereits von SCHOENBEIN studierte Einfluß auf Guajac-Harz bzw. Guajac-Tinctur, die auch heute noch im klinischen Laboratorium eine Rolle spielt. Der Körper, an dem die Reaktion erfolgt, ist die Guajaconsäure, an deren Stelle man auch den Guajacol-Brenzkatechinmonomethyläther $C_6H_4{<}^{OCH_3}_{\ OH}$, verwenden kann. Bei Gegenwart von Phenolasen (Eiter) tritt Blaufärbung ein. Enthält die Guajac-Tinctur Peroxyde oder die Lösung Peroxydasen (Hämoglobin, Blut), so kann eine Oxydasereaktion vorgetäuscht werden.

Die Phenolase wirkt auch auf Hydrochinon (Paradioxybenzol), Pyrogallol (Trioxybenzol), Phenolphthalin, aus dem das in alkalischer Lösung durch Rotfärbung leicht kenntliche Phenolphthalein entsteht, Gallussäure, Gerbsäure, Vanillin, verdünnten Jodkalistärkekleister, Adrenalin u. a. mehr.

Auf der Wirkung von Phenolasen beruht auch die Indophenolblausynthese im Tierkörper, mit der EHRLICH seine berühmten Untersuchungen über das Sauerstoffbedürfnis des Organismus ausgeführt hat. ROEHMANN und SPITZER, nach denen die Reaktion jetzt benannt wird, haben die Synthese mit Organbrei ausgeführt. WINKLER hat dasselbe Prinzip auf Blutausstriche angewandt und gefunden, daß die Phenolase an die Granula der myelogenen Leukocyten gebunden ist. W. H. SCHULTZE hat das Verfahren auf den Gewebsschnitt ausgedehnt und die Oxydase in gewissen Drüsenzellen nachgewiesen. Den beiden letztgenannten Autoren verdanken wir die gebräuchliche Methode zur Diagnose der Myeloblasten im Blutausstrich und im histologischen Präparat.

Die Reaktion beruht darauf, daß Phenylendiamin (oder Dimethylphenylendiamin) und α-Naphthol unter dem Einfluß der Oxydase erst durch Oxydation und Synthese eine ungefärbte Verbindung (Leukoverbindung) und durch weitere Oxydation das Indophenolblau gibt.

$$NH_2 \cdot C_6H_4 \cdot NH_2 + C_{10}H_7OH + O \rightarrow NH\begin{cases} C_6H_4NH_2 \\ C_{10}H_6OH \end{cases} + H_2O$$

$$\text{Phenylendiamin} \qquad \alpha\text{-Naphthol} \qquad \text{Leukoverbindung}$$

$$NH\begin{cases} C_6H_4NH_2 \\ C_{10}H_6OH \end{cases} + O \rightarrow N\begin{cases} C_6H_4NH_2 \\ C_{10}H_6O \end{cases} + H_2O$$

$$\text{Indophenolblau}$$

Diese Reaktion kann als Typus oxydativer Synthesen betrachtet werden. Auch für das Problem der Melaninbildung gilt, daß es sich nicht um eine einfache Oxydation handelt, sondern daß gleichzeitig eine Kondensation oder Polymerisation von Molekülen stattfindet. Darauf beruht es, daß die Reindarstellung der Melanine niemals bis zu krystallinischen Produkten gediehen ist und die Elementaranalyse keine einheitlichen Resultate ergeben hat.

Das Melanin ist amorph, unlöslich in organischen Lösungsmitteln und in Säuren. Es ist N-haltig und sicher frei von Eisen. In bezug auf Schwefelgehalt haben sich sehr verschiedene Befunde ergeben, Produkte mit einem Schwefelgehalt von 10% und andererseits ganz schwefelfreie Präparate. Muttersubstanz des Melanins ist das Eiweiß. Von den Aminosäuren kommen als chromogene Komplexe nur die aromatischen Aminosäuren, das Tryptophan und die Pyrrolidincarbonsäure in Betracht. Nach BR. BLOCH und F. SCHAAF ist der Stickstoff des fertigen Melanins zum größten Teil nicht mehr als Aminostickstoff nachweisbar.

Aus dem Umstande, daß Melanin die Pyrrolreaktion gibt, hat man dem Pyrrol eine besondere Bedeutung als Melanogen zugeschrieben. Demgegenüber bemerkt BLOCH, daß auch von ihm künstlich dargestellte Melanine (s. unten), deren Ausgangsmaterial keinen Pyrrolring enthält, wie Pyrrol reagieren, so daß daran gedacht werden muß, daß Pyrrol erst während der Reaktion entsteht, etwa so, daß eine OH-Gruppe im Benzolring, die in Orthostellung zur NH_2-haltigen Seitenkette steht, während des Erhitzens den Pyrrolringschluß herbeiführt.

Wir finden Ablagerungen von echten Melaninen, d. h. eisenfreien Pigmenten, bei Erkrankung des Zentralnervensystems (Tabes, Syringomyelie) und der peripheren Nerven, bei Erkrankungen, die mit dem sympathischen Nervensystem in einem Zusammenhang stehen, bei der Pellagra, der Sklerodermie, bei der Basedowschen und besonders bei der Addisonschen Krankheit, der bekanntlich ein Schwund des chromaffinen, das ist Suprarenin liefernden Systems zugrunde liegt. Daß Suprarenin unter dem Einfluß eines oxydierenden Fermentes und bei Gegenwart von Sauerstoff in Melanin übergeht, ist bereits erwähnt. Es ist schon seit langem behauptet worden, daß zwischen den Nebennieren und der Pigmentierung ein ursächlicher Zusammenhang besteht. Die älteren Angaben, daß die Nebennieren der Neger größer sind und mehr „schwarze Flüssigkeit" enthalten als die der Kaukasier (CASSIAN), scheinen eine Nachprüfung nicht gefunden zu haben. Sehr interessant sind aber die Befunde von ALEZAIS und B. MOORE u. C. PURINTON, daß die Marksubstanz der Nebennieren menschlicher Feten, die sehr pigmentarm sind, fast bis zur Geburt keine Farbenreaktionen mit oxydierenden Mitteln gibt, während nach LANGLOIS und REHN bei pigmentierten Feten diese Reaktionen deutlich sind. In zahlreichen Tierversuchen ist nach Exstirpation beider Nebennieren Pigmentation nie beobachtet worden. Wohl aber haben H. NOTHNAGEL und G. TIZZONI nach Zerquetschung der Nebennieren in einer Zahl von Fällen beim Kaninchen eine abnorme Pigmentierung erzielt. Alle diese Befunde und der chemische Zusammenhang zwischen Suprarenin und Melanin deuten auf eine Beziehung zwischen Nebenniere und Pigmentation hin und führten zu dem Versuch, durch Injektion von Suprarenin eine abnorme Pigmentation herbeizuführen. Dieser Versuch ist an Katzen gelungen (LICHTWITZ). An einem chemischen Zusammenhang zwischen Suprarenin (Nebenniere) und Melaninbildung kann danach nicht gezweifelt werden.

Den größten Fortschritt auf dem Gebiete der Melaninbildung brachten sowohl in bezug auf die Oxydase, wie in bezug auf die Muttersubstanz die Untersuchungen von BR. BLOCH.

BLOCH wählte als Phenol, das 3,4-Dioxyphenylalanin (= Dopa)

$$
\begin{array}{c}
OH \\
\bigcirc\!OH \\
| \\
CH_2 \\
| \\
CH(NH_2) \\
| \\
COOH
\end{array}
$$

3,4 Dioxyphenylalanin
= Dopa

das von M. GUGGENHEIM in Fruchtschalen und Keimlingen von Vicia faba in optisch aktiver Form aufgefunden wurde. Es kann in racemischer Form leicht synthetisch dargestellt werden.

Es hat sehr nahe Beziehungen zum Adrenalin, wie folgende Formeln zeigen:

$$
\begin{array}{ccc}
\begin{array}{c}
OH \\
\bigcirc\!OH \\
| \\
CH_2 \\
| \\
CH(NH_2) \\
| \\
COOH
\end{array}
& \longrightarrow
\begin{array}{c}
OH \\
\bigcirc\!OH \\
| \\
CH(OH) \\
| \\
CH(NH \cdot CH_3) \\
| \\
COOH
\end{array}
& \longrightarrow
\begin{array}{c}
OH \\
\bigcirc\!OH \\
| \\
CH(OH) \\
| \\
CH_2(NH \cdot CH_3)
\end{array}
\end{array}
$$

Dioxyphenylalanin   Dioxyphenyl-α-methyl-   Adrenalin
                         amino-β-oxypropionsäure

Adrenalin könnte aus Dopa durch Oxydation, Methylierung und Decarboxylierung entstehen, Reaktionen, zu denen der Tierkörper befähigt ist.

BLOCHS Methode besteht darin, daß er Gefrierschnitte in eine 2⁰/₀₀ ige Dopalösung legt und die Pigmentbildung beobachtet. Die Dopaoxydation fällt überall dort positiv aus, wo die Polyphenoloxydase vorhanden ist (also vor allem in den granulierten Leukocyten, im Knochenmark usw.). Weiterhin aber — und das ist das Bedeutsame für die Melaninbildung — demonstriert sie die Anwesenheit eines oxydierenden Ferments (Dopaoxydase) in dem Protoplasma der Basalzellen der Epidermis, in denen mit den älteren Methoden der Nachweis eines Ferments nicht zu erbringen war. MIESCHER hat gezeigt, daß die Dopareaktion in Augen während der Entwicklung, in welcher allein Pigment gebildet wird, positiv ist. BLOCH und seine Schüler haben weiterhin die Dopareaktion gefunden in den kutanen Melanoblasten des Mongolenflecks, der Affen, der grauen Maus, im Pigmentnävus, in melanotischen Tumoren. Bei allen Hyperpigmentationen (durch Entzündungen, Licht, Röntgenstrahlen) ist die Reaktion gesteigert. Dort wo die Pigmentbildung von Haus aus fehlt (Albinismus) oder sekundär degeneriert ist (Canities, Vitiligo, depigmentierte Narben), fällt sie stets negativ aus. Es besteht also zwischen der Dopareaktion und dem Vermögen Pigment zu bilden ein innerer Zusammenhang, den BLOCH in dem Satz ausdrückt: „Die Dopareaktion bildet einen sicheren Indikator für das Vermögen der Pigmentbildung. Sie beruht auf der Anwesenheit und Wirkung des natürlichen pigmentbildenden Ferments, der Dopaoxydase." Wo dieses Ferment fehlt, kann kein Pigment gebildet werden. Der Sitz der Dopaoxydase ist der Ort der Pigmentbildung. Anwesenheit von Calciumionen beschleunigt die Dopaoxydation durch Luftsauerstoff (K. SPIRO).

Die Dopareaktion ist nach BLOCH streng spezifisch. Die Dopaoxydase reagiert weder mit Tyrosin, Paraoxyphenyläthylamin, Tryptophan u. a. noch mit Brenzkatechinderivaten, auch nicht mit Adrenalin, unter Bildung eines dunklen Oxydationsproduktes. Das Substrat der Reaktion hat demnach sowohl in bezug auf die aliphatische Seitenkette als auch auf die andere Besetzung des Benzolkernes keinerlei Variationsbreite. BLOCH schließt, daß alle Körper, die mit Dopa nicht reagieren, als Vorstufen des Melanins nicht in Betracht kommen.

Ganz zweifellos haben wir durch die bedeutsamen Arbeiten BLOCHS auf dem Gebiet der Melaninbildung große Fortschritte in der Erkenntnis gemacht. Indessen herrscht unter den Bearbeitern dieses Gebiets noch keine völlige Einigkeit. PRZIBRAM, DEMBOWSKI und BRECHER haben gefunden, daß die Dopa sich bereits bei Zusatz von Alkali schwärzt, und daß die Extrakte aus weißen Hautstellen von Ratten oder aus Haut albinotischer Ratten saurer reagieren als die Extrakte aus dunkler Haut. Sie fanden weiter, daß Tyrosinase aus wirbellosen Tieren mit Dopa die gleiche Reaktion gibt wie mit Tyrosinlösung. In Puppenkokonen gewisser Schmetterlinge und von Blattwespen konnte PRZIBRAM mit Hilfe von Reaktionen, die für zweiwertige Phenole mit Orthostellung charakteristisch sind, Dioxyphenylalanin nachweisen. H. SCHMALFUSS hat aus Flügeldecken von Käfern, aus Raupenhäuten und Schmetterlingspuppenhülsen das Dioxyphenylalanin isoliert und chemisch identifiziert. H. PRZIBRAM sah, daß der Gehalt an Dopa bis auf Spuren zurückging, nachdem durch Tyrosinase Schwarzfärbung eingetreten war. SATO und BRECHER konnten bei Verwendung derselben Reaktionen in Hautextrakten und Hautgefrierschnitten von Wirbeltieren Dopa nicht auffinden. Dagegen entdeckten sie — wenn auch nicht konstant — in Hautextrakten verschiedener Wirbeltiere freies Tyrosin. Es bestehen also in bezug auf das Ferment wie auf das Chromogen zwischen den Ergebnissen Blochs und der Wiener Autoren noch große Unstimmigkeiten. Auf die interessanten Arbeiten von H. Schmalfuss kann hier nur hingewiesen werden.

Auch sonst bleiben in dem Melaninproblem noch offene Fragen. Zunächst ist das Dioxyphenylalanin als intermediäres Zwischenprodukt unbekannt. Wir sind ihm von zwei Seiten nahe. Wir kennen als einen Abbaukörper des Tyrosins die 3,4-Dioxyphenylessigsäure und als ein Umwandlungsprodukt das Adrenalin. Stoltzenberg und Stoltzenberg-Bergius haben dargetan, daß viele Chinone bei Behandlung mit Licht, Wärme und Kondensationsmitteln Polymerisationsprodukte liefern, die den Melaninen sehr ähnlich sind, und vermuten, daß Pigmente über Chinone entstehen. Das stimmt mit den Vorstellungen überein, die an anderer Stelle (s. S. 115) über den Abbau der aromatischen Aminosäuren entwickelt wurden. Daß aus Adrenalin, das im Tierversuch als Pigmentbildner wirkt, Dioxyphenylalanin wird, ist ausgeschlossen. Daß es über ein Chinon zu einem Melanin polymerisiert wird, ist wohl möglich. A. Bittorf hat Hautstücke und Hautschnitte in Adrenalinlösung Pigment ansetzen sehen (bestätigt von Fischer und Leschcziner).

Da Haut von Addisonkranken stärker pigmentiert als normale Haut, so schließt Bittorf, daß bei Morbus Addisonii der Oxydasegehalt der Basalzellen vermehrt sei. Der Widerspruch zwischen den Befunden Blochs und Bittorfs kann vom grünen Tisch aus nicht aufgeklärt werden. Aber es ist nicht sehr wahrscheinlich, daß die Hyperpigmentation bei der Addisonschen Krankheit mit einer Oxydasevermehrung zusammenhängt. Es kommt wohl in erster Linie auf das Material zur Pigmentbildung an. Und da Pigmentmaterial und Adrenalin dieselbe Muttersubstanz haben, so ist es möglich anzunehmen, daß statt Adrenalin melanogene Substanz gebildet wird. Diese Annahme wird dadurch noch wahrscheinlicher, daß man mit Melaninen im biologischen Versuch adrenalinähnliche Wirkungen erzielt hat (C. Brahm).

Eine weitere offene Frage ergibt sich bei den melanotischen malignen Tumoren. Bloch hat in einem Melanocarcinom die Dopareaktion vorwiegend in den Zellen der peripheren Zone gefunden. Der an Masse weit überwiegende Teil verhielt sich negativ. Ob aber diese Zellen sich gegenüber der Muttersubstanz ganz untätig verhalten, und ob die Zellen mit Dopaoxydase den Prozeß der Melaninbildung vollständig durchführen, ist eine Frage, die erörtert werden muß. Man beobachtet ja in diesen Fällen neben der Ausscheidung von Melanin die Ausscheidung eines farblosen Melanogens (wahrscheinlich einer Leukoverbindung), das nach dem Schema der Indophenolblausynthese das Produkt einer unvollständigen Oxydation darstellt. Es ist also die Frage, ob die Reaktion in den Dopazellen teilweise unvollständig verläuft, oder ob die Oxydasewirkung vielleicht auf zwei Fermenten beruht, von denen das zweite schneller durch Alter zugrunde geht. Und unklar bleibt bei den melanotischen Tumoren mit Melanurie auch die Frage nach der Muttersubstanz, sowohl nach ihrer Art als nach ihrer Menge. Wenn die Pigmentbildner nur von dem erhöhten Eiweißzerfall herstammten, so müßten alle mit Kachexie einhergehenden Tumorerkrankungen eine starke Hautpigmentierung zeigen, eine viel stärkere, als man bei der Kachexie beobachtet. Das Melanosarkom der Chorioidea weist die stärkste Pigmentation auf, noch bevor es zur Kachexie gekommen ist. Wir müssen also wohl annehmen, daß bei diesen melanotischen Tumoren ganz besondere chemische Vorgänge stattfinden, durch die Pigmentmuttersubstanzen endogener und exogener Herkunft nach der Richtung des Melanins und Melanogens umgewandelt werden, statt dem gewöhnlichen Abbau zu verfallen. Daß die Anschauungen von BLOCH auch auf diesem Gebiete den ganzen Tatsachenkomplex nicht umfassen, geht aus einer Beobachtung EPPINGERS hervor, der aus einem Melaninharn ein Pigment darstellte, das — sehr wahrscheinlich — ein methyliertes Tryptophanderivat enthielt. Er fand — und in diesem Befund liegt ein Hinweis, daß die melanotischen Tumoren Eiweißbausteine der Nahrung in Melanin umwandeln —, daß die Melaninausscheidung nach Fleischnahrung und Tryptophan-, nicht aber nach Tyrosin- oder Phenylalanindarreichung stark anstieg. Im Harnmelanin wurde auch von E. SALKOWSKI Tryptophan nachgewiesen.

Kranke mit melanotischen Tumoren entleeren Harn, der Melanin oder Melanogen enthält. Das Melanogen ist durch Oxydationsmittel (Salpetersäure, Chromsäure, Eisenchlorid, Bromwasser, Kaliumpersulfat) in den gefärbten Stoff überführbar. Bei Zutritt von Luft tritt die Melaninbildung auch ohne Nachhilfe durch Chemikalien ein. Eine Unterstützung erfährt die Melanindiagnose durch die Reaktion von THORMAEHLEN, die darin besteht, daß man den Harn mit Nitroprussidnatrium und Lauge, wie bei der LEGALschen Probe, behandelt. Die dadurch auftretende rote Färbung schlägt nach Übersättigung mit Essigsäure in melaninhaltigem Harn in ein schönes Blau um. Die Reaktion tritt aber nicht in allen Melaninharnen ein. Durch welchen Körper sie veranlaßt wird, ist unbekannt.

Die Oxydationsreaktionen können zu Täuschungen führen, wenn der Harn reichlich Indikan oder Urobilinogen enthält.

THANNHAUSER und WEISS ist es gelungen aus melaninhaltigem Harn zweier Kranker ein Brenzkatechinderivat von stark saurem Charakter zu isolieren, das als Brenzkatechinessigsäure (Homoprotokatechusäure) anzusprechen ist. Diese Säure ist ein Melanogen, das nicht die THORMAEHLENsche Reaktion gibt. Als seine Muttersubstanz kommen nur Tyrosin und Phenylalanin in Betracht. Da bei dem gewöhnlichem Abbau dieser Aminosäuren Brenzkatechinderivate nicht auftreten, und da die Nebennieren, die einen Brenzkatechinkörper, das Adrenalin, bilden, bei diesen Kranken normal waren, so kommen THANNHAUSER und WEISS zu der Annahme, daß die Zellen der melanotischen Tumoren wie die Nebennieren ein Ferment (die Brenzkatechinase) besitzen, das imstande ist, Eiweißspaltprodukte, die einen Phenylrest besitzen, in Brenzkatechinderivate umzuwandeln. Dioxyphenole entstehen auch im Reagenzglas leicht aus Monophenolen durch Oxydation, z. B. mit Wasserstoffsuperoxyd bei Gegenwart von Ferrosalz als Katalysator (K. SPIRO).

Phenole im Harn. Im Harn des Menschen ist stets Phenol (C_6H_5OH) und p-Kresol ($C_6H_4(OH)CH_3$) enthalten. Diese Körper entstammen unter normalen Verhältnissen der Eiweißfäulnis im Darm, unter pathologischen Umständen besonders Eiterungen, aber auch Infektionen ohne Eiterbildung. Bei Stauungen im Darm (Ileus) treten sie in größerer Menge auf. Auch bei Diabetikern sind sehr große Phenolmengen beobachtet worden. Sehr erhebliche, schon an der Dunkelfärbung des Harns und auch an dem charakteristischen Geruch erkennbare Phenolkonzentrationen treten bei medikamentöser Zuführung von Phenolen und bei Vergiftungen auf. Die Phenole werden mit Schwefelsäure oder Glukuronsäure gepaart ausgeschieden.

Die Phenolschwefelsäure ist von BAUMANN als Kalisalz dargestellt worden

$$C_6H_5O \cdot SO_2 \cdot OK$$
phenolschwefelsaures Kalium.

Der Phenolglycuronsäure ($C_{12}H_{14}O_7$) kommt folgende Struktur zu:

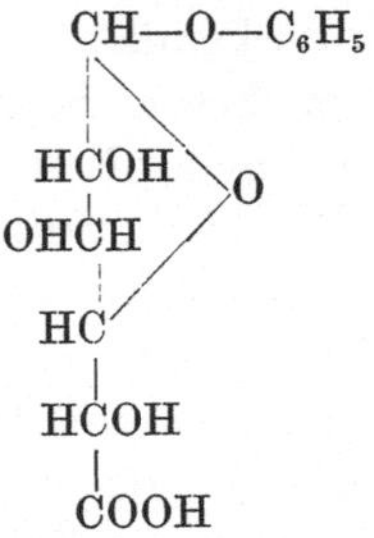

Phenolglycuronsäure.

Brenzkatechin (Orthodioxybenzol) findet sich regelmäßig im Harn des Menschen. Es stammt aus der im Pflanzenreich weit verbreiteten Protokatechusäure (Brenzcatechincarbonsäure). Nach Zuführung von Phenolen oder Benzol tritt es in größerer Menge auf.

Hydrochinon (Paradioxybenzol) ist nur nach Gebrauch von Phenol und Benzol, oder nach Verabreichung von Hydrochinon im Harn beobachtet worden. Es wird hauptsächlich in Bärentraubenblättertee zugeführt, der das Arbutin, ein Hydrochinonglykosid, enthält.

Literatur.

BATELLI, F. und L. STERN: Die Oxydationsfermente. Erg. Physiol. 12, 96 (1912) (Literatur).

BITTORF, A: Über die Pigmentbildung bei Morbus Addissonii. Arch. klin. Med. 136, 314 (1921).

BLOCH, BR. und P. RYHINER: Histochemische Studien in überlebendem Gewebe über fermentative Oxydation und Pigmentbildung. Z. exper. Med. 5, 179 (1916).

— und F. SCHAAF: Pigmentstudien. Biochem. Z. 162, 181 (1925).

BLOCH, BR.: Chemische Untersuchungen über das spezifische pigmentbildende Ferment der Haut (die Dopaoxydase). Hoppe-Seylers Z. 98, 226 (1916/17).

BRAHM, C.: Das melanotische Pigment. VIRCHOWS Arch. 253, 661 (1924).

BRECHER, L. und F. WINKLER: Übereinstimmung positiver und negativer Dopareaktion an Gefrierschnitten mit jener an Extrakten. Anz. Akad. Wiss. Wien, Math.-naturwiss. Kl. 1923, 132.

CASSIAN, zitiert nach LEWIN: Charité-Annalen 9, 677 (1884).

EPPINGER, H.: Über Melanurie. Biochem. Z. 28, 181 (1910).

FISCHER und LESCHCZINER: Diffuse Pigmentierung der Haut nach Schußverletzung in der Nebennierengegend (traumatischer Morbus ADDISON). Dermat. Wschr. 1915, Nr. 49.

LICHTWITZ, L.: Über einen Fall von Sklerodermie und Morbus Addisonii nebst Bemerkungen über die Physiologie und Pathologie des Sympathicus und der Nebennieren. Dtsch. Arch. klin. Med. 94, 567 (1908).

MIESCHER, F.: Die Pigmentgenese im Auge. Arch. mikrosk. Anat. u. Entw.mechan. 97, 326 (1923).

Moore, B. und C. Purinton: Über d. Einfluß minimaler Mengen Nebennierenextrakt auf d. akt. Blutdruck. Pflügers Arch. 81, 483 (1900).
Nothnagel, H.: Exp. Unt. ü. d. Addisonsche Krankheit. Z. klin. Med. 1, 77 (1879).
Przibram, H., J. Dembowski und L. Brecher: Einwirkung der Tyrosinase auf Dopa. Arch. Entw.-mechan. 48, 140 (1921).
Przibram, H.: Die Rolle der Dopa in den Kokonen von Nachtfaltern. Anz. Akad. Wiss. Wien, Math.-naturwiss. Kl. 1923, 127.
Raper, H. S.: Die Einwirkung von Tyrosinase auf Tyrosin. Fermentforschg 9, 206 (1928).
Salkowski, E.: Über die Darstellung und einige Eigenschaften des pathologischen Melanins II. Virchows Arch. 228, 468 (1920).
Sato, K. und L. Brecher: Kann Dopa oder Tyrosin das Chromogen bei Wirbeltieren abgeben? Anz. Akad. Wiss. Wien, Math.-naturwiss. Kl. 1923, 131.
Schmalfuss, H.: Zum Chemismus der Melaninbildung. Naturwiss. 1927, 453.
Spiro, K.: Eine neue Reaktion auf Wasserstoffsuperoxyd. Z. analyt. Chem. 55, 345 (1915).
Stoltzenberg, H. und M. Stoltzenberg-Bergins: Über Melanin und Humus. I. Hoppe-Seylers Z. 111, 1 (1920).
Thannhauser, S. J. und St. Weiss: Über das Melanogen bei melanotischen Tumoren. Kongr Inn. Med. 34, 156 (1922).
Thormählen: Mitteilung über einen noch nicht bekannten Körper im pathologischen Menschenharn. Virchows Arch. 108, 317 (1887).
Tizzoni: Über die Wirkung der Exstirpation der Nebennieren auf Kaninchen. Zieglers Beitr. 6, 1 (1889).

Siebentes Kapitel.

Bence-Jonessche Albuminurie. Amyloid. Diazo-Reaktion. Oxalsäurebildung und -ausscheidung.

1. Bence-Jonessche Albuminurie.

Im Jahre 1848 hat Bence-Jones im Harn einen Eiweißkörper gefunden, der bei Temperaturen von 40°—60° koaguliert, bei Siedehitze in Lösung geht und beim Erkalten wieder ausfällt. Die vollständige Lösung beim Kochen ist von der Konzentration des Harnstoffes und des Ammoniums abhängig. Weiterhin ist der Eiweißkörper durch Salpetersäure und Alkohol und durch Ammoniumsulfat fällbar. Auch durch Ehrlichs Aldehydreagens (Dimethylamidobenzaldehyd) wird er bei Zusatz von zwei Drittel Volumen ausgeflockt und im Überschuß wieder gelöst (E. Krauss). Wir haben in drei Fällen beobachtet, daß bei sehr langem Stehen unter aseptischen Bedingungen das ganze Bence-Jones-Eiweiß spontan ausfällt. Von verschiedenen Autoren ist der Körper in krystallinischem Zustand dargestellt worden. Eine wässerige Lösung der Krystalle verhält sich gegenüber dem Aldehydreagens und bei Kochsalzzusatz auch gegenüber Temperatureinflüssen so wie der native Eiweißkörper. Auch Spontankrystallisation ist beobachtet worden. M. Loehlein fand bei einem Falle von Bence-Jones-Urie Eiweißkrystalle in den Harnkanälchen.

Der Bence-Jonessche Eiweißkörper tritt vorwiegend bei multiplem Myelom auf, aber nicht in allen Fällen dieser Art. Vereinzelt ist er bei Osteomalacie, Sarkomatose, Hypernephrom und Leukämie gefunden worden. O. Schumm und Kimmerle sahen ihn in einem Falle von Magencarcinom, der keine anatomisch nachweisbaren Veränderungen im Knochenmark aufwies. Wir beobachteten eine Bence-Jones-Urie bei einer 66jährigen Frau, die eine mit starkem arteriellem

Hochdruck, Verlust der Fähigkeit zur Cl′-Konzentrierung und mäßiger Anämie einhergehende arteriosklerotische Nierenerkrankung hatte, bei der aber kein Myelom und auch keine der anderen Krankheiten, die für den Eiweißkörper in Betracht kommen, nachgewiesen werden konnte.

In den verschiedenen Beobachtungen schwanken die Mengen des Eiweißkörpers im Harn zwischen 0,25⁰/₀₀ und 6,7⁰/₀₀. Auch bei demselben Menschen kann die Größe der BENCE-JONES-Ausscheidung äußerst wechselnd sein, ja zeitweise sogar auf Null zurückgehen (MAGNUS-LEVY).

Der BENCE-JONES-Körper ist auch im erkrankten Knochenmark, in Lymphdrüsenmetastasen und in Exsudaten nachgewiesen worden. HEDINGER hat in den Myelomzellen des erkrankten Knochenmarks Eiweißkrystalle gefunden. Eine Isolierung aus gesundem Gewebe ist bisher nicht geglückt.

Für die Entstehung des BENCE-JONES-Körpers ist in erster Linie eine Tätigkeit der Geschwulstzellen anzunehmen. MAGNUS-LEVY hat aus seinen Beobachtungen gefolgert, daß der Körper aus dem Nahrungseiweiß stamme. ALLARD und WEBER haben diese Abhängigkeit nicht gefunden. Nach den Untersuchungen von KRAUSS ist es aber wohl sicher, daß die Menge des im Harn erscheinenden Eiweißkörpers der Größe des Eiweißumsatzes im allgemeinen und damit auch der Eiweißzufuhr parallel geht. In dem von uns beobachteten Falle, der bei einem Gesamteiweißgehalt des Harns von 5⁰/₀₀ den BENCE-JONES-Körper in Konzentrationen von 0,5—1,5⁰/₀₀ ausschied, stand die Tagesmenge des BENCE-JONES-Körpers im Zusammenhang mit dem Eiweißgehalt der Nahrung. Die BENCE-JONES-Urie steigt auch, wenn es zu einer endogenen Steigerung des Eiweißstoffwechsels kommt.

Nach ABDERHALDEN ist der BENCE-JONES-Körper ein aus körpereigenem Eiweiß und aus Nahrungseiweiß in den Tumorzellen „gebildetes Gewebseiweiß, das unabgebaut in das Blut geht und, obwohl arteigen, doch blutfremd ist und darum ausgeschieden wird". Daran ist richtig, daß der BENCE-JONES-Körper arteigen ist. Das haben ABDERHALDEN und ROSTOSKI durch Immunitätsreaktion festgestellt. Der Begriff eines arteigenen, blutfremden Eiweißkörpers ist aber nicht faßbar und mit der Nierendurchgängigkeit nicht in einen Zusammenhang zu bringen. Wir wissen, daß bluteigene Eiweißkörper sogar durch die gesunde Niere gehen, während artfremde, und somit auch blutfremde, parenteral beigebracht, abgebaut werden. Auch der BENCE-JONES-Körper wird, wie KRAUSS nachgewiesen hat, vom Menschen und vom Kaninchen nach intravenöser Zufuhr zum Teil abgebaut. Erst bei größeren Mengen tritt BENCE-JONES-Eiweiß und Serumeiweiß in den Harn über. Subkutane Injektion verursacht beim Menschen (KRAUSS) und sogar bei dem Individuum, von dem das BENCE-JONES-Eiweiß stammt (WALTMAN, W. WALTERS), ziemlich starke lokale und allgemeine Reaktionen, wie sie sonst nur von fremden Eiweißkörpern gemacht werden. Inwieweit das eine Folge der noch ganz unbekannten chemischen Eigenart ist oder des physikalisch-chemischen Zustandes, wie er nativ oder durch die Präparation besteht, kann nicht beurteilt werden. Solange wir über den Aufbau der Eiweißkörper und über die Beziehungen ihrer Struktur zu den physikalisch-chemischen Eigenschaften so wenig wissen, wird auch das Geheimnis des BENCE-JONES-Körpers nicht enthüllt werden.

Aber es ist manchmal schon etwas gewonnen, wenn man eine Erscheinung in eine Gruppe einreihen kann. So scheint eine Parallele möglich zwischen der Melanogen- und Melaninbildung durch melanotische Tumoren und der Bence-Jones-Körperbildung durch das Myelom. Und es erhebt sich die Frage, ob auch bei anderen, vielleicht bei allen bösartigen Tumoren eine abnorme Verarbeitung von Eiweiß oder Eiweißspaltstücken stattfindet. Einen Hinweis nach dieser Richtung gibt der Befund des „Albumin A", das im Tumorgewebe und im Serum Tumorkranker von H. Kahn nachgewiesen wurde.

Von allgemeinem Interesse sind auch die Beziehungen des Bence-Jones-Körpers zur Niere. Thannhauser und Krauss haben nachgewiesen, daß die kranke Niere für den Bence-Jones-Körper durchgängiger ist als die normale. Da bei fast allen Fällen von Bence-Jones-Urie anatomische Erkrankungen der Nieren festgestellt wurden, so scheint die ständige Ausscheidung des Eiweißkörpers eine Schädigung des Organs zur Folge zu haben. Wir werden später sehen, daß wir uns bei der Auffassung der Epithelialnephropathien der Ansicht der Humoralpathologen, daß eine falsche Mischung der Säfte die Nierenschädigung verursacht, sehr stark nähern. Thannhauser und Krauss haben bei einem Kranken mit Bence-Jones-Albuminurie eine primär degenerative Nierenerkrankung gesehen, die sehr rasch in „nephrotischen Nierenschwund" überging. Krauss konnte durch Injektion von Bence-Jones-Eiweiß bei Kaninchen eine Nephropathie erzeugen, deren funktionelles und anatomisches Bild im Prinzip dieser Beobachtung am Menschen entsprach.

Literatur.

Abderhalden, E. und O. Rostoski: Beiträge zur Kenntnis des Bence-Jones-E.-K. Hoppe-Seylers Z. **46**, 125 (1905).

Allard, Ed. und Weber: Über die Beziehung der Bence-Jonesschen Albuminurie zum Eiweißstoffwechsel. Dtsch. med. Wschr. **1906**, 1251.

Hedinger, E: Verh. Ges. Naturforsch. u. Ärzte **2**, 169. Wien 1913.

Kahn, H.: Die Chemie der malignen Tumoren usw. Erg. inn. Med. **27**, 365 (1925).

Krauss, E.: Studien zur Bence-Jonesschen Albuminurie. Dtsch. Arch. klin. Med. **137**, 257 (1921).

Löhlein, M.: Eiweißkrystalle in den Harnkanälchen bei multiplem Myelom. Zieglers Beitr. z. path. Anat. **69**, 285 (1921).

Magnus-Levy, O.: Über den Bence-Jonesschen Eiweißkörper. Hoppe-Seylers Z. **30**, 200 (1900).

Thannhauser, S. J. und E. Krauss: Über eine degenerative Erkrankung der Harnkanälchen bei Bence-Jonesscher Albuminurie. Dtsch. Arch. klin. Med. **133**, 183 (1920).

Walters, W.: Bence-Jones Proteinuria. J. amer. med. Assoc. **76**, 641 (1921).

2. Amyloid.

Das Amyloid wurde von Virchow im Jahre 1853 entdeckt. Virchow zeichnete das Bild der amyloiden Degeneration nach seinen morphologischen, funktionellen und ätiologischen Zügen in so vollkommener Form, daß seit dieser Zeit wesentlich Neues nicht zugefügt werden konnte. Das Amyloid, das im allgemeinen zuerst in Milz und Nieren, bald auch in der Leber entsteht, dann sich auf Nebennieren, Schilddrüse, Darm usw. erstreckt, bildet sich bei langdauernden Eiterungen, bei schwerer Tuberkulose, bei Lues, bei Lymphogranulomatose, seltener auch bei Nephritis, Tumoren, Malaria, Leukämie, Typhus, Ruhr, Gicht und Myxödem, endlich aber auch ohne erkennbare Ursache als idiopatische Amyloidose. Neben der häufigeren generalisierten Form kennen wir auch eine lokale, einzelne Organe

befallende oder in Form gut abgegrenzter Tumoren auftretende. Den häufigsten
Sitz solcher Tumoren bilden die oberen Luftwege und die Augenlider. EPPINGER
beschrieb das seltene Ereignis eines großen Amyloidtumors in der amyloident-
arteten Leber eines 19jährigen Mädchens.

Bedeutsame Ergebnisse hatte die experimentelle Erforschung der Amyloidose.
Es gelang am Tiere durch Erzeugung von Eiterungen Amyloid zu erzeugen. ZE-
NONI sah Amyloid bei Pferden, die zum Zweck der Antitoxinerzeugung mit Di-
phtheriebacillen und Toxinbouillon behandelt wurden. CZERNY, LUBARSCH und
NOVAK fanden auch aseptische Eiterung durch Terpentininjektion wirksam.
M. H. KUCZYNSKI fand bei der Fortführung der berühmten Untersuchungen von
E. GOLDMANN über celluläre Vorgänge im Gefolge des Verdauungsprozesses, daß
Mäuse nach einer längeren Zeit eiweißreicher Kost eine typische Amyloidose auf-
wiesen. Auch mit parenteraler Zufuhr von Caseinnatrium ließ sich mit großer
Sicherheit dasselbe Ergebnis erzielen (bestätigt von STRASSER). Nach KUCZYNSKI
lagert sich, wie bereits MAXIMOW für die Pferdeleber angegeben hatte, bei der
Maus das Amyloid, ganz unabhängig von seiner enteral-resorptiven oder infektiös-
toxischen Genese, in krystallinischer Form ab. Schon seit langem ist bekannt,
daß die Milz das zuerst an Amyloid erkrankende Organ darstellt. KUCZYNSKI
stellte eine unmittelbare Beziehung der Lymphknötchen der Milz, besonders ihres
reaktiven lymphoblastischen Anteils, zu der Eiweißresorption fest. Er zeigte,
daß eine Bildung mannigfach ausdifferenzierten hämatopoetischen Gewebes am
abnormen Ort neu einsetzt, wenn durch abnorm gefügte Bedingungen im Organismus Ernährungsstoffe als heterotope Reize vom Kreislauf aus zur Wirkung
gelangen. „Die Hämatopoese lympho-leukocytärer Zellen steht tatsächlich in
engster Beziehung zu der Ernährung und zum Abbau der Nährstoffe.“ Da das
Amyloid unter gewissen Bedingungen eine Ernährungsfolge ist — wofür auch
einige Beobachtungen aus der Veterinärmedizin sprechen —, und da die gleiche
Bedingung zu abnormen Blutbildungsprozessen führt, so sind wir vielleicht im
Begriff einen Lichtschimmer in das schaurige Dunkel zu bringen, das über der
Genese der Lymphogranulomatose und anderer Krankheiten lastet. Daß es sich
bei der Amyloidose einerseits, der Pseudoleukämie und verwandten Prozessen
andererseits um Vorgänge handelt, deren formale Genese Berührungspunkte hat,
geht aus der Beschreibung des Amyloids der Lymphknoten hervor, wie sie VIR-
CHOW gegeben hat. „In allen Fällen“, sagt VIRCHOW, „beginnt die Erkrankung
der Lymphdrüsen in den corticalen Follikeln auf derjenigen Seite, wo die zu-
führenden Lymphgefäße in die Drüse eintreten; von da aus schreitet sie nach
und nach gegen die Marksubstanz fort, ohne diese jedoch für gewöhnlich zu erreichen. In dieser Weise verändert sich eine Drüse nach der anderen, und zwar
in der Reihenfolge, daß zuerst die mehr peripherischen leiden und dann eine nach
der anderen in der Richtung des Lymphstromes aufeinander folgender Drüsen.—
Der Gang der amyloiden Erkrankung entspricht demnach in vielen Stücken dem-
jenigen, welchen wir bei der sekundären Lymphdrüsenschwellung der Scrofulösen,
Krebsigen, Typhösen beobachten“.

Aus dieser Schilderung und aus der Beobachtung KUCZYNSKIS geht hervor,
daß die Amyloidbildung einem Resorptionsprozeß nachfolgt. Bei der Maus genügt
eine Überschwemmung des Organismus mit artfremdem Eiweiß. Der Fleischfresser wird vermutlich auf diese Bedingung nicht reagieren.

Das Amyloid ist durch seine Homogenität, durch Glätte, Härte, eigenartigen Glanz, sowie durch sein färberisches Verhalten gegen Jod, Jod-Schwefelsäure und Methylviolett charakterisiert.

Das Amyloid ist ein Eiweißkörper; es ist unlöslich in Wasser, Alkohol und Äther, löslich in verdünnter Lauge. Gegenüber Verdauungsfermenten ist es widerstandsfähiger als andere Eiweißkörper; aber es ist nicht unverdaulich. Die Verdauungsprodukte sind in Säuren, also auch in Pepsin-Salzsäure, unlöslich, leicht löslich dagegen in Alkalien.

Einen großen Fortschritt machte die Kenntnis des Amyloids, als Oddi in ihm die Chondroitinschwefelsäure entdeckte. Diese Säure ist von C. Th. Moerner zuerst gefunden und als ein normaler Bestandteil aller Knorpel erkannt worden. A. P. Krawkow stellte sie in allen den normalen Geweben fest, die kollagenreich sind oder reichliche Mengen elastischer Elemente enthalten. Moerner fand sie auch in Chondromen und im Harn. Die Chondroitinschwefelsäure ist in allen Amyloidpräparaten gefunden worden, die durch chemische oder fermentative Methoden aus den Geweben isoliert waren. Vermißt wurde sie aber, wenn das Amyloid auf mechanischem Wege gewonnen (O. Hanssen) oder von der Natur in reiner Form dargeboten wurde (Eppinger). Daraus darf bislang nur geschlossen werden, daß die Chondroitinschwefelsäure nicht notwendigerweise in den Amyloidkomplex eintritt. Daß zwischen dieser Säure und dem Amyloideiweiß ein Zusammenhang besteht, geht daraus hervor, daß R. Oddi, Krawkow und Hanssen die Chondroitinschwefelsäure nicht in normalen Lebern, Milzen und Nieren, sondern nur in amyloiderkrankten fanden. K. Dresel beobachtete sie in vermehrter Menge im Blutserum von Menschen mit Amyloid- oder Lipoidnephropathie. K. Dietl fand sie vermehrt im Harn bei Amyloidose, aber auch bei schwerer Tuberkulose ohne Amyloid.

Schmiedeberg hat die Chondroitinschwefelsäure chemisch untersucht. Er kam zunächst zu dem Ergebnis, daß sie aus Glykosamin, Glykuronsäure, Essigsäure und Schwefelsäure besteht. P. A. Levene und F. B. la Forge vertreten eine in manchen Beziehungen abweichende Auffassung. In einer späteren Arbeit stimmt Schmiedeberg Levene und la Forge in dem einen Punkte zu, daß die Säure auf ein Atom N einen Essigsäurerest enthält. Bezüglich des N-haltigen Bausteins bestehen noch Differenzen. So sind Orgler und Neuberg der Meinung, daß der N-haltige Bestandteil Tetraoxyaminokapronsäure sei. S. Fränkel erklärt ihn als Aminoglykuronsäure. Nach Schmiedeberg hat die Chondroitinschwefelsäure die Bruttoformel: $C_{34}H_{54}N_2S_2O_{34}$. Sie ist zusammengesetzt aus Chondroitin und Schwefelsäure. Schmiedeberg nimmt an, das dieser Körper als Nebenprodukt bei der Umwandlung von Eiweiß in Kollagen entsteht.

Die Elementaranalyse des Eiweißkörpers hat ergeben, daß das Verhältnis N : C ebenso liegt wie im Serumalbumin und Serumglobulin (Schmiedeberg). Der Schwefelgehalt schwankt nach den Angaben in der Literatur zwischen 1,3 und 2,9%. Eppinger hat in seinem Amyloid keinen Schwefel und kein Cystin gefunden. Neuberg hat in einem Amyloid sehr viel Leucin, Arginin und Lysin, aber kein Histidin gefunden. M. Mayeda untersuchte unter Kossels Leitung ein Amyloid, das Histidin und in sehr geringer Menge Diaminosäuren enthielt. Die dritte vorliegende Analyse stammt von Eppinger; sie stimmt im Prinzip mit der Neubergs überein.

In dieser Frage klar zu sehen ist deshalb sehr wichtig, weil an der Zusammensetzung des Amyloids die Frage entschieden werden kann, ob wir es hier mit einem Eiweißabbauprodukt zu tun haben oder nicht. Nach den Ergebnissen der Elementaranalyse und nach dem Befunde von Mayeda ist zu schließen, daß das Amyloid ein unabgebauter Eiweißkörper sein kann, während die Resultate von C. Neuberg und Eppinger daran zweifeln lassen, daß es unter allen Umständen so sein muß. „Wenn das Amyloid aus dem Globulin und dem Serumalbumin nicht durch eine fermentative Spaltung der letzteren und nicht aus einem Spaltprodukt gebildet wird, so darf man schließen, daß seiner Entstehung das Gegenteil zugrunde liegt: eine verhinderte Spaltung" (Schmiedeberg). Es ergibt sich dann die Vorstellung, daß die Serumproteine, die in die interstitielle Gewebsflüssigkeit übergehen, um in Gewebs- und Zelleiweiß umgewandelt oder aufgespalten zu werden, zur Ablagerung kommen, weil diese Umsetzungen nicht erfolgen können. Wir dürfen annehmen, daß die Aufnahme von Eiweißkörpern durch Adsorption an Zell- oder Faseroberflächen erfolgt. Es ist eine bekannte Erscheinung, die auch sonst in der Physiologie und Pathologie eine Rolle spielt, daß kolloidale Stoffe (und besonders auch Eiweißkörper), wenn sie an einer Oberfläche angereichert werden, in den Gelzustand übergehen. Diese Auffassung, daß das Eiweiß für die Bildung des Amyloids von außen in die Organe gelangt, die Organe infiltriert, wird auch von M. B. Schmidt (zitiert nach E. Leupold) vertreten. Indem also das Amyloid durch groteske Übertreibung des Physiologischen eine Stufe im intermediären Eiweißstoffwechsel sichtbar macht, die sich sonst der Wahrnehmung entzieht, wird das Studium seiner morphologischen, chemischen und — eine Frage, die bisher noch nicht beachtet worden ist — fermentativen Wesensart zu einem Problem größten biologischen Interesses.

Das Amyloid ist als gefälltes Eiweiß aufzufassen, wie die hyaline Substanz, mit der es vergesellschaftet gefunden wird. Das Hyalin wird als eine Zwischenform zwischen Eiweiß und Amyloideiweiß angesehen. Es gibt zuweilen wie Amyloid eine Farbenreaktion mit Methylviolett. Nach Schmiedeberg ist es wahrscheinlich, daß diese Reaktion nicht auf einer besonderen Substanz des Amyloids beruht, sondern auf seinem Vermögen sich zu färben.

Die Färbungen, die das Amyloid mit Jod und Jod-Schwefelsäure annimmt, haben Veranlassung gegeben nach einem Kohlehydrat im Amyloid zu suchen. Diese Versuche sind negativ ausgefallen. Man muß daher annehmen (Schmiedeberg), daß das Hyaloidin des amyloidbildenden Eiweißkörpers entweder abgespalten (und in Chondroitin umgewandelt) oder so verändert ist, daß es wohl noch die Jodreaktion ergibt, aber nicht mehr Kupferoxyd reduziert. Im Falle der vollen Abspaltung müßte die Jodreaktion fehlen. Und in der Tat kommt ein Amyloid, das achromatische Amyloid, vor, das mit Jod nicht reagiert. Ist es eine Gruppe im Amyloideiweißmolekül, die die Jodfärbung gibt, so muß es möglich sein diese Gruppe zu isolieren. Dieser Versuch ist Leupold gelungen. Leupold konnte auch durch Behandlung von Amyloid mit Alkalien (Barytwasser) ein achromatisches Amyloid erzeugen.

Es gibt Amyloid, das nur die Methylviolettreaktion aufweist (gewöhnlich junges Amyloid); es gibt Amyloid, das sich mit Jod und Schwefelsäure, aber nicht mit Jod allein und nicht mit Methylviolett färbt (Leupold); es gibt chromatisches Amyloid neben achromatischem; es gibt Amyloid mit und ohne Gehalt von Chondroitinschwefelsäure.

Alle diese Besonderheiten können im Rahmen der Theorie von SCHMIEDEBERG verstanden werden.

Bei Untersuchungen über die Ausscheidung intravenös einverleibten Kongorots (nach der Methode von W. GRIESBACH) hat H. BENNHOLD die Beobachtung gemacht,daß Amyloidkranke in 1 Stunde 40% des injizierten Farbstoffs aus dem Plasma verlieren, während bei Normalen der Verlust nur 20% beträgt. Er fand weiter, daß Amyloid sich vital mit Kongorot färbt, und daß amyloide Gewebsstücke noch aus einer Kongorotlösung von 1:400 die Farbe aufnahmen.

Wie E. SCHÖNBERGER und J. ROSENBLATT können wir diese Angaben bestätigen. Die Farbstoffbindung ist eine Reaktion, mit der man das Vorhandensein von Amyloid in einem Teil der Fälle intra vitam feststellen kann, während in einem anderen Teil aus noch unbekannten Gründen die Probe negativ ausfällt.

F. GÜNTHER und R. MEYER-BISCH finden bei Amyloidkranken eine beträchtliche Steigerung der Ausscheidung von Neutralschwefel, die in zweifelhaften Fällen zur Diagnose des Amyloids verwertet werden kann.

Literatur.

BENNHOLD, H.: Über die Ausscheidung intravenös einverleibten Kongorots, insbesondere bei Amyloidosen. Dtsch. Arch. klin. Med. **142**, 32 (1923).

DIETL, K.: Über Chondroiturie bei Amyloidose. Beitr. klin. Tbk. **51**, 18 (1922).

DRESEL, K.: Chondroitinschwefelsäure im Serum. Klin. Wschr. **1923**, 2344.

EPPINGER, H.: Zur Chemie der amyloiden Entartung. Biochem. Z. **127**, 107 (1921).

FRÄNKEL, S.: Über Chondroitinschwefelsäure. Ann. Chem. u. Pharmaz. **351**, 344 (1906).

GÜNTHER, F. und R. MEYER-BISCH: Einfluß des Tuberkulins auf den Schwefelstoffwechsel. Biochem. Z. **150**, 224 (1924).

HANSSEN, O.: Ein Beitrag zur Chemie der amyloiden Entartung. Ebenda **13**, 185 (1908).

KRAWKOW, A. P.: Beiträge zur Chemie der Amyloidentartung. Arch. f. exper. Path. **40**, 195 (1898).

KUCZYNSKY, M. H. (1): Neue Beiträge zur Lehre vom Amyloid. Klin. Wschr. **1923**, 727. — (2): Untersuchungen über celluläre Vorgänge im Gefolge des Verdauungsprozesses. Virchows Arch. **239**, 185 (1922).

LEVENE, P. A. und F. B. LA FORGE: Über Chondroitinschwefelsäure. J. of biol. Chem. **15**, 69, 155 (1913); **18**, 123 (1914); **20**, 433 (1915).

LEUPOLD, E.: Untersuchungen über die Mikrochemie und Genese des Amyloids. Zieglers Beitr. z. path. Anat. **64**, 347 (1919).

MAYEDA, M.: Über das Amyloidprotein. Hoppe-Seylers Z. **58**, 469 (1908/09).

NEUBERG, C.: Über Amyloid. Verh. dtsch. path. Ges. **1904**, 19.

ODDI, R.: Über das Vorkommen von Chondroitinschwefelsäure in der Amyloidleber. Arch. f. exper. Path. **33**, 376 (1894).

ORGLER, A. und C. NEUBERG: Über Chondroitinschwefelsäure. Hoppe-Seylers Z. **37**, 407 (1903).

SCHMIEDEBERG, O. (1): Über die Beziehungen des Hyaloidins zu der Bildung der Chondroitinschwefelsäure, des Collagens und des Amyloids. Arch. f. exper. Path. **87**, 47 (1920). — (2): Über die chemische Zusammensetzung des Knorpels. Ebenda **28**, 355 (1891).

SCHÖNBERGER, E. und J. ROSENBLATT: Über intravenöse Kongorotinjektionen nach BENNHOLD. Wien. klin. Wschr. **1925**, 1113.

STRASSER, U.: Über experimentelle Amyloidose. Z. ges. exp. Med. **36**, 388 (1923).

3. Die Diazoreaktion des Harns.

PAUL EHRLICH (1882) hat die Entdeckung gemacht, daß Menschenharn unter gewissen Umständen mit einer Diazoniumverbindung bei Zufügung von Ammoniak eine durch Rotfärbung charakteristische Reaktion gibt. Die von GRIESS im Jahre 1860 entdeckten Diazoverbindungen, die besonders in der Anilinfarbentechnik eine sehr große Bedeutung erlangt haben, bilden sich aus aromatischen Aminen durch Behandlung mit salpetriger Säure bei Gegenwart freier Mineralsäure. EHRLICH wählte als aromatisches Amin die Sulfanilsäure (= p-Amidobenzolsulfosäure) in salzsaurer Lösung (= Diazoreagens I) und behandelte sie mit einer äquivalenten Lösung von Natriumnitrit (Diazoreagens II). Eine Diazoniumverbindung entsteht nach folgender Gleichung:

$$C_6H_5 \cdot NH_2 \cdot HNO_3 + HNO_2 = C_6H_5 \cdot N \cdot N \cdot NO_3 + 2\,H_2O$$
Anilinnitrat   Benzoldiazoniumnitrat

Die Sulfanilsäure ist wahrscheinlich ein inneres Salz.

$$C_6H_4 \!\!\begin{array}{c} \diagup SO_3 \diagdown \\ \diagdown NH_2 \diagup \end{array}$$
Sulfanilsäure

Beim Behandeln mit Natriumnitrit und Mineralsäure entsteht aus ihr die

$$C_6H_4 \!\!\begin{array}{c} \diagup N_2 \diagdown \\ \diagdown SO_3 \diagup \end{array}$$
Benzol-p-diazoniumsulfosäure

Die Diazoniumkörper sind außerordentlich reaktionsfähig. Die Reaktionen erfolgen teils in der Weise, daß die beiden Stickstoffatome austreten, teils so, daß die Stickstoffatome im Molekül verbleiben. Die Reaktionen dieses zweiten Typus haben für uns Interesse. Durch Einwirkung primärer und sekundärer aromatischer Amine auf Diazoniumsalze entstehen die Diazoamidoverbindungen:

$$C_6H_5N_2Cl + NH_2 \cdot C_6H_5 = C_6H_5N_2 \cdot NH \cdot C_6H_5 + HCl$$
Benzoldiazoniumchlorid   Anilin   Diazoamidobenzol

Die Diazoamidokörper lagern sich in die isomeren Amidoazokörper um.

$$C_6H_5N = N \cdot NH\!\!\left\langle\!\!\!\bigcirc\!\!\!\right\rangle\!\!H \quad\longrightarrow\quad C_6H_5N = N\!\!\left\langle\!\!\!\bigcirc\!\!\!\right\rangle\!\!NH_2$$
Diazoamidobenzol   Amidoazobenzol

Viele Derivate des Amidoazobenzols bilden Farbstoffe.

So entsteht aus der von EHRLICH für seine Harnreaktion verwandten Benzoldiazoniumsulfosäure und Dimethylanilin eine Amidoazoverbindung, das Helianthin, dessen Natriumsalz unter dem Namen „Methylorange" als Indikator verwandt wird.

Weiter geben die Diazoniumverbindungen bei Gegenwart von Alkali mit Phenolen Oxyazoverbindungen

$$C_6H_5 \cdot N_2 \cdot Cl + C_6H_5OH \quad\longrightarrow\quad C_6H_5N = N \cdot C_6H_4OH + HCl$$
Benzoldiazonium-   Phenol   Oxyazobenzol
chlorid

Bei der Reaktionsfähigkeit der Diazoniumverbindungen ist es wahrscheinlich, daß sich im Harn verschiedene Stoffe finden, die gefärbte Azo- oder Oxyazokörper geben. Die Reaktion nach EHRLICH tritt nicht im normalen Harn auf, sondern nur unter Verhältnissen, die einen krankhaften Eiweißzerfall zur Folge haben. Nach L. HERMANNS und P. WEISS kann man sie im normalen Harn durch starke Einengung erzeugen.

WALLACH hat bereits im Jahre 1886 das Verhalten heterozyklischer Verbindungen gegenüber Diazoniumverbindungen untersucht und Azokörper aus Imidazol hergestellt. R. BURIAN hat diese Forschungen erweitert, indem er sie auf die dem Imidazol verwandten Purine (s. S. 62) ausdehnte. H. PAULY hat festgestellt, daß von allen bekannten Aminosäuren nur Tyrosin und Histidin eine positive Diazoreaktion geben, und zwar auch noch dann, wenn sie sich im festen Verbande des Eiweißmoleküls befinden.

Weiter ergab sich, daß aromatische Oxysäuren und aromatische oder heterozyklische Amine und Oxyindolessigsäure als Kupplungskörper in Betracht kommen.

Aus diesen für die Diazoreaktion des Harns grundlegenden Arbeiten ergibt sich also die Möglichkeit, daß Tyrosin, Histidin, aromatische Oxysäuren und Purinbasen die EHRLICHsche Reaktion geben, da alle diese Körper im Harn auftreten können.

PAULY stellt die Reaktion mit möglichst wenig Sulfanilsäure und in sodaalkalischer Lösung an und findet sie auch im nativen normalen Harn positiv.

Eine eigelbe Reaktion fand EHRLICH in Harnen, die auf die Anwesenheit eines Gallenfarbstoffderivates verdächtig waren. Spätere Untersuchungen (THOMAS, H. FISCHER) zeigten, daß Urobilinogen eine solche Färbung verursacht.

BONDZYNSKI und GOTTLIEB haben die Proteinsäuren des Harns entdeckt, von denen eine, die Antoxyproteinsäure, eine Diazoreaktion gibt. Während nach den Untersuchungen von S. EDLBACHER die Oxyproteinsäure ein Kunstprodukt ist, stellt die Antoxyproteinsäure einen peptidartigen Körper dar, an dessen Aufbau Monoaminosäuren, Arginin, Histidin und Lysin beteiligt sind. Der Träger der Diazoreaktion der Antoxyproteinsäure ist das Histidin.

Man hat Beziehungen der Proteinsäuren zu Harnfarbstoffen, besonders zum Urochrom, angenommen. M. WEISS hat das Urochromogen als den Träger der Diazoreaktion bezeichnet. Das Urochromogen bestimmt WEISS durch Titration mit Permanganat. Diese „Urochromogenreaktion" geht nach den vielseitig bestätigten Untersuchungen von WEISS der EHRLICHschen Diazoreaktion parallel und hat sich als klinisch brauchbar erwiesen. HERMANNS und SACHS erheben aber mit Recht Bedenken dagegen, daß es sich um eine Urochromogenreaktion handelt, da die Reaktion mit Permanganat ganz allgemein Doppelbindungen anzeigt und demnach sehr vieldeutig ist. Es ist WEISS nicht gelungen den Azofarbstoff analysenrein zu gewinnen.

HERRMANNS und SACHS haben einen besseren Erfolg gehabt. Sie konnten aus Tuberkuloseharn den Azofarbstoff krystallinisch darstellen und zeigen, daß es sich — sehr wahrscheinlich — um ein Oxydationsprodukt des Tyrosins handelt, das als Ätherschwefelsäure zur Ausscheidung kommt. Bei einer Patientin mit Leberkrebs isolierten sie den Azofarbstoff der Oxyindolessigsäure.

Die nach BAUMANN aus Tuberkuloseharn dargestellten Ätherschwefelsäuren geben starke Diazoreaktion. L. HERMANNS fand in dieser Fraktion nach Kuppelung mit Dichlordiazobenzol einen Farbstoff, dessen Analyse eine elementare Zusammensetzung des kuppelnden Phenols zu $C_8H_6O_4$ ergab, wahrscheinlich ein

Kumaron $\left(C_6H_4\diagup\!\!\!\!\!\!\genfrac{}{}{0pt}{}{CH}{O}\diagdown\!\!\!\!\!\!CH \right)$

mit Phenolgruppen. H. REINWEIN isolierte aus einem Harn eines Schwerleberkranken eine krystallinische eigelbe Substanz (Uroflavin), die eine starke Diazoreaktion gab. Aus diesen Befunden geht hervor, daß die Diazoreaktion nicht für einen Körper charakteristisch, sondern gruppenspezifisch ist.

K. SPIRO und C. EGG haben beobachtet, daß sich verdünnter Harn mit einer Alkalinitritlösung bei saurer Reaktion gelb färbt, und zwar unter pathologischen Umständen stärker als unter normalen. Für den chemischen Vorgang kommen drei Möglichkeiten in Betracht: eine Nitrosylierung cyklischer oder die Sulfhydrylgruppe tragender Verbindungen, eine Oxydation oder eine Entstehung von cyklischen Nitrokörpern. Die Untersuchung hat ergeben, daß es sich sehr wahrscheinlich um den dritten Modus, und zwar um die Nitrierung aromatischer polyphenolartiger Substanzen (besonders auch der Brenzkatechinderivate) handelt.

Die Nitritreaktion fällt nicht vollständig mit der Diazoreaktion zusammen; sie umfaßt nur eine kleine Gruppe, besitzt aber eine größere Empfindlichkeit. SPIRO und EGG haben eine Methode ausgearbeitet, die eine graduelle Abschätzung der Reaktion gestattet. Die klinische Anwendung hat O. MERKELBACH eingeleitet.

Bereits EHRLICH hat entdeckt, daß auch der Gallenfarbstoff in saurer Lösung mit Diazoniumsalzen kuppelt. Der Bilirubinnachweis im Serum mit Hilfe der Diazoreaktion ist nach den Forschungen von HIJMANS VAN DEN BERGH eine gebräuchliche klinische Methode geworden (s. S. 419).

Literatur.

BONDZYNSKI, ST. und R. GOTTLIEB: Oxyproteinsäure. Zbl. med. Wiss. **33**, 577 (1897).

CLEMENS, P.: Diazoreaktion des Harns. Dtsch. Arch. klin. Med. **63**, 74 (1899).

EDLBACHER, S.: Über die Proteinsäuren des Harns. Hoppe-Seylers Z. **120**, 71 (1922); **127**, 186 (1923); **131**, 177 (1923).

EHRLICH, P.: Über eine neue Harnprobe. Z. klin. Med. **5**, 295 (1882).

FISCHER, H.: Zur Frage der Bindung der Purinbasen im Nucleinsäuremolekül. Hoppe-Seylers Z. **60**, 69 (1909).

HERRMANNS, L.: Über das Wesen der EHRLICHschen Diazoreaktion. Ebenda **122**, 98 (1922).

— und P. SACHS: Über das Wesen der EHRLICHschen Diazoreaktion. Ebenda **114**, 79, 88 (1921); **122**, 98 (1922).

HUBER: Die EHRLICHsche Diazoreaktion. Inaug.-Diss. Bern 1910.

MERKELBACH, O.: Die klinische Verwertbarkeit der Nitritreaktion. Z. klin. Med. **110**, 428 (1929).

MÖRNER, C. TH.: Chemische Studien über den Trachealknorpel. Skand. Arch. Physiol. **1**, 216 (1889).

PAULY, HERM. (1): Über die Konstitution des Histidins. Hoppe-Seylers Z. **42**, 508 (1904).

— (2): Zur Kenntnis der Diazoreaktion des Eiweißes. Ebenda **94**, 284 (1915).

REINWEIN, H.: Über das Uroflavin, einen neuen pathologischen Harnbestandteil. Z. exper. Med. **42**, 228 (1924).

SPIRO, K. und C. EGG: Pigmente und Chromogene des Harns. Verh. Ges. dtsch. Naturforsch. in Basel **38**, 125 (1927).

THOMAS, K.: Über die klinische Bedeutung des Urobilinogens. Z. klin. Med. **64**, 247 (1907).

WEISS, M. (1): Die Farbstoffanalyse des Harns. Biochem. Z. **102**, 228 (1920); **112**, 61 (1920).

— (2): Über das Chromogen des Urochroms als Ursache der EHRLICHschen Diazoreaktion. Beitr. Klin. Tbk. **8**, 177 (1908).

4. Oxalsäurebildung und -ausscheidung.

Unter Oxalurie versteht man das Vorhandensein von Calciumoxalatkrystallen $\left(\begin{smallmatrix} COO \\ COO \end{smallmatrix}\!\!>\!Ca\right)$ im frisch entleerten Harn. Dieser Befund ist außerordentlich häufig, ohne daß irgendwelche lokale oder allgemeine Symptome vorhanden sind. Man hat früher die Oxalurie mit einer Fülle subjektiver Beschwerden in Zusammenhang gebracht (PROUT, GOLDING-BIRD, CANTANI) und als selbständiges Krankheitsbild aufgefaßt. Auch neuerdings spricht man wieder von einer Beziehung der Oxalate zu Neuralgie und Rheumatismus (J. LLEWELLYN, M. KAHANE) oder zu banalen Darmsymptomen (Verstopfung, Flatulenz, Tympanie) (P. CASTELLINO). Sicher ist, daß die Oxalatkrystalle lokale Beschwerden in den abführenden Harnwegen verursachen können (Harndrang, leichte Urethritis, leichte Hämaturie, Schmerzen) und dadurch bei disponierten Individuen die Veranlassung zu hypochondrisch-ängstlicher Verstimmung mit allen ihren Folgen geben. In dieser Beziehung verhält sich die Oxalurie ebenso wie die Phosphaturie. Zu solchen Folgen gehören auch Erscheinungen vonseiten des Magendarmkanals, Schmerzen, die in den Rücken und in die Hoden ausstrahlen und dergleichen mehr. Diese nervösen Zustände sind also die Folgen einer mechanischen schmerzhaften Reizung der Schleimhaut der abführenden Harnwege. Und diese Zustände sind um so häufiger, als die Oxalurie (ebenso wie die Phosphaturie) bei nervös Erregbaren und Erschöpfbaren, vor allem auch als Zeichen sexueller Schwäche, besonders leicht und oft eintritt.

Man hat früher die Bedeutung der Oxalurie deswegen überschätzt, weil man glaubte, daß das Ausfallen des Oxalats im Harn gleichbedeutend mit einer pathologischen Steigerung der Oxalsäureausscheidung und demgemäß der Oxalsäurebildung sei, also eine intermediäre Stoffwechselanomalie anzeige. Das ist aber ganz und gar nicht richtig.

Physiologie und Pathologie des Oxalsäurestoffwechsels. Oxalsäure ist ständig im normalen Harn des Menschen enthalten. Die Tagesmenge beträgt 15—20 mg. Ein Teil dieser Oxalsäure entstammt der Nahrung. Im Pflanzenreich ist Calciumoxalat und saures oxalsaures Kalium weit verbreitet. Besonders die jungen grünen Pflanzenteile enthalten diese Salze, die hier Stoffwechselendprodukte sind, in krystallinischer Form. Nach der Aufnahme in den Magen können diese Salze gelöst werden. Die Löslichkeit und somit die Resorption gehen am besten bei hoher Salzsäurekonzentration und Abwesenheit löslicher Kalksalze vonstatten. Da diese Bedingungen sehr stark wechseln, so schwankt auch die Resorption des Oxalats im Magendarmkanal.

Nach den Untersuchungen von G. GAGLIO, KLEMPERER und TRITSCHLER, J. POHL, E. St. FAUST wird injizierte Oxalsäure quantitativ mit dem Harn ausgeschieden, ist also im intermediären Stoffwechsel unangreifbar. DAHM und RUKUSSEN dagegen konnten die subkutan eingeführte Oxalsäure nicht im ganzen Betrage wiederfinden. Im Organbreiversuch ergab sich ein geringer Oxalsäureverlust (STOKVIS, E. SALKOWSKI, F. SARVONAT, J. LÖPER u. a.).

Die Beurteilung der Fragen des Oxalsäurestoffwechsels ist schwierig, weil die Methode von SALKOWSKI, die bis vor kurzer Zeit angewandt wurde, nach den Untersuchungen von W. HEUBNER und GADAMER keine zuverlässigen Resultate gibt.

Für die Beurteilung der endogenen Oxalsäurebildung ist es wichtig zu wissen, ob Oxalsäure im Tierkörper gestapelt wird. Eine Stapelung wurde im allgemeinen bisher nicht angenommen. A. Renner macht aber darauf aufmerksam, daß in Vergiftungsfällen, wie sie Umber mitgeteilt hat, noch in der zweiten Woche nach der Vergiftung erhebliche Mengen ausgeschieden wurden, die also tatsächlich im Körper zurückgehalten waren. Nach Tierexperimenten kommen Knochen, Niere und Gehirn als Aufbewahrungsorte in Betracht.

Indessen beweisen diese Beobachtungen nichts über eine physiologische Stapelung. Aus eigenen Erfahrungen wissen wir, daß Oxalsäurevergiftungen erhebliche und langdauernde Funktionsstörungen der Niere verursachen, ohne daß wesentliche andere Symptome einer Nierenschädigung bestehen. Wenn unter solchen Verhältnissen, unter denen das Hauptausscheidungsorgan versagt oder auch mit maximaler Kraft die aufgenommene Oxalsäure entfernt, die Beseitigung der sehr erheblichen Gesamtmenge längere Zeit braucht, so kann daraus nicht gefolgert werden, daß die physiologischerweise aufgenommenen oder intermediär gebildeten kleinen Oxalatmengen nicht im Tempo ihres Auftretens ausgeschieden werden. Die Feststellung von J. Loeper, der Oxalsäure im gichtischen Tophus bis zu 3% der Trockensubstanz, ziemlich große Mengen im Gehirn eines Diabetikers, krystallinische Ablagerungen im Nervus ischiadicus und Plexus abdominalis fand, steht bisher vereinzelt da. Salkowski hat in der Rindergalle 21mg $^0/_{00}$ Oxalsäure gefunden. In Menschengalle habe ich wiederholt sehr kleine Mengen festgestellt.

Das Oxalat, das der Resorption entgeht, verfällt der Zerstörung durch die Darmbakterien. N. Stradomskj und G. Klemperer und F. Tritschler haben gezeigt, daß menschliche Fäzes und faulendes Fleisch bei Bluttemperatur bis zu 96% zugesetzter Oxalsäure abbauen.

Außer dem vorgebildeten Oxalat enthält die Nahrung Oxalsäurebildner. Von diesen entspricht ein Teil vollkommen dem Ausgangsmaterial, aus dem im Hungerstoffwechsel Oxalat entsteht. Unter gewissen Verhältnissen entsteht sie aber auch aus Kohlehydraten im Darm und zwar durch Mikroorganismen. D. de Sandro hat aus Fäzes das Bacterium oxalatigenum gezüchtet, das aus Kartoffeln, Kastanien, Zerealien und Leguminosen Oxalat bildet. W. Autenrieth und Barth haben bei Typhus abdominalis eine vermehrte, P. Rosenberg hat bei einigen Fällen von Enteritis eine ungeheure Oxalsäureausscheidung im Harn (größte Tagesmenge 124 mg bei oxalatfreier Kost) gefunden. Dieser Teil der exogenen Oxalsäurebildung ist nicht auf den Darm beschränkt. Autenrieth und Barth fanden Oxalsäurevermehrung bei vorgeschrittener Lungentuberkulose, A. Mayer bei kavernöser Phthise. Eine zwar quantitativ nicht bestimmte, aber zweifellos ganz ungeheure Oxalsäurebildung beschrieb P. Fürbringer bei einem Diabetiker, der an einer durch Aspergillus niger bedingten Lungengangrän litt. Hier fanden sich auch Oxalatkrystalle in dem hämorrhagischen Sputum. Da der Aspergillus niger aus Zucker Oxalsäure bildet, so ist der Zusammenhang der Hyperglykämie mit der Oxalatbildung geklärt.

Man muß also bei der exogenen Quote der Oxalsäureausscheidung unterscheiden: die präformierte Oxalsäure und die Oxalsäuremuttersubstanzen, unter diesen solche, die physiologischen intermediären Prozessen unterworfen werden, und solche, die im Darm oder in anderen Organen dem Abbau durch Mikroorganismen verfallen.

Auch bei einer Nahrung, die frei von Oxalat und Oxalatbildnern ist, scheiden Hund und Mensch Oxalsäure aus (A. AUERBACH, MILLS). H. LÜTHJE fand beim Hund am 12. bis 16. Hungertag noch durchschnittlich im Tag 9 mg. Ebenso verhält sich der Mensch (MOHR und SALOMON). Als Ausgangsmaterial dieser endogenen und der oben bezeichneten Teile der exogenen Oxalsäurebildung können Kohlehydrate und Fette mit Sicherheit ausgeschlossen werden. Auch die Prüfung der Nukleoproteide hat ein negatives Resultat ergeben. F. LOMMEL beobachtete zwar nach Verfütterung großer Mengen Kalbsthymus einige Male Steigerung der Ausscheidung. Aber LÜTHJE sowie MOHR und SALOMON haben diesen Befund nicht erhoben. Zudem hat A. CIPOLLINA in der Kalbsbries 11,5—25,4 mg °/$_{00}$ O. gefunden, so daß der von F. LOMMEL beobachtete Zuwachs (Maximum 30 mg) ausreichend erklärt erscheint. Die Oxalsäureausscheidung erfährt deutliche Steigerung nach Verfütterung von Leim und leimgebenden Geweben (LOMMEL, MOHR und SALOMON, L. LICHTWITZ und W. THÖRNER). KLEMPERER und TRITSCHLER haben die Ursache in dem Glykokollgehalt des Leimes (16,5—19,2%) vermutet und auch nach Glykokollfütterung eine Vermehrung der Oxalsäure gefunden. Das konnten aber SATTA und GASTALDI und LICHTWITZ und THÖRNER nicht bestätigen.

Schon vor langer Zeit hat KÜHNE die Vermutung ausgesprochen, daß Kreatin in Oxalsäure übergeht. KLEMPERER und TRITSCHLER haben das in ihren Versuchen bestätigt gefunden. G. MEISSNER und C. VOIT haben aber festgestellt, daß Kreatin — einem Tiere gegeben — in seiner ganzen Menge im Harn erscheint. Da Kreatin in den Muskeln von Vögeln in besonders großer Menge enthalten ist, so haben LICHTWITZ und THÖRNER versucht, ob solche Nahrung einen Einfluß auf die Oxalsäureausscheidung ausübt. Sieben Rebhühner in 2 Tagen gegessen waren ohne positives Ergebnis.

Es besteht also bezüglich unserer Kenntnis der Quellen der endogenen Oxalsäurebildung nur die eine Gewißheit bezüglich des Leimes, also des Stoffwechsels des Bindegewebes.

Daß bei Einschmelzung von Körpergewebe aus der Stützsubstanz Oxalsäure entstehen kann, betont auch AD. OSWALD.

SCHENCK hat im Harn eine Verbindung der Oxalsäure mit Harnstoff, die Oxalursäure

$$CO\begin{cases}NH_2 \\ NH \cdot CO \cdot COOH\end{cases}$$

Oxalursäure

gefunden. Ob diese ein intermediäres Produkt ist oder ob sie sich erst bei der Darstellung aus dem Harn bildet, steht nicht fest (SALKOWSKI).

Eine Vermehrung der endogenen Oxalsäureausscheidung — von der durch Mikroorganismen bedingten hier abgesehen — ist bei Ikterus beobachtet worden (SCHULTZEN, MOHR und SALOMON, LICHTWITZ und THÖRNER). Der Befund von MOHR und SALOMON, daß die Oxalsäurewerte im Harn deutlich sinken, wenn sich die Galle wieder in den Darm ergießt, konnte von LICHTWITZ und THÖRNER bestätigt werden. Es sprechen also mehrere Umstände (s. S. 156) dafür, daß die Galle einen normalen Abführweg der Oxalsäure darstellt. Calciumoxalat ist wie andere in Wasser unlösliche bzw. schwerlösliche Calciumsalze in Galle löslich (K. KLINKE).

Die alte Beobachtung, daß bei Gicht, Diabetes und auch bei Fettsucht häufig Oxalurie beobachtet wird, hat zu der Vermutung geführt, daß bei diesen Krankheiten eine vermehrte Bildung vorliegt. Das ist aber nicht der Fall (H. Kisch, Mohr und Salomon, Autenrieth und Barth).

Das Sediment von Calciumoxalat besteht gewöhnlich aus tetragonalen Oktaedern (Form von Briefumschlägen) von 0,003—0,15 mm. Mitunter ist zwischen die Pyramiden eine kurze Säule geschaltet (Fürbringer). Ich habe auch Sternformen beobachtet. Selten sind sphärische Formen, Kugeln von konzentrischer Schichtung und radiärer Streifung, Biskuit- und Sanduhrformen. Auch spitze Nadeln sollen vorkommen.

Die Krystallbildung erfolgt im sauren, alkalischen und neutralen Harn. Ihre Bildung ist sicher in sehr weiten Grenzen unabhängig von den Konzentrationen des Oxalats und des Calciums.

Ziemlich häufig sieht man, daß ein Sediment Oxalat und Urat oder Oxalat und Harnsäurekrystalle oder Oxalat und Phosphate gleichzeitig enthält. Bei Cystinurikern wird neben Cystin Oxalat gefunden. Auch gibt es Menschen, bei denen die Art des Harnsediments in kurzen Zeiten wechselt, so daß je nach der Harnreaktion Oxalurie, Phosphaturie und Uraturie oder Mischsedimente auftreten. Ich habe solche Fälle einige Male beobachtet. Die alternierende Phosphaturie und Oxalurie ist wiederholt beschrieben worden (C. W. J. Brasher). Da auch das Ausfallen von Mononatriumurat, Harnsäure, Phosphaten von ihren Konzentrationen in weiten Grenzen unabhängig ist, so muß die Sedimentbildung eine übergeordnete Bedingung haben.

Klemperer und Tritschler glaubten die Bedingung für die abnorme Löslichkeit der Oxalsäure im Harn in seinem Magnesiumgehalt bzw. in dem Verhältnis $CaO:MgO$ gefunden zu haben. Das geht aber weder aus ihren eigenen Versuchsprotokollen hervor, noch aus einer Nachprüfung, die ich gemeinsam mit H. Buchholz durchgeführt habe. Der Glaube an die Lehre von Klemperer und Tritschler ist ziemlich weit verbreitet, weil sich Magnesiumsalze für die Unterdrückung der Oxalurie bewährt haben. Das gilt aber nur für solche Magnesiumverbindungen, die alkalisch reagieren (MgO, MgO_2, $MgCO_3$) und dadurch die Acidität des Magensaftes und die Resorption der Oxalsäure herabsetzen. Die abnorme Löslichkeit der Oxalsäure im Harn (neben Calciumionen) kann so beträchtliche Werte annehmen, daß auch die weitherzigste Auslegung der Angaben von Klemperer und Tritschler völlig versagt. So hat Umber in einem Fall von Kleesalzvergiftung 25 mg% Oxalsäure gefunden, ohne daß im Harn unmittelbar nach der Entleerung ein Krystall von Calciumoxalat enthalten war.

In den meisten Harnen sind die Sedimentbildner in stabiler Übersättigung enthalten. Und diese Übersättigung wird aufrecht erhalten durch die Kolloide des Harns, die den Charakter von Schutzkolloiden haben. Nachdem sich G. Klemperer mit dem Einfluß der Kolloide auf die Löslichkeit der Harnsäure in einer experimentellen Untersuchung beschäftigt hatte, hat Lichtwitz die Bedeutung der Kolloide des Harns und der Galle für die Stabilität dieser Flüssigkeiten dargetan.

Wenn man das quantitative Verhältnis der Kolloidmenge zu ihrer Schutzwirkung betrachtet, so findet sich im Harn eine so große Schutzwirkung, wie sie im Experiment nicht herzustellen ist. Die Ursache für dieses Verhalten kann wohl daran liegen, daß die Kolloide schon in der Nierenzelle, bei dem intra-zellulären Sekretionsakt, in eine nahe räumliche Beziehung zu dem wasser-unlöslichen oder schwerlöslichen Stoff treten. Eine derartige Verbindung mit kolloidalem Material ist bei der Sekretion der Harnsäure (im Tierversuch) sicht-bar. Es sind die sogenannten Harnsäuresphärolithen, wie sie G. Meissner, Ebstein und Nikolaier, Minkowski beschrieben haben. Diese Sphärolithe werden in die Harnkanälchen abgestoßen und dort gelöst. Das in ihnen ent-haltene Kolloid ist also löslich. Und auf dieser Löslichkeit beruht die Stabilität der Harnsäure- und Uratlösung. Es ist nun sehr wohl denkbar, daß die intra-zelluläre Verfestigung des Kolloids in irreversibler Form vor sich geht — ein Verhalten, das im Harn, wenn er einige Zeit gestanden hat, nicht selten beob-achtet wird — und infolgedessen die festen Harnbestandteile, soweit ihre Kon-zentration die wässerige Löslichkeit überschreitet, ausfallen. Daraus folgt, daß unter gewissen Verhältnissen Sedimentbildung ein Zeichen für einen bestimmten Sekretionsablauf in den Nierenzellen sein kann. Da dieser Sekretionsablauf unter dem Einfluß des Nervensystems steht, so wird es verständlich, daß sich Neigung zu Harnsedimenten so häufig bei nervösen Reiz- und Erschöpfungs-zuständen findet. Weiterhin kann man sich auf Grund dieser Vorstellungen ein Bild von den Zusammenhängen machen, in denen die Oxalurie zur Gicht und zu manchen Formen der Albuminurie (besonders der orthostatischen) steht. Die Gicht, ebenso wie die orthostatische Albuminurie, ist eine zunächst funk-ionelle Nierenerkrankung. Als deren Folge oder Ausdruck kann auch der nach der Richtung der Irreversibilität des Kolloids verschobene Sekretionsablauf aufgefaßt werden.

Auf die Beziehungen der Sedimentbildung zur Harnsteinbildung wird später eingegangen werden.

Literatur.

Auerbach, A.: Zur Kenntnis der Oxydationsvorgänge im Tierkörper. Virchows Arch. **77**, 266 (1879).

Autenrieth, W. und Barth: Über Vorkommen und Bestehen der Oxalate im Harn. Hoppe-Seylers Z. **35**, 376 (1902).

Brasher, C. W. J.: Ein Fall von alternierender Oxalurie und Phosphaturie. Bristol med.-chir. J. **1913**, 21.

Buchholz, H.: Die Löslichkeit des oxalsauren Kalks im Harn. Inaug.-Diss. Göttingen 1913.

Cantani, A.: Spezielle Pathologie und Therapie der Stoffwechselkrankheiten. Berlin 1880.

Castellino, P.: Die Oxalurie. Fol. med. (Napoli) **6**, 697, 721 (1920).

Cipollina, A.: Über das Oxalat im Organismus. Dtsch. med. Wschr. **1901**, 544.

Ebstein, W. und Nikolaier: Über die Ausscheidung der Harnsäure durch die Nieren. Virchows Arch. **143**, 337 (1896).

Faust, E. St.: Über die Ursachen der Gewöhnung an Morphin. Arch. f. exper. Path. **44**, 207 (1900).

Fürbringer, P.: Zur Lehre vom Diabetes mellitus. Dtsch. Arch. klin. Med. **16**, 499 (1875).

Gaglio, G.: Über die Unveränderlichkeit des CO und der Oxalsäure im tierischen Organis-mus. Arch. f. exper. Path. **22**, 233 (1887).

Golding-Bird: Lect. on the phys. and pathol. characters of urinary deposits. (1846).

Kahane, M.: Myalgie und Oxalurie. Wien. med. Wschr. **1921**, 286.

Kisch, H.: Zur Kenntnis der Oxalurie bei Lipomatosis universalis. Berl. klin. Wschr. **1892**, Nr. 15.

Klemperer, G. und F. Tritschler: Untersuchungen über Herkunft und Löslichkeit der im Urin ausgeschiedenen Oxalate. Z. klin. Med. **44**, 337 (1902).

Kühne, W.: Lehrbuch der physiologischen Chemie. Leipzig 1868.

Lichtwitz, L.: Oxalurie in Kraus-Brugsch, Spezielle Pathologie und Therapie **1** (1919).
— und W. Thörner: Zur Frage der Oxalatbildung und -ausscheidung beim Menschen.
    Berl. klin. Wschr. **1913**, 869.
Llewellyn, J. L.: Die Diät bei rheumatischen Leiden. Practitioner 88, 120 (1921).
Loeper, J.: Traveaux scient. Paris 1925.
Lommel, F.: Über die Herkunft der Oxalate im Harn. Dtsch. Arch. klin. Med. **63**, 599
    (1899).
Lüthje, H.: Zur physiologischen Bedeutung der Oxalurie. Z. klin. Med. **35**, 271 (1898); **39**,
    400 (1900).
Meissner, G.: Beitrag zur Kenntnis des Stoffwechsels. Z. rat. Med. **31**, 283 (1868).
Minkowski, O.: Untersuchungen zur Physiologie und Pathologie der Harnsäure. Arch.
    f. exper. Path. **41**, 375 (1898).
Mohr, L. und H. Salomon: Untersuchungen zur Physiologie und Pathologie der Oxalat-
    bildung. Dtsch. Arch. klin. Med. **70**, 486 (1901).
Pohl, J.: Über den oxydativen Abbau der Fettsäuren im tierischen Organismus. Arch.
    f. exper. Path. **37**, 413 (1896).
Prout: On the nature and treatment of stomach al and renal diseases. Leipzig 1843.
Renner, A.: Oxalurie. In: Handb. d. Urologie 4, 2, 775 (1927).
Rosenberg, P.: Beitrag zur Oxaluriefrage. Berl. klin. Wschr. **1912**, 1513.
Salkowski, E. (1): Über den Bestand des Oxalats und das Vorkommen von Oxalursäure
    im Harn. Hoppe-Seylers Z. **37**, 225 (1903). — (2): Über Entstehung und Ausscheidung
    der Oxalsäure. Berl. klin. Wschr. **1900**, 434.
de Sandro, D.: Bacterium oxalatigenum, gezüchtet aus den Fäzes eines Falles von chro-
    nischer Oxalaturie. Pathologica 6, 231 (1914).
Sarvonat, F.: Le tissu musculaire détruit l'acide oxalique. C. R. Soc. Biol. **72**, 393 (1912).
Satta, G. und G. Gastaldi: Über die behauptete Herkunft des Oxalate aus Glykokoll. Arch.
    Sc. med. **1908**, Nr 3/4.
Stradomskj, N.: Die Bedingungen der Oxalatbildung im menschlichen Organismus. Vir-
    chows Arch. **163**, 304 (1901).
Umber, Fr.: Lehrbuch der Ernährung und der Stoffwechselkrankheiten. Berlin 1909.
Voit, C.: Über das Verhalten des Kreatins im Tierkörper. Z. Biol. 4, 77 (1868).

Achtes Kapitel.

Die Nucleoproteide.

Die Nucleoproteide sind zusammengesetzte Eiweißkörper, die die wesentlichen Bestandteile aller Zellkerne bilden und von Miescher zuerst in den Kernen
von Eiterzellen gefunden wurden. Bei der überragenden Bedeutung, die den
Zellkernen für alle Lebenserscheinungen zukommt, muß der Auf- und Abbau
dieser Eiweißkörper von allergrößtem Interesse für die Vorgänge im gesunden und kranken Körper sein, und es trifft sich sehr glücklich, daß die eigenartige Zusammensetzung der Nucleoproteide uns einen tiefen Einblick in diese
Verhältnisse gestattet.

1. Zusammensetzung der Nucleoproteide. Die Bausteine der Nucleinsäuren.

Die Nucleoproteide spalten bei der Verdauung mit Pepsinsalzsäure Eiweiß
ab; es bleibt ein unlöslicher Rückstand, das Nuclein, das bei der peptischen
Verdauung, vollständig aber durch die Hydrolyse mit Alkalien, in Eiweiß und
Nucleinsäuren zerlegt wird. Die Eiweißkörper, die mit den Nucleinsäuren zu

Nucleoproteid verbunden sind, sind vom Typus der Protamine und Histone, also vorwiegend aus Diaminosäuren zusammengesetzt. Durch mehrstündiges Kochen mit 2—5% iger Schwefelsäure zerfallen die Nucleinsäuren in ihre Bausteine, in Phosphorsäure, Zucker, Purinbasen und Pyrimidinbasen. Der Abbau der Nucleoproteide verläuft also nach folgendem Schema:

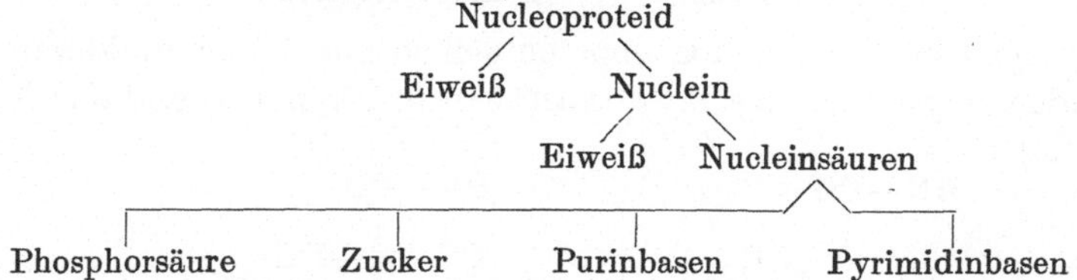

Die charakteristischen Bestandteile, an denen man eine Substanz als zu der Gruppe der Nucleoproteide gehörig erkennt, sind die Purinbasen. Die Entdeckung der Chemie dieser Körper ist eine der vielen Großtaten Emil Fischers.

Die Purinbasen sind Verbindungen einer Säure mit Harnstoff, die man Ureide, und wenn sie, wie das Purin, zwei Moleküle Harnstoff enthalten, Diureide nennt. Man kann aus Purin und auch aus Harnsäure durch Oxydation zwei Ureide gewinnen, die Parabansäure, eine Verbindung von Oxalsäure und Harnstoff,

$$\begin{array}{c} COOH \\ | \\ COOH \end{array} + \begin{array}{c} H_2N \\ \diagdown \\ H_2N \diagup \end{array}CO \longrightarrow \begin{array}{c} CO-NH \\ | \quad\quad \diagup \\ CO-NH \end{array}CO + 2\,H_2O$$

Parabansäure = Oxalylharnstoff

und das Alloxan, eine Verbindung von Mesoxalsäure und Harnstoff

$$\begin{array}{c} COOH \\ | \\ CO \\ | \\ COOH \end{array} + \begin{array}{c} NH_2 \\ | \\ CO \\ | \\ NH_2 \end{array} = \begin{array}{c} NH-CO \\ | \quad\quad | \\ CO \quad CO \\ | \quad\quad | \\ NH-CO \end{array} + 2\,H_2O$$

Mesoxalsäure   Alloxan

Aus diesen beiden Reaktionen ergibt sich, daß das Purin die Ringe

$$\begin{array}{c} N-C \\ | \quad\; | \\ C \quad C \\ | \quad\; | \\ N-C \end{array} \quad\text{und}\quad \begin{array}{c} C-N \\ | \quad\;\; \diagdown \\ \quad\quad\quad C \\ | \quad\;\; \diagup \\ C-N \end{array}$$

enthalten muß. Eine Kondensation dieser beiden Ringe ergibt das Gerüst des Purins,

$$\begin{array}{cc} N-C & 1-6 \\ | \quad\; | & | \quad\; | \\ C \quad C-N & 2 \quad 5-7 \\ | \quad\; | \quad\; \diagdown C \quad\quad | \quad\; | \quad\; \diagdown 8 \\ N-C-N \diagup & 3-4-9 \diagup \end{array}$$

dessen Atome zur leichteren Orientierung mit Zahlen versehen werden.

Die Formel des Purins (das Wort ist gebildet aus purum uricum) ist folgende:

$$\begin{array}{c} N = CH \\ | \quad\;\; | \\ HC \quad C-NH \\ || \quad\; || \quad\quad \diagup CH \\ N-C-N \end{array}$$

Zwei Derivate dieser Verbindung sind in den Nucleinsäuren enthalten, das Adenin (6-Aminopurin) und das Guanin (2-Amino-6-oxypurin).

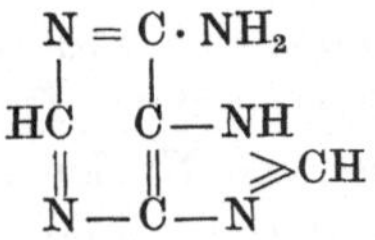

$$\begin{array}{cc}
\underset{\substack{\text{Adenin } (C_5H_5N_5)\\ \text{(6-Aminopurin)}}}{
\begin{array}{l}
N = C\cdot NH_2\\
\mid\quad\;\mid\\
HC\quad C-NH\\
\parallel\quad\parallel\quad\!\!\!\!\!>CH\\
N-C-N
\end{array}}
&
\underset{\substack{\text{Guanin } (C_5H_5N_5O)\\ \text{(2-Amino, 6-Oxypurin)}}}{
\begin{array}{l}
HN-CO\\
\mid\quad\;\mid\\
NH_2C\quad C-NH\\
\parallel\quad\parallel\quad\!\!\!\!\!>CH\\
N-C-N
\end{array}}
\end{array}$$

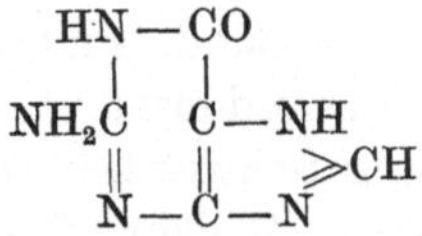

Durch Abspaltung der Amidogruppe entstehen aus diesen Amidopurinen die entsprechenden Oxypurine, das Hypoxanthin (6-Oxypurin) und das Xanthin (2,6-Oxypurin).

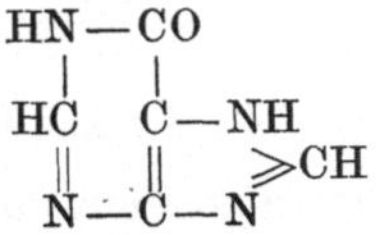

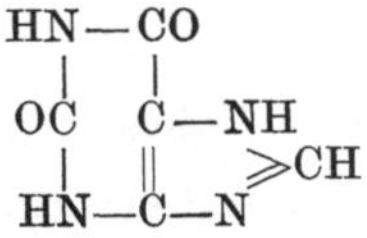

$$\begin{array}{cc}
\underset{\text{Hypoxanthin (6-Oxypurin)}}{
\begin{array}{l}
HN-CO\\
\mid\quad\;\mid\\
HC\quad C-NH\\
\parallel\quad\parallel\quad\!\!\!\!\!>CH\\
N-C-N
\end{array}}
&
\underset{\text{Xanthin } (2\cdot6\text{-Oxypurin})}{
\begin{array}{l}
HN-CO\\
\mid\quad\;\mid\\
OC\quad C-NH\\
\mid\quad\parallel\quad\!\!\!\!\!>CH\\
HN-C-N
\end{array}}
\end{array}$$

Die zweite Gruppe der Bausteine des Nucleinsäuremoleküls sind die von Kossel entdeckten Pyrimidinbasen.

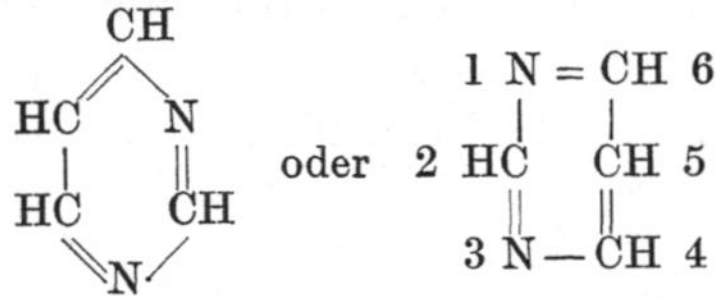

$$\underset{\text{Pyrimidin (Metadiazin)}}{
\begin{array}{l}
\quad CH\\
\;\diagup\;\;\diagdown\\
HC\quad\;\; N\\
\mid\quad\quad\parallel\\
HC\quad\;\; CH\\
\;\diagdown\;\;\diagup\\
\quad\; N
\end{array}}
\quad\text{oder}\quad
\begin{array}{l}
1\; N = CH\; 6\\
\mid\quad\quad\mid\\
2\; HC\quad CH\; 5\\
\parallel\quad\quad\parallel\\
3\; N-CH\; 4
\end{array}$$

Die zweite Schreibweise zeigt, daß es sich um ein Ureid, einen Teil des Purinmoleküls handelt. Emil Fischer hat die Synthese des Pyrimidins aus Harnstoff und Acrylsäure ($CH_2\!=\!CH\!-\!COOH$) ausgeführt.

Kossel und seine Mitarbeiter haben folgende Derivate des Pyrimidins in Nucleinsäuren gefunden:

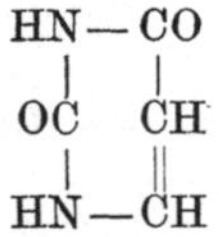

$$\begin{array}{ccc}
\underset{\substack{\text{Uracil}\\ (2\cdot6\text{-Dioxypyrimidin})}}{
\begin{array}{l}
HN-CO\\
\mid\quad\;\mid\\
OC\quad CH\\
\mid\quad\parallel\\
HN-CH
\end{array}}
&
\underset{\substack{\text{Cytosin}\\ (2\text{-Oxy-, 6-Amino-}\\ \text{pyrimidin})}}{
\begin{array}{l}
HN = C-NH_2\\
\mid\quad\quad\mid\\
OC\quad\; CH\\
\mid\quad\parallel\\
HN-CH
\end{array}}
&
\underset{\substack{\text{Thymin}\\ (5\text{-Methyluracil})}}{
\begin{array}{l}
HN-CO\\
\mid\quad\;\mid\\
OC\quad C-CH_3\\
\mid\quad\parallel\\
HN-CH
\end{array}}
\end{array}$$

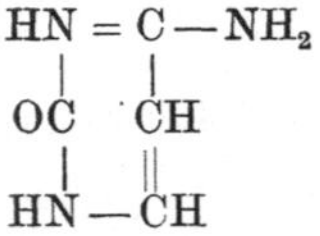

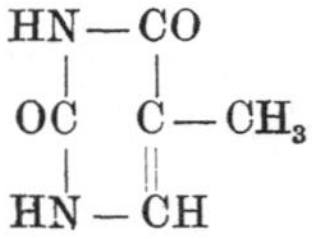

Als Kohlehydrat ist in den pflanzlichen Nucleinsäuren (Hefenucleinsäure) eine Pentose, die d-Ribose aufgefunden worden. Die tierischen Nucleinsäuren enthalten eine Hexose.

Nach dem Vorgehen von P. A. Levene unterscheiden wir einfache und zusammengesetzte Nucleinsäuren (Mononucleotide und Polynucleotide). Die Mononucleotide bestehen aus einem Molekül Purin oder Pyrimidin, einem Molekül Kohlehydrat und einem Molekül Orthophosphorsäure. Levene ist es gelungen, Mononucleotide in zwei verschiedenen Richtungen zu spalten, so daß einmal eine glukosidartige Verbindung, ein Purinbase-Kohlehydrat, ein Nucleosid, das andere Mal eine freie Purinbase und eine (aus der Chemie der Kohlehydrate wohlbekannte) Zuckerphosphorsäureverbindung erhalten wurde. Danach ist es gewiß, daß die Mononucleotide nach dem Schema

Purinbase—Kohlehydrat—Phosphorsäure

gebaut sind.

Für die Inosinsäure, die aus Hypoxanthin, d-Ribose und Phosphorsäure besteht, gibt LEVENE folgende Formel:

$$\text{Hypoxanthin} \qquad \text{d-Ribose} \qquad \text{Orthophosphorsäure}$$

Ob die Bindung des Zuckers an die Purinbase in Stellung 7 oder 8 erfolgt, ist unentschieden.

Eine Adenosinphosphorsäure hat THANNHAUSER in krystallinischer Form dargestellt. Statt des Purins kann auch ein Körper der Pyrimidingruppe den basischen Anteil eines Mononucleotids bilden. Über die Art der Verkettung der Mononucleotide in den Polynucleotiden herrscht noch keine Übereinstimmung der Meinungen. Sicher ist, daß die Phosphorsäuremoleküle durch Anhydrisierung miteinander in Verbindung treten.

THANNHAUSER und seine Mitarbeiter nehmen an, daß im Polynucleotidkomplex der Hefenucleinsäure außer den einzelnen Mononucleotiden noch ein Trinucleotidkomplex vorhanden sei, der durch ätherartige Sauerstoffbrücken von Kohlehydrat zu Kohlehydrat zusammengehalten wird. Die Existenz eines solchen Trinucleotidkomplexes wird aber von LEVENE und von R. FEULGEN bestritten.

Die Nucleinsäuren sind in Wasser löslich und zwar, entsprechend der Größe des Moleküls (Molekulargewicht 1300—1400), in kolloidaler Form. Nucleinsaures Alkali bildet bereits bei Zimmertemperatur eine Gallerte. Eine solche Gallertbildung ist im leukocytenreichen Blut und im zellreichen Harn durch Zufügung einer 10%igen Lauge leicht zu erzeugen. In dieser stark alkalischen Lösung werden die Zellen zerstört und aus den Nucleoproteiden die Nucleinsäuren abgespalten. Nach kurzer Zeit gelatinieren die Salze, so daß der Harn zähe wird und Luftblasen, die man durch Schütteln erzeugt, mitten in der Flüssigkeitssäule stehen bleiben. Die geringen Mengen präformierter Nucleinsäure, die auch der normale Harn enthält (K. A. H. MÖRNER), reichen nicht aus um diese Reaktion zu erzeugen.

Literatur.

BRUGSCH, TH. und A. SCHITTENHELM: Der Nucleinstoffwechsel und seine Störungen. Jena 1910.

EBSTEIN, W.: Die Natur und Behandlung der Gicht. Wiesbaden 1882.

FEULGEN, R. und H. ROSSENBECK: Über die Existenz der Triphosphornucleinsäure. Hoppe-Seylers Z. **127**, 67 (1922).

FEULGEN, R. (1): Über die Kohlehydratgruppe in den echten Nucleinsäuren. Ebenda **100**, 241 (1917). — (2): Darstellung und Eigenschaften der Thyminsäure. Ebenda **101**, 296 (1918).

GARROD, A. B.: Die Natur und Behandlung der Gicht. Übersetzt von Dr. EISENMANN. Würzburg 1861.

GUDZENT, F.: Gicht und Rheumatismus. Berlin 1928.

LEVENE, P. A. (1): On yeast nucleinic acid. J. of biol. Chem. **48**, 379 (1920). — (2): On the biochemistry of nucleidacids. J. amer. chem. Soc. **32**, 2 (1909).

MINKOWSKI, O.: Die Gicht. In: NOTHNAGELS Handbuch.

MÖRNER, K. A. H.: Untersuchungen über die Proteinstoffe und die eiweißfällenden Substanzen des Menschenharns. Skand. Arch. Physiol. **6**, 332 (1895).

NOORDEN, C. VON: Die Gicht. In: VON NOORDENS Handbuch der Pathologie des Stoffwechsels **2**. Berlin 1907.

THANNHAUSER, S. J.: Nucleoproteide und Nucleinsäuren. Biochem. Handlexikon 10, 96. Berlin 1923.
— Über den chemischen Aufbau des Nucleinsäuremoleküls und seine Veränderungen im Stoffwechsel des Menschen. Habilitationsschrift München 1917.
— und P. SACHS: Über die Hefenucleinsäure. Hoppe-Seylers Z. 109, 177 (1920).
WIENER, H.: Die Harnsäure in ihrer Bedeutung für die Pathologie. Erg. Physiol. 1, 377 (1903).

2. Aufbau der Nucleinsäuren im Tierkörper.

Der tierische Organismus ist imstande, die Nucleoproteide und auch ihre spezifischen Bausteine, die Purin- und Pyrimidinbasen, selbst aufzubauen. Mit voller Deutlichkeit haben das zuerst die grundlegenden Untersuchungen MIESCHERS am Rheinlachs ergeben. Diese Tiere nehmen auf ihrer Reise aus dem Meer stromaufwärts in ihre Laichgebiete keine Nahrung auf und bilden während dieser Zeit die Geschlechtsorgane, die nucleoproteidreichsten Gewebe, aus, zu deren Aufbau die Seitenrumpfmuskulatur verwendet wird. Da der Nucleoproteidgehalt der zum Umbau dienenden Muskelmassen viel kleiner ist, als zu dem Wachstum der Geschlechtsdrüsen erforderlich, so ist damit der Beweis einer endogenen Neubildung der Kernsubstanzen erbracht. Im Ei der Seidenraupe und des Hühnchens entstehen während der Embryonenbildung Purinbasen.

Auch beim Säugling nimmt bei und trotz der purinfreien Ernährung mit Muttermilch der Purinbestand zu (R. BURIAN). Der erwachsene Mensch kann ohne Zuführung von Purinen leben, also sein durch die Harnsäureausscheidung ständig belastetes Puringleichgewicht durch Synthese erhalten.

Über den Chemismus dieser Synthese sind die Kenntnisse noch sehr lückenhaft. KOSSEL und HOPKINS haben auf die Möglichkeit hingewiesen, daß Histidin der Ausgangskörper sein könne. ROSE und COOK finden bei jungen Ratten, die histidin- und argininfrei ernährt werden, nach Histidinzulage Vermehrung der Harnsäure- und Allantoinausscheidung. Ebenso findet C. P. STEWART bei solchen Tieren nach Histidinzulage Gewichtszunahme und Vermehrung des Harnallantoins. ABDERHALDEN, EINBECK und SCHMIDT, LEWIS und DOISY konnten aber durch Histidinzuführung den Harnsäurestoffwechsel nicht beeinflussen. S. EDLBACHER und P. GYÖRGY u. H. ROTHLER haben in der Leber aller untersuchten Tiere ein Ferment (Histidase) gefunden, das aus Histidin Ammoniak abspaltet, und zwar in einem solchen Umfange, daß nicht nur eine Desaminierung am β-C-Atom, sondern auch eine Sprengung des Imidazolrings gefolgert werden muß.

Für das Histidin tritt also im Organismus zu der Fähigkeit der Decarboxylierung (Histaminbildung) die weitgehenden Abbaus. Ob und in wieweit ein Übergang in Kreatinin (s. S. 87) oder in Purin stattfindet, bleibt offen.

Literatur.

ABDERHALDEN, E., H. EINBECK und J. SCHMID: Studien über den Abbau des Histidins im Organismus. Hoppe-Seylers Z. 62, 322 (1909); 68, 395 (1910).
BURIAN, R. und H. SCHUR (1): Über Nucleinbildung im Säugetierorganismus. Ebenda 23, 55 (1897). — (2): Das quantitative Verhalten der menschlichen Harnpurinausscheidung. Pflügers Arch. 94, 372 (1902). — (3): Über die Stellung der Purinkörper im menschlichen Stoffwechsel. Ebenda 80, 241, 262 (1900).
EDLBACHER, S.: Zur Kenntnis des intermediären Stoffwechsels des Histidins. Hoppe-Seylers Z. 157, 106 (1926).

György, P. und H. Röthler: Über die Bedingungen der autolytischen NH_3-Bildung in Geweben. Biochem. Z. **173**, 334 (1926).

Miescher, F. (1): Die histochemischen und physiologischen Arbeiten 1897. — (2): Statistische und biologische Beiträge zur Kenntnis vom Leben des Rheinlachses (1880).

Rose, W. C. und K. G. Cook: The relation of histidine and arginine to creatine and purine metabolism. J. of biol. Chem. **64**, 325 (1925).

Stewart, C. P.: Arginine and Histidine as precursors of purines. Biochem. J. **19**, 1101 (1925).

Tichomiroff, A.: Chemische Studien über die Entwicklung der Insekteneier. Hoppe-Seylers Z. **9**, 518 (1885).

3. Abbau der Nucleinsäuren im Tierkörper.

Aus der zellkernhaltigen Nahrung entstehen im Darm freie Nucleinsäuren, die, da sie leicht wasserlöslich sind, resorbiert werden. Da ein nucleolytisches Ferment im menschlichen Darmkanal nicht auftritt, so kann eine Spaltung durch die Verdauungssäfte nicht stattfinden. Dagegen kommt der Bakterienflora des Darms die Eigenschaft zu, Nucleotide und Nucleoside aufzuspalten und Purinbasen so zu zerstören, daß der ganze Stickstoff als Ammoniak nachweisbar wird. Wie weit indessen die kernhaltige Nahrung der Darmflora verfällt, ist strittig.

Der weitere Abbau der einfachen Nucleinsäuren geht in der Weise vor sich, daß Phosphorsäure abgetrennt wird und eine Zuckerpurinverbindung (ein Nucleosid) übrig bleibt. Man hat früher den ersten Eingriff in das Nucleinsäuremolekül auf eine Nuclease zurückgeführt und gemeint, daß es ihre Aufgabe sei, die Basen frei zu machen. P. A. Levene und Medigreceanu haben aber gezeigt, daß diese Vorstellung des Prozesses viel zu einfach ist, daß hier eine Kette von Reaktionen vorliegt, und daß als ein wesentliches Zwischenprodukt das Nucleosid auftritt. Für die zweite Stufe des Purinstoffwechsels hielt man früher die oxydative Desaminierung der Purinbasen, für die ein besonderes Ferment angenommen wurde. Aus dem so entstehenden Hypoxanthin und Xanthin entsteht durch weitere Oxydierung das Trioxypurin, die Harnsäure,

$$\begin{array}{l} HN-C=O \\ \quad | \qquad | \\ OC \quad C-NH \\ \quad | \qquad \| \qquad \rangle C=O \\ HN-C-NH \end{array}$$

Harnsäure (Trioxypurin) $C_5H_4N_4O_3$

Ob es sich jedoch um spezifische Fermente handelt, mag dahingestellt bleiben. Von Bedeutung ist die neuere Feststellung, daß sich die Vorgänge der Desaminierung und Oxydation nicht am freien Purinbasenmolekül vollziehen, sondern noch während des Bestehens der Nucleosidbindung. In Organversuchen, wie sie durch die klassischen Arbeiten von J. Horbaczewski eröffnet wurden, hatte W. Jones festgestellt, daß in Extrakten menschlicher Organe eine Adenindesamidase nicht zu finden ist. Levene und Medigreceanu sahen jedoch, daß Leberpreßsaft auf Nucleoside mit großer Kraft einwirkt. Im näheren Studium dieses Prozesses fanden Thannhauser und Ottenstein, daß aus Adenosin wie aus Guanosin durch Leberbrei in ganz kurzer Zeit freies Xanthin und freie Harnsäure entsteht. Da nach Jones Leberbrei freies Adenin nicht angreift, aber die Adeninzuckerverbindung zu den Oxyprodukten umwandelt, so schließt Thannhauser, daß die Desamidierung vor der Spaltung erfolgt, oder daß die Nucleosidbindung gleichzeitig mit der Desamidierung (vielleicht infolge derselben) auseinander fällt.

DOHRN hat die Frage zur Diskussion gestellt, ob die Umwandlung der Aminopurinbase zu Harnsäure im sonst intakten Nucleotid erfolgt, so daß schließlich ein Harnsäurenucleotid entsteht. Wenn auch die Organbreiversuche THANNHAUSERS einen solchen Körper oder eine Harnsäurezuckerverbindung nicht ergeben haben, so muß man die Möglichkeit der Existenz solcher Körper im intermediären Stoffwechsel doch im Auge behalten. Aus einer großen Zahl von Untersuchungen geht nämlich hervor, daß es im Blute eine gebundene Harnsäure gibt, und daß sogar freie Harnsäure in gebundene übergeht. Es ist möglich, daß es sich dabei um die Bildung eines Harnsäurenucleosids oder -Nucleotids handelt.

Ob die Harnsäure das Endprodukt des menschlichen Purinstoffwechsels darstellt oder ob noch ein weiterer Abbau stattfindet, ist eine alte Streitfrage.

Durch die Untersuchungen von W. WIECHOWSKI ist sichergestellt, daß die Säugetiere, mit Ausnahme des Menschen, der anthropoiden Affen und des Dalmatinerhundes, die Harnsäure zu Allantoin zu oxydieren vermögen.

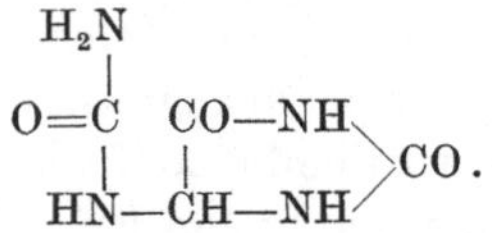

$$
\begin{array}{c}
H_2N \\
|\\
O{=}C \quad CO{-}NH\\
|\qquad\qquad |\qquad\qquad \diagdown \\
\qquad\qquad\qquad\qquad CO\,.\\
|\qquad\qquad |\qquad\qquad \diagup \\
HN{-}CH{-}NH
\end{array}
$$

Allantoin

Das Allantoin, das Diureid der Glyoxylsäure ($CHO.COOH$), entsteht im Reagenzglas bei der Einwirkung von Permanganat auf Harnsäure. Durch Organextrakte derjenigen Tiere, die Allantoin bilden, wird dieselbe Reaktion bewirkt und zwar durch das urikolytische Ferment. In menschlichen Organen konnte trotz vielfacher Bemühungen ein solches Ferment nicht gefunden werden.

Das auch im menschlichen Harn nachweisbare Allantoin entstammt, wie WIECHOWSKI nachgewiesen hat, nicht dem Purinstoffwechsel, sondern der Nahrung, in der es als solches enthalten ist.

Bei Verfütterung von Nucleoproteiden findet man nur einen Teil des Purins als Harnsäure im Harn wieder, während der Rest des Purinstickstoffs in der Harnstofffraktion erscheint (SCHITTENHELM und FRANK). THANNHAUSER und DORFMÜLLER sind der Ansicht, daß die Bakterienflora des Darmes das Purinmolekül aufspalte, während SCHITTENHELM auf Grund älterer und neuerer Experimente diesen Teil des Verlustes als sehr gering veranschlagt. Injiziert man Harnsäure intravenös, so ergibt sich ein nicht ganz gleichmäßiges Verhalten, das zum Teil von der Methodik abhängen mag. Löst man, wie das vielfach geschehen ist, die Harnsäure in Piperazin, so kommt eine Einwirkung dieses Stoffes auf den Purinstoffwechsel in Frage. Die Geschwindigkeit und Vollständigkeit der renalen Ausscheidung hängt nicht nur von der Intaktheit der Niere ab, sondern auch von dem Verhalten des Urats zu den Geweben. Es ist durchaus damit zu rechnen, daß das Urat, genau so wie Wasser und Kochsalz, nach der Infusion in das Kreislaufsystem seinen Weg durch die Gewebe nimmt und dort, je nach der Intensität der inneren Ausscheidungsverhältnisse, kürzere oder längere Zeit verbleibt. UMBER und F. GUDZENT nehmen sogar bei der Gicht eine besondere Haftfähigkeit der Gewebe für die Urate an. Eine Reihe von Beobachtern (SOETBEER und

IBRAHIM, WIECHOWSKI, UMBER, F. GUDZENT u. a.) fand bei Normalen eine vollständige Ausscheidung der infundierten Harnsäure. In einer Anzahl anderer normaler Fälle (W. GRIESBACH, SCHITTENHELM und K. HARPUDER u. a.) war die Ausscheidung nur eine teilweise (22—68%). H. CHANTRAINE, der in zahlreichen peinlich durchgeführten Selbstversuchen, bei genügend langer Dauer der der Harnsäureinjektion folgenden Periode, vollständige Ausscheidung sah, betont mit Recht, daß die Frage der intermediären Uricolyse nur an gesunden Versuchspersonen, die eine gleichmäßige endogene Harnsäureausscheidung haben, eindeutig beantwortet werden kann. SCHITTENHELM und HARPUDER fanden nach gehäufter Injektion von Harnsäure beim Menschen recht erhebliche Mengen, wenn auch bei weitem nicht den ganzen Betrag, in den Organen, besonders in Leber, Niere, Haut und Knorpel wieder. R. BASS, GRIESBACH u. a. beobachteten, daß sehr kurze Zeit nach intravenöser Injektion von Harnsäure nur noch ein geringer Teil des Urates im Blute kreist. Die Hauptmenge war in die Gewebe abgewandert. Bei dieser Neigung des Urats zu den Geweben kann ceteris paribus aus der unvollständigen Ausscheidung eines Injektionsversuches nicht auf eine Harnsäurezerstörung geschlossen werden. Auch das Defizit, das SCHITTENHELM und HARPUDER nach der Masseninjektion fanden, kann nicht ohne weiteres auf Rechnung der Uricolyse gestellt werden, da eine quantitative Durchsuchung der ganzen Leiche nicht stattfand und auch wohl nicht gut möglich ist. Die Bewertung der quantitativen Ausscheidung als bündiger Beweis gegen die Uricolyse hat noch den Einwand zu entkräften, daß die Harnsäureinjektion einen spezifischen Reiz ausübt, retiniertes Urat zur Ausscheidung bringt und so die glatte Bilanz vortäuscht. Daß ein solcher Reiz tatsächlich ausgeübt wird, sieht man an der Ausscheidung von Überschußharnsäure nach Uratinjektion.

Mobilisation von abgelagerter Harnsäure, deren Betrag auch beim normalen Menschen auf 1000—1500 mg zu veranschlagen ist, und Einlagerung von Harnsäure in die Gewebe reichen aber vielleicht nicht aus, um die starken Widersprüche der Versuchsergebnisse der Autoren zu erklären. Es erscheint notwendig bei solchen Versuchen zu beachten, ob die Harnsäurelösung eine molekulare Verteilung oder eine gröbere Dispersion darstellt. Daraus könnten sich erhebliche Differenzen in der Ausscheidungsfähigkeit ergeben. A. JUNG hat beim Kaninchen festgestellt, daß die Harnsäureausscheidung von der Stoffwechsellage abhängt. Bei Injektion in die Blutbahn wird von sauren harnsauren Lösungen mehr ausgeschieden als von alkalischen.

Verwickelt wird die Frage durch die merkwürdigen Beobachtungen, die A. BORNSTEIN und GRIESBACH über das Verhalten der Harnsäure im überlebenden Menschenblut gemacht haben. Sie fanden, daß die Harnsäure im bebrüteten Menschenblut, das nicht inaktiviert ist, sowohl eine Abnahme als eine Zunahme erfahren kann.

Nachdem MINKOWSKI schon vor langer Zeit die Vermutung geäußert hatte, daß die Harnsäure im Blut zum Teil in gebundener Form vorhanden sein könne, gelang es BASS, im Blute Adenin in einer durch Salzsäure spaltbaren Verbindung nachzuweisen. Dieser Befund wurde durch Arbeiten von THANNHAUSER ergänzt und vertieft. ST. R. BENEDICT c. s. stellte im Ochsenblut große Mengen „gebundener Harnsäure" fest, die sich beim Stehen unter aseptischen Bedingungen oder durch die Einwirkung von Salzsäure abspaltet. E. STEINITZ beobachtet im Menschenblut bei längerer Aufbewahrung im Brutschrank, aber nicht im Eisschrank, Zunahme der freien Harnsäure bis zur doppelten Menge. BORNSTEIN und GRIESBACH fanden „gebundene Harnsäure" fast regelmäßig auch im menschlichen Blut und beobachteten, daß bei kurzdauerndem Stehen gebundene Harnsäure in freie übergeht, auch vielleicht oxydativ aus höheren Nucleinkörpern neu entsteht. THANNHAUSER und CZONICZER haben bei Gesunden und bei Trägern von solchen Krankheiten, für die diese Fragestellung in Betracht kommt, den Nucleotidstickstoff (NN) (der wohl dem N der gebundenen Harnsäure gleichzusetzen ist) und den N der freien Purine (PN) analytisch festgestellt und bei der Leukämie, sowie bei der Pneumonie nach der Krise eine deutliche Erhöhung von NN und einen gegen die Norm erhöhten Quotienten $\frac{NN}{PN}$ gefunden. Das umgekehrte Verhältnis liegt im Serum von Schrumpfnierenkranken und Gichtikern vor.

Ob die „gebundene Harnsäure" des Blutes eine Harnsäurezuckerverbindung (DAVIS, NEWTON und BENEDICT) oder eine Purinbasenzuckerverbindung (Nucleosid) oder ein Mononucleotid ist, bleibt eine offene Frage. Nach der Anschauung von THANNHAUSER würde auch Guanosin und Adenosin bei der Abspaltung des Purins vom Zucker Harnsäure ergeben. Indessen wäre die Existenz einer Harnsäurezuckerverbindung eine Hilfe, um das Verschwinden freier Harnsäure im überlebenden Blut zu verstehen. Die von BORNSTEIN und GRIESBACH angedeutete Möglichkeit einer Bindung der Harnsäure, also einer der Nucleosidspaltung entgegengesetzten Reaktion, kommt als Erklärung durchaus in Betracht. Aus diesen interessanten Versuchen auf eine intermediäre Uricolyse beim Menschen zu schließen, scheint mir, solange eine andere Deutung gefunden werden kann, angesichts der vielen Gründe, die für die Harnsäure als Endprodukt sprechen, nicht statthaft. Erst die Auffindung eines Abbauproduktes der Harnsäure kann den Beweis für eine Uricolyse erbringen. Eine Uricolyse ohne Abbauprodukt, d. h. eine vollständige Zertrümmerung des Harnsäuremoleküls anzunehmen und kein entsprechendes Ferment zu kennen, steht in krassem Widerspruch zu dem Verhalten des Hundes, der mit Ferment die Harnsäure nur bis zum Allantoin abbaut.

Die überwiegende Mehrzahl der Autoren hat eine Uricolyse beim Menschen abgelehnt. In neuester Zeit hat O. FOLIN aus ausgedehnten Versuchen an Hunden, Ziegen und Menschen den Schluß gezogen, daß auch der Mensch, und im besonderen auch sein Blut, die Fähigkeit habe Harnsäure zu zerstören. Das Gewicht des Namens FOLIN und die Hochschätzung, die man mit Recht den biochemischen Arbeiten aus seinem Lande entgegenbringt, haben bewirkt, daß der Glaube an die uricolytische Fähigkeit des menschlichen Organismus wieder Boden gewonnen hat. Aber durchaus nicht mit Recht. FOLIN zieht aus der Beobachtung, daß überlebendes Hundeblut extra corpus und daß Blut eines toten Hundes intra corpus keine Uricolyse zeigt, den Schluß, daß das lebende Blut in den Gefäßen, sowohl beim Hund wie beim Menschen, Harnsäure zu zerstören imstande sei. Es ist ganz sichergestellt, daß Hundeblut kein uricolytisches Ferment enthält, und daß nur die Leber des Hundes Harnsäure zu Allantoin abbauen kann. Mit diesen älteren Feststellungen stimmen die Beobachtungen am leberlosen Hund (MANN und MAGATH; ENDERLEN, THANNHAUSER und JENKE) überein. THANNHAUSER e. s. haben festgestellt, daß Eiterserum Harnsäure nicht im geringsten angreift; sie gaben der Beobachtung FOLINS die zweifellos zutreffende Deutung, daß im Blutgefäßsystem eines toten Hundes die Harnsäure deswegen nicht zerstört wird, weil kein Transport zur Leber stattfindet. LICHTWITZ und CONITZER haben in den Versuchen FOLINS in dem Ablauf der durch Uratlösung erzeugten Hyperurikämie bei Hund und Mensch einen grundsätzlichen Unterschied gefunden, der nur durch das Fehlen der Uricolyse beim Menschen erklärt werden kann. Während FOLIN meint, daß beim Menschen um so mehr Gelegenheit zur Harnsäurezerstörung gegeben sei, je langsamer die Harnsäure ausgeschieden werde, weisen LICHTWITZ und CONITZER darauf hin, daß in Fällen von vermehrter Diurese nach Anurie und Oligurie gleichzeitig mit dem retinierten Harnstoff auch sehr viel Harnsäure ausgeschieden wird, daß also trotz tagelanger Zurückbehaltung ein nachweisbarer Harnsäureabbau nicht stattgefunden hat.

Man kann annehmen, daß beim ausgewachsenen Menschen zwischen Purinverbrauch (= Kernabbau) und Purineinbau (= Kerneinbau) ein Gleichgewicht besteht. Wir würden die Größe dieses reversiblen Prozesses kennen, wenn die Harnsäure das endgültige und das einzige Endprodukt des dissimilierenden Purinstoffwechsels wäre. Daß die Harnsäure ein endgültiges Produkt ist, erscheint unzweifelhaft. Ob jedoch die Purinbasen quantitativ zu Harnsäure oxydiert werden, oder ob es eine Sprengung des Purinmoleküls vor der vollständigen Oxydation, eine Purinolyse, gibt, ist unsicher. Auf eine solche weisen die Versuche von SCHITTENHELM und WIENER hin, die einen beträchtlichen Teil des verfütterten Purinstickstoffs in der Harnstofffraktion des Harns fanden. Ob es sich aber hierbei um eine intermediäre Purinolyse oder um eine Wirkung der Darmbakterien handelt, wird umstritten (THANNHAUSER). Ein allgemeiner Gesichtspunkt, der für die intermediäre Purinolyse angeführt werden kann, ist die Tatsache der intermediären Purinsynthese, da reversible Prozesse im Stoffwechselbetriebe außerordentlich häufig sind.

Betrachten wir nur die bei der Erneuerung der Zellkerne und der Zersprengung der Nucleotide freiwerdenden Purine, so ist unter der Voraussetzung, daß quantitativ Harnsäure entsteht oder ein bestimmter Anteil zu Harnsäure wird, die Harnsäureausscheidung im Harn ein Maß des endogenen Purinstoffwechsels. Bei den Säugetieren und Menschen liegt im Gegensatz zu den Vögeln und Reptilien, die aus Harnstoff, Milchsäure u. a. Harnsäure bilden, im Purinstoffwechsel die einzige Harnsäurequelle.

Die im Organismus gebildete Harnsäure können wir der mit dem Harn ausgeschiedenen gleichsetzen, wenn durch eine genügend lange Untersuchungsperiode gewährleistet ist, daß keine Retention und keine Ausschwemmung retinierter Harnsäure stattfindet, und wenn die Niere das einzige Organ darstellt, das Harnsäure aus dem Körper entfernt. BRUGSCH und ROTHER haben angegeben, daß Urat zu einem in Betracht kommenden Teile auch durch Galle und Darmsaft ausgeschieden wird, und meinen, daß dieser „enterotropen“ Harnsäure Bedeutung für die Vorgänge bei der Gicht zukommt. Die Untersuchungen von HARPUDER und THANNHAUSER e. s. haben dagegen ergeben, daß die Harnsäureabgabe in den Darm von ganz untergeordneter Größe ist und ohne Bedenken vernachlässigt werden kann.

Literatur.

BASS, R. (1): Experimenteller Beitrag zum Verständnis der Gichtpathologie. Zbl. inn. Med. **39** (1913). — (2): Über Harnsäure und Nucleinstoffe im menschlichen Blute, zugleich ein Beitrag zur Atophanwirkung. Dtsch. Arch. klin. Med. **196** (1913). — (3): Über die Purinkörper des menschlichen Blutes. Arch. f. exper. Path. **76**, 40 (1914).

— und HERZBERG: Beiträge zur Pathologie der Gicht. Dtsch. Arch. klin. Med. **119**, 482 (1916).

BORNSTEIN, A. und W. GRIESBACH (1): Über das Verhalten der Harnsäure im überlebenden Menschenblut. Biochem. Z. **101**, 184 (1920). — (2): Über das Vorkommen von gebundener Harnsäure im Menschenblut. Ebenda **106**, 190 (1920).

BRUGSCH, TH. und ROTHER (1): Die Rolle der Galle im Harnsäurestoffwechsel. Klin. Wschr. **1922**, Nr 30. — (2): Die enterotropische Harnsäure. Ebenda **1922**, Nr 35. —

CHANTRAINE, H.: Untersuchungen über Harnsäureausscheidung und Harnsäurezerstörung im menschlichen Körper. Biochem. Z. **133**, 613 (1922).

DAVIS, A. R., E. B. NEWTON and ST. R. BENEDICT: The combined uric acid in beef blood. J. of biol. Chem. **54**, 595 (1922).

DOHRN, M.: Über die Wirkung des Atophans, mit einem Beitrag zur Therapie der Gicht. Z. klin. Med. **74**, 445 (1912).

FOLIN, O., BERGLUND and DERICK: The uric acid. problem. J. of biol. Chem. **60**, 361 (1924).

GRIESBACH, W. und G. SAMSON: Beiträge zur Frage der Wirkungsweise des Atophans auf den Purinstoffwechsel. Biochem. Z. **94**, 277 (1919).

HORBACZEWSKI, J. (1): Beitrag zur Kenntnis der Bildung der Harnsäure und der Xanthinbasen. Mh. Chem. **12**, 221 (1891). — (2): Über die Entstehung von Harnsäure im Säugetierorganismus. Ebenda **10**, 624 (1889).

JONES, W. und WINTERNITZ: Über die Adenase. Hoppe-Seylers Z. **44**, 1 (1905).

JUNG, A.: Über den Einfluß der Wasserstoffionen-Konzentration auf die Löslichkeit der Harnsäure. A. exper. Path. Pharm. **122**, 95 (1927).

LEVENE, P. A. and MEDIGRECEANU: On nucleases. I und II. J. of biol. Chem. **9**, 55, 389 (1911); **12**, 377 (1912).

LICHTWITZ, L. und L. CONITZER: Zur Frage der Uricolyse. Z. klin. Med. **104**, 1 (1926).

LONDON, E. S.: Die Verdauung der Nucleoproteide. Hoppe-Seylers Z. **62**, 451 (1909).

SCHITTENHELM, A. und FRANK: Über die Umsetzung verfütterter Nucleinsäure beim normalen Menschen. Ebenda **63**, 243 (1909).

— und K. HARPUDER (1): Der Einfluß parenteral verabreichter freier und gebundener Purinkörper auf die Purinkörperausscheidung im Urin beim Menschen. Z. exper. Med. **27**, 154 (1922). — (2): Resorption und bakterielle Zersetzung der Purinsubstanzen im Darmkanal vom Mensch und Tier. Z. exper. Path. u. Ther. **27**, 29 (1922)., — (3): Über das Schicksal gehäuft injizierter Harnsäure beim Menschen. Ebenda **27**, 34 (1922).

— und H. WIENER: Zur Frage der Harnsäurezerstörung beim Menschen. Z. exper. Med. **3**, 397 (1914).

SOETBEER, F. und IBRAHIM: Schicksal eingeführter Harnsäure im menschlichen Organismus. Hoppe-Seylers Z. **35**, 1 (1902).

STEINITZ, E. (1): Untersuchungen über die Blutharnsäure. Ebenda **90**, 108 (1914); Dtsch. med. Wschr. **1914**, Nr 19. — (2): Über den Harnsäuregehalt des Blutes. 31. Dtsch. Kongr. inn. Med. **1914**, S. 588.

THANNHAUSER, S. J. LURZ und v. GAZA: Studien zur Frage der Uricolyse. Hoppe-Seylers Z. **156**, 251 (1926).

THANNHAUSER, S. J.: Experimentelle Studien über den Nucleinstoffwechsel. VI. Isolierung der krystallisierten Adenosinphosphorsäure. Ebenda **107**, 157 (1919).

— und BOMMES: Stoffwechselversuche mit Adenosin und Guanosin. Ebenda **91**, 336 (1914).

— und G. CZONICZER: Kennen wir Erkrankungen des Menschen, die durch eine Störung des intermediären Purinstoffwechsels verursacht werden? Dtsch. Arch. klin. Med. **135**, 224 (1921).

— und G. DORFMÜLLER: Über die Aufspaltung des Purinrings durch Bakterien der menschlichen Darmflora. Hoppe-Seylers Z. **102**, 148 (1918).

THANNHAUER, S. J. und B. OTTENSTEIN: Über die Einwirkung menschlichen Leberextraktes auf Nucleoside. Ebenda **114**, 17 (1921).

— und H. SCHABER: Zur Frage der intermediären Uricolyse beim Menschen. Ebenda **115**, 170 (1921).

UMBER, FR. und K. RETZLAFF: Zur Harnsäureretention bei der Gicht. 17. Kongr. inn. Med. 1916.

WIECHOWSKI, W. (1): Über die Zersetzlichkeit der Harnsäure im menschlichen Organismus. Arch. f. exper. Path. **60**, 185 (1909). — (2): Die Produkte der fermentativen Harnsäurezersetzung durch tierische Organe. Hofmeisters Beitr. **9**, 295 (1907).

4. Harnsäurebildung im Tierkörper.

Einen Zusammenhang von Purinbasen und Harnsäure mit dem Nucleinstoffwechsel hatte man schon lange angenommen, ehe HORBACZEWSKI (1890) ein Experiment anstellte, das die raschere Entwicklung unserer Kenntnisse in diesem Gebiet einleitete. HORBACZEWSKI fand, daß beim Digerieren von Milz mit arteriellem Blut unter Sauerstoffdurchleitung Harnsäure entstand, und zwar 2,5 mg aus 1 g Milzpulpa. Er schloß daraus, daß die Harnsäure aus den Zellkernen stammt, und fand bei Verfütterung von Nucleoproteid aus Milz eine Zunahme der Harnsäureausscheidung, die er aber lediglich für eine Folge der Verdauungsleukocytose hielt. Diese Lehre HORBACZEWSKIS, daß die Leukocyten die einzige Quelle der Harnsäure seien, wurde durch klinische Beobachtungen scheinbar gestützt, so durch die beträchtliche Erhöhung der Harnsäureausscheidung, die in vielen Fällen von myeloischer Leukämie oder bei der Lösung der kruppösen Pneumonie gefunden wird. Daß diese Schlußfolgerung verfehlt war, unterliegt heute keinem Zweifel mehr. Die Harnsäureausscheidung kann bei myeloischer Leukämie normal sein und ist es in der Regel bei der lymphatischen. Aber auch ohne Leukozytose finden wir eine erhebliche Vermehrung der aus den Nucleoproteiden des Körpers gebildeten (endogenen) Harnsäure, so mitunter bei dem chronisch-acholurischen Ikterus mit Splenomegalie, bei vermehrtem Zellzerfall überhaupt (Fieber, Phosphorvergiftung, nach Röntgenbestrahlung, Erhöhung der Drüsentätigkeit durch Pilocarpin, ungewohnte Muskelarbeit).

Wie BURIAN und SCHUR gelehrt haben, entstammt die im Harn ausgeschiedene Harnsäure zwei Quellen, dem Stoffwechsel der Kerne aller Körperzellen und dem Abbau der Kernsubstanzen der Nahrung. Demnach unterscheidet man einen endogenen und exogenen Purinstoffwechsel. Der endogene kommt in seiner reinsten Form im Hungerzustand zur Beobachtung. Wir tun gut, diesen — im Einklang mit der Beobachtung des Gesamtstoffwechsels — als Ausdruck des Grundumsatzes der Zellkernsubstanz zu bezeichnen. Wie der Grundumsatz des Gesamtstoffwechsels zeigt er individuelle Schwankungen, die sich vielleicht in Konstitutionstypen einordnen lassen werden. Er ist in jedem Falle beeinflußbar durch die Nahrung, läßt also (scheinbar? s. unten) das erkennen, was im Gesamtumsatz als spezifisch-dynamische Wirkung der Nahrungsmittel bezeichnet wird. Demnach liegt der Hungerwert der Harnsäureausscheidung tiefer als der Wert bei purinfreier Nahrung. Diese Auffassung des endogenen Purinstoffwechsels geht ihrem Inhalt nach auf die grundlegenden Untersuchungen von F. MAREŠ und auf seine Beobachtung zurück, daß nach einer Fleischmahlzeit die Ausscheidung der Harnsäure viel früher als die des Harnstoffs einsetzt. Er dachte an eine Anregung der Arbeit der Verdauungsdrüsen durch die Fleischnahrung. Nach R. ABL verursachen alle Pharmaka und Nahrungsbestandteile, die Hyperämie und Hypersekretion des Darmes machen, eine vermehrte Harnsäureausscheidung. MAREŠ hat schon im Jahre 1888 eine solche Wirkung des Pilocarpins beobachtet. ABL sah an einem Patienten mit Anus praeternaturalis, daß Atophan, Nucleinsäuren und eine Thymusmahlzeit den Darm in einen Zustand der Hyperämie versetzen. MAREŠ, L.HIRSCHSTEIN, L.LICHTWITZ u. a. haben dargetan, daß die Höhe der endogenen Purinausscheidung vom Eiweißgehalt der purinfreien Nahrung abhängig ist. Andere Untersucher haben diesen Einfluß nicht gefunden. Wahrscheinlich liegen diesen widerspruchsvollen Ergebnissen individuelle oder konstitutionelle Verschiedenheiten der Versuchspersonen zugrunde. Neuerdings hat E. JOËL mit vortrefflicher Versuchsanordnung den Einfluß der Nahrung auf den Purinstoffwechsel untersucht. Er fand Erhöhung der endogenen Purinausscheidung durch purinfreies Mittagbrot; nach purinhaltiger Nahrung, entsprechend den Befunden von MAREŠ, sehr frühzeitige Harnsäureausscheidung und bei sehr kleinen Mengen purinhaltiger Nahrung (25—50 g Schinken) mehr Harnsäure im Harn, als dem Puringehalt der Nahrung entspricht. Purinhaltige Nahrung bewirkt demnach eine stärkere Steigerung der endogenen Harnsäure als purinfreie. JOËL führt für diese Verhältnisse den Begriff der Reizharnsäure ein. Die Harnsäureausscheidung nach purinhaltiger Nahrung setzt sich also zusammen aus Grundumsatzharnsäure, Reizharnsäure und Nahrungsharnsäure. In Bestätigung älterer Befunde von MAREŠ findet JOËL, daß die Stärke des Reizerfolges nicht mit der Stärke der Dosis des Nahrungspurins wächst. HIRSCHSTEIN und JOËL sahen nach wiederholter Gabe von Purinnahrung die Reizwirkung schwächer werden oder ausbleiben und einer deutlichen Reizwirkung eine Senkung der endogenen Purinausscheidung folgen. Ganz ebenso verhält sich die endogene Harnsäureausscheidung nach Darreichung von Salicylsäure (SCHREIBER und WALDVOGEL) und nach Atophan (M. DOHRN). JOËL hat auch einen Kombinationsversuch angestellt, indem er nach einer Atophanperiode eine Thymusmahlzeit nahm, die dann zu einer unvollständigen und verschleppten Harnsäureausscheidung führte, wie wir sie später als charakteristisch für den Gichtiker kennen lernen werden.

Bezüglich der Natur des durch Nahrung oder Pharmaka ausscheidbaren Mehr an Harnsäure liegen zwei Möglichkeiten vor: Entweder findet eine Einwirkung auf den Nucleinstoffwechsel statt; dann müßte man die nicht gerade wahrscheinliche Annahme machen, daß die Unwirksamkeit wiederholter Reizung auf einer Ermüdung des Erfolgprozesses beruht. Oder es handelt sich um eine Mobilisation in irgendeiner Form retinierter Purine, die durch Anregung der Nierensekretion, Sinken der Blutharnsäure und damit Störung des Gleichgewichts Gewebsharnsäure : Blutharnsäure in Gang gebracht wird. Die Erfolglosigkeit wiederholter Reizung wäre dann aus der Entleerung der Lager ebenso leicht verständlich, wie die der Mehrausscheidung folgende Einsparung, die der Füllung der Lager dienen würde. Aus diesem anscheinend gesetzmäßigen Vorgang der Einsparung kann man schließen, daß der Organismus Bausteine zum Aufbau der Kernsubstanzen in Vorrat hält.

MAREŠ und JOËL kommen zu der Anschauung, daß in bezug auf die Harnsäureausscheidung die Nahrung die gleiche Wirksamkeit habe wie gewisse Phar maka. Nach JOËL ist die Reizwirkung der Purine ein Beispiel für die Pharmakodynamik der Nahrungsmittel.

Die Ablagerung und Mobilisierung des Reservepurins steht, wie die Förderung der Ausscheidung durch Adrenalin, ihre Hemmung durch Ergotamin (HARPUDER) zeigt, unter dem Einfluß des neuroendokrinen Systems.

Literatur.

ABL, R. (1): Beziehungen zwischen Splanchnikustonus und Harnsäurezufuhr. Kongr. inn. Med. 187 (1913). — (2): Pharmakologische Beeinflussung der Harnsäureausscheidung. Arch. f. exper. Path. 74, 119 (1913).

DOHRN, M.: Über die entzündungswidrigen Eigenschaften des Atophans und einiger Carbonsäuren. Ther. Gegenw. 1913, H. 5.

GUDZENT, F., C. MAASE und H. ZONDEK: Untersuchungen zum Harnsäurestoffwechsel des Menschen. Z. klin. Med. 86, 35 (1918).

— und KEESER: Experimentelle Beiträge zur Pathogenese der Gicht. II. Z. klin. Med. 94, 1 (1922).

HARPUDER, K.: Pharmakologische Beeinflussung des Purinstoffwechsels. Z. exper. Med. 42, 1 (1924); 46, 186 (1925).

HIRSCHSTEIN, L.: Die Beziehungen der endogenen Harnsäure zur Verdauung. Arch. f. exper. Path. 57, 229 (1907).

JOËL, E.: Über die Reizwirkung der Nahrung im Purinstoffwechsel. Z. klin. Med. 95, 170 (1922). Klin. Wschr. 1922 Nr 15.

MAREŠ, F.: Der physiologische Protoplasmastoffwechsel und die Purinbildung. Pflügers Arch. 134, 59 (1910).

SCHREIBER und WALDVOGEL: Beitrag zur Kenntnis der Harnsäureausscheidung. Arch. f. exper. Path. 42, 69 (1899).

5. Harnsäure, Purinbasen, Nucleoside im Blut.

Im Jahre 1848 hat GARROD als erster aus dem Blut einer Gichtkranken Harnsäure in krystallinischer Form gewonnen. Heute wissen wir, daß jedes Blut Harnsäure (bei purinfreier Kost 2—3 mg%) enthält. Sein Bestand im Blute ist unter den verschiedensten Verhältnissen genau studiert und hat für viele Fragen der Klinik große Bedeutung gewonnen.

Zunächst besteht eine Abhängigkeit vom Puringehalt der Nahrung. Wir messen daher, um vergleichbare Zahlen zu haben, die Blutharnsäure bei purinfreier Kost, sollten uns aber damit nicht begnügen, sondern auch nach den Veränderungen dieses Wertes durch Belastung mit kernreicher Nahrung fahnden. Eine größere in dieser Richtung durchuntersuchte Reihe gibt Aufschluß über erhebliche individuelle Unterschiede, bringt das von der Norm abweichende Verhalten Hyperuricämischer schärfer heraus und kann auch für die Theorie der Gicht einen brauchbaren Beitrag liefern. Im allgemeinen, wenn auch nicht in jedem Falle bei jeder Probe, ist beim Gichtkranken die Blutharnsäure erhöht auf Werte von 4,0 und mehr Milligramm. Das gleiche finden wir bei sehr vielen Nierenkranken, bei cardialem Hydrops, bei Zuständen, die mit erhöhtem Eiweißzerfall einhergehen, also auch bei fieberhaften Krankheiten, bei Carcinose, in starkem Maße bei der akuten gelben Leberatrophie und bei sehr vielen Vergiftungen (besonders auch bei Kohlenoxydvergiftungen). Die Blutharnsäurewerte, die unter solchen Bedingungen entstehen, gehen weit über die hinaus, die wir bei Gichtkranken finden. So beobachten wir bei Anurien Werte bis 26mg%, bei anderen schweren Nierenleiden 15, 16 usw. Diese Erhöhungen der Blutharnsäure sind meist zu kurzdauernd, als daß man irgendwelche Folgen erwarten könnte. Bei der myeloischen Leukämie aber besteht sie durch sehr lange Zeit, ohne daß in der Mehrzahl der Fälle Gichterscheinungen auftreten. Auch bei der akuten Nephritis, bei der die Hyperuricämie, wie E. KRAUSS festgestellt hat, das konstanteste Blutsymptom darstellt, sehen wir Werte von 5—6 mg über Wochen und Monate dauern und alle anderen Symptome überdauern, ohne daß jemals gichtische Erscheinungen auftreten.

MINKOWSKI hat die Meinung vertreten, daß die Harnsäure im Blute an Nucleinsäure gebunden sei. Die Beobachtungen, die zu dieser Meinung führten, bestanden darin, daß Harnsäure, in Nucleinsäure gelöst, nicht durch Säure oder durch Kupfer- oder Silbersalze fällbar ist. Wie wir noch später sehen werden, ist die Herbeiführung einer derartigen, von den Verhältnissen in reinem Wasser verschiedenen Löslichkeit eine Eigenschaft, die vielen Stoffen in kolloidalem Lösungszustand und auch der Nucleinsäure zukommt. Wir dürfen in einem solchen Falle höchstens von einer physikalischen Bindung (Adsorption), am richtigsten von Kolloidschutz, aber nicht von einem einheitlichen chemischen Körper sprechen. Daß im Blute gerade die Nucleinsäure mit der Harnsäure in dieser Weise reagiert, ist nicht wahrscheinlich und sicher nicht bewiesen.

DOHRN hat die Hypothese aufgestellt, daß die Harnsäure bei der Gicht im Blute als eine Harnsäure-Zucker-Phosphorsäureverbindung (also als ein Nucleotid) enthalten sei. Diese Vorstellung macht dem chemischen Denken keine Schwierigkeiten. Es müßte zur Bildung einer solchen Verbindung eine Änderung in der Reihenfolge der Wirkung der Purinfermente stattgefunden haben, so daß die Desamidase und Xanthinoxydase vor der Beendigung der Nucleasewirkung angegriffen haben. Im Reagenzglas hat M. KNOPF etwas Entsprechendes bewerkstelligt, indem er durch salpetrige Säure Guanylsäure aus Rinderpankreas zu Xanthylsäure oxydierte. Daß beim Menschen unter normalen oder pathologischen Verhältnissen eine solche Reaktion vor sich geht, ist aber bisher nicht erwiesen.

Die in diesen Zusammenhang gehörenden Befunde von R. BASS, THANNHAUSER, ST. R. BENEDICT, E. STEINITZ, BORNSTEIN und GRIESBACH sind bereits erwähnt.

Literatur.

KNOPF, M.: Oxydation der Guanylsäure zur Xanthylsäure. Hoppe-Seylers Z. **92**, 159 (1914).

KOCHER: Über den Harnsäuregehalt des Blutes als Krankheitssymptom. Dtsch. Arch. klin. Med. **115** (1914).

KRAUSS, E.: Der Harnsäuregehalt des Blutes bei Erkrankungen der Niere im Vergleich zum Reststickstoff und Kreatinin. Dtsch. Arch. klin. Med. **138**, 340 (1922).

THEIS, R. C. und St. R. BENEDICT: Die Verteilung der Harnsäure im Blut. J. Labor. clin. Med. **6**, 680 (1921).

6. Physikalische Chemie der Harnsäure und ihrer Salze.

Nach W. HIS und PAUL sind bei 37⁰ in 1000 ccm Wasser 64,9 mg Harnsäure löslich. Nach E. FISCHER zeigt die Harnsäure die Erscheinung der Tautomerie. Sie tritt in zwei Formen auf, als Lactamform und als Lactimform.

```
      HN—CO                        N=C—OH
      |    |                       |    |
   O=C    C—NH                  HOC    C—NH
      |    ||    \CO              |    ||    \COH
      |    ||    /                |    ||    /
     HN—C—NH                     N—C—N
       Lactam                     Lactim
```

Diese beiden Formen unterscheiden sich durch ihre Löslichkeit. GUDZENT hat für die Salze der Harnsäure festgestellt, daß — wie stets in solchen Fällen — die löslichere unbeständigere Form (Lactam) in die beständigere, weniger lösliche Form (Lactim) übergeht.

Bei 37᾽ beträgt für das Mononatriumurat die Löslichkeit der Lactamform 2,130 g, die der Lactimform 1,408 g in 1000 ccm Wasser. In einer physiologischen Kochsalzlösung ist die Löslichkeit des Mononatriumurats wegen der hohen Konzentration der Natriumionen stark (um 90%) vermindert (GUDZENT). In 1000 ccm Serum sind vom Mononatriumurat 184 bzw. 83 mg löslich. BECHHOLD und ZIEGLER fanden für eine Mischform des Mononatriumurats in Wasser eine Löslichkeit von 1 : 665, für Serum von 1 : 40 000 bei 37⁰. Umgekehrt verhält sich dagegen die Harnsäure selbst, von der in 1000 ccm Serum bei 37⁰ 910 mg löslich sind.

Nach den Untersuchungen von G. BARKAN und A. JUNG haben die Urate je nach Herstellung und Dispersionsgrad eine ganz verschiedene Löslichkeit. H. SCHADE kam auf Grund der Tatsache, daß Urate unter geeigneten Herstellungsbedingungen Gallerten bilden, unter gewissen Bedingungen opalisieren, das Tyndallphänomen zeigen und das Ultrafilter nicht passieren, zu der Meinung, daß den Uraten in kolloidalem Zustand eine biologische Bedeutung zukomme. Nach H. FREUNDLICH und L. FARMER LOEB verhält sich das Natriumurat wie ein Kolloidelektrolyt.

Auch A. JUNG zieht als Erklärung für die Unregelmäßigkeiten, die die Uratlöslichkeit in Abhängigkeit von p_H und verschiedenen Pufferlösungen zeigt, die Kolloidelektrolytnatur der Urate in Betracht.

So interessant diese Studien vom physikalisch-chemischen Gesichtspunkt auch sind, so wenig bedeutungsvoll sind sie für den Transport und die Abscheidung der Harnsäure und damit für das Problem der Gicht. Denn in diesen Studien über Löslichkeit handelt es sich um Konzentrationen einer Größenordnung, die biologisch keine Rolle spielt.

Der Körper, der bei der Gicht im Vordergrunde steht, ist das Mononatriumurat, das in den gichtischen Ablagerungen enthalten ist. Auch im Blute kreist dieses Salz. Ob dort die löslichere oder unlöslichere Form vorliegt, wissen wir nicht. Gleichwohl ist es falsch, die Löslichkeit des Mononatriumurats im Serum den Betrachtungen zugrunde zu legen. Denn was sich im Purinstoffwechsel zunächst bildet, ist nicht Natriumurat, sondern Harnsäure. Und die Frage lautet nicht, wie löst sich Harnsäure in einer entsprechenden Kochsalzlösung, sondern wie löst sich Harnsäure in einer so gut gepufferten Kochsalzlösung, wie sie das Plasma darstellt. Da die Harnsäure einen Teil der Alkalireserve zu ihrer Lösung verwendet, so ist ihre Löslichkeit in einem gepufferten Medium größer. Da das Purin in dem Nucleotid und Nucleosid bereits molekular verteilt ist, und da bei der schwachen Lösung, die das Blutplasma darstellt, ein Zusammentreten von Harnsäureteilen nicht erfolgen dürfte, so bleibt für die kolloidale Harnsäure — bis vielleicht auf die Vorgänge der Lösung von Uratablagerungen — kaum eine Möglichkeit, in dem Problem der Gicht eine Rolle zu spielen. Auch wenn man das Blutplasma als eine wässerige Lösung von Harnsäure in einer gut gepufferten Salzlösung auffaßt, so liegt nur bei erheblicher Uricämie (über 8 mg%) eine Übersättigung in bezug auf Mononatriumurat vor. Dem widerspricht nicht das berühmte, auch bei geringerer Konzentration positive „Harnsäurefadenexperiment" von GARROD, da in diesem aus dem eintrocknenden, mit Essigsäure angesäuerten Blute nicht harnsaures Natron, sondern Harnsäure dargestellt wird. Im Plasma kommt noch als sehr wesentliches, die Beständigkeit der Lösung erhaltendes Moment die Schutzwirkung hinzu, die die Plasmakolloide ausüben.

Aus allen diesen Gründen kann die Lösung der Harnsäure im Blute als beständig angesehen werden.

Ein Ausfallen von Urat im Blute ist noch nie beobachtet worden. Da FOLIN im Entenblut nach Ureterenunterbindung bis 400 mg% Harnsäure in gelöster Form gefunden hat, so kann man schließen, daß Blut durch den Kolloidschutz seiner ·Eiweißkörper eine unbegrenzte Haltfähigkeit für Urat besitzt.

Literatur.

BARKAN, G.: Löslichkeit harnsaurer Salze. II. Biochem. Z. **146**, 446 (1924).

BECHHOLD, H. und J. ZIEGLER: Vorstudien über Gicht. Ebenda **20**, 189 (1909); **24**, 146 (1910).

FREUNDLICH, H. und L. FARMER LOEB: Harnsaures Natrium als Kolloidelektrolyt. Ebenda **180**, 141 (1926).

GUDŻENT, F.: Physikalisch-chemisches Verhalten der Harnsäure und ihrer Salze im Blute. Hoppe-Seylers Z. **63**, 455 (1909).

HIS, W. und TH. PAUL: Physikalisch-chemische Untersuchungen über das Verhalten der Harnsäure und ihrer Salze in Lösungen. Ebenda **31**, 1, 64 (1900). Kongr. inn. Med. **18**, 425 (1900).

JUNG, A.: Über den Einfluß der Wasserstoffionenkonzentration auf die Löslichkeit der Harnsäure. Arch. exper. Path. **122**, 95 (1927).

— und FR. LEUTHARDT: Über den Einfluß der Pufferungskapazität auf die Löslichkeit der Harnsäure. Dtsch. med. Wschr. **1926**, Nr. 47.

LICHTWITZ, L. (1): Über die Harn- und Gallensteine. Berlin 1914. — (2): Über die Bedeutung der Kolloide für die Konkrementbildung und Verkalkung. Dtsch. med. Wschr. **1910**, 704. — (3): Untersuchungen über die Kolloide im normalen menschlichen Harn. Hoppe-Seylers Z. **64**, 144 (1910).

SCHADE, H.: Die physikalischen Gesetzmäßigkeiten des Harnsäurekolloids und der übersättigten Harnsäurelösung. Z. klin. Med. **93**, 1 (1922).

7. Das Verhalten des Stoffwechsels bei Gicht.

Der Gesamtumsatz ·des Gichtikers unterscheidet sich nicht von dem des Gesunden (MAGNUS-LEVY).

Der Eiweißstoffwechsel zeigt bemerkenswerte Unregelmäßigkeiten. Nach den von Noorden und Vogel eröffneten Untersuchungen zahlreicher Autoren geht die N-Ausscheidung mit starken Schwankungen vor sich. Es wechseln Zeiten der Retention mit Zeiten stärkerer Abgabe, als der Einfuhr entspricht, ähnlich wie bei gewissen Nierenerkrankungen. Während der akuten Anfälle beobachtete zuerst MAGNUS-LEVY gesteigerte N-Ausscheidung, die er auf toxogenen Eiweißzerfall zurückführte. Dem Gichtanfall folgt eine Periode der N-Retention. Auch in anfallsfreien Zeiten, selbst bei chronisch-atypischer Gicht, kommen solche Schwankungen vor. SOETBEER und IBRAHIM halten die Harnsäure selbst für das schuldige Gift, da sie bei subkutaner Einverleibung von Harnsäure Steigerung der N-Ausscheidung beobachteten.

Der Purinstoffwechsel. BRUGSCH und SCHITTENHELM haben reichliches Beweismaterial geliefert, aus dem die Richtigkeit der Anschauung GARRODS, daß der Gichtiker weniger Harnsäure ausscheidet als der Gesunde, im wesentlichen hervorgeht. Nach BRUGSCH und SCHITTENHELM sind bei der Gicht die endogenen Harnsäurewerte 1. unternormal niedrig (bis 0,3 g Harnsäure pro die) in 43%; 2. normal niedrig (0,3—0,4 g pro die) in 36%; 3. normal hoch (0,4 bis 0,6 g) in 21% der Fälle. Übernormale Werte (über 0,6 g) wurden nie beobachtet.

Die endogene Harnsäureausscheidung zeigt nicht selten Schwankungen, auch in anfallfreien Zeiten. Im allgemeinen sind die Werte bei jugendlichen Gichtkranken höher als bei älteren. Die Ausscheidung der exogenen Harnsäure — am deutlichsten sieht man das an intravenös zugeführter Mononatriumuratlösung — ist viel langsamer als bei den meisten Gesunden und auch unvollständig. Man hat versucht durch ein solches Ausscheidungsexperiment einen eindeutigen Hinweis für die Diagnose der Gicht zu gewinnen. Da sich aber bei Normalen und bei Menschen mit Arthropathien nicht selten schlechte Harnsäureausscheidungen, sowohl in bezug auf die Bilanz, als auch in bezug auf die Konzentration, finden, so ist es nicht erlaubt, diesen Versuch als entscheidend für die Diagnose anzusehen (vgl. auch Teil 8).

Bei purinhaltiger Kost zeigt die Harnsäureausscheidung des Gichtikers erhebliche Unregelmäßigkeiten. Es wechseln auch, ohne daß Anfälle auftreten, Zeiten guter und schlechter Ausscheidung ab. Auf kleine Mengen Purinzufuhr kann die Reaktion gut sein, während sie auf größere Mengen schlecht ist (VON NOORDEN). Längere Darreichung purinarmer Kost scheint die Eliminationsfähigkeit steigern zu können (VON NOORDEN). In der Nähe stärkerer Anfälle, oft, aber nicht gesetzmäßig (MAGNUS-LEVY) 1—4 Tage vor und einige Tage nach dem Anfall (BRUGSCH), ist die Ausscheidung besonders schlecht.

Der dem Gichtanfall häufig, aber nicht regelmäßig vorangehenden Senkung der Harnsäureausscheidung (I. Depressionsstadium) folgt im Anfall, zugleich mit einer gesteigerten Wasser- und Stickstoffausfuhr, eine Harnsäureflut, die am 1. bis 3. Tage nach Anfallsbeginn ihren Höhepunkt erreicht, mit dem Aufhören der Gelenkerscheinungen abklingt und dann in eine postkritische Senkung (II. Depressionsstadium) übergeht (E. PFEIFFER, W. HIS, MAGNUS-LEVY, BRUGSCH u. a.). Die Steigerung der Harnsäureausscheidung im Gichtanfall ist größer, als dem febrilen Zustand, verglichen mit akutem Infektionsfieber, entspricht; sie ist also gewiß nicht Folge der mit dem Anfall verbundenen Temperatursteigerung.

Die Zusammenfassung VON NOORDENS (1907), „daß bei Gichtkranken Harnsäureretentionen vorkommen, und daß diese Retentionen sehr deutlich im akuten Anfall, weniger deutlich in den anfallfreien Intervallen von gesteigerter Harnsäureausscheidung unterbrochen werden können", gibt auch heute noch das Wesentliche wieder.

Die Harnsäure ist bei Gichtikern, auch bei purinfreier Kost, fast regelmäßig in vermehrter Konzentration, d. h. hochnormal (3,5—4,0 mg%) oder übernormal (über 4,0 mg%) zu finden. Auch stark erhöhte Werte (6—10 mg%) sind nicht ganz selten; noch höhere (10—20 mg) finden sich unmittelbar vor und in dem Anfall. Das Verhalten der Blutharnsäure ist von größter Bedeutung für die Pathogenese der Gicht. Die diagnostische Bewertung wird — bei verständiger Handhabung der einzelnen Symptome — kaum dadurch eingeengt, daß sich auch bei anderen krankhaften Zuständen Hyperurikämien finden, so bei vermehrtem Kernzerfall (Leukämie, Polyzythämie, Pneumonie, schweren Vergiftungen, konsumierendem Carcinom), als auch bei Nierenerkrankungen (akute Nephritis, Schrumpfniere).

Bis auf GUDZENT, der neuerdings über niedrige Blutharnsäure auch bei schwerer Gicht (Kritik der Methode bei E. STEINITZ) berichtet hat, sind bei den sehr zahlreichen Untersuchungen der letzten Jahre allenthalben so oft hoch- oder übernormale Werte gefunden worden, daß die Hyperurikämie bei der Gicht im allgemeinen als gesicherte Tatsache gelten darf.

Die Blutharnsäure des Gichtikers ist wie die des Gesunden von der Art der Nahrung abhängig; jedoch liegen ihre Schwankungen höher und sind weit gröber als beim Gesunden. Bei dem stark remittierenden Charakter der Gicht können zeitweise auch normale Werte vorkommen. Die Hyperurikämie des Gichtikers geht der Schwere der Erkrankung nicht parallel. Bei der einfachen zahlenmäßigen Einreihung der Blutharnsäurewerte verschiedener Individuen ist, auch bei gleichen Untersuchungsbedingungen, Vorsicht geboten, da wir den normalen individuellen Grundwert der Untersuchten meist nicht kennen.

Es ist die Frage, ob außer diesen Abweichungen, die die N-Ausscheidung, die Harnsäureausscheidung und die Harnsäure im Blut betreffen, bei der Gicht noch andere Stoffwechselanomalien vorliegen. Man hat früher eine allgemeine Trägheit des Stoffwechsels angenommen. Davon ist heute keine Rede mehr. BRUGSCH und SCHITTENHELM haben aus ihren eingehenden Untersuchungen gefolgert, daß es sich bei der Gicht (Stoffwechselgicht) um eine Anomalie des ganzen fermentativen Systems der Harnsäurebildung und (der von ihnen angenommenen) Harnsäurezerstörung handele. Sie nehmen neben dieser Form der Gicht eine zweite, die Nierengicht, an, die durch Retention von Harnsäure entsteht. Ich kann mich diesem Standpunkt nicht anschließen, da für eine Urikolyse beim Menschen (s. S. 168 ff.) keinerlei Beweismaterial vorliegt, und da der klinische Verlauf der gichtischen Prozesse bei den beiden Formen, die BRUGSCH und SCHITTENHELM unterscheiden, der gleiche ist.

Literatur.

BRUGSCH, TH. (1): Diagnose, Wesen und Behandlung der Gicht. Berl. klin. Wschr. **1912**, Nr 34. — (2): Zur Frage der Gicht. Med. Klin. **18** (1922). — (3): Gicht und Nucleinstoffwechsel im Licht neuerer Forschung. Klin. Wschr. **1922**, Nr 15.

HIS, W. (1): Die Ausscheidung der Harnsäure im Urin Gichtkranker. Dtsch. Arch. klin. Med. **65**, 156 (1900). — (2): Die Behandlung der Gicht und des Rheumatismus durch Radium. Berl. klin. Wschr. **1911**, Nr 5.

MAGNUS-LEVY, A. (1): Über Gicht. Z. klin. Med. **36**, 363 (1899). — (2): Zur Diagnose der Gicht aus dem Purinstoffwechsel. Dtsch. med. Wschr. **1911**, Nr 17.

PFEIFFER, E.: Die Gicht. Wiesbaden 1891.

ROTHER, J.: Über Harnsäureausscheidung nach parenteraler Zufuhr von Purinen und Nucleosiden beim gesunden Menschen. Hoppe-Seylers Z. **110**, 245 (1920).

STEINITZ, E. (1): Über den Einfluß therapeutischer Maßnahmen auf den Harnsäuregehalt des Blutes. Z. physik. u. diät. Ther. **22** (1918). — (2): Blutuntersuchungen bei atypischer Gicht. Berl. klin. Wschr. **1914**, Nr 28.

8. Harnsäureausscheidung durch die Niere. Verhalten der Niere bei der Gicht.

Das Verhalten der Niere bei der Gicht. Schon GARROD hat der Niere die Hauptbedeutung für die Entstehung der Gicht zugesprochen. Diese Theorie hat zu allen Zeiten Anhänger gehabt und ist immer wieder, nach Ablehnungen und Widerlegungen, aus dem Grabe oder Scheintod auferstanden. Sie hatte einen schweren Stand zu der Zeit, als man für das Bestehen einer Nierenfunktionsstörung das anatomische Substrat oder die groben klinischen Zeichen einer Nierenerkrankung für notwendig hielt. Erst die Erkenntnis der voneinander unabhängigen Teilfunktionen der Niere (LICHTWITZ, LINDEMANN) und des Vorkommens von Teilfunktionsstörungen oder Änderungen bei anatomisch gesunden Nieren (Diabetes insipidus, Phlorhizinglykosurie, Atophanwirkung, Wirkung diuretischer Mittel u. a.) hat den Boden bereitet, auf dem die alte GARRODsche Lehre neuerdings Anerkennung fand (LICHTWITZ, THANNHAUSER). Besonders THANNHAUSER widmete dieser Frage eingehende Untersuchungen.

Solange man nur die Harnsäurebilanz betrachtete, war es nicht möglich, zu einer zahlenmäßigen Anschauung darüber zu gelangen, wie die Niere bei der Gicht arbeitet. Die Gesamtmenge der ausgeschiedenen Harnsäure kann bei starker Diurese erheblich sein, obwohl die Niere nicht imstande ist, Harnsäure zu konzentrieren. Die Frage nach der Teilfunktion der Harnsäureausscheidung ist ausschließlich eine Frage nach dem Konzentrierungsvermögen für Harnsäure. Das kann nur festgestellt werden durch Auffindung der Beziehung Blutkonzentration : Harnkonzentration.

E. STEINITZ hat versucht diese Beziehung nach der Art der AMBARDschen Konstante zu veranschaulichen, wobei er die Berechnungsart von AMBARD von der gröbsten Willkür, der Berechnung der Tagesmengen aus dem Stundenwert, befreite und dafür die analysierte Tagesmenge einsetzte. Trotz dieser Besserung sollte man von der AMBARDschen Konstante, da sie keine ist, ganz absehen und sich allein auf das Verhältnis der Konzentrationen stützen. Auch das hat STEINITZ getan. Seine Zahlen sind folgende:

	$\overline{U}$ im Blut mg %	$\overline{U}$ im Harn		Harn-Konzentration: Blut-Konzentration
		Höchste Konzentration	Tagesmenge	
Gicht + Niereninsuffizienz	5,8	0,048	0,273	8
Niereninsuffizienz	4,8	0,047	0,359	11
Blande Nierensklerose	4,4	0,050	0,674	11
Echte Gicht	4,4	0,064	0,420	14
Atypische Gicht	4,2	0,066	0,537	16
Gesunde	3,1	0,069	0,534	23

Zu noch anschaulicheren Resultaten wird man kommen, wenn man nicht die Durchschnittskonzentration des Tagesharns, sondern der einzelnen Harnportionen, die zeitlich zu dem Blutwert gehören, in Rechnung stellt. Einen Versuch dieser Art an einem Gichtiker, noch dazu mit intravenöser Harnsäurezufuhr, teilen THANNHAUSER und WEINSCHENK mit. Ich berechne aus ihren Zahlen den Quotienten Harnkonzentration : Blutkonzentration zu 2,8—5,25. Leider sind ihre zahlreichen Vergleichsuntersuchungen nicht mit der Ausführlichkeit mitgeteilt, die zur Ausrechnung der Periodenwerte notwendig ist.

THANNHAUSER hat den Satz aufgestellt, daß beim Gichtkranken die Konzentration der Harnsäure im Harn, bei Blutwerten über 4 mg%, 50 mg% nicht überschreitet. Diese Fassung wird den Tatsachen nicht voll gerecht und hat F. E. R. LOEWENHARDT eine Handhabe gegeben, die Auffassung der renalen

Pathogenese der Gicht anzugreifen. In der Tat kommen bei Gichtkranken, z. B. im Anfall, auch bei Atophanwirkung, höhere Harnsäurekonzentrationen im Harn vor. Maßgebend aber für die Beurteilung der Nierenleistung ist immer der jeweilige Blutwert (den Loewenhardt nicht mitteilt). Der von Steinitz eingeführte Quotient wird nach allem, was wir über die Harnsäurefunktion der Niere des Gichtikers wissen, die Bedeutung der Niere voll rechtfertigen. So teilt Thannhauser zwei Beobachtungen an Gichtkranken mit. Bei dem einen lag der Quotient, aus der Harnkonzentration der Tagesmenge berechnet, zwischen 3,4 und 7,9. Bei dem zweiten, einer jugendlichen Gichtkranken, wurde die sehr bedeutsame Beobachtung gemacht, daß die Harnkonzentration der Harnsäure unter der des Blutes liegt (Quotient zwischen 0,23 und 0,87, Höchstwert ohne medikamentöse Beeinflussung 1,1), aber durch Artosin auf 7,2 ansteigt. Hier liegen also die Verhältnisse der Harnsäurekonzentrierung so, wie die der Chlorionkonzentrierung bei Diabetes insipidus oder bei jenen Fällen von Hypophysen-Mittelhirnerkrankungen (s. S. 495), die nicht oder nicht mehr mit Polyurie einhergehen.

Diese „Harnsäurefunktion der Niere", d. h. das Konzentrierungsvermögen für Urat, haben wir seit Jahren in einer größeren Anzahl von Fällen untersucht. Wir finden eine Verminderung dieser Funktion bei schweren Nierenerkrankungen, sowohl bei glomerulären und pyelonephritischen Schrumpfnieren als bei tubulären Nephropathien (z. B. durch Oxalat und Salvarsan), ferner als eine Erscheinung seniler Involution, bei Schwerkranken verschiedener Art, sub finem vitae (J. Mantz) und in einer nicht unbeträchtlichen Zahl von Kranken mit Hydrops durch Kreislaufinsuffizienz. Von besonderem Interesse ist, daß wir auch in einigen Fällen von Bleikolik ein solches Verhalten der Harnsäurekonzentration festgestellt haben.

Die Ausscheidung der Harnsäure durch die Niere ist histologisch von G. Meissner, Ebstein und Nikolaier, Minkowski untersucht worden. Die Harnsäure findet sich in den Tubuluszellen in Form von sogenannten Sphärolithen, kugeligen Krystallen konzentrischer Schichtung, die eine reichliche Menge Gerüstsubstanz enthalten. Diese Sphärolithe werden in die Harnkanälchen ausgestoßen. Die Ablagerung von Krystallen in Nierenzellen bedeutet eine sehr erhebliche Konzentrierung des Urats gegenüber der Blutharnsäure. In Übereinstimmung mit diesen morphologischen Befunden hat Folin bei intravenöser Uratinjektion eine sehr starke Anreicherung der Harnsäure in der Niere festgestellt. Diese celluläre Ablagerung bedeutet bei der Harnsäure, wie auch sonst, den ersten Akt der konzentrierenden Sekretion. Der zweite Akt ist die Abgabe des Urats aus der Tubulärzelle in das Harnkanälchen. Die als Sphärolith oder in anderer Form verdichtete Harnsäure löst sich bereits in den Harnwegen auf, obwohl die Harnsäure in Wasser und das Mononatriumurat in einer Kochsalzlösung von der Kochsalzkonzentration des Harns nur eine sehr geringe Löslichkeit hat. Die Harnsäure folgt bei dieser Lösung nicht ihrem eigenen Löslichkeitsgesetz, sondern dem des Kolloids (Gerüstsubstanz), mit dem sie in der Zelle zu einem dichteren Komplex zusammengetreten ist. Nach der Auffassung von Lichtwitz (s. S. 277) finden die cellulären Konzentrierungen mit Hilfe von Kolloidreaktionen statt.

Das Auftreten von Niederschlägen von Harnsäure und Mononatriumurat im Harn ist die Folge einer reversiblen oder irreversiblen Ausflockung der Harnkolloide (s. S. 576). Es ist bekannt, daß der Harn des Gichtkranken, trotz niedriger Konzentration der Harnsäure, sehr oft Uratsedimente, und obwohl bei der

Gicht keine Anomalie der Oxalsäureausscheidung vorliegt, Krystalle von oxalsaurem Kalk aufweist. Solche Sedimentbildungen sind ein Hinweis darauf, daß
die konzentrierende Sekretion nicht, wie meistens in der Norm, mit einer leicht
reversiblen Zustandsänderung der „Sekretionskolloide" vor sich geht.

Einen wichtigen Beitrag zu der Erkenntnis der Rolle, die die Niere in der
Pathogenese der Gicht spielt, gibt die Wirkung des Atophans.

Das Atophan (2-Phenylchinolin-4-Karbonsäure) ist im Jahre 1908 von DOHRN
und NIKOLAIER in die Therapie eingeführt worden. Es bewirkt bei oraler und
ebenso bei intravenöser Gabe bereits binnen einer halben Stunde eine Steigerung
der endogenen Harnsäureausscheidung bis zum 3—4fachen der Norm (DOHRN,
B. BASS u. a.). Wie bereits erwähnt, erschöpft sich die Atophanwirkung bald;
ja es tritt sogar trotz Atophanweiterreichung die Senkung der Harnsäureausscheidung ein, von der bereits oben die Rede war. Für die Beurteilung der Vorgänge ist es nicht unwesentlich, daß bei Tieren, wie WIECHOWSKI und E. STARKEN-
STEIN festgestellt haben, und wie auch aus den Versuchen von FROMHERZ hervorgeht, durch das Mittel keine Vermehrung der Allantoinausscheidung hervorgerufen wird.

Die Ausscheidung der exogenen Harnsäure, am deutlichsten der zu Versuchs-
zwecken intravenös injizierten, geht unter Atophan schneller und vollständiger
vonstatten (W. WEINTRAUD).

Für die Angriffsweise des Atophans kommen folgende Möglichkeiten in Betracht:

Es könnte sich um einen vermehrten Nucleinabbau handeln, wie er unter
gewissen pathologischen Verhältnissen (bei der Leukämie, bei der Lösung großer
pneumonischer Infiltrate, nach Röntgentiefenbestrahlungen) eintritt. Dann wäre
zu erwarten, da ja mit Zellkernen auch Protoplasma zerfällt, daß zugleich eine
Steigerung der Harnstoffausscheidung einträte. Das ist nicht der Fall. Auch
das Ausbleiben der Allantoinvermehrung spricht dafür, daß ein Angriff am Beginn des Purinstoffwechsels nicht in Betracht kommt. Bei dieser Wirkungsart
wäre auch eine therapeutische Anwendung und jeder günstige Einfluß auf den
Gichtkranken ausgeschlossen.

Die zweite Möglichkeit, für die DOHRN eintritt, wäre eine gesteigerte Zer-
setzung harnsäurebildender Substanzen, also etwa gespeicherter Nucleoside. Dann
müßte Atophan regelmäßig zu einer Steigerung der Urikämie führen. Aus den
Untersuchungen, die über diesen Gegenstand vorliegen, geht hervor, daß (GRIES-
BACH und SAMSON) nach Atophan eine meist kurzdauernde Vermehrung der
Blutharnsäure, der dann eine Erniedrigung folgt, in einigen Fällen auftritt.
In anderen Fällen ist nur eine Erniedrigung nachweisbar. Es kann sogar zum
Verschwinden der Blutharnsäure kommen. Im Gegensatz zu anderen Autoren
finden GUDZENT, MAASE und ZONDEK stets eine Vermehrung. Die Ansicht von
DOHRN kann nur durch Versuche bewiesen werden, in denen etwa im Stunden-
versuch das zeitliche Verhältnis der Änderung der Blutharnsäure zu der Aus-
scheidung mit dem Harn gemessen wird.

Als dritte Möglichkeit käme in Betracht, daß das Atophan durch primäre
Einwirkung auf die Gewebe die retinierte Harnsäure in die Zirkulation bringt.
Auch dann müßte, was noch zu beweisen ist, der erhöhten Ausscheidung durch
den Harn größerer Gehalt des Blutes vorausgehen. GRIESBACH beobachtete, daß

intravenös injizierte Harnsäure auch bei Atophanisierung sehr rasch aus dem Blute in die Gewebe geht.

Als letzte Möglichkeit bleibt der primäre Angriff an der Niere. Als erster hat WEINTRAUD diese Auffassung vertreten, die von der Mehrzahl der Autoren, die sich mit diesem Problem befaßt haben, geteilt wird. Nach WEINTRAUD, dem ich mich völlig anschließe, handelt es sich um eine Beeinflussung der Teilfunktion der Harnsäureausscheidung, die in den Tubuluszellen vor sich geht. Diese Auffassung, die allen bisher beobachteten Erscheinungen gerecht wird, führt zu der Folgerung, daß die raschere Ausscheidung zu einer Mobilisierung der in den Geweben retinierten Harnsäure Veranlassung gibt, wodurch auch ein schwankender Gehalt der Blutharnsäure verständlich wird. WEINTRAUD hat ferner aus dieser Nierenwirkung des Atophans die Hypothese abgeleitet, daß durch die schnellere Ausscheidung nach dem Prinzip des chemischen Gleichgewichts der Purinabbau mehr in die Richtung des oxydativen Abbaus gedrängt wird, so daß bei der gleichen Intensität des Nucleinstoffwechsels weniger Purinolyse und mehr Purinoxydation, d. h. Harnsäurebereitung, eintritt. Indessen spricht die Erschöpfbarkeit der Atophanwirkung nicht dafür, daß die durch Atophan bedingte Vermehrung der Harnsäureausscheidung noch eine andere Quelle hat als die in den Geweben zurückgehaltenen Urate.

Es handelt sich hier um die Beeinflussung der Teilfunktion der Harnsäureausscheidung, um Konzentrierungsleistung. Eine Ausschwemmung der Harnsäure mit Hilfe einer großen Diurese kann für den Organismus von gleichem Nutzen und gleichen Folgen sein. Die Steigerung der spezifischen Konzentrierungsleistung durch Atophan setzt voraus, daß diese Funktion nicht völlig vernichtet ist. Aus den bisher vorliegenden Beobachtungen geht hervor, daß die Niere die Fähigkeit, Harnsäure über den Blutplasmawert zu konzentrieren, nur ganz selten vollständig einbüßt. Man darf daher mit der Möglichkeit einer Reizbarkeit dieser Funktion fast immer rechnen. Daß eine günstige Beeinflussung durch Pharmaka erfolgen kann, bedeutet für die Therapie einen sehr glücklichen Fall. Daß die Wirkung oder wenigstens eine Wirkung des Atophans renaler Art ist und insbesondere auf der Erregung des Harnsäurekonzentrierungsapparates beruht, geht aus Untersuchungen meines Assistenten AD. WOLFF hervor. Es wurden etwa stündliche Harnportionen und gleichzeitig das Blut im nüchternen Zustand mit und ohne Injektion von Atophannatrium auf Harnsäure untersucht. Ein Versuch an einem Nierengesunden sei hier wiedergegeben:

Zeit	Harnmenge	mg % Harnsäure		
		im Harn	im Blut	
8^{20}	85	41	3,2	
8^{40}				0,5 g Atophannatrium intravenös
9^{00}	20	75	3,4	
10^{30}	50	71	3,5	
12^{00}	70	63	—	
1^{00}	100	45	3,2	

Physiologisch erfolgt spezifische Reizung zunächst durch den auszuscheidenden Körper selbst. So wie Kochsalz die Kochsalzfunktion anregt und in bezug auf Konzentration und Bilanz als Kochsalzdiuretikum wirken, so wie Wasser eine Überschußdiurese hervorrufen kann, genau so kann Harnsäure, wenn der spezifische Nierenapparat genügend anspruchsfähig ist und entsprechende Reserven vorhanden sind, eine Harnsäurediurese bewirken. Die Überschußharnsäure nach Harnsäureinjektion und nach Purinmahlzeit (E. JOËL) ist durch die spezifisch diuretische Wirkung der Harnsäure zu erklären.

Das Verhalten der Niere bei der Gicht läßt sich dahin zusammenfassen, daß die Teilfunktion der Harnsäurekonzentrierung geschädigt ist, so daß eine Hyperurikämie entsteht, die für die Niere einen ständigen aber meist wirkungslosen Reiz zu energischerer Leistung abgibt. In den meisten bisher untersuchten Fällen ist die Konzentrierungsfunktion nicht völlig erloschen, sondern durch extreme Hyperurikämie, vielleicht auch durch andere endogene Reize und durch Arzneimittel erregbar. Der Erfolg dieser Reizungen ist geringer als bei gesunden Nieren und von kürzerer Dauer.

In Übereinstimmung mit THANNHAUSER und ganz entsprechend dem reichen Tatsachenmaterial bei Diabetes insipidus, fasse ich als Organ der Teilfunktion die Nierenzelle mitsamt ihrem bis in das Mittelhirn reichenden Nervensystem und den zu dessen Funktion gehörenden endokrinen Drüsen auf. An welcher Stelle in diesem System der Sitz der Funktionsschädigung sich befindet, ist unbekannt.

Literatur.

EBSTEIN, W. und NIKOLAIER: Über die Ausscheidung der Harnsäure durch die Nieren. Virchows Arch. **143**, 337 (1896).

FALTA, W. und J. NOWACZYNSKI: Über die Harnsäureausscheidung bei Erkrankungen der Hypophyse. Berl. klin. Wschr. **1912**, Nr 38.

FOLIN, O. und LYMAN: Einfluß des Atophans auf die Harnsäureausscheidung. J. of Pharmacol. **80**, 456 (1914).

FRANK, E.: Über Variationen des exogenen Purinstoffwechsels durch Atophan. Dtsch. Kongr. inn. Med. **29**, 615 (1912).

— und BAUCH: Über die Angriffspunkte des Atophans bei seiner Einwirkung auf die Harnsäureausscheidung. Berl. klin. Wschr. **1912**, 32.

— und E. R. W. PRZEDBORSKI: Untersuchungen über die Harnsäurebildung aus Nucleinsäure und Hypoxanthin unter dem Einflusse des Atophans. Arch. f. exper. Path. **68**, 349 (1912).

FROMHERZ, K.: Zur Kenntnis der Wirkungsweise der Phenylcinchoninsäure auf den Purinstoffwechsel der Hunde. Biochem. Z. **35**, 494 (1911).

GRAHAM, G.: Die Quelle der Harnsäureausscheidung nach Atophan. Quart. J. Med. **14**, 10 (1920).

LICHTWITZ, L.: Die Konzentrationsarbeit der Niere. Arch. f. exper. Path. **65**, 128 (1911). Kongreß inn. Med. **27**, 756 (1910).

LINDEMANN, W.: Über die Funktionen der Niere. Erg. Physiol. **14**, 618 (1914).

LOEWENHARDT, F. E. R.: Besteht bei der Gicht eine Partialfunktionsstörung der Niere für die Harnsäureausscheidung? Klin. Wschr. **1922**, 2319.

MAASE, C. und H. ZONDEK: Eine Methode zur quantitativen Bestimmung der Harnsäure im Blut. Münch. med. Wschr. **1915**, 1110.

MANTZ, J.: Der Harn der letzten Lebensstunden. Ein Beitrag zu den Teilfunktionen der Niere. Z. exper. Med. **46**, 646 (1925).

MEISSNER, G.: Beiträge zur Kenntnis des Stoffwechsels. VI. Z. ration. Med. **31**, 283 (1868).

MINKOWSKI, O.: Untersuchungen zur Physiologie und Pathologie der Harnsäure bei Säugetieren. Arch. f. exper. Path. **41**, 375 (1898).

RETZLAFF, K. (1): Atophantherapie. Dtsch. med. Wschr. **1912**, Nr 9. — (2): Atophanwirkung beim Gesunden und beim Gichtiker. Z. exper. Path. u. Ther. **12**, 307 (1912).

SCHITTENHELM, A. und ULLMANN: Über den Nucleinstoffwechsel unter dem Einflusse des Atophans. Ebenda **12**, 360 (1912).

STARKENSTEIN, E.: Beitrag zur Physiologie und Pharmakologie des Purinhaushaltes. Biochem. Z. **106**, 139 (1920).

— und W. WIECHOWSKI: Über die Pharmakologie des Atophans. Prag. med. Wschr. **1913**, Januar.

STEINITZ, E.: Die AMBARDsche Konstante der Harnsäure. Ther. Gegenw. **1922**, Nr 10.

THANNHAUSER, S. J.: Zur Pathogenese und Therapie der Gicht. Ther. Mh. **23** (1921).

— und W. HEMKE: Besteht bei Gicht eine funktionelle Störung der Harnsäureausscheidung? Klin. Wschr. **1923**, 65.

— und M. WEINSCHENK: Die Bewertung der Harnsäurekonzentration im Blute zur Diagnose der Gicht. Dtsch. Arch. klin. Med. **139**, 100 (1922).

WEINTRAUD, W. (1): Die Behandlung der Gicht mit Atophan. Ther. Gegenw. **1911**, Nr 3.

— (2): Zur Wirkung des Atophans bei Gicht. Dtsch. Kongr. inn. Med. 1913.

WOLFF, AD.: Zur Wirkungsweise des Atophans. Biochem. Z. **165**, 342 (1925).

9. Die Harnsäure im Blut bei Gicht. Die Harnsäureablagerungen bei der Gicht. Ist Harnsäure ein Gift?

Die Frage, ob die Harnsäure im Blut des Gichtkranken in einer weniger harnfähigen Form enthalten sei, ist vielfach diskutiert worden. Tatsachen, die dafür sprechen, sind nicht bekannt geworden. Insbesondere hat auch die Hypothese, zu der die Arbeiten von H. SCHADE angeregt haben, daß das Urat im Blut sich in einer nicht molekularen Verteilung befinde, keine Stütze gefunden. Das war vorauszusehen, weil bei dem Abbau der Nucleoproteide keine Möglichkeit der Entstehung von Aggregaten der Harnsäuremoleküle vorliegt. Die Purinbasenmoleküle der Nucleotide sind ja räumlich voneinander getrennt, bereits molekular verteilt. Die Konzentration, die die Zellen und Säfte für das Purin darstellen, erscheint zu schwach, um Zusammentreffen und Vereinigung mehrerer Moleküle zu gestatten. Am ehesten könnte man noch erwarten, daß die Harnsäure des Harns im Molekülkomplex auftritt, weil ja die Niere das Urat zu mikroskopisch sichtbaren Teilchen konzentriert. Mit Hilfe der Kompensationsdialyse ist aber festzustellen, daß die gesamte Harnsäure des Harns in molekularer Dispersion besteht (LICHTWITZ). Mit derselben Methode findet CHABANIER im Blut des Normalen, Nephritikers und Gichtkranken das Urat vollständig im Zustand echter Lösung.

Die Harnsäureablagerungen bei der Gicht. Da der Gichtkranke ebenso viel Harnsäure bildet aber weniger ausscheidet, so ist eine Harnsäureretention die Folge. Von dieser bleibt, wie eine einfache rechnerische Überlegung ergibt, nur ein kleiner Teil im Blut. Die Hauptmenge findet sich in den Geweben. Eine jede Ausscheidungsstörung muß zu Einlagerungen der zurückgebliebenen Stoffe in die Gewebe führen. Der Retention der Harnsäure in den Geweben oder der Uratohistechie, wie GUDZENT die Erscheinung nennt, wird aber besondere Bedeutung zugesprochen. GUDZENT hält sie für die primäre Ursache der Gicht. Daß Harnsäure in die Gewebe hineingeht und dort verbleibt, ist eine Tatsache, der wir im Laufe dieser Darstellung wiederholt begegnet sind. Die Größe dieser Retention durch Organuntersuchungen zu bestimmen, wurde durch SCHITTENHELM und WIENER, GUDZENT und SCHITTENHELM und HARPUDER versucht. SCHITTENHELM und WIENER haben, auch in einem Falle typischer chronischer Gicht, nur ganz geringfügige Mengen gefunden. GUDZENT und KEESER fanden bei nicht gichtischen Personen in allen Organen Harnsäure, am meisten in Leber, Pankreas und Milz. Die Methode dieser Autoren wird von STEUDEL und SUZUKI, sowie SCHITTENHELM und HARPUDER abgelehnt. Die Mengen, die GUDZENT und KEESER angeben, bewegen sich trotz der methodischen Bedenken in einer Größenordnung, die der normalerweise retinierten Harnsäure ungefähr entsprechen dürfte. Ich finde bei Umrechnung ihrer Prozentzahlen auf ein durchschnittliches Gesamtgewicht der Organe rund 1000 mg im ganzen Organismus. Daß die Gewebe noch weit größere Mengen Urat beherbergen können, geht aus den Versuchen von SCHITTENHELM und HARPUDER hervor, die einigen Schwerkranken, deren Ableben zu erwarten war, große Mengen Harnsäure infundierten. Sie fanden z. B. in einer 56 kg schweren Leiche 9,43 g Harnsäure wieder. Und man kann als sicher annehmen, daß die Analyse der Organe mit ziemlichen Verlusten verbunden ist. Wäre die gefundene Harnsäure in diesem Falle gleichmäßig im ganzen Körper verteilt (was nicht der Fall ist), so kämen 160 mg Natriumbiurat auf 1 kg Körpergewicht. In Knochen und Knorpeln (zu 10 kg angenommen) fanden die Autoren 3,63 g Harnsäure, das sind 385 mg Natriumbiurat auf 1 kg. Diese Zahlen übersteigen weit die Löslichkeit, die GUDZENT und BECHHOLD und ZIEGLER für dieses Salz im Serum befunden haben.

SCHITTENHELM und HARPUDER berichten, daß bei diesen Kranken durch die Infusionen Gichtanfälle nicht hervorgerufen wurden. Über Uratniederschläge erwähnen die Autoren nichts. Es ist also anzunehmen, daß sich die große Harnsäuremenge in gelöster Form in den Organen befunden hat, und zwar nicht in gleichmäßiger Verteilung, sondern in besonders hoher Konzentration in Leber, Knochen-Knorpel, Haut und Nieren.

Da die Infusion in Form stark übersättigter, nicht molekular-disperser Natriumuratlösung geschah, so ist aus diesen interessanten Versuchen nicht zu schließen, daß die gleiche Menge Urat in molekularer Verteilung gleiche negative Ergebnisse in bezug auf Niederschlagsbildung und Gichtanfälle haben muß.

Eine derartige ungleiche Verteilung in den Geweben ist auch dann möglich, wenn sich ein Stoff nicht in fester Form abgelagert hat. Das wissen wir von der Verteilung des Kochsalzes, Harnstoffs usw. in den Organen und Geweben. Sie gilt sicher auch für die molekular gelöste Harnsäure. Eine allgemeine gleichmäßige Neigung der Gewebe Urat zurückzuhalten (Uratohistechie nach GUDZENT) wäre für den Gichtiker ein ziemlich guter Schutz vor Harnsäureablagerungen in den Gelenken. Daß solche vorzugsweise in Knorpeln auftreten, zeigt, daß für die Beziehungen der Harnsäure zu den Geweben besondere Bedingungen maßgebend sind.

Die Untersuchungen von ORD und GREENFIELD, F. LEVISON u. a. bei nichtgichtischen Nierenkranken zeigen, daß bei Vermehrung der Blutharnsäure Uratablagerung vorzugsweise im Großzehengrundgelenk auftritt. THANNHAUSER kann diese Angabe nur für die Bleischrumpfniere bestätigen. Wie häufig oder wie selten ein solches Ereignis auch sein mag, so kann man doch mit Sicherheit schließen, daß eine Urateinlagerung in einen Knorpel nicht notwendigerweise mit gichtischen Erscheinungen (Gichtanfall) einhergeht.

Die Hyperurikämie kann nicht als alleinige ausreichende Bedingung für das Auftreten einer uratischen Ablagerung angesehen werden. Das geht nicht nur aus dem Verhalten der Nierenkranken hervor, sondern auch aus der großen Seltenheit der Gicht bei hyperurikämischen Leukämien. In der Literatur wird nur über eine ganz kleine Anzahl von Fällen, in denen bei myeloischer Leukämie Gicht auftrat, berichtet. Wäre die Hyperurikämie von passender Dauer und Stärke wirklich die einzige Bedingung, um Uratablagerung und Gicht zu bewirken, so erschiene das Verhalten der Mehrzahl der Leukämischen höchst verwunderlich. Auch die Seltenheit der Gicht bei den Vögeln, die ja eine im Vergleich zu den Menschen ungeheure Harnsäurebildung (in der Leber) und Ausscheidung haben, erweckt Bedenken, ob die Harnsäuremengen und -konzentrationen, die im Blute kreisen, als alleinige Materia peccans angesprochen werden können.

Die Giftigkeit der Harnsäure ist experimentell studiert worden. FOLIN sah bei Tieren, daß nach Uratinfusion die Nieren ödematös werden und zum Doppelten ihres Volumens anschwellen. Da das Urat von den Nieren in großer Menge und sehr schnell aufgenommen, auch einige Zeit festgehalten wird, so ist diese Reaktion verständlich.

J. J. VAN LOGHEM spritzte Kaninchen in Wasser suspendierte Harnsäure unter die Haut ein und beobachtete, daß sich die Krystalle allmählich auflösten. An ihre Stelle traten Kristalldrusen von Mononatriumurat, wie sie die gichtischen Ablagerungen charakterisieren. Diese Uratablagerung erzeugt eine „starke Reaktion der Umgebung; polynucleäre Leukocyten dringen hinein und leiten den phagozytären Prozeß ein, der mit Riesenzellen- und Bindegewebsbildung weiter geht". Durch Eingabe von Salzsäure per os konnte VAN LOGHEM die Uratbildung und die entzündlichen Erscheinungen verhindern. Schon früher hatte E. PFEIFFER derartige Versuche am Menschen gemacht. Er fand nach Injektion von aufgeschwemmter Harnsäure und aufgeschwemmtem Mononatriumurat nur geringe schmerzhafte Reaktion, dagegen eine sehr heftige, nach gelöstem Mononatriumurat. VAN LOGHEM schließt aus seinen Versuchen, daß die Entzündung unmittelbar der Krystallisation folgt und meint, daß die Entzündung die Folge eines mechanischen Reizes sei, den das Urat ausübe.

M. FREUDWEILER und HIS haben Injektionen von Mononatriumurat in den Knorpel vorgenommen. Sie konnten entzündliche Reaktionen hervorrufen, aber keine Ablagerung von krystallinischem Urat erzeugen. Erst wenn gleichzeitig durch Alkoholinjektion eine Knorpelschädigung gesetzt wurde, traten die Urate auf und bildete sich eine Bindegewebskapsel (HIS).

Kann man nun wirklich aus diesen Versuchen folgern, daß das ausgefallene Urat die Knorpelschädigung und den Gichtanfall verursacht? Schon der alte Satz „corpora non agunt nisi soluta" sollte hier zur Vorsicht mahnen. Ob in einem Gewebe, wie in den Versuchen VAN LOGHEMs, Harnsäure oder Uratkrystalle lagern, dürfte so lange gleichgültig sein, wie keinerlei Lösungsneigung vorhanden ist. In der Tat lösen sich aber die injizierten Harnsäurekrystalle, wenn nicht der Alkalibestand durch Säuregaben beschlagnahmt wird. Es muß dadurch lokal zu einer starken Uratlösung kommen, die, wie aus den Untersuchungen von PFEIFFER hervorgeht, nicht zu verkennende entzündungserregende Eigenschaften hat. Daß das Urat im Moment des Ausfallens den Reiz setzt, wie VAN LOGHEM meint, und worin ihm BRUGSCH und SCHITTEN-

HELM beizustimmen scheinen, ist nicht erwiesen und gar nicht wahrscheinlich. Dem widerspricht der Befund von Urat in den Gelenken, die nie einen Gichtanfall durchgemacht haben, ebenso, wie das Fehlen von Krystallen in Gichtgelenken nach dem Anfall dafür zeugt, daß die Lösung der Urate eine für den Gichtanfall charakteristische Erscheinung ist. Das Ansteigen der Urikämie vor dem Anfall, die Harnsäureflut im Anfall, weisen in dieselbe Richtung.

Aus diesen Beobachtungen kann man folgern, daß auch eine das Pathophysiologische weit übersteigende Hyperurikämie, wie sie durch das Experiment herbeigeführt wird, ebenso eine sehr starke Anreicherung von Urat in den Geweben nicht notwendig zu einem Gichtanfall führt. Die Erfahrungen, daß Hyperurikämie der Stärke, wie sie bei myeloischer Leukämie, Nephritis, Herzinsuffizienz lange Zeit besteht — und hier ist die Hyperurikämie oft hochgradiger als bei Gicht — keine schädlichen Folgen für den Knorpel hat, zusammen mit der Beobachtung, daß ein Gichtkranker trotz andauernder sehr hoher Blutharnsäurewerte anfallfrei bleibt, lehren, daß die Harnsäure nicht das giftige Agens bei der Gicht ist. Die Versuche von E. PFEIFFER u. a. zeigen aber, daß konzentrierte Harnsäurelösung Entzündungen macht, und die Tatsache, daß im Gichtanfall eine Lösung der Uratablagerung eintritt, läßt es als möglich erscheinen, daß die lokalen Symptome des Gichtanfalls Folge einer durch die Lösung entstehenden hohen Uratkonzentration sind.

Wer sich gedanklich mit der Frage, ob Harnsäure ein Gift sei, beschäftigt hat, dürfte wohl im allgemeinen dazu neigen diese Frage zu bejahen. Dagegen bedenke man, daß es nicht sehr wahrscheinlich ist, daß ein Stoffwechselendprodukt einen toxischen Körper darstellt, dessen wirksame Dosis nahe bei der Konzentration liegt, in der der Stoff intermediär auftritt. Wäre die Uricolyse eine Entgiftung, so erscheint es als Widerspruch zu dem Prinzip der Höherentwicklung, daß diese Funktion den höchstentwickelten Lebewesen fehlt. Und am allerunwahrscheinlichsten ist es wohl, daß Vögel und Reptilien aus dem ungiftigen Harnstoff Harnsäure bilden würden, wenn diese ein giftiger Körper wäre.

Wir gehen jetzt zu der Frage über, wie die Uratablagerung in den Geweben zustande kommt.

Die allgemeinen Gesetze der Ablagerung schwerlöslicher Stoffe lassen sich in folgender Weise zusammenfassen: 1. Der abzulagernde Stoff muß im Blut oder in den umgebenden Safträumen in einer stärkeren Lösung vorhanden sein, als der gesättigten wässerigen (nicht kolloidgeschützten) entspricht. 2. Es muß für den abzulagernden Stoff die Möglichkeit der Diffusion in das Ablagerungsgebiet bestehen. 3. Es müssen in dem Ablagerungsgebiet ungünstigere Löslichkeitsbedingungen herrschen als in der umgebenden Flüssigkeit oder eine besondere Haftneigung chemischer oder physikalischer Natur (z. B. Adsorption) vorliegen. Für den Fall des Urats kann man wohl die Möglichkeit einer chemischen Bindung im Knorpel ausschließen. Eine besondere physikalische Anziehung, wie sie von M. ALMAGIA und PFEIFFER, BRUGSCH und CITRON behauptet wurde, konnte von GUDZENT und DOHRN nicht gefunden werden. Eine geringere Löslichkeit könnte bedingt sein durch einen höheren Kochsalzgehalt des Knorpels. Diese Annahme steht auf schwachen Füßen, da der Unterschied gegenüber dem

Blute zu klein, und da sehr wahrscheinlicherweise das Kochsalz im Knorpel teilweise gebunden und nicht frei gelöst ist. Eine schlechtere Löslichkeit — und das ist die wichtigste und häufigste Grundlage der Ablagerungen im Körper überhaupt — wird dadurch herbeigeführt, daß die Gewebskolloide, entweder physiologisch wie in der verkalkenden osteoiden Grundsubstanz, oder pathologisch wie bei der Verkalkung hyaliner, verkäster oder nekrotischer Gewebe, nicht den Grad von Kolloidschutzwirkung ausüben können, der zur Aufrechterhaltung einer übersättigten Lösung notwendig ist (LICHTWITZ).

Finden sich im Knorpel bei der Gicht krankhafte Vorgänge dieser Art? W. EBSTEIN war es, der auf Grund eingehender experimenteller und anatomischer Untersuchungen feststellte, daß die Gichtherde durch Nekrose derjenigen Stellen, an denen sich die Ablagerungen befinden, charakterisiert sind. Im Gegensatz zu EBSTEIN, der die Nekrose in größerer Ausdehnung fand als die Uratherde und sie für das Primäre hielt, beschrieb G. RIEHL, daß die Krystalle über die Nekrose in das gesunde Gewebe hineinreichen. Das führte zu der Auffassung der Nekrose als Folge der uratischen Ablagerungen. Ich halte diesen Schluß nicht für zwingend; denn die Nekrose stellt ein vorgeschrittenes Stadium der Gewebsveränderungen dar, und jener Zustand des fehlenden Kolloidschutzes — der wahrscheinlich histologisch am gehärteten Präparat nicht faßbar ist — kann sehr wohl schon in den Bezirken, die Uratablagerung ohne Nekrose aufweisen, vorhanden sein.

Einen Hinweis auf die Art der kolloidalen Beschaffenheit des Uratkrystalle enthaltenden Gewebes gibt die Form dieser Krystalle.

In den Gichtherden tritt das Urat in Form von Nadeln auf, die in Büscheln liegen. Eine andere Form ist nicht beschrieben. Es gibt zu denken, daß kein Fall eines solchen Uratsediments im Harn bekannt ist. Die Krystallform hängt von dem Kolloidgehalt und -zustand des Mediums ab, in dem die Krystallisation erfolgt. Das ist eine allgemeine Erscheinung, die namentlich bei den Kalksalzen hervortritt (somatoide Form), wie überhaupt Art und Form der Abscheidung von dem Ort abhängt, an dem sie stattfindet (V. KOHLSCHÜTTER und CARLA EGG). Aus den Untersuchungen von SCHADE geht hervor, daß das Mononatriumurat bei neutraler Reaktion aus einer durch Harnsäurekolloid geschützten übersättigten Lösung in Sphärolithen ausfällt. In einer solchen Lösung tritt bei einer so alkalischen Reaktion, wie sie für einen Gelenkknorpel wohl nicht in Frage kommt, ein Niederschlag in Form von Nadeln auf, die für das Ausfallen aus einer wässerigen Lösung charakteristisch sind. Ein amorpher oder sphärolithischer Niederschlag kann außerdem bei längerem Stehen in den krystallinischen übergehen. Da aber eine andere Krystallform als die nadelförmige in Gichtherden nie beobachtet wurde, so darf man wohl schließen, daß in einem Gichtherd die Krystallisation wie in einem wässerigen Medium, d. h. in einem Medium ohne Kolloidschutz, geschieht. In Übereinstimmung hiermit fand HIS Uratnadeln nach Harnsäureinjektion nur in den Knorpeln, die gleichzeitig mit Alkohol, bekanntlich einem energischen Fällungsmittel für Eiweiß, behandelt waren. Das ist ein Argument mehr, die Knorpelveränderung, die nicht immer bis zum Grad der Nekrose zu gehen braucht, als das Primäre anzusehen. Ein Herd mit vermindertem Kolloidschutz wirkt als Kollektor für alle Stoffe, die in den Säften in übersättigter Lösung enthalten sind, indem die bis zum osmotischen Gleichgewicht hineindiffundierenden Stoffe ausfallen, dadurch die Innenkonzentration vermindern, ein weiteres Eintreten ermöglichen usf. Aus dieser Auffassung folgt, daß die Inkrustation der Knorpel mit Urat kein plötzlicher, sondern ein relativ langsamer Vorgang ist. Dazu stimmt, daß sich in Gichtherden neben Uraten noch unlösliche Kalksalze finden. Worauf allerdings das bevorzugte Ausfallen des Urats beruht, ist unklar. Diese Auffassung, die die Ansicht Ebsteins durch kolloid-chemische Betrachtung stützt, kann und soll zunächst nur die Richtlinien zeigen, auf der ein Eindringen in das strittige Gebiet der uratischen Ablagerung Erfolg verspricht.

Literatur.

Almagia, M. und Pfeiffer: Zur Lehre vom Harnsäurestoffwechsel. Hofmeisters Beitr. 7, 459, 463, 466 (1905).

Brugsch, Th. und Citron: Über die Adsorption von Harnsäure durch Knorpel. Z. exper. Path. u. Ther. 1908, Nr 5.

Ebstein, W. und Sprague: Beitrag zur Analyse gichtischer Tophi. Virchows Arch. 125, 207 (1891).

Freudweiler, M. (1): Experimentelle Untersuchungen über das Wesen der Gichtknoten. Dtsch. Arch. klin. Med. 63, 266 (1899). — (2): Experimentelle Untersuchungen über die Entstehung der Gichtknoten. Ebenda 69, 155 (1901).

Kohlschütter, V. und Carla Egg: Über somatoide Bildungsformen. Helvet. Chimica Acta 8, 457 (1925).

Levison, F.: Die Harnsäurediathese. Berlin 1893.

van Loghem, J. J.: Experimentelles zur Gichtfrage. Dtsch. Arch. klin. Med. 85, 416 (1905).

Nikolaier, A. und M. Dohrn: Über die Wirkung von Chinolincarbonsäuren und ihrer Derivate auf die Ausscheidung der Harnsäure. Ebenda 93, 331 (1908).

Ord, W. und A. Greenfield: Transactions of the intern. med. Congr. London 2, 107 (1891).

Riehl, G.: Zur Anatomie der Gicht. Wien. klin. Wschr. 1897, 761.

Suzuki, K. und H. Steudel: Über die Bestimmung der Harnsäure in Gewebsauszügen. Hoppe-Seylers Z. 119, 166 (1922).

10. Theorie der Gicht.

Aus der bisherigen Darstellung haben wir folgende Tatsachen gewonnen, die bei dem Versuch, das Wesen der Gicht zu erfassen, als Grundsteine zu verwerten sind:

Es besteht bei der Gicht keine Abweichung des intermediären Purinstoffwechsels von der Norm (Thannhauser).

Wir finden bei der Gicht eine Schwächung der Harnsäurefunktion der Niere. Dieser Fehler muß nicht notwendig auf einer Anomalie des renalen Tubulusapparates beruhen, sondern kann, wie die analoge Störung bei Diabetes insipidus, auch neuroendokrin bedingt sein. Diese Auffassung, die verhütet in der Gicht etwa eine Organkrankheit (Nierenkrankheit) zu sehen, bringt unseren Blick auf die höchste und weiteste Plattform der Betrachtung pathologischen Geschehens.

Die mangelhafte Harnsäurefunktion der Niere hat eine Hyperurikämie zur Folge, durch die die Konzentration des Urats im Blute die Grenzen der wässerigen Löslichkeit übersteigen kann.

Diese hohe Uratkonzentration ist eine notwendige Bedingung für die Entstehung der gichtischen Ablagerungen. Daß eine zweite Bedingung notwendig ist, sehen wir aus dem Fehlen von Uratablagerungen bei Hyperurikämikern des gleichen und auch eines höheren Grades, bei Menschen ohne Gicht.

Die zweite Bedingung der Uratablagerung ist eine lokale Gewebsschädigung, deren Genese vorläufig noch unklar ist. Daß der erhöhte Uratgehalt des Blutes solche Gewebsschädigungen nicht verursacht, lehren die Hyperurikämien nichtgichtischer Herkunft.

Wenn wir allein diese Bausteine betrachten, so ist ein Verständnis der Gicht mit ihrem Heere nervöser, visceraler, kardiovasculärer Erscheinungen nur auf Grund der Annahme möglich, daß die Harnsäure das Gift sei, welches alle diese Folgen hervorruft. Da aber diese Annahme unberechtigt ist, so muß man versuchen die chemisch und chemisch-physikalisch faßbaren Veränderungen zugleich mit allen anderen Symptomen aus einer tiefer liegenden Bedingung zu erfassen.

Die Gicht ist eine ausgesprochen konstitutionelle und in der Anlage hervorragend hereditär übertragbare Krankheit. Auch sehr purinreiche Kost führt nicht zu Gicht, wenn die gichtische Veranlagung nicht besteht.

Der in der französischen Medizin gebrauchte Begriff des Arthritismus hat von jeher in Deutschland wenig Anklang gefunden. Das wird aber vielleicht anders, wenn dieser Begriff aus der Empirie herauswächst und sich einer biologischen Betrachtung als zugänglich erweist. Besonders aus der französischen und englischen Literatur ergibt sich eine Auffassung, daß die latente hereditäre Grundlage der Gicht in einer cellulären Überempfindlichkeit gegen gewisse Reize (Proteine des Pflanzen- und Tierreiches, bakterielle und andere Gifte) besteht (F. WIDAL) und daher in einer Parallele zum Asthma bronchiale und zu Ekzemen gebracht werden kann. Die typische Gicht ist, wie das Asthma bronchiale, die Migräne, Epilepsie, Eklampsie, eine Anfallkrankheit. Und die wachsende Erfahrung verdichtet sich immer mehr zu der Lehrmeinung, daß alle Anfallkrankheiten allergische Krankheiten sind. Das gilt sogar, wie ich an einem Fall durch Desensibilisierung sehen konnte, für manche Fälle von Angina pectoris, die ja auch in dem Symptomenkomplex der Gicht eine bemerkenswerte Rolle spielt (MINKOWSKI). Die Erfolgsorgane der allergischen Erscheinungen sind vorzugsweise glatte Muskulatur und Capillarendothel. J. L. LLEWELLYN nimmt an, daß beim akuten Gichtanfall Gifte, wie sie bei der Anaphylaxie eine Rolle spielen, zur Kontraktion der die Gelenke versorgenden Gefäße und somit zu einer ischämischen Reaktion führen. Hier darf daran erinnert werden, daß die Gelenke bei anaphylaktischen Vorgängen vorzugsweise mit sogenannten Entzündungserscheinungen reagieren, so bei der Serumkrankheit und bei Infektionen (Scharlach, Ruhr). Für den akuten Gelenkrheumatismus hat WEINTRAUD diese Auffassung begründet. Die Erfolgsorgane der Anaphylaxie stehen unter starkem Einfluß des neuroendokrinen Apparates; wir wissen, daß das autonome Nervensystem und seine beherrschenden inkretorischen Drüsen auf die experimentelle Sensibilisierung und auf den Ablauf der Überempfindlichkeitsreaktionen von Einfluß sind (s. S. 18). Zu der alten Erfahrungstatsache, daß der gichtische Anfall mit bestimmten Zuständen im vegetativen Nervensystem, so z. B. mit Affekten, in Zusammenhang steht, wird durch diese Auffassung eine Brücke geschlagen. Auch zu dem bedeutungsvollen auslösenden Momente, dem Trauma, ergeben sich klarere Beziehungen. Aus dem Bericht der englischen Kommission, die den Wundshock bearbeitet hat, geht hervor, daß durch Gewebszertrümmerung entstehende hochaktive Eiweißspaltprodukte (vom Typus des Histamin etwa) die dem Shock zugrunde liegende Capillarreaktion vermitteln. Die Vorstellung, daß solche Stoffe am Orte des Traumas selbst bei disponierten (sensibilisierten) Individuen eine Reaktion auslösen, liegt nahe. Für die Einreihung in die Gruppe der allergischen Anfallskrankheiten spricht auch die alte Erfahrung, daß ein Gichtiker sich nach einem Anfall besonders wohl fühlt, ebenso wie ein Epileptiker und ein Migräniker. Diese Folge des reinigenden Gewitters besteht vermutlich in einer (vorübergehenden) Desensibilisierung.

Man hat ja für die Migräne eine Beziehung zur Gicht angenommen, ohne aber im Verhalten des Purinstoffwechsels etwas Beweisendes finden zu können. Vielleicht beruht die Verwandtschaft auf der Zugehörigkeit zu den Überempfindlichkeitskrankheiten. Der Einfluß purinhaltiger Nahrung auf die Entstehung der gichtischen Erscheinungen läßt sich also vielleicht auch so verstehen, daß beim Abbau von Nucleoproteiden sensibilisierende Stoffe auftreten. Diese Anschauung wird gestützt durch Analogie zu einer anderen Anfallskrankheit, zu der Epilepsie, bei der, wie ich nach vielfältiger Beobachtung glaube, purinarme Nahrung zu einer Verminderung der Anfälle führt.

In Annäherung an das schwierige Problem möchte ich also zunächst so zusammenfassen, daß endogen entstehende und gewisse von außen zugeführte Gifte einmal die Harnsäurefunktion der Niere schädigen und außerdem parallel an gewissen Geweben, oder vielleicht an allen, gewisse Veränderungen hervorrufen. Diese Veränderungen brauchen durchaus nicht durch Ablagerung von Urat als gichtische leicht kenntlich zu sein, wie es die ganz strenge Lehrmeinung fordert.

Bei dieser Auffassung der Gicht spielt die Harnsäure die Rolle des Testkörpers, nicht die des toxischen Agens. Die Gewebsveränderung und die Änderung der Nierenfunktion geschieht durch eine proteinogene Substanz. Nun wissen wir, daß nicht bei jedem Individuum alle Erfolgsorgane gleichzeitig und gleichmäßig reagieren. Wenn man sich nun vorstellt, daß die Niere nicht reagiert, wohl aber die anderen Gewebe, so würden wir eine Krankheit haben, bei der die Harnsäure als Testkörper ausscheidet, also eine Gicht ohne Harnsäure besteht. Wir bewegen uns jetzt auf einem sehr gefährlichen Boden. Aber wir wollen das Problem zu Ende denken. Nach unserer in Deutschland gebräuchlichen Methode können wir in einem solchen Falle die Diagnose „Gicht“ nicht stellen. Da wir aber sehr oft in die Lage kommen die Diagnose „Gicht“ aus den Harnsäureeigentümlichkeiten nicht stellen zu können, während sonst der Fall einem Gichtfall vollkommen gleicht, so fragt es sich, ob sich eine solche Betrachtung vielleicht als geeignet erweist, diese unbehagliche diagnostische Situation zu verbessern und die Pathogenese dieser unsympathischen Fälle vielleicht ein wenig zu erhellen.

Diese Auffassung der Gicht als einer konstitutionellen Überempfindlichkeitskrankheit findet auch in den therapeutischen Erfahrungen eine Stütze.

Von allergrößtem Interesse ist die Feststellung von F. WIDAL, daß Gichtiker gegen diejenige Weinsorte, die ihnen Gichtanfälle verursacht, bei kutaner Impfung eine Überempfindlichkeit zeigen. Man führt die Reaktion des Gichtkranken auf alkoholische Getränke nicht mehr (oder vielleicht nicht mehr ausschließlich) auf den Alkohol selbst zurück, weil eben die Reaktion auf die verschiedenen alkoholischen Getränke eine individuell grundverschiedene ist, sondern auf Proteine oder proteinogene Stoffe, die aus der Hefe oder aus Eiweißkörpern, die zur Klärung des Weines gebraucht werden, stammen.

Das Atophan hat, wie wir sahen, ganz sicher einen renalen Angriffspunkt, indem es diejenige Nierenfunktion, die bei der Gicht geschädigt ist, die Harnsäurekonzentrierung, elektiv anregt. Daneben aber bestehen antiphlogistische Eigenschaften des Atophans, deren eine Komponente wohl, da die Entzündung zu einem bedeutenden Teil auf Gefäß- (Capillar-)reaktionen beruhen, auf einer Beeinflussung der Arteriolen und Capillaren beruht. Das geht auch daraus hervor, daß das Atophan bisweilen Urticaria verursacht, die bekanntlich unter anderem durch Capillargifte entsteht. Im allgemeinen muß man wohl die Atophan- wie die Calciumwirkung als eine Capillardichtung auffassen. Aber wir wissen, daß auch beim Calcium mitunter entgegengesetzte Reaktionen auftreten. Eine konträre Reaktion hat man auch durch Atophan bei der Gicht beobachtet, nämlich die Auslösung von Gichtanfällen. Aus diesen Gewebswirkungen geht unzweifelhaft hervor, daß dem Atophan nicht nur eine renale Wirkung zukommt. Wenn die Auffassung, daß die Gicht durch die Einwirkung eines Agens in der Niere (Störung der Harnsäurekonzentrierung) und in den Geweben (ischämische Störungen) charakterisiert ist, zu Recht besteht, dann ist es verlockend anzunehmen, daß das Atophan, wie in der Niere, auch in den Geweben dieser Schädigung entgegenarbeitet.

Das hervorragendste Mittel im Gichtanfall ist das Colchicum, von dem es sichergestellt ist, daß es den Purinstoffwechsel und die Harnsäureausscheidung nicht im geringsten beeinflußt. Nach den Untersuchungen von H. FÜHNER und S. LOEWE ist das Colchicum ein Capillargift. Seine Hauptwirksamkeit entfaltet es im Bereich der Capillaren des Splanchnicusgebietes. Aus der Selbstbeobachtung des ersten Untersuchers des Colchicums, STÖRK, aus Experimenten an Menschen von HUGO SCHULZ und aus den in der Literatur beschriebenen Colchicumvergiftungsfällen geht hervor, daß das Colchicum Gelenkerscheinungen macht, die vermutlich oder wahrscheinlich auch auf einer Capillarwirkung beruhen. Wir kommen also, wie bei der Entstehung der Gichtherde und wie bei der Atophanwirkung, auch hier wieder zu Capillarreaktionen.

Und auf dieselbe Basis kann man wohl die Reizkörpertherapie zurückführen.

Literatur.

LLEWELLYN, J. L.: The etiology of gout. Lancet **1922**, Nr 10.
LOEWE, S.: Pharmakol. Grundlagen für die Colchicumtherapie der Gicht. Ther. Mh. **1920**, S. 5.
WIDAL, F., P. ABRAMI, ED. JOLTRAIN: Die Cutanreaktion auf Wein bei Gichtkranken. Presse méd. **1925**, Nr 86.

Neuntes Kapitel.

Chemie der Kohlehydrate. Gärung. Biologische Oxydation.

1. Chemie der Monosaccharide.

Kohlehydrate sind Verbindungen aus den Elementen C, H und O, für die die Gruppe

$$\begin{array}{c} | \\ CH(OH) \\ | \\ C = O \\ | \end{array}$$

d. h. eine Carbonylgruppe (CO), deren benachbartes C-Atom eine Alkoholgruppe trägt, also eine Carbinolgruppe darstellt, charakteristisch ist. Ist die vierte im obigen Schema noch freie Valenz des Carbonyls mit einem Wasserstoffatom besetzt, so hat die Verbindung den Charakter eines Aldehyds; ist aber ein C-Atom angeschlossen, so liegt ein Keton vor. Da die C-Atome in gerader Reihe verbunden sind und mit Ausnahme der Keto- oder Aldehydgruppe Alkoholreste darstellen, so sind die Zucker Alkoholaldehydverbindungen (Aldosen) oder Alkoholketoverbindungen (Ketosen).

Die frühere Definition, nach welcher die Kohlehydrate auch dadurch charakterisiert sind, daß sie Wasserstoff und Sauerstoff in den Verhältniszahlen des Wassers enthalten, ist nicht mehr streng gültig, da man auch Körper, die Wasserstoff und Sauerstoff nicht im Verhältnis des Wassers enthalten, zu den Kohlehydraten rechnet, so z. B. die Rhamnose $C_6H_{12}O_5$, die Glucuronsäure ($C_6H_{10}O_7$), die Glucosamine und Chondrosamine.

Diejenigen Kohlehydrate, die nur eine Carbonylcarbinolgruppe besitzen und daher bei ihrer Spaltung ihre Kohlehydratnatur verlieren, heißen Monosaccharide oder Monosen.

Je nach der Zahl der C-Atome unterscheidet man Diosen (Glykolaldehyd), Triosen (Aldose: Glycerinaldehyd, Ketose: Dioxyaceton), Tetrosen (Erythrose), Pentosen (Aldosen: Arabinose, Xylose, Ribose), Hexosen (Aldosen: Glucose, Mannose, Galaktose, Ketose: Fructose) Heptosen usw.

A. Aldosen.

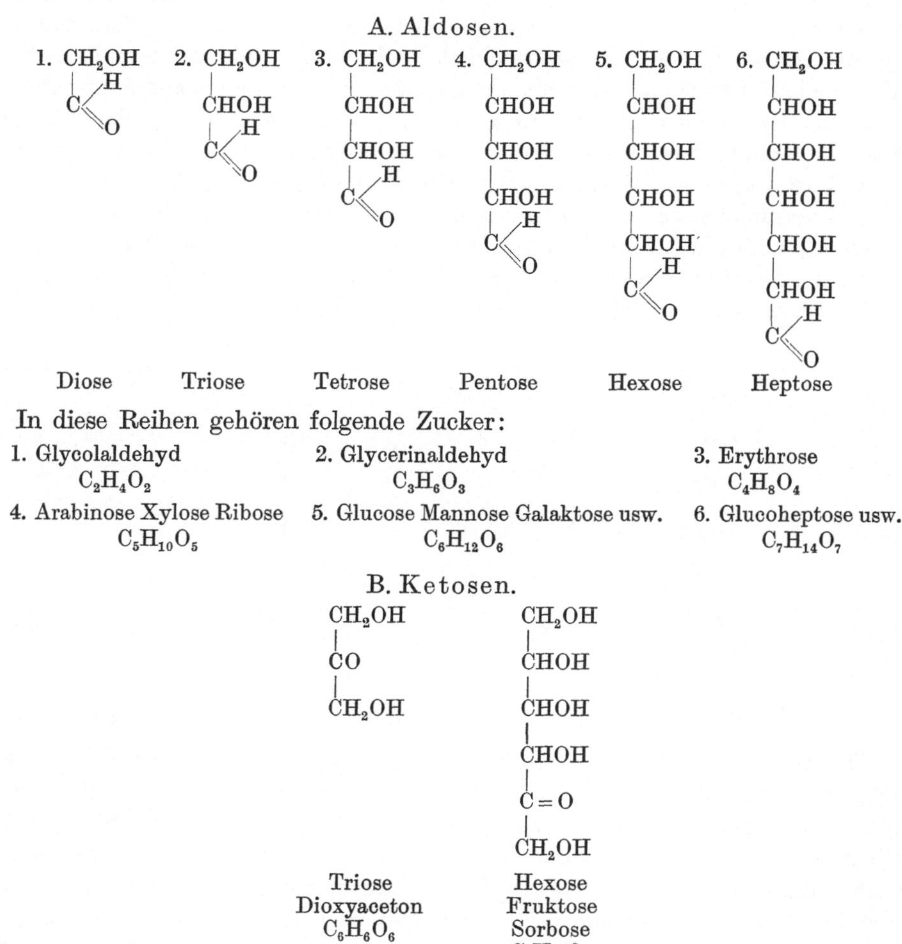

| Diose | Triose | Tetrose | Pentose | Hexose | Heptose |

In diese Reihen gehören folgende Zucker:

1. Glycolaldehyd $C_2H_4O_2$

2. Glycerinaldehyd $C_3H_6O_3$

3. Erythrose $C_4H_8O_4$

4. Arabinose Xylose Ribose $C_5H_{10}O_5$

5. Glucose Mannose Galaktose usw. $C_6H_{12}O_6$

6. Glucoheptose usw. $C_7H_{14}O_7$

B. Ketosen.

Triose Dioxyaceton $C_6H_6O_6$

Hexose Fruktose Sorbose $C_6H_{12}O_6$

Die Struktur der Hexosen, wie sie in den Formelbildern wiedergegeben ist, wurde durch die Untersuchungen von KILIANI und EMIL FISCHER bewiesen. Die Bildung von Oximen und Hydrazonen führt zu dem Schluß, daß ein Sauerstoff in Form der Carbonylgruppe vorhanden ist. Die Anwesenheit der anderen Sauerstoffatome der Alkoholgruppen folgt aus der Fähigkeit der vollkommenen Acetylierung (Bildung der Pentaacetylglucose) beim Kochen mit Essigsäureanhydrid unter Zufügung von Chlorzink als Katalysator. Das Vorhandensein einer geraden Kette geht daraus hervor, daß bei der Anlagerung von Cyanwasserstoff und nachfolgender Reduzierung aus Glucose, Mannose usw. die Nitrite der normalen Heptonsäuren entstehen, während aus der Fructose eine Säure mit verzweigter Kette wird, die bei der Reduktion eine Methylbutylessigsäure liefert.

Eine große Mannigfaltigkeit ergibt sich besonders bei den höheren Monosen aus dem sterischen Bau der Moleküle. Da die Aldohexosen vier asymmetrische C-Atome enthalten, so sind 16 stereoisomere Verbindungen möglich, von denen bis jetzt 14 teils aus natürlichem Vorkommen, teils durch Synthese bekannt sind. Von diesen 16 Aldosen verhalten sich je zwei als Spiegelbilder. Ihr wesentlichstes Unterscheidungsmerkmal ist die Richtung der Drehung des polarisierten Lichtes. In der Bezeichnung ist eine gewisse Schwierigkeit dadurch entstanden, daß man die Buchstaben d und l, die ursprünglich Rechts- und Linksdrehung ausdrücken, nicht mehr für diese, sondern für den genetischen Zusammenhang eines Körpers z. B. mit der d-Glucose auch dann gebraucht, wenn dieser Körper die entgegengesetzte Drehung hat. So bezeichnet man die linksdrehende Lävulose als d-Fructose. FREUDENBERG hat zur besseren Verständigung vorgeschlagen, den genetischen Zusammenhang durch d oder l des Ausgangskörpers, die Drehungsrichtung durch (+) für die Rechtsdrehung, durch (—) für die Linksdrehung zu kennzeichnen. Die Schreibweise für Lävulose ist danach d (—) Fructose.

Die sterischen Formeln für Dextrose und Lävulose sind folgende:

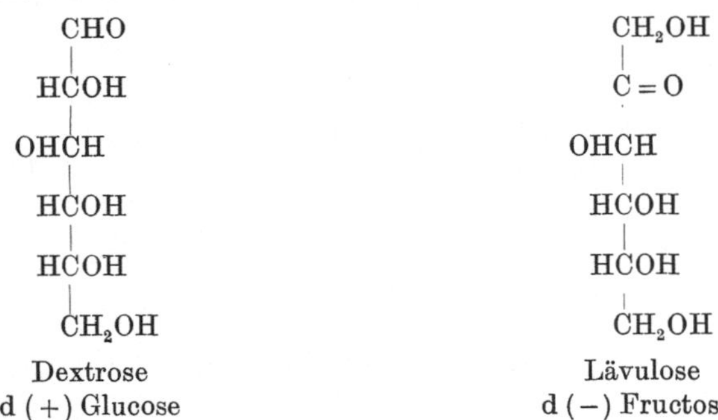

Dextrose   Lävulose
d (+) Glucose   d (−) Fructose

2. Zuckerreaktionen im klinischen Laboratorium.

Die Aldosen sind als Alkoholaldehyde sehr reaktionsfähige Körper. Die Alkoholgruppen verleihen allen Zuckern die Eigenschaft mit Schwermetallsalzen in alkalischer Lösung Alkoholate zu bilden. Es ist eine dem Arzte geläufige Erscheinung, daß bei der Vornahme der TROMMERschen Probe in einem Zuckerharn nach Zufügung der Lauge das Kupfersulfat nicht wie in einem normalen Harn oder in Wasser einen blauen gelatinösen Niederschlag von Cuprihydroxyd gibt, sondern sich mit tiefblauer Farbe löst. Cupriionen haben eine hellblaue Farbe und geben in Gegenwart freier Hydroxylionen sofort einen Niederschlag von $Cu(OH)_2$ bei Einhaltung geeigneter Konzentrationen. Im Zuckerharn sind, wie das Ausbleiben dieses Niederschlags lehrt, Cupriionen nicht mehr vorhanden, die tiefblaue Farbe rührt von einer Verbindung dieser Ionen mit dem Zucker her. Das gleiche Verhalten finden wir bei der Zubereitung der Kupferseignettesalzlösung nach FEHLING. Wenn zu der Lösung von weinsaurem Natriumkalium in starker Kalilauge Kupfersulfat gegeben wird, so löst sich der rasch eintretende Niederschlag von Cuprihydroxyd mit derselben tiefblauen Farbe wie im Zuckerharn bei der TROMMERschen Probe. Betrachten wir die Konstitution des Seignettesalzes,

$$
\begin{array}{c}
COONa \\
| \\
CHOH \\
| \\
CHOH \\
| \\
COOK
\end{array}
$$

so sehen wir, daß die beiden mittleren Glieder mit Gruppen im Zuckermolekül identisch sind. In diesen Gruppen wird der Wasserstoff des Alkoholradikals durch Cu ersetzt, so daß eine komplexe Verbindung

$$
\begin{array}{c}
COONa \\
| \\
CHO \\
| \quad\diagdown \\
\quad\quad Cu \\
| \quad\diagup \\
CHO \\
| \\
COOK
\end{array}
$$

entsteht, in der das Cu in undissoziierter Form dem Anion angehört und dadurch der fällenden Wirkung der Lauge entzogen ist. Infolge seines Gehalts an Hydroxylgruppen kann auch das Glycerin, an Stelle des Seignettesalzes, zum Zuckernachweis benutzt werden. Ist ein Harn bei stark alkalischer Reaktion imstande, Kupferoxydsalze mit tiefblauer Farbe zu lösen, so ist die Anwesenheit von Alkoholradikalgruppen sicher und die von Zucker sehr wahrscheinlich.

Für die quantitative Bestimmung kleinster Zuckermengen, also bei der Mikrobestimmung des Blutzuckers, wird nach der Methode von J. BANG so verfahren, daß das aus dem Cuprisalz entstehende Cuprosalz durch geeignete Salze (früher Rhodankalium, jetzt Kaliumchlorid) in Lösung gehalten und jodometrisch bestimmt wird.

Die Anwesenheit der Aldehydgruppe in den Aldosen und der Ketogruppe in den Ketosen verleiht den Zuckern die Allgemeinreaktionen dieser Gruppen.

Die Aldehyde verharzen unter dem Einfluß von Alkalien. Bringt man Acetaldehyd mit verdünntem Alkali zusammen, so bildet sich ein Kondensationsprodukt, das Aldol.

$$CH_3 \cdot CHO + CH_3 \cdot CHO = CH_3 \cdot CH(OH) \cdot CH_2 \cdot CHO.$$

Aldol

Bei Zusatz von starker Lauge geht die Kondensation von mehr als zwei Molekülen vor sich, und es entsteht Aldehydharz. Diese Reaktion zeigen auch die Zucker. Beim Erwärmen von Zucker mit starker Lauge tritt unter Braun- und Schwarzfärbung eine Verharzung ein.

13*

Charakteristisch für Aldehyde ist die Reduktion der ammoniakalischen Silberlösung. Fällt man eine Silbernitratlösung mit Kalilauge und setzt Ammoniak bis zur Lösung zu, die durch die Bildung eines löslichen Komplexsalzes, des Silberammoniumnitrats, mit dem Kation $Ag(NH_3)_2{}^+$ geschieht, so wird beim Erwärmen mit einer Aldehyd- oder Zuckerlösung metallisches Silber abgeschieden, das sich als glänzender Spiegel am Glase ansetzt.

Eine für die Entwicklung der Chemie des Zuckers und für die Klinik sehr wichtige Reaktion der Aldehyde und Ketone ist die mit Phenylhydrazin (E. FISCHER) und ähnlichen Körpern.

Das Phenylhydrazin

$$C_6H_5 \cdot NH \cdot NH_2$$

bildet mit der Carbonylgruppe, d. h. mit allen Aldehyden und Ketonen, eine Verbindung nach folgender Gleichung:

$$R - \underset{\underset{R}{|}}{C} = O + H_2N \cdot NH \cdot C_6H_5 \quad = \quad R - \underset{\underset{R}{|}}{C} = N \cdot NH \cdot C_6H_5 + H_2O \, .$$

Solche Körper nennt man Phenylhydrazone. Sie entstehen bei der Einwirkung molekularer Mengen von Phenylhydrazin auf den carbonylhaltigen Stoff.

Bei den Zuckern bewirkt aber (EMIL FISCHER) das Phenylhydrazin noch eine weitere Reaktion dadurch, daß eine Alkoholgruppe durch ein zweites Molekül Phenylhydrazin, das dabei in Anilin und Ammoniak zerfällt, unter Austritt von zwei Wasserstoffatomen oxydiert wird, so daß eine neue Carbonylgruppe entsteht, die mit einem dritten Molekül Phenylhydrazin reagiert. Der mit zwei Phenylhydrazinresten beladene Zucker bildet ein schön gefärbtes, prachtvoll krystallisierendes und sehr unlösliches Produkt, ein Osazon, das zur Abscheidung des Zuckers aus wässeriger Lösung und, nach seiner Reinigung, vermittels einer Schmelzpunktbestimmung zu seiner Identifizierung führt. Die Reaktionen mit Traubenzucker verlaufen nach folgenden Gleichungen:

$$
\begin{array}{ll}
\begin{array}{l}
CH_2OH \\
\;\;| \\
(CHOH)_3 + H_2N - NH - C_6H_5 \\
\;\;| \\
CHOH \\
\;\;| \\
CH = N - NHC_6H_5
\end{array}
&
\begin{array}{l}
CH_2OH \\
\;\;| \\
= (CHOH)_3 + NH_3 + C_6H_5NH_2 \\
\;\;| \\
C = O \\
\;\;| \\
CH = N - NHC_6H_5
\end{array}
\end{array}
$$

Glucosephenylhydrazon + Phenylhydrazin = Oxydationsprodukt

$$
\text{Oxydationsprodukt} + H_2N - NHC_5H_5 \;=\;
\begin{array}{l}
CH_2OH \\
\;\;| \\
(CHOH)_3 \\
\;\;| \\
C = N - NHC_6H_5 \\
\;\;| \\
CH = N - NHC_6H_5 \, .
\end{array}
$$

Glucosazon

Glucose und Fructose geben dasselbe Osazon, da der Prozeß an den gleichen benachbarten Kohlenstoffatomen vor sich geht.

Folgende Übersichtstafel gibt die differentialdiagnostische Eigentümlichkeit der in Betracht kommenden Körper wieder:

	Re-duktion	Drehung des polarisierten Lichtes	Gärung	Osazon Schmelzpunkt	Besondere Reaktionen
Traubenzucker . .	+	rechts	+	204—205⁰	
Fruchtzucker . . .	+	links	+	204—205⁰	Seliwanoffsche Reaktion
Galaktose	+	rechts	+	193⁰	
Rohrzucker . . .	0	rechts	0	kein Osazon	Erkennbar nach Inversion
Laktose	+	rechts	0	200⁰	Vergärbar nach Spaltung, Milchsäure-gärung
Pentose (r. Arabinose). .	+	rechts	0	157⁰	Phlorogluzin- und Orcinprobe
Glycuronsäure . .	+	freie: rechts, gepaarte: links	0	kein Osazon	Naphthoresorcin-probe
Homogentisinsäure	+	0	0	kein Osazon	Alkapton-reaktionen

3. Die Gärung.

Unter dem Einfluß der Hefe, durch ein in ihr enthaltenes und auf verschiedene Weise aus ihr extrahierbares Enzym, die Zymase, entsteht aus Traubenzucker Alkohol und Kohlensäure. Alle Gärungsfermente der Kohlehydrate, die man bisher kennt, sind ausschließlich imstande, auf Triosen, Hexosen und Nonosen einzuwirken, und zwar nicht auf alle, sondern von den Triosen nur auf Dioxyaceton, von den Hexosen nur auf die vier in der Natur vorkommenden, Glucose, Mannose, Galaktose und Fructose, und auf eine Nonose, die man aus Mannose durch Verlängerung der Kette (Cyanhydrinreaktion) darstellen kann. Und auch bei den drei Aldohexosen, von denen je zwei optische Antipoden existieren, ist noch die Einschränkung zu machen, daß die Zymase nur auf die Rechtsisomeren einwirkt. Glucose, Fructose und Mannose werden von den Hefen mit etwa der gleichen Geschwindigkeit vergoren, und eine Hefe, die einen dieser Zucker angreifen kann, ist auch gegenüber den andern aktiv. Die Galaktose dagegen wird viel langsamer und von manchen Heferassen gar nicht vergoren. Die Vergärbarkeit ist in allen Fällen an die Carbonylgruppen und an die Alkoholradikale gleichzeitig gebunden.

Die den Hexosen entsprechenden sechswertigen Alkohole Sorbit, Mannit, Dulcit $C_6H_8(OH)_6$, die im Pflanzenreich weitverbreitet sind, gären nicht, ebenso wie Oxydationsprodukte des Traubenzuckers, die Gluconsäure $CH_2OH(CHOH)_4COOH$ in der die Aldehydgruppe oxydiert ist, und die Glycuronsäure $CHO(CHOH)_4COOH$, in der die endständige Alkoholgruppe in das Carboxyl umgewandelt ist. Aus diesen Tatsachen, der Bedeutung der Zahl der Kohlenstoffatome, der Wichtigkeit der Carbonylgruppe und der Alkoholradikale, des stereoisomeren Baues und der Drehungsrichtung, geht hervor, wie innige und komplizierte Beziehungen das Ferment zu dem Substrat hat, wie es nicht nur an einer Stelle, sondern im Raume an vielen Punkten gleichzeitig angreift. Der Vergleich von EMIL FISCHER, daß das Ferment zum Substrat sich verhält wie ein Schlüssel zum Schloß, gibt ein viel zu schwaches Bild des rätselhaften Vorganges.

Die Gärungen (außer der alkoholischen Gärung kommen die Essigsäure-, Milchsäure-, Buttersäuregärung in Betracht) sind energieliefernde Vorgänge, die ohne Mitwirkung von Sauerstoff verlaufen. Im tierischen Organismus wird der Zucker gewöhnlich unter weitgehender Ausnutzung der Energie zu Kohlensäure und Wasser verbrannt. Betrachtet man nur die Endprodukte, so scheinen die Gärungen voneinander ebenso verschieden zu sein, wie von der Atmung. Das nähere Studium ergibt aber, daß „im großen und ganzen die Natur den gleichen Weg geht, nur den Abschluß nach den Bedürfnissen und Aufgaben der verschiedenen Organismen ungleich gestaltet" (C. NEUBERG). Aus der Kenntnis der Chemie der Gärungserscheinungen werden sich also Tatsachen ergeben, die für den intermediären Abbau der Kohlehydrate von Bedeutung sind. Aber darüber hinaus hat die Gärung ein ganz unmittelbares Interesse für die chemische Pathologie, weil unter gewissen Bedingungen, z. B. bei Sauerstoffmangel, und besonders im Krebsgewebe (O. WARBURG) der energieliefernde Prozeß zu einem wesentlichen Teil aus Kohlehydrat nach dem Prinzip der Gärung verläuft.

Der chemische Ablauf der Gärung wurde erkennbar, als es gelang Zwischenprodukte zu fassen. Die wichtigsten Fortschritte auf diesem Gebiete verdanken wir C. NEUBERG. NEUBERG zeigte, daß Hefe imstande ist Brenztraubensäure in Acetaldehyd und Kohlensäure zu zerlegen

$$
\begin{matrix}
CH_3 \\
| \\
CO \\
|
\end{matrix}
\quad + \quad
\begin{matrix}
H \\
OH
\end{matrix}
\quad = \quad
\begin{matrix}
CH_3 \\
| \\
C{-H \atop =O}
\end{matrix}
\quad + CO_2 + H_2O
$$
$$COOH$$

Das Ferment, das CO_2 abspaltet und von NEUBERG Carboxylase genannt wurde, ist ein regelmäßiger Begleiter der Zymase. Mit dieser Brenztraubensäuregärung war das Entstehen des einen Endproduktes der alkoholischen Gärung, der Kohlensäure, geklärt. NEUBERG gelang es dann mit Hilfe einer Reaktion von verblüffender Einfachheit den Acetaldehyd als Zwischenprodukt der alkoholischen Gärung quantitativ zu erfassen. Bekanntlich haben schwefligsaure Salze die Eigenschaft mit Aldehyden eine feste Bindung einzugehen. Ein Sulfit, das nicht durch differente Reaktion den Ablauf des enzymatischen Prozesses stört, fand NEUBERG im Calciumsulfit ($CaSO_3$), dessen Zusatz den Verlauf der Gärung so gestaltet, daß wohl die berechnete Menge Kohlensäure, aber kein Alkohol entsteht. Damit war nachgewiesen, daß bei der alkoholischen Gärung intermediär Brenztraubensäure und als unmittelbarer Vorgänger des Alkohols Acetaldehyd auftritt. Statt des Alkohols entsteht bei Zusatz von Sulfit zum Gärungsversuch in großen Mengen Glycerin, das in geringem Betrage auch bei der gewöhnlichen Gärung gebildet wird. Die Entstehung des Glycerins erklärt NEUBERG so, daß das Wasserstoffatom, das (s. obige Gleichung) in der Norm zur Aldehydbildung verwandt wird, in ein anderes Molekül eintritt, und zwar in das Methylglyoxal, das, wie C. NEUBERG e. s. neuerdings nachgewiesen haben, primär aus dem Zucker entsteht.

$$C_6H_{12}O_6 - 2 H_2O = 2 CH_3 \cdot CO \cdot CHO$$
$$\text{Methylglyoxal}$$

Das Methylglyoxal wurde bereits früher (A. WOHL) als Zwischenprodukt der alkoholischen Gärung angenommen. Es geht bei der Einwirkung schwacher Alka

lien oder durch ein Ferment, das DAKIN Glyoxalase genannt (die richtige Be-
zeichnung ist, da Glyoxal $\begin{smallmatrix}H\\ \\O\end{smallmatrix}\!\!>\!\!C - C\!\!<\!\!\begin{smallmatrix}H\\ \\O\end{smallmatrix}$ von dem Ferment nicht gespalten wird, Me-
thylglyoxalase oder allgemeiner Ketoaldehydase) und in der Hefe und in tierischen
Organen gefunden hat, nach DAKINS Meinung in Milchsäure über. Nach NEU-
BERG bildet sich Brenztraubensäure. Bei der nahen Beziehung, die zwischen diesen
beiden Säuren besteht (s. S. 79), liegt hier keine tiefgehende Meinungsverschiedenheit vor. Schreibt man das Methylglyoxal in einer isomeren Formel

$$\begin{array}{ccc}
CH_2 & OH & CH_2OH \\
\| & + & | \\
C(OH) & H = & CHOH \\
| & & | \\
C\overset{=\,O}{\underset{H}{}} + & H_2 & CH_2OH
\end{array}$$

$$\text{Methylglyoxal} \qquad\qquad \text{Glycerin}$$

so sieht man leicht, daß es durch Aufnahme von 1 Molekül Wasser und 2 Atomen
Wasserstoff in Glycerin übergehen kann, wie es in dem Sulfitgärungsversuch geschieht. Im normalen Gärablauf aber reagiert nach NEUBERG der Acetaldehyd
mit dem Methylglyoxal nach dem Prinzip der CANNIZZAROschen Umlagerung, die
darin besteht, daß zwei Aldehyde als ein Oxydations-Reduktionssystem so aufeinander einwirken, daß das eine Molekül oxydiert, das andere reduziert wird.
Acetaldehyd wird zu Äthylalkohol reduziert. Die am Methylglyoxal erfolgende
Oxydation führt zu Brenztraubensäure.

$$\begin{array}{ccc}
CH_3 \cdot CO \cdot CHO & O & CH_3 \cdot CO \cdot COOH \\
+ & | \longrightarrow & \\
CH_3 \cdot CHO & H_2 & CH_3 \cdot CH_2OH
\end{array}$$

So wird also mit Hilfe von Acetaldehyd immer wieder Brenztraubensäure
erzeugt. Während — vielleicht — im Beginn der Gärung, bevor noch ein anderes
Aldehyd zur Verfügung steht, zwei Moleküle Methylglyoxal untereinander reagieren und zu der kleinen Menge Glycerin führen, die sich bei jeder Gärung findet,
kommt, sobald durch Decarboxylierung der Brenztraubensäure Acetaldehyd entstanden ist, dieser mit Methylglyoxal zur Reaktion der gekoppelten Oxydation-
Reduktion.

Unter gewissen Bedingungen kommt ein in der Hefe enthaltenes Ferment
(Aldehydmutase) zur Wirkung, das die Reaktionen zweier Acetaldehydmoleküle
miteinander herbeiführt, so daß es zum Auftreten äquimolekularer Mengen von
Essigsäure und Alkohol kommt.

Bei gewissen Mikroorganismen entsteht genau wie bei der Hefegärung als Zwischenprodukt Brenztraubensäure und Acetaldehyd, aber als Endprodukt Buttersäure, Kohlensäure und Wasserstoff. In anderen Fällen, so durch Bacterium
lactis und im Tierkörper, kommt es zur Milchsäuregärung.

Von ebenso großem Interesse ist der erste Gang der enzymatischen Zucker-
spaltung, der zu Methylglyoxal führt.

Die drei gut gärfähigen Hexosen, Glucose, Mannose und Fructose, gehen unter
dem Einfluß schwachen Alkalis ebenso wie im Tierkörper leicht ineinander über,
wie man annimmt, über eine gemeinsame sehr reaktionsfähige Form, die Enolform,

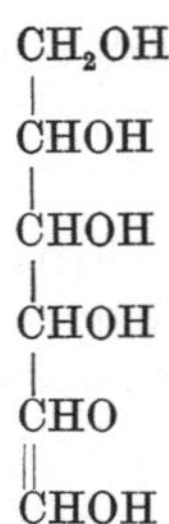

$$
\begin{array}{c}
CH_2OH \\
| \\
CHOH \\
| \\
CHOH \\
| \\
CHOH \\
| \\
CHO \\
\| \\
CHOH
\end{array}
$$

Enolform der Hexose

die nach der wichtigen Entdeckung von HARDEN und YOUNG, A. v. LEBEDEW
und H. v. EULER mit phosphorsauren Salzen ein Hexosediphosphat bildet.
Unter natürlichen Bedingungen kommt in der Hefe und im Muskel (G. EMBDEN)
ein Hexosemonophosphat vor. Die phosphorsauren Salze beschleunigen die
alkoholische Gärung, und nach HARDEN und YOUNG leitet die Hexosediphosphor-
säureesterbildung den ersten nachweisbaren Akt der Katalyse ein.

$$
\begin{array}{c}
CH_2 \, (H_2PO_4) \\
| \\
(CHOH)_3 \\
| \\
CO \\
| \\
CH_2 \, (H_2PO_4)
\end{array}
$$

Hexosediphosphorsäureester

Jedes Gärungssystem ist teilbar in ein nicht dialysierendes Ferment und in
einen dialysablen, kochbeständigen Anteil (Coferment, Cozymase), der in Hefe
und Muskel identisch und austauschbar ist. Das Coferment ist ebenso für den
ersten Akt der Gärung, die Esterbildung, notwendig wie für den Esterzerfall.
Der Hexosemonophosphorsäureester ist gegen hydrolysierende Fermente vollkommen stabil. In Gegenwart des Gärungsferments und bei Zufügung des Co-
ferments tritt gleichzeitig mit der Phosphorsäureabspaltung die Spaltung der
C_6-Kette ein.

Nach den Untersuchungen von K. MEYER[1] zerfällt das Coferment in zwei
Anteile ungleicher Beständigkeit, von denen der eine (der stabilere) seiner Art
nach unbekannt ist, während der andere von K. LOHMANN als Adenosinphosphorsäure (s. S. 98) erkannt wurde.

Literatur.

EULER, H. v. und H. BACKSTRÖM: Zur Kenntnis der Hefegärung. Hoppe-Seylers Z. **77**, 394
  (1912).
— und A. FODOR: Über ein Zwischenprodukt der alkaholischen Gärung. Biochem. Z.
  36, 401 (1911).
— und HJ. OHLSEN: Über die Wirkungsweise der Phosphatese. Hoppe-Seylers Z. **76**, 468
  (1911).
HARDEN, A. und W. J. YOUNG: Der Mechanismus der alkoholischen Gärung. Biochem. Z.
  40, 458 (1912).
LEBEDEW, A. v.: Über den Hexosephosphorsäureester. II. Biochem. Z. **36**, 248 (1911).
NEUBERG, C.: Über den Zusammenhang der Gärungserscheinungen in der Natur. Festschr.
  der K.-W.-Gesellschaft. Berlin 1926, S. 162.
WOHL, H.: Die neueren Ansichten über den chemischen Verlauf der Gärung. Biochem. Z.
  5, 54 (1907).

---

[1] Mündliche Mitteilung.

4. Die biologische Oxydation.

Die Verbrennungsvorgänge im Tierkörper verlaufen unter Beteiligung von Sauerstoff. Hochmolekulare Stoffe, wie Eiweiß, Fette und Kohlehydrate, die im Laboratorium bis vor kurzer Zeit nur mit Anwendung hoher Temperaturen und starker Oxydationsmittel bis zu den Endprodukten verbrannt werden konnten, verbrennen glatt im tierischen Organismus, der nicht über starke Oxydationsmittel verfügt. Zur Lösung dieses Widerspruches sind verschiedene Annahmen gemacht worden. SCHOENBEIN glaubte, daß der Sauerstoff im Körper in Ozon übergehe. BACH und CHODAT haben die Lehre aufgestellt, daß in den Zellen vorhandene sauerstoffgierige Stoffe, die sogenannten Oxygenasen, den Sauerstoff locker binden, indem sie in Peroxyde übergehen, und daß dieser Sauerstoff durch Oxydationsfermente (Peroxydasen) auf die zu verbrennende Substanz übertragen wird. Die Folge dieser Auffassung ist, daß man die Reduktionsvorgänge auf besondere Fermente, die Reduktasen oder Hydrogenasen, zurückführen muß. Daneben braucht man zur Verhütung einer zu großen und daher schädlichen Anhäufung von Peroxyden die Wirkung eines Ferments, der Katalase, die Peroxyde in Oxyde und molekularen Sauerstoff zerlegt. Da es niemals gelungen ist Oxygenasen nachzuweisen, und da man mit den bekannten Oxydasen wohl gewisse leicht oxydierbare Stoffe, aber nicht Eiweiß, Fett und Kohlehydrate verbrennen kann, so kann diese Theorie nicht befriedigen.

Die Lehre von den biologischen Oxydationen ist durch die bedeutenden Untersuchungen von O. WARBURG und von H. WIELAND gewaltig gefördert worden.

WARBURG studierte die Atmung von lebenden Zellen (Vogelblutkörperchen, Seeigeleier) und fand, daß nach Zerstörung der Zellen aus der Flüssigkeit eine Schicht abzentrifugierbar ist, die feste Zellbestandteile enthält und noch einige Zeit weiteratmet. Die der Atmung dienenden Zellteile sind nur in sehr kleinen Mengen enthalten und sind — das ist ein wesentlicher Punkt der Theorie WARBURGS — eisenhaltig. Weiter zeigte es sich, daß Narcotica die Atmung hemmen. Die Hemmung ist der Konzentration des Narcoticums proportional und reversibel. Die Hemmungskurve läuft der Adsorptionsisotherme (d. i. dem Verlauf der Adsorption als Funktion der Konzentration bei konstanter Temperatur) parallel.

Die Zellatmung ist auch durch Blausäure hemmbar. Diese Hemmung ist irreversibel und schon bei geringen Blausäurekonzentrationen vollständig.

Hieraus ergibt sich, daß die Atmung eine Schwermetallkatalyse an den feinsten Strukturen der Zelle ist. Der zu verbrennende Stoff wird an den Oberflächen der Zellstruktur adsorbiert; er gerät so in feinste Verteilung und in innigste Berührung mit den Schwermetallsäuren, die den Sauerstoff übertragen. Die Wirkung der Narcotica erklärt sich durch Besetzung der wirksamen Oberfläche und Abdrängung der Brennstoffe von den „Brennorten", die Wirkung der Blausäure durch eine irreversible Entionisation des Schwermetalls, indem sich komplexe Metallcyanionen bilden.

O. WARBURG hat diese Vorgänge in Modellversuchen anschaulich gemacht. Es gelang ihm Cystin in wässerigen Kohlesuspensionen bei Körpertemperatur durch Sauerstoffdurchströmung zu Kohlensäure, Wasser, Ammoniak und Schwefelsäure, d. h. zu den Endprodukten, die auch der intermediäre Stoffwechsel liefert, zu verbrennen. Die grundlegende Bedeutung dieses Versuchs wird nicht dadurch gemindert, daß die Reaktion im Modellversuch nicht quantitativ, sondern nur zu etwa 30% des theoretischen Betrages vor sich geht. Mit anderen Aminosäuren ließen sich Oxydationen etwa im gleichen Maße erzielen. Dieser Vorgang konnte genau so wie die Zellatmung durch Narcotica gehemmt werden.

Die Zellsuspension war auch so wie die Kohlensuspension durch Blausäure vergiftbar. Es zeigte sich, daß die Giftigkeit der Blausäure etwa 10000 mal so groß ist, als ihrer Adsorptionskonstante entspricht. Die Blausäure kann also nicht wie die Narcotica durch Beschlagnahme der Oberfläche die Oxydation verhindern, sondern sie muß es auf andere Weise tun. Da Blausäure eine starke chemische Verwandtschaft zu Eisen (und anderen Schwermetallen) besitzt, so folgert WARBURG, daß durch Cyan das Eisen der Zelle so verändert wird, daß seine katalytische Wirkung verloren geht. Daß es auch in der Blutkohle das Eisen ist, welches nach erfolgter Adsorption die Atmung in Gang bringt, zeigte WARBURG dadurch, daß Kohle, die kein Eisen enthält, in seinen Modellversuchen versagt. Durch Vermehrung des Eisengehalts der Zellen (Seeigeleier) konnte die Geschwindigkeit der Sauerstoffaufnahme in entsprechendem Maße gesteigert werden.

Auch über die Natur des katalytisch aktiven Eisens geben WARBURGs Versuche wertvolle Aufschlüsse. Aktiv ist die Kohle nur dann, wenn sie außer Eisen nichtflüchtigen Stickstoff enthält. Das in einer Stickstoffbindung vorrätige Eisen ist zweiwertig, es reagiert mit molekularem Sauerstoff und geht dabei in ein höherwertiges Eisen (Eisensuperoxyd — FeO_2) über. Dieses Eisen, das WARBURG als „aktivierten Sauerstoff" bezeichnet, reagiert mit der organischen Substanz, die infolge ihrer feinen Verteilung an Oberflächen der Zelle aktionsbereit ist, daher von WARBURG „aktiviertem Kohlenstoff" gleichgesetzt wird, so, daß die organische Substanz oxydiert, das höherwertige Eisen zu zweiwertigem reduziert wird. Es handelt sich also um einen Kreisprozeß, für den WARBURG folgendes Schema gibt:

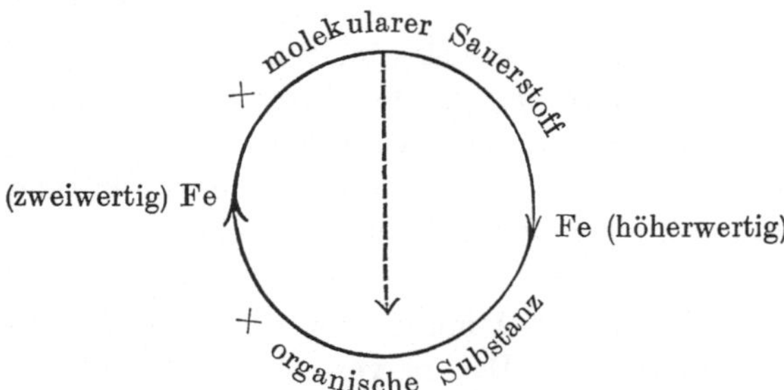

Reaktionen in der Richtung des gestrichelten Pfeiles kommen nicht vor: niemals, ebensowenig in der Zelle wie außerhalb, reagiert die organische Substanz unmittelbar mit molekularem Sauerstoff.

Dieses Modell hat sich nur für Aminosäuren als wirksam erwiesen. Fette und Kohlehydrate sind in ihrer ursprünglichen Form von Eisen nicht angreifbar.

Dagegen tritt, wie WARBURG fand, eine Oxydation ein, wenn man Sauerstoff bei Körpertemperatur durch eine Fructoselösung, die neutrales Natriumphosphat enthält, durchleitet. Diese Oxydation wird ebenfalls durch Blausäure gehemmt und durch kleine Mengen Eisen, Kupfer oder Mangan stark beschleunigt (MEYERHOF). Es ist daher anzunehmen, daß auch in diesem Versuch WARBURGs ganz kleine Mengen Schwermetall, wie sie überall vorhanden sind, die Oxydation vermitteln. Gegenüber Aminosäuren und Fetten ist Phosphatlösung unwirksam.

T. THUNBERG stellte fest, daß Eisensalze die Oxydation wässeriger Lecithinsuspensionen durch Sauerstoff beschleunigen. Nach WARBURG werden durch Eisensalze zwei Doppelbindungen der Linolensäure angegriffen. In dem System Linolensäure—Eisen ist das Eisen durch die Sulfhydrylgruppe des Cysteins (MEYERHOF) oder Glutathions (s. S. 104); (F. G. HOPKINS) zu ersetzen. Auch diese Reaktion wird durch Blausäure gehemmt. Nach WARBURG ist metallfreies Cystein nicht imstande Sauerstoff aufzunehmen und zu übertragen.

Durch die Bindung an die Sulfhydrylgruppe gewinnt dagegen das Eisen eine ganz besondere Reaktionsfähigkeit, so daß es zehnmal schneller reagiert als das Eisen in den stickstoffhaltigen Kohlen oder in den Fructosephosphatlösungen.

In den drei Modellen WARBURGS: Kohle—Aminosäuren, Fructose—Phosphat, Cystein—Linolensäure ist die Bindung des Eisens von entscheidendem Einfluß. Die Bindung bedingt die Spezifität der Oxydationen.

Das Atmungsferment ist, wenn man unter Atmung nur den Vorgang der Oxydation versteht, „die Summe aller katalytisch wirksamen Eisenverbindungen, die in der Zelle vorkommen" (WARBURG; vgl. S. 338).

Die Grundlagen der Theorie von WARBURG sind also Aktivierung des Sauerstoffs durch Eisen und andere Schwermetalle und Aktivierung des Substrats durch seine Anlagerung an eine Oberfläche.

Im Gegensatz dazu beruht der Kernpunkt der Theorie von H. WIELAND auf einer Aktivierung des Wasserstoffs im Substrat.

Eine umfangreiche Gruppe von Oxydationsreaktionen erfolgt nicht durch Zuführung von Sauerstoff, sondern durch Fortnahme von Wasserstoff, durch Dehydrierung, so die Oxydation der schwefeligen Säure zu Schwefelsäure in folgender Weise:

$$O_2S\!\!<^H_{OH} \;-2H \;\longrightarrow\; SO_3$$

$$SO_3 + H_2O \;\longrightarrow\; H_2SO_4$$

Durch Dehydrierung wird aus einer gesättigten Kohlenstoffkette eine ungesättigte:

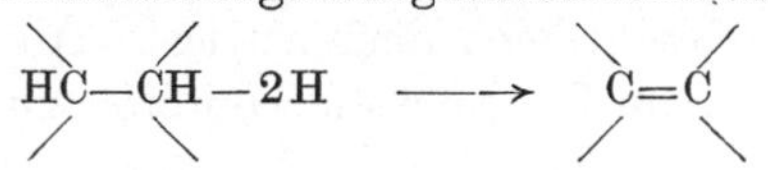

$$HC\!-\!CH -2H \;\longrightarrow\; C\!=\!C$$

Aus zweiwertigen o- und p-Phenolen entstehen Chinone (s. S. 115):

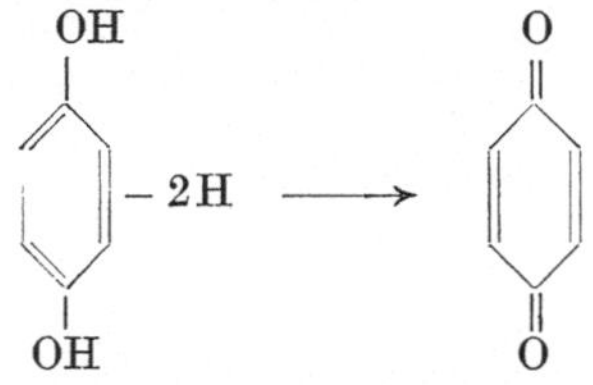

Dieser Reaktion analog ist die Dehydrierung, die vom Indigoweiß zum Indigofarbstoff (s. S. 123) führt:

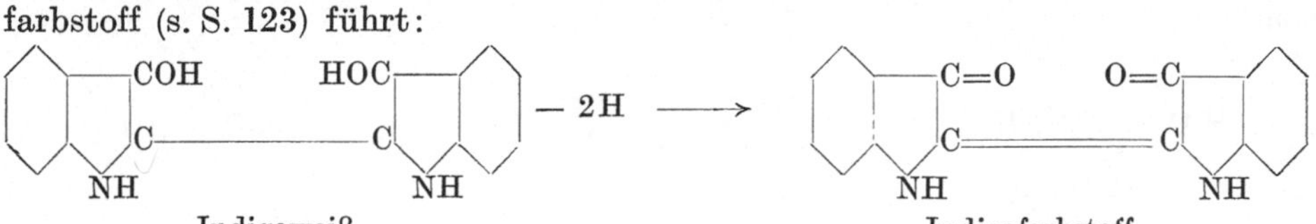

Indigoweiß   Indigofarbstoff

Der freiwerdende Wasserstoff tritt als Wasser auf, wenn gebundener Sauerstoff zu seiner Wegnahme dient (oxydative Dehydrierung). Findet die Reaktion mit Hilfe von molekularem Sauerstoff statt (autoxydative Dehydrierung), so erscheint als Reaktionsprodukt primär Hydroperoxyd

$$R\diagup^{H}_{\diagdown H} + O = O \longrightarrow R + HO-OH,$$

das auch bei der Bildung von Wasser aus Wasserstoff und Sauerstoff als Zwischenprodukt sichergestellt ist.

Fehlt bei einer Dehydrierung Sauerstoff vollständig, so kann dem Stoff RH_2 der Wasserstoff durch den Stoff A entzogen werden, wenn dieser eine größere Affinität zum Wasserstoff hat:

$$RH_2 + A \longrightarrow R + AH_2$$

Endlich kann die Abspaltung von Wasserstoff auch auf Grund einfacher Dissoziation erfolgen. Da eine solche aber erst bei erhöhter Temperatur stattfindet, so muß bei Normaltemperatur ein energieliefernder Prozeß die für die Dehydrierung notwendige Arbeit bestreiten.

WIELAND nimmt an, „daß die katalytische Wirkung der Oxydationsenzyme sich nicht auf den molekularen Sauerstoff erstreckt, sondern auf das Substrat selbst, in welchem die an der Reaktion beteiligten Wasserstoffatome derart reaktionsfähig gemacht werden, daß sie mit dem Sauerstoff zusammenzutreten vermögen". So wird erklärlich, was zuerst SCHMIEDEBERG hervorgehoben hat, daß so leicht verbrennbare Körper wie Kohlenmonoxyd und Phosphor, ebenso die Oxalsäure im Tierkörper ganz unangreifbar sind. Diese Körper sind nicht dehydrierbar, weil sie keinen Wasserstoff bzw. keinen aktivierbaren Wasserstoff besitzen. Dem molekularen Sauerstoff fällt nach der Theorie von WIELAND die Aufgabe zu, den freiwerdenden Wasserstoff zu binden; er fungiert als Wasserstoffacceptor. Wenn diese Auffassung richtig ist, dann muß es möglich sein, den Sauerstoff durch andere Stoffe, die Wasserstoff aufnehmen können, zu ersetzen und sauerstofflose Oxydationen durchzuführen. Das hat WIELAND zunächst an chemischen Reaktionen demonstriert. Alkohole werden wie durch Sauerstoff auch durch andere Wasserstoffacceptoren zu Aldehyden dehydriert.

$$H_3C-\overset{H}{\underset{H}{C}}-OH \; + \; \text{[Chinon]} \longrightarrow H_3C-\overset{H}{C}=O \; + \; \text{[Hydrochinon]}$$

Chinon   Hydrochinon

Aus Aldehyden entstehen über die Aldehydhydrate die entsprechenden Carbonsäuren:

$$H_3C-\overset{}{\underset{H}{C}}=O + H_2O \longrightarrow H_3C-\overset{}{\underset{H}{C}}{\overset{-OH}{-OH}} \; -2H \longrightarrow H_3C\cdot\overset{OH}{\overset{|}{C}}=O$$

          Acetaldehydrat   Essigsäure

Weiter hat WIELAND fein verteiltes Platin und Palladium (Platinschwarz und Palladiumschwarz) als Katalysatoren verwandt und bei Ausschluß von Sauerstoff, durch Chinon oder Methylenblau als Wasserstoffacceptoren, Milchsäure zu Essigsäure und Kohlensäure, Glucose (in erheblichem Umfang) zu Kohlensäure und Wasser abgebaut.

Diese Versuche, die das Modell des Zuckerabbaues in den Organismen darstellen können, hat WIELAND so erweitert, daß er statt des Palladiums, des „anorganischen Fermentes", lebende Zellen und aus diesen dargestellte wirksame Präparate verwandte. Einer der bestbekannten fermentativen Oxydationsvorgänge ist die Umwandlung von Alkohol in Essigsäure durch lebende oder mit Aceton und Äther abgetötete Essigbakterien (Bacterium aceti HANSEN). Mit diesen hat WIELAND unter vollkommenem Ausschluß von Sauerstoff bei Gegenwart von Chinon oder Methylenblau Alkohol in Essigsäure übergeführt, also eine echte Oxydation ohne Sauerstoff bewirkt. Die Reaktion geht über den Acetaldehyd, der unter denselben Bedingungen ebenso leicht in Essigsäure übergeht wie der Äthylalkohol.

$$2\,CH_3 \cdot CH_2OH + \text{Wasserstoffacceptor} \longrightarrow 2\,CH_3 \cdot CHO + 2\,H_2O$$

$$CH_3CHO + H_2O \longrightarrow CH_3 \cdot C\!\!\begin{array}{c} \diagup OH \\ \!\!-OH \\ \diagdown H \end{array}$$

$$2\,CH_3 \cdot C\!\!\begin{array}{c} \diagup OH \\ \!\!-OH \\ \diagdown H \end{array} + \text{Wasserstoffacceptor} \longrightarrow 2\,CH_3 \cdot COOH + 2\,H_2O\,.$$

Glucose wird, wie WIELAND gefunden hat, durch Essigbakterien in der geschilderten Versuchsanordnung in derselben Weise dehydriert wie durch Palladium.

Der Dehydrierungsvorgang ist also nur dann möglich, wenn ein anderer Körper hydriert, d. h. reduziert werden kann. Zwischen Dehydrierung und Hydrierung besteht ein zwangsläufiger Zusammenhang, der die Annahme einer „Reductase" ausschließt.

Der freie Aldehyd selbst kann vermöge des ungesättigten Systems seiner Carbonylgruppe als Wasserstoffacceptor wirken, während er in Form des Hydrats dehydrierungsfähig ist.

$$R-C\!\!\begin{array}{c} -OH \\ -OH \end{array}\!\!\!\begin{array}{c} \\ | \\ H \end{array} + O=C\!\!\begin{array}{c} -R \\ | \\ H \end{array} \longrightarrow R-C\!\!\begin{array}{c} -OH \\ =O \end{array} + R-C\!\!\begin{array}{c} H \\ | \\ -OH \\ | \\ H \end{array}$$

Aus zwei Molekülen Aldehyd entsteht also ein Molekül Säure und ein Molekül Alkohol (CANNIZZAROsche Reaktion). Diese Reaktion ist im tierischen Gewebe festgestellt worden und auch für den Verlauf der alkoholischen Gärung von großer Bedeutung (s. S. 199). KNOOP hat die CANNIZZAROsche Umlagerung auch in der Gruppe der Aminosäuren aufgefunden, indem er den Tierkörper die Synthese von N-Acetylalanin aus zwei Molekülen Brenztraubensäure vollziehen ließ. Bezeichnet man die Träger dieses katalytischen Prinzips als Dehydrase, so sieht man, daß die verschiedenen Wirkungen dieses Enzyms, Reduktion, Aldehydoxydation, Aldehydmutation, nur von der Verschiedenheit des Wasserstoffacceptors abhängen.

Die Fettsäuren sind paarig aufgebaut und werden darum auch paarig abgebaut. Das ist nicht auf den biologischen Abbau beschränkt, sondern liegt in der Konstitution (polare Moleküle). Nach K. SPIRO ist sehr damit zu rechnen, daß neben der oxydativen Spaltung am β-C-Atom (F. KNOOP) — und vielleicht

sogar diese weit übertreffend — ein paariger Abbau mit 4 C-Atomen (Buttersäure) und mit 6 C-Atomen (Zuckerbildung aus Fettsäuren) erfolgt. BATTELLI
und STERN fanden, daß Bernsteinsäure durch Tiergewebe und Sauerstoff zu
Apfelsäure oxydiert wird und zwar (H. EINBECK) über die Fumarsäure.

$$HOOC - CH_2 - CH_2 - COOH \longrightarrow HOOC \cdot CHOH \cdot CH_2 \cdot COOH$$
Bernsteinsäure   Äpfelsäure

THUNBERG stellte den Versuch mit Muskelgewebe und mit Methylenblau, statt
des Sauerstoffs, an und führte auf diese Weise die Bernsteinsäure in Fumarsäure über

$$HOOC \cdot CH = CH \cdot COOH$$
Fumarsäure

EINBECK und BATTELLI u. STERN haben festgestellt, daß tierische Gewebe die
Fumarsäure unter Addition von Wasser in Apfelsäure umwandeln.

Schon früher hatten FRIEDMANN und MAASE eine analoge Reaktion durch
Leberbrei, die Entstehung von β-Oxybuttersäure aus Crotonsäure, gefunden.

WIELAND sieht in diesen Reaktionen den Weg, auf dem sich die Zelle durch
Enzyme (Hydratasen) ein System schafft, das von neuem dehydrierbar ist. Durch
Abwechslung und mehrfache Wiederholung von Dehydrierung und Hydratisierung
wird die Kohlenstoffkette allmählich gekürzt:

$$R \cdot CH_2 \cdot CH_2 \cdot COOH - 2\,H \rightarrow R \cdot CH = CH \cdot COOH + H_2O \rightarrow$$
$$R \cdot CHOH - CH_2 \cdot COOH - 2\,H \rightarrow R \cdot CO \cdot CH_2 \cdot COOH + H_2O \rightarrow$$
$$R \cdot COOH + H_3C \cdot COOH$$

Durch eine Verbindung von Dehydratisierung und Hydrierung kann die Bildung von Fett aus Kohlehydrat erklärt werden:

$$^-CHOH \cdot CHOH^- - H_2O \rightarrow {}^-CO \cdot CH_2^- + 2\,H \rightarrow {}^-CHOH \cdot CH_2^- - H_2O \rightarrow$$
$$^-CH = CH^- + 2\,H \rightarrow {}^-CH_2 \cdot CH_2^-$$

Bei dieser Kette von Reaktionen tritt einmal die Carbonylgruppe, das andere
Mal die Doppelbindung C = C als Wasserstoffacceptor auf.

Die Annahme des Abbaus der höheren Fettsäuren zu so vielen Molekülen
Essigsäure, als der halben Kohlenstoffzahl entspricht, stößt auf die Schwierigkeit,
daß Essigsäure gegen Dehydrierung außerordentlich widerstandsfähig ist. THUN-
BERG vermutet daher, daß im Tierkörper die Essigsäure durch eine intermole-
kulare Dehydrierung über die Bernsteinsäure abgebaut wird.

$$HOOC \cdot CH_2 + H_2C - COOH - 2\,H \longrightarrow HOOC \cdot CH_2 \cdot CH_2 \cdot COOH$$
H   H

Die Bernsteinsäure selbst ist im Gewebe leicht durch Dehydrierung abbaufähig.

Auch auf die vitale Umwandlung der Glutaminsäure, des Benzols, des Tyrosins
und auf die Reaktionen der Sulfhydrylgruppe erweist sich die Dehydrierungs-
theorie anwendbar (WIELAND).

W. LIPSCHITZ hat das o-Dinitrobenzol als Wasserstoffacceptor eingeführt, das
durch Wasserstoffaufnahme in das o-Nitrophenylhydroxylamin übergeht

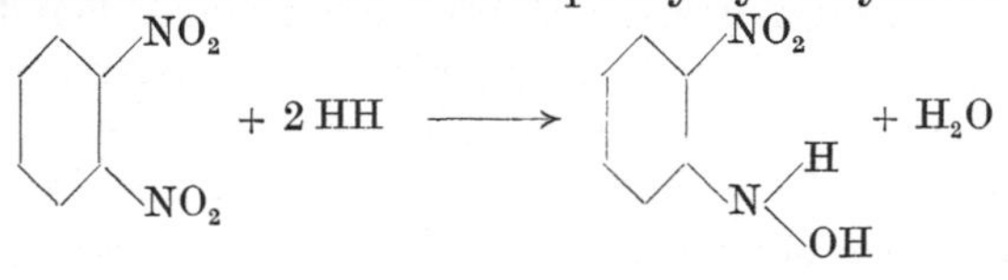

o — Dinitrobenzol   o — Nitrophenylhydroxylamin

Die „Dinitrobenzolatmung" verhält sich gegen Narcotica ganz analog der Sauerstoffatmung, ist aber durch Blausäure in viel geringerem Maße hemmbar. Bei der sauerstofflosen Atmung entsteht ganz ebenso wie bei der O_2-Atmung Kohlensäure. In beiden Fällen ergibt daher die Verbrennung von Kohlehydrat den respiratorischen Quotienten (Dehydrierungsquotienten) = 1 (LIPSCHITZ und P. MEYER). Ohne Sauerstoff geht aber die Reaktion mit erheblich geringerer Geschwindigkeit vonstatten.

Bei der Sauerstoffatmung ist O_2 der Wasserstoffacceptor, aus dem durch Hydrierung Wasserstoffperoxyd entsteht. In fast allen Zellen finden sich Fermente (die Katalasen), die die H_2O_2-Zersetzung stark beschleunigen, bei der molekularer Sauerstoff und Wasser entstehen:

$$2\,H_2O_2 \longrightarrow O_2 + 2\,H_2O$$

Wie bei der CANNIZZAROschen Umlagerung wird also ein H_2O_2 dehydriert, das andere hydriert. Die Katalase kann also auch als Wasserstoffperoxyddehydrase aufgefaßt werden.

Da die Katalase nur den anaerobischen Organismen fehlt, so liegt die Vermutung nahe, daß diese Enzyme an der Sauerstoffatmung beteiligt sind. Sie beseitigen das Produkt der ersten Atmungsphase, das Hydroperoxyd, das die Eigenschaften eines starken Protoplasmagiftes besitzt, indem sie aus ihm neuen Sauerstoff als Wasserstoffacceptor bereiten.

Die beiden Theorien der biologischen Oxydation von WARBURG und WIELAND stehen im scharfen Gegensatz zueinander. A. v. SZENT-GYÖRGYI hat folgenden Versuch gemacht die beiden Theorien untereinander in Verbindung zu bringen:

Die Umwandlung der Bernsteinsäure in Fumarsäure durch Muskelgewebe bei Gegenwart von Sauerstoff ist durch Cyan vergiftbar. Der durch Blausäure stillgelegte Oxydationsvorgang kann durch Zufügung von Methylenblau wieder in Gang gebracht werden. Daraus ist zu entnehmen, daß durch Cyan nicht die Wasserstoffaktivierung, wohl aber die Sauerstoffaktivierung leidet, und daß zu einer normalen biologischen Oxydation diese doppelte Aktivierung notwendig ist. In diesem Sinne spricht auch, daß die Oxydation des Paraphenylendiamins, die keine Dehydrierung, sondern eine Autoxydation ist, nach Blausäurehemmung, durch Methylenblauzusatz nicht wieder in Gang kommt.

Literatur.

BACH, A.: Zur Kenntnis der Reduktionsfermente. Biochem. Z. **31**, 443 (1911); **33**, 282 (1911); **38**, 154 (1912); 52, 412 (1913).

BATELLI, F. und L. STERN (1): Untersuchungen über die Fumarsäure. C. r. Soc. Biol. Paris **84**, 305 (1920). — (2): Die Oxydation der Bernsteinsäure durch Tiergewebe. Biochem. Z. **30**, 172 (1910).

EINBECK, H.: Über das Vorkommen von Fumarsäure im frischen Fleisch. Hoppe-Seylers Z. **90**, 301 (1914).

FRIEDMANN, E. und C. MAASE: Die Überführung von Crotonsäure in β-Oxybuttersäure durch Leberbrei. Biochem. Z. **55**, 450 (1913); **61**, 281 (1914).

HOPKINS, F. G.: A lecture on an oxidative mechanism in the living cell. Lancet **204**, 1251 (1923).

KNOOP, F.: Über die Reduktionen und Oxydationen und eine gekoppelte Reaktion im intermediären Stoffwechsel. Biochem. Z. **127**, 200 (1922).

LIPSCHITZ, W.: Mechanismus der Giftwirkung aromatischer Nitroverbindungen. Hoppe-Seylers Z. **109**, 189 (1920).

Lipschitz, W. und A. Gottschalk: Die Reduktion der aromatischen Nitrogruppe als Indikator von Teilvorgängen der Atmung und der Gärung. Pflügers Arch. 191, 1, 1, 33, 51 (1921).
— und Meyer, P.: Über die anaerobe CO_2-Produktion von Muskelzellen bei Gegenwart von H_2-Acceptoren. Ebenda 205, 366 (1924).
Myerhof, O. und K. Matsuoka: Über den Mechanismus der Fructoseoyxdation in Phosphatlösungen. Biochem. Z. 150, 1 (1924).
Meyerhof, O.: Über ein neues autoxydables System der Zelle. Pflügers Arch. 199, 531 (1923).
Spiro, K.: β-Oxydation und paarige Bindung. Helvet. chim. Acta 2, 459 (1921).
— Zur lyotropen Reihe und zur β-Oxydation. Biochem. Z. 127, 301 (1922).
v. Szent-Györgyi, A.: Über den Mechanismus der Succin- und Paraphenylendiaminoxydation. Biochem. Z. 150, 195 (1924).
Thunberg, T. (1): Zur Kenntnis der Einwirkung tierischer Gewebe auf Methylenblau. Skand. Arch. Physiol. 35, 165 (1917). — (2): Zur Kenntnis des intermediären Stoffwechsels und der dabei wirksamen Enzyme. Ebenda 40, 1 (1920).
Warburg, O.: Über die Rolle des Eisens in der Atmung des Seeigeleies. Hoppe-Seylers Z. 92, 231 (1914).
— Beiträge zur Physiologie der Zelle, insbesondere über die Oxydationsgeschwindigkeit in Zellen. Erg. Physiol. 14, 253 (1914).
— und S. Sakuma: Über die sogenannte Autoxydation des Cysteins. Pflügers Arch. 200, 203 (1923).
Warburg (1): Physikalische Chemie der Zellatmung. Biochem. Z. 119, 134 (1921). — (2): Über die antikatalytische Wirkung der Blausäure. Ebenda 136, 266 (1923).
Warburg, O. und M. Yabusoe: Über die Oxydation von Fructose in Phosphatlösungen. Ebenda 146, 380 (1924).
— und E. Negelein: Über die Oxydation des Cystins und anderer Aminosäuren an Blutkohle. Ebenda 110, 257 (1920).
Warburg, O.: Über Eisen, den sauerstoffübertragenden Bestandteil des Atmungsfermentes. Ebenda 152, 479 (1924).
Wieland, H.: Über den Mechanismus der Oxydationsvorgänge. Erg. Physiol. 20, 477 (1922).

5. Die isomeren Formen der Hexosen.

Die in dem ersten Abschnitt dieses Kapitels wiedergegebene Schreibweise der Dextrose enthält keine Erklärungsmöglichkeit der Mutarotation. Darunter versteht man die Erscheinung, daß eine frisch bereitete Dextroselösung eine Rechtsdrehung von $\alpha_D = 119^0$ zeigt, die bei längerem Stehen allmählich auf die spezifische Drehung $\alpha_D = 52,6^0$ zurückgeht.

Diese Eigenschaft (und eine Reihe anderer) läßt sich aus einer Isomerie des Moleküls erklären, die dadurch zustandekommt, daß der Sauerstoff der Aldehydgruppe ein inneres Oxyd bildet, wobei zu den vier asymmetrischen Kohlenstoffen der Kohlenstoff der Aldehydgruppe als fünfter tritt. Das fünfte asymmetrische Atom hat das Entstehen zweier stereoisomerer Körper zur Folge, die man als α-Glucose und β-Glucose bezeichnet.

$$
\begin{array}{ll}
\begin{array}{l}
\mathrm{H \cdot C \cdot OH} \\
\mathrm{H \cdot C \cdot OH} \\
\mathrm{HO \cdot C \cdot H \ O} \\
\mathrm{H \cdot C \cdot OH} \\
\mathrm{C \cdot H} \\
\mathrm{CH_2(OH)}
\end{array}
&
\begin{array}{l}
\mathrm{HO \cdot C \cdot H} \\
\mathrm{H \cdot C \cdot OH} \\
\mathrm{HO \cdot C \cdot H \ O} \\
\mathrm{H \cdot C \cdot OH} \\
\mathrm{C \cdot H} \\
\mathrm{CH_2(OH)}
\end{array} \\
\quad\ \alpha\text{-Glucose} & \quad\ \beta\text{-Glucose}
\end{array}
$$

In diesen Molekülen geht die Bildung der Sauerstoffbrücke vom ersten zum fünften C-Atom (amylenoxydische Form). Diese Form ist die stabilere gegenüber einer Brückenbildung von C_1 nach C_4, der butylenoxydischen Form, die auch als γ-Glucose bezeichnet wird.

Die Existenz dieser beiden stereoisomeren Körper läßt sich unschwer erweisen. Behandelt man Dextrose mit Methylalkohol unter bestimmten Bedingungen, so entstehen zwei Methylglykoside, die sich sehr weitgehend durch Drehung, Schmelzpunkt und Löslichkeit unterscheiden. Aus einer wässerigen Dextroselösung krystallisiert α-Glucose ($a_D = 119^0$), aus einer Lösung in Pyridin β-Glucose ($a_D = 19^0$). Jeder dieser Stoffe zeigt, frisch in Wasser gelöst, die für die betreffende Form charakteristische Drehung, die nach einiger Zeit den Wert von 52,6 erreicht, entsprechend der Einstellung eines Gleichgewichts zwischen den beiden Stereoisomeren.

α-Glucose und β-Glucose zeigen auch bei der biochemischen Prüfung, gegenüber der Vergärung durch Hefe (WILLSTÄTTER und SOBOTKA), gegenüber der Milchsäurebildung im überlebenden Muskel (F. LAQUER) und gegenüber der Permeabilität durch die Froschniere (H. J. HAMBURGER) ein unterschiedliches Verhalten in dem Sinne, daß die α-Form die reaktionsfähigere ist. Aus Versuchen von THANNHAUSER und JENKE geht hervor, daß beim Menschen α-Glucose schneller aus dem Blute verschwindet, also leichter in den Stoffwechsel einbezogen wird, als β-Glucose.

Außer diesen beiden Formen besteht noch die Möglichkeit einer weiteren Dextrose oder vielleicht auch mehrerer, indem man sich den Oxydring zu einem anderen C-Atom geknüpft denken kann (s. S. 211). Aus Versuchen von HEWITT und PRYDE, die einer Nachprüfung nicht standhielten, wurde die These abgeleitet, daß Traubenzucker bei Berührung mit frischem tierischem Gewebe in eine Form von gleicher Reduktionskraft, aber geringerer optischer Aktivität übergehe. Während nach einer kritischen Zusammenstellung von W. STEPP noch vor kurzem als erwiesen gelten konnte, daß im Blute nur die gewöhnliche Form der α-Glucose kreise, haben WINTER und SMITH mitgeteilt, daß normales Blut einen Zucker enthalte, dessen Drehung zunächst viel geringer war als seinem Reduktionsvermögen entsprach, sich aber bei längerem Stehen auf den einer im Gleichgewicht befindlichen Traubenzuckerlösung entsprechenden Wert einstellte. Da die frische Lösung sehr reaktionsfähig war (Permanganatlösung in der Kälte entfärbte), so wurde der Blutzucker von WINTER und SMITH als γ-Glucose, und diese somit als die im Blute kreisende Reaktionsform des Traubenzuckers angesprochen. Eine besondere Bedeutung für die Theorie des Diabetes mellitus erhielten diese Befunde durch weitere, nach denen im Diabetikerblut der Zucker eine im Verhältnis zum Reduktionsvermögen besonders hohe optische Aktivität haben solle und Insulin imstande sei, die Unterschiede zwischen normalem und diabetischem Blute zu beseitigen.

Diese Arbeiten haben sehr großes Aufsehen erregt; sie hätten eine völlige Umwälzung der Theorie der Zuckerkrankheit zur Folge haben müssen, wenn sie sich bestätigt hätten. Indessen haben Nachprüfungen (THANNHAUSER und JENKE) ein völlig negatives Resultat ergeben. Andere Untersucher haben gesehen, daß Unstimmigkeiten zwischen Drehung und Reduktion des aus Blut dargestellten Zuckers wohl vorkommen. Sehr beachtenswert erscheint die Bemerkung VISSCHERS, daß solche Unstimmigkeiten auf Schwankungen in der Wasserstoffionenkonzentration zu beziehen sein dürften, die auch in gewöhnlichen wässerigen Lösungen auf die spezifische Drehung des Zuckers von großem Einfluß ist.

Wir werden später Tatsachen kennen lernen, die dartun, daß der gewöhnliche Traubenzucker kein besonders reaktionsfähiger Körper ist, daß jedenfalls andere im Organismus vorkommende Zucker oder Zuckerverbindungen ihm in dieser Hinsicht überlegen sind, und daß ganz gewiß der Traubenzucker zum Zwecke seiner Einbeziehung in die Stoffwechselvorgänge in eine aktive Form (Reaktionsform) übergehen muß. Die Ergebnisse von WINTER und SMITH litten aber von Anfang an an der inneren Unwahrscheinlichkeit, daß diese aktive Form im Blute bestehen sollte. Das Blut ist für den Traubenzucker im wesentlichen nur Transportmittel. Daraus folgt die Vorstellung, daß zur gleichmäßigen Versorgung aller der Zuckerquelle näheren und ferneren Gewebe der Zucker im Blute in einer möglichst bruchsicheren Verpackung, d. h. in einer nicht aktiven Form, kreise, daß man also die Reaktionsform nicht im Blute suchen dürfe. Wir können also das von STEPP aufgestellte Fazit beibehalten, daß im Blute gewöhnlicher Traubenzucker kreist.

Literatur.

HAMBURGER, H. J.: Permeabilität der Glomerulusmembran für stereoisomere Zucker. Biochem. Z. **128**, 185, 207 (1922).

HEWITT, J. A. und J. PRYDE: Stereochemische Änderung reduzierbaren Zuckers in Darmkanal und Bauchhöhle. Biochem. J. **14**, 395 (1920).

LAQUER, F.: Über den Abbau der Kohlehydrate im gestreiften Muskel. Hoppe-Seylers Z. **116**, 169 (1921).

THANNHAUSER, S. J. und M. JENKE: Über das Verhalten der β-Glykose im menschlichen Organismus. Münch. med. Wschr. **1924**, 196.

VISSCHER, M. B.: Kritische Studien zur Natur des Blutzuckers. Amer. J. Physiol. **68**, 135 (1924).

WILLSTÄTTER, R. und H. SOBOTKA: Vergleich von α- und β-Glykose bei der Gärung. Hoppe-Seylers Z. **123**, 164 (1922).

WINTER, L. B. und W. SMITH: Die chemische Beschaffenheit des im Blute vorhandenen Zuckers. J. of Physiol. **57**, 100 (1922).

6. Disaccharide. Polysaccharide. Glucoside.

Die wichtigsten Disaccharide sind: Rohrzucker (Glucose + Fructose), Milchzucker (Glucose + Galaktose), Maltose (Glucose + Glucose). Der Rohrzucker reduziert nicht die FEHLINGsche Lösung und bildet kein Osazon, während die beiden anderen Disaccharide diese Eigenschaften besitzen, die, wie wir früher gesehen haben, die Existenz einer Carbonylgruppe voraussetzen. Im Rohrzucker sind die beiden Carbonylgruppen der Hexosen aneinander gebunden (Dicarbonylbindung), während in Lactose und Maltose wie bei den Glucosiden die Aldehydgruppe mit einem Alkoholradikal vereinigt ist.

Man bezeichnet die C-Atome der Monosen mit den Zahlen 1—6, indem man vom aldehydischen Atom zu zählen beginnt. In der bisher üblichen Schreibweise werden die drei Saccharide durch folgende Formeln dargestellt:

```
    ┌─ CH ╲           CH₂OH       ┌─ CH ────── O ─ CH₂        ┌─ CH            CH₂OH
    │      ╲ O         │          │                │          │         O        │
    │      CHOH      ╲ C          │     CHOH       CHOH       │     CHOH  ╲    CH
  O │        │         │        O │       │         │       O │        │         │
    │      CHOH      CHOH         │     CHOH       CH         │     CHOH       CH ───
    │        │         │          │       │         │         │        │         │
    └─ CH            CHOH         └── CH           CHOH        └─ CH            CHOH
       │               │                │           │    O              │             O
     CHOH            CHOH             CHOH         CHOH                CHOH         CHOH
       │               │                │           │                   │             │
     CH₂O            CH₂              CH₂OH        CHOH ──┘            CH₂OH        CHOH ──┘

       Rohrzucker                       Maltose                       Lactose
   = 5. Glucosido-Fructose        = 6. Glucosidoglucose          = 5. Galactosidoglucose
```

Obgleich durch den Invertierungsversuch seit über 100 Jahren bekannt ist, daß der Rohrzucker aus Glucose und Fructose besteht, ist seine Synthetisierung aus diesen beiden Monosacchariden nicht möglich gewesen. Aufklärung brachten die Untersuchungen von W. N. HARWOTH und E. L. HIRST, die nachwiesen, daß gewöhnlicher Fructose eine amylenoxydische Bindung (C_2 nach $C_5 = \alpha$-Fructose),

daß aber der in der Saccharose gebundenen Fructose eine butylenoxydische Bindung (C_2 nach $C_4 = \gamma$-Fructose) zukommt.

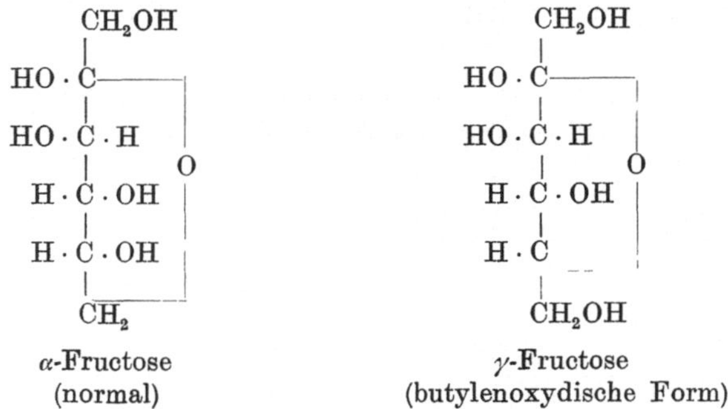

α-Fructose   γ-Fructose

(normal)   (butylenoxydische Form)

A. Pictet und H. Vogel haben das Tetraacetat der butylenoxydischen Fructose gewonnen und mit dieser Verbindung der labilen γ-Fructose die Rohrzuckersynthese vollzogen.

Der Rohrzucker kommt ausschließlich im Pflanzenreich, die Lactose ausschließlich bei Tieren vor. Die Umlagerung von Glucose in Galaktose geht in großem Maßstabe in der Brustdrüse vor sich. Bei stillenden Tieren führt Amputation der Mammae zu einer Hyperglykämie und zu Ausscheidung von Traubenzucker im Harn. Auch in den Organen, besonders im Gehirn, ist Galaktose in gebundener Form vorhanden.

Die Polysaccharide oder polymeren Kohlehydrate, Stärke, Glykogen, Inulin, Cellulose, dachte man sich bis vor kurzem aus einer großen Zahl glucosidisch vereinigter Traubenzuckermoleküle in gerader Kette zusammengesetzt. Später wurden neben der Kettenformel auch Ringformeln in Erwägung gezogen.

Durch ein Ferment, die Amylase, wird Stärke in Maltose umgewandelt. Man hat daher die Maltose für ein Zwischenprodukt des Stärkeabbaues gehalten, obwohl Maltose weder zur unmittelbaren Glykogenbildung in der Leber (R. Kuhn) — Stärke und Glykogen sind eng verwandt — noch zur Milchsäurebildung im Muskel taugt (F. Laquer und P. Meyer).

Wie neuere Untersuchungen, trotz mancher Meinungsverschiedenheiten der Autoren, zeigen, liegen die Verhältnisse des Auf- und Abbaues der polymeren Kohlehydrate nicht so einfach.

Schardinger hat aus Stärkelösungen durch den Bacillus macerans die sogenannten krystallisierten Dextrine gewonnen, deren eingehendes Studium wir H. Pringsheim verdanken. Pringsheim nennt diese Körper „krystallisierte Amylosen“. Er unterscheidet eine α-Reihe, die vier Glieder (Diamylose, α-Tetraamylose, α-Hexaamylose, α-Oktamylose) umfaßt. Die drei letzten sind Polymere der Diamylose. Die β-Reihe (von P. Karrer bestritten) besteht aus Triamylose und Hexamylose, die ein Polymeres der ersteren darstellt. Diamylose und Triamylose, die Grundglieder der beiden Reihen, sind als Anhydrozucker erkannt worden.

Die Polymerisation mehrerer Diamylosen ergibt die Amylose, die Polymerisation mehrerer Triamylosen das Amylopektin. Amylose und Amylopektin zusammen bilden die Stärke, deren verschiedenes chemisches und physiologisches Verhalten von den Mengen dieser beiden Bestandteile abhängt.

Die Anhydrozucker, auch Glucosane (A. Pictet) genannt, bilden sich

14*

durch Austritt von Wasser aus dem Molekül (z. B. durch Erhitzen auf 150^0 im
Vacuum). Auch aus Glucose und Lävulose sind Glucosane dargestellt worden
($C_6H_{10}O_5$). Die Körper enthalten zwei Oxydringe, deren Lage noch strittig ist.
Die Diamylosen (synonym: Amylobiosen) von der Formel $C_{12}H_{20}O_{10}$ sind durch
Vereinigung von zwei Hexosemolekülen unter Austritt von $2\,H_2O$ entstanden.
Nach KARRER ist die Diamylose ein Maltoseanhydrid:

$$
\begin{array}{ll}
\text{CH} \!-\!\!-\!\!-\! \text{O} \;-\; \text{CH}_2 \\
\quad | \qquad\qquad\quad | \\
\text{CHOH} \qqu\qquad \text{CHOH} \\
\quad | \qquad\qquad\quad | \\
\text{CHOH} \qquad\qquad \text{CH} \!-\!\!-\! \\
\quad | \qquad\qquad\quad | \\
\text{CH} \qquad\qquad\quad \text{CHOH} \\
\quad | \qquad\qquad\quad | \\
\text{CHOH} \qquad\qquad \text{CHOH} \\
\quad | \qquad\qquad\quad | \\
\text{CH}_2 \!-\!\!-\! \text{O} \!-\!\cdots\! \text{CH} \\
\end{array}
$$

Diamylose = Maltoseanhydrid nach KARRER.

Nach KARRER, der die Triamylosen nicht anerkennt, ist die Stärke eine polymere Diamylose. Nach der Auffassung von PRINGSHEIM liegen die Verhältnisse
viel verwickelter. Danach enthalten die Polyosen in ihrem Molekül die Reste
der γ-Glucose, der aus bestimmten Gründen eine 1,6 Sauerstoffbrücke zugeschrieben wurde.

$$
\begin{array}{c}
\text{HOCH} \\
| \\
\text{HCOH} \\
| \\
\text{HOCH} \\
| \qquad \text{O} \\
\text{HCOH} \\
| \\
\text{HCOH} \\
| \\
\text{CH}_2 \\
\end{array}
$$

γ-Glucose

Aus zwei Molekülen γ-Glucose besteht nach PRINGSHEIM das Dihexosan

$$
\begin{array}{ll}
 & \text{CH}_2 \!-\!\!-\; 6 \\
 & \text{CHOH} \;\;|\,5 \\
 & \qquad | \\
1\;\; \text{CH} \!-\!\!-\!\!-\! \text{O} \!-\!\!-\! \text{CH} \quad 4 \\
2\;\; \text{CHOH} \qquad\qquad \text{CHOH} \quad \text{O}\,3 \\
3\;\; \text{CHOH} \qquad\qquad \text{CHOH} \quad 2 \\
\text{O}\;\; \\
4\;\; \text{CH} \!-\!\!-\!\!-\! \text{O} \!-\! \\
 & \qquad\qquad\qquad \text{CH} \quad 1 \\
5\;\; \text{CHOH} \\
6\;\; \text{CH}_2 \\
\end{array}
$$

Dihexosan nach PRINGSHEIM

Das Trihexosan besteht aus 3 γ-Glucosemolekülen, die durch Sauerstoffbrücken untereinander verbunden sind.

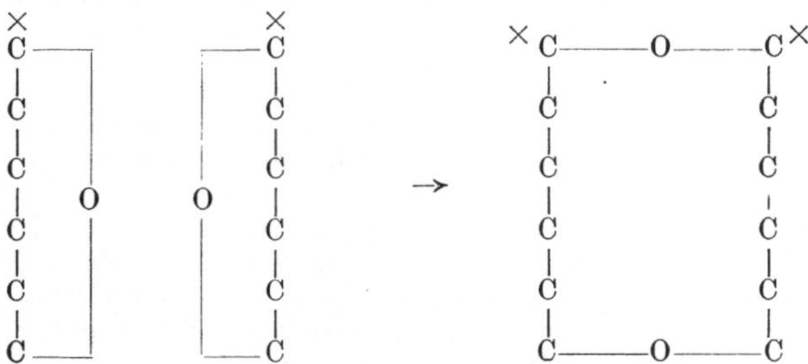

Trihexosan nach PRINGSHEIM

Die Polymerisation dieser Grundelemente zu Stärke oder Glykogen wird, entsprechend einem Vorschlag von M. BERGMANN, so gedacht, daß die Sauerstoffbrücken 1,6 von einem Grundelement zum anderen umgelegt werden:

Polymerisation der Elementarkörper zu Glykogen.

Nach der Auffassung PRINGSHEIMS wird die Umwandlung von Stärke und Glykogen in Maltose dadurch ermöglicht, daß die freiwerdenden Radikale (γ-Glucose) unter Verschiebung der Sauerstoffbrücken und Wasseranlagerung zu Maltose zusammentreten. Die fermentative Maltosebildung ist also in ihrem letzten, dem entscheidenden Stadium ein synthetischer Prozeß; und die Maltose selbst nach PRINGSHEIM kein Zwischenprodukt, sondern ein Exkret des Stoffwechsels. Hieraus erklärt sich seine Inaktivität im vitalen Prozeß.

Das Fazit dieser Untersuchungen ist dahin zu ziehen, daß die polymeren Kohlehydrate aus Anhydrozucker bestehen, deren sterische Anordnung sicher nicht die einer geraden Kette ist, daß in den Komplexen, gebändigt durch die intramolekularen Bindungen, eine höchst aktive Form der Dextrose ruht, so daß das Glykogen, wenn man es als gespeichertes Material bezeichnet, am ehesten gespeichertem Schießpulver zu vergleichen ist.

In der Natur, im Tier- und Pflanzenreich, kommt Zucker vielfach an andere Körper gebunden vor. Ist dieser zweite Körper nicht gleichfalls ein Zucker, so nennt man die Stoffe Glucoside. So bildet sich aus Traubenzucker und Methylalkohol das Glucosid nach folgender Formel:

$$
\begin{array}{lll}
CH_2OH & CH_2OH & \\
CHOH & CHOH & \\
CHO|H & C-H & \\
CHOH & \longrightarrow \quad CHOH & +H_2O \\
CHOH & CHOH & \\
C=|O\ +H|OCH_3 & C-OCH_3 & \\
H & H &
\end{array}
$$

Die Glucoside der α- und β-Glucose verhalten sich sehr verschieden gegen Fermente; im allgemeinen werden jene nur von den Fermenten der Hefe, diese nur von Emulsin gespalten.

Wichtige Körper dieser Art sind das in den Bärentraubenblättern vorkommende Arbutin (Glucose + Hydrochinon), das Phlorhizin (Glucose + Phloretin), das Strophantin (Rhamnose + Mannose + Strophantidin), die Digitalisglucoside, das Salicin (Glucose + Saligenin), die Saponine, die Senfölglucoside. Im tierischen Organismus bildet die Glykuronsäure mit Phenolen, Campher u. a. glucosidartige Verbindungen.

Literatur.

HAWROTH, W. N.: The structure of carbohydrates. Helvet. chim. Acta 5, 34 (1928).
— and E. L. HIRST: The structure of fructose, γ-fructose and sucrose. J. chem. Soc. Lond. 1926, 1858.
KARRER, P.: Der Aufbau der polymeren Kohlehydrate. Erg. Physiol. 20, 433 (1922).
— Einführung in die Chemie der polymeren Kohlehydrate. Leipzig 1925.
KUHN, R.: Über die Konstitution der Stärke. Berl. Ber. 57, 1965 (1924).
LAQUER, F. und MEYER, P.: Über den Abbau der Kohlehydrate im quergestreiften Muskel. Hoppe-Seylers Z. 124, 211 (1923).
PICTET, A. et H. VOGEL: Synthèse du saccharose. C. r. Acad. Sci. Paris 186, 724 (1928).
PRINGSHEIM, H. (1): Die Polysaccharide. Berlin 1919. — (2): Die Beziehungen des Blutzuckers zum Glykogen. Biochem. Z. 156, 109 (1925).

Zehntes Kapitel.

Kohlehydratstoffwechsel I.

1. Verdauung und Resorption der Kohlehydrate.

Die vom Menschen mit der Nahrung aufgenommenen Kohlehydrate bestehen zu überwiegendem Teile aus Polysacchariden (hauptsächlich Stärke), zu einem kleineren, aber noch beträchlichen Teile aus Disacchariden (in der Reihenfolge der Menge: Rohrzucker, Milchzucker, Maltose) und zu einem kleinen Teile aus Monosacchariden (vorzugsweise in Früchten). Alle Kohlehydrate, soweit sie einfache oder zusammengesetzte Hexosen sind, gehen im Tierkörper zunächst in Traubenzucker über und bilden sämtlich Glykogen, das bei der Spaltung stets nur in Traubenzucker zerfällt.

Diese einheitliche Verwandlung der Kohlehydrate geschieht auf fermentativem Wege und beginnt bereits in der Mundhöhle durch die Diastase des Speichels.

Von der Geschwindigkeit, mit der die Diastasewirkung vor sich geht, gibt die Geschmacksveränderung, die Brot bei intensivem Kauen erfährt, Zeugnis. Wohl zu beachten ist aber, daß rohe Stärke (Stärkekörner) wegen ihrer Unlöslichkeit den diastatischen Fermenten wesentlich schlechtere Angriffsmöglichkeiten bietet, und daß durch die chemischen Prozesse in Küche und Backstube, durch Behandlung mit Wasser (Quellen), durch Kochen, durch trockenes Erhitzen (Backen) bereits eine Beeinflussung der Stärke, ein Löslichwerden und eine teilweise Dextrinisierung, stattfindet.

Die Wirkung der Speicheldiastase hört bei stärkerer Azidität des Mageninhalts auf. An ihre Stelle treten im oberen Dünndarm die außerordentlich wirksamen diastatischen Fermente der Bauchspeicheldrüse und des Dünndarmsaftes, durch welche es zum Auftreten größerer Mengen freier Glucose im Darminhalt kommt.

Der Rohrzucker wird vom Speichel nicht verändert. Seine Spaltung (Inversion) beginnt im Magen durch die freie Salzsäure und setzt sich im Darm fort. Auch die Maltose wird, wenigstens zum Teil, im Darm in ihre Bestandteile zerlegt (Maltase). Die Lactose wird, nach Erfahrungen beim Tier zu urteilen, vom Erwachsenen nicht oder nur zu einem geringen Teil im Darm gespalten. Nur bei ausschließlicher oder reichlicher Milchnahrung tritt gegen Lactose gerichtetes Ferment (Lactase) im Darminhalt auf (s. S. 467).

Die Monosen werden von der Darmwand in unverändertem Zustande und mit sehr großer Schnelligkeit aufgenommen.

Die Darmbakterien spielen in den oberen Darmabschnitten, besonders für die so leicht resorbierbaren löslichen Kohlehydrate, keine hervorragende Rolle. Stärke verfällt der Gärung um so mehr, je schlechter die Zubereitung in Küche und Backstube war, oder wenn ein Defekt in der Fermentbildung vorliegt. Unverwertbar für den Menschen, aber ein willkommenes Fressen für die gasbildenden Darmbakterien sind die Cellulosen.

Nach der vorbereitenden Tätigkeit im Verdauungskanal werden die Kohlehydrate zum größten Teil als Monosaccharide, zu einem kleineren Teile auch als Disaccharide und Dextrine (die letzteren werden vielleicht in den Darmepithelien noch weiter gespalten) in die Blutbahn aufgenommen; sie gelangen durch die Pfortader, deren Zuckergehalt nach Kohlehydrataufnahme erheblich ansteigt, in die Leber.

Vom unteren Dünndarm aus wird Zucker auch in die Chylusgefäße resorbiert. Der Zuckergehalt des Chylus wächst dann erheblich (W. GINSBERG). Bei rectaler Zuführung geht der Zucker in die Vena haemorrhoidalis inferior, also, wie man annimmt, mit Umgehung der Leber in das Blut (G. ROSENFELD, LÜTHJE).

Literatur.

GINSBERG, W.: Abführwege des Zuckers aus dem Dünndarm. Pflügers Arch. 44, 312 (1889).
LÜTHJE, H.: Zur Therapie des Diabetes mellitus. 30. Kongr. inn. Med. 1913, S. 159.
ROSENFELD, G.: Die Oxydationswege des Zuckers. Berl. klin. Wschr. 1907, Nr 52; 1908, Nr 16.

2. Zuckerspeicherung.

Der in die Leber einströmende Zucker wird in Glykogen umgewandelt und als solches abgelagert. Die Leber kann sehr große Mengen Glykogen fassen, das nicht selten 10% des Organgewichtes ausmacht. Zur Glykogenbildung und Speicherung sind im Prinzip alle Organe befähigt. Nächst der Leber kommt die Hauptrolle dieses Prozesses den Muskeln zu. Der hierzu notwendige Zucker entstammt zum Teil unmittelbar der Nahrung. Man kann nämlich leicht feststellen, daß bei jeder peroralen Zufuhr von Monosacchariden eine gewisse Menge Zucker in den allgemeinen Kreislauf gelangt. Im Hunger und bei kohlehydratfreier Nahrung wird das Glykogen der Leber in Zucker verwandelt und kann in den anderen Organen in Glykogen zurückverwandelt werden.

Außer ihrer Lage und ihrer besonders hohen Aufnahmefähigkeit für Glykogen kommt der Leber noch eine Sonderstellung dadurch zu, daß sie nach S. ISAAC als einziges Organ die Fähigkeit hat Lävulose in Dextrose umzuwandeln. Das Glykogen aller Organe gibt bei der Spaltung ausschließlich Glucose. Die verschiedenen Saccharide der Nahrung müssen also in Glucose umgeprägt werden. ROEHMANN hat diesen Vorgang auf Fermente bezogen, die er Stereokinasen nannte. F. LAQUER hat Beweismaterial dafür beigebracht, daß der Zucker im Muskel in ein Polysaccharid umgewandelt werden muß, um abbaufähig zu werden. Der leberlose Hund (MANN und MAGATH) ist imstande Glucose, Maltose, Mannose, Galaktose, Dextrin und Glykogen abzubauen (wie man daraus schließen kann, daß durch diese Kohlehydrate sein hypoglykämischer Zustand behoben wird), aber er ist nicht imstande zu Verwertung von Lävulose, Saccharose, Lactose und Inulin. Daraus folgt, wenn — nach F. LAQUER — dem Abbau eine Polymerisation vorausgeht, die Sonderstellung der Leber für die Glykogenbildung aus den letztgenannten Substanzen.

Der Vorgang der Umprägung der Zucker in Glucose ist nicht an ein extracelluläres Ferment gebunden, sondern an „eine ziemlich weitgehende Intaktheit der Struktur der Leberzellen" (ISAAC).

ISAAC nimmt an, daß das Glykogen aus der den Hexosen gemeinsamen reaktionsfähigen Mittelform, der Enolform, entsteht. In der ersten Auflage dieses Buches wurde die Frage aufgeworfen, ob vielleicht das Glucoson, ein Ketoaldehyd,

$$CH_2OH$$
$$|$$
$$(CHOH)_3$$
$$|$$
$$CO$$
$$|$$
$$CHO$$

Glucoson

der sich bei Überführung von Lävulose in Dextrose im Reagenzglas bildet (EMIL FISCHER), die aktive Vorstufe der Glykogenbildung darstelle. F. LAQUER spricht von einer Reaktionsform der Glucose, einem Molekül, dessen Aktivität die der Dextrose der wässerigen Lösung weit überragt. Vielleicht erweist sich die γ-Glucose nach PRINGSHEIM als diese Reaktionsform. Wenn auch über deren chemische Natur noch nichts Sicheres bekannt ist, so herrscht doch Übereinstimmung in der Notwendigkeit eine solche anzunehmen. Ganz zweifellos spielt hier die Enolbildung eine große Rolle. Es ist berechtigt anzunehmen, daß die Enolgruppe

$$|$$
$$CH$$
$$||$$
$$C(OH)$$
$$|$$

im Molekül wandert, also auch zwischen C_2 und C_3 oder C_3 und C_4 u. s. f. auftreten kann. Die Enolbildung zwischen C_3 und C_4 würde erklären, daß das C_6-Molekül in zwei C_3-Gruppen zerfällt, ein Vorgang, der sich dem Prinzip der polaren Paarigkeit einordnen läßt. Der Vorgang der Glykogenentstehung läßt sich durch folgende Formel wiedergeben:

$$\text{Hexosen} \longrightarrow \text{Dextrose (Reaktionsform)} \longrightarrow \text{Glykogen.}$$

Literatur.

ISAAC, S.: Über Umwandlung von Lävulose in Dextrose. Hoppe-Seylers Z. **89**, 78 (1914).

LAQUER, F.: siehe IX, 5.

RÖHMANN, F. und KUMAGAI: Bildung von Milchzucker aus Lävulose. Biochem. Z. **61**, 464 (1914).

RÖHMANN, F.: Weitere Beobachtungen über die Wirkungen des Blutserums nach intravenöser Einspritzung von Rohrzucker. Ebenda **72**, 26 (1915).

3. Die Glykogenolyse.

Aus dem Glykogen entsteht unter dem Einfluß eines Fermentes, der Diastase, wieder Glucose. Der Prozeß

$$\text{Dextrose} \rightleftharpoons \text{Glykogen}$$

ist also umkehrbar.

Das diastatische Ferment wirkt nicht nur im überlebenden Organ, sondern auch im Leberbrei und sogar in Präparaten, die aus Leber gewonnen werden. Es handelt sich in der Zelle nicht um echte Lösungen, sondern um ein kolloidchemisches System. F. HOFMEISTER sprach von einer chemischen Organisation der Zelle. Ganz allgemein und grundsätzlich ist festzuhalten, daß in einer einzelnen Zelle nebeneinander, voneinander phasenmäßig getrennt, Stoffe ganz verschiedener Struktur, ja sogar gegensätzlicher Art vorkommen, z. B. positive und negative Potentiale nach R. KELLER, „Oxydations- und Reduktionsorte“ nach P. UNNA, Substrat und Ferment. Darum ist das Gefüge des Protoplasmas von solcher Wichtigkeit, sowohl in seiner Labilität wie in seiner Statik. O. WARBURG hat gezeigt, daß die Oxydationen in zerstörten Zellen mit ganz anderen Geschwindigkeiten verlaufen als in normalen.

Einen Sonderfall dieses allgemeinen Prinzips bildet in der Leber die Beziehung zwischen Glykogen und Diastase (E. J. LESSER). Obgleich jede (normale) Leberzelle Glykogen und Diastase zugleich enthält, findet keineswegs eine ständige Glykogenolyse statt. Die Angriffsmöglichkeit des Enzyms auf das Substrat hängt von der inneren Struktur der Zelle, der Heterogenität des Zellinhalts in der Weise ab, daß das Zusammentreten von Diastase und Glykogen durch kolloidchemische Reaktionen, also durch Sol- und Gelbildung, herbeigeführt oder verhindert wird. Die wichtigste Frage nach den Vorgängen des Kohlehydratstoffwechsels in der Leber betrifft die Bedingungen, die imstande sind die Architektur der Leberzelle, das Zusammentreten und die Trennung von Glykogen und Ferment, zu beeinflussen. Um das fein abgestimmte Geschehen, das den normalen Ablauf dieser Vorgänge kennzeichnet, zu ermöglichen, sind fördernde und hemmende Einflüsse nötig. Der wichtigste hemmende geht vom Pankreas aus, dessen inneres Sekret (Insulin) der Glykogenolyse entgegenwirkt, die Glykogenbildung ermöglicht. Darauf wird bei der Besprechung des experimentellen Pankreasdiabetes näher eingegangen werden. Der bedeutsamste, (Zuckerbildung) fördernde Einfluß geht vom Nervensystem und den endokrinen Drüsen (insbesondere dem chromaffinen System) aus. Auch darauf kommen wir später zurück.

Die nervöse und hormonale Beeinflussung fermentativer Vorgänge hat man sich früher gewöhnlich so vorgestellt, daß eine Fermentaktivierung erfolgt. Dadurch wird aber nicht verständlich, daß die Reaktionen in fein abgestimmter Weise verlaufen. Eine gewisse Abstimmung wird dadurch herbeigeführt, daß die Produkte eines fermentativen Vorganges die Geschwindigkeit des Umsatzes vermindern (s. S. 32).

Die Theorie von LESSER, daß die neuroendokrinen Beeinflussungen des Kohlehydratumsatzes in der Leberzelle durch Veränderung des Protoplasmazustandes erfolgen, schließt sich dem großen Beobachtungsmaterial an, nach dem auch andere Funktionsänderungen auf Grund nervöser oder neuroendokriner Bedingungen (z. B. in der glatten und quergestreiften Muskulatur) ihre Basis in einer Kolloidzustandsänderung haben.

Literatur.

HOFMEISTER, F.: Über die chemische Organisation der Zelle.

LESSER, E. J.: Die räumliche Trennung von Glykogen und Diastase in der Leberzelle. Biochem. Z. **119**, 108 (1921).

WARBURG, O.: Beitr. zur Physiologie der Zelle, insbesondere über die Oxydationsgeschwindigkeit in Zellen. Erg. Physiol. **14**, 253 (1914).

4. Der Blutzucker.

Wenn wir die kurze und allgemein übliche Bezeichnung „Blutzucker" beibehalten, so ist es notwendig zu bemerken, daß wir darunter die reduzierende Substanz des Blutes verstehen, von der wir annehmen, daß es sich um eine Form der Dextrose handelt. Unter physiologischen Bedingungen ist der Blutzucker eine einigermaßen konstante Größe. Unter bestimmten Einflüssen zeigt er gesetzmäßige Schwankungen geringen Grades, von denen er schnell wieder in seine Gleichgewichtslage zurückgeht. Der Blutzucker verhält sich also wie andere biologische Konstanten, wie die Körpertemperatur und der osmotische Druck der Körperflüssigkeiten, die auch beim Wechsel innerer oder äußerer Bedingungen eine gewisse Breite der Werte und eine starke Neigung zur Rückkehr in die Ruhestellung zeigen (L. POLLAK). Von welch außerordentlicher Bedeutung eine gewisse Höhe des Blutzuckers ist, wissen wir aus den Untersuchungen FISCHLERS über die glykoprive Intoxikation, aus den Beobachtungen über Hypoglykämie durch Insulin und aus dem Verhalten der leberlosen Tiere. Die Konstanz der Glykämie ist artspezifisch; ihre Höhe scheint Beziehungen zur artspezifischen Körpertemperatur zu haben.

Der mittlere Blutzuckerwert des gesunden nüchternen Menschen liegt nach v. NOORDEN zwischen 0,08 und 0,09, nach H. RYSER bei 0,087, nach GETKER und BAKER bei 0,091, nach EPSTEIN und ASCHNER, sowie nach H. STAUB bei 0,096%. Bei einem und demselben Individuum ist der Blutzucker, wenn man auf Gleichmäßigkeit der Bedingungen achtet, bis auf 5 mg% konstant. Bei verschiedenen Individuen ist aber die Schwankungsbreite nicht unbeträchtlich. Man findet Werte zwischen 0,07 und 0,110%; und diese Grenzwerte sind, wenn sie auch nur selten beobachtet werden und die überwiegende Mehrzahl ziemlich dicht um den Mittelwert liegt, nicht als pathologisch zu betrachten.

Über die Verteilung des Blutzuckers auf Blutkörperchen und Plasma herrscht noch keine Übereinstimmung der Versuchsresultate. Die Beantwortung dieser für die Methodik der Blutzuckerbestimmung sehr wesentlichen Frage ist deswegen schwierig, weil die Permeabilität der Körperchen für Zucker sich sowohl durch den Gerinnungsvorgang wie durch gerinnungshemmende Stoffe ändert. Beim Menschen kann man eine gleichmäßige Verteilung des Zuckers auf Plasma und rote Blutkörperchen annehmen.

Der Gehalt des Blutes an Zucker zeigt in den verschiedenen Gefäßgebieten nur sehr geringe Unterschiede. Blut aus der Carotis und Blut aus der Vena cava superior, bzw. dem rechten Herzen, haben den gleichen Gehalt (V. Henriques und R. Ege). Auch zwischen Cava inferior und Carotis sind die Differenzen so gering, daß sie in die Fehlergrenzen der Methodik fallen. Selbst zwischen Vena cava inferior und Blut aus den peripheren Venen ist kein Unterschied gefunden worden (Nonnenbruch, J. J. R. Macleod). Die Organe entnehmen also bei einmaligem Durchgang des Blutes — wohl wegen seiner großen Geschwindigkeit — so kleine Mengen Zucker, daß sie sich dem Nachweis entziehen.

Über die Natur des Blutzuckers ist unser Wissen noch nicht vollständig.

Die Lehre von dem „gebundenen Zucker" des Blutes, die in Frankreich seit Jahrzehnten eine vielfache Bearbeitung gefunden (R. Lepine, F. W. Pavy, Bierry) und neuerdings in der Ära des Insulins an Interesse gewonnen hat, ist bei uns in Deutschland sehr wenig beachtet worden. Es lassen sich aus dem Blute durch Einwirkung stärkerer und schwächerer Säuren und durch Fermente (Invertin, Emulsin) reduzierende Stoffe abspalten. Über die Menge dieser Stoffe, über ihr Verhältnis zum „freien Zucker" bei Gesunden und Kranken, unter dem Einfluß von Hunger, Ernährung und Insulin enthält die Literatur eine große Reihe von Befunden, die zu einem großen Teil untereinander in Widerspruch stehen. Ob die reduzierende Substanz aus einer Eiweißverbindung oder aus einem komplexen Kohlehydrat abgespalten wird, ist strittig. Sicher scheint zu sein, daß sie nicht in der Form des Laktacidogens im Blute kreist. Bei der Ungewißheit, die auf diesem Gebiete herrscht, ist seine Bedeutung für die Lehre vom Diabetes zu wenig klar, um eine Diskussion dieses Gegenstandes hier nützlich erscheinen zu lassen. Nach Z. Dische ist der eiweißgebundene Blutplasmazucker die d-Mannose. Eine Übersicht findet sich in der Abhandlung von A. Grevenstuck und E. Laqueur über Insulin in den Erg. Physiol. 23, Abt. II.

Die Frage, ob der gesamte Zucker des Blutes in dialysabler Form enthalten ist, wurde von Asher u. Rosenfeld und Michaelis u. Rona bejahend beantwortet. Hess und Mac Guigan kamen mit Hilfe der Vivodialyse zu demselben Ergebnis. Danach wäre also ein kolloidaler, Kupfersulfat reduzierender Körper im Blute nicht enthalten. Im Gegensatz hierzu fand man aber bei der Ultrafiltration von Serum (de Haan und van Creveld, St. Rusznyak) im Filtrat weniger Zucker als im Ausgangsmaterial.

Die äußeren Einflüsse, die die Höhe des Blutzuckers verändern.

Die Nahrung ist nur dann von wesentlichem Einfluß, wenn sie Kohlehydrate enthält. Eiweiß und Fett führen auch in großen Mengen beim Normalen nur zu geringer und nicht konstanter Veränderung der Glykämie. Die nach Kohlehydratzuführung einsetzende Erhöhung des Blutzuckers ist von Art (Poly- oder Monosaccharid) und Menge (Gramm je Kilogramm Körpergewicht) abhängig. Eingehend sind die Verhältnisse von vielen Autoren nach Dextroseverabreichung untersucht worden. Nach 30 g Dextrose per os steigt der Blutzucker nach durchschnittlich 30 Minuten auf etwa 0,15% (0,14—0,20), fällt von diesem Gipfel in etwa 90 Minuten ab und liegt in der Folgezeit bei unternormalem Werte. Dieses hypoglykämische Nachstadium wird auch nach anderen Hyperglykämien (z. B. nach Adrenalin) beobachtet (s. S. 226, 227). Nach Lävulose tritt eine viel geringere oder gar keine Erhebung ein (S. ISAAC, MACLEAN, und WESSELOW u. a.).

Die Hyperglykämie nach Kohlehydratzufuhr scheint nicht nur auf der Differenz zwischen der Geschwindigkeit der Zuckerresorption und Glykogenbildung zu beruhen. EISNER und FORSTER fanden schon während des Essens von Weißbrot einen Anstieg von 0,085 auf 0,11%. Nach 10 Minuten betrug der Wert 0,153%. Die Autoren nehmen an, daß Kohlehydrate einen spezifischen Reiz auf die Leber ausüben.

Im Hunger, und zwar in seiner ersten Zeit, sinkt — nach Beobachtungen am Säugling und am Tier — der Blutzucker zunächst etwas ab. In der späteren Zeit ist er normal oder übernormal; im agonalen Stadium tritt eine Hypoglykämie ein.

Untersuchungen über Hyperglykämie nach Zuckerbelastung (s. S. 227) sind zum Zwecke der Prüfung des Kohlehydratstoffwechsels und auch mit dem Ziele, Aufschluß über die Glykogenfunktion der Leber zu erhalten, in großer Zahl angestellt worden.

Eine grundlegende Vorbedingung ist der Ernährungszustand der Patienten. Der Ausfall des Versuchs hängt in erster Linie von dem Glykogengehalt der Leber ab. JOHANNSEN hat festgestellt, daß beim ruhenden Menschen die sonst eintretende Steigerung der Kohlensäureabgabe nach Traubenzuckerinfusion sehr gering ausfällt oder ganz ausbleibt, wenn der Glykogenbestand durch Hunger und Muskelarbeit stark vermindert war. Nach A. GIGON gehen Gaswechsel und Blutzuckerkurve nach Nahrungszufuhr nicht parallel. J. BANG sah, daß hungernde Kaninchen nach Traubenzuckerzuführung eine stärkere und länger dauernde Hyperglykämie hatten, als gut genährte Tiere, daß also, — was schon ältere Versuche von KUELZ ergeben hatten —, die Hungerleber zur Glykogenbildung nicht bereit ist. Die Beobachtungen von BANG gelten auch für den normalen Menschen. So fand K. TRAUGOTT im Selbstversuch nach 20 g Traubenzucker per os bei gewöhnlicher Ernährung einen Blutzuckeranstieg von 40%, nach dreitägigem Hunger aber von 243% des Ausgangswertes. Aus den Untersuchungen H. STAUBS geht hervor, daß beim Menschen reduzierter Glykogenbestand der Leber maximale Werte des Blutzuckeranstiegs und der Dauer der Hyperglykämie nach Traubenzuckerbelastung zur Folge hat. TRAUGOTT sah ferner, daß sich nach Zuckergabe Blutzuckeranstieg und Erhöhung des respiratorischen Quotienten gegensätzlich verhalten.

Die Unfähigkeit der Hungerleber zur Glykogenbildung ist eine höchst auffallende und unerwartete Erscheinung, deren Verwandtschaft oder Identität mit der diabetischen Leberveränderung durch die von F. HOFMEISTER studierte Glykosurie hungernder Tiere in klares Licht gerückt wird. HOFMEISTER fand, daß Hunde im Hungerzustand auch nach Zuführung ziemlich kleiner Mengen von Stärke eine mitunter erhebliche Zuckerausscheidung bekommen. Die Trias der Erscheinungen — Mangel der Glykogenfixation, Hyperglykämie und Glykosurie — rechtfertigt den Ausdruck Hungerdiabetes (HOFMEISTER). Es handelt sich in der Tat um einen echten Diabetes, der unter entsprechenden Voraussetzungen auch beim Menschen vorkommt. Ich halte es für möglich und sogar wahrscheinlich, und es steht mit anderen Erfahrungen über die Einwirkung des Hungers und der Unterernährung im besten Einklang, daß dem Hungerdiabetes eine durch den Hunger bedingte, meist heilbare Schwäche des Pankreas zugrunde liegt.

Die Glykogenbildung und Festlegung in der Zelle ist ein Energie verbrauchender Vorgang. Das Steigen des respiratorischen Quotienten nach Zuckerdarreichung lehrt, daß als Quelle dieser Energie Kohlehydrate dienen. Da Traubenzucker als solcher im Organismus nicht verbrennbar ist, sondern da das Glykogen der Ausgangspunkt des energieliefernden Verbrennungsvorganges ist, so wäre es denkbar, daß in einer glykogenarmen Leber die Glykogenbildung langsamer und unvollständiger vonstatten geht, weil es an unmittelbarem Energiematerial mangelt.

Bereits MINKOWSKI hatte gefunden, daß der pankreasdiabetische Hund gefütterte Lävulose, nicht aber Dextrose, als Glykogen in Leber und Muskel ablagert. Ebenso verhält sich bezüglich der Leber das phosphorvergiftete Kaninchen.

EMBDEN und ISAAC haben, wie erwähnt, festgestellt, daß die Leber pankreasdiabetischer Hunde im Gegensatz zur Hungerleber normaler Tiere Dextrose nicht zu Milchsäure abbauen kann, dagegen die Fähigkeit, aus Lävulose Milchsäure zu bilden, nicht eingebüßt hat.

Die Anschauung, die ISAAC aus diesem unterschiedlichen Verhalten von Lävulose und Dextrose ableitet, geht dahin, daß die Vorbedingung der Einbeziehung des Zuckers in die Stoffwechselvorgänge, sowohl in die Glykogenbildung wie in den Abbau zu Milchsäure, seine Umwandlung in eine besonders reaktionsfähige Form, die bereits oben wiedergegebene, den drei Hexosen (Dextrose, Lävulose, Mannose) gemeinsame Enolform (A. WOHL und C. NEUBERG) ist, wie auch bei der Zuckergärung durch Hefe angenommen wird. Da Lävulose als Ketose vielleicht leichter in die Enolform übergeht, so bleibt im Pankreasdiabetes Lävulose (bis zu einem gewissen Grade) reaktionsfähig.

Für die Vorgänge, deren Mittelpunkt die Enolform ist, gibt ISAAC folgendes Formelbild:

$$
\begin{array}{c}
\text{Milchsäure} \\
\downarrow \uparrow \\
\text{Lävulose} \; \rightleftarrows \; \text{Enol} \; \rightleftarrows \; \text{Dextrose} \\
\downarrow \uparrow \\
\text{Glykogen}
\end{array}
$$

Alle Reaktionen sind direkt oder indirekt reversibel. Aus Lävulose und Dextrose (aus ersterer leichter) bildet sich die Enolform, die zu Glykogen polymerisiert oder zu Milchsäure abgebaut werden kann. Nach ISAAC liegt in der Umlagerung der Dextrose in die Enolform die grundlegende Veränderung, die ihre „Einbeziehung in beide Richtungen des Stoffwechsels" ermöglicht.

Nächst dem Glykogengehalt der Leber liegt eine zweite Bedingung, die auf die Bewegung der Blutzuckerkurve nach Zuckerzufuhr von Einfluß ist, in dem Zufuhrweg des Zuckers. Aus den interessanten Versuchen von LÜTHJE geht hervor, daß der rectal einverleibte Zucker sehr erhebliche Hyperglykämie und trotzdem viel weniger Glykosurie macht. Diese für die Therapie sehr wichtige Erscheinung kann diagnostischen Zwecken nicht dienen, weil das Einhalten quantitativer Bedingungen nicht möglich ist. Weiter wurde eine intravenöse Zuführung versucht. Lüthje hat am Hund festgestellt, daß die Infusion der Zuckerlösung in die Schenkelvene eine viel schwächere Glykosurie macht als Einführung in die Vena portae. Bei rectaler und intravenöser Einverleibung liegt also gegenüber der peroralen und intraportalen das eigentümliche Verhalten vor, daß bei Umgehung der Leber ganz andere Verhältnisse geschaffen werden, die sich von den Reaktionen nach der physiologischen Aufnahme des Zuckers dem Grade nach erheblich unterscheiden. G. Rosenfeld hatte bereits früher die intravenöse und perorale Zuckerzuführung beim Menschen verglichen und die bessere Verträglichkeit des Zuckers bei Infusion festgestellt. Worauf dieser Unterschied beruht, ist noch keineswegs klar. Eine Reizwirkung des Zuckers bei „hepatischer" Zuführung mag wohl beteiligt sein. Aus diesen Versuchen folgt, daß die alimentäre Prüfung auf Blut- (und Harn-) Zucker auf dem peroralen Wege geschehen muß, wenn man etwas über die physio-pathologischen Prozesse erfahren will, die sich in der Leber abspielen.

Die dritte Versuchsbedingung liegt in der Dosis. Gegen die Anwendung der großen Dosen (100 g), wie sie früher üblich waren, spricht beim Diabetiker die Gefahr der Toleranzschädigung. Neuere Untersuchungen haben gezeigt, daß eine Gabe von 20 g ausreicht, um einen klaren Einblick in das Verhalten des Blutzuckers zu gewinnen. Beim Normalen erfolgt nach dieser Gabe ein Blutzuckeranstieg, der bereits nach 30 Minuten auf dem Höhepunkt und nach etwa 2 Stunden abgeklungen ist. Die Zunahme beträgt etwa 40% des Ausgangswertes. Beim Diabetiker erfolgt der Anstieg schneller; er ist bedeutend höher (bis 200%) und von längerer Dauer. Kranke mit Morbus Basedowii zeigen Übergangskurven zwischen diesen beiden Typen (Rosenberg).

Staub und Traugott haben die interessante Feststellung gemacht, daß der Gesunde, dem man in passenden Zeitabständen Traubenzucker (anfangs in kleinen Dosen [20 und 10 g], später aber auch 100 g) gibt, nur auf die erste Gabe mit Hyperglykämie reagiert. Arbeitet man beim Diabetiker mit den gleichen Dosen, so erhält man auch bei den folgenden Gaben neue Anstiege. Nur wenn man beim Diabetiker die erste Dosis genügend klein wählt, ist die Verträglichkeit der zweiten besser. Die Gründe für dieses Verhalten sind noch unklar.

Wählt man statt Dextrose Lävulose, so ist der Blutzuckeranstieg geringer oder fehlt ganz. Der respiratorische Quotient steigt zu doppelt so hohen Werten an wie nach Dextrose (Traugott).

Die Verfolgung der Glykämiekurve nach Zuckerzuführung ergibt und verspricht interessante Ergebnisse für die Erkenntnis der Stoffwechselvorgänge in der Leber, bei gleichzeitiger Harnanalyse auch für die Beziehungen des Zuckers zur Niere. Die praktisch-diagnostische Verwertung darf aber nur mit strenger Kritik geschehen. Bei abgemagerten Diabetikern muß stets erwogen werden, ob eine starke Blutzuckerreaktion die Folge der diabetischen Veränderung oder eines sekundär oder aus anderer Ursache eingetretenen Glykogenmangels der Leber ist. Findet man also nach antidiabetischer Behandlung und nach Beseitigung des Hungerzustandes eine weniger starke Reaktion, so darf man daraus nicht schließen, daß der diabetische Prozeß milder geworden ist.

Die Hyperglykämie der Diabetiker ist von großer diagnostischer und prognostischer Bedeutung. Ihre Höhe ist ein ebenso wichtiges Maß der Stoffwechselstörung als die Harnzuckerausscheidung und die Ketonurie. Werte unter $2^0/_{00}$ kommen im allgemeinen leichteren oder leidlich kompensierten Fällen zu. Werte über $3^0/_{00}$, die unter denselben Bedingungen (Diät, körperliche Ruhe) gefunden werden, mahnen zur Vorsicht in der Beurteilung. Im Coma kann der Blutzucker auf $7^0/_{00}$ und höher steigen.

Die Feststellung des Blutzuckers während der Entzuckerung und im Verlaufe der Schonungskost ergibt sehr verschiedene Verhältnisse. In frischen Fällen geht der Blutzucker oft schnell auf Werte, die nur wenig über der Norm liegen oder noch normal sind, zurück. Bei älteren Leuten mit leichtem Diabetes zeigt sich eine auffallende Hartnäckigkeit der Hyperglykämie (bei $2^0/_{00}$). In schweren oder vernachlässigten Fällen kann es auch in längeren Zeiträumen bei völliger Aglykosurie unmöglich sein, den Blutzucker zu erniedrigen. Auch mit Insulin gelingt das durchaus nicht in allen Fällen. Die Forderung, die Entzuckerung bis zur Normoglykämie durchzuführen, läßt sich also in der Praxis nicht immer erfüllen.

Weiter ist die Höhe des Blutzuckers von der Muskelarbeit abhängig (W. WEILAND, L. LICHTWITZ, L. R. GROTE, M. BÜRGER, G. LILLIE, W. v. MORACZEWSKY). WEILAND hat bei Gesunden eine erhebliche Erniedrigung des Blutzuckers durch Arbeit gefunden. Das ist aber keine Regel von allgemeiner Gültigkeit. Nicht selten findet man eine anfängliche Steigerung, der später eine Erniedrigung folgt (LICHTWITZ, BÜRGER, LILLIE). Endlich gibt es Menschen, die auch bei äußersten körperlichen Leistungen keine Änderung ihres Blutzuckers zeigen. Wahrscheinlich sind es sehr gut Geübte, die einen solchen vollkommenen Ausgleich ihres inneren Zuckerstoffwechsels besitzen (LICHTWITZ). Der Diabetiker erfährt im allgemeinen unter Einwirkung von Arbeit sehr viel größere Schwankungen des Blutzuckergehalts als der Normale (LICHTWITZ, BÜRGER, GROTE). Auch hier treffen wir anfänglich Erhöhung, der später eine Erniedrigung folgt. Bei schweren Fällen kommt es aber selbst nach so geringer Arbeit, wie sie solche Menschen zu leisten imstande sind, zu ganz beträchtlichen Erhöhungen des Blutzuckergehalts, so z. B. bei einem jugendlichen schweren acidotischen Diabetiker nach einer leichten Arbeit von 10 Minuten Dauer zu einer Steigerung von 0,275 auf 0,377 (LICHTWITZ). Dasselbe fanden LILLIE, GROTE, BÜRGER. Besonders interessant ist, daß sich das Ergebnis des Arbeitsversuchs mit Besserung der Stoffwechsellage günstiger gestaltet. So fanden wir bei einem 30jährigen mittelschweren Diabetiker:

1916	Harnzucker pro die g	Acidose	Blutzucker vor	nach
				Arbeit
20. 6.	180	—	0,399	0,455
22. 7.	9,2	—	0,232	0,229
15. 8.	fast 0,	—	0,249	0,209

In einem leichten Falle hatte eine Reihe von Versuchen folgendes Ergebnis:

	Harnzucker pro die g	Blutzucker vor	nach
			Arbeit
15. 7. 13.	0		
	(unmittelbar nach Entzuckerung)	0,071	0,096
13. 9. 13.	0	0,083	0,061
15. 11. 13.	10 (Diätfehler)	0,134	0,025(!)
5. 2. 14.	0	0,115	0,092

Dieser Befund, der von Bürger bestätigt wird, findet sich aber nicht immer. Es ist sehr wahrscheinlich, daß Abweichungen gelegentlich durch seelische Erregungen, die besonders mit dem ersten Versuch verbunden sind, zustande kommen. Wir haben wiederholt gesehen, daß Menschen mit neurasthenischen Erscheinungen oder vasomotorischer Übererregbarkeit eine hyperglykämische Reaktion nach Muskelarbeit aufweisen.

Vor einem falschen Verstehen dieser Zahlenunterschiede schützt eine Betrachtung der energetischen Verhältnisse. Die im Arbeitsversuch geleistete äußere Arbeit schwankt zwischen 5000 und 20000 mkg. Bei einem Nutzeffekt von 25% beträgt also der gesamte durch die Arbeit bewirkte Umsatz 20000 bis 80000 mkg = 47—188 Cal. = 12—47 g Zucker. Beim Normalen sind im Gesamtblut 5 g Zucker vorhanden, beim Diabetiker selten mehr als die dreifache Menge. Es kann — das wird bei den großen Energieumsatzzahlen ohne weiteres deutlich — keine Rede davon sein, daß die Energiequelle im Blutzucker liegt. Der Blutzucker verhält sich zu Leber und Muskel wie das Dampfrohr zu Kessel und Maschine. Mit dem Blutzuckergehalt messen wir nur die Spannung im Dampfrohr. Wenn die Dampferzeugung mit dem Verbrauch gleichen Schritt hält, so bleibt der Druck konstant. Das geschieht bei den gut ausgeglichenen, muskelstarken und geübten Menschen, die auch bei schwerer Arbeit ein Gleichbleiben ihres Blutzuckergehaltes aufweisen. Von der toten Maschine unterscheidet sich das biologische System aber dadurch, daß der Verbrauch in der Maschine (Muskel) reflektorisch, chemisch oder hormonal die Produktion im Kessel (Leber) regelt. Ist die Leber wie beim Diabetiker empfindlich und zur Glykogenolyse geneigt, so kommt es durch die Muskelarbeit zu einer Erregung der Leber und zu einer vermehrten und anhaltenden Zuckerbildung. Der Arbeitsversuch beim schweren Diabetiker liefert einen Beweis für die gesteigerte Erregbarkeit der Glykogenolyse und damit einen Beitrag zu der Theorie des Diabetes.

Es sei noch bemerkt, daß die Größe der Zuckerbildung auch durch häufige Untersuchungen des Blutzuckers nicht zu ermitteln ist. Wir messen immer nur die Statik des Prozesses. Wenn der Zuckerzufluß aus der Leber in das Blut ebenso groß ist wie der Zuckerabfluß aus dem Blut in die Organe, so läßt sich aus der Höhe des Blutzuckers nicht entnehmen, mit welchem Gefälle diese Prozesse erfolgen. Der Spiegel ist kein Maßstab für die Strömungsgeschwindigkeit. Bei strengster Betrachtung kann man nicht einmal sagen, daß eine Erhöhung des Blutzuckers durch einen vermehrten Zuckereinstrom bedingt ist. Eine Hemmung des Abstromes könnte dieselbe Wirkung haben. Bei dem glykosurischen Diabetiker dürfen wir aber wegen des in die Niere erfolgenden Zuckerablaufes aus einem erhöhten Blutzucker auf eine Steigerung der Glykogenolyse in der Leber schließen.

Die Blutzuckerregulation. Aus der starken Neigung des Organismus seinen artspezifischen Blutzuckerwert festzuhalten oder nach Abdrängung wiederzugewinnen, ist der Schluß zu ziehen (L. Pollak), daß besondere Einrichtungen für Erreichung dieses Zieles vorhanden sein müssen. Die Hauptbedingung dafür, daß die Zuckerabgabe aus der Leber in das Blut (Glykogenolyse) mit der Zuckerentnahme aus dem Blut (Verteilung auf die Organe, Verbrennung, Glykogenbildung in den Muskeln) gleichen Schritt hält, liegt im innersekretorischen System. Wie die Höhe der Bluttemperatur selbst für das Wärmezentrum im Hirnstamm den adäquaten Reiz darstellt, der die Temperaturregulierung in Gang bringt, so spricht POLLAK als Reiz für die Blutzuckerregulation die Höhe des Blutzuckers an. Im Diabetes ist die Regulationsfähigkeit teilweise verloren gegangen, die Nüchternwerte sind in verschiedenen Perioden der Krankheit recht verschieden; die Hyperglykämie nach Kohlehydratzufuhr ist stärker, dauert länger bis zum Gipfelpunkt der Kurve und klingt langsamer ab; auch Eiweißnahrung steigert den Blutzucker; der Einfluß von Muskelarbeit und von seelischen Erregungen ist noch erheblicher als beim Gesunden. An Stelle der Homoioglykämie des Normalen ist im Diabetes mellitus die Poikiloglykämie getreten (POLLAK). Diese Erscheinung zeigen auch leichte Diabetiker, die noch eine gute Kohlehydratbilanz haben. Es ist daher POLLAK beizustimmen, wenn er fordert, daß der gestörten Blutzuckerregulation in der Lehre des Diabetes mellitus eine größere Bedeutung als bisher eingeräumt werde. Die Tatsache, daß im Diabetes, trotz andauernder Hyperglykämie, eine gesteigerte Glykogenolyse in der Leber stattfindet, wirft ein Licht auf das Wesen der Regulation und ihre Störung. Wenn der Reiz, wie POLLAK meint, in der Höhe des Blutzuckers selbst liegt, so muß man annehmen, daß dieser Reiz entweder auf das Pankreas einwirkt und die Abgabe des Hormons zur Folge hat oder auf die Leberzelle im Sinne einer Sensibilisierung für das Hormon (POLLAK).

Die Blutzuckerkurve nach peroraler oder intravenöser Zuckerzufuhr und nach Adrenalininjektion ist eine wichtige klinische Methode zur Erkennung der Blutzuckerregulation und ihrer Störungen.

Der experimentellen Hyperglykämie folgt eine Phase der Blutzuckersenkung, die auf eine Anregung der Insulinabgabe zurückgeführt werden darf.

Die Höhe und Dauer der Hyperglykämie gewährt bei peroraler Gabe einen Einblick in die Kohlehydratfixation in der Leber.

Die Zeit des Eintretens, der Grad und die Dauer der Hypoglykämie gibt eine Andeutung über die im Pankreas ausgelöste Reaktion.

Die Rückkehr zur Normoglykämie oder zum individuellen Grundwert findet unter Einwirkung des chromaffinen Systems statt.

Die Blutzuckerkurve drückt nicht die Stärke der glykogenfixierenden und glykogenolytisch wirkenden Hormone, sondern das Verhältnis der Stärke dieser beiden Antagonisten aus.

Bei Nebennierenerkrankung (Morbus Addisonii) kann (s. Kurve 14 S. 227) der Pankreaseinfluß so stark überwiegen, daß die reaktive Phase bis zu tiefer Hypoglykämie geht und entsprechende Krankheitserscheinungen auftreten.

Gewisse Formen endogener Fettsucht gehen mit niedrigem Blutzucker, Heißhunger und Schwächegefühl bei Magenleere einher. Die Idee, daß infolge einer Superinsulinisierung eine beschleunigte Fettbildung stattfindet, wird durch die Blutzuckerkurve (18, S. 315) soweit gestützt, als geringe Hyperglykämien und ungewöhnlich tiefe reaktive Hypoglykämie auf eine Superinkretion des Pankreas hinweisen.

Aus unserem reichhaltigen klinischen Material sei eine Anzahl Blutzuckerkurven nach Dextrosezufuhr und Adrenalininjektion wiedergegeben:

Blutzuckerkurven[1] (s. auch S. 315).

Das Pfeil ↓ bezeichnet die Zeit der Dextrosezufuhr bzw. der Adrenalininjektion.

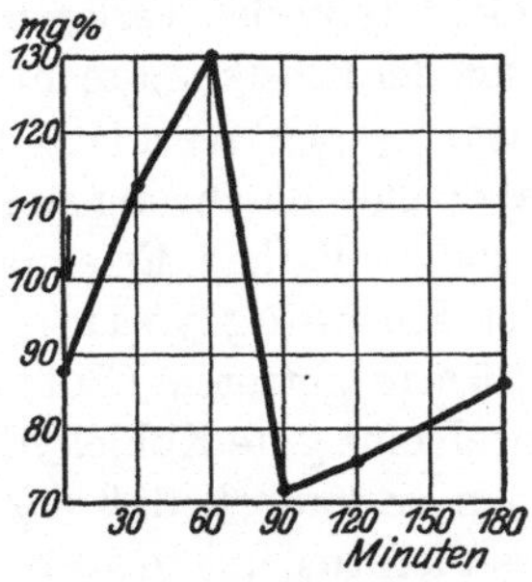

Abb. 5. Normales Verhalten.
30 g Dextrose per os. Kurze
hypoglykämische Phase.

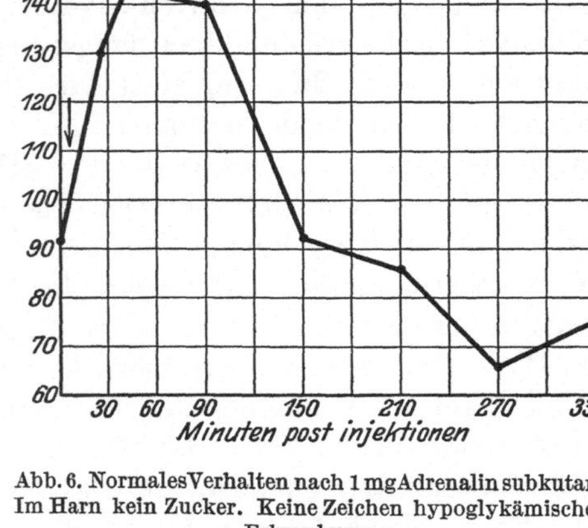

Abb. 6. Normales Verhalten nach 1 mg Adrenalin subkutan.
Im Harn kein Zucker. Keine Zeichen hypoglykämischer
Erkrankung.

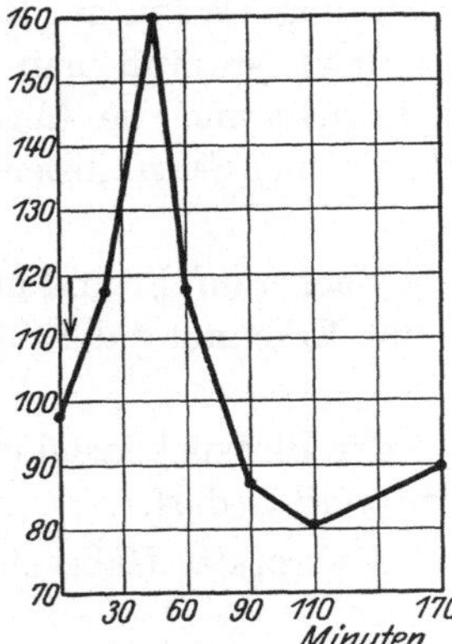

Abb. 7. Diabetes mellitus levis.
30 g Dextrose per os. Steiler Anstieg. Kurze Dauer der Hyperglykämie. Reaktive Senkung.

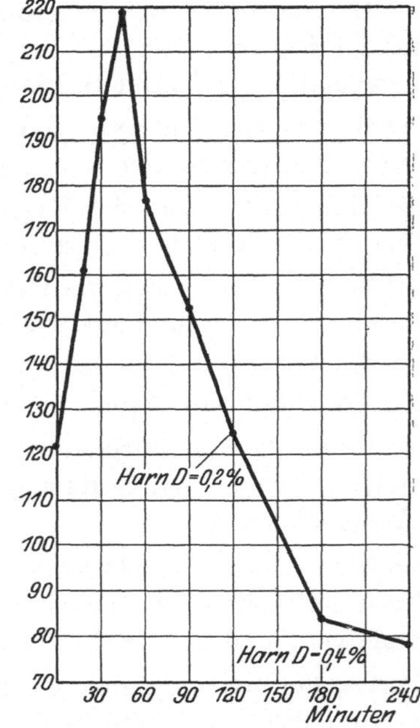

Abb. 8. Diabetes mellitus levis. 30 g Dextrose per os. Anstieg steil und hoch. Gute
hypoglykämische Phase. Die Glykosurie
folgt der Hyperglykämie nach.

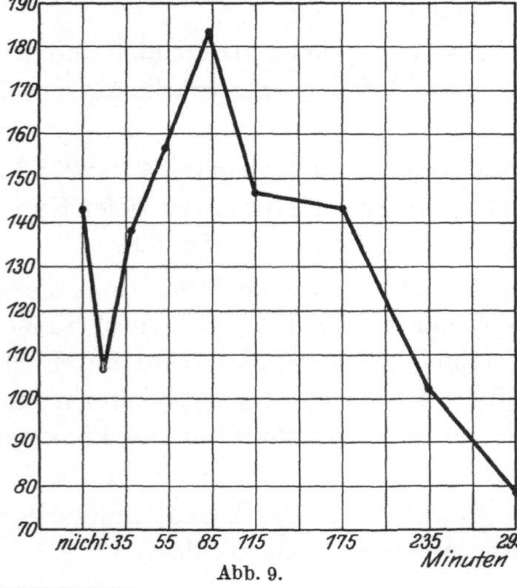

Abb. 9.

Abb. 9. Diabetes mellitus levis. 1 mg Adrenalin
subkutan. Gute, aber spät einsetzende reaktive
Senkung. Im Harn kein Zucker.

---

[1] Nach Untersuchungen von E. Soestheim, A. Joffe, E. Scherer, A. Oppenheimer.

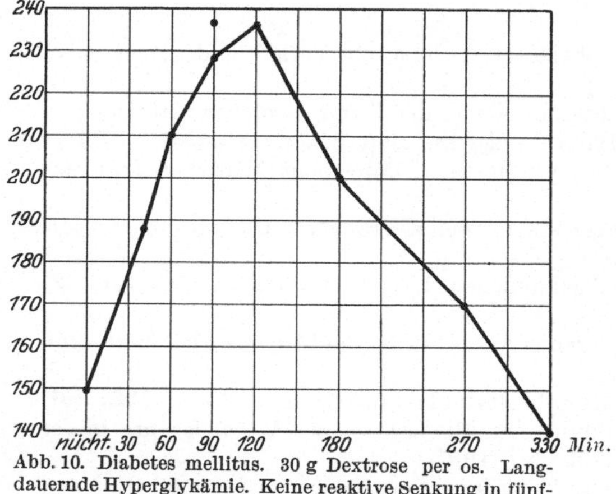

Abb. 10. Diabetes mellitus. 30 g Dextrose per os. Langdauernde Hyperglykämie. Keine reaktive Senkung in fünf-
stündiger Beobachtungszeit.

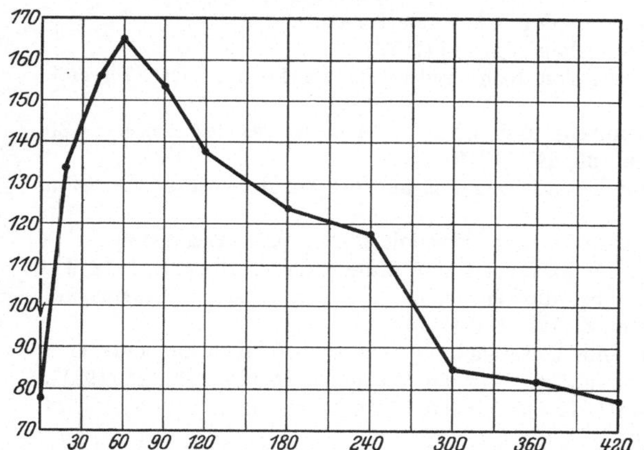

Abb. 12. Morbus Addisonii. 200 g Dextrose per os. Keine Glykosurie.

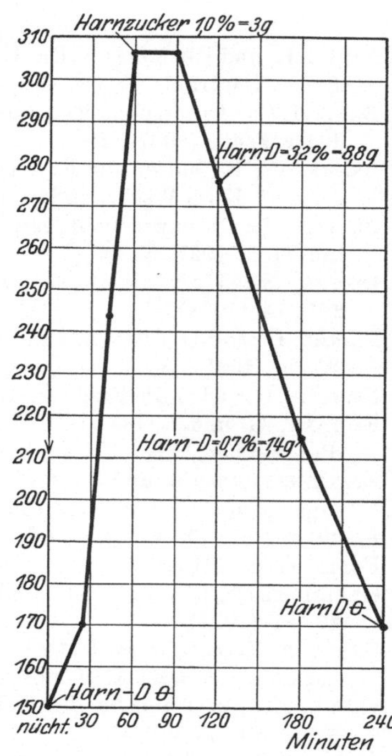

Abb. 11. Prädiabetische Hyperglykämie.
Gelegentliche Glykosurie. 50 g Dextrose
per os. Sehr hohe und lange anhaltende
Hyperglykämie. In der Beobachtungszeit
keine reaktive Senkung. Starke Glykämie,
deren höchster Wert in die Zeit des sinken-
den Blutzuckers fällt.

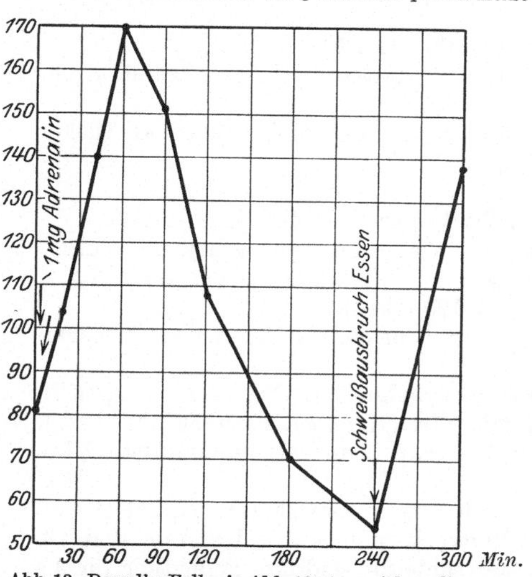

Abb. 13. Derselbe Fall wie Abb. 12. 1 mg Adrenalin
subkutan. Reaktive Blut-D-Senkung bis 53 mg %.
Hypoglykämischer Zustand. Blut-D-Anstieg und
schnelle Besserung nach Nahrungsaufnahme.

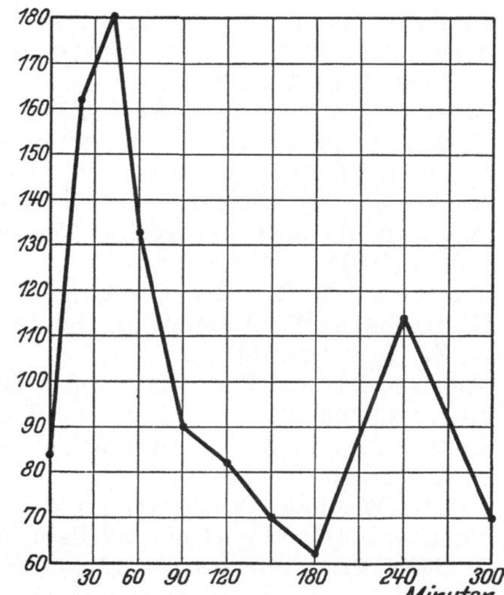

Abb. 14. Morbus Addisonii. 30 g Dextrose per os. Sehr
starke und anhaltende hypoglykämische Reaktion.

15*

Literatur.

ASHER, L. und ROSENFELD, R.: Über das physikalisch-chemische Verhalten des Zuckers im Blute. Zentrabl. Physiol. **9**, 449 (1905).

BANG, J. (1): Untersuchungen über Glykogenumsatz in der Kaninchenleber. Hofmeisters Beitr. **9**, 408 (1907); **10**, 1, 312, 320 (1907). — (2): Der Blutzucker. Wiesbaden 1913.

BRAUN, M.: Enthalten die Erythrocyten des strömenden Blutes beim Menschen Traubenzucker? Klin. Wschr. **1922**, 1103, 1.

BÜRGER, M.: Die experimentellen Grundlagen einer Arbeitstherapie des Diabetes. 33. Kongr. inn. Med. 1921, S. 302.

DISCHE, Z.: Über die Natur des eiweißgebundenen Blutplasmazuckers. Biochem. Z. **201**, 74 (1928).

EISNER, G. und O. FÖRSTER: Zur alimentären Hyperglykämie und Glykosurie. Berl. klin. Wschr. **1921**, 839.

EMBDEN, G.: Über die Frage des Kohlehydratabbaus im Tierkörper. Klin. Wschr. **1922**, 401.

EMDBEN, G. und L. ISAAC: Über die Bildung von Milchsäure und Azetessigsäure in der diabetischen Leber. Hoppe-Seylers Z. **99**, 297 (1917).

EPSTEIN, ALBERT A. und PAUL W. ASCHNER: The effect of surgical procedures on the blood sugar content. J. of biol. Chem. **25**, 151 (1916).

FISCHLER, F.: Physiologie und Pathologie der Leber. Berlin 1916.

FOLIN, O. und H. BERGLUND: J. of biol. Chem. **51**, 213 (1922).

GEELMUYDEN, H. CHR.: Die Neubildung von Kohlehydrat im Tierkörper. Erg. Physiol. **22**, 51 (1924).

GETTLER, A. v. und W. BAKER: Chemische und physikalische Analyse des Blutes in 30 normalen Fällen. J. of biol. Chem. **25**, 217 (1916).

GIGON, A.: Zur Kenntnis des Kohlehydratstoffwechsels und der Insulinwirkung. Z. klin. Med. **101**, 17 (1924).

GREVENSTUK, A. und E. LAQUEUR: Insulin. Erg. Physiol. **23**, 2 (1925) (Literatur).

GROTE, L. R.: Über die Beziehung der Muskelarbeit zum Blutzucker. Halle a. S. 1918, II.

DE HAAN, J. und S. VAN CREVELD: Über die Wechselbeziehungen zwischen Blutplasma und Gewebsflüssigkeiten. Biochem. Z. **123**, 190 (1921).

HENRIQUES, V. und R. EGE: Vergleichende Untersuchungen über die Glukosekonzentration in dem arteriellen Blut und in dem venösen Blut der Muskeln. Ebenda **119**, 121 (1921).

HESS, C. L. v. and HUGH McGUIGAN: The condition of the sugar in the blood. J. of Pharmacol. **6**, 45 (1914).

HOFMEISTER, F.: Über Resorption und Assimilation der Nährstoffe. VI. Arch. f. exper. **26**, 355 (1910).

ISAAC, S.: Zur Theorie der Diabetestherapie. Ther. Mh. **1921**, 129.

JOHANNSEN, J. R.: Untersuchungen über den Kohlehydratstoffwechsel. Skand. Arch. Physiol. **21**, 1 (1918).

LICHTWITZ, L.: Über den Einfluß der Muskelarbeit auf den Gehalt des Blutes an Zucker und Milchsäure. Berl. klin. Wschr. **1914**, Nr 22.

LILLIE, G.: Arbeit und Blutzucker. Z. exper. Med.

LÜTHJE, H.: Zur Therapie des Diabetes mellitus. 30. Kongr. inn. Med. 1913, S. 159.

MACLEAN, H. und O. WESSELOW: The estimation of sugar tolerance. Quart. J. Med. **14**, 103 (1921).

MACLEOD, J. J. R. und FULK: Amer. J. Physiol. **42**, 193 (1916).

MORACZEWSKI, W. v.: Einfluß der Nahrung und der Bewegung auf den Blutzucker. Biochem. Z. **71**, 269 (1915).

MICHAELIS, L. und P. RONA: Untersuchungen über den Blutzucker. Ebenda **14**, 476 (1908).

NONNENBRUCH, W.: Über die innere Hyperglykämie. Arch. f. exper. Path. **86**, 251 (1920).

PARNAS, J. und JASINSKI: Über die Verteilung von Zucker, R-N und Calcium im Blute. Klin. Wschr. **1**, 2029 (1922).

— und WAGNER: Beobachtungen über Zuckerneubildung. I. Biochem. Z. **127**, 55 (1922).

POLLAK, L. (1): Physiologie und Pathologie der Blutzuckerregulation. Erg. inn. Med. **23**, 339 (1923). (Literatur). — (2): Über Blutzuckerregulation und ihre Bedeutung für die Pathogenese des Diabetes mellitus. Med. Klin. **1921**, Nr 31. — (3): Experimentelle Studien über Adrenalindiabetes. Arch. f. exper. Path. **61**, 149 (1909).

Rosenberg, M: Über die praktische Bedeutung der alimentären Hyperglykämiekurve. Klin. Wschr. 1922, 360.

Rosenfeld, G.: Die Oxydationswege des Zuckers. Berl. klin. Wschr. 1907, Nr 52; 1908, Nr 16.

Rusznyak, St.: Der Zustand des Zuckers im Serum. Biochem. Z. 123, 52 (1921).

Ryser, H.: Der Blutzucker während der Schwangerschaft. Dtsch. Arch. klin. Med. 118, 441 (1916):

Staub, H.: Untersuchungen über den Zuckerstoffwechsel des Menschen. Ebenda 91, 44 (1921), 93, 89, 123 (1922).

— Bahnung im intermediären Kohlehydratstoffwechsel. Biochem. Z. 118, 93 (1921).

Traugott, K.: Über das Verhalten des Blutzuckerspiegels usw. Klin. Wschr. 1922, 892.

Weiland, W.: Über den Einfluß ermüdender Muskelarbeit auf den Blutzuckergehalt. Dtsch. Arch. klin. Med 92, 223 (1908).

5. Zuckerabbau.

Die erste Stufe des Zuckerabbaus, die dem Nachweis leicht zugänglich ist, besteht in der Bildung von Milchsäure. F. Laquer hat im phosphatgepufferten Muskelbrei die Stärke der Milchsäurebildung aus verschiedenen Kohlehydraten geprüft und das Glykogen der Dextrose weit überlegen gefunden. Daraus folgt die früher bereits erwähnte Anschauung, daß die Dextrose — über eine Reaktionsform — in Glykogen übergehen muß, um leicht abbaufähig zu sein. Aus dem Glykogen entsteht eine aktive Dextrose, die — besonders im Muskel — nach den grundlegenden Untersuchungen von G. Embden und seiner Schule die gleiche Bindung mit Phosphorsäure eingeht, die Harden und Young, Lebedew und Euler bei der alkoholischen Gärung entdeckt haben. Es bildet sich aus einem Molekül Dextrose (vielleicht ihrer Enolform) und zwei Molekülen Phosphorsäure der Hexosediphosphorsäureester, dessen Spaltung freie Milchsäure und freie Phosphorsäure liefert. Bei Abwesenheit von Phosphat findet Milchsäurebildung nicht statt. G. Embden hat dieser Substanz den Namen Lactacidogen gegeben. Dieses Lactacidogen liegt im Muskel bereit; es ist eine der „Tätigkeitssubstanzen" des Muskels und nach Laquer ein etwa ebenso guter Milchsäurebildner wie das Glykogen. Neben der im Lactacidogen gebundenen Phosphorsäure enthält der Muskel noch andere Phosphorsäure in organischer Bindung (organische Restphosphorsäure, s. S. 90). Das Verhältnis dieser beiden Fraktionen ist verschieden je nach der Art des Muskels. In der rasch arbeitenden weißen Muskulatur ist der Lactacidogengehalt höher und die Phosphorsäurefraktion niedriger als in den langsamer zuckenden roten Oberschenkelmuskeln.

W. G. Fletcher und F. G. Hopkins haben die Milchsäure als die Spannungs- oder Verkürzungssubstanz des Muskels bezeichnet. Das Freiwerden der Milchsäure ist kein oxydativer Vorgang, sondern ein mit einer positiven Wärmetönung einhergehender Spaltungsprozeß. Die Arbeitsleistung des Muskels hat also nichts mit einer Verbrennung zu tun. Arbeit und Sauerstoffverbrauch lassen sich beim Froschherzen voneinander trennen. Auch bei Ausschluß von Sauerstoff ist das Herz für eine gewisse Zeit arbeitsfähig. Der der Anspannungszeit entsprechende Teil der Wärmebildung ist unabhängig von der Anwesenheit von Sauerstoff. Der große Teil der Wärmetönung, der nach der Anspannungszeit kommt, ist an die Anwesenheit von Sauerstoff gebunden, entspricht also einer Oxydationsreaktion. Die Restitution des Muskels nach seiner Kontraktion erfolgt unter Verschwinden von Milchsäure. Wenn dieser Vorgang auch nur bei Anwesenheit von Sauerstoff durch einen Oxydationsprozeß erfolgt, so darf daraus nicht auf eine einfache

Verbrennung der Säure geschlossen werden. FLETSCHER hat einen Muskel in Stickstoffatmosphäre ermüdet und so eine Anhäufung von Milchsäure erzielt. Bei Überführung des Muskels in Sauerstoff verschwindet die Milchsäure unter Sauerstoffaufnahme, Kohlensäureabgabe und Wärmebildung. Ermüdet man den erholten Muskel von neuem, so bildet er ebenso viel Milchsäure wie bei der ersten Arbeit. In der Restitutionsphase ist also die Milchsäure zum Teil nicht verbrannt, sondern in eine Vorstufe zurückverwandelt worden. Der Muskel ist durch diesen Vorgang wie ein Akkumulator von neuem aufgeladen worden (A. V. HILL).

Nach MEYERHOF zerfällt der Zuckerverbrauch im Muskel in eine anaerobe Phase, welche die mechanische Energie liefert, und in eine oxydative Phase, welche teils zu vollständigen Verbrennungsprodukten (Kohlensäure und Wasser), teils zum Wiederaufbau von Glykogen führt. MEYERHOF gibt dafür folgendes Schema:

I. Anaerobe Phase.

$5/_n (C_6H_{10}O_5)_n + 5\,H_2O + 8\,H_3PO_4 \longrightarrow$

Glykogen

$4\,C_6H_{10}O_4\,(H_2PO_4)_2 + C_6H_{12}O_6 + 8\,H_2O \longrightarrow$

Hexosediphosphorsäure =
Lactacidogen

$8\,C_3H_6O_3 + 8\,H_3PO_4 + C_6H_{12}O_6$
Milchsäure

II. Oxydative Phase.

$8\,C_3H_6O_3 + 8\,H_3PO_4 + C_6H_{12}O_6 + 6\,O_2 \longrightarrow$

$4\,C_6H_{10}O_4\,(H_2PO_4)_2 + 6\,CO_2 + 14\,H_2O \longrightarrow$

$4/_n (C_6H_{10}O_5)_n + 8\,H_3PO_4 + 6\,CO_2 + 10\,H_2O$

MEYERHOF hat die Beziehungen dieser chemischen Vorgänge zu der Arbeitsleistung und Wärmebildung des Muskels untersucht und ist zu der Auffassung gekommen, daß die Milchsäure, die sich aus Glykogen über Lactacidogen auf einen nervösen oder chemischen Reiz anaerob bildet, für die Muskelfibrille Verkürzungssubstanz ist. Der Milchsäurebildung entspricht die Arbeitsphase des Muskels und die initiale (A. V. HILL) Wärmebildung (= 40—50% der Gesamtwärmebildung). Die Erholungsphase erfolgt nur bei Zutritt von Sauerstoff; sie besteht nicht, wie man früher meinte, darin, daß die gebildete Milchsäure durch Verbrennung beseitigt wird, sondern darin, daß durch eine gekoppelte Reaktion unter Energieaufwand und Wärmebildung (Restitutionswärme nach A. V. HILL) zwei Moleküle Milchsäure (= 1 Molekül Glucose) verbrannt und sechs Moleküle Milchsäure über Lactacidogen zu Glykogen wieder aufgebaut werden. Durch diesen Erholungsvorgang wird die Kolloidmaschine, als welche die Muskelfibrille betrachtet werden muß, in einen aktionsfähigen Zustand zurückversetzt und mit neuem Energiematerial (Glykogen) versehen. In einer auf dem Rostocker Physiologentag bekanntgegebenen Untersuchung zeigt indessen G. Emden, daß die Milchsäurebildung noch nach der Arbeitsphase des Muskels andauert. Unabhängig von der Entwicklung dieser bedeutsamen Frage bleibt vorläufig für die Verhältnisse am gesunden und kranken Menschen die Betrachtung der Ökonomie der Restitutionsphase, die Erkenntnis, daß der Organismus, indem er von jeder Kohlehydratumsetzung drei Vierteile rückgängig macht, mit den Beständen sparsam umgeht. Wie auch die Lehre sich weiterhin gestalten mag, so dürfte doch das Eine fest bleiben, daß der größte Energieverbraucher im Organismus, der Muskelbetrieb, auf Kohlehydrat eingestellt ist. Eine Einbeziehung der anderen energieliefernden Stoffe ist nur insoweit denkbar, als in der Restitutionsphase statt der zwei Moleküle Milchsäure (= 1 Molekül Glucose) eine entsprechende Menge anderen Materials oxydiert werden könnte.

„Je nach dem zu diesem Zwecke Eiweiß, Fett oder Kohlehydrate verbrannt werden, wird der respiratorische Quotient ein verschiedener sein. Hiernach wäre die Tatsache, daß Muskelarbeit unter Verbrennung sehr verschiedenartiger Nahrungsstoffe erfolgen kann, keineswegs ein Beweis dafür, daß diese verschiedenen Substanzen sich selbst an der spezifischen Arbeitsreaktion beteiligen. Eiweiß, Fett usw. sind vielmehr allem Anschein nach in diesem Falle gleichsam nur als verschiedenartiges Brennmaterial zu betrachten, das die Energie für eine ganz bestimmte endotherme Reaktion, eben die Zuckerbildung (oder Lactacidogenbildung) aus Milchsäure liefert" (EMBDEN).

Nach EMBDEN erhöht der Lactacidogenzerfall durch Säurebildung die Permeabilität der Zelle so, daß Phosphationen aus der Zelle austreten und Cl′-Ionen hineindiffundieren, die die Lactacidogenspaltung steigern, so daß es explosionsartig zu einem immer stärkeren Zerfall (das ist Säurebildung) kommt. EMBDEN und seine Schüler, insbesondere H. LANGE, haben den Einfluß der Ionen auf den Lactacidogenzerfall untersucht. Dabei hat sich die Gesetzmäßigkeit ergeben, daß Ionen, welche die Quellung begünstigen, die Spaltung fördern, während Ionen, die die Quellung hemmen, den Lactacidogenabbau vermindern oder eine Synthese zur Folge haben.

Bei der Entquellung, die mit Aufbau des Lactacidogens verbunden ist, nehmen deren Muttersubstanzen, Glykogen und Phosphorsäure, ab. Gleichzeitig sinkt wegen des eingeschränkten Lactacidogenzerfalls die Konzentration der Milchsäure. Bei der Quellung verhält es sich umgekehrt (H. LANGE).

Die verschiedenen Fermentprozesse im Muskel sind an einen bestimmten Zustand der Kolloide gebunden. „Eine Veränderung dieses Kolloidzustandes im Sinne der Quellung oder Entquellung legt den Ablauf des Kohlehydratstoffwechsels in der einen oder in der anderen Richtung fest" (LANGE). Diese Anschauungen berühren sich im Prinzip mit denen von J. E. LESSER. Zu dem Nachweis, daß die Richtung und Gleichgewichtslage eines reversiblen Fermentprozesses vom Zusatz bestimmter anorganischer Salze aufs stärkste beeinflußt, ja beherrscht wird, kommt die Feststellung, daß auch Adrenalin die Durchgängigkeit der Muskelfasergrenzschicht verändert, und somit ein wichtiger Beitrag zu der besonders von FR. KRAUS und seiner Schule begründeten Lehre der Synergie von Ionen und Hormonen.

Die durch Spaltung aus dem Kohlehydrat entstehende Milchsäure wird also zum Teil zu neuer Kohlehydratsynthese verwandt, zum Teil oxydativ abgebaut. Welchen Weg nehmen diese Prozesse?

PARNAS und BAER gehen von der allerdings nicht bewiesenen Voraussetzung aus, daß im Betriebsstoffwechsel nur exotherme Prozesse stattfinden und meinen, daß eine Überführung von zwei Molekülen Milchsäure in ein Molekül Glucose nicht in Betracht kommt, weil sie mit einem Energieaufwand von 25 Calorien pro Mol verbunden sei.

PARNAS und BAER haben nach einer Reaktionsfolge gesucht, die den oxydativen energieliefernden Milchsäureabbau mit der Zuckerbildung vereinigen kann. Sie halten folgenden exothermen Verlauf, der pro Grammolekül 317 Calorien liefert, für möglich:

$$
\begin{array}{l}
CH_3 \\
\mid \\
CHOH + O \rightarrow \\
\mid \\
COOH
\end{array}
\quad
\begin{array}{l}
CH_2OH \\
\mid \\
CHOH \quad + O \rightarrow \\
\mid \\
COOH
\end{array}
\quad
\begin{array}{l}
CH_2OH \\
\mid \\
CO \quad \text{oder} \\
\mid \\
COOH
\end{array}
\quad
\begin{array}{l}
CHO \\
\mid \\
CHOH + H_2O \xrightarrow[\text{Spaltung}]{} \\
\mid \\
COOH
\end{array}
\quad
\begin{array}{l}
CHO \\
\mid \\
CH_2OH
\end{array}
+ CO_2
$$

Milchsäure   Glycerinsäure β-Oxybrenztraubensäure   oder   Halbaldehyd der Tartronsäure   Glykolaldehyd

$$
3\;
\begin{array}{l}
CH_2OH \\
\mid \\
CHO
\end{array}
\xrightarrow[\text{Kondensation}]{} C_6H_{12}O_6
$$

Parnas und Baer haben gezeigt, daß Glycerinsäure und Glykolaldehyd im Tierkörper bzw. in der durchbluteten Schildkrötenleber Zucker bzw. Glykogen bilden, und meinen mit Recht, daß „dieser Chemismus des Zuckerabbaues einen kraftliefernden oxydativen Prozeß darstellt, der für die abgebaute Glucose eine maximale Säuremenge intermediär entstehen und verschwinden läßt".

Ob der Zuckerabbau und die Zuckerrückbildung auf diesem Wege vor sich gehen, ist mit Sicherheit nicht zu sagen. Jedenfalls ist es ein möglicher Weg, gewiß aber nicht der einzige. Durch eine einfache Umlagerung kann aus Milchsäure Glycerinaldehyd entstehen, und Embden und Parnas haben festgestellt, daß auch Glycerinaldehyd ein Zuckerbildner ist. K. Grube gibt an, daß sich aus Formaldehyd in der durchbluteten Schildkrötenleber Glykogen bildet. Wir stehen also der Tatsache gegenüber, daß drei Aldehyde als für den Zuckerab- und -aufbau wichtige Körper in Betracht kommen und können allen diesen Beobachtungen als gesichertes Ergebnis entnehmen, daß die Aldehydgruppe bei diesen Reaktionen die bedeutendste Rolle spielt.

Halten wir Umschau, wie in der Hand des Chemikers und in der Natur die Zuckerbildung vor sich geht, so haben wir zunächst zu konstatieren, daß aus dem Formaldehyd unter dem Einfluß von Kalkwasser durch Aldolkondensation eine süßschmeckende sirupöse Masse entsteht, die Verbindungen von der Formel $C_6H_{12}O_6$ (Formose) enthält. Nach einer Hypothese von A. v. Baeyer geht die Zuckerbildung in der Pflanze durch Reduktion des CO_2 zu Formaldehyd und durch nachfolgende Kondensation vor sich. E. Fischer hat aus zwei Molekülen Glycerinaldehyd eine Hexose (Acrose) dargestellt.

Die Bildung von Kohlehydrat in der Pflanze ist eine photochemische Reaktion, bei der das Chlorophyll als Sensibilisator dient. Das Chlorophyll absorbiert die Strahlen des sichtbaren Lichtes, besonders stark rote und gelbe, und überträgt die Energie der Strahlen auf die Kohlensäure (oder ihr Hydrat). Nach einer Theorie von Willstätter lagert sich das Hydrat der Kohlensäure zu einem Formaldehydperoxyd um, aus dem durch Sauerstoffabspaltung Formaldehyd, das einfachste Kohlehydrat, entsteht.

O. Warburg und Negelein haben festgestellt, daß ziemlich genau vier Quanten notwendig sind, um ein Molekül Sauerstoff zu entwickeln, und zwar unabhängig von der Wellenlänge. Dieser Vorgang verläuft mit einer ganz erstaunlich großen Ausnutzung der Energie. Warburg und Negelein haben gefunden, daß die Verbrennung des Endprodukts der Assimilation, der Stärke, 70% derjenigen Energiemenge wiedergibt, die im Rot absorbiert wurde.

Der Prozeß der Assimilation ist an die lebende Struktur gebunden. Die Nachahmung der Natur im Modellversuch ergibt keine oder nur äußerst bescheidene Resultate. So hat G. INGHILLERI eine Lösung von Formaldehyd und Oxalsäure 5 Monate lang im zugeschmolzenen Glas, dessen Alkali als Katalysator diente, dem Licht ausgesetzt und eine krystallinische Substanz erhalten, die alle Reaktionen einer in der Natur vorkommenden Ketohexose, der Sorbose, gab.

Unter dem Einfluß ultravioletten Lichtes sahen PRIBRAM und FRANKE aus Formaldehyd Glykolaldehyd entstehen. Durch die stille Entladung, bei der ultraviolette Strahlen auftreten, erhielt BERTHELOT aus CO, CO_2 und H_2 Substanzen von Kohlehydratcharakter und durch die gleiche Einwirkung W. LOEB bei Gegenwart von Alkali aus Kohlensäure und Formaldehyd einen zuckerartigen Stoff.

Durch diese Ergebnisse der chemischen und biochemischen Forschung ist die Beziehung der Aldehydgruppe zum Zuckerab- und Aufbau im Tierkörper auf den festen Boden eines allgemein gültigen Prinzips gestellt und die Frage, ob einer der genannten drei Aldehyde oder der Acetaldehyd oder, wie DAKIN annimmt, das Methylglyoxal, ein Ketoaldehyd, als Zwischenkörper auftreten, ist als eine Sache zweiter Ordnung zu betrachten.

Literatur.

BERTHELOT, A.: Récherches sur la série urique (1898); **131**, 366 (1900).

BODENSTEIN, M.: Die chemischen Wirkungen des Lichts. Naturwiss. **1929**, 788.

DAKIN, H. D. and H. W. DUDLEY: The interconversions of a-aminoacids, a-hydroxyacids and a-ketonicalalehyds. J. of biol. Chem. **15**, 127 (1913).

EMBDEN, G. und H. LANGE: Der Eintritt von Chlorionen in den arbeitenden Muskel. Hoppe-Seylers Z. **130**, 350 (1924).

— und F. LENHARTZ: Über die Bedeutung von Ionen für die Muskelfunktion. Ebenda **134**, 243 (1924).

— A. ABRAHAM und H. LANGE: Über die Bedeutung der Ionen für die Muskelfunktion. Ebenda **136**, 308 (1924).

— und CL. HAYMANN: Über die Bedeutung der Ionen für die Muskelfunktion. Ebenda **137**, 154 (1924).

— und FR. KRAUS: Über Milchsäurebildung in der künstlich durchströmten Leber. Biochem. Z. **45**, 1 (1912).

FÜRTH, O. v.: Die Kolloidchemie des Muskels. Erg. Physiol. **17**, 360 (1919).

FLETCHER, W. M. und F. G. HOPKINS: Lactic acid in Amphibian muscle. J. of Physiol. **35**, 247 (1907).

GRUBE, K.: Untersuchungen über Phlorhizinwirkung. Pflügers Arch. **121**, 636 (1908); **126**, 585 (1909); **139**, 428 (1911).

HILL, A. V. und O. MEYERHOF: Über die Vorgänge bei der Muskelkontraktion. Erg. Physiol. **22**, 299 (1923).

INGHILLERI, G.: Phothochem. Synthese der Kohlehydrate. Hoppe-Seylers Zt. **71**, 105 (1911).

LANGE, H.: Über die Bedeutung von Ionen für die Muskelfunktion. Hoppe-Seylers Z. **137**, 105 (1924).

LOEB, W.: Über die photochemische Synthese der Kohlehydrate. Biochem. Z. **43**, 434 (1912).

NEUBERG, C.: Chemische Umwandlung durch Strahlenarten. I. Biochem. Z. **13**, 305 (1903).

PARNAS, J.: Über die Bildung von Glykogen aus Glycerinaldehyd in der Leber. Zbl. Physiol. **26**, 671 (1912).

— und J. BAER: Über Zuckerabbau und Zuckeraufbau im tierischen Organismus. Biochem. Z. **41**, 386 (1902).

PRIBRAM, R. und A. FRANKE: Sitzgsber. Akad. Wiss. Wien, Math.-naturwiss. Kl. **71**, 11 b (1912).

6. Zuckerbildung aus Eiweiß.

Die Zuckerbildung aus Eiweiß ist eine durch zahlreiche Untersuchungen gesicherte Tatsache.

Die Wege zur Lösung dieses Problems sind im wesentlichen:

1. Herbeiführung eines Glykogenschwundes durch Hunger, Muskelarbeit, Strychninkrämpfe, Fütterung von kohlehydratfreier Nahrung und Prüfung des Glykogenbestandes. Bei diesem Verfahren sind aber die Einwände von ED. PFLÜGER zu beachten, daß die Versuchstiere trotz gleicher Vorbehandlung sehr große Schwankungen ihres Glykogengehalts zeigen, so daß die Frage, ob es sich um Restglykogen oder neugebildetes handelt, nicht immer klar beantwortet werden kann.

2. Glykogenbildung in der überlebenden durchbluteten Leber (am besten des Kaltblüters), deren Anfangsglykogengehalt man durch Analyse eines Leberlappens feststellen kann.

Diese Methode bietet größere technische Schwierigkeiten und ist zum Studium der Frage der Zuckerbildung aus Eiweiß nicht in großem Umfange verwandt worden.

3. Beobachtungen an Patienten mit Diabetes mellitus und an Tieren mit Pankreasdiabetes und Phlorizinglykosurie. Bedingung ist Konstanz der Zuckerausscheidung, die man bei mit Phlorizin vergifteten Hunden nach dem Verfahren von M. CREMER mit einiger Sicherheit erzielen kann. Fraglich bleibt, ob eine Mehrausscheidung von Zucker nach Verabreichung der zu prüfenden Substanz, sogenannter Extrazucker, auf einer Zuckerbildung oder auf einer Reizwirkung beruht. Von besonderer Wichtigkeit für die Erkenntnis der chemischen Zusammenhänge ist (unter bestimmten Voraussetzungen, s. S. 236) die Beobachtung des Verhältnisses der Zucker- (bzw. der Gesamtkohlenstoff-)ausscheidung zur Stickstoffausscheidung (MINKOWSKI).

Wir können auf die Entwicklung der Lehre der Zuckerbildung aus Eiweiß, die bis auf CLAUDE BERNARD zurückreicht, nicht ausführlich eingehen. Von den älteren Versuchen seien nur die wichtigsten erwähnt. WOLFBERG hat darauf hingewiesen, daß Muskelarbeit nicht mit einer Steigerung des Eiweißumsatzes, sondern nur mit einer stärkeren Verbrennung N-freier Stoffe, insbesondere der Kohlehydrate, einhergehe. Da bei reiner Eiweißnahrung der Organismus dauernd imstande bleibt, Arbeit zu leisten, so schloß S. WOLFBERG, daß N-freie Stoffe sich aus dem Eiweiß ständig abspalten, im Muskel anhäufen und bei vermehrter Arbeitsleistung verbrannt werden. Einen originellen Weg hat H. THIERFELDER beschritten. Ein normales Oxydationsprodukt des Zuckers ist die Glykuronsäure, die in glykosidartiger Bindung mit Phenol, Campher u. a. im Harn ausgeschieden wird.

$$\begin{array}{c} \text{CHO} \\ | \\ (\text{CHOH})_4 \\ | \\ \text{COOH.} \end{array}$$

Nach EMIL FISCHER, der die Konstitution der Glykuronsäure auf dem Wege der Synthese aufgedeckt hat, tritt zunächst die Besetzung an der labilen Aldehyd-

gruppe des Zuckers und erst später die Oxydation der endständigen Alkoholgruppe ein. Die so entstandenen Körper, z. B.:

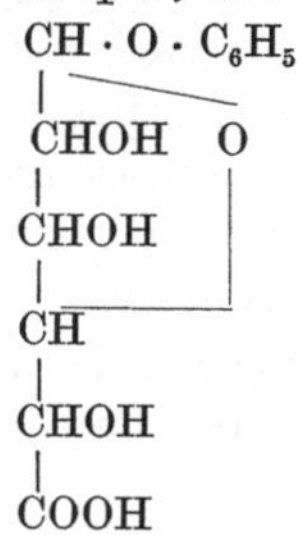

Phenolglykuronsäure

sind durch Säuren und durch glykosidspaltende Fermente (Emulsin) zerlegbar.

Wichtig für den Arzt ist, daß es auch gepaarte Glykuronsäuren im Harn gibt, die beim
Erwärmen mit Alkali, z. B. bei der Anstellung einer Zuckerreduktionsprobe, gespalten
werden, wobei dann die freie Säure reduzierend wirkt und eine Glykosurie vortäuschen
kann. Einen solchen Fall teilt ABDERHALDEN mit, einen zweiten haben wir selbst nach dem
Gebrauch einer größeren Zahl von Formaminttabletten (Menthylglykuronsäure) beobachtet.
Durch die Untersuchung der Drehung vor und nach der Säurespaltung (gepaarte Glykuronsäuren drehen links, freie rechts), der Gärung und der Farbenreaktionen (Naphthoresorcin-
reaktion nach TOLLENS) ist eine Klärung des Falles leicht ausführbar.

THIERFELDER hat die Glykuronsäurebildung nach Darreichung von Campher
und Amylalkohol bei durch Hunger glykogenfrei gemachten Tieren untersucht
und positiv gefunden.

Fütterungsversuche mit Eiweiß nach langem Hungern und Untersuchungen
am pankreasdiabetischen und phlorizinglykosurischen Hund sind in großer Anzahl gemacht worden. Nicht allen kommt die gleiche Beweiskraft zu, wie z. B.
dem Versuch von LÜTHJE, dessen pankreasdiabetischer Hund bei kohlehydratfreier Eiweißnahrung viermal soviel Zucker ausschied, als aus seinem nach
PFLÜGER berechneten maximalen Glykogenbestand möglich war.

Ein Versuch von LÜTHJE sei kurz mitgeteilt:

Ein pankreasloser Hund von 5,8 kg Gewicht schied in 25 Tagen bei Fütterung mit Nutrose (Casein) 1176 g Glucose aus. Der Glykogenbestand zu Beginn
des Versuchs konnte höchstens 232 g betragen. Es mußten also 944 g Zucker
neu entstanden sein.

ED. PFLÜGER, der die Zuckerbildung aus Eiweiß lange Zeit energisch bestritten hat, hat das Resultat von LÜTHJE in der letzten großen Arbeit seines
Lebens bestätigt. Er hat außerdem Hunde mit großen Mengen von Kabliau-
fleisch, das sehr arm an Glykogen ist, ernährt und in Leber und Muskeln dieser
Hunde so große Anhäufungen von Glykogen gefunden, daß eine Neubildung von
Zucker aus Eiweiß oder aus Fett stattgefunden haben mußte. Es lag die Möglichkeit vor, daß bei so starker Eiweißzufuhr der Stoffwechsel vom Eiweiß allein
bestritten und das so gesparte Fett des Körpers in Glykogen übergeführt würde.
Da aber in Kontrollversuchen, die PFLÜGER und JUNKERSDORF anstellten, bei
reiner Fettnahrung die Leber an Glykogen verarmte, so besteht der Schluß zu
Recht, daß bei überreicher Eiweißnahrung aus Eiweiß Glykogen entsteht.

Beweismaterial für diese so wichtige Tatsache ergeben auch Beobachtungen
des Gesamtstoffwechsels bei reichlicher Eiweißnahrung nach längerem Hunger.

Es zeigte sich, daß durch Harn und Respiration weniger Kohlenstoff abgegeben wurde als der ausgeschiedenen Stickstoffmenge entsprach, daß also eine Retention von kohlenstoffhaltigen Komplexen, die Kohlehydrat oder Fett sein konnten, stattgefunden hatte. In Übereinstimmung mit den Versuchen von HIRSCH und ROLLY, die eine Glykogenbildung im hungernden glykogenarmen Tier beobachtet haben, haben PFLÜGER und JUNKERSDORF gesehen, daß Hunde nach einer Hungerperiode von 7 Tagen und nach einer Injektion von 1 g Phlorizin an den drei letzten Tagen, 7 Stunden nach der letzten Phlorizingabe, unter 0,1% Glykogen in der Leber enthalten. Wartet man aber 24 Stunden, so ist der Glykogengehalt weit höher (bis 1,1%).

Diese, durch die genannten Ergebnisse und viele andere, die nicht sämtlich zitiert werden können, gesicherte Tatsache der Zuckerbildung aus Eiweiß ist von allen Ärzten, die Diabetiker exakt beobachtet haben, kaum je bezweifelt worden. Wenn in einem schweren Diabetes bei extremer Abmagerung, also auch bei starker Glykogenverarmung, trotz strenger Diät dauernd große Mengen Zucker (100—150 g) ausgeschieden werden, und wenn die Zuckerausscheidung von der Höhe der Eiweißzufuhr abhängig ist, so ist auch hiermit die Zuckerbildung aus Eiweiß bewiesen.

Die quantitativen Verhältnisse der Zuckerbildung aus Eiweiß sind nicht genügend durchsichtig. Man kennt zwar das Verhältnis der im Harn ausgeschiedenen Hexose zum ausgeschiedenen Stickstoff (D : N) im menschlichen Diabetes, beim pankreasdiabetischen Tier und bei der Phlorizineinwirkung, aber dieser Quotient hat nur dann einen eindeutigen Sinn, wenn bei der diabetischen Stoffwechselstörung Dextrose überhaupt nicht verbrennt, wenn der Eiweißstoffwechsel dasselbe Verhalten der Harnstoffbildung und -ausscheidung aufweist wie in der Norm und nicht auch aus Fett Zuckerbildung stattfindet. Diese Voraussetzungen treffen für den menschlichen Diabetes nicht zu.

Einerseits ist der Zucker nicht unverbrennbar. Andererseits kommt es im Diabetes zu sehr erheblichen Stickstoffretentionen. Der Quotient D : N gestattet also keinen sicheren Schluß auf die intermediären Vorgänge.

Nach einer Rechnung von PFLÜGER und JUNKERSDORF können aus 100 g Eiweiß in maximo 112 g Traubenzucker entstehen. Der höchstmögliche Quotient D : N beträgt demnach 7. GEELMUYDEN berechnet nach Stoffwechseluntersuchungen von ZUNTZ den größtmöglichen Wert bei der Zuckerbildung aus Eiweiß zu 6,45. FALTA setzt ihn zu 6,62 an. Nach den sehr genauen Untersuchungen von FRENTZEL und SCHREUER kann die gesamte C-Menge von 100 g Eiweiß 103,75 g Zucker bilden. Sie finden D : N = 6,37.

Findet man bei einem Diabetiker, der kohlehydratfrei ernährt wird, den Quotienten D : N von dieser Größe oder höher, so ist, vorausgesetzt, daß Stickstoffgleichgewicht besteht, Zuckerbildung aus Stoffen, die nicht Kohlehydrate sind, bewiesen. Und da in jedem Falle von Diabetes Zucker verbrennt, so muß die Grenze, oberhalb welcher der Quotient eine solche Zuckerbildung dartut, bedeutend niedriger angesetzt werden.

Quotienten D : N, die 6,4 überschreiten, sind bei Zuckerkranken von einer Reihe von Autoren beobachtet worden (LÜTHJE, A. HESSE, FALTA, S. BERNSTEIN, A. GIGON, E. LANDERGREEN, C. PETRÉN).

Wenn wir jetzt die chemischen Vorgänge bei der Zuckerbildung aus Eiweiß betrachten, so ist zunächst zu bemerken, daß das Eiweißmolekül präformierten Zucker, das Glukosamin, enthalten kann, der mit dem aus dem Chitin dargestellten Chitosamin, einem α-Aminozucker, identisch ist.

$$CH_2OH$$
$$|$$
$$(CHOH)_3$$
$$|$$
$$CHNH_2$$
$$|$$
$$CHO$$

Glukosamin.

Dieses Glukosamin macht in manchen Eiweißarten (z. B. dem Mucin) ein Drittel des Moleküls aus, in anderen ist es in viel geringerer Menge enthalten, im Casein fehlt es gänzlich. So nahe es lag in diesem Aminozucker ein Bindeglied zwischen Kohlehydrat und Aminosäuren gefunden zu haben, so war es doch ohne allen Zweifel, daß der Glukosamingehalt des Eiweißes nicht ausreichte, die in den genannten Versuchen gefundene Zuckerbildung aus Eiweiß zu erklären. Überraschenderweise zeigte es sich, daß das Glukosamin im Tierkörper nicht Glucose oder Glykogen liefert (J. FORSCHBACH).

Es müssen also die Aminosäuren imstande sein in Zucker überzugehen. So verschieden auch der Bau dieser Körper ist, und so kompliziert der Weg dieser Umwandlung zu sein scheint, so ergeben sich doch keine großen Schwierigkeiten, wenn man erwägt, daß sich Zucker aus Formaldehyd, aus Glykolaldehyd und aus Milchsäure bilden kann. Formaldehyd und Glykolaldehyd als intermediäre Produkte des Aminosäurenabbaus sind nicht bekannt, aber es ist sehr wohl möglich, daß beim Aufbau und demnach auch beim Abbau der Aminosäuren die reaktionsfähige Aldehydgruppe auftritt. DAKIN meint, daß Alanin durch Desaminierung und eine intramolekulare Oxydation und Reduktion in Methylglyoxal übergeht, dem wir bei dem Abbau des Zuckers durch die Hefe bereits begegnet sind. Sicher ist aber, daß aus Alanin Milchsäure (bzw. Brenztraubensäure) wird (NEUBERG und LANGSTEIN), deren Übergang in Zucker ohne jeden Zweifel ist. Und da in allen Aminosäuren, mit Ausnahme des Glykokolls, Alanin enthalten ist, so ist es nur notwendig eine Sprengung der Aminosäurenmoleküle zwischen dem β- und γ-Kohlenstoffatom anzunehmen, um eine zuckerliefernde Kette von 3 C-Atomen zu erhalten. Am einfachsten scheinen die Verhältnisse bei dem Lysin zu liegen, dessen Kohlenstoffskelett mit dem des Zuckers identisch ist.

$$CH_2 \cdot NH_2$$
$$|$$
$$CH_2$$
$$|$$
$$CH_2$$
$$|$$
$$CH_2$$
$$|$$
$$CH \cdot NH_2$$
$$|$$
$$COOH$$

Lysin

RINGER und LUSK fanden am hungernden Phlorizinhund, daß Glykokoll

und Alanin quantitativ mit ihrem ganzen C in Zucker übergehen. Bei Eingabe
von 20 g Asparaginsäure

$$
\begin{array}{l}
\text{COOH} \\
|\\
\beta\ \text{CH}_2 \\
|\\
\alpha\ \text{CH}\cdot\text{NH} \\
|\\
\text{COOH}
\end{array}
$$

fanden sie 12,42 g Extrazucker, was einer Verwertung von 3 C für die Zuckersynthese entspricht. Auch von der Glutaminsäure

$$
\begin{array}{l}
\text{COOH} \\
|\\
\gamma\ \text{CH}_2 \\
|\\
\beta\ \text{CH}_2 \\
|\\
\alpha\ \text{CH}\cdot\text{NH}_2 \\
|\\
\text{COOH}
\end{array}
$$

fanden sie eine Zuckervermehrung, die auf eine Verwendung von drei C-Atomen
schließen ließ.

Ebenso geht Leucin in Zucker über. In Analogie mit den anderen Aminosäuren ist wohl auch hier eine Sprengung zwischen β- und γ-C-Atom anzunehmen,
so daß zwei Ketten von je drei Kohlenstoffatomen entstehen.

$$
\begin{array}{c}
\text{CH}_3\ \text{CH}_3 \\
\diagdown\diagup \\
\gamma\ \text{CH} \\
\cdots\cdots|\cdots\cdots \\
\beta\ \text{CH}_2 \\
|\\
\alpha\ \text{CHNH}_2 \\
|\\
\text{COOH}
\end{array}
$$
Leucin

Fr. Müller hat darauf hingewiesen, daß durch Einwirkung von Kalkhydrat
auf Traubenzucker die Saccharinsäure entsteht, deren Kohlenstoffgerüst auch
das des Leucins ist. Aminierung am α-C-Atom ergibt die Tetraoxyaminocapron-
säure, die, wie folgende Formeln zeigen, dem Leucin nahesteht, so daß eine Zuckerbildung aus Leucin auf der Umkehr dieses Weges nicht ausgeschlossen erscheint.

Einen anderen Weg der Entstehung eines Eiweißbausteines aus Kohlehydrat
haben Windaus und Knoop gefunden. Bei der Zersetzung von Traubenzucker
mit Zinkhydroxydammoniak bildet sich Methylimidazol. Als Zwischenprodukte
kommen Formaldehyd, Acetaldehyd und Methylglyoxal in Betracht, die auch
bei der Zersetzung von Rhamnose gefunden wurden. Der Prozeß verläuft nach
folgender Gleichung:

$$
\begin{array}{ccccc}
\begin{array}{l}\text{CH}_3\cdot\text{CO}\\ |\\ \text{CHO}\end{array}
& + &
\begin{array}{l}\text{NH}_3\\ \\ \text{NH}_3\end{array}
+ \text{HCHO} & = &
\begin{array}{l}\text{CH}_3\cdot\text{C}-\text{NH}\diagdown\\ \quad\ \ \|\qquad\quad \text{CH}+3\,\text{H}_2\text{O}\\ \text{CH}-\text{N}\diagup\end{array}
\end{array}
$$
Methylglyoxal   Formaldehyd   Methylimidazol

Ob Phenylalanin und Tyrosin in Zucker übergehen, ist strittig. Mit diesem
Chemismus des Abbaus der Aminosäuren sind die Möglichkeiten der Zucker-

bildung durchaus nicht erschöpft. Es muß nicht immer als Zwischenkörper Milchsäure oder Brenztraubensäure entstehen. Die Zahl der Möglichkeiten und Wege zeigt folgende Tabelle.

Zucker- bzw. Glykogenbildung ist möglich aus folgenden Substanzen:

1. Alkohole.

Propylalkohol	(HÖCKENDORF, RINGER und LUSK).
Isobutylalkohol	(RINGER, FRANKL und JONAS).
Propylenglykol	(CREMER).
Glycerin	· (CREMER, HÖCKENDORF u. a.).

2. Aldehyde.

Formaldehyd	(GRUBE).
Glykolaldehyd	(PARNAS und BAER, J. SMEDLEY).
Glycerinaldehyd	(EMBDEN, PARNAS, J. SMEDLEY).
Methylglyoxal	(DAKIN und DUDLEY).

3. Fettsäuren.

Propionsäure	(RINGER, vgl. dagegen BAER und BLUM).
Isobuttersäure	(RINGER, FRANKL und JONAS).
n-Valeriansäure	(RINGER und JONAS).
Isocapronsäure	(RINGER, FRANKL und JONAS).
n-Heptylsäure	(RINGER und JONAS).
Malonsäure	(RINGER und JONAS).
Bernsteinsäure	(RINGER, FRANKL und JONAS).
Milchsäure	
Apfelsäure	(vgl. dagegen BAER und BLUM).
Glycerinsäure	(RINGER und LUSK, PARNAS und BAER, EMBDEN).
Brenztraubensäure	(P. MAYER, DAKIN und JANNEY, RINGER, FRANKL und JONAS).

Die bereits im Text erwähnten Aminosäuren.

Cystin	(M. CREMER).
Asparagin	(EMBDEN und SALOMON, RINGER und LUSK).

Diese Ergebnisse sind zum größten Teil durch Versuche am Phlorizinhund gewonnen. Die diesen Versuchen gegebene Deutung ist unter der Voraussetzung richtig, daß die Substanzen nicht eine Reizwirkung auf die Zuckerbildung ausüben. Versuche, die Zuckerbildung aus Glykokoll, Alanin und Leucin durch Zunahme des Glykogens in der durchbluteten Schildkrötenleber nachzuweisen, sind negativ ausgefallen (K. GRUBE).

Der Umbau dieser Substanzen erfolgt aus Ketten von 2 oder 3 C-Atomen. Solche Ketten werden durch ein Ferment, das NEUBERG aufgefunden und Carboligase genannt hat, zu längeren Ketten verbunden.

Für das Verständnis der Eiweißempfindlichkeit der Zuckerkranken reicht diese chemische Beziehung, die Entstehung von Zucker aus Eiweiß, die Gluconeogenie aus Eiweiß (CREMER), nicht aus. Das folgt bereits daraus, daß nicht wenige Diabetiker auf Eiweißnahrung mit stärkerer Glykosurie reagieren als auf äquivalente Kohlehydratzufuhr, obgleich die Zuckerbildung aus Eiweiß langsamer verläuft als die Hydrolyse von Amylum.

Ferner verhalten sich nicht alle Eiweißkörper gleichmäßig, sondern man findet, wenigstens bei nicht zu schweren Fällen, eine Stufenfolge der Proteinsubstanzen.

Am stärksten erregend wirken Casein und Fleischeiweiß, danach die Leguminosen. Am besten werden die Eiweißkörper der Eier und Zerealien vertragen. Hieraus folgt die Bedeutung der Eier für die Ernährung des Diabetikers. An der guten Verträglichkeit der Getreideproteine ist dagegen weniger gelegen, weil sie zum überwiegenden Teile unvollständige Eiweißkörper und für langdauernden ausschließlichen Gebrauch unzureichend sind. Nach den Untersuchungen von FALTA werden diejenigen Proteine am besten vertragen, deren Stickstoff am langsamsten im Harn erscheint. Ob hierin eine ausreichende Erklärung des unterschiedlichen Verhaltens gefunden werden kann, erscheint indes zweifelhaft.

Als Erklärungsversuch kommt in Betracht, daß Eiweißnahrung für den gesamten Stoffwechsel und auch für die Leber eine starke Erregung verursacht, und daß diese Erregung, die sich zu der diätetisch-therapeutisch anzustrebenden Schonung und Dämpfung gegensätzlich verhält, es ist, die die Toleranz so empfindlich herabdrückt.

Diese Erregungswirkung der Proteine ist, wenn auch nicht einer Erklärung, so doch wenigstens einer vermutungsweisen Deutung zugänglich, in der Richtung, daß sich aktive Stoffe (Hormone) aus Eiweißbausteinen bilden, so die Schilddrüsensubstanz und das Nebennierenhormon. Da Schilddrüsensubstanz sowohl wie Nebennierensubstanz erregend auf den Zuckerstoffwechsel wirken, so ist vielleicht der Gehalt der Proteine an den Muttersubstanzen dieser Stoffe oder auch die Bindung dieser Aminosäuren im Eiweißmolekül und ihre schwerere oder leichtere Herausspaltbarkeit für die erregende und glykosurische Wirkung maßgebend.

Für einen solchen Zusammenhang spricht auch der Tryptophangehalt der Proteine, wie ihn TESHIO IDE festgestellt hat. Einige Zahlen mögen das verdeutlichen:

Es enthalten	% Tryptophan
Weizen, Roggen, Reis	0,125—0,136
Leguminosen	0,532—0,537
Hühnerei	0,359
Casein	2,39
Lactalbumin	4,44

Die glykosurische Wirkung der Proteine und ihr Tryptophangehalt laufen also parallel. Das Maisprotein ist der tryptophanärmste, das Lactalbumin der tryptophanreichste Eiweißkörper.

Die erregende Wirkung des Proteins zeigt sich bei dem mittelschweren und schweren Diabetiker in dem Andauern der Glykosurie über die Zeit der Eiweißzulage hinaus, ganz entsprechend der toleranzschädigenden Wirkung einer zu großen Kohlehydratbelastung.

Literatur.

ABDERHALDEN, E.: Notizen. Hoppe-Seylers Z. **85**, 92 (1913).

BAER, J. und L. BLUM: Über den Abbau von Fettsäuren beim Diabetes mellitus. Arch. f. exper. Path. **55**, 89 (1906); **59**, 321 (1908); **62**, 129 (1910).

BERNSTEIN, S., C. BOLLAFIO und V. WESTERWYK: Über die Gesetze der Zuckerausscheidung beim Diabetes. Z. klin. Med. **66**, 378 (1908).

CREMER, M. (1): Phlorhizidindiabetes beim Frosch. Z. Biol. **29**, 256 (1892). — (2): Entsteht aus Glycerin und Fett Traubenzucker? Münch. med. Wschr. **1902**, 944.

DAKIN, H. D. und H. W. DUDLEY: Some exp. on the Influence of the Pankreas upon Acetoacetic Formation in the Liver. J. of biol. Chem. **16**, 515 (1913).
— und N. JANNEY: Pyruvic acid and glucose. Ebenda **15**, 177 (1913).
DAKIN, H. D.: Studies on the Intermediary Metabolism of aminoacids. Ebenda **14**, 321 (1913); **15**, 177 (1913).
EMBDEN, G.: siehe X, 5.
— und H. SALOMON: Über Alaninfütterungsversuche am pankreaslosen Hund. Hofmeisters Beitr. **6**, 63 (1905); **5**, 507 (1904).
FALTA, W.: Über die Gesetze der Zuckerausscheidung beim Diabetes mellitus. Z. klin. Med. **61**, 297 (1907); **65**, 300, 313 (1908); **65**, 463, 489 (1908); **66**, 401 (1908).
FORSCHBACH, J.: Über d. Glykosaminkohlensäureäthylester usw. Hofmeisters Beitr. **8**, 313 (1906).
FRENTZEL und M. SCHREUER: Verbrennungswärme und physiologischer Nährwert der Nährstoffe. Arch. f. Anat. u. Physiol. **1901—1905**.
GEELMUYDEN, H. CHR.: Über den intermediären Stoffwechsel beim Diabetes mellitus Klin. Wschr. **1923**, 1677.
GRUBE, K.: siehe X, 5.
HESSE, A.: Eiweißumsatz und Zuckerausscheidung beim schweren Diabetes. Z. klin. Med. **45**, 237 (1902).
HIRSCH, C. und F. ROLLY: Zur Frage der Entstehung von Glykogen aus Körpereiweiß. Dtsch. Arch. klin. Med. **78**, 380 (1903).
HÖCKENDORF, P.: Über den Einfluß einiger Alkohole, Oxy- und Aminosäuren auf die Zucker- und Stickstoffausscheidung beim Phlorizindiabetes des Hundes. Biochem. Z. **23**, 281 (1909).
KNOOP, F. und A. WINDAUS: Über Beziehungen zwischen Kohlehydraten und N-haltigen Produkten des Stoffwechsels. Hofmeisters Beitr. **3**, 392 (1905).
LANDERGREN, E.: Beitrag zur Diabeteslehre. Nord. med. Ark. (schwed.) **48**, 10 (1910).
LANGSTEIN, L.: Die Kohlehydratbildung aus Eiweiß. Erg. Physiol. **1**, 63 (1902); **3**, 1, 453 (1903).
LUSK, GR.: Über Phlorizindiabetes. Z. Biol. **36**, 82 (1898); **42**, 31 (1901).
LÜTHJE, H. (1): Stoffwechselversuch an einem Diabetiker mit spezieller Berücksichtigung der Zuckerbildung aus Eiweiß und Fett. Z. klin. Med. **39**, 397 (1900). — (2): Die Zuckerbildung aus Eiweiß. Dtsch. Arch. klin. Med. **79**, 498 (1904). — (3): Zur Frage der Zuckerbildung aus Eiweiß. Pflügers Arch. **106**, 160 (1904).
MAYER, P.: Über Brenztraubensäureglykosurie. Biochem. Z. **40**, 441 (1912).
MINKOWSKI, O.: Untersuchungen über den Diabetes mellitus nach Exstirpation des Pankreas. Arch. f. exper. Path. **31**, 97 (1893).
NEUBERG, C. und L. LANGSTEIN: Desaminierung im Tierkörper. Verh. phys. Ges. Berlin **16**, 119 (1902/03).
PARNAS, J. und J. BAER: siehe X, 5.
PFLÜGER, E. A. und P. JUNKERSDORF: Über die Muttersubstanzen des Glykogens. Pflügers Arch. **131**, 201 (1910).
RINGER, A. J. and L. JONAS: The chemistry of Gluconeogenese. J. of biol. Chem. **14**, 43 (1912).
— FRANKL und L. JONAS: The chemistry of gluconeogenesis . III. Ebenda **14**, 525 (1913).
— und GR. LUSK: Über die Entstehung von Dextrose aus Aminosäuren bei Phlorizinglykosurie. Hoppe-Seylers Z. **66**, 106 (1910).
SMEDLEY, J.: Einfluß der Leber auf einfache Zucker. J. of Physiol. **44**, 203 (1912).
TESHIO IDE: Über den Tryptophangehalt der wichtigsten Lebensmittel. Z. exper. Med. **24**, 166 (1921).
THIERFELDER, H.: Über die Bildung von Glykuronsäure im Hungertier. Hoppe-Seylers Z. **10**, 163 (1886).
WOLFBERG S.: Über den Ursprung und die Aufspeicherung des Glykogens im tierischen Organismus. Z. Biol. **13**, 266 (1876).

7. Zuckerbildung aus Fett.

Daß im Tierkörper aus Kohlehydraten mit großer Leichtigkeit und in großem Umfange Fett entsteht, ist bekannt. Die Gewinnung tierischen Fettes durch Mästung mit kohlehydratreicher Nahrung beruht auf diesem Prinzip. Da im tierischen Organismus sehr viele Reaktionen reversibel verlaufen, so ist die Annahme sehr wahrscheinlich, daß aus Fett wieder Kohlehydrat wird.

Da nach allem, was wir wissen, der Muskelbetrieb einzig und allein auf Zucker beruht, so ist die Zuckerbildung aus Fett eine notwendige Folgerung aus der Erfahrung, daß auch ohne Kohlehydratbestand und -Zufuhr bei ausschließlicher Fleisch-Fettnahrung die Muskelarbeit weitergeht, und daß das unter diesen Verhältnissen zersetzte Eiweiß und der sicher Zucker liefernde Glycerinanteil des Fettes zur Bestreitung der energetischen Leistungen nicht ausreicht. Unter den Bedingungen des Lebens ohne Kohlehydrate, bei vorgeschrittenem Hunger, bei allen Störungen der Glykogenfixation in der Leber (Pankreasdiabetes, Phosphorvergiftung u. a.) erfolgt eine an der Lipämie erkennbare Fettwanderung aus den Fettlagern und eine Fettansammlung in der Leber. Diese Erscheinung kann wohl nicht anders gedeutet werden, als daß das Fett zum Zwecke seiner Umarbeitung in die große chemische Zentralstätte gebracht wird. Bei diesem Leben ohne Kohlehydrat kommt es zur Ketonurie. Die schon alte Vermutung, daß die Ketonkörper ein Übergangsprodukt vom Fett zu Zucker sind, hat, wie wir später sehen werden (s. S. 328), eine chemische Grundlage gefunden. Es bleibt zunächst die Frage zu beantworten, ob auch bei dem Fettabbau in der Norm, d. h. bei dem von gemischter Nahrung lebenden Stoffwechselgesunden die Ketonkörper (β-Oxybuttersäure) das Zwischenprodukt zwischen Fett und Zucker darstellen. Die β-Oxybuttersäure ist verbrennbar. Daß sie beim Gesunden nicht ausgeschieden wird, und daß auch die anderen Ketonkörper im Harn fehlen, hat seinen Grund darin, daß das Fett in ausgesprochenem Maße eine Reservenahrung darstellt, deren Umsatz, von Eiweiß und Zucker zurückgedrängt, nur langsam vonstatten geht. Nur bei überstürzter Einbeziehung in den Stoffwechsel, wie er bei Ausfall der Kohlehydrate stattfindet, kommt es zur Ausscheidung der intermediären Produkte. So sieht man, daß beim schweren Diabetes das Nahrungsfett, das in starkem Strome an die Leber, die Bildungsstätte der Ketonkörper, herankommt, die Ketonurie mehr steigert als das Körperfett, das zu seiner Mobilisierung mehr Zeit braucht (G. FORSSNER). Entsprechend seiner Natur als Reservenahrung und dem langen Wege seines Umbaues zu Zucker wird eine Fettzulage vom schweren Diabetiker meistenteils ohne Vermehrung des Blutzuckers und der Zuckerausscheidung vertragen. Die Zahl der fettempfindlichen Diabetesfälle ist ziemlich gering.

Die Zuckerbildung aus Fett wird durch Versuche von BLUM wahrscheinlich gemacht, der bei hungernden Hunden nach Adrenalininjektion Glykosurie nur dann fand, wenn die Tiere fett waren oder mit Fett gefüttert wurden. Ähnliche Beobachtungen machte VELICH an Fröschen.

Auch der sehr bemerkenswerte Befund von L. POLLAK, der bei hungernden glykogenfreien Kaninchen nach wiederholter Zufuhr von Adrenalin eine Glykogenaufspeicherung in der Leber von einer Größe fand, wie sie sonst nur bei Kohlehydratfütterung beobachtet wird, läßt an eine Teilnahme des Fettes an der Zuckerbildung denken.

Auch die Beobachtung des Quotienten D : N liefert für die Zuckerbildung aus Fett einen Beitrag. Überschreitet der Quotient unter den früher genannten Bedingungen den Wert von 6,4—6,6, so kann als Zuckerquelle nur das Fett in Betracht kommen. Das ist einige Male beobachtet worden. So sah ALLARD bei einem diabetischen Patienten, der an Hungertagen eine ganz gleichmäßige D- und N-Ausscheidung zeigte, nach Zufuhr von 200 g Butter bei sonstigem Hunger den Quotienten D : N auf 10,2 ansteigen. Diese außerordentlich starke Zuckerausscheidung kann durch den Glycerinanteil des Fettes nicht erklärt werden. Da auch beim schweren Diabetiker Kohlehydrat verbrannt wird, so muß in Wirklichkeit die Zuckerbildung noch größer sein, als sich aus dem Quotienten D : N ergibt. GEELMUYDEN weist darauf hin, daß besonders beim unbehandelten polyphagen Diabetiker die Zuckerbildung durch Kohlehydratnahrung sehr stark angeregt wird, so daß eine starke negative Zuckerbilanz, eine Reizglykosurie, erfolgt. Beim Stoffwechselgesunden dagegen drängt Kohlehydratnahrung die Zuckerbildung aus Eiweiß und Fett zurück, und bei einer Kohlehydratzufuhr, die den Verbrauch übersteigt, ist der umkehrbare Vorgang Zucker $\rightleftharpoons$ Fett nach der Fettbildung hin gerichtet. Diese Umkehrung des normalen Geschehens im Diabetes ist von grundlegender Bedeutung. Nach GEELMUYDEN ist zu erwarten, daß sich gerade bei unbehandelten Diabetikern mit Reizglykosurie besonders hohe Werte von D : N ergeben werden.

Für die Zuckerbildung aus Fett gibt auch das Verhalten des respiratorischen Quotienten einen Anhaltspunkt. Der respiratorische Quotient beträgt bekanntlich bei der Verbrennung von Kohlehydrat 1,0, bei der Verbrennung von Eiweiß 0,8, bei der Verbrennung von Fett 0,7. Kohlehydrat enthält genügend Sauerstoff, um seinen Wasserstoff zu oxydieren, und braucht Sauerstoff nur zur Oxydation des Kohlenstoffs, und zwar in äquimolekularen Mengen. Das Volumen der gebildeten Kohlensäure verhält sich demnach zum Volumen des verbrauchten Sauerstoffs, $\dfrac{CO_2}{O_2}$, wie $\dfrac{1}{1}$. Eiweiß und Fett sind sauerstoffärmer, brauchen also im Verhältnis zu ihrem C-Gehalt und der von ihnen produzierten Kohlensäure mehr O_2. Bei dem Übergang von Kohlehydrat zu Fett, also bei der Fettmast aus Kohlehydrat, wird ein Teil des Kohlehydratsauerstoffs für Oxydationszwecke verfügbar. Es wird also weniger O_2 aufgenommen als bei Kohlehydratverbrennung, der Nenner des respiratorischen Quotienten verkleinert sich entsprechend, und der Quotient steigt auf Werte über 1, auf 1,2—1,3, an.

Im schweren Diabetes wurden im Gegensatz hierzu wiederholt sehr niedrige Werte des respiratorischen Quotienten beobachtet, Zahlen von 0,65 und darunter, d. h. es wird weniger CO_2 gebildet, als dem aufgenommenen Sauerstoff entspricht, und Sauerstoff zur Bildung von Körpern gebraucht, die reicher an Sauerstoff sind als Fett.

Während bei dem Stoffwechselgesunden nach Kohlehydratzufuhr der respiratorische Quotient ansteigt, bleibt er bei dem schweren Diabetiker meist unverändert. Gelegentlich sinkt er sogar ab, was eine Zuckerbildung aus Eiweiß und Fett anzeigt (GEELMUYDEN). In der Tat tritt bei manchen Diabetikern nach einmaliger Kohlehydratbelastung eine Glykosurie ein, die stärker ist, als dem gereichten Kohlehydrat entspricht, und in schweren Fällen kann die Bildung des Extrazuckers größer sein, als sich aus dem voraussichtlich sehr geringen Kohlehydratbestand des Kranken erklärt. Die Reizglykosurie kann in diesen Fällen nur auf einer Bildung von Zucker aus anderen Stoffen beruhen. Auch bezüglich des respiratorischen Quotienten sind nach GEELMUYDEN bei unbehandelten polyphagen Diabetikern besonders eindrucksvolle und beweisende Zahlen zu erwarten.

16*

Den unmittelbaren Beweis des Überganges von Fett in Zucker hat GEEL-MUYDEN dadurch zu erbringen versucht, daß er phlorizinvergifteten Kaninchen Öl einverleibte. In der Hälfte seiner Experimente beobachtete er die Ausscheidung von „Extrazucker" und zwar in einer Menge, die dem Gewicht des zugeführten Öls entsprach.

Es gibt also für den Übergang von Fett in Zucker eine theoretische Grundlage, die den Charakter eines Postulats hat, das ist die ausschließliche Einstellung des Muskelbetriebs auf Zucker, und eine Reihe von Tatsachen, die nicht anders gedeutet werden können. Der Grund dafür, daß Beweise für diesen wichtigen Vorgang so schwer zu erbringen sind, und daß dieser Prozeß für die meisten Diabetesfälle (wenigstens für die Kohlehydratbilanz, nicht aber für die Ketonurie) eine untergeordnete Rolle spielt, ist darin zu suchen, daß das Fett entsprechend seinem Charakter als Reservenahrung nur langsam in den Stoffwechsel eintritt.

Literatur.

ALLARD, ED.: Über den zeitlichen Ablauf der Acidosekörperausscheidung beim Diabetes mellitus. Arch. f. exper. Path. **57**, 1 (1907).

BLUM, F. (1): Der Nebennierendiabetes. Dtsch. Arch. klin. Med. **71**, 146 (1901). — (2): Weitere Mitteilungen zur Lehre des Nebennierendiabetes. Pflügers Arch. **90**, 516 (1912).

GEELMUYDEN, CHR.: siehe X, 6.

POLLAK, L.: Experimentelle Studien über Adrenalindiabetes. Arch. f. exper. Path. **61**, 149 (1909).

VELICH: Beitrag zum experimentellen Studium von Nebennierenglykosurie. Virchows Arch. **184**, 345 (1906).

8. Zusammenfassung der gegenseitigen Beziehungen von Eiweiß, Fett, Kohlehydrat im intermediären Stoffwechsel.

Durch eine intramolekulare Umlagerung entsteht aus der Dextrose zunächst eine Reaktionsform (Enolform?), die durch die Paarung mit zwei Molekülen Phosphorsäure den Hexosediphosphorsäureester gibt. Bei dessen Spaltung bildet sich aus der Hexose, die nach EMBDEN Fructose ist, die Milchsäure. Das Zwischenprodukt zwischen Hexose und Milchsäure ist Glycerinaldehyd. Durch intramolekulare Umlagerung und Halbierung der Kohlenstoffkette bilden sich aus einem Molekül Hexose zwei Moleküle Glycerinaldehyd. Der Glycerinaldehyd geht im Tierkörper leicht in Glycerin über. Hier liegt die erste Verknüpfung zwischen Zucker und Fett. Alle die bisher genannten Reaktionen sind reversibel. Es gehen also Glycerin und Milchsäure über den Glycerinaldehyd auch umgekehrt in Hexose über. Diese Reaktionen beruhen auf Umlagerungen bzw. auf dem Eintritt oder Austritt von Wasser, aber nicht auf dem Hinzutreten von Sauerstoff. Sie sind also nicht oxydativ.

Die Milchsäure wird sodann auf oxydativem Wege zu Brenztraubensäure, die nach den bekannten Untersuchungen von KNOOP und O. NEUBAUER auch aus dem Alanin entsteht. Da solche α-Ketosäuren in die entsprechenden Aminosäuren umgewandelt werden können, und da Alanin in allen Aminosäuren, außer Glykokoll, enthalten ist und die Brenztraubensäure im Tierkörper die CANNIZZARO-sche Umlagerung zu $C_3H_6O_3$ erfährt, so liegt an dieser Stelle die Brücke zwischen Zucker und Aminosäuren (Eiweiß).

Aus Brenztraubensäure wird, sehr wahrscheinlich über Acetaldehyd, den

STEPP und FEULGEN im Blut und im Harn gefunden haben, Acetessigsäure, die auch aus der β-Oxybuttersäure entsteht. Da aus Acetaldehyd auch Essigsäure, und aus dieser gleichfalls Acetessigsäure wird, so sind zwei Wege vorhanden, auf denen sich aus Zucker und aus Aminosäuren über die Brenztraubensäure Derivate bilden, die auch beim Abbau der höheren Fettsäuren auftreten. Wenn für den Zusammenhang der höheren Fettsäuren mit der Acetessigsäure das Gesetz der Reversibilität gilt, so kann die Bildung der Acetessigsäure aus Zucker und Aminosäuren als der Anfang des Übergangs von Zucker und Eiweiß in Fett (höhere Fettsäuren) angesehen werden.

Dieser nach EMBDEN geschilderte Zusammenhang zwischen Zuckerabbau, Aminosäuren und Fett wird aus folgendem Schema übersichtlich.

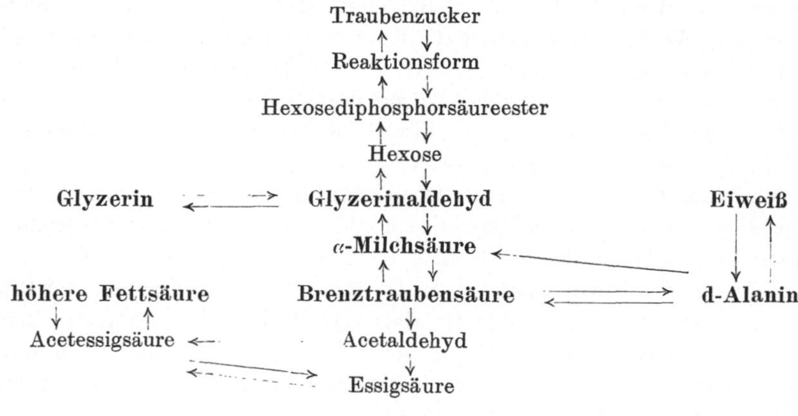

Literatur.

STEPP, W. und R. FEULGEN: Die Identifizierung der aldehydartigreagierenden Substanzen im Harn von Diabetikern als Acetaldehyd. 33. Kongr. inn. Med. 1921, S. 288.

Elftes Kapitel.

Kohlehydratstoffwechsel II.

1. Glykosurie nach Einwirkung von Giften. Phlorizinglykosurie.

a) Glykosurie nach Einwirkung von Giften.

Coffein und Diuretin wirken ebenso wie Morphin, Strychnin, Chloroform, Salzwasserdurchspülung nur glykosurisch bei intaktem Sympathicus. Der Angriffspunkt dieser Stoffe ist also zentral.

Schwermetallsalze (besonders Uran), Curare, Kohlenoxyd greifen peripher an, wahrscheinlich an der Leberzelle selbst. Ihre Wirkung ist abhängig vom Glykogengehalt der Leber, soweit nicht, wie bei Schwermetallsalzen, eine unmittelbare Nierenwirkung vorliegt.

Einen besonderen Fall dieser Art stellt die Phlorizinglykosurie dar.

b) Die Phlorizinglykosurie.

Phlorizin ist ein Glykosid aus der Wurzelrinde von Apfel- und Kirschbäumen. Im Jahre 1886 entdeckte J. v. MERING, daß die Einspritzung dieser Substanz Glykosurie hervorruft. Die Zuckerausscheidung dauert so lange fort, als Phlorizin gegeben wird; sie ist unabhängig von dem Kohlehydratgehalt der Nahrung und dem Glykogenbestand und hält auch im Hunger an. Während der Phlorizinglykosurie verarmt das Blut an Zucker, der in hohem Prozentgehalt im Harn erscheint. Es ist vollkommen sicher, daß das Phlorizin in der Niere angreift (N. ZUNTZ), die Niere für Zucker empfindlich macht, so daß bei normalem und selbst bei erniedrigtem Blutzuckergehalt eine echte Sekretions-(Konzentrierungs-)arbeit einsetzt. Der zur Ausscheidung gelangende Zucker entstammt den Glykogenlagern, die rasch abgebaut werden, sodann dem Eiweiß, das in erheblichem Maße zerfällt. Weniger gesichert ist die Kenntnis der Zuckerbildung aus Fett im Phlorizindiabetes (GEELMUYDEN, S. 242). Wie J. BAER festgestellt hat, kommt es zu einer Ketonurie, sobald das Tier Körperstickstoff verliert. Die quantitativen Beziehungen der Zuckerbildung aus Eiweiß sind unter den Verhältnissen der Phlorizinglykosurie eingehend studiert worden. Der Quotient D : N bewegt sich gewöhnlich in den Grenzen 2,8—3,6. Doch hängt die Beurteilung des Quotienten, wie oben bereits hervorgehoben, ganz davon ab, ob Traubenzucker verbrennt oder quantitativ ausgeschieden wird. Da aber bei Darreichung von viel Zucker nicht die ganze Menge im Harn erscheint, so ist eine völlige Aufhebung der Zuckerverwertung auszuschließen. „Wie in aller Welt wollen die Autoren erklären", sagt daher C. VON NOORDEN, „daß durch die Phlorizinvergiftung auf einmal, fast von einer Stunde zur anderen, ein Grundgesetz der Biologie, der Zuckerverbrauch in den Geweben, unterbrochen werden und nach wenigen Stunden, wenn das Phlorizin ausgeschieden ist, wieder voll in Kraft treten soll?" Es ist in der Tat zunächst schwer vorstellbar, daß ein Stoff, der die Beziehung des Blutzuckers zur Niere verändert, die Nierenepithelien für Zucker empfindlich macht, d. h. gewisse kolloidchemische Reaktionen, wie sie für die echte Zelleistung charakteristisch sind, in der Nierenzelle auslöst, daneben die Kette der fermentativen Vorgänge, die den Zuckerabbau besorgen, außer Funktion setzen soll. Wenn auch ein gewisser Teil des Zuckers im Phlorizindiabetes nicht verbrannt werden kann, , weil er durch die Nieren abströmt, so fließt doch immer noch mit dem Blut Zucker zur Muskulatur. Die Verbrennung oder Polymerisation dieses Zuckers könnte, trotz des renalen Prozesses, wenigstens teilweise vor sich gehen, wenn die Einwirkung des Phlorizins auf die Niere beschränkt wäre. Das ist aber nicht der Fall.

So ist ein primärer Einfluß auf die Leber sichergestellt.

GRUBE fand, daß intravenöse Phlorizininjektion beim Hunde binnen kurzer Zeit beträchtlichen Glykogenschwund der Leber bewirkt, daß die Menge des ausgeschütteten Glykogens die im Harn ausgeschiedene Zuckermenge weit übertrifft, und daß die Glykogenabgabe auch nach Ausschaltung der Nieren noch fortdauert. UNDERHILL hat gefunden, daß nach Exstirpation der Nieren durch Phlorizin Hyperglykämie hervorgerufen wird. P. A. LEVENE und R. T. WOODYATT beobachteten nach Phlorizin auch Zucker in der Galle. H. BARRENSCHEEN stellte fest, daß die Phlorizinleber nicht mehr imstande ist Glykogen zu bilden und aufzuspeichern.

Demnach gibt es eine Einwirkung des Phlorizins auf die Niere und auf die Leber, also auf zwei verschiedene Arten von Drüsenzellen, deren Funktion durch das Phlorizin nach der Richtung des „Diabetes" verändert wird. Da die durch Phlorizin erfolgende Veränderung der Blutzucker-Nierenbeziehung mit Prozessen fermentativer Art nichts zu tun hat, sondern in einer physikalischen Beeinflussung des Protoplasmas der Nierenzelle gesucht werden muß, so liegt es nahe, auch die Veränderungen in der Leberzelle, die zu einer vermehrten Glykogenolyse führen, in Ausdehnung der Anschauungen E. J. Lessers (s. S. 217) auf eine Änderung der Zellarchitektur zu beziehen. Daß Leber und Niere, zwei Organe, die für den Diabetes des Menschen von großer, wenn auch quantitativ sehr unterschiedlicher Bedeutung sind, durch das gleiche Agens „diabetisch" werden, ist eine bemerkenswerte Tatsache, die uns noch später beschäftigen wird. Wenn es im Phlorizindiabetes zudem eine auch nur teilweise Schädigung des Zuckerabbaues in der Peripherie (Muskulatur) geben sollte (das vorliegende Material reicht nur zu einer bedingungsweisen Betrachtung aus), so würde dennoch eine Einwirkung des Phlorizins auf die fermentativen Verrichtungen nicht einmal mit einiger Wahrscheinlichkeit angenommen werden können. Es müßte auch hier nach einer den Prozessen in Niere und Leber gleichsinnigen Veränderung gesucht werden, nach einer physikalischen (kolloidchemischen) Beeinflussung der Muskelfaser, die einen Mangel in der richtigen — das ist einen normalen Abbau ermöglichenden — Einbeziehung der Dextrose in die Muskelzelle zur Folge hat, also eine Störung, die der Dyszooamylie der Leberzelle analog ist.

Dem Studium der Phlorizinglykosurie verdanken wir viele auch für die menschliche Pathologie wichtige Aufschlüsse. Eine unmittelbare praktische Bedeutung hat sie für das Verständnis des sogenannten renalen Diabetes des Menschen. Die Meinung, daß der Niere auch im Diabetes eine größere, sogar eine primäre Rolle zukomme, ist wiederholt vertreten worden. Nachdem man einen Stoff kennengelernt hat, der die Niere diabetisch macht und stärker auf die Niere in diesem Sinne wirkt als auf die Leber, das Zentrum der diabetischen Störung, ist die Möglichkeit, daß es auch endogene Veränderungen dieser Art und Reihenfolge gibt, nähergerückt. Wir werden bei der Besprechung des renalen Diabetes darauf zurückkommen, indem wir den unitarischen Standpunkt, dessen Begründung hier begonnen hat, beibehalten.

Literatur.

Baer, J. siehe X.

Barrenscheen, H.: Über Glykogen- und Zuckerbildung in der isolierten Kaltblüterleber. Biochem. Z. 58, 277 (1914).

Blum, F. siehe X.

Grube, K. siehe X.

Levene, P. A. and R. T. Woodyatt: The influence of phlorhidzine on the bile and lymph. J. of exper. Med. 2, 107 (1897).

Lusk, Gr.: Phlorhizinglykosurie. Erg. Physiol. 12, 315 (1912).

Underhill, J. P.: A study of the mechanism of phlorhidzine diabetes. J. of biol. Chem. 13, 15 (1912).

2. Zuckerstich. Glykosurie und Nebennieren.

Nach Einstich in die Spitze des Calamus scriptorius entsteht, wie die Entdeckung von Claude Bernard gelehrt hat, Hyperglykämie und Glykosurie von mehrstündiger Dauer, nach der die Leber glykogenarm oder glykogenfrei gefunden wird. Im Jahre 1911 stellte F. Blum fest, daß Injektion vom Extrakt des Nebennierenmarks (Adrenalin) Hyperglykämie, Glykosurie und Glykogenverarmung verursacht, also dieselben Folgen hat wie der Zuckerstich.

Sehr bald fand man Zusammenhänge zwischen diesen beiden Entdeckungen. Der Zuckerstich bleibt trotz ausreichenden Glykogengehalts der Leber wirkungslos nach Durchschneiden des Grenzstranges des Sympathicus oder der Nervi splanchnici, der sekretorischen Nerven der Nebennieren, ferner nach Durchschneiden der Lebernerven und nach Exstirpation der Nebennieren. Durch den Zuckerstich erleidet das Nebennierenmark starke Einbuße an Chromierbarkeit

L. Pollak hat festgestellt, daß die Glykosurie nach Coffein und Diuretin durch doppelseitige Splanchnicotomie verhindert wird, sich also ebenso verhält wie der Zuckerstich.

Nach M. Nishi bleibt die Diuretinhyperglykämie aus nach: 1. beiderseitiger Splanchnicotomie, 2. linksseitiger Splanchnicotomie, 3. doppelseitiger Nebennierenexstirpation, 4. Exstirpation der rechten Nebenniere und Durchtrennung sämtlicher Nerven der linken Nebenniere, 5. völliger Entnervung beider Nebennieren.

Nishi schließt daraus, daß die Reizleitung vom Zuckerzentrum nicht zur Leber, sondern zu den Nebennieren geht, und zwar nur durch den linken Nervus splanchnicus.

Damit stimmen die Ergebnisse der Untersuchungen von I. Fujii überein. Er fand nach gelungenem Zuckerstich den Adrenalingehalt der Nebennieren erheblich vermindert, jedoch nur bei unversehrtem Sympathicus. Bei einseitiger Splanchnicotomie hat der Stich eine starke Glykosurie zur Folge, aber nur eine Verminderung der chromaffinen Substanz auf der intakten Seite. Nach doppelseitiger Splanchnicusdurchschneidung gibt es weder Glykosurie noch Veränderung des Chromaffingehalts der Nebennieren. Diese Ergebnisse im Zusammenhange mit der sicheren klinischen Beobachtung der Hypoglykämie und erhöhten Kohlehydrattoleranz im nebennierenlosen Zustand und bei Nebennierenkrankheit (Morbus Addisonii) weisen mit aller Entschiedenheit auf die große Bedeutung hin, die die Nebennieren für den Kohlehydratstoffwechsel haben.

Daran kann die einwandfreie Beobachtung nichts ändern, daß weder nach dem Zuckerstich noch bei irgendeiner anderen Hyperglykämie (ebensowenig wie bei einer Hypertonie des Gefäßsystems) Adrenalin im Blute nachweisbar ist (Trendelenburg und Fleischhauer). Wenn diese Autoren zu dem Schluß kommen, daß die Zuckerstichglykämie nicht einer Hormonwirkung des aus den Nebennieren ausgeschütteten Adrenalins sondern einer direkten nervösen Reizung der Leberzellen zuzuschreiben ist, so liegt das daran, daß die Annahme der Nebennierensekretion in das Blut, trotz des negativen Ausfalls aller darauf gerichteten Untersuchungen, als eine Selbstverständlichkeit erscheint. Mit der Zurückhaltung, die durch die Schwierigkeit des experimentellen Nachweises gegeben ist, aber mit der Entschiedenheit, die sich auf die Berücksichtigung der entwicklungsgeschichtlichen, anatomischen und histologischen Tatsachen gründet, ist aber zu bemerken, daß das Nebennierenhormon aller Wahrscheinlichkeit nach unmittelbar in den Sympathicus sezerniert wird. Nach dieser Auffassung sind die oben wiedergegebenen Beobachtungen leicht verständlich. Nimmt man an, daß der Zufluß des Nebennierenhormons durch die zum sympathischen

System gehörenden Lebernerven erfolgt und vom „Zuckerzentrum" eine Hemmung erfährt, die nach dem Zuckerstich aufhört, so kann man alle experimentell gefundenen Tatsachen verstehen, sowohl die, aus denen eine Wirkung des Zuckerstichs auf die Leber, als die, aus denen eine Wirkung auf die Nebennieren abgeleitet wird. Daher hindert auch die Entfernung der Lebernerven die Glykogenmobilisierung durch Zuckerstich oder Diuretin, obwohl eine solche Leber auf Adrenalin, das man ihr von dem Blute aus zuführt, mit Glykogenolyse reagiert. Bei der großen Bedeutung, die das Nervensystem, und besonders das sympathische, für Glykosurie und für den Diabetes des Menschen hat, erscheint mir die Auffassung, daß der Sympathicus sein Hormon in sich selbst trägt und es im Verlaufe eines Reizes an das Erfolgsorgan in der Peripherie (die Leberzelle) heranbringt, beachtenswert. Als ein Hinweis in dieser Richtung kann die von H. TAMMANN in unserem Laboratorium gemachte Beobachtung angesehen werden, nach der bei einseitiger Nebennierenexstirpation und nachfolgendem Zuckerstich der der Operationsseite entsprechende Leberteil weniger an Glykogen verarmt als der kontralaterale.

Literatur.

FREUND, H.: Welche Bedeutung hat die Durchschneidung der Leberarterie und der sie begleitenden Lebernerven für den Zuckerstich? Arch. f. exper. Path. **76**, 311 (1914).
— und F. MARCHAND: Über die Wirkungen des Zuckerstichs nach Nebennierenexstirpation. Ebenda **76**, 324 (1914).
FUJII, J.: Über die Veränderung des Gehalts der Nebennieren an chromaffiner Substanz bei einigen experimentellen Diabetesformen zentralen Ursprungs. Tohuko J. exper. Med. **1**, 38 (1920).
NISHI, M.: Über den Mechanismus der Diuretinglykosurie. Arch. f. exper. Path. **61**, 401 (1909).
POLLAK, L.: Kritisches und Experimentelles zur Klassifikation der Glykosurien. Ebenda **61**, 377 (1909).
TAMMANN, H.: Glykogengehalt der Leber nach einseitiger Nebennierenexstirpation. Z. exper. Med. **40**, 361 (1924).
TRENDELENBURG, W. und K. FLEISCHHAUER: Über den Einfluß des Zuckerstichs auf die Adrenalinsekretion der Nebennieren. Ebenda **1**, 369 (1913).
TRENDELENBURG, W.: Die Adrenalinsekretion unter normalen und gestörten Bedingungen. Erg. Physiol. **21**, 500 (1923) (Literatur).

3. Der Pankreasdiabetes. Insulin.

Im Jahre 1889 haben MINKOWSKI und MERING die für die Lehre des Diabetes mellitus grundlegende Entdeckung gemacht, daß vollständige Exstirpation des Pankreas beim Hund eine schwere, unheilbare, bis zum Tode anhaltende Zuckerkrankheit verursacht. Diese Tatsache ist in zahlreichen Untersuchungen an verschiedenen Tieren (Säugern, Vögeln und Amphibien) sichergestellt. Von allen Fehlresultaten konnte MINKOWSKI den Nachweis führen, daß sie auf Mängeln der Methodik beruhen. Der sehr wesentliche Einwand, daß nicht das Fehlen des Pankreas, sondern die mit der großen und schweren Operation notwendig verbundenen Verletzungen, insbesondere von Nerven, den Diabetes verursachen, wurde durch folgenden Versuch schlagend widerlegt. Wird das Pankreas teilweise exstirpiert und der Rest in Verbindung mit seinen Gefäßen in die Bauchwand verlagert, so bleibt zunächst die Zuckerkrankheit aus. Erst nach Entfernung dieses Restes, also nach einer geringfügigen Operation, kommt der Diabetes zum Ausbruch. Nach vollständiger Exstirpation der Drüse entwickelt sich der Diabetes mellitus spätestens am nächsten Tage. Nach weiteren 24 Stunden ist er maximal und bleibt so bis zu dem nach wenigen Wochen erfolgenden Tode. Läßt man ein Zehntel der Drüse zurück, so entsteht eine milde Zuckerkrankheit. Wenn aber dann, wie es leicht geschieht, der Rest der Drüse verödet, so kommt es zu schwerem Diabetes (sogenannter SANDMEYERscher Diabetes). Werden größere Reste der Drüse zurückgelassen, so tritt eine leichte vorübergehende oder auch gar keine Erkrankung ein.

E. LANGFELDT ist es gelungen, an zwei jungen Hunden durch Entfernung von $^8/_9$ des Pankreas einen chronischen, bis zum Tode anhaltenden, 17 bzw. 13monatigen Diabetes zu erzeugen, der der Zuckerkrankheit des Menschen sehr ähnlich war. Dieselben Ergebnisse mit noch längerer Krankheitsdauer (über 2 Jahre) hatten die umfangreichen Studien von F. M. ALLEN.

Die Wirkung des Pankreas auf den Zuckerhaushalt erfolgt durch ein inneres Sekret (Hormon), das Insulin, dessen Bildung nicht in der ganzen Drüse, sondern nur in einem bestimmten Teile derselben, dem Komplex der LANGERHANSschen Inseln, zustandekommt. Die innere Sekretion des Pankreas ist von der äußeren ganz unabhängig, so daß bei dem gewöhnlichen Diabetes des Menschen, der, wie wir sehen werden, seine Quelle in sehr vielen Fällen im Pankreas hat, die Bauchspeichelbildung ungestört verläuft. Bei allgemeinen Pankreaserkrankungen leiden auch die LANGERHANSschen Inseln. Ist eine genügend große Anzahl außer Funktion gesetzt, so entsteht ein Diabetes, dem gewöhnlich in Anbetracht der schweren Erscheinungen, die von den diffusen Pankreaserkrankungen hervorgerufen werden, zunächst eine mehr symptomatische Bedeutung zukommt. Aber selbst schwere Pankreatitis und dergleichen kann ohne Glykosurie einhergehen, weil, wie aus dem Tierversuch ersichtlich, ein kleiner Teil der LANGERHANSschen Inseln für den normalen Ablauf des Kohlehydratstoffwechsels ausreicht.

Der Pankreasdiabetes des Hundes verläuft mit einem ganz bestimmten Verhältnis der Zucker- und Stickstoffausscheidung. MINKOWSKI hat einen Quotienten D : N = 2,8 : 1 festgestellt, der im Hunger, bei Fleisch- und bei Fleischfettfütterung konstant bleibt. Im Gegensatz zu der überwiegenden Mehrzahl der Fälle menschlicher Zuckerkrankheit ist bei dem Pankreasdiabetes des Hundes im Hunger sowohl die Eiweißzersetzung als auch die Fettzersetzung beträchtlich gesteigert. (FALTA, GROTE und STAEHELIN u. a.) Das kann in folgender Weise erklärt werden: Beim experimentellen Hundediabetes verschwindet das Inselorgan auf einen Schlag vollständig, während es sich beim Menschen um eine langsam einsetzende Insuffizienz handelt, die von Gegenwirkungen des gesamten neuroendokrinen Apparats beeinflußt wird. Dazu kommt, daß die Stoffwechselkonstitution von Art und Individuum Einwirkung auf Bild und Verlauf der Krankheit ausübt. Bei den oben erwähnten Fällen von chronischem experimentellem Pankreasdiabetes (LANGFELDT) bestand nur eine geringe Erhöhung der Eiweißzersetzung im Hunger (0,24—0,42 g N je Kilogramm Körpergewicht gegenüber 0,20—0,30 bei normalen Tieren und 0,63—1,1 g bei vollständigem Pankreasdiabetes).

Über die chemische Natur des Pankreashormons (Insulin). Nachdem die Isolierung, präparative und synthetische Darstellung verschiedener In krete gelungen war und sich auch für die Therapie als höchst segensreich erwiesen hatte, schien das Suchen nach dem wirksamen Prinzip der innersekretorischen Tätigkeit des Pankreas ein aussichtsvolles Unternehmen und seine Auffindung als die letzte Vollendung der grundlegenden Entdeckung von Minkowski und Mering. Indessen ließen die Pankreaspräparate, die als Ersatz für die Bauchspeichelbildung in der Therapie Eingang gefunden haben, keine Spur eines hormonalen Einflusses erkennen.

Im Jahre 1908 hat G. Zülzer als erster mit einem Pankreaspräparat, das aus einem durch Alkoholfällung enteiweißten Preßsaft gewonnen war, bei intravenöser Anwendung an diabetischen Menschen und Hunden unzweifelhafte Pankreashormonwirkung hervorgerufen. Es gelang ihm, die Zuckerausscheidung ganz wesentlich herabzumindern und die Ketonkörper vorübergehend zum Verschwinden zu bringen. J. Forschbach hat diese Befunde bestätigt. Die Versuche wurden durch unangenehme Nebenwirkungen aufgehalten und die Darstellung eines brauchbaren Präparats durch den Krieg verhindert.

In derselben Richtung liegen die Bemühungen von E. Vahlen, der aus Rinderpankreas und aus Hefe ein Präparat, das Metabolin, darstellte, das die Glykosurie nach Phlorizin, Adrenalin und im Pankreasdiabetes herabsetzt und sich nach Versuchen von Weintraud und Löhlein auch am zuckerkranken Menschen in bescheidenem Maße brauchbar erwiesen hat.

So beschaffen war die Basis, auf der im Jahre 1921 im Laboratorium von J. J. R. Macleod in Toronto zwei kanadische Forscher, F. G. Banting und C. H. Best, ihre Untersuchungen begannen und rasch zu einem glücklichen und glänzenden Erfolg führten, zu der Darstellung des Insulins.

Banting ging von der Annahme aus, daß durch das Trypsinogen des Pankreas und das fertige Trypsin das Pankreasinkret schädlich beeinflußt werde, und daß daher die aktive Substanz am besten aus einem Pankreas zu gewinnen sei, dessen äußere Sekretion aufgehoben ist. Da die Unterbindung der Ausführungsgänge die äußere Sekretion der Bauchspeicheldrüse vernichtet, die innere aber unbeeinflußt läßt, so verarbeitete Banting entsprechend vorbereitete Drüsen, und der Erfolg schien eine Stütze seiner Hypothese zu bilden. Im gleichen Sinn sprach die von Banting durchgeführte Darstellung eines Extraktes aus fötalem Pankreas, dessen Acini noch unentwickelt sind, und der Erfolg Macleods, der Insulin von gewissen Fischen gewann, bei denen die Langerhansschen Inseln von dem acinösen Teil des Pankreas räumlich getrennt liegen. Indessen zeigte es sich bald, daß unter bestimmten Bedingungen auch aus einem normalen Pankreas Insulin zu gewinnen ist. J. B. Collip hat bei Verwendung der Drüse von Schlachttieren die Bedingungen so gewählt, daß eine Trypsineinwirkung möglichst verhindert wurde. Er nahm, wie bereits Zülzer, als Extraktionsmittel Alkohol und arbeitete bei saurer Reaktion und niederer Temperatur. Weitere Erfahrungen haben später ergeben, daß diese drei Bedingungen nicht gleichzeitig innegehalten werden müssen, daß man bei saurer Reaktion und tiefer Temperatur auch in wässeriger Lösung, ferner in alkalischer Reaktion bei tiefer Temperatur und schließlich bei hoher Alkoholkonzentration und Zufügung von Säure auch bei gewöhnlicher Temperatur, und noch besser bei so hoher, daß das Wirkungsoptimum des Trypsins überschritten oder gar das Ferment zerstört ist, gute Ausbeuten erzielen kann.

Die Methode der Darstellung ist demnach sehr vieler Abänderungen fähig, und die Darstellung selbst ist so einfach, daß es gar keinem Zweifel unterliegen kann, daß frühere Untersucher, besonders ZÜLZER, aktive Substanz in Händen gehabt haben. Die Errungenschaft des Insulins bietet also weder gedanklich noch präparativ etwas Neues oder Überraschendes. Der Grund dafür, dass der volle Erfolg erst den Forschern der allerjüngsten Epoche beschieden war, liegt im wesentlichen darin, daß sich im letzten Jahrzehnt, dank der Arbeiten von IVAR BANG, die Blutzuckerserienbestimmung entwickelt hatte, ohne die die systematische Entwicklung der Lehre vom Insulin nicht möglich gewesen wäre. Ja es hat, wie auch A. GREVENSTUK und E. LAQUEUR in ihrer großen Zusammenfassung sagen, geradezu etwas Tragisches, daß die Fortführung der Arbeiten von ZÜLZER daran scheiterte, daß man seine Extrakte für giftig ansehen mußte, weil sie bei Hunden Krämpfe verursachten, eine Wirkung, die man später nicht nur auf das Insulin selbst zurückführte, sondern auch zu seiner Auswertung verwandte. Die Einsicht, daß die Vergiftungserscheinungen zur Insulinwirkung gehören oder wenigstens einer gewissen Periode oder Art seiner Darstellung eigentümlich sind, konnte ohne die Beobachtung der Blutzuckerkurve nicht gewonnen werden. Die Fähigkeit, den Gehalt des Blutes an Zucker herabzusetzen, ist diejenige Eigenschaft des Insulins, durch die seine Erkennung allein möglich ist. Auf die Bedingungen und Schwierigkeiten dieser biologischen Auswertung werden wir später noch zurückkommen.

Zunächst soll von den Eigenschaften des Stoffes die Rede sein. Das Insulin ist im trockenen Zustande ein amorphes, weißes oder gelblichweißes Pulver von sehr guter Haltbarkeit. Es ist in reinem Wasser nur schlecht löslich, besser bei schwachsaurer oder alkalischer Reaktion.

Bei möglichster Reinheit erfolgt die Fällung der Substanz zwischen $p_H = 4{,}4$ und $5{,}8$. In dieser Breite, wahrscheinlich bei $p_H = 5$, liegt der isoelektrische Punkt des Insulins. Oberhalb und unterhalb dieser Grenzwerte erfolgt Lösung, deren Stärke von der Menge der anwesenden Salze und Verunreinigungen abhängt. Ferner löst sich Insulin in Äthylalkohol (bis zu einem Gehalt von 80%), aber nur dann, wenn durch Zufügung von Säure oder Lauge die Reaktion vom isoelektrischen Punkt entfernt gehalten wird, ferner in Methylalkohol, Eisessig u. a. m. Unlöslich ist es in den anderen organischen Lösungsmitteln. Durch einen Überschuß solcher, ferner durch sog. Alkaloidreagenzien (Pikrinsäure, Gerbsäure u. a.), auch durch Natrium-, Ammonium- und Zinksulfat wird es aus wässerigen und alkoholischen Lösungen gefällt. Das Insulin verhält sich wie ein Kolloid; es ist nicht dialysierbar, wird von Stoffen mit größer Oberfläche adsorbiert und durch hohe Salzkonzentrationen ausgesalzen.

Indessen ist es zweifelhaft, ob dieses einem kolloidalen Körper entsprechende Verhalten durch das aktive Prinzip selbst oder nicht vielmehr durch eine Beimengung von Protein oder gar durch Bindung an ein solches hervorgerufen wird. Die Insulinlösungen geben, wenn sie nicht zu stark verdünnt sind, die Biuretreaktion. Die chemische Analyse hat bisher keine befriedigenden Ergebnisse gezeitigt. Jedoch ist die Reindarstellung in immer vollkommenerem Grade gelungen. Besonders beachtenswert erscheinen die Untersuchungen von H. LANGECKER und W. WIECHOWSKI.

Nach der Darstellung des Insulins aus Pankreas war es gelungen, aus zahlreichen Naturprodukten, aus verschiedenen Pflanzen und aus so gut wie allen Organen des Säugetierkörpers, auch aus Blut und Harn, und sogar aus Organen pankreatektomierter, schwer diabetischer Hunde, Fraktionen darzustellen, die bei Kaninchen Hypoglykämie erzeugten. Daß es sich nicht um ein einheitliches Prinzip handelt, geht daraus hervor, daß die aus Pflanzen dargestellten Stoffe, die Glukokinine (COLLIP), den Blutzucker erst längere Zeit nach der Injektion und für sehr lange Zeit herabsetzen, und daß diese Blutzuckerwirkung durch Serumüberimpfung von einem Tier auf das andere übertragbar ist, allerdings nur bei hungernden Tieren, bei denen an sich — ohne Serumüberimpfung — von COLLIP die gleichen Symptome beobachtet wurden. Diese Beobachtung führte zu dem Zweifel, ob Insulin und blutzuckersenkende Substanz als einheitlicher Begriff zu verstehen sei. WIECHOWSKI meint, daß „durch bestimmte (möglicherweise hydrolytische), oft scheinbar nur wenig eingreifende Prozeduren aus in der Natur ziemlich weit verbreiteten, wahrscheinlich mit dem Kernreichtum rasch wachsender Gebilde in Zusammenhang stehenden Vorstufen insulinartig wirkende Substanzen entstehen, welche im lebenden Organismus nicht präformiert sind und somit keine hormonal-physiologische Bedeutung haben." WIECHOWSKI hat es sich zur Aufgabe gesetzt, eine Methode zu finden, welche nur aus Pankreas und sonst aus keinem anderen Material einen hypoglykämisch wirkenden Stoff zu gewinnen gestattet. Da die Methoden der Insulindarstellung ihrem Wesen nach zum Ziele haben, eine Albumosenfraktion von genuinen Eiweißkörpern abzutrennen, so ergab sich die Vermutung, daß das wirksame Prinzip eine Albumose sei oder von einer Albumose getragen werde. WIECHOWSKI fand in allen Organen erhebliche Mengen Albumosen und konnte aus einem solchen Gemisch die hypoglykämieerzeugende Fraktion durch milchsaures Kalium quantitativ aussalzen. Weiterhin gelang es ihm durch Zufügung starker Mineralsäuren bei einer $p_H = 0{,}1$ das Insulin aus Pankreas im ersten Gange quantitativ zu fällen und ein Präparat zu erzeugen, dessen Reinheit so weit geht, daß in 1 mg mindestens 20 Einheiten, wenn nicht gar 40 Einheiten enthalten sind. Wurde diese Methode auf andere Organe angewandt, so ergaben sich nur Spuren einer Blutzuckersenkung oder gar keine Wirkung nach dieser Richtung. Damit scheint also die Trennung des Insulins von anderen blutzuckersenkenden Stoffen gelungen, zum mindesten so weit gefördert zu sein, daß eine chemische und biologische Prüfung mit größerer Aussicht auf Erfolg als bisher auf einheitliche Resultate rechnen kann.

Das Insulin WIECHOWSKIS gibt alle Reaktionen einer Albumose (Biuret-, Diazo-, Schwefelbleireaktion, Reaktion nach MILLON und ADAMKIEWICZ, Fällung mit HCl, Kupferacetat, Kaliumlactat). In Analogie zu anderen Hormonen (Adrenalin, Thyroxin) wäre anzunehmen, daß der Insulinwirkung ein chemisch gut zu charakterisierender Körper zugrunde liegt. Kürzlich ist das Insulin in krystallinischem Zustand (1 mg = 24 Einheiten) dargestellt worden (J. J. ABEL). Die Wirksamkeit des krystallischen Insulins ist geringer als die amorpher Präparate (E. LAQUEUR).

Eine einmalige Injektion verursacht (beim Kaninchen) eine Erniedrigung des Blutzuckergehaltes in den ersten 1—3 Stunden. Bei einer gewissen Dosis treten krankhafte Erscheinungen auf, Unruhe, Dyspnoe, Tachypnoe, Apathie, Cyanose, Erweiterung von Pupille und Lidspalte, Sinken der Körpertemperatur. Es folgen unkoordinierte Bewegungen des Kopfes und der Ohren, Zuckungen der Körpermuskulatur, allgemeine tonische und klonische Krämpfe, allgemeine Anästhesie. Die Krämpfe können sich periodisch wiederholen, bis die Tiere in Erschöpfung durch Atemlähmung sterben. Da kurz vor den Krämpfen — wenigstens in der Mehrzahl der Fälle — der Blutzucker auf Werte von etwa $0{,}45^0/_{00}$ gesunken ist, und da alle Krankheitserscheinungen nach Zufuhr von Glucose verschwinden, so hat BANTING dieses Vergiftungsbild, das mit FISCHLERS glykopriver Intoxikation identisch ist, als Folge der Hypoglykämie aufgefaßt und als „hypoglykämischen Komplex" bezeichnet. Diese einfache Fassung genügt aber nicht für alle Erscheinungen. Zunächst ist die Heilung der Vergiftung durch Zucker bei einem und demselben Tier nicht beliebig oft reproduzierbar. Behandelt man Kaninchen wiederholt mit größeren Insulindosen, so ist der eintretende Zustand durch Glucose nur noch vorübergehend und schließlich überhaupt nicht mehr zu beheben. Eine befriedigende Erklärung dieser Erscheinung ist noch nicht gefunden. Weiter hat sich aber gezeigt, daß eine gesetzmäßige Beziehung zwischen Krämpfen und Blutzuckergehalt gar nicht besteht. Krämpfe können bei sehr niedrigem Blutzuckergehalt $(0{,}25^0/_{00})$ ausbleiben und bei höherem Blutzucker $(0{,}55$, ja über $1{,}00^0/_{00})$ eintreten. Das gilt auch vom Menschen. A. BORNSTEIN und K. HOLM haben bei einer gesunden Versuchsperson nach zehn Einheiten eine sehr schwere Vergiftung gesehen, während welcher der Blutzucker niemals niedriger war als $1{,}00^0/_{00}$. In anderen Fällen treten Krämpfe erst ein, wenn der Blutzucker nach Durchschreiten seines tiefsten Punktes wieder im Steigen ist. Calcium soll die

Krämpfe schnell zum Verschwinden bringen, obwohl der Blutzucker niedrig
bleibt. Insulin bewirkt Bluteindickung und Wasserretention. In zahlreichen Versuchen, auch am Menschen, beobachtete man, daß Insulinpräparate eine Steigerung
des Vagustonus zur Folge haben, kenntlich an Verstärkung des ASCHNERschen
Reflexes, Verlangsamung des Herzschlags und der Atmung, Sinken des Blutdrucks. Die Einwirkung von Insulinpräparaten auf das Herz sind für die Praxis
sehr zu beachten. D. J. EDWARDS und F. H. PAGE u. a. fanden, daß die Anspannungszeit des Herzens sich verlängert, der während der Systole entwickelte
Maximaldruck abnimmt, das Herz überhaupt weniger widerstandsfähig wird, und
warnen daher vor der Verwendung bei ernsteren Herzleiden. Zu den Allgemeinwirkungen gehört ferner der Einfluß auf die Körpertemperatur. Beim gesunden
Menschen nimmt die Wärmebildung ab, und die Temperatur sinkt parallel mit
dem Blutzucker. Im Laufe der Entwicklung der Insulindarstellung hat man die
Beobachtung gemacht, daß die Krämpfe um so seltener werden, je reiner die
Präparate sind. LANGECKER und WIECHOWSKI haben die biologischen Eigenschaften der von ihnen dargestellten „vielleicht schon fast reinen" Präparate
geprüft und gefunden, daß „abgesehen von der Wirkung auf den Blutzucker mit
ihren durch Glucosebeibringung behebbaren Folgen und einer wenn auch nicht
immer ausgesprochenen Wirkung auf die Körpertemperatur das Produkt ohne
jegliche Wirkung auf den lebenden Organismus und auf überlebende tierische
Organe selbst in Dosen ist, welche als ganz exorbitante zu bezeichnen sind".
Insbesondere kommen diesem Präparat keine irgendwie gearteten Wirkungen
auf glatte Muskulatur, Nerven und den Zirkulationsapparat zu. LANGECKER
und WIECHOWSKI haben im Stadium der Hypoglykämie auch bei schwerster
Prostration nur Paresen, aber nie Krämpfe gesehen. Sehr wesentlich ist aber,
daß ihr Präparat, dem Menschen subkutan injiziert, ohne jede lokale Reizwirkung ist. In dieser Beziehung verhalten sich die Präparate des Handels und
die diabetischen Individuen sehr verschieden. Es gibt Menschen, die eine so
hochgradige Empfindlichkeit gegen „Insulin" haben, daß bei jeder Injektion eine
schmerzhafte Infiltration entsteht und bisweilen sogar alle früheren Injektionsstellen mitreagieren, so daß die Durchführung der Insulinkur unmöglich wird.
Die Erkenntnis, daß diese Entzündungserregung und Sensibilisierung nicht
dem Insulin selbst zukommt, sondern Verunreinigungen, ist für die Praxis'
sehr wertvoll.

Mit der Annahme, daß das Insulin eine Albumose sei, ist vielleicht die Tatsache schwer vereinbar, daß die Präparate, auch in gelöstem Zustande, von einer
erstaunlichen Haltbarkeit sind. GREVENSTUK und LAQUEUR geben an, daß man
Lösungen verderben lassen kann, so daß sie trübe sind, Bakterien und Hefepilze enthalten und nach Schwefelwasserstoff stinken, ohne daß ihre Wirkung
sich ändert. Nach der Erfahrung dieser Autoren bleiben sie, in n/100 HCl gelöst,
mindestens 9 Monate, wahrscheinlich viel länger, unvermindert wirksam.

Wirkungsart und Wirkungsort des Pankreashormons. Das Pankreashormon wird in die Lymphe und in das Blut sezerniert. A. BIEDL fand, daß
Hunde (in der Mehrzahl der Versuche) nach Unterbindung des Ductus thoracicus
im Harn Zucker ausscheiden. Einspritzung der Lymphe beseitigt die Glykosurie.
Die Ductuslymphe des pankreasdiabetischen Hundes scheint unwirksam zu sein.

Daß die Sekretion des Insulins in die Körpersaftbahnen stattfindet, beweisen die schönen Versuche von J. FORSCHBACH. Wird einem von zwei in Parabiose lebenden Hunden das Pankreas total exstirpiert, so kommt es zu zeitweiligem Aussetzen bzw. Absinken der Glykosurie. A. J. CARLSON und F. M. DRENNAN sahen, daß bei Hündinnen, denen man in der zweiten Hälfte der Gravidität das Pankreas entfernt, Diabetes nicht vor der Geburt auftritt, weil die Sekretion der Bauchspeicheldrüsen der Feten der Mutter genügende Mengen Insulin liefert.

Die Frage nach Wirkungsart und Wirkungsort des Insulins ist zugleich die Frage nach dem Wesen des Diabetes mellitus. Die durch die Entdeckung des Insulins erweckte Hoffnung, daß es jetzt schnell und leicht gelingen werde, das Wesen der Zuckerkrankheit eindeutig zu erkennen, hat sich nicht erfüllt. Trotz der gewaltigen Summe von Arbeit, die in den letzten Jahren auf diesem Gebiet geleistet wurde, ist es nicht möglich mit Sicherheit zu sagen, worin die Wirkung des Insulins besteht. Die bisher aufgestellten Deutungsversuche sind nicht imstande, die Gesamtheit der Befunde zu umfassen. Und das ist nicht anders zu erwarten, da sich die Befunde verschiedener Autoren nicht selten geradezu widersprechen —, sie sind daher nicht frei von Glauben, Erwartung oder Überzeugung. Auch der in den folgenden Blättern niedergelegte Standpunkt, der sich auf eine möglichst exakte Sichtung des allerdings fast unübersehbaren Materials der Literatur stützt, ist nicht frei von Subjektivität, muß also mit einigem Vorbehalt aufgenommen werden.

Als Wirkungsorte des Insulins überhaupt kommen in Betracht: Leber, die Stätten des Zuckerverbrauchs (Muskulatur, Herz u. a.), die Nieren und das Blut.

An erster Stelle steht die Leber, deren Glykogen nach Pankreasexstirpation rasch schwindet. Ebenso schnell, weil der aus dem Glykogen gebildete Zucker das Blut überschwemmt, kommt es zu einer Hyperglykämie. Der Hyperglykämie folgt die Glykosurie. Da, wie wir aus der Kenntnis der Phlorizinwirkung wissen, Glykosurie an sich eine Glykogenverarmung zur Folge hat, so ist es im Falle des Pankreasdiabetes die Hyperglykämie, die den wahren Zusammenhang der Erscheinungen aufdeckt. Daß nicht der Zuckerverlust durch den Harn das Leberglykogen zum Schwinden bringt, wird nach den Beobachtungen an Vögeln wahrscheinlich, die nach Pankreasexstirpation, ebenso schnell wie Säugetiere, eine glykogenfreie Leber bekommen, ohne daß (meist) eine Glykosurie auftritt. Daher entging CLAUDE BERNARD, der bei der Gans nach Pankreasgangunterbindung Hyperglykämie, aber keine Glykosurie fand, die Entdeckung des Pankreasdiabetes. Diese Unfähigkeit der Leber, das Glykogen festzuhalten, hat NAUNYN Dyszooamylie genannt. Die Dyszooamylie der Leber ist ein primär diabetischer Prozeß.

Die Leber des pankreasdiabetischen Hundes enthält fast kein Glykogen, dagegen sehr viel (30—40%) Fett, das aus dem Unterhautzellgewebe in die Leber gewandert ist. Das Blut zeigt infolgedessen die Erscheinung der Lipämie. Sehr häufig (beim Hunde nicht regelmäßig) besteht unter diesen Verhältnissen Ketonurie. Diese schweren Stoffwechselveränderungen, die auf einer gegen die Norm sehr verstärkten Einbeziehung von Eiweiß und Fett in den energetischen Umsatz beruhen und die Folge der mangelhaften Glykogenfixation in der Leber sind, werden wie mit einem Schlage zum Verschwinden gebracht, wenn man einem solchen Tiere Insulin und Zucker verabreicht, während Zucker allein keine andere Wirkung hat, als die Glykämie und Glykosurie zu vermehren. Nach Insulin und

Zucker bilden sich Hyperglykämie und Glykosurie zurück, Lipämie und Ketonurie verschwinden, der Fettgehalt der Leber sinkt auf die Norm (5%). Dafür werden sehr große Mengen Glykogen — bis 12—14% — in der Leber abgelagert.

Nach diesen Versuchen schien die Wirkung des Insulins dahin gesichert, daß es, wie auch aus anderen später zu besprechenden Beobachtungen zu erwarten war, eine Glykogenbildung in der Leber ermöglicht und damit den zentralen diabetischen Prozeß zum Stillstand bringt.

Diese Klarheit wird aber stark getrübt durch die Beobachtungen über das Verhalten des Leberglykogens normaler Tiere nach Insulininjektion. Die Mehrzahl der Autoren hat hier eine Abnahme, bisweilen sogar ein völliges Verschwinden des Leberglykogens gefunden, sowohl bei gut genährten als bei hungernden Tieren. An dieser Erscheinung trägt nur zum Teil der durch die Krämpfe gesteigerte Kohlehydratverbrauch die Schuld. Führt man den Tieren mit dem Insulin auch Glucose zu, so ist Abnahme, Gleichbleiben und Zunahme des Leberglykogens gefunden worden. Einzelne Untersucher haben aber nach Insulin Glykogensynthese festgestellt, so CORI, der an Kaninchen mit abschraubbarem Bauchfenster arbeitete, COLLAZO und HAENDEL bei Vögeln und in unserem Laboratorium A. RENNER, der am gleichen Tier vor und nach Insulin das Leberglykogen feststellte. Durch die teilweise Leberresektion wird die Glykogenolyse an sich gesteigert. Dieser Prozeß wird durch Insulin aufgehalten, kann aber sogar in sein Gegenteil gewandelt werden, so daß der zweite nach Insulinbehandlung analysierte Leberteil glykogenreicher ist als der erste, also durch Insulin Glykogenbildung und -ansatz erfolgt. Ob es sich aber in diesen Versuchen RENNERS wirklich um „normale" Lebern gehandelt hat, kann insofern umstritten werden, als diese Lebern durch den operativen Eingriff im Zustande vermehrten Glykogenabbaus, also, wenn man so will, „diabetisch" waren.

Versuche an der überlebenden Leber, die man zur Klärung dieser Frage angestellt hat, sind vielleicht mit einem ähnlichen Vorbehalt aufzunehmen. In der Vorinsulinzeit fand DE MEYER bei der Durchströmung der Leber mit Zusatz von Pankreasextrakt eine Glykogenzunahme. Spätere Untersucher (E. C. NOBLE und J. J. R. MACLEOD; BISSINGER, LESSER und ZIPF) fanden keinen Einfluß zugesetzten Insulins auf die Glykogenolyse einer durchströmten Leber oder eines sterilen Leberbreis. v. ISSEKUTZ und BRUGSCH haben dagegen festgestellt, daß Lebern von Tieren, die intra vitam mit Insulin behandelt waren, eine starke bis vollkommene Hemmung des Glykogenabbaus und der Milchsäurebildung aufweisen. GRIESBACH und BORNSTEIN haben an der durchströmten Hundeleber keinen Einfluß des Insulins auf Zucker- und Milchsäuregehalt der Durchströmungsflüssigkeit gesehen, aber die wichtige Tatsache ermittelt, daß die bei Adrenalinzusatz in Leerversuchen regelmäßig zu bewirkende Steigerung des Zuckergehalts der Durchströmungsflüssigkeit durch Insulin verhindert wird.

Einen weiteren Hinweis geben sehr interessante Versuche von ISAAC und ADLER. Das Dioxyaceton (CH_2OH—CO—CH_2OH), eine Ketotriose, ist ein noch besserer Glykogenbildner als Glucose; es erzeugt bei Menschen keine Hyperglykämie, sondern wird rasch zu Milchsäure abgebaut. Diese Umsetzung zu Milchsäure wird durch Insulin verstärkt. Beim schweren Diabetiker entsteht aber aus Dioxyaceton Glucose, so daß der Blutzucker ansteigt. Bei gleichzeitiger Insulingabe jedoch erfolgt auch hier eine rasche Umwandlung zu Milchsäure. Da es sehr wahrscheinlich ist, daß auch in der Leber die Milchsäurebildung nicht aus Glucose unmittelbar, sondern über Glykogen und einen Zwischenkörper erfolgt, so lehren diese Versuche von Isaac und Adler, daß dieser Umwandlungsweg beim schweren Diabetiker im Gegensatz zum Normalen nicht gangbar ist, aber durch Insulin ermöglicht wird.

Trotz der Ungewißheit des unterschiedlichen Verhaltens des Leberglykogens Normaler und Diabetiker, worauf später noch zurückzukommen sein wird, geht doch aus allen diesen Versuchen unzweideutig hervor, daß das Insulin einen Angriffspunkt in der Leber hat.

Den gleichen Unterschied wie die Leber zeigen bei Insulin die Muskeln normaler und diabetischer Individuen. Während unter Insulin bei Normalen das Glykogen der Muskeln abnimmt oder verschwindet, steigt es bei Diabetischen an. Nach Versuchen von Audova und Wagner scheint bei normalen Kaninchen durch Insulin der Lactacidogengehalt der Muskeln oder zum mindesten die gebundene Phosphorsäure (denn nur diese wurde untersucht) erheblich zuzunehmen. Kuhn und Bauer fanden, daß die Muskeln von Insulintieren unter vergleichbaren Bedingungen sehr viel weniger Milchsäure enthalten als die Muskeln von Normaltieren, und daß auch postmortal die Milchsäure nicht ansteigt.

Bissinger, Lesser und Zipf haben festgestellt, daß durch Insulin nicht nur Glykogen, sondern Kohlehydrat überhaupt in Blut und sämtlichen Geweben unauffindbar wird.

Hepburn und Latchford fanden am isolierten, mit Lockelösung durchströmten Herzen, daß bei Zusatz von Insulin zur Durchblutungsflüssigkeit viermal soviel Zucker verschwand als ohne Insulin, daß aber der Glykogengehalt des Herzens sich nicht änderte. Dagegen sah Plattner am Starlingpräparat keinerlei Insulinwirkung.

J. G. Clark hat vor Entdeckung des Insulins, im Jahre 1916, Durchströmungsversuche des überlebenden Herzens in der Weise angestellt, daß er eine traubenzuckerhaltige Lösung erst durch die Gefäße des Pankreas, dann durch die des Herzens leitete. Er fand in einigen Versuchen im Herzmuskel eine Kondensation des Zuckers zu einer nicht reduzierenden Form, die sich durch Hydrolyse wieder in einen einfachen Zucker überführen ließ. In anderen trat ein gänzliches Verschwinden des Zuckers ein, wie es Bissinger, Lesser und Zipf am ganzen Tier beobachtet haben. Der Versuch einer chemischen Deutung aller dieser Phänomene stößt noch auf sehr große Schwierigkeiten. Wir haben früher gehört, daß die Zuckerverwertung im Muskel, deren eine Phase die Milchsäurebildung ist, über Glykogen führt. Da man bei normalen Insulintieren Glykogengehalt und Milchsäurebildung vermindert findet, so muß man schließen, daß unter dem Einfluß des Insulins aus dem Kohlehydrat etwas anderes — bisher Unbekanntes — geworden ist. Winter und Smith haben in Lebern und Muskeln von Insulinkaninchen große Mengen eines nichtreduzierenden, rechtsdrehenden Kohlehydrats gefunden, das eine positive α-Naphtholreaktion zeigt und bei saurer Hydrolyse keine reduzierenden Produkte lieferte. Diese Autoren meinen, daß sich unter dem Einfluß des Insulins das Glykogen in einen Stoff umwandelt, der vielleicht mit den „Zwischenkohlehydraten" F. Laquers identisch ist. Da aber andere Autoren unter entsprechenden Bedingungen nichts fanden, was Kohlehydratreaktionen liefert, so muß man annehmen, daß die Umwandlung des Kohlehydrats unter Umständen auch noch weiter gehen kann.

Ohne irgendwie vorzugreifen, läßt sich jetzt so viel mit Sicherheit sagen, daß das Insulin nicht nur auf die Leber wirkt, sondern auch auf die hauptsächlichsten Stätten des Zuckerverbrauchs, die Muskulatur und das Herz. Es war aber bisher fast ausschließlich von einem Insulineinfluß auf die Umwandlung von Glucose in Glykogen oder einen anderen komplexen Körper die Rede. Es muß noch geprüft werden, ob das Pankreashormon auf die eigentliche Zuckerverbrennung einwirkt.

Die Annahme, daß das Pankreashormon die Verbrennung des Zuckers begünstigt, ist nach vielen Richtungen und Methoden eingehend geprüft worden.

Nachdem ein Versuch von COHNHEIM, die Einwirkung des Pankreas durch eine Verstärkung und Vervollständigung der Glykolyse im Muskel zu erklären, durch CLAUS und EMBDEN und LEVENE als irrtümlich erkannt war, wurde von einer Reihe von Untersuchern der Zuckerverbrauch überlebender Zellen, Gewebe und Organe normaler und pankreasdiabetischer Hunde verglichen. Es arbeiteten am Herzen E. H. STARLING und seine Mitarbeiter, NEUKIRCH und RONA, LANDSBERG; an der gesamten peripheren Muskulatur (in situ) und am isolierten Muskel MACLEOD und PEARCE, E. J. LESSER; am isolierten Darm VERZÁR und KRAUSS; an Blutzellen M. LANDSBERG. Sämtliche Arbeiten kamen zu dem gleichen Ergebnis, daß sich die Gewebe des Normaltieres von denen des pankreasdiabetischen Tieres in der Höhe des Zuckerverbrauchs nicht unterscheiden.

Mit einer besonders eleganten Versuchsanordnung hat J. K. PARNAS am isolierten Froschmuskel gezeigt, daß die Fähigkeit, Kohlehydrate in Milchsäure zu verwandeln, die Äquivalenz der zersetzten Kohlehydrate und der gebildeten Milchsäure unter anaeroben Bedingungen, sowie die Milchsäureverbrennung im Sauerstoff bei pankreaslosen Fröschen genau die gleiche ist wie bei normalen.

Gegen alle diese Versuche ist der Einwand erhoben worden, daß isolierte Organe, mögen sie vom normalen oder pankreasdiabetischen Tier stammen, in jedem Falle der Einwirkung des Pankreashormons entbehren, und daß der isolierte Muskel eines pankreasdiabetischen Tieres wohl die Fähigkeit, Zucker zu verbrennen, haben könne, obwohl er diese Fähigkeit nicht besaß, solange er sich im Organismus befand (FORSCHBACH und SCHÄFFER). Dazu bemerkt PARNAS, daß Herz sowohl wie Muskel in der Ausnutzung ihrer Kohlehydrate durchaus selbständig sind und daß keine Grundlage für die Annahme vorhanden sei, daß der zu energetischen Zwecken dienende Muskelkohlehydratverbrauch durch Hormone geregelt werde.

Daß es nicht gleichgültig ist, ob ein isoliertes Organ von einem normalen oder einem pankreasdiabetischen Tier stammt, sondern daß das Organ, das bereits längere Zeit vor seiner Isolierung nicht mehr unter dem Einfluß des Pankreas stand, sich ganz anders verhält, hat BARRENSCHEEN am Hund, LESSER klar und deutlich an der Froschleber erwiesen. Die herausgeschnittene Leber des pankreasdiabetischen Frosches hat wie in vita eine stärkere Glykogenolyse als die Leber eines normalen Tieres. Bei den Muskeln aber findet sich ein solcher Unterschied nicht.

Diese Beobachtungen über den Zuckerverbrauch in solchen überlebenden Organen sind also als vollwertige Beweise dafür anzusehen, daß im Pankreasdiabetes die Verwertung (Verbrennung) der im Muskel selbst enthaltenen Kohlehydrate ungestört vonstatten geht.

Sicher ist, daß im Pankreasdiabetes Nahrungszucker nahezu quantitativ ausgeschieden wird (MINKOWSKI). Diese Beobachtung führte zu der Annahme, daß im Pankreasdiabetes (und im Diabetes überhaupt) der Zucker unverbrennbar sei. Die Frage nach der Theorie des Diabetes, ob es sich um eine Überproduktion von Zucker in der Leber oder um eine Störung der Zuckerverbrennung in der Peripherie handelt, läßt sich heute nicht mehr in dieser ausschließlichen Form stellen. Die erste, die Glykogenfixation und damit die die Glykogenbildung betreffende Veränderung der Leberzelle, ist nicht mehr anzuzweifeln. Um eine Unverbrennbarkeit des Zuckers kann es sich nicht handeln, da der Muskelbetrieb auf dem Kohlehydratumsatz beruht. Die Frage muß vielmehr lauten, ob es neben der Leberstörung noch eine andere zweite, den Zuckerstoffwechsel betreffende Veränderung in der Peripherie gibt.

Ganz gewiß ist die Beschränkung der Vorstellung auf die zentrale diabetische Veränderung, die Dyszooamylie der Leber, nicht ausreichend, da sie keine Erklärung bietet für die sichere Tatsache, daß im schweren Diabetes von dem im Übermaß gebildeten und im Blute kreisenden Zucker nichts verwertet wird. Daß Zucker tatsächlich (zum großen Teil) nicht verbraucht, sondern im Harn ausgeschieden wird, trotzdem die Muskulatur im höchsten Grade zuckerhungrig ist, kann nicht als ein Beweis für die Unverbrennbarkeit des Zuckers gelten. Auch bei der Phlorizinwirkung, selbst am hungernden Tier, geht die überwiegende Menge des Zuckers verloren, ohne daß eine Störung in den dem Zuckerabbau dienenden Fermentvorgängen angenommen werden darf. Es könnte auch im Pankreasdiabetes z. B. die Durchgängigkeit der Niere für Zucker so stark überwiegen, daß die Ausscheidung schneller erfolgt, als die Aufnahme in den Muskel. Für diese Annahme bestehen gewisse Grundlagen. So ist die Glykogenspeicherung im Muskel ein — im Verhältnis zur Speicherung in der Leber — langsam verlaufender Prozeß. Andererseits ist die Niere — wenigstens in den frühen Stadien des menschlichen Diabetes — zuckerempfindlich, so daß auch bei normalem Blutzuckergehalt eine Glykosurie stattfindet.

Weiter ist zu erwägen, ob vielleicht die Aufnahmefähigkeit der Muskelfaser für Zucker im Diabetes geschädigt ist, d. h. ob die Permeabilität der Grenzschicht der Faser von dem Einfluß des Pankreashormons abhängt.

Die Arbeiten EMBDENs und seiner Schule haben sehr bemerkenswerte Aufschlüsse über die Durchlässigkeitsänderungen für Phosphorsäure erbracht, die die Muskelfaser unter dem Einfluß der Kontraktion, ferner infolge von Ermüdung, Lähmung und Narkose zeigt.

EMBDEN hat auch gefunden, daß Adrenalin die Durchgängigkeit der Muskelfasergrenzschicht für Traubenzucker vermindert. Es liegt nahe, daran zu denken, daß das Pankreashormon, das in bezug auf den Kohlehydratstoffwechsel der Antagonist des Adrenalins ist, den Eintritt des Zuckers in die Muskelfaser erleichtert. In der Tat hat C. F. CORI festgestellt, daß unter Insulin die Muskeln gieriger Zucker aus dem Blute aufnehmen. Der Eintritt in die Faser genügt aber nicht zur Verbrennung. F. LAQUER hat festgestellt, daß Muskelpreßsaft von Fröschen und Kaninchen zugesetztes Glykogen, nicht aber zugesetzte Dextrose, Lävulose und Maltose zu Milchsäure abbaut. Traubenzucker als solcher ist also im

Muskel gar nicht verbrennbar. Er stellt vielmehr die leicht diffundierende
Form dar, in der das Kohlehydrat im Blut transportiert und an die Gewebe
herangebracht wird. Erst sein Wiederaufbau zu Glykogen, und damit seine Einbeziehung in die Struktur der Zelle, macht ihn abbaufähig. Kolloidchemische
Reaktionen (Membranveränderungen) begünstigen oder ermöglichen seinen Eintritt, und kolloidchemische intrazelluläre Reaktionen sind (E. J. LESSER) notwendig zur Bildung und Fixation des Glykogens. Diese Reaktionen stehen unter
inkretorischem Einfluß. Geht die Glykogenbildung nicht vonstatten, so kann
der Zucker nicht verbrannt werden.

Der alte Streit, ob das Wesen des Diabetes in der Dyszooamylie oder in der
Unverbrennbarkeit des Zuckers beruhe, ist durch die Erkenntnis, daß die Kohlehydratverbrennung nur über die Polymerisation zu Glykogen erfolgt, gegen-
standslos geworden. Die Aufstellung einer Bilanz ist unmöglich, da der nicht
meßbaren Kohlehydratverbrennung eine ebenfalls nicht meßbare Kohlehydratbildung gegenübersteht.

Eine große Summe von Arbeit ist darauf verwandt worden, an gesunden und kranken
Menschen und an Tieren die Einwirkung des Insulins auf den Gas- und Energiewechsel zu studieren. BANTING und BEST, CAMPBELL u. a. haben bei Diabetikern unter
Insulin eine Steigerung des respiratorischen Quotienten gefunden. Der daraus gezogene
Schluß, daß durch Insulin die Zuckerverbrennung steige, hat aber der Kritik nicht standgehalten. Besonders hat BORNSTEIN unanfechtbare Versuche angestellt und die Resultate
früherer Untersucher kritisch gesichtet. BORNSTEIN hat gezeigt, daß Insulin, wenn man
solche Versuche vergleichend betrachtet, bei denen die Lungenventilation absichtlich auf
gleicher Stufe gehalten ist, keine Erhöhung des Respirationsquotienten bewirkt. Auch
beim pankreasdiabetischen Hund fand er nach Zuführung von Insulin und Glucose keine
Änderung dieser Werte. BOUCKAERT und STRICKER haben die Frage vom energetischen
Gesichtspunkt aus angefaßt und gefunden, daß bei einem Versuchstier nach gleichzeitiger
Gabe von 4 g Glucose und 3 Einheiten Insulin die Wärmeabgabe um 10,7% stieg, aber um
500% hätte steigen müssen, wenn die 4 g Zucker vollständig verbrannt wären. Ein Steigen
des respiratorischen Quotienten, der von verschiedenen Autoren gefunden wurde, muß
nicht unbedingt durch Mehrverbrennung von Kohlehydrat bedingt sein. Außer einer
Hyperpnoe, die ein vermehrtes Abblasen von CO_2 zur Folge hat, kommt auch die Entstehung von Säuren (SH. TSUBURA, MACLEOD) in Betracht, durch die CO_2 aus dem Blute
verdrängt wird. Endlich aber ist zu berücksichtigen — und besonders weisen Beobachtungen, in denen der respiratorische Quotient über 1 gestiegen ist, darauf hin —, daß
weniger O_2, als der ausgeatmeten CO_2 entspricht, eingeatmet wird, weil, wie bei der Fettmast, aus den Kohlehydraten O_2-ärmere Stoffe entstehen, wobei der überschüssige Sauerstoff der Kohlehydrate oxydativen Zwecken dient (GEELMUYDEN, W. LAUFBERGER,
MACLEOD, B. R. DICKSON u. a.) (s. S. 41).

Nach den Untersuchungen von LESSER besteht bei Mäusen ein Einfluß des Insulins für
die erste Zeit seiner Wirkung. Er sah, daß die Erhöhung des respiratorischen Quotienten
und die Abnahme des O_2-Verbrauchs, die nach Zuckerzufuhr eintritt, bei Insulintieren
früher erfolgt, daß aber der Gesamteffekt mit und ohne Insulin der gleiche ist. LESSER
sieht den Grund des Ansteigens des respiratorischen Quotienten in vermehrter Kohlehydratverbrennung, die aber, wie er selbst bemerkt, nicht ausreicht, den Betrag des
verschwundenen Zuckers minus dem neugebildeten Glykogen zu decken. Berechnet man
aus dem R.Q. die Menge des verbrannten Zuckers und aus der Analyse der ganzen Tiere
ihren Zucker- und Glykogengehalt, so ergibt sich, daß ein Teil des injizierten Zuckers
nicht auffindbar ist.

Wir können also die Tatsachen so zusammenfassen, daß beim nichtdiabeti-
schen Individuum Zucker aus dem Körper verschwindet, aber nicht verbrannt
wird. Es folgt als Postulat, daß das Kohlehydrat in einen Reservekörper um-

gewandelt ist, über dessen Natur wir noch nichts wissen. Aus der sehr interessanten Beobachtung, daß durch Insulin der Phosphatgehalt des Blutes abnimmt, verstärkt sich die bereits oben gemachte Andeutung, daß dieser Körper phosphorsäurehaltig sei, also vielleicht in irgendwelchen Beziehungen zum Lactacidogen stehe.

Wenn man — entsprechend der von PARNAS und GEELMUYDEN geäußerten Meinung — als sehr wahrscheinlich annimmt, daß dieser Prozeß der Reservekörperbildung unter Energieverbrauch erfolgt, und daß als Energiematerial Kohlehydrat verbraucht wird, so wäre verständlich, daß die unter gewissen Bedingungen am Gesamtstoffwechsel (Respirations-Quotient) bemerkbaren Zeichen dieses Prozesses in der von LESSER an Mäusen beobachteten Weise verlaufen.

Betrachten wir noch einmal die klinisch so bedeutungsvolle Erscheinung der Insulinhypoglykämie, so liegt das Besondere daran, daß der Blutzucker nicht wieder ersetzt wird. Auch bei Glykogenverarmung stehen im Eiweiß und sehr wahrscheinlich auch im Fett reiche Zuckerquellen zur Verfügung, die, wie wir wissen, auch bei angestrengter Muskelarbeit (s. S. 223) und stärkstem Zuckerverbrauch den Blutzucker mit erstaunlicher Sicherheit ergänzen.

Von den Versuchen, für die Insulinwirkung eine chemische Grundlage zu ersinnen, sind zwei erwähnenswert. Die erste knüpft an die schon vor Jahren von GEELMUYDEN geäußerte Vermutung an, daß die Glucose mit den Acetonkörpern Reaktionen eingeht, und an die Theorie der antiketogenen Wirkung des Zuckers von TH. A. SHAFFER, nach der zwischen Glucose und β-Oxybuttersäure eine Bindung eintritt, durch welche die Säure erst verbrennbar wird. Die Auffassung von A. J. RINGER, daß der Zucker, um abgebaut zu werden, eine glucosidartige Synthese eingehen muß, hat in vielen Ergebnissen der Forschung der letzten Jahre Bestätigung erfahren. Eine solche Synthese führt zum Glykogen, eine andere vielleicht zu der chemisch bekannten Acetonglucose. GREVENSTUK und LAQUEUR haben dieses Prinzip verallgemeinert und für die Insulinwirkung die Hypothese aufgestellt, daß Insulin die Bindung von Glucose an Oxysäuren, Fettsäuren und Phosphorsäure bedingt.

Der zweite Versuch, der auch auf von GEELMUYDEN vertretene Auffassungen zurückgeht, aber chemisch weniger gut definiert ist, stammt von LAUFBERGER. Das Ausbleiben der Blutzuckerergänzung unter Insulinwirkung läßt sich in dem Bilde zusammenfassen, daß durch Insulin beim Nichtdiabetiker alle Wege, die zu Glykogen führen, und beim Diabetiker alle Wege, die zu Glucose führen, durch Insulin gesperrt werden. LAUFBERGER hat diese Auffassung mit den Worten gegeben: „daß Insulin den Zuckerabschub blockiert", indem es auch die Zuckerbildung aus Eiweiß und Fett hemmt.

Es ist nicht zu bezweifeln (vgl. Ketonurie S. 327), daß das Insulin die Eiweiß- und Fettumwertung zu Kohlehydrat dämpft, einen Prozeß, der den Respirationsquotienten senkt. Daher muß der Quotient steigen.

Dieser Prozeß geht in der Leberzelle vor sich und zwar dann, wenn eine hochgradige Glykogenverarmung eingetreten ist. Nach unserer bisherigen Ansicht wurde er durch die Glykogenfüllung der Leberzelle gedämpft. Da die Insulinerfahrungen zeigen, daß er auch in der glykogenarmen Leber stillstehen kann, so müssen wir schließen, daß nicht die Glykogenladung selbst, sondern der durch das Pankreashormon geschaffene Zellzustand, der eine Glykogenbildung ermöglicht, die wirksame Bedingung erd Dämpfung des Fett- und Eiweißumbaues darstellt. Ein Prüfstein für die Tauglichkeit der Theorie von GEELMUYDEN und LAUFBERGER ist die Möglichkeit einer Erklärung des gegensätzlichen Verhaltens des Diabetikers und des Normalen in dem Glykogengehalt der Leber nach Insulin. Hierbei muß bedacht werden, daß der Diabetiker auf Insulin mit einer stark gesteigerten Fett- und

Eiweißzersetzung reagiert. Man kann sich vorstellen, daß dieser lebhafte Prozeß nicht sogleich aufgehalten wird, daß es noch zur Zuckerbildung kommt, und daß dieser Zucker durch den Einfluß des Insulins von der Leberzelle festgehalten wird. Dem Insulin muß danach, wie GEELMUYDEN annimmt, auch die Fähigkeit zukommen, das (aus Eiweiß und Fett gebildete?) Glykogen in der Zelle festzuhalten. LAUFBERGER geht so weit, dem Insulin eine Umkehrung des Prozesses Fettsäuren→Zucker zuzuschreiben. Solange die Vermehrung der Fettsäuren nicht nachgewiesen ist, erscheint es richtiger, nur von einer Umwandlung des Zuckers in eine auch nach Hydrolyse nicht mehr reduzierende Reservesubstanz zu sprechen. Daß es bisher nicht gelungen ist, beim Normalen einen kondensierten Zucker zu fassen, erscheint immerhin merkwürdig. Wir dürfen zwar annehmen, daß die Fettbildung aus Zucker mit großer Schnelligkeit erfolgt. Aber daß auch, wie aus den Versuchen von HEPBURN und LATCHFORD hervorgeht, der Herzmuskel diesen Prozeß so rasch und weitgehend treibt, geht wohl über das, was man erwartet hat, hinaus. Vergleichen wir mit den Ergebnissen von HEPBURN und LATCHFORD das Resultat, das CLARK in einem Teil seiner Versuche erzielte, so ergibt sich vielleicht doch die Möglichkeit, die Zwischenprodukte experimentell zu erfassen. Sehr wahrscheinlich ist die Hormondosis, die bei CLARK eingewirkt hat, erheblich kleiner als die Insulinmengen, mit denen die Experimentatoren der neuesten Ära gearbeitet haben, so wie die Versuchsanordnung von CLARK überhaupt die physiologischen Vorgänge besser, wenn auch wegen Fehlens der Leber noch nicht vollkommen, nachahmt. Die Zukunft wird lehren, ob mit allerkleinsten Insulinmengen andere Resultate zu erzielen, Glykogen oder ähnliche Körper zu erfassen sein werden.

Eine Störung des Zuckerabbaus in der Leber im Zustand des Pankreasdiabetes (und ähnlich auch bei Phlorizinvergiftung) fanden EMBDEN und ISAAC. Nach ihren Untersuchungen baut die künstlich durchblutete Leber pankreasdiabetischer Hunde, im Gegensatz zur Hungerleber normaler Tiere, zugesetzte Dextrose nicht zu Milchsäure ab, dagegen unter Umständen, wenn auch in geringerem Umfange als die Leber normaler Hungerhunde, Lävulose. An dem gleichen Objekt, der überlebenden Warmblüterleber, hat BARRENSCHEEN nachgewiesen, daß nach Pankreasexstirpation und nach Phlorizinvergiftung keine Glykogenbildung mehr zustande kommt.

Es sind also im diabetischen Zentralorgan die beiden diabetischen Veränderungen, die Unfähigkeit zur Glykogen-Synthese und Fixation und die Unfähigkeit zur Milchsäurebildung aus Dextrose verwirklicht.

In beiden Fällen, nach Pankreasexstirpation und nach Phlorizinvergiftung, ist die Leber äußerst glykogenarm und meist stark fetthaltig. Daß auch in wenig verfetteten Lebern von Phlorizintieren eine Glykogenbildung nicht stattfindet, hat BARRENSCHEEN dargetan. Andererseits geht aus dem Bilde der Phosphor-, Chloroform- und Arsenvergiftung hervor, daß Unfähigkeit der Glykogenfesthaltung und Unfähigkeit des Zuckerabbaus durchaus nicht gegenseitig bedingt sein müssen, da wir schnellen Glykogenschwund, Unfähigkeit der Glykogenbildung, keine Hyperglykämie, sondern Blutzuckersenkung, aber starke Milchsäurebildung, also Zuckerabbau zu Milchsäure, Milchsäureausscheidung im Harn, aber fast nie Glykosurie finden. Daraus geht auch hervor, daß Dyszooamylie der Leber allein keinen Diabetes macht.

Als wesentlichstes Material für die Erkenntnis der pankreasdiabetischen Störung haben wir bisher folgende Tatsachen ermittelt:

Die zentrale diabetische Veränderung besteht in der Dyszooamylie der Leber.

Der Blutzucker ist als solcher unmittelbar weder abbau- noch polymerisationsfähig.

Die Vorbedingung des Zuckerabbaus ist die Glykogenbildung.

Die Organe des diabetischen Organismus sind imstande, ihr eigenes Kohlehydrat (Glykogen) zu verwerten.

Zugeführten Traubenzucker verwerten sie nur nach Überführung in Glykogen.

Die Niere ist zuckerempfindlich (s. S. 280).

Da der Nahrungszucker im schweren Diabetes so gut wie gar nicht assimiliert wird, so darf man schließen, daß die Fähigkeit der Glykogenbildung in der Muskulatur (in der Peripherie) nach demselben Modus geschädigt ist wie in der Leber.

Diese Schädigungen sind im Diabetes des Menschen weder dem Grade noch der Dauer nach maximale.

Daß die „zentrale" und die „peripherische" Störung nicht automatisch zusammenhängen, lehrt die Phosphorvergiftung, bei der nur der zentrale Prozeß betroffen ist, während die Zuckerverwertung in der Peripherie noch vor sich geht. Im Diabetes levis ist, wie das Verhalten des Blutzuckers nach Kohlehydratbelastung lehrt, die Glykogenfunktion der Leber deutlich geschädigt, während die Muskulatur die Kohlehydratassimilation noch in genügender Weise vollzieht. Je stärker die Muskulatur an der Störung des Glykogenaufbaus teilnimmt, um so größer wird die Glykosurie, um so weniger Zucker wird verbrannt.

In der Leber wie im Muskel ist der Aufbau des Glykogens von der Einwirkung des Pankreashormons abhängig.

Die nächste Frage geht dahin, in welcher Weise sich der Angriff des Pankreashormons vollzieht. Die Beobachtung von Isaac, daß die Umwandlung von Dextrose in Lävulose an eine ziemlich weitgehende Intaktheit der Struktur der Zelle gebunden ist, erscheint von sehr großer Bedeutung, weil sie eine Verbindung der chemischen Betrachtung des Problems mit der physikalisch-chemischen Wirkung des Pankreas, wie sie die Theorie von E. J. Lesser zeigt, ermöglicht. Lesser hat die alte Beobachtung von Schiff wiedergefunden, daß Froschorgane in den Monaten April bis Juni einen sehr starken Glykogenschwund haben, während in den Monaten August, Dezember und Januar das Glykogen völlig beständig ist. In dieser Zeit fehlt aber das diastatische Ferment nicht; denn wenn man die Organe und Zellen zerstört, so findet eine sehr starke Zuckerbildung statt. Lesser folgert, daß die Glykogenolyse von der Zellarchitektur abhängt, daß Glykogen und diastatisches Ferment in der Zelle räumlich getrennt sind und in der Zeit der Glykogenbeständigkeit auch räumlich getrennt bleiben. Das Zusammentreffen von Ferment und Substrat ist also von der Zellstruktur, von trennenden Membranen und ihrer je nach den Bedürfnissen des Stoffwechsels veränderlichen Durchgängigkeit oder Bildung abhängig. Lesser hat weiter beobachtet, daß Frösche im August nach der Pankreasexstirpation eine ebenso starke Glykogenolyse haben wie normale Frösche in den Frühjahrsmonaten und schließt daraus, daß das Pankreashormon die Leberzelle in der Weise beeinflußt, daß das räumliche Zusammentreten von Glykogen und Ferment gehemmt wird.

Diese intercellulären Vorgänge lassen sich auf die allgemeine Formel bringen, daß das Entscheidende für diese und viele andere Prozesse in der Dispersität der Zellkolloide und in der neurohormonal bedingten Veränderlichkeit des Protoplasmas als heterogenen Systems liegt.

Diese Anschauung über die Pankreashormonwirkung führt zu der Frage, wie die entgegengesetzten inkretorischen Impulse auf die Beziehungen des Traubenzuckers zu den Zellen einwirken. Der Befund von EMBDEN, daß das Adrenalin den Eintritt der Glucose in die Muskelfaser erschwert, wurde bereits erwähnt. Auch in der Leber ist der Einfluß des Adrenalins an die Struktur der Zelle gebunden. Nach Versuchen von J. BANG und L. POLLAK tritt im Leberbrei durch Adrenalin keine Beschleunigung des Glykogenabbaus ein. Bei der Wesensgleichheit von Adrenalin- und Sympathicusreizwirkung muß auch der Einfluß des Nervensystems auf den Zuckerstoffwechsel in der Leber als kolloidchemische Reaktion aufgefaßt werden. Solche Zustandsänderungen des Protoplasmas, die wir schon bei der Phlorizinwirkung angenommen haben, können auch der Deutung der Wirkung mancher Gifte (z. B. der Schwermetallsalze) dienen. So ergibt sich ein gemeinsamer Gesichtspunkt für die Auffassung „diabetischer" Vorgänge.

Außer den Organen, die der Glykogenfixation und der Kohlehydratspaltung dienen, ist das Verhalten der Niere im menschlichen Diabetes, der in der Mehrzahl der Fälle auf Pankreaserkrankung beruht, von Bedeutung. Im Beginn der Krankheit ist die Niere zuckerempfindlich, so daß bei normalem Blutzuckergehalt oder einer Hyperglykämie, die vom Gesunden noch vertragen wird, Glykosurie eintritt. Es wird später eingehend besprochen werden (s. S. 277), daß der sogenannte Diabetes renalis und der Diabetes innocens, bei dem die Höhe des Blutzuckers normal ist, in nahen Beziehungen zum echten Diabetes steht. Die Überempfindlichkeit der Niere für Zucker im beginnenden Diabetes ist von prinzipieller Bedeutung. Eine Diabetestheorie, die alle Tatsachen umfaßt, darf an dieser nicht achtlos vorübergehen. Das experimentelle Material, das das Verständnis der Blutzucker-Nierenbeziehung vermitteln könnte, ist spärlich. J. DE MEYER hat eine Hundeniere mit einer Lockelösung , die 0,1% Traubenzucker enthielt, durchblutet und dabei ein Durchgehen von Zucker beobachtet. Bei Zusatz von Pankreasextrakt, nicht aber durch andere Organextrakte, wurde die Zuckerausscheidung vermindert. VAN CREVELD und VAN DAM haben bei Durchströmung von Froschnieren mit glucosehaltiger Flüssigkeit nach Insulinzusatz eine Verringerung des Zuckerdurchtritts beobachtet. MAURIAC und AUBURTIN haben am pankreasdiabetischen Tier durch Vergleichung des Blutzuckers in Aorta abdominalis und Vena renalis gesehen, daß durch Insulin eine Abnahme der Zuckerdifferenz eintritt. Wenn diese Versuche sich bestätigen, so wäre eine unmittelbare Einwirkung des Pankreashormons auf die Niere dargetan. Bekanntlich findet sich in der Niere (den Epithelzellen) (s. S. 277) des Diabetikers eine starke Glykogenspeicherung. Die Nierenzelle des Zuckerkranken verhält sich also ganz anders als die Leberzelle. Da die Glykogenfüllung der Nierenzelle — vielleicht — den intercellulären Sekretions-(Konzentrations)akt des Traubenzuckers darstellt, so liegt die Vermutung nahe, daß Insulin, wenn es wirklich die Zuckerausscheidung zu hemmen imstande ist, die Oberfläche und das Protoplasma der Nierenzelle so beeinflußt, daß Zucker in die Zelle nicht eintritt oder eine Glykogenbildung nicht stattfindet.

Diese Andeutungen, die die experimentelle Forschung ergeben hat — um mehr handelt es sich bisher nicht —, zusammen mit den Beobachtungen über das Verhältnis Glykämie : Glykosurie im frühen Diabetes und über die Beziehungen des echten Diabetes zum Diabetes renalis rechtfertigen vielleicht diesen Versuch, die Stellung der Niere im Diabetes dem Grundprozeß einzuordnen.

Glykosurie und Schilddrüse. Bei Basedowscher Krankheit ist die Toleranz für Traubenzucker mitunter herabgesetzt, bei Myxödemkranken erhöht. Nach Zufuhr von Schilddrüsenpräparaten kann beim Menschen, Hund und Kaninchen Glykosurie auftreten oder die Toleranz für Kohlehydrat sinken, so daß es zur Glykosurie oder wenigstens zu einer Hyperglykämie kommt (von NOORDEN). Die Empfindlichkeit gegen Thyreoidpräparate ist sehr verschieden, bei Diabetikern oder zu Diabetes Disponierten (wohl entsprechend dem Verhalten ihrer autonomen Innervation) im allgemeinen aber groß. Nach Exstirpation der Schilddrüse steigt, sofern die Epithelkörperchen nicht mitentfernt sind, die Toleranz für Zucker (EPPINGER, FALTA und RUDINGER).

Literatur.

ALLEN, F. M.: Experimentelle Diabetesstudien. Ser. V: Erzeugung und Entwicklung des Pankreasdiabetes beim Hunde. J. of exper. Med. **31**, 363 (1910). Ser. II: Experimentelle Diabetesstudien. Amer. J. Physiol. **54**, 375, 382, 439, 451 (1921).

AUDOVA, A. und R. WAGNER: Wirkungsweise des Insulins. C. r. Soc. Biol. Paris **90**, 308 (1924).

BANG, J.: Der Blutzucker. Wiesbaden 1913.

BANTING, F. G. und C. H. BEST: The internal secretion of the pancreas. J. Labor. a. clin. Med. **7**, 251, 464 (1922).

BARRENSCHEEN, H.: Über Glykogen- und Zuckerbildung in der isolierten Kalkblüterleber. Biochem. Z. **58**, 277 (1914).

BISSINGER, E., E. J. LESSER und K. ZIPF: Mechanismus der Insulinwirkung. Klin. Wschr. **1923**, 2233.

BORNSTEIN, A.: Mechanismus der Insulinwirkung. Ebenda **1924**, I, 681.

— und K. HOLM: Ein Fall von Vergiftung eines gesunden Menschen mit Insulin. Dtsch. med. Wschr. **1924**, I, 503.

CAMPBELL, D. H. und A. A. FLETSCHER: Blutzucker nach Insulin. J. metabol. Res. **2**, 637 (1922).

CLARK, J. G.: The interrelation of the surviving heart and pancreas of the dog in sugar metabolism. J. of exper. Med. **24**, 621 (1916); **26**, 721 (1917).

CLAUS, R. und G. EMBDEN: Pankreas und Glykolyse. Hofmeisters Beitr. **6**, 214, 343 (1905).

COHNHEIM, O.: Die Kohlehydratverbrennung in den Muskeln und ihre Beeinflussung durch das Pankreas. Hoppe-Seylers Z. **39**, 336 (1903); **42**, 401 (1905); **43**, 547 (1905).

COLLAZZO, J. A. und M. HAENDEL: Experimentelle Beiträge zur Insulinfrage. Dtsch. med. Wschr. **1923**, II, 1546.

COLLIP, J. B.: Glucokinin. J. of biol. Chem. **57**, 65 (1923).

CORI, C. F.: Gehalt der Leber an freiem Zucker usw. J. of Pharmacol. **21**, 377 (1923).

VAN CREVELD, S. und E. VAN DAM: Die Einwirkung alkoholischer Pankreasextrakte (Insulin) auf das Verhalten der Nieren gegenüber Glukose. Nederl. Tijdschr. Geneesk. **67**, 1498 (1923).

DE DOMENICIS: Studii sperim. intorno a gli effecti delle estirpazione dei pancreas. Giorn. int. delle sci. Med. **1889**, 801.

EDWARDS, D. J. and J. H. PAGE: Observations on the circulation during hypoglycemia from large doses of insulin. Amer. J. Physiol. **69**, 177 (1924).

EMBDEN, G. und S. ISAAC: Über die Bildung von Milchsäure und Azetessigsäure in der diabetischen Leber. Hoppe-Seylers Z. **99**, 297 (1917).

EPPINGER, H., W. FALTA und C. RUDINGER: Über die Wechselbeziehungen der Drüsen mit innerer Sekretion. Z. klin. Med. **66**, 1 (1908); **69**, 380 (1909).

FALTA, W., GROTE und R. STAEHELIN: Über Stoffwechsel und Energieverbrauch bei pankreaslosen Hunden. Hofmeisters Beitr. **10**, 199 (1907).

FORSCHBACH, J. (1): Versuche zur Behandlung des Diabetes mit dem ZÜLZERschen Pankreashormon. Dtsch. med. Wschr. **1909**, Nr 47. — (2): Zur Pathogenese des Pankreasdiabetes. Arch. f. exper. Path. **60**, 131 (1909). — (3): Zur Frage der Muskelmilchsäure beim Diabetes mellitus. Biochem. Z. **58**, 339 (1914).

— und H. SCHÄFFER: Untersuchungen über die Kohlehydratverwertung des normalen und diabetischen Muskels. Arch. f. exper. Path. **82**, 344 (1918).

GEELMUYDEN, H. CHR.: Über den intermediären Stoffwechsel beim Diabetes mellitus. Klin. Wschr. **1923**, 1677.

GOTTSCHALK, A.: Über den Wirkungsmechanismus von Glykokinin aus Hefe auf den Stoffumsatz von Leberzellen. Dtsch. med. Wschr. **1924**, I, 538.

GREVENSTUK, A. und E. LAQUEUR: Insulin. Erg. Physiol. **23**, 2 (1925) (Literatur).

HEPBURN, J. und J. K. LATCHFORD: Effect of Insulin on the sugar consumption of the isolated surviving rabbit heart. Amer. J. Physiol. **62**, 177 (1922).

ISAAC, S. und E. ADLER: Das Verhalten der Triosen im normalen und diabetischen Stoffwechsel. D. Ges. inn. Med. **1924**, 110.

ISSEKUTZ, B. v.: Beobachtungen zur Wirkung des Insulins. Biochem. Z. **147**, 264 (1924).

KUHN, R. und S. BAUER: Der Milchsäuregehalt des Muskels im Insulin- und Hungertod. Münch. med. Wschr. **1**, 541 (1924).

LANDSBERG, M.: Zur Frage der Zuckerverbrennung im Pankreasdiabetes. Dtsch. Arch. klin. Med. **115**, 465 (1914).

LANGECKER, H. und W. WIECHOWSKI: Pankreashormon. Klin. Wschr. **1925**, II, 1339.

LANGFELDT, E.: Teilweise Entfernung des Pankreas. Experimenteller chronischer Pankreasdiabetes. Acta med. scand. **53**, 1 (1920).

LAQUER, F.: Über den Abbau der Kohlehydrate zur Milchsäure. 33. Kongr. inn. Med. 1921, 163.

LAUFBERGER, W.: Theorie der Insulinwirkung. Klin. Wschr. **1924**, 264; **21**, 151 (1925).

LESSER, E. J. (1): Die innere Sekretion des Pankreas. Jena 1924. — (2): Über das Wesen des Pankreasdiabetes. Biochem. Z. **103**, 1 (1920).

MACLEOD, J. J. R.: Insulin und Diabetes. A general statement of the physiol. and therap. effects of Insulin. Brit. med. J. **1922**, 833.

— und R. G. PEARCE (1): Die Bedeutung der Nebennieren für die Zuckerproduktion durch die Leber. Amer. J. Physiol. **29**, 419 (1912). — (2): The sugar consumption in normal and diabetic dogs after evisceration. Ebenda **32**, 184 (1913).

MAGNUS-LEVY, A.: Diabetes mellitus. In: KRAUS-BRUGSCH, Spezielle Pathologie und Therapie 1 (1919).

MAURIAC, P. und E. AUBERTIN: Gebrauch des Insulins in der experimentellen Medizin und Chirurgie. C. r. Soc. Biol .Paris **90**, 213 (1924).

DE MEYER, J.: Contribution à l'étude de la pathogénie du diabète pancr. Arch. internat. Physiol. **8**, 121 (1909).

MINKOWSKI O., und J. v. MERING: Diabetes mellitus nach Pankreasexstirpation. Arch. f. exper. Path. **26**, 225 (1894). I. Publikation: Semaine méd. **1889**.

NEUBERG, C., A. GOTTSCHALK und KRAUSS: Das Eingreifen von Insulin in Abbauvorgänge der tierischen Zelle. Dtsch. med. Wschr. **1923**, 1407.

NEUKIRCH, T. und P. RONA: Beitrag zur Physiologie des isolierten Säugetierherzens. Pflügers Arch. **148**, 285 (1912).

NOBLE, E. C. and J. J. R. MACLEOD: Does insulin influence the glycogenic function of the perfused liver of the turtle. J. of Physiol. **58**, 33 (1923).

PARNAS, J.: Über den Kohlehydratstoffwechsel der isolierten Amphibienmuskeln. III. Der Umsatz von Muskeln pankreasdiabetischer Tiere. Biochem. Z. **116**, 89 (1921).

POLLAK, L.: Kritisches und Experimentelles zur Klassifikation der Glykosurien. Arch. f. exper. Path. **61**, 377 (1909).

RINGER, A. J. und FRANKL: The chemistry of gluconeogenesis. VI. J. of biol. Chem. **16**, 563 (1914).

SANDMEYER, W.: Über die Folgen der partiellen Pankreasexstirpation beim Hunde. Z. Biol. **31**, 12 (1894).

SHAFFER, PH. A.: Antiketogenesis. J. of biol. Chem. **47**, 433, 449 (1921); **50**, 26 (1923).

STARLING, E. H. und E. P. KNOWLTON: On the nature of pancreatic diabetes. J. of Physiol. **45**, 146 (1912); **47**, 137 (1913).

STRICKER, W. et J. P. BOUCKAERT: Déperdition calorique pendant l'hyperglykémie expérimentale. C. r. Soc. Biol. Paris **91**, 100 (1924).

TSUBURA, SH.: Kohlehydratumsatz unter Insulineinwirkung. Biochem. Z. **149**, 40 (1924).

VAHLEN, E.: Über die Einwirkung bisher unbekannter Bestandteile des Pankreas auf den Zuckerabbau. Hoppe-Seylers Z. **59**, 194 (1909); **90**, 158 (1914).

VERZAR, F. und A. v. FEJER: Die Verbrennung vom Traubenzucker im Diabetes. Biochem. Z. **53**, 140 (1913); **66**, 75 (1914).

— und J. KRAUS: Die Verbrennung des Zuckers im Pankreasdiabetes. Ebenda **66**, 48 (1914).

WINTER, L. B. und W. SMITH: On the nature of the sugar in blood. J. of Physiol. **57**, 100 (1922).

ZÜLZER, G. (1): Experimentelle Untersuchungen über Diabetes. Berl. klin. Wschr. **1907**, 475.

— (2): Über Versuche einer spezifischen Fermenttherapie bei Diabetes. Z. f. exper. Path. u. Ther. **5**, 307 (1908).

4. Der Diabetes mellitus.

Die menschliche Zuckerkrankheit geht in der überwiegenden Mehrzahl der Fälle mit einer Erkrankung des Inselsystems einher. Fast niemals aber handelt es sich wie bei dem experimentellen Pankreasdiabetes um ein völliges Fehlen der Insulinquelle und am allerwenigsten um einen so plötzlichen und völligen Verlust, wie er durch Pankreasexstirpation herbeigeführt wird.

Aus den interessanten Untersuchungen von L. POLLAK, der im Pankreas an Diabetes Verstorbener beträchtliche Mengen Insulin festgestellt hat, folgt, daß der menschliche Diabetes seine Bedingung nicht in einem Versagen der Inkretbildung zu haben braucht, sondern sie — vielleicht sogar ziemlich oft — in einem Versagen der Inkretabgabe hat. Die Inkretabgabe unterliegt einer Regulation, an der neben der Glykämie (s. S. 225) vielleicht noch andere bisher nicht bekannte Faktoren beteiligt sind. Eine Hyperglykämie kann, wie durch den Zuckerstich, beim Menschen vom Nervensystem aus über das chromaffine System und die Leber eintreten. Wahrscheinlicherweise kann das Inselsystem auch unmittelbar vom Nervensystem aus in der Richtung von Erregung oder Hemmung der Inkretabgabe beeinflußt werden. Inkretabgabe und Inkretproduktion stehen ganz gewiß in einer Beziehung zueinander.

Die Normalität des Kohlehydratstoffwechsels hängt von Bildung und Abgabe der spezifischen Hormone ab. Störungen im Kohlenhydratstoffwechsel erfolgen nicht nur bei Verlust oder Erkrankung der Hormonproduktionsdrüsen, sondern auch dann, wenn deren nervöse Bedingungen an irgendeiner Stelle der Systeme versagen. Der Diabetes mellitus des Menschen darf also nicht nur als eine Pankreaserkrankung, sondern muß als eine neuroendokrine Affektion im weitesten Sinne aufgefaßt werden.

Die normale Niere hat die Eigenschaft, den Übertritt zahlloser Körper aus dem Blut in den Harn zu vermitteln. Sie verhält sich dabei verschieden gegenüber den Stoffen, die normale Bestandteile des Blutes sind, und gegenüber körperfremden Stoffen. Diese eliminiert sie vollständig, während sie für harnfähige bluteigene Stoffe, auf einen in ganz engen Grenzen schwankenden Schwellenwert eingestellt ist, unterhalb dessen eine Sekretion nicht mehr stattfindet. Ein solcher Schwellenwert besteht auch in der Norm gegenüber dem Blutzucker. Ein normaler oder subnormaler Blutzuckerwert bedingt in der Regel keine Sekretions- oder gar Konzentrierungsreaktion in der Niere. Steigt der Blutzuckergehalt, so kann eine solche Reaktion statthaben. Der Schwellenwert für Dextrose ist im Verlaufe der Zuckerkrankheit veränderlich. Darauf werden wir bei der Besprechung des sogenannten renalen Diabetes zurückkommen. Ferner handelt es sich bei dem Schwellenwert nicht um eine einfache Konzentrationsbeziehung zwischen Blutzucker und Harnzucker. KNUD FABER macht mit Recht darauf aufmerksam, daß die Bestimmung des Schwellenwertes der Glykämie mit großen Schwierigkeiten verbunden ist. Man muß den Harn so oft wie möglich und den Blutzucker in Zwischenräumen von 5 Minuten untersuchen, nachdem der Patient Traubenzucker bekommen hat. Dann sieht man die Blutzuckerkurve ansteigen, aber die Glykosurie erst eintreten, wenn der Gipfel erreicht oder gar überschritten ist. Die Glykosurie reicht in jedem Falle in die Zeit des Absteigens der Glykämie hinein. Es kommt also dem Schwellenwert ein zeitlicher Faktor zu. Es braucht einige Zeit, bis der Blutzuckerkonzentrationsapparat der Niere erregt und eine zweite Zeit, bis bei sinkendem Blutzucker diese Erregung abgeklungen ist.

Die Glykämie. Von fast ebenso großer Bedeutung wie die Zuckerausscheidung ist das Verhalten der Glykämie, deren Wert auch der älteren Generation der Diabetesforscher wohlbekannt war. Aber die Möglichkeit die Glykämie nach allen Richtungen, besonders in Serienuntersuchungen, zu studieren, ergab sich erst aus einer geeigneten Methode. Es ist hier am Platze, IVAR BANGS dankbar zu gedenken, dessen ebenso geistvolle wie einfache Methode das meiste zur Bereicherung unserer Kenntnisse beigetragen hat.

Die früheren Stadien des Diabetes, in denen der Blutzucker noch nicht erhöht ist, kommen nicht gerade häufig zur Beobachtung, da Kranke dieser Art die öffentlichen Krankenanstalten nicht aufsuchen und da die Entdeckung eines solchen Diabetes mehr durch Zufall und nicht auf Grund diabetischer Symptome erfolgt.

M. LAURITZEN hat über solche Fälle berichtet. Seine Versuchsanordnung besteht darin, daß Blutzucker und Harnzucker vor und 1 Stunde nach einer kohlehydrathaltigen Mahlzeit (der ersten am Tage) festgestellt wird. Er hat unter 13 leichten unbehandelten Fällen von Diabetes mellitus sechsmal vor und nach der Mahlzeit normale Blutzuckerwerte gefunden. Drei von diesen sechs Fällen hatten nach der Mahlzeit Zucker im Harn (0,25—0,5%). Unter den anderen sieben Fällen, die einen Nüchternwert zwischen 0,114 und 0,133% hatten, waren einige in bezug auf die Niere zuckerempfindlich. So schied ein Kranker bei einem Blutzuckergehalt von 0,152% einen Harn mit 2% Zucker aus. Weiter berichtet LAURITZEN über 37 leichte antidiabetisch behandelte Fälle, die sämtlich nüchtern einen niedrigen (normalen) Blutzuckergehalt hatten. Einige von diesen wurden nach der Mahlzeit glykosurisch, obwohl der Blutzucker noch sehr niedrig lag. So stieg bei einem Kranken der Blutzucker von 0,068 auf 0,083%, während die Glykosurie von 0,08 auf 1,75% zunahm. Auch bei diesem Kranken war also die Niere abnorm zuckerempfindlich. LAURITZEN selbst ist geneigt, diese Erscheinung auf renalen Diabetes zurückzuführen, spricht aber auch davon, daß es sich beim Diabetes um eine Kombination beider ursächlicher Momente handeln kann, sowohl der Hyperglykämie als auch der renalen Beziehung, die sich erst zeigt, nachdem die Behandlung die Hyperglykämie beseitigt hat. Daß es sich in den Fällen von LAURITZEN um reinen renalen Diabetes handelt, kann nicht zugegeben werden. Dagegen spricht die relativ große Zahl der Beobachtungen und die Abhängigkeit der Glykosurie von dem aufgenommenen Kohlehydrat. Aber das renale Moment des Diabetes tritt in diesen Beobachtungen klar zutage, ebenso wie in dem Befunde von LAURITZEN, daß in einer Reihe von frischen leichten Fällen von Diabetes zuerst die Hyperglykämie und dann später die Glykosurie schwand.

Es scheint mir aber, obwohl systematische Untersuchungen noch ausstehen, daß man auch in älteren und schwereren Fällen häufig genug die Zuckerempfindlichkeit der Niere feststellen kann; so z. B. wenn bei einem Blut-D-Gehalt von 0,130% ein Harn mit 3% Zucker gebildet wird.

Gesamtumsatz und Nahrungsbedarf. Durch die Zuckerausscheidung (und auch durch die Ketonurie) geht dem Körper wertvolles Brennmaterial verloren. Daß diese Substanzen nicht verbrannt werden, führte zu der Meinung, daß im Diabetes die Oxydationen herabgesetzt seien. Im Gegensatz hierzu legte die Polyphagie des nicht behandelten Diabetikers die Vermutung nahe, daß es sich bei der Zuckerkrankheit um eine erhebliche Steigerung der Verbrennung handle.

Die außerordentlich wichtige Frage nach dem Gesamtumsatz (der Wärmebildung) und somit nach dem Stoffverbrauch im Diabetes ist durch die Untersuchungen des letzten Jahrzehntes sehr wesentlich gefördert worden. Es handelt sich darum, zu erkennen, ob erstens beim Diabetiker eine endogene Erhöhung des Stoffwechsels vorliegt, wie beim Basedowkranken, d. h. ob er auch unter den Bedingungen der Ruhe und des nüchternen Zustandes einen größeren Sauerstoffverbrauch aufweist, und zweitens, ob, auch wenn diese Veränderung nicht besteht, durch die Reize der Nahrung und der Organarbeit eine stärkere Erregung der Oxydationen stattfindet als beim Gesunden.

Im schweren Diabetes ist von einer Reihe von Beobachtern (MAGNUS-LEVY, F. ROLLY, A. LEIMDÖRFER, ED. GRAFE und CH. G. L. WOLFF) und in besonders großen Untersuchungsreihen von BENEDIKT und JOSLIN eine Erhöhung des Sauerstoffverbrauchs von 20% gefunden worden, aus der sich eine Vermehrung der Wärmebildung von 15% ergibt. FALTA hat eine sehr bemerkenswerte Kritik gegen die Basis des Vergleiches gesunder und diabetischer Personen erhoben. Da die Wärmebildung der Gewichtseinheit Muskel- oder Drüsensubstanz viel größer ist als die von Fettgewebe oder Knochen, da der Grundumsatz von Alter, Geschlecht, Körpergröße und Oberfläche abhängt, so können nur gleichalterige Individuen von möglichst gleicher körperlicher Beschaffenheit verglichen werden. Es bedarf aber noch der Erwägung, ob selbst die Erfüllung dieser Forderung als Grundlage einer Gegenüberstellung ausreicht. Ein magerer Diabetiker und ein magerer Nichtdiabetiker gleichen Geschlechts, gleichen Alters und gleicher Körperbeschaffenheit können einen ungleichen Umsatz aus verschiedenen Ursachen haben. Einmal wissen wir, daß es magere Menschen gibt, die trotz stark erhöhter Calorienzufuhr und trotz bester Darmresorption an Körpergewicht nicht zunehmen. GRAFE hat einen Hund, der diese Erscheinung bot, gasanalytisch untersucht und eine Steigerung der Verbrennungen gefunden. Es handelt sich in solchen Fällen um eine „Luxuskonsumption“, um eine Steigerung der Oxydationen, die auf endogener, vielleicht thyreogener Grundlage durch die Kost selbst zustande kommt. Es ist ja bekannt, daß die drei hauptsächlichen Nährstoffe (Eiweiß, Fett, Kohlehydrate) die Oxydationen in sehr ungleicher Weise erregen, daß das Eiweiß eine sehr erhebliche „spezifisch-dynamische Wirkung“ hat, und daß man aus diesem Grunde bei Mastkuren den Eiweißgehalt der Kost in mäßigen Grenzen halten muß. Die endogen Mageren reagieren nicht nur auf Eiweiß, sondern auf die Kost überhaupt stärker mit vermehrtem Sauerstoffverbrauch. Diese endogen mageren Menschen werden daher als Vergleichspersonen für die Beurteilung der Wärmebildung des abgemagerten Diabetikers auszuschalten sein. Ist die Abmagerung des nicht diabetischen Menschen durch Nahrungsmangel erfolgt, so muß damit gerechnet werden, daß sein Grundumsatz herabgemindert ist. Diese Erscheinung, die am Menschen und am Tier beobachtet wurde (ZUNTZ, ZUNTZ und LOEWY) und durch eine geringe Leistungsfähigkeit von Inkretdrüsen, vor allem der Schilddrüse (infolge der Teilnahme dieser Drüsen an dem schlechten Ernährungszustande und infolge geringer Belieferung mit Hormonmuttersubstanzen), bedingt sein dürfte, ist bei dem abgemagerten Diabetiker nicht zu erwarten. Der unkompensierte polyphage Diabetiker erfährt seine stürmische Abmagerung aus zwei Gründen, einmal durch den Verlust an Nährwerten, die als Zucker (und Acetonkörper) im Harn ausgeschieden werden, zweitens durch die mächtige Erregung des Stoffwechsels, die die Folge der gewaltigen Aufnahme gemischter Nahrung ist, die den durch den Zuckerverlust entstehenden Ausfall ausgleichen soll, aber nicht ausgleichen kann. Der sich selbst überlassene Diabetiker hungert; seine Gewebe senden Hungersignale aus; auf diese Weise kommt es zur Polyphagie. Steht Nahrung in beliebigen Mengen zur Verfügung, so ist der Diabetiker viel übler daran als der einfach Ausgehungerte. Er wird nicht satt; je mehr er ißt, um so mehr wird Gesamtumsatz und Zuckerbildung angeregt und um so rascher schwindet seine Körpersubstanz. Wir verstehen so nicht nur die Schnelligkeit der Abmagerung des Diabetikers, sondern auch die Vergleichsunmöglichkeit mit einem durch Nahrungsmangel Unterernährten. Jener hungert mit Erhöhung, dieser mit Herabsetzung der Oxydationen. Es ist also recht schwierig für die Beurteilung des Umsatzes eines unkompensierten abgemagerten Diabetikers eine geeignete Vergleichsperson zu finden. Findet man bei einem solchen Diabetiker einen erhöhten Umsatz, so wird daraus nicht ohne weiteres eine Erhöhung der Oxydationen infolge der diabetischen Veränderung abgeleitet werden dürfen. Dagegen wird der Befund eines normalen Umsatzes eine eindeutigere Aussage gestatten. In der Tat hat FALTA Fälle von schwerem Diabetes beobachtet, die bei bedeutender Glykosurie und Ketonurie keinen erhöhten Ruhenüchternumsatz hatten. Damit ist auch durch den Respirationsversuch dargetan, daß eine Umsatzsteigerung nicht zu dem Wesen der diabetischen Stoffwechselstörung gehört.

Für die Beurteilung des Umsatzes dieser und der kompensierten Fälle von Zuckerkrankheit ist bedeutungsvoll, daß, wie BERNSTEIN und FALTA nachgewiesen haben, der Ruhenüchternumsatz von der Art der Kost in der Vorperiode abhängt, und daß insbesondere der Eiweißgehalt dieser Kost länger als 12 Stunden die Höhe des Umsatzes beeinflußt. Man muß also die zu vergleichenden Personen bei der gleichen Kost untersuchen. Der schwere Diabetiker reagiert auf Eiweiß nicht nur mit vermehrter Glykosurie, sondern auch — wenigstens ist das in einigen Fällen von FALTA und BERNSTEIN nachgewiesen — stärker als der Normale mit Erhöhung der Oxydationen, weil bei ihm wegen des Mangels an Kohlehydraten der Eiweißumsatz in voller Stärke und vielleicht auch mit größerer Geschwindigkeit vor sich geht. Es muß deshalb bei Vergleichsuntersuchungen der Eiweißgehalt der Kost in mäßigen Grenzen gehalten werden. Andererseits ist darauf zu achten, daß der Eiweißgehalt nicht zu klein ist, damit die Abgabe von Körpereiweiß vermieden wird. Denn die Oxydationen richten sich nicht nach dem Eiweißgehalt der Nahrung, sondern nach dem Eiweißumsatz. Und da bei dem schweren Diabetiker der Kohlehydratschutz der Eiweißzersetzung zum mindesten sehr mangelhaft ist, so muß bei ungeeigneter Kost mit einem Verlust von Körpereiweiß und einer dadurch bedingten Steigerung des Umsatzes gerechnet werden.

Diese Erwägungen lassen die Schwierigkeiten der Umsatzmessung und die exogenen Beeinflussungen des Umsatzes im Diabetes klar erkennen.

Gleichwohl kann man aus den in der Literatur niedergelegten Untersuchungsreihen den Schluß ziehen, daß eine Erhöhung des Stoffumsatzes im leichten Diabetes überhaupt nicht besteht und im schweren Diabetes in einer Anzahl von Fällen nicht nachweisbar ist. Werden im schweren Diabetes über die Norm erhöhte Werte gefunden, so muß unter Berücksichtigung der schwierigen Ernährungs- und Stoffwechselverhältnisse untersucht werden, inwieweit exogene Umstände von Einfluß sind.

Eine endogene Steigerung der Oxydationen im schweren Diabetes ist auch nach den umfangreichen Erfahrungen über den Nahrungsbedarf des Diabetikers im glykosurischen und aglykosurischen Zustand sehr wenig wahrscheinlich.

Es ist bereits seit mehr als 100 Jahren bekannt, daß ein Diabetiker mit relativ geringen Nahrungsmengen auskommen und dabei eine günstige Beeinflussung seiner Krankheit erfahren kann.

Nachdem als erster PROUT dieses Prinzip deutlich ausgesprochen hat, war es vor allen BOUCHARDAT, der den Grundsatz des „so wenig wie möglich Essens" aufstellte. Er machte bei der Hungersnot während der Belagerung von Paris 1870/71 dieselben Erfahrungen an seinen Diabetikern, die während der Hungerblockade bei uns gemacht wurden. In Deutschland war es vor allem NAUNYN und seine Schule, die den Grundastz der Kostbeschränkung aufstellten. WEINTRAUD hat Fälle von schwerem Diabetes mitgeteilt, in denen Gewichtszunahme bei Kost von einem Caloriengehalt erfolgte, die bei einem Stoffwechselgesunden nicht ausreichend sein konnte. Ähnliche Beobachtungen sind auch sonst gemacht worden. KOLISCH, der eine eiweiß- und calorienarme Ernährung seit mehr als 20 Jahren empfohlen hat, verallgemeinert sogar diese Erfahrung und sagt aus, „daß die Diabetiker bei Einhaltung einer vegetabilischen Kost mit einer Calorienzufuhr von 20 Calorien pro Kilogramm und Tag, und selbst mit noch weniger Nahrung, lange Zeit hindurch (Monate) im Gleichgewicht erhalten werden können, sogar bei mäßiger Körperbewegung".

Eine Verminderung des Umsatzes und damit des Nahrungsbedarfes ist bekannt von gewissen Fällen von Adipositas und von Zuständen von Unterernährung (so bei Nahrungsmangel, bei Ernährungsschwierigkeiten, Ösophagusstenose [FR. MÜLLER], nach schweren Krankheiten, Typhus [C. SVENSON]). In solchen Fällen tritt — davon war oben bereits die Rede — eine Anpassung ein, die zur Verlängerung und zur Erhaltung des Lebens beiträgt. Zweifellos kommt das auch im Diabetes vor und zwar dann, wenn ein Zustand erheblicher Unterernährung eingetreten ist. Es handelt sich hierbei also nicht um eine zu der diabetischen Veränderung gehörende Stoffwechselanomalie, sondern um eine sekundäre, die wahrscheinlich auch von individuellen Umständen abhängt. Ich schließe mich nach diesen Überlegungen wie nach eigenen Erfahrungen dem Urteil C. VON NOORDENS und von MAGNUS-LEVY an, die vor einer Verallgemeinerung der Anwendung einer so calorienarmen Dauerkost warnen, wie sie R. KOLISCH (früher) verordnet hat.

Die Kostbeschränkung und die Eiweißbeschränkung, für die KOLISCH so viele Jahre gekämpft hat, sind aber — darüber herrscht jetzt vollkommene Übereinstimmung — anerkannte Prinzipien und werden es bleiben. Sie sollen in der Weise angewandt werden, daß in jedem Falle bei der Toleranzbestimmung auch die Festsetzung des mindesten Nahrungsbedarfes erfolgt (wie es KOLISCH bereits in seiner I. Mitteilung [1899] als Leitsatz ausgesprochen hat), und daß (in schweren Fällen) der Eiweiß- und Caloriengehalt auf das Mindestmaß beschränkt wird.

Eiweißumsatz. Der Diabetiker verliert bei wilder Kost nicht nur sein Fett, sondern auch auffallend rasch seine Muskulatur, trotz Aufnahme sehr großer Eiweißmengen. In dieser Zeit muß also die N-Bilanz negativ sein. Wie beim Gesamtstoffwechsel muß auch beim Eiweißumsatz unterschieden werden, ob eine endogene oder exogene Beeinflussung stattfindet. Die gewaltige Erregung des Umsatzes durch Art und Menge der wilden Nahrung scheint zusammen mit der durch den Zuckerverlust stattfindenden Unterernährung eine ausreichende Erklärung für den Protoplasmaschwund zu bieten. Im weiteren Verlauf des Diabetes mellitus finden — ebenso auf exogener Grundlage — N-Verluste dann statt, wenn Unterernährung eintritt. Wird aber der Nahrungsbedarf gedeckt, so läßt sich auch glatt und sicher N-Gleichgewicht erzielen. Es tritt sogar deutlich in die Erscheinung, daß der Diabetiker bei sehr spärlicher Zufuhr ausschließlich vegetabilischen (also nicht hochwertigen) Proteins (50—60 g) bei sonst ausreichender Kost einige Zeit im Eiweißgleichgewicht gehalten werden kann. Während man im schweren Diabetes infolge des Ausfalls der Schutzwirkung der Kohlehydrate eine Steigerung des Eiweißumsatzes erwarten könnte, tritt in Wirklichkeit das Gegenteil ein. Es wird eine Anpassung an die Unterernährung wirksam, die wir auch auf nicht diabetischer Grundlage beobachten, die zur Folge hat, daß der Diabetiker seinen Eiweißbestand mit großer Hartnäckigkeit verteidigt und vermehrt unter Ernährungsverhältnissen, durch die ein Normaler einen Eiweißverlust erleiden würde.

Die Besonderheiten im Eiweißumsatz sind also exogener Natur. Ob es daneben noch ein entgegengesetzt wirkendes endogenes Prinzip gibt, das einen toxogenen Eiweißzerfall herbeiführt, erscheint nicht ganz sicher. Einige Mitteilungen, die das behaupten, sind methodisch sehr anfechtbar. Vom Coma diabeticum, in dem man das Hervortreten des zerstörenden Faktors am ehesten erwarten sollte, erklärt MAGNUS-LEVY, einer der besten Kenner dieses Gebietes, mit Bestimmtheit, daß er in zahlreichen Fällen nichts von einem toxischen Eiweißzerfall gesehen hat.

Nur ein Umstand spricht dafür, daß im schweren Diabetes ein protoplasmazerstörendes Prinzip wirksam ist, das ist die Höhe des endogenen Purinstoffwechsels (VON NOORDEN, FALTA). Die Ausscheidungen von endogener Harnsäure im Betrage von 0,5—0,6, ja 0,75 g und mehr weisen auf eine Besonderheit des Kernstoffwechsels hin.

Im schweren Diabetes ist auch bei einer von Fleisch, Fleischbrühe und Fleischextrakt freien Kost Kreatin im Harn gefunden worden (GRAFE und WOLF). Endogenes Kreatin kommt unter normalen Verhältnissen nicht zur Ausscheidung, wohl aber unter den verschiedensten Bedingungen, die das Gemeinsame haben, daß eine Besonderheit im Eiweißstoffwechsel besteht, meist ein erhöhter endogener Umsatz oder Umbau, oder ein Abbau von Körpereiweiß, dem ein Ansatz nicht gegenüber steht. So wurde Kreatinurie (s. S. 92) beobachtet im Hunger, bei Morbus Basedowii, in der Gravidität und während der Lactation. Die Kreatinurie im Hunger kann durch Kohlehydrat-Nahrung zum Verschwinden gebracht werden. Im Diabetes trifft man sie meist in Verbindung mit Acidose. Sie kann aber, wie LAURITZEN gezeigt hat, der Acetonurie vorausgehen. Daß die Acidose die Ursache der Kreatinurie darstellt, ist nicht wahrscheinlich. Die Auffassung von LAURITZEN, daß beide gleichgerichtete Folgen des mangelhaften Kohlehydratumsatzes seien, dürfte der Wahrheit am nächsten kommen. Das Studium der gegenseitigen Beziehungen von Kreatinurie, Acetonurie und Zuckerstoffwechsel in der Schwangerschaft erscheint lohnend.

Fettstoffwechsel. Beim schweren Diabetes kommt es, wie bei Unterernährung und bei gewissen Vergiftungen, zu einer Wanderung des Fettes aus den Fettlagern in die Leber, zur Lipämie. Besonders im Koma, aber durchaus nicht in allen Fällen, ist das Blut sehr reich an Fett (bis 15% im Serum, bis 27% im Blut). Neben dem Neutralfett finden sich Cholesterin und Lipoide in beträchtlichen Mengen, die nicht aus den Fettlagern, die lipoidarm sind, stammen können. Man müßte erwarten, daß das zu dynamischen Zwecken mobilisierte Fett von dem Organ seiner Bestimmung, der Leber, ebenso schnell aufgenommen würde, wie es aus den Fettzellen kommt. Da das augenscheinlich nicht geschieht, sondern da sich das Fett im Blute anstaut, so nimmt MAGNUS-LEVY an, daß durch einen allerdings ganz ungeklärten Mechanismus der Austritt des Fettes aus dem Blut erschwert ist. Auf dieselbe Ursache führt er die Cholesterinämie und Lipoidämie zurück. Er meint, daß diese Stoffe aus der Nahrung stammen und sich während vieler Wochen im Blut angereichert haben.

Jedenfalls ist die Lipämie nicht die Folge oder der Ausdruck einer gestörten Fettverbrennung, wenigstens nicht einer Abbaustörung, die ein Teil der diabetischen Veränderung ist. Auf die Beziehungen der Lipämie zu den schweren Stoffwechselanomalien der Acidose soll weiter unten eingegangen werden.

Polyurie, Polydipsie. Durst und vermehrte Harnmenge sind gewöhnlich die ersten Kennzeichen des Diabetes, die dem Kranken auffallen. Dem Durst, dem durch Trinken kalter Flüssigkeit Abhilfe geschafft wird, kommt eine gewisse Bedeutung für den Stoffwechsel zu, da 8 Liter Trinkwasser von der Temperatur von 12⁰ zur Erwärmung auf die Körpertemperatur $8 \times 25 = 200$ Calorien brauchen (MAGNUS-LEVY). Bei den mittleren Harnmengen von 5—6 Litern in 24 Stunden ist mehrmaliges nächtliches Wasserlassen notwendig. Die Harnmenge steigt mit der Menge des ausgeschiedenen Zuckers. Infolgedessen geht, was bei keiner anderen Krankheit vorkommt, Harnmenge und spezifisches Gewicht parallel.

In der Nacht wird gewöhnlich weniger Harn gebildet als am Tage, weil auch in der Nacht weniger Zucker ausgeschieden wird. Die Verdauungspause und die körperliche Ruhe setzen die Zuckerbildung herab. Ausnahmslos gilt das für frische Fälle. VON NOORDEN betont die sehr beachtenswerte Erfahrungstatsache, daß in veralteten Fällen Harnmenge und Zuckergehalt Tags und Nachts gleich groß ist oder des Nachts sogar überwiegt, und daß man in solchen Fällen mit einer längeren Dauer der Entzuckerung von vornherein zu rechnen hat.

Bei einer vernünftigen Kost schwinden Durst und Polyurie (meistens) schnell. Die rasche Besserung macht auf den Kranken einen gewaltigen Eindruck und erfüllt ihn mit Vertrauen zu der antidiabetischen Therapie.

Von diesem Verlauf gibt es aber sehr bemerkenswerte Ausnahmen, Fälle, in denen der Polyurie neben der Glykosurie eine selbständige Bedeutung zukommt. So sieht man die Polyurie nach erfolgter Entzuckerung andauern, ohne daß immer die Angewöhnung vermehrter Flüssigkeitsaufnahme eine Rolle spielt. Nach Angaben von Kranken soll auch gelegentlich Polyurie und Polydipsie der Zuckerausscheidung eine längere Zeit vorausgehen. Gewisse Erfahrungen und Beobachtungen (Bedeutung des Zwischenhirns und der Hypophyse für Glykosurie und Polyurie, cerebrale Polyurie, Polyurie ohne Glykosurie nach Adrenalininjektion, Polyurie ohne Glykosurie nach Pankreasverletzungen) bringen solche Vorkommnisse dem Verständnis näher.

Nicht selten gibt es auch eine Glykosurie bei normaler Harnmenge. PETER FRANK hat vor mehr als 100 Jahren für diese Fälle die Bezeichnung „Diabetes decipiens" eingeführt. Meist handelt es sich um ältere Menschen, die an arterieller Hypertonie, Arteriosklerose und Nephrosklerose leiden.

Wasserhaushalt. Wassereinnahme und Wasserausgabe halten sich meistens, von bald zu besprechenden Ausnahmen abgesehen, das Gleichgewicht. Da aber das Wasser für die Ausscheidung des Zuckers dringend gebraucht wird, so ist die Verteilung der Wasserabgabe auf Niere und Haut zugunsten der Niere verändert. Daher haben Diabetische im Zustande erheblicher Glykosurie eine trockene Haut und sind schwer zum Schwitzen zu bringen. Auch die Respiratio insensibilis erfährt eine Verminderung. Ob die Wasserabgabe durch die Lungen vermindert ist, scheint nicht geprüft zu sein.

Eine Verdünnung des Blutes findet, wie auch sonst in Fällen vermehrter Wasseraufnahme, nicht statt. Im Gegenteil kommt es gelegentlich zur Wasserverarmung des ganzen Körpers und vor allem im Koma auch zu einer Eindickung des Blutes.

Häufiger und wichtiger ist das Gegenteil, das Auftreten von Ödemen. Daß der schwere Diabetiker unter gewissen Umständen zu Wasserzurückhaltungen neigt, geht aus der Beobachtung des Körpergewichts hervor. Zu- und Abnahme von 1—2 kg von einem Tag zum anderen sind unter dem Einfluß eines energischen Kostwechsels (Gemüsetage, Haferkur, strenge Kost) nicht selten. Die praktische Bedeutung dieser geringen Schwankungen liegt in der Erkenntnis, daß man im schweren Diabetes Gewichtsverschiebungen dieser Größenordnung keinen besonderen Wert für den Ernährungszustand zuzumessen hat. Daß der schwere Diabetiker im Zustande starker Abmagerung oder gar der Kachexie zu Ödemen neigt, ist eine alte Erfahrungstatsache, die aber in der älteren Literatur bei weitem nicht die Rolle spielt, wie in den letzten 15 Jahren. Es kann, wie ich glaube, keinem Zweifel unterliegen, daß das diabetische Ödem nicht nur häufiger beobachtet wird, sondern auch häufiger geworden ist. Die von MAGNUS-LEVY noch im Jahre 1913 vertretene Meinung, daß „Nierenveränderungen im Spiele sind, selbst da, wo die gelegentliche Untersuchung Eiweiß im Urin vermissen läßt", teile ich nicht. Unter dem Eindruck der Bekanntschaft und des Studiums des Kriegs- oder Hungerödems ist es wohl als unzweifelhaft anzusehen, daß die Unterernährung und besonders die lange fortgesetzte Entbehrung des vollwertigen (animalischen) Proteins die grundlegende Bedingung für das Ödem darstellt. Je mehr die eiweiß- und besonders fleischarme Ernährung in Anwendung kommt, um so mehr wird man, wie ich glaube, Ödeme auch bei Diabetikern sehen, die nicht das Bild der vorgeschrittenen Abmagerung bieten.

Bekanntlich sind an der Ödementstehung aber noch andere Umstände beteiligt, so der Kochsalzgehalt der Nahrung, die Zufuhr von Natrium bicarbonicum, die Einhaltung von Gemüse- oder Mehltagen. Es ist auch bekannt, daß diese Umstände bei einem Normalen nicht zu Ödemen führen. Daß sie es bei dem Diabetiker tun, läßt das Problem der diabetischen Ödeme als schwierig und unübersichtlich erscheinen. Hier, wie bei den Nahrungsödemen überhaupt, ist es aber leicht, zu einem klaren Einblick zu gelangen, wenn man die Ursache der ödematophilen Veränderung und das Ödemmaterial unterscheidet. Die durch die Art der Ernährung verursachte ödematophile Veränderung kann nur dann zu Ödem führen, wenn Ödemmaterial zur Verfügung steht, also Kochsalz, Natrium bicarbonicum, Wasser, besonders bei fleischfreier Kost. Nach FALTA ist $NaCl + NaHCO_3$ besonders wirksam, während nach VON NOORDEN der Ersatz des größten Teiles des $NaHCO_3$ durch $KHCO_3$ das Zustandekommen der Ödeme verhindert.

Den Einfluß eines Carbonatgemisches auf die Ödembildung zeigt folgender Fall einer schwerdiabetischen acidotischen Frau, die in ödemfreiem Zustand mit einem Gewicht von 43 kg in Behandlung kam. Es wurde eine sehr eiweißarme Fettgemüsekost, anfangs mit kleinen Mengen Brot (75—20 g), später ohne Brot, gereicht. Körpergewicht, Diurese und sichtbares Ödem verhielten sich unter dem Einfluß des Carbonatgemisches wie folgt:

Zeit	kg	Harnmenge	g Karbonat	Sichtbares Ödem
28. 9.	42,9	1900	20	0
29.	43,3	2300	20	0
30.	44,0	2400	20	0
1. 10.	46,0	2300	30	
2.	48,3	2100	30	
3.	49,5	2050	30	Wachsendes Ödem
4.	50,2	1900	30	
5.	51,1	2400	20	
6.	50,5	2700	20	⎫ Ödemmaximum
7.	49,8	2750	10	⎬
8.	49,0	3200		
9.	49,4	3800		
10.	47,0	3500		
11.	46,1	3800		
12.	45,5	4100	0	Schwindendes Ödem
13.	44,6	4000		
14.	43,7	3000		
15.	43,7	3000		
16.	43,2	3600		
17.	42,5			

Die Ödeme sind nach Fortlassen des Carbonatgemisches ebenso schnell geschwunden, wie sie entstanden. Die ödematophile Veränderung ist sicherlich geblieben, da sich durch die Therapie wohl die Glykosurie und die Ketonurie, aber keineswegs der Ernährungszustand und besonders der Eiweißbestand gebessert hat.

Zweifellos stehen die alkalisch reagierenden Salze, besonders $NaHCO_3$, als Ödemmaterial an erster Stelle. Es kommen aber gelegentlich bei Kohlehydratkuren Ödeme auch dann zur Beobachtung, wenn kein Alkali gegeben wird. Und es ist erstaunlich, wie schnell sich in solchen Fällen ein sichtbares Ödem bildet. Neigt ein Kranker zu solcher Reaktion, so tritt die Schwellung bei jeder folgenden Kohlehydratkur wieder ein. Es ist aus dem Tierexperiment und besonders aus der pädiatrischen Literatur bekannt, daß Kohlehydratfütterung mit Wasserretention einhergeht, die sich bei mit Mehl einseitig ernährten Säuglingen und Kleinkindern auch bis zum Ödem steigert. Hier liegt wohl die Grundbedingung in dem Mangel an vollwertigem, hormonbildendem Eiweiß. Auch bei dem schweren Diabetiker besteht diese Grundbedingung. Es ist nicht anzunehmen, daß sie durch eine kurzdauernde Kohlehydratkur in wesentlichem Maße verstärkt wird. Die Kohlehydratkur kann wahrscheinlich nur als exogener Faktor (als Ödemmaterial) wirken. Welche ihrer Bestandteile daran schuldig sind, ist unbekannt.

Unter einer Insulinbehandlung kommt es, besonders bei stark abgemagerten Menschen, nicht selten zu einer Wasserretention, die sich zunächst in schnellem Gewichtsanstieg äußert, aber auch zu Schwellungen führen kann.

Die Kranken werden durch das Auftreten der Ödeme sehr beunruhigt. Zu einer Befürchtung, daß eine Gefahr so plötzlich nahegerückt ist, wie die Ödeme entstanden sind, liegt kein Anlaß vor. Dem aufmerksamen Beobachter sagt das durch Kochsalz- und Natroneinschränkung, Fleischzulage und Diuretica meist leicht zu beseitigende Ödem nichts Neues. Man muß sich darüber klar sein, daß ein beträchtlicher Zustand von Unterernährung vorliegt, und daß die Knappheit der Kost an Eiweiß und besonders an Fleisch nicht frei von unerwünschten Nebenwirkungen geblieben ist. Nach NOORDEN kommen die Ödeme fast immer nur bei Diabetikern vor, die dem Koma entgegengehen. Ich möchte aus meinem, natürlich viel kleineren Erfahrungskreis schließen, daß die Zeit bis zum Koma noch 1—2 Jahre betragen kann.

Über Ketonurie, diabetische Acidose und Coma diabeticum vgl. S. 318.

Literatur.

BENEDICT, F. G. und E. P. JOSLIN: Metabolism in Diabetes mellitus. Washington 1910.

BRUGSCH, TH. und K. DRESEL: Renale hereditäre Glykosurie (sogenannter renaler Diabetes). Med. Klin. **1919**, 972.

FABER KNUD: Insulin og Diabetes. København 1923.

FALTA, W. (1): Die Mehlfrüchtekur bei Diabetes mellitus. Berlin und Wien 1920. — (2): Über die Gesetze der Zuckerausscheidung bei Diabetes mellitus. Z. klin. Med. **65**, 489 (1908). — F. G. BENEDICT und E. P. JOSLIN: Untersuchungen mit dem Respirationskalorimeter über den Energieumsatz beim Diabetes mellitus. 26. Kongr. inn. Med. 1909, S. 498.

GRAFE, ED. und CH. G. L. WOLF: Beitrag zur Pathologie und Therapie der schweren Diabetesfälle. Dtsch. Arch. klin. Med. **107**, 201 (1912).

KOLISCH, R.: Diätetische Therapie. Wien 1899/1900.

LAURITZEN, M.: Blutzuckerbestimmungen bei Diabetikern und ihre klinische Bedeutung. Ther. Gegenw. **1915**, 8.

LEIMDÖRFER, A.: Über den respiratorischen Gaswechsel des Diabetikers bei verschiedenen Kostformen. Biochem. Z. **40**, 326 (1912).

MAGNUS-LEVY, A.: Die Azetonkörper. Erg. inn. Med. **1**, 352 (1908).

POLLAK, L.: Physiologie und Pathologie der Blutzuckerregulation. Ebenda **23**, 337 (1923).

ROLLY, F.: Zur Theorie und Therapie des Diabetes mellitus. Dtsch. Arch. klin. Med. **105**, 494 (1912).

WEILAND, W.: Über einige ätiologisch bemerkenswerte Formen des Diabetes. Ebenda **102**, 167 (1911).

WEINTRAUD, W. (1): Untersuchungen über den Stoffwechsel im Diabetes mellitus. Med. Bibliothek Kassel **1893**. — (2): Die diabetische Stoffwechselstörung. Dtsch. Klin. **12**, 141 (1909).

ZUNTZ, N.: Einfluß chronischer Unterernährung auf den Stoffwechsel. Biochem. Z. **55**, 341 (1913).

— und AD. LOEWY: Einfluß der Kriegskost auf den Stoffwechsel. Berl. klin. Wschr. **1916**, Nr 30. Biochem. Z. **90**, 244 (1918).

5. Renaler Diabetes. Schwangerschaftsglykosurie. Gutartiger Diabetes (Diabetes innocens).

Während im Beginn eines Diabetes die Niere für Zucker empfindlich ist und daher Glykosurie auch bei normalem Blutzuckergehalt erfolgt, tritt in späteren Stadien der Krankheit das umgekehrte Verhalten ein. Der Harn wird zuckerfrei, während der Blutzucker stark (auf 200 mg% und mehr) erhöht bleibt. Auch der pankreasdiabetische Hund und das wiederholt mit Adrenalin behandelte Tier zeigen diese Erscheinung.

Glykosurie bei normalem oder erniedrigtem Blutzucker und hoher Zuckerwert des Harns bei einem Blutzuckergehalt von der Norm bis zur Höhe des Schwellenwertes gelten neben anderen Symptomen als Kennzeichen des sogenannten renalen Diabetes.

Unter keinen Umständen handelt es sich bei der Zuckerempfindlichkeit der Niere um ein passives Durchgehen des Blutzuckers, sondern immer um eine Konzentrationsleistung, durch die der Zuckergehalt des Harns den des Blutes um ein Mehr- oder Vielfaches übersteigt. Überschreiten des Schwellenwertes der Niere für Zucker bedeutet also, daß der Sekretions-(Konzentrierungs-)apparat der Nierenzellen für Blutzucker eingeschaltet wird. Für alle gelösten Stoffe, die im Harn in größerer Dichte auftreten als in der Blutflüssigkeit, ist der Ort, in dem die Konzentrationssteigerung stattfindet, die Nierenzelle. Hier erfolgt für die Salze, für Harnstoff u. a. die Verdichtung vermutlich mit Hilfe von Reaktionen der Zellkolloide und durch Adsorptionen (LICHTWITZ). Dem Zucker kommt gegenüber den anderen Stoffen eine Sonderstellung zu, weil er zur Konzentrierung kein Kolloid braucht, sondern selbst durch Polymerisierung in Glykogen, d. h. ein fällbares Kolloid, übergehen und somit selbst seine Konzentration in der Zelle sehr weit über die Konzentration des Blutzuckers steigern kann. Die „Glykogenspeicherung" in der Nierenzelle des Diabetikers und Glykosurikers stellt nach dieser Ansicht den intrarenalen (intrazellularen) Sekretionsakt des Zuckers dar. Dieser Sekretionsakt, der durch vermehrten Blutzucker, durch Reizwirkung bestimmter Gifte und vielleicht auch durch hormonalnervöse Beeinflussung in Gang kommt, wird bei Erkrankung der Niere abgeschwächt oder vernichtet. Man sieht daher bei älteren Diabetikern mit Entwicklung einer Nephrosclerose die Glykosurie geringer werden oder gar verschwinden.

Eine Zunahme der Erregbarkeit der menschlichen Niere für den Blutzucker findet zunächst in der Schwangerschaft statt.

Bei etwa 12% aller Schwangeren besteht nach Reichenstein eine (meist gering= fügige) Glykosurie. Andere Autoren (R. Lépine, L. Stolper) nennen noch höhere Zahlen. Es handelt sich gewöhnlich um Zuckerprozente zwischen 0,5 und 1,0, und eine Tagesausscheidung von 6—12 g. Glykosuria e saccharo (100 g Trauben- zucker) ist bei Schwangeren überaus häufig, eine Glykosuria ex amylo nicht selten. Die Glykosurie verschwindet kurz nach der Entbindung, um mitunter bei einer späteren Gravidität wieder zu erscheinen. Es ist durch eine Reihe von Unter- suchern (Maase; Porges und Novak; E. Frank u. a.) sichergestellt, daß — in der Regel — die Glykosurie bei normalen und auch subnormalen Blutzuckerwerten erfolgt. Zweifellos liegt hier eine renale Komponente vor.

Dasselbe Verhalten des Blutzuckers und des Harnzuckers trifft man — weit häufiger, als man früher annahm — bei Zuckerausscheidern (Diabetikern) meist jugendlichen Alters. Nach älteren Beobachtungen einzelner Fälle (R. Lépine, G. Klemperer, M. Bönniger, W. Weiland, P. Tachau, Frank), die das Vorkommen eines renalen Diabetes beim Menschen teils wahrscheinlich machten, teils sicherten, hat H. Salomon eine Fülle von Erfahrungen mitgeteilt und das Bild des Diabetes innocens der Jugendlichen, der zum Diabetes renalis mindestens sehr nahe Be- ziehungen hat, scharf gezeichnet. Es handelt sich meistens um einen zufällig er- hobenen Befund einer geringen (1% im Gesamtharn, 2% in einer einzelnen Harn- portion kaum je übersteigenden) dauernden oder intermittierenden Zuckeraus- scheidung ohne Neigung zur Verschlimmerung, also durchaus harmloser Art. Nicht selten ist ein ausgesprochener familialer Charakter und eine Heredität der Erkrankung festgestellt (Salomon, Brugsch und Dresel u. a.).

In den typischen Fällen ist die Zuckerausscheidung von der Kost unab- hängig und auch durch strenge Diät nicht zu beseitigen. In anderen Fällen erscheint Harnzucker nur bei gemischter Kost; es besteht also dann eine Tole- ranz wie bei den ganz leichten Fällen von Diabetes; die Zuckerausscheidung findet bei einem Blutzuckergehalt der Höhe statt, wie er durch eine normale Kost be- wirkt wird. In den reinen Fällen bleibt der Blutzucker niedrig, sowohl im Ruhe- nüchternzustand, in dem der Harn meist zuckerfrei ist, als auch während der Glykosurie. Gegenüber einer Kohlehydrat- bzw. Traubenzuckerbelastung ver- halten sich die klaren Fälle wie normale Individuen, d. h. es tritt nur eine kurz- dauernde und geringfügige Steigerung des Blutzuckers ein.

Klinisch bieten diese Menschen nichts Besonderes. Diabetische Krankheits- erscheinungen fehlen. Bei manchen wird eine gewisse Asthenie und Nervosität vermerkt. In einer Anzahl von Fällen ist eine orthostatische Albuminurie be- obachtet worden. Am häufigsten liegt die Bedingung in hereditären und familialen Verhältnissen. Bemerkenswert ist das Auftreten einer renalen Glykosurie bei Nierenblutungen (Naunyn, Salomon) und im Verlauf schwerer Darmkatarrhe (Tachau, Frank). Diese Beobachtung hat vielleicht Beziehungen zu der Glykos- urie bei Cholera asiatica und bei Chylurie. Von großer theoretischer Bedeutung ist ein Befund von Salomon, nach dem in einem nach Joddarreichung entstan- denen Jod-Basedow eine periodische Glykosurie renalen Charakters auftrat.

Die Diagnose ergibt sich aus der Beobachtung des Verlaufs, aus dem familialen Charakter der Affektion. Eine diätetische Behandlung ist unnötig.

Wenn es nun nur solche reinen Fälle von renaler Glykosurie gäbe, wenn die Familien, in denen solche Fälle sich häufen, frei von echtem Diabetes wären, und wenn sich in der Pathologie des echten Diabetes mellitus keine Hinweise fänden, daß dort das gleiche Verhalten der Beziehung Blutzucker : Harnzucker vorkommt, dann hätte Frank recht mit seiner Folgerung, daß der „renale Diabetes eine Krankheit sui generis und — durchaus abgetrennt vom Diabetes mellitus — als eigenes Kapitel der Nosologie und Therapie zu behandeln sei".

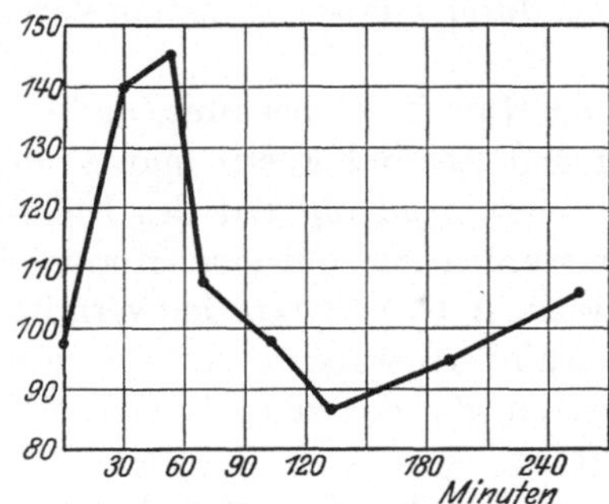

Abb. 15. Diabetes renalis. 30 g Dextrose per os. Hyperglykämie kurz und niedrig. Reaktive Senkung.

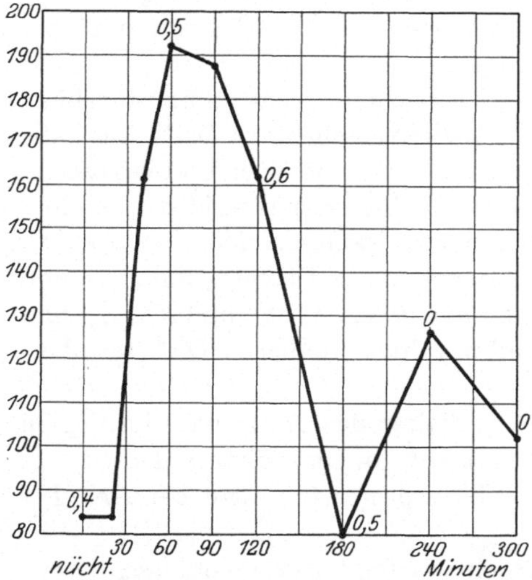

Abb. 16. Glykosurie vom Typus des Diabetes renalis. Nüchternblutzucker niedrig. 30 g Dextrose per os. Hohe Hyperglykämie von ziemlich langer Dauer. Keine reaktive Hypoglykämie (!). Der Zuckergehalt des Harns ist ganz unabhängig von der Höhe des Blutzuckers.

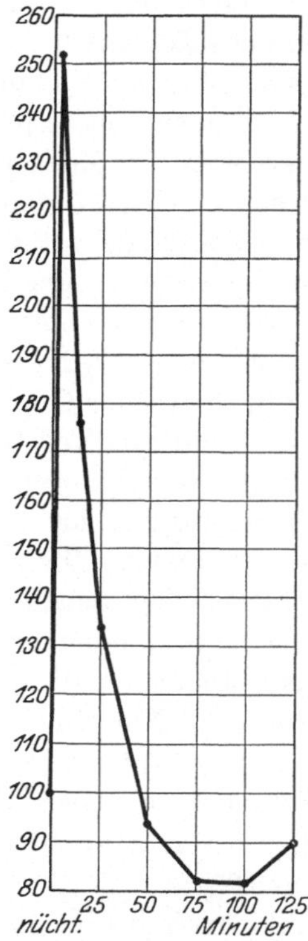

Abb. 17. Derselbe Fall wie Abb. 16. 15 g Dextrose intravenös. Hyperglykämie hoch und kurz .Reaktive Phase deutlich.

Aber keine dieser Bedingungen trifft zu. Es gibt Kranke, die zu gewissen Zeiten den Typus der renalen Glykosurie, zu anderen aber hohe Blutzuckernüchternwerte (bis 0,191%) (Salomon, Fall 11) und hohe alimentäre Hyperglykämie aufweisen (Salomon), die Salomon in einem Falle für nervös bedingt hält. Derselbe Autor teilt einen Fall mit, der zu einer renaldiabetischen Familie gehört, selbst eine Glykosurie dieses Typus hat, dabei aber eine pathologisch gesteigerte Adrenalinempfindlichkeit (3 Tage dauernde gesteigerte Zuckerausscheidung nach 1 mg Adrenalin und 100 g Traubenzucker) aufweist. Salomon macht darauf aufmerksam, „wie adrenalinempfindlich solche Fälle sein können und wie renaler

Diabetes suprarenale Höhereinstellung des Blutzuckers und der Glykosurie keineswegs ausschließt".

Weiterhin sind in jüngster Zeit Fälle bekannt geworden, in denen bei normalem Blutzuckergehalt ansehnliche Zuckerausscheidungen (3—8% und 40 bis 150 g) erfolgten (SALOMON; WYNHAUSEN und ELZAS; FABER und NORGAARD; A. GALAMBOS). Auch diese Kranken hatten einen durch Jahre stationären Verlauf und fühlten sich bei freier Kost wohl.

Durch die Untersuchungen von PORGES und NOWAK ist bekannt, daß es in der Schwangerschaft sehr leicht zur Bildung von Acetonkörpern und Acidose kommt, eine Tatsache, die dazu drängt, im Zusammenhang mit der Neigung der Schwangeren zu Glykosurie betrachtet zu werden und auf eine Störung im Mittelpunkt des Kohlehydratstoffwechsels hinweist. A. GOTTSCHALK hat vermittels der von ISAAC ausgearbeiteten Leberfunktionsprüfungsmethode in der Gravidität das Bestehen einer Leberschädigung nachgewiesen, die mit einer Überempfindlichkeit der Niere für Zucker vergesellschaftet ist.

GALAMBOS beschreibt einen Fall von Diabetes renalis (d. h. eine Zuckerausscheidung bei normalem Blutzucker, unabhängig von der Nahrung und ohne diabetische Symptome), der bei erheblicher Glykosurie (80—150 g täglich) eine Acidose hatte, noch bei einer Kohlehydratzufuhr von 75 g 6—7 g Acetonkörper ausschied und eine relative Aminosurie zeigte.

UMBER hat bei einer Graviden, die einen Diabetes innocens zu haben schien, eine unaufhaltsam zum Tode fortschreitende Acidose gesehen. Da in diesem Falle die Leber so gut wie glykogenfrei war, so spricht UMBER von einer akuten Dyszooamylie der Schwangerschaft. Auch BAUDOUIN hat bei einer Graviden, mit einer Glykosurie von renalem Typ, den Ausbruch einer schweren Acidose beobachtet.

Weiterhin ist von Belang, daß in der Aszendenz des Diabetes innocens und renalis öfter echter Diabetes vorkommt (SALOMON, WYNHAUSEN und ELZAS), und daß ein als Diabetes renalis beginnender Fall in echten, tödlichen Diabetes übergehen kann (VON NOORDEN).

Aus diesen Beobachtungen und aus dem Verhalten des Blutzuckers im Beginn des Diabetes geht deutlich hervor, daß es auch beim echten Diabetes, zumal in seinem Beginn, eine renale Komponente, eine renale Glykosurie gibt.

Die zahlreichen Beobachtungen lassen sich wie folgt zusammenfassen:

1. Es gibt eine renale Glykosurie, eine Überempfindlichkeit der Niere für Zucker.

2. Es gibt einen Diabetes innocens, der in der Mehrzahl der Fälle, aber durchaus nicht in allen, den renalen Typ der Glykosurie zeigt.

3. Es gibt eine renale Komponente der echten diabetischen Störung, d. h. die diabetische Veränderung greift auch in der Niere an und bewirkt (anfangs) eine Steigerung der Empfindlichkeit der Nierenzelle gegenüber dem Blutzucker.

4. Warum in gewissen Fällen und in gewissen Familien und in der Gravidität die renale Komponente im Komplex der diabetischen (neuroendokrinen) Prozesse stärker hervortritt, wissen wir nicht.

Dieser verbindende Standpunkt einzig und allein wird den geschilderten Beobachtungen gerecht. Er verpflichtet dazu auch gegenüber anscheinend harmlosen Fällen stets auf der Hut zu sein.

Literatur.

BÖNNIGER, M.: Beitrag zur Frage des Nierendiabetes. Dtsch. med. Wschr. **1908**, S. 780.

BÖNNIGER, M.: Beitrag zur Frage des Nierendiabetes. Berl. klin. Wschr. **1908**, Nr. 18.

FABER, K. und A. NORGAARD: Zwei Fälle von chronischer renaler Glykosurie. Bibl. Laeg. (dän.) **112**, 1 (1920).

FRANK, E. (1): Der renale Diabetes der Menschen und Tiere. 33. Kongr. inn. Med. **1913**, 166.

— (2): Über experimentelle und klinische Glykosurien bei jüngeren Menschen. Ther. Gegenw. **1914**, 349.

GALAMBOS, A.: Über den renalen Diabetes. Dtsch. med. Wschr. **1904**, Nr 26; **1914**, 1301.

GOTTSCHALK, A.: Über die Funktion der Leber und Niere in der Schwangerschaft. Z. exper. Med. **26**, 34 (1922).

KLEMPERER, G.: Über regulatorische Glykosurie und renalen Diabetes. Dtsch. med. Wschr. **1922**, 46.

LÉPINE, R.: Le diabète sucré. Paris 1909.

PORGES, O. und J. NOVAK: Über die Ursache der Azetonurie bei Schwangeren. Berl. klin. Wschr. **1911**, 1757.

SALOMON, H.: Über den Diabetes innocens bei Jugendlichen. Dtsch. med. Wschr. **1914**, Nr 5.

STOLPER, L.: Pankreas und Ovarium in ihrer Beziehung zum Zuckerstoffwechsel. Gynäk. Rdsch. **6**, 898 (1912).

TACHAU, P.: Beitrag zum Studium des Nierendiabetes. Dtsch. Arch. klin. Med. **104**, 448 (1911).

WEILAND, W.: Über einige ätiologisch bemerkenswerte Formen des Diabetes. Ebenda **102**, 167 (1911).

WYNHAUSEN, O. J. und M. ELZAS: Diabetes innocens. Arch. Verdgskrkh. **26**, 33 (1920).

6. Lävulosurie. Galactosurie, Lactosurie. Dextrinartige Substanzen. Pentosurie.

a) Die Lävulosurie.

Die gemischte Nahrung enthält ansehnliche Mengen von Lävulose, die in der Leber leicht und schnell in Dextrose übergeht. Eine Störung dieser Funktion besteht bei manchen Leberkrankheiten, aber in so geringem Maße, daß eine Lävulosurie nur im Belastungsversuch auftritt. Hier soll nur von den spontanen Ausscheidungen von Fruchtzucker die Rede sein, wie sie sich — nicht gerade häufig — als selbständige Stoffwechselanomalie oder in Verbindung mit Glykosurie oder Diabetes findet.

Die reine Lävulosurie ist äußerst selten: sie tritt ohne Krankheitssymptome auf. Zeichen von Neuropathie oder Neurasthenie, wie sie z. B. von O. NEUBAUER erwähnt werden, sind nicht als die Folge der Stoffwechselerscheinung anzusehen. Daß sich aus dieser ernstere Krankheitserscheinungen herausgebildet haben, ist nicht beobachtet worden. Da aber in der Familie dieser Menschen Fälle von echtem Diabetes nicht selten sein sollen, so erscheint ein gewisses Mißtrauen gegen die Harmlosigkeit der Lävulosurie nicht unberechtigt. Die Zuckerausscheidung besteht nur bei Zuführung von Fructose oder, wie in dem Falle von NEUBAUER, auch von Inulin, einem Polysaccharid der Fructose. In diesem Falle wurde stets 15—17% der Nahrungslävulose ausgeschieden, gleichgültig ob wenig (3,8 g) oder viel (50 g) gegeben wurde. Die ausgeschiedenen Zuckermengen sind meist gering. Bei einer Kost, die keinen Fruchtzucker enthält, geht die Ausscheidung auf Null oder auf Spuren zurück.

Die wesentliche klinische Bedeutung dieser Form besteht in der Möglichkeit einer Verwechslung mit Glykosurie. Ob nach diagnostischer Klärung eine therapeutische Stellungnahme not tut, ist umstritten. In den Fällen, in deren Familien Diabetes heimisch ist, dürfte es sich empfehlen, die Diät so einzurichten, daß keine Zuckerausscheidung stattfindet.

Lävulosurie neben Glykosurie. Es handelt sich meist um kleine Mengen beider Zucker. In dem Falle von ZIMMER (berechnet von MAGNUS-LEVY) wurden aber große Mengen Lävulose (176—192 g) neben ähnlichen Mengen von Dextrose ausgeschieden, so große, daß ein Übergang von Dextrose in Lävulose stattgefunden haben muß. Das gleiche geschah in einem Falle von O. NEUBAUER. Der Kranke schied bei lävulosefreier Nahrung nach Zuführung von Traubenzucker oder Stärke Fructose aus. In diesen beiden Beobachtungen handelt es sich um mehr als eine einfache alimentäre Fructosurie.

Von ROSIN und LABAND, sowie von UMBER ist angegeben worden, daß der Befund von Lävulose im Harn von Diabetikern häufig sei. Der SELIWANOFF-schen Probe, auf die sich diese Meinung stützt, kommt jedoch eine eindeutige Beweiskraft nicht zu. Bei Anwendung geeigneter Methoden findet man eine recht gute Übereinstimmung zwischen polarimetrischer und titrimetrischer Zucker-analyse, so daß für die Anwesenheit eines linksdrehenden Zuckers kein Raum bleibt (L. BORCHARDT).

b) Galactosurie, Lactosurie.

Galactose ist nach Zuführung von Milch oder Milchzucker bei magen-darm-kranken Kleinkindern oder bei leberkranken Kindern (GÖPPERT) meist in Beglei-tung von Lactose im Harn gefunden worden. VON NOORDEN hat in schweren Diabetesfällen nach Zuführung von 50 g Milchzucker Galactosurie beobachtet.

Bei stillenden Frauen ist die Lactosurie eine häufige Erscheinung. Sie tritt bei sehr reichlicher Milchsekretion oder bei schlechter Entnahme der Milch, daher auch beim Absetzen des Kindes auf. Die puerperale Lactosurie wurde von BLOT im Jahre 1850 entdeckt. HOFMEISTER erkannte den Zucker als Milch-zucker. Es handelt sich um einen Resorptionsprozeß, der zur Lactosurie führen muß, weil die Lactose intermediär unangreifbar ist. Die Zuckerausscheidung hört mit der Beendigung der Milchdrüsentätigkeit auf. Die puerperale Lactosurie bewegt sich in bescheidenen Grenzen; sie geht über den Tageswert von 20 g kaum je hinaus.

Dieses physiologische Ereignis hat nur soweit klinisches Interesse, als es im-stande ist dem Unkundigen eine Glykosurie vorzutäuschen oder eine gleichzeitig bestehende Glykosurie zu verdecken.

Die Erkennung des Milchzuckers im Harn gründet sich auf die positiven Reduk-tionsproben, die Rechtsdrehung, das Osazon und die fehlende Gärung mit Bier-hefe.

Dasselbe Verhalten zeigt aber die freie Glykuronsäure. Zur Unterscheidung dienen deren Farbenreaktionen (mit Orcin, Phloroglucin, Naphthoresorcin) einer-seits, und das Gärungsvermögen, das im Milchzuckerharn nach Hydrolyse mit 5%iger Schwefelsäure eintritt.

c) Dextrinartige Substanzen.

Der Harn des Diabetikers enthält mehr kolloidales Kohlehydrat (Dextrin) als der Harn des Normalen (VON ALFTHAN, LICHTWITZ, VON NOORDEN). In einem

Falle, den ich fortlaufend beobachtet habe, nahm das Kolloid parallel mit dem Zuckergehalt in folgender Weise ab:

% D	Kolloid	
	%	Tagesmenge
8,7	0,255	7,62 g
5,5	0,242	3,68 „
1,5	0,059	0,95 „
0,6	0,044	0,58 „

In einem Falle VON NOORDENS stieg binnen 12 Tagen mit zunehmender Verschlimmerung die tägliche Menge des Benzoylesters der Substanz von 3—4 g auf 17—27 g.

d) Pentosurie.

Im Pflanzenreich sind hochmolekulare Polysaccharide der Pentosen, die Pentosane, weit verbreitet. Der Mensch ist imstande Pentosen der Nahrung zu verbrennen. Die Toleranz für diese Zucker ist sehr verschieden, so daß alimentäre Pentosurie vorkommt. Im Tierkörper sind Pentosen als Bausteine der Nucleinsäuren enthalten. Der tierische Organismus vermag diese Pentosen selbst zu bilden. Das geht eindeutig aus der Entstehung der Nucleinsäuren im bebrüteten Ei hervor.

Im Jahre 1892 haben SALKOWSKI und JASTROWITZ bei einem Morphinisten die echte spontane Pentosurie entdeckt. Seitdem ist eine Reihe solcher Fälle beschrieben worden, sowohl bei Gesunden, als auch bei Neurotikern, Alkoholikern und auch bei einem Cocainisten. Die Pentosurie hat häufig einen familialen Charakter. In einigen Fällen wurde das Auftreten einer leichten Glykosurie beobachtet. Einige andere Kranke entstammten diabetischen Familien. Die Zuckerausscheidung übersteigt nie 1%. Die gewöhnliche Tagesmenge beträgt 10 g, die höchste beobachtete 20 g (R. LUZZATO). Die spontane Pentosurie ist von der Nahrung so gut wie unabhängig; sie wird — wenn auch nicht in allen Fällen — nur von Milch oder Milchzucker gesteigert.

Merkwürdigerweise handelt es sich oft um eine optisch inaktive Pentose. Nach NEUBERG ist es eine razemische Arabinose, die zu der Pentose der Nucleinsäuren (Xylose oder Ribose) keine Beziehungen hat. In anderen Fällen wurden optisch aktive Pentosen gefunden, so Gemische von l- und r-Arabinose mit Überwiegen der l-Komponente, d-Xylose (ZERNER und WALTUCH), l-Ribose (LEVENE und LE FORGE).

NEUBERG nimmt an, daß die Pentose sich aus Galaktose bildet, da diese dazu neigt, in optisch inaktive Körper überzugehen. LUZZATO und L. SCHÜLER haben auch nach Lactosezufuhr, ALEXANDER nach Milch eine Verstärkung der Pentosurie beobachtet. CAMMIDGE und HOWARD hatten bei zwei Fällen keinen solchen Erfolg. Von einer ausreichenden Klarheit über die Muttersubstanz der Pentose oder Pentosen sind wir weit entfernt. Verwickelter ist das Problem noch dadurch, daß auch der Pentosuriker per os zugeführte Pentosen (Xylose und Arabinose) ganz oder zum überwiegenden Teil verbrennt (O. AF KLERCKER, M. BIAL und F. BLUMENTHAL). CAMMIDGE und HOWARD fanden Sinken der Pentosurie (von 3,2 auf 0,5 g) bei Herabsetzung der Eiweißzufuhr und·Ansteigen auf den ursprünglichen Wert nach Eiweißzulage. Sie beobachteten in sieben Fällen starke Urobilinausscheidung und hohe Werte des Aminosäuren-N. Sie schließen daraus, daß die Pentosen aus Eiweiß entstehen und bei einer Funktionsschädigung der Leber nicht in normaler Weise verarbeitet werden.

Die Pentosurie ist eine durchaus harmlose Stoffwechselbesonderheit, jeder therapeutische Versuch daher nutzlos und überflüssig.

Literatur.

v. ALFTHAN: Über dextrinartige Substanzen im diabetischen Harn. Helsingfors 1904.

BIAL, M. (1): Pentosurie als familiäre Anomalie. Berl. klin. Wschr. 1904, 552. — (2): Die Diagnose der Pentosurie. Dtsch. med. Wschr. 1902, 253.

— und F. BLUMENTHAL: Versuche bei chronischer Pentosurie. Ebenda 1901, Nr 22.

BORCHARDT, L.: Über diabetische Lävulosurie. Hoppe-Seylers Z. 55, 241 (1908); 60, 411 (1909).

CAMMIDGE, P. J. und H. H. A. HOWARD: Sieben Fälle von essentieller Pentosurie. Brit. med. J. 1920, 777.

HOFMEISTER, F.: Über Laktosurie. Hoppe-Seylers Z. 1, 101 (1877).

KALTENBACH. P.: Laktosurie der Wöchnerinnen. Ebenda 2, 360 (1878).

KLERCKER, O. AF: Beitrag zur Lehre von der Pentosurie. Dtsch. Arch. klin. Med. 108, 277 (1912).

LEPINE, R. et BOULUD: Sur un cas de diabète lévulosurique. Rev. Méd. 24, 185 (1904).

LABAND, L. und H. ROSIN: Über spontane Lävulosurie und Lävulosämie. Z. klin. Med. 47, 182 (1902).

LICHTWITZ, L.: Untersuchungen über Kolloide im Urin. III. Hoppe-Seylers Z. 72, 215 (1911).

LUZZATO, R.: Ein Fall von Pentosurie. Arch. f. exper. Path., Suppl. (SCHMIEDEBERG-Festschr.) 1908, 366.

NEUBAUER, O.: Zur Kenntnis der Fructosurie. Münch. med. Wschr. 1905, 1525.

NEUBERG, C.: Zur Kenntnis der Pentosurie. Münch. med. Wschr. 1905, 1525.

ROSIN, H.: Über Fruchtzuckerdiabetes. SALKOWSKI-Festschrift. Berlin 1904, S. 105.

SALKOWSKI, E. und JASTROWITZ: Über eine bisher nicht bekannte Zuckerart im Harn. Zbl. med. Wiss. 1872, Nr 19.

SCHÜLER, L.: Arabinoseausscheidung im Harn. Berl. klin. Wschr. 1910, 1322.

UMBER, FR.: Ausscheidung und Assimilation von Fruchtzucker. SALKOWSKI-Festschrift. Berlin 1904, S. 375.

ZERNER, E. und R. WALTUCH: Zur Frage des Pentosuriezuckers. Biochem. Z. 58, 410 (1913).

Zwölftes Kapitel.

Die Fette.

1. Chemie der Fette.

Die Fette sind Säureester, d. h. Verbindungen von Säure und Alkohol. Die bei weitem wichtigste Gruppe der im tierischen Organismus vorkommenden Säureester ist diejenige, in der als Alkohol Glycerin und als Säure eine der Fettsäuren von der Buttersäure bis zur Stearinsäure, außerdem Ölsäure gebunden ist. Das Glycerin kann sich als dreiwertiger Alkohol mit drei Molekülen Fettsäure verestern. Die Formel eines Triglycerids, z. B. des Tristearins, ist folgende:

$$CH_2-COO \cdot (CH_2)_{16}CH_3$$
$$|$$
$$CH\ \ -COO \cdot (CH_2)_{16}CH_3$$
$$|$$
$$CH_2-COO \cdot (CH_2)_{16}CH_3$$

Tristearin

Entgegen der früheren Ansicht, daß sich im tierischen und pflanzlichen Organismus nur derartige einheitliche Triglyceride (Tristearin, Tripalmitin, Triolein) finden, hat die neuere Forschung ergeben, daß das Glycerin mit verschiedenen Fettsäuren verestert sein kann und verestert ist. So findet sich die Buttersäure in der Butter nicht als Tributyrin, sondern als Distearobutyrin. Durch Veresterung der drei Hydroxylgruppen des Glycerins mit zwei oder mit drei verschiedenen Fettsäuren sind stellungsisomere Glyceride möglich.

Die Spaltung der Fette geht unter Aufnahme von Wasser vor sich und heißt Verseifung; sie erfolgt in der Technik, wie man jetzt annimmt, stufenweise, so daß die Fettsäuren nicht gleichzeitig in Freiheit gesetzt werden.

Die völlig reinen Neutralfette sind farb-, geruch- und geschmacklos, in Wasser unlöslich, ziemlich unlöslich in kaltem, leichter löslich in heißem Alkohol, leicht löslich in Äther, Benzol, Chloroform, Tetrachlorkohlenstoff. Beim Erhitzen mit wasserentziehenden Stoffen, wie Kaliumbisulfat, entwickeln sich stark reizende Dämpfe von Acrolein, das sich aus dem Glycerinanteil bildet.

Behandelt man fetthaltiges Material mit Überosmiumsäure, so nimmt es eine tiefschwarze Färbung an, die auf der Reduktion der Überosmiumsäure zu metallischem Osmium beruht. Diese Reaktion dient zum mikroskopischen Fettnachweis.

Beim Aufbewahren unter Luftzutritt werden die Fette ranzig, d. h. sie werden teilweise — in Glycerin und Fettsäure — gespalten, und die Fettsäuren gehen in flüchtige unangenehm riechende Stoffe über, die zum Teil Aldehydnatur haben, zum Teil noch unbekannt sind.

Die in den Fetten vorkommenden Fettsäuren sind gesättigt (Stearinsäure, Palmitinsäure) oder ungesättigt (Ölsäure). Von der Zahl der ungesättigten Bindungen in einem Fettmolekül sind die physikalischen Eigenschaften im wesentlichen abhängig. So haben die flüssigen Fette, die Öle, eine wechselnde Zahl von Fettsäuren mit ungesättigten Bindungen. Der Härtegrad ist um so höher, je ärmer das Fett an Doppelbindungen ist. Der verschiedene Aggregatzustand der in der Natur vorkommenden Fette ist keine zufällige Eigenschaft. Poikilotherme Tiere oder Tiere, die in kalter Umgebung leben (Seetiere, Polartiere), haben ein flüssiges Fett (Tran). Auch beim gleichen Individuum ist das Fett verschiedener Körperregionen in bezug auf seinen Härtegrad verschieden.

Je reicher an ungesättigten Bindungen Fett ist, um so leichter verändert es sich. Die Öle und Trane nehmen besonders leicht Sauerstoff aus der Luft auf und werden ranzig. Tierische Öle und die Trane sind daher für die technische Verwertung zu Speisefetten und Seifen minderwertig. Durch Umwandlung der Doppelbindungen in gesättigte vermittels Anlagerung von Wasserstoff mit Hilfe von Nickel u. a. als Katalysator (Hydrierung) kann man aus den flüssigen Fetten feste haltbare herstellen. Dieses Verfahren spielt in der Technik eine sehr große Rolle.

Die Messung der Zahl der Doppelbindungen erfolgt durch die Bestimmung der Jodzahl, d. h. der Menge Jod in Gramm, die von 100 g Fett zur Absättigung der Doppelbindungen aufgenommen wird. An Stelle der Jodzahl kann man auch die Wasserstoffzahl verwenden. Auch die physikalischen Eigenschaften, die Viscosität und den Brechungsexponenten, kann man als bequeme Mittel zur Prüfung der Fette benutzen. Auch die Lichtbrechung der Fette hängt von der Zahl der Doppelbindungen ab.

2. Fettspaltende Fermente.

Die fettspaltenden Fermente (Lipasen) sind nicht streng spezifisch, sondern spalten zum Teil auch Ester aromatischer Säuren und Ester einwertiger aliphatischer Alkohole, z. B. Äthylbyturat. Fermente, deren fettspaltende Wirkung überwiegt, nennt man Lipasen, im Gegensatz zu den Esterasen, bei denen die Spaltung anderer Ester im Vordergrund steht. Lipasen finden sich in der Natur überall dort, wo Fett vorkommt.

Vom klinischen Gesichtspunkte aus interessieren uns zunächst die Lipasen des Blutes und gewisser Organe.

Die Lipase des Blutes, von HANRIOT zuerst beschrieben, ist von RONA und MICHAELIS vollständig gesichert worden, indem sie die Zunahme der Oberflächenspannung, die bei Spaltung von Monobyturin oder Tribyturin eintritt, als Maß benutzten. Die Lipasewirkung des Blutes nimmt bei längerem Hunger und bei Zuführung größerer Fettmengen zu; sie vermindert sich bei schweren Krankheitszuständen. Zwischen der Schwere einer tuberkulösen Erkrankung und dem Lipasegehalt des Blutes soll ein gewisser Parallelismus bestehen. Diese Beziehung hat vielleicht ein klinisches Interesse, da Tuberkelbacillen Fette und Wachse (Wachse sind Ester höherer einwertiger Alkohole mit höheren Säuren) enthalten, und da man annehmen kann, daß die Zerstörung der Wachshülle für die Lebensfähigkeit der Bacillen nicht ohne Bedeutung ist.

K. SCHEER hat im Speichel eine Lipase (Wirkungsoptimum bei $p_H = 7,0$), die vermutlich der Mundreinigung dient, gefunden. Die Lipasen der Organe besitzen charakteristische Unterscheidungsmerkmale. Magenlipase und Pankreaslipase galten bis vor kurzem als verschieden, weil sie das Optimum ihrer Wirkung bei verschiedenem p_H hatten, und weil das Magenenzym (bei manchen Arten der Präparation) durch Galle nicht aktivierbar war. WILLSTÄTTER und MEMMEN haben aber gezeigt, daß die Abhängigkeit der lipatischen Wirkung von der Wasserstoffzahl durch ganz andere, kompliziertere Faktoren vorgetäuscht oder entstellt ist und daß bei Reinigung mit Adsorptionsmitteln dieser Unterschied und auch der Unterschied der Aktivierbarkeit durch Galle verschwindet. Ein Unterschied zwischen diesen beiden Enzymen fand sich bei der Untersuchung ihrer Einwirkung auf asymmetrisch konstituierte Substrate. „Die Spezifität der Enzyme in ihrer Wirkung auf asymmetrisch konstituierte Substrate scheint von den Begleitstoffen unabhängig und wirklich eine Eigenschaft der Enzyme selbst zu sein" (WILLSTÄTTER). Mit dieser Methode, der Untersuchung der Spaltung optisch aktiver Substrate, gelang es weiter die Pankreaslipase von den Leberenzymen scharf zu unterscheiden (WILLSTÄTTER e. s.), die ein zweites Unterscheidungsmerkmal in der sehr viel größeren Haltbarkeit der Leberlipase (Esterase) haben. RONA und seine Schule hat die Giftempfindlichkeit der Lipasen untersucht und gefunden, daß menschliche Serumlipase gegen Chinin etwa 1000 mal empfindlicher ist als menschliche Leberlipase. Pankreaslipase ist resistent gegen Atoxyl, während Serumlipase und Leberlipase bereits durch kleinste Mengen dieses Giftes völlig gehemmt werden. WILLSTÄTTER schließt aus Versuchen, in denen die Fermente weitgehend gereinigt wurden, daß den begleitenden Fremdstoffen ein großer Einfluß auf die Wirkung der Gifte zukommen kann. RONA hat seine Methode auf die Erkennung blutfremder Lipasen im Serum angewandt. Seine Annahme, daß sich bei Leberkrankheiten, bei denen Gallenbestandteile ins Blut übertreten, auch durch ihre Chininunempfindlichkeit leicht kenntliche Leberlipase im Blut finden lassen müsse, hat sich bestätigt. Beim Icterus neonatorum tritt diese Lipase nicht im Blute auf. Vielleicht ergibt sich aus diesen Feststellungen ein Hilfsmittel zur Unterscheidung des hepatogenen und des hämolytischen Icterus. RONA fand weiter auch bei degenerativen Nephropathien eine chininfeste Lipase im Blute, die, da sie auch im Harn festgestellt werden konnte (E. BLOCH), vermutlich aus der Niere stammt. SIMON fand eine chininfeste Lipase auch bei anderen Krankheiten im Blut.

Auch in Lipomen finden sich Lipasen. Und das ist sehr beachtenswert, weil in Lipomen fast niemals eine Einschmelzung des Fettes beobachtet wird. Eine Ausnahme von dieser Regel bilden alte Lipome mit nekrotischem Kern, in denen sich Kalkseifen finden, wie sie auch bei Pankreasnekrose im Fett des umgewandelten Gewebes auftreten.

Die Lipasen haben nicht nur die Fähigkeit das Fett zu spalten, sondern sie vermögen auch Fett aus Glycerin und Fettsäuren zu synthetisieren. KASTLE und LOEVENHART haben diese Fähigkeit zuerst am Äthylbyturat nachgewiesen. Die Synthese verläuft nur bei völligem Ausschluß von Wasser und sehr unvollkommen. C. OPPENHEIMER begründet seine Meinung, daß diese Art der Fettsynthese unter natürlichen Verhältnissen nicht vorkommt, damit, daß das am stärksten fettbildende Organ, die Mamma, am wenigsten Lipase enthält, während fettarmes Gewebe sehr reich an lipatischem Enzym sein kann. Diese Argumente reichen aber nicht aus die synthetische Wirkung der Fermente im intermediären Stoffwechsel abzulehnen. Darauf werden wir an anderer Stelle zurückkommen.

<h3 style="text-align:center">Literatur.</h3>

BAUER, J.: Über die fettspaltenden Fermente des Blutplasmas in krankhaften Zuständen. Wien. klin. Wschr. **1912**, 1376.

BLOCH, E.: Blutfremde Fermente im Serum. Klin. Wschr. **1923**, 1793.

EGG, CARLA: Über das Fett des Neugeborenen. Schweiz. med. Wschr. 1928, 266.

EICHWALD, E.: Die tierischen Fette und Wachse. Handbuch der Biochemie 1, 74 (1923) (Literatur).

FALKENHEIM, C. und P. GYÖRGY: Über die Beziehungen des Tuberkulins zur Serumlipase. Beitr. Klin. Tbk. **53**, 250 (1922).

FRISCH, A.: Die sogenannten Blutlipasen bei Tuberkulose. Ebenda 48, 15 (1921).

HANRIOT: Nouveau ferment du sang. C. r. Soc. Biol. **123**, 753 (1896).

KASTLE, J. H. and A. S. LOEVENHART: Concerning lipase, the fat splitting enzyme and the reversibility of its action. Amer. J. Chem. **24**, 491 (1900).

LEATHES, J. B.: The Fats. London 1910.

LOEVENHART, A. S. and J. H. KASTLE: On the relation of lipase to fat metabolism; lipogenesis. Amer. J. Physiol. **6**, 331 (1902).

OPPENHEIMER, C.: Die Fermente und ihre Wirkungen, 5. Aufl. Leipzig 1925.

RONA, P. und L. MICHAELIS: Über Ester- und Fettspaltung in Blut und Serum. Biochem. Z. **31**, 345 (1911).

— H. PETOW, H. SCHREIBER: Eine Methode zum Nachweis blutfremder Fermente im Serum. Klin. Wschr. **1922**, 2366.

SCHEER, K.: Über Lipase im Speichel. Ebenda **1928**, 163.

SIEGERT, F.: Über das Verhalten der festen und der flüssigen Fettsäuren im Fett des Neugeborenen und des Säuglings. Hofmeisters Beitr. 1, 183 (1902).

SIMON, H.: Chininresistente Lipasen in Serum und ihre klinische Verwertbarkeit. Dtsch. med. Wschr. **1923**, 506.

Terroine, E. F., R. Bonnet, G. Kopp et J. Véchot: Sur la signification physiologique des liaisons éthyléniques des acides gras. Bull. Soc. Chim. biol. Paris **605** (1927).

Willstätter, R. und E. Waldschmidt-Leitz, F. Memmen: Bestimmung der pankreatischen Fettspaltung. Hoppe-Seylers Z. **125**, 93, 133 (1922).

— und F. Memmen: Vergleich von Magenlipase mit Pankreaslipase. Ebenda **139**, 247 (1923).

— F. Haurowitz und F. Memmen: Zur Spezifizität der Lipasen aus verschiedenen Organen. Ebenda **140**, 203 (1924).

3. Das Fett des Menschen.

Das Fett (bei einem normalen Menschen etwa 18% des Körpergewichts) liegt beim Menschen teils in Fettzellen teils in Organzellen. Die Hauptfettlager finden sich im Unterhautzellgewebe, den Mesenterialfalten und dem Gewebe zwischen den Muskelfasern. Das Fettgewebefett hat eine andere Beschaffenheit als das Organfett. Während dieses eine Jodzahl von 115—135 hat, kommt dem Lagerfett nur eine Jodzahl zwischen 40—65 zu. Das Organfett ist demnach sehr viel reicher an ungesättigten Bindungen. Obgleich also das Lagerfett härter ist als das Organfett, ist es doch noch so reich an Ölsäure, daß ihm eine flüssige bis halbflüssige Beschaffenheit und ein ziemlich niedriger Schmelzpunkt zukommt. Henriques und Hansen geben als Schmelzpunkt $17,5^0$ an; nach O. Schirmer liegen die Werte zwischen 16^0 und 26^0, bei mittlerem Ernährungszustand zwischen 18^0 und 20^0. Diese Zahlen haben aber nur eine durchschnittliche Bedeutung, da das dicht unter der Haut gelegene Fett einen tieferen, das im Inneren liegende einen höheren Schmelzpunkt hat.

Der Sättigungsgrad des Fettes hängt mit der Körpertemperatur zusammen (J. B. Leathes und Raper). Homoiotherme, Poikilotherme und Pflanzen enthalten bei höherer Temperatur Fette mit kleinerer Jodzahl als bei niederer Temperatur (E. F. Terroine, Bonnet, Kopp und Véchot). Die schon seit langem bekannte Tatsache, daß der Neugeborene sehr festes Fett im Unterhautzellgewebe hat, und daß der Härtegrad des Fettes im Laufe des ersten Lebensjahres stark abnimmt (F. Siegert), erklärt C. Egg damit, daß der Fetus in einer Temperatur von 38^0 lebt, und daß sich das Kind nach der Geburt der niedrigeren Umgebungstemperatur in seinem Stoffwechsel anpaßt. Der Neugeborene hat ein festeres Fett als der Erwachsene. Besonders arm an Ölsäure ist das Fett des Bichatschen Wangenfettpolsters.

Von den Organfetten ist am eingehendsten das Leberfett untersucht worden. Die Leber ist sehr wahrscheinlich der Ort, wo das Lagerfett umgewandelt wird. Diese Umwandlung besteht in einer Dehydrierung (Wasserstoffabspaltung). Je fettreicher aber unter krankhaften Verhältnissen eine Leber wird, um so näher steht das Fett dem Lagerfett, als ob die Leber nicht mehr imstande wäre das einströmende Fett zu ungesättigteren Fettsäuren umzubauen.

Die Farbe des Fettes rührt von Lipochromen her, fettlöslichen gefärbten Stoffen, die im Pflanzenreich weit verbreitet sind und entweder aus diesem unmittelbar oder mittelbar durch lipochromhaltige tierische Nahrung (Eigelb, Milch) aufgenommen werden. Die Lipochrome verteilen sich im Fett des Körpers sehr ungleich. Im Blut ist weniger enthalten als in den Organen, von denen Leber und Nebennieren, am stärksten aber die Organe und Sekrete bevorzugt werden, die der Fortpflanzung oder der Ernährung der Jungen dienen (Eierstöcke, Dotter, Milch) (Rosenheim und Drummond).

Die Verteilung des Fettes beim Menschen ist von neuroendokrinen Faktoren abhängig. In den ersten Lebensjahren bevorzugt der Fettansatz bei beiden Geschlechtern gleichmäßig die Peripherie. Erst nach Abschluß des Wachstums kommt es zu intraabdominaler Einlagerung. Die geschlechtliche Differenzierung betrifft schon vor der Pubertät das weibliche Geschlecht. Es kommt zur Zunahme des Fettes im Bereich der Mammae und der Hüften. Der Fettansatz beim Mann vollzieht sich vorzugsweise im Gesicht, am Nacken und am Bauch. Bei Fettsucht durch oder mit Ausfall der männlichen Keimdrüsen nimmt die Fettverteilung den femininen Typus an.

Bei Mensch und Tier kann durch Mast der Fettgehalt bis zu $^1/_3$ und $^1/_2$ des Lebendgewichtes ansteigen.

Literatur.

HARTLEY, P.: On the nature of the fat contained in the liver, kidney and heart. J. of Physiol. **36**, 17 (1907); **38**, 353 (1909).
— und A. MAVROGORDATO: On the nature of the fat contained in normal and pathol. human livers. J. of Path. **12**, 371 (1908).
HENRIQUES, V. und C. HANSEN: Über den Übergang des Nahrungsfettes in das Hühnerei und über die Fettsäure des Lezithins. Skand. Arch. Physiol. **14**, 390 (1903).
HIJMANS VAN DEN BERGH, A.A., P. MÜLLER und J. BROCKMEYER: Die lipochromen Pigmente in Blutserum und Organen. Xanthosis, Hyperlipochromie. Biochem. Z. **108**, 279 (1920).
JAECKLE, H.: Zusammensetzung des menschlichen Fettes. Hoppe-Seylers Z. **36**, 53 (1902).
ROSENHEIM, O. and J. C. DRUMMOND: On the relation of the lipochrome pigm. to the fat-sol. access. food factor. Lancet **198**, 862 (1920).
SCHIRMER, O.: Über die Zusammensetzung des Fettgewebes unter verschiedenen physiologischen und pathologischen Bedingungen. Arch. f. exper. Path. **89**, 263 (1921).

4. Fettbildung.

a) Fettbildung aus Fett.

Die Entstehung von Körperfett aus Nahrungsfett ist durch die Ablagerung körperfremder Fette mit Sicherheit erwiesen (G. ROSENFELD). J. MUNK gelang es Rüböl und Hammeltalg zum Ansatz zu bringen; A. LEBEDEFF hatte denselben Erfolg mit Leinöl. Solche Versuche sind auch mit anderen Fetten, sogar mit jodierten (SCHIRMER) und bromierten, gelungen. E. JAKOBSTHAL zeigte, daß bei Verfütterung von nicht zu großen Dosen Schweinefett, das mit Scharlachrot gefärbt war, sich alle Fettlager, mit Ausnahme der Leber und der Nebennieren, und auch die Milch färben. Bei größeren Dosen färbt sich auch die Leber. Aus der Tatsache, daß die Leber bei mäßiger Mästung keinen Farbstoff speichert, läßt sich schließen, daß das Fett zuerst in die Fettlager und erst über diese in die Leber geht. An dieser Speicherung fremden Fettes nehmen diejenigen Gewebe, denen nicht die Aufgabe der Fettspeicherung obliegt, keinen Anteil. Das in diesen Geweben liegende Fett behält dieselbe Zusammensetzung, die sich bei normal gefütterten Tieren findet (ABDERHALDEN und BRAHM).

b) Fettbildung aus Kohlehydrat.

Der Übergang von Kohlehydrat in Fett findet in der ganzen belebten Natur statt. So ist bekannt, daß unreife Pflanzensamen Kohlehydrate, reife aber Fette als Reservestoff enthalten. Da die Reifung vieler Samen erst nach Entfernung von der Pflanze vor sich geht, so ist eine andere Deutung dieser Tatsache, als daß eine Umwandlung von Kohlehydrat in Fett eintritt, nicht möglich.

Bei einer den Calorienbedarf längere Zeit überschreitenden Fütterung von Kohlehydraten findet Bildung und Ablagerung von Fett statt. Diese jedem Tierhalter geläufige Erfahrung ist experimentell auch nach der quantitativen Seite vielfach geprüft worden. Man bestimmt entweder die Fettzunahme gegenüber einem Vergleichswert oder die Kohlenstoffbilanz oder beobachtet das Ansteigen des respiratorischen Quotienten, der in den Versuchen von BAUMGARDT und STEUBER am Menschen nach einer kohlehydratreichen Nahrung bis auf 1,102 anstieg und damit eine Fettbildung aus Kohlehydrat anzeigte.

Nach ROSENFELD ist (nach Versuchen an Gänsen und Spiegelkarpfen) das aus Kohlehydrat gebildete Fett oleinärmer als das Fett, das bei gewöhnlicher, frei gewählter Nahrung zur Ablagerung gelangt.

Der chemische Weg, auf dem die Umwandlung vor sich geht, ist noch nicht eindeutig bekannt. Daß sich aus Zucker Glycerin bildet, macht dem chemischen Denken keinerlei Schwierigkeiten. Für den Aufbau der langen Kohlenstoffkette der Fettsäure aus einer Hexose wird angenommen, daß sich aus einem Molekül Hexose zwei Moleküle Milchsäure bilden, aus der Acetaldehyd wird.

$$C_6H_{12}O_6 = 2\,C_3H_6O_3 = 2\,CH_3\cdot CHO + 2\,CO_2 + 2\,H_2O.$$

Die Aldehyde haben eine große Neigung sich zu kondensieren. So entsteht, wie wir bereits früher sahen, aus zwei Molekülen Acetaldehyd das Aldol,

$$CH_3\cdot CHO + CH_3\cdot CHO = CH_3\cdot CH(OH)\cdot CH_2\cdot CHO$$
$$\text{Aldol}$$

das durch Oxydation in β-Oxybuttersäure und durch gleichzeitige Reduktion am β-C-Atom in normale Buttersäure übergehen kann. Die Annahme geht nun dahin, daß sich eine größere Zahl von Acetaldehyden zu einer längeren Kette zusammenfügen. Einen Beweis für diese Hypothese konnte man noch nicht erbringen. Der Umstand, daß wir es nur mit Fettsäuren von gerader C-Zahl und von 16 und 18 C-Atomen zu tun haben, spricht dafür, daß der Aufbau, die Verlängerung der Kette, durch ein Molekül von zwei Kohlenstoffen erfolgt, wofür auch physikalisch-chemische Gesetzmäßigkeiten sprechen.

Eine etwas andere, nicht unwahrscheinliche Theorie hat J. SMEDLEY aufgestellt. Beim Zuckerabbau entsteht Brenztraubensäure (EMBDEN, NEUBERG) und aus dieser Acetaldehyd.

$$CH_3\cdot CO\cdot COOH = CH_3\cdot CHO + CO_2.$$

Brenztraubensäure und Acetaldehyd vereinigen sich zu

$$CH_3\cdot CH(OH)\cdot CH_2\cdot CO\cdot COOH.$$

Durch Kohlensäureabspaltung entsteht β-Oxybuttersäure

$$CH_3\cdot CH(OH)\cdot CH_2\cdot COOH$$

und aus dieser durch Reduktion Buttersäure.

Durch Kondensation von Brenztraubensäure mit Crotonaldehyd und Butylaldehyd wurden entsprechend längere Ketten erhalten.

EMIL FISCHER diskutiert die Annahme, daß sich drei Moleküle Traubenzucker mittels ihrer Aldehydgruppe aneinander lagern und so das Kohlenstoffskelet der Stearinsäure ergeben.

Als Ort, an dem die Umwandlung von Kohlehydrat in Fett vor sich geht, ist in erster Linie die Leber anzusehen. Manche Beobachtungen (G. ROSENFELD, E. v. GIERKE) sprechen aber sehr ernsthaft dafür, daß diese Fähigkeit auch den Fettzellen zukommt.

c) Fettbildung aus Eiweiß. Fettinfiltration. Fettphanerose. Die sogenannte fettige Degeneration.

Voit und Pettenkofer haben Hunde mit großen Mengen mageren Fleisches gefüttert, eine erhebliche Retention von Kohlenstoff beobachtet und daraus auf eine Fettbildung aus Eiweiß geschlossen. Diese Lehre ist von Pflüger bekämpft worden, schien aber gestützt auf eine Reihe von Tatsachen, die man nicht anders als durch einen Übergang von Eiweiß in Fett erklären zu können glaubte, so z. B. die Leichenwachsbildung, die in feuchten Begräbnisstätten eintritt und zu einer Ablagerung von Fettsäuren und unlöslichen fettsauren Salzen in den Weichteilen führt, die Zunahme des Ätherextraktes bei der Reifung des Käses u. a. Auch die Bildung des Milchfettes hat man auf einen Umwandlungsprozeß des Eiweißes der Drüsenzelle bezogen. Virchow hat die Entstehung des Milchfettes für eine Analogie der fettigen Degeneration von Organen angesehen, die er ebenfalls als einen Übergang von Eiweiß in Fett deutete.

Nach L. Aschoff sind folgende drei Formen der „Zellverfettung" zu unterscheiden: 1. die Fettinfiltration (Aufnahme des Fettes von außen); 2. die Fettdekomposition (Zersetzung von Fett-Eiweißgemischen unter Sichtbarwerden von Fett, Fettphanerose); 3. die Fetttransformation (Fettmetamorphose im engeren Sinne, Umbau fertiger Eiweißkörper oder Kohlehydrate zu Fetten innerhalb der Zelle.)

Eine solche Transformation aus Eiweiß erschien Virchow unbedingt sicher bei dem Prozeß der gelben Erweichung im Gehirn nach Arterienobliteration, wo eine Fettzufuhr ausgeschlossen ist. Rosenfeld fand aber in einem solchen erweichten Herde weniger Ätherextrakt als in einem entsprechenden Stücke Gehirn (6,17% : 8,81% der feuchten Substanz). Hoppe-Seyler und Walther fanden den degenerierten Nerven immer fettärmer als den gesunden. Von größtem Interesse für Pathologen war die Organverfettung, besonders die der Leber, die nach Vergiftungen (Phosphor, Chloroform, Alkohol, Arsen, Antimon, Phlorizin usw.), nach Überhitzung und nach Pankreasexstirpation eintritt. Es wurde die Theorie gebildet, daß unter diesen Verhältnissen infolge ungenügender Versorgung mit Sauerstoff Eiweiß zerfalle, und daß eines der Zerfallsprodukte Fett sei, das in der Norm verbrannt werde, aber unter dem Einfluß der Vergiftung unzersetzt liegen bleibe.

Diese Hypothese, und damit die ganze Lehre der fettigen Degeneration und der Fettbildung aus Eiweiß, ist durch Versuche von Lebedeff und Rosenfeld umgestoßen worden. Diese Autoren ließen Hunde bis zum Schwinden der Fettdepots hungern, brachten dann körperfremde Fette (z. B. Leinöl) zum Ansatz, ließen wieder bis zur Fettfreiheit der Leber hungern und fanden nach erfolgter Phosphorvergiftung Leinöl in der Leber. In einem Versuch mit Hammelfett als Nahrung erhielt Rosenfeld folgende Zahlen:

	Leberfett	Jodzahl
Kontrollhund	7,9%	100,99
Versuchshund	41,44%	57,4
		(Jodzahl des Hammelfettes)

Versuche an Fröschen und Mäusen ergaben, daß Phosphorvergiftung keine Fettzunahme, sondern eine Verminderung des Fettgehalts bewirkt, daß aber die Fettverteilung sich ändert, so daß die Leber eine sehr starke Zunahme des Fettgehalts erfährt. Rosenfeld hat weiter festgestellt, daß bei fettärmsten Tieren nach Phosphorvergiftung keine Fettleber entsteht; eine entsprechende Beobachtung am Menschen aus der KUSSMAULschen Klinik erwähnt LEBEDEFF. Aus diesen ganz eindeutigen Versuchen geht mit Sicherheit hervor, daß es sich bei der Fettleber nach Phosphorvergiftung, dem klassischen Beispiel einer ,,fettigen Degeneration", um eine Einwanderung von Fett handelt. Aus zahlreichen Untersuchungen von ROSENFELD ergab sich für andere Gifte, für Überhitzung und Pankreasexstirpation das gleiche Resultat.

Auch die anderen Beobachtungen, nach denen man auf eine Fettbildung aus Eiweiß schloß, haben eine Aufklärung erfahren, die die ursprüngliche Annahme ausschließt. Die Adipocire (Leichenwachsbildung) und die Reifung des Käses sind Prozesse, die durch Mikroorganismen vor sich gehen, die imstande sind, Eiweiß abzubauen und aus den Spaltstücken höhere Fettsäuren zu bilden. Die Bildung des Fettes der Milch, der Talgdrüsen und der Bürzeldrüsen hat mit einem Eiweißzerfall nichts zu tun. Es ist möglich, in diesen fetthaltigen Sekreten das Nahrungsfett zur Ausscheidung zu bringen, sowie man es zum Ansatz in die Fettdepots bringen kann. Untersuchungen an Kühen haben ergeben, daß Milchfettlieferung sowie Fettansatz bei fettarmem aber kohlehydratreichem Futter erfolgt, daß also die Kohlehydrate auch die Muttersubstanz für das Milchfett sein können.

Ein unmittelbarer Übergang von Eiweiß in Fett besteht also in allen diesen Fällen nicht. Die Annahme, daß es eine solche Umwandlung überhaupt nicht gibt, war fast allgemein, ist aber durch Untersuchungen von J. B. LEATHES und J. F. MC CLENDON wieder zur Diskussion gestellt worden. LEATHES fand eine Zunahme der Fettsäuren bei aseptischer Leberautolyse, und MC CLENDON berichtet von Anstieg der höheren Fettsäuren bei der Entwicklung von Amphibien und von Forelleneiern.

Indessen sind die Erscheinungen der sogenannten fettigen Degeneration, besonders durch die Untersuchungen von ROSENFELD, so durchsichtig, daß wir wohl dabei bleiben können, daß ein unmittelbarer Übergang von Eiweiß in Fett für Probleme der Pathologie nicht in Betracht kommt.

Da sich aber aus Eiweiß Zucker bildet und aus Zucker Fett, so ist über diesen Weg ein Zusammenhang von Eiweiß und Fett gegeben. Das ist jedoch etwas ganz anderes, als die ursprüngliche Annahme, daß Fett ein Zerfallsprodukt von Eiweiß sei.

ROSENFELD hat gefunden, daß der Fettleberbildung, durch die genannten Eingriffe, stets eine Glykogenverarmung der Leber vorausgeht, daß z. B. bei Phlorizinvergiftung der Eintritt der Leberverfettung durch Zuführung von Glykogenbildnern verhindert wird, und daß die Fettleber durch nachträgliche Kohlehydratfütterung schneller zur Heilung kommt. Es besteht also ein gewisser Antagonismus zwischen Glykogen- und Fettfüllung der Leber. ROSENFELD fand, daß das Nahrungsfett sofort in die Leber geht, während bei Kohlehydratfütterung eher eine Verminderung des Leberfettes eintritt. Dann wird in der Leber Glykogen abgelagert, und Unterhautzellgewebe und Mesenterialfalten werden mit Fett gefüllt. Erst wenn diese Lager voll sind, geschieht der weitere Fettansatz in der Leber. So sieht man bei äußerster Mästung mit Kohlehydraten oder Fett und Kohlehydraten, also bei Mastgänsen, bei sehr fettleibigen Biertrinkern, die Leber reich an Glykogen und Fett. Kohlehydratfreie Kost begünstigt den Fettansatz in der Leber. Auf diese Weise entstehen nach ROSENFELD die Fettlebern bei den See- und Polartieren (Lebertran). So hat der Eisbär in einer etwa 8 kg schweren Leber etwa 6 kg Fett. Wird in der Leber, dem Ort der intensivsten Stoffänderungen, Fett abgelagert, so liegt die Folgerung nahe, daß es nicht so ruhig und ungestört bleiben wird wie in dem Unterhautzellgewebe, dem Orte der größten Trägheit. In der Tat wird in der Leber das Nahrungsfett sehr schnell verändert, so daß seine Jodzahl zunimmt (J. B. LEATHES, PICK und JOANNOVICS). Dieser Beginn einer oxydativen Veränderung macht das Leberfett geeignet, allen Anforderungen, die ein gesteigerter Umsatz stellt, rasch nachzukommen. Bei einem normal, d. h. mit gemischter Kost ernährten Menschen werden diese schnell nötigen Leistungen von dem zur Zuckerlieferung sehr bereiten Glykogen befriedigt. Ist das Glykogen geschwunden, wie es beim Hunger geschieht, so kommt es auch beim Menschen zu einer Fettleber. Das Fett wandert aus den Lagern durch das Blut in die Leber. Hochgradige Fettleber treffen wir auf dem Sektionstische besonders bei ganz abgemagerten Schwindsüchtigen.

Bei zunehmender Verfettung nähert sich die Jodzahl des Leberfettes der des Unterhautfettes (M. GOLDBERG).

ROSENFELD hat die Aufeinanderfolge von Glykogenverarmung und Fettinfiltration in einer Theorie zusammengefaßt. Er meint, daß die Zelle, die von einer Schädigung betroffen wird, durch Oxydation aller Kohlehydrate ihre Spannkraft erhöht, nach Verbrauch der Kohlehydrate möglichst viel Eiweiß aufnimmt — die Leber soll bei Phosphor- und Alkoholvergiftung einen erhöhten Eiweißbestand haben — und schließlich als Hilfsmittel das Fett aus den Lagern heranzieht. ROSENFELD sieht in diesen Geschehnissen das Bestreben der Schädlichkeit Herr zu werden und spricht von einer fettigen Regeneration, nach deren Versagen der Tod eintritt.

„Nur die gesunde Zelle verfettet unter Aufnahme von Fetten aus anderen Organen" (ROSENFELD).

Dieser Fettinfiltration ist die zweite Form, die Fettdekomposition, an funktioneller Bedeutung unterlegen.

Die Zellen enthalten große Mengen Fett, das mikroskopisch nicht sichtbar ist. Es handelt sich um eine „Fettmaskierung", die durch eine (chemische oder physikalische) Bindung des Fettes an das Eiweiß zustande kommt. In dieser Bindung ist das Fett auch durch Fettlösungsmittel nicht extrahierbar. Erst nach Aufhebung der Bindung durch Pepsinsalzsäure geht es in den extrahierenden Stoff über.

Der Wegfall dieser Bindung macht das Fett sichtbar, so daß die Zelle den Anschein der Verfettung erweckt, ohne daß der Fettgehalt eine Zunahme erfahren hat. Man bezeichnet diesen Vorgang als Fettphanerose.

Literatur.

ABDERHALDEN, E. und C. BRAHM: Ist das am Aufbau der Körperzellen beteiligte Fett von der Art der aufgenommenen Nahrungsstoffe abhängig? Hoppe-Seylers Z. **65**, 330 (1910).

BAUMGARDT, G. und M. STEUBER: Zur Frage der Fettbildung aus Kohlehydraten beim Menschen. Dtsch. Arch. klin. Med. **134**, 241 (1920).

MC CLENDON, J. F.: On the formation of fats from proteins in the eggs and amphibiens. J. of biol. Chem. **21**, 269 (1915).

GIERKE, E. v.: Zum Stoffwechsel des Fettgewebes. Verh. dtsch. path. Ges. **1906**, 182.

GOLDBERG, M.: Zur Frage der Verfettung. Klin. Wschr. **1923**, S. 1167.

JAKOBSTHAL, E.: Über intravitale Fettfärbung. Verh. dtsch. path. Ges. **1909**, 380.

JOANNOVICS, G. und E. P. PICK: Intravitale Oxydationshemmung in der Leber durch Narcotica. Pflügers Arch. **140**, 327 (1911).

LEATHES, J. B. (1): On changes in the amount of higher fatty acids to those obtained from the liver after removal from the body. Arch. of exper. Path. **56**, 327 (1908). — (2): Die Synthese der Fette im Tierkörper. Erg. Physiol. **8**, 356 (1909).

— and MEYER-WEDELL: On the desaturation of fatty acids in the liver. Proc. phys. Soc. **1908**, 38.

LEBEDEFF, A.: Woraus bildet sich das Fett? Pflügers Arch. **31**, 11 (1883).

MAGNUS-LEVY, A. und L. F. MEYER: Die Fette im Stoffwechsel. Handbuch der Biochemie. **8**, 422 (1925) (Literatur).

MUNK, J.: Zur Kenntnis der Bedeutung des Fettes. Virchows Arch. **80**, 10 (1880); **95**, 407 (1884).

ROSENFELD, G.: Fettbildung. Erg. Physiol. **1**, 651 (1902); **2**, 50 (1903).

SMEDLEY, J. and E. LUBRZYNSKA: The condensation of aromatic aldehyds with pyruvic acid. J. of biol. Chem. **7**, 364 (1913).

5. Die Phosphatide.

Höhere Fettsäuren finden sich außer in den Neutralfetten in den Phosphatiden (J. L. W. THUDICHUM), von denen drei Arten, die Lecithine, die Kephaline und das Sphingomyelin, unterschieden werden. Früher sprach man nur von den Lecithinen. Da in der Stoffwechselliteratur die Differenzierung wegen der Schwierigkeit der Methodik noch nicht durchgeführt werden konnte, so ist es erlaubt die Bezeichnungen Phosphatide und Lecithine als Synonyme zu gebrauchen.

Die Phosphatide sind Bestandteile aller Zellen und ermöglichen durch ihre beiden bedeutungsvollsten physikalischen Eigenschaften — ihre Quellbarkeit in Wasser und ihre Löslichkeit in Fett —, daß der im wesentlichen aus einer wässerigen Salz-Eiweißlösung und einer Cholesterinfettlösung bestehende Zellinhalt ein einheitliches System darstellt. Wahrscheinlich sind ebenso wie im Pflanzenkörper (R. HAUSTEIN-CRANNER) auch im Tierkörper Lipoide enthalten, die wasserlöslich sind (vgl. V. GRAFE). Die Rolle der Phosphatide für die physikalische Struktur der Zelle erstreckt sich insbesondere auch auf die Zelloberfläche und die Permeabilität für wasser- und lipoidlösliche Stoffe. Es sei hier nur daran erinnert, welche Bedeutung man den Lipoiden für die Aufnahme von Stoffen in die Zelle, besonders auch für die Narkose, zugeschrieben hat.

Die Bausteine der Lecithine sind: höhere Fettsäuren, Glycerin, Orthophosphorsäure, Cholin oder ein diesem verwandter Stoff. Die einfachste und älteste Formel des Lecithins ist folgende:

$$\begin{array}{l} CH_2\!-\!OOC \cdot C_n H_{2n\pm1} \\ | \\ CH\ \,\!-\!OOC \cdot C_n H_{2n\pm1} \\ | \\ CH_2\!-\!O \diagdown \\ \qquad\quad HO \diagup\!\!> P = O \\ \diagup C_2 H_4\!-\!O \diagup \\ N\!\equiv\!(CH_3)_3 \\ \diagdown OH \end{array}$$

Lecithin.

Dieses Molekül, das sich von einem Fett nur dadurch unterscheidet, daß an Stelle eines Fettsäureradikals Cholinphosphorsäure getreten ist, enthält P:N im Verhältnis 1:1 und 2 Fettsäurereste. Die Annahme von HOPPE-SEYLER, daß alle Lecithine sich so verhalten und man den Lecithingehalt des Lipoidextraktes aus dem Verhältnis P : N erfahren könne, hat sich als nicht richtig erwiesen, da es neben den Monoaminomonophosphatiden auch Diaminomonophosphatide gibt (THUDICHUM, HOFMEISTER). Außerdem besteht die Möglichkeit, daß die freie HO-Gruppe der Phosphorsäure mit einem zweiten Diglycerid verestert ist, so daß auf 1 P und 1 N 4 Fettsäureradikale kommen. Weder aus dem Verhältnis P : N im Ätherextrakt, noch aus der Menge des ätherlöslichen Phosphors läßt sich das Phosphatid quantitativ bestimmen. Einen Fortschritt dieser auch für klinische Zwecke wichtigen Analyse bedeuten die Arbeiten von THIERFELDER und SCHULZE, die eine Methode der quantitativen Bestimmung des N-haltigen Anteils ergeben haben.

Im Lecithin bildet das Cholin (s. S. 82) diesen Anteil, im Kephalin der Aminoäthylalkohol

$$CH_2-NH_2$$
$$|$$
$$CH_2-OH$$

Aminoäthylalkohol.

Neuere Untersuchungen bestätigen die Auffassung von THUDICHUM, daß in jedem Lecithinmolekül eine ungesättigte Fettsäure enthalten ist. Im Kephalin scheint es sich um die Linolsäure zu handeln.

Von besonderem Interesse ist für uns, ob der menschliche Körper die Phosphatide selbst aufbauen kann und ob die Fütterung von Phosphatiden notwendig oder nützlich ist. Diese wichtige Frage scheint für die Nährmittelindustrie, die Lecithinpräparate als Heilmittel für Körper und Geist anpreist, bereits eine endgültige Entscheidung gefunden zu haben.

Im Gegensatz zu RÖHMANN, der Mäuse mit phosphatidfreier Nahrung dauernd am Leben erhalten hat, fand STEPP, daß Mäuse mit einem Futter, welchem durch langdauernde Alkohol-Ätherextraktion die Lipoide entzogen sind, nicht leben können, daß Zusatz von Butter zu einer so vorbereiteten Nahrung nicht hilft, während Alkohol-Ätherextrakte aus Eigelb und Kalbshirn die Nahrung zu einer vollständigen machen. Ebenso wird durch langdauerndes Kochen das Futter, wie STEPP festgestellt hat, so verändert, daß die Tiere nicht am Leben bleiben. Auch hier ergänzt Hirn- und Eiextrakt, nicht aber reines „Lecithin", die Nahrung. Diese Beobachtungen wurden von RÖHL bestätigt. Beide Autoren zogen zunächst den Schluß, daß die Lipoide (Phosphatide) vom Tierkörper nicht aufgebaut werden können, sondern in der Nahrung zugeführt werden müssen. Die wichtigen Untersuchungen von SUZUKI, SHIMAMURE und ODAKE, OSBORNE und MENDEL, HOPKINS, C. FUNK u. a. haben jedoch ergeben, daß nicht der Mangel an Lipoiden, sondern der Mangel an „Nahrungshormonen" den Tod der Tiere verschuldet hat. Bewiesen ist die Fähigkeit des Tierkörpers, Lipoide aufzubauen, auf mannigfaltige Weise. So durch Stoffwechseluntersuchungen, in denen nur Phosphor in anorganischer Form zugeführt wurde, ohne daß die Tiere erkrankten. Auch die Fähigkeit der Organismen, arteigene Phosphatide aufzubauen, spricht dafür. HENRIQUES und HANSEN fanden, daß die Jodzahl des Eilecithins unabhängig von der Jodzahl der gefütterten Fette ist. Nach A. TICHOMIROFF enthalten unentwickelte Eier des Seidenspinners weniger Phosphatide als die entwickelten Larven. Ob bei der Bebrütung des Hühnereis neben dem Verbrauch von Phosphatiden eine Neubildung stattfindet (MAXWELL), ist umstritten (PLIMMER und SCOTT). Sicher aber ist, wie G. FINGERLING gefunden hat, daß Enten, die lipoidarm ernährt werden, in ihren

Eiern viel mehr Lipoide abgeben, als ihnen in der Nahrung zugeführt werden. Danach kann es nicht zweifelhaft sein, daß das Tier Phosphatide selbst aufbaut, daß es ebenso eine Aufspaltung (durch Phosphatase) wie eine Synthese (durch Phosphatese) von Phosphorsäureestern bewerkstelligen kann. Betrachten wir den Bau eines Lecithinmoleküls als chemisches Problem, so finden wir nur Reaktionen, von denen wir wissen, daß der tierische Organismus sie fertig bringt, so die Veresterung von Fettsäureradikalen mit Glycerin, die Bildung von Glycerinphosphorsäure, die in Analogie zu setzen ist der Synthese von Pentosephosphorsäure (s. Nucleinsäuren) und von Hexosephosphorsäure (s. Kohlehydrate). Die Bildung von Cholin, von dem bei anderer Schreibweise der Formel klar wird, daß es ein völlig methyliertes Aminoglykol ist

$$\begin{array}{ll}
CH_2OH & CH_2OH \\
| & | \\
CH_2 \cdot NH_2 & CH_2 \cdot N = (CH_3)_3 \\
& | \\
& OH \\
\text{Aminoglykol} & \text{Cholin}
\end{array}$$

und in nahen Beziehungen zum Betain steht, ist ein Prozeß, der nach dem, was wir über Methylierung gehört haben (S. 81), im Tierkörper vor sich geht. Und auch die Bildung des Cholinphosphorsäureesters ist keine ungewöhnliche oder außerordentliche Reaktion. Der tierische Organismus muß also befähigt sein, Phosphatide selbst zu bilden.

Die Phosphatide der Nahrungsmittel werden durch die Zubereitung zu tischfertiger Speise zweifellos verändert. Im Magen-Darmkanal unterliegen sie der Einwirkung von Fermenten. Ob es außer den Lipasen in den Verdauungssäften Lecithasen gibt, ist unentschieden. Der Pankreassaft spaltet Lecithin so, daß es zu freier Glycerinphosphorsäure und zu freiem Cholin kommt.

Auch in den Organen finden sich Lecithin spaltende Fermente.

Die Glycerinphosphorsäure wird durch ein besonderes Ferment, die Glycerophosphatase, in Glycerin und Phosphorsäure zerlegt.

Die Frage, ob Phosphatide im Magen-Darmkanal als solche resorbiert und in Organen gespeichert werden, wird von den verschiedenen Untersuchern verschieden beantwortet. Wahrscheinlich hängt das Ergebnis von der Herstellungsart des verfütterten „Lecithins" ab, das bei seiner Zersetzlichkeit auch durch ziemlich einfache Prozeduren geschädigt wird.

Die Frage nach Resorption und Speicherung ist durch die Untersuchungen von B. Rewald, der ein unbegrenzt haltbares Phosphatid aus Sojabohnen verfütterte, gelöst.

Dieses Phosphatid wird im Magen-Darmkanal zu durchschnittlich 90% als solches resorbiert; es bewirkt eine erhebliche Vermehrung des Alkoholätherextrakts des Blutes und bei monatelanger Fütterung eine deutliche Speicherung in den Organen, besonders in Gehirn, Leber und Niere, und in den fettreichen Geweben.

Literatur.

Aschoff, L.: Lehrbuch der pathologischen Anatomie 1913.

Drosdoff, W.: Chemische Analyse des Blutes der Vena portae und der Vena hepatis. Hoppe-Seylers Z. 1, 233 (1877).

Eichholtz, F.: Über die Resorption von Lecithin. Biochem. Z. 144, 66 (1924).

FINGERLING, G.: Die Bildung von organischen Phosphorverbindungen aus anorganischen Phosphaten. Biochem. Z. **38**, 448 (1916).

FRÄNKEL, S.: Gehirnchemie. Erg. Physiol. **8**, 212 (1909).

FRANCHINI, G.: Über Ansatz von Lecithin im Organismus. Biochem. Z. **6**, 210 (1906). (1) (2): Rich. sulla lecitine, coline et acido formico . Arch. di Farm. **7**, 371 (1907).

GRAFE, V.: Das Lipoidproblem. Naturwiss. **1917**, 513.

GREGERSEN, J. P.: Untersuchungen über den Phosphorstoffwechsel. Hoppe-Seylers Z. **71**, 49 (1911).

HAMILL, J. M.: Observation on human chyle. J. of Physiol. **35**, 151 (1906).

HENRIQUES, V. und C. HANSENS s. XII, 3.

HOPPE-SEYLER, F.: Chemische Untersuchung eines athrophierten Sehnerven. Virchows Arch. **8**, 127.

MAXWELL, W.: The biolog. funct. of the Lecithin. Amer. chem. J. **15**, 185 (1893).

NAITO, H.: Über den Lecithingehalt des Gehirns und der Leber normaler und avitaminotischer Tauben nach forcierter Lecithinfütterung. Biochem. Z. **142**, 393 (1923).

PFLÜGER, ED.: Beiträge zur Physiologie der Fettbildung. Pflügers Arch. **71**, 318 (1898).

PLIMMER, R. H. and F. H. SCOTT: The transform. in the P.-compounds in the Hen's egg during development. J. of Physiol. **38**, 247 (1909).

REWALD, B.: Über den Phosphatidgehalt der Organe bei Verfütterung großer Mengen von Phosphatiden. Biochem. Z. **198**, 103 (1928).

RÖHL, W.: Über Aufbau von Lipoiden im Tierkörper. Kongr. inn. Med. **29**, 607 (1912).

RÖHMANN, F.: Über künstliche Ernährung und Vitamine. Berlin 1916.

SALKOWSKI, E.: Ist es möglich den Gehalt des Gehirns an Phosphatiden zu steigern? Biochem. Z. **51**, 407 (1913).

SCHULZ, FR. N.: Phosphatide und Sulfatide. Handbuch der Biochemie **1**, 213 (1924).

SLOWTZOFF, B.: Über die Resorption des Lecithins aus dem Darmkanal. Hofmeisters Beitr. **8**, 390 (1906); **7**, 508 (1905).

STEPP, W.: Die Bedeutung der Lipoide für das Leben. Z. Biol. **57**, 135 (1911); **59**, 366 (1913).

THIERFELDER, H. und O. SCHULZE: Ein neues Verfahren zur Abtrennung von Äthanolamin aus Phosphatidhydrolysaten. Hoppe-Seylers Z. **96**, 296 (1919).

TICHOMIROFF, A.: Chemische Studien über die Entwicklung der Insekteneier. Hoppe-Seylers Z. **9**, 518 (1885).

VOIT, C.: Über die Ursachen der Fettablagerung im Tierkörper. München 1883.

WALTHER, G: Über fettige Degeneration der Nerven nach ihrer Durchschneidung. Virchows Arch. **20**, 426 (1861).

WASER, ERNST: Über die Veränderungen der Blut- und Hirn-Zusammensetzung bei chronischem Gebrauch von Schlafmitteln. Hoppe-Seylers Z. **94**, 191 (1915).

6. Die Sterine.

In allen Zellen, den tierischen und den pflanzlichen, kommen mit den Fetten und Phosphatiden im physikalischen Komplex und in funktioneller Zusammengehörigkeit Sterine vor. Hierin, aber auch in ihrer Fähigkeit sich mit Fettsäuren zu verestern, ferner in dem Verhalten ihrer Löslichkeiten sind die nahen Beziehungen der Sterine zu Fetten und Phosphatiden gegeben und die Zusammenfassung dieser drei Körpergruppen unter der Bezeichnung „Lipoide", begründet. Die im Tierreich vorkommenden Sterine nennt man Zoosterine, die des Pflanzenreiches Phytosterine. Das Sterin der höheren Tiere, das sich besonders reichlich im Gehirn, in pathologischen Ablagerungen, atheromatösen Gefäßen und Gallensteinen findet, ist das Cholesterin. Bei niederen Tieren finden sich Isomere des Cholesterins. Die Phytosterine sind den Zoosterinen außerordentlich ähnlich und mit ihnen verwechselt worden, bis WINDAUS in einer Reihe hervorragender Untersuchungen die Konstitution dieser Körper sehr weitgehend aufklärte.

Das Cholesterin $C_{27}H_{46}O$ hat nach WINDAUS-WIELAND folgende (vorläufige) Formel:

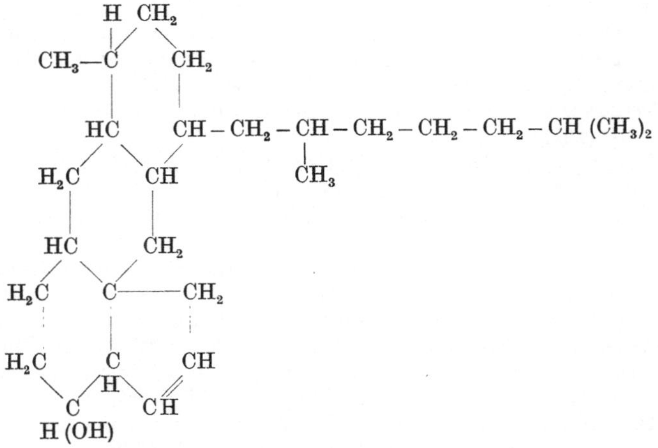

$$\begin{array}{c}
\text{H} \quad \text{CH}_2 \\
\text{CH}_3{-}\overset{|}{\text{C}} \quad \text{CH}_2 \\
\\
\text{HC} \qquad \text{CH}{-}\text{CH}_2{-}\text{CH}{-}\text{CH}_2{-}\text{CH}_2{-}\text{CH}_2{-}\text{CH}\,(\text{CH}_3)_2 \\
\text{H}_2\text{C} \qquad \text{CH} \qquad\qquad \text{CH}_3 \\
\\
\text{HC} \qquad \text{CH}_2 \\
\text{H}_2\text{C} \qquad \text{C}{-\!-\!-}\text{CH}_2 \\
\\
\text{H}_2\text{C} \qquad \overset{|}{\text{C}} \qquad \text{CH} \\
\qquad \text{C}\overset{\text{H}}{\diagup}\quad \text{CH} \\
\text{H (OH)}
\end{array}$$

Cholesterin

oder in einer anderen Schreibweise:

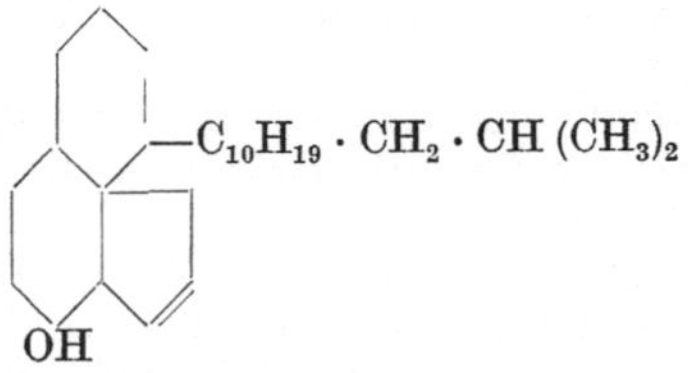

$$\text{(Ringsystem)}{-}C_{10}H_{19}\cdot CH_2\cdot CH\,(CH_3)_2$$

OH
Cholesterin.

Schon länger bekannt ist die Existenz einer Alkoholgruppe im Molekül, die die Esterbildung mit Fettsäuren ermöglicht, und einer ungesättigten Bindung. WINDAUS stellte fest, daß Hydroxylgruppe und Doppelbindung in zwei verschiedenen Ringen liegen, die einen hydrierten Indenring bilden, und ermittelte auch ihre Stellung zueinander.

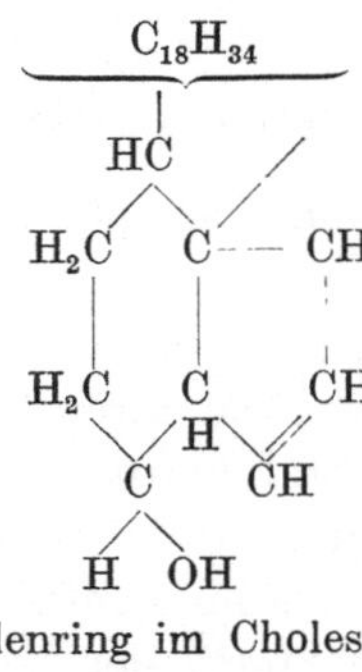

$$\overbrace{\qquad\qquad}^{C_{18}H_{34}}$$
$$\begin{array}{c}
\text{HC} \\
\text{H}_2\text{C} \quad \text{C}{-\!-}\text{CH}_2 \\
\\
\text{H}_2\text{C} \quad \text{C} \quad \text{CH} \\
\qquad \text{C}\overset{\text{H}}{\quad}\text{CH} \\
\text{H} \quad \text{OH}
\end{array}$$

Hydrierter Indenring im Cholesterinmolekül.

Weiter fand WINDAUS eine offene Seitenkette von 8 C-Atomen. Die übrigen 10 C-Atome sind in einem hydrierten Naphthalinring zusammengeschlossen, wie ihn H. WIELAND in der Gallensäurereihe erwiesen hat.

Nach H. WIELAND sind in der Formel des Cholesterins drei Isoprenreste (C_5H_8) und eine gerade Kette von 12 C-Atomen vorhanden, in der Cholsäure dieselbe Kette mit zwei Isoprenresten. O. MERKELBACH gibt folgende Cholesterinformel:

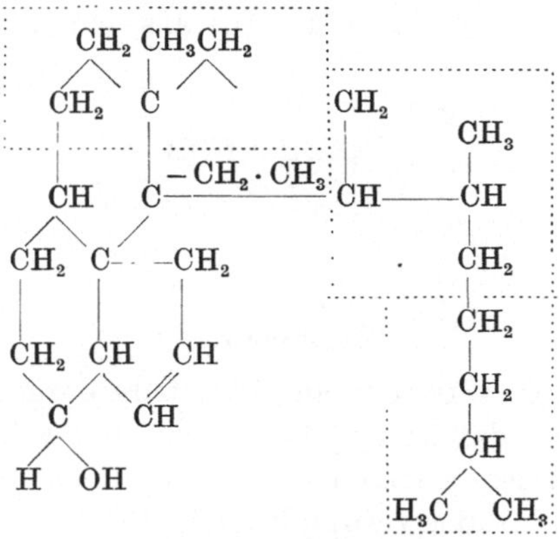

$$CH_2 \quad CH_3CH_2$$

Cholesterin.

Die C_5-Komplexe sind durch punktierte Rechtecke abgegrenzt. Nach O. MER-KELBACH ist es nicht unwahrscheinlich, daß das in der Natur so weit verbreitete Isopren ($CH_2 = C(CH_3) - CH = CH_2$) aus einem Produkt der Fettoxydation (z. B. aus Aceton bzw. dessen Enolform $CH_2 = C(OH) - CH_3$) und einem Produkt der Kohlehydratspaltung (Milchsäure oder Akrylsäure) unter Abgabe von CO_2 gebildet wird.

$$C_3H_6O + C_3H_6O_3 = C_5H_8 + CO_2 + 2H_2O.$$

Die Bildung der C_{12}-Kette könnte aus Kohlehydrat durch einen Reduktionsvorgang erfolgen, so daß also das Cholesterin und die Cholsäure aus Fettsäure und Kohlehydrat durch einen gekoppelten Oxydations-Reduktionsprozeß, bei dem die Fettsäure zu Isopren oxydiert, das Kohlehydrat zu der C_{12}-Kette reduziert wird, gedacht werden kann. O. MERKELBACH gibt dafür folgende Gleichungen:

$$C_{18}H_{36}O_2 + C_{12}H_{22}O_{11} = C_{27}H_{46}O + 3CO_2 + 3H_2O$$

Fettsäure $\quad$ Zucker $\quad$ Cholesterin

$$2\,C_{18}H_{34}O_2 + C_{12}H_{22}O_{11} = 2\,C_{24}H_{40}O_5 + 5\,H_2O$$

Ölsäure $\quad$ Zucker $\quad$ Cholsäure.

Durch Hydrierung der Doppelbindung entstehen stereoisomere Dihydrocholesterine, die Cholestanole ($C_{27}\,H_{48}\,O$), von denen WINDAUS vier aufgefunden hat. Das eine von ihnen, das Koprosterin bildet sich auch im Darm aus Cholesterin durch Einwirkung von Bakterien und findet sich daher in den Fäces.

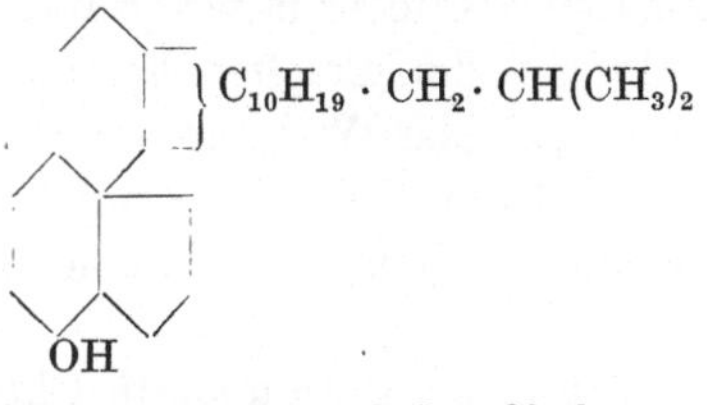

$$C_{10}H_{19} \cdot CH_2 \cdot CH(CH_3)_2$$

Allgemeine Formel der Cholestanole.

Durch Reduktion der Hydroxylgruppe entstehen aus den Cholestanolen die Cholestane, Verbindungen, die nur noch Kohlenstoff und Wasserstoff enthalten und daher die Stammkohlenwasserstoffe der Cholesteringruppe genannt werden.

WINDAUS ist es gelungen aus dem Cholestan und dem isomeren Koprostan die entständige Propylgruppe der Seitenkette auf oxydativem Wege abzuspalten.

Er erhielt auf diese Weise Carbonsäuren. Die aus dem Koprostan entstehende Säure

$$C_{10}H_{19}COOH$$

Cholansäure

ist die Cholansäure, die H. WIELAND aus Cholsäure dargestellt hat.

Damit ist sichergestellt, daß im Koprosterin und in der Cholsäure 24 C-Atome genau in der gleichen Weise miteinander verknüpft, daß also Cholesterin und Cholsäure sehr nahe miteinander verwandt sind. Die Cholsäure ist eine Trioxycholansäure.

$$OH \qquad C_{10}H_{19}COOH$$
$$OH \qquad OH$$

Cholsäure = Trioxycholansäure.

Es ist durchaus damit zu rechnen, daß Cholesterin in der Leber zu Gallensäuren abgebaut wird. Sehr bemerkenswerter Weise gibt es bei den Wirbeltieren, die alle das gleiche Sterin haben, eine Reihe verschiedener Gallensäuren. Bisher sind fünf Gallensäuren (Lithocholsäure, Desoxycholsäure, Cheno-desoxy-cholsäure, Hyo-desoxy-cholsäure, Cholsäure), die sich durch Zahl und Stellung der Hydroxylgruppen voneinander unterscheiden, in ihrer Konstitution aufgeklärt. Es gibt aber sicher noch viele andere. Die Ursache dieser Mannigfaltigkeit ist unbekannt.

Den Gallensäuren nahe verwandt ist das Bufotalin, das aus dem charakteristischen Krötengift, dem Bufotoxin, durch einfache chemische Eingriffe gewonnen wird. Die dem hydrierten Bufotalin zugrunde liegende Säure ist die Desoxycholsäure (H. WIELAND, F. FLURY).

Das Krötengift ist ein charakteristisches Herzgift von digitalisartigem Charakter. Es ist das einzige dieser Art, das aus dem Tierreich bekannt ist. Im Pflanzenreich sind digitalisartige Stoffe weit verbreitet. Die Digitalisglykoside leiten sich von Verbindungen der gleichen Formel ab, wie die Gallensäure und das Bufotalin. Die bradycardische Wirkung der Gallensäuren, die Herzwirkung des Krötengiftes und der Digitalisstoffe beruhen auf der Verwandtschaft der chemischen Konstitution dieser Körper. Ähnliche Beziehungen ergeben sich zu den Saponinen.

Am längsten bekannt von den Gallensäuren ist die Cholsäure (STRECKER 1848), die als Desoxycholsäure in der Galle, mit Glykokoll oder Taurin gepaart, als Glykocholsäure und Taurocholsäure enthalten ist. Im Jahre 1885 wurde von LATSCHINOFF die Choleinsäure aufgefunden, die man in der Folgezeit für identisch oder isomer mit der Desoxycholsäure hielt.

WIELAND und SORGE haben festgestellt, daß die Choleinsäure ein eigentümliches Kondensationsprodukt aus Desoxycholsäure und Fettsäuren ist, in dem die

Bestandteile in einem festen Verhältnis zueinander stehen, so daß auf 1 Molekül Fettsäure 8 Moleküle Desoxycholsäure kommen. Diese Choleinsäure ist aber nicht bloß ein interessanter Körper, sondern sie stellt einen Typus von Verbindungen dar. Die Desoxycholsäure gibt (WIELAND) mit allen Fettsäuren von der Stearinsäure bis zur Essigsäure (nicht mit Ameisensäure), ferner mit vielen anderen Körpern wie Benzoesäure, Benzaldehyd, Campher, Phenol, Cholesterin usw. Verbindungen, die trotz der Höhe ihres Molekulargewichtes (M.G. der Stearin-Choleinsäure = 3420) ausgezeichnet krystallisieren. In der Salzform äußert die Desoxycholsäure eine im Wesen gleiche aber in der Wirkung stärkere Bindungskraft, der zufolge Stoffe, die in Wasser so gut wie unlöslich sind, wie z. B. Naphthalin, Campher, Cholesterin in Lösung gebracht werden. Dieser eigenartige physikalisch-chemische Vorgang ist für pharmakotherapeutische Fragen (z. B. die perorale Camphertherapie, Cadechol und ähnliche Präparate) von großer Bedeutung. Von größtem physiologischen Interesse ist, daß das Choleinsäureprinzip auch für die gepaarten Desoxycholsäuren und für die freien gallensauren Salze der Galle Gültigkeit hat. Die erstaunliche Lösungsfähigkeit der Galle für Cholesterin, Fettsäuren, Kalk-, Magnesium- und Quecksilbersalze u. a., sowie die Resorption wasserunlöslicher Stoffe aus dem Darm wird so verständlich.

Auch das Cholesterin vermag gut charakterisierbare und krystallisierbare Additionsverbindungen zu bilden. F. RANSOM hat festgestellt, daß Blutserum imstande ist hämolytische Stoffe, wie Saponine, zu entgiften, und daß diese Wirkung von dem Cholesterin des Blutserums ausgeht. WINDAUS hat nachgewiesen, daß das Saponin mit dem Cholesterin eine ungiftige Additionsverbindung bildet, und daß künstlich dargestellte Stereoisomere des Cholesterins Saponin nicht entgiften und auch nicht zur Bildung dieser Additionsverbindung befähigt sind. Manche dieser Verbindungen sind so schwer löslich, daß sie eine quantitative Bestimmung des Cholesterins gestatten. Die Methode der Cholesterinbestimmung vermittels Digitoninfällung (WINDAUS) beruht auf diesem Prinzip. Da Cholesterinester mit Saponinen nicht reagieren, so ist eine glatte Scheidung von Cholesterin und Cholesterinester möglich.

Sterine entstehen nur in der belebten Natur. Ganz zweifellos ist die Pflanze zu ihrem Aufbau befähigt. Sind die Tiere zur Beschaffung dieses notwendigen Zellbestandteils auf den Bezug aus dem Pflanzenreich angewiesen oder selbst zur Sterinsynthese imstande?

Eine solche Synthese hat man bis vor kurzem in Deutschland für unwahrscheinlich oder unmöglich gehalten, während französische Autoren (A. GRIGAUT, A. CHAUFFAPD) diese Fähigkeit annehmen, aber nicht bewiesen. Durch die Arbeiten von GAMBLE und BLACKFAN, GARDNER und FOX, THANNHAUSER und H. BEUMER ist dargetan worden, daß im Organismus im großen Umfange Bildung von Cholesterin stattfindet. Über den chemischen Weg bestehen bislang nur Vermutungen. Sehr wahrscheinlich ist, daß sich die hydrierten Ringe aus aliphatischen Ketten bilden (s. O. MERKELBACH S. 299).

Solche Ringbildungen kommen im intermediären Stoffwechsel vor. Ketten von ansehnlicher Länge liefern die Fettsäuren der Cerebroside (Phosphatide), die Cerebronsäure ($C_{25}H_{50}O_3$) und die Lignocerinsäure ($C_{24}H_{48}O_2$). L. RUZICKA hat auf die Beziehungen zwischen Ölsäure und Zibeton, den wertvollen aus der Tibetkatze gewonnenem Riechstoff, hingewiesen.

$$CH\!-\!(CH_2)_7 \cdot COOH$$
$$\|$$
$$CH\,(CH_2)_7 \cdot CH_3$$

Ölsäure

$$CH \cdot (CH_2)_7\!\!\diagdown$$
$$\| \qquad\qquad\quad CO$$
$$CH\,(CH_2)_7\!\!\diagup$$

Zibeton.

Auch das Cholesterin enthält nach der Formel von WIELAND, die von der nach WINDAUS etwas abweicht, in der Peripherie einen Ring von 17 Gliedern. In folgender Schreibweise des hydrierten Zibetons und des tetracyclischen Ringes des Cholesterins kommt die Beziehung sichtbar zum Ausdruck:

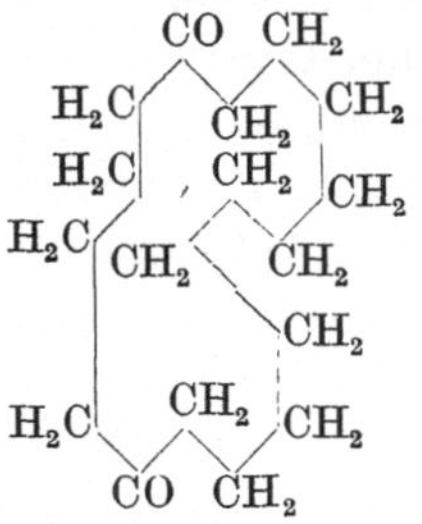

Dihydrozibeton

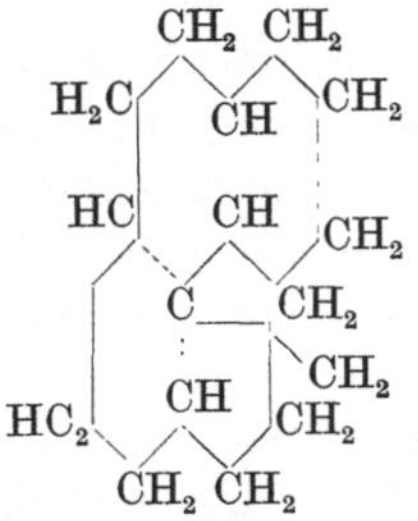

Tetracyclisches System
des Cholesterins.

Ob und in welcher Weise die Sterine im Stoffwechsel abgebaut oder verändert werden, ist noch nicht geklärt. J. LIFSCHÜTZ hat aus dem Blut Oxycholesterine dargestellt, die vielleicht den Cholesterinoxyden nahestehen. Von einer Aufspaltung des Ringsystems ist aber noch nichts bekannt. Vielleicht würden auch die so entstehenden Körper ihre Abstammung vom Cholesterin nicht mehr erkennen lassen.

Eine sehr interessante Veränderung erfährt das Cholesterin durch Bestrahlung mit ultraviolettem Licht. Die experimentelle Rattenrachitis wird durch den Nahrungsfaktor A (s. S. 59) oder durch Bestrahlung mit Ultraviolett geheilt. Es hat sich herausgestellt, daß statt des Tieres auch die Nahrung bestrahlt werden kann, und HESS hat bewiesen, daß es ein Sterin der Nahrung ist, das sich auf diese Weise in den wirksamen Stoff umwandelt. Ein dem Cholesterin beigemengtes Sterin, das Ergosterin (s. S. 62) wird durch Bestrahlung in einen wirksamen Stoff übergeführt, und zwar auch bei vollständigem Ausschluß von Sauerstoff. WINDAUS vermutet, daß es sich um eine sterische Umlagerung handelt oder um einen Erregungszustand des Moleküls, wie ihn auch Phosphor unter dem Einfluß der Bestrahlung annimmt.

Das Cholesterin der Nahrung kann aus dem Darm resorbiert werden. Die Cholesterinester der Nahrung sind durch die Verdauungsfermente spaltbar. Nach Einführung von Cholesterin per os steigt der Cholesteringehalt des Blutes an. Die Resorption findet nur in unvollkommener Weise statt und erfolgt nur dann gut, wenn der Stoff gelöst in Ölen oder Fett gegeben wird (J. BANG, THANNHAUSER). Beschleunigt wird die Resorption durch Hinzufügung von Natriumdesoxycholat zu einem Ölcholesteringemisch (SCHÖNHEIMER). Auch das Phytosterin wird vom Darm aufgenommen und intermediär in Cholesterin umgewandelt. Die nicht zur Resorption gelangten Sterine tierischer und pflanzlicher Herkunft werden zu Koprosterin, d. i. hydriertem Cholesterin und erscheinen in den Fäces.

Vom Darm aus gelangt das Cholesterin in die Lymphe (J. MUNK, I. H. MÜLLER). Bei cholesterinreicher Nahrung nimmt der Cholesteringehalt des Blutes zu (WIDAL und WEILL).

Über den Cholesteringehalt des Blutes unter verschiedenen Bedingungen wird bei Besprechung der Lipämie und Lipoidämie, über den Cholesteringehalt der Galle bei Darstellung der Konkrementbildung Weiteres mitgeteilt werden.

Wir müssen uns zunächst mit dem Cholesterinstoffwechsel beschäftigen, einem wegen der geringen Zahl methodisch guter Arbeiten und wegen des Hervortretens von Hypothesen unerfreulichen Stoff. Da die Nieren für das Cholesterin als Ausscheidungsorgan praktisch nicht in Betracht kommen, da der Steringehalt der Fäces aus der Nahrung und aus der Galle herrührt, da der Grad der Synthese ebensowenig bekannt ist als der (vermutliche sehr geringe) Grad der Zerstörung, so fehlen für die Aufstellung einer Lehre des Cholesterinwechsels die wesentlichen Voraussetzungen.

CHAUFFARD hat die Hypothese aufgestellt, daß die Nebennieren Cholesterin produzieren und sezernieren. ABELOUS hat dieselbe Annahme für die Milz gemacht. Beweise fehlen. Über den Ort der Cholesterinbildung wissen wir nichts. Etwas besser sind wir über die Fähigkeit der Organe zur Cholesterinspeicherung unterrichtet. Nach M. LANDAU und L. ASCHOFF ist die Nebennierenrinde ein wichtiges Depotorgan für Cholesterin. Auch die Leber, die die Aufgabe hat Cholesterin auszuscheiden, ist zur Aufnahme und Festhaltung besonders befähigt. Die Cholesterinreserven des Organismus machen die Beurteilung einer Cholesterinbilanz schwierig.

Unter pathologischen Verhältnissen beteiligen sich andere Gewebe im stärksten Grade an der Cholesterinspeicherung. Das Atherom der Gefäße, das Xanthom, der Arcus senilis der Cornea sind Beispiele der lokalen Anhäufung von Cholesterinestern, die sich auch in der Wand der Gallenblase finden.

In verfetteten Organen hat man doppeltbrechende Substanzen gefunden, die nach TH. PANZER und ADAMI u. ASCHOFF (in verfetteten Nieren) aus Cholesterinestern bestehen. WINDAUS hat in pathologischen Nieren, die viel doppelbrechende Substanz enthielten, eine erhebliche Zunahme von gebundenem Cholesterin festgestellt, und ermittelt, daß das Cholesterin mit Palmitinsäure verestert ist. R. KAWAMURA hat mit Hilfe von Färbemethoden und mit dem Polarisationsmikroskop verfettete Organe untersucht und den neuen Begriff der Cholesterinesterverfettung aufgestellt. FÜRTH weist darauf hin, daß die von KAWAMURA angewandten Methoden nur in Verbindung mit der chemischen Analyse einen klaren Einblick gewähren können. CZYLHARZ und FUCHS haben in verfetteten Nieren und Lebern das Verhältnis von Fettsäuren zu Cholesterin bestimmt und keine Veränderung dieses Verhältnisses gefunden, so daß nach ihrer Meinung eine Scheidung der Verfettungsvorgänge in die Typen der „Cholesterinesterverfettung" und „Glycerinesterverfettung" vom Standpunkt des Chemikers vorläufig noch nicht ausreichend begründet erscheint.

Zu der gleichen Auffassung kommt H. JASTROWITZ bei der Untersuchung experimentell verfetteter Organe. Durch Verfütterung von Cholesterin oder cholesterinreicher Nahrung wird bei Kaninchen und Meerschweinchen eine Ablagerung von Lipoiden in den Arterien, besonders in der Intima der Aorta unter einem Bilde, das der menschlichen Arteriosklerose gleicht, hervorgerufen und eine dem Arcus senilis corneae ähnliche Erscheinung herbeigeführt. Der Ausfall dieses Experiments, bei dem der Gehalt des Blutes an Lipoiden und auch an Cholesterin stark ansteigt, ist inkonstant. Ob aber in der Hyperlipoidaemie und Hypercholesterinaemie die

Bedingung der Gefäßveränderung liegt, ist ungewiß. Unentschieden ist auch, ob es sich um Degeneration oder Infiltration handelt. Es hat nicht den Anschein, daß diese experimentelle Atherosklerose und die der Menschen genetisch zusammengehören.

Das Xanthoma diabeticum multiplex hat sein Charakteristikum in einem Gehalt an Cholesterinestern und den auch sonst Lipoide begleitenden Pigmenten. In der Mehrzahl der Fälle besteht eine erhebliche Cholesterinämie; so hatte ein von uns beobachteter fetter Leichtdiabetiker 1000 mg% Cholesterin in einem rahmigen Blutserum. Aber mitunter ist der Cholesteringehalt des Serums auch normal. Und diese Fälle zeigen, daß die Blutveränderung nicht die Ursache der Xanthombildung bildet. Man hat mangels einer Erklärung den bildmäßigen Ausdruck gebraucht, daß Zellen unter Bedingungen, die noch nicht geklärt sind, „cholesterophil“ werden und die Cholesterinester des Blutserums an sich reißen.

Selten sind die Fälle von allgemeiner Xanthomatosis, denen hohe Cholesterinwerte im Blut und ausgedehnte Xanthombildung in der Haut und den inneren Organen eigentümlich ist.

Gelegentlich kommt es sogar zu großen xanthomatösen Tumoren. Die Affektion kann familiär auftreten; sie hat in einigen Fällen wahrscheinlich durch Zerreißung xanthomatös umgebildeter Herzklappen, zu plötzlichem Tod geführt (ARNING und LIPPMANN).

Wir sahen einen Fall von diffuser Xanthomatosis, der durch gelbe Verfärbung der unzähligen Hautfalten und Hautfältchen ein geradezu groteskes Aussehen bot. Die Patientin hatte in ihrer Jugend an Basedowscher Krankheit gelitten. Vor 3 Jahren begann eine Lebererkrankung, die mit starkem Hautjucken und Verfärbung der Haut einherging. Die Leber reicht bis zur Nabelhöhe, ist sehr fest und kleinhöckerig; die Milz vergrößert und derb. Xanthomatöse Veränderung der Lippen- und Nasenschleimhaut, des Gehörgangs und Trommelfells und im Augenhintergrund. Geringgradiger Icterus. Die Untersuchung des Blutes auf Cholesterin (nach der Methode von WINDAUS, A. v. SZENT-GYÖRGY) ergab folgenden Werte:

	Gesamtcholesterin in mg %	freies Cholesterin in mg%
Blut	756	457
Plasma . . .	588	244

Von der Vermutung aus, daß vielleicht eine der Basedowerkrankung folgende Schilddrüsenatrophie, für welche charakteristische Kennzeichen allerdings fehlten, an dem Entstehen der Affektion beteiligt sei, wurde ein Versuch mit Schilddrüsenbehandlung gemacht. In dessen Verlauf kam es zu einer wesentlichen Verkleinerung der Leber, Verschwinden des Icterus, einer Besserung des Juckens und einem deutlichen Abfall des Cholesterins im Blut.

	Gesamtcholesterin in mg%	freies Cholesterin in mg%
Blut	423	312
Plasma . . .	331	305

Bei dem Morbus Gaucher treten in Leber, Lymphdrüsen, Knochenmark und am stärksten in der Milz große Zellen auf, in denen sich zahlreiche, mit einer homogenen Substanz gefüllte Vakuolen finden. Die Menge dieser Substanz kann in der Milz 10% des Trockengewichts erreichen.

E. Epstein hat aus Gauchermilzen diese Substanz dargestellt, die Lieb als Cerasin, ein Cerebrosid von der Zusammensetzung $C_{47}H_{91}O_8N + H_2O$, erkannt hat. Die Hydrolyse mit methylalkoholischer Schwefelsäure liefert Lignocerinsäure $(C_{24}H_{48}O_2)$, Sphingosin $(C_{17}H_{35}O_2N)$ und Galaktose.

Nach den Untersuchungen von G. Embden und seiner Schule ist ein Muskel zu um so ausdauernderer Arbeitsleistung befähigt, je mehr Sarkoplasma, Restphosphorsäure und Cholesterin er besitzt. Der Cholesteringehalt der quergestreiften Muskeln geht bis zu einem gewissen Grade dem Gehalt an Restphosphorsäure parallel. Lawaczek fand bei Tauben mit experimenteller Beri-Beri eine starke Vermehrung des Cholesterins in den Skelettmuskeln und im Blute. In den Nebennieren dagegen tritt bei dieser Krankheit eine deutliche Cholesterinverminderung ein. Stepp hat in einem Falle von experimenteller Avitaminose die Galle cholesterinfrei gefunden. Bei gewöhnlicher Abmagerung infolge Unterernährung ist das Cholesterin in den Skelettmuskeln mäßig, im Herzen und im Blute nicht vermehrt. Durch Cholesterinbeifütterung wird das Krankheitsbild der Taubenberiberi völlig abgeändert, so daß es niemals zum Auftreten von Krämpfen kommt.

A. Gigon kommt, im Anschluß an die Gedankengänge von O. Merkelbach, zu der interessanten These, daß die Cholesterinvermehrung beim acidotischen Diabetes und bei der Polyneuritis gallinarum auf einer vermehrten Cholesterinbildung beruhe, das Resultat einer Reaktion der im Überschuß vorhandenen Fettsäuren (und ihrer Abbauprodukte) mit Kohlehydrat darstelle.

Literatur.

Abelous, J. E. et L. C. Soula: Fonction cholestérinogène de la rate. C. r. Soc. Biol. Paris 83, 455 (1920).
Arning, Ed. und A. Lippmann: Essentielle Cholesterinämie mit Xanthombildung. Z. klin. Med. 89, 107 (1920).
Aschoff, L.: Ein Beitrag zur Myelinfrage. Verh. d. dtsch. path. Ges. 1908, 166.
Augsberger, L.: Galle und Magnesium. Schweiz. med. Wschr. 1927, 1069.
Bang, J: Cholesterinämie. Biochem. Z. 91, 122 (1918).
Beumer, H.: Über Cholesterinbilanz und Cholesterinansatz. Z. exper. Med. 35, 328 (1923).
— und Fr. Lehmann: Über Cholesterinbildung im Tierkörper. Ebenda 37, 274 (1923).
Bürger, M.: Der Cholesterinhaushalt beim Menschen. Erg. d. inn. Med. 34, 583 (1928).
Chauffard, A., G. Laroche et A. Grigaut (1): La Cholesterinémie à l'état normal et pathologique. Ann. Méd. 8, 69 (1920). — (2): Les depôts locaux de cholestérine. Ebenda 8, 331 (1920). — (3): Le cycle de la cholestérine dans l'organisme. Ebenda 8, 149 (1920).
Czylharz, E. v. und A. Fuchs: Über die Bedeutung des Cholesterins für die Vorgänge bei der pathologischen Verfettung. Biochem. Z. 62, 131 (1914).
Embden, G. und H. Lawaczek: Über den Cholesteringehalt verschiedener Kaninchenmuskeln. Hoppe-Seylers Z. 125, 199 (1923).
Epstein, E.: Beitrag zur Chemie der Gaucherschen Krankheit. Biochem. Z. 145, 398 (1924).
Gamble, J. L. and K. D. Blackfan: Evidence indicating a synthesis of Cholesterin by infants. J. of biol. Chem. 42, 401 (1920).
Gardner, J. A. and F. W. Fox: On the excretion of cholesterin in the animal organ. Proc. roy. Soc. Lond. 92, 358 (1921).
Gigon, A.: Kohlehydrat-, Ammoniak- und Cholesterinstoffwechsel, zugleich ein Beitrag zur Beriberifrage. Schweiz. med. Wschr. 1929, 656.

HOTTA, K.: Über die Bedeutung des Cholesterins für die beriberiartige Erkrankung der Tauben. Hoppe-Seylers Z. **136**, 1 (1924).

JASTROWITZ, H.: Über Lipoidverfettung. Z. exper. Path. a. Ther. **15**, 116 (1922).

KAWAMURA, R.: Die Cholesterinverfettung. Jena 1911.

LANDAU, M.: Die Nebennierenrinde. Jena 1915.

LIEB, H.: Cerebrosidspeicherung bei Splenomegalie Typus Gaucher. Hoppe-Seylers Z. **140**, 304 (1924).

LIFSCHÜTZ, J.: Zur Kenntnis der chemischen Natur und der Wandlungen des Blutfettes. Ebenda **117**, 212 (1921).

MERKELBACH, O.: Die Löslichkeit des Cholesterins in der Galle. Schweiz. med. Wschr. **1929**, 620.

MÜLLER, J. H.: Die Lipämie der Nierenkranken. J. of biol. Chem. **22**, 1 (1916).

MUNK, J.: Bedeutung des Fettes für den Stoffwechsel. Virchows Arch. **80**, 10 (1880).

PANZER, TH.: Über das sogenannte Protagon der Niere. Hoppe-Seylers Z. **48**, 519 (1906); **54**, 239 (1907).

SCHÖNHEIMER, R.: Über Resorptionsbeschleunigung des Cholesterins bei Anwesenheit von Desoxycholsäure. Biochem. Z. **147**, 258 (1924).

SIEMENS: Zur Kenntnis des Xanthoms. Arch. f. Dermat. **136**, 159 (1921).

THANNHAUSER, S.J.: Über den Cholesterinstoffwechsel. Dtsch.Arch.klin.Med.**141**,290 (1923).

— und H. SCHABER: Kann der tierische Organismus Cholesterin synthetisieren? Hoppe-Seylers Z. **127**, 278 (1923).

WACKER, L. und K. F. BECK: Fett- und Cholesterinstoffwechsel beim Säugling. Z. Kinderheilk. **29**, 331 (1921).

WIDAL, F., A. WEILL und M. LAUDAT: Die Assimilation des Cholesterins und seiner Ester. Semaine méd. **32**, 529 (1912).

WIELAND, H. und H. SORGE: Untersuchungen über die Gallensäuren. II. Hoppe-Seylers Z. **97**, 1 (1916).

7. Lipämie und Lipoidämie.

Die Lipämie und die Lipoidämie, die an einer seifenwasserähnlichen bis milchigen Trübung unmittelbar wahrnehmbar sein können, sind hauptsächlich Kennzeichen der Wanderung alkohol-ätherlöslicher Stoffe. Die physiologische Wanderung aus dem Darm macht die Erscheinung der Verdauungslipämie, die 1—2 Stunden nach Fettnahrung eintritt, ihren Höhepunkt nach 6 Stunden erreicht und nach 8—10 Stunden geschwunden ist. Ein Probefettfrühstück von 100 g Rahm und 70 g Butter soll eine 6—7stündige Lipämie ergeben. Eine längere Dauer soll für Verlangsamung der Resorption oder für Verlangsamung der Abgabe aus dem Blute sprechen (H. BRÄUNING).

Der physiologische Gehalt des Blutes kann also nur nach Beendigung der Verdauung und Resorption geprüft werden. Auch dann finden sich noch ziemlich beträchtliche individuelle Unterschiede. Ob die Untersuchung im Vollblut oder im Plasma (bzw. Serum) erfolgen soll, hängt von der Fragestellung ab. Für die Fragen der Lipoidwanderung und -verteilung kommt die Untersuchung des Plasmas in Betracht. Nach der Methode von W. R. BLOOR und J. BANG ist es möglich, einzelne Lipoidstoffe nebeneinander zu bestimmen. Nach Y. HORIUCHI sind die quantitativen Verhältnisse beim gesunden Menschen folgende:

g Fettsäuren			g Lecithin			g Cholesterin		
Vollblut	Plasma	Blutkörperchen	Vollblut	Plasma	Blutkörperchen	Vollblut	Plasma	Blutkörperchen
0,36	0,38	0,29	0,29	0,19	0,40	0,21	0,22	0.19
	0,40	0,36	0,30	0,22	0,44	0,23	0,24	0,21

Das Cholesterin kommt in den Blutzellen ausschließlich im freien Zustande vor, während im Serum das Estercholesterin überwiegt. Das Verhältnis Cholesterin:Cholesterinester verschiebt sich nach THANNHAUSER bei Leberparenchymerkrankungen zugunsten des Cholesterins, vielleicht weil die fermentative Esterbildung in der kranken Leber geschädigt ist. Wie alle Organe hat die Leber auch die Funktion der Esterspaltung, die darin zum Ausdruck kommt, daß die Galle des Menschen nur freies Cholesterin enthält.

Der Lipoidgehalt des Blutes nimmt in allen den Zuständen zu, in denen es zu einer Wanderung des Fettes aus dem Lager kommt. Das geschieht, wie MIESCHER zuerst am Rheinlachs entdeckt hat, zunächst im Hunger. Die Hungerlipämie beginnt mit dem Schwinden der Glykogenvorräte und fällt mit dem Sinken des Fettbestandes. Die Zunahme des Blutfettes zeigt, daß der Einstrom in das Blut schneller und mächtiger erfolgt als die Abgabe aus dem Blut.

Ein interessantes Phänomen ist die Aderlaßlipämie (MORAWITZ und PRATT). Nach wiederholten Aderlässen steigt der Fettgehalt des Blutes bis zum 10—25fachen des Normalwertes an. Das Neutralfett vermehrt sich am meisten (auf das 10—15fache), während Lecithin und Cholesterin nur um das 4—5fache zunehmen. Die Bedingungen dieser Lipämie sind noch nicht genügend geklärt. SAKAY findet eine der Lipämie zeitlich vorangehende Abnahme der Serumlipase und meint, daß dadurch der Austritt der Fettsäuren aus der Blutbahn verhindert werde. BLOOR äußert die Vermutung, daß das, durch die Umwandlung des Knochenmarks in blutbildendes Gewebe, frei werdende Fett das Blut anreichere.

Alkoholintoxikation, Chloroform- und Äthernarkose führen zu Lipämie mit prozentualer Bevorzugung der Phosphatide und des Cholesterins. Die naheliegende Annahme, daß es sich um eine Herauslösung dieser Stoffe aus Zellen handelt, verliert durch die Tatsache, daß nach Morphiumnarkose die gleichen Veränderungen eintreten, an Wahrscheinlichkeit.

Von besonderer Bedeutung für den Arzt ist die Lipämie beim Diabetes mellitus. Sie tritt bei schweren, mit Acidose einhergehenden Fällen auf, kann aber auch im Coma fehlen. Der Fettgehalt steigt von 0,3—0,8% der Norm auf 2—10% und höher. Als Höchstwerte wurden 25 und 28% beobachtet. Charakteristisch für die diabetische Lipämie ist das unverhältnismäßige Ansteigen des Cholesterins (B. FISCHER, G. KLEMPERER und H. UMBER). In einem Falle KLEMPERERS enthielt das Gesamtblut 40 g Cholesterin. Die diabetische Lipämie kann nicht nur durch Fettwanderung erklärt werden, da das Lagerfett nur Spuren von Lipoidsubstanzen enthält. KLEMPERER ist der Meinung, daß die Lipoide aus lipoidreichen Organen herstammen, konnte aber nachweisen, daß die Organe an Lipoid nicht verarmt waren. Nach MAGNUS-LEVY stammen die Lipoide aus der Nahrung; sie werden während vieler Wochen in der Blutbahn aufgespeichert. Etwas Sicheres wissen wir über die Herkunft der Lipoide nicht. Wir wissen auch nicht, warum die Lipoide die Blutbahn so langsam verlassen. Als Möglichkeit der Hinderung kommt der physikalisch-chemische Zustand der Capillaren in Betracht (L. F. MEYER). Sichergestellt ist, daß bei Besserung der Stoffwechsellage die diabetische Lipämie zurückgeht, aber mit sehr bemerkenswerter Langsamkeit (in einem Fall von BLOOR in 3 Wochen), und zwar in der Weise, daß zuerst das Fett, dann das Leichthin und zuletzt das Cholesterin die Blutbahn verläßt.

Lipoidämie kommt auch bei Nierenkrankheiten vor. Insbesondere ist bei der sogenannten Lipoidnephrose das Blutcholesterin stark erhöht. Es finden sich in der großen weißen Niere Lipoide nicht nur in den Epithelien, sondern auch in den Lymphräumen des Interstitiums. Man kann annehmen, daß die Lipoide aus den Lymphwegen in das Blut gelangen. Andererseits aber geht, wie O. Gross nachgewiesen hat, bei so veränderten Nieren gefüttertes Cholesterin in Form doppelbrechender Lipoide in den Harn, also durch die Niere. Die Herkunft der Lipoide ist bei der Lipoidämie der Nierenkranken ebenso umstritten und dunkel wie bei der Lipaemia diabetica. Die Auffassung von A. Gigon, daß es sich um eine gesteigerte Cholesterinsynthese handeln könnte (s. S. 305), bringt einen neuen, höchst interessanten Gesichtspunkt, der vielleicht zur Aufklärung führen wird.

Eine Lipämie mittleren Grades mit Vorherrschen des Cholesterins gibt es bei cholämischen Zuständen. Vielleicht infolge Anwesenheit von Gallenbestandteilen im Blute ist das Fett weder makroskopisch als Trübung, noch mikroskopisch als Hämokonien sichtbar (Bürger und Beumer).

Literatur.

Bang, J.: Die diabetische Lipoidämie. Biochem. Z. **91**, 104 (1918); **94**, 359 (1919).

Bloor, W. R. (1): The distribution of the lipoids in human blood. J. of biol. Chem. **25**, 557 (1916). — (2): Lipemia. Ebenda **49**, 201 (1928).

— and Macpherson: The blood lipoid in anaemia. Ebenda **31**, 80 (1917).

Beumer, H. und M. Bürger: Beiträge zur C-Chemie des Blutes. Z. exper. Path. u. Ther. **13**, 343, 362 (1913).

Bräuning, H.: Weitere Untersuchungen über Verdauungslipämie. Zbl. Physiol. u. Path. Stoffwechsels **4**, 1 (1909).

Bürger, M.: Über cholämische Lipämie. Wünch. med. Wschr. **1922**, 103.

Fischer, B.: Über Lipämie und Cholesterinämie. Virchows Arch. **174**, 163 (1903).

Gross, O.: Zum Cholesterinstoffwechsel. Kongr. inn. Med. **33**, 343 (1921).

Horiuchi, Y.: Studies on blood fat. J. of biol. Chem. **44**, 345 (1920).

Klemperer, G. und H. Umber: Diabetische Lipämie. Z. klin. Med. **14**, 5 (1907); **65**, 140 (1908).

Magnus-Levy, A.: Die Fette im Stoffwechsel. Handbuch der Biochemie **8**, 5, 461 (1925).

Meyer, L. F. (1): Zur Kenntnis des Phosphorstoffwechsels. Hoppe-Seylers Z. **43**, 11 (1904). — (2): Die Fette im Stoffwechsel. Handbuch der Biochemie, II. Aufl., **8**, 5, 422 (1925).

Morawitz, P. und Prett: Einige Beobachtungen bei experimenteller Anämie. Münch. med. Wschr. **1908**, Nr 35.

Neisser, E. und H. Bräuning: Verdauungslipämie. Z. exper. Path. u. Ther. **4**, 747 (1908).

Thannhauser, J. und H. Schaber: Über die Beziehungen des Gleichgewichts Cholesterin und Cholesterinester im Blut und Serum zur Leberfunktion. Klin. Wschr. **1926**, Nr 7.

8. Die Fettsucht.

Unter **allgemeiner Fettsucht** versteht man eine so starke Entwicklung des Fettgewebes, daß das Normalgewicht erheblich überschritten, der Organismus unter Umständen über seine Trag- oder Bewegungsfähigkeit belastet, auch räumlich so beengt wird, daß Funktionsstörungen verschiedener Art auftreten oder zu erwarten sind. Unter **teilweiser oder lokalisierter Fettsucht** versteht man eine auf gewisse Teile beschränkte Fettablagerung, die mit einem geringeren allgemeinen Fettansatz zusammengehen kann, in anderen Fällen in reiner Form auftritt, so daß das Körpergewicht noch in die Grenzen der Norm fällt, gelegentlich aber sogar mit einem Fettmangel anderer Körperteile erscheint und so eine höchst merkwürdige Kontrastwirkung hervorbringt.

Wir müssen für die Begriffsbildung der allgemeinen Fettsucht wissen, was wir unter Normalgewicht zu verstehen haben. Zu dessen Feststellung gibt es bekanntlich verschiedene Formeln, von denen die einfachste, aber nicht die genaueste die von BROCA ist:

$$\text{kg Gewicht} = \text{Länge} - 100.$$

Zuverlässiger sind die Formeln von G. OEDER. Für den Mann nimmt OEDER die Formel von BROCA mit der Abweichung, daß er statt der Länge die „proportionale Länge", d. h. die doppelte Länge von Scheitel bis zur Mitte der Symphyse, ansetzt. Bei Frauen ist die OEDERsche Formel etwas komplizierter:

$$KG = \frac{\dfrac{Pl \times B}{240} + Pl - 100}{2}$$

Pl = proportionale Länge.

B = Durchschnitt des Brustumfanges bei tiefster Inspiration und Exspiration.

Den Grad der Fettleibigkeit entnimmt man am einfachsten aus dem Quotienten $\dfrac{\text{Körpergewicht}}{\text{Normalgewicht}}$, wobei wir der Norm eine Breite von 10% zubilligen.

$$\dfrac{\text{Körpergewicht}}{\text{Normalgewicht}}$$

1	Idealfall
bis 1,1	noch normal
„ 1,25	leichte Fettleibigkeit (Übergangsform)
„ 1,35	deutliche „
„ 1,5	mittlere „
über 1,5	schwere „

Werte des Quotienten über 2,0 gehören zu den seltenen Ausnahmen.

Die teilweise oder lokalisierte Fettsucht bestimmen wir durch den äußeren Augenschein und durch Messung der Dicke der Fettfalten mit dem Tasterzirkel. Beim Normalen beträgt nach OEDER die Dicke einer Hautfalte am Bauch 2,75 cm.

Außerdem brauchen wir noch den von NOORDEN eingeführten Begriff der relativen Fettleibigkeit, relativ nämlich nach den besonderen Verhältnissen, die das Individuum bietet. Eine praktische Anwendung findet dieser Begriff bei Herzkranken, Nierenkranken und Bewegungsgestörten, bei denen bereits ein geringerer Fettansatz dieselben Nachteile auslöst als bei sonst gesunden Muskelstarken ein höherer.

Bei jeder Einschätzung des Gewichts zum Normalgewicht müssen wir natürlich Wasseransammlungen abrechnen.

Wir müssen weiter Bau des Skeletts und Beschaffenheit der Muskulatur berücksichtigen, die bei manchen Rassen und Berufsarten andere „Normalgewichte" ergeben, als den in der Literatur niedergelegten Tabellen aus Durchschnittswerten entsprechen.

Man unterscheidet bezüglich der Genese zwei Arten von Fettsucht, die exogene, die durch ein Übermaß von Nahrung zustande kommt, und die endogene oder endokrine.

Sehr viele Menschen erhalten durch viele Jahre ihr Körpergewicht konstant, nehmen also soviel Nahrung auf, wie sie unter den wechselnden Bedingungen des Lebens brauchen. Diese Menschen werden von dem Nahrungsgefühl geleitet, einem äußerst feinen Mechanismus, der sicher nicht nur von der Füllung des Magens, sondern auch durch Sendboten aus dem Gewebe in Tätigkeit gesetzt wird. Dieses Nahrungsgefühl kann Störungen unterliegen.

Ein zu starkes Nahrungsbedürfnis in allen Fällen als eine Gefräßigkeit zu bezeichnen, die durch Umgewöhnung und Erziehung beseitigt werden kann, dürfte nicht ganz richtig sein. Bei dem unkompensierten Diabetes mellitus ist die Polyphagie ja sicher vorwurfsfrei. Auch bei manchen Fällen von Ulcus duodeni ist sie ein anerkanntes Symptom der Krankheit. Und ganz sicher gibt es auch Fettleibige, die nicht bloß ein einfaches Hungergefühl zur häufigen Aufnahme von Nahrung drängt, sondern ein Zustand hochgradiger körperlicher und geistiger Schwäche, der etwa 2 Stunden nach jeder Nahrungsaufnahme auftritt. Wenn man den Erfolg einer über den Bedarf vermehrten Nahrungszufuhr als Mast bezeichnet, so liegt in solchen Fällen eine Mastfettsucht vor, die endogen, für die erste Betrachtung durch eine Störung des Nahrungsgefühls, bedingt ist. Die Begriffe Mast- und exogene Fettsucht sind also nicht identisch. Sie sind es auch darum nicht, weil es Menschen gibt, mit denen man eine Mastkur von größter Stärke und Dauer machen kann, ohne daß sie eine wägbare Menge Fett ansetzen. Es gehört also zu jeder durch Überernährung erzeugten Fettsucht ein endogenes individuelles Moment.

Dieses Moment möchten wir sehr gern näher kennen. In ihm liegt das Geheimnis, warum bei derselben Ernährung von anscheinend gleichen Menschen unter sonst gleichen Bedingungen der eine konstant bleibt, der zweite fett, der dritte mager wird.

Die Antwort auf die Frage, wie viel Nahrung der Mensch braucht, beruht auf dem von RUBNER begründeten Gesetz der Isodynamie der Nährstoffe, das gestattet, den Nahrungsbedarf, ohne Rücksicht auf die Nahrungsstoffe und erst recht ohne Rücksicht auf die Nahrungsmittel, in Wärmeeinheiten auszudrücken.

Über Calorienbedarf, Grundumsatz, Einfluß von Nahrung, Arbeit und anderem auf den Stoffwechsel s. S. 40. In diesem Zusammenhang kann aber noch einmal besonders hervorgehoben werden, daß die Grundumsatzzahlen der Voraussagetafeln von HARRIS und BENEDICT statistische Mittelwerte darstellen, und daß individuelle Werte, die diese Zahlen um 10—15% nach oben und nach unten überschreiten, noch normal sind.

Diese Breite der Normalität soll an einem Zahlenbeispiel illustriert werden, um den Wert der Grundumsatzbestimmung für die Probleme, die ein Fettleibiger bietet, zu beurteilen.

Wenn der Tabellenwert für einen Menschen 1400 Calorien beträgt, und wenn unsere Messung genau denselben Wert ergibt, so ist das Nächstliegende, daß wir frohlockend erklären, „normaler Grundumsatz". Wenn wir aber bedenken, daß die Norm zwischen 1260 Calorien und 1540 Calorien liegt, so müssen wir uns fragen, wie dieser Mann aussehen würde, wenn sein Umsatz hochnormal wäre, also 1540 Calorien betrüge. 140 Calorien für den Tag bedeuten rund 15 g Fett, das ist mit Wassereinlagerung im Monat 0,5 kg und in 1 Jahr 6 kg. Wenn also ein solcher Mensch früher einen hochnormalen Grundumsatz gehabt hätte und dann, etwa nach Kastration oder nach dem Klimakterium, auf einen mittelnormalen gesunken wäre, so könnte er in 3 Jahren einen Fettansatz von 18 kg erfahren haben.

Wir wissen, daß sich der Grundumsatz durch sehr lange Zeiten sehr konstant verhält. Aber die Möglichkeit einer Veränderung durch Krankheiten ist ja gegeben. Beim Morbus Basedowii und beim Myxödem besteht vollkommene Gewißheit darüber. Bei der Fettsucht dürfen wir von einer sicheren Erniedrigung nur sprechen, wenn die Werte 5% unter dem niedrigsten Normalwert liegen. Und das ist ganz außerordentlich selten und kennzeichnet eine dysthyreogene Fettsucht. Bei einer nicht geringen Zahl endogen Fettleibiger finden wir, wie R. PLAUT, niedrignormale Werte, also Verminderungen von 6—8% unter dem Tabellenwert. Was ein solcher Wert für die Genese der Fettsucht dieses Menschen bedeutet, bleibt aber gänzlich unklar.

Über den Einfluß der Muskelarbeit auf den Umsatz Fettleibiger fehlt es noch an ausreichendem Beobachtungsmaterial.

Sicher ist, daß Fettleibige — es gibt natürlich zahlreiche Ausnahmen — ihre Muskulatur viel weniger gebrauchen, daß sie faul und bequem sind, mit jeder Bewegung geizen, und das, was sie tun, in möglichst langsamem Tempo verrichten, entsprechend ihrem phlegmatischen Temperament. Ob diese Temperamentlosigkeit Ursache oder Folge der Fettleibigkeit ist, kann keinesfalls in allgemeingültiger Form entschieden werden. Gewiß wird ein Phlegmatiker leichter dick als ein Choleriker. Aber das Temperament hat endokrine Bedingungen, die auch unmittelbar auf den Fettansatz einwirken.

Die Umsatzsteigerung durch Nahrung ist individuell ganz verschieden. Diejenigen Menschen, die Nahrung weit über Bedarf zu sich nehmen und doch mager bleiben, haben einen stark erhöhten Energieumsatz, den man mit Luxuskonsumption bezeichnet. RUBNER fand, daß der Umsatz immer stärker ansteigt, je länger und je mehr im Versuch eine Nahrung hohen Eiweißgehalts gereicht wurde. Er nannte diese zunehmende Umsatzsteigerung die „sekundäre spezifischdynamische Wirkung". Das ist wohl nichts anderes als der Begriff der „Luxuskonsumption".

Es gibt also Menschen, deren Umsatz sich einer übermäßigen Nahrung anpaßt. Im Gegensatz dazu gibt es aber auch Menschen, bei denen jeder Überschuß von Nahrung als Fett abgelagert wird. Schon früher haben JAQUET und SVENSON und G. VON BERGMANN einzelne Fälle von Adipositas beobachtet und beschrieben, in denen die spezifisch-dynamische Wirkung (SDW) sehr klein war oder ganz fehlte. ROLLY hatte das Glück, zwei Fettleibige vor und nach Entstehung der Fettsucht untersuchen zu können. In beiden Fällen fand er eine sehr unterschiedliche Wirkung der Eiweißnahrung: vor der Fettsucht einen raschen starken Anstieg der Verbrennung und eben solchen Abfall, während der Fettsucht eine weit geringere Steigerung und langsamere Rückkehr zur Norm. In ausgedehnten Untersuchungen an 68 Kranken mit Fettsucht und endokrinen Störungen fand R. PLAUT eine Herabsetzung, in einigen Fällen sogar ein Fehlen der spezifisch-dynamischen Wirkung. Da sich Fälle von hypophysärer Kachexie und Dystrophia adiposo-genitalis ebenso verhalten, beim Myxödem dagegen trotz niedrigen Grundumsatzes die spezifisch-dynamische Wirkung normal ist, so kam R. PLAUT zu der Meinung, daß der Nahrungsreiz über die Hypophyse wirke, und daß eine Verminderung der spezifisch-dynamischen Wirkung Unterfunktionszustände der

Hypophyse anzeige. P. LIEBESNY folgert aus einem großen Material, daß Verminderung bis zu fast vollständigem Fehlen der spezifisch-dynamischen Eiweißwirkung sich findet: a) bei Kranken mit sichergestellten Erkrankungen der Hypophyse, b) bei Fettsucht mit Verdacht auf endokrine, und zwar hauptsächlich hypophysäre Genese, c) bei Krankheiten, die mit der Funktion des autonomen Systems zusammenhängen (Sklerodermie, RAYNAUDsche Krankheit). Die Erfahrungen meiner Klinik stimmen mit der allgemeinen Fassung, die R. PLAUT und LIEBESNY ihren Beobachtungen gaben, nicht völlig überein. Auch wir haben Fälle von endokriner Adipositas (meist Dystrophia adiposo-genitalis) gesehen, in denen die spezifisch-dynamische Wirkung gleich Null oder sehr klein war. Aber wir fanden auch Hypophysenkranke, die bei einem Grundumsatz, der dem Tabellenwert sehr gut entsprach, eine gute Eiweißwirkung aufwiesen. So z. B. einen 34jährigen, 160 cm großen und 118 kg schweren Mann, mit Fettverteilung nach dem hypophysären Typus, Hodenatrophie, Verlust der Scham- und Achselhaare, einer großen Sella turcica mit Schatteneinlagerungen und einer Gesichtsfeldeinengung, einen Grundumsatz 1% kleiner als der Tabellenwert und eine spezifisch-dynamische Wirkung von 20% ; bei einem Mann mit Hypophysentumor, Fettverteilung nach hypophysärgenitalem Typ eine Eiweißwirkung von 35% u. a. m. Bei einem Patienten, der wegen Hypophysenadenoms operiert ist und bei einer geringen Fettablagerung nach dem hypophysären Typ deutliche Zeichen der SIMMONDSschen Krankheit aufweist, sahen wir bei etwas niedrig-normalem Grundumsatz (7—8% unter Tabellenwert) zunächst wiederholt gar keine spezifisch-dynamische Eiweißwirkung, sodann mit Steigen des Körpergewichts eine Reaktion von zunächst 10, später 35%, sodann bei Verschlechterung des Allgemeinbefindens und Rückgang des Körpergewichts einen Ausschlag von nur 3%.

Wie sollen wir die Ergebnisse solcher Versuche beurteilen, besonders auch bezüglich der Genese der Fettsucht? Fälle, in denen die SDW völlig fehlt, machen — scheinbar — keine Schwierigkeiten. Man wird zunächst geneigt sein zu folgern, daß diese Menschen bei ausreichender Nahrung so viel Energiematerial einsparen und als Fett absetzen, als der fehlenden Steigerung der Verbrennungen durch Nahrung entspricht (d. h. bis 15%). Indessen muß das nicht so sein. Wir wissen nämlich nicht, ob und wie bei diesen Personen, wenn man sie nicht zum Zwecke eines Versuches unter den gleichen Bedingungen hält, wie einen Menschen mit SDW, sondern wenn man sie sich selbst überläßt, diese verschiedene Nahrungswirkung durch lebhafteres Temperament, größeren Bewegungsdrang, geringeres Nahrungsbedürfnis ausgeglichen wird. Wir wissen nichts von den Regulationen, die durch eine erhöhte oder verminderte SDW ausgelöst werden können.

Die Versuchsergebnisse, die besagen, daß die SDW gegen die Norm vermindert sei, erfordern eine noch vorsichtigere Beurteilung. Die SDW kann nicht in ihrem ganzen Verlauf gemessen werden. Wenn man einen Menschen in einen Respirationskasten hineinsetzte und ihn 24 Stunden im Hungerzustand und 24 Stunden bei Nahrung untersuchte, so würden wir erfahren, um wieviel Prozent im zweiten Falle der Umsatz steigt. Aber wir würden nicht den höchsten Wert erfahren, und auch nicht die gesamte SDW, weil die nach der Nahrung eintretende Senkung des Grundumsatzes den Betrag der Nahrungswirkung zu klein erscheinen lassen würde. Wir arbeiten also mit kurzfristigen Versuchen. Kaum jemals ist es möglich, den gesamten Ablauf der SDW etwa in stündlichen Messungen zu erhalten.

Gewöhnlich begnügt man sich mit zwei Messungen. Wir finden also nur zwei Ordinaten für eine Kurve, deren Verlauf und besonders deren Länge wir nicht immer kennen. Diese Kurve umschreibt mit der Grundumsatzlinie als Basis eine Fläche. Der Inhalt dieser Fläche ist die SDW (s. S. 496).

Ein schneller und hoher Anstieg und ein steiler Abfall bedeutet die gleiche Calorienproduktion wie ein halb so schneller und halb so steiler Anstieg und Abfall.

Aber selbst wenn das Fehlen der Stoffwechselsteigerung durch Nahrung, was ja energetisch durchaus möglich ist, zu Fettansatz führte, wäre das Problem der Fettsucht keineswegs gelöst. Aus einer Reihe von physiologischen und klinischen Untersuchungen geht hervor, daß Reizstoffe des vegetativen Nervensystems sowohl Grundumsatz wie SDW erhöhen, so nach J. ABELIN Tyramin, Phenyläthylamin und Adrenalin. Eine besondere, auch klinische Bedeutung kommt dem Schilddrüsenhormon zu. GRAFE und ECKSTEIN fanden nach Schilddrüsenexstirpation eine Senkung der SDW. Wie andere Autoren haben auch wir bei Schilddrüsenbehandlung die vorher fehlende SDW auftreten oder eine (scheinbar) verminderte ansteigen sehen. Die Frage, ob es sich hier um eine unmittelbare Reizwirkung des Schilddrüsenhormons handelt, ist aber noch nicht entschieden. Wir wissen, daß durch Thyreoidin der Eiweißumsatz ganz erheblich ansteigt. Dadurch könnte — mindestens so stark wie durch Eiweißnahrung des gleichen N-Gehaltes — der Umsatz gesteigert werden. Da wir auch durch Hypophysenhinterlappenpräparate gelegentlich eine sehr starke Negativierung der N-Bilanz gesehen haben, so bedarf die Frage, ob Steigerung des Grundumsatzes und der SDW durch Inkretpräparate über einen Eiweißzerfall wirken, weiterer Bearbeitung. Das Verhältnis von Grundumsatz zu SDW verhält sich nicht selten so, daß je höher der Grundumsatz, um so kleiner die SDW ist. So ist z. B. sehr oft beim Morbus Basedowii die SDW = 0 oder sehr klein, während der Grundumsatz um 40—60% gesteigert ist. Umgekehrt verhält sich das Myxödem.

Von einer allgemeingültigen Gesetzmäßigkeit darf man aber hier nicht sprechen, weil ein Krankheitszustand sich ganz anders verhält, das ist der Zustand der Unterernährung. Hier ist Grundumsatz und SDW vermindert. Im Zustand chronischer Unterernährung erleiden die Inkretdrüsen schwere Schädigungen, die sich klinisch und anatomisch leicht nachweisen lassen (s. S. 68). Aus den klinischen Untersuchungen über den Hunger wissen wir, daß sich der Organismus auf eine möglichst sparsame Wirtschaft einstellt. Die Zellen werden nach einer der Luxuskonsumption entgegengesetzten Richtung beeinflußt, so daß sie die Nährstoffe aufnehmen und sehr langsam verwenden. Könnte das Fehlen der SDW bei Fettsucht auf einem gleichen oder ähnlichen Mechanismus beruhen? Einer solchen Parallele widerspricht der Gegensatz des äußeren Anblickes, den ein Fettleibiger und ein Unterernährter bietet. Man pflegt ja bei Adipositas in die Krankengeschichte zu schreiben: „glänzender oder überreicher Ernährungszustand". Eine solche Beurteilung mag für den äußeren Eindruck zutreffen. Ist sie aber auch für das pathophysiologische Geschehen gültig? Die Definition eines im funktionellen Sinne guten Ernährungszustandes wird etwa dahin gehen, daß ein solcher Organismus reichlich Reservematerial erhält, das er bei Vermehrung der Ansprüche, wenn eine genügende Nahrungszufuhr nicht gegenübersteht, willig hergibt. In dieser Lage ist der endogen Fettleibige sicher nicht. Das geht daraus hervor, daß er gegen Hunger äußerst empfindlich ist und bei Nahrungsbeschränkung nicht eben leicht geneigt ist, von seinem Fett zu zehren. Ob jemand kein Fett hat oder ob er es nicht abbauen kann, wird gewiß für die innere Ernährung dasselbe bedeuten, d. h., wenn es überhaupt solche Regulationen gibt, eine möglichst große Sparsamkeit des Umsatzes herbeiführen.

Diese Regulationen gibt es im Unterernährungszustand. Sie werden durch die Beteiligung der innersekretorischen Drüsen bedingt. Daß tatsächlich eine innere Beziehung zwischen diesen beiden anscheinend entgegengesetzten Formen von Stoffwechselstörung, dem Unterernährungszustand und der Fettsucht, besteht, lehrt die Beobachtung, daß einer Unterernährung Fettsucht endogenen Typs folgen kann.

Man kann sogar noch weiter gehen. Von NOORDEN hat den Begriff der diabetogenen Fettsucht aufgestellt. VON NOORDEN meint, daß in solchen Fällen die Fähigkeit der Glykogenbildung abgenommen hat, dagegen die Synthese der Kohlehydrate zu Fett noch vollzogen wird. Das führt zu einer vermehrten Fettbildung. Das Fehlen der Zuckerverwertung bewirkt Hungergefühl und führt zu vermehrter und häufiger Nahrungsaufnahme und dadurch zu Fettsucht. „Solche Menschen", sagt VON NOORDEN, „sind eigentlich schon zuckerkrank, sie entleeren aber den Zucker nicht durch den Harn nach außen, sondern in das einer Beschickung noch willig zugängliche Fettpolster."

Diese Anschauung deckt sich mit der, die sich der Fettleibige selbst bildet, die er mit den Worten ausdrückt: „Alles, was ich esse, geht ins Fett!" Besteht bei dem Fettleibigen eine solche Neigung zur Fettbildung und Fetthaftung, so wird ein größerer Teil der Nährstoffe nicht verbrannt, sondern als Fett abgelagert. Da die Nahrung den Umsatz nur dann steigert, wenn sie abgebaut wird, so könnte also eine geringere SDW beim Fettleibigen nicht Ursache der Fettsucht, sondern Folge der Fettsucht sein. Daß eine solche Betrachtungsweise berechtigt und notwendig ist, lehrt die Beobachtung von J. R. JOHANNSON, nach welcher Kohlehydrate beim ausreichend ernährten Menschen eine ausgesprochene Stoffwechselsteigerung bewirken, nicht aber beim Hungernden oder nach starker Muskelarbeit. JOHANNSON folgert, daß das bei Glykogenarmut zugeführte Kohlehydrat in Glykogen umgewandelt, abgelagert und damit verhindert wird, eine stoffwechselsteigernde Wirkung auszuüben.

Wenn wir die Analogie zwischen Leberzelle und Fettzelle, die sich aus dieser Betrachtung ergibt, hormonal definieren wollen, so kommen wir zu der Vorstellung, daß so wie das Pankreashormon die Glykogenbildung und -haftung in der Leberzelle bewirkt, ein anderes Hormon die Fettbildung und -haftung in der Fettzelle zur Folge hat.

Beobachtungen, die wir in letzter Zeit gemacht haben, ergeben einen Einblick in die Beziehungen zwischen Kohlehydrat- und Fettstoffwechsel. Wir sahen einige weibliche Individuen mit endogener Adipositas, die eine niedrige Lage des Blutzuckers, sehr geringe Hyperglykämie und sehr starke hypoglykämische Phase nach Zuckerzufuhr und Adrenalininjektion (s. Kurve 18, 19) aufwiesen. Eine Patientin dieser Art machte die Angabe, daß sie von Jugend auf eine Gier nach Zucker gehabt habe. Charakteristisch für diese Kranken ist ihre körperliche und geistige Ermüdbarkeit, die sich bis zur Hinfälligkeit steigern kann, und eine außerordentliche Schwäche, die sich bei Magenleere einstellt.

Die Meinung, daß sich unter dem Einfluß einer Superinkretion des Pankreas, durch einen Superinsulinarismus, solche Störungen ausbilden müssen, findet in dem Ergebnis der Blutzuckeruntersuchungen eine Stütze.

Eine Supersekretion von Insulin muß eine verstärkte Glykogenbildung und -haftung, und könnte eine beschleunigte Fettbildung aus Kohlehydrat, in jedem Falle eine Hemmung im Zugriff auf die aufgespeicherten Vorräte zur Folge haben. Daraus ergibt sich die Vermutung, daß gewisse Fälle von endogener Adipositas auf einer Superinkretion des Pankreas beruhen (pankreatogene Adipositas). Da ganz allgemein die Möglichkeit besteht, daß einer Steigerung der Hormonbildung und -abgabe später eine Hemmung folgt, so muß die weitere Erfahrung lehren, ob es diese Fälle von Fettsucht sind, die später diabetisch werden. Vielleicht wird die diabetogene Fettsucht so verstanden werden können. Diabetes mellitus bei Familienmitgliedern von Menschen mit „pankreatogener Adipositas" haben wir beobachtet.

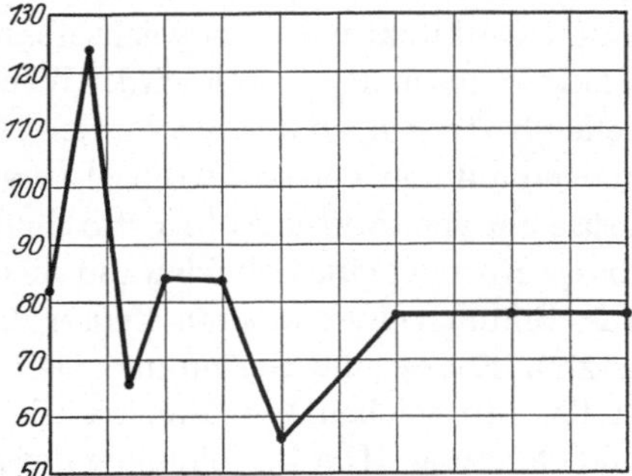

Abb. 18. Endogene (pankreatogene) Fettsucht. Blutzuckernüchternwert niedrig. 30 g Dextrose per os. Sehr geringe hyperglykämische Phase. Sehr starke Hypoglykämie.

Die Theorien der Fettsucht beschränken sich darauf, als primäre Bedingung eine Erkrankung der Schilddrüse, der Hypophyse, der Geschlechtsdrüsen, cerebraler Stoffwechselzentren anzusprechen. Mit der Aufstellung oder Auffindung einer solchen Bedingung ist indessen für das Verständnis der Krankheit noch nicht sehr viel gewonnen, wenn sich die Fettsucht eben nicht aus den Veränderungen des Umsatzes erklären läßt.

Bei der Fettsucht hat man früher die Schilddrüse für das zentrale Organ angesehen. Aber jetzt wissen wir, daß das nicht genügt, und daß die Fälle dysthyreogener Fettsucht recht selten sind. In der Tat sehen wir ja auch beim Myxödem auch nicht annähernd den Grad von Fettansatz wie bei einer endogenen Adipositas.

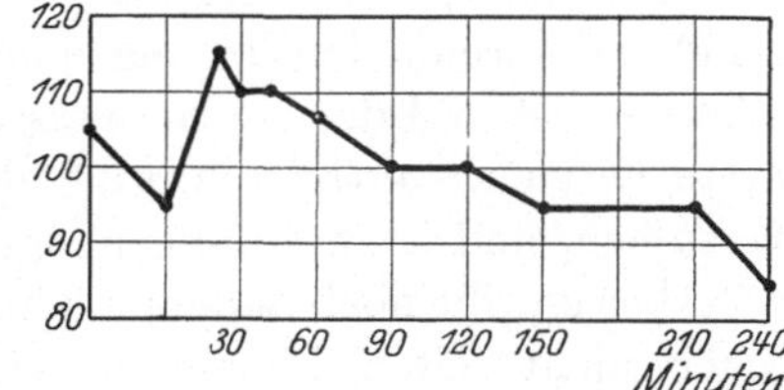

Abb. 19. Derselbe Fall wie 18. 1 mg Adrenalin subkutan.

Wenn wir die Fettsucht verstehen wollen, so müssen wir wie beim Diabetes in den Chemismus der Reaktionen eindringen und, was vielleicht noch wichtiger ist, in die physikalisch-chemischen oder kolloid-chemischen Vorgänge. Wir dürfen uns nicht darauf beschränken, die hormonalen Reize ins Auge zu fassen, sondern wir müssen das Erfolgsorgan, das ist die Fettzelle, eingehend betrachten.

Diese Zelle, so unscheinbar sie ist und so wenig sie die Histologen reizt, ist die Stätte sehr wesentlicher chemischer und physikalischer Vorgänge.

Wie in der Leberzelle die Diastase, so arbeitet in der Fettzelle die Lipase, das lipolytische Ferment. Die Lipase kann Fett in Fettsäuren und Glycerin spalten und aus diesen Spaltstücken Neutralfett wieder aufbauen. Die Fettaufnahme in die Zelle und die Fettabgabe aus der Zelle werden durch diese reversiblen Reaktionen herbeigeführt. Obgleich nun jede Fettzelle Fett und Lipase gleichzeitig enthält, findet doch nicht eine ständige Lipolyse statt, ebenso wie in der Leberzelle trotz gleichzeitiger Anwesenheit von Glykogen und Diastase nicht eine dauernde Glykogenolyse besteht. Wir kennen sogar eine besondere Abartung des Fettgewebes, die Lipombildung, bei der trotz Anwesenheit von Lipase fast niemals ein Fettabbau erfolgt. Das Lipom stellt eine Ablagerung von Fett dar, das niemals in den Stoffwechsel zurückkehrt, verhält sich also ähnlich wie der BICHATsche Fettklumpen.

Nach der geistvollen Theorie von HOFMEISTER-LESSER ist das Glykogen neben Diastase in der Leberzelle deswegen beständig, weil Ferment und Substrat räumlich, durch eine innere Architektur der Zelle, voneinander getrennt sind. Diese innere Architektur ist ein wechselbarer kolloidchemischer Vorgang, der durch das Pankreashormon besorgt wird. Wenn wir diese Betrachtungsweise auf die Fettzelle übertragen, so können wir den Einfluß von Hormonen und von nervösen Vorgängen auf den Fettstoffwechsel verstehen. Wenn unter dem Einfluß der Schilddrüse ein verstärkter Abbau stattfindet, so können wir uns vorstellen, daß durch dieses Hormon eine Scheidewand niedergerissen wird, die Fett und Lipase trennt. Die Bildung einer inneren Zellstruktur ist ein kolloidchemischer Vorgang, der letzten Endes eine Gerinnung, Gelbildung oder eine Lösung, Solbildung, darstellt. Mit solchen Vorgängen wechselt auch die Fähigkeit der Wasseraufnahme und -bindung. Die Beziehungen der Schilddrüse zur Gewebsquellung (Myxödem) und zur Ödembildung, besonders auch bei endogener Adipositas, bilden einen starken Hinweis dafür, daß die Wirkung des Schilddrüsenhormons eine kolloidchemische Änderung darstellt. Auch von der Hypophyse ist uns ja ein Einfluß auf den inneren und äußeren Wasserhaushalt wohlbekannt. Der Quellungsgrad des Mediums, in dem chemische Reaktionen stattfinden, ist auf die Geschwindigkeit der in ihm verlaufenden Prozesse von großem Einfluß.

Diese Betrachtung ermöglicht es uns, Vorgänge im Erfolgsorgan (der Fettzelle) und hormonale Wirkungen in einen Zusammenhang zu bringen, der uns verständlich ist und der ein weiteres Arbeiten ermöglicht. Die Auffassung, daß Inkrete Fermente aktivieren, gibt nicht die Möglichkeit, regulierte Reaktionen zu verstehen, und ist wohl allgemein als unzureichend aufgegeben.

Aber es gibt noch andere als hormonale Beeinflussung des Fettansatzes. Wir sehen nicht selten Lipome in seitlich-symmetrischer Verteilung; der Chirurg BRUNS sah eine Lipomentwicklung im Anschluß an eine spinale Verletzung; ich selbst sah einen jungen Menschen mit den Folgen einer spinalen Kinderlähmung, der am kranken Bein eine viel stärkere Entwicklung des Fettpolsters und schwächere Behaarung hatte als am gesunden. Diese Beobachtung stimmt zu der Angabe von MANSFELD und MÜLLER, die beim Hund nach Ischiadicusdurchschneidung einen stärkeren Fettansatz am gelähmten Bein fanden. Auch bei Ischias ist Entsprechendes beobachtet worden. Man spricht auch von einem Fettansatz mit hemiplegischer Verteilungsart. In anderen Fällen beobachten wir einen Fettansatz nach dem Typus der Paraplegie und sehen besonders drastische Bilder bei den ziemlich seltenen Fällen von Lipodystrophia, bei der starker Fettansatz an der unteren Körperhälfte mit Fettschwund besonders im Gesicht (Totenkopfgesicht) einhergeht. Wir können also nicht daran zweifeln, daß es im Nervensystem, und zwar bis in das Rückenmark abwärts, Prozesse gibt, die auf die Füllung der Fettzelle von Einfluß sind.

Besser bekannt und höher gewürdigt sind die cerebralen (interkranialen) Bedingungen der Fettsucht. Außer der Hypophyse, deren Bedeutung für die Adipositas genügend bekannt ist, kommt die Zirbeldrüse in Betracht. L. v. FRANKL-HOCHWART und H. LUCE u. a. haben bei Fällen von Zirbeldrüsentumor Jugendlicher als charakteristische Symptome abnormes Längenwachstum, prämature Genital- und Sexualentwicklung, Hypertrichose und geistige Frühreife beschrieben, und O. MARBURG hat im Beginn einer solchen Erkrankung hochgradige Fettsucht beobachtet.

Aber auch ohne Beteiligung von Hypophyse und Zirbeldrüse kommt es bei intrakranialen Vorgängen zu Adipositas. So sind eine ganze Reihe von Fällen im Anschluß an epidemische Meningitis aufgetreten und bei Hirnlues. Es gibt also eine cerebrale Adipositas. Und wenn wir die cerebralen, periphernervösen und hormonalen Bedingungen zusammenfügen, so können wir ein „neuroendokrines System" wenigstens ahnen, das die Vorgänge in der Fettzelle regelt und in einen harmonischen Zusammenhang mit den Stoffwechselvorgängen des gesamten Organismus bringt. Und wir gewinnen die Vorstellung, daß eine Beeinträchtigung dieses Systems an jeder möglichen Stelle erfolgen kann und zu Änderungen im Haushalt der Fettzelle führt.

Die Beeinflussung braucht nicht das Fettgewebe im Ganzen zu betreffen. Das geht bereits aus dem Bilde der Lipodystrophie hervor. Das funktionelle Verhalten des Fettgewebes ist regionär grundverschieden. Es ist ja bekannt, daß bei den beiden Geschlechtern der Fettansatz an anderen Plätzen vorzugsweise stattfindet. Es ist auch bekannt, daß der Fettschwund nicht gleichmäßig überall erfolgt, sondern daß das BICHATsche Fett ganz beständig und das Fett der Nierenkapsel beständiger ist als das der Haut und der Mesenterialfalten. So sehen wir auch unter dem Einfluß bestimmter Bedingungen ganz bestimmt lokalisierte Fettansammlungen entstehen, die eine Diagnose auf den ersten Blick erlauben. Da haben wir besonders die Dystrophia adiposogenitalis, die sehr häufige hypophysäre Fettsucht, die DERCUMsche Krankheit besonders in ihrer nodösen Form, die dysthyreogene Fettsucht, die Lipodystrophie.

Gerade das Vorkommen des regionären Fettansatzes macht die stärkere Hervorhebung des Fettgewebes in der Betrachtung der Fettsucht notwendig, nicht ganz in dem Sinne VON BERGMANNs, der das Wesen der endogenen Adipositas in einer „lipogenen Tendenz des Unterhautzellgewebes" gesucht hat, sondern in dem Sinne, daß zu einem bestimmten, uns aber noch nicht bekannten Teile des das Fett beherrschenden neuroendokrinen Systems auch — vorzugsweise — ein bestimmter Teil des Erfolgsapparates (Fettgewebes) gehört.

Die Einstellung dieses neuroendokrinen Systems ist individuell verschieden. So wie nicht jeder Mensch — trotz Überernährung — fett wird, so wird auch bei weitem nicht jeder Fettleibige immer fetter. Auch der viel essende und viel trinkende Gastwirt bleibt häufig auf einer bestimmten Höhe des Gewichts stehen. Ja, es gibt sogar Beobachtungen, aus denen hervorgeht, daß ein exogen Fettleibiger, der z. B. durch Krankheit mager geworden ist, nachher wieder genau sein früheres Gewicht erreicht und nicht überschreitet. Das Fettgewebe der meisten Menschen hat eine bestimmte Kapazität. Bei dem endogen Fettsüchtigen findet infolge einer krankhaften Umstimmung eine Fettablagerung und -haftung bis zu dem Maß statt, das durch seine neuroendokrine Lage gegeben ist. Dann kommt eine Zeit der Gewichtskonstanz, der spontan oder durch glückliche Therapie die Gewichtsabnahme folgen kann.

Wenn es richtig ist, daß die SDW deswegen bei der Adipositas so klein wird, weil „alles zu Fett wird", so müßten sich entsprechend diesen drei Stadien Unterschiede in der SDW finden lassen. Das weitere Studium muß also auf Feststellung der SDW im Zustand des Fettwerdens, des Fettseins und der Fettabnahme gerichtet werden.

Literatur.

ABELIN, J.: Vegetatives Nervensystem und spezifisch-dynamische Wirkung. Biochem. Z. 137, 373 (1923).

FRANKL-HOCHWART, L. v.: Die Diagnostik der Hypophysentumoren. Wien. med. Wschr. 1909, 684.

GRAFE, E. (1): Beiträge zur Kenntnis der Stoffwechselverlangsamung. Dtsch. Arch. klin. Med. 102, 15 (1911). — (2): Die pathologische Physiologie des Gesamtstoff- und Kraftwechsels bei der Ernährung des Menschen. Erg. Physiol. 21, II, 1 (1923).

HARRIS, J. A. und F. G. BENEDICT: A Biometric study of Basal Metabolism in Man. Carnegie Inst. Washington, Publ. 279 (1919).

JOHANNSON, J. R.: Untersuchungen über den Kohlehydratstoffwechsel. Skand. Arch. Physiol. 21, 1 (1918).

LESSER, E. J., siehe Diabetes mellitus.

LICHTWITZ, L.: Fettsucht. In: BERGMANN-MOHR-STAEHELIN, Handbuch der inneren Medizin 1926, Bd. IV.

LIEBESNY, P.: Die spezifisch-dynamische Eiweißwirkung. Biochem. Z. 144, 308 (1924).

LUCE, H.: Zur Diagnostik der Zirbeldrüsengeschwülste und zur Kritik der cerebralen Adipositas. Dtsch. Z. Nervenheilk. 68/69, 187 (1921).

MANSFELD, G. und FR. MÜLLER: Der Einfluß des Nervensystems auf die Mobilisierung von Fett. Pflügers Arch. 152, 61 (1913).

MARBURG, O.: Zur Frage der Adipositas universalis bei Hirntumoren. Wien. med. Wschr. 1907, Nr 52; 1908, Nr 48.

MÜLLER, J.: Über Maskierung des Blutfettes und der Blutlipoide. Hoppe-Seylers Z. 86, 469 (1913).

NOORDEN, C. VON: Die Fettsucht. Wien und Berlin 1910.

OEDER, G.: Der normale Ernährungszustand des erwachsenen Menschen. Med. Klin. 1908, Nr 33.

PLAUT, R.: Gaswechseluntersuchung bei Fettsucht. Dtsch. Arch. klin. Med. 142, 266 (1923)

ROLLY, FR.: Zum Stoffwechsel bei der Fettsucht. Dtsch. med. Wschr. 1921, 887, 917.

RUBNER, M. (1): Beitrag zur Ernährung im Knabenalter mit besonderer Berücksichtigung der Fettsucht. Berlin 1902. — (2): Gesetze der Energieverbrauchs und der Ernährung 1902.

9. Abbau der Fettsäuren. Die Acetonkörper.

Die natürlichen Fettsäuren haben sämtlich eine gerade Zahl von C-Atomen und zeigen von der endständigen Carboxylgruppe her eine induzierte abwechselnde Polarität, so daß auch der Abbau paarig erfolgt (HOFMEISTER, E. FRIEDMANN, F. KNOOP).

Es werden also jeweils die beiden Endglieder der Reihe abgesprengt, bis ein Rest von 4 C-Atomen (Buttersäure) übrigbleibt. Aus Buttersäure entsteht durch Oxydation die Acetessigsäure, die leicht zu β-Oxybuttersäure reduziert (hydriert) wird. Der Übergang von Acetessigsäure in β-Oxybuttersäure ist ein reversibler Prozeß (O. NEUBAUER), dessen Gleichgewicht bei einer höheren Konzentration der Oxysäure liegt.

Diese Reihenfolge der Oxydation (Buttersäure—Ketosäure—Oxysäure) wird zur Zeit für die wahrscheinlichere gehalten, obwohl die Vorstellung, daß zuerst durch weitgehende Oxydation die Ketosäure, dann durch Reduktion die Oxysäure gebildet wird, nicht eben leicht fällt, da die Bildung der Oxysäure aus der Fettsäure ein einfacher Vorgang der Dehydrierung und Hydratisierung ist.

$$
\begin{array}{ccccccccc}
CH_3 & & CH_3 & & CH_3 & & CH_3 & & CH_3 \\
| & & | & & | & & | & & | \\
CH_2 & \xrightarrow{-2H} & CH & \xrightarrow{+O} & CO & \longleftarrow\longrightarrow & C\cdot OH & \xrightarrow[-2H]{+2H} & CH(OH) \\
| & & \| & & | & & \| & & | \\
CH_2 & & CH & & CH_2 & & CH & \longleftarrow & CH_2 \\
| & & | & & | & & | & & | \\
COOH & & COOH & & COOH & & COOH & & COOH
\end{array}
$$

$$+H_2O$$

Buttersäure	Krotonsäure	Acetessigsäure (Ketoform)	Acetessigsäure (Enolform)	β-Oxybuttersäure

Aus dieser Gruppe von Formeln geht hervor, daß sich aus der β-Oxybuttersäure durch Dehydrierung die Enolform der Acetessigsäure bildet, die, wie wir später sehen werden, auch intermediär entsteht (LICHTWITZ). Die Enolform steht mit der beständigeren Ketoform im Gleichgewicht. Dieser Kreis von Reaktionen, von links nach rechts gelesen, entspricht durchaus der Oxydationslehre WIELANDS. Die Erfahrung der Klinik und des Experiments lehrt aber, daß Acetessigsäure sehr leicht und sehr schnell in die Oxysäure übergeht, d. h. als Wasserstoffacceptor wirkt, und daß die Oxysäure viel schwerer verbrennbar ist als die Ketosäure.

E. FRIEDMANN und H. D. DAKIN haben Hunden Phenylpropionsäure (1) verfüttert und gefunden, daß β-Phenyloxypropionsäure (2), Benzoylessigsäure (3), die entsprechende Ketosäure, Acetophenon (4) und Hippursäure ausgeschieden werden. Zu diesen Körpern, die den Acetonkörpern der Acidose entsprechen, kommt aber noch die Zimtsäure (5), also die entsprechende $\alpha-\beta$ ungesättigte Säure hinzu, die, wie die Benzoesäure, mit Glykokoll gepaart den Körper verläßt. Die Reaktionen verlaufen folgendermaßen:

$$
\begin{array}{ccccccccccc}
C_6H_5 & & C_6H_5 & & C_6H_5 & & C_6H_5 & & C_6H_5 & & C_6H_5 \\
| & & |\ \diagdown^{H} & \rightarrow & | & & | & \rightarrow & | & & | \\
CH_2 & \rightarrow & C & & C=O & \dashrightarrow & CO & & COOH & & CH \\
| & & |\ \diagup_{OH} & \dashleftarrow & | & & | & & & & \| \\
CH_2 & & CH_2 & & CH_2 & & CH_3 & & & & CH \\
| & & | & & | & & & & & & | \\
COOH & & COOH & & COOH & & & & & & COOH \\
1. & & 2. & & & 3. & & 4. & & & 5.
\end{array}
$$

Phenyl-propionsäure	β-Phenyloxy-propionsäure	Benzoyl-essigsäure	Aceto-phenon	Benzoesäure	Zimtsäure

In diesem Schema wäre es jetzt richtiger, die Zimtsäure an die zweite Stelle zu setzen. Wir haben dann fast die gleichen Verhältnisse wie bei der Buttersäure.

FRIEDMANN und DAKIN fanden, daß die Phenyl-β-Oxypropionsäure erheblich schwerer angreifbar ist, als die Phenylpropionsäure, was nicht dafür spricht, daß der Abbau dieser über eine β-Oxydation erfolgt. E. FRIEDMANN hat nach Verfütterung von Benzoylessigsäure dieselben Körper im Harn gefunden, die aus Phenylpropionsäure entstehen. Es ist also hier aus der Ketosäure die entsprechende Oxysäure entstanden, und da eine linksdrehende Oxysäure ausgeschieden wurde, so handelt es sich bei ihrer Entstehung um eine asymmetrische Reduktion, wie sie O. NEUBAUER bei dem Übergang von Phenolglyoxylsäure in l-Mandelsäure gefunden hat. In diesen beiden Fällen wird ebenso wie bei der Oxybuttersäure die linksdrehende Modifikation ausgeschieden, die rechtsdrehende verbrannt. (Im Durchströmungsversuch und im Digestionsversuch mit Leberbrei geht Acetessigsäure durch asymmetrische Reduktion in l-β-Oxybuttersäure über (E. FRIEDMANN und MAASE). Dieser Reduktionsprozeß scheint in ausgiebigerem Maße vor sich zu gehen als die umgekehrte Oxydation.

Nach den Untersuchungen von E. FRIEDMANN wird also aus einer β-Ketosäure die ungesättigte Säure und die β-Oxysäure. Da nach DAKIN aus Zimtsäure Benzoylessigsäure (Ketosäure) und Phenyl-β-oxypropionsäure entstehen, da Krotonsäure in der Leber Acetessigsäure (FRIEDMANN), beim schweren Diabetiker β-Oxybuttersäure (BAER und BLUM) bildet, so ist es schwer zu entscheiden, welcher dieser verschlungenen Wege der Hauptweg ist, der im Stoffwechsel begangen wird.

Das Auftreten der ungesättigten Fettsäure von vier C-Atomen als Abkömmling höherer Fettsäuren im tierischen Stoffwechsel ist bisher nicht beobachtet worden.

Bei Fällen von schwerem Diabetes haben wir im Harn vergeblich nach ungesättigten Säuren gesucht, obgleich eine sehr empfindliche Methode, die Hydrierung mit Palladiumwasserstoff nach PAL, angewandt wurde. Bei der Labilität der Doppelbindung ist es aber sehr wohl möglich, daß trotz ihres intermediären Auftretens eine Ausscheidung nicht stattfindet. Es ist vielleicht bei der Schnelligkeit, mit der die Umlagerungen im Stoffwechsel erfolgen, sogar richtig zu sagen, daß die Zwischenprodukte der Hauptreaktionen am vergänglichsten und am schwersten zu finden sein werden.

Da sich durch fortschreitende Oxydation am β-C-Atom aus jedem Molekül Fettsäure nur ein Molekül Buttersäure bildet, so könnte es scheinen, daß die ketogene Fähigkeit der Fettsäuren eine recht begrenzte sei. Dem widerspricht aber die Stärke der Ketonkörperbildung aus Fett.

Essigsäure sowohl wie Acetaldehyd liefern bei der Leberdurchblutung (aber nur in glykogenfreien Lebern) Acetessigsäure (G. SATTA, FRIEDMANN, EMBDEN und A. LOEB, K. HONJIO). EMBDEN und LOEB diskutieren die Möglichkeit einer Acetylierung der Essigsäure im intermediären Stoffwechsel

$$CH_3 \cdot COOH + CH_3 \cdot COOH \;\rightarrow\; CH_3 \cdot CO \cdot CH_2 \cdot COOH$$
$$\text{Acetessigsäure}$$

Auch über das Acetaldehyd ist ein Übergang in Acetonkörper möglich, indem aus zwei Molekülen Acetaldehyd Aldol und aus diesen durch Oxydation β-Oxybuttersäure entsteht (FRIEDMANN).

$$
\begin{array}{ccc}
CH_3 & CH_3 & CH_3 \\
C\!\!<\!\!{}^H_{O} & C\!\!<\!\!{}^H_{OH} & C\!\!<\!\!{}^H_{OH} \\
+ & & \\
CH_3 & CH_2 & CH_2 \\
C\!\!<\!\!{}^H_{O} & C\!\!<\!\!{}^H_{O} & COOH \\
 & \text{Aldol} & \beta\text{-Oxybuttersäure}
\end{array}
$$

Die β-Oxybuttersäure kann vermutlich durch Oxydation der Methylgruppe in Apfelsäure übergehen, aus der durch Decarboxylierung Milchsäure entsteht. Nach neueren Untersuchungen ist es sicher, daß aus Bernsteinsäure durch

Dehydrierung Fumarsäure, durch Dehydrierung plus Hydratisierung Apfelsäure, durch β-Oxydation und Decarboxylierung Milchsäure gebildet wird.

$$
\begin{array}{ccccccc}
\text{COOH} & & \text{COOH} & & \text{COOH} & & \text{CH}_3 \\
| & & | & & | & & | \\
\text{CH}_2 & & \text{CH} & & \text{CH(OH)} & & \text{CH(OH)} \\
| & \xrightarrow{-2\,\text{H}} & \| & \xrightarrow{+\,\text{H}_2\text{O}} & | & \longrightarrow & | \\
\text{CH}_2 & & \text{CH} & & \text{CH}_2 & & \text{CH}_2 \\
| & & | & & | & & | \\
\text{COOH} & & \text{COOH} & & \text{COOH} & & \text{COOH} \\
\text{Bernsteinsäure} & & \text{Fumarsäure} & & \text{Apfelsäure} & & \beta\text{-Oxybuttersäure}
\end{array}
$$

$$\text{CH}_3 \cdot \text{CH(OH)} \cdot \text{COOH}$$
$$\text{Milchsäure}$$

Die Umwandlung von Bernsteinsäure in Milchsäure verdient vom Gesichtspunkt der Bildung von Zucker aus Fett großes Interesse.

Diese Reaktionsfolge zeigt die synthetische Bildung von Acetonkörpern aus Essigsäureresten. Es kann also aus einem Molekül höherer Fettsäuren mehr als ein Molekül Acetessigsäure entstehen, ja es kann der gesamte Kohlenstoff der Fettsäuren in Acetonkörper übergehen, wie es auch tatsächlich beim schweren Diabetes beobachtet ist (MAGNUS-LEVY). Eine Verlängerung der Ketten kann sowohl zum Kohlenstoffgerüst der Hexosen wie reversibel zu hohen Fettsäuren führen.

Der weitere Abbau führt in der Norm nicht über das schwer angreifbare Aceton ($\text{CH}_3 \cdot \text{CO} \cdot \text{CH}_3$). Sehr wahrscheinlich wird die Acetessigsäure gespalten, und es werden die Spaltstücke in derselben Weise weiter verarbeitet, wie die erwähnten zweigliedrigen Ketten. Da aber schließlich Kohlensäure entsteht, die sich nach FREISE bei der Leberdurchblutung aus Essigsäure nicht bildet, so ist eine Zwischenreaktion, die zu vollständig und leicht oxydablen Körpern führt, ein Postulat.

Acetessigsäure und β-Oxybuttersäure sind als Zwischenprodukte des normalen Stoffwechsels zu betrachten. Blut und Organe gesunder Menschen und Tiere enthalten deutlich nachweisbare Mengen (einige mg%) beider Substanzen.

Der normale Erwachsene scheidet in 24 Stunden mit dem Harn 10—30, mit der Atemluft 20—80 mg Aceton aus.

Nach neueren Feststellungen (N. O. ENGFELDT, E. M. P. WIDMARK) ist Aceton auch im Blute enthalten. Es entsteht aus Acetessigsäure durch Kohlensäureabspaltung, die von den Eiweißkörpern des Blutes bewirkt wird (ENGFELDT) und tritt durch Diffusion in Harn und Atmungsluft über (WIDMARK). Die Acetonreaktionen mit Nitroprussidnatrium und die Jodoformreaktion sind im Harn nur zum Teil durch vorgebildetes Aceton bedingt; sie werden in gleicher Weise von Acetessigsäure gegeben. Mit diesem Verhalten steht die GERHARDTsche Eisenchloridreaktion in einem scheinbaren Widerspruch. Die Analyse ergibt, daß diese Reaktion dem Gehalt an Acetessigsäure nicht parallel geht. Die gleiche Unstimmigkeit findet sich auch bei dem Acetessigester. Nach Untersuchungen, die auf CLAISEN zurückgehen, „begegnet man bei dem Acetessigester und allgemein bei Körpern, die die Atomgruppe — $\text{CO} \cdot \text{CH}_2 \cdot \text{CO}$ — besitzen, einer eigentümlichen Form von Isomerie (Tautomerie). Derartige Körper verhalten sich nämlich bald so, als ob darin wirklich diese Gruppe vorhanden wäre, bald wieder so, als ob sie den Komplex — $\text{C(OH)} = \text{CH} - \text{CO}$ — enthielten".

Die erste Form heißt die Keto-, die zweite die Enolform, und von den beiden Isomeren „gibt — vielfacher Erfahrung zufolge — die Enolform eine intensive Färbung mit Eisenchlorid, die Ketoform nicht" (HOLLEMAN). Es handelt sich um ein Gleichgewicht, dessen Lage vom Medium abhängt. Jedenfalls kann der Schluß gezogen werden, daß die GERHARDTsche Eisenchloridreaktion die Enolform der Acetessigsäure anzeigt (LICHTWITZ).

Die Enolform geht leicht in die beständigere Ketoform über. Nach dem klinischen Verhalten ist es unzweifelhaft, daß die Ausscheidung der Enolform die schwerere Stoffwechselstörung anzeigt. Die Eisenchloridreaktion tritt sicher dann auf, wenn der Harn mehr als 0,5 g Acetonkörper im Liter enthält. Die Ketonreaktionen sind sehr scharf. Insbesondere die violette Form der Nitroprussidnatriumreaktion ist imstande, geringe Spuren (10—20 mg im Liter) nachzuweisen. Eine Ketonurie ohne Eisenchloridreaktion entspricht also einer Ausscheidung der Ketoform im ungefähren Betrage von 0,5—1,0 g (1. Stufe der Acetonkörperausscheidung). Auch beim schweren Diabetes hält sich aber die Ausscheidung der Acetessigsäure (Keto- + Enolform) in bescheidenen Grenzen und überschreitet nur selten die Tagesmenge von 5—6 g. Bei schwacher Eisenchloridreaktion ist mit einer Acetonkörperausscheidung von einigen Grammen zu rechnen (2. Stufe). Liegt aber eine starke GERHARDTsche Probe vor, so ist erfahrungsgemäß immer β-Oxybuttersäure in einer Menge enthalten, die die der Acetessigsäure um mindestens das Dreifache übersteigt (3. Stufe). Die β-Oxybuttersäure ist also der quantitativ wichtigste Acetonkörper. Der Ausscheidung einer Tagesmenge von 30—40 g begegnen wir durchaus nicht selten; auch erheblich höhere Werte (bis 70 g, ja bis 100 und 150 g) werden bisweilen erreicht.

Der wichtigste Körper bei der Acidose ist also die Oxybuttersäure.

Die fundamentale Tatsache in der Lehre von der Ketonurie ist die, daß es bei Kohlehydratkarenz zu einer Steigerung der Ausscheidung der Acetonkörper oder zu ihrer Anhäufung im Körper kommt. Beim Hunger, bei einer Fleischfettkost und, beim Diabetiker, auch bei einer kohlehydrathaltigen Nahrung tritt die Steigerung der Acetonkörperbildung ein. Die Menge der Kohlehydrate, die zu ihrer Verhütung notwendig ist, ist beim Gesunden wie beim Diabetiker verschieden. Vor allem wird sie durch die vorangegangene Ernährung beeinflußt. Ist der Organismus glykogenreich, so wird in den ersten Tagen der Kohlehydratkarenz noch genügend Zucker zur Verfügung stehen, und es wird für die intermediären Umsetzungen der Übergang zu einer kohlehydratfreien Kost nicht zu schroff sein. Und von der Plötzlichkeit der Koständerung scheint die Acetonkörperbildung in hohem Maße abhängig zu sein. Bei allmählicher Entziehung der Kohlehydrate tritt eine Anpassung ein. So verschwinden bei Diabetikern im Verlauf einer strengen Diät die Acetonkörper allmählich. An diesem Vorgange ist in manchen Fällen die wachsende Fähigkeit schuld, den Eiweißzucker zu verwerten. Ein solcher Diabetiker, der in der vorangegangenen Periode der Glykosurie fast ganz ohne Kohlehydrate gelebt hat, ist dann bei einer reinen Fleischfettkost, bei der der Normale eine erhebliche Acetonausscheidung hat, frei von dieser. Umgekehrt ist bekannt, daß bei einem schweren Diabetes die schroffe Entziehung der Kohlehydrate zum Koma führen kann. Auch der Normale kann bei einer reinen Fleischfettkost frei von Ketonurie bleiben, wenn sehr viel Eiweiß, aus dem sich Zucker bildet, gereicht wird. Die Größe der Ketonurie bei Gesunden und

Kranken und auch die zur antiketogenen Wirkung erforderliche Menge der Kohlehydrate, ist weiterhin abhängig von dem Reichtum der Nahrung an Acetonkörperbildnern. Bezüglich der quantitativen Verhältnisse der Acetonkörperbildung scheint bei dem mit Fleisch und Fett ernährten Gesunden und bei dem Diabetiker ein prinzipieller Unterschied nicht zu bestehen. Die Beobachtungen von E. Landergreen haben gezeigt, daß auch ein Gesunder bei passender Ernährung eine Acidose und Acetonkörperausscheidung von bedenklicher Höhe und den Symptomenkomplex deAcidose hat.

Beim Gesunden und beim leichten Diabetiker wird β-Oxybuttersäure und Acetessigsäure, die man per os zuführt, im Harn nicht ausgeschieden. Bei Kohlehydratkarenz bleiben β-Oxybuttersäure und Acetessigsäure ganz oder zum Teil bestehen. Im schweren Diabetes wird von zugeführten Acetonkörpern mehr ausgeschieden als bei leichten Diabetikern und mit Fleisch und Fett ernährten Normalen.

Ketonurie findet sich auch bei Gravidität, nach Darreichung von alkalisch reagierenden Salzen (s. S. 357), bei Leberaffektionen, im Fieber.

Die Muttersubstanzen der Acetonkörper. Die Bedeutung der Fette für die Acetonkörperbildung wurde von Landergreen und Magnus-Levy zuerst erkannt. Die experimentelle und die klinische Forschung haben ein sehr großes Tatsachenmaterial beigebracht, das aber in sehr wichtigen Punkten nicht miteinander übereinstimmt. So sind besonders die Resultate, die mit der Methode der Leberdurchblutung gewonnen wurden, im Widerspruch mit den Ergebnissen der Fütterung.

Außer den normalen Fettsäuren mit gerader Zahl von C-Atomen von der Buttersäure aufwärts haben sich im Fütterungsversuch nur solche Fettsäuren mit verzweigter Kette als Acetonkörperbildner erwiesen, die vier Kohlenstoffe in gerader Kette besitzen, also als Derivate der Buttersäure aufgefaßt werden können. Die Seitenkette wird intermediär durch H ersetzt. So wird z. B. aus Isovaleriansäure Buttersäure.

$$
\begin{array}{ccc}
\mathrm{CH_3\ CH_3} & & \mathrm{CH_3\ H} \\
\diagdown\diagup & & \diagdown\diagup \\
\mathrm{CH} & & \mathrm{CH} \\
| & \rightarrow & | \\
\mathrm{CH_2} & & \mathrm{CH_2} \\
| & & | \\
\mathrm{COOH} & & \mathrm{COOH}
\end{array}
$$

Aus Di- und Tricarbonsäuren entstehen keine Acetonkörper. Das ist von praktischer Wichtigkeit, weil die Alkalitherapie per os am besten mit citronensaurem Natrium gemacht wird. Die Citronensäure ist eine in β- und γ-Stellung dicarboxylierte β-Oxybuttersäure.

$$
\begin{array}{l}
\qquad\quad\mathrm{H_2} \\
\mathrm{C}\!\diagup \\
\ \ \diagdown\mathrm{COOH} \\
|\quad\ \ \mathrm{OH} \\
\mathrm{C}\!\diagup \\
\ \ \diagdown\mathrm{COOH} \\
\mathrm{CH_2} \\
| \\
\mathrm{COOH} \\
\text{Citronensäure}
\end{array}
$$

Im Leberdurchblutungsversuch aber ergab eine sehr große Zahl der verschiedensten Stoffe ein positives Resultat, so Acetaldehyd, Alkohol, Brenztraubensäure, Dimethylacrylsäure, Heptylsäure, Nonylsäure, Weinsäure, Traubensäure, Maleinsäure, Gluconsäure, Zuckersäure, Schleimsäure, Muconsäure, Homogentisinsäure, p-Oxyphenylbrenztraubensäure.

Man wird — wenigstens für praktische Zwecke — ohne die Ergebnisse der Leberdurchblutung für das Gesamtproblem zu vernachlässigen, dem Fütterungsversuch die größere Bedeutung beimessen.

Eine zweite Quelle der Ketokörper liegt im Eiweiß.

Nach EMBDEN und A. MARX verhalten sich die α-Aminosäuren in bezug auf Ketonkörperbildung wie die nächst niederen Fettsäuren, woraus sich der Schluß ergibt, daß sie, nach Desaminierung und Kohlensäureabspaltung, am β-C-Atom oxydiert und somit in die nächst niedere Fettsäure umgewandelt werden. Aus Leucin entsteht also Isovaleriansäure. Nach Untersuchungen zahlreicher Autoren, die DAKIN mit seinen eigenen zusammengestellt hat, sind Leucin, Histidin, Phenylalanin und Tyrosin Acetessigsäurebildner.

Bei der Verfütterung von Eiweiß nimmt aber die Ketokörperbildung nicht proportional der Eiweißmenge zu, weil im Eiweißmolekül auch Stoffe enthalten sind, die der Ketogenese entgegenwirken. Solche Stoffe, Antiketogene oder antiketoplastische Stoffe, von MAGNUS-LEVY jetzt Antiketone (weil sie nicht bloß die Bildung der Ketone verhindern, sondern auch ihre Verbrennung befördern) genannt, gibt es eine beträchtliche Zahl. An erster Stelle stehen die Kohlehydrate, von denen zur Verhütung einer Ketonurie 50—70 g, nach GEELMUYDEN 100—150 g erforderlich sind.

Eiweiß ist ein Antiketon, weil es dreimal so viel Zucker als Acetonkörper liefert. (Aus 100 g Eiweiß entstehen 55 g Zucker und 16 g Acetonkörper [L. BORCHARDT].) Die Mehrzahl der Aminosäuren hat Antiketonwirkung. Antiketone sind ferner: Alkohol, Milchsäure, Brenztraubensäure, Glycerin, Dioxyaceton, Isobuttersäure, Isovaleriansäure u. a. m. Bemerkenswerterweise haben einige Stoffe, die bei der Leberdurchblutung Acetessigsäure bilden, im Fütterungsversuch die Eigenschaft von Antiketonen.

SHAFFER hat die ketogene und antiketogene Wirkung von Eiweiß und Fett berechnet. In Amerika (PH. A. SHAFFER, WILDER und WINTER) hat man versucht, auf Grund dieser Berechnungen eine Diabetesdiät nach dem Prinzip des ketogenenantiketonen Gleichgewichts aufzustellen. Dieser Versuch hat sich in der Praxis nicht bewährt und konnte sich nicht bewähren, da es Diabetiker gibt, die bei einer Kohlehydrattoleranz von mehr als 100 g Ketonurie haben und Diabetiker, die bei reiner Fleischfettkost frei von Ketokörpern sind.

Die meisten Antiketone sind Zuckerbildner. Für eine Beteiligung dieser Eigenschaft an der Wirkung gegen die Acetonkörper scheint die Tatsache zu sprechen, daß bei dem Schwerdiabetiker, der den Eiweißzucker nicht verwertet, Nahrungseiweiß etwa proportional seiner Menge die Ketonurie verstärkt. Die Wirkung der Antiketone kann aber nicht nur darauf beruhen, daß die ketoplastischen Stoffe aus dem Umsatz verdrängt werden (EMBDEN), da 50 g Kohlehydrat von den 200 g Fett einer zur Ketonurie führenden Fleischfettkost nur 25 g ersetzen, also die Ketonurie höchstens um $1/_8$ erniedrigen, aber nicht gänzlich unterdrücken könnten.

Das von G. ROSENFELD erfundene Wort, daß die Fette vollständig nur im

Feuer der Kohlehydrate verbrennen, hat manchem lange als Erklärung gegolten. In Wirklichkeit hat die Ketogenese und Ketonurie mit der Verbrennung der Kohlehydrate gar nichts zu tun. Dafür gibt u. a. eine Mitteilung von UMBER ein klares Zeugnis. UMBER beobachtete bei einer diabetischen Schwangeren, die eine geringe Acidose bei sehr guter Kohlehydrattoleranz hatte, den Ausbruch eines tödlich endenden Komas und fand die Leber äußerst glykogenarm. Nicht die Kohlehydratverbrennung in der Peripherie, sondern die Glykogenfüllung der Leber ist es, die die Bildung von Ketonkörpern regelt. Glykogenfüllung der Leber drängt, wie aus vielen Untersuchungen und Beobachtungen hervorgeht, das Fett aus dem Leberstoffwechsel und aus dem Organ selbst heraus. Die Leber ist der Ort, an dem die Ketonkörperbildung vor sich geht. Eine Bedingung, durch die es zur Ketonkörperbildung kommt, ist die vermehrte Fettzersetzung, die bei Glykogenarmut der Leber eintritt. EMBDEN und ISAAC haben nachgewiesen, daß die künstlich durchblutete Leber pankreasdiabetischer Hunde im Gegensatz zur Leber hungernder Hunde aus Traubenzucker keine Milchsäure bildet. Da, wie wir früher sahen, eine Vorbedingung des Abbaues der Dextrose ihre Glykogenwerdung ist, so läßt sich erwarten, daß in einer solchen Leber, die Glykogen nicht mehr bildet, die Entstehung der Ketonkörper durch Traubenzucker nicht gehindert wird. Nach Versuchen von EMBDEN und ISAAC trifft das in der Tat zu. Zusatz von Glucose zur Durchströmungsflüssigkeit wirkt bei der pankreasdiabetischen Leber nicht, wohl aber bei der Hungerleber antiketogen. Nach G. EMBDEN kann im Leberdurchblutungsversuch Acetessigsäurebildung aus Substanzen, die viel Acetessigsäure bilden, durch Zusatz von leicht verbrennlichen Stoffen, die selbst keine Acetonkörper liefern, zurückgedrängt werden. Von besonderem Interesse ist, daß Essigsäure und Acetaldehyd nur in einer glykogenarmen Leber Acetessigsäure bilden. Daraus geht hervor, daß der Glykogengehalt der Leber nicht nur auf die oxydative, sondern auch auf die synthetische Entstehung der Acetonkörper regelnd einwirkt.

Ist die Leber glykogenarm oder, wie beim schweren Diabetes, nicht imstande, ausreichende Mengen von Glykogen zu bilden und so den Traubenzucker zur Energie liefernden Reaktion zu bringen, so kommt es zu erheblicher Fett- und Eiweißzersetzung, zur Bildung von Zucker aus Eiweiß und Fett.

Bei dem ungehemmten Ablauf, den diese Reaktionen bei dem schweren Diabetes deswegen nehmen, weil der entstehende Zucker nicht oder nur unvollkommen zu Glykogen polymerisiert und abgebaut wird, entstehen die Acetonkörper. Daß Glukoneogenie aus Eiweiß und Fett aber auch ohne Auftreten von Ketokörpern verlaufen kann, geht aus den Beobachtungen des Stoffwechsels im Winterschlaf hervor, in dem der Organismus von seinen Fettvorräten lebt. Die Langsamkeit der Fettumbildung, die der Länge des Winterschlafes und den relativ geringen Mengen des Reservefettes entsprechen muß, wird dadurch gewährleistet, daß die Leber (sowie die Muskulatur) Glykogen aufspeichert. Dieses Verhalten erscheint als ein Beweis, daß bei einem sehr langsamen und niedrigem Stoffumsatz Glykogenbildung aus Fett auftreten und dadurch eine automatische Regelung des Fettabbaues und Verhinderung der Ketonkörperbildung erfolgen kann. Da die Fähigkeit der Leber, Glykogen aus Fett zu bilden, mit der Fähigkeit, Glykogen aus Kohlehydraten zu bilden, wie sich aus Beobachtungen über den Glykogengehalt der Leber nach chronischer Adrenalinzufuhr von L. POLLAK ent-

Ketogene, antiketogene und zuckerbildende Fähigkeit einiger wichtiger Stoffe.

Stoff	Leberdurchblutung		Phlorizindiabetes (auch Pankreasdiabetes d. Hundes)			Bemerkungen	Autor
	Ketogen	Antiketogen	Ketogen	Antiketogen	Zucker		
Normale aliphatische Fettsäuren mit gerader C-Zahl	+						EMBDEN u. MARX, IWAMURA, BAER u. BLUM
Essigsäure	+					nur in glykogenarmer Leber	SATTA, FRIEDMANN, LOEB, HONJIO, EMBDEN u. LOEB, IWAMURA
„			0				BAER u. BLUM
„					+		GEELMUYDEN
Glykolsäure,	0		0				MOCHIZUKI, BAER u. BLUM
Glyoxylsäure			0				
Acetaldehyd	+					nur in glykogenarmer Leber	FRIEDMANN, IWAMURA
			0	+	+		RINGER u. FRANKL
Äthylalkohol	+						MASUDA
Glyzerin	+						REACH
„					+		HIRSCHFELD
Brenztraubensäure	+						EMBDEN u. OPPENHEIMER
„				+	+		RINGER
							WIRTH
Zuckersäure, Gluconsäure, Schleimsäure	+			+		Diabetes mell.	SCHWARZ
Traubenzucker		0					EMBDEN u. OPPENHEIMER
„				+			Dieselben
Acetessigsäure					+		PORGES u. SALOMON, GEELMUYDEN
n-Valeriansäure		+		0			GRIESBACH, EMBDEN u. LOEB
Isovaleriansäure	+					in glykogenreicher Leber	MOCHIZUKI
„			+		+	Dasselbe	BAER u. BLUM
Buttersäure	+						
„			+		+		BAER u. BLUM
Glutarsäure, Adipinsäure, Korksäure				+	−		BAER u. BLUM
Olivenöl			+			Hunger	LANG
„					+		GEELMUYDEN

nehmen läßt, nicht identisch zu sein scheint, so kann man aus den interessanten Verhältnissen, wie sie der Winterschlaf darbietet, folgern, daß eine möglichst starke Erniedrigung des Umsatzes auf die intermediären Störungen des schweren Diabetes von günstigem Einfluß sein wird.

Für die Dämpfung der Ketonkörperbildung (Fettzersetzung) durch den Glykogengehalt der Leber sind zwei Deutungen möglich.

RINGER und FRANKL haben aus sehr interessanten Versuchen Vermutungen über die Bindung von Aldehyden an die β-Oxybuttersäure aufgestellt. Synthesen sind sowohl mit niedrigen Aldehyden (Acetaldehyd) als mit höheren (Dextrose) möglich. RINGER und FRANKL machen die Hypothese, daß eine glykosidartige Anlagerung der β-Oxybuttersäure an Traubenzucker die Vorbedingung ihres Abbaues sei. Ganz gewiß müssen wir das Augenmerk auf intermediäre Synthesen richten. Auch die Acetessigsäureentstehung aus Essigsäure und Acetaldehyd ist dafür ein Beispiel.

SHAFFER hat gefunden, daß die schwache Zersetzung, die Acetessigsäure (nicht aber die β-Oxybuttersäure) durch H_2O_2 erfährt, durch Glucose, Fruktose und Glycerin beschleunigt wird. SHAFFER meint, daß ein gemeinsames Abbauprodukt dieser drei Stoffe mit der Acetessigsäure eine zeitweilige Verbindung eingehe und so die Verbrennung der Säure bewirke.

Die Beobachtung, daß bereits durch eine relativ kleine Menge Kohlehydrat die Ketokörperbildung gänzlich unterdrückt werden kann, daß also nicht Kohlehydrat und Ketokörper in äquivalenten Verhältnissen zur Verbrennung gelangen, könnte entweder so erklärt werden, daß der synthetische Körper nicht vollständig verbrennt, sondern immer wieder einen mit Ketokörpern kupplungsfähigen Rest hinterläßt, oder daß durch eine kleine Menge Kohlehydrat die Gluconeogenie so verlangsamt wird, daß — wie beim Winterschlaf — eine Glykogenbildung aus Eiweiß und Fett erfolgt.

Neben dieser chemischen Deutung ist eine physikalisch-chemische denkbar. Wir sehen, daß die Leberzelle ihre Möglichkeiten, Kohlehydrate und Fette zu verarbeiten, nicht gleichzeitig vollzieht, und können wohl folgern, daß diese beiden Funktionskomplexe eine verschiedene Zellstruktur voraussetzen, die man als die diabetische Zellstruktur und die Insulinzellstruktur bezeichnen kann. Die Gluconeogenie der Leber wird durch Insulin gehemmt oder aufgehoben, obwohl die Leber dabei im höchsten Grade glykogenarm sein kann. Daraus kann man schließen (s. S. 261), daß nicht die Glykogenfüllung der Leberzelle das Moment darstellt, welches die Fettzersetzung und Ketokörperbildung hemmt, sondern derjenige Zustand der Leberzelle, bei welchem eine Glykogenladung möglich ist und bei entsprechenden Kohlehydratvorräten des Organismus auch eintritt.

Diese Hypothesen betreffen den schwierigsten Punkt der Diabetestheorie, die nicht befriedigend sein kann, solange nicht die Ketokörperbildung mit den Störungen der Glykogenfixation und der Schwierigkeit der Zuckerverbrennung eine harmonische Einheit bildet.

Die Annahmen von RINGER und FRANKL und von SHAFFER und alle Reaktionen, die eine Verlängerung der Kette der Acetessigsäure und β-Oxybuttersäure zur Folge haben, verdienen darum die größte Beachtung, weil sich immer mehr die Hinweise darauf verdichten, daß die Acetonkörper normale Zwischenprodukte auf dem reversiblen Wege des Umbaues Fett $\rightleftarrows$ Zucker sind. GEELMUYDEN hat kürzlich diesem Problem eine gründliche Darlegung gewidmet. Der Gegenstand ist für unsere Betrachtung so wichtig, daß ich auf folgender Tafel 20 eine übersichtliche Darstellung versucht habe. Man sieht zunächst, wie oben bereits erwähnt, daß die Methode der Leberdurchblutung fast prinzipiell andere Ergebnisse hat als die Beobachtung des diabetischen Tieres. Was im ersten Fall zur Ketonkörperbildung führt, wirkt im anderen glykosuriesteigernd und damit sogar antiketogen. GEELMUYDEN nennt als sehr wahrscheinlichen Grund für dieses Verhalten, daß die isolierte Leber nicht mehr, wohl aber das Phlorizintier, die Fähigkeit hat, Synthesen über die Acetessigsäure hinaus vorzunehmen. So ist es vielleicht zu verstehen, daß bei der Leberdurchblutung auch als Zuckerbildner bekannte Stoffe, wie Glycerin und Brenztraubensäure, und der am Krankenbett als Antiketogen hochgeschätzte Äthylalkohol als Ketogene auftreten und der Traubenzucker kein Antiketogen ist, während bei dem Phlorizintier sogar die β-Oxybuttersäure und Acetessigsäure Extrazucker liefern. Von besonderer Bedeutung für die zentrale Stellung der Acetonkörper in dem Prozeß Fettsäure $\rightleftharpoons$ Zucker erscheint, daß beim Phlorizintier die Buttersäure, die Isovaleriansäure und nach GEELMUYDEN auch das Olivenöl sowohl Extrazucker wie Acetonkörper liefert, daß also gelegentlich die Reaktion nach beiden Seiten zugleich in verstärktem Maße abläuft.

Für die alte Idee von MINKOWSKI, daß die Ketonurie als Ausdruck einer mißlungenen oder unvollständigen Zuckersynthese betrachtet werden müsse, spricht also eine Reihe von Tatsachen. Da die Ketonkörper Produkte des normalen Stoffwechsels sind, so darf diese Meinung von MINKOWSKI nicht mehr so verstanden werden, daß die Ketonkörperbildung einen Abweg des Stoffwechsels bedeutet, sondern daß es sich um ein Zuviel infolge der Höhe der Fettzersetzung

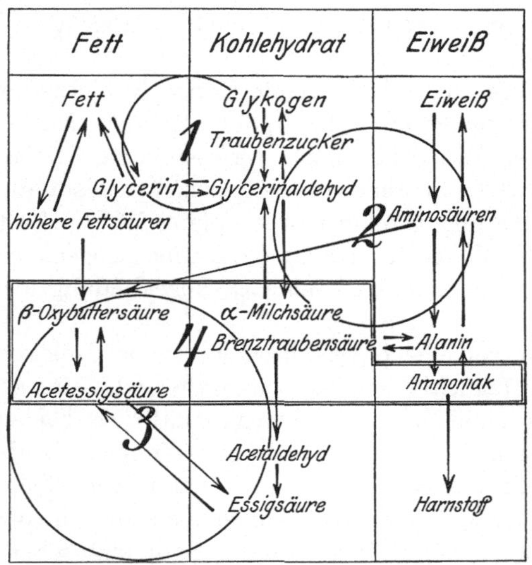

Abb. 20. *1* Der Bildungskreis Glycerin-Zucker. *2* Der Bildungskreis Eiweiß-Zucker. *3* Der Bildungskreis Zucker-Fettsäuren. *4* Das Gebiet der physikalisch-chemischen Beeinflussung (doppelt geradlinig begrenzt).

und infolge der durch die Glykogenarmut der Leber oder die Struktur der Leberzelle aufgehobenen oder geschwächten Fähigkeit zu weiteren Synthesen handelt. Diese Stellung der Acetonkörper in der Fett $\rightleftharpoons$ Zucker-Umwandlung hat die notwendige Folge, daß auch die Kohlehydrate als Acetonbildner gelten müssen. Praktisch kommt aber diese Quelle nicht in Betracht, weil der Zuckerabbau, wie er zu energetischen Zwecken erfolgt, nicht über Acetessigsäure führt und weil der Prozeß Zucker $\rightarrow$ Fettsäure, wie auch die Beobachtungen über die Einwirkung des Insulins auf den Stoffwechsel lehren, außerordentlich rasch und vielleicht auch, da das Fett schnell aus der Leber verdrängt wird, sehr vollständig verläuft.

Diese Betrachtung des großen Arbeitsgebietes der ketogenen und antiketogenen Wirkungen vom chemischen Standpunkt bedarf für die vollständige Darstellung der Zusammenhänge im schweren Diabetes einer physiologischen Ergänzung. Wie besonders auch aus den Untersuchungen von C. Petrén für die Praxis hervorgeht, ist die Höhe des Eiweißstoffwechsels von größtem Einfluß auf die Ketonkörperbildung aus Fett. Je niedriger der Eiweißumsatz gehalten wird, desto größere Mengen Fett werden ohne Ketonurie vertragen.

Die Reizwirkung des Proteins erstreckt sich also ebenso auf die Kohlehydratassimilation wie auf die Ketonkörperbildung. Es ist wohl am nächstliegenden, diese Erscheinungen gedanklich so zu verknüpfen, daß Eiweißarmut der Nahrung die Glykogenbildung in der Leber am wenigsten schädigt und damit die Vollständigkeit des Ablaufs der Fettsäureoxydation und synthetische Vorgänge begünstigt.

Die Ketonurie führt uns mitten hinein in die wechselseitigen Beziehungen der Nahrungsstoffe. Die chemischen Zusammenhänge sind, mit Ausnahme des chemisch noch unklaren Überganges höherer Fettsäuren in Zucker, auf folgender Tafel übersichtlich dargestellt.

Literatur.

Baer, J. und L. Blum: Über den Abbau der Fettsäuren beim Diabetes mellitus. Arch. f. exper.Path. **55**, 89 (1906); **62**, 129 (1910).

Borchardt, L.: Eiweißstoffe und Aceton. Ebenda **53**, 388 (1905).

Dakin, H. D.: The formation in the animal body of exybutyric acid by the reduction of acetoacid. J. of biol. Chem. **8**, 97 (1910).

Embden, G. und J. Wirth: Über Hemmung der Azetessigsäurebildung in der Leber. Biochem. Z. **27**, 1 (1910).

— und S. Isaac: Über die Bildung von Milchsäure und Azetessigsäure in der diabetischen Leber. Hoppe-Seylers Z. **99**, 297 (1917).

— und A. Loeb: Über die Azetessigsäurebildung aus Essigsäure. Ebenda **88**, 246 (1913).

— und A. Marx: Über Acetonbildung in der Leber. Hofmeisters Beitr. **11**, 318 (1908).

Engfeldt, N. O.: Beitrag zur Biochemie der Acetonkörper. Diss. Lund 1920.

Freise, Ed.: Untersuchungen über die CO_2-Bildung in der Leber. Biochem. Z. **54**, 474 (1913).

Friedmann, E.: Über die Bildung von Acetessigsäure aus Essigsäure bei der Leberdurchblutung. Ebenda **55**, 436 (1913).

— Über eine Synsthese der Acetessigsäure bei der Leberdurchblutung. Hofmeisters Beitr. **11**, 202 (1908).

— und C. Maase: Zur Kenntnis des Abbaus der Carbonsäuren. XX. Ebenda **55**, 450 (1913).

Geelmuyden, H. Chr.: Über die spezifisch-dynamische Wirkung der Nahrungsstoffe. Erg. Physiol. **24**, 1 (1925).

Griesbach, W.: Über Azetessigsäurebildung in der Leber diabetischer Hunde. Biochem. Z. **23**, 34 (1910).

Honjio, K.: Zur Kenntnis des Abbaus der Carbonsäuren im Tierkörper. Ebenda **61**, 286, 292 (1914).

Landergreen, E.: Untersuchungen über die Eiweißzersetzung des Menschen. Skand. Arch. Physiol. **14**, 112 (1903).

Lichtwitz, L.: Ein Beitrag zur Therapie der Azidose. Ther. Mh. **1911**.

Magnus-Levy, A.: Die Physiologie des Stoffwechsels in von Noordens Handbuch der Pathologie des Stoffwechsels. **1**.

Masuda, T.: Über das Auftreten aldehydartiger Substanzen bei der Leberdurchblutung und über Azetessigsäurebildung aus Alkohol. Biochem. Z. **45**, 140 (1922).

Mochizuki, J.: Zur Kenntnis des Abbaus der Carbonsäuren im Tierkörper. XVIII und XIX. Ebenda **55**, 443, 446 (1913).

Neubauer, O. (1): Zur Kenntnis der diabetischen Azidose. Kongr. inn. Med. 1910, S. 566.

— (2): Über den Abbau der Aminosäuren im gesunden und kranken Organismus. Dtsch. Arch. klin. Med. **95**, 211 (1909).

Porges, O.: Über den Abbau der Fettsäuren im Organismus. Erg. Physiol. **10**, 1. (1910).

Ringer, A. J. and E. M. Frankl: The Chem. of Glukoneogenesis. VI. J. biol. of Chem. **16**, 563, 105, 494 (1912).

Satta, G.: Studien über die Bedingungen der Azetonbildung. Hofmeisters Beitr. **6**, 376 (1905).

Shaffer, Ph. A.: Antiketogenesis. J. of biol. Chem. **47**, 433 (1921); **47**, 449 (1921); **49**, 143 (1921).

Widmark, E. M. P.: Stud. in the Acetone Concentr. in Blood. Biochem. J. **13**, 430 (1919); **14**, 364, 379 (1920).

Wilder, R. M.: Optimal food mixture for diabetic patients. J. amer. med. Assoc. **78**, 1878 (1922).

— and M. D. Winter: The treshold of Ketogenesis. J. of biol. Chem. **52**, 393 (1922).

Dreizehntes Kapitel.

Hämoglobin.

1. Chemie des Hämoglobins.

Hämoglobin ist ein in der lebenden Natur weit verbreiteter Körper. Die frühere Annahme, daß es sich immer um ein und dasselbe Hämoglobin handelt, ist nach neueren Untersuchungen nicht mehr gültig.

Das Hämoglobin besteht aus dem eisenhaltigen Chromogen und einem basischen Eiweißkörper, dem Globin. Über die Art der Bindung der Farbkomponente an das Globin gibt es verschiedene Meinungen. H. Fischer und K. Schneller nehmen eine echte Molekularverbindung, J. B. Conant, W. Küster u. a. eine komplexsalzartige Bindung an. Die beiden Komponenten sind unter gewissen Bedingungen voneinander trennbar und lassen sich nach R. Hill wieder zu Hämoglobin vereinigen. Nach F. Haurowitz entsteht aber bei der Wiedervereinigung nicht das ursprüngliche Hämoglobin, sondern ein Körper, der früher Kathämoglobin genannt wurde, jetzt nach D. Keilin Parahämatin genannt wird.

Die Farbstoffkomponente wird als Hämatin bezeichnet. Behandelt man Hämoglobin in Gegenwart einer reduzierenden Substanz mit Alkali, so erhält man das Hämochromogen, von dem man früher glaubte, daß es mit reduziertem Hämatin in alkalischer Lösung identisch sei. M. L. Anson und A. E. Mirsky fanden aber, daß Hämochromogen eine Verbindung von reduziertem Hämatin mit Globin ist.

Die Frage nach der Einheitlichkeit des Hämoglobins in der Natur wurde in negativem Sinne entschieden, als J. Barcroft und H. Barcroft fanden, daß sich das Hämoglobin der Arenicola sowohl spektroskopisch als auch in seiner Gasbindungsfähigkeit wesentlich von dem des Menschen unterscheidet.

Diese beiden Eigenschaften sind es, aus denen sich die Art des Hämoglobins ergibt. Unterschiede zwischen Hämoglobinen können darauf beruhen, daß Hämatin oder Globin oder Hämatin und Globin verschiedenen Bau haben. Der Bau des Hämatinmoleküls, mit dem wir uns bald näher beschäftigen werden, läßt die Existenz isomerer Körper zu. R Hill und H. F. Holden haben drei Hämoglobine, die dem Proto-, Meso- und Hämatoporphyrin entsprechen, dargestellt.

Man suchte früher die Frage nach der Verschiedenheit der Hämoglobine im wesentlichen in einer spektroskopisch nachweisbaren Verschiedenheit der Farbkomponente. ANSON und MIRSKY stellten aus Blutarten, die Hämoglobine verschiedenen Spektrums enthielten, Hämochromogene aber von gleichem Spektrum dar. Daraus ergibt sich die bedeutungsvolle Folgerung, daß diese Hämoglobine dieselbe Farbkomponente aber verschiedene Globine enthalten, während in den Hämochromogenen ein anderes Globin vorliegt, das keinen Einfluß auf die Lichtabsorption der Komplexverbindung ausübt und von ANSON und MIRSKY als denaturiertes Eiweiß angesprochen wird.

Die Frage, ob die Unterschiede zwischen den Hämoglobinen am Hämatin oder am Globin liegen, ist also, da Hämatine verschiedener Art sicher vorkommen, dahin zu beantworten, daß die Bedingung in beiden Komponenten gegeben ist, daß aber dabei dem Globin eine früher kaum geahnte sehr große Bedeutung zukommt.

Wie R. HILL gezeigt hat, sind Metallporphyrine, die andere Metalle als Eisen enthalten, nicht fähig, sich mit Globin zu einem Hämochromogen zu verbinden.

Da Hämatin mit vielen anderen basischen Stoffen (Nicotin, Pyridin, Hydrazin) Verbindungen eingeht, die seiner Verbindung mit Eiweiß entsprechen, so ist der Begriff „Hämochromogen“ zur Bezeichnung für eine große Gruppe von Körpern geworden.

Das Hämochromogen (in früherem, engeren Sinne) und die ganze Gruppe unterscheiden sich aber von der Gruppe der natürlich vorkommenden Hämochromogene — das sind die Hämoglobine — dadurch, daß nur diese Sauerstoff enthalten, der durch Auspumpen entfernt werden kann. Also nur die mit natürlichen Globinen verbundenen Farbstoffkomponenten haben die Fähigkeit, ein reversibles Oxyd zu bilden. Wohl aber sind alle Hämochromogene imstande, mit Kohlenoxyd reversible Verbindungen einzugehen. Diese Eigenschaft der Hämochromogene wird uns noch an anderem Orte begegnen.

Zunächst müssen wir uns mit dem Bau des Hämatins beschäftigen. Untersuchungen von W. KÜSTER, WILLSTÄTTER, H. FISCHER verdanken wir auf diesem Gebiet eine bedeutende Erweiterung des Wissens, zu dem NENCKI und seine Schule den Grundstein gelegt hat.

Für die Analyse der Spaltstücke des Hämochromogens ist das Hämin Ausgangsmaterial, das salzsaure Salz des Hämatins, das sehr unlöslich ist und sich aus heißem Eisessig in schönen schwarzblauen Krystallen abscheidet, den TEICHMANNschen Krystallen, die bekanntlich zum mikroskopischen Nachweis von Blut verwandt werden.

Aus dem Hämin haben M. NENCKI und J. ZALESKI das Hämopyrrol gewonnen, das O. PILOTY durch Reduktion mit Zinn und Salzsäure und nachfolgender fraktionierter Destillation in größeren Mengen dargestellt und als Dimethyläthylpyrrol folgender Konstitution erkannt hat.

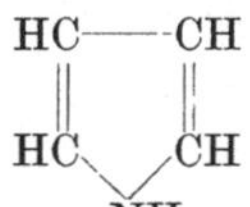

$$
\begin{array}{cc}
\mathrm{HC{-}CH} & \mathrm{CH_3\cdot C{-}C\cdot C_2H_5} \\
\| \quad \| & \| \quad \| \\
\mathrm{HC \diagdown \diagup CH} & \mathrm{HC \diagdown \diagup C\cdot CH_3} \\
\mathrm{NH} & \mathrm{NH} \\
\text{Pyrrol} & \text{Dimethyläthylpyrrol}
\end{array}
$$

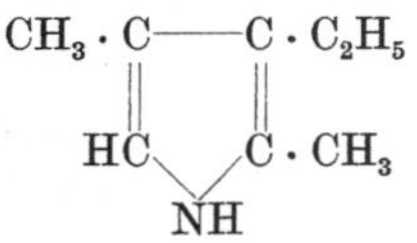

Als weitere wichtige Bausteine hat man aus dem Hämin die Phonopyrrolcarbonsäure (PILOTY, KÜSTER)

$$CH_3 \cdot C \text{---} C \cdot CH_2 \cdot CH_2 \cdot COOH$$
$$CH_3 \cdot C \diagdown \diagup CH$$
$$NH$$

Phonopyrrolcarbonsäure

und die isomere Isophonopyrrolcarbonsäure

$$CH_3 \cdot C \text{---} C \cdot CH_2 \cdot CH_2 \cdot COOH$$
$$HC \diagdown \diagup C \cdot CH_3$$
$$NH$$

Isophonopyrrolcarbonsäure

also zwei Dimethylpyrrolpropionsäuren isoliert.

Ein Molekül Hämin enthält zwei Hämopyrrole und, wie KÜSTER gezeigt hat,
zwei Moleküle Hämopyrrolcarbonsäure. KÜSTER hat beim Abbau für je ein Molekül Hämin zwei Moleküle Hämatinsäure gewonnen, deren Zusammenhang mit
der Hämopyrrolcarbonsäure aus folgenden Formeln hervorgeht:

$$CH_3 \cdot C \text{====} C \cdot CH_2 \cdot CH_2 \cdot COOH$$
$$COOH \quad COOH$$

Dreibasische Hämatinsäure

$$CH_2 \cdot C \text{====} C \cdot CH_2 \cdot CH_2 \cdot COOH$$
$$OC \diagdown \diagup CO$$
$$O$$

Inneres Anhydrid derselben

$$CH_3 \cdot C \text{====} C \cdot CH_2 \cdot CH_2 \cdot COOH$$
$$OC \diagdown \diagup CO$$
$$NH$$

Imid derselben

Das Imid entsteht aus der Phonopyrrolcarbonsäure durch Oxydation und Ab-
sprengung einer Methylgruppe.

Durch diese beiden Säuremoleküle besitzt das Hämochromogen zwei Carboxylgruppen wie das Chlorophyll (WILLSTÄTTER). Im Chlorophyll, das ein auch aus
Blutfarbstoff darstellbares hochmolekulares Produkt, das Äthioporphyrin, bei
tieferem Abbau, wie das Hämin, Hämopyrrol und Hämatinsäuren liefert, also
dem Hämochromogen nahe verwandt ist, steht an Stelle des Eisens Magnesium
(WILLSTÄTTER), an das mit zwei Haupt- und zwei Nebenvalenzen Pyrrolstick-
stoffe gebunden sind.

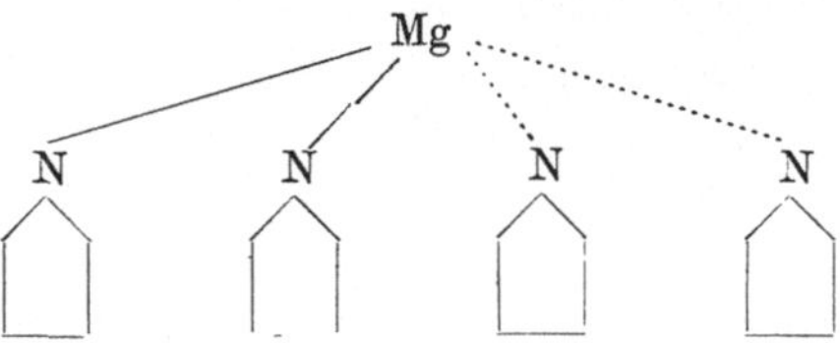

Die Beständigkeit des Hämineisens gegen Alkalien und Säuren und die Analogie mit dem Chlorophyll führen dazu, dem Eisen denselben Platz am N, an Stelle von Imidwasserstoffen, anzuweisen.

Da das Eisen aus dem Molekül abgespalten werden kann, ohne daß das Ganze zerfällt, müssen die vier Pyrrolkomplexe auch untereinander zusammenhängen.

Die Konstitutionsformel des Hämins ist noch nicht restlos geklärt. Unentschieden bleibt vorläufig, ob die beiden zentralen C-Atome durch eine Brücke miteinander verbunden sind. Einen Eindruck von der Art des Moleküls gibt folgende Formel (nach H. FISCHER):

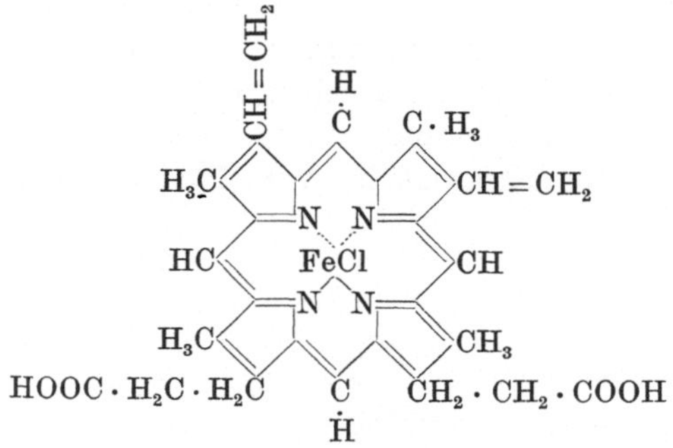

$$Haemin \qquad C_{34}H_{32}N_4O_4FeCl$$

Die Kenntnis der Formel des Hämins, des am frühesten in krystallinischer Form erhaltenen Körpers dieser Gruppe, hat eine große Bedeutung für die Erfassung der Zusammenhänge von Hämoglobin mit den klinisch wichtigen Stoffen, die sich aus ihm bilden. Auf die Konstitution der prosthetischen Gruppe des Hämoglobins darf aber diese Formel nur mit Einschränkung übertragen werden, da das Eisen, das im Hämin fest gebunden ist, im Hämoglobin mit vier Nebenvalenzen zu den beiden anderen N-Atomen und zu den beiden Carboxylgruppen in die Beziehung lockerer Bindung tritt. Nach KÜSTER kommen im Hämin verschiedene Bindungen des Fe und daher isomere Reihen vor. Sogar im lebenden Individuum, bei verschiedenen Tierarten und bei verschieden alten Individuen derselben Art konnte KÜSTER Isomerien des Hämoglobins nachweisen.

Die prosthetische Gruppe des Hämoglobins wird, wie die Formel zeigt, von vier Pyrrolen (zwei Hämopyrrolen und zwei Pyrrolcarbonsäuren) gebildet, die durch vier Kohlenstoffbrücken untereinander verbunden sind.

Die charakteristischen Bausteine dieses Körpers sind die Pyrrolderivate, von denen uns eines, das Prolin (α-Pyrrolidincarbonsäure), bereits als Bestandteil vieler Eiweißkörper begegnet ist.

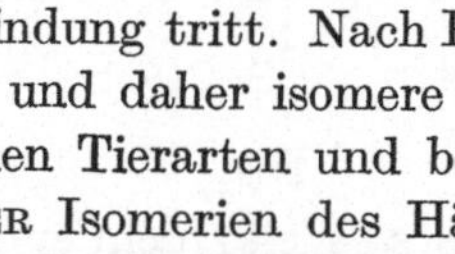

$$Prolin$$

Die Pyrrolgruppe, kondensiert mit dem Benzolring, fanden wir auch im Tryptophan, das bei der Destillation die für Pyrrol charakteristische Reaktion, Rötung eines mit Salzsäure befeuchteten Fichtenspanes, gibt.

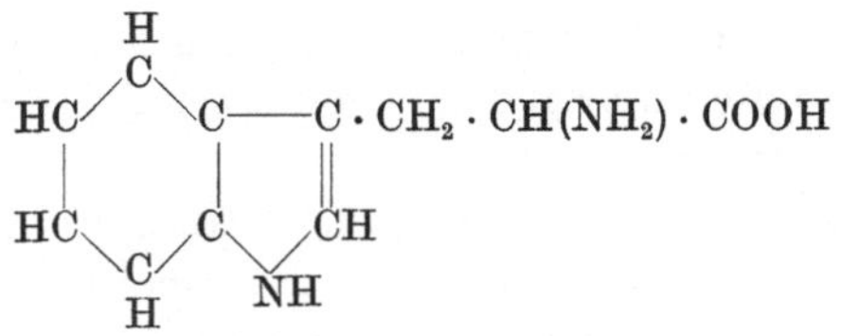

$$HC \diagup \overset{\overset{\text{H}}{\text{C}}}{} \diagdown C \underline{\quad\quad} C \cdot CH_2 \cdot CH(NH_2) \cdot COOH$$

$$HC \diagdown \underset{\underset{\text{H}}{\text{C}}}{} \diagup C \diagdown CH \diagup NH$$

Tryptophan

Wir wissen aber bereits durch die Ergebnisse der Untersuchungen über den Eiweißstoffwechsel, insbesondere aus der Unmöglichkeit der Ernährung mit Gelatine, der das Tryptophan, Tyrosin und Cystin fehlen, und mit Zein, einem tryptophanfreien Eiweißkörper aus Mais (OSBORNE u. MENDEL), daß der tierische Organismus nicht imstande ist, Tryptophan selbst zu bilden. In den Pflanzen aber entstehen heterocyclische Verbindungen, und zwar zweifellos aus Aminosäuren, vielfach und in großer Mannigfaltigkeit. Vom Pyridin, Chinolin und Isochinolin leiten sich viele Alkaloide ab.

Pyridin 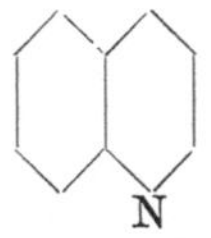   Chinolin    Isochinolin

Aus der Glutaminsäure bildet sich

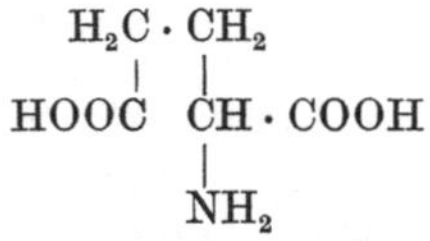

$$H_2C \cdot CH_2$$
$$HOOC \quad CH \cdot COOH$$
$$NH_2$$

wie man bei dieser Schreibweise der Formel sieht, leicht unter H_2O-Abspaltung der Ringschluß, ein Pyrrol. Auch den Indolring kann man sich aus einer Aminosäure, dem Phenylalanin, ableiten bzw. aus dem nach CO_2-Abspaltung restierenden Phenyläthylamin.

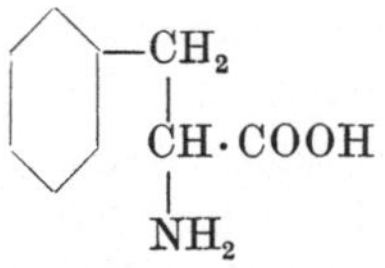

$$-CH_2$$
$$CH \cdot COOH$$
$$NH_2$$

Das Chinolin kann aber auf diese Weise nicht entstanden sein, da eine Phenylaminobuttersäure in keinem Eiweißkörper vorkommt. Untersuchungen von PICTET und SPRENGLER haben gezeigt, daß man im Reagenzglase eine Chinolinringbildung durch die Anlagerung von Formaldehyd an die Aminogruppe des Phenylalanins herbeiführen kann. Da der Formaldehyd von der Pflanze im Licht aus Kohlensäure gebildet wird, so ist ein solcher Entstehungsmodus nicht unwahrscheinlich. Schwieriger ist die Vorstellung, daß im Körper des Tieres die Chinolinbildung mit Hilfe des Formaldehyds vor sich geht. Ein Chinolinderivat die Kynurensäure, eine α-Oxy-β-chinolincarbonsäure, ist nämlich ein konstan, ter Bestandteil des Hundeharns.

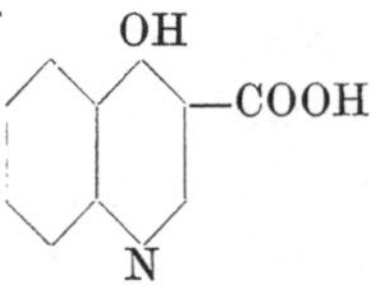

$$OH$$
$$-COOH$$
$$N$$

Kynurensäure

Nach A. Ellinger führt Tryptophanfütterung beim Hund zu einer Vermehrung der Kynurensäureausscheidung. Ellinger denkt sich den Vorgang so, daß sich zuerst Indolessigsäure bildet, daß sich dann der Pyrrolring öffnet und das benachbarte C-Atom der Seitenkette aufnimmt.

Tryptophan　　　　　Indolessigsäure　　　　　Kynurensäure

Dieser Vorgang der Umgestaltung eines heterocyclischen Kerns hat im Tierreich eine Ausnahmestellung. Im allgemeinen ist das Tier darauf angewiesen, die heterocyclischen Komplexe aus dem Pflanzenreich zu nehmen. Die Hämochromogensynthese hängt also von der Aufnahme (oder dem Bestand) an den notwendigen Bausteinen (Eisen und Pyrrolkerne) ab. Das Chlorophyll bietet die Pyrrolkerne in einer für die Blutfarbstoffbildung besonders günstigen Form, hat aber für die Blutbildung quantitativ eine sehr geringe Bedeutung.

Dem Blutfarbstoff (Hämoglobin A) steht der Muskelfarbstoff (Hämoglobin B) chemisch nahe.

Das Hämoglobin hat einen Eisengehalt von 0,34%.

<h2 style="text-align:center">Literatur.</h2>

Anson, M. L. and A. E. Mirsky (1): On hämochromogen and the relation of protein to the properties of the haemoglobin molecule. J. of Physiol. **60**, 50 (1925). — (2): On haem in nature. Ebenda **60**, 101 (1925).

Barcroft, J.: Die Atmungsfunktion des Blutes. II. Hämoglobin. Berlin 1929.

— and H. Barcroft: The blood pigment of arenicola. Proc. roy. Soc. Lond. **96**, 28 (1924).

Conant, J. B.: An electrochemical study of haemoglobin. J. of biol. Chem. **57**, 401 (1923).

Fischer, H. (1): Über Blut- und Gallenfarbstoff. Erg. Physiol. **15**, 185 (1916). — (2): Konstitution der eiweißfreien Farbstoffkomponenten und ihrer Derivate (Chlorophyll). Handbuch der normalen und pathologischen Physiologie **6**, 1, 164 (1928).

— Synthese des Haematoporphyrins, Protoporphyrins und Haemins. Ann. d. Chemie **468**, 98 (1929).

— und K. Schneller: Beiträge zur Kenntnis des Blutfarbstoffs. Hoppe-Seylers Z. **128**, 230 (1923).

Haurowitz, F.: Zur Chemie des Blutfarbstoffs. Ebenda **151**, 131 (1926).

Herzfeld, E. und R. Klinger: Zur Chemie des Blutfarbstoffs. Biochem. Z. **100**, 64 (1919).

Hill, R.: Haemoglobin in relation to other metallo-haematoporphyrins. Biochem. J. **19**, 341 (1925).

— and H. F. Holden: The preparation and some properties of the globin of oxyhaemoglobin. Ebenda **20**, 1326 (1926). —

Keilin, D.: On cytochrome, a respiration pigment. Proc. roy. Soc. Lond. **98**, 312 (1925); **100**, 129 (1926).

Küster, W.: Beiträge zur Kenntnis der prosthetischen Gruppen des Blutfarbstoffes. Hoppe-Seylers Z. **109**, 117 (1920).

Piloty, O.: Über den Farbstoff des Blutes. Liebigs Ann. **366**, 237 (1909).

Willstätter, R. und Stoll: Liebigs Ann. **416**, 27 (1918).

2. Oxyhämoglobin. Atmungsfermente. Reduziertes Hämoglobin. Methämoglobin.

Hämoglobin hat die Fähigkeit Sauerstoff aufzunehmen. 1 g Hämoglobin bindet nach HÜFNER 1,34 ccm O_2 (gemessen bei 0^0 und 760 mm Hg Druck). Diese Zahl bedeutet die Sauerstoffkapazität des Hämoglobins.

Die Eigenschaft der O_2-Bindung ist an das Eisen geknüpft. Das Hämoglobin hat die Aufgabe, Sauerstoff zum Zwecke der Atmung zu transportieren. Ganz allgemein sind der Atmung dienende Stoffe metallhaltig. So enthalten die respiratorischen Farbstoffe wirbelloser Tiere gleichfalls Eisen, das Hämocyanin der Mollusken und Crustaceen Kupfer. Beide Metalle haben die Eigenschaft, in Oxydationsstufen verschiedener Wertigkeit, als Oxydule und Oxyde, aufzutreten.

Das Hämin und seine Base, das Hämatin, enthält dreiwertiges Eisen.

Durch Reduktionsmittel der verschiedensten Art entsteht das reduzierte alkalische Hämatin ($C_{34}H_{32}N_4O_4Fe$), das früher als Hämochromogen bezeichnet wurde. Sein Eisen wird als zweiwertig angenommen.

Die Bezeichnung „Hämochromogen" wird jetzt für die Gruppe der Verbindungen der reduzierten Base ($C_{34}H_{32}N_4O_4Fe$) mit einer N-haltigen Substanz angewandt. Es ist sehr bemerkenswert, daß jede gewaltsame Trennung des Globins von der Farbstoffkomponente zu Verlust des Hämochromogenspektrums führt. Die aus Häminkrystallen dargestellte reduzierte Base zeigt nicht das Hämochromogenspektrum; dieses tritt erst bei Zufügung einer genügenden Menge Globin auf.

Daß diese Trennung zwischen der Hämochromogengruppe und der reduzierten Hämatinbase erst so spät gelang, hat seinen Grund darin, daß die Darstellung der Base entweder nicht in eiweißfreien Lösungen erfolgte oder daß die Reduktion bei Gegenwart eines Überschusses von Ammoniak vorgenommen wurde, der zur Entstehung des einfachsten Vertreters der Hämochromogengruppe, des Ammoniak-Hämochromogens, führt. D. KEILIN gibt über den Zusammenhang von Oxyhämoglobin, Hämatin, reduziertem Hämatin und Hämochromogen folgende Übersicht:

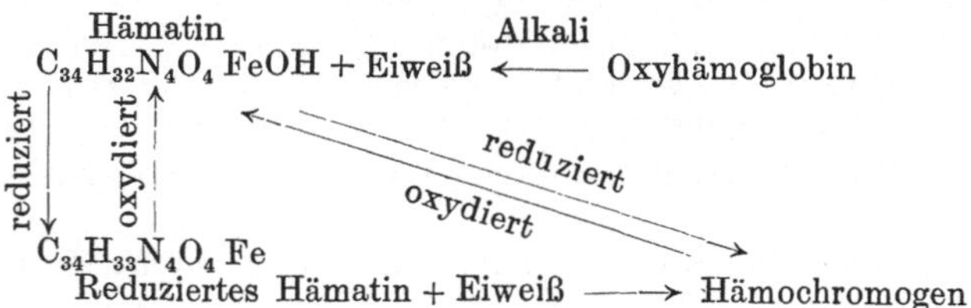

Das Hämoglobin hat die Eigenschaft, an seinem Eisen Sauerstoff in reversibler Form zu binden. Unter der spezifischen Sauerstoffkapazität versteht man das Mengenverhältnis des Sauerstoffes zum Eisen im Hämoglobin.

Außerdem Hämoglobin enthalten auch Hämochromogene und reduziertes Hämatin Eisen, das imstande ist, Sauerstoff zu binden. Aber nur aus dem Oxyhämoglobin kann O_2 durch Ferricyanid oder durch Auspumpen freigemacht werden. Es kann also im Blut mehr Eisen enthalten sein, als der nach O_2-Sättigung abgebbaren Menge O_2 entspricht. Ist nur (aktives) Hämoglobin enthalten, dann muß sich Eisen zu Sauerstoff wie 56 (Atomgewicht des Eisens):32 (Molekulargewicht des Sauerstoffes) verhalten. D. h. es verbindet sich im Hämoglobin ein Atom Eisen mit zwei Atomen abspaltbaren Sauerstoffs.

Die sehr genauen Messungen, die im Laboratorium von J. BARCROFT R. A. PETERS vorgenommen hat, ergaben die Möglichkeit, daß etwa 2% des vorhandenen Eisens in Substanzen enthalten war, die ihren Sauerstoff nicht durch Ferricyanid abgeben. Eine Fehlerquelle der Ferricyanidmethode hat LITARCZEK darin gefunden, daß im Plasma enthaltene Fette mit dem Ferricyanid reagieren und dabei etwas O_2 verbrauchen. Danach ist die Methode im lipämischen und auch im anämischen Blut wohl fehlerhaft. Aber in den Versuchen von PETERS und bei der Art seiner Methodik kann der Grund der gefundenen Differenz nicht in dieser Richtung gesucht werden. Es ist möglich, daß es sich um 2% Methämoglobin gehandelt hat. Aber von besonderem Interesse ist die Möglichkeit daß es sich um „inaktives Hämoglobin" gehandelt hat, eine tautomere Form des Hämoglobins, das das Spektrum des Oxyhämoglobins zeigt, aber keinen abgebbaren Sauerstoff enthält.

Inaktivierung des Hämoglobins tritt sowohl bei längerem Stehen einer Hb-Lösung als auch bei Aufbewahrung in trockenem Zustand, selbst unter hohem Vakuum und in der Kälte ein.

Ob überhaupt und unter welchen Bedingungen das inaktive Hämoglobin in der Natur vorkommt, ist noch unbekannt.

HÜFNER hat angenommen, daß das Hämoglobin ein Molekulargewicht von 16700, d. h. das kleinste mögliche Molekulargewicht habe, und daß es mit O_2 nach der Formel:

$$Hb + O_2 \rightleftarrows HbO_2$$

reagiere.

G. S. ADAIR hat aber neuerdings festgestellt, daß der osmotische Druck des Hämoglobins einem Molekulargewicht von etwa 70000 entspricht. Zu derselben Zahl kommt mit der Methode der Ultrazentrifugierung SVEDBERG. Danach besteht also ein Molekül Hämoglobin aus vier Einheiten und die Gleichung seiner Reaktion mit O_2 lautet:

$$Hb_4 + 4 O_2 \rightleftarrows Hb_4 O_8 .$$

Das gilt aber nur für verdünnte Hämoglobinlösungen. In Lösungen von Blutkonzentration (etwa 15%) findet ADAIR einen osmotischen Druck der nicht dem Wert 4, sondern dem Wert 2,5 entspricht.

Von Zuckerlösungen ist bekannt, daß bei hohen Konzentrationen der osmotische Druck niedriger ist, als er nach der Zahl der Moleküle sein sollte (Micellbildung ?).

ADAIR nimmt an, daß in konzentrierten Lösungen die Moleküle so dicht beieinander liegen, daß sie in ihrer Freiheit und der Fähigkeit, die zur Sättigung ausreichende O_2-Menge zu erhalten, behindert sind.

Da die roten Blutkörperchen eine etwa 30%ige Hb-Lösung darstellen, so muß sich im Blut dieses Mißverhältnis noch verstärken.

HILL nahm an, daß in einer Hämoglobinlösung Aggregate verschiedener Größenordnung von dem mittleren Werte = n vorliegen. Daraus ergibt sich die Gleichung

$$Hb_n + nO_2 \rightleftarrows Hb_n O_{2n} .$$

Diese Zahl n gibt nicht den wirklichen Grad der Aggregation an, sondern den Wert, der aus dem durch die hohe Konzentration verminderten osmotischen Druck folgt.

Die Dissoziationskurve des Blutes ergibt den Wert 2,5. Inwieweit hieran Zwischenoxyde (Hb_4O_2, Hb_4O_4, Hb_4O_6), die sich der Beobachtung entziehen, beteiligt sind, ist unbekannt.

Wie mit Sauerstoff reagiert das Eisen des Hämoglobins auch mit Kohlenoxyd.

$$Hb + CO \rightleftarrows Hb \cdot CO.$$

Die Affinität des Hb zum Kohlenoxyd ist 246mal größer als die zum Sauerstoff, so daß, wenn Blut einem Luftgemisch von $O_2:CO = 246:1$ ausgesetzt ist, sich die eine Hälfte des Hb mit O_2, die andere mit CO verbindet.

In jedem Falle stellt sich ein Gleichgewicht ein nach der Formel:

$$\frac{HbO_2}{HbCO} \cdot \frac{CO}{O_2} = K,$$

die besagt, daß die Verteilung des Hb zwischen O_2 und CO durch das Verhältnis der Partialdrucke beider Gase bestimmt ist.

Die größere Verwandtschaft des Hb zum CO und die Verdrängung des O_2 nach der Gleichung $HbO_2 + CO \rightleftarrows HbCO + O_2$, die zur Einstellung dieses Gleichgewichtszustandes führt, bedingt praktisch die Giftigkeit des Kohlenoxyds.

Während HbO_2 lichtbeständig ist, hat (J. HALDANE) HbCO die merkwürdige Eigenschaft, bei Belichtung in Hb und CO zu dissoziieren.

Wie das Hämoglobin verhält sich im Prinzip das freie reduzierte Hämatin und verhalten sich seine Verbindungen mit anderen Basen (das Globin [s. S. 20] hat starke basische Eigenschaften), wie Pyridin und Nicotin.

Während Hämoglobin nur im Blut vorkommt, sind andere Häminverbindungen in allen tierischen und pflanzlichen Zellen enthalten (C. A. MAC MUNN, D. KEILIN). MAC MUNN (1886) hat darauf hingewiesen, daß das Hämin in der Entwicklungsreihe früher aufgetreten ist als das Hämoglobin. KEILIN hat dem Zellhämin den Namen Cytochrom gegeben.

Das Zellhämin reagiert mit O_2 und CO wie das Hämoglobin, wenn auch erst bei höherem Druck. Die Reaktion ist reversibel. Das Zellhämin verteilt sich zwischen O_2 und CO nach der Verteilungsgleichung und zeigt die Lichtempfindlichkeit bei viel geringeren Lichtintensitäten (O. WARBURG).

Das Cytochrom ist aber, wie WARBURG gezeigt hat, mit dem Atmungsferment nicht identisch. So enthält die Hefezelle wohl eine beträchtliche Menge Cytochromhämin: aber nur ein minimaler Bruchteil davon ist Fermenthämin. Beim Druck einer Atmosphäre O_2 oder CO reagiert wohl Fermenthämin, nicht aber Cytochromhämin.

In einer bewunderungswürdigen Untersuchung hat WARBURG dann gezeigt, daß das Atmungsferment (oder richtiger vielleicht ein Atmungsferment) ein typisches Häminabsorptionsspektrum besitzt.

Zwischen Hämoglobin, Cytochrom und Atmungsferment besteht also eine innere Verwandtschaft.

Nach einem Grundgesetz der physikalischen Chemie werden Gase von Flüssigkeiten im Verhältnis ihrer Partialdrucke aufgenommen. In einem Gasgemisch ist der Druck eines jeden Gases bei gleicher Temperatur proportional seiner Konzentration. In der Atmosphäre mit 20,9% O_2 und einem Druck von 760 mm Hg hat der Sauerstoff einen Partialdruck von

$$\frac{20,9 \cdot 760}{100} = 159 \text{ mm Hg}.$$

Eine solche physikalische Lösung von Sauerstoff (und Kohlensäure) findet im Wasser und, in etwas geringerem Grade, auch im Blutplasma statt. Aber die Aufnahmefähigkeit einer Hämoglobinlösung und von Blut ist ganz bedeutend größer, weil die chemische Bindung hinzukommt. Eine Hämoglobinlösung zeigt bei einer O_2-Spannung zwischen 0 und 100 mm Hg und bei 38° folgenden Sättigungsverlauf des Hb (J. BARCROFT):

O_2-Spannung in mm Hg	% Oxyhämoglobin	% reduziert Hämoglobin
0	0	100
10	55	45
20	72	28
40	84	16
100	92	8

Trägt man die Werte in ein Koordinatensystem ein, so erhält man folgende Kurve, aus der hervorgeht, daß die chemische Bindung des O_2 an das Hb anfangs sehr schnell verläuft, bei 70 mm Hg bereits 90% erreicht, aber dann äußerst langsam weitersteigt.

Bei dem normalen Hb-Gehalt von 14% kann das Blut rund 20 Vol% O_2 aufnehmen. Bei diesem Betrage ist es vollkommen, d. h. zu 100%, gesättigt. Die Menge O_2 in Vol%, die Blut von beliebigem, vermindertem oder erhöhtem Hb-Gehalt fassen kann, ist seine O_2-Kapazität.

Zur Funktion des Hb als Sauerstofftransportmittel gehört, daß der O_2 in der Lunge sehr leicht aufgenommen und in den Geweben sehr leicht abgegeben werde.

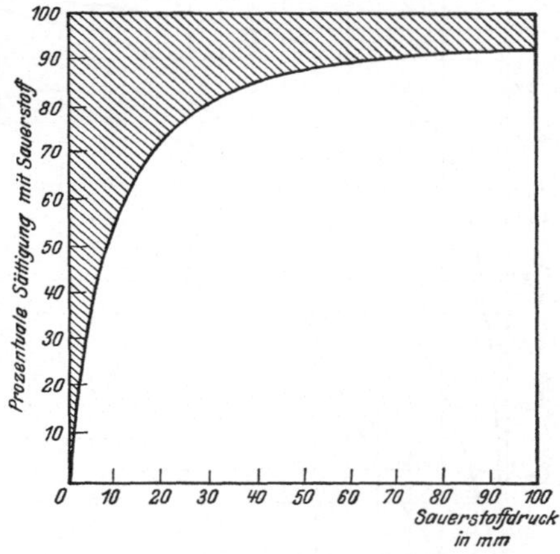

Abb. 21. Dissoziationskurve, die das Gleichgewicht zwischen Sauerstoff, Oxyhämoglobin (weiß) und reduziertem Hämoglobin (schraffiert) darstellt. (Nach J. BARCROFT.)

Die Abgabe in die Gewebe (Capillaren) ist nicht abhängig von dem Sauerstoffgehalt, sondern von dem Druck oder der Spannung des Gases, die auch bei demselben Gehalt von sehr verschiedenem Betrage sein kann.

A. KROGH nennt den Partialdruck des Sauerstoffs, mit dem das Hämoglobin in den Lungen in Berührung kommt, die „Ladungsspannung", den Partialdruck, bei dem das Hämoglobin zu 50% reduziert wird, die „Entladungsspannung". Die Werte für diese Spannungen liegen ungefähr bei 100 und 40 mm Quecksilber. Die verbleibende Höhe der Spannung wird zur Folge haben, daß für die Bestreitung intensivsten Gewebsstoffwechsels noch ein genügend hoher Druck für den Übergang größerer Gasmengen aus den Capillaren in die Gewebe zur Verfügung steht.

Die Sauerstoffspannung des Blutes im rechten und linken Herzen beträgt 40 bzw. 100 mm Quecksilber, die O_2-Sättigungen betragen 66 bzw. 96%. Das Blut kann also bei einem Druckabfall von 100 auf 40 ungefähr 30% seines Sauerstoffs abgeben.

Die O_2-Dissoziationskurve des Blutes stellt keine Hyperbel dar, sondern zeigt in ihrem Verlauf zwei charakteristische Einsenkungen, von denen die biologische Leistungsfähigkeit der Systeme abhängt. BARCROFT veranschaulicht das in folgender Weise.

Er betrachtet zwei Hyperbeln, von denen die eine, entsprechend dem arteriellen Blut, bei 100 mm Druck zu 96%, die andere, entsprechend dem venösen Blut, bei 40 mm Druck zu 66% gesättigt ist. Die erste (A) könnte bei einem Druckabfall von 100 auf 40 nur 5—6% O_2 abgeben, die zweite (B) bei einer Drucksteigerung von 40 auf 100 nur 17% O_2 aufnehmen. In beiden Fällen ergibt sich also ein sehr wenig leistungsfähiges System. Das Blut dagegen gibt eine Dissoziationskurve, die im Bereich der physiologischen arterio-venösen O_2-Druckabnahme (100—40) eine große Menge, und — als Reserve für Notlagen — bei einer weiteren Druckabnahme um 10 mm noch weitere 25% O_2 abgibt.

Oxyhämoglobin und Hämoglobin sind Säuren, die sich durch ihre Dissoziationskonstante erheblich voneinander unterscheiden (K. A. HASSELBALCH u. CHR. LUNDSGAARD). HbO_2 ist die stärkere Säure ($K_{HbO_2} = 5 \times 10^{-7}$ gegen $K_{Hb} = 7,5 \times 10^{-9}$); sie enthält also sehr viel mehr Hämoglobinionen, die eine stärkere Affinität zum Sauerstoff haben als der undissoziierte Komplex. Wird die Reaktion saurer, wie es im Gewebe durch Hinzutritt von CO_2

$$K_{H \cdot HCO_3 (18^0)} = 4,4 \times 10^{-7},$$

also einer Säure von etwa der gleichen Stärke wie HbO_2, geschieht, so wird die Dissoziation des Oxyhämoglobins zurückgedrängt und Sauerstoff freigegeben. Der umgekehrte Prozeß findet in der Lunge statt. Durch die hier erfolgende Abgabe von CO_2 wird das Blut alkalischer. Dadurch nimmt die Dissoziation des Hb_2 und die Aufnahmefähigkeit für O_2 zu.

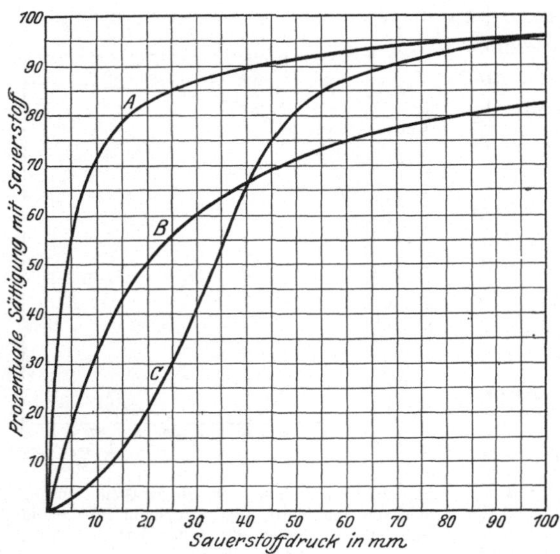

Abb. 22. *A* Hyperbel, die einer 96%igen Sättigung und 100 mm Druck entspricht. *B* Hyperbel, die einer 66%igen Sättigung und 40 mm Druck entspricht. *C* Dissoziationskurve von Blut (CHRISTIANSEN, DOUGLAS und HALDANE). (Nach BARCROFT.)

Diese Einrichtung führt dazu, daß an den Stellen starker CO_2-Bildung, also in einem arbeitenden Organ, viel Sauerstoff abgegeben wird.

Ist die Reaktion des Blutes nach der alkalischen Seite verschoben, wie z. B. nach Überventilation, so tritt eine so starke Hemmung der Dissoziation des HbO_2 ein, daß trotz genügenden O_2-Gehalts des Blutes die Gewebe ungenügend mit O_2 versorgt werden (paradoxe Anoxämie, HALDANE).

Auf diese Beziehungen soll bei der Besprechung der Chemie der Atmung und der Regelung des Säurebasengleichgewichtes näher eingegangen werden (s. S. 351).

In den Capillaren wird also Oxyhämoglobin in reduziertes Hämoglobin umgewandelt. In den Lungen findet der umgekehrte Vorgang statt. Der Gehalt des Blutes an reduziertem Hb hat einen maßgebenden Einfluß auf die von der Blutfarbe abhängige Farbtönung der Haut und der anderen Gewebe. Wie Lundsgaard u. van Slyke entwickeln, wird die Hautfarbe bestimmt von der Beschaffenheit der Hautgefäße, der Hautpigmentierung und der Dicke der Epidermis, am meisten aber von dem Gehalt an reduziertem Hb, von dem 4—6 g in 100 ccm Capillarblut ausreichen, ein cyanotisches Kolorit zu bewirken. Von Einfluß ist die absolute Menge des reduzierten Hb's. Zwar nicht in dem Sinne, daß ein zu hoher Hb-Gehalt an sich, wie bei Erythrämie, eine cyanotische Färbung zur Folge hat (man bezeichnet das düster-dunkelrote Kolorit dieser Menschen besser als Erythrose), sondern so, daß unter diesen Verhältnissen der die Cyanose bedingende Betrag des reduzierten Hb leichter erreicht wird und die Zahl und Weite der Capillaren einen begünstigenden Faktor darstellt. Wenn durchschnittlich 5 g reduziertes Hb zur cyanotischen Färbung notwendig sind, so wird dieser Wert bei schweren Anämien, bei denen der Gehalt an Gesamt-Hb unter diese Zahl sinkt, nicht erreicht werden. Und in der Tat beobachtet man so gut wie nie, auch nicht im Zustand terminaler Herzschwäche, bei schwer Anämischen Cyanose.

Der Grund für eine mangelhafte Sättigung des Hb kann in zu starkem Verbrauch liegen, wie er z. B. durch den langsamen Blutstrom Herzkranker, besonders bei Muskelarbeit, zustande kommt, oder in einer Zumischung nicht arterialisierten Blutes zum Arterienblut. Von den mannigfachen krankhaften Veränderungen, die diese Folge haben, sollen hier einige als Beispiele prinzipieller Wichtigkeit kurz erwähnt werden.

Bei Aufenthalt in großer Höhe oder, was dasselbe ist, bei Einatmung einer O_2-armen Luft, ist das arterielle Blut nicht, wie in der Atmosphäre in Meereshöhe, zu 96%, sondern z. B. in 4330 m Höhe (Cerro de Pasco — Barcroft) zu 85—88% gesättigt. Der bei der Expedition Barcrofts beobachtete tiefste Wert war 82%. Dazu bemerkt Barcroft (S. 590), „daß der menschliche Körper ziemlich gut auskommen kann, wenn er mit Blut, das nur zu 82% mit Sauerstoff gesättigt ist, versorgt wird. Wahrscheinlich ist eine Erniedrigung des Sauerstoffgehaltes in diesem Ausmaße und auf kurze Zeit für einen Patienten, der z. B. an Pneumonie leidet, nicht schädlicher, als es für einen gesunden Menschen ist, in die Anden zu gehen. Eine Nichtsättigung von 18% ist wahrscheinlich, mag sie auch unbequem sein und selbst zu einem leichten Übelbefinden führen, an sich nicht verhängnisvoll."

Barcroft bemerkt weiter, daß eine Nichtsättigung dieses Grades aber bei einem Menschen mit Lungenentzündung die Waage zum Sinken bringen kann, und daß die Sauerstoffbehandlung gegen diesen Teil des Gefahrkomplexes wertvoll ist. Die bekannte Tatsache, daß die Cyanose bei der Lungenentzündung nicht in erster Linie von dem Umfang des Prozesses abhängt, daß ein kleiner pneumonischer Herd bei Grippe zu deutlicher Cyanose führt, während bei der kruppösen Pneumonie, auch wenn eine ganze Lunge befallen ist, Cyanose fehlen kann, findet seine Erklärung darin, daß die kruppös entzündeten Lungenteile nur eine sehr geringe Zirkulation haben, während die bei der Grippe erkrankten Lungenteile blutreich sind. In diesem Falle wird also ein entsprechender Teil des Blutes im kleinen Kreislauf nicht arterialisiert, so daß dem Arterienblut eine beträchtliche Menge reduzierten Hb's beigemischt wird, während bei der kruppösen Pneumonie das Blut nur zu einem sehr kleinen Teil durch das nichtatmende Gebiet geht, so daß es in den gesunden Partien der Lunge mit Sauerstoff gesättigt werden kann.

Die Cyanose bei kongenitalen Herzfehlern ist von den kardialen Veränderungen selbst, von den sekundären Affektionen der Lunge und von der Polyglobulie abhängig. Nur selten bietet sich eine günstige Gelegenheit, einen Kranken, bei dem Stauung im kleinen Kreislauf und pulmonale Prozesse noch fehlen, exakt zu untersuchen. J. PLESCH und FR. KRAUS haben als erste Blutgasanalysen bzw. Analysen der Atemluft bei kongenitalen Herzfehlern als diagnostisches Hilfsmittel verwandt. Von den späteren Versuchen soll ein von allen pulmonalen Komplikationen freier Fall unserer Klinik, bei dem die Diagnose eines Ventrikelseptumdefektes mit großer Wahrscheinlichkeit gestellt werden konnte, erwähnt werden (F. MAINZER). Sauerstoffkapazität, Oxyhämoglobin und reduziertes Hämoglobin (in Vol% O_2 ausgedrückt) im arteriellen und venösen Blut und die mittlere capillare Sättigung (= Mittel aus Sättigung in Arterien- und Venenblut) verhalten sich bei diesem Fall (I) gegenüber einem Normalen (II), wie folgende Tabelle zeigt.

	O_2-Kapazität			Arterienblut			Venenblut			Mittlere kapillare Sättigung
	Vol % Hb	g % Hb	% Hb (Sahli)	Hb O_2 Vol % O_2	Reduziert Hb Vol % O_2	O_2 % Sättigung	Hb O_2 Vol % O_2	Reduziert Hb Vol % O_2	O_2 % Sättigung	
I	25,3	18,87	126	17,6	7,7	66	6,9	18,4	27,3	45,5
II	20	14	90	19,2	0,8	96	13,0	7,0	65	80

Die Differenz im Sauerstoffgehalt des Arterien- und Venenblutes zeigt den hohen Wert von 10,7 Vol% (gegenüber etwa 5% in der Norm — EPPINGER, VON PAPP u. SCHWARZ) und gibt einen Eindruck von der sehr erheblichen Verlangsamung des Blutstroms.

Nach einer einfachen Gleichung ließ sich aus dem Gehalt des arteriellen und venösen Blutes an reduziertem Hb und aus der O_2-Kapazität berechnen, daß in diesem Falle 38% der Gesamtblutmenge die Lunge nicht passiert hatten, sondern unmittelbar aus dem rechten in den linken Ventrikel übergegangen waren.

Sauerstoffmangel und seine Folge, Mangel an Sauerstoffsättigung des arteriellen Blutes, hat eine Vermehrung der Zahl der roten Blutkörperchen und des Gehaltes an Hämoglobin zur Folge. Dieser Vorgang, dem man mit Recht eine kompensatorische Bedeutung zuschreibt, muß in bezug auf seinen Mechanismus und in bezug auf seinen Wirkungsgrad näher betrachtet werden.

Die Vermehrung von Erythrocyten und Hämoglobin, die bei Sauerstoffmangel eintritt, ist keine scheinbare; sie wird nicht durch Wasseraustritt aus der Blutbahn, wie sie z. B. beim Lungenödem (Phosgenvergiftung) zu einer starken Eindickung des Blutes führt, vorgetäuscht. Die Untersuchungen der Pikes-Peak-Expedition vom Jahre 1911 haben ergeben, daß außer der Vermehrung von Hämoglobin und Erythrocyten auch eine Vermehrung der zirkulierenden Blutmenge stattfindet.

Die physiologischen und klinischen Methoden der Blutmengenbestimmung sagen nur, mag man mit Kohlenoxyd das Hämoglobin oder mit Farbstoffen das

Plasma messen, etwas über die zirkulierende Blutmenge aus. KROGH hat eindringlich darauf hingewiesen, daß mit Blutkörperchen gefüllte Capillaren in großer Zahl (zeitweise) von der Zirkulation abgeschlossen bleiben. BARCROFT hat auf seiner Expedition nach Peru gefunden, daß erhebliche Vermehrung des Hämoglobingehaltes so plötzlich auftritt, daß sie nicht durch Neubildung erklärt werden kann, zumal unter diesen Verhältnissen ein Zuwachs unreifer Erythrocytenformen nicht beobachtet wurde.

BARCROFT hat vermutet, daß die gesamte Blutmenge größer sein müsse als die zirkulierende, und erkannt, daß die Milz eine Vorratskammer für rote Blutkörperchen ist. In der Milzpulpa liegen die Erythrocyten außerhalb der Zirkulation. Bei einer Kohlenoxydvergiftung dauert es Stunden, bis CO in der Milzpulpa nachgewiesen werden kann. Bei O_2-Mangel kehren diese Zellen in den Kreislauf zurück und bewirken so die schnell entstehende Vermehrung von Erythrocyten und Hämoglobin.

BARCROFT hält es für möglich, daß es noch andere Erythrocytenspeicher im Körper gibt.

Eröffnung abgeschlossener capillarer Bezirke, Milzkontraktion und vielleicht noch unbekannte Vorgänge stellen nach BARCROFT die Notmaßnahme zur schnellen Vermehrung der Blutkörperchenzahl dar. Die endgültige und dauernde Regelung erfolgt durch gesteigerte Blutbildung.

Verminderter Sauerstoffdruck in der Luft hat gesteigerte Tätigkeit des Knochenmarkes zur Folge (N. ZUNTZ). MORAWITZ hat festgestellt, daß rote Blutkörperchen einen meßbaren Stoffwechsel haben, der mit dem Alter der Zellen abnimmt. Aus der Größe des O_2-Verbrauches der Erythrocyten kann man einen Schluß auf die Menge der Jugendformen und damit der Blutneubildung machen. Auch die Messung der osmotischen Blutkörperchenresistenz kann zu diesem Zweck herangezogen werden. Eine einfache Methode stellt die Auszählung der mit Kresylblau färbbaren, „retikulierten" Erythrocyten dar, deren Zahl dem Sauerstoffverbrauch, also dem Maß von MORAWITZ, parallel geht (G. A. HARROP).

Die Zahl der retikulierten Zellen steigt in der dünnen Atmosphäre hoher Berge. Es findet also sicher hierbei eine Blutkörperchenneubildung statt. BARCROFT hat in Peru festgestellt, daß die Bewohner großer Höhen bei einer Erythrocytenzahl von 7—8 Millionen eine ebenso große Zahl retikulierter Zellen haben wie die Neuangekommenen. Es ist anzunehmen, daß das blutbildende Knochenmark an Masse zunimmt, und daß der Reiz, der diese Zunahme bewirkt, zugleich eine etwas frühere Ausschwemmung der Zellen herbeiführt als normalerweise statthat.

Unklar aber ist bisher, welcher Art dieser Reiz ist und wo er primär angreift. Die einfachste Annahme wäre die, daß der O_2-Mangel selbst eine solche Einwirkung auf das Knochenmark ausübt. Nachdem wir aber erfahren haben, daß die Leberdiät und Extrakte aus der Leber eine Blutkörperchenvermehrung über das physiologische Maß bewirken, und da wir wissen, daß die Schilddrüse in den Mechanismus der Blutbildung eingreift, ist daran zu denken, daß durch O_2-Mangel die Regulation der Blutbildung geändert wird, indem ihre (hormonale) Anregung verstärkt oder deren Hemmung abgeschwächt wird. Denn die Festeinstellung der Erythrocyten auf ein physiologisches, artspezifisches oder individuelles Maß führt, wenn es anregende Faktoren gibt, zu der Forderung der Annahme einer automatisch einsetzenden Hemmung, über die zunächst noch nicht mehr gesagt werden soll, als daß sie gewiß nicht in einer Zerstörung überschüssig gebildeter Erythrocyten besteht.

Methämoglobin. Nach W. Küster ist Oxyhämoglobin als Peroxyd $Hb\diagup\!\!\diagdown{}^{O}_{O}$ aufzufassen. Tritt eine Oxydation des zweiwertigen Eisens ein, so ist der Sauerstoff an das dreiwertige Eisen fester gebunden. Der Farbstoff ändert seine Farbe und verliert seine Funktion als Sauerstoffüberträger.

$$\text{Hämoglobin} = \text{Globin} + \text{Hämochromogen}$$

$$R\!\!>\!\!Fe$$

$$\text{Oxyhämoglobin} = \text{Globin} + \text{Hämochromogenperoxyd}$$

$$R\!\!>\!\!Fe\diagup\!\!\diagdown{}^{O}_{O}$$

$$\text{Methämoglobin} = \text{Globin} + \text{Hämatin}$$

$$R\!\!>\!\!Fe - OH$$

Die Methämoglobinbildung ist ein klinisch sehr bedeutungsvolles Ereignis. Durch medikamentöse und gewerbliche Vergiftungen, insbesondere durch Anilin und seine Derivate, zu denen eine Reihe der gebräuchlichen Antipyretica gehören, durch Nitrite (Sprenggase) geht die Umwandlung des Blutfarbstoffes vor sich, durch die das Blut eine rotbraune bis kaffeebraune Farbe und den bei der spektroskopischen Untersuchung sichtbaren charakteristischen Streifen im Rot erhält. Der Auffassung, daß das Methämoglobin ein Oxydationsprodukt des Hämoglobins sei, scheint zu widersprechen, daß auch reduzierende Agenzien Methämoglobin erzeugen. W. Heubner hat gezeigt, daß reduzierende Stoffe (Phenolderivate) nur bei Gegenwart von Sauerstoff wirken, und zwar so, daß z. B. aus dem Hydrochinon Chinon, ein energisches Oxydationsmittel, entsteht, das Hämoglobin zu Methämoglobin oxydiert und selbst wieder zu Hydrochinon reduziert wird.

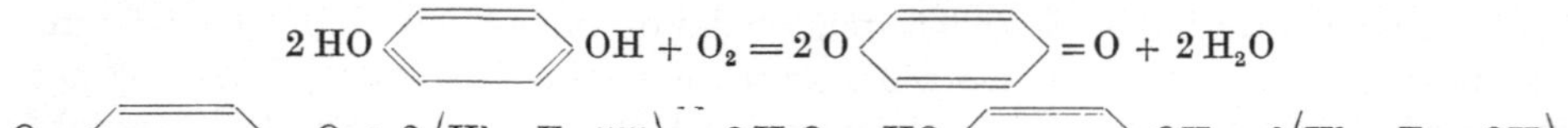

$$2\,HO\!\!<\!\!\bigcirc\!\!>\!\!OH + O_2 = 2\,O\!\!<\!\!\bigcirc\!\!>\!\!=O + 2\,H_2O$$

$$O=\!\!<\!\!\bigcirc\!\!>\!\!=O + 2\left(Hb\!<\!Fe\right) + 2\,H_2O = HO\!\!<\!\!\bigcirc\!\!>\!\!OH + 2\left(Hb\!<\!Fe-OH\right)$$

Durch diese Regeneration erklärt es sich, daß nicht nur die dem Reduktionsmittel äquivalente Menge Hämoglobin, sondern ein vielfaches derselben oxydiert wird, also eine katalytische Wirkung eintritt.

W. Lipschitz hat gefunden, daß Dinitrobenzol durch überlebende Froschmuskulatur zu m-Nitrophenylhydroxylamin reduziert wird. Das Phenylhydroxylamin hat wie Hydroxylamine überhaupt einen sehr starken Einfluß auf den Blutfarbstoff, indem es wie ein Oxydationsmittel wirkt. Daß im endogenen Stoffwechsel Hydroxylamine entstehen und eine Ursache schwerer Anämien darstellen, wie F. Rosenthal meint, ist unwahrscheinlich. Bei den toxischen Bedingungen der Anämien handelt es sich überhaupt nicht um Hämoglobingifte, sondern um Gifte, die auf die blutbildenden Organe oder auf die Blutkörperchenstromata einwirken.

Eine Mittelstellung nehmen die chlorsauren Salze ein, die zugleich Methämoglobin bilden und die Stromata schädigen.

Der Übergang von Oxyhämoglobin in Methämoglobin durch Oxydationsmittel findet in der Weise statt, daß der locker gebundene molekulare Sauerstoff abgespalten und die freie Valenz durch den Sauerstoff des Oxydationsmittels, dessen Reduktion erfolgt, gesättigt wird. Dieses Prinzip liegt der quantitativen Bestimmungsmethode des Blutsauerstoffes nach HALDANE zugrunde, bei welcher Kaliumferricyanid als oxydierendes Agens dient.

HOPPE-SEYLER hat gefunden, daß Methämoglobinbildung durch ein mit Wasserstoff beladenes Palladiumblech bewirkt wird, also durch ein stark reduzierendes Agens. Hierbei wird Wasserstoff durch die Hälfte des Sauerstoffs des Oxyhämoglobins oxydiert, mit der zweiten Hälfte geschieht die Oxydation des Hämoglobineisens.

$$Hb::::::: O_2 + 3H = Hb - OH + H_2O$$

Diese Reaktion ist ein Beispiel für die Wirkung eines Peroxyds. Das die Reaktion einleitende, daher Inductor genannte Hämoglobin (A) verbindet sich mit molekularem Sauerstoff (dem Actor) zu einem Peroxyd.

$$A + O_2 \rightleftarrows A{<}^{O}_{O}{\mid}$$

Die Peroxyde von dem Typus $A{<}^{O}_{O}{\mid}$ werden von ENGLER Moloxyde genannt.

Die Oxydation eines zweiten Körpers (des Acceptors), der durch Sauerstoff allein nicht angreifbar ist, erfolgt mit Hilfe des Peroxyds in einer gekoppelten Reaktion, d. h. unter primärer Reduktion des Peroxyds und Oxydation des Acceptors.

$$A{<}^{O}_{O}{\mid} + B = AO + BO$$

Sind aber Inductor und Acceptor die gleiche Substanz, wie es bei dem Hämoglobin der Fall sein kann, so kommt es nach der Gleichung

$$A{<}^{O}_{O}{\mid} + A = 2 AO$$

zu einer Autoxydation. W. KÜSTER meint, daß eine solche Reaktion bei einem Teil des Hämoglobins ständig vor sich gehe. Vielleicht ist der physiologische Blutuntergang, der täglich ungefähr 12 g Hämoglobin beträgt, die Folge dieser Autoxydation.

Bei einer Methämoglobinämie können kleine Mengen Methämoglobin durch reduzierende Prozesse zurückverwandelt werden. Nach K. SAKURAI kann die Rückbildung recht weitgehend sein und durch intravenöse Injektionen von Natriumthiosulfat so unterstützt werden, daß sonst tödliche Vergiftungen einen guten Ausgang nehmen. Bei vorgeschrittenen Prozessen kommt es zum Untergang der Erythrocyten, Ausscheidung des Methämoglobins in den Harn, schweren Allgemeinerscheinungen und Nierenschädigungen.

Die Reduktionsvorgänge, die aus dem dreiwertigen Eisen den Ferrozustand machen, sind aber besonders interessant, weil wir, wie W. HEUBNER bemerkt, in unserer Nahrung hauptsächlich Ferriverbindungen aufnehmen, aber in dem Hämoglobinmolekül Ferroeisen haben. M. B. SCHMIDT hat anämische Mäuse mit Ferrum oxydatum saccharatum geheilt. In der Therapie aber wird von altersher mit Vorliebe zweiwertiges Eisen oder metallisches Eisen angewandt, aus dem bei der Oxydation zuerst Ferrosalze werden, die vermutlich in Komplexverbindungen übergeführt werden. Wenn also zu der normalen Hämoglobinbildung ein Reduktionsprozeß des Eisens gehört, so kann es gewiß krankhafte Veränderungen im Organismus geben, bei denen diese Reduktion geschädigt ist. W. Heubner meint, daß vielleicht der Chlorose ein solcher Defekt zugrunde liegen könnte. Nach Untersuchungen von Harris u. Creighton ist überlebende Katzenleber imstande, Ferri zu Ferroionen zu reduzieren.

Literatur.

Adair, G. S. (1): A critical study of the direct method of measuring the osmotic pressure of haemoglobin. Proc. roy. Soc. Lond. 108, 627 (1925). — (2): The osmotic pressure of haemoglobin in the absence of salts. Ebenda 109, 292 (1925).

Barcroft, J.: Die Atmungsfunktion des Blutes. 1. Berlin 1927.

Eppinger, H., v. Papp und Schwarz: Über das Asthma cardiale. Berlin 1924.

Harrop, G. A., jr.: The oxygen and CO_2 content of arterial and of venous blood in normal individuals and in patients with anemia and heart disease. J. of exper. Med. 39, 247 (1919).

Heubner, W. (1): Über Eisenwirkung bei Chlorose. Ther. Mh. 26, 44 (1912). — (2): Studien über Methämoglobinbildung. Arch. f. exper. Path. 72, 241 (1913).

—, R. Meier und H. Rhode: Studien über Methämoglobinbildung. Ebenda 100, 117, 128, 137, 149 (1923).

Hill, A. V.: The interactions of oxygen, acid and CO_2 in blood. J. of biol. Chem. 51, 359 (1922).

Kraus, Fr.: Ein Fall von kongenitalem Vitium. Berl. klin. Wschr. 1910, 229.

Krogh, A.: The supply of oxygen to the tissues and the regulation of the capillary circulation. J. of Physiol. 52, 457 (1918—19).

Lipschitz, W. (1): Umwandlungsprodukte des ungespaltenen Blutfarbstoffes. Handbuch der normalen und pathologischen Physiologie 6, 1, 149 (1928). — (2): Über den Wirkungsmechanismus von Blutgiften. Erg. Physiol. 23, 1, 1, (1924).

Lundsgaard, Chr.: Studies an cyanosis. J. of exper. Med. 30, 259 (1919).

— and D. D. van Slyke: Cyanosis. Baltimore 1923.

Mainzer, Fr.: Analyse eines kongenitalen Herzfehlers. Z. klin. Med. 108, 489 (1928).

Morawitz, P.: Über Oxydationsprozesse im Blut. Arch. f. exper. Path. 60, 298 (1909).

Peters, R. A.: Chem. nature of specific oxygen capacity in haemoglobin. J. of phys. 44, 131 (1912).

Plesch, J.: Hämodynamische Studien. Z. exper. Path. u. Ther. 6, 380 (1909).

Sakurai, K.: Über die Rückbildung des Methämoglobins. Arch. f. exper. Path. 107, 287 (1925); 109, 198, 214 (1925).

Schmidt, M. B.: Über die Organe des Eisenstoffwechsels und die Blutbildung bei Eisenmangel. Verh. dtsch. path. Ges. 15, 91 (1912).

Svedberg, The and R. Fåhraeus: A new method for the determination of the molecular weight of the proteins. J. amer. chem. Soc. 48, 430 (1926).

Zuntz, N., A. Loewy, Müller und Caspari: Höhenklima und Bergwanderungen. Berlin 1906.

Vierzehntes Kapitel.

Säurebasengleichgewicht und Atmung.

Im Stoffwechsel entstehen beim Abbau der Nahrungsstoffe und der körpereigenen Stoffe neben Nichtelektrolyten saure und basische Verbindungen (Anionen und Kationen). Andere werden mit der Nahrung eingeführt.

Trotzdem aus dem Darmlumen und aus den Organen, z. B. aus der Muskulatur, aus dem Rückschlag der Drüsen mit äußerer Sekretion, Valenzen verschiedener Art und Wertigkeit und verschiedenen Vorzeichens in ganz wechselnden Mengen in das Blut hineinkommen und durch die Ausscheidungen Exkrete verschiedener Zusammensetzung und Reaktion aus dem Blut hinausgehen, behält dieses normalerweise und selbst unter vielen pathologischen Umständen seine Zusammensetzung in bezug auf Gesamtteilchenzahl (osmotischer Druck—Isosmie), Art der einzelnen Ionen (Isoionie) und Reaktion (p_H) (Isohydrie) bei.

Von der Konstanz dieser drei Werte ist die Arbeit der Organe und Gewebe weitgehend abhängig. Den der Organarbeit zugrunde liegenden Stoffwechselprozessen wohnt ständig die Neigung inne, die drei Gleichgewichte des Blutes (Isosmie, Isoionie, Isohydrie) zu stören. Nur durch ein Ineinandergreifen regulierender Funktionen, wie Atmung, Kreislauf, Ausscheidungen durch Magen, Darm, Niere, kann das Gleichgewicht des Blutes aufrecht erhalten werden.

Die Konstanthaltung des osmotischen Druckes (Isosmie), gemessen an der Gefrierpunktserniedrigung ($\varDelta$), bedeutet, daß die Konzentration der Ionen und der Nichtelektrolyte unverändert bleibt. Das kann so erfolgen, daß die quantitative Zusammensetzung des Blutes entweder gar nicht geändert wird (Isoionie), oder daß der Austausch einzelner Bestandteile in osmotisch äquivalenten Beträgen stattfindet. Diesen zweiten Modus findet man besonders bei Schwernierenkranken, bei denen Vermehrung des Reststickstoffes mit Verminderung des Cl′ einhergeht.

Die Funktion der Organe hängt von der Konzentration der Ionen ab, und zwar sowohl jeden einzelnen Ions, unter denen nicht nur dem Wasserstoffion eine besonders große Rolle zukommt, aber auch von dem ionalen Zusammenspiel, das sich nach der hemmenden und nach der fördernden Richtung auswirken kann.

Bestimmte physikalisch-chemische Eigenschaften der Ionen, mit denen das physiologische Verhalten zusammenhängt, nehmen im allgemeinen mit ihrer Valenz zu. Das drückt sich auch in den HOFMEISTERschen Reihen aus, denen — entgegen der Meinung von J. LOEB — eine umfassende biologische und — nach der Aktivitätstheorie — eine sehr große, allgemein-chemische Bedeutung zukommt. Daneben bestehen auch individuelle, in der Verschiedenheit ihrer Ladung beruhende Eigentümlichkeiten der Ionen.

Das Wasserstoffion spielt eine Sonderrolle; seine Konzentration [H^+] im Blut ist durch das Massenwirkungsgesetz definiert, das für die Kohlensäure im logarithmischen Ausdruck die HENDERSON-HASSELBALCHsche Gleichung ergibt:

$$p_H = p_{k'} + \log \frac{[HCO_3']}{CO_2}$$

In dieser Gleichung bedeuten die Ausdrücke (HCO_3'), (CO_2) Konzentrationen; p_H, die Wasserstoffzahl, ist der negative Logarithmus der wirksamen Masse der [H^+]; $p_{k'}$ den negativen Logarithmus der Dissoziationskonstante. Die Dissoziationskonstante ist die Zahl, die angibt, in welchem Betrage Säuren und Basen in ihre Ionen gespalten sind, somit ein Ausdruck für die Stärke von Säuren und Basen.

Nach S. P. L. SÖRENSEN wird bekanntlich die Wasserstoffionenkonzentration (C_H) durch ihren negativen Logarithmus (p_H), den Wasserstoffexponenten, ausgedrückt. Die Bezeichnung des Logarithmus hat zur Folge, daß die höhere (C_H) einem kleineren p_H entspricht.

Tabelle der Dissoziationskonstanten biologisch wichtiger Säuren und Basen
(z. T. nach J. M. KOLTHOFF).
I. Säuren.

	Temperatur	Dissoziations-konstante	negat. Log. d. Dissoz.-Konst.-Säure- oder Basenexponent
Kohlensäure I. Konst.	18^0	$3,04 \times 10^{-7}$	6,52
Kohlensäure II. „ ...	18^0	6×10^{-11}	10,22
Phosphorsäure I. „ ...	25^0	$1,1 \times 10^{-2}$	1,96
Phosphorsäure II. „ ...	25^0	$1,95 \times 10^{-7}$	6,7
Phosphorsäure III. „ ...	25^0	$3,6 \times 10^{-13}$	12,44
Ameisensäure	18^0	$2,05 \times 10^{-4}$	3,69
Essigsäure	25^0	$1,86 \times 10^{-5}$	4,73
n-Buttersäure	25^0	$1,53 \times 10^{-5}$	4,82
Milchsäure	25^0	$1,55 \times 10^{-4}$	3,81
β-Oxybuttersäure		$2,0 \times 10^{-5}$	
Acetessigsäure		$1,5 \times 10^{-4}$	
Harnsäure I. Konst.		$1,5 \times 10^{-6}$	
Hippursäure	25^0	$2,38 \times 10^{-4}$	3,62
Glykokoll	25^0	$3,4 \times 10^{-10}$	9,37
Oxy-Hämoglobin		$5,0 \times 10^{-7}$	
Hämoglobin		$7,5 \times 10^{-9}$	

II. Basen.

Ammoniak	18^0	$1,75 \times 10^{-5}$	4,76
Kreatin		$3,57 \times 10^{-11}$	
Kreatinin		$1,81 \times 10^{-11}$	
Harnstoff		$0,15 \times 10^{-13}$	
Glykokoll	25^0	$2,7 \times 10^{-12}$	11,57

Daraus entstehen Mißverständnisse. Dazu kommt, daß das Nichtbeachten der logarithmischen Natur des p_H zu falschen Vorstellungen über die Größenbeziehungen zwischen p_H und (C_H) führt. G. Joos erläutert diese Größenbeziehungen durch folgende Tabelle:

C_H	$\log C_H$	p_H	Differenzen der p_H-Zahlen
10^{-8}		8	
2×10^{-8}	$0,301 - 8$	7,70	0,30
4×10^{-8}	$0,602 - 8$	7,40	0,30
6×10^{-8}	$0,778 - 9$	7,20	0,18
8×10^{-8}	$0,903 - 8$	7,10	0,12
10×10^{-8}	$1 \quad - 8$	7,00	0,10

Wenn man — wie es bei biologischen Problemen häufig geschieht — Differenzen von Konzentrationen betrachtet, so erhält man aus dem Ausdruck für (C_H) die Differenzen selbst, aus dem Ausdruck p_H das Verhältnis der Konzentrationen.

Zur Beseitigung der Schwierigkeiten, die die logarithmische Bezeichnung mit sich bringt, sind verschiedene Vorschläge gemacht worden. Eine sehr beachtenswerte Anregung gibt G. Joos. Er schlägt vor, bei der Bezeichnung der (C_H) von dem in biologischen Medien theoretisch möglichen niedrigsten Wert auszugehen. Das ist der Wert einer Natriumbicarbonatlösung, deren $(C_H) = 4 \times 10^{-9}$ ist.

Gemäß der HENDERSON-HASSELBALCHschen Gleichung, die das biologisch wichtigste Puffersystem betrifft, muß sich der höchste (C_H)-Wert in einer Lösung ergeben, in der die Bicarbonatkonzentration gleich Null ist. Der (C_H)-Wert einer wässerigen 0,1 molaren Kohlensäurelösung beträgt ungefähr 10^{-4}.

Im Tierkörper liegen, wenn man von den Se- und Exkreten absieht, die Grenzen der Wasserstoffionenkonzentrationen in einem viel engeren Bereich als 10^{-9} und 10^{-4}, nämlich zwischen 10^{-8} und 10^{-7}.

Joos schlägt vor, $C_H = 10^{-9}$ als biologische Einheit zu wählen und diese als ϱ zu bezeichnen.

Wasser ist eine neutrale Flüssigkeit, d. h. es enthält die Ionen $[H^+]$ und $[OH']$ in äquivalenten Beträgen. Das Produkt der beiden Ionen ist in Wasser $0,12 \times 10^{-14}$ (0^0), $0,59 \times 10^{-14}$ (18^0), $3,13 \times 10^{-14}$ (37^0), $5,66 \times 10^{-14}$ (50^0).

Die Wasserstoffzahl des Blutes liegt bei $p_H = 7,40$, also sehr nahe dem Neutralpunkt.

Die Dissoziationskonstante der Kohlensäure nimmt im Serum infolge dessen höherer Dielektrizitätskonstante und seines Gehaltes an anderen Ionen einen niedrigeren Wert ein ($p_{k'} = 6,1$ [38^0]).

Die HENDERSON-HASSELBALCHsche Gleichung betrachtet das Blut, als ob es nur Kohlensäure und kohlensaures Salz enthielte. In Wirklichkeit sind aber auch andere schwache Säuren und ihre Salze vorhanden, vor allem Hämoglobin und Phosphat. Nach HENDERSON u. SPIRO ist in einem System, das zwei oder mehr schwache Säuren und ihre Salze (z. B. Kohlensäure-Bicarbonat, primäres und sekundäres Phosphat) enthält, das eintretende Gleichgewicht so beschaffen, daß die Wasserstoffzahl sowohl aus dem einen wie aus dem anderen Salz-Säurepaar einzeln berechnet werden kann.

Daher ist es möglich, die HENDERSON-HASSELBALCHsche Gleichung auf das Blut anzuwenden.

Die Menge des Bicarbonations im Blut entspricht dem Überschuß der fixen Kationen über die Anionen, die außer dem Bicarbonation aus drei Fraktionen bestehen, den anorganischen fixen Anionen, den „organischen Anionen", die zum Teil unbekannt sind, und den Eiweißanionen (Hämoglobin und Plasmaeiweißkörper).

Das Bicarbonation ist also im Blut das Variable, das die Summe der Valenzen zum Ausgleich bringt und dadurch in den Mittelpunkt der Beziehungen zwischen Mineralstoffwechsel und Säurebasengleichgewicht tritt.

Systeme, die wie das Blut und andere Körperflüssigkeiten aus schwachen Säuren und ihren Salzen bzw. schwachen Basen und ihren Salzen bestehen, heißen **Puffersysteme.**

Das Blut ist in hervorragendem Maße eine Pufferlösung, in dem neben dem Carbonatsystem der Hauptteil der Pufferung auf das Hämoglobin entfällt, während dem Phosphat, wegen seiner geringen Menge, so gut wie keine Bedeutung zukommt.

Die Hauptbeanspruchung des Blutes als Puffersystem erfolgt durch schwache Säuren, von denen die Kohlensäure durch ihre Beziehung zur Atmung und durch ihre Menge an erster Stelle steht.

Diesem biologischen Vorgang entspricht die Titration mit Kohlensäure, die die **Kohlensäurebindungskurve** oder **Kohlensäuredissoziationskurve des Blutes** ergibt.

Eine jede Lösung ist in bezug auf ihr Verhalten bei Zusatz von Säure oder

Lauge durch drei Größen charakterisiert: p_H, Pufferung und Pufferungskapazität. Unter Pufferung versteht man den Widerstand, den eine Lösung einer Veränderung der H^+-Konzentration entgegensetzt. Pufferkapazität bedeutet die Konzentration der vorhandenen Puffer (K. KLINKE u. FR. LEUTHARDT); sie ergibt sich aus der Menge Säure oder Lauge, die zur Erschöpfung der Pufferung notwendig ist.

Erschöpft wird die Pufferung nur bei Titration mit starken Säuren oder Basen, ein Vorgang, der biologisch nur im Magen eine Rolle spielt. Bei Titration mit schwachen Säuren ist die Pufferkapazität jeder Lösung unendlich groß. Bei der physiologischen Pufferung handelt es sich um die Auffangung schwacher Säuren, die niemals imstande sind, die Pufferung zu erschöpfen. Daher sind auch unter pathologischen Verhältnissen Verschiebungen des Blut-p_H ziemlich selten. Es kommt nur selten zu einer manifesten Acidose oder Alkalose, häufig aber zu einer Beanspruchung des regulatorischen Vermögens, der Pufferung. Diese acidotische

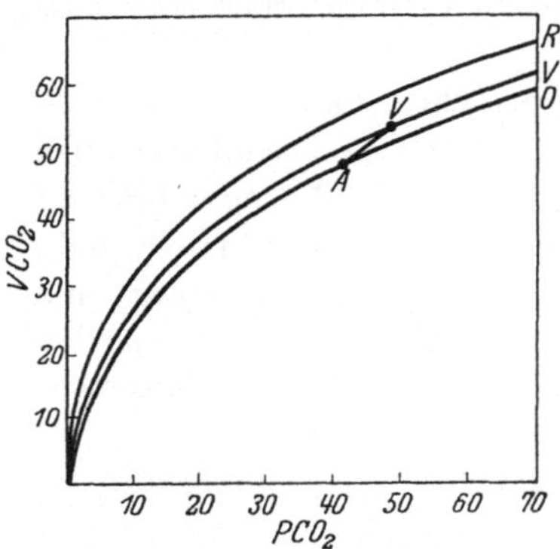

Abb. 23. CO₂-Dissoziationskurve. Die Ordinate VCO_2 zeigt den CO₂-Gehalt des Blutes in Vol.% an. Die Abscisse PCO_2 den Partiardruck der CO₂ in mm Hg. Die Kurve O entspricht vollständig O₂-gesättigtem Blut. Die Kurve R vollständig reduziertem Blut, die Kurve V gewöhnlichem venösem Blut. A ist der Punkt der aktuellen Reaktion im arteriellen, V der im venösen Blut. (Abgedruckt aus J. H. MEANS, Dyspnoea.)

oder alkalotische Stoffwechselrichtung wird durch die Bestimmung des Pufferungsvermögens des Blutes, in der einfachsten Anordnung durch Bestimmung der Alkalireserve (nach der Methode von VAN SLYKE), gemessen. Eine kompensierte Acidose oder Alkalose ist durch die verminderte Pufferkapazität gekennzeichnet. Da die Zahl der kompensierten Störungen des Säurebasengleichgewichtes unendlich viel größer ist als die Zahl der manifesten, so ist die Pufferung des Blutes viel wichtiger als das p_H und folgerichtig in der Klinik die Bestimmung der Alkalireserve und nicht die des p_H die herrschende Methode.

Nach FR. LEUTHARDT ist es durch Anwendung einer einfachen Formel leicht, aus der Salzsäurekurve die „physiologische Kurve" zu berechnen, wenn man die hinzutretende Säure und ihre Dissoziationskonstante kennt.

Wenn man das Blut mit Gasgemischen verschiedenen CO₂-Gehaltes ins Gleichgewicht setzt — ein Vorgang, der ständig im Körper stattfindet —, so nimmt das Blut verschiedene Mengen CO₂ auf. Und zwar wächst mit zunehmender Menge des CO₂-Gehaltes des Gasgemisches sowohl die Menge der gelösten wie der gebundenen Kohlensäure im Blut.

Die Zunahme des Gesamt-CO₂-Gehaltes des Blutes in Abhängigkeit von der CO₂-Spannung des Gasgemisches ergibt den Verlauf der CO₂-Bindung. Die Kurve steigt bei niedrigem CO₂-Druck stark an und verläuft allmählich immer flacher. Das erklärt sich so, daß infolge der Vorräte an verfügbarem Alkali, das an Hämoglobin gebunden ist, das Bicarbonat schnell zunimmt. Mit der Abnahme des Alkali und nach seinem Verbrauch überwiegt bei weiterer Erhöhung des CO₂-Druckes die geradlinig ansteigende Zunahme der gelösten CO₂.

Die Bicarbonatzunahme ist zum größten Teil an das Gesamtblut gebunden. Nur ein sehr kleiner Teil entfällt auf das Serum. Wie N. ZUNTZ, H. I. HAMBURGER, SPIRO u. HENDERSON gezeigt haben, erfolgen bei der Aufnahme von

CO_2 in das Blut Ionenaustauschvorgänge zwischen Erythrocyten und Plasma (s. S. 357).

Die Zunahme an Bicarbonat, die bei Säuerung mit CO_2 erfolgt, bewirkt, daß die Änderung der Wasserstoffzahl außerordentlich gering ist.

Die Pufferungskapazität des Blutes ist imstande, die Konstanz des p_H gegen die ständig und in großer Menge entstehenden Säuren so weit aufrecht zu erhalten, daß den Exkretionsorganen, denen die endgültige Regulation der Isohydrie obliegt, eine annähernd neutrale Flüssigkeit zuströmt.

Die größte Bedeutung für diese Regulation kommt der Atmung zu. Man unterscheidet den Austausch gasförmiger Substanzen zwischen Lunge und Blut (äußere Atmung) und zwischen Geweben und Blut (innere Atmung).

Der Kreislauf stellt die Verbindung zwischen den Austauschorten dar.

Über den O_2-Transport ist alles Notwendige und Wesentliche an anderem Orte (s. S. 340) auseinandergesetzt.

Der Transport der CO_2 erfolgt nach der bisher gültigen Anschauung als Bicarbonat. HENRIQUES tritt dafür ein, daß eine Verbindung der CO_2 mit Hämoglobin, das Carbhämoglobin, eine ausschlaggebende Rolle spiele.

Aufnahme und Abgabe der CO_2 findet nach den oben, auch als Kurve, dargelegten Gesetzmäßigkeiten entsprechend den Drucken statt. Das Oxyhämoglobin als stärkere Säure ($p_{k'} = 5 \times 10^{-7}$) stellt weniger Alkali zur Aufnahme in das Blut zur Verfügung als die schwächere Säure, das reduzierte Hämoglobin ($p = 7{,}5 \times 10^{-9}$), CO_2-Aufnahme und -Abgabe verhalten sich also zur O_2-Aufnahme und -Abgabe spiegelbildlich. Der O_2-Gehalt des Blutes hat daher einen Einfluß auf seinen Bicarbonatgehalt. Da nach der HENDERSON-HASSELBALCHschen Gleichung dessen Verhältnis zur CO_2-Spannung die Wasserstoffzahl des Blutes bedingt, so ergibt sich aus dieser Beziehung ein mittelbarer Einfluß der O_2-Spannung auf die Blutreaktion.

Die Blutreaktion ist es, die unter normalen Bedingungen einen Reiz für das automatische Atemzentrum darstellt und daher die Lungenlüftung steuert (WINTERSTEIN).

Erhöhung der Wasserstoffionenkonzentration des Blutes (= Erniedrigung von p_H) hat vermehrte Abgabe von CO_2 zur Folge. Dadurch wird der Quotient $\frac{HCO'_3}{CO_2}$ größer, d. h. die Wasserstoffzahl nimmt zu. Das Blut wird alkalischer. Eine Zunahme der sauren Valenzen des Blutes bewirkt also durch vermehrte Lungenventilation Abgabe von CO_2 und damit Rückkehr zum ursprünglichen Zustand.

Die Folge der rhythmischen Reize, die vom Atemzentrum ausgehen, wird von dem p_H des Blutes in erster Linie bestimmt. Daneben ist die Empfindlichkeit des Atemzentrums vom Ionengehalt seiner Umgebungsflüssigkeit abhängig.

Da bei normalen Verhältnissen die so erfolgende Atmungsregulation sehr schnell zu maximaler O_2-Sättigung führt, so kann — in der Norm — kein O_2-Mangel eintreten, und kann daher O_2 keinen unmittelbaren Einfluß auf das Atemzentrum ausüben.

O_2-Mangel als solcher bewirkt nicht Dyspnöe, d. h. das Gefühl des Lufthungers. Das zeigen deutlich die Erfahrungen in der luftverdünnten Kammer und die Erfahrung der Menschen, die als Alpinisten oder Flieger höchste Höhen aufsuchen. Als Folge von O_2-Mangel tritt Entschlußunfähigkeit, Müdigkeit, Schläfrigkeit, Erbrechen und Ohnmacht ein, aber nicht das Gefühl der Erstickung.

Bei O_2-Mangel verlaufen die Oxydationen zu gasförmigen Endprodukten nicht vollständig. Es müssen also im intermediären Stoffwechsel saure Produkte verbleiben, die die Fähigkeit haben, das p_H des Blutes zu erniedrigen. Bei normalen Verhältnissen der Atmung und des Kreislaufes, so z. B. beim Aufenthalt gesunder Personen in höchster Höhe, wird dann eine so starke Vermehrung der Lungenventilation herbeigeführt, daß das CO_2-Gleichgewicht des Blutes und der Gewebe sogar eine Tendenz nach der alkalischen Seite erfährt.

Bei Herzkranken aber kann es wegen der verlangsamten Blutströmung, zum Teil auch wegen der sekundären bronchitischen, pulmonalen und pleuritischen Prozesse, zu einem unvollständigen Austausch zwischen Blut und Geweben kommen, daher zu lokaler Säuerung (Milchsäure), die auch das Atemzentrum selbst betreffen kann.

Säuerung des Atemzentrums kann vermehrte Atmung zur Folge haben, auch ohne daß die Wasserstoffzahl des Blutes abgenommen hat. Diese zentrogene Überventilation (H. WINTERSTEIN) kann sogar durch vermehrte Abdunstung von CO_2 zu einer Verschiebung der aktuellen Blutreaktion nach der alkalischen Seite führen. Dyspnoe (zentrogene Dyspnoe) bei gleichzeitiger Blutalkalose wird daher bei Herzkranken nicht selten angetroffen.

Die Abgabe von CO_2 kann unter diesen Umständen so weit gehen, daß ein zur Reizung des Atemzentrums ausreichendes p_H des Blutes nicht mehr hergestellt werden kann. Die Folge ist eine Apnoe, die eine mangelhafte Versorgung der Gewebe und auch des Atemzentrums mit O_2 herbeiführt. Die dann durch O_2-Mangel im Atemzentrum entstehenden und sich allmählich anhäufenden sauren Produkte unvollkommener Verbrennung bilden den Atmungsreiz, der stürmisch zur O_2-Aufnahme, rascher Verbrennung der Säuren, starker Abdunstung von CO_2 und somit zu erneuter Apnoe zurückführt. An die Stelle der rhythmischen Atmung ist dann ein Rhythmus von Atmungsstillstand und dyspnoischer Überventilation, das ist das CHEYNE-STOKESsche Atmen, getreten.

Diese Auffassung, daß der niedrige Partiardruck der CO_2 bei gleichzeitigem O_2-Mangel zu diesem Atmungstypus führt, wird durch einen Versuch von HALDANE bewiesen. Wenn man den toten Raum der Atmung vergrößert, indem man durch ein langes Rohr atmet, so tritt Pendelbewegung der Atmungsluft und damit O_2-Mangel ein. Wird die Pendelluft durch Natronkalk von CO_2 befreit, dann kommt es auch bei gesunden Menschen zu CHEYNE-STOKESscher Atmung. Die in diesem Versuch eintretende Cyanose weist in der klarsten Weise darauf hin, daß Cyanose nichts mit CO_2-Überladung zu tun hat (s. S. 341). Aus dem Versuch von HALDANE folgt für die Therapie, daß das beste Mittel gegen CHEYNE-STOKESsche Atmung dieser Genese die Einatmung eines O_2—CO_2-Gemisches ist.

Die Diffusionsgeschwindigkeit von CO_2 ist um ein Vielfaches (etwa 30mal) größer als die von O_2. Störungen des Gasaustausches in der Lunge, wie sie bei Herz- und Lungenkranken vorkommen, betreffen also zuerst die O_2-Aufnahme. Die O_2-Sättigung des Blutes bleibt daher bei dekompensierten Herzkranken (auch in der Ruhe) hinter der Norm zurück, während die CO_2-Abgabe infolge der Überventilation gesteigert sein kann. Liegen gleichzeitig schwerere Lungenveränderungen vor, wie besonders beim Lungenemphysem, so leidet auch der Austritt von CO_2 Not.

Noch bedeutungsvoller für die Anoxämie Herzkranker ist die Verlangsamung des Blutstromes. Dadurch ist das Gewebe genötigt und auch zeitlich in der Lage, dem Blut mehr O_2 zu entnehmen als in der Norm.

Diesem Vorgang sind dadurch Grenzen gezogen, daß, wie aus der O_2-Dissoziationskurve des Blutes (s. S. 339) hervorgeht, mit zunehmender O_2-Entnahme die O_2-Spannung unverhältnismäßig stark absinkt. Vom O_2-Gehalt des venösen Blutes an (das ist von 13 Vol% $= 60\% - 70\%$ der Sättigung) bewirkt jede weitere Verminderung einen Sturz der Spannung. Es kommt also infolge deren Abnahme viel schneller, als man nach dem Stand des O_2-Gehaltes erwarten sollte, zur Unmöglichkeit weiterer O_2-Abgabe.

Wird dem arteriellen Blut von vermindertem O_2-Gehalt infolge der Stromverlangsamung relativ viel O_2 entzogen, so erreicht der O_2-Gehalt des venösen Blutes einen Tiefstand bis zu 30% Sättigung (gegen 65% in der Norm). Diese Zahl zeigt, wie stark das reduzierte Hämoglobin zunimmt, und erklärt die Cyanose (s. S. 341).

Daß unter diesen Verhältnissen unvollständige Verbrennungsprodukte sauren Charakters, von denen besonders die Milchsäure vielfach untersucht wurde, verbleiben, ist bereits erwähnt.

Stärkere Anhäufung dieser Säure im Blut findet so lange nicht statt, als die Niere zu ihrer Ausscheidung imstande ist.

Bei Herzkranken kommt es aber durch die sekundären renalen Prozesse (Stauungsniere) zu einer Ausscheidungsstörung. Das Mißverhältnis zwischen Produktion und Eliminierung wird besonders kraß, wenn Herzkranke arbeiten.

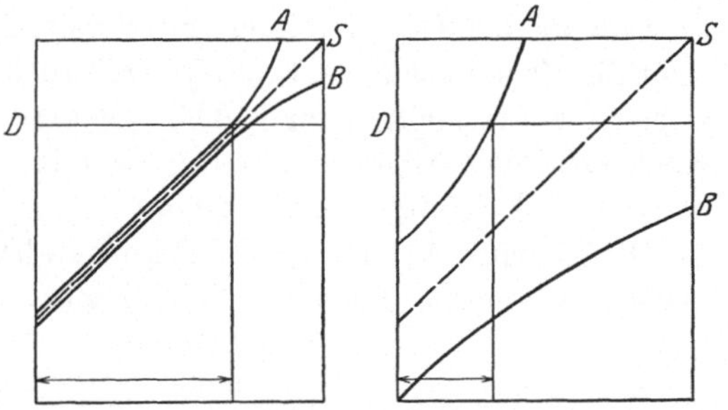

Vermehrte Arbeitsleistung erfolgt

Abb. 24. **Verhalten des Blutstroms und der Atmung bei der Arbeit eines Gesunden und eines Kreislaufinsuffizienten.** Die Ordinate bezeichnet den prozentualen Anstieg über den Ruhewert, die Abscisse die geleistete Arbeit. Bei beiden Personen steigt der Stoffwechsel (S) mit der Arbeit. Bei dem Gesunden steigen Atmung (A) und Blutstrom (B) gleichmäßig bis zu einem Punkt an. Jenseits desselben bleibt B zurück, während A rascher zunimmt (Überventilation). Bei dem Kreislaufinsuffizienten liegt B bereits in der Ruhe unter der Norm, während A dementsprechend über die Norm gesteigert ist. Bei der Arbeit hält B und S nicht Schritt, und die Überventilation beginnt früher und nimmt einen höheren Grad an. Die Horizontallinie (D) bezeichnet den Grad vermehrter Atmung, bei dem das Gefühl des Lufthungers (Dyspnoea) eintritt. (Nach J. H. MEANS.)

auf der Grundlage erhöhten Stoffumsatzes, hat also erhöhte O_2-Zufuhr zur Voraussetzung. Vermehrter O_2-Bedarf kann nur durch vermehrte Lungenventilation und Blutstrombeschleunigung gedeckt werden. Diese beiden Bedingungen zu erfüllen ist der Herzkranke nicht befähigt. Zu einer Beschleunigung seines verlangsamten Blutstromes reicht die Herzkraft nicht aus. Eine Beschleunigung der Atmung aber über ein gewisses Maß hinaus bringt nur ein unfruchtbares Pendeln der Luft im toten Raum, aber keine bessere Ventilation zustande, führt daher nicht zu einer vermehrten O_2-Aufnahme. J. H. MEANS veranschaulicht diese Verhältnisse in obigem Diagramm.

Bei der Arbeit Herzkranker steigt demnach der O_2-Mangel und die Bildung saurer Stoffwechselprodukte schneller als Kompensation durch die Nierenarbeit möglich ist. Die entstehenden Säuren setzen, soweit sie ins Blut gelangen, CO_2 aus HCO_3' in Freiheit und bringen das Kohlensäurebindungsvermögen des Blutes zum Sinken.

So wie bei Herzkranken unter gewissen Bedingungen (s. S. 351) durch eine vermehrte O_2-Abdunstung die Blutreaktion alkalischer werden kann, so kann auch der Gesunde willkürlich diesen Zustand (Überventilation) hervorrufen. Er kann auch als Folge seelischer Erregungen auftreten (COLLIP u. BACKUS, GRANT u. GOLDMANN). Die Senkung der CO_2-Spannung beschränkt sich nicht auf das Blut, sondern erstreckt sich auch auf die Gewebe. Die Zunahme des p_H im Blut wirkt sich nach verschiedenen Richtungen aus. Einmal sinkt der O_2-Druck bei gleichbleibendem O_2-Gehalt, und es entsteht die paradoxe Anoxämie. Weiterhin sinkt infolge Anstiegs des p_H die Konzentration des ionisierten Kalkes (s. S. 612). Schließlich treten aus den Erythrocyten große Mengen Cl' in das Plasma über (H. I. HAMBURGER). Im Gefolge dieser Veränderungen kommt es zu den Erscheinungen neuromuskulärer Übererregbarkeit, die sich bis zum tetanischen Anfall steigern kann.

Daß in der Tat in diesen Zusammenhängen die Alkalose eine Rolle spielt, zeigt die Magentetanie (s. S. 461). Daß auch Beziehungen zur Anoxämie bestehen, zeigen die Beobachtungen J. A. CAMPBELLS, der durch Injektion hypertonischer Kochsalzlösung Alkalose erzielte, die mit Absinken des Gewebe-O_2-Druckes einhergeht und Krämpfe zur Folge hat.

Die Begriffe Alkalose und Acidose haben sich im Laufe der Zeit verschiedentlich geändert. Folgende Tabelle gibt eine Übersicht:

I. Alkalosen		
durch		
a) Säuredefizit		ohne Verschiebung
1. Kohlensäure (Hypokapnie)		der Blutreaktion
2. fixe Säuren.		=
b) Basenüberschuß		kompensiert
II. Acidosen		
durch		
a) Säureüberschuß		mit Verschiebung
1. Kohlensäure (Hyperkapnie)		der Blutreaktion
2. fixe Säuren		=
b) Basendefizit		dekompensiert

Unter Alkalose versteht man einen Zustand, bei dem das Gleichgewicht zwischen Säuren und Basen zugunsten der Basen verschoben ist.

Das kann durch Verlust von Säuren erfolgen, so durch Abdunstung von CO_2 bei der Atmungstetanie oder durch Verlust fixer Säuren bei der Magentetanie und bei starkem Verlust von Cl' durch den Harn, wie er gelegentlich bei Anwendung diuretischer Mittel eintritt. Ein Basenüberschuß, der zur Alkalose führt, kann Folge übermäßiger Alkalizufuhr sein, wie z. B. bei der sogenannten Sippykur, die sogar Tod durch Alkalose verursacht hat. Die Gefahr der Alkalose liegt nicht in der neuromuskulären Übererregbarkeit, sondern darin, daß so, wie das Atemzentrum auf Apnoe reagiert, eine gleichsinnige Beeinflussung des vasomotorischen Zentrums eintritt, die Abnahme des Minutenvolumens und Blutdrucksenkung zur Folge hat (HENDERSON u. HAGGARD, KL. GOLLWITZER-MEIER).

Als Acidosen bezeichnet man diejenigen Zustände, in denen das Säurebasengleichgewicht zugunsten der sauren Radikale verschoben ist.

In jeder Flüssigkeit ist die Zahl der positiven Valenzen gleich der der negativen.

Wie oben ausgeführt, ist die Menge der negativen Valenzen, die die Differenz zwischen Kation und fixem Anion im Plasma ausgleicht, im Bicarbonat gegeben.

Von den Anionen steht quantitativ an erster Stelle das Cl′, das im Blut zu etwa 90 Millimol enthalten ist. Dazu kommt das Phosphation, eine unbeträchtliche Menge Sulfat, eine geringe Menge (= 1—2,5 Millimol) organischer Säuren. Eine große Rolle als Anion spielt das Eiweiß (besonders das Hämoglobin), dessen negative Valenz quantitativ festgestellt werden kann (J. B. COLLIP, VAN SLYKE u. a.). Für Hämoglobin (bei normalem Hb-Gehalt) ist der Äquivalenzbetrag 15 bis 20 Millimol.

An Kationen spielt Natrium die Hauptrolle (= 140 Millimol). Ihm folgt das Kalium (= 7,5 Millimol). Calcium und Magnesium sind ihrem Äquivalentbetrag nach unwesentlich.

Die Differenz: Summe der genannten Kationen vermindert um Summe der genannten Anionen mit Ausschluß der Eiweißanionen wird zum Teil (im Betrag von 20 Millimol) durch HCO_3' gedeckt. Den Rest bezeichnet man als Anionendefizit. Dieses enthält die Eiweißanionen, wird aber durch diese nicht vollständig gedeckt.

Aus der Gleichung:

$$HCO_3' = K^+ - A'$$

ist ersichtlich, daß die Menge des HCO_3', die wir als Alkalireserve messen, nichts über die absolute Menge der vorrätigen sauren und basischen Valenzen aussagt, sondern lediglich ihre Differenz bezeichnet.

Das zeigt sich besonders deutlich bei der diabetischen Acidose. Bei dieser entstehen in großen Mengen Anionen (Acetessigsäure, β-Oxybuttersäure) von so erheblichen Dissoziationskonstanten (s. Tabelle, S. 348), daß sie bei der bestehenden Blutreaktion als Salze im Blute kreisen, d. h., daß sie einen entsprechenden Teil des verfügbaren Alkali mit Beschlag belegen, indem sie die äquivalente Menge CO_2 in Freiheit setzen. Bei der diabetischen Acidose ist daher der Gehalt an HCO_3' und die Fähigkeit, CO_2 zu binden, vermindert, d. h. die Alkalireserve herabgesetzt, ohne daß der Alkalibestand selbst abgenommen hat oder abgenommen haben muß.

Ebenso liegen die Verhältnisse bei anderen Acidosen durch organische Säuren (so z. B. bei schweren Leberkrankheiten, bei Methylalkoholvergiftung [VAN SLYKE] u. a.) und durch starke anorganische Säuren (z. B. Vergiftung mit Salzsäure).

Normalerweise kommt Acidose, bedingt durch Milchsäure, bei schwerer körperlicher Arbeit vor. Sie ist besonders bei sportlichen Leistungen des Genaueren studiert worden (J. SNAPPER). Sie entspricht dem oben geschilderten Vorgang, der bei Herzkranken bei geringer körperlicher Anstrengung und selbst in der Ruhe eintritt.

Außer den unvollkommenen Verbrennungsprodukten saurer Natur kommt es im Beginn schwerer Arbeit durch den plötzlichen hohen Anstieg des Stoffumsatzes zu einer so starken CO_2-Produktion, daß Abdunstung nicht schnell genug erfolgen kann. Dieser Zustand dauert bei geübten Herzgesunden nur kurze Zeit; er wird durch Anspannung von Atmung und Kreislauf schnell beseitigt.

Bei solchen Herzkranken aber, bei denen durch sekundäre oder selbständige krankhafte Prozesse der Lungen der Gasaustausch einer Vermehrung oder Anpassung nicht oder nicht genügend fähig ist, kommt es zu einer andauernden Belastung mit CO_2, zu einer Gasacidose.

Eine experimentelle oder therapeutische Acidose kann durch jede genügend starke Säure mit unverbrennbarem Anion erzielt werden. Auch Neutralsalze (Chloride) (s. S. 452) sind für diesen Zweck geeignet und vielfach im Gebrauch. Infolge örtlicher und zeitlicher Ausscheidungsdifferenz von Anion und Kation tritt Cl' an die Stelle von HCO_3' und bewirkt so Acidose.

Bei der Nierenacidose handelt es sich nicht um eine vermehrte Säurebildung, sondern um die Wirkung von Ausscheidungsstörungen. Die Nierenacidose nimmt im System dadurch eine besondere Stellung ein, daß im Blut Säureüberschuß und Basendefizit gleichzeitig bestehen können. Die Menge der Chloride, Phosphate, Sulfate im Blut kann beträchtlich vermehrt sein, während die Menge der Basen eine Verminderung erfahren kann. Die Konzentration der unbekannten Anionen wächst. Diese Faktoren wirken in der gleichen Richtung und führen zur Erniedrigung der Alkalireserve.

Die Gründe für diese Blutveränderung sind verschiedenartig. Die Vermehrung der anorganischen Anionen ist durch renale Ausscheidungsstörung hinreichend erklärt. Die Vermehrung der unbekannten Anionen weist auf eine ebensolche die organischen Säuren betreffende Störung hin. Von diesen Anionenstauungen im Blut ist die des Cl' die labilste, weil dieses in die Gewebe verdrängt wird, besonders dann, wenn die Isosmie durch einen hohen Rest-N gefährdet ist.

Zu einem Verlust von Basen kommt es, weil wegen der Störung der Ammoniakbildung in der kranken Niere fixe Kationen in vermehrtem Maße zum Zweck der Neutralisierung der Anionen des Harns ausgeschieden werden.

Bei der diabetischen Acidose hat sich — früher — die Alkalibehandlung sehr bewährt, obwohl in der Mehrzahl der Fälle nicht eine Basenverminderung überhaupt, sondern nur ein Mangel an für CO_2-Bindung verfügbarem Alkali vorliegt. Bei der Nierenacidose kann Mangel an beiden Alkalifraktionen bestehen. Trotzdem ist eine Alkalibehandlung ohne Nutzen oder selbst schädlich, weil die schwerkranke Niere nicht nur nicht das Kation, sondern auch das (HCO_3') (F. MAINZER) nicht in genügendem Maße hindurchläßt, so daß es bei Bicarbonatverabreichung leicht zu schädlicher Konzentration dieses Stoffes und den entsprechenden Folgen (Alkalose, Tetanie) kommen kann.

Jede Störung der Blutreaktion löst Regulationen von Seiten der Atmung, der Niere (auch der Gewebe und von Magen, Darm und Schweißdrüsen) aus, welche den Ausgangszustand wiederherzustellen suchen. Die Regulation durch die Atmung ist in der Richtung wirksam, daß Zunahme der Alkalescenz eine Einsparung, hingegen Abnahme der Alkalescenz eine vermehrte Abdunstung von CO_2 bewirkt; gleichzeitig wird in erstem Falle alkalischer, d. h. bicarbonatreicher, in zweitem Falle saurer Harn abgesondert. Bei zu starker Beanspruchung aber versagen die Regulationen; es kommt zu einer Veränderung des p_H des Blutes, d. h. zu einer dekompensierten Acidose oder Alkalose. Das p_H des Blutes kann dann von 7,40 bis 7,00 nach der sauren Seite und bis 7,80 nach der alkalischen Seite ausschlagen.

Die Feststellung von Störung des Säurebasenhaushaltes ist im allgemeinen eindeutig und einfach, sofern Dekompensation vorliegt. Die Verschiebung der Wasserstoffzahl zeigt klar Richtung und Grad der Störung an.

Schwieriger liegen die Verhältnisse bei den kompensierten Störungen, wenn einer primären Vermehrung von HCO_3' regulativ eine Zunahme der (H_2CO_3) folgt oder umgekehrt, wenn eine Gasacidose (wie beim Emphysem) durch Bicarbonatzunahme ausgeglichen ist, in beiden Fällen also p_H den normalen Wert behält.

Die Vereinheitlichung der Begriffe Ketonurie und Acidose, die nach einem früheren Stand der Kenntnisse berechtigt war, ist heute ohne Sinn und kann zu völliger Verwirrung führen.

So kommt es bei Alkalose infolge der paradoxen Anoxämie zu Ketonämie und renaler Ausscheidung von Ketokörpern und Milchsäure, ein Vorgang, dem wohl im Prinzip, aber wegen quantitativer Unzulänglichkeit kaum in der Praxis ein kompensierender Einfluß zukommen mag. Bedeutungsvoll aber ist dieser Vorgang bei der Differentialdiagnose der Insulinüberdosierung gegenüber dem diabetischen Coma (F. MAINZER). Durch die Insulinalkalose kommt es nämlich zu Ketonurie, außerdem zu Hypotonie der Bulbi und zu Atmungsstörungen, die denen des diabetischen Comas sehr ähnlich sind.

Beachtet werden muß, daß die einzelnen Vorgänge, die das Säurebasengleichgewicht regulieren, mit sehr verschiedener Promptheit einsetzen. So beginnt die Regulation von Seiten der Atmung, die zu CO_2-Abdunstung oder CO_2-Einbehaltung führt, sehr bald und erreicht in kurzer Zeit die notwendige Höhe, während die Veränderung der Konzentration des verfügbaren Alkalis (also der Alkalireserve) bei primärer Gasacidose und Gasalkalose, wenn überhaupt, nur sehr torpide eintritt (MAINZER). Daher führen Gasacidosen und Gasalkalosen meist zur Veränderung des Blut-p_H, sind also meist dekompensiert (KL. GOLLWITZER-MEIER u. E. CHR. MEYER).

Das klinisch eindrucksvollste Beispiel kompensatorischer Regulierung der Blutreaktion liefern die Acidosen bei Diabetes, bei Urämie und bei der Säuglingsintoxikation. In dem Maße, in dem hier die Alkalireserve sinkt, wird durch eine vertiefte und manchmal auch beschleunigte Atmung (KUSSMAULsche große Atmung) CO_2 abgedunstet, so daß selbst bei sehr weitgehender Beanspruchung des Blutalkali normale Blutreaktion aufrechterhalten werden kann. Die Regulation kann so weit gehen, als die physikalisch-chemischen Gesetzmäßigkeiten es gestatten. Sie kann aber auch eine Begrenzung durch biologische Umstände erfahren, wenn das Atemzentrum geschädigt ist, entsprechend der Schädigung des gesamten Zentralnervensystems, die sich bei diesen Zuständen regelmäßig findet.

Die „große Atmung" findet sich aber nicht nur bei Acidose; sie kann auch unmittelbar durch andere Einflüsse, die das Zentralnervensystem treffen, so durch intrakranielle Veränderungen, durch Kohlenoxydvergiftung, vielleicht auch durch Reizwirkung der Ketokörper, ausgelöst werden. Daher können auch nichtacidotische Urämische diesen Atmungstypus haben (H. STRAUB).

Diese Störungen sind ihrem Wesen nach so gut bekannt und klinisch so leicht übersehbar, daß die Feststellung der Alkalireserve zur qualitativen und quantitativen Klärung ausreicht.

Anders liegt es jedoch bei solchen komplizierten Störungen des Säurebasengleichgewichtes, deren Natur klinisch a priori nicht definiert werden kann. Das ist der Fall bei Fieber, in der Gravidität und bei Herzkranken. Dann genügt nicht nur nicht die Bestimmung der Alkalireserve des Blutes, den Zustand des Säurebasenhaushaltes zu bestimmen, sondern auch die Analyse des Säurebasengleichgewichtes im Blut (Bestimmung des p_H, der CO_2-Spannung, der gesamten Ionen) reicht nicht aus. Die Richtung des Stoffwechsels ist dann nur durch Hinzunahme der Harnanalyse zu ermitteln.

Bei Acidose erfolgt — Gesundheit der Niere vorausgesetzt — die renale Regulation dadurch, daß zur Ausscheidung der Überschußsäuren oder zur Ausgleichung des Basendefizits Kationen gebildet werden. Die Kationen, deren Bildung möglich ist, sind H^+ und NH_4^+. Ausscheidung von H^+ bedeutet, daß eine dem isohydrischen Gleichgewicht (HENDERSON u. SPIRO) entsprechende Menge von Anionen nicht als Salze, sondern als Säuren ausgeschieden werden. Diese Regulation tritt sofort ein. Die Bildung von NH_4-Ionen, die über eine unbekannte Zwischensubstanz in der Niere erfolgt (s. S. 97), hat einen trägen Beginn und zeigt bis zur vollen Höhe einen langsamen Anstieg.

Da der Niere die Herstellung eines sauren Harns nur bis zu einer gewissen Höhe (p_H = etwa 4,5) möglich ist, erfolgt im Beginn der Acidose, in dem die Ammoniumlieferung noch gering ist, Verlust an fixem Alkali. Umgekehrt, wenn die Zufuhr oder Entstehung von Säuren aufhört, steigt das p_H rasch, selbst bis zu alkalischen Werten, an, während die Ammoniumausscheidung noch anhält, nur langsam absinkt und so den anfänglichen Basenverlust ausgleicht.

Dieses Verhalten, das in umgekehrter Weise auch bei der Alkalose auftritt, hat eine diagnostische Bedeutung, weil es die Erkennung einer abklingenden Acidose oder Alkalose in einem Zeitpunkt möglich macht, in dem Blutveränderungen nicht mehr vorhanden sind (MAINZER).

Die Beziehungen zwischen p_H und NH_3-Gehalt des Harns werden nach HASSELBALCH am besten in Form der „reduzierten Ammoniakzahl" dargestellt. HASSELBALCH hat zu zeigen versucht, daß bei gesunden, gleichmäßig ernährten Individuen eine feste Beziehung zwischen der Ammoniakzahl (= Prozent des Ammoniak-N am Gesamt-N) und der Wasserstoffzahl des Harns besteht. Die graphische Darstellung dieser Beziehung ergibt eine Hyperbel mit dem Scheitelpunkt bei p_H = 5,8. Die zu diesem Punkt gehörende Ammoniakzahl hat HASSELBALCH als „reduzierte Ammoniakzahl" bezeichnet. Hieraus ergibt sich die Möglichkeit eines unmittelbaren Vergleiches des Verhältnisses zwischen Ammoniakzahl und Wasserstoffzahl.

Demgegenüber ist die Titrationsacidität des Harns diagnostisch nicht verwertbar. Ihre theoretische Bedeutung liegt darin, daß sie ein Maß der Menge saurer oder basischer Valenzen gibt, die bei der Bildung des Harns aus dem Blut eingespart werden. Die Einsparung von Säuren oder Basen wird nach einem Verfahren von L. J. HENDERSON so gemessen, daß man den Harn von seiner eigenen aktuellen Reaktion bis zum p_H des Blutes titriert. Demnach hängt die Titrationsacidität des Harns von dessen p_H und von der Konzentration und Natur der im Harn enthaltenen Puffersysteme ab, d. h. von Beziehungen, die zu kompliziert sind, um — bisher — diagnostische Hinweise zu gestatten. Man muß sich damit begnügen, durch Anwendung geeigneter Indikatoren die Titration bis zu einem bestimmten p_H auszuführen, ein Verfahren, das z. B. zur Bestimmung organischer Säuren im Harn dient.

Einer kurzen Besprechung bedarf noch die Frage, ob es möglich ist, die ionale Zusammensetzung und somit auch die aktuelle Reaktion des Körpers durch Zuführung von Salzen zu ändern. Gewisse diätetische Bestrebungen haben eine solche Änderung zum Ziel, so z. B. die Methode der Rohkost, die als Therapeuticum, für begrenzte Zeit angeordnet, nützlich sein kann, deren Empfehlung als Dauer- und Massenernährung aber einer Kritik bedarf. Der Organismus richtet seinen Salzbestand nicht nach der Nahrung, sondern nach seinen eigenen Bedürfnissen. Die Wahrung der Isoionie besorgt vor allem die Niere durch elektive Ausscheidung, durch Bildung von Ammoniak und Abspaltung von Phosphorsäure.

Eine ionale Änderung, die leicht eintritt, besteht in dem teilweisen Ersatz des Chlorids durch Bromid. Diesem Vorgang kommt eine therapeutische Bedeutung zu. In bezug auf die Kationen ist aber ein entsprechender Austausch nicht möglich. Insbesondere wahrt der Organismus Menge, Verhältnis und Verteilung von Natrium und Kalium in der sorgfältigsten Weise. Im Überschuß zugeführtes Kalium wird durch die Niere ausgeschieden. Das Kalium tritt schneller in den Harn über als das Natrium (darauf beruht der diuretische Erfolg gewisser Kalisalze). Außer zu diesem Zweck gibt es keine Indikation für Verabreichung von Kalisalzen. Die Meinung, daß das in den Pflanzen enthaltene Kalium im Körper verbleibe und dort irgendeine Wirkung entfalte, ist der Kardinalfehler des Rohkostglaubens.

Bekanntlich haben die Erythrocyten einen hohen, den des Plasmas weit überragenden Kaliumgehalt. Es besteht im Organismus ein Kalium-Calciumgleichgewicht, das mit Hilfe von intermediären und exkretorischen Prozessen reguliert wird. Das geht aus den Untersuchungen von A. Bock hervor, der beim Tier auch durch stundenlange Infusionen von Kaliumsalzlösungen den Kaliumgehalt des Blutes so gut wie gar nicht beeinflussen konnte, auch nicht nach Entfernung beider Nieren. Paul Spiro hat gezeigt, daß der Kaliumgehalt des Blutes (ebenso der Calciumgehalt) auch unter pathologischen Verhältnissen nur Veränderungen, die in oder an den Grenzen der Norm bleiben, unterliegt. Nur im anaphylaktischen Shock ist eine Hyperkaliämie ungewöhnlichen Grades beobachtet worden (Schittenhelm). Die Hauptquelle für die Ergänzung des Serumkalis stellen die Erythrocyten dar (P. Spiro). Nach diesem Autor geht Steigerung des Kaligehaltes im Serum und in den Erythrocyten parallel. Nur im anaphylaktischen Shock bleibt die Erhöhung des Kaliumwertes in den Erythrocyten absolut oder relativ hinter der im Serum zurück.

Durch Darreichung einer sauren oder basischen Diät kann man in einem gewissen Umfange die Stoffwechselrichtung, aber nicht die aktuelle Reaktion ändern. Die Pufferung des Blutes und die Regulation durch die Ausscheidungsorgane sorgen für raschen Ausgleich.

Ebenso ist es bei Einführung alkalischer oder acidotisch wirkender Salze. In beiden Fällen führt die Regelung durch die Niere zu einer differenten Harnreaktion. Diese Vorgänge — acidotische oder alkalotische Stoffwechselrichtung, Änderung der Harnreaktion — haben eine therapeutische Bedeutung (Diurese, Behandlung der Pyelitis, Tetanie, Rachitis), aber so gut wie kein Interesse für die Fragen der Ernährungsphysiologie. Die Berechnung der Säurebasenäquivalente der Nahrung ist überflüssig. Die gefährliche Säuerung stammt immer aus dem intermediären Stoffwechsel, insbesondere aus dem Abbau der Fette. Nur bei Kranken mit Insuffizienz der Regulation des Säurebasenhaushaltes (also vor allem bei Schwernierenkranken) hat die Diätetik auch die Aufgabe, den Säurebasenwert der Nahrung zu beachten.

Literatur.

Campbell, J. A.: Tissue oxygentension with special reference to tetany and convulsions. J. of Physiol. **60**, 347 (1925).
Collip, J. B. and P. L. Backus: The effect of prolonged hyperpnoea. Amer. J. Physiol. **51**, 568 (1920).
Elias, H.: Zur Bedeutung des Säurebasenhaushalts und seiner Störungen. Erg. inn. Med. **25**, 192 (1924) (Literatur).
Gollwitzer-Meier, Kl.: Tetaniestudien. I. Z. exper. Med. **40**, 59 (1924). —
— und Meyer, E. Chr.: Tetaniestudien. II. Ebenda **40**, 83 (1924).

GRANT, S. B. and A. GOLDMANN: A study of forced respiration: experimental production of tetany. Amer. J. Physiol. **52**, 209 (1920).

HALDANE, J. S.: Respiration. New Haven 1925.

HASSELBALCH, K. A. (1): Die „reducierte" und die „regulierte" Wasserstoffzahl des Blutes. Biochem. Z. **74**, 56 (1916). — (2): Die Berechnung der Wasserstoffzahl des Blutes aus der freien und gebundenen Kohlensäure. Ebenda **78**, 112 (1916).

HAMBURGER, H. J. Osmotischer Druck und Ionenlehre in den medizinischen Wissenschaften. Wiesbaden 1904.

HENDERSON, L. J.: Das Gleichgewicht zwischen Basen und Säuren im tierischen Organismus. Erg. Physiol. **8**, 254 (1909).

— und HAGGARD: Respiratory regulation of the CO_2 capacity of the blood. J. of biol. Chem. **33**, 333, 345, 355, 365 (1918).

— und K. SPIRO: Zur Kenntnis des Ionengleichgewichts im Organismus. Biochem. Z. **15**, 105 (1908).

HENRIQUES, V.: Über Carbhämoglobin. Erg. Physiol. **28**, 625 (1929).

JOOS, G.: Wasserstoffionenkonzentration in biologischen Versuchen. Klin. Wschr. **1929**, 2129.

KLINKE, K. und FR. LEUTHARDT: Die Messung der Pufferung tierischer Flüssigkeiten. Klin. Wschr. **1929**, 2409.

KOLTHOFF, J. M.: Der Gebrauch von Farbindikatoren. Berlin 1926, 3. Aufl.

KOPPEL, M. und K. SPIRO: Über die Wirkung von Medicatoren (Puffern) bei der Verschiebung des Säure-Basengleichgewichts in biologischen Flüssigkeiten. Biochem. Zt. **65**, 409 (1914).

MAINZER, F. (1): Zur chemischen Pathologie des Erbrechens. Klin. Wschr. **7**, 1353. — (2): Über Ketonurie nach Insulinüberdosierung. Ebenda **6**, 107.

MEANS, H. J.: Dyspnoea. Baltimore 1924.

SCHITTENHELM, A. und W. ERHARDT: Anaphylaxiestudien bei Mensch und Tier. Z. exper. Med. **56**, 511 (1927).

VAN SLYKE, D. D. and F. C. McLEAN: Studies of gas and electrolyte equilibria in the blood. V. J. of biol. Chem. **56**, 765 (1923).

SPIRO, K. und L. J. HENDERSON: Zur Kenntnis des Ionengleichgewichts im Organismus. II. Biochem. Z. **15**, 114 (1909).

SPIRO, P.: Klinische Untersuchungen über das Calcium-Kalium-Gleichgewicht im Organismus. Z. klin. Med. **110**, 58 (1928).

STRAUB, H.: Störungen der physikalisch-chemischen Atmungsregulation. Erg. inn. Med. **25**, 1 (1924) (Literatur).

WINTERSTEIN, H. (1): Die automatische Tätigkeit der Atemzentren. Pflügers Arch. **138**, 159 (1911). — (2): Die Regulierung der Atmung durch das Blut. Ebenda **138**, 167 (1911). — (3): Die Reaktionstheorie der Atmungsregulation. Ebenda **187**, 293 (1921).

ZUNTZ, N.: Beiträge zur Physiologie des Blutes. Inaug.-Diss. Bonn 1868.

Fünfzehntes Kapitel.

Blutmenge. Blutkörperchenvolumen. Permeabilität der Blutkörperchen. Blutkörperchenresistenz. Hämolyse. Chemische Genese von Anämien. Stoffwechsel bei Blutkrankheiten. Der Eisenstoffwechsel. Hämochromatose.

1. Blutmenge. Blutkörperchenvolumen.

Der Feststellung der Zahl der Erythrocyten in der Volumeinheit Blut wird immer eine große Bedeutung zukommen. Daneben aber erfordert das Studium vieler Probleme der Physiologie und Pathologie die Kenntnis der wahren Blutmenge.

Nach vielen vergeblichen Bemühungen besitzen wir jetzt zwei Methoden, mit denen es möglich ist, die Menge des zirkulierenden Blutes zu messen.

Die Plasmamenge wird nach KEITH, ROWNTREE u. GERAGHTY mit Hilfe von kolloidalen Farbstoffen ermittelt. Stoffe, die die für diesen Zweck notwendigen Eigenschaften — Unschädlichkeit, Unveränderlichkeit und genügend lange Verweildauer in der Blutbahn, bequeme quantitative Meßbarkeit — besitzen, sind Vitalrot, Brillantvitalrot, Kongorot, Trypanrot und Trypanblau.

Durch die Bestimmung des Erythrocytenvolumens mit Hilfe des Hämato-kriten wird aus den gefundenen Werten die Gesamtblutmenge errechnet.

Zur Bestimmung der Menge des zirkulierenden Hämoglobins dient nach dem Vorgang von PLESCH, ZUNTZ, VAN SLYKE u. W. SALVESEN die Kohlenoxyd-methode.

Aus der großen Zahl der vorliegenden Untersuchungen geht hervor, daß der gesunde erwachsene Mensch pro Kilogramm Körpergewicht 83 ccm Blut, 52,1 ccm Blutplasma und 30,9 ccm Blutkörperchen besitzt (J. P. SMITH, BELT, ARNOLD u. CARRIER). In 100 ccm Blut sind also rund 60 ccm Plasma und 40 ccm Blutkörper-chen enthalten.

Unter pathologischen Verhältnissen werden von diesen Werten stark abweichende gefunden. Wie zu erwarten, ist bei der Fettsucht die Blutmenge im Verhältnis zum Körpergewicht vermindert. So fanden BROWN u. KEITH bei Personen von 64—140 kg Gewicht Blutmengen zwischen 47 und 82 ccm, die kleinste Menge bei dem schwersten Individuum. Im Hungerzustand verändert sich auch die Blutmenge, aber nicht im Tempo der Körpergewichtsabnahme, sondern später und langsamer. Säuglinge haben eine größere Blutmenge als Erwachsene, wenn die Zahlen auf das Körpergewicht bezogen werden. Wird aber die Körperoberfläche als Bezugseinheit gewählt, so findet man beim Säugling auf 1 qm 1,7 Liter Blut (BAKWIN u. RIVKIN), während der Erwachsene 3,12 Liter besitzt. In der Gravidität scheint eine Vermehrung der Blutmenge zu bestehen. Über die Blutmenge bei Nierenkranken s. S. 556.

Bei der sekundären Anämie wird der Verlust an Blutvolumen, der durch Verminderung der Zahl der Erythrocyten entsteht, durch eine Zunahme des Plasmas ganz oder in schweren Fällen nur teilweise ausgeglichen. Ganz ähnlich liegen auch die Verhältnisse bei der perniziösen Anämie.

Von großer Bedeutung ist die Untersuchung der Blutmenge bei der Erythrämie. Die Gesamtblutmenge ist durch die Zunahme des Blutkörperchen-volumens in allen Fällen und mitunter sogar ganz bedeutend vermehrt. Nicht ganz selten hat aber auch das Plasma eine beträchtliche Zunahme erfahren. Eine echte Plethora kann durch Vermehrung des Zellvolumens, der Plasmamenge oder beider bedingt sein (R. SEYDERHELM). In dem letzten Falle ist der Ausdruck ,,Polyämie'' gerechtfertigt.

Bei diesen und anderen Untersuchungen hat sich gezeigt, daß die Zahl der Erythrocyten im Kubikmillimeter dem Blutkörperchenvolumen in Prozent des Gesamtblutes durchaus nicht parallel geht. Daraus folgt, daß das durchschnittliche Volumen der Erythrocyten großen Schwankungen unterliegt. In der Tat hat es sich herausgestellt, daß die Werte zwischen 60 und 120 μ^3 schwanken, während der normale Wert bei 90 liegt. Eine Vermehrung der Erythrocytenzahl muß also nicht einem vermehrten Hämoglobingehalt und einer vermehrten Blutmenge entsprechen. Bei der Polycytaemia VAQUEZ ist das Volumen der einzelnen Blutkörperchen in der Regel vergrößert, während, wie SEYDERHELM aus eigenen Beobachtungen und einigen in der Literatur festgelegten Zahlen ableitet, bei der Polycytämia GEISBÖCK eine Verkleinerung der Erythrocyten statthat.

Diese Feststellungen weisen darauf hin, daß bei der Aufstellung des durch die Ungenauigkeit der klinischen Hämoglobinbestimmung an sich schon kritisch zu betrachtenden Färbeindex mit besonderer Vorsicht zu Werke gegangen werden muß, und daß eine Vervollständigung der klinischen Blutuntersuchung durch Feststellung des Blutkörperchenvolumens kaum noch zu entbehren ist.

Literatur.

BAKWIN, H. and H. RIVKIN: The estimation of the volume of blood in infants. Amer. J. Dis. Childr. **27**, 340 (1924).

BROWN, G. E. and N. M. KEITH: Blood and Blood Plasma in obesity. Arch. internat. Med. **33**, 217 (1924).

GRIESBACH, W.: Über die Gesamtblutmenge. Handbuch der normalen und pathologisehen Physiologie 4, 2, 667 (1928).

KEITH, N. M., RQWNTREE und N. M. GERAGHTY: Arch. internat. Med. **16**, 547 (1915).

PLESCH, J. (1): Hämodynamische Studien. Z. exper. Path. u. Ther. **6**, 380 (1909). — (2): Untersuchungen über die Physiologie und Pathologie der Blutmenge. Z. klin. Med. **93**, 241 (1922).

SEYDERHELM, R. und LAMPE: Die Blutmengenbestimmung und ihre klinische Bedeutung. Erg. inn. Med. **27**, 245 (1925) (Literatur).

VAN SLYKE, D. D. and SALVESEN: J. of biol. Chem. **40**, 103 (1919).

SMITH, H. P., A. E. BELT, H. R. ARNOLD and E. B. CARNER: Blood volume change at high altitude. Amer. J. Physiol. **71**, 395 (1925).

ZUNTZ, N. und J. PLESCH: Methode zur Bestimmung der zirkulierenden Blutmenge. Biochem. Z. **11**, 47 (1908).

2. Permeabilität der Blutkörperchen.

Wie andere Zellen verhalten sich die Erythrocyten so, als ob sie von einer semipermeablen Membran umgeben wären. H. I. HAMBURGER hat festgestellt, daß Lösungen anorganischer Salze in äquimolekularen Konzentrationen hämolytisch wirken. Organische Verbindungen folgen, soweit sie lipoidunlöslich sind, demselben Gesetz.

Besonders durch die Untersuchungen von BUNGE und ABDERHALDEN ist bekannt geworden, daß die Erythrocyten die anorganischen Salze in anderen Konzentrationen enthalten, als es die umgebende Flüssigkeit tut. Die Oberflächengrenzschicht verhindert also einen osmotischen Ausgleich. Das geht auch aus Messungen der elektrischen Leitfähigkeit des Inneren der roten Blutkörperchen hervor, die ergeben haben, daß diese „innere Leitfähigkeit" nur einer NaCl-Lösung von 0,2% entspricht (HÖBER).

Die roten Blutkörperchen bieten dem elektrischen Strom einen hohen Widerstand dar, nicht weil sie sich für Ionen überhaupt undurchlässig verhalten, sondern weil sie nur für Anionen permeabel sind. Das Chlorion tritt in einer isotonischen Natriumsulfatlösung aus den Erythrocyten aus, aus einer hypertonischen Chlornatriumlösung in die Zellen hinein. Chlorion und Bicarbonation tauschen sich durch die Erythrocytenwand aus. Dieser Vorgang spielt eine sehr große biologische Rolle (s. S. 354). Aber bei allen diesen Reaktionen bleibt, wie die chemische Analyse ergibt, der Kationenbestand unverändert. L. Michaelis hat gezeigt, daß eine scharf getrocknete Kollodiummembran eine entsprechende selektive Ionendurchlässigkeit, aber für Kationen besitzt, für die eine Porosität der Membran verantwortlich gemacht wird. R. Mond hat dadurch, daß er den elektronegativen Charakter der Kollodiummembran durch Zusatz des basischen Farbstoffes Rhodamin in einen positiven umwandelte, die Ionenpermeabilität polar umgestellt, d. h. eine Membran geschaffen, die genau der der Erythrocyten entspricht.

Literatur.

Hamburger, J. H.: Osmotischer Druck und Ionenlehre. Wiesbaden 1902.

Höber, R.: Die Permeabilität der Erythrocyten. Handbuch der normalen und pathologischen Physiologie **6**, 1, 652 (1928).

Michaelis, L. und Fujita: Untersuchungen über elektrische Erscheinungen und Ionendurchlässigkeit von Membranen. IV. Mitt.: Potentialdifferenzen und Permeabilität von Kollodiummembranen. Biochem. Z. **161**, 47 (1925).

Mond, R. u. F. Hoffmann: Weitere Untersuchungen über die Membranstruktur der roten Blutkörperchen. Pflügers Arch. **219**, 467 (1928).

3. Blutkörperchenresistenz.

Stärker wie an allen anderen, den in Organen und Geweben zusammengeschlossenen Zellen tritt bei den roten Blutkörperchen die Vergänglichkeit, das Absterben und die Neubildung in Erscheinung. Rund 2% des Blutkörperchenbestandes, das sind die in 100 ccm Blut enthaltenen Blutkörperchen, gehen in 24 Stunden zugrunde. Im selben Maße erfolgt eine Neubildung. Die Zahl der Blutkörperchen und die Summe des Hämoglobins wird beim Normalen mit gleicher Genauigkeit eingehalten, wie die individuelle Normalzahl nach Blutverlusten in der zur Blutneubildung notwendigen Zeit wiedererreicht wird. Ganz offensichtlich bestehen hier sehr feine Regulationen, die einem Gleichgewicht zwischen Blutuntergang und Neubildung zustreben. Die Innehaltung der normalen statischen Gleichgewichtslage sagt indessen nichts darüber aus, daß die Dynamik dieser Vorgänge in normaler Stärke vonstatten geht. Da die Neubildung in der Norm, wie die Regeneration nach Blutungen zeigt, nicht mit maximaler Stärke arbeitet, so kann auch bei vermehrtem Blutuntergang das Gleichgewicht aufrecht erhalten bleiben, indem eine verstärkte Neubildung stattfindet.

Dem Wesen dieser Regulationen näherzukommen soll später versucht werden (s. S. 366). Besteht zwischen der Größe des Blutunterganges und der Neubildung keine Harmonie, so folgen krankhafte Veränderungen des Hämoglobin- und Erythrocytenbestandes. Es erscheint nützlich, auch diese Verhältnisse unter dem Gesichtspunkt des Gleichgewichtes zu betrachten, da sich nach der Phase der dynamischen Unstimmigkeit ein neues Gleichgewicht außerhalb der Normallage einstellt. So ist die Erythrämie keine ins Unendliche progrediente Veränderung, sondern es folgt einer Phase der Blutkörperchenvermehrung ein statisches Gleichgewicht. Dasselbe — in umgekehrter Richtung — findet sich bei Anämien, die außerhalb der Stadien der Progredienz ein oft jahrelang bestehendes Gleichgewicht aufweisen. Selbst bei der perniziösen Anämie und noch drastischer bei der Anämie, die sich bei der akuten myeloischen Leukämie so überaus schnell bildet, wird (allerdings bei niedrigstem Hämoglobinbestand) ein Gleichgewicht festgehalten.

Die quantitative Untersuchung auf Erythrocyten und Hämoglobin kann auch in der umfassendsten Ausführung — d. h. auch wenn sie die kreisende Blutmenge und die Blutbehälter (J. Barcroft) berücksichtigt — keinen Aufschluß über die Dynamik vom Blutuntergang und Neubildung ergeben.

In diese wichtige Beziehung gewinnen wir einige, wenn auch nicht ausreichende Einblicke durch die Beachtung der Hämoglobinabbauprodukte und durch die Methoden, aus denen sich Anhaltspunkte zur Beurteilung des Alters der Erythrocyten ergeben. Zur Zeit stehen uns für diese Aufgabe außer den bekannten morphologischen Kennzeichen an Verfahren zur Verfügung: die Prüfung der osmotischen Resistenz der roten Blutkörperchen, die Auszählung der vitalgranulierten Zellen und die Messung des Sauerstoffverbrauches. Je höher die Resistenz, je größer der O_2-Verbrauch und je größer die Zahl der Vitalgranulier-

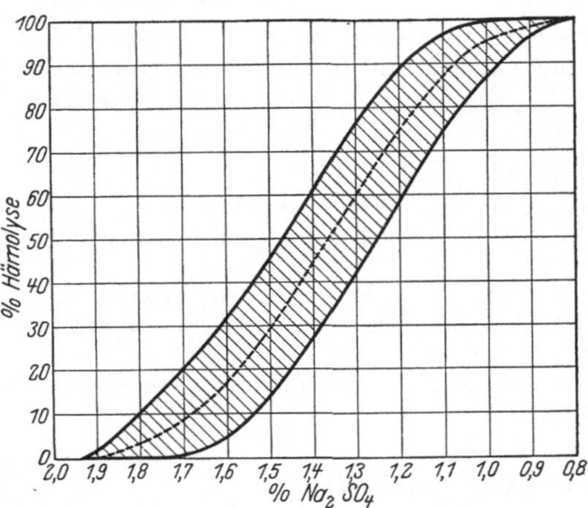

Abb. 25. Normale Breite und Durchschnittswert der Erythrocytenresistenz. Die Ordinate bezeichnet die bei den betreffenden Konzentrationen hämolysierten Erythrocyten in Prozent der Gesamterythrocyten. Das gestrichelte Feld umfaßt die Grenzen der normalen Resistenz. Die punktierte Linie gibt deren Durchschnittswert (nach Untersuchungen von E. Möller, P. Meyer, W. Francke, E. Scherer).

ten, um so mehr jugendliche Zellen sind im kreisenden Blut enthalten.

Wenn es möglich wäre, die Abbauprodukte des Hämoglobins quantitativ zu erfassen, so wäre eine direkte chemische Methode den anderen Verfahren vorzuziehen.

E. Greppi und L. Zoja haben neuerdings auf diesem Wege, den schon Eppinger u. a. beschritten haben, einen Versuch gemacht, indem sie die Gesamthämoglobinmenge des Blutes, die beim Manne von 70 kg 775 g = etwa 1% des Körpergewichts beträgt, bestimmen und aus der Stercobilinausscheidung die Größe des Blutunterganges nicht feststellen, sondern — das ist das Unbefriedigende dieses Verfahrens — durch Multiplikation mit einem Faktor, für dessen Richtigkeit keine Sicherheit gegeben werden kann, er-

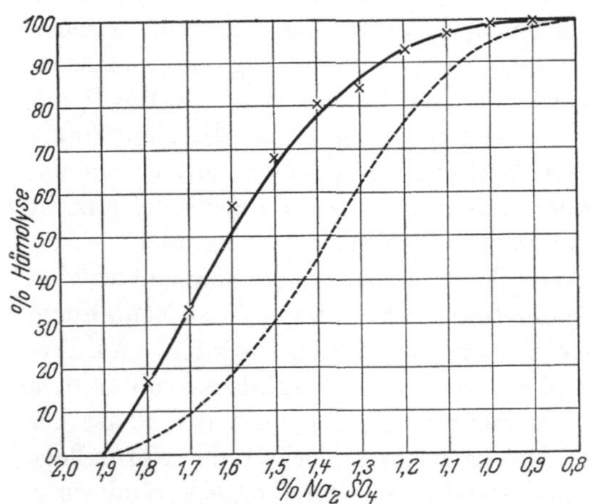

Abb. 26. Gestrichelte Kurve: normaler Durchschnittswert. Ausgezogene Kurve: verminderte Resistenz (bei einem Kranken mit Erythrämie).

rechnen. Zoja gibt eine Formel, aus der der „hämolytische Index" hervorgeht, der bei hämolytischen Anämien auf das 10—15fache der Norm steigt. Diese relativen Werte sind — wahrscheinlich — für die Klinik brauchbar.

Als quantitative Methode ist in der Klinik die Prüfung der osmotischen Resistenz im Gebrauch. Die Art der Ausführung, die früher nicht immer den Anforderungen entsprach — was zu einer ziemlich großen Zahl zweifelhafter und verwirrender Befunde geführt hat —, ist von H. J. Hamburger, der als erster die Lehre vom osmotischen Druck der Erythrocytenforschung dienstbar gemacht hat, so genau festgelegt (neutrale Natriumsulfatlösung — Auszähllungmethode [Snapper]), daß in Zukunft methodisch einwandfreie Resultate zu erwarten sind.

Die in einer Blutprobe enthaltenen Erythrocyten haben ungleiche osmotische Resistenz. Mit fortschreitender Verdünnung der Salzlösung nimmt die Hämolyse zu. Die Konzentration, bei der die Lyse beginnt, wird als minimale, die, bei der die Lyse vollendet ist, als maximale Resistenz bezeichnet. Zur

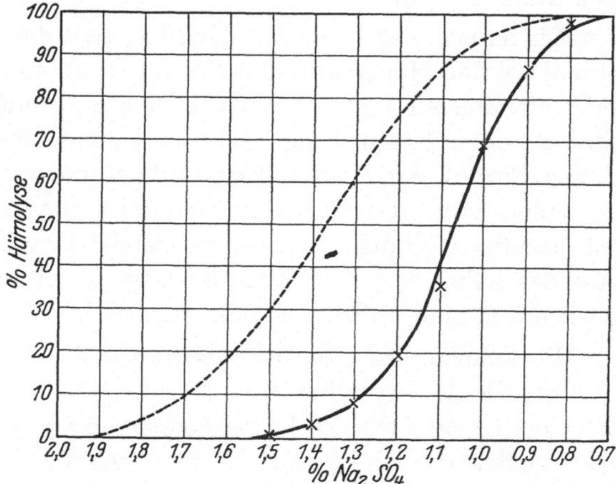

Abb. 27. Gestrichelte Kurve: normaler Durchschnittswert. Ausgezogene Kurve: stark erhöhte Resistenz bei einem Mann nach Milzexstirpation.

genauen Definition ist die Bestimmung einiger Punkte zwischen diesen beiden Werten notwendig. Aus einer genügend großen Zahl von Untersuchungen am Gesunden ergibt sich die obere und untere Grenze der Norm, deren Mittelwert nur zum Vergleich mit einem bei irgendeiner Krankheit aus einer genügend großen Zahl von Einzeluntersuchungen ermittelten statistischen Wert herangezogen werden darf. Bei Beurteilung eines Einzelfalles können nur Werte außerhalb der statistischen Normalstreuungsbreite als pathologisch gelten.

Die für die Klinik wichtigste Frage dieses Gebietes geht dahin, ob die Milz mit der Resistenzminderung, also mit dem Abbau der Erythrocyten in Beziehungen steht. Das Blut aus der Milzpulpa hat eine verminderte Resi

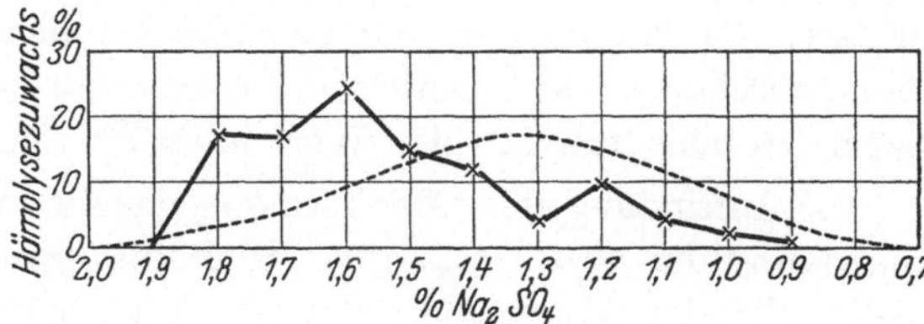

Abb. 28. Verminderte Resistenz (Fall der Kurve 26).

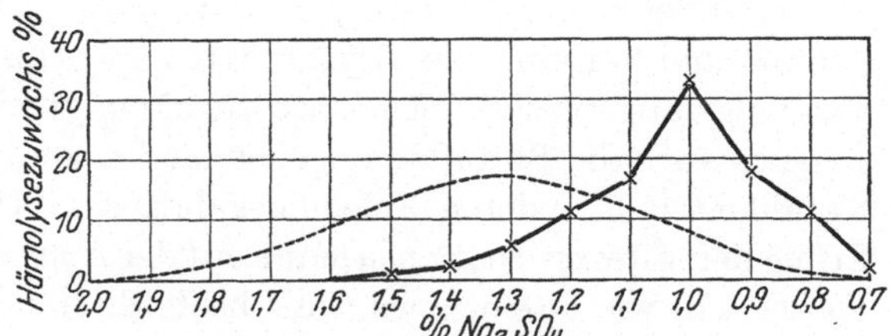

Abb. 29. Erhöhte Resistenz (Fall der Kurve 27).
Hämolysezuwachskurven (Abb. 28, 29). Die Kurven zeigen den Hämolysezuwachs von einer Konzentration zur nächsten in Prozent der Gesamterythrocyten. Die gestrichelte Kurve gibt den Normalverlauf. Ihr symmetrischer Verlauf entspricht der Harmonie des Entstehens und Vergehens der Erythrocyten.

stenz (Aubertin u. Chabanier). Widersprechende Ergebnisse wurden bei der Untersuchung des Milzvenenblutes (am Tier und auch bei Gelegenheit von Milzoperationen am Menschen) erzielt. Nach Milzexstirpation ist in einer Anzahl von Fällen experimenteller und klinischer Herkunft erhöhte Resistenz gefunden worden

(Pearce, Austin u. Krumbhaar). Sehr zahlreiche und verschiedenartige Beobachtungen, besonders aus der Schule Ashers, sprechen, trotz mancher Schwierigkeiten und Widersprüche, dafür, daß die Milz ein Hormon bildet, welches die Blutbildung hemmt.

Wir haben ausgehend von der Idee, daß die Einstellung der Menge von Erythrocyten und Hämoglobin im Körper reguliert ist, daß die Leber durch ein Hormon die Einstellung nach oben, in der Richtung der Blutbildung reguliert, daß aber zu einer Regulierung auch ein hemmendes Moment gehört, in der Klinik diesen Einfluß der Milz studiert und gefunden, daß man aus Milz ein Präparat gewinnen kann, das Erythrämien (meist nur solche, denen der Charakter einer selbständigen Krankheit nicht zukommt) in ganz erstaunlicher Weise beseitigt. Aus der Klinik von den Veldens wird gleichzeitig berichtet, daß dieser Erfolg auch durch eine Milzdiät erzielt werden kann.

Wir kennen also drei Funktionen, die die Milz im Haushalt der Erythrocyten ausübt, die Reservoirfunktion (Barcroft), die Blutbildungshemmung und die Blutzerstörung. Ob die letzte ausschließlich an die Milzstruktur gebunden ist oder vielleicht auch zu einem Teile hormonal, d. h. unter dem Einfluß eines von der Milz gebildeten Stoffes aller Orten erfolgt, ist Gegenstand der Untersuchung.

Daß die Milz an der Regulation der Zahl der roten Blutkörperchen und des Hämoglobins sehr wesentlich beteiligt ist, lehrt die Erythrämie, die bei Tier und Mensch nach Milzexstirpation eintritt oder eintreten kann. Diese Erscheinung wurde bisher auf die hämolytische Funktion der Milz bezogen, und die durch die Milz erfolgende Regulation des Erythrocytenstandwertes wurde auf diese Weise erklärt. Es ist indessen sehr unwahrscheinlich, daß der Organismus in so unökonomischer Weise arbeitet, im Überschuß gebildete Zellen zerstört, um den normalen oder individuellen Wert innezuhalten.

Die Auffindung eines Milzhormons, das dieser Regulation dient, und die Differenzierung der oben erwähnten Milzfunktionen führt zur Aufstellung neuer Begriffe, die das Verständnis der Milzkrankheiten zu vereinfachen geeignet erscheinen.

Der hämolytische Icterus, dessen charakterisierende Symptome Milztumor, Anämie und verminderte Erythrocytenresistenz sind, muß als ein Supersplenismus aufgefaßt werden. Sicher ist die hämolytische Funktion der Milz gesteigert, vielleich auch die Blutbildung gehemmt. Über die Barcroft-Funktion bei dieser Krankheit und anderen Splenomegalien sind Untersuchungen eingeleitet. Der Erfolg der Milzexstirpation stimmt mit der Annahme des Supersplenismus überein. Wenn sich, wie in einem von uns beobachteten Fall, auch die Lebertherapie als wirksam erweist, so könnte man folgern, daß die gesteigerte Hemmungsfunktion der Milz durch das entgegengesetzt wirkende Hormon ausgeglichen werden kann. Die Erythrämie, deren charakteristische Symptome Milztumor, Polyglobulie und in einem Teil der Fälle erhöhte oder verbreiterte Resistenz sind, ist der Ausdruck eines Subsplenismus. Ihre Entstehung durch Milzexstirpation und die Heilung oder das Latentwerden durch Milzhormontherapie finden so eine gute Erklärung. Daß diese einander entgegengesetzten Funktionsanomalien in gleicher Weise mit Vergrößerung des Organs einhergehen, hat in der Pathologie der Schilddrüse ein Analogon.

Literatur.

AUBERTIN, und CH. CHABANIER: C. r. Soc. Biol. Paris 78, 144.
GREPPI, E.: Die Normalwerte des Hämoglobinstoffwechsels. Der hämolytische Index.
    Arch. di pat. e clin. med. 5, 459 (1926).
HAMBURGER, H. J.: Bestimmung der relativen Anzahl roter Blutkörperchen verschiedener
    Resistenz mittels Na_2SO_4. Biochem. Z. 129, 163 (1922).
PEARCE, R. G., J. H. AUSTIN and E. B. KRUMBHAAR: The relation of the spleen to blood
    destruction and regeneration. J. of exper. Med. 16, 363, 758 (1912).
— E. B. KRUMBHAAR und FRAZIER: The spleen and Anemia (1917).
SIMMEL, H.: Die Prüfung der osmotischen Erythrocytenresistenz. Erg. inn. Med. 27, 507
    (1925) (Literatur).
SNAPPER, J.: Vergleichende Untersuchungen über junge und alte rote Blutkörperchen.
    Biochem. Z. 43, 256 (1912).
SWJATSKAJA, A. D.: Klinische Beobachtungen über die osmotische Resistenz der roten Blut-
    körperchen. Z. klin. Med. 104, 679 (1926).
ZOJA, L.: Anämien und Hämoglobinstoffwechsel. Giorn. med. Osp. civ. Venezia 1, 197
    (1927).

4. Hämolyse. Chemische Genese von Anämien.

Die Abnahme der Erythrocytenresistenz kann als Vorstadium eines Prozesses aufgefaßt werden, der zum Untergang von Zellen führt. Man kann diesen Prozeß als Erythrolyse bezeichnen, und man muß Bedenken haben, ihn dem, was gewöhnlich Hämolyse genannt wird, gleichzusetzen.

Die Hämolyse, die in der Immunitätslehre und in der Diagnostik (WASSERMANNsche Reaktion) eine so bedeutende Rolle spielt, ist in Wahrheit eine Chromolyse (R. BRINKMANN), d. h. ein Austreten des Hämoglobins aus den Blutkörperchen, deren Stromata (Blutschatten) erhalten bleiben. Diese Chromolyse kann durch mechanische, thermische und strahlende Energie herbeigeführt werden, Vorgänge, die in der Pathogenese ebensowenig von Bedeutung sind wie die Hämolyse infolge osmotischer Druckdifferenz, durch Säure, Schwermetallsalze und Narkotica.

Von größerem Interesse ist die Hämolyse durch Substanzen mit hoher Oberflächenaktivität. Alle Stoffe, die die Oberflächenspannung des Wassers stark erniedrigen, so die Salze der höheren Fettsäuren, die gallensauren Alkalien und die Saponine, sind in wässeriger Lösung starke Haemolytica. Man darf sich die Vorstellung bilden, daß diese Stoffe an die Plasmabestandteile der Erythrocyten adsorbiert werden und deren Verbindung mit dem Hämoglobin sprengen. Für die Saponine kommt eine chemische Verwandtschaft mit dem Cholesterin der Blutkörperchen hinzu. Freies Cholesterin in der Außenflüssigkeit schützt die Erythrocyten von den Saponinen. Daher ist im Vollblut die Saponinempfindlichkeit der roten Blutkörperchen umgekehrt proportional dem Cholesteringehalt des Plasmas (F. RANSOM). Die Hämolyse aller Stoffe dieser Gruppe wird durch Gegenwart von Plasma gehemmt, dessen Proteine die Stoffe durch eine Oberflächenreaktion binden und somit von dem Stroma der Erythrocyten fern halten.

Nach den Untersuchungen von F. HERRMANN u. M. ROHNER beruht die Hämolyse auf einer Störung des kolloiden Gleichgewichtes in der Erythrocytenmembran. Die Haemolytica zerfallen in zwei Gruppen, die Adsorptionshaemolytica, die in dem dispersen System der Erythrocytenoberfläche (Cholesterin-Lezithin-Eiweiß) die disperse Phase (das Lezithin) durch Adsorption vergrößern, und die Koagulationshaemolytica, die das Dispersionsmittel (Cholesterin oder Eiweiß) koagulieren. F. Herrmann u. M. Rohner haben festgestellt, daß Serum mit Wassermann-Reaktion nur die Adsorptionshämolyse, nicht aber die Koagulationshämolyse zu hemmen vermag. Eine Adsorptionshämolyse wird durch ein koagulatorisch wirkendes Haemolyticum aufgehoben oder abgeschwächt.

Im Blutplasma sind Seifen enthalten. Für die hämolytische Wirkung von Organextrakten hat man Seifen oder höhere Fettsäuren verantwortlich gemacht. Auch die Hämolyse durch komplexe Immunkörper steht vielleicht mit einer Seifenwirkung in Zusammenhang (H. Noguchi, L. v. Liebermann). Ob bei der komplexen Immunhämolyse durch Seifen oder Fettsäuren, die infolge einer Lipasewirkung aus Fetten oder Lecithin frei werden, eine Komplementwirkung zustande kommt, ist noch strittig. Geklärt sind die Verhältnisse durch W. H. Manwaring, Willstätter u. Lüdecke, Delezenne u. Fourneau und durch P. A. Levene für Kobragift, das, wie viele tierische, pflanzliche und bakterielle Se- und Exkrete, eine starke hämolytische Wirkung hat. Kyes und Sachs haben gefunden, daß das Lecithin des Blutserums Kobragift aktiviert. Durch die Arbeit der oben genannten Forscher ist klar geworden, daß das Kobragift aus dem Lecithin und Kephalin ungesättigte Fettsäuren von starker hämolysierender Wirksamkeit frei macht.

Hämolytische Gifte finden sich in der Kreuzspinne, im Aalserum, im Bienengift, in den Pferdefliegenlarven (K. R. Seyderhelm u. R. Seyderhelm), in Tetanusbazillen, in Kulturen von Staphylokokken, Streptokokken u. a. Nach Orcutt u. Howe beruht die durch einen in Milch wachsenden Staphylococcus aureus erfolgende Hämolyse auf der Produktion einer seifebildenden Lipase.

Wie bereits aus der Schutzwirkung der Proteine und des Cholesterins gegen manche hämolytischen Gifte zu entnehmen, ist eine Übertragung der Versuche in vitro auf den lebenden Organismus nicht statthaft. Noch interessanter ist, daß es Stoffe gibt, die wohl in vivo, nicht aber im Reagenzglas hämolysieren. Hierzu gehört besonders das Toluylendiamin und das Oestrin (aus Pferdefliegenlarven), das bei den so infizierten Tieren schwere Anämie erzeugt (Seyderhelm).

Die vitale Hämolyse ist ein normaler physiologischer Vorgang, der hauptsächlich intracellulär und in den Milzräumen stattfindet. Zum Auftreten von freiem Hämoglobin im Plasma kommt es dabei niemals.

Verstärkte vitale Hämolyse führt zu vermehrter Gallenfarbstoffbildung, vermehrter Urobilinausscheidung, Icterus und bei längerer Dauer zur Eisenablagerung in Leber und Milz, Lymphdrüsen u. a. (Hämosiderosis).

Durch plötzliche Hämolyse kommt es zu Hämoglobinurien, die (s. S. 382) nicht in allen Fällen mit einer (nachweisbaren) Hämoglobinämie einhergehen.

Daß durch hämolysierende Stoffe, mag die Blutzerstörung durch Angriff am Stroma, oder, wie es bei manchen Giften der Fall ist, durch Angriff am Hämoglobin zustande kommen, eine Anämie entstehen kann, bedarf keiner weiteren Diskussion.

Von der Anaemia Biermer kann mit Sicherheit gesagt werden, daß ein Hämoglobingift nicht an ihrer Entstehung beteiligt ist. Die Pathogenese dieser Krankheit ist noch recht unklar. Ihr Bedingtsein durch Botriocephalus latus und andere Eingeweidewürmer und die oft jahrelang vorausgehende Achylia gastrica haben schon seit langem die Aufmerksamkeit auf den Magen-Darmkanal als Entstehungs-

Umwandlungen in Leber und Milz, Hämosiderose charakterisiert ist. Stoffe, die die gleiche Wirkung ausüben, konnte SEYDERHELM aus dem Botriocephalus latus, der Taenia saginata, dem Pferdebandwurm, dem Spulwurm darstellen.

Der Mechanismus der Östrinanämie ist sehr verwickelt und auch durch die Untersuchungen von SEYDERHELM noch nicht aufgedeckt. Das Östrin wirkt nicht unmittelbar hämolytisch, und es wirkt wohl auch nicht primär auf das hämatoblastische Gewebe.

Die Übertragung der Östrinanämie durch das Blut kranker Tiere ist keine Östrinwirkung. Das geht aus den quantitativen Verhältnissen hervor, da eine einmalige subcutane Injektion von 5 ccm Blut eines kranken Tieres genügt, um bei einem Kaninchen eine fortschreitende, zum Tode führende Anämie zu machen, ferner aus der Thermolabilität des im Blute enthaltenen Stoffes u. a. m. Es wäre verfrüht und gewagt, eine Theorie der Östrinanämie und ihrer Übertragung durch das Blut aufzustellen. Die Entdeckungen von SEYDERHELM führen bislang nur zu der Vermutung, daß das Östrin die Entstehung eines anämisierenden Giftes auslöst, das auch im Blut enthalten ist.

SEYDERHELM hat weiterhin das Augenmerk auf die Infektion der oberen Teile des Magen-Darmkanals gerichtet, wie sie bei Anaemia BIERMER regelmäßig ge-funden wird. Er hat die Theorie aufgestellt, daß die dort siedelnden Bakterien, die in ihrer Zusammensetzung der gewöhnlichen Dickdarmflora entsprechen, anämisierende Gifte erzeugen. Es hat sich gezeigt, daß sich aus den Faeces und aus den Darmbakterien normaler sowie anämischer Menschen Giftstoffe gewinnen lassen, von denen eine Fraktion, und zwar die der Lipoide, in vitro hämolysiert, aber in vivo keine Anämie erzeugt, während eine andere Fraktion im Reagenzglas Erythrocyten nicht auflöst, Kaninchen aber bei intravenöser Injektion anämisch macht. Diesen Fraktionen aus Bakterien entsprechen ganz ebenso wirkende Frak-tionen aus Botriocephalus latus.

Mit diesen Feststellungen hat die enterogene Theorie der Anaemia BIERMER eine erhebliche Festigung erfahren.

Als Stütze kommt von klinischer Seite eine kleine Zahl sehr beachtenswerter Fälle hinzu, in denen sich die Krankheit im Anschluß an eine Darmstriktur ent-wickelt hatte (KNUD FABER, E. MEULENGRACHT, WIECHMANN u. ZINSSER, eine Beobachtung aus unserer Klinik u. a.). In einem solchen Falle gelang es SEYDERHELM durch operative Beseitigung der Striktur die Anämie zu heilen.

Verständlicherweise ist durch die Aufdeckung dieser Bedingung der Anaemia BIERMER die Pathogenese nicht restlos geklärt. Dickdarmflora im Dünndarm macht nur bei einer Minderzahl von Menschen Anämie. Es liegt nahe, hier in erster Linie an die Resorption zu denken, die vielleicht nur bei manchen Individuen vor sich geht, und die vielleicht bei den zur Anaemia BIERMER Disponierten im Zusammenhang mit der Achylia gastrica und dem atrophischen Prozeß des Epi-thels im oberen Verdauungskanal (HUNTERsche Zunge) steht, die sich als oft lange Zeit währendes Vorstadium dieser Krankheit finden. Auch die Verwandtschaft der Anaemia gravis mit der Sprue weist in diese Richtung. Das konstitu-tionelle Moment, das die Anaemia aufweist, ihre Heredität könnten sich so der Theorie der Pathogenese einfügen lassen. Das Auftreten der Erkrankung auf der Basis der Lues, in der Gravidität und im Puerperium deutet vielleicht auf Gift-bildung an anderer Stelle des Organismus hin.

Von der Wirkung eines Giftes zeugen auch die Rückenmarkstrangerkrankungen, die der Veränderungen des Blutbildes vorausgehen können. MACHT hat das Blutserum von Kranken mit Anaemia BIERMER gegen Keimlinge von Lupinus albus stark toxisch gefunden.

M. MEYER hat entdeckt, daß die bei Ratten nach Milzexstirpation eintretende schwere Anämie durch einen vor der Operation harmlosen Mikroorganismus „Bartonella muris M. MEYER" verursacht wird. Die Krankheit wird durch Insekten übertragen und ist durch organische Arsenverbindungen heilbar.

Dieses vielfältige Material ist noch nicht ausreichend, um die Pathogenese der Anaemia BIERMER vollkommen klar zu erkennen. Die empfindlichste Lücke klafft in bezug auf den Angriffspunkt des giftigen Prinzips. Für das Bestehen einer gesteigerten Hämolyse lassen sich ebenso gute Gründe anführen als für eine Unterfunktion des blutbildenden Systems. Auch die Entdeckung des Leberhormons hat noch nicht dazu geholfen, die Entscheidung zu treffen, aber doch wohl die primäre Bedeutung der Blutbildungsschwäche wahrscheinlicher gemacht.

Die Bedeutung der Leber für die Blutbildung hat nach der Entdeckung von WHIPPLE und MINOT zu dem gewaltigen Fortschritt in der Behandlung der Anaemia BIERMER geführt. Es besteht noch keine Einigkeit darüber, ob die Leber ein Hormon produziert, das die Blutbildung anregt, oder ob es sich bei der Lebertherapie um die Zuführung von Bausteinen zur Hämoglobinbildung handelt.

Daß die Leber solche Bausteine liefert, die (zum Teil) mit der Galle in den Darm gehen und dort resorbiert werden, geht aus den Arbeiten EPPINGERS hervor. SEYDERHELM u. TAMMANN haben beim Hund durch die Ableitung der Galle nach außen in einer Anzahl von Fällen schwere Anämie erzeugt und gesehen, daß diese Anämie durch Fütterung von Gallensäuren und durch bestrahltes Ergosterin rückgängig gemacht werden kann.

Gleichwohl ist es doch sehr wahrscheinlich und wohl die Basis der Lebertherapie, daß die Leber durch ein Hormon die Blutbildung beeinflußt. Und ein großer Teil der Fälle von Anaemia BIERMER dürfte wohl in einem Fehler der Leberhormonbildung beruhen. Daß diese Bedingung nicht die einzige ist, daß noch andere Organe die Blutbildung und das Blutgleichgewicht beeinflussen, ist bereits erwähnt. Wie insbesondere das neuroendokrine System wirkt, das ja im wesentlichen die konstitutionelle Disposition bedeutet, geht aus den eindrucksvollen, wenn auch seltenen Fällen hervor, in denen eine schwere, durch Eisen und Arsen unbeeinflußbare Anämie Teilerscheinung eines Myxödems darstellt. Wir haben solche Fälle beobachtet und gesehen, daß die seit Jahren bestehende Anämie bei ausschließlicher Therapie mit Thyreoidin in ganz kurzer Zeit zur Heilung kam.

Literatur.

BRINKMAN, R.: Hämolyse. Handbuch der normalen und pathologischen Physiologie **6**, 1, 567 (1928).

COHN E. J., G. R. MINOT, G. A. ALLS, W. T. SALTER: The nature of the material effective in pernicious anemia. J. of biol. Chem. **77**, 325 (1928).

FABER, KNUD: Anämische Zustände bei der chronischen Achylia gastica. Berl. klin. Wschr. **1913**, Nr 27.

FAUST, E. ST. und A. SCHMINCKE: Über chronische Ölsäurevergiftung. Arch. f. exper. Path. Supplementband **171** (1908).

HERRMANN, F. und M. ROHNER: Zur Kolloidtheorie der Hämolyse. Arch. f. exper. Path. 107, 192 (1925).

JOANNOWICZ, G. und E. P. PICK: Kenntnis der Tolyulendiaminvergiftung. Z. exper. Path. u. Ther. 7, 185 (1909).

KYES, P.: Über die Lecithide des Schlangengifts. Biochem. Z. 4, 99 (1907).

LEVENE, P. A. and J. P. ROLF: Lysolecithins and lysocephalins. J. of biol. Chem. 55, 743 (1923).

VON LIEBERMANN, L: Über Hämagglutination und Hämatolyse. Biochem. Z. 4, 25 (1907).

MACHT, D. J.: Stüdien über das Gift der perniciösen Anämie. Arch. f. exper. Path. 123, 290 (1927).

MANWARING, W. H.: Über die Lecithine des Kobragiftes. Z. Immun. forschg 6, 513 (1910).

MAYER, M., BORCHARDT und KIKUTH: Die durch Milzexstirpation auslösbare infektiöse Ratcenanämie. Beitr. Arch. Schiffs- u. Tropenhyg. 31, 1 (1927).

MEULENGRACHT, E.: Darmstriktur und perniciöse Anämie. Arch. Verdgskrkh. 28, 216 (1921).

NOGUCHI, H.: Über eine lipolytische Form der Hämolyse. Biochem. Z. 6, 185 (1907).

ORCUTT, M. S. and P. E. HOWE: Hemolytic action of a staphylococcus due to a fat-splitting enzyme. J. of exper. Med. 35, 409 (1922).

RANSOM, F.: Saponin und sein Gegengift. Dtsch. med. Wschr. 1901, S. 194.

SEYDERHELM, R.: Die Pathogenese der perniziösen Anämie. Erg. inn. Med. 21, 361 (1921) (Literatur).

— und G. TAMMANN (1): Die Bedeutung der Zelle für die Blutmauserung. Klin. Wschr. 1927, Nr 25. — (2): Über die Blutmauserung. Z. f. exper. Med. 57, 641 (1927).

— LEHMANN und WICHELS: Intestinale perniciöse Anämie beim Hund durch experimentelle Dünndarmstriktur. Krkh.forschg 4, 263 (1927).

SEYDERHELM, K. R. und R. SEYDERHELM: Die Ursache der perniciösen Anämie der Pferde. Arch. f. exper. Path. 76, 149 (1914).

SEYDERHELM, R.: Über die Eigenschaften und Wirkungen des Östrins. Ebenda 82, 253 (1918).

SPERRY W. M., C. A. ELDEN, F. S. ROBSCHEIT-ROBBINS, G. H. WHIPPLE: Blood regeneration in ševere anemia. J. of biol. Chem. 81, 251 (1929).

TALLQUIST, T. W.: Zur Pathogenese der perniciösen Anämie. Z. klin. Med. 61, 427 (1907).

— und E. ST. FAUST: Über die Ursachen der Botriocephalusanämie. Ebenda 57, 370 (1907).

WIECHMANN, E. und F. ZINSSER: Darmstriktur und perniciöse Anämie. Münch. med. Wschr. 1926, 372.

WILLSTÄTTER, R. und LÜDECKE: Zur Kenntnis des Lezithins. Berl. Ber. 37, 3753 (1904).

5. Der Stoffwechsel bei Blutkrankheiten.

Bei allen Blutkrankheiten ist durch die Verminderung der Erythrocytenzahl und des Hämoglobingehaltes die Fähigkeit des Blutes, Sauerstoff aufzunehmen, herabgesetzt. Da der Sauerstoff für die Verbrennungen im Organismus gebraucht wird, so ist es von ebenso großem klinischem Interesse wie von prinzipieller Bedeutung, zu sehen, wie sich bei Blutkrankheiten die Verbrennungen verhalten. Werden die Oxydationen, wie man das bis zu PFLÜGER annahm, von der Menge des zur Verfügung stehenden Sauerstoffes geregelt, so müßte bei diesen Krankheiten ein starkes Darniederliegen der Oxydationen die Folge sein.

Ältere Untersuchungen an Tieren haben ergeben, daß größere Blutverluste auf die Verbrennungen ohne wesentlichen Einfluß sind. FR. KRAUS und F. CHVOSTEK haben bei Blutkranken den respiratorischen Stoffwechsel untersucht und bei Chlorose einen Sauerstoffverbrauch von 3,70—4,00 ccm, eine Kohlensäureabgabe von 5,11—5,48 ccm pro Kilogramm und Minute gefunden. Bei perniziöser Anämie waren die Werte 3,22 ccm O_2, 4,53 ccm CO_2; Werte der gleichen Größe, wie sie in der Nähe der oberen physiologischen Grenze liegen, erhielten sie bei Patienten mit sekundärer Anämie und mit Leukämie. MAGNUS-LEVY sah bei schwerer sekundärer Anämie während der Krankheit dasselbe Verhalten des Gaswechsels wie nach der Besserung. Höhere Werte, die von anderen Autoren gefunden wurden, sind zum Teil Folge der vermehrten Herz- und Atmungsarbeit. F. TANGL u. P. HÁRI sahen in der Steigerung des Energieumsatzes, der nach großen Blutverlusten eintritt, den energetischen Ausdruck der gesteigerten regenerativen Tätigkeit des hämopoetischen Apparates. O. WARBURG und P. MORAWITZ fanden die Sauerstoffzehrung des anämischen Blutes erheblich erhöht. Sie folgern, daß im Knochenmark, das der unmittelbaren Untersuchung nicht zugänglich ist, eine gewaltig gesteigerte oxydative Tätigkeit herrschen müsse. So kommt E. GRAFE zu dem Schluß, daß ganz allgemein bei Anämien — unter vergleichbaren Bedingungen, besonders bei Fehlen von Fieber — die Steigerung der Wärmeproduktion in der Hauptsache auf die erhöhte Tätigkeit der blutbildenden Organe zurückzuführen sei.

Ganz sicher ist, daß trotz der Hämoglobinverminderung eine Herabsetzung der Oxydationen nicht besteht. Und daraus folgt die wichtige Erkenntnis, daß die Zellen es sind, die die Intensität der Verbrennungen bestimmen, und daß auch bei schweren Anämien für den Zustand der Körperruhe hinreichend Sauerstoff vorhanden ist, dessen Menge im Blute des Normalen den Ruhebedarf weit übersteigt.

Der erhöhte Sauerstoffbedarf und die Beseitigung der in vermehrter Menge gebildeten Kohlensäure bedingen bei Muskelarbeit eine häufigere Herzkontraktion oder ein größeres Schlagvolumen und eine schnellere und tiefere Atmung. Diese Veränderungen von Kreislauf und Atmung treten bei den Blutarmen früher ein als bei Gesunden. Auch im Zustand der Anämie kommt es, wie KRAUS festgestellt hat, bei Arbeit zu einer beträchtlichen Steigerung der Verbrennungen, die aber nicht ganz so groß werden wie bei Normalen. KRAUS hat auch ein Sinken des respiratorischen Quotienten gefunden, also eine geringere CO_2-Ausscheidung, als dem O_2-Verbrauch entspricht, ein Zeichen, daß die CO_2-Eliminierung behindert ist, oder daß die Verbrennungen nicht zu Ende gehen. Diese Ermüdungserscheinungen zeigen also die Blutarmen schon bei geringen körperlichen Leistungen.

Die Untersuchung des Gesamtstoffwechsels bei Anämien ergibt keinen Anhaltspunkt für das Wirken eines giftigen Prinzips.

Nicht so eindeutig sind die Ergebnisse des Studiums des Eiweißstoffwechsels. Bei Anämien infolge von Verblutung beobachtet man in der Klinik wie im Experiment auffallend hohe N-Ausscheidungen. Bei Blutungen infolge Ulcus ventriculi oder duodeni kann man die Erscheinung als Folge der Resorption von Blut und der in den ersten Tagen nach der Blutung gewöhnlich bestehenden Temperatursteigerung für annähernd erklärt halten.

VON NOORDEN hat festgestellt, daß bei der Anaemia BIERMER ein toxischer Eiweißzerfall nicht besteht. Nach GRAFE ist der Eiweißstoffwechsel — ganz wie bei Normalen — mit 9—18% (Durchschnitt 12%) am Gesamtstoffwechsel beteiligt. Anfallsweise aber tritt mit einem plötzlichen Sinken der Erythrocytenzahl eine negative N-Bilanz ein. In einem Fall von KOLISCH u. VON STEJSKAL scheint der N-Verlust größer gewesen zu sein, als dem N-Gehalt der zerstörten Erythrocyten entspricht. Es ist also wahrscheinlich, daß in diesen kritischen Perioden ein toxogener Eiweißzerfall eintritt, der gleichen Art, d. h. auch mit Blutkörperchenzerstörung verbunden und mit Fieber einhergehend, wie bei der akuten Leukämie. Nach den Beobachtungen von E. ROSENQUIST scheint bei der Botriocephalusanämie eine toxische Wirkung auf den Stoffwechsel vorzuliegen. Aber diese Wirkung geht nicht von der Anämie aus, sondern von dem Parasiten.

Bei der Erythrämie findet sich etwa im dritten Teil der Fälle eine Stoffwechselsteigerung (bis zu 42% über den statistischen Mittelwert). Es ist daran zu denken, daß neben vermehrter Herz- und Atmungsarbeit — so wie in der Regenerationsphase der Anaemia BIERMER — die gesteigerte Funktion des Knochenmarks die Ursache der Erscheinung darstellt. Ob der Zustand der Polyämie (s. S. 361) für die Stoffwechselsteigerung in Betracht kommt, ist ungewiß. Die Frage ist noch nicht geklärt.

Bei den Leukämien ist fast immer eine Stoffwechselsteigerung vorhanden (MAGNUS-LEVY, E. GRAFE, KRANTZ u. RIDDLE u. a.). GRAFE hat Erhöhungen bis 123%, KRANTZ u. RIDDLE bis 83% gemessen. Ein strenger Parallelismus zwischen Umsatzgröße und Leukocytenzahl besteht nicht. Mit der Verminderung der Leukocytenzahl nach Röntgenstrahlenbehandlung sinkt der Stoffwechsel nicht oder nicht in gleichem Maße. Nach GUNDERSON und KRANTZ u. RIDDLE bestehen Beziehungen der Stoffwechselhöhe zu der Zahl der unreifen Leukocyten. Es wird auch angegeben, daß der Umsatz bei schlechterem Allgemeinbefinden hochliegt.

E. GRAFE hat aus dem O_2-Verbrauch des Kranken und aus dem des Blutes berechnet, daß bis zu 14% des gesamten Stoffverbrauches auf die Zellen des strömenden Blutes entfallen können. Mit dieser Zahl und der Erwägung, daß außerhalb des Blutes, in den Organen, gewaltige Mengen junger Leukocyten leben und atmen, scheint der größte Teil der Stoffwechselsteigerung der Leukämien erklärt. Auch bei der Lymphogranulomatose werden nicht selten erhebliche Umsatzerhöhungen beobachtet.

Bezüglich des Eiweißstoffwechsels ist bei chronischen Leukämien in zahlreichen Untersuchungen keine Abweichung gefunden worden, die dem Prozeß selbst oder einer toxischen Bedingung zur Last gelegt werden könnte.

Die Harnsäureausscheidung ist bei der chronischen myeloischen Leukämie nicht selten — und unabhängig von den Leukocytenzahlen — über die Norm gesteigert. Bei lymphatischer Leukämie ist die obere Grenze der Norm nur selten überschritten.

Literatur.

GRAFE, E. (1): Die pathologische Physiologie des Gesamtstoffwechsels. Erg. Physiol. **21**, II, 1 (1923). — (2): Zur Kenntnis des Gesamtstoffwechsels bei schweren chronischen Anämien. Dtsch. Arch. klin. Med. **118**, 148 (1918). — (3): Die Steigerung des Stoffwechsels bei chronischer Leukämie und ihre Ursachen. Ebenda **102**, 406 (1911).

KOLISCH, R. und K. R. v. STEJSKAL: Über die durch Blutzerfall bedingten Veränderungen des Harns. Z. klin. Med. **27**.

KRANTZ, C. J. and M. C. RIDDLE: The basal metabolism in chronic lymphatic leukemia. Amer. J. med. Sci. **175**, 229 (1928).

KRAUS, FR.: Die Ermüdung als ein Maß der Konstitution. Kassel 1907.

Kraus, Fr.: Über den Einfluß von Krankheiten, besonders von anämischen Zuständen, auf den respiratorischen Stoffwechsel. Z. klin. Med. **22**, 449, 573 (1893).
Magnus-Levy, A. (1): Der Einfluß von Krankheiten auf den Energiehaushalt. Z. klin. Med. **60**, 179 (1906). — (2): Über den Stoffwechsel bei akuter und chronischer Leukämie. Virchows Arch. **152**, 116 (1898).
Morawitz, P.: Oxydationsvorgänge im Blut. Arch. f. exper. Path. **60**, 298 (1909).
— und Itami: Klinische Untersuchungen über Blutregeneration. Dtsch. Arch. klin. Med. **100**, 91 (1910).
Rosenqvist, E.: Eiweißstoffwechsel bei perniciöser Anämie. Z. klin. Med. **49**, 193 (1903).
Warburg, O.: Zur Biologie der roten Blutzellen. Hoppe-Seylers Z. **59**, 112 (1909).

6. Der Eisenstoffwechsel.

Das Eisen ist ein lebenswichtiger Bestandteil des Organismus. Bunge berechnet für Erwachsene den Gesamtgehalt zu 3,2 g. Von diesem Betrage kommt (bei 4 Liter Blut und einem Hämoglobingehalt von 560 g = 1,9 g Fe) der größere Teil dem Hämoglobin, der Rest den Nucleinen zu. Jede Zelle besitzt also in ihrem Kern Eisen, das von Warburg u. Krebs mit der Cysteinmethode nachgewiesen wurde. Auch die eosinophilen Granula der Leukocyten sollen eisenhaltig sein (R. Petry).

Da in 24 Stunden schätzungsweise 90—100 ccm Blut abgebaut, 12—14 g Hämoglobin in Gallenfarbstoff verwandelt, d. h. seines Eisens beraubt wird, und da das Hämoglobin 0,336% Eisen enthält, so müssen, wenn dieser Prozeß quantitativ verläuft, täglich 42—50 mg Eisen frei werden.

Die tägliche Eisenausscheidung mit dem Harn beträgt etwa 1 mg. Eine weitere geringe Menge (7—8 mg) erscheint im Kot infolge der Ausscheidungstätigkeit des Dickdarmes und durch den Eisengehalt der Galle.

Nach den Untersuchungen von E. W. Hamburger enthält die Galle 0,5—0,9 mg% Eisen. Vergleicht man den Farbstoffgehalt der Galle mit dem Eisengehalt, wie das Young am Tier und Neuhaus am Duodenalinhalt des Menschen getan hat, so wird deutlich, daß nur ein kleiner Teil des dem Hämoglobinabbau entsprechenden Eisens in die Galle abgegeben wird.

Von diesem Eisen, das aus körpereigenen hochmolekularen Verbindungen abgespalten ist — man könnte es auch kurz endogenes Eisen nennen — werden also erhebliche Mengen retiniert. Das gleiche geschieht mit Eisen, das man in beliebiger Form (anorganischer oder organischer Bindung) dem Körper auf oralem oder parenteralem Wege zuführt (dem exogenen Eisen). Nach O. Hornemann beträgt der durchschnittliche Eisengehalt der Nahrung bei Männern 54, bei Frauen 32 mg. Hamburger fand bei einem Hund von 441 mg verfüttertem Eisen nur 12 mg im Harn wieder. R. Gottlieb fand nach subcutaner Injektion von weinsaurem Eisenoxydnatron den größten Teil im Kot; nach intravenöser Injektion wurde aber nur etwas mehr als die Hälfte in den Darm ausgeschieden. Der Rest fand sich in der Leber. Der Dickdarm ist für das Eisen die Hauptausscheidungsstätte. Die Ausscheidung ist aber unvollständig und geht sehr langsam vonstatten; sie überdauert die Eisenzufuhr um Tage und Wochen.

Die ganz unbestimmbare Größe der Retention und die Verzögerung der Ausscheidung machen die Aufstellung einer Eisenbilanz schwierig, ja fast unmöglich.

Die für die Therapie so wichtige Frage, ob anorganisches Eisen durch die unversehrte Schleimhaut resorbiert wird, ist nach langer mühsamer Arbeit und vielem Widerspruch entschieden und bejaht (A. KUNKEL, QUINCKE u. HOCHHAUS). Prüft man mit mikrochemischen Reaktionen den Resorptionsweg des Eisens, so findet man bei Fütterung von anorganischem Eisen genau die gleichen histologischen Bilder wie nach Fütterung organischer Eisenpräparate, eisenhaltiger Nahrung oder von Hämoglobin.

Einen interessanten Beitrag zur Frage der Eisenresorption im Darm hat M. B. SCHMIDT durch Untersuchung am Neugeborenen erbracht. Bei diesem enthält der gesamte Darminhalt vom Duodenum bis zum Rectum Eisen, am meisten Colon und Rectum, etwas weniger Duodenum und Jejunum und ganz bedeutend weniger das Ileum. Das spricht dafür, daß im Ileum Resorption stattfindet.

Uralt ist die ärztliche Erfahrung, daß man bei Blutarmut, insbesondere bei der Chlorose, durch Zuführung von Eisen bessern und heilen kann.

Auch bei Schwächezuständen, die nicht auf Hämoglobinverarmung beruhen, übt Eisen eine gute Wirkung aus. Man kann annehmen, daß es ganz allgemein ein Reizmittel für die Gewebe überhaupt darstellt. In welcher Weise wirkt aber das Eisen bei der Blutbildung?

Bereits QUINCKE hatte gesehen, daß bei eisenarmer Nahrung durch wiederholte Aderlässe das in der Leber abgelagerte Eisen verschwindet, also vermutlich zur Hämoglobinbildung verwandt wird. Die Hämoglobinbildung bei eisenarmer Kost, Aderlaßanämie und Zuführung von anorganischem Eisen ist von HÖSSLIN, KUNKEL, HÄUSERMANN, EGER, ABDERHALDEN, FRANZ MÜLLER und TARTAKOWSKY studiert worden. Die Versuche zeigen übereinstimmend eine stärkere Blutfarbstoffbildung bei Eisenzufuhr. Der Einwand der BUNGEschen Schule, daß das Eisen das Knochenmark reize, ist stets nur ein hypothetischer gewesen, ein Ausdruck des geringen Zutrauens in die synthetischen Fähigkeiten des tierischen Organismus. Wenn das anorganische Eisen eine derartige Reizwirkung hat, so muß sie auch bei normaler, das ist eisenreicher Kost zum Ausdruck kommen. Das ist aber nicht der Fall. TARTAKOWSKY hat zwei Hunden bei eisenreicher Kost durch Aderlässe $2/_3$ ihres Hämoglobins entzogen, also eine Anämie beträchtlichen Grades gemacht. Dann hat er beiden Hunden eine eisenreiche Kost und dem einen 0,05 g Ferrum reductum täglich verabreicht. Die Hämoglobinbildung ging bei beiden Tieren mit der gleichen Schnelligkeit vor sich. Die Wirkung des anorganischen Eisens, die bei eisenarmer Kost sichergestellt ist, tritt also dann nicht ein, wenn der Organismus die bequemere Hämoglobinsynthese aus dem Nahrungseisen machen kann.

Auch in der Klinik hat man bisweilen Gelegenheit, die Wirkung des Eisens als Baustoff eindeutig zu beobachten. Wenn ein Patient in kurzen Zwischenräumen wiederholt an schweren Magenblutungen gelitten, aber in den Intervallen sein Blut wieder erneuert hat, so kommt es schließlich zu einer Anämie, die auch nach Wiederherstellung der Nahrungsaufnahme nicht weicht, auch durch Arsenik in keiner Weise zu beeinflussen ist. Erst wenn der Patient Eisen in nicht zu kleinen Mengen bekommt, findet ein Wiederaufbau des Blutes statt. Man kann sich den Zusammenhang kaum anders vorstellen, als daß durch die wiederholte Blutneubildung die Eisenreserven des Organismus aufgebraucht sind. In der Tat fand M. B. SCHMIDT, daß bei eisenarm ernährten Mäusen die Eisenreaktion in der Leber völlig, in der Milz fast völlig verschwindet. HUNTER sah den Eisengehalt von Leber und Milz nach Blutverlusten auf den fünften Teil der Norm vermindert.

Die Eisenreserven finden sich physiologischerweise (zum Teil?) in der Form
eines histologisch nachweisbaren Pigmentes in Milz, Leber und Knochenmark.
Dieses Pigment (nach Neumann Hämosiderin genannt) ist in seiner chemischen Konstitution noch nicht klar erkannt. Ob es dem Hämatin nahesteht, ob
es ein Eisenalbuminat, fettsaures oder kolloidales Eisen ist, kann noch nicht entschieden werden. Auch die Frage, ob es außerdem histologisch oder mikrochemisch nicht nachweisbare Eisenvorräte gibt, ist offen. Die chemische Analyse
ergibt bei Normalen in der Leber einen Eisengehalt bis zu 800 mg. Kunkel hat bei
Mäusen und Hunden durch Darreichung größerer Eisenmengen den Eisenbestand
der Leber auf das achtfache erhöht. Unter den Bedingungen des täglichen Lebens
wird aber das Reserveeisen nicht dauernd erhöht. Zugeführtes Eisen wird zwar —
zum Teil — vom Darmkanal aufgenommen, aber nach einiger Zeit fast quantitativ
durch den Dickdarm wieder ausgeschieden.

Der Vorrat an Eisen ist bei den Tieren sehr verschieden groß, je nach den Bedingungen, unter denen die Blutbildung erfolgt. Bunge hat die Entwicklung des
Hämoglobins im bebrüteten Ei studiert. Er fand im Eidotter Eisen, das in Alkohol
und Äther und durch Behandlung mit Säuren und peptische Verdauung nicht
löslich war. Dieses Eisen ist durch Schwefelammonium nicht fällbar und durch
die Berlinerblaureaktion nicht nachzuweisen; es ist also in organischer Bindung,
vermutlich in einem Nuclein enthalten. Da das fertige Hühnchen Hämoglobin
enthält, so muß die Umlagerung des Nucleineisens in Hämoglobineisen durch das
chemische Können des Organismus erfolgen. Ähnlich liegen die Verhältnisse beim
Säugling. Die Nahrung des Säuglingsalters ist eine der eisenärmsten; 100 g Kuh-
milchtrockensubstanz enthält 2,3 mg Eisen. Diese Eisenmenge ist zu gering, um
während der Lactation die Hämoglobinbildung in ihrem ganzen Umfange zu ermöglichen. Bunge hat dargetan, daß den Tieren, die lange Zeit gesäugt werden,
z. B. Kaninchen, ein Vorrat von Eisen mitgegeben wird, das nicht Hämoglobin
ist, aber während der Lactation in Hämoglobin umgewandelt wird. Bunge hat
Kaninchen zu verschiedenen Zeiten der Saugperiode auf ihren Gehalt an Vorratseisen untersucht und eine ständige Abnahme bis zu dem Zeitpunkt (vierte Lebens-
woche) gefunden, in der die Tiere anfangen, Vegetabilien zu fressen. Meerschweinchen dagegen, die gleich vom ersten Lebenstage an eisenreiche Pflanzennahrung
aufnehmen, sind an Vorratseisen sehr viel ärmer als die Kaninchen und zeigen
die Eisenabnahme nicht. Die Leber neugeborener Tiere der ersten Gruppe, zu
der auch der Mensch gehört, enthält fünfmal mehr Eisen als die Leber Erwach-
sener. Diese klassischen Untersuchungen machen die alte Beobachtung verständlich, daß bei zu lange fortgesetzter Lactation Anämie eintritt. Sie geben für
die von hervorragenden Ärzten (O. Heubner) empirisch getroffene Maßnahme,
jungen Kindern möglichst frühzeitig Pflanzennahrung zuzufüttern, die natur-
wissenschaftliche Erklärung. Mangelt den neugeborenen Tieren das Vorratseisen,
so entsteht Anämie. Durch eine eisenarme Ernährung wird bei erwachsenen
Tieren keine Anämie hervorgerufen. M. B. Schmidt hat bei weißen Mäusen die
eisenarme Ernährung (mit Milch und Reis) durch mehrere Generationen fortgesetzt und so eine mit den Generationen zunehmende Anämie erzeugt. Die Tiere
der zweiten, dritten und vierten Generation bleiben im Wachstum zurück, weisen
eine Hypoplasie der Thymusdrüse und eine Herzhypertrophie auf und haben etwa
von der vierten Woche an eine Verminderung der Blutmenge und seines Erythro-

cyten- und Hämoglobingehaltes. Daß die Anämie erst zu dieser Zeit einsetzt, hat seinen Grund darin, daß das Muttertier auf die Feten genug Eisen überträgt, um die intrauterine Entwicklung, aber zu wenig, um eine ausreichende weitere Blutbildung zu ermöglichen.

Durch Eisendarreichung wird bei diesen Tieren ein normaler Blutzustand hergestellt, bei manchen, vorzugsweise bei jugendlichen, sogar die Erythropoiese über die normalen Grenzen gesteigert. Eisendarreichung bringt die Thymusdrüse zur vollen Ausbildung, läßt die Herzhypertrophie zurückgehen und macht aus diesen Tieren in bezug auf Gewicht, Aussehen, Verhalten und Fortpflanzungsfähigkeit annähernd normale Individuen.

Unter solchen pathologischen Verhältnissen, die mit einem vermehrten Blutuntergang verbunden sind, wird das dem zerstörten Blut entsprechende Eisen nicht oder nur zu einem sehr kleinen Teil aus dem Organismus ausgeschieden.

Bei der Anaemia BIERMER hat die Untersuchung auf Harneisen ganz verschiedene — teils unternormale, teils normale, teils erhöhte — Werte ergeben. Betrachtet man gleichzeitig den Export mit dem Kot, so hat es den Anschein (K. KENNERKNECHT), als ob die Eisenabgabe großen Schwankungen unterliege. Bei der aplastischen Anämie findet EPPINGER die Eisenausscheidung stark erhöht.

Bei der Anaemia BIERMER, bei dem hämolytischen Icterus u. a. finden sich ganz erhebliche Eisenablagerungen in Leber, Milz, Knochenmark, Nieren und Hämolymphdrüsen.

Bei der perniciösen Anämie kann der Eisengehalt der Leber bis zu 2,8 g ansteigen (EPPINGER), also fast den Wert erreichen, der dem Gesamtbetrag im normalen erwachsenen Menschen entspricht. Daraus geht hervor, daß unter diesen Bedingungen die Menge des Eisens im Körper gegen die Norm erheblich vermehrt sein kann.

Nach QUINCKE und HUNTER nimmt bei jedem beschleunigten Blutzerfall der Eisengehalt von Leber, Milz und Knochenmark zu. Der Schluß, daß der vermehrte Eisengehalt der Organe immer die Folge vermehrter Hämolyse sei, ist aber nicht zwingend. Da das Eisen im Körper einem ständigen Kreislauf unterliegt, so muß auch eine zu geringe Nachfrage seitens der blutbildenden Organe zu einem Liegenbleiben des Eisens in seinen normalen und, bei übergroßen Mengen, in behelfsmäßigen Lagerstätten führen. Die oben angedeutete quantitative Betrachtung des Problems läßt erkennen, daß in den Organen mehr Eisen lagern kann, als dem gesamten Eisen des zirkulierenden Hämoglobins entspricht. Die Zunahme an abgelagertem Eisen könnte darauf beruhen, daß diejenigen Zellen, die die Aufgabe haben, das Eisen aufzunehmen, die Fähigkeit der Abgabe verloren haben (BIONDI). Diese Hemmung könnte auf einer zu starken Bindung oder auf einem Verlust der Fähigkeit beruhen, das Eisen so weiter zu verarbeiten, daß es abgabefähig und zum Hämochromogenaufbau geeignet wird. C. SCHILLING und EPPINGER sind der Meinung, daß Leberzellen nur dann Eisen speichern, wenn sie erkrankt sind. Es ist einleuchtend, daß eine solche Erkrankung des Leberparenchyms für die Blutbildung weitgehende Folgen haben müßte.

Der Weg und der Ort der Hämochromogensynthese im syncytialen Organismus ist unbekannt. Aber wir wissen, daß jeder Einzeller zur „Hämin"synthese (Atmungsferment — O. WARBURG) befähigt ist. Es ist also möglich oder wahrscheinlich, daß nicht nur der Leber oder einem anderen hochdifferenzierten Epithel im Tierkörper diese Aufgabe zukommt, sondern daß Zellen in den blutbildenden Organen selbst diese Funktion erfüllen. Im Einzeller ist aber die Menge des aktiven Eisens (Atmungsferment) im Verhältnis zum inaktiven Eisen (Hämin) außerordentlich klein. Das führt zu der Vermutung, daß die Reaktivierung einen Prozeß darstellt, der der Zelle zum mindesten nicht leicht fällt. Da der tierische Organismus zum Zwecke des Sauerstofftransportes eine im Verhältnis zum Einzeller ungeheure Menge aktiven Eisens braucht, so ist damit zu rechnen, daß der Prozeß der Reaktivierung des Eisens gewissen Geweben in spezifischer Weise zukommt. Es ist notwendig und auch methodisch durchführbar, die physiologische, experimentelle und pathologische Eisenspeicherung nach dem Gesichtspunkt der biologischen Wertigkeit des Eisens durchzuarbeiten, um zu sehen, ob bei der Hämosiderose u. a. anormale Verhältnisse bestehen.

Literatur.

ABDERHALDEN, E.: Assimilation des Eisens. Z. Biol. **39**, 113, 195, 487 (1900).

BIONDI C.: Experimentelle Untersuchungen über Ablagerungen von Eisen. Zieglers Beitr. path. Anat. **18**, 174 (1908).

BUNGE, G.: Lehrbuch der physiologischen und pathologischen Chemie. Leipzig 1898.

EGER: Über die Regeneration des Blutes und seiner Komponenten nach Blutverlust und die Einwirkung des Eisens auf diese Prozesse. Z. klin. Med. **32**, 335 (1897).

EPPINGER, H.: Hepatolienale Erkrankungen. Berlin 1920.

GOTTLIEB, R.: Zur Kenntnis der Fe-Ausscheidung. Arch. f. exper. Path. **26**, 139 (1890).

HAMBURGER, E. W.: Über die Aufnahme und Ausscheidung des Eisens. Hoppe-Seylers Z. **4**, 248 (1880).

HÄUSERMANN, Emil: Die Assimilation des Eisens. Hoppe-Seylers Z. **23**, 555 (1897).

HOCHHAUS, H. und H. QUINCKE: Fe-Resorption und Ausscheidung. Arch. f. exper. Path. **37**, 159 (1897).

HORNEMANN, O.: Zur Kenntnis des Salzgehalts der täglichen Nahrung des Menschen. Z. Hyg. **75**, 533 (1913).

v. HÖSSLIN, H.: Der Einfluß ungenügender Ernährung auf die Beschaffenheit des Blutes. Münch. med. Wschr. **1890**, 654.

HUNTER, W.: Severest anaemias. London 1909.

KENNERKNECHT, K.: Eisenstoffwechsel bei perniciöser Anämie. Virchows Arch. **205**, 89 (1911).

KUNKEL, A.: Zur Frage der Fe-Resorption. Pflügers Arch. **50**, 1 (1891).

MEYER, E.: Resorption und Ausscheidung des Eisens. Erg. Physiol. **5**, 698 (1906).

MÜLLER, FRANZ: Beiträge zur Frage nach der Wirkung des Eisens bei experimentell erzeugter Anämie. Virchows Arch. **164**, 436 (1901).

PETRY, R.: Zur Chemie der Zellgranula. Biochem. Z. **38**, 92 (1912).

QUINCKE, H.: Über Siderose. Dtsch. Arch. klin. Med. **25**, 580 (1880); **27**, 193 (1881).

SCHILLING, C.: Morphologie, Biologie und Pathologie der KUPFFERschen Sternzellen. Virchows Arch. **196**, 1 (1909).

SCHMIDT, M. B.: Über die Organe des Eisenstoffwechsels und die Blutbildung bei Eisenmangel. Verh. dtsch. path. Ges. **15**, 91 (1912).

— Der Einfluß eisenarmer und eisenreicher Nahrung auf Blut und Körper. Jena 1928.

STARKENSTEIN, E.: Die derzeitigen pharmakologischen Grundlagen einer rationellen Eisentherapie. Klin. Wschr. **1928**, 218, 267.

TARTAKOWSKY: Resorption und Assimilation des Eisens. Pflügers Arch. **101**, 423 (1904).

WARBURG, O.: Methode zur Bestimmung von Cu und Fe. Ebenda **187**, 225 (1927).

— und KREBS: Über locker gebundenes Kupfer und Eisen im Blutserum. Biochem. Z. **190**, 143 (1927).

YOUNG: Beziehungen zwischen dem Eisen in der Galle und dem Blutfarbstoff. J. of anat. Physiol. **1871**, 150.

7. Hämochromatose.

Von der Hämosiderose zu trennen ist die Hämochromatose, die ein eigenes, charakteristisches und eindrucksvolles Krankheitsbild darstellt. Hier finden sich ganz ungeheure Ablagerungen von Eisen in Leber, Milz, Niere, Schilddrüse, Pankreas, Lymphknoten, Herz, Haut, Hoden, Muskel, Speicheldrüsen, Nebennieren und sogar im Gehirn (J. H. SHELDON). Die Zellen des reticulo-endothelialen Systems sind nach EPPINGER mit Eisen „inkrustiert". In dem Falle von OTTO HESS u. ZURHELLE enthielt die Leber 7,1% der Trockensubstanz = 38,7 g Eisen, Lymphdrüsen 14,69%, Pankreas 5%. Ähnliche Werte fand in der Leber EPPINGER, noch höhere ANSCHÜTZ.

Das bei Hämochromatose abgelagerte Pigment verhält sich mikrochemisch nicht einheitlich. Ein Teil reagiert unmittelbar mit Ferrocyankalium-Salzsäure, ein anderer kleinerer Teil erst nach Vorbehandlung mit Schwefelammonium (W. HUECK). Das erste wurde Hämosiderin, das zweite Hämofuszin genannt. Nach HUECK hat das Hämofuszin mit dem Hämochromogen keinen Zusammenhang. HUECK glaubt, daß es sich um einen fettartigen Körper handelt, der aus den Lipoidsubstanzen der roten Blutkörperchen hervorgeht und daher den Namen „Lipofuszin" verdient. H. FISCHER hält Hämosiderin für feinverteiltes Elementareisen, COOK für kolloidales Ferrioxyd, das in ein organisches Stroma adsorbiert ist.

RÖSSLE fand in einer cirrhotischen Leber neben reichlichem Pigment eine Phagocytose von roten Blutkörperchen durch Leberzellen. R. RÖSSLE glaubt, daß die Hämochromatose auf einer Capillaritis haemorrhagica beruhe, und daß die intracelluläre Hämolyse ein Charakteristikum des Krankheitsprozesses sei.

Dem steht aber entgegen, daß ein Blutzerfall klinisch sehr oft gar nicht, in manchen Fällen nur in geringfügigem Maße und nur periodisch besteht, daß jedenfalls das Verhältnis von Anämie zur Eisenablagerung ein quantitativ ganz anderes, nicht selten sogar umgekehrtes ist als bei der Anaemia BIERMER. Daß es bei Hämochromatose zu gesteigertem Blutabbau kommen kann, geht aus den bei manchen Fällen beobachteten Auftreten von Hämoglobinurie hervor.

Wenn wir die Angaben der Literatur, daß der Eisengehalt bei Hämochromatose den der Norm um das 100fache übersteigen kann, auf ein Maß zurückführen, das sicher nicht zu hoch gegriffen ist, so kann in einem solchen Falle sicher ein Eisenbestand von 50 g (= 16fach der Norm) angenommen werden. Die Krankheit verläuft sehr langsam, sie kann Jahrzehnte dauern. Rechnet man mit einer Dauer von 20 Jahren, so sind durchschnittlich im Jahr 2,5 g Eisen abgelagert worden. Dieses Eisen kann nur aus der Nahrung stammen. Die Eisenaufnahme wird zu 10 mg pro die angegeben, beträgt also im Jahre 3,6 g. Bei einem täglichen Blutuntergang von 14 g Hämoglobin werden täglich etwa 50 mg Eisen frei. Der jährliche zum Hämoglobinaufbau notwendige Eisenumsatz erreicht also die Höhe von 18 g. Wird der Hämoglobinbestand aufrecht erhalten, so kann die tägliche Eisenablagerung nicht mehr als 10 mg, die jährliche nicht mehr als 3,6 g erreichen. Die in dem Beispiel eingeschätzte Zahl von 2,5 g Eisenablagerung im Jahr hat nicht einen vermehrten Blutabbau zur Voraussetzung, wohl aber eine positive Eisenbilanz. Die Beobachtungen über Eisenbilanz bei Hämochromatose sind noch sehr spärlich. Als erste Tatsachen liegen vor, daß HOWARD u. STEVENS eine positive Eisenbilanz von 2,5 mg, DUNN u. TELLING Harn und Galle eisenfrei fanden.

Eine Eisenablagerung setzt also keinen vermehrten Blutzerfall voraus. Resorption und abnorme Speicherung von exogenem Eisen können auch bei physiologischem Blutuntergang in genügend langem Zeitraum eine hochgradige Eisenablagerung entstehen lassen.

Wenn aber bei Hämochromatose das primum movens nicht im Blutzerfall liegt, was mit den Erfahrungen der Klinik übereinstimmt und dazu führt, dem Befund der Leberphagocytose nicht eine pathogenetische Bedeutung zuzuerkennen, so folgt die Frage nach den Kriterien, die dazu zwingen, das eisenhaltige Pigment in seinem ganzen Betrage als Abkömmling des Blutfarbstoffes anzusprechen. Da eine genügend große Menge Eisen mit der Nahrung aufgenommen wird, da dieses Eisen mit Proteinen und Lipoiden Reaktionen einzugehen imstande ist, da das eisenhaltige Pigment seine Verwandtschaft mit Hämochromogen eben nur durch den Eisengehalt bezeugt, so läßt sich die Frage vorerst nicht entscheiden.

Der morphologische Unterschied zur Hämosiderose liegt darin, daß eisenhaltiges Pigment in größten Mengen auch in solchen Organen aufgenommen wird, die mit Verarbeitung des Blutfarbstoffes nichts zu tun haben. Das eisenhaltige Pigment ist im Blut selbst nicht nachgewiesen worden. Aber es besteht kaum eine andere Möglichkeit, als daß es auf diesem Wege im Körper verbreitet wird. Unter normalen Verhältnissen wird Eisen in den KUPFFERschen Sternzellen und überhaupt im reticulo-endothelialen Gewebe festgehalten. Dieses System reagiert bei Lebercirrhose schlecht. SAXL u. DONATH fanden, daß bei solchen Kranken eine feine Fettemulsion langsamer aus dem Blut verschwindet als in der Norm. EPPINGER sieht in der Hämochromatose „eine Systemerkrankung, bei der die endothelialen Elemente die Fähigkeit verloren haben, das frei gewordene Eisenmolekül so verfügbar zu machen, wie sie scheinbar unter physiologischen Bedingungen zu tun gewohnt sind". H. WEGENER stellt sich den Vorgang so vor, daß zuerst das Reticuloendothel in Leber und Milz untüchtig wird, daß die Endothelien in anderen Organen die Aufgabe übernehmen, um allmählich auch zu versagen. Ob Neuaufnahme und Speicherung des Eisens in den Epithelzellen u. a. Folge der Endothelerkrankung, Folge der durch das Versagen des Endothels bedingten Angebots oder selbständige Folge der krankmachenden Ursache ist, kann nicht entschieden werden.

Als Ursache kommt in erster Linie chronischer Alkoholismus in Betracht, ferner chronische Vergiftung mit Blei, Arsen, Kupfer. Von diesen Stoffen darf wohl eine Einwirkung auf das Capillarendothel angenommen werden. Von anderen Ursachen werden in der Literatur chronische Diarrhöen, Lebertrauma, Infektionen, Lebercarcinom angegeben. Bemerkenswert ist das familiäre Vorkommen (A. FRISCH, H. WEGENER).

Literatur.

ANSCHÜTZ, W.: Über den Diabetes mit Bronzefärbung der Haut. Dtsch. Arch. klin. Med. **62**, 411 (1899).
DUNN L. H. and M. TELLING: Discussion on Haemochromatosis. Brit. med. J. **1921**, Nr 317.
FISCHER, H.: Farbstoffe mit Pyrrolkernen. Handbuch der Biochemie **1**, 351 (1924).
FRISCH, A.: Über familiäre Hämochromatose. Wien. Arch. klin. Med. **4**, 149 (1922).
HESS, O. und E. ZURHELLE: Klinische und pathologisch-anatomische Beiträge zum Bronzediabetes. Z. klin. Med. **57**, 344 (1905).
HUECK, W.: Pigmentstudien. Zieglers Beitr. **52**, 68 (1912).

Rössle, R.: Phagocytose von Blutkörperchen durch Parenchymzellen. Ebenda 44, 181 (1907).
Saxl, P. und F. Donath: Eine Funktionsprüfung der Abfangsorgane des reticulo-
    endothelialen Systems. Wien. klin. Wschr. 1925.
Sheldon, J. H.: The iron content of the tissues in haemochromatosis. Quart. J. Med.
    21, 123 (1927).
Wegener, H.: Über 2 Fälle von familiärer Hämochromatose. Z. klin. Med. 107, 113 (1928).

Sechzehntes Kapitel.

Die Hämoglobinurien. Blutgerinnung.

1. Die Hämoglobinurien.

Von den Blutkörperchen befreites Hämoglobin kann im Harn gefunden werden, wenn dieser durch seine niedrige Konzentration und durch seinen Gehalt
an hämolytischen Substanzen übergetretene Blutkörperchen aufgelöst hat.

Dieser unechten Hämoglobinurie, die von Achard u. Saint-Girons
bei hämorrhagischer Diathese beschrieben worden ist, steht die echte gegenüber,
bei der die Hämolyse im Blut oder in Organen erfolgt und freies Hämoglobin zur
Ausscheidung kommt. Die frühesten Beobachtungen dieser Art wurden bei Trans-
fusionen tierischen Blutes gemacht. E. Ponfick und L. Lichtheim haben durch
klinische, anatomische und experimentelle Untersuchungen den Zusammenhang
geklärt. Nach einem Schüttelfrost wird bei hohem Fieber und großem Schwächegefühl ein dunkler, fast schwarzer Harn entleert, der Eiweiß, Hämoglobin und
Methämoglobin in gelöstem und körnigem Zustand, Hämoglobinzylinder, aber
keine oder fast keine Erythrocyten enthält. Bevor wir auf die Ursachen eingehen,
die zu einem solchen Anfall führen, müssen wir erst die Frage erörtern, wieviel
Hämoglobin frei werden muß, um in der Niere zur Ausscheidung zu gelangen.
Das Hämoglobin gehört nicht zu den Stoffen, die die Niere leicht passieren. Es
hat eine viel größere Affinität zu der Leber, in der es abgebaut wird, und durch die
es bei reichlichem Angebot in die Galle übergeht. Erst bei größeren Mengen,
als von der Leber bewältigt werden können, erscheint es auch im Harn. Wie groß
diese Mengen sein müssen, können nur solche Untersuchungen lehren, in denen
arteigenes Hämoglobin ohne Stromata injiziert wurde. J. E. Schmidt hat bei
Kaninchen nach Injektion von 0,134 g Hämoglobin pro Kilogramm Tier noch
keine Hämoglobinurie gefunden. Erst 0,239 g waren wirksam. Da in einem normalen Organismus einem kg Tier etwa 8,5 g Hämoglobin entsprechen, so würde also
die Auflösung des 64. Teiles der Erythrocyten noch nicht zur Ausscheidung von
Blutfarbstoff durch die Nieren führen, während die Lösung des 37. Teiles ausreichend ist. Nach Ponfick ist die Zerstörung von $^1/_{60}$ der Blutmenge, das ist
beim Menschen 70—80 ccm, zum Zustandekommen der Hämoglobinurie notwendig. Diese Zahl ist nicht sehr verschieden von der, die die Größe des täglichen
Blutuntergangs bezeichnet. Aber die zur Hämoglobinurie führende Hämolyse
beginnt plötzlich, verläuft in kurzer Zeit und führt so, wie eine Hämoglobin-
infusion, zu einer die Verarbeitungsmöglichkeit überschreitenden Überschwemmung.

Beim Menschen wird Hämoglobinurie nach der Einwirkung von Giften beobachtet, so nach Arsenwasserstoff, Acetylen, Sulfonal, Anilin, Extractum filicis,

Glycerin bei subcutaner, oraler und uteriner Anwendung, Jodoformglycerin nach Injektion in Gelenke, Pyrogallussäure und Pilzvergiftungen. Von Wichtigkeit sind die Anfälle von Hämoglobinurie, die bei schweren Infektionen auftreten: bei Scharlach, Typhus, Erysipel, Tetanus und Pneumonie, ferner bei Verbrennung, Erfrierung, Abkühlung, bei Malariainfektion, Lues, Eklampsie. Selten ist die Erscheinung in der Gravidität und bei Neugeborenen (WINCKELsche Krankheit).

Bei Hämochromatose ist anfallsweise eintretende Hämoglobinurie beobachtet worden. BETTMANN, H. Z. GIFFIN u. a. haben paroxysmale Hämoglobinurien bei hämolytischem Icterus beschrieben. Ein Autohämolysin (s. unten) ist bisher in solchen Fällen nicht nachgewiesen worden. Man kann nicht annehmen, daß es sich hier um einen humoralen Blutuntergang handelt. Es ist mindestens wahrscheinlich, daß die Hämolyse in einem Organ (Milz) erfolgt.

Andere Erfahrungen (s. S. 388) weisen darauf hin, daß die Niere den Ort der Blutzerstörung abgeben kann. So hat BITTORF bei abklingender akuter Glomerulonephritis einen „hämoglobinurischen Nachschub" beschrieben, der ohne Hämoglobinämie verläuft. R. FLECKSEDER hat einen Fall von einseitiger Hämoglobinurie beobachtet. ERICH MEYER berichtet über einen Fall schwerster Anämie, bei dem ohne Hämoglobinämie Hämoglobinurie und Hämaturie abwechselnd auftrat.

Die Allgemeinerscheinungen, mit denen die Hämoglobinurien einhergehen, sind ganz verschieden. In gewissen Fällen ist die Verfärbung des Harns fast das einzige Symptom, in extremen kann mit der Hämolyse der Tod eintreten. Dieser unterschiedliche Verlauf kann durch die Art der krankmachenden Ursache bedingt sein, kann aber auch mit Art und Ort der Hämolyse im Zusammenhang stehen.

Unterschiede der Art ergeben sich, je nachdem es sich um eine Chromolyse (s. S. 367) oder um eine „Erythrocytolyse" (BAUMGARTEN) handelt. Bei der Chromolyse bleiben die Blutkörperchenstromata übrig, die kleine Gefäße verstopfen und so zu schweren Erscheinungen führen können. Auch das Hämoglobin kann durch Zusammenklumpung Capillaren verschließen und zu Capillarthromben und Blutungen Veranlassung geben. Von der normalen Hämolyse unterscheidet sich also die pathologische dadurch, daß die Stromata in den Kreislauf gelangen. Dazu kommt, daß die Stromata in anderer Weise und an anderen Orten, als in der Norm, dem Abbau verfallen, so daß giftige Abbauprodukte zur Wirkung kommen, die die Erscheinungen des parenteralen Eiweißabbaues hervorrufen. Es entsteht auf diese Weise ein allergischer Zustand, kenntlich an einer Veränderung des Bluteiweißbildes (P. WICHELS) und an der Zahl und Art der kreisenden Leukocyten (E. MEYER u. R. EMMERICH). Die Verschiedenheit bezüglich des Ortes der Hämolyse wird aus der Beobachtung der Farbe des Blutserums deutlich. Es gibt Hämoglobinurien, die ohne (nachweisbare) Hämoglobinämie verlaufen. Das führt zu der Annahme, daß die Blutlösung in den Nieren selbst erfolgen kann (vgl. Beteiligung der Nieren bei Marschhämoglobinurie).

Die Beziehungen des Hämoglobins zu den Nieren können die Verlaufsform sehr wesentlich beeinflussen. So kommt es gelegentlich zur Ausflockung des Hämoglobins (Hämoglobinzylinder) und zu Kanälchenverstopfung. In solchen Nieren werden oft sehr beträchtliche Degenerationsveränderungen gefunden. TH. FAHR hält es für möglich, „daß unter dem Einfluß des Hämoglobins als einer nicht harnfähigen Substanz gelegentlich auch chemisch bedingte Schädigungen vorkommen, die aber sicher nur leichter Natur sind". Bei der Marschhämoglobinurie bleibt die Niere gesund. Wir wissen auch, daß Eiweißausscheidung von längerer Dauer und erheblichem Grade die Niere nicht schädigt. Auch die Bilirubinurie als solche, die der Hämoglobinurie in bezug auf den Ausscheidungsakt nahesteht, kann eine Schädigung der Niere nicht herbeiführen (man denke an den Icterus neonatorum), und die „cholämische Nephrose" kann nicht ohne weiteres dem Gallenfarbstoff zur Last gelegt werden. So sind wohl auch die degenerativen Prozesse bei der Hämoglobinurie nicht auf das Hämoglobin, sondern auf die auslösende Bedingung oder die Folgeerscheinungen der Erythrocytolyse zurückzuführen. Es scheint, als ob die durch renale Hämolyse erfolgende Hämoglobinurie die geringsten morphologischen Nierenveränderungen hervorruft.

a) Die Kältehämoglobinurie.

Unter dem Einfluß einer lokalen oder allgemeinen Abkühlung tritt, beginnend mit Schüttelfrost, Erbrechen, Hautjucken und Muskelschmerzen, gefolgt von hohem Fieber, Mattigkeit und unbestimmbarem schlechtem Befinden ein Anfall von Hämoglobinurie ein, der mehrere Stunden dauert, unter Hellerwerden des Harns abklingt und rasch zu dem Zustand scheinbar vollkommener Gesundheit zurückführt. Die Krankheit ist seit mehr als 100 Jahren bekannt. Die Beziehung zur Abkühlung hat im Jahre 1854 DRECHSLER entdeckt. Der Name „Kältehämoglobinurie" stammt von LICHTHEIM.

Von großer Bedeutung für die Erkenntnis der Zusammenhänge war ein Versuch, den PAUL EHRLICH in der Weise anstellte, daß er einen abgebundenen Finger des Patienten in ein Kältebad steckte und nachher erwärmte. Unter diesen Maßnahmen trat Hämolyse ein. EHRLICH nahm zunächst eine Kälteempfindlichkeit der Erythrocyten an.

DONATH u. LANDSTEINER haben das Blut solcher Patienten in derselben Anordnung außerhalb des Körpers untersucht. Sie fanden nach einer Abkühlung im Eisbad und nach Erwärmung auf 37⁰ Hämolyse.

Auch die Erythrocyten normaler Individuen wurden durch das Serum des Hämoglobinurikers unter diesen Bedingungen aufgelöst. Durch 15 Minuten langes Erwärmen auf 45⁰ wird das Serum unwirksam: es kann aber durch kleine Mengen frischen Normalserums reaktiviert werden. Es ist also in diesem Serum ein komplexes Hämolysin enthalten, das aus einem Amboceptor und einem Komplement besteht. Das Komplement ist thermolabil, der Amboceptor hat in diesem Falle die Eigentümlichkeit, nur in der Kälte an die Erythrocyten fixiert zu werden. Es ist möglich, durch eine genügend große Menge roter Blutkörperchen aus dem Serum in der Kälte den Amboceptor herauszunehmen. Nach dieser Eigenschaft wird das blutlösende Agens kurz als Kältehämolysin bezeichnet.

Wie E. MEYER bemerkt, kann die Temperaturverminderung, bei der die Bindung des Hämolysins an die Blutzellen stattfindet, zeitlich und individuell verschieden sein, die Bindung bereits bei niederer Zimmertemperatur erfolgen und dadurch den Anschein erwecken, als ob das Serum frei von Hämolysin sei. Die Inkonstanz in den Untersuchungsergebnissen, wie sie in der Literatur zutage tritt, beruht zum Teil auch darauf, daß bei diesen Kranken der Komplementgehalt des Blutes ungewöhnlichen Schwankungen unterliegt, zeitweise sogar auf Null zurückgehen kann (E. Meyer). Der Ausfall des Versuches kann nach Hijmans van den Bergh und H. Rosin auch davon abhängen, bei welcher Temperatur das Serum gewonnen wird, und ob geronnenes oder ungeronnenes Blut als Ausgangsmaterial dient. Ferner haben Kumagai u. Inouye antihämolytische Substanzen, wahrscheinlich Antikomplemente, im Serum nachgewiesen, nach deren Beseitigung bei 20 Kranken in 68 Einzelversuchen der Donath-Landsteinersche Versuch stets positiv ausfiel.

Nach Erich Meyer wird das Kältehämolysin bei allen echten Fällen von Kältehämoglobinurie gefunden.

Trotzdem sind Bedenken aufgetaucht, ob es erlaubt ist, diese Versuchsergebnisse auf die Verhältnisse im Organismus zu übertragen. Hijmans van den Bergh bemerkt, daß die Temperatur, bei der der Amboceptor in vitro fixiert wird (10°), viel tiefer liegt als die Temperatur, die auch bei starken Abkühlungen in vivo erreicht werden kann. Donath u. Landsteiner haben beim Kaninchen durch Auflegen von Eis die Temperatur im Muskel auf 10° erniedrigt. Aber es ist wohl zweifellos, daß bei einer Abkühlung (kalte Füße!) eine solche Temperatur bei weitem nicht erreicht wird. Entscheidend ist aber wohl der Befund von E. Meyer u. Emmerich und Hoover u. Stone, daß beim Kälteversuch am Menschen im Venenblut der Amboceptor tatsächlich als gebunden an die Erythrocyten nachgewiesen werden konnte.

Damit ist dargetan, daß bei einer Abkühlung, ohne daß eine Temperaturerniedrigung wie im Glasversuch erreicht sein dürfte, unterstützende Bedingungen wirksam sind, durch die die Amboceptorverankerung eintritt. Welcher Art diese Bedingungen sind, dafür ergeben sich Andeutungen aus dem Umstand, daß die Anfälle von Hämoglobinurie häufig bei Personen auftreten, die sehr erhebliche Zeichen vasomotorischer Störungen haben. Von solchen Fällen berichten Donath u. Landsteiner, F. Chvostek, H. Rosin, E. Schlesinger, dessen Beobachtung eine Frau betrifft, die an Anfällen, wie sie O. Rosenbach als „paroxysmale Erweiterung der Aorta" beschrieben hat, litt. In jedem dieser Anfälle trat Hämoglobinurie auf. Wiederholt ist Kältehämoglobinurie bei Menschen gesehen worden, die an Oedema Quincke oder Raynaudscher Krankheit litten. Die Angabe von Chvostek, daß die Hämolyse bei Stauungen erfolgt, ist gegenüber den Befunden von Donath u. Landsteiner sehr in den Hintergrund getreten. Bei den vasomotorischen Patienten sind aber venöse Stauungen in den peripheren Gefäßgebieten ein alltägliches Ereignis, und Hijmans van den Bergh hat gefunden, daß das Blut des Hämoglobinurikers gegen Kohlensäure weniger widerstandsfähig ist als das des Normalen.

Wesensgleichheit des Kältehämoglobinurieanfalls mit dem Donath-Landsteinerschen Versuch ist, obgleich das Kältehämolysin 100%ig nachgewiesen werden kann, nicht als eine selbstverständliche oder gesicherte Tatsache anzusehen, um so weniger, als es nicht außer allem Zweifel ist, daß die Hämolyse im Anfall durch einen rein humoralen Prozeß erfolgt.

B. Küssner hat als erster im Anfall freies Hämoglobin im Blut nachgewiesen. Rosin hat in einigen Fällen das Serum frei von Blutfarbstoff gefunden und geglaubt, daß die Hämolyse im wesentlichen in den Nieren stattfinde. Daß man bei schwächeren Anfällen nicht immer freies Hämoglobin im Blut findet, liegt nach Ch. u. B. Jonas daran, daß das Hämoglobin rasch aus dem Blut verschwindet.

Nach E. MEYER ergeben Untersuchungen mit modernen Methoden im Anfall stets Hämoglobinämie.

Aber Hämoglobinämie ist kein unbedingter Beweis dafür, daß die Hämolyse in der Blutbahn erfolgt. Auch bei der Blutzerstörung in einem Organ kann, wie aus der Kenntnis anderer Hämoglobinurien hervorgeht (s. S. 388), Hämoglobin in das Blut gelangen. Es gibt abortive Fälle, in denen es trotz Nachweisbarkeit des Kältehämolysins bei Kälteeinwirkung nicht zu Hämoglobinämie und Hämoglobinurie, aber zu Auftreten von Urobilin und Urobilinogen im Harn, den für den Anfall charakteristischen Leukocytenschwankungen und regelmäßig zu Albuminurie kommt. Man darf fragen, ob diese renale Reaktion auf eine renale Hämolyse hinweist. Auch bei der Abortivform der Marschhämoglobinurie findet sich Albuminurie, und es ist bekannt, daß bei Schwarzwasserdisponierten eine Albuminurie eintritt bei Schädigungen, die qualitativ geeignet, aber zu geringgradig sind, den Schwarzwasseranfall auszulösen (V. SCHILLING). PAL hat einen Mann beschrieben, der früher Malaria hatte und nach Abkühlung eine paroxysmale Porphyrinurie bekam. M. NAMBA berichtet über einen luisch infizierten anämischen Mann, der im Blute das Kältehämolysin hatte und gesetzmäßig nach einem kalten Fußbad mit Anfällen erkrankte, die ganz das Bild des Kältehämoglobinurieanfalls boten, aber nicht mit Hämoglobinurie, sondern mit Albuminurie und mit Ausscheidung eines Farbstoffes (wahrscheinlich Uroerythrin) einhergingen.

Diese interessanten Beobachtungen und die Tatsache, daß sich im Anfall von Kältehämoglobinurie sehr schnell unter Leber- und Milzschwellung Icterus einstellt (ebenso wie im Schwarzwasserfieber, bei dem sogar nach R. RUGE die Gelbsucht der Hämoglobinurie vorausgehen kann), geben einen Eindruck, mit welcher außerordentlichen Geschwindigkeit der Hämoglobinabbau vor sich geht.

Auf die Pathogenese der Kältehämoglobinurie und die Entstehung des Kältehämolysins wirft die Tatsache einiges Licht, daß bei diesen Menschen die WASSERMANNsche Reaktion im Blut positiv ausfällt und eine luische Infektion vielfach nachweisbar ist. Unter 99 seit dem Jahre 1906 beobachteten Fällen ist 95mal Lues festgestellt worden (DONATH u. LANDSTEINER). Es ist sogar gelungen, bei Paralytikern, die niemals Erscheinungen von Hämoglobinurie hatten, die Kältehämolyse aufzufinden und danach bei ihnen einen Anfall hervorzurufen (DONATH u. LANDSTEINER, KUMAGAI u. INOUYE, G. BETTI, M. BÜRGER).

Es hat sich zwar herausgestellt, daß der WASSERMANN-Amboceptor mit dem Kälteamboceptor nicht identisch ist. SACHS, KLOPSTOCK u. WEIL haben aber bei Kaninchen durch Behandlung mit alkoholischen Kaninchenorganextrakten die Bildung von wassermannpositiver Substanz hervorgerufen. In ähnlicher Weise hat O. FISCHER durch Behandlung mit Alkoholextrakt aus arteigenen Erythrocyten bei Kaninchen ein Kältehämolysin erzeugt. Das Experiment bestätigt also die Erfahrung der Klinik, daß diese beiden Amboceptoren miteinander verwandt sind. Die Annahme von E. MEYER u. EMMERICH, daß das Kältehämolysin dem Blutzerfall und den dadurch bedingten autoimmunisatorischen Vorgängen seine Entstehung verdankt, ist durch den Befund von FISCHER bestätigt und dahin verfeinert, daß eine alkohollösliche Substanz (vielleicht ein Lipoid) das Antigen darstellt. Da das Kältehämolysin bei allen anderen Arten von Hämoglobinurie und auch bei dem Blutuntergang nicht entsteht, so kann man schließen, daß der Blutuntergang, der die Kältehämoglobinurie vorbereitet, qualitativ oder örtlich in besonderer Weise verläuft. Daß aber auch der Blutuntergang im Anfall autoimmunisatorisch wirkt, somit die Krankheit die Neigung zur Verschlimmerung in sich selbst trägt, hat WICHELS beobachtet.

KUMAGAI u. NAMBA haben bei 120 tertiären Syphilitikern, unter denen sich 37 Kranke mit Autohämolysin befanden, die Blutgruppenzugehörigkeit untersucht und festgestellt, daß sich in Gruppe I (A + B) keine Hämolysinträger fanden, in Gruppe IV (0) 44%, in Gruppe II (A) 23%, in Gruppe III (B) 29%.

Die Kältehämoglobinurie ist der am besten untersuchte und genauestens bekannte Fall von Erkältungskrankheit (E. MEYER).

b) Schwarzwasserfieber, Texasfieber.

Ganz analog der Kältehämoglobinurie, deren Anfälle auf dem Boden einer chronischen Infektion (Lues) durch eine zweite Bedingung (Abkühlung) ausgelöst werden, tritt bei chronischer Malariainfektion fast immer durch Chinin, nur gelegentlich auch durch andere Medikamente (Phenacetin, Antipyrin, Methylenblau, Salvarsan), mitunter auch nach schweren körperlichen Anstrengungen oder auch nach einer Röntgenbestrahlung der Milz das Schwarzwasserfieber auf, der schwerste und gefährlichste hämoglobinurische Anfall, den wir kennen.

Ob die Malaria allein den Boden vorbereitet, ist in letzter Zeit zweifelhaft geworden. W. SCHÜFFNER und BLANCHARD u. LEFRON haben in solchen Fällen im Blut Spirochäten vom Typus Leptospira (Spirochaeta icterohämoglobinurica) gefunden. Vielleicht handelt es sich um eine Mischinfektion mit Erregern der WEILschen Krankheit. Daß eine Mischinfektion in Frage kommt, geht aus einer epidemiologischen Beobachtung hervor (CRICHLOW), nach der auf den Salomoninseln Schwarzwasserfieber erst auftrat, nachdem ein Europäer an dieser in Westafrika erworbenen Affektion gestorben war (V. SCHILLING).

Auf besondere Momente weist auch die geographische Verteilung hin. In Italien mit seiner großen Malariamorbidität ist Schwarzwasserfieber eine Seltenheit. Im ganzen tropischen Afrika ist es sehr häufig. Dort erkranken auch Menschen, die ihre Malaria aus Europa mitgebracht haben. Mit der Länge des Tropenaufenthaltes steigt die Disposition; sie ist am höchsten bei Menschen mit unregelmäßiger Prophylaxe oder ungenügender und planloser Chininbehandlung. Aber auch ein Disponierter bekommt nicht auf jede Chiningabe einen Anfall. Dieselbe Dosis, die an einem Tage Blutzerfall verursacht, kann einige Tage später gut vertragen werden (B. NOCHT).

Niemals ist bei Schwarzwasserfieber ein Hämolysin im Blut nachgewiesen worden. Eine Resistenzverminderung der Erythrocyten besteht nicht. Das Chinin selbst ist in den Dosen, die in Betracht kommen, kein Hämolytikum. Da die Plasmodien oder bestimmte Teile von ihnen sowohl zum Chinin eine Verwandtschaft irgendwelcher Art haben (Chemoreceptoren), als auch eine positive Chemotaxis zu den roten Blutkörperchen, so wäre denkbar, daß solche Plasmodienteile oder -produkte, auf die wohl die Anämie zurückzuführen ist, bei diesen Patienten im Körper bleiben und wie Amboceptoren wirken, die durch das Chinin komplettiert werden. Sehr wahrscheinlich ist ein solcher Mechanismus aber nicht. Vielleicht kommt man der Lösung des Rätsels näher, wenn man erwägt, daß Chinin (und andere Antipyretica) Gefäßreaktionen auslösen. Bei der Chininvergiftung und, was in diesem Zusammenhang näher liegt, auch bei Verabreichung kleiner

25*

Dosen an Menschen mit Chininidiosynkrasie, treten scharlachähnliche Exantheme, Ödeme und heftige Blutungen auf, also Gefäßstörungen der verschiedensten Art. Aus dem bei der Kältehämoglobinurie Gesagten geht hervor, daß die Hämoglobinurie Beziehungen hat zu vasomotorischen Störungen (Oedema QUINCKE u. a.) und auch zu Blutungen (Hämaturie abwechselnd mit Hämoglobinurie).

Eine in Anfällen erfolgende Blutauflösung ist auch der Tiermedizin bekannt. Das Texasfieber der Rinder steht in der Art des Erregers und in der Weise der Infektion der Malaria und dem Schwarzwasserfieber nahe. Es wird durch eine Amöbe, Pyrosoma bigeminum, verursacht und durch eine Zecke übertragen. Der Anfall tritt zu einer Zeit ein, in der die Erreger noch im Blut kreisen.

c) Marschhämoglobinurie.

Die Marschhämoglobinurie betrifft vorwiegend jugendliche Individuen. Sie verschwindet meist wieder nach wenigen Anfällen. Der Anfall geht im Gegensatz zur Kältehämoglobinurie ohne Fieber und gewöhnlich ohne alle Beschwerden einher. Auch hier tritt, zumal beim Abklingen der Erkrankung, statt der Hämoglobinausscheidung eine Albuminurie ein. In der Anamnese spielt die Lues keine Rolle; ein Kältehämolysin ist im Blut nicht nachweisbar. Stets handelt es sich um vasomotorisch leicht erregbare Menschen. Wie bei der Kältehämoglobinurie kommt es im Anfall zu einer Leukocytose und zu einem Lymphocytensturz. Hämoglobinämie ist wiederholt nachgewiesen worden. Für das Verständnis der Entstehung ist besonders die Beobachtung wichtig, daß nicht jede körperliche Anstrengung zu Hämoglobinurie führt, sondern im wesentlichen nur Marschieren und Reiten. Auf eine besondere Empfindlichkeit der Beinmuskulatur darf aber daraus nicht geschlossen werden, da Radfahren ohne alle Erscheinungen vertragen wird. Das Entscheidende ist vielmehr die Muskelanstrengung, die mit einer Lordose der Lendenwirbelsäule einhergeht. L. JEHLE und PORGES u. STRISOWER haben Hämoglobinurie durch Lordose allein erzielt und nahe Beziehungen der Marschhämoglobinurie zur lordotischen Albuminurie entdeckt. Die Bedeutung der Niere für die Hämolyse tritt uns also auch hier entgegen, und zwar in greifbarer Form, als Stauung im Kreislauf des Organs. PORGES u. STRISOWER nehmen einen vasomotorischen Reflex in der Milz als Ursache an. In jedem Falle deutet vieles darauf hin, daß die Hämolyse von vasomotorischen Einflüssen und von der Niere abhängig ist. Für einen solchen Zusammenhang spricht, daß durch sehr starke körperliche Leistungen auch bei Gesunden und Geübten neben der Albuminurie und Hämaturie eine Hämoglobinurie vorkommt.

d) Paroxysmale nächtliche Hämoglobinurie.

In den letzten Jahren sind drei Fälle bekannt geworden, in denen anfallsweise zur Nachtzeit eine Hämoglobinurie auftrat bei Menschen ohne luische Infektion und bei negativem Wassermann. Im Blut wird Kältehämolysin nicht gefunden. Der Kälteversuch ist negativ. J. ENNEKING hat in seinem Falle ein Autohämolysin nachgewiesen. Bei allen Kranken bestand Anämie. E. B. SALEN konnte durch parenterale Eiweißzufuhr Hämoglobinurie hervorrufen. Im Anfall besteht Hämoglobinämie.

e) Paroxysmale Hämoglobinurie (Paroxysmale Myoglobinurie).

Beim Pferde tritt besonders nach Ruhetagen mit reichlicher Fütterung (Feiertagskrankheit) eine Hämoglobinurie auf, die mit Zittern, Steifheit und Lähmung der Hinterbeine einhergeht und bisweilen unter urämischen Erscheinungen zum Tode führt. Die befallenen Muskeln fühlen sich derb an. Ihr Aussehen bei Sektionen erweist sich als „fischfleischähnlich“, grau und gelblich verfärbt, wie gekocht. Die mikroskopische Untersuchung ergibt schwere Degenerationen, wie sie bei Typhus und schwerer Grippe beschrieben worden sind (ZENKER-Degeneration). Das Aussehen der Muskeln zwingt zu der Annahme, daß das mit dem Harn ausgeschiedene Hämoglobin den Muskeln entstammt (Myoglobinurie). Im Blut ist ein vermehrter Milchsäuregehalt festgestellt worden. Dieser Befund paßt zwar zu der Hypothese, daß die Erkrankung auf Anhäufung saurer Stoffwechselprodukte im Muskel zurückzuführen sei, kann aber als ausreichendes Beweismaterial nicht gelten.

Eine ähnliche Erkrankung ist beim Menschen zuerst von F. MEYER-BETZ gefunden worden. Der Fall betraf einen 13jährigen Jungen, der plötzlich mit heftigen Leibschmerzen, Erbrechen und schwerem Nasenbluten, hochgradiger Muskelschwäche und Hämoglobinurie erkrankte. Der Harn enthielt auch einige ausgelaugte Erythrocyten. Ähnliche Anfälle hatte der Kranke schon früher bestanden. Im Serum war kein Kältehämolysin. Der Kälteversuch verlief später negativ. Der Knabe war nach einigen Wochen gesund. Die Diagnose „Myoglobinurie“ kann hier nur vermutungsweise gestellt werden. Der Fall von F. PAUL dagegen ist autoptisch sichergestellt. Eine 42jährige Frau erkrankt mit Lähmungen, blutigen Durchfällen und Hämoglobinurie. Keine Hämoglobinämie, kein Kältehämolysin, Wassermann negativ. Nach 14 Tagen Tod. Die Sektion ergab hochgradige wachsartige Degeneration der Muskeln mit starken Kalkeinlagerungen, außerdem schwere Darm- und Nierenveränderungen. Einen dritten Fall hat H. GÜNTHER unter der Bezeichnung „Myositis myoglobinurica“ beschrieben. PAUL glaubt, daß der von ihm beschriebene Fall Beziehungen zu den Krankheitsbildern der Poliomyositis und Dermatomyositis acuta habe. MINAMI beobachtete Hämoglobinurie nach einer Verschüttung und nimmt an, daß durch die traumatische Einwirkung auf die Muskulatur das Muskelhämoglobin frei geworden sei.

Literatur.

ACHARD, CH. und FR. SAINT-CH. GIRONS: Syndrome hémorrhagique mortel au declin d'une fièvre typhoide. Hémoglobinurie par hématurie. Bull. Soc. méd. Hôp. Paris 28, 749 (1912).

BETTI, G.: Della emoglobinuria da freddo. Morgagni J. 54, 201 (1912).

BETTMANN, S.: Über eine besondere Form des chronischen Icterus. Münch. med. Wschr. 1900, Nr 23.

BITTORF, A.: Hämoglobinurische Nachschübe bei abklingender akuter hämorrhagischer Nephritis. Ebenda 1921, 807.

BLANCHARD, M. et G. LEFROU et J. LAIGRET: Spirochètes dans la fièvre bilieuse hémoglobinurique. Bull. Soc. Path. exot. Paris 1923, 726.

BÜRGER, M.: Über Iso- und Autohämolysine im menschlichen Blutserum. Z. exper. Path. u. Ther. 10, 191 (1912).

CHVOSTEK, F.: Über das Wesen der paroxysmalen Hämoglobinurie. Leipzig 1894.

CRICHLOW: Blackwater fever in the Salomon Islands. Journ. J. trop. Med. 24, 231 (1921).

DONATH, J. und K. LANDSTEINER (1): Über paroxysmale Hämoglobinurie. Münch. med. Wschr. 1904, 1590. — (2): Über paroxysmale Hämoglobinurie. Z. klin. Med. 58, 173 (1906). — (3): Über Kältehämoglobinurie. Weichardts Erg. Hyg. 7, 184 (1925).

DRESSLER: Virchows Arch. 6, 264 (1854).

ENNEKING, J.: Eine neue Form intermittierender Hämoglobinurie. Klin. Wschr. 1928, 2045.

FAHR, TH.: Pathologische Anatomie des Morbus Brightii. In: HENKE-LUBARSCH: Handbuch der operat. path. Anatomie. 6, 279 (1925).

FISCHER, O.: Über die Entstehung der paroxysmalen Hämoglobinurie. Klin. Wschr. 1928, 2061.

FLECKSEDER, R.: Klinische und experimentelle Studien über Kalomeldiurese. Zbl. inn. Med. 1912, 69.

GIFFIN, H. Z.: Hemoglobinuria in hemolytic jaundice. Arch. int. Med. 31, 573 (1923).

GÜNTHER, H.: Hämoglobinurie bei akuten Infektionskrankheiten. Dtsch. med. Wschr. 1923, 219.

HOOVER, C. F. and C. W. STONE: Paroxysmal hemoglobinuria. Arch. int. Med. 2, 392 (1908).

HIJMANS VAN DEN BERGH, A. A.: Über die Hämolyse bei der paroxysmalen Hämoglobinurie. Berl. klin. Wschr. 1909, 1251, 1609.

JEHLE, L.: Beiträge zur sogenannten Marschhämoglobinurie. Wien. klin. Wschr. 1913, 325.

JONES, CH. and B.: A study of haemoglobin metabolism in paroxysmal hemoglobinuria. Arch. int. Med. 29, 669 (1922).

KÜSSNER, B.: Paroxysmale Hämoglobinurie. Dtsch. med. Wschr. 1879, 475.

KUMAGAI, T. und B. INOUYE: Beiträge zur Kenntnis der paroxysmalen Hämoglobinurie. Ebenda 1912, 361.

— und M. NAMBA: Weitere Beiträge zur Kenntnis der paroxysmalen Hämoglobinurie. Dtsch. Arch. klin. Med. 156, 257 (1927).

LICHTHEIM, L.: Über periodische Hämoglobinurie. Slg. klin. Vort. 1878, Nr 134.

LICHTWITZ, L.: Über Marschhämoglobinurie. Berl. klin. Wschr. 1916, Nr 46.

MEYER-BETZ, F.: Beobachtungen an einem eigenartigen, mit Muskellähmungen verbundenen Fall von Hämoglobinurie. Dtsch. Arch. klin. Med. 101, 86 (1911).

MEYER, E.: Die Hämoglobinurien. Handbuch der Physiologie 6, 586 (1928).

— und R. EMMERICH: Über paroxysmale Hämoglobinurie. Ebenda 96, 287 (1909).

MINAMI, S.: Über Nierenveränderungen nach Verschüttung. Virchows Arch. 425, 247 (1923).

NAMBA, M.: Über paroxysmale Uroerythrinurie. Arch. klin. Med. 156, 272 (1927).

PAL, J.: Paroxysmale Hämatoporphyrinurie. Zbl. inn. Med. 25, 601 (1903).

PAUL, F.: Über einen Fall von paroxysmaler Hämoglobinurie. Wien. Arch. inn. Med. 7, 53 (1924).

PONFICK, E.: Experimentelle Beiträge zur Lehre von der Transfusion. Virchows Arch. 62, 273 (1875).

PORGES, O. und R. STRISOWER: Über die Marschhämoglobinurie. Dtsch. Arch. klin. Med. 117, 13 (1915).

ROSIN, H.: Beiträge zur Lehre von der paroxysmalen Hämoglobinurie. Kongr. inn. Med. 27, 454 (1910).

RUGE, R.: Ätiologie des Schwarzwasserfiebers. Dtsch. med. Wschr. 1912, Nr 28.

SALEN, E. B.: Zum Begriff „Haemoglobinuria paroxysmalis". Acta med. scand. 66, 566 (1927).

SCHILLING, V.: Malaria und Schwarzwasserfieber. In: KRAUS-BRUGSCH: Spez. Path. Ther. innerer Krankheiten II, 2, 817 (1919).

SCHLESINGER, E.: Über paroxysmale Erweiterung großer Arterien. Dtsch. med. Wschr. 1912, 1592.

SCHMIDT, J. E.: Untersuchungen über das Verhalten der Niere bei Hämoglobinausscheidung. Dtsch. Arch. klin. Med. 91, 225 (1907).

SCHÜFFNER, W.: A case of spirochaetosis icterohämoglobinurica. 4. Congr. for Cast. Assoc. trop. Med. 1922.

SCHURIG: Über die Schicksale des Hämoglobins im Organismus. Arch. f. exper. Path. 41, 29 (1889).

WICHELS, P.: Über den Antigencharakter individuumeigener Erythrocyten. Z. klin. Med. 102, 484 (1925).

2. Blutgerinnung.

Die Gerinnung des Blutplasmas und der Lymphe ist in doppelter Hinsicht klinisch bedeutungsvoll. Einmal gibt es eine große Zahl wichtiger pathologischer Veränderungen, in denen eine Gerinnung der Körperflüssigkeiten erfolgt, so vor allem die Gefäßthrombose, die fibrinösen (kruppösen) Entzündungen (Pneumonie, Diphtherie, plastische Entzündungen an der Iris, an serösen Häuten). Im Gegen-

satz zu diesen Zuständen, in denen abnorme Verfestigungen aus dem flüssigen
Medium zustande kommen, ist eine zweite Gruppe von Affektionen dadurch gekennzeichnet, daß die normale Blutgerinnung nicht oder mit starker Verzögerung
eintritt, so daß auch kleinste Verletzungen zu lebensgefährlichen Blutungen führen
können.

Der Hämophilie, die als kongenitale familiäre Veränderung bestehen oder
bei Erkrankungen des Blutes (Anaemia perniciosa), bei langdauernden oder schweren akuten Leberkrankheiten, Phosphorvergiftung, Benzolvergiftung, bei Infektionskrankheiten (Purpura variolosa) und bei der Blutfleckenkrankheit auftreten kann, ist außer der schweren Gerinnbarkeit des Blutes eine Schädigung
der Gefäßwände (Durchlässigkeit und leichte Zerreißbarkeit) eigentümlich, und
es wird notwendig sein zu untersuchen, ob und wie diese beiden Vorgänge
zusammenhängen.

Die Physiologie der Blutgerinnung ist ein höchst unerfreuliches Kapitel.
Die ungeheure Zahl von Arbeiten, die immer wieder veränderte und veränderungs-
bedürftige, oft sehr anfechtbare Methodik erschweren die Übersicht. Von einer
Chemie der Blutgerinnung zu sprechen, erscheint fast vermessen, da auch nicht
eine der wirksamen Substanzen chemisch definiert ist. Für jede Erscheinung bei
dem Eintritt oder dem Ausbleiben der Gerinnung werden gewohnheitsmäßig hypothetische Substanzen verantwortlich gemacht, die von verschiedenen Autoren verschieden benannt, zu einer Nomenklatur geführt haben, die nicht weniger verwickelt ist, wie die der Immunitätslehre, ohne sie an heuristischem Werte auch
nur entfernt zu erreichen.

Der Körper, dessen Lösungszustand bei der Gerinnung verändert wird, ist
das Fibrinogen. Es ist im Blutplasma, in der Lymphe, in Ex- und Transsudaten
und im Knochenmark enthalten. Von den Proteinen der Blutflüssigkeit ist es
das am wenigsten stabile. Jedoch zeigt eine reine Fibrinogenlösung keine Spon-
tangerinnung. Die Natur liefert reine Fibrinogenlösungen in der Hydrocelen-
flüssigkeit und im Perikardexsudat der Pferde.

Die wichtigste Stätte der Fibrinogenbildung ist die Leber (E. PICK). Wird einem
entbluteten Frosch defibriniertes Blut injiziert, so ist bereits nach wenigen Stunden neugebildetes Fibrinogen nachweisbar. Wird aber der Versuch nach voran-
gegangener Leberexstirpation vorgenommen, so bleibt die Fibrinogenbildung aus
(P. NOLF). Diese Funktion der Leber ist von allgemeinem Interesse; sie erklärt uns
die Bedeutung dieses Organs für die Bildung der Eiweißkörper oder ihre Umprägung. Die Verlangsamung der Blutgerinnung bei Phosphorvergiftung, akuter gelber
Leberatrophie, Cholämie und nach Anlegung der ECKschen Fistel können wenigstens
zum Teil mit einer Störung der Fibrinogenbildung in der Leber zusammenhängen.

Nach der älteren Anschauung ist die Gerinnung des Fibrinogens ein fermentativer Prozeß. Das „Fibrinferment" ist nicht fertig im Plasma enthalten, sondern in einer Vorstufe (Thrombogen, Plasmozym), die wahrscheinlich in der Leber
gebildet wird. Die Aktivierung dieses Profermentes soll durch die Thrombokinase
(Cytozym) erfolgen, die aus Leukocyten, Blutplättchen und Gewebs-(Endothel-)
zellen entsteht. Die wesentlichste Quelle der Thrombokinase sind die Blutplättchen. Eine strittige und schwer zu beurteilende Frage geht dahin, ob die
Thrombokinase aus den Blutplättchen durch deren Zerfall oder durch einen Akt
der Sekretion frei wird.

Die Verbindung von Thrombogen und Thrombokinase zu dem fertigen Fibrinferment (**Thrombin**) erfolgt bei Gegenwart von Kalksalzen. Der Vorgang läßt sich durch folgendes Schema veranschaulichen:

Thrombogen + Thrombokinase + Calciumsalze → Thrombin
Thrombin   + Fibrinogen → Fibrin.

Die Thrombokinase ist nach NOLF nicht in allen Zellen enthalten. Sie fehlt in den roten Blutkörperchen, dem Ovulum, dem Sperma. Der Thrombokinasegehalt der Organe rührt vermutlich von den Gefäßendothelien her. Das Proferment ist thermolabil und durch Alkohol fällbar. E. FREUND hat ein Fibrinferment hergestellt, indem er Lecithin mit alkoholischer Kalilauge verseifte, mit Kalk die Fettsäuren und die Glycerinphosphorsäure fällte und den Niederschlag mit Wasser extrahierte. Er erhielt eine Lösung, die Fibrinogen zur Gerinnung brachte und durch Aufkochen unwirksam wurde. E. ZAK hält die Thrombokinase für eine Substanz, die zu den Lipoiden Beziehung hat.

Neben diesen Stoffen, die für die Blutgerinnung von Bedeutung sind, kennt man schon seit ALEXANDER SCHMIDT hitzebeständige und alkohollösliche Stoffe, die zymoplastischen (thromboplastischen) Substanzen, die sich aus Organen extrahieren lassen und die Gerinnung befördern. Diese Substanzen haben in dem chemisch-enzymatischen Schema der Blutgerinnung keinen Raum, das überhaupt zu eng ist, alle Erscheinungen zu umfassen.

So erinnert NOLF daran, daß das Plasma spontan gerinnbar ist ohne die Mitwirkung von Stoffen aus Leukocyten, Blutplättchen und Organen. Bei 0° gewonnenes zellfreies Plasma gerinnt spontan bei gewöhnlicher Temperatur; Plasma, das unter Paraffinschutz aufgefangen ist, bei Berührung mit Glas oder Metall. Das Plasma von Hunden, das durch Vorbehandlung der Tiere mit Pepton (sogenanntes Propeptonplasma) ungerinnbar geworden ist, gerinnt, wenn es mit einer 1—2°/$_{00}$igen Lösung von $CaCl_2$ auf das zwei- bis dreifache verdünnt wird. NOLF sagt: „Das Lösungsgleichgewicht der Körper, die das Fibrin bilden, ist in den verschiedenen Plasmata mehr oder weniger gesichert. Die Plasmata sind mehr oder weniger stabil." A priori läßt sich sagen, daß Blut, Plasma und Fibrinogenlösungen, wie kolloidale Lösungen überhaupt, metastabil, unbeständig sind und dem stabilen Zustand, d. i. der Ausfällung, zustreben. Wie bei allen Kolloiden ist für das Andauern des metastabilen Zustandes die Oberfläche (Grenzfläche) von entscheidender Bedeutung.

NOLF veranschaulicht das durch folgenden Versuch: Es wird in wässeriger Lösung ein Niederschlag von Calciumoxalat erzeugt und Plasma eines peptonisierten Hundes hinzugefügt. Es erfolgt keine Gerinnung. In einem Parallelversuch wird der Niederschlag des oxalsauren Kalkes in gleicher Menge und Konzentration in dem Plasma selbst erzeugt. Dann fällt der oxalsaure Kalk nicht wie in der wässerigen Lösung aus, sondern es entsteht zunächst nur eine Opalescenz, da das Plasma als Schutzkolloid den oxalsauren Kalk in feinster Verteilung suspendiert hält oder mit ihm eine Komplexverbindung mit ionisiertem Calcium bildet. Bald aber tritt die Fibrinbildung ein, weil in diesem Versuch der oxalsaure Kalk eine unendlich größere Oberfläche bietet.

Ebenso gerinnt das Plasma, wie Lösungen von Eiweiß und anderen Kolloiden, beim Schütteln zuerst im Schaum, d. h. an der Phasengrenzfläche.

In diesen Versuchen sind es also nur physikalische Einflüsse, durch die

das Fibrinogen aus dem Zustand der Lösung in den der Fällung übergeht. Das
Plasma muß folglich alle Körper, die das Fibrin bilden, selbst enthalten. An
den drei Körpern, Fibrinogen, Thrombogen und Thrombokinase, die wir bereits
kennen gelernt haben, hält auch NOLF fest. Diese drei Körper kann man bei Kaltblütern (Fisch) voneinander trennen. NOLF hat Fibrinogenlösungen, Fibrinogen
+ Thrombogen (Serum) und Plasma auf ihre Gerinnbarkeit untersucht. Folgende
Tabelle macht die Resultate übersichtlich:

	Es erfolgt Gerinnung				
	spontan	durch Organ-extrakte	durch fein verteilte Pulver	durch Leuko-cyten, Blut-plättchen	durch Ver-dünnung
in Fibrinogenlösung	0	0	0	0 bis schwach	0
in Fibrinogenlösung + Serum (Thrombogen)	0	+	0	+	0
in Plasma	+	+	+	+	+

Zweifellos verhalten sich also diese drei gerinnbaren Flüssigkeiten gegen die
gerinnungsfördernden Stoffe verschieden. Daß aber die drei Stoffe (Fibrinogen,
Thrombogen und Thrombokinase) in den Niederschlag eintreten, ist nicht
streng bewiesen. Trotz ihrer Anwesenheit im Plasma kann die Gerinnung
ausbleiben. L. WOOLDRIDGE hat gefunden, daß Plasma peptonisierter Hunde
leicht nach Zusatz von Organextrakten, nicht aber nach Zusatz von Thrombin
enthaltendem Serum gerinnt. Wenn das fertige Fibrinferment nicht wirksam
ist, so kann man nicht sagen, daß Organextrakte die Gerinnung befördern,
weil sie zur Bildung von Thrombin beitragen. Nach der Gerinnung des Blutes
von Scyllium catulus (Fisch) findet man überhaupt kein Thrombin.

Nach WOOLDRIDGE ist das Thrombin ein Produkt der Gerinnung, so daß
Fibrin und Thrombin durch die gleiche Reaktion entstehen (NOLF).

$$\text{Thrombokinase} + \text{Thrombogen} + \text{Fibrinogen} = \text{Fibrin} + \text{Thrombin.}$$

Die Reaktion verläuft nicht in allen Fällen vollständig. Bei einem Überschuß
von Thrombogen und Thrombokinase entsteht freies Thrombin.

Wenn die Reaktion nicht spontan eintritt, so handelt es sich um ein meta-
stabiles System, das durch geeignete Oberflächen unterbrochen werden kann.
Solche Oberflächen stellen die thromboplastischen Substanzen dar. Sie treten
nicht in den Niederschlag ein, sondern geben nur die Gelegenheit zur Gerinnung.
Ihre Wirkung erreicht bei einem Optimum der Konzentration ein Maximum. Ein
solches Verhalten ist bekannt bei der Ausflockung von Kolloiden durcheinander.
Ein Überschuß wirkt als Schutzkolloid. Zweifellos ist auch die Reaktion von
Fibrinogen und Thrombin ein Prozeß der Fällung kolloidaler Körper. Auch die
Bildung des Thrombins muß als ein kolloidchemisches Problem aufgefaßt werden.
Da der Lösungszustand kolloidaler Stoffe durch Ionen beeinflußt wird, so ist die
Wirkung der Calciumionen auf die Thrombinbildung vielleicht so zu deuten, daß
aus Bestandteilen des Serums (Thrombogen) und aus gewissen, in Organen ent-
haltenen Körpern (Thrombokinase) durch die Calciumionen ein neuer Kolloidzustand entsteht, der die Eigenschaft hat mit Fibrinogen auszufallen, wenn günstige äußere Bedingungen (geeignete Grenzflächen) vorhanden sind. Man könnte
also den Gerinnungsvorgang in vier Stufen von Reaktionen zwischen kolloidalen
Körpern zerlegen:

1. Entstehung eines neuen Kolloidzustandes (Thrombin) durch Calciumionen.
2. Entstehung eines Sols Fibrinogen-Thrombin.
3. Schaffung aktiver Oberflächen (thromboplastische Substanz).
4. Verfestigung des Fibrinogen-Thrombins an den aktiven Oberflächen.

Bei einer solchen Analyse ist für den Begriff eines Fermentes kein Raum. Es ist auch nicht statthaft einen Vorgang allein darum für einen fermentativen anzusprechen, weil ein wirksamer Stoff temperaturempfindlich ist. Zudem ist der Punkt der Temperaturempfindlichkeit umstritten. A. Schmidt beschreibt die aus Leukocyten gewonnenen, gerinnungsfördernden Stoffe als koktostabil. Bordet sagt, daß Blutplättchenextrakte (Cytozym) erst bei Erhitzen auf 120⁰ ihre Wirksamkeit verlieren. Auch der Lösungszustand von Kolloiden, insbesondere von Eiweißkörpern, wird durch Temperaturgrade, die für Fermente schädlich sind, verändert. Temperaturempfindlichkeit der Thrombokinase würde also der Auffassung der Gerinnung als einer Fällungsreaktion im heterogenen System nicht widersprechen.

Vielleicht sind aber die beiden Auffassungen viel näher miteinander verwandt, als es scheint. Der Begriff des Fermentes ist ja durchaus nicht definiert. Wenn man das Wesentliche der Fermentwirkung in einer Reaktionsbeschleunigung sieht, so müssen wir in Erwägung ziehen, daß sehr viele Reaktionen durch eine große Oberflächenentwicklung scheinbar ausgelöst, in Wirklichkeit aber nur stark beschleunigt werden. Diese Eigenschaft hat dazu geführt, Stoffe (Metalle) in feinster Verteilung als anorganische Fermente zu bezeichnen (Bredig). Es ist sehr wohl möglich, daß auch bei anderen Reaktionen fermentativer Art die Entwicklung und physikalische Beschaffenheit der Oberfläche ein Wesentliches ist. Und da sich eine Kolloidlösung durch eine große Oberflächenentwicklung kennzeichnet, so ist vielleicht die Kluft zwischen Fermenttheorie und Kolloidtheorie der Gerinnung nur eine scheinbare.

Ganz sicher ist aber die thromboplastische Wirkung eine Funktion der Oberfläche. So bildet jedes Plasma am Glase eine Fibrinhaut. In diesem mit Fibrin ausgekleideten Gefäß bleibt das Plasma des Fisches und des peptonisierten Hundes flüssig, während das Plasma des normalen Säugers gerinnt. Für alle Plasmata ist also das Glas, für das Plasma des normalen Säugers auch das Fibrin eine thromboplastische Substanz, eine aktive Oberfläche.

Das Plasma des peptonisierten Hundes ist nicht nur selbst stabil; es ist auch imstande, in anderem Plasma die Gerinnung zu verhindern. Es enthält eine die Gerinnung hemmende Substanz, ein Antithrombosin. Diese Substanz stammt aus der Leber und wird hauptsächlich in das Lymphsystem abgegeben. Die Leberlymphe ist daher gegen Gerinnung viel stabiler als das Blut. Das Antithrombosin ist leicht aus der Leber zu extrahieren. Es ist adialysabel. Nolf meint, daß die Organe bei ihrer Tätigkeit thromboplastische Substanzen an das Blut abgeben und so seine Stabilität vermindern, und daß die Leber durch die Antithrombosinsekretion regulatorisch wirkt.

Wichtig ist, daß das Antithrombosin bei der Gerinnung verbraucht wird. Nolf ist der Ansicht, daß Hirudin und Antithrombosin als Schutzkolloide wirken. Man muß wohl annehmen, daß das Antithrombosin bei der Entmischung adsorbiert wird.

Da also bei der Gerinnung Thrombin, ein die Gerinnung beförderndes Agens, entsteht und Antithrombosin, der Hemmungskörper, an Menge abnimmt, so muß die Gerinnung mit zunehmender Geschwindigkeit erfolgen. Ohne einen solchen, durch sich selbst beschleunigten, fast explosionsartigen Ablauf wäre der Verschluß eines durchschnittenen größeren Gefäßes durch einen Thrombus schwer vorstellbar.

Aus einem Versuch von WOOLDRIDGE ergibt sich die Möglichkeit, den Modus der Wirkung des Antithrombosins zu verstehen. WOOLDRIDGE hat zwei Propeptonplasmata bereitet, ein starkes, viel Antithrombosin enthaltendes, das durch Lymphocyten nicht gerann, und ein schwaches, das durch Lymphocyten zum Gerinnen gebracht wurde. Lymphocyten, die mit dem ersten Plasma in Berührung gewesen waren, waren auch für das zweite inaktiv. NOLF meint, daß ihre Oberfläche durch Adsorption des Antithrombosins neutral geworden sei.

Verfolgt man die Gerinnung des Blutes unter dem Mikroskop, so sieht man die Leukocyten und Blutplättchen agglutinieren, Knospen austreiben und schließlich zerplatzen. Diese Vorgänge hat man als die Vorläufer der Gerinnung betrachtet. Man meinte, daß durch diese Zerstörung der Zellen (Thrombocyten) die Thrombokinase frei werde.

Alle Substanzen, die die Gerinnung verhindern, konservieren Leukocyten und Blutplättchen. Da diese Stoffe aber die Gerinnung des zellfreien Plasmas ebenso hemmen wie die des Gesamtblutes, so kann die Ursache der Gerinnungsstörung nicht in der Konservierung der Thrombocyten liegen.

NOLF meint daher, wohl mit Recht, daß der Prozeß gerade umgekehrt sei. Die Gerinnung ist die Ursache des Unterganges der Zellen dadurch, daß sich an ihrer Oberfläche ein Fibrinniederschlag bildet, der die für den Stoffaustausch wichtigen Beziehungen zum umgebenden Medium stört und infolge der Veränderung der Oberflächenspannung zu schweren Veränderungen und zur Auflösung der Zellen führt, bei der Thrombokinase und thromboplastische Substanzen frei werden.

Thrombose. Alle Kolloide sind oberflächenaktiv, sie haben die Neigung, sich an der Oberfläche, an der die größte Oberflächenspannung herrscht, anzureichern und dann infolge der höheren Konzentration zu verfestigen. Daß das Blut intravasculär nicht gerinnt, führt FREUND auf das Fehlen einer Adhäsion des Blutes an den Wandungen des Gefäßsystems zurück. HAYCRAFT u. CARLIER haben gezeigt, daß Blut, unter Vermeidung jeglicher Adhäsion aufgefangen, nicht oder mit großer Verspätung gerinnt. Es fehlt in der Blutbahn eine aktive Oberfläche, die fähig ist, das Gleichgewicht des Systems Fibrinogen—gerinnungsfördernde—gerinnungshemmende Stoffe zu stören. Tritt in der Gefäßbahn eine Oberflächenaktivierung, etwa durch Endothelverlust (Trauma, Infektion, Atherom), vielleicht aber auch infolge Endothelerkrankung ein, so werden Thrombocyten adsorbiert und somit zur Basis eines Thrombus. Häufiger und also von größerer klinischer Bedeutung sind die „spontan" entstehenden sogenannten statischen Thromben, die nach der Auffassung von ASCHOFF bei einer Blutstromverlangsamung durch eine zweite Bedingung in der Weise entstehen, daß Thrombocyten zunächst agglutiniert werden. Auf diese zweite Bedingung kommt es hauptsächlich an, da selbst völliger Blutstillstand nicht zu Plättchenagglutination führt.

Das Nichtagglutinieren der Formbestandteile des Blutes ist Folge ihrer elektrischen Ladung. Die Theorie der Abhängigkeit der Koagulation, Agglutination, Blutkörperchensenkung u. a. von der Ladung ist auf S. 28 dargetan. STARLINGER u. SAMETNIC haben dieses allgemeine Gesetz auf die Thrombocyten angewandt, die — nach der Auffassung von R. HÖBER — ihre Ladung mit der der Plasmakolloide dadurch in Einklang bringen, daß sie diese Kolloide an ihrer Oberfläche festhalten. Starlinger u. Sametnic haben die Ladung der Thrombocyten gemessen und — wie zu erwarten — gefunden, daß hohe Ladungen (also geringe Neigung zur Agglutination) dort bestehen, wo die stark aufgeladenen Plasmakolloide (Albumin) überwiegen und die schwach aufgeladenen (Fibrinogen) in geringer Menge vorhanden sind. Im Einklang damit stehen die Bluteiweißanalysen, die Starlinger in großem Umfang ausgeführt hat. Statische Thrombose kommt bei den Zuständen vor, bei denen das Bluteiweißbild nach der Richtung der groben Dispersion (geringeren Aufladung) verschoben ist, d. h. bei denen eine Fibrinogen- und Globulinvermehrung besteht. Das ist der Fall nach Geburten und Operationen, bei schweren Infektionen, bei allen Prozessen, die mit Konsumption einhergehen oder zu Kachexie geführt haben. Thrombosen treten dagegen nicht auf bei Zuständen von degenerativ-parenchymatösen Lebererkrankungen, bei denen die Fibrinogen- und Globulinfraktion vermindert ist.

Die Verminderung der Blutkolloidladung führt zu einer Verminderung der Plättchenladung und begünstigt die Thrombocytenagglutination, die den Anfang der statischen Thrombose darstellt.

Von den Erfahrungen unserer Klinik über das Verhalten des Bluteiweißbildes bei Thrombophlebitis gibt folgende Tabelle ein Bild:

Nr.	Gesamt-Eiweiß	Albumin	Globulin	Fibrinogen	
1	6,40	2,74	3,28	0,37	
2	5,89	2,92	2,36	0,57	
	6,37	3,93	2,16	0,27	(einige Wochen nach Bildung der Thromben)
3	6,80	2,07	4,29	0,44	
4	7,82	3,17	4,03	0,62	
5	6,95	3,78	2,81	0,35	
	7,42	3,89	3,15	0,37	
6	6,39	2,88	2,98	0,54	
7	6,12	3,08	2,37	0,67	
8	5,26	3,28	1,64	0,34	
9	4,97	1,79	2,69	0,49	
10	4,73	1,79	2,61	0,34	

Die Blutgerinnung ist im chemischen Sinne ein irreversibler Prozeß. Die Auflösung eines Fibringerinnsels, die im Reagenzglas, besonders in der Wärme, sehr leicht eintritt und auch im Organismus erfolgt, führt nicht zu Fibrinogen zurück, sondern geschieht durch einen Abbauvorgang mit Hilfe von Fermenten. Nach Fr. Müller wird das fibrinöse Infiltrat der kruppösen Pneumonie durch ein aus Leukocyten stammendes tryptisches Ferment aufgelöst. Derselbe Modus gilt wohl für die oft rasch fertige Lösung von Venenthromben. Nach Rulot geht die Fibrinolyse um so energischer vor sich, je mehr Leukocyten ein Gerinnsel enthält. Nach H. Rosenmann hat auch ein Autolysat aus Pferdefibrin fibrinolytische Eigenschaften, deren Stärke nicht im Verhältnis zur Zahl etwa eingeschlossener Leukocyten steht. Es scheinen also außer den Fermenten cellulärer Herkunft noch andere Umstände für die Fibrinolyse in Betracht zu kommen. Ob das Flüssigbleiben des Blutes in der Pleurahöhle der Folgezustand einer zur Lösung gekommenen Gerinnung ist, was Morawitz für möglich hält, oder auf einer Veränderung beruht, die das Fibrinogen bei Berührung mit dem Pleuraendothel erleidet (Zahn u. Walker), ist unentschieden. Das Exsudat von tuberkulösen Serositiden übt, wie Rosenmann fand, eine starke Hemmung auf die Fibrinolyse aus. Da das

Fibrin der Vorläufer der bindegewebigen Organisation ist, die als Adhäsionsprozeß, Schwartenbildung und Gefäßobstruktion eine so große Bedeutung hat, müßte dem Vorgang der Fibrinolyse mehr Beachtung geschenkt werden, als es, nach der geringen Zahl von Mitteilungen zu schließen, geschieht.

Hämorrhagien. Die Blutgerinnung, die extra corpus nach verschiedenen Methoden meßbar ist, stellt eine Maßnahme dar, vermittels welcher der Organismus blutende Gefäße zum Verschluß bringt. Wenn man aber die Neigung zu Blutungen und deren Dauer mit der Blutgerinnungszeit vergleicht, so sieht man, daß durchaus nicht immer ein Parallelismus besteht. Das kann daran liegen, daß die Blutgerinnung am Glase, die gemessen wird, notwendigerweise deswegen zu einem anderen Resultate führen muß als die Blutgerinnung im Gewebe, weil diese beiden Prozesse an ganz verschiedenen Oberflächen erfolgen. Es kann aber auch seinen Grund darin haben, daß die Fibrinbildung nur ein Glied in der Reihe eines größeren Mechanismus bildet, der auch an anderen Stellen gestört sein kann (HAYEM). Zu einer mehr den natürlichen Verhältnissen entsprechenden Anschauung über die Blutungsneigung führt die Beobachtung der Blutungszeit nach W. W. DUKE.

Zwischen Blutgerinnung und Blutungszeit bestehen keine festen Beziehungen. Daß bei völligem Fehlen gerinnbarer Substanz beide Methoden das gleiche Resultat geben werden, ist anzunehmen. Aber solche Fälle kommen in der ärztlichen Praxis kaum je vor.

W. DENYS und HAYEM haben die wichtige Beobachtung gemacht, daß in Fällen von Purpura mit verlängerter Blutungszeit eine auffallend niedrige Blutplättchenzahl gefunden wird. Der Verschluß der Gefäße geschieht durch Thrombenbildung, für welche Thrombocyten von sehr großer Bedeutung sind. Für den Gefäßverschluß durch Thrombose kommt nicht nur die Blutkörperchenagglutination und die Fibrinbildung in Betracht. Ein Thrombus kann nur dann die genügende Festigkeit erhalten, wenn der bisher nicht besprochene dritte Akt der Blutgerinnung gut vonstatten geht, d. i. die unter Serumauspressung erfolgende Retraktion des Gerinnsels. Diese Retraktion beruht auf einer Funktion der Thrombocyten. Die Blutplättchenzahl kann demnach auf die Blutungszeit durch die primäre Plättchenagglutination und durch die Retraktion von Einfluß sein.

Es hat sich indessen gezeigt, daß Thrombocytenzahl und Blutungszeit nicht in einem streng gesetzmäßigen Verhältnis zueinander stehen. Zwar findet man unterhalb der Zahl von 30000 (dem kritischen Werte) meist eine verlängerte Blutungszeit. Die Ausnahmen aber und Beobachtungen, wie die von MORAWITZ, daß die Blutungszeiten an verschiedenen Stichstellen ganz verschieden — an einer Stelle normal, an einer anderen stark verlängert — sein können, oder daß bei einem Patienten die Blutungszeit, nicht aber die Plättchenzahl sich ändert, nötigt zum Suchen nach anderen Bedingungen. E. GLANZMANN versucht hier den Begriff der (hypothetischen) „Thromboasthenie“ einzuführen, d. h. der Unfähigkeit der Plättchen, Thromben zu bilden. In bezug auf Förderung der Blutgerinnung haben sich jedoch Plättchen von Purpurakranken nicht als unterwertig erwiesen (FONIO).

Es gibt aber auch Blutungen, in denen die chemische und morphologische Blutzusammensetzung und die Gerinnungszeit nicht von der Norm abweicht. Hier müssen Alterationen der Capillaren und kleinen Gefäße als schuldig angenommen werden.

Die Differenzierung dieser drei Hauptbedingungen — Blutgerinnung, Thrombocytenzahl, Gefäßerkrankung — ermöglicht die mit multiplen und häufigen Blutungen einhergehenden Krankheitszustände, die man nicht ganz zutreffend als hämorrhagische Diathesen bezeichnet, in drei Gruppen zu trennen.

Die Hämophilie ist eine durch gesunde Frauen auf männliche Descendenten vererbbare Diathese. Diese Vererbungsregel scheint nach den Erhebungen von H. Schloessmann nicht ausnahmslos zu gelten. Festgestellt ist, daß das Blut normal ist in bezug auf Fibrinogen-, Kalk- und Blutplättchengehalt. Gerinnungshemmende Substanzen sind nicht nachweisbar (Morawitz u. Lossen). Die Blutgerinnung ist verlangsamt; sie beginnt spät und es dauert lange, bis schließlich ein Blutkuchen von leidlicher Festigkeit entsteht.

Daß man in dem aus dem Cruor ausgepreßten Serum der Hämophilen einen ganz normalen Thrombingehalt findet, scheint mit der Gerinnungstheorie von Wooldridge am besten übereinszustimmen.

Die wichtigsten Untersuchungen stammen von Sahli, der zu der Auffassung kam, daß die Gefäßwand an der verletzten Stelle und die Blutzellen zu wenig Thrombokinase liefern. Durch normale Blutkörperchen, in viel geringerem Grade auch durch hämophile, war eine Verkürzung der Gerinnungszeit zu erzielen. Bei Zusatz von Gewebssäften gerinnt das Blut der Hämophilen augenblicklich, wie das der Normalen. Diese Untersuchungen wurden in der Folgezeit mehrfach bestätigt (Morawitz u. Lossen, Nolf u. Henry). E. Gressot, R. Klinger, E. Wöhlisch, Minot u. Lee, Löwenburg u. Rubenstone hatten abweichende Resultate. Fonio findet, daß Extrakte aus den Blutplättchen Hämophiler die Gerinnung nur sehr wenig fördern.

Bei diesen einander widersprechenden Befunden ist es vielleicht richtig, diesen Teil des Wesens der Hämophilie dahin zusammenzufassen, daß die Reaktionsgeschwindigkeit der die Gerinnung herbeiführenden Prozesse herabgesetzt ist. Diese Formulierung sagt an sich nicht mehr aus, als daß die Blutgerinnung verlangsamt ist, erweckt aber mehr Assoziationen nach der Richtung wirksamer Konzentrationen und der Mitwirkung katalytischer Einflüsse durch chemische Stoffe oder durch Oberflächenbeschaffenheit.

Neben dieser Hauptbedingung kommt aber vielleicht doch noch die Gefäß-wand selbst in Betracht. Die experimentelle Arbeit hat allerdings sicheres Tatsachenmaterial nicht ergeben. Aber Beobachtungen, wie die von Abderhalden, der in einer Bluterfamilie nur Blutungen aus Schleimhäuten verhängnisvoll fand, während Hautwunden nicht zu stark bluteten und normalen Heilungsverlauf zeigten, weisen darauf hin, daß die Geheimnisse der Gefäßwand auch einen Teil des Hämophilieproblems einschließen.

Schon Alexander Schmidt hat Blutungen bei Hämophilie durch lokale Applikation thromboplastischer Substanzen erfolgreich behandelt. Weil hat zuerst bei Blutungen Seruminjektionen angewandt. Da die Thrombokinase mit der Zeit unwirksam wird, so ist zu diesen Maßnahmen nur frisches Serum zu verwenden. Aus der Beobachtung, daß nach einer starken Blutung die Gerinnungsfähigkeit des Blutes zunimmt, leitet zunächst Sahli rein theoretisch den Vorschlag ab, Hämophilie mit wiederholten kleinen Aderlässen zu behandeln. Sahli führt die Selbstheilung der Hämophilie im mittleren Lebensalter auf die Wirkung der vorangegangenen Blutverluste zurück.

Die Zunahme der Gerinnungsfähigkeit mit dem Blutverlust verhütet sicher in vielen Fällen den Verblutungstod. R. VON DEN VELDEN deutet den Vorgang so, daß bei der Blutung Flüssigkeit aus den Geweben in die Gefäße strömt und Thrombokinase mitbringt. Auf demselben Mechanismus soll die Wirkung der volkstümlichen Kochsalzbehandlung und der seit HIPPOKRATES gebräuchlichen Gliederabschnürung beruhen, bei der sich eine Zunahme der Gerinnungsfähigkeit nachweisen läßt.

Die Wirkung der Kalksalze, die zu der Bildung des Komplexes Thrombogen—Thrombokinase nötig sind, ist therapeutisch vielfach versucht worden. Ein abschließendes Urteil ist nicht zu fällen. Die hämostyptische Wirkung der Gelatine wird oft auf ihren Kalkgehalt zurückgeführt. Es ist aber sehr wohl möglich, daß die Gelatine, wie andere Kolloide, eine thromboplastische Substanz ist.

Hämorrhagien durch Anomalien der Thrombocyten. Die thrombopenische Purpura ist von HAYEM entdeckt worden. Neben der Verminderung der Plättchen fand er normale Blutgerinnungszeit und Fehlen der Retraktion des Blutkuchens. Die Kenntnis dieser Zustände wurde erst nach mehr als 20 Jahren wesentlich gefördert durch E. FRANK, GLANZMANN, W. SCHULTZ, P. KAZNELSON, DUKE und HESS.

GLANZMANN unterscheidet eine idiopathische, chronisch oder akut verlaufende Form von einer symptomatischen, die bei Infektionen, Vergiftungen und Anämien eintritt und oft letalen Verlauf nimmt.

Bezüglich der Gründe der Thrombocytenverminderung stehen sich, wie bei der idiopathischen Anämie, die beiden Auffassungen — verminderte Bildung, beschleunigter Untergang — gegenüber. Nach WRIGHT sind die Megakaryocyten des Knochenmarks die Stammzellen der Thrombocyten. Solche Fälle, in denen die thrombopenische Purpura mit schweren Veränderungen des roten und weißen Blutbildes (Leukopenie, Agranulocytose, Anämie) einhergeht, mögen wohl Folgen einer Erkrankung der Blutbildungsstätten sein. Darauf weist auch vielleicht der Befund von „Riesenplättchen" im Blute hin. KAZNELSON hat ausgehend von der Auffassung, daß die Milz die Thrombocyten auffrißt, Milzexstirpation bei Thrombopenie versucht. Der Erfolg ,den dieser Eingriff in einer Zahl von Fällen hat, bildet keine sichere Stütze seiner Theorie. Der Erfolg kann auch durch Fortfall einer von der Milz ausgehenden Hemmung der Thrombocytenbildung bedingt sein (s. S. 366). In einer Anzahl von Fällen fanden sich allerdings die Milzsinus vollgestopft mit Thrombocyten (KAZNELSON, FRANK u. a.). Die Frage ist unentschieden. Vielleicht kommen beide Modi, einzeln oder auch verbunden, in Betracht.

Die Bedeutung der Thrombocytenzahl für die Purpura ist ohne Zweifel, beherrscht aber die Pathogenese nicht unbeschränkt. Gesetzmäßig findet sich eine sehr starke Verletzbarkeit der Blutgefäße.

Hämorrhagien durch Gefäßerkrankung. Wir sehen von den Fällen ab, die durch multiple lokale Gefäßprozesse (Entzündungen, besonders auch Bakterienembolien) bedingt sind. Purpura dieser Art tritt bei einer großen Zahl von Infektionskrankheiten auf; sie macht, da die Ursache handgreiflich ist, dem Verständnis keine Schwierigkeiten. Zu Blutungen führende Gefäßerkrankung durch Ernährungsstörung und krankhafte chemische Vorgänge findet sich bei Skorbut, bei der MÖLLER-BARLOWschen Krankheit, bei der SCHÖNLEIN-HENOCHschen Purpura und als Symptom allergischer Krankheit.

Gerinnungszeit und Plättchenzahl sind nicht gesetzmäßig verändert. Abnorme Zerreißbarkeit der Gefäße ist bei Skorbut immer nachweisbar. In welcher Weise der Austritt von roten Blutkörperchen aus der Gefäßbahn erfolgt, ist noch nicht klar. Bei der Schönlein-Henochschen Purpura wird die krankhafte Funktion der Gefäßwände auch aus dem Auftreten von Gelenkschmerzen, Ödem und Urticaria deutlich. Frank hat ihre Ähnlichkeit mit der Serumkrankheit betont; auch Glanzmann hat versucht, sie dem anaphylaktischen Erscheinungskomplex einzuordnen.

Im allgemeinen trifft vielleicht folgende Betrachtung das richtige:

Die Gefäßwand kann abnorm durchgängig werden für Plasma, weiße und rote Blutkörperchen. Diese Reaktionen, deren Modus unbekannt ist, können durch verschiedene Bedingungen hervorgerufen werden. Eine von diesen ist der anaphylaktische Zustand, der gewöhnlich zu einem Plasmaaustritt führt, aber auch zu Hämorrhagien, z. B. einer hämorrhagischen Urticaria, führen kann. Auch die Existenz der Urticaria haemorrhagica factitia zeigt, daß zwischen der Durchgängigkeit für Plasma und der für Erythrocyten kein prinzipieller Unterschied besteht, daß der gleiche — in diesem Fall mechanische — Reiz je nach der Disposition beide Erscheinungen hervorrufen kann.

Eine sehr verbreitete Erscheinung ist die außerordentliche Gefäßverletzlichkeit bei jungen Mädchen. Auch leichte Berührungen führen zu einem „blauen Fleck". Viele Frauen haben vor und während der Menstruation spontane Hautblutungen. Bei beiden Geschlechtern führt der Zustand der Unterernährung zu leichter Zerreißbarkeit der kleinen Gefäße.

Neigung zu Ödem, Neigung zu Urticaria, Neigung zu Hämorrhagie sind demnach nur qualitativ und graduell verschiedene Manifestationen, die durch nervöse, innersekretorische (kurz konstitutionelle) oder toxische (exogene oder endogene) Einflüsse hervorgerufen werden. Die graduell abgestufte, aber im Wesen einheitliche Erscheinungsform im Einzelfall auf eine generelle Ursache zurückführen zu wollen, kann der Erkenntnis nicht förderlich sein.

Der Versuch der Systematisierung der Hämorrhagien soll nur als ein Hilfsmittel der Orientierung aufgefaßt werden, aber nicht bedeuten, daß die Blutungen tatsächlich nach dieser Dreiteilung zu differenzieren sind. Anomalien der Gefäßwand spielen bei jeder Art von Blutung eine Rolle. Und die Beobachtungen von Hess, der in zwei Familien ein männliches Mitglied mit echter Hämophilie, ein weibliches mit chronischer Thrombopenie fand, lehren, daß diese drei Kategorien von Blutungskrankheiten in einer höheren, aber der Erkenntnis noch nicht zugänglichen Einheit verbunden sind.

Literatur.

Abderhalden, E.: Beiträge zur Kenntnis der Ursachen der Hämophilie. Zieglers Beitr. path. Anat. **35**.

Duke, W. W.: Pathogenesis of Purpura. Arch. int. Med. **10**, 445 (1912).

Fonio, A.: Die Gerinnung des Blutes. Handbuch der Physiol. **6**, 1, 307 (1928).

Frank, E. (1): Über essentielle Thrombopenie. Berl. klin. Wschr. **1915**, Nr 18/19. — (2): Über die Ursache der Blutgerinnung. Wien. Jb. **1888**, 259. — (3): Über Blutgerinnung in ihren biochemischen und klinischen Beziehungen. Wien. klin. Wschr. **1910**, Nr. 18, 23.

Glanzmann, E.: Hereditäre hämolytische Thrombasthenie. Jb. Kinderheilk. **88**, 1 (1919).

GRESSOT, E.: Zur Lehre von der Hämophilie. Z. klin. Med. **76**, 194 (1912).

HAYCRAFT, J. B. and CARLIER: Morphological changes that occur in the human blood during coagulation. I. anat. Phys. July 1888.

HAYEM, G.: Leçons sur les maladies du sang. Paris 1900.

HESS: The blood and the blood vessels in Hemophilia. Arch. int. Med. **17**, 203 (1916).

KAZNELSON, P.: Verschwinden der hämorrhagischen Diathese. Wien. klin. Wschr. **1916**, 1451.

KLINGER, R.: Studien über Hämophilie. Z. klin. Med. **85**, 335 (1918).

LOWENBURG, HARRY and A. J. RUBENSTONE: Hemophilia. J. med. Assoc. **71**, 1196 (1918).

MORAWITZ, P. und LOSSEN: Über Hämophilie. Arch. klin. Med. **94**, 110. (1908).

NOLF, P.: Eine neue Theorie der Blutgerinnung. Erg. inn. Med. **10**, 275 (1913).

— et HENRY: De l'hémophilie. Rev. Méd. **29**, Nr 12 (1909).

PICK, E.: Versuche über funktionelle Ausschaltung der Leber bei Säugetieren. Arch. f. exper. Path. **32**, 382 (1893).

ROSENMANN, H.: Über Fibrinolyse. Biochem. Z. **112**, 98 (1920).

SAHLI, W. (1): Beiträge zur Lehre von der Hämophilie. Arch. klin. Med. **99**, 518 (1910). — (2): Über das Wesen der Hämophilie. Z. klin. Med. **56**, 264 (1905).

SCHLOESSMANN, H.: Neuere Forschungsergebnisse und Hämophilie. Dtsch. Arch. klin. Chir. **133**, 686 (1924).

SCHMIDT, ALEXANDER (1): Die Blutlehre (1892). — (2) Weitere Beiträge zur Blutlehre (1895).

SCHULTZ, W.: Pathogenese und Therapie der hämorrhagischen Diathese. Sammlung zwangloser Abh. Verdauungskrankh. 8, 5 (1923).

STARLINGER, W. und SAMETNIK, H.: Über die Entstehungsbedingungen der Thrombose. Dtsch. Ges. inn. Med. **39**, 152 (1927).

VON DEN VELDEN, R. (1): Blutverlust und Blutgerinnung. Arch. f. exper. Path. **61**, 37 (1909). — (2): Blutuntersuchungen nach Verabreichung von Halogensalzen. Z. exper. Path. u. Ther. **7**, 290 (1910); 8, 483 (1911).

WEIL, P. E.: Étude du sang chez les hémophiles. Bull. Soc. méd. Hôp. Paris **26**, X. (1906).

WÖHLISCH, E.: Über das Hämophilieproblem. Z. exper. Med. **36**, 3 (1923).

WOOLDRIDGE, L.: On the Chemistry of the blood. London 1893.

ZAHN, A. und CH. J. WALKER: Über die Aufhebung der Blutgerinnung in der Pleurahöhle. Biochem. Z. **58**, 130 (1913).

ZAK, E.: Studien zur Blutgerinnungslehre. Arch. f. exper. Path. **70**, 27 (1912).

Siebzehntes Kapitel.

Porphyrine. Porphyrinurien. Bilirubin. Urobilinogen. Urobiline. Urochrom.

1. Porphyrine. Porphyrinurien.

Bei der Einwirkung konzentrierter Mineralsäuren auf Blut und Hämin bildet sich, unter Austritt von Eisen, ein Farbstoff, das Hämatoporphyrin (HP) (MULDER, HOPPE-SEYLER). NENCKI u. SIEBER gelang es, durch Einwirkung mit Bromwasserstoffsäure gesättigten Eisessigs das HP-Chlorhydrat und das Natriumsalz in krystallinischer Form darzustellen. NENCKI und ZALESKI erhielten weiter aus Hämin und aus HP durch Reduktion ein zweites, in Farbe und Spektrum dem HP höchst ähnliches Porphyrin, das Mesoporphyrin.

Farbstoffe dieser Art kommen unter natürlichen Verhältnissen der verschiedensten Art vor. So fand sie Mc MUNN im Integument wirbelloser Tiere (z. B. Regenwürmer), CHURCH in den Federn gewisser Helmvögel, SORBIE sowie

H. Fischer u. Kögl in den gefärbten Eierschalen vieler Vögel. Im Kot und Harn des normalen Menschen sind Porphyrine in sehr geringen Mengen enthalten (A. E. Garrod, B. J. Stokvis). Unter den verschiedensten pathologischen Verhältnissen (Infektionskrankheiten, inneren Blutungen, schweren Anämien, Lebercirrhose) kann ihre Bildung und Ausscheidung in gesteigertem Maße erfolgen. Gelegentlich gewinnen sie auch bei dieser Art des Vorkommens (z. B. bei Abdominaltyphus und Lebercirrhose) eine erhebliche klinische Bedeutung, wie stets in den Fällen von akuter und chronischer Porphyrinurie.

Durch Abspaltung von Eisen, unter Ersatz der zwei freien Valenzen durch H (= plus 2H), Aufnahme von 2O (= plus 2O) und Sättigung zweier ungesättigter C = C-Bindungen durch Wasserstoff (= plus 4H) geht Hämin (s. S. 333) in Hämatoporphyrin ($C_{34}H_{36}N_4O_6$) über. Durch Reduktion entsteht aus Hämin und HP das Mesoporphyrin ($C_{34}H_{38}N_4O_4$). Durch weitere Reduktion haben H. Fischer, Bartholomaeus u. Röse aus Mesoporphyrin ein farbloses Derivat, das Porphyrinogen ($C_{34}H_{44}O_4N_4$) erhalten, das bei Behandlung mit oxydierenden Reagenzien (auch bei Durchleiten von Luftsauerstoff in alkalischer Lösung) ein schön krystallisierendes Mesoporphyrin gibt. Dieses verhält sich zu Porphyrinogen wie Farbstoff zu Leukobase.

Den Übergang von Hämin in die Porphyrine veranschaulicht H. Fischer durch folgendes Schema:

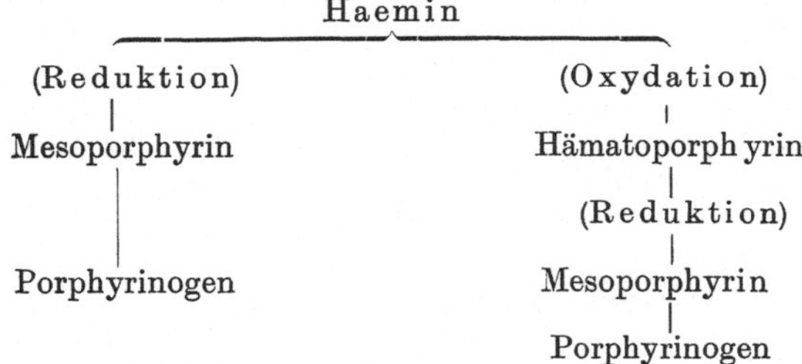

Willstätter hat für die seit langem bekannten Chlorophylle A und B eine gemeinschaftliche Stammsubstanz, das Ätioporphyrin, gefunden und festgestellt, daß sich aus Hämin derselbe Grundstoff gewinnen läßt.

Durch die Arbeiten von H. Fischer hat sich ergeben, daß in dem lebenden Organismus physiologischer und pathologischer Weise andere Porphyrine vorkommen, die sich nach ihrer chemischen Beschaffenheit und sehr wahrscheinlich auch nach ihrer Abstammung in zwei Reihen teilen.

In der Absicht die Verhältnisse, die etwas schwierig scheinen, ohne es in Wirklichkeit zu sein, so darzustellen, daß der Kliniker sich schnell zurechtfindet, lassen wir jetzt die Entwicklung, die das Gebiet genommen hat, außer Betracht und beginnen mit der von J. Snapper gefundenen, klinisch bedeutungsvollen Tatsache, daß sich nach Magenblutung im Kot Porphyrin in vermehrten Mengen findet. Schon bei Verarbeitung einer Menge von 10—20 g kann die Reaktion deutlich sein. Die Umwandlung des Blutfarbstoffes in Porphyrin kann so vollständig erfolgen, daß die Hämatinreaktion negativ ausfällt.

Es sei an dieser Stelle daran erinnert, daß der Porphyrinnachweis im klinischen Laboratorium vielfach zu unbefriedigenden Ergebnissen führt. Das liegt daran, daß das Handspektroskop — besonders in der Hand des Ungeübten — nicht ausreicht, und daß man sich meist der Fällungsmethode von Garrod bedient, die nicht fein genug ist, so kleine

Mengen von Porphyrin, wie sie meist vorliegen, zu erkennen. Die Identifizierung des „ammoniakalischen" Spectrums scheitert daran, daß durch zu starke alkalische Reaktion eine Trübung der Lösung auftritt. Das kann man durch Verwendung von Ammoniumcarbonat statt Ammoniak verhindern. Besser aber ist es, wenn man die Eisessig-Äther-Methode von H. Fischer anwendet. Auch die Fluorescenzprobe von H. Langecker ist in vielen Fällen brauchbar.

Porphyrine sind in jedem Harn und in jedem Kot vorhanden. Garrod und O. Schumm fanden sie nach Fleisch- und Blutnahrung regelmäßig im Harn. Fischer u. Zerweck konnten auch bei Fleisch- und chlorophyllfreier Ernährung eindeutig im Harn P. nachweisen. Diese Autoren hatten auch im Blutserum vielfach ein positives Resultat.

H. Kämmerer hat die schöne Entdeckung gemacht, daß außerhalb des Körpers aus Fleisch und Blutbouillon bei Behandlung mit Stuhlbakterien ein P. entsteht, das von Fischer u. Schneller in krystallinischem Zustande dargestellt werden konnte. Schon früher hatte Hoagland bei aseptischer Autolyse von Fleisch P.-Bildung beobachtet. Das Kämmererporphyrin wird nach Bluteingabe auch im Darm gebildet, tritt aber nicht in den Harn über. Es verhält sich also beim Gesunden so wie das Urobilin. Die von Fischer gestellte Frage, wie der Leberkranke in dieser Beziehung reagiert, bedarf noch der Beantwortung.

Fischer hat in Vogeleischalen, deren Farbstoff zuerst im Jahre 1858 bearbeitet worden ist (Wicke), ein Porphyrin gefunden, das Ooporphyrin, das mit dem Kämmererporphyrin identisch ist, und weiter nachgewiesen, daß derselbe chemische Körper sich in A. Papendiecks Porphyrinester, dem Chlorwasserstoffporphyrinester und dem Ester des Kohlensäureporphyrins findet. Da diese Porphyrine sich durch einfache Abspaltung von Eisen aus dem Hämin bilden, so werden sie von H. Fischer Protoporphyrine benannt.

Die chemischen Charakteristika dieser aus dem Blutfarbstoff (Hämoglobin A) stammenden Porphyrine liegen in der Existenz ungesättigter Seitenketten und, wie die völlige Aufspaltung lehrt, in dem Besitz von zwei sauren und zwei basischen Pyrrolkernen, wie sie auch dem Hämin eigen sind.

Durch Wasserstoffanlagerung entsteht aus dem Ooporphyrin das Hämatoporphyrin. Dieser Prozeß ist reversibel. Durch Einfügung von Eisen geht Ooporphyrin in Hämin über. Auf diese Weise ist H. Fischer die Rückverwandlung von Hämatoporphyrin in Hämin(-ester) gelungen. Durch Reduktion (Behandlung mit Eisessig und Jodwasserstoff) entsteht aus dem Ooporphyrin Mesoporphyrin. Das Kaemmererporphyrin stellt wahrscheinlich ein Zwischenprodukt zwischen Blutfarbstoff und Gallenfarbstoff dar. Dafür spricht auch, daß H. Fischers Analysen einige Anhaltspunkte dafür ergeben haben, daß Vogeleischalen Gallenfarbstoff enthalten.

Die Bruttoformeln der bisher genannten Porphyrine sind folgende:

Ätioporphyrin	$C_{32}H_{38}N_4$
Kaemmererporphyrin (Ooporphyrin, Protoporphyrin)	$C_{34}H_{32}N_4O_4$
Hämatoporphyrin	$C_{34}H_{36}N_4O_6$
Mesoporphyrin	$C_{34}H_{38}N_4O_4$
Porphyrinogen	$C_{34}H_{44}N_4O_4$

Dem Kaemmererporphyrin kommt nach H. Fischer etwa folgende Konstitutionsformel zu:

$$H_2C = CH$$

Protoporphyrin = Ooporphyrin = Kämmerers Porphyrin
$$C_{34}H_{32}N_4O_4$$

Aus dem Vergleich mit der Formel des Hämins (S. 333) erkennt man die nahe chemische Verwandtschaft dieser beiden Körper.

Von dieser Gruppe von Porphyrinen ist das Porphyrin des normalen Harns und die Porphyrine, die in vermehrter Menge bei den Porphyrinkrankheiten auftreten, dadurch unterschieden, daß sie in bezug auf Wasserstoff völlig gesättigte Seitenketten tragen und bei ihrer Spaltung vier „saure‟ Pyrrolkerne geben.

Das Porphyrin, das sich in der Norm im Kot (neben Kaemmererporphyrin) und im Harn, auch im Blutserum und in der Milch, findet, hat H. FISCHER Koproporphyrin benannt. Bei Bleikranken, bei perniziöser Anämie, bei schwerer Tuberkulose (SCHUMM), nicht aber bei dem hämolytischen Icterus wird Koproporphyrin in vermehrter Menge ausgeschieden.

H. LANGECKER findet bei Kaninchen, die mit Bleisalzen oder kolloiden Bleilösungen vergiftet waren, regelmäßig Porphyrin in vermehrter Menge. Von anderen Metallen erwies sich nur Zinn in dieser Richtung wirksam.

Bei dem bekannten Porphyrinuriker Petry und bei anderen Fällen dieser Art (s. S. 408), ferner auch in Fällen von perniziöser Anämie, in minimalen Spuren auch in der Norm wurde im Harn ein zweites Porphyrin gefunden, das FISCHER Uroporphyrin genannt hat.

Diesen beiden Porphyrinen kommt folgende Bruttoformel zu:

$$\text{Koproporphyrin} \qquad C_{36}H_{38}N_4O_8$$
$$\text{Uroporphyrin} \qquad C_{40}H_{38}N_4O_{16}$$

FISCHER hat aus dem Harn durch Behandlung mit einem mit Salzsäuregas gesättigten Äthyl- bzw. Methylalkohol die Ester dieser Porphyrine krystallinisch dargestellt. Es scheint, daß die Porphyrine im Harn an einen Eiweißkörper oder ein höheres Abbauprodukt eines solchen gebunden sind. Aus dem Kot wurde das Koproporphyrin dargestellt. Auch bei Porphyrinurie kann der Kot fast normal aussehen. Erst bei längerem Liegen an Luft und Licht tritt Rot- und schließlich Schwarzfärbung ein. Bei Behandlung der Faeces mit Alkohol, der mit Salzsäuregas gesättigt ist, erfolgt sofort Rotfärbung mit dem charakteristischen Spektrum. Mit dieser Methode gelingt es leicht, auch recht geringe Mengen (wenige Milligramme in einer Entleerung) aufzufinden.

Wie der Kot zeigt auch der Harn bei Porphyrinurie die Erscheinung des Nachdunkelns, die dadurch hervorgerufen wird, daß das Porphyrin in Form einer

Leukobase, des Porphyrinogens. ausgeschieden wird. Das Ausschließen einer Porphyrinurie kann daher nicht im frischen Harn erfolgen. Man soll den Harn bei Luft und Licht stehen lassen oder nach schwachem Alkalisieren einen Luftstrom durchleiten. Die Harne mit Porphyrin geben meist auch eine starke Urobilinreaktion, die durch eine Leukoverbindung des Porphyrins bedingt ist.

Die Anwesenheit größerer Mengen von Urobilin bewirkt eine Verdeckung des Porphyrinspektrums. Sind in einer Lösung mehrere Porphyrine vorhanden, so erwachsen der spektroskopischen Untersuchung große Schwierigkeiten, da sich die Absorptionsstreifen vermengen. Nur in einem Gemisch von Koproporphyrin und Kaemmererporphyrin bleiben die Streifen klar getrennt (FISCHER u. SCHNELLER).

Das Koproporphyrin unterscheidet sich von den Porphyrinen der Reihe A vor allem dadurch, daß jeder der vier Pyrrolkerne eine Carboxylgruppe enthält. Dem Koproporphyrin kommen demnach vier Carboxylgruppen zu und nach H. FISCHER folgende Formel:

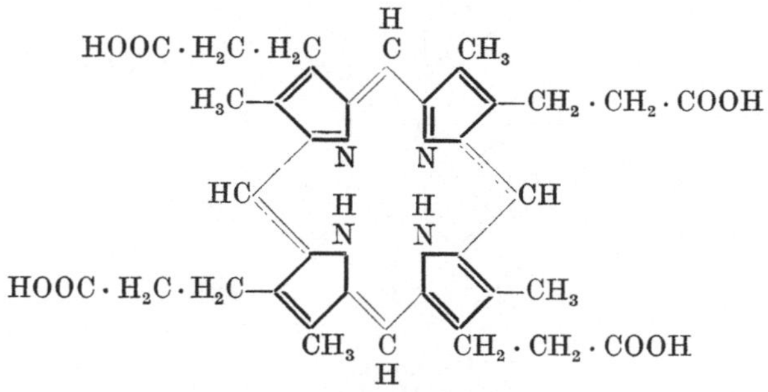

$$\text{Koproporphyrin} \quad C_{36}H_{38}N_4O_8$$

Während durch sterile Autolyse aus Blut und Fleisch nur Kaemmererporphyrin zu gewinnen ist, gibt die Fäulnis von Fleisch und Organen neben Kaemmererporphyrin auch Koproporphyrin.

Mc MUNN hat vor vielen Jahren die These aufgestellt, daß im Muskel ein vom Hämoglobin verschiedener Farbstoff, den er als Myohämatin bezeichnet hat, vorkommt. HOPPE-SEYLER hat diesen Befund nicht anerkannt. Im Laufe seiner großen Untersuchungen ist FISCHER zu der Überzeugung gekommen, daß Mc MUNN auf dem richtigen Wege war. FISCHER u. KÖGL haben gefunden, daß Winterhefe Koproporphyrin bildet. FISCHER hält das Koproporphyrin entwicklungsgeschichtlich für die älteste Form des Blutfarbstoffs. FISCHER u. SCHWERDTEL haben in Hefe mit der von FISCHER angegebenen Pyridinmethode das Hämochromogenspektrum nachgewiesen und aus Hefe Hämin krystallinisch dargestellt. Aus diesem Hämin bildet sich Kaemmererporphyrin, so daß wir also bei der Hefe ebenso wie beim Menschen Porphyrine aus beiden Reihen treffen. Ob sich bei der Hefe Protoporphyrin oder Koproporphyrin bildet, hängt von der Wasserstoffionenkonzentration ab. Diese Untersuchungen FISCHERS haben nahe Berührungspunkte zu den Arbeiten von D. KEILIN (s. S. 338), der als Bestandteil aller Zellen das Cytochrom gefunden hat, das eine Porphyringruppe enthält und dessen Spektrum etwa dem des Myohämatins (Mc MUNN) entspricht (SCHUMM). Hefe ist auch imstande, zugesetzten Blutfarbstoff zu Porphyrin abzubauen. ASHER äußert die Meinung, daß alle Gewebe zum Hämoglobinabbau befähigt sind, und daß dieser Abbau den Zweck habe, die Zellen mit Otto Warburgs Eisenkatalysator (s. S. 202) zu versorgen.

Aus alledem geht hervor, daß die beiden Reihen von Porphyrinen in der Natur weit verbreitet sind. Fischer hat in Fortsetzung der Auffassung von McMunn die Überzeugung gewonnen, daß die Reihe B, zu der Koproporphyrin und Uroporphyrin gehören, einem Hämoglobin B entspricht, das mit dem Myoglobin identisch ist. Dieser Körper soll einem geringfügigen Zerfall unterliegen, bei dem Eisen frei wird und Koproporphyrin entsteht. Der normale Koproporphyringehalt von Serum, Milch und Harn wird auf diese Weise erklärt.

Aus dem Koproporphyrin entsteht (H. Fischer) das Uroporphyrin durch eine weitere Aufnahme von vier Carboxylgruppen.

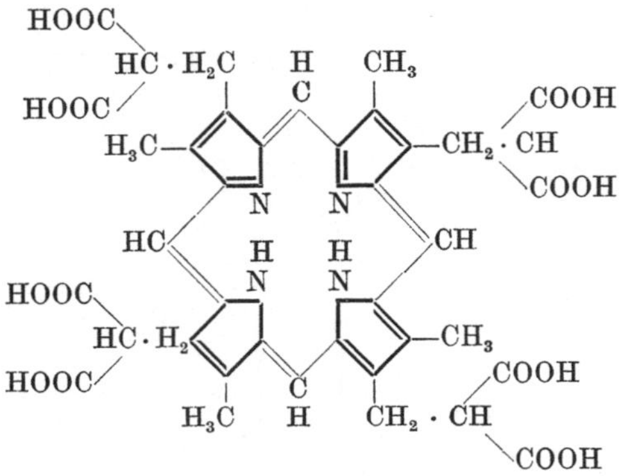

$$\text{Uroporphyrin} \quad C_{40}H_{38}N_4O_{16}$$

Dieses Angliedern von Carboxylgruppen hält Fischer für einen Entgiftungsvorgang, analog den Verhältnissen bei anderen Körpern. So sind Pyrrol und Phenol giftig, während die entsprechenden carboxylsubstituierten Körper, Pyrrol-α-carbonsäure und Salicylsäure, ganz oder nahezu ungiftig sind. Es ist Fischer gelungen, aus dem Uroporphyrin vier Carboxylgruppen abzuspalten und damit die Giftwirkung (bei Ausschaltung von Licht [s. unten]) zu verdoppeln. Spritzt man Uroporphyrin ein, so geht der Farbstoff in den Harn, aber nicht in den Kot über. Fischer schließt daraus, daß die Anlagerung der Carboxylgruppe das Porphyrin harnfähiger macht. Es ist wahrscheinlich, daß die Niere an der Carboxylierung beteiligt ist. Aber sicher geschieht sie auch in anderen Organen. Uroporphyrin wurde auch im Serum und im Pleuraexsudat (Schumm) nachgewiesen. Bei der Organanalyse von Petry fand sich Uroporphyrin in Leber, Niere, Knochen und Knochenmark. Vielleicht ist das Knochenmark Hauptbildungsstätte (Fischer).

Bei der Bildung von Uroporphyrin aus Koproporphyrin treten Zwischenprodukte auf. Ein Porphyrin mit fünf Carboxylgruppen ist isoliert worden. Im Serum von Petry ist auch ein Körper gefunden worden, der sich von Koproporphyrin abtrennen ließ und im Gegensatz zum Uroporphyrin ätherlöslich war.

Fischer und Hilger haben in den Schwungfedern des afrikanischen Vogels Turacus das Kupfersalz des Uroporphyrins gefunden.

Von besonderer Bedeutung ist, daß Fischer u. Hilger aus dem Uroporphyrin ein Ätioporphyrin dargestellt haben, und zwar denselben Körper, den Willstätter aus Chlorophyll A und B und Hämin gewonnen hat. Damit ist ein Zusammenhang der beiden Porphyrinreihen miteinander und mit dem Chlorophyll dargetan.

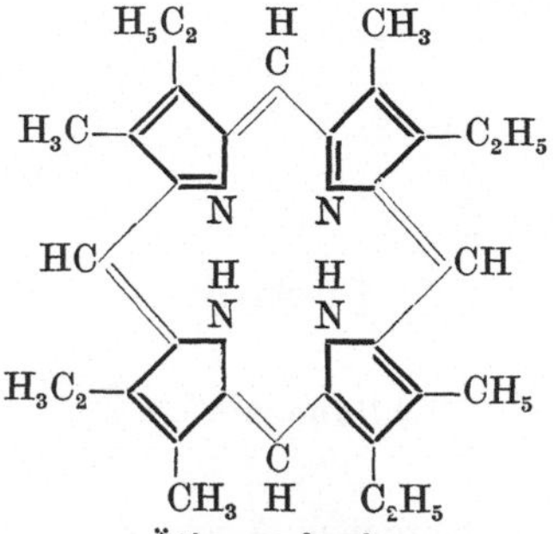

$$\text{Ätioporphyrin}\quad C_{32}H_{38}N_4$$

Vom Ätioporphyrin sind vier Isomere möglich. Sie sind von H. Fischer synthetisch dargestellt worden. H. Fischer ist es gelungen, in synthetisches Protoporphyrin Eisen einzuführen und somit einen Körper aufzubauen, der mit aus Hämoglobin gewonnenem Hämin in jeder Beziehung übereinstimmt, also Hämin ist.

H. Fischer gibt über die Blutfarbstoffporphyrine folgende Übersicht:

1. Blutfarbstoff-Porphyrine (von Ätioporphyrin III sich ableitend).

Name	Formel	Vorkommen in der Natur	Darstellung	Seitenketten
Protoporphyrin . .	$C_{34}H_{32}N_4O_4$	in den Eierschalen (Ooporphyrin), bei Blutfäulnis, Kämmerers Porphyrin (in Hefe usw.)	Ameisensäure u. Eisen	4 Methyl-, 2 Propionsäurereste u. 2 Vinylgruppen
Mesoporphyrin . .	$C_{34}H_{38}N_4O_4$	—	Eisessig-Jodwasserstoff	statt Vinyl- Äthylreste
Hämatoporphyrin .	$C_{34}H_{38}N_4O_6$	—	Eisessigbromwasserstoff	statt Vinyl- 2 α-Oxäthylreste
Ätioporphyrin . .	$C_{32}H_{38}N_4$	—	Brenzreaktion	4 Methyl- u. 4 Äthylreste
Deuteroporphyrin .	$C_{30}H_{30}N_4O_4$	protrahierte Blutfäulnis	Bromeinwirkung auf Hämato- u. Reduktion; Resorcinschmelze von Hämin nach Schumm	Ersatz der Vinyle d. H.
Koproporphyrin III	$C_{36}H_{38}N_4O_8$	bei einem Porphyriefall von Hijmans van den Bergh isoliert	Ester-Methode	4 Methyl- u. 4 Propionsäurereste

2. Natürliche Porphyrine (von Ätioporphyrin I sich ableitend).

Name	Formel	Vorkommen in der Natur	Darstellung	Seitenketten
Uroporphyrin . .	$C_{40}H_{38}N_4O_{16}$	bei Porphyrie; Cu-Salz $=$ Turacin	Aus Porphyrie-Harn nach Ester-Methode	4 Methyl- u. 4 Methylmalonsäurereste
Koproporphyrin I	$C_{36}H_{38}N_4O_8$	bei Porphyrie in Harn und Kot. In Hefe.	Aus Porphyrie-Harn und Kot. Autol. Hefe. Nach Ester-Methode	4 Methyl- u. 4 Propionsäurereste

Die Zusammenhänge in der Gruppe: Hämoglobine, Chlorophylle, Porphyrine zeigt folgende Figur:

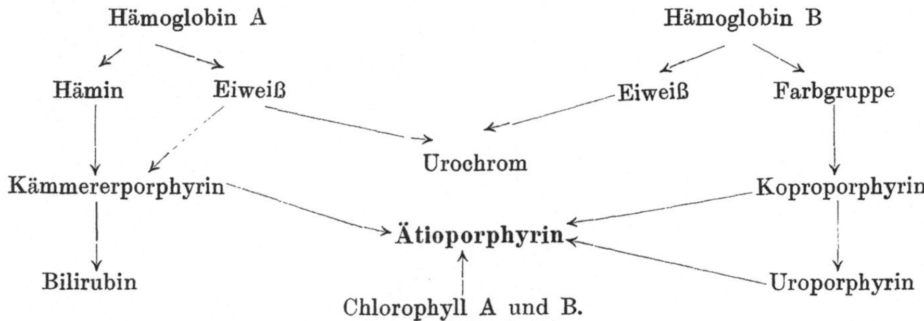

Im Laufe der Darstellung ist bereits der physiologischen und eines Teiles der pathologischen Bedingungen Erwähnung getan, unter denen Porphyrine im Kot und Harn ausgeschieden werden. Hier ist nachzutragen, daß H. Günther im Meconium einen (auf die Trockensubstanz berechnet) höheren Porphyringehalt gefunden hat als im Kot des Erwachsenen. Die Bildung der mit dem Kot ausgeschiedenen Porphyrine ist also (zum Teil) unabhängig von Nahrungsaufnahme und Darmflora. Die durchschnittliche Tagesausscheidung beträgt durch den Harn 0,1 mg, durch den Darm weniger als 1 mg (Günther). Erst Harnwerte über 0,75 mg rechnet Günther als pathologisch. Die Schwankungen sind in der Norm ebenso groß wie bei Krankheiten. Nach Günther liegt die Porphyrinausscheidung bei Bleikrankheit noch im Bereich der Normalwerte.

Die Krankheitszustände, bei denen Porphyrinausscheidung ein Symptom von überragender Bedeutung darstellt, die Porphyrinurien, treten in zwei verschiedenen Formen auf, die Günther als kongenitale und akute Porphyrinurie bezeichnet.

a) Porphyrinuria congenita. Diese Erkrankung ist sehr selten. 18 Fälle sind bekannt geworden; zu ihnen gehört der berühmte Petry. Familiäres Auftreten wurde wiederholt beobachtet. Die Krankheit macht sich zuerst durch einen Bläschenausschlag im Gesicht und an den Händen bemerkbar. In einer Reihe von Fällen blieb die Stirn frei. Der Ausbruch des Exanthems ist in ausgesprochenstem Maße von der Belichtung abhängig. Manche Kranke bleiben im Winter ganz verschont.

Bei starker Sonnenbestrahlung genügt eine Exposition von einigen Minuten. Die Blasen erreichen mitunter die Größe eines Markstückes; sie sind mit einem serösen, gelegentlich auch blutigserösen Inhalt prall gefüllt. Sie können im weiteren Verlauf in Eiterung übergehen und sich zu tiefen Wunden ausbilden, die schließlich mit Narbenbildung abheilen. Sind solche Prozesse mehrfach über die Haut gegangen, so bleiben schwere Entstellungen als Folge zurück. Es handelt sich dann nicht nur um Hautnarben, sondern um Zerstörungen der nahe der Haut gelegenen knöchernen und knorpeligen Teile, besonders der Nase, Ohren und Phalangen. Die Verstümmelungen der Nase und des Gesichts können denselben Grad wie bei Lepra erreichen. Auch die Augen werden in Mitleidenschaft gezogen, da Conjunctiva und Cornea an den Belichtungsfolgen teilnehmen und im weiteren Verlauf durch die infektiösen Prozesse und Narbenbildungen der Nachbargewebe leiden. In allen diesen Fällen ist dem Patienten und seiner Umgebung die Rotfärbung des Harns aufgefallen. Es bildet sich weiterhin eine bräunliche Pigmentation der Haut aus. Bei Petry hatte sich in den letzten Jahren seines Lebens eine schwere Anämie entwickelt. Bei der Sektion fand sich abnorme Schwellung der Milz und der Lymphdrüsen, Hämosiderosis der Milz, Leber, Lymphdrüsen, des Knochenmarkes, der Nieren und des Pankreas und allgemeine Porphyrinfärbung des knöchernen Skelets. In den meisten Organen wurde Porphyrin gefunden (H. FISCHER und Mitarbeiter). In der Knochensubstanz fand sich ausschließlich Uroporphyrin. Porphyrinablagerungen in den Knochen waren aus der Tierpathologie schon lange bekannt (TAPPEINER). Es handelt sich bei den Tieren wie beim Menschen um eine kongenitale Krankheit, die früher als Osteohämochromatose (fälschlich auch als Ochronose) bezeichnet wurde. E. FRÄNKEL hat im Experiment festgestellt, daß sich bei Injektion eines Rohgemisches von Uro- und Koproporphyrin die Knochen rotbraun färben. H. FISCHER fand, daß auch aus einem solchen Gemisch nur das Uroporphyrin auf die Knochen aufzieht. Diese Folge der Porphyrinurie ist auch intra vitam aus der rötlichen Verfärbung der Zähne (Milchzähne — MACKEY u. GARROD) oder durch die spektroskopische Untersuchung eines extrahierten Zahnes (HEGLER, SCHUMM u. FRÄNKEL) gesehen worden. Im Knochenmark, das gegenüber der Norm und auch im Vergleich zur perniziösen Anämie sehr reich an Eiweiß war, wurde von FISCHER auch Koproporphyrin und viel Eisen, in der Muskulatur wenig Farbstoff, ein Gemisch von Koproporphyrin, Kaemmererporphyrin und Kupfersalz, aber kein Anhaltspunkt für Koprohämin gefunden. Kupferverbindungen der Porphyrine fanden sich auch sonst im Körper. FISCHER glaubt, daß das Kupfer aus der Nahrung stammt, daß die Bindung an Kupfer, die also wie bei den Federn des Turaeus erfolgt, eine Entgiftung bedeutet und daß bei der Porphyrinurie eine Kupfertherapie versucht werden sollte. Die Galle enthielt Koproporphyrin. Daß Hämatoporphyrin in die Galle ausgeschieden wird, hatte bereits früher O. NEUBAUER festgestellt. Im Blut war Koproporphyrin, aber kein Uroporphyrin nachweisbar. Die Milz enthielt neben viel Koproporphyrin einen unbekannten Farbstoff, der nicht identifiziert werden konnte.

H. KÖNIGSDÖRFFER berichtet aus dem Institut von BORST über den Nachweis der Porphyrine in den Organen des Petry durch Beobachtung der Fluorescenz im Ultraviolettlicht. Es wurden 20 verschiedene Pigmentformen gefunden, die teils krystallinisch, teils amorph, teils eisenhaltig, teils eisenfrei waren.

Mit dieser Methode findet KÖNIGSDÖRFFER bei zwei- bis viermonatigen Feten Protoporphyrin in Zellen vom Typus der Erythroplasten, und zwar sowohl in den Blutbildungsstätten als im strömenden Blut. KÖNIGSDÖRFFER kommt danach zu der Auffassung, daß die kongenitale Porphyrie eine physiologisch-chemische Konstitutionsanomalie darstellt, deren Wesen darin beruht, daß die Porphyrine teilweise auf einer phylogenetischen oder ontogenetischen Entwicklungsstufe stehen bleiben.

Die Frage, ob im Knochenmark Porphyrinbildung aus Hämin erfolgt, oder ob im Knochenmark Porphyrine synthetisiert, aber dann nicht weiter zu Eisensalzen weitergeführt werden, ist noch nicht endgültig zu entscheiden.

b) **Porphyrinuria acuta.** Bis 1925 waren 110 Fälle bekannt, von denen 79 (= 72%) nach dem Gebrauch von Sulfonal oder Trional aufgetreten waren. Von den übrigen 31 Personen waren je zwei im gleichen Hause beschäftigt, was die

Annahme einer von außen kommenden Schädlichkeit nahelegt. Die gesamte Sulfonalmenge, die oft in langen Jahren bis zum Ausbruch der Krankheit genommen wurde, schwankt zwischen 10 und 1740 g.

Gegenüber der großen Zahl von Menschen, die Sulfonal genommen haben, ist die Zahl der Fälle so gering, daß eine besondere Disposition angenommen werden muß. Das gleiche Verhalten scheint bei Tieren vorzuliegen. Die experimentelle Erzeugung des Krankheitsbildes bei Versuchstieren hat so große Unterschiede ergeben, daß mit Eigentümlichkeiten des Individuums oder der Rasse gerechnet werden muß.

Auch bei Unterleibstyphus ist das Krankheitsbild der akuten Porphyrinurie beobachtet worden. Der von HEINECKE beschriebene, mit Amaurose verlaufene Fall hatte $3 \times 0,5$ g Veronal genommen. Es handelt sich um ein sehr seltenes Vorkommen. GÜNTHER hält es für ein zufälliges Zusammentreffen. Die Fälle von LANDRYscher Paralyse bei Typhus stehen vielleicht mit der Typhusporphyrie in einem Zusammenhang.

Bei chronischer Bleiintoxikation wurde das Krankheitsbild der akuten Porphyrie nie beobachtet.

Ferner ist Porphyrinurie beschrieben nach Chloroformnarkose (NIKOLAYSEN), bei Chlorzinkvergiftung (JAKSCH), bei Thiosinaminanwendung (LESSER), nach intrauteriner Injektion von 100 g Glycerin (MÜLLER), nach Leistenbruchoperation mit Adrenalin-Novokainanästhesie (ROEDELIUS u. SCHUMM). Zwei Kranke waren Schwestern, deren Großmutter dieselben Erscheinungen geboten haben soll. Das weibliche Geschlecht überwiegt stark. Nach GÜNTHER sind die erkrankten Personen meist Neuro- oder Psychopathen von dunkler Haar- und Hautfarbe. Bei zwei Kranken (VEIL u. WEISS) traten Porphyrinausscheidung und nervöse Symptome jeweils mit den Menses auf.

Eine Dunkelfärbung des Harns kann den anfallsweise auftretenden Erscheinungen beträchtliche Zeit vorangehen. Die Anfälle bestehen in heftigen Leibschmerzen, Erbrechen und Obstipation; sie können den Eindruck eines Ileus machen. Die Schmerzen sitzen meist in der Magengegend oder dicht oberhalb der Symphyse, mitunter aber in der Lenden- und Nierengegend, so daß eine Nierensteinkolik in Betracht gezogen werden muß. Mitunter treten gleichzeitig Gelenkschmerzen und Kopfneuralgie auf. Hämatemesis wird gelegentlich, bluthaltiger Stuhl öfter beobachtet. Zeigt der Harn die charakteristische dunkle, portweinfarbige bis schwarze Verfärbung, so wird der Zusammenhang bald geklärt sein. Es kommt aber vor, daß die dauernde Porphyrinurie so schwach ist, daß der Harn, zum mindesten der frische, normale Färbung zeigt, und die charakteristische Harnfarbe erst nach einigen Anfallstagen auftritt. In solchen Fällen kann die Diagnose sehr schwierig sein. Schließlich kommt es aber in jedem Fall zu einer Steigerung der Porphyrinausscheidung. Dazu gesellt sich bisweilen Hämoglobinurie, Ausscheidung von Eiweiß und Zylindern. In einem Fall fand sich auch anfallsweise Zucker und Aceton im Harn. Die Art der Darmerscheinungen ist durch Röntgenuntersuchungen (H. GÜNTHER u. ASSMANN) und durch autoptischen Befund (BARKER u. ESTES) klargestellt. Es handelt sich um eine hochgradige atonische Erweiterung des Magens und Duodenums und mitunter auch des Dickdarms. Das Ileum ist spastisch kontrahiert. Zwischen atonischem und spastischem Darm besteht eine scharfe Grenze. Meteorismus und hochgradige Verzögerung der Darmentleerung sind die Folge.

Solche Anfälle können mit und ohne Therapie abklingen. Es treten aber Rezidive ein. In dem Falle von G. GRUND wurden sieben Attacken gezählt. Der allgemeine Status zeigt in der anfallfreien Zeit keine typischen Veränderungen. Von Bedeutung ist, daß wiederholt eine mäßige Erythrocytose gefunden wurde. Einige Male wird auch über braune Verfärbung der Haut berichtet. Einen solchen Ausgang des Leidens nehmen aber nicht alle Fälle. In einer beträchtlichen Zahl kommt es zum Auftreten schwerer und schwerster psychischer und nervöser Symptome. Schlaflosigkeit, Angst und Unruhe leiten diesen schweren Status ein. Es folgen Anfälle von Tobsucht, epileptiforme Zuckungen, Nystagmus, Klonus der Gesichts- und Nackenmuskulatur. In diesen Zuständen treten auch Hautblutungen auf. Es schließen sich dann die Zeichen einer akuten Polyneuritis an, die sich auf einzelne Nerven beschränken, aber auch in eine tödliche aufsteigende Lähmung (nach Art der LANDRYschen Paralyse, aber häufiger wie bei dieser mit Blasen- und Mastdarmstörungen verbunden) übergehen kann. Auch Amaurose und Neuritis optica ist beobachtet.

Die Dauer eines Anfalls schwankt zwischen 4 und 25 Tagen. In dem Fall von ASCOLI trat bereits am 4. Tag der Tod ein. Die Prognose dieses Leidens ist sehr ernst. Der autoptische Befund ist in bezug auf die Pathogenese ganz unbefriedigend. Man hat, weil bei ADDISONscher Krankheit Darmerscheinungen ähnlicher Art auftreten, auf eine Erkrankung der Nebennieren gefahndet. K. CAMPBELL fand (wohl postmortale) Degeneration der Epithelzellen der Nebennierenrinde. SNAPPER beobachtete völlige Normalität der Nebenniere, fand aber zweimal raumbeengende retroperitoneale Prozesse (1. ausgedehnte tuberkulöse Drüsen, 2. mannskopfgroße infizierte Hydronephrose), die vielleicht zur Schädigung der retroperitonealen Nervengeflechte geführt haben. BARKER u. ESTES sahen fettige Degeneration von Herz, Leber, Pankreas und Nieren, Nierenpigmentation und Hyperplasie des Knochenmarkes. Siderose der Leber und Milz fand GRUND.

Die neurohistologischen Befunde sind noch sehr spärlich. A. BOSTROEM beschrieb bei einem Falle aufsteigender Lähmung eine umfangreiche Erkrankung der Vorderhornganglienzellen in der ganzen Ausdehnung des Rückenmarkes (schwere akute Zellerkrankung von NISSL). In anderen Fällen war das Nervensystem histologisch normal. GRUND fand Neuritis im Nervus ulnaris und radialis.

Bei dieser Krankheit wird im Harn und Kot Porphyrin gefunden. VEIL u. WEISS fanden in zwei Fällen im Harn das Uroporphyrin von H. FISCHER, aber nur in etwa dem fünften Teil der Menge wie bei kongenitaler Porphyrinurie. Bei den Fällen von GÜNTHER betrug im Anfall die Tagesmenge 10 bzw. 5 mg. Ungefähr ebenso groß ist die tägliche Ausscheidung durch den Darm. Ein Teil dieser Quote könnte nach den Untersuchungen von SNAPPER und H. KAEMMERER aus den Blutmengen entstehen, die aus den Geschwüren und Erosionen der Magendarmschleimhaut stammen. Sichergestellt ist, daß auch die Galle Porphyrin enthält.

Anzeichen von Lichtüberempfindlichkeit, wie wir sie bei der Porphyrinuria congenita kennen gelernt haben, von leichten Hyperpigmentationen abgesehen, fehlen, obwohl das Porphyrin der akuten Porphyrinurie sensibilisierend wirkt (GRUND, GÜNTHER, VEIL u. WEISS). Wahrscheinlich sind die Mengen, die im Blute kreisen und in den Geweben abgelagert sind, zu klein. Eine Verfärbung der Knochen wurde bisher nicht beschrieben.

Auf den Zusammenhang zwischen der Porphyrie und den schweren Darm- und Nervenerscheinungen weist die Beobachtung hin, daß das Porphyrin des Harns bei der Maus in der Tat ähnliche Krankheitserscheinungen macht. GÜNTHER fand bei diesen Tieren nach subkutaner Injektion von Porphyrin Hämorrhagien des Darmes, Paresen und Streckkrämpfe der unteren Extremitäten, starke Dilatation der oberen, Enge der unteren Darmteile. Daß bei kongenitaler Porphyrinurie, trotz stärkerer Farbstoffbildung, Krankheitserscheinungen dieser Art fehlen, kann wohl auf Besonderheiten des Porphyrins oder des Individuums beruhen. Die Ergebnisse der experimentellen Untersuchungen auf Giftigkeit (im Dunkeln) und Sensibilisierungsfähigkeit (H. FISCHER) zeigen nicht eine solche Regelmäßigkeit, wie sie zu abschließender Erkenntnis notwendig ist.

Es erscheint nahezu selbstverständlich, daß das Porphyrin dem Blutabbau entstammt. GÜNTHER wirft die Frage einer Synthese von Porphyrin aus höheren Abbauprodukten des Hämatins auf. Demgegenüber muß festgestellt werden, daß bei der akuten Porphyrie die Anomalie des Hämochromogenabbaus quantitativ recht gering ist, so daß Eintreten einer Anämie, Hämatinbefund im Serum, Siderosis der Organe nicht notwendige Folgeerscheinungen sind. Es fand sich aber Siderosis in einigen Fällen. Für Zusammenhang zwischen Hämoglobinabbau und Porphyrinbildung sprechen Porphyrinurien, die bei hämolytischen Anfällen vorkommen. So berichtet PAL über einen Mann, der früher Malaria hatte und nach einer starken Abkühlung eine paroxysmale Hämatoporphyrinurie bekam. QUERNER hat einen Fall von Kältehämoglobinurie beschrieben, in dem im Anfall außer Hämoglobin auch Hämatin und Hämatoporphyrin ausgeschieden wurde. Ein von MONRO beobachteter akuter Porphyrinuriker schied zeitweise Hämoglobin aus. GARROD sah einen Mann mit paroxysmaler Hämoglobinurie, der in der anfallsfreien Zeit Hämatoporphyrin ausschied.

An einem Zusammenhang zwischen Porphyrinbildung und Blutzerfall kann also bei der Porphyrinuria acuta kein Zweifel bestehen. Es erscheint durchaus nicht notwendig, daß es sich immer um einen Blutabbau von übernormaler Stärke handelt, sondern es ist ausreichend, daß der Farbstoffabbau einen unnormalen Weg einschlägt oder auf unnormaler Stufe stehen bleibt. Da der Blutfarbstoffabbau in der Norm täglich 0,5 g Bilirubin liefert, so sind auch sehr starke Porphyrinbildungen (in dem Falle von kongenitaler Porphyrinurie von H. GÜNTHER-H. FISCHER täglich 0,4 g) aus dem Betrage der Norm zu decken.

Darin liegt auch ein Hinweis auf den Ort, in dem die Störung sitzen muß. Die Stätte dieses Abbaus ist die Leber. VEIL u. WEISS haben in einem tödlich verlaufenen Fall Cystin und Leucin gefunden und damit den äußerst wichtigen Hinweis darauf, daß die Anomalie nicht nur den Farbstoffabbau betrifft. Daß alle diese Erscheinungen durch Obstipation hervorgerufen werden (Toxämie — BARKER u. ESTES), ist eine Hypothese, für die Beweise gänzlich fehlen.

Es gibt außer diesen beiden Gruppen von Porphyrinurie noch eine kleine dritte, die GÜNTHER als Porphyria chronica bezeichnet, bei der aber die Krankheit nicht bis in die früheste Kindheit zurückreicht. Diese Fälle verliefen leichter, ohne Verstümmelungen. Bei zwei Kranken wurden Magen-Darmerscheinungen beobachtet, die aber mit denen bei der akuten Porphyrie nichts gemein haben. In einem Falle hat GÜNTHER Sklerodermie der unbedeckten Körperteile gesehen.

Bei der kongenitalen und akuten Porphyrinurie werden dieselben Porphyrine

(Uroporphyrin und Koproporphyrin) ausgeschieden. Das aber ist bemerkenswerterweise der einzige Berührungspunkt. Eine Vermischung der Krankheitssymptome ist niemals beobachtet worden. Bei der akuten Porphyrinurie fehlt die Lichtempfindlichkeit. Das kann an der Menge der Farbstoffe liegen oder an Schutzstoffen (s. unten) oder an der Disposition der Haut. Vielleicht ist auch an der Verschiedenheit der Krankheitsbilder u. a. der Umstand beteiligt, daß bei der akuten Porphyrinurie die Porphyrinbildung durch Blutabbau, bei der kongenitalen durch Fehler der Hämochromogensynthese erfolgt. Denn (s. unten) gerade bei dem Abbau des Hämoglobins kommt es zur Entstehung von Schutzstoffen.

TAPPEINER und seiner Schule verdanken wir die Kenntnis der Wirkung fluorescierender Stoffe im Licht. Fluorescierende Stoffe, zu denen auch das Hämatoporphyrin gehört, sind solche, die unter dem Einfluß des einfallenden Lichtes selbstleuchtend werden, indem sie das einfallende erregende Licht absorbieren und in ein Licht anderer Brechbarkeit umwandeln. Nach der STOKESschen Regel, die aber keine allgemeine Gültigkeit hat und besonders bei stark gefärbten Stoffen nicht stimmt, ist das Fluorescenzlicht von größerer Brechbarkeit, also kürzerer Welle als das erregende. Die Fluorescenz ist wie die Farbe an bestimmte Konstitutionen gebunden, für die sich Gesetzmäßigkeiten haben finden lassen. Für uns genügt zu wissen, daß von den organischen Stoffen ausschließlich cyklische, zu denen auch der Pyrrolring gehört, die Eigenschaft der Fluorescenz vermitteln, wenn andere geeignete Gruppen (von KAUFMANN Fluorogene genannt) angelagert sind, zu denen auch die Äthylenbindung (C=C) gehört, deren Bedeutung für die Farbe des Porphyrinmoleküls wir schon kennen gelernt haben.

TAPPEINER und JODLBAUER und ihre Mitarbeiter haben den Einfluß fluorescierender Stoffe auf Fermente, Einzeller und höhere Tiere untersucht und im Lichte starke Wirkungen festgestellt. Im Tier- und Pflanzenreich sind fluorescierende Stoffe weit verbreitet. Die Bekanntschaft mit ihrer photodynamischen Wirksamkeit hat besonders F. HAUSMANN vermittelt. Von großer Wichtigkeit sind seine Untersuchungen über die sensibilisierenden Eigenschaften des Hämatoporphyrins. Nach Injektion einer Lösung dieses Stoffes tritt bei weißen Mäusen, schwächer bei grauen und gar nicht bei schwarzen, ein in Lichtscheu, Hautjucken, Rötung der Haut, Ödembildung, wütendem Beißen und Kratzen und großer Unruhe bestehender Krankheitszustand ein, der zum Tode führt, bei rechtzeitigem Unterbrechen des Versuches und Verbringen der Tiere ins Dunkle aber wie mit einem Schlage verschwindet. Setzt man die Tiere häufiger und immer nur kürzere Zeit dem Lichte aus, so entsteht eine chronische Form der Erkrankung, die mit Enthaarung, Thrombose der Ohrvenen und trockner Nekrose der Ohren einhergeht.

H. GAFFRON hat festgestellt, daß die Wirkung der Porphyrine auf einer Photooxydation, die zu Zerstörung von Eiweiß führt, beruht.

Die Beziehungen dieser Beobachtungen zu den Hautveränderungen bei der Porphyrinuria congenita sind unverkennbar. Die gleichen Hautprozesse entstehen unter dem Einfluß des Lichtes bei der Hydroea aestivalis, bei der EHRMANN im akuten Stadium Porphyrin im Harn gefunden hat. Erzeugt man bei Kaninchen durch Sulfonal Porphyrinurie, so wird das Integument lichtempfindlich.

Bei der Pellagra, einer Krankheit infolge fehlerhafter Ernährung, sind, zum mindesten an der Entstehung der Hauterscheinungen, photodynamische Stoffe beteiligt. Zu den Erkrankungen dieser Art gehört auch das Buchweizenexanthem, das bei hellgefärbten Schafen und Schweinen nach Buchweizenfütterung an sonnigen Tagen auftritt. Die Lichtgiftigkeit der Porphyrine gegen Paramäcien hat H. Fischer bestimmt. Es tötet Ätioporphyrin in 1 Minute, Hämatoporphyrin, Mesoporphyrin in 7, Uroporphyrin in 50, Koproporphyrin in mehr als 90 Minuten. In einem Fall von akuter Porphyrinurie (nach Sulfonal) fanden wir ein Porphyrin, das im Lichte für rote Blutkörperchen und weiße Mäuse giftig war.

. H. Fischer und Zerwek haben in dem Harn von Petry, in Bestätigung früherer Angaben, einen braunen Farbstoff gefunden, dessen Menge von der stark wechselnden Porphyrinmenge abhängig war. Die Elementaranalyse dieses Körpers, der, wenn auch nicht krystallinisch, dargestellt werden konnte, zeigte eine chemische Zusammensetzung sehr ähnlich der des normalen Harnfarbstoffs. Der totale Abbau des braunen Farbstoffes aus dem Harn von Petry verlief dem des normalen Harnfarbstoffs ganz analog; er ergab Tyrosin, Leucin (wahrscheinlich), Arginin, Histidin, kein Lysin. Es handelt sich also sicher um einen Eiweißabkömmling. Bondzynski u. Dombrowski haben das Urochrom, den normalen Harnfarbstoff, als ein Glied der Oxyproteinsäuregruppe aufgefaßt. Weiss, der das Urochrom für ein Oxydationsprodukt des Urochromogens, das durch Gewebszerfall entsteht und nach seiner Meinung der Träger der Ehrlichschen Diazoreaktion (s. S. 153) ist, teilt diese Meinung. Fischer u. Zerwek schließen aus dem Parallelismus von Porphyrin und Urochromausscheidung, daß das Urochrom aus dem Eiweißanteil des Hämoglobins abstammt (vgl. Schema, S. 408). Auf Grund der Erfahrung, daß Porphyrinharne nicht, wohl aber die rein dargestellten Farbstoffe im Licht sensibilisieren, prüften Fischer u. Zerwek, ob das Urochrom aus Normal- und Porphyrinharn den Lichtschutz bedingt. Sie fanden in der Tat, daß Urochrom Porphyrin ebenso wie Eosin und Methylenblau völlig unwirksam macht.

Veil und seine Mitarbeiter haben mit dem Pulfrichschen Stufenphotometer die Harnfarbe in drei Spektralbezirken gemessen. Starke Färbung des Harns findet sich bei der Anaemia Biermer, beim hämolytischen Icterus, bei der Erythrämie, bei Lebererkrankungen, im Fieber, bei Hunger und bei Stauung im Kreislauf. Die von Veil angewandte Methode ergibt für Harn und Serum sehr viel feinere Resultate als die einfache Harnbeschauung und gibt vergleichbare und abschätzbare Werte.

Drabkin hat mit einer colorimetrischen Methode vergleichende Untersuchungen über die Harnfarbstoffausscheidung angestellt. Er fand keine Abhängigkeit von der Art der Nahrung, dagegen eine Beziehung zu der Körperoberfläche, die auf eine Entstehung des Urochroms im Zellstoffwechsel hindeutet. Bei Basedowkranken war die Farbstoffausscheidung im Verhältnis zur Umsatzsteigerung erhöht. Auch bei anderen Krankheiten ergab sich ein Anhaltspunkt nach dieser Richtung.

Literatur.

Asher, L.: Funktion der Leber. Karlsbader Vorträge 1924.
— und Ebnöther: Beitrag zur Physiologie der Drüsen. 24. Biochem. Z. 72, 416 (1916).
Barker, L. F. and W. L. Estes: Family hematoporphyrinum. J. amer. med. Assoc. 59, 718 (1912).
Bostroem, A.: Über toxisch bedingte aufsteigende Lähmungen mit HP. Z. Neur. 56, 181 (1920).

CHURCH, A. H.: Researchs on turacin. Proc. roy. Soc. Lond. **51**, 399 (1892).

DRABKIN, D. L.: The normal pigment of the urine. J. of biol. Chem. **75**, 443, 481 (1927).

FISCHER, H. (1): Über Blut- und Gallenfarbstoff. Erg. Physiol. **15**, 185 (1916). — (2): Konstitution der eiweißfreien Farbstoffkomponente und ihrer Derivate. Handbuch der normalen und pathologischen Physiologie **6**, I, 164 (1928). — (3): Synthese des Hämins. Naturwiss. **1929**, 611.

— und F. KÖGL: Über Ooporphyrin. Hoppe-Seylers Z. **131**, 241 (1923).

— und K. SCHNELLER: Über exogene Porphyrinbildung. Ebenda **130**, 302 (1923).

— und H. FINK: Über Koproporphyrinsynthese durch Hefe. Ebenda **150**, 243 (1925). —

— H. HILMER, F. LINDNER und B. PÜTZER: Chemische Befunde bei einem Fall von Porphyrinurie. Ebenda **150**, 44 (1925).

— und W. ZERWECK: Über den Harnfarbstoff usw. Ebenda **137**, 176 (1924).

— und J. HILGER: Über den Blutfarbstoff der Hefe. Ebenda **138**, 288 (1924).

— und F. LINDNER: Über den Umbau des Blutfarbstoffs durch Hefe. Ebenda **153**, 55 (1925).

— und B. PÜTZER: Überführung von Hämin in Protoporphyrin. Ebenda **154**, 39 (1926).

— und H. HILMER: Koproporphyrinsynthese durch Hefe. Ebenda **153**, 167 (1925).

— und SCHWERDTEL: Gewinnung von Hämin aus Hefe. Ebenda **175**, 248 (1928).

— und J. HILGER: Ätioporphyrin aus Uroporphyrin. Ebenda **142**, 223 (1924).

— und F. LINDNER: Über Ooporphyrin. Ebenda **142**, 140 (1924).

— und W. ZERWECK: Über Koproporphyrin im Harn und Serum. Ebenda **132**, 12 (1924).

GAFFRON, H.: Über Photooxydationen mittels fluoreszierender Farbstoffe. Biochem. Z. **179**, 157 (1926).

GARROD, A. E.: On the occur and detect of HP in the urine. J. of Physiol. **13**, 598 (1892); **15**, 108 (1894).

GRUND, G.: Über HP-urie mit Polyneuritis. Zbl. inn. Med. **1919**, 116, 178.

GÜNTHER, H.: Die Bedeutung der Hämatoporphyrinurie in der Physiologie und Pathologie. Erg. Path. **20**, I, 608 (1920).

HAUSMANN, F.: Grundzüge der Lichtbiologie und Lichtpathologie. Berlin und Wien 1923.

HEGLER, C., O. SCHUMM und E. FRÄNKEL: Zur Lehre der Hämatoporphyrinuria congenita. Dtsch. Med. Wschr. **1913**, 842.

HEILMEYER, L.: Die Farbmessung an gefärbten Farbflüssigkeiten. 40. Kongr. inn. Med. **1928**, 632.

HEINECKE, E.: Über toxische HP-urie und Amaurose. Inaug.-Diss. Göttingen 1912.

HOAGLAND, RALPH: Formation of hematoporphyrin in ox muscle during autolysis. J. agricult. Res. **7**, 41 (1916).

KAEMMERER, H.: Über HP-Bildung durch Darmbakterien. 35. Kongr. inn. Med. 1923, S. 188.

KEILIN, D.: On cytochrome, a respiration pigment. Proc. roy. Soc. Lond. **98**, 312 (1925).

KÖNIGSDÖRFFER, H.: Zur Kenntnis der Porphyne. In: H. MEYER, Lichtbiologie und Lichttherapie. Berlin-Wien 1928, S. 132.

KÜSTER, W. und H. OESTERLIN: Individuelle Blutuntersuchungen. Hoppe-Seylers Z. **136**, 279 (1924).

LANGECKER, H.: Zur Fluorescenzbeobachtung bei den Porphyrinen. Ebenda **115**, 1 (1921).

— Beiträge zur Kenntnis der toxischen Porphyrie. Z. exper. Med. **68**, 258 (1929).

McMUNN: Bilepigments. J. of Physiol. **6**, 22 (1885).

NEUBAUER, O.: HP und Sulfonalvergiftung. Arch. f. exper. Path. **43**, 456 (1900).

PAPENDIECK, A.: Über Porphyrin und Blutfarbstoff. Hoppe-Seylers Z. **134**, 158 (1924).

SCHUMM, O. (1): Über die natürlichen Porphyrine. Hoppe-Seylers Z. **126**, 174 (1923). — (2): Über die Porphyrine in Hefe usw. Ebenda **154**, 171 (1926). — (3): Über Porphyrinbildung aus Fleisch. Ebenda **133**, 308 (1923). — (4): Über den Nachweis der natürlichen Porphyrine in serösen Flüssigkeiten und Organen. Ebenda **132**, 67.

SNAPPER, J. (1): Über Bauchkoliken mit Porphyrinurie. Klin. Wschr. **1922**, 657. — (2): Porphyrinurie mit und ohne Koliken. Dtsch. med. Wschr. **1922**, 619. — (3): Die Bildung von Porphyrin im Darmkanal. Berl. klin. Wschr. **1921**, 800.

STOKVIS, B. J.: Zur Pathogenese der HP-Urie. Z. klin. Med. **28**, 1 (1895).

VON TAPPEINER, H.: Die photodynamische Erscheinung. Erg. Physiol. **8**, 688 (1909).

VEIL, W. H. und M. WEISS: Beiträge zur Kenntnis der akuten Porphyrinurie. 35. Kongr. inn. Med. **189** (1923).

Veil, W. H. (1): Die Harnfarbe, eine bedeutsame Funktion des Organismus. Klin. Wschr. **1927**, 2217. — (2): Die Harnfarbe, eine bedeutsame Funktion des Organismus. 40. Kongr. inn. Med. **1928**, 347.
Weiss, M.: Die Farbstoffanalyse des Harns. III. Das Urochrom. Biochem. Z. **133**, 331 (1922).
Willstätter, R.: Untersuchungen über Chlorophyll. Berlin 1913.

2. Bilirubin.

Das Bilirubin $C_{33}H_{36}N_4O_6$ kommt in mäßiger Menge in der Galle der Wirbeltiere vor. Gallensteine von Menschen enthalten sehr geringe Beträge von Bilirubinkalk, der den größten Teil der Gallensteine der Rinder ausmacht.

Es sind zahlreiche Gallenfarbstoffe (Bilirubin, Biliverdin, Bilifuscin, Bilihumin, Bilipurpurin u. a. m.) beschrieben. Nur das Bilirubin und das Bilipurpurin sind krystallinisch dargestellt. Das Bilipurpurin ist ein Umwandlungsprodukt des Chlorophylls (Marchlewski) und wird besser als Phylloerythrin bezeichnet. Bilirubin ist der primäre Gallenfarbstoff; alle anderen entstehen aus ihm.

Das Bilirubin entsteht aus dem Hämochromogen. W. Küster hat aus Bilirubin Hämatinsäure erhalten. H. Fischer gewann durch Reduktion mit Natriumamalgam und nachfolgende Oxydation Methyläthylmaleinimid, ein Produkt des Hämopyrrols.

$$H_3C \cdot C = C \cdot CH_2 \cdot CH_3$$
$$OC \qquad CO$$
$$NH$$

Methyläthylmaleinimid

Die Reduktion mit Eisessig-Jodwasserstoff führt nicht wie bei dem Hämin zu einer völligen Aufspaltung des Moleküls, sondern zu einem Zwischenprodukt, das zwei Pyrrolkerne (einen sauren und einen basischen) enthält, der Bilirubinsäure (Fischer u. Röse, Piloty u. Thannhauser). Küster, Fischer und Piloty haben die Konstitution des Bilirubins erforscht. Eine völlige Einigung über den Bau des Moleküls besteht noch nicht. Küster gibt folgende Formel, die, umgeschrieben nach der Weise von H. Fischer, die nahe Verwandtschaft zum Hämin und dem Porphyrin zeigt.

Bilirubin
$$C_{33}H_{36}O_6N_4$$

Fischer und Lindner konnten Gallenfarbstoff und Bilirubinsäure in Mesoporphyrin überführen. Durch Behandlung mit Wasserstoff bei Gegenwart von kolloidalem Platin oder Palladium hat H. Fischer aus Bilirubin ein Reduktionsprodukt, das Mesobilirubin ($C_{33}H_{40}N_4O_6$), dargestellt, aus dem durch weitere Reduktion eine Leukoverbindung, das Mesobilirubinogen ($C_{33}H_{44}N_4O_6$) (früher von Fischer Hemibilirubin genannt) entsteht, aus dem durch Oxydation Mesobilirubin zurückgebildet wird.

Mesobilirubinogen ist, wie H. Fischer einwandfrei festgestellt hat, identisch mit Urobilinogen. H. Fischer u. F. Meyer-Betz haben aus menschlichem Harn Mesobilirubinogen krystallinisch dargestellt. Jaffe hat im menschlichen Harn das „Urobilin" entdeckt, kenntlich an einer starken Fluorescenz und einer scharfen Spektralabsorption im Blauviolett nach Behandlung mit Chlorzink und Ammoniak. M. Jaffe nahm einen Zusammenhang zwischen „Urobilin" und Bilirubin an. Fr. Müller erbrachte den Beweis, indem er bei einem Menschen mit komplettem Icterus ohne Urobilinausscheidung nach Gallefütterung im Kot und Harn die Urobilinreaktion auffand, die mit frischem Reagens und bei einer geeigneten Lichtquelle nach O. Bang in jedem menschlichen Harn gelingt. Inwieweit die Angabe von Jaffe, daß im frisch entleerten, gegen Licht geschützten Harn kein Urobilin, sondern eine farblose Vorstufe vorhanden ist, durch die Anwendung einer verbesserten Methodik zu korrigieren ist, steht dahin. O. Neubauer hat das Urobilinogen als eine der farblosen Vorstufen des Urobilins erkannt. Die Feststellung des Urobilinogens erfolgt durch die von P. Ehrlich gefundene Aldehyd-

$$N(CH_3)_2$$

p-Dimethylamidobenzaldehyd

reaktion. Mit p-Dimethylamidobenzaldehyd in salzsaurer Lösung gibt der Harn eine Rotfärbung, deren volle Intensität beim Kochen eintritt. Diese (Aldehydreaktion) ist eine Pyrrolreaktion (O. Neubauer). Thomas hat gezeigt, daß die gleichfalls von P. Ehrlich gefundene eigelbe Diazoreaktion in allen den Harnen positiv ist, die diese Urobilinogenreaktion geben.

Körper mit den Reaktionen des Urobilins hat man durch Reduktionsprozesse aus Hämatin, Bilirubin und Hämatoporphyrin schon seit langer Zeit gewonnen (Maly, Hoppe-Seyler, Nencki und Sieber, Garrod).

Insbesondere hat Nencki aus Hämoglobin und Chlorophyll ein Pyrrol gewonnen, das die Urobilinreaktion gab, und sich die Meinung gebildet, daß das Urobilin ein polymerisiertes und oxydiertes Pyrrolderivat sei.

H. Fischer hat festgestellt, daß alle Pyrrole, die mindestens ein dem N benachbartes, nur mit H und nicht mit einem Radikal besetztes C-Atom haben, die Aldehydreaktion geben. Zwei Pyrrole reagieren mit einem Aldehyd unter Austritt von H_2O. Hat der Aldehyd, wie der p-Dimethylamidobenzaldehyd, eine auxochrome Gruppe, d. h. eine Gruppe, die eine Färbung ermöglicht, so entsteht ein Leukofarbstoff, der durch Oxydation in eine gefärbte Verbindung übergeht.

Die Reaktion von Pyrrol mit p-Dimethylamidobenzaldehyd ergibt also als erstes Leukoprodukt

$$\mathrm{HC\!-\!CH \qquad H \qquad HC\!-\!CH}$$
$$\mathrm{HC\quad C\!-\!\!-\!\!-\!\!-\!\!-C\!-\!\!-\!\!-\!\!-C\quad CH}$$
$$\mathrm{NH \qquad\qquad C \qquad\qquad NH}$$
$$\mathrm{N(CH_3)_2}$$

Dieser Körper entspricht dem Triphenylmethan, dessen Derivate bei der Oxydation Farbstoffe bilden.

Wichtig ist, daß auch jeder andere Aldehyd an das Pyrrol gebunden wird und dadurch dem Aldehyd mit der auxochromen Gruppe die Reaktion unmöglich machen kann. In mit Formaldehyd konserviertem Harn bleibt daher die EHRLICHsche Reaktion aus.

Die Aldehydreaktion ist also eine Gruppenreaktion. Ebensowenig ist die Fluorescenzprobe des Urobilins spezifisch. Im Porphyrinharn findet sich stets „Urobilin". Es entsteht aus den Leukoverbindungen der Porphyrine, den Porphyrinogenen. Da das Oxydationsprodukt des Urobilinogens, das Mesobilirubin, kein fluorescierendes Zinksalz gibt, so kann das Urobilin nicht durch Oxydation allein aus dem Urobilinogen entstehen. Folgendes Schema nach H. FISCHER verdeutlicht die Zusammenhänge:

<pre>
        Bilirubin   Urin-, Kot-, Hämato-, Mesoporphyrin
            ↓   ↓
     Mesobilirubinogen   Urin-, Kot-, Hämato-, Mesoporphyrinogene
       ↙   ↘   ↓   ↘
Mesobilirubin   Urobilin   Urin-, Kot-, Hämato-, Mesoporphyrin   Urobilin
</pre>

Alle Pyrrolleukobasen gehen an der Luft durch einen Prozeß, der vermutlich aus Oxydation und Verharzung besteht, in Urobilin über. Da die Leukoverbindungen der Porphyrine keine Aldehydreaktion geben, so ist diese ein Mittel zur Entscheidung, welches Porphyrin vorliegt.

Das Bilirubin ist unlöslich in Wasser, leicht löslich in Chloroform. Es ist eine Säure, deren Alkalisalze sich in Wasser lösen. Es ist oberflächenaktiv, kann daher am Papierfilter angereichert werden. Im Harn gelingt die Ausfällung durch Säure nicht, da die Harnkolloide, die bei Icterus durch die Gallensäuren vermehrt sind, einen Kolloidschutz gewähren. Aus dem sauren Harn geht der Farbstoff leicht, aber nicht vollständig in Chloroform, aus dem er in Form des Alkalisalzes in alkalisch reagierende wässerige Lösungen übertritt. Auch auf diesem Wege ist die Herstellung einer konzentrierten Lösung durchführbar. Durch einen voluminösen Niederschlag, wie er durch Zusatz einer Barytmischung zum Harn entsteht, wird das Bilirubin mitgerissen. Aus dem Niederschlag geht es beim Erwärmen mit salzsaurem Alkohol in Lösung.

Die Oxydation geschieht durch Salpetersäure (GMELIN) oder durch eine dünne alkoholische Jodlösung (TROUSSEAU). Bei diesen Proben wird die äquivalente Menge NO_3 oder J_2 zu NO_2 bzw. $2J$ reduziert.

Die Oxydation mit Salpetersäure wird gewöhnlich unter Zufügung von rauchender Säure angestellt. Es wird auch gelehrt, die reine Säure durch ein hineingeworfenes brennendes Streichholz zu verunreinigen. Auf dieses Niveau der Kochbücher dürfen wir nicht hinabsteigen. Der Sinn dieser Verordnung ist der, daß ganz kleine Mengen salpetriger Säure, die in der rauchenden enthalten sind und in der reinen durch oxydable Stoffe entstehen, als Katalysatoren die Reaktion beschleunigen. Der Praktiker, der diese Untersuchungen in seinem Sprechzimmer ausführt, kann die unangenehme rauchende Salpetersäure zweckmäßig durch einen kleinen Krystall von Natriumnitrit oder durch einen Tropfen des Diazoreagens II (Lösung von Natriumnitrit) ersetzen. Eine zu große Beschleunigung der Reaktion, bei der die Stufe der Grünfärbung zu rasch durchschritten wird, kann einen neagtiven Ausfall der Probe vortäuschen. Bei Verwendung von Quecksilber als Katalysator geht die Reaktion nicht über die Grünfärbung hinaus (K. SPIRO).

Literatur.

KOMORI, Y. und CHUJI IWAO: Über die Bilirubinbildung der überlebenden normalen Milz. J. of Biochem. 8, 195 (1927).
SCHIFF, L.: Serum bilirubin in health and disease. Arch. int. Med. 40, 800 (1927).

Achtzehntes Kapitel.

Gallenfarbstoffbildung. Bilirubinämie. Icterus. Leberfunktionen und ihre Prüfung.

1. Gallenfarbstoffbildung.

HIJMANS VAN DEN BERGH hat zum Nachweis des Bilirubins im Blutserum die EHRLICH-PRÖSCHERsche Diazoreaktion angewandt, die ein schön — in neutraler Lösung rot — gefärbtes Azobilirubin ergibt. Mit dieser Methode ist der Nachweis kleinster Mengen Gallenfarbstoff und eine annähernd, wenigstens vergleichsweise quantitative Bestimmung möglich. Die Methode HIJMANS VAN DEN BERGHS wird in jedem Laboratorium angewandt, gibt aber nach den Angaben von SHATTUCK, KILLIAN u. PRESTON nicht so gute Resultate wie eine colorimetrische Messung gegen eine schwefelsaure Lösung von Kaliumbichromat.

Hämatoidin. Von VIRCHOW ist zuerst ein in orangefarbigen rhombischen Tafeln krystallisierender Farbstoff beschrieben worden, der in allen Blutergüssen, in Cystenflüssigkeit und hämorrhagischen Exsudaten, gelegentlich im Sputum und selten in Harnsedimenten auftritt, das Hämatoidin.

Von diesem Körper, der sicher aus dem Blutfarbstoff stammt, der eisenfrei ist, hat man schon von jeher angenommen, daß er dem Bilirubin nahesteht oder mit ihm identisch ist. H. FISCHER u. F. REINDEL haben festgestellt, daß er wie Bilirubin die Diazoreaktion gibt und krystallographisch und spektroskopisch mit Bilirubin übereinstimmt. Hämatoidin ist also gleich Bilirubin.

HIJMANS VAN DEN BERGH hat auch in hämorrhagischen Ergüssen einen Farbstoff gefunden, der einen Azokörper wie Bilirubin gibt. Schon früher hatten FROIN in hämorrhagischen Flüssigkeiten von Menschen, WHIPPLE u. HOOPER im Experiment nach Injektion von Hämoglobinlösungen in dem Peritonealraum Bilirubin nachgewiesen. Schon lange ist bekannt, daß das aus den Gefäßen ausgetretene Blut — unter geeigneten Bedingungen — oxydativ so verändert wird wie Bilirubin durch die GMELINsche Reaktion. So ist bei Blutergüssen, die unter der Haut liegen, die Farbfolge dieselbe wie bei der Oxydation von Gallenfarbstoff mit Salpetersäure. Sicherlich wird die Umfärbung der Hämatome durch Oxydationsfermente (Oxydasen) bewerkstelligt, die auch bei der Entstehung des Hautpigments wirksam sind. Interessant ist, daß die Conjunctiva weder unter nor-

malen noch unter pathologischen Verhältnissen Pigment aufweist, und in ihr gelegene Blutergüsse bis zu ihrer Resorption die unveränderte, rote Blutfarbe
zeigen. Man muß daraus schließen, daß in der Conjunctiva oxydierende Fermente
fehlen; eine experimentelle Prüfung dieser Frage steht noch aus.

Ort der Gallenfarbstoffbildung. Mit der gesicherten chemischen Feststellung, daß Bilirubin und Hämatoidin identisch sind, ist entschieden, daß Gallenfarbstoff auch außerhalb der Leber gebildet wird.

Extrahepatische Gallenfarbstoffbildung und einen extrahepatischen (hämatogenen) Icterus hatte man bereits früher (MORGAGNI) angenommen. Nach den
Untersuchungen von NAUNYN u. MINKOWSKI und von STADELMANN war die
Überzeugung allgemein geworden, daß auch der bei starker Blutauflösung eintretende Icterus hepatogen zustande kommt, indem die Galle durch die große
Menge des gebildeten Farbstoffes dick und zähe wird, schlecht abfließt und so
zu einer Gallenstauung führt.

Die Diskussion über den Ort der Gallenfarbstoffbildung wurde von neuem eröffnet, nachdem ASCHOFF die These aufgestellt hatte, daß das Bilirubin im reticulo-endothelialen System entstehe, und nachdem MANN u. MAGATH beobachtet
haben, daß im Harn, Plasma und Fettgewebe des leberlosen Hundes ein gelbes
Pigment mit Gallenfarbstoffreaktion auftritt, dessen Menge sich nach intravenöser
Injektion einer Hämoglobinlösung vermehrt. Nach der Meinung dieser Autoren
ist die Bildung des Bilirubins von keinem intraabdominalen Organ abhängig.
Sie halten das Knochenmark für die Hauptbildungsstätte. Nach ASCHOFF und
F. C. MANN haben die Leberzellen in Beziehung zum Bilirubin lediglich eine
Ausscheidungsfunktion.

ROSENTHAL, LICHT u. MELCHIOR und ENDERLEN, THANNHAUSER u. JENKE
haben den Befund von MANN bestätigt, daß das Serum der Hunde nach Leberexstirpation gelb wird und chemisch nachweisbare Spuren von Bilirubin enthält.
Aber der Bilirubingehalt ist ganz außerordentlich gering, etwa so groß, wie der
des normalen Menschenserums (s. unten), während die Färbung des Serums einen
höheren Gehalt vermuten läßt. THANNHAUSER hat festgestellt, daß der Hauptteil dieser Serumverfärbung durch einen zweiten Farbstoff bedingt ist, der keine
Bilirubinreaktion gibt und wahrscheinlich dem Bilirubin nicht sehr nahesteht.

MELCHIOR, ROSENTHAL u. LICHT haben festgestellt, daß am leberlosen Hund
durch Toluylendiamin und Phenylhydrazin kein Icterus hervorgerufen (die von
MANN beschriebene Bilirubinbildung nicht gesteigert) werden kann, ganz ebenso
wie bei der entleberten Gans der Arsenwasserstofficterus ausbleibt (NAUNYN u.
MINKOWSKI).

Gegen diese Experimente ist von EPPINGER der Einwand erhoben worden,
daß nach den Untersuchungen von JOANNOWICZ u. PICK Toluylendiamin und
Phenylhydrazin nicht unmittelbar durch Einwirkung auf die Erythrocyten Icterus hervorrufen, sondern zur Produktion icterogener Stoffe in der Leber führen,
so daß bei Fehlen der Leber kein Icterus entstehen könne. Diesem Einwand
begegnen MELCHIOR, ROSENTHAL u. LICHT durch Experimente, in denen die
Leber erst bei voll ausgebildetem Icterus entfernt wurde, ohne daß eine Verstärkung des Icterus (gemessen am Bilirubingehalt des Serums) eintrat.

MELCHIOR, ROSENTHAL u. LICHT bestätigen zwar die Angabe MANNs, daß die
Bilirubinbildung im leberlosen Hund nach Injektion von Hämoglobinlösung steigt,

stellen aber in vergleichenden Untersuchungen fest, daß dieselbe Menge Hämoglobin beim Normalhund zu einem etwa dreimal stärkeren Gallenfarbstoffgehalt führt.

Entgegen der Ansicht von Aschoff und Mann stellt also die Leber im Vergleich zu den anderen Geweben des Körpers die Hauptbildungsstätte des Bilirubins dar; sie hat beim Phenylhydrazin- und Toluylendiaminicterus eine beherrschende, beim Hämoglobinicterus eine vorherrschende Rolle.

Bei dem leberlosen Hund besteht ein Gegensatz in der Bilirubinbildung bei Anbietung gelösten Hämoglobins gegenüber einer Blutzerstörung durch gewisse Gifte. Melchior, Rosenthal u. Licht weisen darauf hin, daß dieser Unterschied von der Form des Blutunterganges herrühren muß. Durch extracelluläre Hämolyse freigewordenes Hämoglobin ist — auch extrahepatisch — des Abbaus zum Bilirubin fähig. Dieser Fall trifft zu bei der paroxysmalen Hämoglobinurie, beim Schwarzwasserfieber, beim Gasbrand und bei der Morchelvergiftung und — lokal — beim Hämatom. Bei einer intracellulären Erythrocytolyse aber erfolgt Hämosiderinbildung (O. Lubarsch, O. Neumann, W. Hueck) und entsteht Gallenfarbstoff nur durch Vermittlung der Leber. In diese Kategorie fällt die Bilirubinbildung beim hämolytischen Icterus, bei der perniziösen Anämie u. a.

Auch in dem Falle der unmittelbaren Hämolyse spielt — wahrscheinlich — die hepatische Bilirubinbildung die Hauptrolle, da die Leber, wie aus dem Auftreten der Hämoglobinocholie und der Pleiochromie der Galle hervorgeht, den Blutfarbstoff mit großer Kraft an sich reißt. Die extrahepatische Bilirubinbildung geht, wie aus der Langsamkeit der Hämatoidinbildung, aus der Langsamkeit der Verfärbung der Hämatome und aus dem Umstand folgt, daß man Gallenfarbstoff nur in älteren hämorrhagischen Exsudaten findet, nicht so schnell vor sich, daß man z. B. eine Bilirubinämie, die der Hämoglobinurie vorangeht, durch extrahepatische Gallenfarbstoffbildung erklären könnte.

Danach muß also, fast noch über die Folgerungen von Melchior, Rosenthal u. Licht hinausgehend, die Leber für jede Form von Icterus als das Organ von überragender Bedeutung angesehen werden.

Wenn damit die Rolle der extrahepatischen Entstehung von Bilirubin auf ein sehr bescheidenes Maß zurückgeführt wird, so bleibt doch die Tatsache dieser Bildung auch für die Klinik wertvoll. Der Bilirubinnachweis z. B. in hämorrhagischen Punktionsflüssigkeiten aller Art ist für die Einschätzung des Alters der Hämorrhagien und besonders zur Entscheidung der Frage, ob das Blut durch die Punktion selbst hinzugekommen ist, wichtig.

Literatur.

Aschoff, L.: Das reticulo-endotheliale System. Erg. inn. Med. **26**, 1 (1924).

Enderlen, E., S. J. Thannhauser und M. Jenke: Die Einwirkung der Leberexstirpation bei Hunden usw. Arch. f. exper. Path. **120**, 16 (1927).

Eppinger, H. und Flek: Gallenabsonderung und Gallenableitung. Handbuch der norm. u. pathol. Phys. III. 1265.

Fischer, H. und F. Reindel: Über Hämatoidin. Hoppe-Seylers Z. **127**, 299 (1922).

Froin: Hémolyse et cholémie exp. chez le chien. C. r. Soc. Biol. Paris **60**, 121 (1906).

Hueck, W.: Die pathologische Pigmentierung. In: Krehl-Marchand, Handbuch der allgemeinen Pathologie III, 2, 298 (Literatur).

Hijmans van den Bergh, A. A.: Die Gallenfarbstoffe im Blut. Leiden 1918.

Jaffe, M.: Eigenschaften und Abstammung der Harnpigmente. Virchows Arch. **47**, 405 (1869).

Joannovicz, G. und E. P. Pick: Beitrag zur Kenntnis der Toluylendiaminvergiftung. Z. exper. Path. u. Ther. **7**, 185 (1910).

LUBARSCH, O.: Zur Entstehung der Gelbsucht. Berl. klin. Wschr. **1921**, 757.

MANN, FRANK C.: The extrahepatic formation of Bilirubin. Erg. Physiol. **24**, 379 (1925) (Literatur).

MELCHIOR, E., F. ROSENTHAL und H. LICHT (1): Untersuchungen am leberlosen Säugetier. Arch. f. exper. Path. **107**, 238 (1925); **115**, 138 (1926). — (2): Der Ort der Gallenfarbstoffbildung. Klin. Wschr. **1926**, 537.

MÜLLER, FR.: Über Icterus. Z. klin. Med. **12**, 45 (1887).

NAUNYN, B. und O. MINKOWSKI: Über den Icterus durch Polycholie. Arch. f. exper. Path. **21**, 1 (1886).

NEUBAUER, O.: Bedeutung der EHRLICHschen Farbenreaktion. Münch. med. Wschr. **1903**, 1876.

ROSENTHAL, F., H. LICHT und E. MELCHIOR: Die Bildungsstätten des Gallenfarbstoffes. Klin. Wschr. **1927**, 2076.

SALEN, E. B. und B. ENOCKSSON: Über die Bildungsstätte des Harnurobilins. Acta med. scand. **66**, 366 (1927).

SENDJU, J.: Bildung des Blut- und Gallenfarbstoffes im bebrüteten Hühnerei. J. Biochem. **7**, 191 (1927).

SHATTUCK, H. F., J. A. KILLIAN and M. PRESTON: A comparison of the quant. methods for the bilirubin of the blood. J. Larbor. a. clin. Med. **12**, 802 (1927).

SOEJIMA, R.: Über die extrahepatische Bilirubinbildung. Arch. klin. Chir. **149**, 206 (1927).

STADELMANN, E.: Der Icterus. Stuttgart 1891.

TANIGUCHI, K.: Über den Bildungsort des Bilirubins. Ref. in RONAS Ber. **46**, 206 (1927).

WHIPPLE, G. H. and C. W. HOOPER (1): Hematogenous and obstruct. icterus. J. of exper. Med. **17**, 543 (1913). — (2): Icterus, a rapid change of haemoglobin to bile pigment in the circulation outside the liver. Ebenda **17**, 612 (1913).

2. Bilirubinämie. Icterus.

Der Icterus ist ein Symptom, das bei sehr verschiedenartigen krankhaften Zuständen und unter sehr verschiedenen Bedingungen auftritt.

Beim Menschen kommt es dabei zuerst zu einer Verstärkung der normalen Bilirubinämie.

Mit der von HIJMANS VAN DEN BERGH eingeführten Diazomethode, mit der es gelingt, Bilirubin in einer Verdünnung von 1:1500000 nachzuweisen, ist festgestellt worden, daß die normale Bilirubinkonzentration des Serums etwa einer Lösung von 1:140000 entspricht, daß also das Serum etwa 0,7 mg% Gallenfarbstoff enthält. HIJMANS VAN DEN BERGH hat festgestellt, daß sich das Bilirubin im Serum von verschiedenen Formen von Icterus verschieden verhält, in einer Gruppe mit dem Reagens schnell unmittelbar kuppelt (direkte Reaktion), in der anderen aber (diese umfaßt die Fälle von hämolytischem Icterus, perniziöser Anämie, Icterus bei Herzfehlern) verzögert, bzw. nach Zusatz von Alkohol (indirekte Reaktion).

HIJMANS VAN DEN BERGH hat weiter festgestellt, daß das direkt reagierende Bilirubin an der Luft weiter zu Biliverdin oxydiert und von dem durch Alkohol gefällten Eiweiß stärker adsorbiert wird als das indirekt reagierende. GRUNENBERG hat gefunden, daß nur das indirekt reagierende Bilirubin mit Chloroform extrahiert werden kann. Das direkt reagierende Bilirubin geht leichter in die Haut (R. BOTZIAN, A. SCHÜPBACH). Das Übertreten von Bilirubin in den Harn ist von einer gewissen Konzentration abhängig (1:50—60000). Aber das Bilirubin mit indirekter Reaktion geht nicht in den Harn (HIJMANS VAN DEN BERGH). Nach M. BRULÉ und BLANKENHORN besteht eine Beziehung zwischen Harnfähigkeit und

Dialysierbarkeit; nur der dialysierbare Farbstoff wird durch die Nieren ausgeschieden.

Die Entdeckung Hijmans van den Berghs und ihr weiterer Ausbau führten zu der Annahme, daß die Verschiedenheit der Reaktion auf einer (vielleicht kleinen) chemischen Differenz beruhen könnte. Diese Annahme wurde aber bald verlassen.

Da im Falle des mechanischen Icterus auch Gallensäuren in das Blut gehen und sein Cholesteringehalt steigt, so lag es nahe, Beziehungen des Ausfalls der Reaktion zu diesen Körpern zu suchen (E. Adler). Die Befunde von Adler und Davies u. Dodds sprechen dafür, daß die Reaktion um so prompter ist, je größer die Cholesterinämie. Daß eine zureichende Erklärung damit nicht gewonnen ist, geht aus den zum Teil unstimmigen Untersuchungen von Brulé, Garhan u. Weissmann und aus der Tatsache hervor, daß auch Blasengalle oft keine direkte Reaktion gibt (Davies u. Dodds).

Davies u. Dodds haben die Reaktion nach Hijmans van den Bergh näher studiert und gefunden, daß bei Zugabe von Diazoreagens zu Serum das p_H langsam von 7,8 auf 2,8 abfällt und die Diazoreaktion positiv ist. Löst man Bilirubin in etwas Alkali auf, so sinkt nach Zusatz von Diazoreagens das p_H sofort von 9,0 auf 1,8, und die direkte Reaktion bleibt aus. Löst man aber das Bilirubin in einer Phosphatpufferlösung, so verläuft der Prozeß wie im Serum. Wie ungepufferte wässerige Bilirubinlösungen in bezug auf Abfall des p_H und Ausfall der Reaktion verhielt sich ein intraperitonealer Bluterguß. Das Ausbleiben der direkten Reaktion in bilirubinhaltigen Blutergüssen erklärt sich also aus dem Mangel an Puffersubstanzen. Chloroformlöslichkeit, Dialysierbarkeit und Reaktionsausfall sind auch nach Davies u. Dodds von dem umgebenden Medium abhängig. Behandelt man ein direkt reagierendes Serum mit Wasserstoffsuperoxyd oder mit gewaschenen Erythrocyten, so tritt eine Farbänderung ein und verschwindet die direkte Reaktion, während die indirekte bleibt. Im Gegensatz zu Hijmans van den Bergh finden Davies u. Dodds, daß Biliverdin eine indirekte Reaktion gibt. Diese Autoren glauben, daß auch bei Fällen von Icterus die Oxydation des Bilirubins zu Biliverdin an dem Fehlen der direkten Reaktion beteiligt ist. Die Bedingungen der Hijmans van den Bergh-Reaktion sind also sehr verwickelt. Für die Verhältnisse im Blutserum spielt vermutlich die Bindung an die Eiweißkörper, die je nach der Art des Bluteiweißbildes sehr verschieden sein kann, eine Rolle. Veränderungen des Cholesteringehaltes (und der Lipoide überhaupt) gehen einer Verschiebung des Bluteiweißbildes im allgemeinen (s. S. 396) parallel. E. Adler u. L. Strauss haben festgestellt, daß das Bluteiweißbild auf den Reaktionsablauf maßgebenden Einfluß hat. Nach Entfernung der Globulinfraktion geht die verzögerte (indirekte) Reaktion in die direkte über. Die Diazoreaktion bilirubinhaltiger Sera verläuft um so schneller, je niedriger der Globulingehalt ist. Durch Zufügung von Globulin zum Serum wird die Reaktion träger. Durch alle Eingriffe, die die Dispersität der Plasmaeiweißkörper erhöhen, also die Dispersität nach der Richtung des Albumins verschieben, so z. B. durch Zufügung von Alkohol, fällenden Salzen, diuretischen Mitteln, auch gallensauren Salzen, wird die Reaktion beschleunigt, während Eingriffe nach der entgegengesetzten Richtung (Zufügung von Gummi oder Cholesterin) die Reaktion verzögern. Auch durch intravenöse Injektion entquellender Mittel (Novasurol) konnte die indirekte Reaktion in die direkte umgewandelt werden.

Nach diesen Untersuchungen ist also an dem verschiedenen Ausfall der Probe nach HIJMANS VAN DEN BERGH das Bilirubin selbst und der Ort seiner Entstehung nicht schuld. Es kommt vielmehr darauf an, wieweit durch das zur Bilirubinämie führende Leiden das Bluteiweißbild (es ist vielleicht von Wichtigkeit, die Untersuchungen an Plasma zu machen) verändert und das Auftreten von Gallensäuren im Blut veranlaßt wird. Eine Verbindung der Befunde von ADLER und STRAUSS mit denen von DAVIES u. DODDS ist vielleicht möglich.

Der klinische Wert der Probe nach HIJMANS VAN DEN BERGH steht fest. Für die Abgrenzung der reinen Fälle von hämolytischem Icterus ist sie ein gutes Hilfsmittel. Die Beobachtungen mit Hilfe dieser Probe haben die Erfahrung bestätigt, daß das Fehlen der Bilirubinurie nicht auf einer Beteiligung der Nieren an dem Krankheitsprozeß beruht. Es ist wiederholt festgestellt worden, daß bei diesen Menschen Gallenfarbstoff in den Harn übergeht, sobald, was durch die dicke Beschaffenheit der Galle nicht ganz selten geschieht, ein mechanischer Icterus hinzukommt. SCHÜPBACH hat bei einer solchen Gelegenheit gesehen, daß in einem derartigen Anfall die vorher indirekte Reaktion des Blutserums in die direkte übergeht.

Während HIJMANS VAN DEN BERGH direkte und indirekte Reaktion unterschieden hat, wurde von J. FEIGL u. E. QUERNER und von G. LEPEHNE eine Trennung in prompte, verzögerte und zweiphasische Reaktion durchgeführt. Es handelt sich um Unterschiede in dem Eintritt der Reaktion und im Ablauf bis zum Maximum der Färbung. Nach den Aufschlüssen, die die Arbeiten von ADLER u. STRAUSS und von DAVIES u. DODDS gebracht haben, ist es wohl erlaubt, in der Praxis zunächst bei der ursprünglichen Abgrenzung zu bleiben.

Es findet sich die direkte Reaktion bei Stauungsicterus, Icterus luicus und Salvarsanicterus, Icterus bei akuter gelber Leberatrophie, WEILscher Krankheit, Phosphor- und Chloroformvergiftung, bei Sepsis, Cholangitis, bei schwerer Stauungsleber, beim hämolytischen Icterus nur nach einem cholecystopathischen Anfall und nach Splenektomie.

Die indirekte (verzögerte) Reaktion wird beobachtet beim hämolytischen Icterus, Icterus neonatorum, leichtem Stauungsicterus, beim Abklingen aller anderen Formen von Icterus.

Daß bei der perniziösen Anämie der Bilirubingehalt des Plasmas erhöht ist, läßt sich zur Differentialdiagnose gegen schweren Anämien anderer Art und gegen Krebskachexie gebrauchen. Ein hoher Bilirubinwert ist mit der Annahme eines Carcinoms nur dann vereinbar, wenn Prozesse in Leber und Gallenwegen vorliegen oder Kreislaufschwäche eingetreten ist. Durch dieses Moment kommt auch bei der Schrumpfniere und bei dem Lungenemphysem gelegentlich ein hoher Bilirubinwert zustande.

Die Diagnose des cholecystopathischen Anfalls kann durch eine Untersuchung des Blutes auf Bilirubin während oder kurz nach einem Anfall gestützt werden. Allerdings ist zu beachten, daß, wie E. HADLICH in unserer Klinik zuerst festgestellt hat, bei Ulcus duodeni, bei dem vorübergehender Icterus nicht ganz selten vorkommt (D. GERHARDT), regelmäßig, solange Beschwerden bestehen, gesteigerte Bilirubinämie nachweisbar ist.

Zur Gelbsucht kommt es, wenn der Abfluß der Galle gestört ist (Stauungsicterus, mechanischer Icterus) oder wenn mehr Gallenfarbstoff gebildet wird, als von der Leber in die Galle abgegeben werden kann (dynamischer Icterus — anhepatogener oder hämatogener [hämolytischer] Icterus) oder durch Destruktion des Leberparenchyms (EPPINGER).

So sehr auch die Meinungen über die Gallenfarbstoffbildung auseinandergehen (extrahepatische und hepatische Bildung, Bildung in den Leberzellen oder in den KUPFFERschen Sternzellen), so bleibt doch als ein fester Ausgangspunkt, daß die Galle von den Leberzellen produziert wird.

Neben dem Bilirubin kommen als leicht nachweisbarer Bestandteil lediglich die Gallensäuren in Betracht. Sofern und solange also bei einer mit Icterus einhergehenden Krankheit eine — wenigstens qualitativ — vollkommene Galle gebildet wird, wird Icterus durch Gallenstauung daran zu erkennen sein, daß auch Gallensäuren in die Kreislaufsysteme und in den Harn übertreten. Schon LEYDEN hat erkannt, daß die Anwesenheit von Gallensäuren im Harn gegen hämatogenen Icterus spricht. Es ist aber nicht möglich, das Fehlen von Gallensäuren für die diagnostische Entscheidung „hämolytischer Icterus" anzuwenden, weil beim mechanischen Icterus die Produktion der Galle kleiner wird. Die Gallensäurebildung, die in der Norm etwa 10 g pro die beträgt, nimmt so stark ab, daß in manchen Fällen dieser Art von Icterus Gallensäuren im Harn nicht auftreten.

Bei einer experimentellen Absperrung des Ductus choledochus ist nach kurzer Zeit (spätestens nach 24 Stunden) der Bilirubingehalt des Plasmas vermehrt. Die äußerlich sichtbare Gelbfärbung tritt erst auf, wenn der Gallenfarbstoff in die Gewebe eingedrungen ist.

Nach den Untersuchungen von EPPINGER ist die Verstopfung von Gallencapillaren durch geronnenes Material (Gallenthromben aus Fibrinogen, Lipoiden gebildet) an dem Icterus bei vermehrtem Blutuntergang (pleiochromem Icterus) beteiligt. Gallenthromben findet EPPINGER auch bei der Phosphorvergiftung und bei Icterus infolge von Kreislaufschwäche (cyanotischem Icterus).

Wie bei der Anaemia BIERMER, der im Experiment die Phenylhydrazinvergiftung entspricht, so kommt es bei dem hämolytischen Icterus, im Anfall von Kältehämoglobinurie, im Schwarzwasserfieberanfall nicht nur zu vermehrtem Bilirubingehalt des Plasmas, sondern zu manifestem Icterus. Erhöhte Hämolyse mit folgender Pleiochromie der Galle ist auch bei dem cyanotischen Icterus (Icterus bei Kreislaufschwäche) wirksam (HIJMANS VAN DEN BERGH, EPPINGER), bei dem es auch zur Bildung von Gallenthromben und zur Ausbildung von Leberzellnekrosen (P. HEINRICHSDORFF, H. OERTEL) kommt. Treten unter solchen Kreislaufverhältnissen Lungeninfarkte auf, so werden Bilirubinämie und Icterus stärker. Es ist sehr damit zu rechnen, daß im Lungeninfarkt selbst Bilirubinbildung erfolgt, und daß der bei Pneumonie auftretende Icterus — wenigstens zum Teil — auf einer (vielleicht bakteriell bedingten) Gallenfarbstoffbildung in dem pneumonischen Infiltrat beruht. Der oft auffallend starke Bilirubingehalt des Sputums weist auf einen solchen Zusammenhang hin.

Ob der Icterus neonatorum — die am wenigsten klare Form der Gelbsucht — der Gruppe des pleiochromen Icterus nahesteht, ist zweifelhaft. Die Auffassung von QUINCKE, daß das stark gallenfarbstoffhaltige Meconium aus dem Darm resorbiert und durch den offenen Ductus Aurantii unmittelbar in das Blut geleitet werde, ist nach der Beobachtung, daß der Icterus auch dann eintritt, wenn das Meconium während oder kurz nach der Geburt entleert wurde (W. KNÖPFEL-

MACHER, E. KEHRER), und nach den Befunden von TH. HEYNEMANN, daß der Ductus venosus oft obliteriert oder so eng sei, daß er für die Zirkulation keine große Rolle mehr spielen könne, nicht mehr haltbar. Zeichen eines vermehrten Blutuntergangs und einer Pleiochromie der Galle sind beim Icterus neonatorum aufgefunden worden. Einer solchen Auffassung der Gelbsuchtentstehung widerspricht aber das Auftreten von Gallensäuren im Harn (HALBERSTAM, BIRCH-HIRSCHFELD). B. SCHICK und WAGNER diskutieren die Frage einer Bilirubinbildung in der Endothelzelle der Placenta. Die Sonderstellung des Icterus neonatorum drückt sich auch darin aus, daß, im Gegensatz zu den anderen Formen von Gelbsucht, Gehirn und Rückenmark ikterisch verfärbt sein können (SCHMORL).

Der Icterus neonatorum geht ohne Bilirubinausscheidung durch den Harn einher. Demgemäß ist die direkte Diazoreaktion im Blut stark verzögert. Von Interesse ist, daß die Nierenzellen, wie auch klinisch aus der Betrachtung abgestoßener Epithelien hervorhegt, Bilirubin gelöst oder in Körnchen oder in feinen nadelförmigen Krystallen enthalten.

MINKOWSKI hat die These aufgestellt, daß die kranke Leber den Gallenfarbstoff nicht oder nicht nur in die Gallencapillaren, sondern auch in das Blut secerniere. Er nannte diese Funktionsstörung der Leber Parapedese. F. PICK, C. LIEBERMEISTER, die ähnliche Anschauungen geäußert haben, führten die Ausdrücke Paracholie und akatektischer Icterus ein.

Es ist sehr wohl möglich, aber nicht zu beweisen, daß die Verhältnisse bei Parenchymerkrankung der Leber in dieser Richtung liegen. Der Ausdruck „Paracholie" ist vielleicht, wenn man ihn von seinem hypothetischen Ursprung befreit, ganz passend unsere Unwissenheit kurz und bündig zu kennzeichnen. Er erscheint uns geeigneter als das von EPPINGER gewählte Wort „Icterus durch Destruktion der Leber", weil in der großen Gruppe von Krankheiten mit Gelbsucht, die in diese Rubrik gehört, nur die schwereren und schwersten Formen mit Zerstörung des Leberparenchyms in größerem Umfang einhergehen.

In diese Gruppe gehört auch der Icterus catarrhalis simplex. Er kommt nicht durch Verlegung des Ductus choledochus (Schleimpfropf) zustande. Wenn auch Erscheinungen vom Magen-Darmkatarrh (Icterus duodenalis — NAUNYN) der Gelbsucht häufig vorangehen, so zeigt doch die Untersuchung mit der Duodenalsonde, daß so gut wie stets, auch wenn der Icterus komplett zu sein scheint, Galle in das Duodenum entleert wird. Bei dem Icterus simplex findet EPPINGER ebenso wie bei dem Icterus infectiosus Nekrosen von Leberzellen. Dieser Befund macht es verständlich, daß diese Zustände bisweilen in akute Leberatrophie übergehen. Von den leichtesten bis zu den allerschwersten Fällen von Leberparenchymerkrankung, mag sie durch Toxine aus Mikroorganismen oder durch chemisch gut definierte Gifte bedingt sein, bestehen Übergänge und Zusammenhänge, die die Gleichartigkeit des Krankheitsprozesses beweisen.

Literatur.

ADLER, E.: Chemisch-physikalische Untersuchungen an Gallenfarbstoffen und Cholesterin. 34. Kongr. inn. Med. 1922.
— und L. STRAUSS: Beitrag zum Mechanismus der Bilirubinreaktion im Blutserum. Z. exper. Med. 44, 1, 9, 26, 43 (1925).
BIRCH-HIRSCHFELD, F. V.: Die Entstehung der Gelbsucht Neugeborener. Virchows Arch. 87, 1 (1882).

Botzian, R.: Beiträge zum Bilirubingehalt des menschlichen Serums. Mitt. Grenzgeb. Med. u. Chir. **32**, 549 (1920).

Brulé, M.: Récherches récentes sur les ictères. Paris 1922.

Davies, D. T. and E. C. Dodds: A study of the properties of pure bilirubin. Brit. J. exper. Path. **8**, 316 (1927).

Eppinger, H. (1): Beiträge zur normalen und pathologischen Histologie der Gallengänge. Zieglers Beitr. path. Anat. **31**, 230 (1902); **33**, 123 (1903). — (2): Die hepato-lienalen Erkrankungen. Berlin 1920 (Literatur).

Feigl, J. und E. Querner: Bilirubinämie. Z. exper. Med. **9**, 153 (1919).

Grunenberg, K. (1): Über die Differenzierung des Serumbilirubins durch seine Chloroform-löslichkeit. Z. exper. Med. **31**, 119 (1923. — (2): Über die Topik der Umwandlung der Chloroformlöslichkeit des Bilirubins. Ebenda **35**, 128 (1923).

Hadlich, E.: Bilirubinämie bei Ulcus duodeni. Klin. Wschr. **1922**, 1091.

Halberstam: Beiträge zur Lehre vom Icterus neonatorum. Inaug.-Diss. Dorpat 1885.

Heinrichsdorff, P.: Über Formen und Ursachen der Leberentartung bei gleichzeitiger Stauung. Zieglers Beitr. path. Anat. **58**, 635 (1914).

Heynemann, Th.: Die Entstehung des Icterus neonatorum. Z. Geburtsh. **76**, 788 (1915).

Hijmans van den Bergh, A. A. und Müller: Über eine direkte und indirekte Diazoreaktion auf Bilirubin. Biochem. Z. **77**, 90 (1916).

Kehrer, E.: Studien über den Icterus neonatorum. Österr. Jb. Päd. **2**, 71 (1872).

Knöpfelmacher, W. (1): Das Verhalten der roten Blutkörperchen bei Neugeborenen. Wien. klin. Wschr. **1896**, Nr 43. — (2): Die Ätiologie des Icterus neonatorum. J. Kinder-heilk. **67**, 36 (1908).

Kretz, R. (1): Pathologie der Leber. Erg. Path. 8, 473 (1902). — (2): Störungen der Lebersekretion. Handbuch der allgemeinen Pathologie 2, 462 (1913).

Lepehne, G. (1): Untersuchungen über Gallenfarbstoff im Blutserum. Dtsch. Arch. klin. Med. **132**, 96 (1920); **135**, 79 (1921); **136**, 88 (1921). — (2): Pathogenese des Icterus. Erg. inn. Med. **20**, 221 (1921) (Literatur). — (3): Leberfunktionsprüfung, 2. Aufl. Halle a. S. 1929.

Liebermeister, C.: Zur Pathogenese des Icterus. Dtsch. med. Wschr. **1893**, Nr 16.

Minkowski, O.: Zur Pathogenese des Icterus. Z. klin. Med. **55**, 34 (1904).

Naunyn, B.: Über Icterus. Mitt. Grenzgeb. Med. u. Chir. **31**, 537 (1919).

Oertel, H.: Über die bei schwerer venöser Stauung auftretenden nicht entzündlichen Lebernekrosen mit Icterus. Berl. klin. Wschr. **1912**, Nr 43.

Pick, F.: Über die Entstehung des Icterus. Wien. klin. Wschr. **1894**, Nr. 26/29.

Quincke, H.: Über die Entstehung der Gelbsucht bei Neugeborenen. Arch. f. exper. Path. **19**, 29 (1885).

Schick, B.: Über die Verteilung der Gelbfärbung in der Haut beim Icterus neonatorum. Z. Kinderheilk. **27**, 232 (1921).

Schüpbach, A.: Über den chronischen hereditären familiären Icterus. Erg. inn. Med. **25**, 821 (1924).

3. Leberfunktionen und ihre Prüfung.

Die Zahl der Funktionen, die sich in der Leber abspielen, ist so groß, daß unter krankhaften Veränderungen der Organtätigkeit eine Fülle von Abweichungen und Ausfallerscheinungen erwartet werden kann. Die Krankenbeobachtung lehrt aber, daß im wesentlichen nur die Störungen der Gallebereitung so deutlich hervor-treten, daß es zu ihrer Feststellung keiner schwierigeren Methoden bedarf. Von den Zuständen schwerster Lebererkrankung abgesehen werden die anderen Ver-änderungen größtenteils nicht manifest. Bei näherer Untersuchung findet man eine größere Anzahl funktioneller Abweichungen, die aber in ihrer Stärke durchaus nicht in einer Beziehung zueinander stehen. Es ist also nicht richtig, wenn man eine Funktion oder auch mehrere als geschädigt feststellt, von „Leberinsuffizienz" im allgemeinen zu sprechen. Die Teilfunktionen der Leber verlaufen nicht nur gruppenweise, sondern auch innerhalb der Gruppen unabhängig voneinander. Die Zahl dieser Gruppen und zum Teil auch die Zahl der Funktionen innerhalb jeder Gruppe ist zu groß, als daß es möglich wäre, bei einer akuten diffusen Lebererkrankung alle Funktionen zu prüfen und so zu einem Bilde des gleichzeitigen Standes aller Leberfunktionen zu kommen. Bei chronischen diffusen Lebererkrankungen mag — wenigstens in einzelnen Fällen — das ganze Funktionsprüfungsprogramm durchführbar sein. Dieses Programm lautet:

A. **Bildung der Galle und Verarbeitung der Gallebestandteile.**
    I. Gallenfarbstoff im Blut, Harn und anderen Körperflüssigkeiten.
    II. Urobilin und Urobilinogen im Harn, Kot und Blut.
    III. Gallensäuren im Blut und Harn.
    IV. Freies und gebundenes Cholesterin im Blut.
    V. Feststellung der Bestandteile der Galle, auch der Gallenmenge, des Eiweißgehaltes und der morphologischen Bestandteile im Duodenalinhalt.

B. **Eiweißstoffwechsel.**
    I. Harnstoffbildung. Ammoniakausscheidung. Aminosäuren in Blut und Harn.
    II. Bluteiweißbild. (Blutgerinnung, Blutkörperchensenkung, hämoklasische Krise.)

C. **Kohlehydratstoffwechsel.**
    I. Alimentäre Dextrosämie und Dextrosurie.
    II. Alimentäre Lävulosämie und Lävulosurie.
    III. Alimentäre Galaktosurie.

D. **Fettstoffwechsel.**

E. **Wasserhaushalt.**

F. **Exkretorische Funktion.**

G. **Entgiftende Funktion.**

Das Bilirubin (A I), dessen Verhalten bereits ausführlich besprochen wurde, wird im Darm durch die reduzierende Tätigkeit der Darmbakterien in Urobilinogen (A II) umgewandelt. Aus dem Urobilinogen, einem eindeutig charakterisierten chemischen Körper (s. S. 417), wird „Urobilin", das Produkt einer komplizierten Reaktion verschiedener Stoffe. Das Urobilin wird zum Teil mit dem Kot ausgeschieden, zu einem etwas kleineren Teil resorbiert und der Leber zugeführt. Unter normalen Verhältnissen kommt von dieser Quote nur eine ganz geringe Menge über die Leber hinaus und zur Ausscheidung durch die Nieren und auch in die Galle. Die durchschnittliche normale Urobilinmenge im Harn beträgt etwa 20 mg. EPPINGER schätzt die Bilirubintagesproduktion auf 300 bis 400 mg, die Urobilintagesmenge im Kot auf 150—200 mg, die in der Leber zurückgehaltene und vermutlich zu Häminsynthese dienende Menge auf 100—200 mg.

Legt man diese Auffassung und Rechnung der Würdigung des physiologischen und pathologischen Geschehens zugrunde, so ist es notwendig, zwei Einschränkungen zu machen.

Erstens ist die Frage der ausschließlich enterogenen Herkunft des Urobilins strittig. Die französische Schule (BRULÉ u. GARBAN) nimmt an, daß das Urobilin intermediär aus dem im Blut und Gewebe angehäuften Bilirubin entsteht.

Nach F. FISCHLER (etwa in Übereinstimmung mit der Lehre HAYEMS) bildet die kranke Leber statt Bilirubin Urobilin.

Zweitens nimmt der Übergang von Bilirubin in Urobilin im Darm nicht unter allen Umständen einen vollständigen Verlauf. KAEMMERER u. MILLER haben gezeigt, daß es sich um einen sehr verwickelten Prozeß handelt, der von der Art der Darmflora, besonders von gewissen Anaerobiern, von dem Gleichgewichtszustand zwischen Gärung und Fäulnis, somit auch von der Ernährung, von dem p_H abhängt.

Die physiologische Urobilinurie zeigt gewisse Tagesschwankungen. Der Nachmittagsharn ist — wahrscheinlich durch den Einfluß der Verdauung — urobilinreicher als der Vormittagsharn. Die Urobilinurie wird stärker nach eiweißreicher Nahrung (nach reichlicher Fleischzufuhr steigt auch die Stuhlquote stärker); Milch- und auch Fettnahrung haben keinen Einfluß. Andererseits kommt es auch im Hungerzustand zu verstärkter Urobilinurie. Diese Reaktionen sind bei Leberkranken stärker ausgebildet als bei Gesunden. Bei Leberkranken macht auch Zuckerzufuhr die Urobilinausscheidung ansteigen und soll auch die Zuführung von Galle (FALTA, HÖGLER u. KNOBLOCH) und von Chlorophyll Urobilinurie erzeugen.

Eine befriedigende Erklärung dieser Phänomene ist noch nicht gefunden. Man spricht von einer Ermüdung der Leber durch die Verdauungsarbeit und von einer Hungerschädigung der Leber. Auch die bei Gesunden unter lordotischer Haltung auftretende Urobilinurie wird auf eine nicht vollwertige Leberfunktion bezogen.

Eine Steigerung der Urobilinausscheidung findet sich unter krankhaften Verhältnissen der verschiedensten Art. Bei den diffusen Leberkrankheiten werden mit dem Harn sehr große Mengen Urobilin (nach der Methode A. ADLERS gemessen: bis 1000 mg) ausgeschieden. Von praktisch-diagnostischer Bedeutung ist die Urobilinogenurie bei der Stauungsleber und im cholecystitischen und cholangitischen Anfall. Sehr hohe Werte sind die Regel beim hämolytischen Icterus, bei der paroxysmalen Hämoglobinurie, Blutergüssen und hämorrhagischem Infarkt, bei der akuten Leukämie und bei den ihr verwandten Zuständen, bei der Erythrämie. Eine geringe Steigerung zeigt — nicht in allen Fällen, bzw. nicht während des ganzen Verlaufs — die perniziöse Anämie. Scharlach, Typhus, Pneumonie, Sepsis, Erysipel, Gelenkrheumatismus, ferner schwere Tuberkulose gehen mit starker Urobilinurie einher. Über die Norm gesteigerte Urobilinausscheidung ist auch eine der Stoffwechseleigentümlichkeiten der Gravidität (besonders in der zweiten Hälfte).

Während in der Norm die Menge des Harnurobilins (20 mg) nur den 10. bis 30. Teil der Menge des Koturobilins ausmacht, treten unter pathologischen Verhältnissen sehr starke Veränderungen dieses Quotienten auf. Die absolute Menge der Urobilinproduktion, deren Kenntnis in erster Linie für die Einschätzung der Größe der Blutmauserung (BRUGSCH, EPPINGER) von Bedeutung ist, kann nur aus der Analyse von Kot und Harn gewonnen werden. Da die Methoden schwierig sind und noch der Kritik unterliegen, so mögen die absoluten Werte mit einiger Zurückhaltung aufgenommen werden. Außer Zweifel aber ist wohl, daß in allen Zuständen, in denen ein gesteigerter Hämoglobinumsatz besteht, eine entsprechende Vermehrung des Koturobilins gefunden wird.

Unter diesen Verhältnissen ist das Harnurobilin nicht oder nur wenig vermehrt. Der Quotient Harn-Urobilin: Kot-Urobilin sinkt daher von $^1/_{10}$—$^1/_{20}$ der

Norm auf sehr viel kleinere Werte ab. Umgekehrt wird bei Lebererkrankungen, bei denen die Gesamturobilinexkretion viel kleiner ist, ein weit größerer Teil durch die Nieren ausgeschieden, so daß der Quotient auf $^1/_2$ und darüber steigt.

Diese Tatsachen sind hinreichend gesichert. Aus ihnen kann gefolgert werden, daß das Urobilin, das im Darm (und vielleicht auch intermediär) gebildet wird, von der gesunden Leber bis auf geringe Spuren verarbeitet, im übrigen aber nach dem Darm entleert wird. Bei stark erhöhtem Angebot geht ein etwas größerer Teil in den allgemeinen Kreislauf und in den Harn über. Ist die Leber aber diffus, wenn auch in morphologisch nicht oder kaum nachweisbarer, zudem durchaus reversibler Art erkrankt, so überwiegt der Harnanteil des Urobilins.

Jacobs u. Scheffer diskutieren die Möglichkeit, daß Harn- und Koturobilin zwei verschiedene Pyrrolverbindungen darstellen könnten. Nach den Erfahrungen, die bei dem Porphyrin gemacht worden sind, erscheint diese Hypothese einer Untersuchung wert.

Die Auffassung über die physiologische und pathologische Urobilinausscheidung, die auf der Theorie der ausschließlich enterogenen Entstehung des Urobilins beruht, scheint mit der klinisch so bedeutungsvollen Tatsache übereinzustimmen, daß bei vollkommenem Abschluß der Galle vom Darm Urobilin in Harn und Kot fehlt. Die Deutung dieses Faktums ist aber schwierig, weil auch bei vielen Fällen von vollständigem Icterus, in denen — in der Mehrzahl der Fälle — die Proben auf Urobilin und Urobilinogen in den Exkreten völlig negativ ausfallen, sicher, wie die Untersuchung des Duodenalinhalts lehrt, Gallenfarbstoff in den Darm gelangt, der vielleicht auch aus der stark bilirubinhaltigen Darmschleimhaut eine Vermehrung erfährt. Für das Fehlen der Urobilinurie kommt in solchen Fällen der Umstand in Betracht, daß die Resorption des Urobilinogens im Darm keinen ganz einfachen Vorgang darstellt. Fromhold und Nersesoff haben einem Kranken mit komplettem Choledochusverschluß 0,2 Bilirubin per os gegeben, ohne daß eine Ausscheidung von Urobilinogen oder Urobilin im Harn auftrat. Ebenso verhielt sich Galle (20—60 ccm), der die ätherlöslichen Substanzen entzogen waren, während der Zuführung von originaler Galle die Reaktionen sogleich folgen (Fr. Müller). H. Fischer u. F. Meyer-Betz haben gesehen, daß nach reichlicher Gabe von Hemibilirubin (Urobilinogen) per os keine Urobilinurie auftritt, sondern daß noch ein Körper da sein muß, der die Resorption ermöglicht. Nach dem Befund von Fromhold und Nersesoff sind die ätherlöslichen Stoffe der Galle zur Resorption erforderlich (vgl. H. Wieland, S. 301). Daß auch der Kot urobilinfrei ist, könnte sich aus den oben erwähnten Feststellungen Kaemmerers erklären (s. S. 429).

Die Tatsache des Fehlens von Urobilin im Harn und Kot bei kompletter Gallenstauung ist auch mit der Theorie der (teilweise) hepatogenen Urobilinbildung schwer zu vereinigen. Unter diesen Verhältnissen ist die Leber sicherlich geschädigt, ohne diese Reaktion zu geben, die im allgemeinen als die empfindlichste Probe auf Leberschädigung gilt. Fischler hat im Experiment, nach Choledochusunterbindung, Urobilinurie gefunden. G. Lepehne hat diesen Befund am Tier und E. Hoffmann hat ihn auch beim Menschen bestätigt. Adler und Goldschmidt-Schulhoff haben beim Neugeborenen (mit und ohne Icterus), bei dem mangels einer Darmflora Urobilin im Darm nicht gebildet werden kann, im Harn und Kot positive Reaktionen erhalten. Diese Befunde weisen darauf hin, daß die Leber unter gewissen pathologischen Verhältnissen Urobilin bilden kann — nach der Meinung von FISCHLER statt Bilirubin, nach der Meinung von ADLER aus Bilirubin. In der infizierten Gallenblase ist Urobilinbildung nachgewiesen.

A III. Die normale Gallensäurenbildung beträgt pro Tag 10—12 g. Beim Gesunden sollen Gallensäuren im Harn fehlen. Beim Icterus, nicht aber beim hämolytischen Icterus, werden kleine Mengen Gallensäuren mit dem Harn ausgeschieden. Ihr Nachweis mit Hilfe der PETTENKOFERschen Probe oder einer ihrer Modifikationen ist einwandfrei nur nach Isolierung möglich. Dieses umständliche und daher in der Klinik wenig gebräuchliche Verfahren kann — wenigstens qualitativ — durch eine Reaktion ersetzt werden, die auf der Eigenschaft der Gallensäuren die Oberflächenspannung herabzusetzen beruht. HAY hat zu diesem Zwecke die „Schwefelblumenprobe" eingeführt, die LEPEHNE zu einer „quantitativen Schätzung" des Gallensäurevorkommens im Harn und Duodenalinhalt auszubauen versucht hat. Empfindlicher als die Probe nach HAY ist die Stalagmometrie.

Zahlreiche Untersuchungen haben ergeben, daß die Ausscheidung von Bilirubin und Gallensäuren nicht parallel geht. Die Cholalurie kann auch beim gewöhnlichen Icterus fehlen und bei nicht deutlichem Icterus bestehen. Beim hämolytischen Icterus ist die Ursache der „Dissoziation" klar. Bei dem gewöhnlichen Icterus ist das Fehlen einer Gallensäureausscheidung wahrscheinlich durch einen Stillstand der Gallensäurebildung bedingt.

Die Bestimmung der Gallensäuren im Duodenalinhalt, die ROSENTHAL und FALKENHAUSEN auf chemischem Wege versucht haben, erscheint bei der Inkonstanz der Zusammensetzung des Ausgangsmaterials nicht lohnend. Gegen Anwendung der physikalischen Methoden im Duodenalinhalt bestehen sehr begründete Bedenken (H. SCHADE, E. NEUBAUER, A. ADLER).

Bei schwerem Icterus sind auch im Blut Gallensäuren nachgewiesen worden. Die Cholalämie ruft die Bradykardie, nicht aber das Hautjucken (EPPINGER) hervor und hat auch keine Beziehungen zu den Symptomen, die man als cholämische zu bezeichnen pflegt.

A IV. Das Cholesterin der Galle wird gewöhnlich als ein Exkretionsstoff aufgefaßt. Die Versuche am leberlosen Hund (MANN u. MAGATH; ROSENTHAL, MELCHIOR u. LICHT; ENDERLEN, THANNHAUSER u. JENKE) geben dieser Auffassung keine Stütze. Ganz sicher wird wenigstens ein Teil des mit der Galle in den Darm gegebenen Cholesterins rückresorbiert, wahrscheinlich um zum Aufbau von Zellen Verwendung zu finden (GARDNER u. LANDNER). Man hat — bisher — das Sterin des Kotes zum Teil für ein Produkt des Gallensterins gehalten. DORÉE u. GARDNER finden, daß das Sterin im Kot der Pflanzenfresser nicht von einem tierischen Sterin, sondern aus dem Futtergras herrührt. SPERRY beobachtet — allerdings bei Anwendung einer colorimetrischen Methode —, daß nach Ableiten der Galle nach außen das Kotsterin nicht ab-, sondern zunimmt, also sein Ausgangsmaterial nicht in der Galle haben kann. H. BEUMER u. HEPPNER haben gesehen, daß der Cholesteringehalt des Chylus beim Hund bis zu den unteren Dünndarmabschnitten abnimmt und im Dickdarm auf höchste Werte ansteigt. Als Quelle des Kotsterins kommen wahrscheinlich in erster Linie Darmbakterien, Sterine aus der Nahrung und aus zerfallenen Zellen in Betracht.

Der Cholesteringehalt der Galle (Lebergalle) (20—70 mg%) ist sehr klein, kleiner als der des Gesamtcholesterins im Blutserum. Von der Herkunft und der mutmaßlichen Bedeutung des Cholesterins der Galle soll später (s. S. 590) die Rede sein.

Die Untersuchungen an Leberkranken haben die sehr interessante Tatsache ergeben, daß bei völligem Choledochusverschluß der Choleringehalt des Blutes ansteigt. Aus den Zahlen, die insbesondere BÜRGER mit der Methode von WINDAUS gewonnen hat, geht hervor, daß in der Mehrzahl der Fälle von gewöhnlichem Icterus bei nicht vollständigem Gallenabschluß Werte an der oberen Grenze der Norm und leichte Erhöhungen gefunden werden. Mit der Dauer des vollständigen Icterus wächst die Cholesterinkonzentration des Blutes nicht dauernd, sondern sie bleibt nach einiger Zeit stehen und kehrt allmählich zu fast normalen Werten zurück (STEPP; ROSENTHAL u. HOLZER).

Diese Beobachtungen lassen sich nicht eben dem Gedankengang, daß das zur Exkretion reife Cholesterin bei Gallenstauung mit anderen Gallenbestandteilen in das Blut zurücktritt oder im Blut verbleibt, anreihen. Wenn Cholesterin ein Ausscheidungsprodukt wäre, dann müßte der Gehalt des Blutes an Cholesterin mit der Dauer der Gallensperre ständig anwachsen, so wie etwa der Reststickstoff des Blutes mit der Dauer der Nierensperre ansteigt. Eine Abwanderung aus dem Blut in irgendwelche Lagerstätten ist in der Regel nicht nachweisbar. Und es ist nicht einzusehen, warum diese Abwanderung erst nach einer gewissen Dauer des Bestehens des Icterus einsetzen sollte. Nicht zu beurteilen ist, ob im einzelnen Falle die Abnahme auf einem Cholesterinabbau beruht, ob bei diesen Zuständen Verhältnisse eintreten, die wie die Kachexie und Infektionszustände eine Tendenz zur Hypocholesterinämie haben.

Dagegen ist die Beobachtung sehr gut verständlich, wenn man annimmt, daß Cholesterin ein notwendiger Bestandteil der Galle ist, der, wie andere Bestandteile der Galle, bei mechanischem Icterus in das Blut zurücktritt, solange wie Galle gebildet wird. Wenn, wie die Betrachtung des Verhaltens von Bilirubin und Gallensäuren ergeben hat, die Gallenbildung aufhört, dann kann auch die Cholesterinämie nicht mehr weiter ansteigen.

Die Hypercholesterinämie beim Icterus beruht auf einer Zunahme des freien Cholesterins. Es findet sich Hypercholesterinämie auch bei Leberkranken ohne Icterus, z. B. bei Cirrhosis hepatis. Die Deutung, daß in diesen Fällen die Partialfunktion der Cholesterinausscheidung gestört sei, ist ganz willkürlich, jedenfalls nicht durch Analysen der Galle gestützt. Hypercholesterinämie findet sich bei sehr vielen verschiedenen Krankheitszuständen, besonders auch solchen, die mit deutlicher Zellschädigung einhergehen. Zu dieser Gruppe gehört die Lebercirrhose.

Während in der Norm im menschlichen Blutserum das Estercholesterin das freie Cholesterin überwiegt, verschiebt deren Verhältnis sich bei Leberkranken infolge Zunahme des freien Cholesterins. Bei einem länger dauernden mechanischen Icterus sind $2/3$ des Cholesterins frei, während beim hämolytischen Icterus wenigstens $2/3$ des Cholesterins verestert sind. BÜRGER denkt daran, daß durch eine Störung der Fettresorption, als Folge des Icterus, das Material zur Esterbildung fehlen könnte. Diese Erklärung ist aber nicht befriedigend, einmal aus quantitativen Erwägungen, dann aber auch infolge der Befunde von THANNHAUSER u. SCHABER. Diese Autoren sahen bei Erkrankungen des Leberparenchyms auch ohne Vermehrung des Gesamtcholesterins ein Zurückgehen des Estercholesterins im Serum bis auf Null (Estersturz). In dem auf S. 304 mitgeteilten Fall von Xanthomatosis trat nach Thyreoidinbehandlung Estersturz ein. Bei einem Teil der Patienten von THANNHAUSER u. SCHABER bestand kein Icterus und keine Fettresorptionsstörung.

Diese Untersuchungen werden zweckmäßigerweise im Serum angestellt, weil die Erythrocyten fast nur freies Cholesterin enthalten.

Ein cholesterinabspaltendes Ferment wurde von I. H. SCHULZ in der Leber, von THANNHAUSER in der Galle gefunden. Fermente dieser und der entgegengesetzten Wirkung kommen in jeder Zelle vor. Es ist aber damit zu rechnen, daß die Leber — auch in dieser Beziehung — eine überwiegende Stelle einnimmt, und daß Erkrankung des Leberparenchyms zu einer Abschwächung des Esterspaltferments führt.

A IV. Die Untersuchung des Duodenalinhalts kann für quantitative Zwecke, selbst bei großer Erfahrung und äußerster Vorsicht kaum herangezogen werden. Das gilt besonders für den Versuch von MEDAK u. PRIBRAM, die 24stündige Gallemenge aus der Stärke der Sekretion während einer gemessenen Zeit zu berechnen. Die Beobachtung des Bilirubingehaltes hat zu der überraschenden Feststellung geführt, daß auch beim anscheinend kompletten Icterus — mit Ausnahme der Fälle von substantiellem Verschluß des Ductus choledochus — der Duodenalinhalt nur ausnahmsweise frei von Gallenfarbstoff ist. Der Bilirubingehalt ist vermindert bei mechanischem Icterus und in manchen Fällen von Lebercirrhose, vermehrt bei gesteigertem Blutzerfall. Bei abklingendem Icterus kann der Bilirubingehalt des Duodenalinhaltes verstärkt sein, entsprechend der unter diesen Verhältnissen auftretenden Vermehrung des Koturobilins. Da bei der Analyse der aus der Gallenblase gewonnenen Galle nach HIJMANS VAN DEN BERGH die Oxydationsprodukte nicht erfaßt werden, so ist eine quantitative Farbstoffbestimmung auf diese Weise nicht möglich.

Das Vorkommen von Urobilin und Urobilinogen in der Galle ist von einer Reihe von Untersuchern einwandfrei festgestellt. Neuere Beobachtungen ergeben auch im Duodenalinhalt zum Teil positive Resultate.

Die Bestimmung der Gallensäuren, die nach den Arbeiten von FORSTER u. HOOPER und ROSENTHAL u. VON FALKENHAUSEN erfolgt, hat bei schweren Leberkranken eine Herabsetzung ergeben.

Der Cholesteringehalt des Duodenalinhaltes ist bei mechanischem Icterus vermindert, nach ELIAS u. SCHMIDT bei katarrhalischem Icterus bis auf Null. Bei der perniziösen Anämie wird eine Vermehrung gefunden, ohne daß Hypercholesterinämie besteht; umgekehrt besteht nach J. BARÁT bei Nephrose, trotz Hypercholesterinämie, Verminderung. Bei den erheblichen Schwankungen des Cholesteringehaltes der Galle, bei der Inkonstanz der Zusammensetzung des Duodenalinhalts und bei der Unsicherheit der colorimetrischen Methodik sollen diese Ergebnisse nur kurz erwähnt werden.

Albuminocholie. Die normale Galle enthält nach HAMMARSTEN Mucin. Nach den Untersuchungen von J. F. LOGAN ist der Eiweißstoff der Galle ein Gemisch eines sehr beständigen Glykoproteids mit ein wenig Nucleoproteid. Das Auftreten eines Albumins hat zuerst LUDOLF BRAUER bei Hunden nach Alkoholvergiftung beobachtet. Im Duodenalinhalt wurde Albumin gefunden bei Icterus catarrhalis, Icterus luicus, Salvarsanicterus, Cholangitis, perniziöser Anämie, Malaria, Pneumonie, Nephrose und nach Alkoholvergiftung. Bei Lebercirrhose, Lebertumoren, Stauungsleber und bei Cholelitiasis lauten die Angaben der Autoren verschieden.

B I. Da die Leber im Eiweißstoffwechsel eine bedeutende Rolle spielt, so ist bei Leberkranken die Aufmerksamkeit schon seit langer Zeit darauf gerichtet, Abweichungen von der Norm festzustellen. Bezüglich der Harnstoffbildung, die man aus der Analyse des Harns auf Gesamtstickstoff, Harnstoff-N und Ammoniak-N leicht beurteilen kann, finden sich indessen nur im Endstadium schwerster diffuser Hepatopathien deutliche Abweichungen von der Norm. So fällt bei der akuten Leberatrophie der Anteil des Harnstoff-N am Gesamt-N von 85—88% der Norm auf 45—60%, während der Ammoniak-N von 3—5% auf 10—17% ansteigt.

Die französische Schule hat sich bemüht, Störungen der Verteilung des N auf diese beiden Fraktionen auch bei leichteren Lebererkrankungen aufzufinden. Die Ergebnisse dieser Untersuchungen haben aber keine weiteren Anhaltspunkte für eine frühe Schädigung der Harnstoffbildung ergeben. Die Harnstoffbildung scheint selbst bei erheblicher Verminderung des Leberparenchyms noch ausreichend stattzufinden. Entgegen der früheren Auffassung ist die Leber nicht das einzige Organ, in dem diese Synthese stattfindet. Es ist daher damit zu rechnen, daß ein Defekt dieser Leberfunktion durch gesteigerte Tätigkeit anderer Organe, unter denen vielleicht die Niere eine hervorragende Stelle einnimmt, ausgeglichen wird, so daß aus den Analysen des Harns kein Einblick in diese Verhältnisse gewonnen werden kann. Dazu kommt, daß bei schweren diffusen Leberkrankheiten eine abnorme Säurebildung eintritt, die eine Vermehrung des Harnammoniaks (N. JANNEY, eigene Untersuchungen) im Gefolge hat. Vermehrung der Blutmilchsäure wurde von H. SCHUMACHER, A. ADLER u. LANGE u. a. festgestellt. Wir haben selbst wiederholt bei schwersten Lebererkrankungen Sinken der Alkalireserve und Übergang von Milchsäure in den Harn beobachtet.

Die Quelle des Ammoniaks sind im wesentlichen die Aminosäuren. Ihre Desaminierung erfolgt in der Leber. Die 24stündige Menge des Harnaminosäuren-N schwankt zwischen 50 und 350 mg = 1—3% des Gesamt-N. Bei schweren Leberkrankheiten kann dieser Wert deutlich ansteigen, so bei Lebercirrhose auf 6%, bei akuter gelber Leberatrophie auf 12%.

Dieser Befund ist prinzipiell sehr wichtig, aber wegen seiner Inkonstanz kasuistisch-diagnostisch nicht von großer Bedeutung. Das wird am besten dadurch illustriert, daß das von FRERICHS im Harn von Kranken mit akuter gelber Leberatrophie gefundene Leucin und Tyrosin in einer nicht ganz kleinen Zahl von Fällen vermißt wird, und zwar um so öfter, je mehr sich die Feststellung auf chemische Analyse, je weniger sie sich auf mikroskopische Untersuchung stützt. Leucinkugeln können leicht mit Kugeln von Dicalciumphosphat und harnsaurem Ammonium verwechselt werden. Tyrosinnadeln haben eine sehr große Ähnlichkeit mit Hämatoidinnadeln, die sich nach G. DORNER im Harnsediment von Icterischen fast immer finden. Wenn nicht eine chemische Identifizierung oder wenigstens eine Bestimmung des Aminosäuren-N vorgenommen werden kann, sollte die mikroskopische Untersuchung wenigstens durch die MILLONsche Reaktion auf Tyrosin im enteiweißten Harn ergänzt werden.

Wird eine Steigerung der Aminacidurie festgestellt, so ist der Schluß auf eine Störung der Desaminierungsfunktion der Leber noch nicht gegeben, weil bei den schwersten Lebererkrankungen dieser Befund sicher und in erster Linie durch Leberautolyse bewirkt wird.

Man hat daher versucht, die Desaminierungsfunktion der Leber durch Messung der Aminacidurie (und Aminacidämie) nach Fütterung von Aminosäuren Pepton und Eiweiß festzustellen. LABBÉ u. BITH, K. GLÄSSNER, VAN SLYKE u. G. M. MEYER u. a. haben, besonders bei Cirrhose, aber auch bei Stauungsleber und schwerem Icterus, positive Resultate erhalten.

Die Bedeutung dieser Untersuchungen erscheint nicht groß, wenn man sie nur von dem Gesichtspunkt funktioneller Diagnostik betrachtet. Der Frage einer Störung der Desaminierung kommt aber für die Pathogenese Interesse zu.

Die experimentelle Pathologie hat sehr wertvolle Ergebnisse für die Kenntnis der Funktion der Leber im Eiweißstoffwechsel ergeben. Bei Vögeln bewirkt Leberexstirpation eine sehr erhebliche Zunahme des Ammoniaks und der Milchsäure wegen des Fortfalls der Fähigkeit zur Harnsäurebildung aus diesen beiden Körpern. Beim Hund sinkt nach Exstirpation der Leber die Harnstoffbildung sehr erheblich ab, nicht weil diese Funktion selbst geschädigt ist, sondern weil infolge absoluten Unvermögens der Desaminierung eine Hemmung in der Lieferung des Ausgangsmaterials (NH_3) eintritt (BOLLMANN, MANN u. MAGATH).

Ein Absinken des Harnstoff-N ohne gleichzeitige Vermehrung des Ammoniak-N hatte schon früher FISCHLER beim Hunde mit ECKscher Fistel gefunden und als Mangel der Desaminierung gedeutet.

Es kann als gesichert gelten, daß die Leber den Vorgang der Desaminierung vollständig kontrolliert. Nach der Entfernung der Leber sind Aminosäuren auf dem normalen Wege nicht mehr abbaufähig. Diese Tatsache scheint den Schlüssel zu bilden für das Verständnis der schweren Vergiftungserscheinungen, die beim „Eckhunde" nach Fleischfütterung auftreten können. HAHN, MAASSEN, NENKI u. PAWLOW haben diese Vergiftung zuerst beobachtet, die nach FISCHLER folgende Symptome aufweist: Ataxie, Zittern, Teilnahmlosigkeit, Schreckhaftigkeit, Katalepsie, Zuckungen, Blindheit, schlechtes Hören, Hyp- oder Analgesie, Coma, Krämpfe. Häufig tritt der Tod ein, doch ist Erholung möglich.

Diese Zustände treten nur nach Fleischfütterung auf, und zwar um so früher und stärker, je größer die Fleischmenge war, aber nicht bei allen Hunden. Weiterhin haben die russischen Forscher zuerst beobachtet, daß bei ECK-Hunden nie ein saurer Harn gebildet wird.

F. FISCHLER kommt zu der Auffassung, daß die Fleischintoxikation der ECK-Hunde dadurch bedingt ist, daß die Leber nicht mehr imstande ist, alkalische Produkte, die ihr vom Dünndarm zufließen, zu verarbeiten, und daß daher das Säurebasengleichgewicht gestört ist. FISCHLER gebraucht in diesem Zusammenhang zum ersten Male den Ausdruck Alkalose. Er hält das Bestehen eines alkalotischen Zustandes für bewiesen, weil es ihm gelingt, die Fleischintoxikation durch Zuführung von Phosphorsäure zu verhüten und sogar zu heilen.

Bei dem vorgeschrittenen Stand unserer Kenntnisse auf diesem Gebiete ist es notwendig, das Studium der Fleischintoxikation der ECK-Hunde neu zu bearbeiten. Nach den bedeutsamen Befunden und Schlüssen FISCHLERS ist nicht daran zu zweifeln, daß Störungen des Säurebasengleichgewichtes bestehen. Daß aber diese Störung auf der Resorption alkalischer Produkte beruht, ist nicht gesichert. Es muß daran gedacht werden, daß bei der Unfähigkeit, Aminosäuren zu verarbeiten, die Bildung von Anionen (so des Sulfats aus Cystin) gehemmt sein muß. Und es ist zu prüfen, in welchem Maße es noch zur Bildung freien Phosphats kommt. Da bei einer Störung des Aminosäurenabbaus auch die Bildung von Zucker aus Aminosäuren gesperrt ist, und da bei ECK-Hunden die Zuckerversorgung hinter der Norm zurückbleibt, so ist auch zu prüfen, inwieweit eine Hypoglykämie, deren Symptomenkomplex FISCHLER zuerst beobachtet und als glykoprive Intoxikation bezeichnet hat, an den Anfällen beteiligt ist.

D. B. HAWK hat gefunden, daß ECK-Hunde nach der Aufnahme von Fleisch und Fleischextrakt mit Sicherheit erkranken.

Im Fleischextrakt finden sich basische Stoffe, die Stickstoff enthalten, also in letzter Linie dem Eiweiß entstammen, aber durch Methylierung am N und Übergang des dreiwertigen N in fünfwertigen wichtige neue biologische Eigenschaften erhalten haben. Chemische Vorgänge dieser Art, mit dem Zweck, ein Molekül aus dem Stoffwechsel auszuschalten, finden wir sehr häufig bei den Pflanzen, denen ja Ausscheidungsorgane für gelöste Stoffwechselendprodukte fehlen, aber auch, wie insbesondere die Untersuchungen von KUTSCHER gelehrt haben, im Tierreich (s. S. 82). In den Pflanzen stehen diese Prozesse in enger Beziehung zu der Entstehung der Alkaloide, und auch im Tierkörper führen sie zu sehr wichtigen Verbindungen, so z. B. zum Cholin, dem basischen Bestandteil der Lecithine, dem Trimethyloxäthylammoniumhydroxyd.

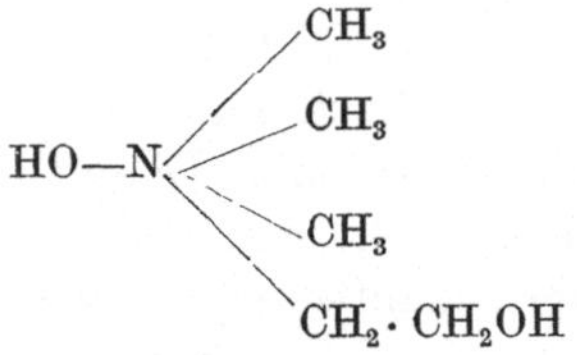

$$\text{HO—N} \begin{cases} CH_3 \\ CH_3 \\ CH_3 \\ CH_2 \cdot CH_2OH \end{cases}$$

Cholin.

Die Methylierung im Organismus der Tiere ist uns schon bei der Entstehung des Kreatins begegnet. W. HIS hat gefunden, daß vom Hund aus Pyridin (C_5H_5N) Methylpyridylammoniumhydroxyd $\left(C_5H_5N \begin{smallmatrix} CH_3 \\ OH \end{smallmatrix} \right)$ gebildet wird. Bekannt ist (HOFMEISTER), daß im Tierkörper Selen- und Tellurverbindungen methyliert werden. Von großer Bedeutung ist das von der Pflanze durch erschöpfende Methylierung des Glykokolls gebildete Betain.

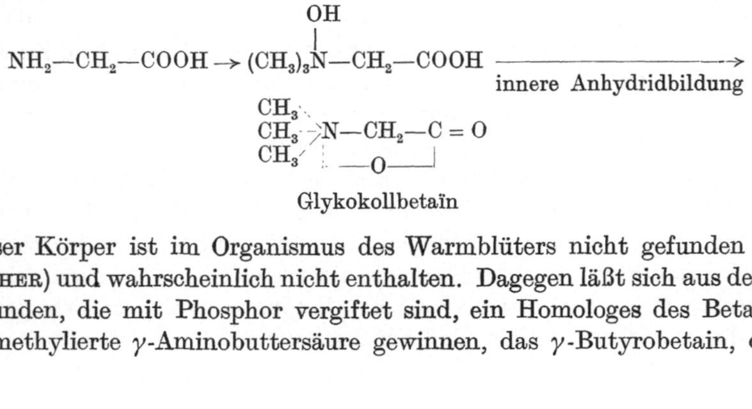

$$NH_2{-}CH_2{-}COOH \rightarrow (CH_3)_3\overset{\displaystyle OH}{N}{-}CH_2{-}COOH \xrightarrow{\quad\quad\quad} \text{innere Anhydridbildung}$$

$$\begin{matrix} CH_3 \\ CH_3 \\ CH_3 \end{matrix} \Big{\rangle} N{-}CH_2{-}C = O \atop {-}O{-}$$

Glykokollbetaïn

Dieser Körper ist im Organismus des Warmblüters nicht gefunden worden (KUTSCHER) und wahrscheinlich nicht enthalten. Dagegen läßt sich aus dem Harn von Hunden, die mit Phosphor vergiftet sind, ein Homologes des Betains, die völlig methylierte γ-Aminobuttersäure gewinnen, das γ-Butyrobetain, das von

REINWEIN u. THIELMANN auch im Harn von Kranken mit perniziöser Anämie gefunden wurde.

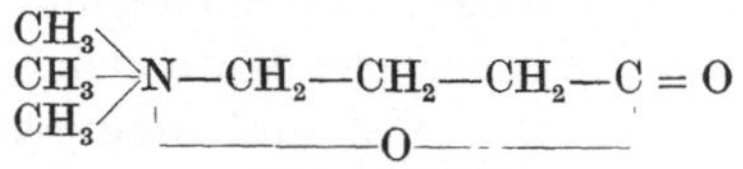

$$\begin{array}{l} CH_3 \\ CH_3 \\ CH_3 \end{array}\!\!>\!N\!-\!CH_2\!-\!CH_2\!-\!CH_2\!-\!C=O$$

$$\underline{\qquad\qquad O\qquad\qquad}$$

γ-Butyrobetaïn

ACKERMANN hat bei der Fäulnis von Glutaminsäure γ-Aminobuttersäure erhalten,

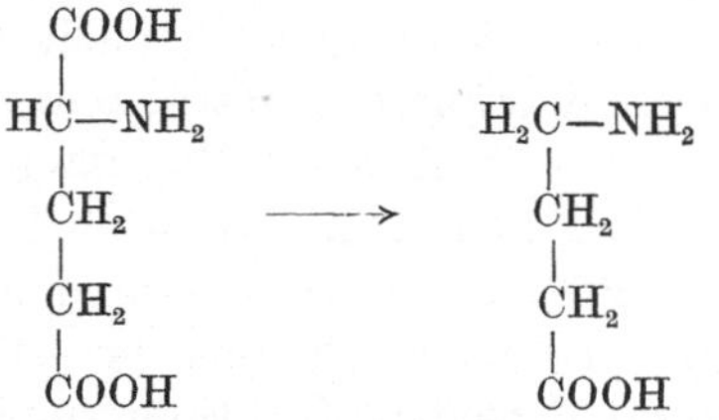

$$\begin{array}{ccc} COOH & & \\ | & & \\ HC\!-\!NH_2 & & H_2C\!-\!NH_2 \\ | & & | \\ CH_2 & \longrightarrow & CH_2 \\ | & & | \\ CH_2 & & CH_2 \\ | & & | \\ COOH & & COOH \end{array}$$

Glutaminsäure   γ-Aminobuttersäure

deren erschöpfende Methylierung ENGELAND u. KUTSCHER ausgeführt haben. Das γ-Butyrobetain ist identisch mit einem Ptomain, das L. BRIEGER aus faulendem Pferdefleisch dargestellt hat.

In LIEBIGS Fleischextrakt hat ENGELAND methylierte Basen gefunden, so das Neosin, das wahrscheinlich ein Homologes des Cholins ist, und das Carnit (γ-Trimethyl-α-oxybutyrobetain). Bei der Fäulnis von Eiweiß werden Basen gebildet, so aus dem Histidin das Imidazolyläthylamin, aus dem Arginin das Tetramethylendiamin, aus dem Lysin das Pentamethylendiamin. Die beiden letzten sind uns bereits von der Cystinurie her bekannt (s. S. 107). Dort entstehen sie nicht durch Fäulnis im Darm, sondern durch eine Abnormität des Aminosäurenabbaus, indem nicht zuerst die Desaminierung, sondern der Verlust einer Carboxylgruppe erfolgt.

Nach den Beobachtungen bei Hunden mit ECKscher Fistel ist vielleicht bei einem gesteigerten (exogenen und endogenen) Eiweißabbau die Leber notwendig, um das Auftreten toxischer Stoffe zu verhüten. Da proteinogene Amine sehr giftig sind, die ihnen nahestehenden methylierten Basen an der Fleischintoxikation teilhaben (HAWK), da die Leber bei der Phosphorvergiftung eine methylierte Stickstoffbase bildet, und da nach den Beobachtungen von FISCHLER bei phlorizinvergifteten ECK-Tieren eine erhebliche Störung der Desaminierung vorliegt, spricht vieles dafür, daß ein falscher Weg des Aminosäurenabbaus, eine Aminbildung, an den Vergiftungszuständen der Hunde mit ECKscher Fistel die Schuld trägt. Das Bild der cholämischen Vergiftung des Menschen und andere zentralnervöse Krankheitsbilder aus der menschlichen Pathologie haben verwandte Züge. Von der chemischen Durchdringung dieser Vergiftungszustände sind sehr wertvolle Aufschlüsse zu erwarten.

Während es sich bei den Tieren ohne Leber und bei den ECK-Hunden um Ausfälle von Leberfunktionen handelt, ergibt das Studium der Vergiftung mit Phosphor (auch Arsen und Chloroform) Verhältnisse, die durch Zusammentreffen von Funktionsschädigungen mit autolytischen Prozessen den schweren Lebererkrankungen gleichen.

Bei der experimentellen Phosphorvergiftung ist die N-Ausscheidung stark gesteigert. Der Harn enthält reichlich Ammoniak und Aminosäuren (Arginin —

WOHLGEMUTH); er gibt eine starke Diazoreaktion. Ferner erscheint im Harn — wie bereits erwähnt — das γ-Butyrobetain, Oxyphenylmilchsäure (Y. KOTAKE), mit der vielleicht eine von BAUMANN gefundene Säure identisch ist. Der Aminostickstoff des Blutes steigt an. Aus der Leber sind Aminosäuren isoliert worden.

Entsprechende Krankheitsbilder finden sich in der menschlichen Pathologie nach Vergiftung mit Phosphor, Arsen, aromatischen Arsenverbindungen, Chloroform, Pikrinsäure, Dinitrobenzol, Theacylon, Pilzgiften und besonders nach Infektionen mit Spirochäten (Lues, WEILsche Krankheit, Gelbfieber).

Von dem Auftreten von Aminosäuren in Harn, Blut und Leber bei der akuten gelben Leberatrophie war bereits die Rede. C. NEUBERG und P. F. RICHTER haben in einem solchen Falle Tyrosin, Leucin und Lysin in beträchtlichen Mengen aus dem Blut isoliert und den Betrag von Aminosäuren im Gesamtblut auf etwa 30 g geschätzt. STADIE u. VAN SLYKE fanden 14—26 mg% Amino-N gegen 5—8 mg% der Norm. Werte derselben Größenordnung findet M. v. FALKENHAUSEN, wesentlich höhere in einem Teil ihrer Fälle UMBER, sowie FEIGL u. LUCE.

Der Gehalt der Leber an Aminosäuren ist unter diesen Verhältnissen sehr beträchtlich. STADIE u. VAN SLYKE schätzen in einem ihrer Fälle den Betrag auf 13—14 g. A. E. TAYLOR fand in einer Leber nach Chloroformvergiftung 4 g Leucin, 2,2 g Tyrosin und 2,3 g Argininnitrat. STRAUSS u. BECHER beobachteten 514 mg% Nichteiweiß-N. Wir fanden in Fällen dieser Art den nicht koagulablen N der Leber regelmäßig erhöht (Höchstwert bei akuter gelber Leberatrophie 587 mg%), so auch in einem Fall von WEILscher Krankheit auf 420 mg%.

In einem einfachen klinischen Betrieb ist es sehr nützlich, bei Erkrankungen dieser Art den Reststickstoff und die Harnsäure im Blute zu bestimmen. Wir finden in einem großen Teil der Fälle diese Stoffe stark vermehrt, so in einem letal verlaufenen Fall von WEILscher Krankheit den Rest-N auf 297, die Blutharnsäure auf 23 mg%. Eine beträchtliche Zahl von Beobachtungen hat aber ergeben, daß hierin kein einfacher Maßstab der Organautolyse gesehen werden darf. Die höchsten Zahlen finden sich nämlich in den Fällen, die mit gleichzeitiger degenerativer Nierenerkrankung einhergehen (das ist der Fall bei der WEILschen Krankheit, bei der Lues degenerativa maligna, einer Krankheit, bei der es ganz akut zu schwerster Nephropathie, Leberdegeneration und Strangdegeneration im Rückenmark [A. PFEIFFER] kommt, und bei manchen Fällen von akuter gelber Leberatrophie).

Bei den beiden erstgenannten Krankheiten kann sich, auch wenn der Verlauf schließlich zum Exitus führt, die Tätigkeit der Niere so weitgehend bessern, daß mit kräftiger Diurese sehr große Mengen N (bis 34,7 g pro die) und Harnsäure (bis 2,35 g pro die) ausgeschieden werden. Im Beginn der Krankheit, so z. B. bei einem sehr schweren Morbus Weil, kann die Arbeit der Niere so darniederliegen, daß in 24 Stunden nur 0,5 g N zur Ausscheidung kommen.

Es ist daher nicht immer ganz einfach, sich aus der Beobachtung der N- und Harnsäureausscheidung ein Bild über die Größe des Eiweißzerfalls zu machen, der in nicht komplizierten Fällen leicht festgestellt werden kann.

Bei der akuten gelben Leberatrophie, der WEILschen Krankheit und der Lues degenerativa maligna steht der Ammoniakgehalt und der Stickstoff-Ammoniakquotient sehr oft in einem Mißverhältnis zu der Acidose (wir haben in nicht mit Insulin behandelten Fällen Alkalireserve bis 30 Vol% CO_2 gemessen).

Da in diesen Fällen eine vermehrte Produktion und Ausscheidung von Milch-säure nachweisbar ist, so kann der Grund nur in einer mangelhaften Ammoniak-produktion der erkrankten Niere liegen.

So war in einem Fall von WEILscher Krankheit der $N : NH_3$-N-Quotient an den drei ersten Krankheitstagen 2,9, stieg dann bei guter Nierentätigkeit auf 6,7 und ging später auf die Ausgangswerte zurück. Nach unseren Beobachtungen ist bei diesen Zuständen die Schädigung der renalen NH_3-Produktion nie so hoch-gradig wie bei Schrumpfnieren und akuten Nierenentzündungen, aber doch — bei der gesteigerten Säurebildung — groß genug, um die Acidose zu verstärken oder zumindestens nicht abzuschwächen.

Die Untersuchungen über das Verhalten des Kreatins und Kreatinins bei Leberkranken haben keine einheitlichen Resultate ergeben. Bei Leberzerfall muß es, wie auch sonst bei Steigerung des endogenen Eiweißumsatzes (siehe S. 88), zur Ausscheidung von Kreatin kommen.

B II. Eine wichtige Funktion der Leber besteht darin, das Nahrungseiweiß zu arteigenem Eiweiß (Blutplasma — Eiweiß) umzubauen. Wenn auch neuer-dings C. S. WILIAMSON, HUCK u. E. C. MANN am leberlosen Hund zu der Folgerung kommen, daß die Leber für die Produktion des Fibrinogens nicht unentbehrlich ist, und wenn auch nach anderen Feststellungen (NONNENBRUCH u. GOTT-SCHALK) an der Bildung der Serumproteine andere Organe und Gewebe beteiligt sind, so kann man doch an einem starken Anteil der Leber an diesen Funktionen nicht zweifeln.

Bei Phosphorvergiftung und nach Leberexstirpation ist Verminderung des Fibrinogens bis zum völligen Schwund beobachtet worden. Bei Lebererkran-kungen ist der Fibrinogengehalt des Blutes herabgesetzt. ADLER u. STRAUSS finden bei Leberkrankheiten, mit ihrer Schwere zunehmend, auch Verminde-rung der Globulinfraktion, allgemein also eine Veränderung des Bluteiweißbildes und der von ihm abhängigen Reaktionen (Blutkörperchensenkungsgeschwindig-keit, kolloidosmotischer Druck u. a.). Die Fibrinogenverminderung ist wahr-scheinlich eine der Ursachen der cholämischen Blutungen.

Die hämoklasische Krise. WIDAL beobachtete, daß Gesunde nach Einnahme von 200 ccm Milch mit Leukocytose und Blutdrucksteigerung, die Leberkranken aber mit Leukopenie und Blutdrucksenkung, außerdem mit Abnahme des Refraktionswertes und Zunahme der Gerinnungsfähigkeit des Blutes reagieren. WIDAL stellte die These auf, daß die kranke Leber aus dem Milcheiweiß gebildete Peptone in den Kreislauf übertreten lasse (mangelhafte „proteopektische" Funktion der Leber), und daß diese Peptone eine Er-schütterung der Kolloide des Blutes und der Gewebe (Kolloidoklase) verursachen. Diese Lehre ist in ihren tatsächlichen Grundlagen und theoretisch-hypothetischen Folgerungen durch eine sehr große Zahl von Untersuchungen so sehr verändert worden, daß ihre Be-deutung für die Pathologie und Funktionsprüfung der Leber mindestens sehr großen Zwei-feln unterliegt.

C. Kohlehydratstoffwechsel. Trotz der zentralen Bedeutung, die der Leber als Ort der Bildung der Dextrose aus anderen Zuckern, Milchsäure und Aminosäuren, als Ort der Glykogenbildung und -speicherung, und als Vorrats-organ für den Blutzucker im Kohlehydratstoffwechsel zukommt, treten Stö-rungen in der Regel spontan nicht hervor. Bei der experimentellen Phosphor-vergiftung kommt es zu der Zuckerbildung aus Kohlehydraten, Milch-säure und Aminosäuren (durch Stillstand der Desaminierung), somit zum Glykogenschwund und zur Hypoglykämie (FRANK u. ISAAC). Bei akuter gelber Leberatrophie haben wir sub finem vitae Absinken des Blutzuckers (bis 65 mg%) gesehen.

Erst bei Belastung mit Monosacchariden zeigt es sich, daß die kranke Leber in bezug auf Glykogenfixation und auf Bildung von Dextrose aus Lävulose und Galaktose schlechter funktioniert.

Bei Einnahme von Traubenzucker kommt es auch bei schweren Lebererkrankungen nicht zu Glykosurie. Dagegen lehrt die Beobachtung, daß die Blutzuckerkurve höher und für längere Zeit ansteigt, als durchschnittlich beim Gesunden. Die Dextrosekurve nach Belastung ist von zu vielen Bedingungen abhängig, um in jedem Einzelfall ein Urteil über das Verhalten dieser Leberfunktionen zu gestatten. Die Bedeutung von Untersuchungen dieser Art liegt daher nicht in funktionell-diagnostischer Richtung, sondern in der Erkenntnis, daß die erkrankte Leberzelle eine Veränderung aufweisen kann wie bei dem Diabetes mellitus.

Die Erfahrung (P. F. RICHTER u. a.) hat gelehrt, daß durch Insulin die Degeneration der Leberzelle verhütet und sogar rückgängig gemacht werden kann. Der Effekt des Insulins besteht darin, daß es die Leberzelle zur Glykogenaufnahme befähigt.

UMBER und ROGER sehen den Zusammenhang so, daß die Anwesenheit von Glykogen einen Schutz für die Leberzelle abgibt. UMBER äußert sich dahin, daß die assimilierende, synthetische, sowie die dissimilierende und auch die entgiftende Funktion der Leberzelle offenbar nur dann, wenn Glykogen vorhanden, gesichert ist. ROGER ist der Meinung, daß sich das Glykogen mit zuströmenden Giften zu unlöslichen Kombinationen verbindet.

Nach den Erfahrungen der Hungerzeit und nach dem Tierexperiment ist die Leber des Hungernden, das ist die glykogenarme Leber, gegenüber toxischen Einflüssen empfindlicher. Gegen die Folgerung, daß die Glykogenfüllung der Leber einen Schutz abgibt, spricht aber die Erfahrung, daß beim Diabetes mellitus eine gesteigerte Empfindlichkeit der Leber nur gegenüber der Chloroformnarkose bekannt ist, eine Neigung zu „spontaner" akuter Degeneration aber offenbar nicht besteht. „Im allgemeinen ist klinisch die Bedeutung wahrer anatomischer Leberkrankheiten bei Diabetikern bemerkenswert gering im Vergleich zu der gewaltigen Bedeutung des veränderten Leberchemismus" (VON NOORDEN).

Durch den Einfluß des Insulins wird die innere Struktur der Leberzelle in der Weise verändert, daß eine Glykogenbildung möglich und das Fett aus dem Leberstoffwechsel verdrängt wird. Man kann sich vorstellen, daß die erste Wirkung derjenigen Stoffe, die schließlich zu einer akuten (oder subakuten) Leberatrophie führen, in der umgekehrten Richtung liegt, d. h. die innere Architektur der Leberzelle so verändert, daß Zuckerbildung und Kohlehydrathaftung unmöglich ist und der Fettumsatz vorherrscht, ähnlich wie bei diabetischer Acidose. Dieser Zustand kann durch Insulin verhütet und, solange er noch reversibel ist, rückgängig gemacht werden. Nach dieser Auffassung besteht also die Wirkung des Insulins bei schweren Lebererkrankungen, in Übereinstimmung mit der Theorie seines antidiabetischen Einflusses, nicht in der Bereitstellung von Glykogen, sondern in der Schaffung desjenigen Zellzustandes, der die Glykogenbildung ermöglicht.

Auf Grund der Beobachtung von HANS SACHS, daß der leberlose Frosch eine verminderte Toleranz für Lävulose hat, während er Dextrose, Galaktose und Arabinose ungestört assimiliert, hat H. Strauss die alimentäre Lävulosurie systematisch untersucht und gefunden, daß bei diffusen Lebererkrankungen in einem großen Prozentsatz (gegenüber etwa 10% bei Lebergesunden) die Lävulosetoleranz herabgesetzt ist. Nach Einnahme von 100 g Lävulose findet sich Lävulosurie bei Lebercirrhose in 80%, bei Icterus catarrhalis und luicus in 70%, bei Icterus durch Choledochusverschluß in 63%, bei nicht diffusen Prozessen in 40%, bei umkomplizierter Cholelithiasis, Icterus haemolyticus und perniziöser Anämie wie beim Lebergesunden. Nach Wörner u. Reiss kann die Probe erst dann als positiv betrachtet werden, wenn von 100 g Lävulose mehr als 0,6 g im Harn erscheinen.

Isaac hat festgestellt, daß beim Gesunden die Lävulose (auch in Mengen von 100 g) keine oder eine im Vergleich zur Dextrose nur sehr geringe Erhebung der Blutzuckerkurve verursacht. Die Lävulose wird als Zucker stärkerer Reaktionsfähigkeit (s. S. 221) energischer von der Leber in Glykogen umgewandelt und verbrannt, wie aus dem im Vergleich zur Dextrose schneller einsetzenden und höher ansteigenden respiratorischen Quotienten hervorgeht.

Bei Leberkranken tritt nach Lävulose eine Hyperglykämie ein (Isaac), an der die Lävulose einen sehr viel stärkeren Anteil hat als beim Lebergesunden. Daraus geht hervor, daß beim Leberkranken die Funktion der Umwandlung von Lävulose in Dextrose beeinträchtigt ist. Nach Fejer u. Hetényis Messungen des respiratorischen Quotienten scheint bei Leberkranken auch die Lävulose017brennung vermindert zu sein.

Die Beobachtungen, daß bei Leberkranken Dextrose oft erhebliche Hyperglykämie, aber gewöhnlich keine Glykosurie verursacht, während Lävulose, bei einer viel schwächeren Lävulosämie (nicht über 40 mg%), leicht in den Harn übergeht, deutet Isaac so, daß die Lävulose als „blutfremder" Zucker keine Nierenschwelle besitzt. Bei der Ausscheidung von Lävulose wird immer etwas Dextrose mitgerissen. Das muß bei der Lävulosebestimmung im Harn berücksichtigt werden.

Ähnlich wie gegenüber der Lävulose verhält sich die kranke Leber gegenüber der Galaktose. R. Bauer fand, daß 40 g Galaktose von Gesunden fast vollständig ausgenutzt, von Leberkranken aber zum Teil ausgeschieden werden. Nach zahlreichen Feststellungen, die mit denen von Bauer im wesentlichen übereinstimmen, besteht eine pathologische Galaktosurie, wenn mehr als 2 g im Harn erscheinen. Die Reaktion ist bei Icterus catarrhalis, luicus, akuter Hepatitis, akuter gelber Leberatrophie in 100%, bei Cirrhose meist, bei Stauungsleber bisweilen (nach H. Wörner nur in 6%) positiv, negativ bei Lebercarcinom und Cholelithiasis. Die Galaktosurie überdauert meist die Gelbsucht. Die Probe ist differentialdiagnostisch sehr brauchbar, so zur Abgrenzung von Icterus catarrhalis gegen Icterus durch Tumor oder Steinverschluß. Ein Icterus ohne Galaktosurie ist kein Icterus catarrhalis. Die Messung des Blutzuckers nach Galaktose hat keine Resultate von Belang ergeben.

D. Fettstoffwechsel. Bei Störungen des Kohlehydratstoffwechsels kommt es zu Einwanderung von Fett in die Leber. Bei Leberkranken, besonders bei Icterischen, ist der Fettgehalt des Blutes vermehrt. Störungen des Fettsäurenabbaues, wie sie beim Schwerdiabetiker in den Vordergrund treten, werden aber nicht nachweisbar. Auch bei der akuten gelben Leberatrophie kommt es nicht zur Ketonurie, jedenfalls nicht einer stärkeren, als sich aus dem Hungerzustand erklären läßt. Isaac macht die sehr wahrscheinliche Annahme, daß unter diesen Verhältnissen der Abbau der Fettsäuren völlig gehemmt ist und nicht erst bei den Ketokörpern zum Stillstand kommt.

G. H. Whipple hat bei Leberkranken einen Anstieg der Serumlipase festgestellt. Rona, Petow u. Schreiber haben bei Leberkranken im Blut eine gegen Chinin resistente Lipase nachgewiesen, die auch bei schweren chronischen Nierenleiden gefunden wird (s. S. 286).

E. Die Leber übt Einfluß auf den Wasserhaushalt aus. In den Lebervenen besteht eine muskuläre, neurohormonal gesteuerte Sperrvorrichtung, deren Kontraktion bewirkt, daß das Portalblut unter höheren Druck kommt, und daß Wasseraufnahme in die Leber und Lymphbildung begünstigt wird. Infolge dieser Vorrichtung ist auch bei stärkerer Flüssigkeitszufuhr die Konstanz der Blutkonzentration gesichert (E. P. Pick, Lamson u. Roca). Nach Pick sperren Pepton und Histamin die Lebervenen, ohne das Pfortadergebiet zu verschließen, vergrößern infolgedessen das Lebervolumen, wirken kräftig lymphagog und entquellen die Bluteiweißkörper. Hypophysenhinterlappenpräparate verschließen gleichzeitig Lebervenen und Pfortadergebiet, verkleinern die Leber und bringen den thorakalen Lymphstrom zum Versiegen. Im allgemeinen wird die Lebervenensperre durch Vagusgifte verschlossen, durch Sympathicusgifte geöffnet. Nach Ausschaltung der Leber (Ecksche Fistel) kommt es zu Hydrämie und gesteigerter Diurese.

Nach Molitor u. Pick produziert die Leber ein diuretisches Hormon. Schon Gilbert u. Lereboullet hatten gefunden, daß bei Leberkranken die Diurese beeinträchtigt ist. A. Adler hat bei Schwerleberkranken mittels des Wasserversuchs schlechtere Ausscheidung und stärkere Hydrämie festgestellt. H. Assmann berichtet über Ergüsse in den serösen Höhlen und Hautödeme bei subakuter gelber Leberatrophie.

Diese interessanten Beziehungen der Leber zum Wasserhaushalt sind klinisch noch sehr wenig bearbeitet.

F. Exkretorische Funktion. Die Leber ist ganz gewiß nicht in erster Linie ein Exkretionsorgan, und die Galle kann nicht als ein etwa dem Harn vergleichbares Exkret angesehen werden. Gleichwohl gehen körpereigene und körperfremde Stoffe, deren Verbleiben im Körper zwecklos oder unzuträglich ist, in die Galle über. Aus den Befunden von Eisen, Kupfer, Mangan, Quecksilber, Aluminium, Kieselsäure in Gallensteinen ist zu ersehen, daß anorganische Stoffe auf diesem Wege aus dem Körper entfernt werden. Brugsch und Rother haben Harnsäure in der Galle nachgewiesen. Salicylsäure, Urotropin und Terpene werden mit der Galle ausgeschieden. Eine große Anzahl von Farbstoffen (Methylenblau, Indigokarmin, Kongorot, Azorubin S, Neutralrot, Akridinrot, Phenolsulfophthalein, Phenoltetrachlorphthalein, Phenoltetrabromnatriumsulfonat, Bengalrot) gehen in die Galle über.

Auf der „Cholophilie" dieser Farbstoffe beruhen die Bestrebungen, die „exkretorische Funktion" der Leber zu bestimmen. Man muß sich darüber klar sein, daß damit nur die Ausscheidungsfunktion für den angewandten Stoff (und vielleicht für chemisch diesem sehr nahestehende Körper) gemessen wird. Auf die älteren Methoden, aus der Färbung des Harns auf die geringere Ausscheidung durch die Leber zu schließen oder aus dem Farbstoffgehalt der Faeces zu urteilen, braucht nicht mehr eingegangen zu werden. Die Freunde solcher Untersuchungen finden ein geeigneteres Material im Duodenalinhalt und im Blut.

Bei Parenchymschädigungen ist der Durchtritt für einzelne Farbstoffe verzögert, für Methylenblau aber beschleunigt (F. ROSENTHAL u. v. FALKENHAUSEN). Eine befriedigende Erklärung für dieses Verhalten ist noch nicht gefunden.

S. M. ROSENTHAL mißt die Farbstoffretention (Phenoltetrachlorphthalein, jetzt Phenoltetrabromnatriumsulfonat) im Blut. Längere und stärkere Blutretention findet man bei Erkrankung der Leberzellen, bei Schädigung des Reticuloendothels (Infektionskrankheiten) und bei Behinderung des Gallenabflusses, nach BAUER u. STRASSER auch beim Morbus Basedowii.

G. D. DELPRAT verwendet das Bengalrot, einen nicht giftigen, aber photodynamisch wirkenden Farbstoff. Die Patienten müssen daher während des Versuches gegen Licht geschützt werden.

G. Die Leber hat entgiftende Funktionen, von denen die Mehrzahl chemisch nicht faßbar sind. Der Analyse zugänglich ist die Bindung von Körpern an Glykuronsäure und Schwefelsäure. Die Paarung von Campher und Menthol mit Glykuronsäure bei Gesunden und Leberkranken ist von verschiedenen Autoren untersucht worden. Die Ergebnisse stimmen nicht überein. STEYSKAL u. GRÜNWALD finden die Synthese bei Leberkranken herabgesetzt, W. FREY, F. SCHMID, M. HÄNDEL gegen die Norm nicht verändert.

Die Ätherschwefelsäurebildung ist bei experimenteller Leberschädigung (PELKAN u. WHIPPLE) und bei Leberkranken (HÄNDEL) herabgesetzt.

Literatur.

ACKERMANN, D.: Über ein neues, auf bakteriellem Wege gewinnbares Aporrhegma. Hoppe-Seylers Z. **69**, 273 (1910).
— und F. KUTSCHER: Über die Aporrhegmen. Hoppe-Seylers Z. **69**, 265 (1910).
ADLER, A. (1): Über Urobilin (Methodik). Dtsch. Arch. klin. Med. **138**, 309 (1922). — (2): Die Urobilinurie. Ebenda **140**, 302 (1922). — (3): Zur Theorie der Urobilinogenie. Klin. Wschr. **1922**, 2505. — (4): Der Einfluß der Leber auf die Wasserausscheidung. Ebenda **1923**, 1980.
— Über Verhalten und Wirkung von Gallensäuren im Organismus. Z. exper. Med. **46**, 371 (1925).
— und M. SACHS: Über Urobilin. Ebenda **31**, 370 (1923).
— und L. GOLDSCHMIDT-SCHULHOF: Über das Vorkommen von Urobilin im Stuhl und Harn von Neugeborenen. Zbl. Gynäk. **1924**, Nr 28.
ADLER, E. und L. STRAUSS: Beitrag zum Mechanismus der Bilirubinreaktion im Blutserum. Z. exper. Med. **44**, 1, 9, 26, 43 (1925).
— und H. LANGE: Der Milchsäuregehalt des Blutes bei Leberkrankheiten. Dtsch. Arch. klin. Med. **157**, 129 (1927).
ASSMANN, H.: Diskussion. Ges. inn. Med. **35**, 108 (1923).
BANG, O.: Sur l'urobilinurie normale. Acta med. scand., Suppl. **16**, 554 (1926).
BARÁT, J.: Vergleichende Untersuchungen über Blut- und Gallencholesterin. Z. klin. Med. **98**, 353 (1924).
BAUER, R.: Über die alimentäre Galaktosurie. Dtsch. med. Wschr. **1908**, 1505; Wien. Arch. klin. Med. **6**, 9 (1923).
— und U. STRASSER: Über die Funktionsprüfung der Leber mit Phenoltetrachlorphthalen. Med. Klinik **1928**, S. 612.
BAUMANN, E.: Über den Nachweis und die Darstellung von Phenolen und Oxysäuren aus dem Harn. Hoppe-Seylers Z. **6**, 192 (1882).

BOLLMANN, J. L., F. C. MANN and TH. B. MAGATH: Studies of the physiol. of the liver. XII. Amer. J. Physiol. **74**, 238 (1925).

BRIEGER, L.: Die Ptomaine. Berlin 1886.

BRUGSCH, TH. und J. ROTHER (1): Die Rolle der Galle im Harnsäurestoffwechsel. Klin. Wschr. **1922**, 1495. — (2): Über die Harnsäure in der Galle. Ebenda **193**, 1209.

— und K. RETZLAFF: Blutzerfall, Galle und Urobilin. Z. exper. Path. u. Ther. **11**, 508 (1912).

BRULÉ, M. H. et H. GARBAN: Étude crit. de la théorie enterohépatique de l'urobilinurie. Rev. de med. **1921**, 583.

BÜRGER, M.: Der Cholesterinhaushalt des Menschen. Erg. inn. Med. **34**, 583 (1928).

DELPRAT, G. D.: Rose bengal elimination from blood. Arch. int. Med. **32**, 401 (1923).

DORÉE and J. A. GARDNER: The origin and destin. of cholesterol in the Animal organism. Proc. roy. Soc. Lond. **80**, 212, 227 (1908); **81**, 109 (1909); **93**, 1627 (1908).

DORNER, G.: Über das konstante Vorkommen von Bilirubinkrystallen im Urin bei Icterus. Dtsch. med. Wschr. **1922**, Nr 14.

ENGELAND: Z. Unters. Nahrgsmitt. usw. **16**, 658 (1908).

— und F. KUTSCHER: Über ein methyliertes Aporrhegma des Tierkörpers. Hoppe-Seylers Z. **69**, 283 (1910).

FALKENHAUSEN, M. v.: Über den Aminosäuregehalt des Blutes. Arch. f. exper. Path. **103**, 322 (1924).

FALTA, W., F. HÖGLER und A. KNOBLOCH: Über alimentäre Urobilinogenurie. Münch. med. Wschr. **1921**, 1250.

FEIGL, J. und H. LUCE: Neue Untersuchungen über akute gelbe Leberatrophie. Biochem. Z. **79**, 162 (1917).

FEJER, A. v. und G. HETÉNYI: Stoffwechselstudien am Leberkranken. Z. exper. Med. **42**, 670 (1924).

FISCHER, H.: Zur Kenntnis der Zellfarbstoffe. I. Hoppe-Seylers Z. **73**, 204 (1911).

— und F. MEYER-BETZ: Zur Kenntnis der Zellfarbstoffe. II. Ebenda **75**, 232 (1911).

— und F. LINDNER: Überführung von Gallenfarbstoff und Bilirubinsäure in Mesoporphyrin. Ebenda **161**, 1 (1926).

— und ROSE: Zur Kenntnis des Gallenfarbstoffs. Ebenda **89**, 255 (1914).

FISCHLER, F. (1): Physiologie und Pathologie der Leber. Berlin 1916. — (2): Zur Theorie der Urobilinentstehung. Münch. med. Wschr. **1924**, 1072.

— und F. OTTENSOOSER: Zur Theorie der Urobilinentstehung. Dtsch. Arch. klin. Med. **146**, 305 (1925).

FREY, W.: Angina abdominalis. Klin. Wschr. **1922**, 1984.

FROMHOLDT, G.: Beiträge zur Urobilinfrage. I, II. Z. exper. Path. u. Ther. **7**, 716 (1910); **9**, 268 (1911).

— und N. NERSESOFF: Beiträge zur Urobilinfrage. III, IV. Ebenda **11**, 400, 404 (1912).

GARDNER, J. A. and P. E. LANDER: On the cholesterol content of the tissues of rats etc. Biochem. J. **7**, 576 (1913).

GILBERT, A. et P. LEREBOULLET: L'opriurie dans les maladies du foie. A. des mal. de l'app. digest. **6**, 1 (1912).

GLÄSSNER, K.: Über die Funktion der normalen und pathologischen Leber. Z. exper. Path. u. Ther. **4**, 336 (1907).

HAHN, M., O. MAASSEN, M. NENCKI und J. PAWLOW: Die ECKsche Fistel. Arch. f. exper. Path. **32**, 161 (1893).

HÄNDEL, M.: Über Schwefelsäure- und Glucuronsäurepaarung bei Leberkranken. Z. exper. Med. **42**, 172 (1924).

HAWK: On a series of feeding and injection experiments following the establishement of the ECK fistala in dogs. Amer. J. Physiol. **21**, 259 (1908).

HIS, W.: Über das Stoffwechselprodukt des Pyridins. Arch. f. exper. Path. **22**, 253 (1887).

ISAAC, S. (1): Die klinischen Funktionsstörungen der Leber und ihre Diagnose. Erg. inn. Med. **27**, 423 (1925) (Literatur). — (2): Über Umwandlung von Laevulose in Dextrose. Hoppe-Seylers Z. **89**, 78 (1914). — (3): Zur Stoffwechselpathologie der Leber. Berl. klin. Wschr. **1919**, 940.

JACOBS, E. und W. SCHEFFER: Quantitative Urobilinbestimmung im Stuhl. Z. exper. Med. **44**, 116 (1924).

JANNEY, N.: Die NH_3-Ausscheidung im menschlichen Harn. Hoppe-Seylers Z. **70**, 99 (1912).

KAEMMERER, H. u. K. MILLER (1): Zur enterogenen Urobilinbildung. Kongr. inn. Med. **34**, 85 (1922). — (2): Über die Umwandlung der Gallenfarbstoffe durch fäulniserregende Darmbakterien. Wien. klin. Wschr. **1922**, 639.

KOTAKE, Y.: Über l-Oxyphenylmilchsäure und ihr Vorkommen im Harn bei Phosphorvergiftung. Hoppe-Seylers Z. **65**, 397 (1910).

LABBÉ, M. et H. BITH: L'aminoacidurie provoquée et le diagnostic de l'insuffisance hépatique. Bull. mém. Soc. méd. Hôp. Paris **29**, 510 (1913).

LAMSON, P. D. and ROCA: The liver as a blood concentrating organ. J. of Pharmacol. **17**, 481 (1921).

LEPEHNE, G.: Die Leberfunktionsprüfung, ihre Ergebnisse und ihre Methodik. Halle a. S. 1923.

LOGAN, J. F.: The protein matter of bile. J. of biol. Chem. **58**, 16 (1923).

MANN, F. C. und TH. B. MAGATH: Die Wirkungen der totalen Leberexstirpation. Erg. Physiol. **23**, 212 (1924).

MEDAK, E. u. B. O. PRIBRAM: Klinisch-pathologische Bewertung von Gallenuntersuchungen am Krankenbett. Berl. klin. Wschr. **1915**, Nr. 27/28.

NEUBAUER, E.: Beiträge zur Kenntnis der Gallensekretion. Biochem. Z. **30**, 556 (1922); **109**, 82 (1920); **146**, 480 (1924).

NEUBERG, C. und P. F. RICHTER: Über das Vorkommen von freien Aminosäuren im Blute akuter Leberatrophie. Dtsch. med. Wschr. **1904**, 499.

NONNENBRUCH, W. und A. GOTTSCHALK: Untersuchungen über den intermedialen Eiweißstoffwechsel. Arch. f. exper. Path. **96**, 115 (1922); **99**, 261 (1923).

NOORDEN, C. VON und S. ISAAC: Die Zuckerkrankheit und ihre Behandlung. 8. Aufl. Berlin 1927.

PELKAN, K. F. and G. H. WHIPPLE: Phenolconjugation as influenced by liver. J. of biol. Chem. **50**, 513 (1922).

PFEIFFER, A.: Lues degenerativa maligna acuta. Dtsch. Arch. klin. Med. **139**, 245 (1922).

PICK, E. P.: Die Bedeutung der Leber für den Wasserhaushalt. Dtsch. Ges. inn. Med. **35**, 107 (1923).

— und R. WAGNER: Über hormonale Wirkung der Leber auf die Diurese. Wien. med. Wschr. **1923**, 695.

— und H. MOLITOR: Die Bedeutung der Leber für die Diurese. Arch. f. exper. Path. **97**, 317 (1923).

REINWEIN, H. und P. THIELMANN: Über den Harn bei perniciöser Anämie. Ebenda **103**, 115 (1924).

RICHTER, P. F.: Über Hepatargien und ihre Behandlung. Kongr. f. Verdgskrkh. **5**, 365 (1925).

RONA, P., H. PETOW und H. SCHREIBER: Eine Methode zum Nachweis blutfremder Fermente im Serum. Klin. Wschr. **1922**, Nr 48; **1923**, Nr 27.

ROSENTHAL, F.: Die Bedeutung der Leberexstirpation für Pathophysiologie und Klinik. Erg. inn. Med. **33**, 63 (1928) (Literatur).

— und M. v. FALKENHAUSEN (1): Beitrag zur Physiologie und Pathologie der Gallensekretion. Arch. f. exper. Path. **98**, 321 (1923); **101**, 1 (1924). Klin. Wschr. **1923**, 1487. — (2): Über quantitative Bestimmungen der Gallensäuren im Duodenalsaft. Ebenda **1923**, 1111.

— und P. HOLZER: Beitrag zur Lehre von den mechanischen und dynamischen Icterusformen. Dtsch. Arch. klin. Med. **135**, 257 (1921).

ROSENTHAL, S. M.: The phenoltetrachlorphthalein test for hepatic function. J. amer. med. Assoc. **83**, 1049 (1924).

SACHS, H.: Über die Bedeutung der Leber für die Verwertung der verschiedenen Zuckerarten. Z. klin. Med. **38**, 87 (1899).

SAUPE, E.: Klinische Beobachtungen über Urobilinogenurie und ihr Verhalten zur Diazo-Reaktion. Erg. inn. Med. **22**, 176 (1922) (Literatur).

VAN SLYKE, D. D. and G. M. MEYER: The amino-acid nitrogen of the blood. J. of biol. Chem. **12**, 399 (1912).

Schade, H.: Diskussion. Kongr. inn. Med. **34**, 121 (1922).

Schmid, F.: Prüfung der Leberfunktion durch Glykuronsäurepaarung. Ann. de méd. **13**, 328 (1923).

Schumacher, H.: Untersuchungen über den Milchsäuregehalt des Blutes bei Carcinomkranken. Klin. Wschr. **1926**, 497.

Sperry, W. M.: Lipid excretion. III, IV. Ebenda **68**, 357 (1926); **71**, 351 (1927).

— and W. R. Bloor: Fatexcretion. II. Ebenda **60**, 261 (1924).

Stadie, W. C. und D. D. van Slyke: The effect of acute yellow atrophie on metabolism. Arch. int. Med. **25**, 693 (1920).

Stepp, W.: Blutcholesterin bei Icterus. Zieglers Beitr. path. Anat. **69**, 233 (1921).

Steyskal, K. v. und Grünwald: Über die Abhängigkeit der Glykuronsäureausscheidung von der normalen Funktion der Leber. Wien. klin. Wschr. **1909**, Nr 30.

Strauss, H.: Leber und Glykosurie. Berl. klin. Wschr. **1898**, Nr 51.

— und E. Becher: Über einige bemerkenswerte Gewebe-Rest-N-Befunde bei Krankheiten. Zbl. inn. Med. **42**, 345 (1921).

Takeda, K.: Untersuchungen über einige nach Phosphorvergiftung im Harn auftretende Basen. Pflügers Arch. **133**, 365. (1910).

Taylor, A. E. (1): Über das Vorkommen von Eiweißspaltprodukten in der degenerierten Leber. Hoppe-Seylers Z. **34**, 580 (1902). — (2): On the autolysis of protein. Univ. California. Publ. Path. **1** (1914).

Thannhauser, S. J. und H. Schaber: Über die Beziehungen des Gleichgewichtes Cholesterin und Cholesterinester zur Leberfunktion. Klin. Wschr. **1926**, 252.

Thomas, K.: Über die klinische Bedeutung des Urobilinogens. Z. klin. Med. **64**, 247 (1907).

Umber, F.: Krankheiten der Leber. Mohr-Bergmann-Staehelin, Handbuch der inneren Med., II. Aufl.

Whipple, G. H.: A test for hepatic injury, blood lipase. Bull. Hopkins Hosp. **22**, 357 (1913).

Wohlgemuth, J.: Zur Kenntnis des Phosphorharns. Hoppe-Seylers Z. **44**, 74 (1905).

Wörner, H.: Funktionsprüfung der Leber durch Zuckerbelastung. Klin. Wschr. **1923**, 208.

— und E. Reiss: Alimentäre Galaktosurie und Laevulosurie. Dtsch. med. Wschr. **1914**, 907.

Neunzehntes Kapitel.

Verdauungstraktus.

1. Der Speichel.

Die Chemie des Speichels spielt in der Klinik nur eine kleine Rolle. Da der gemischte Speichel nur etwa 0,5% feste Bestandteile enthält, so ist von den Speicheldrüsen für die Bilanz fester Körper keine große Hilfe zu erwarten. Eine Vermehrung der Wassersekretion tritt unter den Verhältnissen, unter denen sie zweckmäßig wäre, in der Regel nicht ein. Bei einem einzigen Patienten sahen wir in drei aufeinanderfolgenden Versuchen nach Theocin, das zum Zwecke der Anregung der Diurese gegeben wurde, sehr starken Speichelfluß.

Bei nephrektomierten Tieren (J. Severin) ist der Gehalt an N, besonders an Rest-N, vermehrt. Bei Nierenkranken ist von verschiedenen Autoren teils Eiweiß (bis 0,25% — A. Schlesinger), teils Harnstoff, von dem der normale Speichel höchstens Spuren enthält, gefunden worden. Gelegentlich kann die Bestimmung des Rest-N im Speichel die im Blut ersetzen.

Der Harnsäuregehalt des normalen Speichels ist geringer als der des Blutes (höchster Wert 2,9 mg% — Lewis u. Updegraff), vermehrt bei Urikämikern und Nephritikern (von Noorden u. Fischer). Herzfeld u. Stocker fanden bei einem Fall von Lebercirrhose 35, bei einem Fall von Urämie 85 mg%.

Der normale Speichel ist zuckerfrei. Bei Diabetikern ist von älteren Untersuchern Zucker nicht gefunden worden. Nach RATHÉRY u. BINET treten bisweilen deutlich nachweisbare Mengen von Glucose auf. Bei Diabetes ist die Reaktion oft sauer. B. HERRMANN findet auch bei Gesunden mit elektrometrischer Messung p_H des menschlichen Speichels zu 5,93—6,86, STARR mit colorimetrischer Methodik zu 5,75—7,05. Die Rhodanreaktion wird im Speichel von Diabetikern manchmal vermißt.

In den normalen Speichel gehen Jod-, Brom- und Rhodanion, Quecksilber, Blei, Antimon und Morphium über. Das Rhodanion kann neben dem Cl'-Ion als Aktivator der Ptyalinwirkung dienen.

Literatur.

HERRMANN, B.: Die Wasserstoffionenkonzentration im Speichel. Pflügers Arch. **202**, 475 (1924).

HERZFELD, E. und A. STOCKER: Über das Vorkommen von Harnsäure im normalen und pathologischen Speichel. Zbl. inn. Med. **34**, 753 (1913).

GROEBBELS, F.: Funktionelle Anatomie und Histophysiologie der Verdauungsdrüsen. Handbuch der normalen und pathologischen Physiologie **3**, 624 (1927).

LEWIS, D. S. and H. UPDEGRAFF: The org. constituents of the saliva. Proc. Soc. exper. Biol. a. med. **20**, 168 (1922).

NOORDEN, C. VON und J. FISCHER: Über eine Harnsäurereaktion im Speichel. Berl. klin. Wschr. **1916**, 1076.

SCHLESINGER, A.: Zur Kenntnis der diastatischen Wirkung des menschlichen Speichels. VIRCHOWS Arch. **125**, 146 (1891).

SEVERIN, J.: Experimentelle Untersuchungen über die Ausscheidung von N-haltigen Substanzen aus der Parotis bei nephrektomierten Hunden. Inaug.-Diss. Gießen 1908.

STARR, H. E.: Studies on human mixed saliva. J. of biol. Chem. **54**, 43, 55 (1922).

2. Der Magen.

Die vom erwachsenen gesunden Menschen nach einer reichlichen Mahlzeit abgesonderte Menge Magensaft ist wenigstens auf 1 Liter zu veranschlagen (R. ROSEMANN).

Der normale Magensaft ist charakterisiert durch seinen Gehalt an Pepsin, Wasserstoffion und Chlorion. Die Mengen von H^+ und Cl' stehen nicht im Verhältnis ihrer Äquivalentgewichte, sondern das Chlorion erreicht einen höheren Betrag, so daß klar wird, daß neben der „Salzsäure" konstant ein salzsaures Salz (NaCl und KCl) sezerniert wird. R. ROSEMANN hat im reinen Hundemagensaft Chlorion als Salz gefunden. Der Chloridgehalt des Magensaftes ist doppelt so groß wie der des Blutes. Die Magendrüsen leisten also in bezug auf dieses Ion eine ansehnliche Konzentrierungsarbeit.

Die Menge des Chlorions, das in den Magen abgegeben wird, steht in Beziehung zu dem Kochsalzgehalt des Organismus. Durch Zuführung von Kochsalz und anderen Chloriden kann die Chloridsekretion und die Acidität gesteigert werden. ROSEMANN hat beobachtet, daß ein scheingefütterter Hund in 3 Stunden 5,5 g Chlorion, das ist 20% seines Bestandes, verlor. Während der Körper Chlorverluste auf anderen Wegen im allgemeinen vermeidet und seinen Chlorvorrat festhält, ist er gegenüber der Abgabe des Chlorids in den Magen so gut wie wehrlos. Verhältnisse wie in dem Versuche ROSEMANNs beobachtet man nicht selten bei langdauerndem Erbrechen. Darauf werden wir später zurückkommen.

Die Abhängigkeit der Halogensekretion in den Magen von den Halogenbeständen geht mit großer Klarheit daraus hervor, daß bei Ersatz des NaCl durch Bromnatrium statt Chlorid Bromid im Magensaft erscheint.

Die Angabe von ROSEMANN, daß der Gesamtchloridgehalt des Magensaftes konstant sei und die Alkalichloridmenge sich zu der Salzsäuremenge spiegelbildlich verhalte, scheint für krankhafte Vorgänge nicht zuzutreffen. Bei Zuständen hartnäckigen Erbrechens finden wir im inaciden Magensaft die Chlorkonzentration gegen die Norm vermindert. Nach KATSCH u. KALK bedeutet es bei achylischen Zuständen eine schwerere Form der Funktionsstörung, wenn auch die Chloridsekretion stark absinkt. Indessen ist dabei zu berücksichtigen, ob eine Chloridverarmung des ganzen Körpers (kenntlich am Chloridgehalt des Blutes) vorliegt. Auch unter diesen Verhältnissen (s. S. 459—461) hört die Chloridabgabe in den Magen nicht auf. Aber — in Analogie zur Niere — kann dann nicht eindeutig auf Schwäche der betreffenden Teilfunktion geschlossen werden.

Die Chloridausscheidung in den Magen hat deutliche Veränderungen der Chloridmenge des Harns zur Folge. Beobachtet man diese im Stundenversuch, zum Zwecke der vergleichenden Beurteilung bei einer Probenahrung, so wird dieser Einfluß (s. Kurve 30), der in geeigneten Fällen

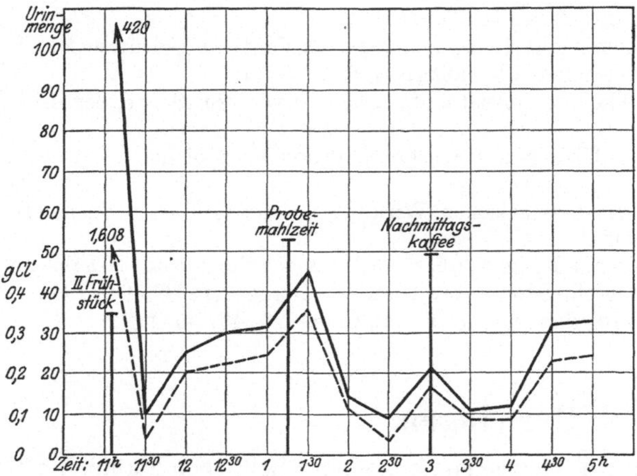

Abb. 30. Verhalten von Harn- und Chloridmenge im Stundenversuch beim Normalen. Einfluß der Mahlzeiten.

zur funktionellen Diagnostik dienen kann, sehr deutlich.

Wie der hohe Chloridgehalt des Magensaftes, so beruht auch der Säuregehalt auf einer Konzentrationsleistung, der Konzentrierung von Wasserstoffion des Blutes.

Der frühere Erklärungsversuch, daß eine Massenwirkung der Kohlensäure die Salzsäure in der Blutbahn freimache, und daß die Magenzelle die Stoffe in zweckmäßiger Weise anziehe (MALY, BUNGE), hat der Kritik ebensowenig standgehalten wie der neuere physikalisch-chemische Versuch von H. KÖPPE, der, fußend auf der Feststellung, daß die Magenwand vom Magenlumen aus wohl für Natriumionen, nicht aber für Chlorionen durchgängig ist, einen Austausch von Natrium- und Wasserstoffionen als das Wesen der Salzsäurebildung ansah, die danach erst im Magenlumen zustande kommen soll. Diese Theorie, die auf manche Erscheinungen gut paßt, setzt als Vorbedingung (Absonderungsreiz) die Anwesenheit freier Natriumionen im Mageninneren voraus und erweist sich dadurch, wenn man an die psychische Magensaftsekretion denkt, als nicht ausreichend.

Wenn also die Salzsäurebildung weder in der Blutbahn noch im Magenlumen geschieht, so bleibt als die an sich wahrscheinlichste Annahme, daß sie in den Belegzellen (Säurezellen) vor sich geht. Die morphologische Untersuchung dieser Zellen bei Ruhe und Tätigkeit hat im Gegensatz zu dem Befund an anderen Drüsenzellen ergeben, daß in allen Phasen des Prozesses eine besondere feinkörnige Beschaffenheit der Granula besteht, die nicht als solche in das Sekret übergehen. Das Sekret wird anscheinend durch zahlreiche, nach der GOLGIschen Methode gut darstellbare Sekretcapillaren abgeführt. Von besonderer Bedeutung ist, daß die aus dem Blutserum verschwindenden Wasserstoffionen in der Drüsenzelle nicht nachweisbar sind, da die Magenschleimhaut auf tangentialen Durchschnitten nicht sauer, sondern sogar alkalisch reagiert (E. v. BRÜCKE). Eine besonders starke Alkalescenz zeigen im mikroskopischen Bild die Belegzellen, denen auch eine starke Reduktionskraft für Silberlösungen, Permanganat und Osmiumsäure eigen ist. BENSLEY u. HARVEY finden, daß freie Salzsäure nicht in den Drüsen, sondern erst auf der freien Oberfläche des Magens, auf dem Boden der Magengrübchen, nachweisbar ist.

J. LÓPEZ-SUÁREZ sieht bei der Behandlung frischer Magenmucosa mit Silbersalzen nach der Methode von A. B. MACALLUM die Belegzellen chloridarm oder -frei, während in den Hauptzellen reichlich Chlor nachweisbar ist und kommt daher zu dem Schluß, daß die Hauptzellen die Bildungsstätten der Salzsäure seien. F. GROEBBELS dagegen fand mit einer von ihm ausgearbeiteten Methode bei Hunden und Katzen in den Belegzellen Chloride und sieht in diesen den histophysiologischen Ausdruck einer Salzsäurebildung und -absonderung. Uns scheinen diese wichtigen Befunde dafür zu sprechen, daß die Salzsäure, an deren Bildung in den Belegzellen wohl nicht gezweifelt werden kann, in diesen Zellen in gebundener Form, undissoziiert, enthalten ist.

Ein Verschwinden der Dissoziation wäre nach dem bei der Verkalkung erörterten Prinzip die Ursache für eine weitgehende Konzentrierung in der Zelle, die ja bei der Salzsäurebildung stattfinden muß. Die Bindung der Salzsäure an Bestandteile des Protoplasmas kann eine chemische sein, wie sie uns bei der Eiweißverdauung im Magen noch näher beschäftigen wird. Es kommt aber auch eine physikalische Bindung, eine Adsorption an den Phasengrenzflächen, in Betracht, wie sie auch sonst in der Biologie angenommen wird, so z. B. für die Wirkung der Narkotica (O. WARBURG), die als oberflächenaktive Stoffe an Grenzflächen durch Adsorption angereichert werden. Das Sekret müßte nach diesen Vorstellungen, die sich eng an die bei der Nierensekretion geschilderten anschließen, nach seiner Ausstoßung dissoziieren. Es ist dann zu erwarten, daß auch von dem bindenden Stoff etwas im Sekret zu finden ist.

Von besonderem Interesse dürfte nach dieser Hinsicht ein Studium des zu wenig beachteten organischen Hauptbestandteils des Magensaftes sein, der eine sehr komplizierte Substanz (Substanzgemenge) enthält, die beim Sieden gerinnt und bei starkem Abkühlen des Saftes sich abscheidet. Diese Substanz enthält Lecithin und Chlorid und liefert als Spaltungsprodukte Nucleoproteine, Albumose, Nucleinbasen und Pentose.

Im Magenschleim hat LÓPEZ-SUÁREZ Chondroitinschwefelsäure und Nucleinsäure, zum Teil in Verbindung mit einem Eiweißkörper, gefunden.

R. MOND fand, daß die Schleimhaut des Froschmagens sich elektronegativ gegenüber ihrer Umgebung verhält. Daher wandern positiv geladene Teilchen

(Silber) vom Mageninneren durch die Sekretcapillaren in die Belegzellen, während negativ geladene Farbstoffe (Neutralrot — GLÄSSNER u. WITTGENSTEIN) vom Blut durch die Belegzellen in das Magenlumen gelangen. Untersuchungen über die Ladung der Magenschleimhaut hat am Menschen JEAN SWYNGEDAUF angestellt. Er fand, daß die Wand des Magenfundus während der Magensaftproduktion, aber ganz unabhängig von der Acidität des Saftes, einen erheblichen Strom von 30—40 Millivolt Negativität gegenüber den Fingern oder der ruhenden Zunge liefert. Nach diesen übereinstimmenden Resultaten der färberischen Ermittelung und der Messung der elektrischen Potentiale kann als sicher gelten, daß in der Magenwand während der Saftbildung elektrolytische Vorgänge mitwirken (R. KELLER).

Die wässerige gepufferte Chlornatriumlösung, die mit dem Blut zuströmt, ist in bezug auf NaCl stark, in bezug auf H_2O entsprechend seinem p_H von 7,20 sehr schwach, etwa gleich destilliertem Wasser, dissoziiert.

Die durch die Magensaftbildung erfolgende Veränderung läßt sich, wenn man Verminderung eines Ions mit Schrägdruck, Vermehrung mit Starkdruck bezeichnet, in folgender Weise darstellen:

$$Na^{+} + Cl' + H_2PO_4' + HPO_4'' + HCO_3' + CO_2 + H^{\cdot} + OH' + H_2O \rightarrow$$

Blut   Magensaft

$Na^{+} + Cl' + H_2PO_4' + \mathbf{HPO_4''} + \mathbf{HCO_3'} + CO_2 + H^{+} + \mathbf{OH'} + H_2O$	$Na^{+} + Cl' + H^{+} + H_2O$

Phosphat tritt in den Magensaft nicht über. Die im Blut stattfindende Ionenverschiebung hat keine (merkbare) Veränderung der aktuellen Reaktion zur Folge. Für deren Aufrechterhaltung sorgen die Regulationsvorrichtungen (s. Kap. 14).

Die Analyse dieser Regulationsvorrichtungen zeigt, wie der gesamte Organismus an der Bildung der Magensalzsäure teilnimmt.

Magensaft vom normalen Menschen enthält 400—500 mg% Salzsäure; sein p_H liegt zwischen 0,97 und 0,80 (R. ROSEMANN).

Die Bildung der Salzsäure im Magen bewirkt das Zurückbleiben einer äquivalenten Menge Alkali im Körper, das nach seiner Entstehung primär als NaOH gedacht werden kann, das sich aber augenblicklich mit der Kohlensäure zu Alkalicarbonaten umsetzt. Von den Mitteln, mit denen der Organismus die Neutralität des Blutes aufrecht erhalten kann, wird bei dem erheblichen Eingriff in die Neutralität, den die Bildung der Magensalzsäure darstellt, die Hilfe der Exkretionsorgane gebraucht. Alle Drüsen, die imstande sind, ein alkalisches Sekret zu bilden, treten in Funktion, so das Pankreas und die Darmdrüsen (daher ist die Bildung der Magensalzsäure Schrittmacher der Sekretion dieser Drüsen), aber in starker und der Beobachtung leicht zugänglicher Weise die Nieren, die bekanntlich auf der Höhe der Magenverdauung, aber auch schon der Hauptmahlzeit vorausgehend, einen weniger sauren, oft sogar einen alkalischen Harn bilden. Die Acidität des Harns ist das Spiegelbild der Acidität des Magens und somit von großer diagnostischer Bedeutung für die Erkenntnis von Magenfunktionen. Wenn man den Harn im Stundenversuch auf seine Acidität durch eine einfache Titration (im Notfall genügt auch Lakmuspapier) oder durch Messung des p_H untersucht, so kann man ohne Anwendung des Magenschlauches die Säuresekretion im Magen unter dem Einfluß der Nahrung leicht überblicken und anschaulich darstellen.

Die Abb. 31 stammt von einem Kranken mit Hyperchlorhydrie bei gemischter Kost. Bei konstanter Inacidität dagegen ist der Harn bei solcher Kost stets sauer. Mißt man gleichzeitig die Kochsalzausscheidung, so sieht man, daß die durch die Salzsäurebildung verursachten Schwankungen (vgl. Abb. 32) fehlen.

Wird salzsaurer Mageninhalt erbrochen, so tritt, auch wenn keine Superacidität bestanden hat, häufig eine alkalische Harnreaktion auf. Saurer Harn bei anhaltendem Erbrechen ist ein sicheres Zeichen der Inacidität.

Sehr wichtige Einblicke gibt die Analyse des Blutes. Die Abgabe von Chlorid in den Magen bedeutet für das Blut Verlust eines Anions. Während des Beginns der Magensekretion (40 Minuten) fällt der Chloridgehalt des Gesamtblutes (Dodds u. Shirley-Smith). Es tritt also ein Bedarf an Anionen ein. Das einzige Ion,

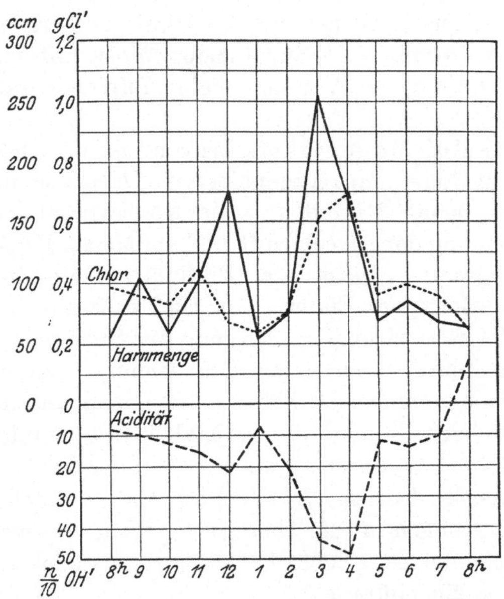

Abb. 31. Fall von Hyperchlorhydrie. Verhalten von Harnmenge, Chloridausscheidung und Harnacidität im Stundenversuch.

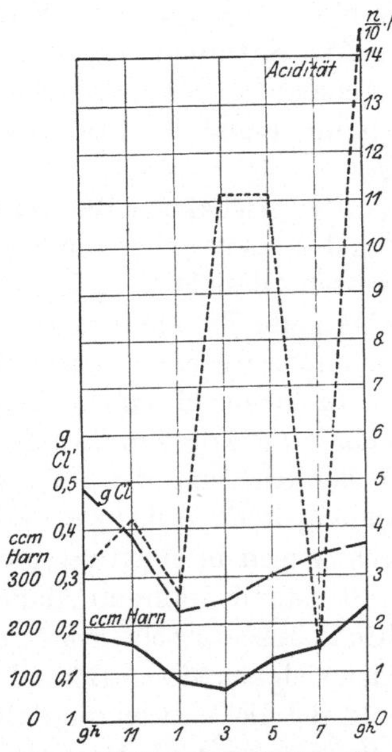

Abb. 32. Fall von Achlorhydrie. Verhalten von Harnmenge, Chloridausscheidung und Harnacidität im Zweistundenversuch.

das in ausreichender Menge als Ersatz zur Verfügung steht, ist das Bicarbonat. Es wird daher entsprechend der Chloridsekretion HCO_3' zurückbehalten. Schon lange ist bekannt, daß die alveolare CO_2-Spannung von der Nahrungsaufnahme beeinflußt wird. H. L. Higgins fand in den ersten Stunden nach einer Mahlzeit eine Steigerung bis auf etwa 6 mm. H. Erdt, ein Schüler von H. Straub, fand eine Tageskurve, die deutlich von den Mahlzeiten abhängt. Porges, Leimdoerfer und Marcovici fanden eine ähnliche Wirkung der Mahlzeiten auf die Kohlensäurespannung des Blutes, die sie auf die HCl-Sekretion bezogen. Diese Ansicht hat sich in neueren Untersuchungen als richtig erwiesen. E. C. Dodds, T. J. Bennet u. a. sahen die alveolare CO_2-Spannung innerhalb $^1/_2$—$^3/_4$ Stunde nach der Nahrungseinfuhr ansteigen und nach Eintritt des Chymus in das Duodenum entsprechend der Alkaliabsonderung durch das Pankreas stark abfallen. Die Messung der alveolaren CO_2-Spannung ist eine Methode, um über die Sekretion von Magen und Pankreas

Aufschluß zu erhalten. Bei Supersekretion ist der Anstieg stärker, bei Anacidität fehlt er völlig. Bei Supersekretorischen kann man aus der hohen Lage des Nüchternwertes eine Nüchternsekretion erkennen. Nach Atropinisierung bleibt der Anstieg aus. Führt man durch die Duodenalsonde die Nahrung unmittelbar in das Duodenum ein, so kommt es nur zu der starken Senkung. Aus dem Grade dieser Senkung läßt sich vielleicht sogar ein Urteil über die Stärke der Pankreassekretion gewinnen (BENNET). Mit Hilfe dieser Methode ist mit Sicherheit zu entscheiden, ob ein Magen Salzsäure bildet. Eine echte Anacidität kann von einer Neutralisierung durch Rückfluß eindeutig unterschieden werden. Vielleicht ist das in Fällen von Gastroenterostomie von diagnostischer Bedeutung. Nach ADLERSBERG u. KAUDERS gelingt es sogar ohne Gasanalyse einen ausreichenden Aufschluß zu gewinnen. WIELAND u. SCHOEN haben nämlich mitgeteilt, daß hohe CO_2-Spannung im Blut mit Miosis, niedrige mit Mydriasis einhergeht. ADLERSBERG u. KAUDERS finden bei Normo- und Superaciden Miosis mit dem Maximum 1 und $1^1/_2$ Stunden post coenam, bei Anaciden keine Pupillenveränderung.

Der CO_2-Gehalt des Blutes ist auch auf die Magenmotilität von Einfluß. DICKSON und WILSON haben durch gasanalytische und röntgenologische Untersuchung festgestellt, daß 30—40 g Natriumbicarbonat, 3 Stunden vor der Kontrastmahlzeit gegeben, eine Zunahme der CO_2-Spannung der Alveolarluft und am Magen Hypotonie und seichtere Peristaltik herbeiführt. Unter dem Einfluß von 10—15 g Ammoniumchlorid, einem Salz, das infolge der Bildung von Harnstoff aus dem Ammoniak wie die Zuführung von Chlorion wirkt (s. S. 356) und den Stoffwechsel nach der Richtung der Acidose umstimmt, kann es zur Erniedrigung der CO_2-Spannung und vermehrter Peristaltik kommen. Erhöhung der CO_2-Spannung (durch Atmen in einen geschlossenen Sack) brachte die Peristaltik in 5 Minuten zum Stillstand, während Abdunsten von CO_2 durch verstärkte Atmung die Peristaltik in ausgesprochenem Masse anregte. Ebenso wirkt Laufen. Ganz zweifellos werden sich aus diesen Befunden Folgerungen für die Therapie ergeben, und zwar sowohl für die Verwendung alkalisierender oder acidotischer Salze, als auch für die Bewegungs- und Atmungstherapie Magenkranker.

Die Methoden der Gewinnung des Mageninhaltes zum Zwecke der Untersuchung haben sich im letzten Jahrzehnt wesentlich verändert und vervollkommnet. Nach dem Vorgang von EWALD-BOAS und RIEGEL-LEUBE begnügte man sich früher damit, nach einer Probemahlzeit eine einzige Portion Mageninhalt zu untersuchen und den zeitlichen Faktor der Sekretion nur so zu berücksichtigen, daß man an verschiedenen Tagen zu verschiedenen Zeiten ausheberte (EWALD, BOAS u. a.).

Bei allen Untersuchungen des Mageninhaltes ist zu bedenken, daß psychische Einflüsse die Magensaftbildung nach beiden Richtungen hin verändern können und daß die Gesamtleistung der Magendrüsen von psychischen und chemischen Einflüssen zugleich abhängt. Im Magensaft fand man Stoffe, die imstande sind, bei subcutaner und intravenöser Einverleibung die Magensekretion in Gang zu bringen. Dieser Stoff, von der Natur eines „Hormons", wird Magensekretin genannt. Die Bildung des Magensaftes würde also demnach durch psychische Einflüsse eingeleitet (Appetitsaft, Zündsaft nach PAWLOW!) und durch das im Magensaft enthaltene Sekretin aufrecht erhalten werden. Das Magensekretin findet sich ausschließlich in Extrakten aus dem Pylorusteil. Vom isolierten Pylorusteil aus wirken am lebenden Tier verschiedene Stoffe saftmachend, unter ihnen auch LIEBIGS Fleischextrakt. Es findet also auf dem Blutwege eine Erregung der Fundusdrüsen durch Sekretin, also durch eine innere Sekretion der Pylorusschleimhaut, statt, ein Vorgang, der gewiß für manche Sekretionsstörungen des Magens, so vielleicht auch für die Inacidität bei noch nicht stenosierendem Carcinom der Pylorusgegend, von Bedeutung ist. In folgerichtiger Anwendung der Ergebnisse der Physiologie hat H. CURSCHMANN das reizlose Teefrühstück und die Probemahlzeit durch das „Appetitfrühstück" ersetzt, das Säuresekretion in Fällen hervorruft, bei denen die schematischen Methoden versagen. Wegen der die Säurebildung anregenden Wirkung der Extraktivstoffe gibt bereits das einfache Fleischbrühe-Schwarzbrotfrühstück bessere Resultate als Tee-Weißbrot. Gerade für die Diagnose der organisch bedingten Inacidität (bei Carcinom, chronischer Gastritis und perniziöser Anämie) ist die systematische Anwendung verschiedener Proben (etwa nach der Anordnung von A. GLUCINSKI) wertvoll.

Es ist das Verdienst M. EHRENREICHS (aus der Klinik GOLDSCHEIDERS), die Magenverweilssonde, die M. GROSS schon früher für diese Aufgabe empfohlen hat, zu diagnostischen Zwecken eingeführt zu haben. REHFUSS und KATSCH u. KALK haben das Verfahren weiter ausgebaut.

REHFUSS hat in einem Diagramm anschaulich dargestellt, daß sehr verschiedene Verlaufsarten der Aciditätskurven denselben „Normalwert" ergeben, wenn man sich mit einer einzigen Untersuchung nach 60 Minuten begnügt.

Eine wesentliche Bereicherung der Methodik erfolgte, als R. EHRMANN die

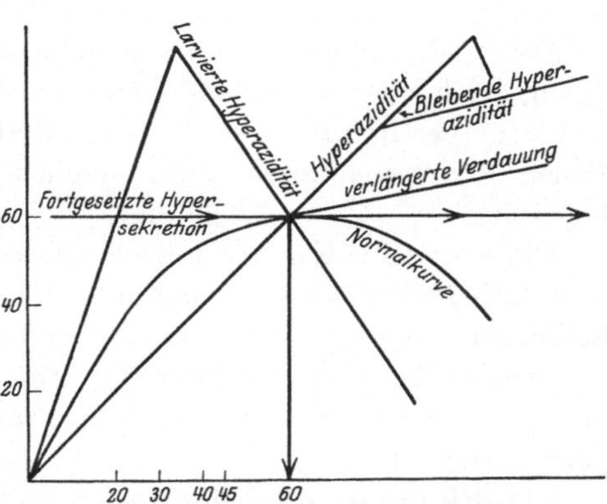

Abb. 33. Verschiedene Typen der Aciditätskurve, die alle bei einer einzigen Stichprobenuntersuchung nach 60 Minuten denselben „normalen" Aciditätswert ergeben. (Schema nach REHFUSS.)

Analyse des Mageninhaltes nach Probemahlzeiten durch den Alkoholprobetrunk ersetzte bzw. ergänzte. Damit wurde der Weg eröffnet an Stelle der Speisen, die, in je nach ihrer Art wechselnden Mengen, Eiweiß und Salze, dazu durch den Kauakt produzierten Speichel in den Magen brachten und einen der Filtration bedürfenden Mageninhalt ergaben, dosierbare, eiweiß- und salzfreie Reizlösungen durch die Sonde in den Magen zu geben. Wie den Alkohol verwendet man eine Coffeinlösung. Coffein ergibt bei subcutaner Anwendung fast die gleichen Sekretionskurven wie Einführung einer Coffeinreizlösung in den Magen. Den stärksten experimentellen Sekrstionsreiz übt Histamin, subcutan beigebracht, ans.

Setzt man der Reizlösung etwas Methylenblau zu, so kann man die mit der Zeit eintretende Verdünnung abschätzen. Den Rücklauf aus dem Duodenum erkennt man an der erst grünlichen, später, nach Entleerung des Methylenblaus aus dem Magen, gelblichen Verfärbung des Mageninhaltes.

Der nüchterne Magen enthält eine kleine Menge Flüssigkeit, die meistenteils sauer reagiert, gelegentlich auch aus Schleim oder Duodenalsekret besteht. Welche Menge als nicht mehr normal anzusehen ist, richtet sich in erster Linie nach den

Reizen (auch den psychischen), die vor oder im Beginn der Untersuchung eingewirkt haben. Nach G. KATSCH enthält der (auch psychisch) ungereizte Magen selten mehr als 40 ccm Nüchterninhalt. Mengen über 100 ccm sind sicher jenseits der Grenze normaler Reaktion. Im Hungerschmerzanfall bei Ulcus duodeni findet man 500 und noch mehr ccm.

Die Nüchternaushebung gibt bei Stauung einen vermehrten Inhalt, in dem bei Fehlen von Salzsäure Milchsäure nachweisbar ist.

Unter den Bedingungen von Entleerungsbehinderung und Salzsäuremangel wird der Magen sehr stark von Bakterien besiedelt, unter denen die BOAS-OPPLERschen langen Bazillen als Milchsäurebildner eine besondere Stellung einnehmen. Nach den Forschungen von O. WARBURG kommen die Carcinomzellen selbst als Milchsäurelieferanten in Betracht. Aber sicher findet auch in krebsfreien Stauungsmagen Milchsäuregärung statt. Lange Bacillen und Milchsäure im Mageninhalt sind kein 100%iges Kriterium für Magenkrebs.

Nach Einbringung der gefärbten Reizlösung liefert die fraktionierte Ausheberung eine Aciditätskurve und einen Einblick in den Verdünnungsverlauf.

Die Aciditätskurve kann steil oder schräg (frühacid oder spätacid — REHFUSS), hoch oder flach, lang oder kurz verlaufen. Diese Kurven sind durchaus nicht für bestimmte Krankheiten charakteristisch (KATSCH). Aber in gewissen Fällen kann aus ihnen mehr gesehen werden als aus der einmaligen Ausheberung.

Die normale Kurve steigt langsam an, erreicht mit 40—60 Gesamtacidität nach 50—70 Minuten das Maximum und sinkt dann meistens langsam ab. Die Sekretionsdauer schwankt zwischen 100 und 200 Minuten.

Steile Kurven (Hochkurven) erreichen bis zur 40. Minute eine Gesamtacidität zwischen 70 und 130. Die Entleerung ist oft beschleunigt; die Verlaufsdauer ganz verschieden.

Flachkurven, die sich oft nach großen Ulcusblutungen finden, haben einen gleichmäßigen niedrigen Verlauf (unter 30) und ungleiche Dauer. Freie Salzsäure fehlt meist.

Träge oder spätacide Kurven. Die Acidität erreicht die normale Höhe nach längerer Zeit (länger als 1 Stunde). Mit der früheren Untersuchungsmethode findet man in diesen Fällen Sub- oder Anacidität. Die Entleerung ist verzögert.

Lange Kurven. Die Acidität überschreitet nicht normale Höhe, kann sogar dauernd niedrig bleiben. Die Sekretion dauert 4—5 Stunden und mehr.

Lange Hochkurven geben das ausgesprochene Bild des Reizmagens. Man findet sie daher häufig bei Ulcus duodeni, in dessen Diagnostik der sogenannte Klettertyp der Aciditätskurve (REHFUSS) zu beachten ist. Diese Kurve zeigt steile Abfälle und Anstiege. REHFUSS glaubt, daß dieser Verlauf durch Abwechslung von Duodenalrückfluß und Pylorusspasmus bedingt ist.

Die Erfahrungen bei der fraktionierten Ausheberung haben u. a. das sehr wichtige Resultat ergeben, daß früher viel zu häufig die Diagnose Achylie gestellt wurde. Es hat sich gezeigt, daß es mitunter starker Reize (Histamin) bedarf, um die Fähigkeit zur Säurebildung darzutun. Wenn die Sekretion von Salzsäure auf keine Weise zu erzwingen ist, spricht man von Achylia absoluta (KALK u. KATSCH).

Das Vorliegen einer scheinbaren Inacidität infolge Neutralisierung der Salzsäure durch Rücklauf aus dem Duodenum oder durch eine Gastroenterostomie kann durch Beachtung der Färbung des Mageninhalts erkannt werden.

Ist die Reizlösung aus dem Magen entleert, so folgt die Beachtung der Nachsekretion (KATSCH) in der Weise, daß alle 10 Minuten der Inhalt vollständig entleert wird, der dann aus reinem Magensaft bestehen und daher die höchsten Aciditätswerte ergeben kann. Wenn die Gesamtmenge in der 1. Stunde mehr als 60 ccm beträgt, so gilt das als Supersekretion (KATSCH, W. WEITZ).

PAWLOW und HEIDENHAIN lehren, daß es im reinen Magensaft keine Konzentrationsschwankung der Salzsäure gibt. Sie wird nach PAWLOW durch Beimengungen von Magenschleim vorgetäuscht. Nach den Untersuchungen ROSEMANNS wechselt beim Hund der Salzsäuregehalt mit der Intensität des Reizes. Sicher ist, daß unter normalen und physiologischen Verhältnissen eine höhere Konzentration als 0,6% — das ist der beobachtete höchste Wert — nicht gefunden wird und wahrscheinlich aus physikalisch-chemischen Bedingungen nicht möglich ist. Eine Hyperchlorhydrie (Superacidität) gibt es also nicht, wenn man darunter eine Salzsäurekonzentration von übernormaler Höhe versteht. Daß — entgegen der Lehre von PAWLOW und HEIDENHAIN — zum mindesten unter nicht zur Norm gehörenden Verhältnissen ein Magensekret minderer Konzentration geliefert wird, begegnet in den Kreisen der Kliniker kaum einem Zweifel. CROHN u. REISS haben sogar anacide Supersekretion in einigen Fällen beobachtet.

Supersekretion darf angenommen werden, wenn Sekret in zu großer Menge und für zu lange Zeit im Magen angetroffen wird. Das ist — ganz im allgemeinen — der Fall, wenn die Magenentleerung auch nur geringfügig behindert ist. Besonders oft findet man sie beim Ulcus duodeni. Sie ist die Folge einer gesteigerten Reizbarkeit oder eines zu starken Reizes.

Eine Form der Supersekretion ist die REICHMANNsche Krankheit (Gastrosuccorrhöe, kontinuierlicher Magensaftfluß), bei der in unserer Zeit der vorgeschrittenen Diagnostik immer ein Ulcus ventriculi oder duodeni gefunden wird.

Von großem Interesse ist die intermittierende Supersekretion, die sich bei den gastrischen Krisen der Tabiker, bei Migräne, bei Oedema QUINCKE und bei neuropathischen Personen unter dem Einfluß von Ärger, Ekel und dergleichen findet. Hier wie bei der REICHMANNschen Krankheit wird wohl mit Recht spastischer Pylorusverschluß als (unterstützende) Bedingung angenommen.

Ist die vermehrte Mageninhaltmenge von hoher Acidität, so liegt Supersekretion + Superacidität vor. Diese Kombination ist ein häufiges, aber durchaus nicht regelmäßiges oder notwendiges Zeichen eines Ulcus ventriculi oder duodeni, kann aber auch im Anfangsstadium des Magencarcinoms vorkommen.

Bekanntlich wurden im ärztlichen Sprachgebrauch die Worte „Superacidität" und „Hyperchlorhydie" in sehr verschiedenem Sinne gebraucht. Man versteht darunter hohe Acidität des Mageninhalts sowohl wie Beschwerden, die man auf diese Acidität zurückführt. Es wäre besser, diese Ausdrücke auf die chemischen Befunde zu beschränken und für die Symptomatik Bezeichnungen wie „Säurebeschwerden" oder dergleichen zu verwenden.

Zu einer Vermehrung des Mageninhalts kann es auf sehr verschiedene Weise kommen. Erwähnt ist bereits die Supersekretion verschiedener Acidität.

Aber Mageninhalt ist keineswegs gleichbedeutend mit Magensaft. Es ist seit W. N. BOLDYREFF bekannt, daß bei Einführung von reinem Fett und bei gemischter fetthaltiger Nahrung Darmsäfte in den Magen zurücktreten, und mit ihnen, wie durch den Nachweis von Trypsin erwiesen wurde, auch Pankreassaft. VOLHARD hat danach das Ölfrühstück in die Klinik eingeführt, durch das es gelingt, beim Menschen Darmsaft durch den Magen zur Untersuchung zu gewinnen. Durch fette Nahrung wird, wie PAWLOW und seine Schüler festgestellt haben, die Sekretion des Magensaftes stark gehemmt, sowohl in bezug auf seine Menge als in bezug auf seinen Pepsin- und Säuregehalt, die Sekretion der Galle und des Pankreas, das dabei einen von Fermenten sehr reichen Saft von sich gibt, angeregt.

W. N. BOLDYREFF verdanken wir ausgezeichnete Untersuchungen, aus denen hervorgeht, daß bei Fettfütterung sich die Darmsäfte in solchem Grade in den Magen ergießen, daß sie den Magensaft unwirksam machen und Darmverdauung im Magen stattfindet.

Es ist bekannt, daß in den Magen eingeführte saure Flüssigkeiten allmählich an Acidität abnehmen, ohne daß die Menge des Anions (also im Falle der Salzsäure die Menge des Chlors) eine Verminderung erfährt. Diese Neutralisierung findet in einem vom Darm isolierten Magen nicht statt; sie erfolgt durch den zurückfließenden alkalischen Darmsaft (BOLDYREFF). Von den Sekreten, die den Darmsaft bilden, übertrifft das Pankreassekret, dessen Alkalinität einer 0,65%igen Lösung von Na_2CO_3 entspricht, die anderen so stark an alkalischer Reaktion, daß ihm bei dieser Neutralisierung der bei weitem größte Anteil zusteht. BOLDYREFF kommt auf Grund seiner Versuche zu der Auffassung, daß dieser Vorgang die allgemeine Regel darstellt, „durch die die Beziehungen zwischen Magen und Darm beim Übergang des Mageninhaltes in den Darm reguliert werden". Bei diesem Vorgang fällt die Acidität des Mageninhalts gewöhnlich bis zu 0,15% Salzsäure, einem Säuregrad, der der Pepsinverdauung günstig ist und der vom Dünndarm noch gut vertragen wird. Stärkere Säure wirkt auf den Darm stark reizend. Bei Tieren, bei denen die Pankreassekretion in den Darm unterbunden ist, bei denen also die Neutralisierung fehlt, wirkt nach BOLDYREFF Säure, ja sogar die eigene Magensäure als Gift, das imstande ist, die Tiere zu töten.

Die klinische Bedeutung dieser „Selbstregulation des Mageninhalts" ist offenbar. Die Begriffe Superacidität und Supersekretion erhalten durch diese Arbeiten von BOLDYREFF neue Möglichkeiten, da sie, außer durch eine echte Magensaftsupersekretion, auch durch eine ungenügende Tätigkeit des Pankreas bedingt sein können.

KATSCH versucht diese beiden Möglichkeiten mit den alten Ausdrücken „Hyperchlorhydrie" und „Superacidität" zu verbinden. Er spricht von Hyperchlorhydrie, wenn infolge erhöhter Reizbarkeit die Acidität in der Nähe der maximalen Säurekonzentration liegt, von Superacidität, wenn die Regulierung der Acidität gestört ist.

Eine Sekretion stark sauren Magensaftes wird nicht zu einer Superacidität führen, wenn ein starker Duodenalrückfluß besteht. Es wäre ein guter Fortschritt, wenn es (vielleicht durch Bestimmung der Chloridkurve neben der Aciditätskurve) gelänge, Sekretion und Rückfluß gleichzeitig zu messen.

Dieses Verfahren hat sich bei der Analyse der Sub- und Anacidität des Magens bereits bewährt. Hier liegen die Verhältnisse analog. Eine Verminderung des Sekrets in bezug auf Menge (Subsekretion) und Salzsäurekonzentration (Hypochlorhydrie) wird ebenso zur Subacidität führen wie ein starker Rückfluß alkalischen Duodenalinhalts. Es hat sich gezeigt (KATSCH), daß es Anacidität des Magensaftes mit und ohne „Hypochlorie" gibt. Die Achylia gastrica, die bei Gemütserregung als kurzdauernde funktionelle Störung auftreten kann, findet sich bei Anaemia BIERMER, bei chronischer Cholecystitis, beim Magencarcinom, im Unterernährungszustand und bei Kachexie (z. B. bei magenfernem Krebsleiden), im höheren Alter, nach Ruhr und auf konstitutioneller Grundlage (MARTIUS). Bereits oben wurde erwähnt, daß bei Anwendung der Verweilsonde und starker Reize (Histamin) absolute Anacidität nicht mehr so häufig gefunden wird.

Über die Messung der Säure im Mageninhalt gibt es eine unübersehbar große Literatur. Für den fermentativen Prozeß ist das Maßgebende die Konzentration an H^+-Ionen, die man, als die physikalische Chemie noch jung war, in erster Linie auch für die Analyse berücksichtigen zu müssen glaubte. Die freie Salzsäure des Magensaftes wird an die Eiweißkörper gebunden, und zwar mit deren Spaltung in zunehmendem Maße. Da die Proteine und Albuminate wie schwache Basen reagieren, so ist die an sie gebundene Säure der hydrolytischen Abspaltung fähig, wenn die Konzentration freier Wasserstoffionen niedrig ist. Daher zeigt Mageninhalt, der keine „freie Salzsäure" enthält, gegen geeignete Indicatoren schwach saure Reaktion. Vermindert man die freien Wasserstoffionen durch Titration mit Lauge (der Endpunkt dieser Reaktion ist mit einem Indicator feststellbar), so kann durch weitere Titration die an Proteine und Albuminate gebundene Salzsäure vollständig gemessen werden. Nach den Untersuchungen von J. CHRISTIANSEN liefert GÜNZBURGS Reagens Werte, die mit den elektrometrischen Untersuchungen gut übereinstimmen, während Kongorot eine höhere Zahl für freie Salzsäure ergibt, weil es nicht nur mit Salzsäure, sondern auch mit salzsauren Peptonen und mit organischen Säuren reagiert, und weil es bei Gegenwart von Eiweiß oder Peptonen, wahrscheinlich infolge einer Adsorption an diese hochmolekularen Körper, vollkommen versagt. Die Empfindlichkeit der bei der Untersuchung des Magensaftes gebräuchlichen Indicatoren ist folgende:

Indicator	Wasserstoffionenexponent	Farbenumschlag
Methylviolett	0,1 — 3,2	grünblau-violett
Tropäolin 00.	1,4 — 2,6	rot-gelb
Kongorot	3,76— 4,23	mißfarben-blau
Günzburgs Reagens	4	rot-gelb
Dimethylamidoazobenzol . .	3	rot-goldgelb
Lackmus.	6,97— 8,0	rot-blau
Phenolphthalein	8,3 —10,0	farblos-rosa

Die Titration mit zwei, nach ihrer Empfindlichkeit passend gewählten Indicatoren, wie sie bei der Untersuchung des Magensaftes seit langem in Gebrauch, ist eine geeignete und auch dem Wesen der wahren Acidität genügend Rechnung tragende Methode.

Bei Anwendung der salz- und eiweißfreien Reizlösungen und bei Fehlen von Blut, Serum und Eiter im Mageninhalt laufen die Kurven der freien Salzsäure (bestimmt mit Dimethylamidoazobenzol nach TÖPFER, titriert bis zur Lachsfarbe nach L. MICHAELIS) und der Gesamtacidität (titriert mit Phenolphthalein) annähernd parallel (KATSCH). Eine Unstimmigkeit im Verlauf der beiden Kurven kann auf der Anwesenheit organischer Säuren beruhen und auf Beimengungen von Proteinen. Die Vermehrung des Magenschleims am Ende der Verdauung, starker Duodenalrückfluß, starke Schleimbildung bei Gastritis, Hinzutreten von Blut oder Krebssaft haben zur Folge, daß die freie Salzsäure nicht nur völlig verschwindet, sondern daß ein solcher Mageninhalt imstande ist, noch weitere Salzsäure aufzunehmen, bis die Reaktion auf freie Salzsäure positiv wird. Diese Erscheinung heißt das Salzsäuredefizit. Ein solcher Mageninhalt enthält also Stoffe oder Gruppen, die basischer Natur sind und mit Salzsäure ein Salz vom Typus des salzsauren Eiweißes bilden. Da bei der Eiweißverdauung solche Gruppen — Aminogruppen — frei werden, so muß man aus der Existenz des Salzsäuredefizits schließen, daß in diesen Verdauungsgemischen die Eiweißspaltung weitergegangen ist, als sie in einem normalen Mageninhalt zu gehen pflegt. Wenn diese Deutung auch nicht auf alle Fälle von Salzsäuredefizit zutrifft, dessen Natur nicht einheitlich und für die mit der obigen Deutung unstimmigen Fälle noch nicht geklärt ist, so hat doch die in dieser Richtung eingesetzte Forschung recht beachtenswerte Ergebnisse ezielt. EMERSON hat gefunden, daß bei Magencarcinom mehr als 73% des Stickstoffes über die Stufe der Albumosen hinaus abgebaut wird.

Es treten also hier peptolytische und peptidspaltende Fermente auf, die nach FR. MÜLLER aus dem Krebsgewebe stammen. Pepton- und Polypeptidspaltungen sind in Magensäften mit verschiedenen Methoden festgestellt worden. O. NEUBAUER u. H. FISCHER haben zu diagnostischen Zwecken eine auf diesem Prinzip beruhende handliche Methode zu schaffen versucht, indem sie die Spaltung des Glycyltryptophans an dem durch seine charakteristische Farbreaktion leicht kenntlichen Auftreten freien Tryptophans verfolgen. Zahlreiche Prüfungen haben ergeben, daß die Fehler der Methodik, die besonders in der Anwesenheit von Duodenalinhalt (Trypsin) oder von Blut im Magen bestehen, den praktischen Gebrauch stark einschränken, da Blut sowohl wie Trypsin Dipeptide leicht spalten. Die peptolytische Kraft der Krebsgeschwülste darf aber als sicher gelten.

Das Pepsin. Die Sekretion des Pepsins hat wegen der Schwierigkeit der quantitativen Bestimmung für klinische Zwecke bei weitem nicht die Beachtung gefunden wie die Säurebildung. Nach der Auffindung brauchbarer Methoden ist eine größere Reihe von Untersuchungen ausgeführt worden, mit dem Ergebnis, daß oft Säure- und Pepsinreaktionen einander parallel gehen, daß aber Ausnahmen zu häufig sind, um von einer Regel sprechen zu können. Hohe Pepsinwerte werden bei Superacidität, Reizzuständen des Magens und Ulcus ventriculi gefunden. Für die so sehr erstrebte Frühdiagnose des Magencarcinoms hat sich die Pepsinbestimmung nicht als fördernd erwiesen. Das Pepsin kann, aber muß nicht beim Magenkrebs fehlen. Pepsinmangel herrscht vor allem bei schwerer Atrophie der Magenschleimhaut (z. B. bei perniziöser Anämie). Der Zustand des Fehlens von Pepsin und Salzsäure wird als gastrische Achylie bezeichnet.

Man hoffte sodann durch die Beobachtung des Pepsingehaltes im Harn zu einer frühen Erkenntnis des Magencarcinoms zu kommen. Das von BRÜCKE im Harn entdeckte Pepsin entstammt dem Magen, denn es verschwindet nach Exstirpation dessen. Es nimmt seinen Weg in den Harn nicht durch den Verdauungskanal, sondern es wird als Propepsin unmittelbar vom Magen in das Blut sezerniert. Es konnte also erwartet werden, daß die Untersuchung des Harns auf Pepsin andere Werte liefert als die Untersuchung des Mageninhaltes. Aber alle Bemühungen, hierdurch die Diagnose zu verfeinern, haben keinen Erfolg gehabt.

Die Monopolisierung der Pepsinproduktion beruht vielleicht auf einer allgemeinen Gesetzmäßigkeit.

BOLDYREFF hat an Hunden eine periodische Arbeit des Verdauungsapparates beobachtet. In ganz bestimmten Intervallen kommt es ohne Nahrungsaufnahme zu Bewegungen des Magens und des Darmes und zu Absonderungen von Galle, Darm- und Pankreassaft. Diese Säfte werden im Darm wieder resorbiert. BOLDYREFF sieht den wahrscheinlichen Sinn dieses Vorganges darin, daß beim Vielzeller die Fermentproduktion nicht mehr die Funktion aller Zellen ist, sondern sich auf die Verdauungsdrüsen spezialisiert hat, und daß diese Drüsen die Fermente, die sie in der periodischen Tätigkeit erzeugen, für alle anderen Zellen bilden, denen sie auf dem Blutwege zugeführt werden.

Die Ansichten über den Wert der freien Salzsäure für die Eiweißverdauung, die lange geteilt waren, scheinen jetzt dahin einig zu werden, daß zur optimalen Eiweißverdauung freie Salzsäure notwendig ist. Das dürfte aus zwei Ursachen richtig sein. Einmal liegt das Optimum der Pepsinwirkung, das sich leicht einwandfrei bestimmen läßt, bei einer Acidität von $^1/_{60}$ norm. Dann aber ist das Acidalbuminat als Salz einer schwachen Base zur hydrolytischen Spaltung, also zur Zurückbildung von Eiweiß und Salzsäure, geneigt. Dieser rückläufige Vorgang wird nach bekannten physikalisch-chemischen Gesetzen durch eine hohe Konzentration eines Spaltproduktes (also der Salzsäure) gehemmt. Beim Fehlen von freier Salzsäure wird die Dissoziation erfolgen; die so entstehende freie Salzsäure kann dann leicht von Eiweißspaltprodukten (Peptonen), die keiner weiteren Magenverdauung unterliegen, gebunden und durch Entleerung in das Duodenum der Wirkung im Magen entzogen werden.

Eine Störung der Eiweißverdauung im Magen kann wohl eine leichte Verzögerung des Stickstoffabbaus herbeiführen, da die Vorbehandlung der Eiweißkörper mit Pepsinsalzsäure den Angriff des Trypsins erleichtert. Mangel an Salzsäure wird aber, wenn die Darmfunktionen nicht gleichzeitig geschädigt sind, eine Beeinträchtigung der Eiweißausnutzung nicht zur Folge haben. Ausschließlich im Magen bei etwa normalem Gehalt von Salzsäure und Pepsin findet die Verdauung von rohem Bindegewebe statt. Hierauf hat SAHLI seine Desmoidreaktion (Verdauung von Katgut, mit dem ein Jodkali oder Methylenblau enthaltender Gummibeutel zugebunden ist, Beobachtung der Jod- oder Methylenblauausscheidung im Harn) und AD. SCHMIDT seine Bindegewebsprobe begründet. Für die Verdauung von rohem Bindegewebe ist wahrscheinlich freie, mit GÜNZBURGS Reagens nachweisbare Salzsäure nötig, Reaktion auf Kongorot ungenügend.

Das Erbrechen. Bei länger dauerndem Erbrechen größerer Massen erleidet der Körper Verluste an Wasser, Wasserstoffion und Chlorion, Verluste, die sehr oft wegen der Behinderung der Zufuhr nicht ausgeglichen werden können.

Durch den Säureverlust steigt das CO_2-Bindungsvermögen des Blutes stark an (Alkalireserve bis 100 Vol% Bicarbonat sind beobachtet). Diese Alkalose kann durch Anstieg der Alveolar- und Blutkohlensäurespannung nicht in allen Fällen kompensiert werden, so daß es zu einer Verschiebung der Blutreaktion nach der alkalischen Seite kommt (dekompensierte Alkalose oder dekompensiertes Säuredefizit).

Alkalose hat eine Störung des Kohlehydratstoffwechsels zur Folge (HAL-

DANE), die zur Ketonurie Veranlassung gibt. Die Bildung starker organischer Säuren bei Alkalose ist einer Bereitstellung von Anionen gleichzusetzen, die in äquivalenten Beträgen das an Stelle von Cl' getretene HCO'_3 entbehrlich machen, also den Stoffwechsel in der Richtung der Acidose beeinflussen.

Umgekehrt liegen die Verhältnisse beim „acidotischen Erbrechen". Bei dem Erbrechen der Schwangeren, dem Erbrechen nach Narkose, dem acetonämischen Erbrechen der Kinder, bei schweren Leberkrankheiten findet sich primär Acidose und Ketonurie. Durch das Erbrechen saurer Massen wird die Acidose (geringes Kohlensäurebindungsvermögen des Blutes, viel Ammoniak und niedriges p_H im Harn) gemildert oder in ihr Gegenteil verkehrt.

Dazu kommt, daß bei langdauerndem Erbrechen und mangelhafter Nahrungszufuhr auch infolge des Hungerzustandes Ketonurie auftritt.

Es ist also nicht immer leicht und auch nicht immer möglich, in einem solchen Falle, dessen Anfangsstadien nicht beobachtet werden konnten, ein richtiges Urteil zu gewinnen.

In der Regel findet man bei saurem Erbrechen alkalische Reaktion im Harn ($p_H = 7{,}4$—$7{,}8$) und niedrigen Ammoniakgehalt. K. A. HASSELBALCH, der den prozentualen Anteil des Ammoniakstickstoffs am Gesamtstickstoff „Ammoniakzahl" nennt, hat gefunden, daß einer bestimmten Harnreaktion eine bestimmte Ammoniakzahl entspricht. HASSELBALCH nannte die Ammoniakzahl bei $p_H = 5{,}8$ die „reduzierte Ammoniakzahl" und hat gefunden, daß diese Zahl, die gewöhnlich von großer individueller Konstanz ist, beim Eintreten eines echten acidotischen Zustands regelmäßig erhöht wird. Die reduzierte Ammoniakzahl liegt bei verschiedenen Menschen zwischen 2,2 und 5,5. Ihre Beeinflussung durch pathologische Verhältnisse kann nur bei einer Person beurteilt werden, deren reduzierte Ammoniakzahl im voraus bekannt ist oder nach Rückkehr der Bedingungen zur Norm festgestellt wird.

F. MAINZER hat in unserer Klinik Kranke, die unter schwerem Erbrechen litten, nach der Richtung des Ionenhaushaltes eingehend untersucht. Auffallenderweise fand sich in drei Fällen ein saurer (ungewöhnlich saurer) Harn mit geringem Ammoniakgehalt (niedriger reduzierter Ammoniakzahl). Entleerung eines sauren Harns bei einem alkalotischen Zustand (Magentetanie) hatte bereits früher KLOTILDE GOLLWITZER-MEYER beobachtet und vermutungsweise als vagotonische Erscheinung gedeutet. MAINZER konnte bei experimenteller Alkalose (nach Bicarbonatverabreichung) zeigen, daß zunächst Wasserstoffionenaktivität, Ammoniakzahl und auch die reduzierte Ammoniakzahl sinkt, d. h. daß weniger Ammoniak ausgeschieden wird, als bei normaler Stoffwechsellage im Harn gleicher Reaktion enthalten wäre. Nach Aussetzen des Bicarbonates wird der Harn sauer, saurer als vor Beginn des Versuches, während der Anstieg des Ammoniakgehaltes nachhinkt, so daß zunächst im Verhältnis zur Reaktion wenig Ammoniak ausgeschieden wird, wie in den von MAINZER analysierten Fällen.

Die Tatsache der Entleerung eines sauren Harns mit niedrigem Ammoniakgehalt bei gehäuftem Erbrechen ist der Ausdruck der Rückbildung einer manifesten oder relativen Alkalose. Analoge Verhältnisse fanden MAINZER u. JOFFE in der Nachphase der Acidose.

Die Verarmung an Chlorion, die bei langdauerndem Erbrechen eintritt, ist sehr bemerkenswert. In einem Falle unserer Klinik wurden in 16 Tagen 45 g

Chlorion erbrochen. In derselben Zeit wurden im Harn 15 g ausgeschieden. Die Tagesmengen im Harn gehen bis auf 0,1 g herab. Der niedrigste Wert im Serum, den wir beobachtet haben, war 0,20 mg%.

Die Diagnose auf Alkalose und Chloridverarmung kann in einem solchen Falle bereits am Krankenbett gestellt werden. So sahen wir einen Patienten, der infolge eines kleinen circulären Pyloruscarcinoms an schwerem Erbrechen litt. Der Patient war hochgradig ausgetrocknet, hatte aber, da Flüssigkeiten zum Teil den Pylorus passierten, im Verhältnis zu seiner Trockenheit sehr große Harnmengen. Daraus wurde auf hochgradige Chloridverarmung und Alkalose geschlossen (Fehler der Wasserbindung). Die Analyse ergab Alkalireserven von 89, 90, 95 an drei aufeinanderfolgenden Tagen, Chlorid im Blute 0,20 bzw. 0,23. Der Gewichtsverlust durch Atmung und Haut, gemessen mit der BENEDICTschen Wage, war sehr klein. Er betrug während einer Stunde 22,8 g. Differenz zwischen abgegebener Kohlensäure und aufgenommenem Sauerstoff betrug in der Versuchszeit 1,8 g. Der Patient gab also durch Perspiratio insensibilis in einer Stunde 21 g Wasser ab, davon 13,2 g durch die Haut.

Zu solchen schweren Störungen des Mineralstoffwechsels kommt es auch bei akuter Magenlähmung, bei der eine Entleerung bis zu 30 Liter Sekret innerhalb von 24 Stunden beobachtet ist, bei nicht funktionierender Gastroenterostomie, bei Pylorusverschluß und hochsitzendem Darmverschluß, und zwar auch dann, wenn — ausnahmsweise — Erbrechen nicht erfolgt. Die Intoxikation, die in solchen Fällen auftritt, äußert sich, außer in der Abnormität des Mineralstoffwechsels, in Asthenie, Blutdrucksenkung, Kollaps, Nierenfunktionsstörungen, Eiweißzerfall (am frühesten kenntlich durch Untersuchung des Reststickstoffs). In einer Anzahl von Fällen kommt es zur Tetanie (Magentetanie).

Bei Magentetanie wird wohl immer Alkalose angetroffen. Die Meinungen, ob diese die einzige Bedingung darstellt oder ob Chloridverarmung und Wasserverlust beteiligt sind, gehen auseinander. Die vielfältige Erfahrung, daß Zuführung von Kochsalz am besten hilft, spricht nicht unbedingt gegen die Alkalose als alleinige Grundlage und für die Beteiligung des Chloridmangels, weil NaCl unter gewissen Verhältnissen acidotisch wirken kann, vielleicht in der Weise, daß in einem Cl'-verarmten Körper Cl' retiniert und Na als Natriumbicarbonat oder Dinatriumphosphat mit dem Harn ausgeschieden wird. Auch mit NH_4Cl sind günstige Erfolge erzielt worden. Und das ist verständlich, weil dieses Salz Zuführung von Chlorion und Umstellung zur Acidose zugleich bewirkt. Calciumchlorid scheint sich bei Magentetanie, bei der eine Verminderung des Serumkalks nicht beobachtet wird, nicht in demselben Maße zu bewähren wie bei den anderen Tetanieformen. Kontraindiziert aber ist Zuführung von Alkali, die die Alkalose verstärkt, und Magenspülung, die alkalotisch wirkt und dem Körper so notwendiges Chlorion entfernt. Es scheint an der Zeit, daß man die Heilwirkung des NaCl auch bei allen den in dieses Gebiet gehörenden Intoxikationszuständen erprobt, die ohne tetanische Symptome verlaufen.

Von therapeutischem Interesse ist bei der verbreiteten Anwendung alkalischer Salze in der Magen-Darmtherapie, daß man durch zu starke Dosen nicht nur dieselben chemischen Veränderungen, wie in den eben erwähnten Krankheitszuständen — also Alkalose, Verminderung des Cl', Vermehrung des Reststickstoffs im Blut — sondern sogar die entsprechenden Krankheitserscheinungen — in leichteren Fällen Kopfschmerzen, Depression, Benommenheit, in schwereren Harnretention, urämische Zustände, Tetanie — hervorrufen kann (A. W. M. ELLIS).

Besonders bei der SIPPY-Kur sind solche Vergiftungen, in einem Fall sogar mit letalem Ausgang, vorgekommen.

Bei Anwendung von Alkalien gegen Säurebeschwerden muß außerdem bedacht werden, daß der ersten Wirkungsphase, der Neutralisierung des Mageninhaltes, eine zweite, sekretionserregende folgt (KALK u. LANGE).

Ulcus ventriculi und duodeni. Von chemischen Bedingungen der Ulcusentstehung ist so gut wie nichts Sicheres bekannt. Daß der Magen gegen sein eigenes Sekret, auch wenn es säure- und pepsinreich, resistent ist, kann als sicher gelten. Mit Beziehung auf die Ulcusgenese darf die Frage nicht dahin verallgemeinert werden, ob überhaupt lebendes Gewebe an sich gegen die Magenverdauung gefeit ist. Diese Frage kann nach dem Froschmuskelexperiment von CLAUDE BERNARD und nach der Häufigkeit, mit der in der operativen Pathologie Ulcera peptica auf der Bauchhaut von Magenfistelhunden entstehen, verneint werden. M. KATZENSTEIN hat Festigkeit der Magenwand gegen Pepsin-Salzsäure einem Antipepsin zugeschrieben. Daß ein durch Gefäßverschluß oder anderweitig schwer geschädigtes Stück der Magenschleimhaut der peptischen Verdauung anheimfällt, geht daraus hervor, daß ein Ulcus nur dort entsteht, wo saurer Magensaft hingelangen kann, das ist im Magen selbst, im untersten Teil des Oesophagus, im Anfangsteil des Duodenums und im Jejunum nach Gastroenterostomie.

Superacidität und Supersekretion des Magens sind nicht notwendige Bedingungen der Ulcusentstehung. Daß ein Mensch nach einer längeren Zeit der Achylie ein Ulcus bekommen hat, scheint noch nicht beobachtet zu sein. Daß aber ein Ulcus auch bei später einsetzender Achylie nicht heilt, ist durch Erfahrung gesichert.

Der experimentelle Beweis, daß durch chirurgische Eingriffe am Nervensystem Ulcera zu erzeugen sind, die die gleichen Prädilektionsstellen haben wie die Ulcera der Menschen, oft auch in der Einzahl auftreten, denselben chronischen Verlauf nehmen und die anatomisch-histologischen Eigenschaften der beim Menschen auftretenden Geschwüre zeigen, ist erbracht (G. HAUSER).

Nach der Theorie von G. VON BERGMANN entstehen auf neurogenem Wege Spasmen in der Muskulatur (Magenmuskulatur, vielleicht auch Gefäßmuskulatur), die zu Ischämie und folgender Verdauung führen. Vielleicht muß man aber daneben noch erwägen, ob unter neurogenem Einfluß die innere Architektur der Magenepithelzelle in der Weise gestört wird, daß der Verdauungsprozeß bereits im Gewebe eintritt.

BOLDYREFF hält es für möglich, daß durch duodenalen Rückfluß im Magen ein Ulcus trypticum entsteht. STUBER ist für eine solche Genese des Magengeschwürs eingetreten. Gegen die Deutung seiner Tierexperimente, die bei Hunden nach operativ erzeugter Pylorusinsuffizienz durch Einführung von Trypsin Magengeschwüre ergaben, spricht, daß Duodenalrückfluß beim Menschen physiologisch ist, daß es bei Achylia gastrica mit Pylorusinsuffizienz (diese Kombination liegt sehr oft bei Pyloruscarcinom vor) gewöhnlich kein Ulcus rotundum gibt, daß tryptische Geschwüre im Jejunum nicht vorkommen, im Gegensatz zu dem Ulcus jejuni, das nach Gastroenterostomie bei stark acidem Magensaft auftritt und daher mit Recht Ulcus jejuni pepticum genannt wird.

Nach BOLDYREFF kann das Eintreten großer Mengen von Darmsaft einen Magenkatarrh hervorrufen. Darauf ist vielleicht die Neigung zu Gastritis zu beziehen, die nach großen Magenresektionen so häufig ist. Nach der Theorie von Konjetzny stellt die chronische Gastritis das wesentliche ätiologische Moment für das Ulcus dar. Sicher ist, daß Gastritis und Ulcus in einem hohen Prozentsatz nebeneinander bestehen. Zum mindesten muß man der Entzündung eine Bedeutung für das Bestehenbleiben des Geschwürs zusprechen.

Okkulte Blutungen. J. Boas hat im Jahre 1901 die Lehre von den okkulten Blutungen begründet und bis zum Jahre 1914 sehr weit entwickelt. Bei der ungewöhnlichen praktischen Bedeutung, die dem Blutnachweis in den Faeces zukommt, wurde den Fehlern der Methodik ein größeres Maß von Aufmerksamkeit zugewandt. Für den Nachweis kleiner Blutmengen im Stuhl kommen Oxydasereaktionen und spektroskopische Methoden in Betracht. Für diese muß die Nahrung frei von Hämoglobin, für jene frei von Hämoglobin und Chlorophyll sein.

Die Oxydasereaktionen beruhen darauf, daß Stoffe wie Benzidin, Guajakharz, Phenolphthalein, Aloin, Leukomalachit u. a. durch aktiven Sauerstoff in statu nascendi (H_2O_2 oder andere Peroxyde, Terpentin) in höher oxydierte, gefärbte oder anders gefärbte Verbindungen verwandelt werden, wenn ein Sauerstoffüberträger (Peroxydaseferment) zugegen ist.

Der Blutfarbstoff hat infolge seines Eisengehaltes die Eigenschaften einer Peroxydase. Aber Peroxydasen sind in der Natur sehr verbreitet, in vielen Nahrungsmitteln und auch in den Faeces enthalten. In sehr schwierig zu beurteilenden Fällen kann es notwendig sein, bei strenger Milch- und Breidiät zu untersuchen, weil die Beseitigung der fremden Oxydasen mit absoluter Sicherheit nicht möglich ist. Durch Extraktion mit Eisessig und Äther gelingt ihre Entfernung zum größten Teil.

Es hat sich gezeigt, daß der Blutnachweis mit den sehr empfindlichen Methoden, so der Benzidinprobe nach Schlesinger u. Holst, nicht vorteilhaft ist, weil auch gesunde, streng ernährte Personen positiv reagieren, weil Peroxydasen sogar aus Weizen (L. Kuttner u. S. Gutmann) oder aus Leukocyten, die mit dem Sputum verschluckt werden, in die Faeces gelangen (A. Jamin). Es ist auch damit zu rechnen, daß so winzige Spuren von Blutfarbstoff, wie mit dieser Methode nachweisbar sind (Blutverdünnung von 1:300000—500000 gibt noch positive Resultate), physiologischerweise irgendwo in den Verdauungskanal gelangen. Daher ist Gregersen dazu übergegangen, die Empfindlichkeit der Benzidinmethode so zu verringern, daß sie bei den physiologischen Blutspuren ($^1/_{20}$—$^1/_{200}\%$) nicht mehr positiv ausfällt. Gregersen erreicht das, indem er das Objektträgerverfahren A. Wagners mit einer 0,5%igen Benzidinlösung (Benzidin = Diamino-p-Diphenyl) ausführt. Diese Probe zeigt einen Blutgehalt von 0,2% aufwärts an.

Die ältere Methode, die Anwendung von Guajakharz, war in ihrer ursprünglichen Form ziemlich unempfindlich. Es wurde versucht, die Extraktion des sauren Hämatins zu verbessern, indem man statt Äther Alkoholäther oder Alkoholchloralhydrat verwandte. Die Extraktion mit Chloralhydratalkoholgemisch, die sich in der forensischen Praxis bewährt hat, wurde von Boas mit gutem Erfolg für Faecesuntersuchung übernommen. Sie ist imstande, $^1/_3\%$ Blutgehalt nachzuweisen. Ein negativer Ausfall der Guajakprobe darf nicht als beweisend gelten.

Die spektroskopische Untersuchung der Faeces war fast gar nicht im Gebrauch, solange es an einer Methode fehlte, das Derivat des Blutfarbstoffes in geeigneter

Weise zu isolieren. Von den Blutfarbstoffderivaten kann das Hämochromogen in der größten Verdünnung spektroskopisch nachgewiesen werden. Die Empfindlichkeit wird von 1:8000 auf 1:20000 gesteigert, wenn man es in das Pyridinhämochromogen überführt.

J. Snapper hat als Methode angegeben, die störenden Farbstoffe durch Behandlung mit Aceton zu entfernen, den verbleibenden trockenen Rückstand der Faeces mit Eisessig und Äthylacetat zu behandeln, zu dem Filtrat Pyridin und als Reduktionsmittel Schwefelammonium oder Hydrazinhydrat zuzusetzen. — Noch bei einer peroralen Zufuhr von 2 g Blut bekam Snapper den Hämochromogenstreifen bei λ 560. Gelegentlich ist auch vor dem Zusatz von Pyridin und Reduktionsmitteln das Spektrum des sauren Hämatins sichtbar.

Bei diesen Untersuchungen machte Snapper die wichtige Entdeckung, daß im Stuhl nicht selten Porphyrine auftreten, und daß in fast allen Fällen von okkulter Blutung der Porphyrinnachweis positiv ausfällt. Ja es kann sogar das Hämochromogenspektrum kaum oder überhaupt nicht nachweisbar, der Porphyrinbefund aber einwandfrei sein. Daraus geht hervor, daß es Blutungen gibt, in denen es zu vollständiger Enteisenung des Blutfarbstoffs kommt, und daß das Vorliegen einer okkulten Blutung nicht verneint werden darf, solange nicht das Fehlen von Porphyrin festgestellt ist (Snapper, W. Löwenberg, O. Schumm).

Adler macht darauf aufmerksam, daß Beimengung von Hämorrhoidalblut zu den Faeces keine Porphyrinreaktion gibt, die demnach geeignet ist, höher im Darm erfolgte Blutungen gegen Hämorrhoidalblut abzugrenzen. Bei Ulcerationen im Colon und Sigmoid wird der Porphyrinnachweis positiv. Im Mageninhalt hat Snapper niemals Porphyrin gefunden.

Der Nachweis okkulter Blutung ist beim Magenkrebs (bei Heranziehung der spektroskopischen Methode), wenn auch nicht in jeder Stuhlprobe, aber bei jedem Falle fast immer positiv. Ein dauerndes, bei vielen Untersuchungen festgestelltes Fehlen von Blut gehört zu den großen Seltenheiten.

Literatur.

Adler, E.: Über den Nachweis von okkulten Blutungen. Arch. Verdgskrkh. 27, 153 (1921).

Adlersberg, D. und F. Kauders: Magensaftsekretion und Pupillenstarre. Klin. Wschr. 1924, 1161.

Bennett, T. J.: Beiträge zum Studium des Sekretionsmechanismus im oberen Verdauungskanal. Internat. J. of gastro-enter. 1, 121 (1921).

— and E. C. Dodds: The gastric and respiratory response to meals. Brit. J. exper. Path. 2, 58 (1921).

Bensley, R. R. and B. C. H. Harvey: The formation of hydrochloric acid on the freesur face and not in the glands of the gastric membrane. Trans. Chicago Path. Soc. 9, 14 (1913).

Bernard, Cl.: Leçons de Physiologie experimentelle. Paris 1859.

Boas, J. (1): Über okkulte Magenblutungen. Dtsch. med. Wschr. 1901, Nr 20. — (2): Die Lehre von den okkulten Blutungen. Leipzig 1914 (Literatur).

Boldyreff, W. N.: Einige neue Seiten der Tätigkeit des Pankreas. Erg. Physiol. 11, 121 (1911).

Brücke, E. v.: Über die Peptontheorie und die Aufspaltung der eiweißartigen Substanzen. Ksl. Akad. Wiss. Wien 59, (1869).

Christiansen, J.: Über die Theorie und Technik der Aciditätsbestimmungen des Mageninhalts. Arch. Verdgskrkh. 28, 231 (1921).

Crohn, B. B. and J. Reiss: Alimentary hypersecretion; gastric hypersecretion. Amer. J. med. Sci. 161, 43 (1921).

CURSCHMANN, H.: Appetitmahlzeit. Kongr. inn. Med. 27, 323 (1910).

DICKSON, W. H. and M. J. WILSON: The control of the motility of the human stomach by drugs and other means. J. of Pharmacol. 24, 33 (1924).

DIXON, CL. F.: The value of sodium chlorid in the treatment of duodenal intoxication. J. amer. med. Assoc. 82, 1498 (1924).

DODDS, E. C.: A new method of investigating gastro-intestinal secretion. Lancet 201, 605 (1921).

— Variations in alveolar CO_2-pressure in relation to meals. J. of Physiol. 54, 342 (1921).

EHRENREICH, M.: Über die kontinuierliche Untersuchung des Verdauungsablaufs mittels der Magenverweilsonde. Z. klin. Med. 75, 231 (1912).

EHRMANN, R.: Bericht über das Alkoholprobefrühstück. Berl. klin. Wschr. 1914, 662.

ELLIS, A. W. M.: Disturbance of the acid-base equilibrium of the blood to the alcaline side: alkalaemie. Quart. J. Med. 17, 405 (1924).

EMERSON, CHR. P.: Der Einfluß des Carcinoms auf die gastrischen Verdauungsvorgänge. Dtsch. Arch. klin. Med. 72, 415 (1902).

EWALD, C.A. und J. BOAS: Beiträge zur Physiologie und Pathologie der Verdauung. Virchows Arch. 101, 325 (1885).

GLAESSNER, K. und H. WITTGENSTEIN: Neue Funktionsprüfung des Magens. Arch. Verdgskrkh. 34, 303 (1925).

GLUCINSKI, A.: Beiträge zur Frühdiagnose des Magencarcinoms. Mitt. Grenzgeb. Med. u. Chir. 10, 1 (1902).

GOLLWITZER-MEIER, KL. (1): Zur Frage des Ionenaustauschs im Blute. Biochem. Z. 140, 608 (1923). — (2): Tetaniestudien. I. Z. exper. Med. 40, 59, 70, 83.

GREGERSON, J. P.: Untersuchungen über okkulte Blutungen. Arch. Verdgskrkh. 23, 64, 133 (1917); 25, 169 (1919).

GROSS, M.: Eine Duodenalröhre. Münch. med. Wschr. 1910, Nr 22.

HAMBURGER, H. J.: Osmotischer Druck und Ionenlehre in den medizinischen Wissenschaften 2, 443. Wiesbaden 1904.

HASSELBALCH, K. A.: Ammoniak als physiologischer Neutralitätsregulator. Biochem. Z. 74, 18(1916).

HAUSER, G.: Peptische Schädigungen des Magens und Darms. In: HENKE-LUBARSCH, Handbuch der Pathologie. 4, 1. Berlin 1926.

JAMIN, A.: De la valeur des reactions oxydatives pour la recherche des hem. occ. J. des Praticiens 1925, Nr 26.

KATSCH, G. (1): Pathologische Physiologie des Magensaftes und des Magenchemismus. Handbuch der Physiologie III, 1118 (Literatur). — (2): Normale und veränderte Tätigkeit des Magens. In: BERGMANN-STAEHELIN, Handbuch der inneren Medizin, III, 1, 245 (1926).

— und TH. KALK: Statik und Kinetik des Magenchemismus. Arch. Verdgskrkh. 32, 201.

KATZENSTEIN, M.: Der Schutz des Magens gegen die Selbstverdauung. Berl. klin. Wschr. 1908, Nr 39.

KAUDERS, F. und O. PORGES: Beziehungen der CO_2-Spannung in der Alveolarluft zur Pathologie der Magensekretion. Wien. Arch. klin. Med. 5, 379 (1923).

KELLER, R.: Zur Säureproduktion des Magens. Biochem. Z. 214, 395 (1929).

KUTTNER, L. und S. GUTMANN: Zur Methodik des okkulten Blutnachweises. Dtsch. med. Wschr. 1918, Nr 46.

LANGE: Über den Einfluß des Bicarbonats auf die Magensecretion. Inaug.-Diss. Frankfurt a. M. 1921.

LOEWENBERG, W.: Über die Bedeutung des Porphyrins für den Nachweis von okkulten Blutungen. Arch. Verdgskrkh. 31, 361 (1923).

LÓPEZ-SUÁREZ, J.: Zur Kenntnis der HCl-Bildung im Magen. Biochem. Z. 46, 490 (1912).

MAINZER, F.: Zur chemischen Pathologie des Erbrechens. Klin. Wschr. 1928, 1353.

— und A. JOFFE: Über die Rückbildungsphase der Ammonchloridacidose. Z. exper. Med. 59, 492 (1928).

MOND, R.: Über die elektromotorischen Kräfte der Magenschleimhaut vom Frosch. Pflügers Arch. 218, 468 (1927).

NEUBAUER, O. und H. FISCHER: Über das Vorkommen eines peptidspaltenden Ferments in carcinom. Magensaft. Dtsch. Arch. klin. Med. **97**, 499 (1909).

NOLL, A.: Die Sekretion der Drüsenzelle. Erg. Physiol. **4**, 110 (1905).

PORGES, O., A. LEIMDÖRFER und E. MARKOVICI: Über die CO_2-Spannung des Blutes in pathologischen Zuständen. Z. klin. Med. **73**, 384 (1911).

REHFUSS, MARTIN E.: The impossibility of interpreting the findings obtained by the customary examination of the test meal. J. amer. med. Assoc. **64**, 569 (1915).

ROSEMANN, R.: Eigenschaften und Zusammensetzung des Hundemagensaftes. Pflügers Arch. **118**, 467 (1907).

SAHLI, H.: Lehrbuch der klinischen Untersuchungsmethoden, 5. Aufl. 1909, 474.

SCHLESINGER, E. und F. HOLST: Über den Wert der Benzidinprobe. Dtsch. med. Wschr. **1907**, 460.

SCHMIDT, AD.: Die Funktionsprüfung des Darms mit der Probekost, 2. Aufl. 1908.

SCHUMM, O.: Über das Vorkommen von Kopratin und den Blutnachweis in den Faeces. Hoppe-Seylers Z. **151**, 126 (1926).

SNAPPER, J. und S. VAN CREVELD: Über okkultes Blut. Erg. inn. Med. **32**, 1 (1927) (Literatur).

STUBER, B.: Experimentelles über Ulcus ventriculi. Z. exper. Path. u. Ther. **16**, 295 (1914).

SWYNGEDAUF, JEAN: Variations du potentiell développé dans la muqueuse gastrique au cours de la sécrétion. C. r. Soc. Biol. Paris **98**, 1433 (1928).

VOLHARD, F.: Über die fettspaltenden Fermente des Magens. Z. klin. Med. **42**, 414 (1901); **43**, 397 (1901).

WAGNER, A.: Zum Nachweis okkulter Blutungen. Arch. Verdgskrkh. **20**, 552 (1914).

WARBURG, O.: Wirkung der Struktur auf chemische Vorgänge in Zellen. Jena 1913.

WEITZ, W.: Über fraktionierte Aushebung des Magens. Klin. Wschr. **1924**, 2040.

WIELAND, H. und R. SCHOEN: Die Beziehungen zwischen Pupillenweite und CO_3-Spannung des Blutes. Arch. f. exper. Path. **100**, 190 (1923).

3. Das Pankreas.

Die Sekretion des Pankreas wird durch Fett und besonders durch Fettsäuren, auch durch Seifen angeregt. Den mächtigsten Einfluß auf das Pankreas übt aber die Salzsäuresekretion des Magens aus, die im Duodenum das in den Epithelzellen schlummernde Prosekretin aktiviert. Das so gebildete Sekretin wirkt vom Blut aus anregend auf das Pankreas. Daß es sich hier um einen reinen humoralen Vorgang handelt, der ganz unabhängig von Einflüssen des Nervensystems erfolgt, lehren die Beobachtungen an einem durch künstliche Symbiose in ihrem Blutaustausch verbundenen Tierpaar. Die Sekretinerregung bei dem einen Tier bringt die Pankreassekretion bei beiden in Gang. O. COHNHEIM und PH. KLEE haben nachgewiesen, daß von allen Säuren Salzsäure am stärksten sekretinbildend wirkt, und daß die freie Salzsäure der gebundenen weit überlegen ist. Man kann daran denken, daß auch die durch die Bildung der Magensalzsäure eintretende Blutalkalose einen Reiz für die Sekretion des alkalischen Pankreassaftes abgibt. STEPP und SCHLAGINWEIT haben Magensäfte von Achylikern zur Darstellung des Pankreassekretins ungeeignet gefunden. Unter natürlichen Verhältnissen sind aber neben dem Sekretin die Einflüsse der Nahrung und, so wie bei der Bildung des Magensaftes (Appetitsaftes), nervöse Einflüsse am Werke, mit dem Erfolge, daß bei der Inacidität und Achylie des Magens eine Achylie des Pankreas nicht einzutreten pflegt. Es scheint also bei länger dauernder Inacidität ein anderer Sekretionsreiz wirksam zu sein, so daß das Pankreas auch ohne seinen mächtigsten Förderer in ausreichender Weise funktioniert.

Durch die klassischen Untersuchungen von PAWLOW ist dargetan, daß die

Verdauungsdrüsen, und so auch das Pankreas, unter den Einflüssen der Nahrung ein Sekret bilden, dessen Fermentgehalt der Nahrung angepaßt ist. Diese Anpassungsfähigkeit geht so weit, daß ein ungewöhnlicher Nährstoff, wie z. B. beim Erwachsenen der Milchzucker, zum Auftreten des sonst fehlenden Ferments, der Lactase, führen kann.

Dabei handelt es sich nicht, wie Untersuchungen an der Hefe ergeben haben, um eine an das Leben gebundene Anpassung (H. VON EULER).

Die Menge des Pankreassaftes beim Menschen beträgt schätzungsweise 500 bis 800 ccm für den Tag. Die Reaktion ist stark alkalisch.

Nach der auf W. KÜHNE und R. HEIDENHAIN zurückgehenden Anschauung liefert das Pankreas Trypsin nicht in fertigem Zustande, sondern in Form einer unwirksamen Vorstufe, eines Proferments, das nach N. P. SCHAPOWALNIKOW durch einen im Darmsaft enthaltenen Aktivator, die Enterokinase, in das wirksame Ferment übergeführt wird. Untersuchungen von E. WALDSCHMIDT-LEITZ haben ergeben, daß die Reaktion zwischen Enzym und Aktivator nach stöchiometrischen Verhältnissen verläuft und reversibel ist. Durch geeignete Adsorptionsmittel ist die Verbindung trennbar und das Enzym in die inaktive Form zurückverwandelbar.

WALDSCHMIDT-LEITZ u. HARTENECK haben die auch für klinische Fragen sehr wichtige Feststellung gemacht, daß das Trypsin auch ohne den Aktivator beträchtliche proteolytische Wirkungen, z. B. auf Protamine und Peptone auszuüben vermag. Die Enterokinase tritt nur bei dem Angriff auf höhermolekulare Proteine als Hilfsstoff auf.

Die Enterokinasewirkung ist spezifisch und nicht, wie man früher annahm, durch Kalksalze oder gallensaure Salze zu ersetzen.

HEIDENHAIN hat bei der Aufbewahrung von Pankreasdrüse oder -sekret eine „spontane" Aktivierung beobachtet. WALDSCMIDT-LEITZ hat gefunden, daß in diesem Falle aus der Drüse selbst auf enzymatischem Wege ein Aktivator gebildet wird, der mit der Enterokinase identisch ist. Seine Entstehung ist für die Pankreasdrüse spezifisch. Im Pankreassekret ist die Kinase in unwirksamer Vorstufe enthalten. Die Umwandlung in die fertige Substanz vollzieht sich in den Zellen der Darmschleimhaut.

Im Pankreassekret ist auch ein Erepsin enthalten, dessen Abtrennung vom Trypsin nach Erkenntnis der Bedeutung der Pankreaskinase durch die fraktionierte Adsorption möglich war (WALDSCHMIDT-LEITZ). Es hat sich ergeben, daß alle genuinen Proteine und deren höhere proteolytische Abbauprodukte (z. B. die der Pepsinverdauung), nicht aber niedere Peptide durch Trypsin angegriffen werden. Die Spaltung der Peptide wird durch das ereptische Enzym besorgt.

Nach E. WALDSCHMIDT-LEITZ u. A. PURR liefert das Pankreas zwei tryptische Fermente, eine Proteinase und eine Carboxy-Polypeptidase. Beide sind durch Enterokinase aktivierbar. Die Proteinase ist ohne Aktivator ganz wirkungslos. Die Carboxy-Polypeptidase ist ohne Aktivator zur Hydrolyse einer Reihe von Stoffen befähigt; sie entspricht dann einem nichtaktivierten Pankreastrypsin. Ihre Aktivierung bewirkt keine einfache Steigerung der Reaktionsgeschwindigkeit, sondern eine Erweiterung des spezifischen Bereiches. Folgende Tabelle lehrt, daß die spezifische Wirkung dieser beiden Enzyme eine ganz verschiedene ist.

Spezifität von Proteinase und Carboxy-Polypeptidase aus Pankreas.
(Angaben bedeuten: − = negative, + = positive, + + = verstärkte Hydrolyse.)

Substrat	Proteinase		Carbo-Polypeptidase	
	aktivator-frei	aktiviert	aktivator-frei	aktiviert
Casein	−	+	−	−
Histon	−	+	−	−
Clupein	−	+	+	+ +
Leucyl-glycyl-tyrosin	−	−	+	+ +
Leucyl-glycyl-glycin	−	−	−	−
Chloracetyl-tyrosin	−	−	+	+ +
Chloracetyl-leucin	−	−	+	+
Phthatyl-glycyl-glycin	−	−	+	+ +

Auch über die Lipase und die Amylase des Pankreas haben die Untersuchungen der Schule WILLSTÄTTERS wichtige Aufschlüsse gegeben, die anfangen sich in der klinischen Methodik der Pankreasfermentuntersuchung auszuwirken.

Nach U. LOMBROSO ist die Regelung des Kohlehydratstoffwechsels nicht die einzige innersekretorische Funktion des Pankreas. LOMBROSO beobachtete, daß bei Hunden nach Unterbindung der Pankreasgänge die Fettausnutzung viel weniger gestört war als nach Pankreasexstirpation und schloß daraus, daß ein nach innen abgegebener Pankreasstoff an der Aufnahme des Fettes aus dem Darm beteiligt ist. Da nach vollständiger Entfernung des Pankreas im Kot mehr Fett erscheinen kann als mit der Nahrung zugeführt wurde, und da dieses Fett einen höheren Schmelzpunkt hat als das Nahrungsfett, so hat es den Anschein, als ob beim Fehlen der inneren Sekretion des Pankreas Körperfett abgebaut und in den Darm ausgeschieden würde.

Diese sehr merkwürdigen Beobachtungen, die von E. ZUNZ, R. FLECKSEDER u. a. bestätigt wurden, sind nach Entdeckung des Insulins eines neuen Studiums dringend bedürftig. Es wird sich dann vermutlich herausstellen, daß durch Insulin diese Erscheinungen verhindert werden. Nach klinischen Beobachtungen (s. S. 314) kann ich nicht daran zweifeln, daß Insulin Fettbildung begünstigt und Fettablagerung festigt (pankreatogene oder superinsulare Fettsucht). Daher ist es wahrscheinlich, daß Fehlen von Insulin den entgegengesetzten Erfolg hat. Die Mobilisierung von Fett im schweren Diabetes (Lipämie) hat vielleicht einen solchen hormonalen Zusammenhang. Da das Fett in die Leber einströmt, so wäre es möglich, daß die Galle abnorm fettreich wird, und daß bei Fehlen der äußeren Pankreassekretion dieses Fett die negative Bilanz verursacht.

Dazu kommt ein für die praktische Medizin wichtiges Enzym, das Zellkerne zu verflüssigen imstande ist und der von AD. SCHMIDT in die Diagnostik der Pankreaserkrankungen eingeführten Kernprobe zugrunde liegt.

Wie die Bildung dieser Fermente unter dem Einfluß der Nahrung in quantitativ verschiedener Weise vor sich geht, so ist auch bei Pankreaserkrankungen nicht die Produktion aller Fermente in gleichem Maß geschädigt. Auch für das Pankreas gilt also das Gesetz der Teilfunktionen, das sich besonders in der weitgehenden Unabhängigkeit der inneren und äußeren Sekretion ausspricht.

Ist der Zutritt des Pankreassaftes zum Darm völlig abgeschnitten, so gehen die Verdauungsprozesse unter dem Bilde der Achylia pancreatica vor sich. In den ziemlich seltenen reinen Fällen, in denen die Galle ungehinderten Abfluß hat, sehen wir in den Störungen der Verdauung und Resorption den ganzen gewaltigen Einfluß dieses Organs. Die Stickstoffverluste durch den Kot betragen bis zu 60%; 30—70% des Nahrungsfettes erscheinen wieder in den Ausleerungen (Steatorrhoe). 50—90% des Fettes ist Neutralfett, höchstens die Hälfte hat eine Spaltung erfahren. Nur ein kleiner Teil der Fettsäuren (10%) ist an Alkalien und Erdalkalien gebunden, weil auch das zur Seifenbildung notwendige Alkali zum überwiegenden Teil vom Pankreas geliefert wird. Die Ausnutzung der Stärke ist meist deutlich, wenn auch weniger stark als die der anderen Nährstoffe, geschädigt, weil an ihrer Lösung die Darmbakterien einen wesentlichen Anteil nehmen.

Fehlt auch die Magenverdauung, so ist die Ausnutzung des Fleisches besonders schlecht, da die durch den Magensaft erfolgende Lösung des die Fleischfasern umgebenden Bindegewebes den eiweißverdauenden Fermenten die günstigsten Bedingungen schafft. Ist gleichzeitig die Galle vom Darm abgesperrt, so wird die Verdauung der Fette eine ganz ungenügende, und auch die Resorption emulgierter Fette, die bei Achylie des Pankreas noch vor sich geht, nimmt ab. Kompensatorische Einflüsse für die fehlende Pankreaslipase treten nur in ganz unzureichendem Maße ein. Die von F. Volhard gefundene Magenlipase, deren Existenz von Boldyreff energisch bestritten wird, aber durch die Untersuchungen Willstätters vollkommen sicher gestellt ist, und die Lipase des Darmsaftes sind keine hinlänglichen Ersatzmittel. In manchen Fällen schafft die Zuführung von Pankreaspräparaten Besserung. Auch die Alkalidarreichung soll besonders für die Fettspaltung von günstigem Einfluß sein.

Die chemische Diagnose der Funktionsstörungen des Pankreas ist bei vollständigem Ausfall der Drüse nicht schwer. Die Aufdeckung geringerer oder teilweiser Störungen dagegen macht oft ganz erhebliche Schwierigkeiten.

Die Störungen der Pankreasfunktion werden an dem Schicksal der eingeführten Nahrung und an dem Verhalten der Fermente erkannt. Ein vollständiger Ausnutzungsversuch läßt sich bei einer großen Zahl dieser Kranken nicht mit der nötigen Sicherheit durchführen, da die Darreichung einer nach Art und Menge konstanten Kost durch eine genügend lange Zeit bei Schwerkranken mit schlechtem Appetit Schwierigkeiten macht. Diese Lücke wird in einer, den meisten Fällen genügenden Weise durch die mikroskopische Untersuchung der Faeces ausgefüllt. Ad. Schmidt u. J. Strasburger haben eine für die vergleichende Beobachtung sehr zweckmäßige Probekost angegeben, die Fleisch, Fett und Stärke enthält, so daß die Ausfälle der Verdauung dieser drei wichtigen Nährstoffe gleichzeitig beobachtet werden können. Bei Beachtung der Schnelligkeit der Peristaltik und gleichzeitiger Darmerkrankungen, durch die die Ausnutzung der Nahrung gleichfalls schwer geschädigt werden kann, gibt diese einfache Methode sehr gute Resultate. Sie wird ergänzt durch die Schmidtsche Kernprobe. Die mangelhafte Eiweißspaltung soll sich auch in dem Fehlen der Indicanausscheidung kundtun.

An der Grenze der beiden Prinzipe, von denen das eine auf die Erforschung der Nahrungsstoffe, das andere auf die der Fermente gerichtet ist, stehen die Methoden von Sahli, der leicht nachweisbare Medikamente in formalingehärteten Gelatinekapseln, die nur vom Pankreassaft verdaut werden sollen, gibt, und die Methode von Winternitz, der einen jodierten Fettsäureester, Jodbehensäureäthylester, einnehmen läßt und aus der Jodausscheidung durch die Niere die im Darm erfolgte Verseifung erkennt.

Es ist zu beachten, daß ein positiver Ausfall dieser Proben nicht die Unversehrtheit des Pankreas gewährleistet, da, so wie bei anderen Organen, auch beim Pankreas Krankheit mit Funktionsverlust nicht einheitlich ist.

Während man früher die Fermentanalyse im Mageninhalt (nach Ölfrühstück) und im Stuhl vornahm, kommt jetzt als Material nur noch der Duodenalinhalt in Betracht. Wenn die bisherigen Resultate nicht befriedigen, so ist das nicht verwunderlich, da die Mehrzahl der Methoden weder auf das optimale p_H, noch auf maximale Aktivierung und auf Beseitigung störender Begleitstoffe und auch nicht auf das Verhältnis der Menge des Substrats zur Enzymmenge die notwendige Rücksicht nimmt.

Nur bei Beachtung der von der Schule WILLSTÄTTERS gefundenen Gesetzmäßigkeiten kann die Frage entschieden werden, ob der auf eines der drei Fermente beschränkte negative Ausfall (Fermentdissoziation) wirklich auf einer Teilfunktionsschädigung und nicht auf einem methodischen Fehler beruht.

Bezüglich der Lipasen hat RONA festgestellt, daß Lipasen verschiedener Herkunft gegen Gifte (Chinin, Atoxyl) in verschiedener Weise empfindlich sind. Nach RONA ist es möglich, die atoxylempfindliche Leberlipase von der chininempfindlichen Pankreaslipase auch im Duodenalinhalt abzutrennen (stalagmometrische Messung der Spaltung einer Tributyrinlösung). Wie weit in diesem Medium begleitende Fremdstoffe die Reaktion beeinflussen, muß nach den Untersuchungen von WILLSTÄTTER u. NEUMANN zweifelhaft erscheinen.

Bei Pankreaserkrankungen werden Enzyme in das Blut abgegeben und auch durch die Niere ausgeschieden.

J. WOHLGEMUTH hat die Diastase in Blut und Harn bestimmt. Bei Verlegung des Pankreasganges, bei Übertritt von Pankreassaft in die Bauchhöhle (infolge von Verletzungen und Entzündungen), aber auch bei leichteren Schädigungen des Organs steigt der Diastasegehalt des Blutserums und weniger konstant auch der des Harns erheblich an. Bei zwei Fällen von vollständiger Pankreasatrophie fand O. GROSS im Harn und Stuhl nur minimale Spuren von Diastase.

Ganz ähnlich kann auf Grund der Möglichkeit einer Differenzierung der Serum-, Leber- und Pankreaslipase nach RONA das Auftreten der atoxylfesten Pankreaslipase im Blut bei Pankreaserkrankungen diagnostisch verwertet werden. H. SIMON, G. KATSCH u. a. haben auch bei geringen Veränderungen der Bauchspeicheldrüse, nie aber im Blutserum Pankreasgesunder positive Resultate erhalten.

Über die Supersekretion des Pankreas ist weit weniger bekannt als über die des Magens. Erbrechen von reinem pankreatischem Saft, das mit Koliken einhergehen kann, ist bisweilen beobachtet worden. Beim Ulcus duodeni scheint oft eine gesteigerte Abscheidung von Pankreassaft zu bestehen. Der Sechsstundenrest, der bei Duodenalgeschwür ohne Pankreasaffektion durch den einen Pylorusspasmus bewirkenden Reiz des Ulcus zurückbleiben kann, fehlt bei gesteigerter Abscheidung des alkalischen Pankreassaftes. Auch bei Icterus catarrhalis und bei atrophischen Säuglingen ist eine Supersecretio pancreatica beobachtet worden.

Die Pankreas- und Fettgewebsnekrose. Aktivierter Pankreassaft wirkt giftig, sobald er an irgendeiner anderen Stelle als dem Lumen des Verdauungskanals mit dem Gewebe in Berührung kommt. Im Tierexperiment kann man durch Injektion von Fett, Öl, Galle, Duodenalinhalt in den Pankreasgang das Krankheitsbild der Pankreas- und Fettgewebsnekrose erzeugen, das beim

Menschen, und zwar vorzugsweise bei älteren fetten Personen, auf der Höhe der Verdauung mit größter Plötzlichkeit auftreten kann. Die Ursache der Sekretstauung kann in einem entsprechend gelagerten Gallen- oder Pankreasgangstein nachweisbar sein. In anderen Fällen ist es nicht klar, auf welche Weise eine Behinderung des Abflusses eingetreten oder das Sekret in der Drüse aktiviert worden ist. P. Lazarus denkt an Eindringen von Duodenalinhalt durch den Brechakt. Nach den Untersuchungen von Willstätter ist es aber auch möglich, daß die Pankreaskinase vorzeitig Aktivität erlangt, ein Gesichtspunkt, der von H. G. Wells schon früher diskutiert wurde.

Die pathologisch-anatomischen Veränderungen sind zu einem bedeutenden Teile Folgen lipolytischer Enzymwirkung. Im Fettgewebe, zuerst in den dem Pankreas benachbarten, dann auch an anderen Stellen, so auch—durch embolische Verschleppung von Drüsenzellen — in der Leber und im Unterhautzellgewebe, treten weiße, stearinartig glänzende Flecken auf, die aus nekrotischer Grundsubstanz und eingelagertem fettsaurem Kalk bestehen.

Bezüglich der Fettspaltung und Kalkseifenbildung liegen die Verhältnisse klar. Sie sind Folgen der Einwirkung der Pankreaslipase, nicht einer Lipase an sich, da nach H. G. Wells Blut- oder Leberlipase solche Veränderungen nicht, auch nicht bei Zusatz von Trypsin, erzeugen. Schwieriger ist es, zu einem Urteil über die Entstehung der Nekrose zu kommen. Mit Pankreaspräparaten des Handels, auch mit Trypsin (Grübler) ist es gelungen Pankreasfettnekrose zu erzeugen. N. Guleke u. G. von Bergmann haben sogar gegen Trypsinpräparate mit Erfolg immunisiert. H. G. Wells dagegen hat mit frischem, inaktives Trypsinogen enthaltendem Pankreassaft starke Fettnekrose erzeugt, konnte aber mit dem gleichen, durch Enterokinase aktivierten Saft kein positives Resultat erzielen. H. G. Wells fand, daß die Fähigkeit von Pankreasextrakten Nekrose zu erzeugen, der Stärke des lipolytischen, nicht des tryptischen Vermögens parallel geht. Er meint, daß Trypsin allein Fettnekrose nicht erzeugen kann. Als Erfolg einer Trypsineinwirkung wäre nicht Nekrose, sondern Proteolyse zu erwarten. Das erste Stadium des Prozesses ist aber Nekrose. Die Fettspaltung geht nur in nekrotischen Zellen vor sich. Daraus wird klar, daß die Nekrose auch nicht durch die Fettsäuren bedingt sein kann. von Bergmann und Guleke haben daher die Frage untersucht, ob ein im Pankreasextrakt, Pankreassaft und auch im käuflichen Trypsin enthaltenes Gift, dem nach H. G. Wells die gleiche Temperaturempfindlichkeit wie den Enzymen zukommen müßte, die Nekrose verursacht.

Die Frage ist noch offen. Von Interesse wäre es, das Material von Pankreasnekrose, das Klinik und Experiment liefert, auf Trypsinwirkung zu untersuchen. Dafür kommen in erster Linie die Frühstadien des Prozesses in Betracht. Nach H. G. Wells erfolgt die Endothelnekrose innerhalb weniger Minuten; nach etwa 4 Stunden ist bereits mit Hämatoxylin nachweisbares Calcium im zerstörten Fettgewebe vorhanden. Wir sahen einen Kranken, bei dem die Operation, 20 Stunden nach dem plötzlichen Beginn, einen großen Teil des Pankreas als nekrotische Masse zutage förderte.

Da die bei der Fettnekrose entstehenden Fettsäuren das Calcium so festlegen, wie es die Oxalsäure tut, so ist darauf zu achten, ob bei solchen Kranken klinisch (neuromuskuläre Übererregbarkeit) oder chemisch (Blutkalk) Störungen im Kalkhaushalt nachweisbar werden.

Pankreascysten. Infolge langsamer Retention können sich die Ausführungsgänge des Pankreas zu Cysten erweitern, deren Wand mit Zylinderepithel ausgekleidet ist (echte Cysten). Häufiger bilden sich durch Entzündung oder Verletzung aus der Bursa omentalis falsche Cysten, die nach der Art ihrer Entstehung mit der Umgebung vielfach verwachsen sind.

Der Cysteninhalt ist nur selten wasserklar und ungefärbt. Bei der großen Häufigkeit von Blutungen in das Cavum kann die Farbe alle Abstufungen — Hellgelb bis Schokoladebraun — annehmen. Die Konsistenz des Inhaltes ist wässerig, syrupartig, schleimig oder gelatinös. Die Reaktion ist in der Regel alkalisch. Das spezifische Gewicht liegt zwischen 1007 und 1028, der Eiweißgehalt zwischen weniger als 1 und 10%. In einigen Fällen ist Zucker, in einer größeren Zahl Cholesterin gefunden worden. Von Eiweißabbauprodukten wurden Albumosen, Leucin und Tyrosin nachgewiesen.

In einer ziemlich großen Zahl von Fällen fehlte Trypsin und in einigen auch seine inaktive Vorstufe. Die Reaktionen auf Diastase und Lipase waren fast stets positiv. Von auffallender Konstanz ist der Gehalt an Asche (0,8%; davon etwa die Hälfte NaCl).

Auch das nach Entleerung der Cyste noch längere Zeit bestehende Sekret kann frei von Trypsin sein (G. DORNER). In anderen Fällen enthält der Fistelsaft alle Fermente und bildet dann ein gutes Material, um am Menschen die Gesetzmäßigkeit der Fermentsekretion zu studieren.

Literatur.

VON BERGMANN, G.: Die Todesursache bei akuter Pankreaserkrankung. Z. exper. Path. u. Ther. **3**, 401 (1906).
— und N. GULEKE: Therapie der Pankreasvergiftung. Münch. med. Wschr. **1910**, 1673.
COHNHEIM, O. und PH. KLEE: Zur Physiologie des Pankreas. Hoppe-Seylers Z. **78**, 464 (1912).
DORNER, G.: Über den Inhalt einer Pankreaszyste. Ebenda **61**, 244 (1909).
— und R. NILSSON: Über Galaktosevergärung durch Hefe nach Vorbehandlung mit dieser Zuckerart. Ebenda **143**, 89 (1925).
v. EULER, H. und TH. LÖVGREN: Die durch Vorbehandlung hervorgerufene Gärfähigkeit frischer Hefe für Galaktose. Ebenda **146**, 44 (1925).
FLECKSEDER, R.: Über die Rolle des Pankreas bei der Resorption der Nahrungsstoffe. Arch. f. exper. Path. **59**, 407 (1908).
GROSS, O.: Einiges zur Diagnose und Pathologie der Pankreaserkrankungen. Med. Klin. **1910**, Nr 33/34.
GULEKE, N.: Experimentelle Pankreasnekrose und Todesursache bei akuten Pankreaserkrankungen. Langenbecks Arch. **85**, 615 (1908).
HESS, O.: Pankreasnekrose und chronische Pankreatitis. Mitt. Grenzgeb. Med. u. Chir. **19**, 637 (1909).
LAZARUS, P.: Beiträge zur Pathologie und Therapie der Pankreaserkrankungen. Z. klin. Med. **51**, 95, 203, 521 (1904); **52**, 146, 381 (1904).
LOMBROSO, U.: Zur Frage über die Funktion des Pankreas mit besonderer Berücksichtigung des Fettstoffwechsels. Arch. f. exper. Path. **56**, 357 (1907).
OSER, L.: Die Erkrankungen des Pankreas. NOTHNAGELs Handbuch XVIII, 681 (1898).
SAHLI, H.: Weitere Mitteilungen über die diagnostische und therapeutische Verwendung von Glutoidkapseln. Dtsch. Arch. klin. Med. **61**, 445 (1898).
SIMON, H.: Die Ergebnisse und Methoden der Pankreasfunktionsprüfung. Erg. inn. Med. **32**, 83 (1927) (Literatur).
STEPP, W. und E. SCHLAGINWEIT: Experimentelle Untersuchungen über den Mechanismus der Pankreassekretion bei Störungen der Magensaftsekretion. Dtsch. Arch. klin. Med. **112**, 1 (1913).

Umber, F.: Erkrankungen des Pankreas. In: Bergmann-Staehelins Handbuch, 2. Aufl. 1926 (Literatur.)

Waldschmidt-Leitz, E.: Die Enzyme. Braunschweig 1926 (Literatur).

— und A. Purr: Über Proteinase und Carboxy-Polypeptidase aus Pankreas. 17. Mitt. Zur Spezifität tierischer Proteasen. Ber. dtsch. chem. Ges. **62**, 2217 (1929).

Wells, H. G.: Chemical Pathology, 5. Aufl. 1925, S. 431 ff. (Literatur).

Winternitz, H.: Über eine Methode zur Funktionsprüfung des Pankreas. Kongr. inn. Med. **28**, 394 (1911).

Wohlgemuth, J. (1): Untersuchungen über den Pankreassaft des Menschen. Biochem. Z. **2**, 264, 350 (1906); **4**, 271 (1907). — (2): Über eine neue Methode zur quantitativen Bestimmung des diastatischen Ferments. Ebenda **9**, 1 (1908).

Zunz, E.: Recherch. sur l'activation du suc pancréatique par les sels. Soc. roy. Sci. med. Brux. **16**, 63 (1908).

4. Der Darm.

In der pathologischen Chemie des Darmes spielen die Stoffe, die die Darmwand zur Verarbeitung der Nahrung liefert, nur eine geringe Rolle. Über das Fehlen von Enterokinase und des von O. Cohnheim in der Darmwand gefundenen Erepsins, das die Eiweißbruchstücke in freie Aminosäuren spaltet, ist klinisch nichts bekannt. Die Vorgänge im Darm sind zu einem sehr großen Teil von dem Zustand des Magens und der großen Verdauungsdrüsen und vom Verhalten der Bakterienflora abhängig.

Das Sekret des Dünndarms enthält außer dem bereits genannten Erepsin an Fermenten: eine Nuclease, die Purinbasen aus Nucleinsäuren abspaltet (Abderhalden u. Schittenhelm), Arginase, eine Lipase, die nur auf emulgiertes Fett einwirkt (Boldyreff) und Lecithin zerlegt, und Diastase. In den unteren Dünndarmabschnitten und im Dickdarm werden die Spaltungen durch Bakterien besorgt.

Verminderung der Darmsekretion ist klinisch nicht bekannt.

Eine um so größere Rolle spielt die vermehrte Sekretion, die weit mehr als beschleunigte Peristaltik oder verminderte Resorption am Entstehen von Durchfällen beteiligt ist (Ad. Schmidt, H. Ury). Die vermehrte Sekretion, die durch die Art der Nahrung, durch Gifte, durch psychoneurotische oder neuroendokrine Umstände bedingt sein kann, wird ihrer Art nach sehr verschieden sein, je nachdem es sich um Drüsensekretion, um entzündliche Exsudation oder um Transsudation handelt. Ein sicheres Unterscheidungsverfahren besitzen wir nicht. Das entzündliche Exsudat bringt zwar lösliches Eiweiß in den Darm, das im normalen Stuhl nicht vorkommt. Da aber durch Abführmittel herbeigeführte diarrhoische Entleerungen bereits Eiweiß enthalten, und da das Eiweiß der entzündlichen Exsudate sehr schnell den Fäulnisbakterien anheimfällt, so gibt die Untersuchung der Stühle auf Eiweiß im allgemeinen keine verwertbaren Resultate.

Von den bisher gebräuchlichen Untersuchungsmethoden der Darmverdauung hat die von Ad. Schmidt u. J. Strasburger die besten Resultate. Sie reicht für viele praktische Aufgaben aus. Die Methode der Zukunft, die Darmpatronenmethode von V. van der Reis und G. Ganter, wird vielleicht neben den bakteriologischen Ergebnissen auch die Erkenntnis über die sekretorischen und resorptiven Vorgänge erweitern.

Im Jahre 1901 haben Schmidt u. Strasburger das Krankheitsbild der intestinalen Gärungsdyspepsie beschrieben und festgestellt, daß es sich hierbei ausschließlich um eine Störung der Verwertung der Kohlehydrate handelt. Der Ort der Gärung ist der untere Dünndarm und der obere Dickdarm. Substrat der Gärung ist Stärke und Cellulose. Durch Bakterien, unter denen die den Hauptteil der Darmflora ausmachenden Kolibakterien an erster Stelle stehen, und ausnahmsweise durch Hefe, wird diejenige Stärke, die frei im Darm oder in durch Küchentechnik oder Verdauungsvorgänge eröffneten Zellen liegt, in saure Gärung versetzt, bei der Essigsäure, Buttersäure, Aldehyde, Alkohole, Essigsäureester, Kohlensäure, Methan und Wasserstoff entstehen.

AD. SCHMIDT sieht die Ursache in einer konstitutionellen Schwäche des Celluloseverdauungsvermögens. Dieser Erklärungsversuch wird von NOORDEN mit Recht abgelehnt, der glaubt, daß Menschen, deren Dünndarmmotilität gegen Produkte saurer Kohlehydratgärung abnorm empfindlich ist, zu dieser Krankheit neigen. Nach STRASBURGER kann nur diejenige Stärke der Gärung verfallen, die in den Bereich der Darmbakterien gelangt. Sie kann aber nur soweit abwärts gelangen, wenn sie im oberen Darm in unternormaler Weise verarbeitet wurde. STRASBURGER sieht daher die Ursache der Gärungsdyspepsie in einer zu geringen Wirksamkeit der diastatischen Enzyme. In diesem Sinne sprechen die Untersuchungen von L. BOGENDÖRFER u. G. KÜHL und L. STRAUSS, sowie die therapeutischen Erfolge mit Takadiastase (Pankrostase).

Kohlehydratgärung ist derjenige bakterielle Prozeß, der normalerweise hauptsächlich oder ausschließlich im Dünndarm stattfindet, während im Dickdarm bakterieller Abbau von Eiweißkörpern, d. h. Fäulnis, erfolgt. Deren Ausbleiben im Dünndarm ist nicht in erster Linie auf die Verschiedenheit der Flora zurückzuführen; denn auch die Dünndarmbakterien sind zum Angriff auf das Eiweiß befähigt. Daß sie es im Dünndarm nicht tun, ist die Folge der durch die Gärung gebildeten Säuren. Die BAUHINsche Klappe bildet eine scharfe Grenze zwischen Gärung und Fäulnis.

Die Dickdarmfäulnis hält sich im allgemeinen in bescheidenen Grenzen, da die fäulnisfähigen Eiweißkörper im Dünndarm zum überwiegenden Teil resorbiert sind. Vermehrte Fäulnis wird nicht so sehr durch Nahrungseiweiß als durch eiweißhaltige Absonderung der Colonschleimhaut herbeigeführt. Der Kot nimmt dann eine flüssige Beschaffenheit, alkalische Reaktion und fauligen oder aashaften Gestank an. Man findet in ihm gewöhnlich die Nahrungsreste nicht anders als in der Norm, dagegen entsprechend der Reaktion Tripelphosphate und je nach Art und Schwere der Darminfektion rote und weiße Blutkörperchen, oder bei Tumoren Gewebspartikelchen. Die Gasbildung ist bei der Fäulnis sehr viel geringer als bei der Gärung; sie liefert, neben geringen Mengen Methylmerkaptan und Schwefelwasserstoff, Methan, Kohlensäure und Wasserstoff, also dieselben Gase, die bei der Kohlehydratgärung entstehen, aber in anderen Mengenverhältnissen (AD. SCHMIDT).

Zu verstärkter Fäulnis kommt es auch bei Stauung des Inhalts im Dickdarm, aber nur dann, wenn nicht eine zu starke Eindickung (Eintrocknung) stattgefunden hat, also nicht bei Obstipation, sondern vor allem bei Hindernissen im Darm. Die Dehnung des Darmes oberhalb der Stenose setzt die Resorption herab, so daß der Inhalt dünnbreiig oder flüssig bleibt; durch die vermehrte Sekretion (Exsudation) der gereizten Schleimhaut wird fäulnisfähiges Material geliefert.

Unter entsprechenden Verhältnissen (längere Verweildauer, Durchflußbehinderung) kommt es auch im Dünndarm zu Fäulnis, und zwar hier in viel größerem Maßstabe, weil beträchtliche Mengen von Protein (aus der Nahrung) vorhanden sind. Dann werden große Mengen von Indican und Ätherschwefelsäure im Harn ausgeschieden. Der Dünndarminhalt nimmt fäkulente Beschaffenheit an. Die Zusammensetzung der Dünndarmflora nähert sich der des Dickdarmes.

Die pathologischen bakteriellen Prozesse im Darm können auf zwei verschiedene Arten zustande kommen. Durch eine primäre Invasion von Bakterien können Darmabschnitte besiedelt und so beherrscht werden, daß die Verdauungsvorgänge in fremde Bahnen gelenkt werden und der von den Bakterien eingeleitete und unterhaltene Reizzustand der Darmwand durch die entstehenden fremden Zersetzungsprodukte verstärkt wird. Es können aber auch ungenügend vorgedaute Nahrungsbestandteile in tiefere Darmabschnitte verschleppt werden oder irgendwo im Darm infolge eines Hindernisses liegen bleiben und so zum Gärungs- oder Fäulnissubstrat werden. Das Bakterienwachstum paßt sich der Art des Substrats mit größter Schnelligkeit an, da sich für jede Art übrigbleibender Nahrungsstoffe aus den Gruppen der Kohlehydrate und Proteine passende Bakterien in jeder Darmflora finden (STRASBURGER).

Bei der bakteriellen Zersetzung können Gifte aus den Proteinen sowohl als aus den Bakterien selbst entstehen. Bei Typhus, Cholera, Ruhr, Botulismus u. a. ist die Wirkung bakterieller Toxine offensichtlich.

Daß auch der normale Darminhalt Giftstoffe enthält, ist nicht zweifelhaft und nicht wunderbar. Mit Extrakten aus Dünndarminhalt kann man Krämpfe, Blutdrucksenkung, zentrale Lähmung und Tod durch Atemstillstand erzeugen (E. MAGNUS-ALSLEBEN). Auch vom Indol sind Giftwirkungen bekannt. CHR. HERTER fand, daß 25—200 mg Indol bei Erwachsenen Kopfschmerzen, Reizbarkeit, Schlaflosigkeit, Verwirrtheit und Ermüdbarkeit verursachen, also Symptome, über die bei Obstipation häufig geklagt wird.

Auch Cholin, das in der Darmwand ständig entsteht, und Histamin, das in der Darmwand gefunden wird, sind giftige Substanzen.

Man hat bekanntlich in phantasievoller Weise der Intoxikation vom Darm aus einen großen Einfluß auf die Entstehung von Krankheiten zugeschrieben. METSCHNIKOFF sah in ihr die Ursache des Alterns und der Arteriosklerose; A. COMBE und W. A. LANE hielten das Colon für den Ursprung allen Übels und dessen Exstirpation für heilsam.

Wenn die im Darmkanal entstehenden Gifte resorbiert würden und in den großen Kreislauf kämen, so hätte die Hypothese der intestinalen Autointoxikation einiges Anrecht, ernst genommen zu werden. Aber die Darmwand selbst hat entgiftende Eigenschaften, und die Leber liegt als Giftfänger zwischen Darm und übrigem Körper. Der enterogenen Selbstvergiftung fehlt es so sehr an tatsächlichen Grundlagen, daß es besser wäre, von ihr nicht oder mit der Einschränkung zu sprechen, daß sie nur dann nachweisliche Wirkungen ausüben kann, wenn effektive Darmprozesse die Grundlage für abnorme Resorption abgeben.

Das ist vielleicht beim Ileus der Fall. Je höher oben der Darmverschluß erfolgt, um so heftiger ist seine Wirkung. G. H. WHIPPLE hat dargetan, daß abgebundene Duodenalschlingen des Hundes eine hochgiftige Substanz enthalten, die wahrscheinlich im Epithel gebildet wird und imstande ist, bei anderen Hunden

Durchfall, Erbrechen und starke Blutfülle im Splanchnicusgebiet zu erzeugen.
WHIPPLE hat eine giftige Proteose aus dem Inhalt solcher Schlingen isoliert, die
er für die Vergiftung, die an Histaminwirkung erinnert, verantwortlich macht.
Ob das Gift von Bakterien gebildet wird, ist unbestimmt. In dieser Richtung weisen aber Anschauungen und Versuche, die auf WELSH zurückgehen, der den Bacillus Welshii beschrieben hat, einen Anaerobier, dessen Pathogenität EUGEN
FRÄNKEL erkannte (FRÄNKELscher Gasbacillus). Dieser Bacillus und andere gas-
bildende Anaerobier sind normale Darmbewohner. Sie produzieren ein echtes
Toxin, gegen das mit Erfolg immunisiert worden ist, und einen zweiten Giftstoff,
der bei intraperitonealer Injektion (Meerschweinchen) Darmlähmung und Tod verursacht (W. LÖHR). Die chemische Natur dieses Stoffes ist unbekannt. B.W.WIL-
LIAMS findet im Dünndarminhalt bei akutem Darmverschluß ein echtes Toxin.
Die Vergiftung findet vielleicht in der Weise statt, daß durch die gelähmte Darmwand die Gifte in den Peritonealraum und von dort in den großen Kreislauf gelangen. Nach K. HÄBLER wird Darminhalt von Ileushunden durch mehrtägiges
Bebrüten so giftig, daß er die Intoxikationssymptome des Ileus erzeugt. In Übereinstimmung mit WHIPPLE findet er Duodenalinhalt am wirksamsten. Auf eine
Giftwirkung weist beim Ileus vielleicht auch die Erhöhung des Reststickstoffes
hin, dessen Feststellung von diagnostischer und prognostischer Bedeutung sein
kann, und die negative Stickstoffbilanz. Der Rest-N-Kurve geht nach HADEN
u. W. ORR eine Fibrinogenvermehrung parallel.

Das Problem des Ileus ist dadurch kompliziert, daß sich zu den vermutlichen
Giftfolgen Intoxikationssymptome gesellen, die durch die Veränderung des Mineralstoffwechsels bedingt sind. Es kommt infolge der Transsudation in den
Darm zu einer hochgradigen Wasser- und Kochsalzverarmung und zu einer
Alkalose, mit der vielleicht die von LANGE u. SPECHT festgestellte Hyperglykämie und Glykogenverarmung der Leber im Zusammenhang stehen. Chlornatrium, in größerer Menge intravenös beigebracht, scheint eine günstige Wirkung
auszuüben.

Zwei eigenartige Darmerkrankungen sind die Sprue und die Coeliacie. Bei
der Sprue ist die Kotmenge auffallend groß. Die Konsistenz ist breiig bis dünn,
die Reaktion fast stets sauer, die Farbe auffallend hell. Die geringe Färbung
beruht zum Teil auf dem hohen Fettgehalt. Die Fettresorption, nicht aber die
Resorption von Eiweiß und Kohlehydraten ist erheblich gestört, ohne daß funktionell oder anatomisch Veränderungen am Pankreas nachweisbar wären. Die
helle Stuhlfarbe bleibt aber auch bei fettfreier Diät (Fleisch-Früchte-Rohkost) bestehen, weil der Gallenfarbstoff zu einem farblosen Produkt abgebaut ist (W. M. VAN
DER SCHEER). Eine solche Stuhlentfärbung, die sich auch sonst gelegentlich findet,
ist von einer Acholie durch die SCHMIDTsche Sublimatprobe (Rotfärbung) und
durch das Nachdunkeln, das beim Stehen des Kotes eintritt, zu unterscheiden.
Bei der Sprue kommt es auch zu einer starken Gasbildung. Eine Kohlehydratgärung hat sich nicht feststellen lassen und ist unwahrscheinlich, weil im fetthaltigen Stuhle Gärung nur schwer eintritt. VON NOORDEN denkt daran, daß es
sich nicht um eine Gasbildung, sondern um Schaumbildung durch Seifen handelt.

Die Sprue kommt in Europa, und auch in Deutschland, endemisch vor. An
unserer Klinik wurden zwei derartige Fälle beobachtet (H. SCHÄFER, E. SCHERER),
von denen der zweite mit hypocalcämischer Tetanie einherging (Blutanalyse:

Ca 7,9 mg%, anorg. P 2,27 mg%, Cl′ im Gesamtblut 310 mg%, Alkalireserve 51 Vol. % [20⁰]). Das Gewicht der Stühle war nur um ein Geringes kleiner als das Gewicht der aufgenommenen Nahrung. Im Duodenalinhalt waren die drei Pankreasfermente nachweisbar. Es bestand eine erhebliche hyperchrome Anämie. Der Grundumsatz war um 39% über den statistischen Mittelwert erhöht; er erreichte, als die Kranke bei Ernährung mit rohem Fleisch und Früchten einen gewaltigen Appetit bekam und 5000—6000 Kalorien täglich aufnahm, eine Steigerung auf 70%.

Die Sprue hat eine sehr große Ähnlichkeit mit der Coeliacie, wie nach dem Vorschlag von LEHNDORFF u. MAUTNER zur Angleichung an die Weltliteratur die merkwürdige Krankheit genannt werden soll, die unter dem Namen „HERTERS intestinaler Infantilismus" bekannt ist.

Stuhlvolumen, Farbe (Leukobase), Reaktion, Fettgehalt, Gasbildung sind ganz so wie bei der Sprue. Die Resorptionsstörung betrifft auch bei der Coeliacie vor allem primär das Fett.

Mitunter findet sich auch der Stickstoffgehalt des Kotes stark vermehrt, und zwar nicht oder nur zum kleinsten Teil infolge schlechter Resorption von Nahrungsbestandteilen, sondern weil bei dieser Erkrankung in ihren schlimmsten Zeiten die Verdauungssekrete zu einem großen Teil durch den Darm hindurchgehen. In diesen Perioden kann das Gewicht der Faeces das der Nahrung übersteigen. Die Resorptionsstörung betrifft sowohl die freien Bestandteile wie das Wasser, bedingt heftigen Durst und führt zu schwerem Gewichtsverlust. Die Coeliacie geht in der Regel mit Tetanie einher.

Literatur.

BOGENDÖRFER, L. und G. KÜHL: Fermentgehalt des menschlichen Dünndarms. Arch. klin. Med. 142, 301 (1923).

COMBE, A.: Intestinale Autointoxikation und ihre Behandlung. (Übersetzt von WEGELE.) Stuttgart 1909.

HÄBLER, K.: Weitere molekular-pathologische und experimentelle Untersuchungen über den Darmverschluß. Verh. dtsch. Ges. inn. Med. 39, 313 (1927).

HADEN, R. L. and ORR, TH. G.: Blood fibrin in upper gastrointestinal tract obstruction. J. of exper. Med. 45, 427 (1927).

HERTER, C. A.: On infantilism from chronic intestinal infection. New York 1908.

LANE, W. A.: The operative treatment of the intestinal stasis. London 1915.

LANGE, H. und H. SPECHT: Über Veränderungen im Kohlehydratstoffwechsel beim experimentell erzeugten Ileus. Arch. of exper. Path. 117, 87 (1926).

LEHNDORFF, H. und H. MAUTNER: Die Coeliacie. Erg. inn. Med. 31, 456 (1927).

LÖHR, W.: Die Bedeutung der anaeroben Bazillen als Infektionserreger in den Bauchorganen. Erg. Hyg. 10, 487 (1929).

MAGNUS-ALSLEBEN, E.: Über die Giftigkeit des normalen Darminhalts. Hofmeisters Beitr. 6, 503 (1905).

SCHÄFER, H.: Ein Fall von nichttropischer Sprue. Klin. Wschr. 1923, 1121.

VAN DER SCHEER, W. M.: Die trophischen Aphten. C. MENSES Handbuch, 2. Aufl. 3 (1914).

SCHERER, E.: Ein Fall von heimischer Sprue. Klin. Wschr. 1929, 1625.

SCHMIDT, AD. und C. VON NOORDEN: Klinik der Darmkrankheiten, II. Aufl. Wiesbaden 1921.

— und J. STRASBURGER: Intestinale Gärungsdyspepsie. Arch. klin. Med. 69, 570 (1901).

STRASBURGER, J.: Die einzelnen Erkrankungen des Darmes. BERGMANN-STAEHELINS Handbuch, 2. Aufl. III, 2, 323 (1926).

STRAUSS, L.: Einfluß der Ausschaltung des Mundspeichels bei Magen- und Darmkrankheiten Arch. Verdgskrkh. 33, 163 (1924).

URY, H.: Über den quantitativen Nachweis von Fermenten in den Fäces. Biochem. Z. 23, 153 (1909).

WILLIAMS, B. W.: Hunterian lecture on the importance of toxaemie due to anaerobic organism in acute intestinal obstruction and peritonitis. Lancet **212**, 907 (1927).
WHIPPLE, G. H.: J. of exper. Med. **23**, 123 (1916); **25**, 231, 461 (1917).
— H. B. STONE and B. M. BERNHEIM: Intestinal obstruction. Ebenda **17**, 286, 307 (1913).

Zwanzigstes Kapitel.

Die Niere. I.

1. Energetik der Nierensekretion. Theorien der Nierensekretion.

Die gesunde Niere ist ein ideales Excretionsorgan; sie entfernt nur Stoffe, die überschüssig oder für den Haushalt des Körpers unbrauchbar sind. Diese Stoffe sind teils fertig mit der Nahrung aufgenommen (wie Wasser, Kochsalz und andere Salze), teils im Körper selbst aus anderen Stoffen gebildet (wie Wasser und die stickstoffhaltigen Endprodukte), teils abgespalten (wie Phosphorsäure), teils gebildet und abgespalten (wie Schwefelsäure). Bei dem Abbau der großen Moleküle der Nahrungs- und der Körperstoffe entstehen aus jedem einzelnen Molekül eine größere Anzahl kleinerer. Bekanntlich ist es nicht die Art und Größe, sondern die Zahl der gelösten Teilchen, die den osmotischen Druck einer Lösung ausmacht. **Durch die dissimilatorische Komponente des Stoffwechsels nimmt der osmotische Druck der Körperflüssigkeiten mit der wachsenden Zahl der gelösten Teilchen zu.** Da aber alle tierischen Organismen auf einen jeder Art eigentümlichen konstanten osmotischen Druck eingestellt sind, ebenso wie die Warmblüter auf eine konstante Temperatur, so ist ein Organ notwendig, das den osmotischen Druck gleichmäßig hält. **Das osmotische Ausgleichsorgan ersten Ranges ist die Niere. Die Niere hat die Aufgabe und die Fähigkeit, osmotische Arbeit zu leisten, d. h. sowohl eine Flüssigkeit zu bereiten, die ärmer an Wasser und reicher an gelösten Stoffen ist als die Körperflüssigkeiten (Blut und Lymphe), als auch bei einem Zuviel an Körperwasser dieses zu entfernen und ein Sinken des osmotischen Druckes zu verhindern.**

Da eine Lösung bei um so tieferer Temperatur gefriert, je mehr gelösten Stoff oder gelöste Stoffe sie enthält, so bildet der Grad der Gefrierpunktserniedrigung (Δ) ein Maß des osmotischen Druckes. Von diesem Maß ist in der Nierenphysiologie und auch in der Nierendiagnostik nach dem Vorgang von A. v. KORANYI häufig Gebrauch gemacht worden. Während der osmotische Druck des Blutes in der Norm mit nicht so geringen Schwankungen ($\pm 8\%$), wie gewöhnlich angenommen wird, einer Gefrierpunktserniedrigung von $= -0,56^0$ entspricht, erreicht Δ im Harn Werte bis $-2,6^0$. Diese Zahlen veranschaulichen die Größe der nach der einen Richtung möglichen osmotischen Arbeit der Niere, der Konzentrierungsarbeit. In fast unbegrenztem Maße hat die Niere die Fähigkeit, überschüssiges Wasser in Gestalt eines Harnes von niedrigstem spezifischem Gewicht (1001) und sehr geringer Gefrierpunktserniedrigung

($\Delta = -0{,}075^0$) auszuscheiden. Diese Zahlen veranschaulichen die Grenzen der Verdünnungsarbeit. Durch die beiden entgegengesetzt gerichteten Möglichkeiten der osmotischen Arbeit ist die Niere imstande, die wechselnden Bedürfnisse der Ausscheidung zu befriedigen. Die Reaktion der Niere auf eine veränderte Zusammensetzung des Blutes erfolgt sehr schnell. **Eine rasch einsetzende und ausgiebige Veränderung der Harnbeschaffenheit ist das Kennzeichen einer gesunden Niere.**

Zur Herstellung einer Lösung anderer (vermehrter oder verdünnter) Konzentration aus einer gegebenen Lösung ist Arbeit notwendig. H. Dreser berechnet, daß zur Bildung von 200 ccm Harn von einer Konzentration, die einem Gefrierpunkt von $-2{,}3^0$ entspricht, eine Arbeit von 37 mkg erforderlich ist. Nach L. v. Rohrer bedeutet die Herstellung von 1 Liter Harn, der 1,2% NaCl und 2,4% Harnstoff enthält, eine Arbeit von 302 mkg. G. Galeotti hat beim Hund aus dem Gefrierpunkt von Blut und Harn, der Harnmenge pro Minute und dem Nierengewicht die Arbeit pro Gramm Niere und Minute gemessen und bei erhöhter Diurese eine Steigerung bis zum Vierfachen gefunden. L. v. Rohrer ist dem wirklichen Problem dadurch ein wenig näher gekommen, daß er die beiden der Konzentration nach wichtigsten Harnbestandteile gesondert in die Rechnung eingeführt hat. Indessen kann auf diesem Wege eine Errechnung der osmotischen Arbeit der Niere nur dann eine anschauliche Grundlage bilden, wenn die Verschiedenheit und gegenseitige Unabhängigkeit der Konzentrationen der in Blut und Harn gelösten Stoffe berücksichtigt ist.

	% im Serum	% im Harn	Steigerung im Harn
Kochsalz	0,58	1,0 bis 3,0	2 bis 5 fach
Harnstoff	0,05	2,0 „ 4,0	40 „ 80 „
Harnsäure	0,002	0,05 „ 0,10	25 „ 50 „
Traubenzucker	0,10	0	—
Traubenzucker bei Diabetes mellitus ca.	0,3	bis 10	ca. 30 fach

So hat J. M. Rabinowitsch aus dem „Harnkonzentrationsfaktor"

$$\frac{\text{mg \% Harnstoff im Harn}}{\text{mg \% Harnstoff im Blut}}$$

die Arbeit (A) berechnet, die die Niere bei der Konzentrierung leistet. Nach den allgemeinen Gasgleichungen ist:

$$A = 2{,}3 \cdot RT \cdot \log \frac{(C_1)}{(C_2)} \cdot \frac{m}{M}$$

R: Gaskonstante $= 0{,}35$, T: abs. Temperatur $273 + 37 = 310$, $\frac{C_1}{C_2}$ der Harnstoffkonzentrationsfaktor, m die während der Versuchsperiode ausgeschiedene Harnstoffmenge in Gramm, M Molekulargewicht des Harnstoffs. Für die Arbeit der Ausscheidung von 1 g Harnstoff (m = 1) findet Rabinowitsch den Wert von etwa 17 kg/m. Bei chronischer Nephritis wird eine erhebliche Erniedrigung der Arbeitsleistung gefunden.

Durch Berechnungen dieser Art erhält man die Mindestarbeit, die bei isothermreversibler Leitung des Prozesses aufzuwenden wäre. Ob aber der Prozeß in dieser Weise verläuft, ist ganz unbekannt (R. Höber).

J. Barcroft hat die Nierenarbeit aus dem Sauerstoffverbrauch gemessen. Die Niere ist ein Organ von ganz besonders hohem O_2-Verbrauch. Während das

Gewicht der Niere nur $^1/_{153}$ des gesamten Körpergewichts ausmacht, beträgt ihr Sauerstoffverbrauch bis zu $^1/_{11}$ des gesamten Sauerstoffumsatzes. Nach den Untersuchungen von BARCROFT u. BRODIE hatte in 1 Minute 1 g Herzmuskel einen O_2-Verbrauch von 0,010 ccm, 1 g ruhendes Nierenparenchym einen solchen von 0,026 ccm. In einer späteren Untersuchung findet K. O. NEUMANN unter gewöhnlichen Umständen einen Wert von 0,026—0,06. BARCROFT hat festgestellt, daß die Berechnung der Arbeit nach den osmotischen Konzentrationen von Blut und Harn zu geradezu phantastischer Unstimmigkeit führt. So fand er in einem Falle Δ im Blut und Harn von gleichem Werte, also die Arbeit = 0 cmg, während die Berechnung nach dem O_2-Verbrauch (1 ccm O_2 = 210000 cmg) einen Energieaufwand von 873000 cmg ergab. Bei Anwendung diuretischer Mittel steigt mit der Harnmenge der O_2-Verbrauch der Niere.

Die Verdünnungsarbeit wird vielfach unter dem Gesichtspunkt der Filtration, also als ein mechanischer Vorgang, betrachtet, bei dem das Schwergewicht in der Durchlässigkeit einer Membran, in dem zur Verfügung stehenden Druck und in der Unbehinderung des Abflusses gelegen ist. Davon kann aber mit Recht nicht gesprochen werden, weil ja das Filtrat von Blut immer ein Blutserum, d. h. eine eiweißreiche Flüssigkeit sein müßte. Es könnte sich bei der Trennung von Wasser aus dem Blutserum um einen Akt der Ultrafiltration handeln, bei dem in echter Lösung befindliche Stoffe durch die trennende Schicht gehen, während die Kolloide (Eiweiß) zurückgehalten werden. Zu der Abscheidung des Wassers aus einer kolloidalen Lösung gehört ein gewisser Energieaufwand, weil das Wasser in einem solchen Medium nicht frei, sondern an die Kolloide gebunden ist.

Da Gefäßwände für Kolloide im allgemeinen undurchlässig sind, so kann ein mechanisches Hindurchgehen der eiweißfreien Blutflüssigkeit nur dann erfolgen, wenn die Wasseranziehungskraft der Blutkolloide, das ist der kolloid-osmotische Druck des Blutes (mitunter auch Quellungsdruck genannt) kleiner ist als der zur Verfügung stehende hämodynamische Druck. Der osmotische Kolloiddruck des Blutes wurde zuerst von E. H. STARLING, dann von S. P. L. SÖRENSEN, A. KROGH, H. SCHADE gemessen. Er beträgt beim Menschen 400—500 mm Wasser, ist also gegenüber dem gesamten osmotischen Druck (6,5 Atmosphären = 65 m Wasser) sehr klein und, um einen anschaulichen Vergleichswert zu geben, nur etwa den dritten Teil so groß wie der durch den normalen Blutzucker (1 g im Liter) bewirkte Druck (0,125 Atmosphäre = 1,3 m Wasser). Der kolloidosmotische Druck des Blutes muß von dem Druck in den Capillaren überwunden werden, wenn der Durchtritt einer eiweißfreien Lösung durch die Capillarwand, wie durch eine tote Membran, erfolgen soll. Der Capillardruck ist in der Haut der Messung einigermaßen zugänglich. Die älteren Methoden zwar geben so verschiedene Werte (750 mm Wasser [VON RECKLINGHAUSEN] und 70—100 mm Wasser [A. BASLER], das sind Differenzen von 600—700%), daß daraus eine Beurteilung der hier vorliegenden Frage unmöglich ist. KROGH und seinen Mitarbeitern gelang es aber, eine direkte Capillardruckmessung durchzuführen, bei der unter dem Binokularmikroskop eine Glascapillare in eine Capillarschlinge eingeführt wird. Diese direkte Messung ergibt in der Haut der Hand, die in der Höhe des Schlüsselbeins gehalten wird, 45—75 mm Wasser. Mit tieferer Handstellung steigt der Druck an. Über den Capillardruck der Niere des Menschen ist nichts bekannt. Beim Frosch findet L. HILL, daß der Strom in den Glomerulusschlingen bei einem von außen ausgeübten Druck von etwa 5—10 mm Hg (= 65—130 mm Wasser) deutlich verlangsamt, der Strom in den Arteriolen bei 25—30 mm (= 320—390 mm Wasser) zum Stillstand gebracht wird. Danach wäre beim Frosch der Capillardruck in den Glomerulis ebenso hoch wie in der Zunge und nur wenig höher als in der Schwimmhaut. L. HILL schätzt den Druck in den Glomerulusschlingen zu 13 bis 15 mm Hg (= 170—200 mm Wasser). Da der Minimaldruck in der Aorta, bei dem noch Harnbildung stattfindet, 40 mm Hg (= 520 mm Wasser) beträgt, und da von der Aorta bis zum Capillarsystem ein beträchtlicher Druckabfall eintritt, so bleibt für die Annahme eines Flüssigkeitsdurchtritts nach Art der Ultrafiltration kein Raum. Normalerweise scheint in allen Geweben der kolloidosmotische Druck über den Capillarenblutdruck deutlich zu überwiegen. Dafür spricht auch, daß beim Menschen und beim Tier eine starke Blutverdünnung, d. h. eine erhebliche Senkung des kolloidosmotischen Drucks, nicht zu Ödem führt.

Der Gesamtenergieumsatz der Niere setzt sich sicher aus der Summe einer großen Zahl von Teilreaktionen zusammen. Der Epithelbelag der Glomeruli stellt eine so geringe Masse dar, und der absolute Betrag seines Stoffumsatzes ist verhältnismäßig so gering, daß auch eine erhebliche Steigerung seiner Leistung in dem Betrag des Gesamtsauerstoffverbrauchs des ganzen Organs vielleicht nicht deutlich zum Ausdruck kommen kann.

Man hat die sekretorische Tätigkeit der Glomeruli oft so weit unterschätzt, daß man ihrem Zellbelag keine Beachtung schenkte und sie schlechthin den Gefäßen zurechnete. Wir haben bereits gesehen, daß die Annahme einfacher Mechanismen (Filtration, Ultrafiltration) nicht ausreicht. Die Nierentätigkeit hat sich in der Tat als weitgehend unabhängig von Blutdruck und Durchblutung erwiesen, wenn auch deren Bedeutung für Belieferung und Ernährung der Niere nicht gering veranschlagt werden darf. Aber diese Faktoren sind in der Tat nicht mehr und nicht weniger als die Mittel, um die Sekretionsmaschine mit Energie und Rohstoff zu versorgen. Sie sind nicht die Maschine selbst.

Nach der Lehre von C. LUDWIG geht die Harnbereitung so vonstatten, daß im Glomerulus zunächst ein eiweißfreies Blutwasser abfiltriert wird. Aus dieser Flüssigkeit entsteht im Kanälchensystem durch Resorption von Wasser und gelösten Bestandteilen der endgültige Harn. Diese Theorie hat noch in jüngster Zeit in H. H. MEYER und seiner Schule, A. R. CUSHNY, W. VON MÖLLENDORFF u. a. eifrige Fürsprecher gefunden. Nach der bekannten Lehre von HEIDENHAIN handelt es sich in allen Teilen der Niere um echte Sekretion und in den Tubuli, besonders in ihren hochdifferenzierten ersten Stücken, um die Ausscheidung der gelösten Stoffe in hoher Konzentration.

Daß im Glomerulus ausreichende Druckkräfte für eine Filtration (Ultrafiltration) nicht zur Verfügung stehen, ist bereits ausführlich dargetan. W. LINDEMANN hat eine Theorie aufgestellt, nach der die Kanälchen einen sehr konzentrierten Primärharn bilden, der bei dem Abfluß nach der Nierenpapille auf das Hindernis der Capillarität der HENLEschen Schleife stößt, sich daher in entgegengesetzter Richtung bewegt, die BOWMANsche Kapsel füllt und aus dem Blut durch Osmose Wasser zieht. Dadurch soll es zu einer solchen Steigerung des Nierenturgors kommen, daß eine Entleerung der Kanäle erfolgt. Die Einführung eines osmotischen Vorganges statt einer Filtration im Glomerulus bedeutet gewiß einen Fortschritt, ist aber auch nicht imstande, die Erscheinung restlos zu erklären. H. I. HAMBURGER hat die wichtige Beobachtung gemacht, daß der Glomerulus (des Frosches) für Traubenzucker, nicht aber für andere Hexosen undurchgängig ist, aber unter gewissen Änderungen der mineralischen Zusammensetzung der Durchströmungsflüssigkeit für Traubenzucker durchlässig wird. Daraus geht hervor, daß der aus Capillarwand und Glomeruluswand bestehenden Grenzschicht in der BOWMANschen Kapsel nicht die einfache Bedeutung einer halbdurchlässigen Membran zukommt, sondern daß hier viel verwickeltere Verhältnisse vorliegen. Wenn wir diese zu dem Begriff der Sekretion rechnen, wo sie uns in lebendigem Betriebe begegnen, so bedeutet das keinen Verzicht auf physikalisch-chemische Ausdeutung. Es sind auch tote Membranen bekannt, die für nahe verwandte Ionen eine sehr verschiedene Durchlässigkeit haben. Und wenn wir auch von einem wirklichen Verständnis der Vorgänge in solchen Grenzschichten noch weit entfernt sind, so liegt doch in der Erfahrung, daß die Permeabilitätsverhältnisse durch Änderung bestimmter Bedingungen geändert werden können, eine Hoffnung und eine Aussicht auf Fortschritt. Jedenfalls müssen wir die Annahme einer einfachen Osmose im Glomerulus ebenso ablehnen wie die einer Ultrafiltration.

Setzt man in der Theorie von C. LUDWIG Sekretion einer eiweißfreien Blutflüssigkeit statt Filtration, so wird doch der Gegensatz zu der Sekretionstheorie von HEIDENHAIN kaum abgeschwächt. Weder die eine noch die andere Theorie ist streng bewiesen. Nach LUDWIG müßten zur Bildung von 1500 ccm Harn mit 2% Harnstoff, da das Blut 0,05% Harnstoff enthält, 60 Liter Wasser abgesondert und 58,5 Liter im Kanälchensystem resorbiert werden.

Die Verschiedenheit der Konzentration der gelösten Stoffe im Harn kann nach LUDWIG nur so erklärt werden, daß im Tubularsystem auch feste Stoffe resorbiert werden.

Seit HEIDENHAIN ist zur Entscheidung der Art der Harnbildung die mikroskopische Betrachtung der Farbstoffausscheidung in Gebrauch. Das indigoschwefelsaure Natrium, ein lipoidunlöslicher Farbstoff, findet sich im Epithel der Tubuli contorti gespeichert. Die Meinung von HEIDENHAIN, daß hier der Sekretionsweg des Farbstoffs zu sehen sei, wird von A. GURWITSCH u. a. geteilt, von T. SUZUKI, MÖLLENDORFF u. a. abgelehnt. Eine sichere Entscheidung, ob der Weg von der Zelle in das Kanälchenlumen oder umgekehrt führt, ist auf diese Weise nicht möglich.

HÖBER hat festgestellt, daß die Aufnahme von sauren Farbstoffen in die Nierenzellen von dem Dispersitätsgrad abhängt. Je feiner die molekulare Aufteilung, um so leichter die Aufnahme. Hochkolloidale Farbstoffe werden nicht gespeichert.

Vielfältige Erfahrung hat gezeigt, daß es kranke Nieren gibt, durch die feindisperse Farbstoffe nicht hindurchgehen, während in gewissen Fällen von Albuminurie, und zwar von solchen epithelialer Herkunft, kolloidale Farbstoffe mit dem Eiweiß ausgeschieden werden (W. VON GROSS, R. SEYDERHELM u. a.). Vielleicht kann diese Permeabilitätsumkehr, wenn ihr Zusammenhang mit anderen Nierenfunktionen quantitativ verfolgt wird, einige Aufklärung über den Sekretionsweg geben.

Das indigokarminschwefelsaure Alkali wird mit erstaunlicher Geschwindigkeit ausgeschieden. Es ist nicht recht verständlich und mit der Auffassung, daß die Resorption ein elektiver, den Bedarfsverhältnissen des Organismus angepaßter Vorgang sein müßte, nicht recht zu vereinen, daß ein Stoff, dessen sich der Organismus mit so großer Schnelligkeit zu entledigen trachtet, im Kanälchensystem wieder aufgenommen wird. Noch unwahrscheinlicher wird die alleinige Resorptionstheorie durch die von älteren und neueren Autoren einwandfrei festgestellte Tatsache, daß man in den Tubularepithelien Harnstoff (E. Leschke, J. Policard, A. Chevalier u. H. Chabanier, J. Oliver, A. Stübel, K. Walter) und Harnsäure, sogar in Form von Abscheidungen (Sphärolithen) (Ebstein u. Nikolaier, Minkowski, A. Eckert) nachweisen kann.

Anzunehmen, daß diese Endprodukte des Stoffwechsels aus dem Kanälchensystem resorbiert werden, fällt nicht leicht.

Wenn die Niere ein Organ ist, das osmotische Arbeit leistet, und wenn es überhaupt Zellen gibt, die unmittelbar aus dem Blut, ohne den Umweg über ein eiweißfreies Blutfiltrat, einen Stoff aufnehmen, konzentrieren und in konzentrierter Lösung ausscheiden können, so muß man wohl von den Zellen des wichtigsten osmotischen Organs diese Fähigkeit erwarten. Es ist ganz unzweifelhaft, daß es Zellen mit Konzentrierungsfunktionen vielfach gibt, da z. B jedes Sekret mit differenter Reaktion (Magensaft, Pankreassaft) eine in bezug auf H^+- bzw. OH'-Ion gegenüber dem Blut konzentrierte Lösung darstellt.

Diese Beweisstücke — und noch manche andere — sprechen gewiß für die Sekretionstheorie von Heidenhain. Im allgemeinen ist heute die Ansicht vorherrschend, daß Sekretion und Resorption, die nicht als ein einfacher physikalischer Vorgang aufgefaßt wird, bei der Harnbildung zusammenwirken. Im einzelnen und besonders auch über die Frage, welchem dieser beiden Vorgänge die größere Bedeutung zukommt, gehen die Ansichten der Forscher noch auseinander.

Literatur.

Barcroft, J.: Zur Lehre vom Blutgaswechsel in den verschiedenen Organen. Erg. Physiol. 7, 699 (1908) (Literatur).
— and Th. G. Brodie: The gaseous metabolism of the kidney. J. of Physiol. 33, 52 (1905).
— and H. Straub: The Secretion of Urine. Ebenda 41, 145 (1910).
Chevalier, A. et H. Chabanier: Localisation de l'urée dans la rein. Ć. r. Soc. Biol. Paris 78, 689 (1915).
Cushny, A. R.: The secretion of Urine. London 1917.
Dreser, H.: Über Diurese und ihre Beeinflussung durch pharmakologische Mittel. Arch. f. exper. Path. 23, 303 (1892).
Ebstein, W. und A. Nikolaier: Über die Ausscheidung der Harnsäure durch die Nieren. Virchows Arch. 143, 337 (1896).
Eckert, A.: Experimentelle Untersuchungen über geformte Harnsäureausscheidung in den Nieren. Arch. f. exper. Path. 74, 244 (1913).
Galeotti, G.: Über die Arbeit, welche die Nieren leisten, um den osmotischen Druck des Blutes auszugleichen. Hoppe-Seylers Z. 1902. S. 20.
v. Gross, W.: Experimentelle Untersuchungen über die Zusammenhänge zwischen histologischen Veränderungen und Funktionsstörungen der Niere. Zieglers Beitr. path. Anat. 51, 528 (1911).
Gurwitsch, A.: Zur Morphologie und Physiologie der Nierentätigkeit. Pflügers Arch. 91, 71 (1902).
Hamburger, H. J.: Die Veränderung der Permeabilität mit besonderer Berücksichtigung der stereoisomeren Zucker. Biochem. Z. 128, 207 (1922).
— und Brinkmann: Das Retentionsvermögen der Niere für Zucker. Ebenda 88, 97 (1918).
Hill, L.: The pressure in the renal, portal and glomerular capillaries of the frogs kidney. Brit. med. J. 1921, 526.

HILL, L. and J. MACQUEEN: Capillary blood pressure and the glomerular filtration theory. Brit. J. exper. Path. **2**, 205 (1921).

HÖBER, R.: Physikalische Chemie der Zelle und Gewebe. 5. Aufl. 1924, S. 857 (Literatur).

v. KORANYI, A. und P. F. RICHTER: Physikalische Chemie und Medizin. Leipzig 1907.

KROGH, A.: Studies on the Capillarimotor Mechanism. J. of Physiol. **53**, 399 (1926).

LESCHKE, E.: Untersuchungen über den Mechanismus der Harnabsonderung. Z. klin. Med. **81**, 14 (1914).

LINDEMANN, W.: Zur Lehre von den Funktionen der Niere. Erg. Physiol. **14**, 618 (1914).

MINKOWSKI, O.: Untersuchungen zur Physiologie und Pathologie der Harnsäure bei Säugetieren. Arch. f. exper. Path. **41**, 410 (1898).

v. MÖLLENDORFF, W.: Vitale Färbungen an tierischen Zellen. Erg. Physiol. **18**, 141 (1920) (Literatur).

NEUMANN, K. O.: The oxygen Exchange of Suprarenal Gland. J. of Physiol. **45**, 188 (1912).

OLIVER, J.: Mechanism of urea excretion. J. of exper. Med. **33**, 177 (1921).

PICK, E. P.: Die Bedeutung der Leber für den Wasserhaushalt. Ges. inn. Med. **35**, 107 (1923).

POLICARD, A.: Recherches histochimiques sur le métabolisme de l'urée dans le rein. C. r. Soc. Biol. Paris **78**, 32 (1915).

RABINOWITSCH, J. M.: A quantitative index of kidney function. Arch. int. Med. **43**, 365 (1924).

v. ROHRER, L.: Über die osmotische Arbeit der Nieren. Pflügers Arch. **109**, 375 (1905).

RICHARDS, A. N.: Kidney Function. Amer. J. med. Sci. **1922**, 1.

SCHADE, H. und F. CLAUSSEN: Der onkotische Druck des Blutplasmas und die Entstehung der renal bedingten Ödeme. Z. klin. Med. **100**, 363 (1924).

SEYDERHELM, R.: Untersuchungen bei Nierenkranken mit hochkolloiden Farbstoffen. Kongr. inn. Med. **30**, 109 (1923).

SÖRENSEN, S. P. L: Studies on Proteins. C. r. Labor. Carlsberg, Kopenhagen **12**, 68 (1917).

STARLING, E. H. (1): The fluids of the body. London 1909. — (2): The glomerulae functions of the Kidney. J. of Physiol. **24**, 317 (1899).

STÜBEL, A.: Anat. Anz. **54**, 236 (1922).

SUZUKI, T.: Zur Morphologie der Nierensekretion unter physiologischen und pathologischen Bedingungen. Jena.

WALTER, K.: Die Bedeutung der Xanthydrolreaktion für den mikrochemischen Nachweis des Harnstoffs in der Niere. Pflügers Arch. **198**, 267 (1923).

2. Neuroendokrine Bedingungen der Nierentätigkeit.

Daß die Niere nicht nur vasomotorische, sondern auch sekretorische Nerven besitzt, geht aus der räumlichen Beziehung nervöser Elemente zu den Epithel-, zellen klar hervor. Wie auch sonst bei Eingeweiden, bedingen die in die Niere ziehenden Nerven nicht die Funktion des Organs an sich. Auch die ihrer Nerven beraubte Niere sezerniert. Die Bedeutung der Nierennerven liegt darin, daß sie die Funktion des Organs in Beziehungen zu dem Geschehen im Organismus überhaupt setzen.

Auch dem Laien ist die Abhängigkeit der Harnbildung vom Gehirn, der fördernde Einfluß, den Angst, Erregung und Erwartung auf die Diurese ausüben, bekannt. Zu diesen zentral (im Großhirn) bedingten Polyurien gehören wohl auch die nach epileptischen und migränösen Anfällen eintretenden. Der Weg, den die Erregung vom Großhirn aus nimmt, ist zunächst unbekannt. Man darf aber wohl annehmen, daß die Bahnen in die im Zwischenhirn gelegenen Zentren für den Wasser- und Salzhaushalt einmünden, vor allem in das auch die Körpertemperatur regulierende Tuber cinereum.

Die die Sekretion beeinflussenden Nerven verlaufen im Vagus und Sympathicus. Nur diesem (L. ASHER) kommen auch vasomotorische Wirkungen zu. Reizung des Vagus führt zu stärkerer Wasserdiurese und vermehrter Konzentrierung der gelösten Bestandteile. Nach Vagusdurchschneidung tritt (meistens) eine Verminderung der Menge und Konzentration ein. Bei dem gewöhnlichen Versuchstier, dem Kaninchen, führt aber wahrscheinlich infolge wechselseitiger Verflechtung der Vagus- und Sympathicusfasern diese Durchschneidung mitunter auch zu einer Harnvermehrung. Die Durchschneidung des Nervus splanchnicus bewirkt in der gleichseitigen Niere Anschwellung und vermehrte Wasserausscheidung. Reizung des Splanchnicus macht Oligurie, selbst bei Ausschaltung jedes Einflusses auf die Vasomotoren des Organs. Die Reizung des Sympathicus hat ferner eine Änderung der Zusammensetzung des Harnes zur Folge. Es findet eine Vermehrung der NaCl-Konzentration statt. C. ECKARDT und später E. ROHDE und PH. ELLINGER fanden nach Splanchnicusdurchschneidung den Harn der betroffenen Seite weniger sauer und mitunter sogar alkalisch, und zwar auch dann, wenn die Harnmenge beiderseits fast gleich war. Diese Beobachtung zeigt, daß die wichtige renale Funktion der Abscheidung von Wasserstoffion unter Nerveneinfluß steht, und gibt eine Grundlage der nervösen Bedingtheit der Phosphaturie (Alkalinurie) und der Löslichkeit der Sedimentbildner überhaupt.

PH. ELLINGER u. A. HIRT fanden bei Hund und Kaninchen folgende Verteilung der Funktionen auf die Nierennerven:

1. Die Splanchnici minores (Nervi renales superiores) regeln Wasser- und Elektrolytausscheidung ohne Beeinflussung der übrigen Fixa (Vasokonstriktoren).

2. Die unteren Grenzstrangfasern (Nervi renales inferiores) regulieren ohne Mengenbeeinflussung die Wasserstoffionenkonzentration, sie hemmen die Ammoniakbildung, die Gesamtsäure- und Phosphatausscheidung, sie fördern in geringem Maße die Gesamtstickstoffausfuhr.

3. Der Splanchnicus major wirkt als Antagonist der unteren Grenzstrangfasern. Er reguliert ebenfalls ohne Mengenbeeinflussung die Wasserstoffionenkonzentration, fördert die Ammoniakbildung, die Gesamtsäure- und Phosphatausschwemmung und hemmt, zum Teil beträchtlich, die Gesamtstickstoffausscheidung.

4. Der Vagus besitzt einen Einfluß auf die Wasserausscheidung und hemmt die Ausfuhr des Gesamtstickstoffes.

Die vom Tuber cinereum zu den Nieren ziehenden Nerven sind auch zentral verletzbar. Am längsten kennt man den Wasserstich (am Boden des IV. Ventrikels zwischen Vagus- und Acusticuskern). Von größtem Interesse ist der von ERICH MEYER u. JUNGMANN entdeckte Salzstich.

Diese Autoren sahen beim Kaninchen nach einem Stich in den Funiculus teres eine mächtige Zunahme der NaCl-Konzentration im Harn. Im Gegensatz zu dem bekannten Zuckerstich handelt es sich hier nicht um eine Reaktion der Niere auf eine Veränderung der Blutzusammensetzung — der Kochsalzgehalt des Blutes wird keineswegs verändert —, sondern um eine Änderung intrarenaler Vorgänge. Wie der Zuckerstich ist auch der Salzstich abhängig von der Unversehrtheit der Splanchnicusbahn. Bei dieser innigen Beziehung des Nervensystems zu den Vorgängen in der Niere erscheint es kaum verwunderlich, daß sich auch auf die Eiweißausscheidung nervöse Einflüsse geltend machen. Eiweißausscheidungen oder Steigerungen einer Albuminurie nach heftigen Gemütserregungen oder geistigen Überanstrengungen sind seit langem bekannt (SENATOR u. a.).

Abtrennung der Niere von allen ihren Nerven bewirkt die Bildung eines sehr reichlichen Harns, der zwei- bis dreimal weniger feste Bestandteile enthält, als der Harn der normalen Seite und eine zur Alkalescenz neigende Reaktion zeigt (ROHDE und ELLINGER).

Es fehlen der Niere nach einer Enervation die regulierenden Einflüsse. Die Niere arbeitet hemmungslos und leistet in diesem Zustande lediglich Verdünnungsarbeit. Es tritt ein minderwertiger Arbeitstyp ein, den wir klinisch bei den meisten Läsionen des Nervensystems, soweit sie überhaupt die Nierentätigkeit beeinflussen, treffen. Die Unfähigkeit, NaCl zu konzentrieren, d. h. die dem Salzstich entgegengesetzte Wirkung, ist aber nicht notwendig oder stets mit Polyurie verbunden. Ich habe einige Fälle von Erkrankung im Zwischenhirn beobachtet, die früher das Bild des Diabetes insipidus boten, zur Zeit der Untersuchung nicht mehr polyurisch, aber noch unfähig waren, Kochsalz über den Wert des Blutplasmas in den Harn zu konzentrieren. Diese Beobachtungen bilden eine Bestätigung der von P. JUNGMANN vertretenen Ansicht, daß die Nervenbahnen der Salz- und Wasserausscheidung getrennt voneinander verlaufen. Wie nahe Beziehungen nervöser oder nervös-endokriner Art auch zwischen dem renalen Geschehen und extrarenalen Vorgängen, d. h. Zusammensetzung des Blutes, Durchlässigkeit der Gefäße, Wasser- und Salzfixation in den Geweben bestehen, lehrt ein von JUNGMANN mitgeteilter Fall von Zwischenhirnerkrankung, der vollständig normale renale Verhältnisse, aber Abwanderung von Kochsalz aus dem Blut und Neigung zu Ödem, also eine extrarenale Störung der Osmoregulation aufwies. Nach VEIL kommt es bei cerebralen Vorgängen und schweren vegetativen Neurosen auch zur Oligurie. Ich glaube, daß nervös bedingte Störungen der Harnbildung und des Wasserhaushalts überhaupt gar nicht selten sind. So gibt es eine Oligurie vor dem Migräneanfall. Vielleicht gehört auch die schubweise eintretende Harnverminderung bei der endogenen Adipositas hierher.

Wir treffen also unter dem Einfluß des Nervensystems Polyurie und Oligurie, Erhöhung (nur im Experiment beobachtet) und Herabsetzung der Kochsalzkonzentration. Die Innervation der Eingeweide durch den Vagus und Sympathicus ist auf entgegengesetzte Wirkungen eingestellt, und der Funktionszustand erscheint als Resultante der Spannungskräfte in diesen beiden Systemen. Die hemmende Wirkung auf die Wasserdiurese kommt zweifellos dem Reizzustand des sympathischen Systems zu. Dafür spricht das physiologische Experiment, wie das logische Postulat, daß vasomotorische Nerven und Sekretionsnerven auf ein Zusammenspiel eingerichtet sein müssen. Es werden also Enge der Arterien (Sympathicusreizung) und Verringerung der Wasserausscheidung zusammenfallen. In diesem Falle liegt die Notwendigkeit einer Konzentrierungsleistung vor, und MEYER u. JUNGMANN halten demgemäß die Wirkung des Salzstiches für eine Reizwirkung im sympathischen System. Dem Vagus muß ein fördernder Einfluß auf die Wasserdiurese zugeschrieben werden.

In diesen Zusammenhang gehört auch die reflektorische Beeinflußbarkeit der Nierensekretion. Erwärmung der Haut regt die Wasserabscheidung an, während Abkühlung Oligurie und selbst Anurie verursacht. Wie weit hier vasomotorische, wie weit sekretorische Nerven beteiligt sind, ist ungewiß. Wir haben aber auch Steigerung der Kochsalz-, Stickstoff- und Phosphorsäurekonzentration bei Hauterwärmung (bestätigt von W. WOLFFHEIM bei Anwendung von

Diathermie) beobachtet. Daraus darf wohl auf eine reflektorische Beeinflussung der sekretorischen Nerven geschlossen werden. Eine größere Bedeutung kommt dem Kältereflex zu. E. WERTHEIMER hat beim Versuchstier durch Abkühlung der Haut eine Verkleinerung des Nierenvolumens und eine Abnahme des Druckes in der Nierenvene hervorgerufen. Diese vasomotorische Reaktion könnte in der Ätiologie der Nephritis nach Erkältung oder lokaler Abkühlung gewiß eine Rolle spielen.

Eine reflexogene Zone liegt auch in den unteren Harnwegen. Bei einseitiger Nierensteineinklemmung kann es bekanntlich zu einer tagelang anhaltenden beiderseitigen Anurie kommen, die wahrscheinlich durch sensible Reizung (Schmerz) bedingt wird. Die bei Ureterenkatheterismus so häufig auftretende Oligurie zeigt, daß schon eine einfache Berührung diesen Reflex auslöst. Von der Blase, dem Ureter und dem Nierenbecken aus kann jedoch die Nierensekretion auch angeregt werden. So kann die Reizung eines Ureters (z. B. durch einen eingelegten Ureterenkatheter) eine Polyurie beider Seiten zur Folge haben.

Solche Anregungen gehen auch von der Blase aus. Nach E. PFLAUMER nimmt mit zunehmender Ausdehnung der Harnblase die Wassersekretion ab. Häufiger scheint mir am Krankenbett das Gegenteil zu sein. Wir sehen bei Harnstauung oft eine Polyurie (Harnstauungsniere). Nicht selten geht die Pollakisurie mit Polyurie einher. Es ist wohl sehr wahrscheinlich, daß beide Erscheinungen eine gemeinschaftliche nervöse Bedingung haben. Ganz sicher ist das der Fall bei der reflektorischen Polyurie und Pollakisurie, die in Verbindung mit angiospastischen Anfällen auftreten, früher als „spastischer Harn" bezeichnet wurden, aber in der neueren Literatur sehr wenig Beachtung finden. Hierher gehört wohl die Polyurie nach dem Epilepsie- und Migräneanfall. Ganz gewöhnlich ist die Polyurie bei angiospastischen Anfällen im Coronargebiet.

Das Funktionieren des vegetativen Nervensystems ist auf das engste mit den Hormonen der Blutdrüsen verbunden.

Fehlt das Hormon der Schilddrüse, so wird das Unterhautzellgewebe wasserreich. Es tritt aber nicht ein echtes Ödem auf, und der durch einbehaltenes Wasser bewirkte Körpergewichtsanstieg beträgt nur etwa 2—3 kg. Es handelt sich um eine Quellung von Bindegewebe, die im ausgebildeten Zustande der Krankheit ihr Maximum erreicht hat. Daher verläuft, wie mir eine Reihe von Beobachtungen gezeigt hat, der Wasserversuch in den Grenzen des Normalen.

Ein Hormon aus dem Hypophysenhinterlappen bewirkt Hemmung der Diurese, besonders bei reichlichem Wasserbestand des Körpers. Mit der Verminderung der Wassermenge geht eine Steigerung des spezifischen Gewichts, besonders der Cl'-Konzentration, des Harns einher. Den Hypophysenhinterlappenpräparaten kommt daher bei der Funktionsprüfung der Niere die gleiche Bedeutung zu wie dem Histamin bei der Magenuntersuchung. Der Einfluß auf die Konzentrierungsleistung lehrt, daß dieses Hormon einen renalen Angriffspunkt hat. Daneben wirkt es aber auch auf den Chloridaustausch zwischen Blut und Gewebe ein (E. MEYER u. MEYER-BISCH), hat also einen allgemeinen Einfluß auf die Osmoregulation.

Die Beobachtung der Hemmung der Diurese im Wasserversuch durch Hinterlappenpräparate gehört in unserer Klinik zu den Untersuchungsmethoden für die Analyse innersekretorischer Anomalien. Der Normale reagiert in der Weise, daß die Diurese in den ersten 2—4 Stunden nach der Injektion abnimmt, daß dann eine hohe Wasserzacke folgt und die 24-Stundenbilanz etwa der der Normallage entspricht.

Literatur.

ECKARDT, C.: Zur Deutung der Entstehung der vom 4. Ventrikel aus erzeugten Hydrurien. Z. Biol. **44**, 407 (1903).

ELLINGER, PH. und A. HIRT: Zur Funktion der Nierennerven. Arch. exper. Path. **106**, 135 (1925).

JUNGMANN, P.: Zur Pathogenese des Salzstoffwechsels. Klin. Wschr. **1923**, 19.

MEYER, E. und P. JUNGMANN: Abhängigkeit der Nierenfunktion vom Nervensystem. Arch. f. exper. Path. **73**, 49 (1913).

— und R. MEYER-BISCH: Weitere Mitteilungen über Diabetes insipidus. Z. klin. Med. **96**, 469 (1922).

— — Beitrag zur Lehre vom Diabetes insipidus. Dtsch. Arch. klin. Med. **137**, 225 (1921).

ROHDE, E. und PH. ELLINGER: Über die Funktion der Nierennerven. Zbl. Physiol. **27**, 1 (1913).

VEIL, W. H.: Physiologie und Pathologie des Wasserhaushalts. Erg. inn. Med. **23**, 648 (1923).

WERTHEIMER, E.: Über die Quellung geschichteter Membranen und ihre Beziehungen zur Wasserwanderung. Pflügers Arch. **208**, 669 (1925).

WOLFFHEIM, W.: Funktionsuntersuchungen bei den Nephritiden. Z. klin. Med. **77**, 528.

3. Der Durst.

Bei Erkrankungen der Hypophyse und ebenso bei Prozessen im Infundibulum kann das Bild des Diabetes insipidus auftreten. Die Hauptsymptome sind Durst und Polyurie.

Die Empfindung des Durstes ist wie jedes Allgemeingefühl nicht an ein cerebrales Zentrum gebunden. Die Durstempfindung wird in der Mundhöhle, wo das Gefühl der Trockenheit auftritt, lokalisiert. Durst entsteht bei zu starker Salzzufuhr nach Wasserverlusten durch Haut (Schweiß), Darm (Durchfälle) und Nieren (z. B. nach zu starker diuretischer Wirkung und bei Prostatahypertrophie), also bei Wasserverarmung. Durst entsteht aber auch bei zu reichlicher Flüssigkeitszufuhr. Das zeigt der „Brand" nach einem Trinkgelage. Und auf einer solchen Reaktion beruht die Dauereinstellung der an reichliche Flüssigkeitsaufnahme Gewöhnten (A. REGNIER, W. H. VEIL). Ferner entsteht Durst nach Blutverlusten, bei wachsendem Ödem und wachsenden Ergüssen in den serösen Höhlen, bei der Magen-Darmlähmung, wie sie beim Ileus und in den ersten Tagen nach Bauchoperationen besteht, und bei dem Diabetes mellitus im Zustand der Dekompensation.

Der Durst wird erklärt durch eine zu hohe Konzentration von Salzen im Blutplasma. Eine solche kann zustande kommen, wenn das Blut durch Abgabe von Wasser seine Zusammensetzung in diesem Sinne verändert. Das geschieht bei starkem Schwitzen, da der Schweiß salzärmer sein kann als das Blut, bei starken Durchfällen aus analogem Grunde (C. SCHMIDT), nach einem Blutverlust, weil die dann rasch erfolgende Füllung der Blutbahn mit Gewebsflüssigkeit eine eiweißärmere aber kochsalzreichere Blutflüssigkeit ergibt (R. LIMBECK, H. VON HÖSSLIN, VEIL).

Bei zu großer Flüssigkeitszufuhr (im Experiment, bei Gewöhnung oder unter krankhaften Verhältnissen) wird mit dem Wasser auch Kochsalz durch die Nieren ausgeschieden. Die aufgenommene Flüssigkeit kann als Diuretikum wirken, d. h. dem Körper mehr Wasser entführen, als ihrem eigenen Volumen entspricht. Wie die Beobachtungen von A. STEYRER, VEIL und REGNIER ergeben haben, kann die Wasserabgabe vom Körper stärker sein als die Salzabgabe, so daß es zu einer Steigerung der molaren Konzentration des Blutes kommt. Es ist aber auch damit zu rechnen, daß durch die starke Harnsekretion eine Salzverarmung eingetreten ist, von deren Bedeutung für den Durst später die Rede sein wird.

Auf diese Weise entsteht wohl der Durst bei dem unkompensierten Diabetes mellitus. Nicht die Hyperglykämie und, wie an diesem Beispiel deutlich wird, nicht die molare Konzentration des Blutes an sich ist es, die Durstempfindung auslöst (Glykämie bis 300 mg% und höher macht keinen Durst), sondern die Wasserverarmung, die Folge der zur Zuckerausscheidung notwendigen Polyurie (Überschußreaktion) und unter Umständen der acidotischen Stoffwechsellage ist.

Bei der Entstehung von Ödem und Ergüssen in serösen Höhlen ist eine Konzentrationssteigerung des Blutes beobachtet worden (VOLHARD, VEIL, NONNENBRUCH u. a.). Ich möchte aber nicht glauben, daß der unter diesen Verhältnissen auftretende Durst so verstanden werden kann. Die Ödemflüssigkeit, die sich z. B. bei der akuten Nephritis findet, ist etwas reicher an Cl′ als das Blutplasma. Es findet hier eine Überschußreaktion vom Blut in die Gewebe statt, so daß es zu einer Verminderung der Gesamtblutmenge kommt. Es ist sehr wahrscheinlich, daß dieses Leck im Gefäßsystem Durst erzeugt.

Ganz ähnlich ist es vielleicht bei dem quälenden Durst, unter dem die Menschen in den ersten Tagen nach einer Bauchoperation so häufig leiden. Die Verhältnisse sind noch nicht untersucht. Aber es ist sehr wahrscheinlich, daß der starke Erguß von Flüssigkeit in den Dünndarm, wie er beim Ileus röntgenologisch nachgewiesen werden kann, den Durst verursacht.

Interessant ist die Tatsache, daß es einen Durst gibt, der durch Flüssigkeitszufuhr nicht gestillt werden kann. COHNHEIM, KREGLINGER, TOBLER u. WEBER haben im Hochgebirge Erfahrungen gesammelt, die dahin gehen, daß bei Gewichtsverminderung durch Schwitzen so viel Kochsalz in Verlust gehen kann, daß zugeführtes Wasser im Körper nicht haftet, sondern unter Mitnahme von Kochsalz und Überschußreaktion ausgeschieden wird und so den Durst vermehrt. Daher kommt es, daß Unerfahrene, die auf Hochtouren ihren Durst mit salzarmem Quell- und Gletscherwasser zu löschen versuchen, in zunehmendem Maße unter Durst zu leiden haben.

Bemerkenswert ist, daß Zufuhr von Harnstoff in Mengen von 20 g und mehr zu heftigem Durst führt.

Durst ist also eine Folge von Wasserverarmung, die in manchen, aber nicht in allen Fällen im Blut (Eindickung, höhere Cl′-Konzentration) nachgewiesen werden kann. Ob Verminderung der Blutmenge Durst verursacht, ist noch zu untersuchen.

Durst ist aber auch denkbar als Folge von Salzverarmung in den Geweben, da eine Salzverarmung zur Abnahme der Wasserbindung führt.

Endlich ist zu erwägen, ob und inwieweit eine Änderung im Quellungszustand der Eiweißkörper (im Blute nachweisbar, in den Geweben denkbar) an dem Zustandekommen der Durstempfindung beteiligt sein könnte.

Seine Bedingtheit kann nicht allein auf Erhöhung der NaCl-Konzentration des Blutes, sondern wird vermutlich auch auf Veränderungen im Gewebe oder in gewissen Geweben beruhen. Nach NONNENBRUCH ist der Durst mehr von dem Wasser- und Elektrolytgehalt der Gewebe (der Durstzentren im Zwischenhirn — NONNENBRUCH) als von dem des Blutes abhängig.

Die alte Streitfrage, welche von den beiden offenbar miteinander eng verbundenen Hauptsymptomen des Diabetes insipidus, Durst und Polyurie, das Primäre sei, ist heute zugunsten der Polyurie entschieden.

Literatur.

COHNHEIM, O., G. KREGLINGER, L. TOBLER und O. H. WEBER: Zur Physiologie des Wassers und Kochsalzes. Hoppe-Seylers Z. **63**, 413 (1909); **78**, 62 (1912).
v. HÖSSLIN, H.: Experimentelle Untersuchungen über Veränderungen beim Aderlaß. Dtsch. Arch. klin. Med. **74**, 577 (1902).
v. LIMBECK, R.: Grundriß der klinischen Pathologie des Blutes. 2. Aufl.
NONNENBRUCH, W.: Über Diurese. Erg. inn. Med. **26**, 119 (1924) (Literatur). — Pathologie und Pharmakologie des Wasserhaushalts. Handbuch der normalen pathologischen Physiologie **17**, 223 (1926).
REGNIER, A.: Über den Einfluß diätetischer Maßnahmen auf das osmotische Gleichgewicht des Blutes. Z. exper. Path. u. Ther. **18**, 139 (1916).
SCHMIDT, C.: Charakteristik der epidemischen Cholera. Leipzig 1850.
STEYRER, A.: Über osmotische Analyse des Harns. Hofmeisters Beitr. **2**, 312 (1902).
VEIL, W. H. (1): Physiologie und Pathologie des Wasserhaushalts. Erg. inn. Med. **23**, 648 (1923). — (2): Über die klinische Bedeutung der Blutkonzentrationsbestimmung. Dtsch. Arch. klin. Med. **112**, 504 (1913); **113**, 226 (1914).
VOLHARD, F.: Die doppelseitigen hämatogenen Nierenerkrankungen. MOHR-STAEHELIN, I. Aufl., Bd. III.

4. Diabetes insipidus.

Nach der Meinung von T. W. TALLQUIST und E. MEYER hat der Diabetes insipidus seinen Grund in einem Verlust der Fähigkeit der Niere zu konzentrieren. Die Niere wird dadurch gezwungen, die gelösten Bestandteile in großer Verdünnung auszuscheiden. Die Polyurie ist also die Folge der Konzentrierungsschwäche, und die Polydipsie die Folge der Polyurie. Wenn man unter Konzentrierungsfähigkeit der Niere die Bereitung eines Harnes versteht, in dem die Summe der gelösten Stoffe und ihr Maß, die Gefrierpunktserniedrigung, größer ist als im Blutplasma, oder wenn man Konzentrierungsfähigkeit die Möglichkeit, Harn von wechselnder Konzentration zu bilden, nennt, so trifft die Definition nicht zu. Nach den dieses Kapitel einleitenden Ausführungen kann man nicht von einer einheitlichen Konzentrierungsfunktion der Niere sprechen, sondern muß die Teilfunktionen berücksichtigen, die unabhängig voneinander erfolgen. Unter einer Teilkonzentrierungsfunktion kann man danach nur die Fähigkeit der Niere verstehen, einen Stoff über die Konzentration seines Plasmawertes in den Harn zu geben. Alle Unterschiede in der Konzentration, die unter diesem Plasmawert liegen, werden zweckmäßig als Verdünnungsbreite bezeichnet; sie sind für die Beurteilung der Konzentrierungsfähigkeit belanglos. Bei unseren sehr zahlreichen Untersuchungen an Gesunden, Nierenkranken der verschiedensten Art und Fällen von Diabetes insipidus haben wir einen dieser Begriffsbestimmung entsprechenden Funktionsverlust für die Konzentrierung von Stickstoff (Harnstoff) noch nie gefunden. Und bei den von uns untersuchten Fällen von Diabetes insipidus haben wir bisher nichts anderes gesehen, als den Verlust der Fähigkeit, das Kochsalz (Chlorion) zu konzentrieren.

Um diesen Funktionsausfall festzustellen, wird eine Methode angewandt, bei konstanter Flüssigkeitszufuhr eine größere Menge Kochsalz (10 g) zuzulegen und dann, am besten im Stundenversuch, zu sehen, ob eine Konzentrationssteigerung im Harn über den Serumwert eintritt. Diese Probe ist aber nur dann eindeutig,

wenn sie, wie beim Normalen, positiv ausfällt. Das negative Ergebnis bei dem
Diabetes insipidus sagt nur etwas darüber aus, daß die Niere die höhere Konzentrierung nicht leistet, aber nicht, daß sie sie nicht leisten kann. Es wäre sehr wohl
möglich, daß der Organismus Wasserreserven mobilisiert und mit ihnen das Salz
in verdünnter Lösung sezerniert. Eine für die Erkenntnis bessere, aber für den
Kranken unangenehme und mitunter sogar zu bedrohlichen Erscheinungen führende Methode, ist der Durstversuch. Daß bei diesem, besonders bei gleichzeitiger
Kochsalzzufuhr, der Harn des an Diabetes insipidus Erkrankten einen höheren
Kochsalzgehalt aufweisen kann, als dem normalen Blutserumwert entspricht, ist
nicht zu bezweifeln. Von besonderem Interesse ist ein Fall von Ch. Socin, in dem

bei einem solchen Versuch der Harn
einen Kochsalzgehalt von 0,75%,
eine Gefrierpunktserniedrigung von
1,15⁰ hatte. Am Ende des Durst-
versuches war der Gefrierpunkt des
Serums auf —0,69⁰ (normal 0,56⁰)
gesunken; vom Kochsalzgehalt des
Serums wird der ungewöhnlich hohe
Wert von 1,03% (normal etwa 0,6%)
angegeben. Auch unter diesen Verhältnissen hatte also die Niere in
bezug auf die Konzentrierung von
Kochsalz völlig versagt. Selbst diese
Methode wird daher leicht zu falschen
Schlüssen führen, wenn man nicht
gleichzeitig das Blut untersucht. Das
Verhalten des Gefrierpunktes, also

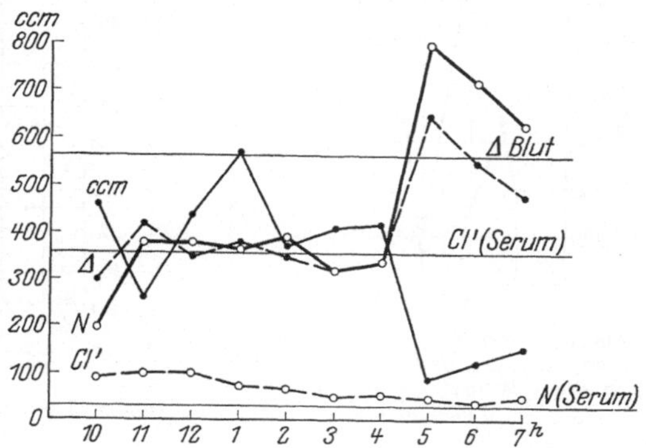

Abb. 34. Die (Cl')-Kurve ist im ganzen Verlauf stark
hypotonisch. Die N-Kurve liegt durchschnittlich bei
350 mg%; die N-Konzentration also durchschnittlich 10mal
höher als der Rest-N-Gehalt [auf der Abbildung als N(Serum)
verzeichnet] des Serums. In den Stunden des späten
Nachmittags steigt (N) und mit ihm Δ stark an.

der gesamten molaren Konzentration, oder auch das Verhalten des spezifischen
Gewichts kann keinen Aufschluß geben, da eine tiefe Kochsalzkonzentration und
eine hohe Stickstoffkonzentration leicht dem Harn eine höhere Gesamtkonzentration verleihen, als dem molaren Serumwert entspricht.

Das wird deutlich aus folgendem Stundenversuch, bei einem Falle von Diabetes
insipidus, bei dem zufälligerweise in der letzten Stunde eine kleine Menge konzentrierteren Harnes ausgeschieden wurde (Abb. 34).

Dieselbe Kranke zeigte an einem anderen Tage, an dem am Vormittag 20 g
Harnstoff gegeben wurde, folgendes Verhalten der Konzentrationen:

Stunde	Harnmenge	Spez. Gewicht	Δ	% Cl'	% P₂O₅	% N
9	457	1005	0,282	0,09	0,04	0,23
10	357	1005	0,290	0,09	0,04	0,22
11	237	1005	0,320	0,12	0,07	0,22
12	390	1005	0,290	0,12	0,04	0,15
1	420	1003	0,280	0,11	0,04	0,15
2	250	1006	0,350	0,12	0,06	0,25
3	580	1006	0,230	0,09	0,04	0,15
4	265	1006	0,275	0,09	0,03	0,18
5	239	1006	0,362	0,09	0,05	0,25
6	65	—	0,800	0,16	0,185	0,73
Nacht	3125	1005	0,321	0,12	0,05	0,24

Die Differentialdiagnose zwischen primärer Polydipsie und Konzentrierungsverlust der Niere hat also große Schwierigkeiten. Sie ist aber möglich durch die Wirkung der Injektion von Hypophysenpräpa-

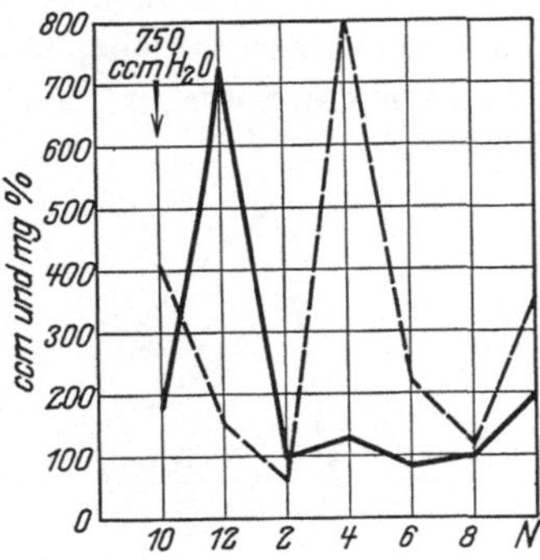

Abb. 35. Normalperson. Wasserversuch. Ausgezogene Linie ohne Hypophysin. Gestrichelte Linie mit Hypophysin.

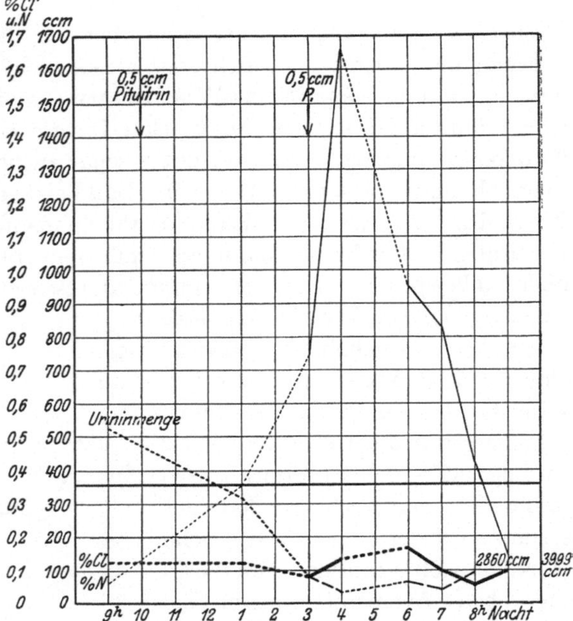

Abb. 38. Derselbe Kranke. Pituitrin. Belastung mit 10 g Kochsalz.

Abb. 36. Kranker mit Diabetes insipidus. Normaltag.

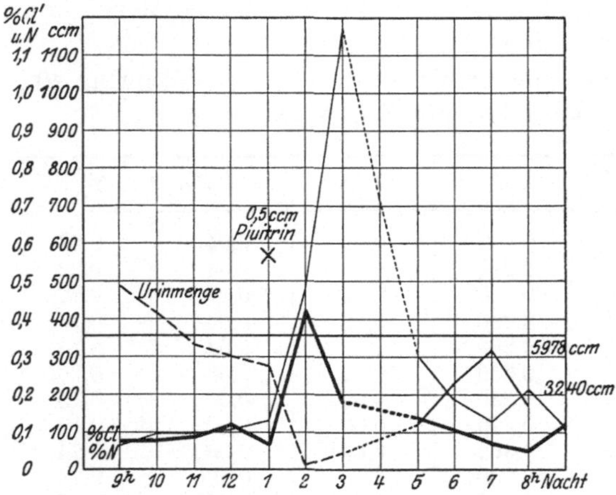

Abb. 37. Derselbe Kranke. Pituitrinwirkung.

raten (R. van den Velden), die Harnflut und Durst für einige Stunden stoppen. Die Wirkung des Hinterlappenpräparates im Wasserversuch stellt sich, wie obige, von einer Normalperson stammende Kurve zeigt, als eine Verschiebung der Wasserausscheidung um 4 Stunden dar Abb. 35.

Beim Diabetes insipidus hat das Präparat nicht selten eine stärkere Wirkung als beim Normalen. So sahen wir bei einem Fall von Diabetes insipidus nach der ersten Pituitrininjektion eine außerordentliche Verminderung der Harnmenge auf 22 ccm in einer Stunde mit 0,420% Cl' und 1,170% Stickstoff. Die Verminderung der Harnmenge hielt mehrere Stunden an. Aber in den folgenden Stunden war der Kochsalzgehalt bereits weit unter dem normalen Serumwert (Abb. 36, Normaltag, Abb. 37, Pituitrintag).

Bei wiederholten Injektionen war bei diesem Kranken immer die starke Harnverminderung, aber nie mehr eine Erhöhung des Kochsalzgehaltes über den Serumwert zu erzielen, auch nicht, wenn gleichzeitig eine Kochsalzzulage gegeben wurde (Abb. 38). Nur an einem Versuchstag traten nach Pituitrininjektionen vorübergehende geringe Erhebungen über den Serumwert ein.

Diese Versuche beweisen eindeutig, daß nicht primäre Polydipsie oder primäre Polyurie den Diabetes insipidus verursachen, sondern der Verlust der Fähigkeit das Kochsalz zu konzentrieren. Auch eine gelegentliche geringfügige Steigerung über den normalen Serumwert ändert an der Eindeutigkeit nichts, weil der Ausfall kein absoluter zu sein braucht, und weil der Fehler, der

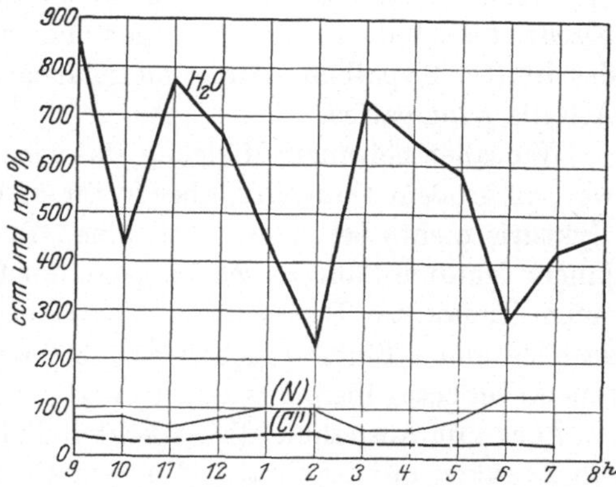

Abb. 39. Diabetes insipidus. Stündliche Flüssigkeitszufuhr von 450 ccm, der Trinkgewohnheit der Kranken entsprechend.

unter normalen Einflüssen, die auf die Niere wirken, dauernd besteht, unter besonderen Bedingungen (z. B. im Fieber) verschwinden kann. Aber stets bleiben die Leistungen des Organs weit hinter der Norm zurück, so daß die Schwäche der Funktion auch in einer positiven Konzentrierungsleistung noch in die Erscheinung tritt.

Auch wenn man dem Kranken stündlich diejenige Wassermenge zuführt, die seiner Trinkgewohnheit entspricht, tritt die Harnverminderung durch Pituitrin ein.

Die einfache Annahme, daß der Diabetes insipidus auf einer Unterfunktion der pars posterior der Hypophyse beruhe, trifft aber nicht zu. Bekanntlich geben Veränderungen im Hypophysenstiel und in der Regio

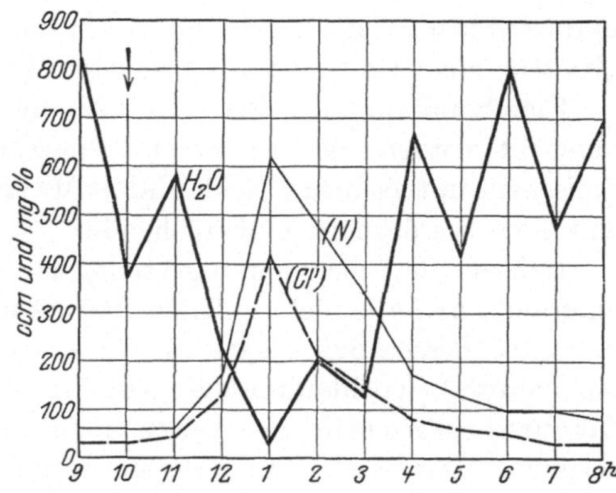

Abb. 40. Derselbe Fall. Stündliche Flüssigkeitszufuhr von 450 ccm. Um 10 Uhr 1 ccm Hypophysin.

subthalamica gleichfalls die Erscheinungen des Diabetes insipidus. Die Annahme, daß physiologischerweise das Hormon in die cerebralen Zentren geleitet wird und dort seinen oder einen Angriffspunkt hat, besitzt einige Wahrscheinlichkeit. Hormonausfallserscheinungen treten aber nicht nur bei Fehlen des Hormons ein, sondern müssen auch dann Platz greifen, wenn der Angriffspunkt des Hormons zerstört ist. Der experimentelle oder therapeutische Angriffspunkt muß nicht notwendig mit dem physiologischen übereinstimmen. Für das Pituitrin als Pharmakon ist das Zwischenhirn nicht Wirkungsort. Die Frage, ob das Pituitrin renal oder im Gebiet des Austausches zwischen Blut und Geweben oder an beiden Stellen angreift, ist wahrscheinlich im Sinne der letzten Möglichkeit zu beantworten.

Die gesamte Osmoregulation wird von der Regio subthalamica und der Hypophyse, also neuroendokrin besorgt. Das zeigen die Fälle von partiellem oder universalem Hydrops, wie sie von P. Jungmann, K. Csepai, R. Meyer-Bisch, W. Falta u. a. bei Tumor der Regio subthalamica und nach Schädeltrauma beschrieben sind. Diese Fälle gehen einher mit stark erniedrigtem Kochsalzgehalt des Blutes, Hypalbuminämie, meist auch mit Achylia gastrica und bisweilen mit Achylia pancreatica.

Wir sahen bei einem Mädchen, das nach einer Mesencephalitis adipös geworden war, an großem Durst litt, aber in ihrem Wasserhaushalt bis auf eine zeitweilige Nykturie nichts besonderes bot, einen Blutchlorgehalt von 300 mg%, bei einem jungen Mann mit autoptisch festgestellter Hypoplasie aller inkretorischen Drüsen, einem Tumor am Boden des 4. Ventrikels und Hydrocephalus internus, Achylia gastrica einen Blutchlorgehalt von 300 mg%, bei einem Mädchen mit idiopathischem Diabetes insipidus einen Wert von 298 mg%.

Aber mit Ausnahme dieses letzten Falles hatten diese Patienten ebenso wie die Kranken mit cerebral bedingtem Ödem keinen Diabetes insipidus. Daraus geht hervor, daß die Gewebsstörung unabhängig von der renalen auftreten kann.

In der Frage, wo die Störung bei dem Diabetes insipidus zu lokalisieren sei, scheint darüber Einigkeit zu herrschen, daß es Fälle von Diabetes insipidus gibt — und zwar scheint das die Mehrzahl zu sein —, in denen nur die renale Störung auffindbar ist. Einige Autoren, wie Erich Meyer, Veil u. a., nehmen für eine Anzahl von Fällen eine Störung der Regulation des Cl'-Austausches zwischen Blut und Geweben an, die der zwischen Blut und Harn entspricht. C. Oehme lehnt die Existenz einer Gewebestörung vollständig ab.

Eine Sonderung des Diabetes insipidus in diese beiden Gruppen ist von Veil versucht worden, als er hyperchlorämischen Diabetes insipidus von hypochlorämischem unterschied. Nach Erich Meyer ist die renale Form leichter als die mit Gewebestörungen einhergehende.

Indessen hat sich herausgestellt, daß die Trennung in hyper- und normochlorämische Fälle nicht zutrifft. Bauer u. Aschner haben über einen Kranken berichtet, dessen molekulare Blutkonzentration unternormal war, der aber, was sogenannte Hypochlorämische nicht tun sollen, bei Wasserentzug ausgesprochene Verdurstungserscheinungen zeigte und auf Pituglandol wie ein Hyperchlorämischer reagierte. Der Blutkochsalzgehalt schwankte bei diesem Kranken zwischen unternormalen und übernormalen Werten.

E. Meyer u. Meyer-Bisch kommen zu dem Schluß, „daß eine zwingende Notwendigkeit, dem NaCl-Gehalt des Blutes eine so fundamentale Bedeutung für die Auffassung des Diabetes insipidus zuzuschreiben, doch wohl nicht besteht; denn das gegensätzliche Verhalten des NaCl-Gehaltes im Blut ist eine sekundäre Erscheinung, die das Wesen der Funktionsstörung beim sogenannten hypochlorämischen Diabetes insipidus in keiner Weise erklärt und die beim hyperchlorämischen zum Verschwinden gebracht werden kann, ohne daß die Erkrankung an sich dadurch beeinflußt wird. Dagegen bleibt in beiden Fällen das Symptom der renalen Kochsalzkonzentrierungsstörung, solange die Polyurie überhaupt besteht, nachweisbar.“

An dieser Stelle ist ein Wort zur Methodik der Chloridbestimmung im Blut
zu sagen. Die Analyse des Serums ergibt ganz verschiedene Resultate, je nach
dem Kohlensäuregehalt des Blutes, der unter sonst vergleichbaren Bedingungen
von dem Grade der zum Zwecke der Venenpunktion angewandten Stauung abhängt. Bekanntlich tritt zwischen Plasma und Erythrocyten ein Austausch des
Chlorids und des Bicarbonats ein. Zur Analyse des Serums muß daher das Blut
aus der ungestauten Vene entnommen werden. Und zur Herstellung der gleichen
Bedingung muß das Serum bei der gleichen CO_2-Spannung zur Abscheidung
kommen. Dieses Verfahren ist so umständlich, daß die Chloridbestimmung im
Vollblut im allgemeinen den Vorzug verdient.

Daß die Chloridkonzentrierungsschwäche das Wesen des Diabetes insipidus
zum größten Teil ausmacht, geht mit voller Deutlichkeit aus den Erfahrungen hervor, die von uns (A. WAGNER) an einer Anzahl von Fällen von symptomati-
schem Diabetes insipidus gemacht und von ERICH
MEYER u. MEYER-BISCH bestätigt worden sind.

Symptomatischen Diabetes insipidus treffen wir
bei SIMMONDSscher Krankheit, bei Tumoren in der
mittleren Schädelgrube, relativ häufig bei metastatischen Carcinomen der Hypophyse.

Erwähnenswert ist ein 48jähriger Mann, der
mit Mattigkeit, starkem Durst und Polyurie erkrankte. Er hatte einen echten, aber nicht sehr
hochgradigen Diabetes insipidus, eine sehr große
Sella turcica, ein Blutbild von 6000 Leukocyten mit
50% Lymphocyten, einen fast achylischen Mageninhalt, sonst aber keinen besonderen Befund.
6 Wochen später hatte die Polyurie bedeutend abgenommen. Die Konzentrierungsschwäche für Cl′
bestand fort. Es hatte sich eine mäßige Anämie
entwickelt. Leukocytenzahl 10200, davon 30%
Lymphocyten. Nach weiteren 2 Wochen betrug

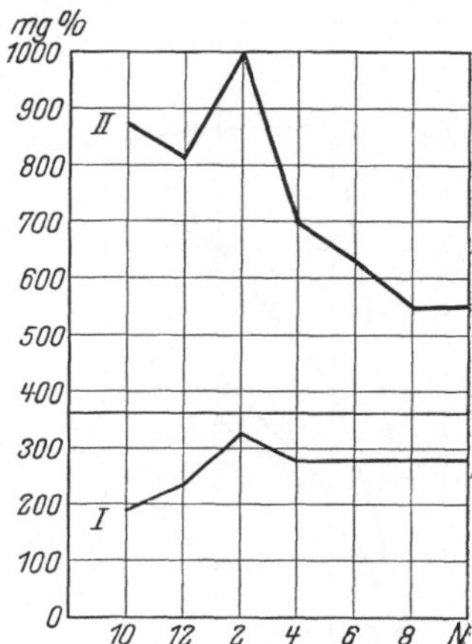

Abb. 41. Carcinommetastase der Hypophyse.   Cl′-Konzentrationskurven
nach NaCl-Zufuhr von 10 g I. am
17. VII. 25; II. am 24. X. 25.

die Zahl der Leukocyten 86800 (davon 91% Lymphocyten). Einen Tag später
waren etwa 245000 Leukocyten vorhanden. Der Patient verließ an diesem
Tage die Klinik und starb 2 Tage später. Eine Sektion konnte leider nicht
gemacht werden. Es handelt sich hier wahrscheinlich um einen der seltenen
Fälle von leukämischem Infiltrat der Hypophyse.

Neben dem kasuistischen Interesse liegt das besondere dieses Falles darin,
daß der Diabetes insipidus in einen Diabetes insipidus latens übergegangen
war, d. h. in einen Zustand, bei dem eine auffallende Polyurie nicht mehr bestand, wohl aber noch eine zwar nicht hochgradige, aber der oben gegebenen Definition streng folgende Kochsalzschwäche der Niere. Ein solches Verhalten haben
wir wiederholt beobachtet. Wie eine solche Veränderung bei einem chronischen,
stationären, vielleicht sogar fortschreitenden Prozeß zustande kommt, ist nicht
zu verstehen. Aber die Tatsache ist sicher. Die Beachtung des Diabetes insipidus
latens ist ein Hilfsmittel, Tumormetastasen oder Tumoren der Hypophyse frühzeitig zu diagnostizieren.

In einem Fall einer autoptisch bestätigter Carcinommetastase der Hypophyse,

die einen echten Diabetes insipidus zur Folge hatte, bildete sich sogar erst die
Polyurie und später auch die Konzentrierungsschwäche für Cl′ zurück.

Die Beziehungen des neuroendokrinen Komplexes in der mittleren Schädelgrube zum Wasserhaushalt äußern sich auch darin, daß bisweilen bei dort lokali-
sierten Prozessen eine starke Nykturie besteht.

Die außerordentliche klinische Bedeutung, die diesem Komplex zukommt,
möge rechtfertigen, daß an dieser Stelle zur Illustration der doppelten Beziehung,
der cerebralen und der hypophysären, auf einige andere pathochemische Vorgänge eingegangen wird.

Fettansatz, Veränderung der Fettverteilung und extreme Abmagerung,Wachs-
tumsstörungen, Grundumsatzsteigerung und -erniedrigung, mangelnde Sekundär-
behaarung, Haarausfall, Fehlen der Lanugo, Osteoporose, Arthropathien und
Zahnausfall, Genitalatrophie, Störungen des Kohlehydratstoffwechsels, Anämie,
Hautatrophie, Achylia gastrica sind neben den Störungen der Diurese und der Osmoregulation die hauptsächlichen Symptome dieses neuro-endokrinen Komplexes.

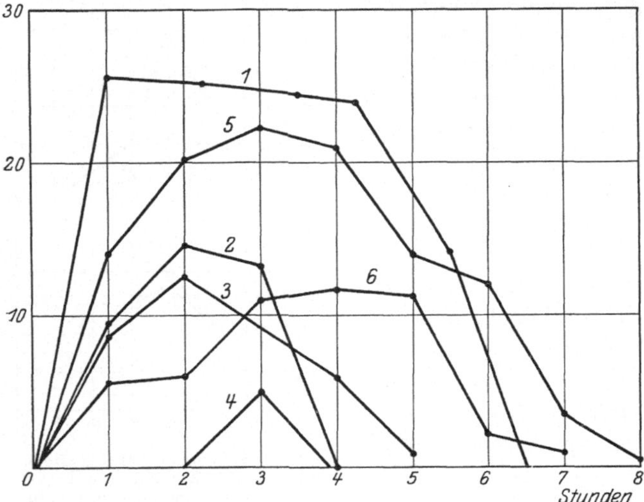

Abb. 42. Spezifisch-dynamische Wirkung in der Norm und bei Hypo-
physenkrankheiten. *1* Normal. *2* Dystrophia adiposogenital. *3* SIMMONDS-
sche Krankheit (abgelaufen). *4* Hypophys. Krankheit mit schwerer Anämie. *5* Hypophysentumor. *6* Pluriglanduläre Störung.

M. SIMMONDS hat ent-
deckt, daß bei Erkran-
kungen des Hypophysen-
vorderlappens, meist in-
folge von Embolie, Lues,
Tumor, operativer Ent-
fernung eines solchen,
eine Kachexie eintritt,
die er hypophysäre
Kachexie genannt hat.
Ihre Symptome sind Ab-
magerung, Haar- und
Zahnausfall, Funktions-
verlust und Atrophie des Genitale, Anämie, geistige und körperliche Schwäche. Die
Krankheit kann zum Tode führen, aber auch, z. B. durch antiluische Behandlung,
zum Stillstand kommen und mit Defekten ausheilen. In solchen Fällen braucht dann
eine Kachexie nicht zu bestehen, sondern es kann sich eine Fettverteilung nach
dem hypophysären Typ mit und ohne Fettsucht leichten Grades ausbilden. Ich
habe daher vorgeschlagen, die Bezeichnung dieser Zustände weiter zu fassen und
statt von hypophysärer Kachexie von SIMMONDSscher Krankheit zu sprechen.

Menschen mit Unterfunktion der Hypophyse haben meistens einen Grundumsatz, der an oder jenseits der unteren Grenze der statistischen Norm liegt.
Auch bei einem Mann mit einem Tumor am Boden des 4. Ventrikels fanden wir
einen Grundumsatz von 30% unter dem Mittelwert. Wie in den Störungen der
Diurese und Osmoregulation zeigt sich auch hierin die funktionelle Einheit von
Hypophyse und Regio infundibularis. O. KESTNER, R. PLAUT und P. LIEBESNY
haben angegeben, daß bei Erkrankungen des Hypophysenvorderlappens die

spezifisch-dynamische Wirkung herabgesetzt sei. Diesen Befund können wir nur teilweise bestätigen. Es gibt Menschen mit deutlichsten hypophysären Ausfallserscheinungen, bei denen die spezifisch-dynamische Wirkung sich nicht von den ja durchaus nicht gleichmäßigen Werten der Gesunden unterscheidet. In anderen Fällen scheint die niedrige Lage der spezifisch-dynamischen Wirkung Folge des schlechten Ernährungszustandes zu sein.

Wir verfolgen die spezifisch-dynamische Wirkung, wenn Stichproben eine auffallend niedrige Lage ergeben haben, durch stündliche Messungen in ihrem ganzen Verlauf, um in dieser interessanten Frage allmählich klarer sehen zu lernen.

Ein Bündel solcher Kurven von Gesunden und Hypophysenkranken ist in Abb. 42 wiedergegeben.

Besonders interessant ist ein Mann, der nach Operation eines Adenoms der Hypophyse im Zustande der Hypophysenunterfunktion und leichter Adipositas lebt. Die Erniedrigung seines Grundumsatzes geht bis 35%, ist aber durchaus nicht gleichmäßig. Ebenso schwankt bei ihm die spezifisch-dynamische Wirkung. Im allgemeinen ist es so, daß er in Zeiten besseren Ernährungszustandes (Schwankungen bis zu 5 kg finden statt) einen höheren Umsatz und eine höhere spezifischdynamische Wirkung hat. Dieser Mann, der äußerst schwach und periodisch hochgradig schläfrig ist, leidet bei dauernd sehr niedrigem Blutdruck unter schwersten Kollapsen, denen durch Pituitrin vorgebeugt oder sofort abgeholfen werden kann. Ich glaube, daß die Bedingung für diese Neigung und diese Zustände in dem Fehlen des Hormoneinflusses auf die Capillaren liegt.

Ferner bestehen bei Hypophysenkranken sehr deutliche Störungen der Blut

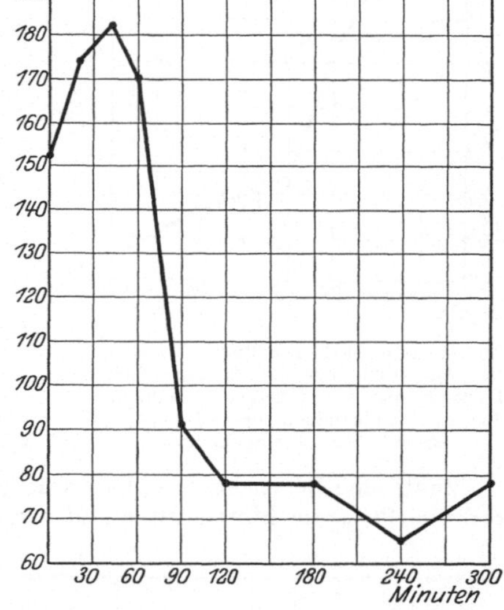

Abb. 43. Mesencephalitis. Hoher Blutzuckernüchternwert. 30 g Dextrose per os. Kurze und geringe Hyperglykämie. Langandauernde und starke reaktive Hypoglykämie.

zuckerregulation. Wir finden oft ganz auffallend niedrige Nüchternwerte und im Belastungsversuch eine sehr lange und tiefe hypoglykämische Phase. Es entstehen dann Kurven von dem Typus Abb. 43.

Bemerkenswerterweise stammt diese Kurve von einer Frau mit Status nach Mesencephalitis. Auch in bezug auf die Blutzuckerregulation ergibt sich also wiederum die funktionelle Einheit von Hypophyse und Mesencephalon.

Von großem klinischem Interesse sind die Störungen des Kohlehydratstoffwechsels, die bei Akromegalie auftreten und zu einem Diabetes mellitus von großer Eigenart führen.

So z. B. in dem Fall einer 37 jährigen Frau, die im Jahre 1913 an Akromegalie erkrankte. Sie wurde im Jahre 1918 operiert, war im Jahre 1921 in unserer Klinik. Von den damals vorliegenden Symptomen sollen nur das Bestehen eines Diabetes insipidus und arthritische Prozesse erwähnt werden.

Im Jahre 1928 kam sie wieder. Die arthritischen Prozesse hatten sehr zugenommen. Der Diabetes insipidus war verschwunden. Der Grundumsatz lag etwa 30% über dem Mittelwert. Mattigkeit, Gewichtsabnahme und Durst erregten den Verdacht von Zuckerkrankheit. Der Blutzucker lag bei 220 mg%. Blutchlorid 290 mg. Aber der Harn war zuckerfrei. Die Blutzuckerbelastungs\-kurve verlief mit langer reaktiver Phase.

Im Laufe der Beobachtung trat Zuckerausscheidung bis 5,4% und 129 g pro die auf. Es bestand aber danach eine so gute Toleranz, daß eine merkbare Kostbeschränkung nicht notwendig war.

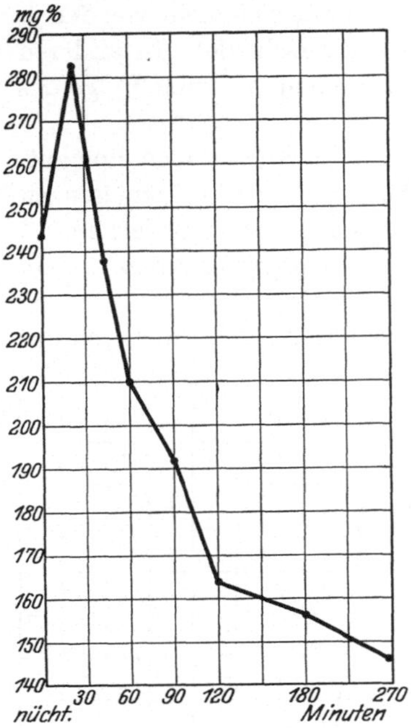

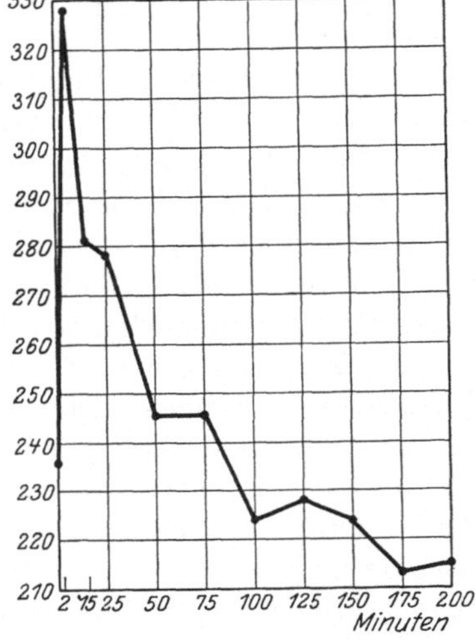

Abb. 45. Derselbe Fall. 10 g Dextrose intravenös

Abb. 44. Akromegalie mit Diabeates mellitus. Nüchternblutzucker sehr hoch. 30 g Dextrose per os. Hyperglykämie klein und kurz. Langandauernde und sehr tief gehende reaktive Senkung.

Zahlreiche Beobachtungen haben dazu geführt anzunehmen, daß eine lange und tiefe reaktive Phase im Blutzuckerverlauf nach Zuckerzufuhr oder Adrenalininjektion auf eine gute Pankreasfunktion (Insulinproduktion) zu beziehen ist. Danach ist der Diabetes mellitus bei Akromegalie kein Pankreasdiabetes.

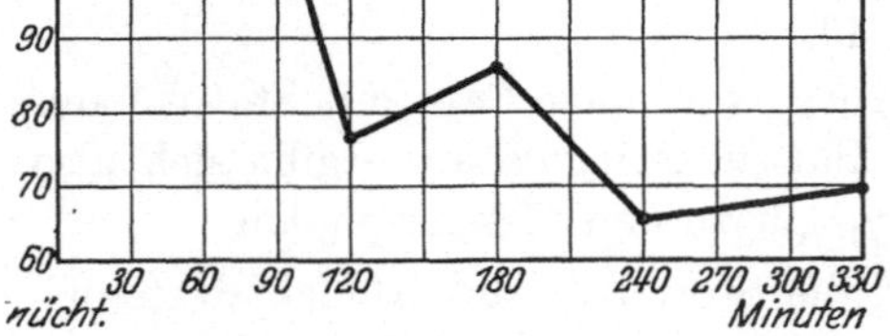

Das zeigt noch deutlicher folgender Fall von Akromegalie.

35jährige Frau. Kein Diabetes insipidus. Keine Zuckerkrankheit. Im Januar 1929 wurde im Verlauf der Prüfung der innersekretorischen Funktionen eine Blutzuckerkurve aufgenommen, die eine mäßige Hyperglykämie und eine ziemlich lange und tiefe hypoglykämische Phase ergab.

Im Juni 1929 treten Durst und Polyurie auf. Wenige Tage später stellte sich heftige Dyspnoe, Herzschwäche und leichte Benommenheit ein. Patientin kam in die Klinik, sie hatte KUSSMAULsche Atmung. Im Harn Zucker und Ketokörper. Blutzucker 549. Alkalireserve 20, Ammoniakzahl etwa 25.

Abb. 46. Akromegalie. 30 g Dextrose per os. Hyperglykämische Phase normal. Langdauernde und tiefgehende reaktive Senkung.

Es war also ganz plötzlich ein schwerer Diabetes ausgebrochen, der in wenigen Tagen zu Coma und schwerer Lebensgefahr geführt hatte.

Patientin war sehr resistent gegen Insulin. Es gelang aber doch, ein Gleichgewicht der Stoffwechsellage zu erreichen. 16 Tage nach Einlieferung war Patientin ohne Insulin zuckerfrei und normoglykämisch. Am 25. Juli wurde wiederum eine Blutzuckerkurve aufgenommen.

Ihr Verlauf ist im Prinzip dem vor dem Stoffwechselgewitter gleich. Die Patientin ist jetzt bei 450 g Brot täglich normoglykämisch und zuckerfrei.

Da dieser Diabetes offenbar kein Pankreasdiabetes ist (nach dem Verlauf und der Deutung der Funktionsprüfung der Pankreas als innersekretorisch tüchtig erwiesen), so ergibt sich vielleicht ein Verständnis dieser Stoffwechselstörung aus der Annahme, daß durch eine zentralnervöse (neuroendokrine) Störung die Erfolgsorgane des Insulins (also in erster Linie die Leber) so verändert werden, daß sie das Insulin nicht aufnehmen oder auf Insulin nicht reagieren. In diesem Zusammenhang ist zu erwähnen, daß eine Affektion im Mittelhirn Leberveränderungen zur Folge haben kann (WILSONsche Krankheit).

Literatur.

BAUER, J. und B. ASCHNER: Über Austauschvorgänge zwischen Blut und Geweben. II. Mitt.: Der Einfuß von Adrenalin, Hypophysen- und anderen Blutdrüsenextrakten und Gefäßmitteln. Z. exper. Med. **27**, 191 (1922).

CSÉPAI, K.: Über Hypophysenerkrankung, zugleich ein Beitrag zur funktionellen Diagnostik der polyglandulären Erkrankung. Dtsch. Arch. klin. Med. **116**, 461 (1914). — Über isolierte Störung des Salzstoffwechsels bei einem Fall von polyglandulärer Sclerose. Klin. Wschr. **1923**, 1988.

FALTA, W.: Über Ödeme unklärer Genese. Wien. Arch. inn. Med. **13**, 641 (1927).

JUNGMANN, P.: Über eine isolierte Störung des Salzstoffwechsels. Klin. Wschr. **1922**, 1546.

— und H. BERNHARDT: Experimentelle Untersuchungen über die Abhängigkeit der Osmoregulation vom Nervensystem. Z. klin. Med. **99**, 84 (1924).

KESTNER, O., R. LIPSCHÜTZ-PLAUT und H. SCHADOW: Specifisch-dynamische Wirkung, Hypophysenvorderlappen und Fettsucht. Klin. Wschr. **1926**, Nr 36.

LICHTWITZ, L. (1): Drei Fälle von SIMMONDSscher Krankheit. Ebenda **1922**, 1877. — (2): Schilddrüse Ödem und Diurese. Ther. Mh. **1917**, August. — (3): Die Konzentrationsarbeit der Niere. Arch. f. exper. Path. **65**, 128 (1911).

— und F. STROMEYER: Untersuchungen über die Nierenfunktion. Dtsch. Arch. klin. Med. **116**, 127 (1914).

LIEBESNY, P.: Die specifisch-dynamische Eiweißwirkung. Biochem. Z. **144**, 308 (1924).

MEYER, ERICH: Über Diabetes insipidus. Fortschr. dtsch. Klin. **2**, 271 (1911). Handbuch der Physiologie. **17**, 287 (Literatur).

— und R. MEYER-BISCH: Weitere Mitteilungen über Diabetes insipidus. Z. klin. Med. **96**, 469 (1922).

MEYER-BISCH, R.: Über isolierte Störungen des intermediären Salzstoffwechsels und ihre klinische Bedeutung. Klin. Wschr. **1925**, 588.

OEHME, C. (1): Zur Lehre vom Diabetes insipidus. Z. exper. Med. **9**, 251 (1919). — (2); Grundzüge der Ödempathogenese. Erg. inn. Med. **30**, 1 (1926).

— C. und M. OEHME: Zur Lehre vom Diabetes insipidus. Dtsch. Arch. klin. Med. **127**, 261 (1918).

— C.: Die Regulation der renalen Wasserausscheidung. Arch. f. exper. Path. **89**, 301 (1921).

PLAUT, R.: Über den respiratorischen Gaswechsel bei Erkrankung der Hypophyse. Dtsch. med. Wschr. **1922**, Nr 42.

SOCIN, CH.: Über Diabetes insipidus. Z. klin. Med. **78**, 294 (1913).

TALLQUIST, T. W.: Untersuchungen über einen Fall von Diabetes insipidus. Ebenda **49**, 181 (1913).

VEIL, W. H.: Über intermediäre Vorgänge beim Diabetes insipidus. Biochem. Z. **91**, 317 (1918).

VON DEN VELDEN, R.: Nierenwirkung von Hypophysenextrakten beim Menschen. Berl. klin. Wschr. **1913**, 2083.

WAGNER, E.: Die sogenannte essentielle Wassersucht. Dtsch. Arch. klin. Med. **41**, 509 (1887).

WAGNER, A.: Über manifesten und latenten Diabetes insipidus. Klin. Wschr. **1924**, 444.

Einundzwanzigstes Kapitel.

Die Niere. II.

Das Verhalten der Nierenfunktionen.

1. Über Arbeitsweise und Arbeitergebnis kranker Nieren und über die Feststellung dieser Verhältnisse durch Untersuchung des Harns.

Es gibt keine einheitliche Nierenfunktion, sondern die Nierenarbeit besteht aus einer großen Zahl voneinander sehr weitgehend unabhängiger Teilfunktionen, die in zwei Gruppen zu gliedern sind, deren eine die Funktion der Wasserausscheidung bildet, während die andere die Gruppe der voneinander unabhängig verlaufenden Konzentrierungen der gelösten Harnbestandteile umfaßt.

Wir können das Verhalten der Nierenfunktionen bei Erkrankungen der Nieren ganz unabhängig von den Theorien über die Harnbereitung betrachten. Die kranke Niere arbeitet — im allgemeinen — schlechter als die gesunde. Wenn man eine Verringerung der Wasserausscheidung oder eine schlechtere Ausscheidung löslicher Stoffe beobachtet, so ist daraus nicht mit Sicherheit zu folgern, daß die betreffenden Funktionen der Niere geschädigt sind. Auch die gesunde Niere kann Stoffe nur in dem Maße ausscheiden, als sie ihr auf dem Blutwege zufließen. Eine geringe Ausscheidung kann auch durch einen Mangel ausscheidungsfähiger Stoffe, durch ihre auf anderen Wegen vollzogene Entfernung aus dem Körper oder durch ihr Verbleiben im Körper erfolgen. Gerade der letzte Modus, der durch das abnorme Verhalten der Capillaren herbeigeführt wird, macht die Verhältnisse bei Nierenerkrankungen oft so unübersichtlich, daß die Frage, ob eine Retention durch renale oder durch extrarenale Faktoren herbeigeführt wird, unentschieden bleiben muß. Der Beurteilung des Krankheitsfalles, der Bemessung der Diät und der Flüssigkeitszufuhr, sowie der Indikation für die Verabreichung diuretischer Mittel erwächst aus dieser mangelhaften Einsicht insofern kein Schaden, als es in erster Linie auf die Feststellung und Beseitigung der Ausscheidungsstörungen ankommt, deren renaler und extrarenaler Anteil durch dieselben Maßnahmen beeinflußt wird.

Betrachtet man nur die Bilanz, so wird — im allgemeinen — ein Urteil über den renalen Anteil einer Ausscheidungsstörung, das ist über die betreffende Nierenfunktion, nicht zu gewinnen sein. Faßt man aber den Ausscheidungsmodus ins Auge, indem man untersucht, ob die einzelnen Stoffe in höherer oder niedrigerer Konzentration als der im Blute oder mit dieser isotonisch ausgeschieden werden, so erhält man gute Einblicke in das Verhalten der Niere selbst. Zwar herrscht in dieser Frage keine völlige Übereinstimmung. Es gibt Autoren, welche meinen, daß eine mangelhafte Konzentrierung des Cl′-Ions im Harn nicht auf einem Versagen der Niere, sondern auf der krankhaften Tätigkeit der „extrarenalen Faktoren" beruhen kann.

Diese Auffassung kann indessen nur auf solche Fälle bezogen werden, in denen die Gewebe so viel Cl′ aus dem Blut aufnehmen, daß seine Blutkonzentration unter den Schwellenwert sinkt, d. h. unter den Wert, bei welchem die Konzentrierungsfunktion der Niere einsetzt. Eine Hypochlorämie dieses Grades gibt es. Aber sie ist weit seltener als die Bildung eines Harns, dessen Cl′-Gehalt weit unter dem des Blutes liegt.

Die Feststellung der Schädigung der „Cl′-Funktion" der Niere ist also nur durch Analyse des Harns und des Blutes (am sichersten in Serienuntersuchungen) möglich. Aber auch dann ist sie nicht über jeden Zweifel erhaben. Offenbar ist nur derjenige Teil des Chlorions in der Niere ausscheidungsfähig, der im Plasma enthalten ist. Bekanntlich ist dieser Teil aber beträchtlichen Schwankungen unterworfen, indem bei der Aufnahme von Bicarbonation aus den Geweben, der äquivalente Teil Cl′ in die Gewebe und besonders in Erythrocyten einwandert. Wenn bei Zirkulationsschwierigkeiten und besonders bei Blutstromverlangsamung — und solche Verhältnisse liegen bei Nierenerkrankungen oft vor — das Blut mehr Sauerstoff abgibt und mehr Kohlensäure aufnimmt als in der Norm, so muß auch eine größere Menge Cl′-Ion aus dem Plasma herausgehen und damit den Zustand der Ausscheidungsfähigkeit verlieren. Es ist durchaus damit zu rechnen, daß, insbesondere in dem ersten Stadium der akuten Nephritis, bei Stauungsniere und auch bei Harnstauungsniere, das Plasma an Cl′-Ion so stark verarmt, daß das sich einstellende Gleichgewicht einen Chloridgehalt des Plasmas unter dem Schwellenwert ergibt. Leider haben wir noch keine Methode, diese Verhältnisse zu messen.

Neben dieser Senkung des Plasmachlorgehaltes unter den Schwellenwert durch Wanderung des Chlorids in Gewebe und Erythrocyten gibt es aber ganz sicher einen in bezug auf Chlorid hypotonischen Harn durch eine Schädigung der Konzentrierungsfunktion, deren Leistung von der Beschaffenheit der Nierenzelle und von der Unversehrtheit ihrer neuroendokrinen Beziehungen und ihres Kreislaufs abhängt. Die Mehrheit der Bedingungen ergibt sich klar aus den Erfahrungen bei Diabetes insipidus, Stauungsniere und Nephritiden, insbesondere bei Epithelialnephropathie (Nephrose).

In diesem Zusammenhange ist das Chlorion nicht nur als Beispiel herausgehoben worden, sondern weil ihm unter den durch die Niere zu konzentrierenden Stoffen eine eigenartige Stellung zukommt. Während die Niere imstande ist, Harnstoff um das 40—80fache, Harnsäure um das 25—50fache, Zucker (im Diabetes mellitus) um das 30—50fache in ihren Konzentrationen über die im Plasma zu erhöhen, erreicht die Konzentrationssteigerung des Chlorids nur den 2—5fachen Betrag. Entsprechend diesem erheblich schwächeren Vermögen gibt es eine völlige Unfähigkeit der Konzentrierung nur für das Cl′-Ion. Auch bei schwerster Niereninsuffizienz findet man dagegen stets die Harnstoffkonzentration im Harn höher als im Blut. Bei Gicht, bei schwerster Schrumpfniere und mitunter bei Epithelschädigung (z. B. nach Vergiftungen) sinkt die Fähigkeit der Harnsäurekonzentrierung, so daß in einzelnen Perioden sogar der Wert im Harn unter dem des Blutes liegt. Aber niemals ist die Hypotonie so fixiert, wie das beim Cl′ häufig angetroffen wird. Zwar sind die Verhältnisse deswegen nicht ohne weiteres vergleichbar, weil sich als Folge der schweren Nierenfunktionsstörungen Harnstoff und Harnsäure, nicht aber Chlorid, im Blut erheblich anreichert, so daß die betreffende Nierenfunktion einem weit stärkeren Reize ausgesetzt ist und die Konzentrationsleistung von einem höheren Niveau ausgeht. Aber es findet jedenfalls — wenigstens zeitweise — eine Konzentrierungsleistung statt, während für das

Cl′-Ion nicht selten, auch bei normalem Cl′-Gehalt des Plasmas (allerdings im peripheren Blut gemessen) nicht einmal die Möglichkeit der Isotonie, d. h. des einfachen osmotischen Durchgangs besteht, sondern, wie beim Diabetes insipidus, zwangsläufig ein Harn gebildet wird, der nur etwa 100 mg% Cl′ enthält.

J. M. 3840.   Akute Oxalsäurevergiftung.   Im Harn ganz kleine Mengen Eiweiß.

Tag	Harnmenge	Cl′		N		Harnsäure	
		% mg	g	% mg	g	% mg	mg
20. 10.	1700	85	1,45	437	7,43	8	128
21. 10.	2100	121	2,65	529	11,6	8	165
22. 10.	2400	135	3,2	532	12,8	5	108
23. 10.	3000	128	3,8	703	21,1	12	360
24. 10.	2900	114	3,3	809	23,4	17	479
25. 10.	2300	192	4,4	882	20,3	15	345
26. 10.	1400	128	1,8	896	12,5	26	357
27. 10.	1440	121	1,7	1002	14,4	23	324
28. 10.	1900	135	2,6	848	16,1	40	751
29. 10.	1900	163	3,1	977	18,6	33	627
30. 10.	1450	170	2,5	1067	15,5	40	587
31. 10.	1300	178	2,3	1100	14,3	39	507
1. 11.	1450	192	2,8	1028	15,0	38	544
2. 11.	1120	234	2,6	1114	12,5	53	588
3. 11.	1130	356	2,9	1190	13,4	57	644

Die Cl′-Konzentration bleibt während der ganzen Dauer der Beobachtung unter dem Blutwert. Die N-Konzentration liegt anfangs niedrig, erreicht später normale Werte. Trotz großer Harnmengen anfangs wird N retiniert.

Die Harnsäurekonzentration liegt in den ersten Tagen ganz ungewöhnlich niedrig. Sie erholt sich allmählich und erreicht schließlich normale Höhe. Die anfangs retinierte Harnsäure wird später als der retinierte N ausgeschieden.

Eine stündliche bzw. zweistündliche Messung der Harnsäure in Harn und Blut bei einem Fall von pyelonephritischer Schrumpfniere während Nahrungskarenz ergab folgende Konzentrationswerte:

a. L. 11. 10. 23	Stunde	mg % Harnsäure im	
		Harn	Blut
	8	10	8,5
	9	7	—
	10	7	8,5
	11	7	—
	12	7	9,3
	1	7	—

Um die Funktion kranker Nieren zu beurteilen, ist es notwendig, die Konzentrationen der einzelnen Stoffe im Harn zu verfolgen, indem man die Niere unter Kontrolle der extrarenalen Ausscheidungswege durch entsprechende Belastung mit den auszuscheidenden Stoffen und durch Flüssigkeitsbeschränkung zwingt, soviel an Konzentrierungsleistung herzugeben, wie ihr möglich ist.

Von den vielen Konzentrierungsfunktionen, die unabhängig voneinander vor sich gehen und im einzelnen geprüft werden müssen oder müßten, sind im wesentlichen bisher Chlorion, Gesamtstickstoff (bzw. Harnstoff) und Harnsäure in ausreichendem Maße untersucht worden. Mit den Einschränkungen, die früher gemacht wurden, ersehen wir aus dem Konzentrationsverhältnis dieser Stoffe im Blut und im Harn das Verhalten der betreffenden Funktionen. Es ist wünschenswert, den Einblick soweit zu vertiefen, daß die gesamte Breite der Konzentrierungsfähigkeit, die Schnelligkeit ihres Eintritts, die Dauer, die Beeinflußbarkeit durch gewisse Reize (Diuretica) und ihr Zusammenspiel mit anderen Funktionen in Erfahrung gebracht wird.

Von großer Bedeutung ist die Fähigkeit der Niere, einen Harn von differenter Reaktion zu bilden. Diese Funktion, die einen sehr großen Einfluß auf den Mineralstoffwechsel ausübt, ist bei schweren Nierenkrankheiten gestört (K. BECKMANN).

In engstem Zusammenhang hiermit steht der Ammoniakgehalt des Harns, der bei schweren renalen Prozessen auf so minimale Werte heruntergeht, wie sie von keinem anderen Zustand bekannt sind. Im Gegensatz zu anderen Acidosen geht die urämische Acidose mit einer äußerst geringen NH_3-Ausscheidung einher. Auf die Einwirkung dieser Störung auf den Mineralstoffwechsel wird später (s. S. 519) eingegangen werden.

Die Ammoniakausscheidung im Harn kann nicht als renale Ausscheidungsfunktion aufgefaßt und parallel mit den anderen Stoffwechselendprodukten geprüft werden, weil das Ammonium des Harns nur zu einem sehr kleinen Teil dem Blut entstammt (s. S. 97).

Der Ammoniakgehalt des Blutes ist äußerst gering und bei schweren Nierenkrankheiten ebensowenig vermehrt wie bei Acidosen mit erhöhter NH_3-Ausscheidung oder bei Darreichung von Ammoniumsalzen.

Der Befund der verringerten NH_3-Ausscheidung bei Schrumpfnieren ist geeignet, einen Einblick in diejenigen Vorgänge der Niere zu geben, die nicht oder nicht ausschließlich Ausscheidungsfunktion sind.

Da der Ammoniak — wie die Blutanalyse zeigt — nur zum Zwecke der Ausscheidung der Säuren in der Niere gebildet wird, so ist es im Falle der schweren Schrumpfniere erlaubt, aus der verringerten Ausscheidung auf die verminderte Bildung und Bildungsfähigkeit zu schließen.

A. v. KORANYI, der als erster die damals ganz junge physikalisch-chemische Forschung zum Studium der Physiologie und Pathologie der Niere herangezogen hat, versuchte die osmotische Arbeit der Niere durch die Beobachtung der Gefrierpunktserniedrigung, seiner Beeinflußbarkeit und der Grenzen seiner Veränderlichkeit zu bestimmen.

Die Gefrierpunktserniedrigung gibt die Summe aller gelösten Teilchen wieder. Die osmotische Arbeit der Niere ist aber durch Δ nicht meßbar, weil die Konzentrationen der einzelnen Stoffe im Harn in einem anderen Verhältnis stehen als im Blut. Nicht nur zur Bildung eines Harns von dem Gefrierpunkt des Blutes ist osmotische Arbeit notwendig, sondern auch zur Bildung eines jeden Harns von geringerer osmotischer Konzentration. Das geht aus Abb. 34 (s. S. 491) auf das deutlichste hervor.

In der ärztlichen Praxis ist nach VOLHARD zur Messung der Konzentrierungsleistung an Stelle der Bestimmung von Δ die technisch viel einfachere Messung des spezifischen Gewichtes in Gebrauch gekommen. Auch diese Methode sagt nichts über die Teilprozesse aus.

Das spezifische Gewicht ist das Gewicht der Volumeneinheit (im ärztlichen Sprachgebrauch des Liters) bei 15⁰ C. Über den Einfluß, den der Eiweißgehalt des

Harns auf das spezifische Gewicht ausübt, gehen die Meinungen weit auseinander. **Wenn sich die im Harn enthaltenen Stoffe in Wasser ohne Volumenänderung lösten, so würde das spezifische Gewicht die Menge dieser Stoffe angeben.** Daß dies aber nicht so ist, lehrt bereits eine rohe Überschlagsrechnung. Der Harn bei gewöhnlicher Ernährung enthält im Liter etwa 20 g Harnstoff und 10 g Kochsalz. Allein durch diese beiden Stoffe müßte also, wenn keine Volumenvermehrung bei der Lösung einträte, das spezifische Gewicht 1030, infolge der Anwesenheit der anderen gelösten Stoffe noch mehr betragen. In Wirklichkeit wiegt aber 1 Liter einer 2%igen Harnstoff -und 1%igen Kochsalzlösung nicht 1030, sondern etwa 1013, **d. h. bei der Lösung stellt sich eine Volumenvermehrung ein. An die Stelle von Wasser tritt im Raume gelöste Substanz,** so daß eine 1%ige Harnstofflösung nicht 1010, sondern 1002,8, eine 2%ige 1005,6 g usw., eine 1%ige Kochsalzlösung nicht 1010, sondern nur 1007,2 g wiegt. Wie steht es nun mit dem Eiweiß? Untersuchungen, die unmittelbar das Harneiweiß betreffen, scheinen noch nicht angestellt zu sein. Aber wohlbekannt sind die Volumengewichte von Albuminlösungen. Sie sind von fast genau der gleichen Größe wie die gleichprozentigen Harnstofflösungen, so daß also eine 1%ige Albuminlösung ($10^0/_{00}$ Alb.) nicht 1010, sondern 1002,6 g wiegt. Erst bei einem Wert von 0,4% steigt das spezifische Gewicht um 1, und eine Albuminurie von $20^0/_{00}$ setzt es nur um 5,2 herauf. **Für die geringen Grade der Albuminurie (bis $7^0/_{00}$) ist der Einfluß also ganz gering, so daß er für die Zwecke der Funktionsprüfung praktisch keine Rolle spielt.** Bei höheren Graden muß unter Umständen eine Korrektur angebracht und für jedes Prozent Albumen 0,26 vom spezifischen Gewicht in Abzug gebracht werden.

Es ist von sehr großer praktischer Bedeutung, daß wir den Begriff der **Funktionsstörung (Konzentrierungsstörung),** eines rein renalen Vorganges, scharf trennen von dem Begriff der **Ausscheidungsstörung,** da an der Ausscheidung renale und extrarenale Prozesse beteiligt sind. Auch wenn eine schwere Schädigung von Konzentrierungsfunktionen vorliegt, kann mit Hilfe vermehrter Harnmenge eine vollständige Ausscheidung aller Stoffe erfolgen. Andererseits kann eine schwere Ausscheidungsstörung durch Verminderung der Harnmenge bei voll erhaltenen Konzentrierungsfunktionen vorliegen. Eine klare Verständigung ist nur dann möglich, wenn diese Vorgänge auch sprachlich so scharf getrennt werden, wie sie begrifflich getrennt sind.

Der Arzt will über den Nierenkranken folgendes wissen:

1. Welche Menge an Kochsalz, Wasser und Stoffwechselendprodukten (das ist im wesentlichen Stickstoff und Harnsäure) kann ausgeschieden werden. Das Wissen von diesen Bilanzen entscheidet über die Diät, die ja einen wesentlichen Teil der Therapie darstellt, und über Maßnahmen zur Ödemverhütung.

2. Wie verhalten sich die Konzentrierungsfunktionen? Aus dieser Kenntnis ergibt sich ein Einblick in die Schwere der Prozesse am sezernierenden Parenchym und ein Schluß auf die Prognose.

3. Enthält der Organismus im Blut und in den Geweben Rückstände von Kochsalz oder N-haltigen Produkten? Das ist, wenigstens in den Geweben, bei normal erscheinenden Bilanzen möglich. Darüber geben die Analyse des Blutes auf Cl', N, Harnsäure, auch auf Kreatin, Indikan u. a. und die Beobachtung der Bilanzen

bei konstanter Zufuhr und Einwirkung diuretischer Mittel (dazu gehört auch das Wasser) Aufschluß.

4. Bestehen Besonderheiten im zeitlichen Ablauf der Wasserdiurese? Die Beobachtung der Überschußreaktion, der Nykturie, der Abhängigkeit der Harnbildung von der Lage des Körpers geben unter Umständen wertvolle therapeutische und prognostische Hinweise.

5. Bestehen Veränderungen im Mineralstoffwechsel? Verhalten der Harnreaktion bei Gaben von Alkali oder acidotisch wirkenden Salzen, Harnammoniak, p_H im Blut, Alkalireserve, Kohlensäurebindungskurve geben ein sehr genaues Maß des Zustandes, dessen extreme Veränderung auch an dem Verhalten der Atmung (große Atmung) zu erkennen ist.

Betrachtet man diese Fülle von Aufgaben, so wird man wenig Vertrauen zu der Möglichkeit haben, mit Hilfe eines einfachen Verfahrens das Wesentlichste in Erfahrung bringen zu können.

Methoden zur „Prüfung der Nierenfunktion" gibt es eine sehr große Anzahl. Und eine noch größere kann leicht konstruiert werden. Alle Versuche, mit Hilfe einer Schlüsselfunktion die Harnbereitung unter physiologischen und pathologischen Verhältnissen erkennen zu wollen, können kein anderes Ergebnis haben, als daß man die Konzentrierungs- oder Ausscheidungsfunktion für den als Test angewandten Stoff erkennt.

Als Prüfungsstoffe werden Farbstoffe (Indigocarmin, Phenolsulfophthalein, Methylenblau, Uramin, Fluorescinnatrium) u. a. verwandt. In der inneren Medizin wird die „Chromoskopie" (H. STRAUSS) als unterstützende Maßnahme bei dem Ureterkatheterismus und nach den Beobachtungen von E. GOLDBERG u. R. SEYDERHELM zur Prüfung auf beschleunigte Ausscheidung gewisser Farbstoffe, aber niemals als ausschließliche Funktionsprüfung gebraucht.

Andere im Harn leicht zu erkennende Stoffe, wie Jodide, Milchzucker, Thiosulfat, Kreatinin, Ferrocyannatrium, haben eine Zeitlang Anwendung gefunden, sind aber jetzt im allgemeinen außer Gebrauch.

Die Nierenfunktionen (Konzentrierungsfunktionen) der wichtigsten Stoffe können zusammen mit den Ausscheidungsverhältnissen (Bilanzen) dieser Stoffe und des Wassers auf einfache Art erfaßt werden, wenn der Organismus auf eine konstante Diät und Flüssigkeitszufuhr eingestellt ist. Die Kost muß ein bestimmtes, nicht zu großes Volumen haben und so viele Ausscheidungsprodukte liefern oder durch Zulagen an bestimmten Tagen so ergänzt werden, daß maximale Konzentrierungen herauskommen.

Auf dieser allen Arten des Prüfungsvorgehens gemeinschaftlichen Basis sind verschiedene „Methoden" in Gebrauch, von denen die kürzeren, die ohne chemische Analyse arbeiten, nur einen Teil der Aufgaben erfüllen, so daß Ergänzungen durch Bilanzversuche notwendig sind.

Gemeinsam ist allen Methoden der Wasserversuch. KORANYI hat die Meinung vertreten, daß die Unfähigkeit zur Bereitung eines sehr verdünnten Harns bei reichlicher Wasseraufnahme eine nicht minder wichtige Eigenschaft des kranken Nierengewebes ist als die Hyposthenurie (Unfähigkeit der Konzentrierung).

Zur Bereitung eines sehr verdünnten Harns muß eine beträchtliche Menge Wasser in kurzer Zeit ausgeschieden werden, ohne daß durch den diuretischen Eingriff der Wasserzufuhr gleichzeitig retinierte Stoffe in den Harn gehen. Tritt also bei guter Wasserreaktion nicht wie beim Normalen eine Senkung des spezifischen

Gewichtes und der Teilkonzentrationen ein, so ist zu fragen, ob dieses Ausbleiben einer „Verdünnungsreaktion" durch die Unfähigkeit der Niere einen dünnen Harn zu bilden oder durch die Ausscheidung früher retinierter fester Stoffe bedingt ist.

Der Begriff der Verdünnungsfunktion hat für die Pathologie eine begrenzte, aber in diesen Grenzen erhebliche Bedeutung. Bei vorgeschrittenen Fällen von Nierenerkrankung, bei der später zu besprechenden Niereninsuffizienz, wird ein Harn von einem geringen (1005—1012), aber konstanten spezifischen Gewicht (von niedrigen, aber konstanten Teilkonzentrationen) gebildet bei einer mäßig besonders zur Nachtzeit vermehrten Harnmenge. Diese Nieren sind auch bei Wasserzufuhr nicht imstande, eine größere Wassermenge auszuscheiden oder einen dünneren Harn zu bilden als spontan. Der Wasserversuch fällt negativ aus. Die abgesonderte Lösung behält die gleiche Zusammensetzung bei. Die Menge der ausgeschiedenen Stoffe entspricht etwa den Endprodukten des geringsten Stoffumsatzes. Die anatomischen Veränderungen bestehen in solchen Fällen in einem so gut wie völligen Verlust der Glomeruli. Es liegt also nahe anzunehmen, wie VOLHARD es tut, daß in diesen Fällen die gesamte Diurese durch den Tubulusapparat geht (Tubulusdiurese). Bei dieser Beschränkung der Sekretion auf das eine, ebenfalls schwer erkrankte sezernierende Element liegt der Zwang zur relativen sekretorischen Höchstleistung vor, der es einigermaßen verständlich macht, daß die Konzentrationen nicht auf Werte heruntergehen, die bei unbehinderter Wasserausscheidung angetroffen werden.

Daß das spezifische Gewicht des Harns bei Niereninsuffizienz ungefähr dem spezifischen Gewicht des eiweißfreien Blutplasmas entspricht, wird von manchen Autoren unrichtigerweise so gedeutet, daß in diesen Fällen der Harn ein Ultrafiltrat des Blutes darstellt. Die Analyse aber lehrt, daß sich die Konzentrationen der gelösten Stoffe im Harn ganz anders verhalten als im Blut, daß Chlorion unter, Harnstoff über dem Blutwert liegt, und daß auch p_H im Harn ganz wesentlich nach der sauren Seite abweicht. Es wird also auch in diesem extremen Falle osmotische Arbeit geleistet. Thermodynamisch betrachtet, bedeutet die Bildung eines Ultrafiltrates die kleinste Arbeitsleistung. Es ist interessant, daß man nicht selten, z. B. in gewissen Stadien der akuten Glomerulonephritis, Harne findet, deren Chlorgehalt dem des Plasmas isotonisch ist. Man kann daran denken, da dieser Zustand viele Tage anhalten kann, daß das in Reparation begriffene Organ sich auf kleinste Arbeitsleistung einstellt. Bei der Niereninsuffizienz liegt aber der Chlorwert des Harns, auch bei NaCl-Belastung, unter dem des Plasmas. Hier liegt eine im Nutzeffekt negative osmotische Leistung vor.

Daß eine Verdünnungsreaktion ausbleiben muß, wenn das Wasser in verstärktem Umfang von den Geweben aufgenommen wird, ist nicht der Niere zur Last zu legen.

Von dem Vorkommen einer renalen Hemmung der Wasserabscheidung bei wohlerhaltenen Konzentrierungsfunktionen habe ich mich niemals einwandfrei überzeugen können. In jedem Fall, ob es sich um eine Schädigung des Blutumlaufes in der Niere oder um eine toxische Affektion des Epithels (auch der Zellbelag der Glomerulusspalten gehört zum Epithel) handelt, erweist sich die Konzentrierung des Chlorions als die empfindlichste Funktion.

Im allgemeinen ist es richtig, die Wasserdiurese (den Wasserversuch) nicht unter dem Gesichtspunkt der Nierenfunktion, sondern unter dem der Bilanz zu betrachten. VOLHARD glaubt zwar, daß die gleichzeitige Beobachtung des Wassergehaltes des Blutes (Hydrämie bei renaler Retention, keine Hydrämie bei Gewebsretention) eine Unterscheidung zwischen renalen und extrarenalen Bedingungen gestattet. Aber dieser Glaube gehört wohl der Vergangenheit an. Auch bei Versagen der Niere wird in der Mehrzahl der Fälle der Wassergehalt des Blutes durch die Aufnahmefähigkeit der Gewebe konstant gehalten.

Die Betrachtungsweise des Wasserversuches im Rahmen des gesamten Wasserhaushaltes gibt die Entscheidung über die Wahl der Methode.

VOLHARD mißt halbstündlich die Harnausscheidung nach Einnahme von 1500 ccm Wasser durch 4 Stunden. Er legt den Hauptwert nicht auf die ausgeschiedene Gesamtmenge, sondern auf die maximale Sekretionsgeschwindigkeit, d. h. auf schnellen Eintritt und Höhe der Halbstundenmenge. Von der Höchstleistung (Halbstundenmenge von 500 ccm mit einem spezifischen Gewicht von 1001—1002) bis zum Fehlen eines jeden Anstieges der Wasserkurve finden sich alle Übergänge.

STRAUSS mißt die stündliche Wassermenge nach einer Zufuhr von 1000 ccm.

VOLHARD und STRAUSS schließen an diesen diuretischen Vormittag sofort einen Konzentrationsversuch an, indem sie den weiteren Ablauf der Harnbildung bei Trockenkost beobachten.

In dieser oder ähnlicher Weise wird von Kliniken und in der Außenpraxis vielfach verfahren. Diese Methode hat den großen Vorzug der Kürze, gibt aber nicht mehr als eine erste Orientierung und muß vielfach durch Bilanzprüfungen ergänzt werden.

Die Beschränkung des Wasserversuches auf 4 Stunden und das Zusammendrängen mit dem Konzentrationsversuch läßt zwei wichtige Störungen der Beobachtung entgehen, erstens die Ausscheidung der Wasserzulage in der Nacht und zweitens die für

Normaltag			Wassertag		
Stunde	Menge	Spez. Gew.	Stunde	Menge	Spez. Cew.
8	175	1015	8	25	1024
10	150	1016	10	120	1020
12	65	1016	12	260	1005
2	165	1015	2	440	1010
4	265	1008	4	150	1015
6	75	1026	6	110	1022
8	70	1028	8	110	1025
Nacht	360	1026	Nacht	1100	1008
Summe	1325	1018	Summe	2315	1011
			Um 10 Uhr $^3/_4$ l Wasser		

das Gegenspiel der Niere und der Gewebe sehr wichtige und interessante Tatsache, daß die Wasserzulage in den ersten Stunden schnell ausgeschieden, aber am Spätnachmittag und in der Nacht quantitativ wieder eingespart werden kann:

Normaltag			Wassertag		
Stunde	Menge	Spez. Gew.	Stunde	Menge	Spez. Gew.
10	—	—	10	270	1010
12	200	1016	12	560	1008
2	180	1020	2	220	1006
4	110	1024	4	240	1010
6	100	1020	6	95	1018
8	145	1028	8	75	1026
Nacht	620	1015	Nacht	285	1022
Summe	1855	1018	Summe	1745	1013
			Um 10 Uhr $^3/_4$ l Wasser		

In unserem eigenen Verfahren ist der Wasserversuch (750 ccm, 2stündliche Ausscheidung von 8—20 Uhr und die Nachtmenge) in eine Prüfung eingereiht, die die Bilanzen für Wasser, Cl′, N (und Harnsäure) und die Konzentrierungen dieser Stoffe mißt. Dieses Verfahren ergibt zugleich Aufschlüsse über die diuretische (wasser- und molendiuretische) Wirkung von Wasser, Kochsalz und Harnstoff

Es wird eine Nierenprobekost gegeben, wie sie ähnlich auch von Schlayer, Hedinger u. Takayasu für die Funktionsprüfung der Niere angewandt wird und an mindestens 4 Tagen (Normaltag, Wassertag, Kochsalztag, Harnstofftag) die 2stündliche Harnmenge und ihr spezifisches Gewicht, außerdem im Sammelharn, Cl′, N und Harnsäure bestimmt. Die Menge des gereichten Wassers beträgt 750 ccm, des Kochsalzes (bei Erwachsenen) 5—10 g (in manchen Fällen wird natürlich von einer NaCl-Belastung Abstand genommen), des Harnstoffs 20 g.

Dieses Verfahren erfordert etwas mehr Geduld von seiten des Kranken, bedeutet für eine Klinik eine gewisse, durchaus erträgliche Arbeitsbelastung, ist aber dafür in diagnostischer und therapeutischer Hinsicht sehr ertragreich.

Eine für Kliniken nicht empfehlenswerte, aber im Hause des Kranken mögliche Vereinfachung des Verfahrens, die auf jede chemische Analyse verzichtet und sich auf Anwendung des Meßglases und des Aräometers beschränkt, ergibt sich aus der Betrachtung des Einflusses, den die Belastungszulagen auf Harnmenge und spezifisches Gewicht ausüben.

Die Beziehung dieser beiden Zahlen zueinander ist die der umgekehrten Proportionalität. Je weniger Wasser, um so höher bei der gleichen Menge der löslichen Bestandteile das spezifische Gewicht. Da nach einer Wasserzulage häufig auch eine Mehrausscheidung fester Stoffe und nach einer Belastung mit festen Stoffen häufig eine Veränderung der Harnmenge, ein Steigen oder Fallen derselben, eintritt, so müssen zum Zwecke einer raschen, einfachen Abschätzung die beiden Größen in eine Beziehung zueinander gebracht werden. Das geschieht, **indem man für die Tagesmengen das spezifische Gewicht auf die Harnmenge 1000 umrechnet. Dann erhält man nur eine Zahl, die ausdrückt, wie hoch das spezifische Gewicht an den Normaltagen und an den Belastungstagen wäre, wenn immer gleichmäßig 1 Liter Harn in 24 Stunden ausgeschieden werden würde.**

Beträgt die Harnmenge z. B. 1500 ccm und das spezifische Gewicht 1020, so ist folgender Ansatz zu machen:

$$1500 : 1000 = x : 20$$

$$x = \frac{20 \cdot 1500}{1000} = 30 .$$

Betrüge die Harnmenge 1000 ccm, so würde bei der gleichen Menge gelöster Stoffe das spezifische Gewicht 1030 sein. **Nach den oben mitgeteilten Volumengewichten für Kochsalz- und Harnstofflösungen läßt sich mit Hilfe folgender Tabelle aus der Zunahme des auf 1 Liter berechneten spezifischen Gewichtes über den Wert der Normaltage die Mehrausscheidung von Harnstoff (Stickstoff) und Kochsalz (Chlorion) entnehmen.** Da die Werte für Stickstoff zufällig gerade von der doppelten Größe wie die für Chlorion (Cl′) sind, und da die Analysen, durch die diese Methoden kontrolliert wurden, sich auf diese Stoffe beziehen (N und Cl'), so werden auch diese Umrechnungen in die Tabelle aufgenommen.

Berechnungstabelle.

Zunahme des auf 1000 ccm umgerechneten spez. Gewichts um	= g U	= g N	= g NaCl	= g Cl'
1	3,57	1,67	1,39	0,84
2	7,14	3,34	2,78	1,68
3	10,71	5,01	4,17	2,52
4	14,28	6,68	5,56	3,36
5	17,85	8,35	6,95	4,20
6	21,42	10,02	8,34	5,04
7	24,99	11,69	9,73	5,88
8	28,46	13,36	11,12	6,72
9	32,13	15,03	12,51	7,56
10	35,70	16,70	13,90	8,40

Der Fehler dieser Methode beruht darin, daß die Grundbilanzen bei Nierenkranken nicht immer gleichmäßig sind, und daß ein Belastungsstoff mitunter eine größere oder in seltenen Fällen auch eine geringere Ausscheidung eines anderen Stoffes zur Folge hat. In dem Falle der größeren Ausscheidung steigt das umgerechnete spezifische Gewicht auf Werte, die mehr als sechs Teilstriche bei Gabe von 20 g Harnstoff und mehr als sieben Teilstriche bei Gabe von 10 g Kochsalz betragen. Dann wird die wichtige Tatsache der gesteigerten Diurese fester Teile (auch Molendiurese = Diurese von Molekülen genannt) klar, ohne daß man jedoch die Art dieser Stoffe kennt. Dieser Fehler wird bedeutend eingeschränkt, wenn man den Sammelharn auf Kochsalz analysiert.

In der einfachsten Ausführung ergibt diese Art der Funktionsprüfung folgende Einblicke:

1. Bewegung von Harnmenge und spezifischem Gewicht im Tagesverlauf unter dem Einfluß der Nierenprobekost.

2. Verdünnungsreaktion und Wasserausscheidungsverlauf am Wassertag. Gesteigerte oder verminderte Molendiurese durch den Wasserversuch aus dem umgerechneten spezifischen Gewicht.

3. Einfluß von Kochsalz und Harnstoff auf das spezifische Gewicht (die Konzentrierungen) im Tagesverlauf. Einfluß der Zulagen auf die Wasserausscheidung. Angenähert die Bilanz des Zulagestoffes aus dem spezifischen Gewicht und eine gesteigerte Molendiurese.

Die Kochsalzanalyse des Sammelharns verschärft die Einsicht in die Bilanzverhältnisse bis zu einer für alle praktischen Zwecke ausreichenden Genauigkeit.

Folgendes Beispiel einer ausführlichen Funktionsprüfung zeigt die Berechtigung und die Grenzen des einfachen Verfahrens und die Darstellungsweise der Untersuchungsergebnisse:

Fall von akuter Nephritis nach 7 monatigem Bestehen im Zustand der postnephritischen Albuminurie und Hämaturie.

Bilanztabelle.

Tag	Harn-menge	Spez. Gewicht	g Cl′	g N	Spez. Gewicht auf 1 Liter berechnet	Gefundener Mehrbetrag		Aus der Zunahme des spez. Gewichts berechneter Mehrbetrag	
						Cl′	N	Cl′	N
1. Tag	1218	1017,8	7,2	7,6	1021,7	—	—	—	—
2. „	2090	1009,4	7,1	7,4	1019,6	—	—	—	—
3. „	1800	1014,9	12,6	6,9	1026,9	5,4	—	5,3	—
4. „	1556	1019,6	9,9	13,4	1026,5	2,7	5,87	—	8,8
5. „	1000	1020	8,9	7,4	1020	—	—	—	—

Die Wasserbilanz ist normal (am 2. Tag Wasserzulage). Die Kochsalzzulage (10 g am 3. Tag) wird in der auch bei Gesunden üblichen Zeit ausgeschieden; der aus dem umgerechneten spezifischen Gewicht berechnete Wert stimmt mit dem durch die Analyse gefundenen überein. Die Ausscheidung des Stickstoffs nach Harnstoffzulage (20 g am 4. Tag) ist nach dem Resultat der Analyse kleiner als nach dem der Umrechnung, weil an diesem Tage auch eine Mehrausscheidung an Kochsalz stattgefunden hat. Bei Einschaltung eines Normaltages wäre dieser Fehler kleiner geworden. An beiden Tagen tritt eine deutliche Vermehrung der Harnmenge (Wasserdiurese) ein.

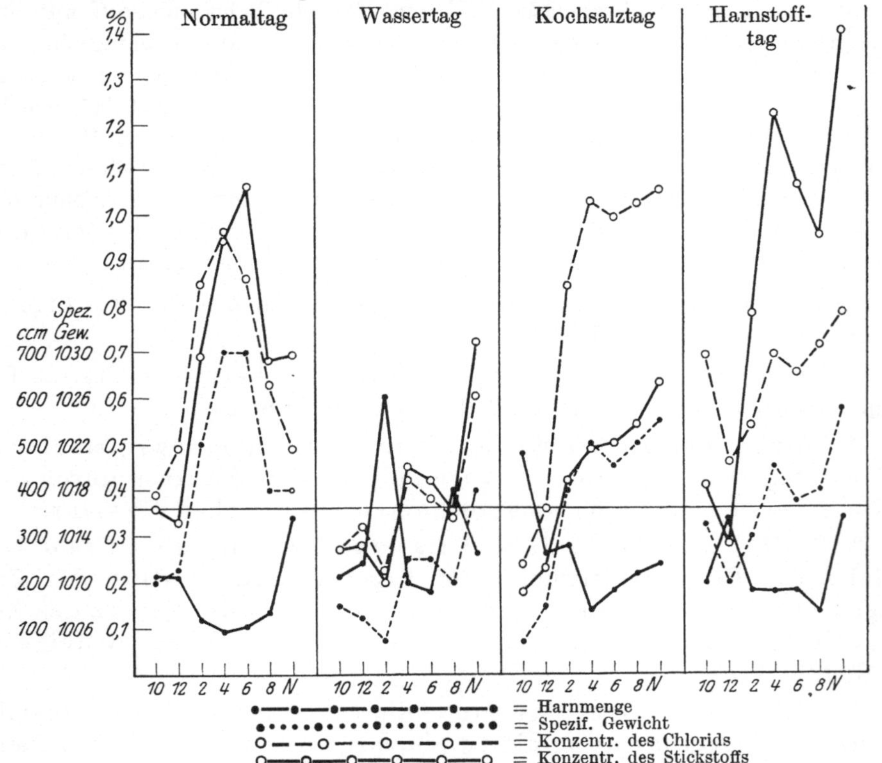

Abb. 47. Normaltag (4. IX.): Durchaus normales Verhalten. Hohes S. G. — Wassertag (5. IX.): Verspätetes Einsetzen (Gipfel nach 4 Stunden) der Wasserausscheidung. Verdünnungsreaktion bei 1005. — Kochsalztag (6. IX.): Guter und dauernder Anstieg der Cl′-Kurve, der die Linie G des S. G. parallel läuft. — Harnstofftag (7. IX.): Hoher Anstieg der N-Kurve, der die Linie des S. G. parallel läuft.

Für die einfachste Anwendung der Funktionsprüfung kommt nur das Verhalten der Wassermenge und des spezifischen Gewichtes in Betracht. Die graphische Darstellung der ausführlichen Prüfung (s. Abb. 47) zeigt, daß an den Belastungstagen der Verlauf des spezifischen Gewichtes der Konzentration des Belastungsstoffes entspricht. Die horizontale Linie bedeutet die Chlorionenkonzentration im Blut. Bereits der Normaltag zeigt, daß die Niere zu hohen Konzentrationsleistungen fähig ist. Der Wasserversuch ergibt eine verspätet (erst nach 4 Stunden) eintretende Zunahme der Harnmenge, mit der aber die Zulage noch nicht vollständig entfernt ist. Daher bleibt über den ganzen Tag eine Erhöhung der Wasserkurve bestehen. Also verspätet einsetzende, langsam verlaufende, aber vollständig werdende Ausscheidung der Wasserzulage. An den Belastungstagen mit Kochsalz und Harnstoff zeigt sich nicht nur die Höhe, sondern auch die Dauer der Konzentrationsleistungen, die beide die Tüchtigkeit der Niere beweisen. Die Konzentrationsleistungen setzen rechtzeitig ein und bedingen keine Verminderung der Harnmenge, was bei Kochsalzgabe bei gewissen krankhaften Zuständen mitunter im Beginn der Tageskurve, mitunter während des ganzen Verlaufes zu beobachten ist.

Die Verknüpfung der Prüfung der Nierenfunktion mit einer Untersuchung der Bilanzen, die natürlich in sehr verschiedener Weise möglich ist, muß in allen Fällen durch eine Untersuchung des Blutes, in manchen durch einen Wasserversuch in horizontaler Körperstellung, gelegentlich auch (zum Zwecke der Produktion der höchstmöglichen Konzentration) durch Beobachtung bei verschärfter Trockenkost oder unter dem Einfluß von Hypophysenpräparaten ergänzt werden.

Literatur.

BECKMANN, K.: Über das Säurebasengleichgewicht bei experimentellen Nierenveränderungen. Z. exper. Med. **29**, 579, 604, 644 (1922).
— und KL. MEYER-GOLLWITZER: Über das Säurebasengleichgewicht bei experimentellen Nierenveränderungen. Ebenda **29**, 596, 628 (1922).
GOLDBERG, E. und R. SEYDERHELM: Das Verhalten des intravenös injizierter Trypanrots unter dem Einfluß von Säuren und Alkalien. Ebenda **45**, 154 (1925).
LICHTWITZ, L.: Die Praxis der Nierenkrankheiten, 2. Aufl. Berlin 1925.
MAINZER, F.: Untersuchungen über die Bicarbonatausscheidung im Harn. Z. klin. Med. **111**, 1, 9, 16 (1929).
SCHLAYER, C. R., M. HEDINGER und TAKAYASU: Über nephritisches Ödem. Dtsch. Arch. klin. Med. **91**, 59 (1907).
STRAUSS, H.: Die Nephritiden, 2. Aufl. Berlin 1917.
VOLHARD, F.: Die doppelseitigen hämatogenen Nierenerkrankungen. Berlin 1918.

2. Über das Verhalten des Blutes bei krankhafter Nierenarbeit.

a) Die Blutmenge.

Man neigte in der Zeit, die dem Besitz einer für die Klinik brauchbaren Blutmengenbestimmung voranging, zu der Meinung, daß die bei chronischer Nephritis so häufige (relative) Verminderung der Erythrocyten und die Abnahme des Plasmaeiweißes Folge einer Hydrämie seien, die dem Gewebsödem parallel oder auch vorausgeht. Die Untersuchungen von KEITH, GERATTHY u. ROWNTREE, SEYDERHELM u. LAMPE, LINDER, LUNDSGAARD, VAN SLYKE u. STILLMANN haben ergeben, daß es sich bei chronischen Nierenkrankheiten um normal große oder gegen die Norm herabgesetzte Blutmengen handelt. Das Erythrocytengesamtvolumen ist vermindert. Es handelt sich also um eine echte Anämie. Das durch

Zellverlust verminderte Volumen des Blutes wird durch Einstrom aus den Geweben ganz oder teilweise ergänzt. Unvollständige Ergänzung führt zu einer Oligämie. Wird das Volumen wieder hergestellt, so erfolgt doch — meistenteils — die Ergänzung nicht qualitativ vollständig, sondern durch eine eiweißärmere Flüssigkeit. Das Plasma ist dann hypalbuminotisch. Während in der Norm die im Blut zirkulierende Eiweißmenge 3,5 g pro Kilogramm Körpergewicht beträgt, finden sich in diesem Zustand nur 1,5—3 g. In einem Falle von Nephropathie bei Osteomyelitis fanden BROWN u. ROWNTREE eine leicht vermehrte Blutmenge mit Oligocytämie im Zustand des Ödems, nach Entwässerung aber normalen Mengenwert. Die Meinung der Verfasser, daß der Zustand der Plethora nur ganz vorübergehend war, wird durch Befunde anderer Untersucher erschüttert. AD. WOLFF hat in unserem Laboratorium eine Reihe von Fällen akuter Nephritis untersucht (s. S. 556). Er fand zwei Gruppen: die eine, die durch mäßiges Ödem und Fehlen von Höhlenhydrops charakterisiert ist, zeigt echte Plethora, deren Rückbildung im Verlauf der Besserung des Leidens beobachtet wurde, die zweite (starkes Ödem und Höhlenhydrops) zeigt Verminderung der Blutmenge und Rückkehr zur Norm bei Schwinden der sonstigen Krankheitssymptome. Sehr ähnliche Ergebnisse haben HARTWICH u. MAY, die unter 17 Fällen verschiedener Formen von Nierenkrankheiten zwölfmal recht beträchtliche Vermehrung der Blutmenge sahen.

J. PLESCH hat mit seiner Kohlenoxydmethode ebenfalls eine Vermehrung der Blutmenge bei Nichtödematösen, Verminderung bei Ödematösen gefunden. Die Zahlen von PLESCH und WOLFF geben der Auffassung von VOLHARD, daß Hydrämie und Ödembereitschaft im entgegengesetzten Verhältnis zueinander stehen, eine gute Stütze.

Die von SEYDERHELM gezogene Schlußfolgerung, daß es bei Nierenkranken keine Plethora gebe, ist in dieser allgemeinen Fassung nicht aufrechtzuerhalten. Untersucht man, wie WOLFF es getan hat, Kranke mit akuter Nephritis wiederholt, in den verschiedenen Stadien des Ödems, so erhält man Einblicke, die für die Genese dieses Ödems sehr wertvoll sind. LICHTWITZ hat darauf hingewiesen, daß Menschen mit akuter Nephritis ohne knetbares Ödem, die, wie ihr Kopfvolumen und die nachfolgende Gewichtsabnahme lehren, trotzdem viel Wasser retiniert hatten, sehr leicht an Lungenödem erkranken, ganz in Übereinstimmung mit den experimentellen Erfahrungen von COHNHEIM u. LICHTHEIM, daß Hydrämie kein Hautödem, wohl aber Ödem der großen Drüsen verursacht. Aus diesen Verhältnissen geht hervor, daß es bei der akuten Nephritis eine renale Wasserretention gibt, die bei geringer Ödembereitschaft, d. h. bei einem Ausbleiben der Schädigung der extrarenalen Capillaren, zu einer Hydrämie führt. Die Ödembereitschaft, die so stark sein kann, daß sie zu einer Verminderung der Blutmenge führt (das kann am Krankenbett aus dem großen Durst der Kranken gefolgert werden), stellt einen Sicherheitsfaktor gegen die Hydrämie und ihre gefährliche Folge, das Lungenödem, dar.

b) Das Plasma.

Die Zusammensetzung der Proteine im Plasma kann bei Nierenkrankheiten hochgradig verändert sein. Die Einsicht in diese Verhältnisse ist dadurch erschwert, daß zur Bestimmung des „Plasmaeiweißbildes" ganz verschiedene Methoden, teils direkte, teils indirekte, angewandt werden, deren Ergebnisse voneinander stark abweichen. Gerade in der Klinik, in der die Forschungsobjekte nicht reproduzierbar sind, und bei so wichtigen Fragen wäre es sehr erwünscht, wenn eine Normung der Methoden einträte, und zwar in dem Sinne, daß den direkten, chemisch-analytischen der Vorzug gegeben wird.

Die Zusammenstellung der Literatur zeigt, daß bereits die Angaben über die Gesamtproteinmenge im Plasma beim Menschen sehr stark, zwischen 6 und 10, schwanken. Im allgemeinen darf man wohl, nach O. HAMMARSTEN und W. D. HALLIBURTON, einen Mittelwert von 7—8% annehmen. Von Interesse für unsere Frage sind Albumin, Globulin, Fibrinogen und ihre Verhältnisse, A:G bzw. F:G:A.

Diese Schreibweisen haben eine historische Berechtigung. In der älteren Literatur handelt es sich um den Albumin-Globulinquotienten A/G. Jetzt (wie schon in einer älteren Periode der Medizin) spielt das Fibrinogen eine große Rolle. Gemeint ist jetzt nicht oder nicht nur die chemische Natur der Eiweißkörper, sondern ihre Molekular- bzw. Mizellargröße und Ausfällbarkeit, die von Fibrinogen über Globulin zum Albumin abnehmen. Da man die Werte dieser Eiweißkörper zu physikalischen Reaktionen (Flockungsreaktion, Blutkörperchensenkungsgeschwindigkeit, kolloid-osmotischer Druck) teils in Beziehungen setzt, teils aber auch aus der Messung dieser Eigenschaften zu erkennen strebt, so hat man die Reihenfolge in der Benennung so gewählt, daß der am gröbsten disperse und am leichtesten fällbare Eiweißkörper (Fibrinogen) links steht. Im Sprachgebrauch der Zeit wird das „Bluteiweißbild" und der Grad seiner „Linksverschiebung" gemessen. Man hätte ganz gewiß ebenso gut die frühere Schreib- und Sprechweise fortsetzen und zu $A:G:F$ erweitern können. Es scheint aber so, als ob man von der Meinung, daß „links" = abnorm oder pathologisch sei, nicht loskommen könne.

Schon BRIGHT wußte, daß bei der nach ihm genannten Krankheit der Proteingehalt des Plasmas stark vermindert sein kann. Spätere Beobachter haben diesen Befund bestätigt und durch die Erkenntnis erweitert, daß das Verhältnis A/G weit unter der Norm liegt. In neuerer Zeit sind in verschiedenen Laboratorien in reichlicherem Maß Erfahrungen gesammelt worden.

LINDER, LUNDSGAARD u. VAN SLYKE fanden folgende Werte:

	Totalprotein	A/G
Normal	5,6—7,5	1,4—2,0
Glomerulonephritis	3,5—5,5	<1,4
		0,6—0,8
Nephrose.	bis 1,6	bis 0,3
Nephrosklerose = Hypertonieniere		normal
Vorgeschrittene genuine Schrumpfniere	noch normal	leicht vermindert
Funktionelle Albuminurie		normal

Unsere eigenen, nicht publizierten Erfahrungen, die mit einer sehr ähnlichen Methodik gewonnen sind und auch das Fibrinogen betreffen, stimmen mit diesen Befunden überein.

KOLLERT u. STARLINGER haben schon vor den amerikanischen Autoren eine größere Zahl Untersuchungen mit Hilfe indirekter Methoden (Refraktometrie) ausgeführt. Folgende Aufstellung gibt ein Bild der von diesen Autoren gefundenen Änderung des Bluteiweißbildes:

	Gesunder	Nierenkranker
Gesamtprotein	8,4	6,2
Fibrinogen	0,24	0,65
Globulin	0,41	3,35
Albumin	7,76	2,23
$F:G:A$	2,9:4,9:92,2	10,4:53,8:35,8

KOLLERT u. STARLINGER sahen als die höchsten Werte 1,19% Fibrinogen und 88,5% Globulin.

ST. RUSZNYAK findet mit einer nephelometrischen Bestimmungsmethode:

	Albumin	Globulin	Fibrinogen
Normal	60—69	26—37	2,7—4,9
Nephritis mit Ödem	33,2	55,3	11,5
Nephrose.	35—47,3	15,6—37,6	19,5—37,1
Amyloidniere	26,6—47,5	28,2—54,7	18,8—24,3

Über die Ursache der Verminderung des Gesamtproteins bei Nierenkranken und der Veränderung seiner Zusammensetzung besteht noch Unklarheit.

Daß die Hypalbuminämie eine Folge der Eiweißausscheidung durch die Niere sei, ist eine naheliegende Annahme, die auch durch die Erfahrung, daß die Nierenerkrankung mit stärkster Albuminurie, die Nephrose, die stärkste Verminderung des Plasmaproteins aufweist, einigermaßen gestützt wird. Wenn in einem solchen Fall, der in seinem Blute 100—200 g Plasmaprotein (gegen 300 in der Norm) besitzt, täglich 20 und mehr Gramm Eiweiß mit dem Harn verlorengehen, so ergibt sich, zumal auch solche Kranke nicht selten — wenn auch zu Unrecht — eiweißarm ernährt werden, eine mengenmäßige Anschauung für einen solchen Zusammenhang.

Aus den Untersuchungen von MORAWITZ u. KERR, HURWITZ u. WHIPPLE geht hervor, daß das Plasmaeiweiß auch am hungernden Tier rasch ergänzt wird, daß es sich also auf Kosten des Organeiweißes wiederherstellt. So erklärt sich, zum mindesten teilweise, die hochgradige Kachexie der Nephrotiker, die — dem Unerfahrenen durch das hochgradige Ödem verdeckt — nach guter Entwässerung eindrucksvoll in Erscheinung tritt.

Die Wirkungen der Plasmaproteinveränderungen bei Nierenkrankheiten gehen nach zwei Richtungen. KOLLERT u. STARLINGER finden eine Abhängigkeit des Grades der Albuminurie von der Linksverschiebung des Plasmaeiweißbildes. Nach den Untersuchungen dieser Autoren ist der Fibrinogengehalt des Plasmas bei Nierenkranken mit starker Albuminurie meistens hoch, bei Nierenkranken mit geringer Albuminurie im Verhältnis dazu niedrig. Da aber Fibrinogenvermehrung im Plasma ohne gleichzeitige Nierenschädigung nicht zu Eiweißausscheidung führt, und da bei der Lipoidnephropathie (bei einem Teil der Fälle) die Tubulusepithelien morphologisch nachweisbare, mitunter bis zur Nekrose fortschreitende Veränderungen erfahren, so ergibt sich die Möglichkeit (KOLLERT u. STARLINGER), daß es sich in den Nierenzellen (und vielleicht sogar ganz allgemein) um Proteinveränderungen handelt, die denen im Plasma analog sind.

Die zweite Beziehung der Plasmaveränderung bei Nierenkranken geht zum Ödem. Bei ödematösen Nierenkranken findet sich Zunahme der leichter fällbaren Fraktionen des Plasmas auf Kosten des Albumins (A. A. EPSTEIN; LINDER, LUNDSGAARD u. VAN SLYKE; RUSZNYAK; KOLLERT u. STARLINGER). Nach RUSZNYAK geht auch nichtnephritische Ödembereitschaft mit Zunahme der leichter fällbaren Fraktionen, besonders des Fibrinogens, einher.

E. H. STARLING hat gezeigt, daß die Proteine des Serums einen kolloidosmotischen Druck von 30—40 mm Hg (= 400—550 mm Wasser) ausüben. A. KROGH fand mit der von SÖRENSEN angegebenen, aber für kleinere Volumina modifizierten Methode

400—520 mm Wasser. G. HECHT beobachtete in unserem Laboratorium mit derselben Methodik Werte zwischen 36,6 und 42,5 mm Hg, SCHADE u. CLAUSSEN mit einer eigenen Methode Zahlen zwischen 28,9 und 37,2 mm Hg. SCHADE und RUSZNYAK haben auf das Bestehen eines DONNANschen Gleichgewichts zwischen Blut und Gewebssaft hingewiesen. HECHT hat das Membranpotential im Serum im Osmoseversuch bestimmt und die DONNAN-Korrektur zu 18,6 cm H_2O berechnet. Der kolloidosmotische Druck der Blutflüssigkeit ist also etwa zur Hälfte durch eine von dem Gesetz von DONNAN bestimmte Ionenverschiebung bedingt. Der kolloidosmotische Druck des Serums (und Plasmas) geht der Proteinkonzentration nicht parallel. Die wasseranziehende Kraft der verschiedenen Eiweißkörper ist sehr verschieden. Sie ist abhängig von der Kationenbindung des Proteins, die ihrerseits eine Funktion der Entfernung der elektrischen Ladung vom isoelektrischen Punkt ist. Der isoelektrische Punkt liegt für Albumin bei $p_H = 4{,}7$, für Globulin bei 5,4; das Fibrinogen ist zwischen $p_H = 4{-}9$ (FUNK) nicht ionisiert.

Im Laboratorium von KROGH haben bei einem Fall von Nephrose HAGEDORN, RASMUSSEN u. REHBERG eine Herabsetzung des kolloidosmotischen Druckes vom Normalwert 450 auf 100 festgestellt. SCHADE u. CLAUSSEN finden regelmäßig bei ödematösen Nierenkranken erheblich verminderte Werte. RUSZNYAK führt den reduzierten „osmotischen Druck", d. h. den auf 1% Eiweißgehalt berechneten Druck, ein und findet Verminderungen, die der Höhe des Fibrinogengehaltes parallel gehen.

Diese Forschungsergebnisse machen es sehr wahrscheinlich, daß Hypalbuminose und Linksverschiebung des Bluteiweißbildes einen Faktor bei der Ödembildung bedeuten.

Nach P. GOVAERTS ist der kolloidosmotische Druck des Serums von dem Verhältnis Albumin:Globulin abhängig, so daß es möglich ist, nach Analyse dieser beiden Fraktionen den kolloidosmotischen Druck mit einer Genauigkeit von 10% zu berechnen. Der osmotische Druck einer 1%igen Albuminlösung beträgt 7,54 cm H_2O, einer 1%igen Globulinlösung 1,95. GOVAERTS gibt folgende Beispiele von Analysen und Berechnungen des Druckes:

	Gesamt-Eiweiß %	Albumin %	Globulin %	$\dfrac{\text{Albumin}}{\text{Globulin}}$	Kolloid-osmot. Druck	
					gefunden cm	berechnet cm
Normal	6,23	4,3	1,93	2,22	35,5	36,18
Normal	7,18	4,78	2,39	2	40,1	40,2
Herzkranke mit und ohne Ödem . . .	6,59	3,18	3,39	0,93	31,4	30,6
Nephrose	4,37	1,76	2,60	0,67	17,1	18
Glomerulonephritis ohne Ödem . . .	6,07	3,71	2,34	1,62	32	32,6

LICHTWITZ hat in einem Fall epithelialer Nephropathie (Lipoidnephrose) durch Infusion einer Gummilösung den kolloidosmotischen Druck des Plasmas wiederhergestellt und dadurch eine vorher auf keine Weise zu erreichende vollständige Entleerung der Ödeme erzielt. Wegen der mitunter erheblichen Nebenwirkungen (Shock) ist das aber keine brauchbare therapeutische Methode.

c) Stickstoffhaltige Stoffwechselendprodukte.

Der nach Ausfällung der Proteine des Blutes zurückbleibende Stickstoff, der Reststickstoff, setzt sich im wesentlichen aus dem N von Harnstoff, Aminosäuren, Harnsäure, Kreatinin und Indican zusammen. Der Ammoniak-N spielt, wie oben (S. 97) dargelegt wurde, infolge seiner ganz geringfügigen Konzentration keine Rolle.

Die Fraktionierung des Rest-N ist mit befriedigender Genauigkeit nicht möglich. Wohl aber gelingt es, leicht den Anteil des Harnstoffes und der Harnsäure zu bestimmen. In der klinischen Praxis hat sich in Deutschland der Gebrauch ausgebildet, Rest-N und Harnsäure, daneben auch Indican und Kreatinin, zu bestimmen. In Frankreich wird in erster Linie der Harnstoffgehalt gemessen und der Anteil des Rest-N, der nicht durch Harnstoff-N gedeckt ist, als „Residual-N" besonders bewertet.

Die Bewertung geht nach zwei Richtungen. Die chemische Blutuntersuchung gibt uns Zahlen, die sich erfahrungsgemäß — aus der Synopsis mit allen anderen Symptomen — für die Beurteilung des Standes, Verlaufs und Ausgangs einer Nierenkrankheit verwenden lassen. Dieser Zweck läßt sich durch Prüfung des Rest-N und der Harnsäure mit vollkommener Sicherheit erreichen. Wahrscheinlich gibt auch die Prüfung anderer Körper — darüber fehlen uns eigene Erfahrungen — ebenso gute Resultate. In dieser Richtung gibt es kaum eine Meinungsverschiedenheit. Anders aber ist es — und das ist der andere Zweck der Blutuntersuchung —, wenn die Retention in eine Beziehung zur Urämie gebracht wird. Dann schwankt nach der Hypothese, zu deren Stütze Beweismaterial gesucht wird, der Wert der Ergebnisse.

An dieser Stelle soll die Wahl der Methode von der klinisch-praktischen Aufgabe bestimmt werden. Folgende Tabelle gibt die normalen und maximalen Zahlen für mg% Rest-N, Harnstoff und Harnsäure:

	Normal	Maximal
Rest-N	15—40	500
Harnstoff	30—80	700
Harnsäure	2—4	24

Das Indican, das besonders bei Schrumpfniere schon früh (auch vor dem Rest-N) einen hohen Wert im Blut erreichen kann, ist in der Norm nur zu Bruchteilen eines mg (eine Schätzungmethode ergibt 0,04—0,107 mg) (G. Haas, M. Rosenberg, E. Becher) im Blut enthalten. Es steigt auf Werte von 6—7 mg%. Das gleiche gilt vom Kreatinin, das sich dem Indican ganz ähnlich verhält (Rosenberg).

Einen sehr feinen Maßstab für krankhafte Vorgänge in der Niere gibt die Beobachtung der Blutharnsäure (E. Krauss). Ihre Abhängigkeit von anderen Bedingungen (Ernährung, Gicht, Leukämie, Fieber, Eiweißzerfall, Kreislaufschwäche) ist bekannt und wird bei der Bewertung der Befunde beachtet. Bemerkenswert ist, daß eine Hyperurikämie sehr lange Zeit nach einer akuten Glomerulonephritis bestehen bleibt, nachdem die Erhöhung des Rest-N längst abgeklungen ist.

Die Erhöhung des Rest-N im Blut wird gewöhnlich als Maß der „Niereninsuffizienz" aufgefaßt und bezeichnet. Dieser Ausdruck ist bisher vermieden worden, weil er, wie später dargelegt wird, in ganz verschiedener Weise angewandt zu werden pflegt und daher nicht ohne Deutung gebraucht werden darf.

Aber auch die vorsichtigere Fassung, daß Rest-N-Erhöhung Maß einer Stickstoffausscheidungsstörung sei, muß noch nach zwei Richtungen eingeengt werden.

L. Blum weist darauf hin, daß bei Kochsalzverarmung des Organismus Azotämie auftritt. Diese Beobachtung kann bei Kranken mit schwerem Erbrechen und mit Ileus oft genug gemacht werden. Nach der Meinung von L. Blum ist zur Aufrechterhaltung einer ungestörten Nierenfunktion Natrium- und Chlorion notwendig. Wenn das richtig ist, so wäre die Azotämie bei Chloridverarmung als Folge einer renalen Ausscheidungsstörung aufzufassen.

Rest-N-Erhöhung findet sich auch bei anderen Krankheitszuständen, so bei Fieber, pathologischem Eiweißzerfall, Vergiftungen (G. Glaubitz) u. a. m. Bei Vergiftungen mit Stoffen, die schwere Nierenprozesse machen, ist daher Rest-N durchaus nicht als Maß der Nierenerkrankung zu bewerten. Diese Einschränkung macht keine Schwierigkeiten.

Sehr viel wesentlicher sind die Fragen, ob jede N-Retention zu einer Rest-N-Erhöhung des Blutes führt, und ob sich der retinierte N gleichmäßig über Blut und Gewebe verteilt, so daß aus dem Blutwert auf die Gesamtretention geschlossen werden kann.

Über diesen wichtigen Punkt gehen die Meinungen auseinander. Marshall u. Davis stellten fest, daß sich in den Körper eingeführter Harnstoff gleichmäßig über Blut und Gewebe verteilt. Beim nierenkranken Menschen fanden aber Monakow und Lichtwitz, daß Harnstoff ohne Erhöhung des Blut-Rest-N retiniert wird. Lichtwitz sah einen Knaben mit akuter eklamptischer Nephritis, der trotz normalem Rest-N (36 mg%) 46 g retinierten Stickstoffs ausschied. Dieselbe Beobachtung machte Monakow an einem Patienten nach 5tägiger Anurie. Rosenberg gibt dagegen in seiner zusammenfassenden Darstellung an, daß Rest-N in Blut und Muskulatur ungefähr parallel geht. Aus seinen Originalarbeiten geht das nicht hervor. Er sagt: „Mit einer verschiedenen Verteilung der Retentionsstoffe (gemeint ist Rest-N, Harnstoff usw.) im Blut und den übrigen Geweben innerhalb gewisser Grenzen muß bei jeder Azotämie, selbst bei solcher gleicher Genese, gerechnet werden, so daß wir aus der Bestimmung der Blutretention keinen sicheren Rückschluß auf die Gesamtretention machen können.“ An anderem Orte berichtet Rosenberg über einen an akuter Glomerulonephritis verstorbenen Mann, bei dem Rest-N im Muskel gegenüber dem im Blut ganz gewaltig gesteigert war. Becher findet, daß in der Norm und bei einer Blut-Rest-N-Vermehrung, die nicht durch „Niereninsuffizienz“ bedingt ist, der Gewebs-Rest-N stärker ansteigt, daß aber bei „Niereninsuffizienz“ das Blut in höherem Grade betroffen ist.

Diese an der Leiche gemachten Feststellungen haben gegenüber den Befunden am kranken Menschen keine entscheidende Bedeutung. Die Meinung P. v. Monakows, daß Rest-N im Blut erst nach Sättigung der Gewebe ansteigt, kann ich nicht bestätigen. Ebensowenig zutreffend ist — auch nach seinen eigenen Feststellungen — die entgegengesetzte Verallgemeinerung von Rosenberg, daß der Rest-N im Muskel erst ansteigt, wenn die Azotämie eine gewisse Schwelle (170 mg%) überschritten hat. Ich finde die Verteilung auf Blut und Gewebe sehr verschieden, habe aber die Bedingungen des unterschiedlichen Verhaltens noch nicht erkannt.

Es ist wahrscheinlich, daß sich bei äußerster Retention, wie sie im Endstadium der Schrumpfniere vorliegt, eine ungefähr gleichmäßige Verteilung über Blut und

Gewebe findet. Für diese Stadien, wie sie der Untersuchung an der Leiche zugrunde liegen, ist die Verteilungsfrage ohne Interesse. Auch für die zahlreichen Fälle, in denen eine Erhöhung von Rest-N im Blut vorliegt, deren symptomatische Bedeutung ja von keiner Seite bezweifelt wird, bedarf es nicht dieser Diskussion. Sie ist aber von Bedeutung für die kasuistische Beurteilung und für das pathogenetische Verständnis bei den vielleicht seltenen, aber zweifellos vorkommenden Fällen, in denen eine N-Retention ohne abnorme Azotämie vorliegt. Die Frage der N-Ausscheidungsarbeit der Niere, die Frage des Verhaltens der Gewebe zum N und die Frage der Bedeutung des Rest-N oder einer seiner Fraktionen für die Urämie läßt sich nicht allein aus der Bestimmung der Azotämie entscheiden.

Besonders für die chronischen Nierenleiden kommt der Azotämie ein hohes prognostisches Interesse zu.

Ihre Bedeutung für die Beurteilung der Nierenfunktion ist in Deutschland nicht ausgewertet worden, obwohl R. Siebeck u. Lichtwitz für den Stickstoff (bzw. Harnstoff), E. Steinitz, Lichtwitz und Thannhauser für die Harnsäure auf die Wichtigkeit des Konzentrationsunterschiedes in Blut und Harn für diese Frage eindringlich hingewiesen haben.

L. Ambard hat den viel beachteten Versuch gemacht, aus dem Harnstoff von Blut und Harn eine mathematische Nierenfunktionsprüfung zu konstruieren, die in sehr entgegengesetzter Weise beurteilt wird. Ambard gewinnt aus folgender Formel den hämorenalen Index:

$$\frac{Ur}{\sqrt{\dfrac{D \cdot 70 \cdot \sqrt{c}}{p \cdot 5}}} = 0,07 \,.$$

In dieser Formel bedeutet Ur den Blutharnstoff (Gramm pro Liter), D die in 24 Stunden im Harn ausgeschiedene Harnstoffmenge in Gramm, c Harnstoff des Harns in Gramm pro Liter, p Körpergewicht. 70 = Normalgewicht, 5 = Quadratwurzel aus der durchschnittlichen normalen Harnstoffkonzentration des Harns (Gramm pro Liter).

Gegen diese Methode sind von vielen Seiten Einwände erhoben worden. Ganz sicher handelt es sich nicht um eine „Konstante“. Der Normalwert liegt nach Bauer und Nyiri zwischen 0,05 und 0,09, nach Rosenberg zwischen 0,03 und 0,09. Diese Autoren finden aber bei anatomisch unversehrten oder nahezu unveränderten Nieren Werte bis 0,14 und 0,15.

Andere Nachuntersucher beurteilen trotz aller theoretischen Bedenken die Methode, deren Hauptvorzug in der Kürze der Untersuchungszeit liegt, günstig. Sie hat sich aber in Deutschland weder in ihrer ursprünglichen Gestalt noch in den Modifikationen, wie sie von McLean und van Slyke angegeben sind, eingebürgert.

d) Die Veränderungen der mineralischen Zusammensetzung.

Bei Nierenkranken findet sich eine Reihe von Störungen der ionalen Zusammensetzung des Blutes und der (bisher nicht ausreichend untersuchten) Gewebe. Im allgemeinen sind die Veränderungen um so ausgeprägter, je schwerer die Nierenerkrankung ist. Es ist aber bisher nicht gelungen, die erhobenen Befunde anatomischen Veränderungen zuzuordnen, ganz im Gegenteil ist die außerordentliche Unregelmäßigkeit im Auftreten bestimmter Störungen — so der Nierenacidose — auffallend.

Ein Teil der mangelhaften Übereinstimmung der Befunde ist allerdings auf Kosten der Methode zu setzen. Dabei handelt es sich nicht so sehr um Mängel der chemischen Analyse als solcher — das trifft z. B. für die von ihrem Autor jetzt selbst verlassene Methodik der Kaliumbestimmung nach F. F. TISDALL zu —, vielmehr um die Nichtbeachtung von Einflüssen, die im Blut bzw. Plasma oder Serum vor Beginn der Analyse wirksam sind und die Befunde ausschlaggebend beeinflussen können. Da es sich bei diesen Vorgängen zum Teil um Austauscherscheinungen zwischen Blutflüssigkeit und Erythrocyten handelt, schließt sich hier unmittelbar die Frage an, wo überhaupt die ionalen Veränderungen in charakteristischer Weise aufzufinden seien, ob die Analyse des Gesamtblutes oder des Plasmas (Serums) hierzu den richtigen Weg biete. Die Frage muß für die einzelnen Ionen verschieden beantwortet werden.

Für das Cl′-Ion ist es seit den klassischen Untersuchungen H. J. HAMBURGERS bekannt, daß es unter dem Einfluß der CO_2-Spannung reversibel seinen Verteilungskoeffizienten zwischen Blutkörperchen und Plasma ändert. Hohe CO_2-Spannung bewirkt Eintritt von Cl′-Ion aus dem Plasma in die gleichzeitig durch Wasseraufnahme schwellenden Erythrocyten und umgekehrt. Dieser Vorgang, durch VAN SLYKE und seine Mitarbeiter als Wirkung des Donnangleichgewichtes des Hämoglobins nachgewiesen, ist mit spiegelbildlichem Verhalten des Bicarbonates gekoppelt, da die Erythrocytengrenze bei der Wasserstoffionenaktivität des Blutes für Kationen so gut wie unpassierbar ist. Bicarbonat und Cl′-Bestimmungen, die im Plasma oder Serum von unter Venenstauung entnommenem Aderlaßblut vorgenommen sind — und das trifft für einen großen Teil der mitgeteilten Befunde zu —, entbehren durchschlagender Beweiskraft. Allein Analysen des Gesamtblutes sind hier verläßlich, wenn man nicht das bei 40 mm CO_2-Spannung abzutrennende „wahre" Plasma untersuchen will.

Für die Beurteilung der anorganischen Phosphate ist wesentlich, daß sie extravasal je nach den Bedingungen der Entnahme (H^+-Aktivität, Läsion der Erythrocyten) durch Synthese oder Spaltung einer lactacidogenähnlichen Substanz Veränderungen erleiden (H. LAWACZEK). Da bei Läsion der Erythrocyten Spaltung überwiegt, dürften die im Aderlaßblut gewonnenen Werte oft zu hoch liegen. Die möglichst rasch nach Entnahme vorgenommene Untersuchung des Blutes und des Plasmas (Serums) ergibt hier brauchbare Vergleichswerte.

Auch für das Kalium des Serums ist durch J. NOGUCHI (unter NONNENBRUCH) eine schnelle extravasale Vermehrung nachgewiesen. Da es in großer Menge in den Erythrocyten vorhanden und seine Menge im Blut somit vom Hämoglobingehalt abhängig ist, sind nur Analysen des Plasmas (Serums) schlüssig. Gleiches gilt für das Natrium, das im Plasma in erheblich größerer Menge als in den Blutkörperchen vorkommt.

Beim Calcium sind die Konzentrationsunterschiede nicht sehr erheblich; sowohl Blutanalysen wie Serumanalysen sind hier verläßlich.

Für das Magnesium fehlen analytische Anhaltspunkte.

Die besondere Stellung, die das Cl-Ion für die Beurteilung der Nierenerkrankungen gegenüber den anderen Ionen seit den Untersuchungen von H. STRAUSS und WIDAL einnimmt, ist wohl mehr von methodischen als von pathologischen

Gesichtspunkten aus berechtigt. Die vorliegenden Analysen im Blut — meist Serumanalysen — bieten jedenfalls nichts Charakteristisches. Neben normalen Konzentrationen finden sich sowohl erhöhte als erniedrigte Werte, ohne daß zwischen akuten und chronischen Nierenerkrankungen grundsätzlich geschieden werden könnte. L. BLUM findet bei Urämie den Chloridgehalt der Erythrocyten und des Gehirns erhöht.

Das anorganische Phosphat, normalerweise in einer Menge von etwa 3 bis 4 mg% im Serum enthalten, ist bei Nierenkranken meist vermehrt. Bei akuten Nierenerkrankungen hält sich die Vermehrung in mäßigen Grenzen, erreicht bei chronischen Urämien Werte bis um 20 mg%. Die Vermehrung geht damit über die bei der idiopathischen Tetanie feststellbaren Werte hinaus. Von der Beziehung dieses Befundes zum Verhalten des Serumcalciums und den damit zusammenhängenden physiologischen Fragen wird unten die Rede sein.

Das Verhalten des Bicarbonations ist bei den Nierenkrankheiten von besonderem Interesse. Seine Bedeutung ist ja keineswegs damit erschöpft, daß es unter den Anionen des Blutes der Menge nach an zweiter Stelle steht. Einmal ist seine Menge von ausschlaggebendem Einfluß auf die [H$^+$] des Blutes, da das Blut im wesentlichen ein Bicarbonatkohlensäurepuffersystem darstellt. Weiter aber ist der Bicarbonatgehalt die Resultante des Verhaltens sämtlicher übrigen im Blut vorhandenen Ionen. Denn der Hauptteil der basischen Äquivalente, die nicht als Salze fixer Säuren vorgefunden werden, fällt auf das Bicarbonat; diese Doppelbeziehung des Bicarbonates ist es, die den Zusammenhang zwischen dem Säurebasengleichgewicht und dem allgemeinen Ionengleichgewicht im Blut ausmacht. Eine isolierte Betrachtung ist daher beim Bicarbonat noch unfruchtbarer als bei den anderen Ionen des Blutes.

Schon vor 40 Jahren hatte R. v. JACKSCH bei einem Urämischen — mit einer Methodik, die allerdings den heutigen Anforderungen nicht mehr gerecht wird — eine Verminderung des titrierbaren Alkalis im Blut festgestellt. Die Frage gewann erst Bedeutung, als STRAUB u. SCHLAYER bei der Urämie eine Verminderung der alveolaren CO_2-Spannung fanden. Weitere Untersuchungen — in Deutschland in erster Reihe durch die STRAUBsche Schule — zeigten, daß sich bei schwerem Nierensiechtum häufig, keineswegs jedoch regelmäßig und in fester Beziehung zur Schwere des Gesamtbildes, eine Acidose, kenntlich durch die Verminderung des CO_2-Bindungsvermögens, final auch durch die Erhöhung der (H$^+$) des Blutes, einstellt. So fanden wir einmal den außerordentlich niedrigen Wert von $p_H = 7{,}01$. Bei akuten Nierenerkrankungen ist diese Erscheinung oft wenig ausgeprägt, das Bicarbonat hält sich meist innerhalb der Grenzen der statistischen Norm, zeigt aber dann bei eintretender Heilung einen Anstieg. Bei chronischen Nierenleiden wurde übrigens hier und da auch ein erhöhtes CO_2-Bindungsvermögen angetroffen.

Nach dem oben Gesagten ist es klar, daß die Ursachen für diese Nierenacidose außerordentlich komplex sind, da bei denjenigen Nierenerkrankungen, in denen der Befund ausgeprägt ist, die Isoionie mehr oder weniger aller Ionen des Blutes gestört ist. Nur in einer Minderzahl der Fälle spielt eine Vermehrung des Cl′-Ions eine wesentliche Rolle. Auch eine Vermehrung des Phosphations ist, in stöchiometrischen Äquivalenten gemessen, wenig bedeutsam. Aus quantitativen Gründen kommt das Sulfation noch weniger in Betracht, obwohl es nach den Untersuchungen von Denis u. Hobson bei Nephritiden in vermehrter Menge im Blut auftritt. Eine größere Rolle spielt schon die Verminderung der basischen Äquivalente die, von J. P. Peters und seinen Mitarbeitern festgestellt, in erster Reihe auf das Na^+-Ion zu beziehen ist. Von den anderen Kationen zeigt nämlich nur das Calcium mit einiger Regelmäßigkeit eine Abnahme, die aber vom stöchiometrischen Gesichtspunkt aus gleichfalls unwesentlich ist.

Alle diese Veränderungen zusammen vermögen zumeist eine vorgefundene Bicarbonatverminderung nicht quantitativ zu erklären. Wenn die Gesamtheit der basischen Äquivalente der Summe der Anionen gegenübergestellt wird, findet sich unter normalen Bedingungen ein Betrag von rund 15% der Kationen, denen keine bekannten Anionen entsprechen. Der Befund, von Tisdall erhoben, weiter von Chr. Kroetz verfolgt, wird unter dem Begriff des Anionendefizits zusammengefaßt. Bei acidotischen Nierenkranken findet sich nun eine Vermehrung dieses Defizits. Nach dem gegenwärtigen Stande des Wissens kann das nur durch die Anwesenheit unbekannter Säuren im Blut erklärt werden (H. Straub).

Vom Standpunkt der Nierenfunktionen aus gesehen ist es eine Insuffizienz in der Ausscheidung der verschiedenen Anionen wie auch die vermehrte Heranziehung fixer Basen zur Neutralisation der starken Säuren im Harn, die der Blutacidose zugrunde liegt. Die Ausscheidung fixer Basen ist zum Teil durch die Tatsache bedingt, daß von der kranken Niere das Ammoniumion oft nicht in ausreichender Menge geliefert wird.

Von den Kationen hat man dem Calcium mit Recht die größte Aufmerksamkeit geschenkt. Schon bei akuten Nierenerkrankungen, bei denen die Veränderungen im ganzen meist wenig deutlich sind, findet sich oft eine mäßige Verminderung des Serumkalks. Sehr ausgeprägt ist sie — doch auch das nicht regelmäßig — bei chronischem Nierensiechtum, und zwar ebenso bei glomerulären Erkrankungen wie bei tubulären.

Die Betrachtung der analytisch gewonnenen Calciumwerte ist aber nicht ausreichend, zumal die Frage nach der physiologisch wirksamen Form des Calciums noch keineswegs gelöst ist. Die Dinge liegen hier jedenfalls viel komplizierter, als man noch vor kurzem (Freudenberg u. György) angenommen hat. Keinesfalls kann die Ansicht als bewiesen gelten, daß nur dem dissoziierten Calcium physiologische Wirkungen zuzuschreiben seien (W. Heubner). Die Berechnungen der dissoziierten Fraktion, die auf den Gleichgewichten des Calciumbicarbonats und Phosphats in wässerigen Lösungen basieren, sind für das Serum gleichfalls nicht unbedingt schlüssig. Bedeutungsvoller erscheinen die Versuche, auf direktem Wege das Calcium zu fraktionieren. Es hat sich gezeigt, daß bei der Ultrafiltration des Serums von Nephritikern 5—6 mg Ca die Membran passieren, genau wie beim Normalen (Pincus, Peterson u. Kramer). Im urämischen Anfall jedoch sinkt der Anteil des ultrafiltrablen Calciums auf Werte von 2—3 mg%, d. h. Werte, wie sie auch bei der parathyreopriven Tetanie gefunden werden. Wahrscheinlich bestehen hier Beziehungen zu Befunden von Bernard u. Beaver, die durch Elektrodialyse das Serumcalcium in eine positiv geladene und eine negativ geladene [also als Komplexsalz vorhandene (K. Klinke)] Fraktion scheiden konnten. Bei Nierenkranken findet sich eine Abnahme des Gesamtkalks. Der echt ionisierte Kalk und der adsorbierte Calciumkomplex ist herabgesetzt, der gelöste Calciumkomplex vermehrt. Die Menge der anorganischen Phosphorsäure ist erheblich gesteigert (s. Diagramm nach KLINKE, S. 625).

PINCUS, PETERSON u. KRAMER haben bei Nephritikern die Werte für Calcium und Phosphorsäure und ihre ultrafiltrablen Fraktionen im Serum festgestellt. Von ihren Ergebnissen gibt folgende Tabelle eine Anschauung:

Chronische Nephritis.

	Rest-N	Kreatin	Serum		Ultrafiltrat		Eiweiß im Plasma
			Ca	P	Ca	P	
1.	130	2,2	7,4	12,6	4,8	13,0	7,6
2.	96	1,5	6,8	10,5	4,6	11,0	7,7
3.	310	3,0	6,6	12,8	4,6	13,0	7,9
4.	261	2,4	6,1	14,0	4,3	14,7	8,1
5.	190	2,5	6,3	15,6	2,8	15,8	7,5
Urämische Krämpfe							

Das Verhalten des Kaliums ist viel weniger regelmäßig. Meist wird über Vermehrung, jedoch auch über normale und erniedrigte Werte berichtet. Doch muß nochmals betont werden, daß gegen die Methodik schwere Bedenken vorliegen.

Dem Magnesium wurde bisher wenig Beachtung geschenkt, da es sich nur in verschwindender Menge (1,5—2,5 mg%) im Serum vorfindet. Bei akuter Nephritis fanden BOYD u. COURTNEY niedrige Normalwerte.

Vom Natrium war weiter oben bereits die Rede. Neben den erniedrigten Werten, auf die als Teilursache der Nierenacidose hingewiesen wurde, sind auch Erhöhungen des Serumnatriumgehaltes beobachtet.

Zwei Größen sind an dieser Stelle noch zu betrachten, die in der Hauptsache Funktionen des Elektrolytgehaltes des Lösungsmittels sind: der osmotische Druck, gemessen an der Gefrierpunkterniedrigung (Δ) und die Leitfähigkeit der Blutflüssigkeit. Erkenntniswert besitzt jeweils nur die Untersuchung des Serums (Plasmas), da die Bestimmung von Δ nur in einem homogenen Medium einen physikalischen Sinn hat und Leitvermögen den unverletzten Erythrocyten überhaupt nicht zukommt. So ist das Anwachsen des Widerstandes im Gesamtblut gegenüber dem Serum geradezu ein Maß des Erythrocytenvolums (BUGARSZKY u. TANGL). Die Untersuchung dieser beiden Größen ging den oben besprochenen analytischen Bestrebungen voraus (BUGARSZKY u. TANGL, V. KORANYI), so wie die Erkenntnis der Isotonie der Blutflüssigkeit der Erkenntnis der Isohydrie und Isoionie vorausging. Für sich allein angewandt hat die Betrachtung des osmotischen Drucks und der Leitfähigkeit in der Pathologie der Nierenkrankheiten nicht weit geführt. Sie zeigte, daß der beim Normalen von äußeren Einflüssen (Wasserzufuhr, Nahrungsaufnahme) wenig abhängige osmotische Druck bei Ausscheidungsstörungen stark ansteigen kann (höchster Wert = 0,90 [H. STRAUB]).

Erst die Verbindung dieser Untersuchungsmethoden mit der Gesamtionenanalyse hat zu neuen Erkenntnissen geführt. Der Wert der kombinierten Anwendung beider Methoden beruht darauf, daß ihre Ergebnisse durch die Anwesenheit von Anelektrolyten in verschiedener Weise berührt werden und dadurch Rückschlüsse auf die Natur der anwesenden Substanzen erlauben. Die Leitfähigkeit wird durch Eiweiß und Anelektrolyte (Harnstoff) herabgesetzt, der osmotische Druck gesteigert. Es zeigt sich nun, daß bei Ausscheidungsstörung die Erhöhung des osmotischen Druckes zu einem großen Teil auf dem Auftreten abnormer Mengen von Anelektrolyten beruht. Ist die Leitfähigkeit erhöht, so liegt eine eine Steigerung der Konzentration der Elektrolyte vor. Nur in einer Minderzahl von Fällen spielen dabei die vorher besprochenen Ionen eine wesentliche Rolle. Nicht selten findet sich vielmehr eine Erhöhung der Leitfähigkeit, die nicht durch sie erklärt, also auf unbekannte Ionen zurückgeführt werden muß. In Verbindung mit oben angeführten Befunden bildet gerade diese Tatsache eine wichtige Stütze der These, daß das Auftreten unbekannter Säuren im Blut eine wesentliche Ursache der Nierenacidose ist.

e) Stickstofffreie Körper aromatischer oder heterocyclischer Konstitution.

Bei der Urämie der chronischen Nierenkranken nimmt das Filtrat des mit Trichloressigsäure enteiweißten Serums beim Stehen eine Rosafärbung an. Das Blut enthält also die Vorstufe eines Farbstoffs, der als Urorosein bezeichnet wird. Im Blut von Menschen mit schwersten chronischen Nierenleiden sind von BECHER Mono- und Diphenole (auch freies Phenol), Kresol und aromatische Oxysäuren nachgewiesen worden. Das Trichloressigsäurefiltrat gibt nach E. BECHER eine braune Diazoreaktion und Urochromogenreaktion, das Filtrat nach FOLIN-WU Xanthoprotein- und Millonsreaktion. Die Träger dieser Reaktionen haben diagnostisch keine Bedeutung, da zu ihrem Nachweis ziemlich große Blutmengen gehören. BECHER schreibt ihnen eine wichtige Rolle für die Entstehung der Urämie und für das Fortschreiten der Nierenerkrankung zu.

Auch Urochromogen und andere Chromogene kommen unter den gleichen Bedingungen wie die Phenole vor.

Die Beachtung oder photometrische Messung der Serumfarbe (W. H. VEIL) wird auch bei Nierenleiden eine gewisse Bedeutung gewinnen.

Bei der Schrumpfniere wird ein heller Harn gebildet, der nach BECHER wenig Farbstoff, aber reichlich Chromogene enthält, die durch Behandlung mit Kaolin in gefärbte Produkte übergeführt werden können.

Literatur.

ALBU, A.: Zur experimentellen Erzeugung von Ödemen und Hydropsien. Virchows Arch. **166**, 87 (1901).

AMBARD, L.: Physiologie normale et pathologique des reins. Paris 1914.

ATCHLEY, D. W., R. F. LOEB, E. M. BENEDICT und W. W. PALMER: Physical and chemical studies of human blood serum. Arch. int. Med. **31**, 606, 611, 616 (1923).

BECHER, E. (1): Über das Verhältnis des Rest-N zum Gesamt-N im Blutplasma und in den Geweben. Dtsch. Arch. klin. Med. **129**, 1 (1919). — (2): Über die Verteilung des Rest-N auf Gewebe und Organe des menschlichen Körpers. Ebenda **135**, 1 (1920). — (3): Über den Harnstoffgehalt der Gewebe. Ebenda **134**, 325 (1920). — (4): Die Diazo- und Urochromreaktion im Blutfiltrat bei Niereninsuffizienz. Ebenda **148**, 10 (1925). — (5): Studien über Chromogene im Serum und Harn von Nierenkranken. Ebenda **148**, 46 (1925). — (6): Studien über das Verhalten der Xanthoproteinreaktion im enteiweißten Blut. Ebenda **148**, 159 (1925). — (7): Einfache Methoden zum Nachweis einer Niereninsuffizienz. Med. Klin. **1926**, 955.

— und F. KOCH: Über die pathogenetischen Beziehungen zwischen echter Urämie und den bei Niereninsuffizienz im Blut retinierten Substanzen. Dtsch. Arch. klin. Med. **148**, 78 (1925).

BECHER, E., ST. LITZNER und W. TÄGLICH: Der Phenolgehalt des Blutes. Z. klin. Med. 104, 182, 195 (1926).
— F. DOENECKE und ST. LITZNER: Quantitative Studien über die Fraktion der aromatischen Oxysäuren im Blut bei Krankheiten. Ebenda 104, 29 (1928).
BERGER, W.: Über die Hyperproteinämie nach Eiweißinjektionen. Z. exper. Med. 28, 1 (1922).
BERNARD, A. and J. J. BEAVER: The electrodialyses of human blood serum. J. of biol. Chem. 69, 113 (1926).
BLUM, L. (1): L'ozotémie par manque de chlorure de sodium. Ann. de physiol. 4, 660 (1928). — (2): Le chloropexie des tissues. Ebenda 3, 497 (1927).
— et P. GRABER: Troubles de la sécretion rénale par manque de chlorure de sodium. C. r. Soc. Biol. Paris 98, 527 (1928).
BOYD, G. L., A. M. COURTNEY and J. F. MAC LACHLAN: The metabolism of salts in nephritis. I. Calcium and phosphorus. Amer. J. Dis. Childr. 32, 192 (1926).
BUGARSZKY und F. TANGL: Physiologisch-chemische Untersuchungen über die molaren Konzentrationsverhältnisse des Blutserums. Pflügers Arch. 72, 531 (1898).
BULGER, H. A., J. P. PETERS, A. J. EISENMAN and CARTER LEE: Total acidbase equilibrium of plasma in health and disease. J. clin. Invest. 2, 213 (1926).
COHNHEIM, J. und L. LICHTHEIM: Über Hydrämie und hydrämische Ödeme. Virchows Arch. 69, 106 (1877).
DENIS, W. and S. HOBSON: A study of the inorganic constituents of the blood serum in nephritis. J. of biol. Chem. 54, 311 (1921); 55, 183 (1923).
EBBECKE, U: Die lokale vasomotorische Reaktion der Haut und der inneren Organe. Pflügers Arch. 169, 1 (1917).
ELLINGER, A.: Die Angriffspunkte der Diuretica. Klin. Wschr. 1922, 249.
— c. s.: Die treibenden Kräfte für den Flüssigkeitsstrom im Organismus. Arch. f. exper. Path. 90, 336 (1921); 91, 1 (1921).
EPSTEIN, A. A. (1): Further studies on the chemistry of blood serum. J. of exper. Med. 16, 719 (1912); 17, 444 (1913); 20, 324 (1914). — (2): Concerning the causation of edema in chronic parenchym. nephritis. Amer. J. med. Sci. 154, 638 (1917).
FAHR, TH.: Pathologische Anatomie des Morbus Brightii. In: HENKE-LUBARSCH, Handbuch der speziellen pathologischen Anatomie 6, 1. Berlin 1925.
FISCHER, M. H.: Das Ödem. Dresden 1910.
FISCHER, G. H. und A. FODOR: Chemische und kolloidchemische Untersuchungen des Blutplasmas und der Ödemflüssigkeit bei Ödematösen. Z. exper. Med. 29, 499 (1922).
FREUDENBERG, E. und P. GYÖRGY (1): Salmiakbehandlung der Kindertetanie. Klin. Wschr. 1922, 410. — (2): Tetanie und Alkalosis. Klin. Wschr. 1923, 1539.
GÄRTNER: Über die Beziehungen zwischen Nierenerkrankungen und Ödemen. Wien. med. Zt. 1883, Nr 19 u. 20.
GLAUBITZ, G. P.: Über Eiweißzerfall bei Vergiftungen. Z. exper. Med. 25, 230 (1921).
GOLLWITZER-MEYER, KL.: Zur Ödempathogenese. Z. exper. Med. 46, 15 (1925).
GOVAERTS, P. (1): Étude clinique de la pression osmotique des protéines du serum dans la pathogenie des oedèmes et de l'hypertension artérielle. C. r. Soc. Biol. Paris 91, 116 (1924). — (2): Influence du rapport albumines-globulines sur la pression osmotique des protéines du sérum. Ebenda 93, 441 (1925). — (3): Quotient albumines-globulines et pression osmotique des protéines du sérum. Ebenda 95, 724 (1926).
GRAM, H. C. and A. NORGAARD: Chloride and conductivity determinations on plasma. J. of biol. Chem. 56, 429 (1923).
HAAS, G. (1): Über Indikanämie. Münch. med. Wschr. 1915, 1043. — (2): Die quantitative Indikanbestimmung im Blut als Nierenfunktionsprüfung. Dtsch. Arch. klin. Med. 121, 304 (1917).
HAMBURGER, J. H.: Osmotischer Druck und Ionenlehre in den medizinischen Wissenschaften. Wiesbaden 1912.
HAMBURGER, R. J.: Über die Bedeutung der K- und Ca-Ionen für das künstliche Ödem und die Gefäßweite. Biochem. Z. 129, 153 (1922).
HAMMARSTEN, O: Über das Paraglobulin. Pflügers Arch. 17, 413 (1878).
HARTWICH, A. und G. MAY: Blutmengenbestimmung mittels der Farbstoffmethode. Z. exper. Med. 53, 677 (1926).

HECHT, G.: Über das Membrangleichgewicht und den kolloidosmotischen Druck des Serums. Biochem. Z. **165**, 214 (1925).

HEUBNER, W.: Über eine Wirkung fein disperser anorganischer Substanzen. Klin. Wschr. **1923**, 1603.

v. JAKSCH, R.: Über die Alkalescenz des Blutes bei Krankheiten. Z. klin. Med. **13**, 350 (1888).

KEITH, N. M., L. G. ROWNTREE and J. T. GERAGHTY: Method for the Determination of Plasma and Blood Volume. Arch. int. Med. **16**, 547 (1915).

KERR, S. H. HURWITZ and G. H. WHIPPLE: Amer. J. Physiol. **47**, 356 (1918/19).

KLINKE, K.: Neuere Ergebnisse der Calciumforschung. Erg. Physiol. **26**, 233 (1928).

KOLLERT, V.: Über das Wesen der Nephrosen. Z. klin. Med. **97**, 287, 426 (1923).

— und W. STARLINGER: Albuminurie und Bluteiweißbild. Ebenda **99**, 431 (1923).

v. KORANYI, A.: Physiologische und klinische Untersuchungen über den osmotischen Druck tierischer Flüssigkeiten. Z. klin. Med. **33**, 1 (1897).

KRAMER, B. and F. F. TISDALL (1): The distribution of Na, K, Ca and Mg between the corpuscles and serum of human blood. J. of biol. Chem. **53**, 241 (1922). — (2): A clinical method for the quantitative determination of potassium in small amounts of serum. Ebenda **46**, 339 (1921).

KRAUSS, E.: Der Harnsäuregehalt des Blutes bei Erkrankung der Niere. Dtsch. Arch. klin. Med. **138**, 340 (1922).

KROGH, A.: Anatomie und Physiologie der Kapillaren. Berlin 1924.

KROETZ, CH.: Zur Biochemie der Strahlenwirkungen. Biochem. Z. **151**, 146, 449 (1924).

KYLIN, E.: Die Hypertoniekrankheiten. Berlin 1926.

LAWACZEK, H.: Über die Dynamik der Phosphorsäure des Blutes. Biochem. Z. **145**, 341 (1924).

LICHTWITZ, L. (1): Untersuchungen über Kolloide im Urin. Hoppe-Seylers Z. **61**, 112 (1909); **64**, 144 (1910); **72**, 215 (1911). — (2): Die Konzentrationsarbeit der Niere. Arch. f. exper. Path. **65**, 128 (1911). — (3): Klinische Chemie Berlin 1918, S. 95. — (4): Über Begriffsbildungen in der Nierenpathologie. Berl. klin. Wschr. **1917**, Nr 25. — (5): Kolloidchemie und -therapie der Diurese. Therapia (KORANYI-Festschrift) 1926.

— und F. STROMEYER: Untersuchungen über die Nierenfunktionen. Dtsch. Arch. klin. Med. **116**, 127 (1914).

— und G. ZACHARIAE: Über Diurese und Diuretica. Ther. Mh. **1916**, Nr 12; **1917**, Nr 1.

LINDER, G. C., C. LUNDSGAARD, D. D. VAN SLYKE and E. G. STILLMANN: Changes in the volume of Plasma and Absolute amount of Plasma Protein in nephritis. J. of exper. Med. **39**, 921 (1925).

MARSHALL and DAVIS: Urea; its distribution and elimination from the body. J. of biol. Chem. **18**, 53 (1914).

MILLER, J. R., N. M. KEITH and L. G. ROWNTREE: Plasma and blood volume in pregnancy. J. amer. med. Assoc. **65**, 779 (1915).

v. MONAKOW, P.: Untersuchungen über die Funktion der Niere unter gesunden und krankhaften Verhältnissen. Dtsch. Arch. klin. Med. **115**, 47 (1914); **116**, 1 (1914).

MORAWITZ, P.: Blutplasma und Blutserum. OPPENHEIMERS Handbuch der Biochemie **2**, 78 (1909).

MÜLLER, P. TH.: Über chemische Veränderungen des Knochenmarks nach intraperitonealer Bakterieneinspritzung. Hofmeisters Beitr. **6**, 454 (1905).

NOGUCHI, J.: Untersuchungen über den Mineralstoffwechsel. Arch. f. exper. Path. **108**, 77 (1920).

ORGLMEISTER, G.: Änderung des Eiweißbestandes der Niere durch Entzündung. Z. exper. Path. u. Ther. **3**, 219 (1906).

PINCUS, J. B., H. A. PETERSON and B. KRAMER: A study by means of ultrafiltration of the condition of several inorganic constituents of blood serum in disease. J. of biol. Chem. **68**, 601 (1926).

PLESCH, J.: Untersuchungen über die Physiologie und Pathologie der Blutmenge. Z. klin. Med. **93**, 271 (1922).

ROSENBERG, M. (1): Experimentelle Studien über die Beziehungen der urämischen Azotämie zur Indikanämie und Indikanurie. Arch. f. exper. Path. **79**, 265 (1916). — (2): Über Indikanämie bei Nierenkranken. Münch. med. Wschr. **1916**, Nr 4. — (3): Die Hyperkreatinämie bei Nephritikern. Ebenda **1916**, Nr 26. — (4): Rest-N und Stoffwechsel.

Arch. f. exper. Path. 87, 86 (1920). — (5): Vergleichende Untersuchungen über Schlakkenretention im Muskel und Blut Nierenkranker. Ebenda 87, 153 (1920). — (6): Kritisches Sammelreferat über die Bedeutung der AMBARDschen Konstante für die Nierenfunktionsprüfung. Dtsch. med. Wschr. 1924, Nr 30. — (7): Die Klinik der Nierenkrankheiten. Berlin 1927.

RUSZNYAK, ST. (1): Die nephelometrische Bestimmung des Albumin-Globulinquotienten. Biochem. Z. 133, 359 (1922). — (2): Untersuchungen über die Entstehung des Ödems bei Nierenkranken. Z. exper. Med. 41, 578 (1924).

SCHADE, H.: Über Quellungsphysiologie und Ödementstehung. Erg. inn. Med. 32, 424 (1927).

— und F. CLAUSSEN: Der osmotische Druck des Blutplasmas und die Entstehung der renal bedingten Ödeme. Z. klin. Med. 100, 363 (1924).

SEYDERHELM, R. und W. LAMPE (1): Zur Frage der Blutmengenbestimmung. Z. exper. Med. 30, 403, 410 (1922); 35, 177 (1923); 41, 1 (1924). — (2): Die Blutmengenbestimmung und ihre klinische Bedeutung. Erg. inn. Med. 27, 245 (1925).

SIEBECK, R.: Die Beurteilung und Behandlung Nierenkranker. Tübingen 1920.

VAN SLYKE, D. D., c. s.: Studies of gas and electrolytic equilibria in the blood. J. of biol. Chem. 54, 481, 507 (1922); 56, 765 (1923); 59, 20 (1923); 60, 89 (1923); 63, 13 (1924); 165, 701 (1924).

SÖRENSEN, S. P. L.: Proteinstudien. Hoppe-Seylers Z. 106, 1 (1919).

STARLING, E. H.: On the absorption of Fluids from the Connective Tissue. J. of Physiol. 19, 312 (1896).

STEINITZ, E.: Die AMBARDsche Konstante der Harnsäure. Ther. Gegenw. 1922, 369.

STRAUB, H.: Störungen der physikalisch-chemischen Atmungsregulation. Erg. inn. Med. 25, 1 (1924).

— und C. R. SCHLAYER: Die Urämie eine Säurevergiftung? Münch. med. Wschr. 1912, Nr 11.

THANNHAUSER, S. J. (1): Zur Pathogenese und Therapie der Gicht. Ther. Halb Mh. 1921, 23. — (2): Die Bewertung der Harnsäurekonzentration im Blut zur Diagnose der Gicht. Dtsch. Arch. klin. Med. 139, 160 (1922). — (3): Besteht bei der Gicht eine funktionelle Störung der Harnsäureausscheidung? Klin. Wschr. 1923, 65.

VEIL, W. H.: Die Harnfarbe, eine bedeutsame Funktion des Organismus. Klin. Wschr. 1927, 2217.

— und P. SPIRO: Über das Wesen der Theocinwirkung. Münch. med. Wschr. 1918, 1119.

WEISS, E. und O. MÜLLER: Über Beobachtungen der Blutkapillaren und ihre klinische Bedeutung. Ebenda 1917, S. 609.

WOLFF, AD.: Zbl. inn. Med. 1926, Nr 26.

ZANGGER, H.: Über Membranen und Membranfunktionen. Erg. Physiol. 7, 99 (1908).

3. Die Niereninsuffizienz.

Diese Darstellung des Verhaltens der Nierenfunktionen zeigt, daß aus der Untersuchung von Harn, Blut, auch von Ödemflüssigkeit u. a. der Funktionszustand und die Leistung der Nieren mit einem genügenden Grade von Genauigkeit und Sicherheit erkannt werden kann.

Aus der Höhe der Konzentrationen im Harn beurteilen wir, unter Beachtung der Blutwerte, das Verhalten der Nierenfunktionen; aus den zeitlichen Ausscheidungsverhältnissen und aus den Bilanzen ersehen wir den Stand der Ausscheidungsarbeit.

Aus dieser scharfen gedanklichen Trennung ergibt sich ohne weiteres eine Bezeichnung der vorliegenden Verhältnisse. Es kann der Verständigung nicht dienen, wenn man bei Teilfunktionsschwäche ebenso wie bei mangelhafter Ausscheidungsarbeit von Niereninsuffizienz schlechthin spricht.

Darunter versteht man eine komplexe Funktionsschädigung, deren Kennzeichen KORANYI in folgender Weise zusammenfaßt:

1. Die Molekularkonzentration des Harns ist gleichmäßig.

2. Die Konzentration der einzelnen verschiedenen Harnbestandteile schwankt ebenfalls zwischen engeren Grenzen.

3. Der Einfluß des Stoffwechsels auf die Nierentätigkeit ist geringer und kommt, wenn er überhaupt nachweisbar ist, verspätet zum Vorschein.

4. Das Maximum und das Minimum der möglichen molekularen Konzentration des Harnes rücken denjenigen des Blutes näher.

5. Die Permeabilität der Nieren für gelöste Moleküle nimmt ab.

6. Die Permeabilität der Nieren für Wasser nimmt ab.

7. Die physiologische gegenseitige Unabhängigkeit der Wasserdiurese und der Ausscheidung gelöster Stoffe geht je nach dem Grade der unter 4 erwähnten Störung mehr oder weniger vollständig verloren.

VOLHARD findet ungefähr dasselbe bei der sekundären Schrumpfniere und bezeichnet diesen Zustand als absolute Niereninsuffizienz.

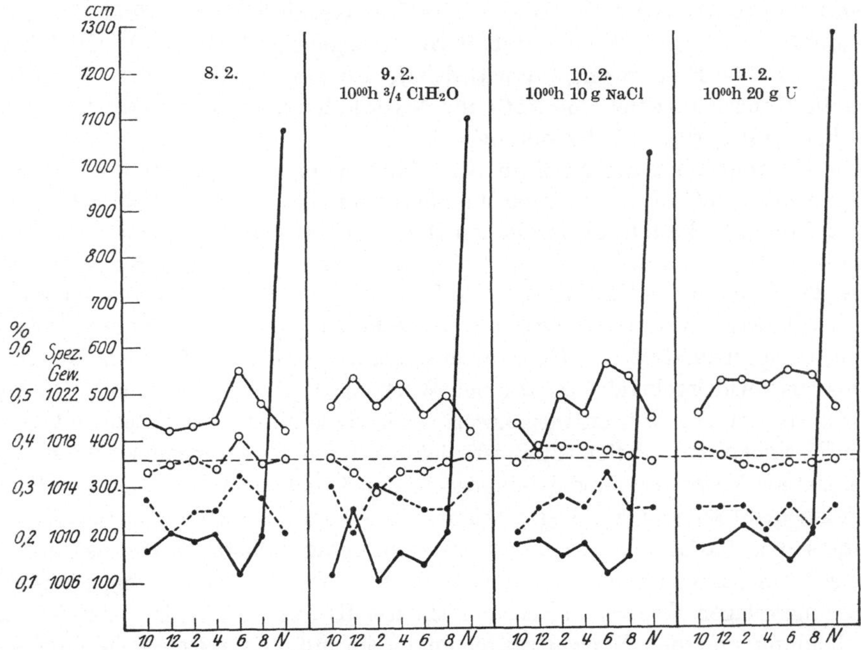

Abb. 48. Die Harnmengen sind groß. Mehr als 50% des 24 stündigen Harns erscheint in der Nacht (von 8 Uhr abends bis 8 Uhr morgens). Die spezifischen Gewichte liegen zwischen 1010 und 1015. Am Normaltag (8 2.) Konstanz der Konzentrationen von Cl' und N. Cl' isotonisch (in der Höhe der Horizontallinie). Am Wassertag (9. 2.) keine deutliche Wasserzacke. Keine Verdünnungsreaktion. Cl'- und N-Linien wie am Normaltag. Am Kochsalztag (10. 2.) und Harnstofftag (11. 2.) dasselbe Bild. Die Zulagen von Wasser und Kochsalz werden retiniert. Die Harnstoffzulage unter mäßiger Steigerung der Harnmenge (besonders nachts) zu etwa ein Viertel ausgeschieden.

Im Ergebnis unserer Funktionsprüfung stellt sich die Niereninsuffizienz in folgender Weise dar (Abb. 48).

Fall I, **127.** 32 jähriger Mann. Seit 3 Jahren nierenkrank. Ursache unbekannt. Klagt über Schwellung der Beine, Kurzatmigkeit, Verminderung des Sehvermögens. Blaß, gedunsen. Mäßiges Ödem beider Unterschenkel. Hämoglobin 38%. Herz stark nach links, mäßig nach rechts erweitert. I. Ton an der Spitze unrein. II. A.-T. betont. Blutdruck 200 mg Hg. Drahtpuls. Leber drei Querfinger unterhalb des Rippenbogens. Retinitis albuminurica. Rest-N 62 mg%. Harn: hell, dünn, 6—12⁰/₀₀ Alb.,

hyal., granul. und epith. Zyl., Nierenepithelien, wenige rote und weiße Blutkörperchen.
Diagnose: chronische Nephritis im Stadium der Niereninsuffizienz.

Tag	Harn-menge	Spez. Gew.	g Cl′	g N	Spez.Gew. auf 1 Liter berechnet	Gefundener Mehrbetrag		Aus der Zunahme des spez. Gew. berechneter Mehrbetrag	
						Cl′	N	Cl′	N
8. 2.	2145	1011	7,7	9,3	1024	—	—	—	—
9. 2.	2060	1013	7,1	9,3	1027	—	—	—	—
10. 2.	1970	1012	7,1	8,8	1023,8	0	—	0	—
11. 2.	2340	1011	9,1	11,3	1027,3	1,0	2,0	—	5,5
12. 2.	1840	1012	6,2	9,6	1022,1	—	—	—	—
13. 2.	2040	1008	7,2	10,2	1016,5	—	—	—	—

8. II. Normaltag; 9. II. Wassertag; 10. II. Kochsalztag; 11. II. Harnstofftag.

Es handelt sich also um eine begrenzte Polyurie, meist mit erheblicher
Nykturie, und um ein niedriges, den Wert von 1015 nach oben, von 1008 nach
unten kaum je überschreitendes spezifisches Gewicht. Die stündlichen oder
zweistündlichen Harnportionen sind oft von etwa gleicher Größe. Alle Einflüsse,
die sonst die Harnmenge verändern, kommen nicht zur Wirkung.
Auch die Konzentrationen von NaCl und N verlaufen über den ganzen Tag geradlinig bzw. mit geringen Schwankungen.

Die Konzentration des NaCl im Harn fällt bei einer großen Zahl dieser Fälle
genau mit der NaCl-Konzentration im Blutserum zusammen (= 0,36% Cl′; horizontale Linie). Es besteht also zwischen Blut und Harn eine Kochsalzisotonie.
In anderen Fällen ist die Niere nicht einmal zu dieser Leistung fähig; dann liegt
der Kochsalzgehalt des Harns zwangsläufig unter dem des Blutwassers, es besteht
eine Kochsalzhypotonie. Mitunter beobachtet man, auch in vorgeschrittenen
Fällen, noch einen Rest von Konzentrationsfähigkeit für NaCl, so daß der Harn
wenigstens vorübergehend einmal einen Wert von 0,75% NaCl erreicht. Die Herstellung so geringer Konzentrationswerte, wie sie auch in Exsudaten und in der
Ödemflüssigkeit anzutreffen sind, ist nichts für die Niere Spezifisches; sie entspricht einer Elektrolytverschiebung nach dem Gesetz von DONNAN. Die Stickstoffkonzentration zeigt im Tagesverlauf nur geringe Schwankungen; sie beträgt
meistens 0,5—0,6%, erreicht nur selten ein wenig höhere Werte, ist aber in
ganz schweren Fällen noch kleiner (0,3—0,4%). Wie die Kurve zeigt, sind die
Belastungszulagen (Wasser, Kochsalz, Harnstoff) auf den Verlauf der Wasserausscheidung und der Konzentration ohne Einfluß. Es tritt weder eine Verdünnungsreaktion noch eine Konzentrationssteigerung ein. Die Veränderlichkeit
der Harnausscheidung ist verlorengegangen. Auch durch Trockenkost und
Dürsten wird die Polyurie nicht vermindert; es handelt sich um eine Zwangspolyurie. Die Niere braucht größere Wassermengen, um die löslichen
Stoffe auszuscheiden, und nimmt das Wasser, wenn es nicht von außen an-
geboten wird, aus den Geweben. Durstversuche werden daher von diesen
Kranken nicht vertragen. Diese Zwangspolyurie ist die Folge des Verlustes der Konzentrierungsfunktionen. Dieser Defekt muß im Tubularepithel
lokalisiert werden. Wir treffen ihn beim Diabetes insipidus auf funktionellem
Boden, ferner in Fällen von Harnstauung (z. B. bei Prostatahypertrophie),
wenn die Stauung bis in die Tubuli der Niere reicht und durch den Druck die
Kanälchen erweitert, die Epithelien abgeplattet werden und somit in ihrer Funk-

tion behindert sind. Bei diesen letztgenannten Zuständen sind die Glomeruli unversehrt und in ihrer Fähigkeit zur Wasserausscheidung nicht geschädigt. Es kommt daher zu Polyurien erheblichen Grades, so daß eine Ausscheidungsinsuffizienz nicht einzutreten braucht.

Die Zwangspolyurie bei der Niereninsuffizienz durch diffuse Nephritis ist dagegen eine begrenzte, weil in diesen Fällen durch die schwere Veränderung des gesamten Parenchyms, einschließlich der Glomeruli, auch das Wasserausscheidungsvermögen geschädigt ist. Deshalb wird, trotz der Polyurie, eine Wasserzulage gar nicht oder nur zu einem kleinen Teile ausgeschieden, und diuretische Mittel haben nur eine geringe Wirkung. Bei Niereninsuffizienz arbeitet die Niere bereits ständig mit dem größten Maß ihres Könnens und wahrscheinlich gleichzeitig mit dem ganzen Rest von Parenchym, der ihr noch geblieben ist. Einige Anhaltspunkte weisen darauf hin, daß die normale Niere nicht im ganzen Parenchym zugleich funktioniert, sondern daß es auch Ruhepausen in den einzelnen Teilen gibt. Ein Parenchymrest, der ständig mit dem Höchstmaß seines Könnens tätig ist, muß in absehbarer Zeit zum Versagen und Versiegen kommen. Solange die Niere wenigstens zu Zwangspolyurie fähig ist, kann sie in bezug auf die Ausscheidungsarbeit (Bilanzen) geringen Ansprüchen genügen. Da sie sich aber nicht mehr den Umsätzen im Stoffhaushalt anzupassen vermag, so muß versucht werden, den Stoffhaushalt den Nierenmöglichkeiten anzupassen. Das ist diätetisch bis zu einem gewissen Grade möglich für das Wasser und das Kochsalz. Wenn man die Größe der Flüssigkeitszufuhr in den Grenzen der Harnmenge hält und die Kochsalzzufuhr stark einschränkt, so kann eine Ausscheidungsinsuffizienz für diese beiden Stoffe vermieden werden. Bei den stickstoffhaltigen Endprodukten liegt das nicht mehr für alle Fälle in den therapeutisch-diätetischen Möglichkeiten, da der endogene Eiweißumsatz unter ein gewisses Maß nicht herabgedrückt werden kann. Es kommt daher bei Niereninsuffizienz zu einer Steigerung des Reststickstoffes im Blut und in den Geweben.

Der Reststickstoff im Blut ist aber kein Maßstab der Niereninsuffizienz. Seine Höhe steht zu der Schwere des Krankheitsbildes und der Nierenveränderungen nicht in einem Verhältnis, der einen Vergleich zwischen verschiedenen Kranken ermöglicht. Der oben geschilderte Sekretionstyp kann voll ausgebildet sein, ohne daß der Rest-N über hohem Normalwert liegt. Andererseits kommt — so bei der akuten Nephritis und der mit Oligurie einhergehenden akuten epithelialen Nephropathie — erhebliche Steigerung ohne die komplexe Funktionsschwäche der Niereninsuffizienz vor.

Im allgemeinen steigt der Rest-N mit der Dauer der Niereninsuffizienz an. Darin liegt ein prognostischer Hinweis von hoher Bedeutung. Da auch die Fähigkeit zur Polyurie — teils durch Fortschreiten der Verödungsprozesse, teils durch hinzutretende Kreislaufschwäche — allmählich abnimmt, so führt die Niereninsuffizienz trotz der diätetischen Anpassung schließlich zu einer Ausscheidungsinsuffizienz. Das zeigt folgende Analyse eines solchen Patienten, der schließlich nur noch fähig war, höchstens 4 g Stickstoff täglich, d. h. eine Menge, die etwa dem Hungerumsatz des Gesunden entspricht, auszuscheiden.

Der fundamentale Unterschied zwischen Niereninsuffizienz und Ausscheidungsinsuffizienz wird durch die folgende Prüfung eines Mannes mit chronischer Kreislaufinsuffizienz demonstriert.

Auch hier sind die 2stündlichen Harnmengen etwa gleich groß. Aber es

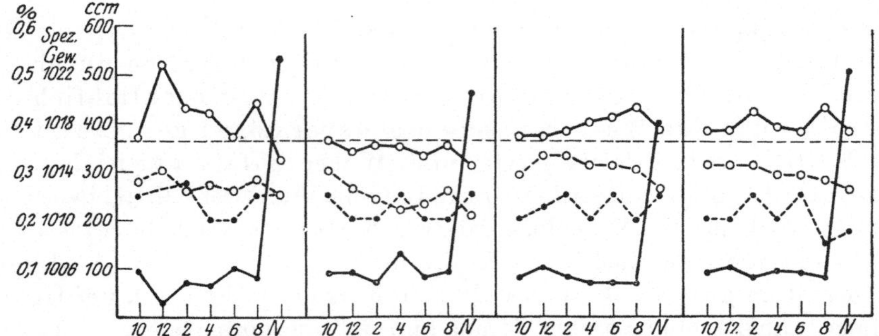

Abb. 49. Niereninsuffizienz im Endstadium. Das *S. G.* und die Konzentrationen von Cl′ und *N* sind niedrig fixiert. Die Fähigkeit der kompensatorischen (begrenzten) Polyurie besteht nicht mehr.

besteht Oligurie. Das spezifische Gewicht ist fixiert und zeigt keine Schwankungen durch die Belastungszulagen. Die Chloridkonzentration bewegt sich in

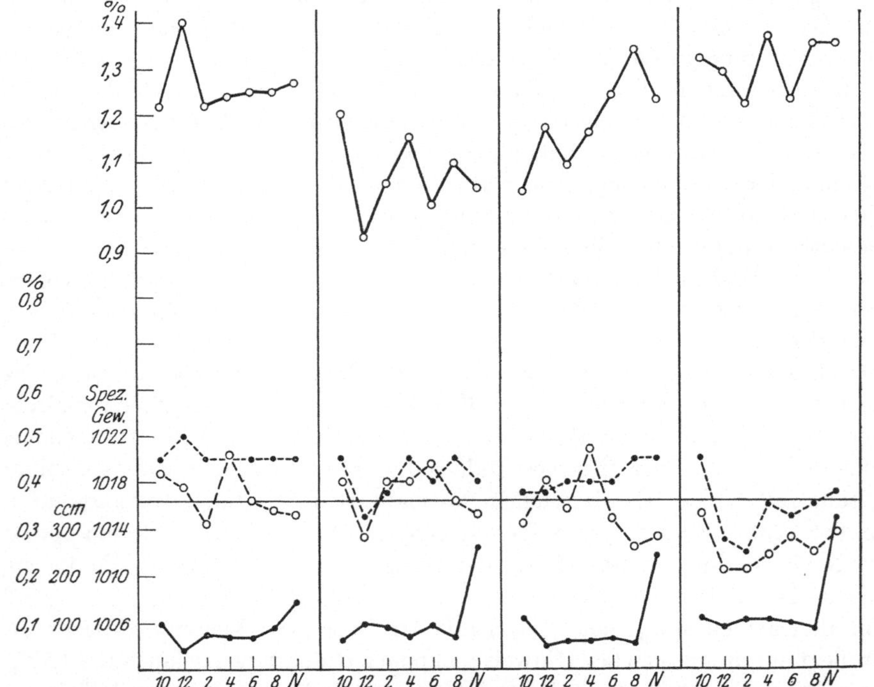

Abb. 50. Chronische Kreislaufinsuffizienz. Stauungsniere. Harnmengen klein. *S. G.* in mittlerer Höhe fixiert. *Cl′*-Konzentration in Höhe des Blutwertes fixiert. *N*-Konzentration sehr hoch.

ganz engen Grenzen um den Blutwert. Aber die N-Konzentration liegt sehr hoch, so hoch, daß jede Harnstoffmenge, die als Folge der Ernährung praktisch in Betracht kommt, ausgeschieden werden kann.

Die Beziehungen von Wasserausscheidungsvermögen und Konzentrierungsfunktionen zur Niereninsuffizienz und zur partiellen und komplexen Ausscheidungsinsuffizienz lassen sich in folgender Weise übersichtlich darstellen:

Wasserausscheidung	Konzentrierungsfähigkeit für		Niereninsuffizienz	Ausscheidungsinsuffizienz für		
	NaCl	N[1]		NaCl	N	NaCl und N
Oligurie	+	+	−	±[2]	±[2]	±[2]
	−	−	+			+
	−	+	−	+	±[2]	±[2]
Begrenzte Polyurie	+	+	−	−	−	
	−	−	+			±[2]
	−	+	−	+	−	
Polyurie	+	+	−	−	−	
	−	−				−
	−[3]	+	−	−	−	

[1] Konzentrierungsschädigung für N bei erhaltener Konzentrierungsfähigkeit für NaCl kommt nicht vor.

[2] Abhängig von Wassermenge und Ernährung.   [3] Beim Diabetes insipidus.

4. Die Anurie.

Die Ursachen einer Anurie können liegen in

1. dem **Fehlen beider Nieren** (Exstirpation oder schwerste Verletzung einer Niere bei Fehlen der zweiten) = **arenale Anurie**;

2. einer **Aufhebung des Blutzuflusses zu beiden Nieren** durch Thrombose oder Kompression beider Nierenarterien oder beider Nierenvenen = **prärenale Anurie**;

3. einer **vollständigen Aufhebung der Wassersekretionsfähigkeit beider Nieren** (bei akuter Glomerulonephritis, im Endstadium chronischer Nephritiden, bei schweren degenerativen Prozessen, z. B. Sublimatniere) = **renale Anurie im engeren Sinne**; eine renale Anurie kann durch Erkrankung des sezernierenden Parenchyms (wie bei Hg-Vergiftung) oder durch eine Sperrung sämtlicher Glomeruli bedingt sein;

4. **mechanischer Verlegung des Harnabflusses.**

Diese Verlegung kann bereits in den Kanälchen stattfinden, so z. B. bei der Kanälchenverstopfung, die durch Hämoglobinmassen bei plötzlichem Untergang großer Blutmengen (Verbrennungen, Schwarzwasserfieber) stattfindet = **renale subrenale Anurie.** Vielleicht ist auch bei der akuten Nephritis die Anurie durch eine Verstopfung der Kanälchen mit Harnzylindern mitbedingt (AUFRECHT).

Die Verlegung findet häufiger in den Uretern (durch Steine oder Tumoren — Gebärmutter-, Blasen- oder Prostatatumoren) statt. **Subrenale Anurie.** Auch Steinverschluß eines Ureters führt nicht selten zu doppelseitiger Anurie = **subrenale und reflektorische Anurie**;

5. **nervösen Bedingungen = reflektorische Anurie**, die auch ohne grobe mechanische Hindernisse bei Reizzuständen im Bereich der abführenden Harnwege, aber auch bei peritonealer Reizung zustande kommt. Nach CASPER, der wiederholt nach Einlegung eines Ureterkatheters ein Aufhören der Anurie beobachtete, handelt es sich um Spasmen der Ureteren, die (s. Nierennerven) reflektorisch zu einer Beeinflussung der vasomotorischen und sekretorischen Nerven führen;

6. einem Wassermangel bei starken Durchfällen, hochgradiger Wasserverarmung des Körpers, abnormer Capillardurchlässigkeit und Wasser—Salzbindung im Gewebe infolge von Shock oder neuroendokrinen Störungen (extrarenale Anurie).

CASPER unterscheidet zwischen der echten Anurie, bei der überhaupt kein Harn gebildet wird (arenale, prärenale und renale Anurie), und der falschen Anurie, bei der der Harn infolge Ureterenverschlusses nicht abfließen kann (= subrenale Anurie). Diese Namengebung ist nicht sehr glücklich, da die „falsche Anurie" doch auch eine wirkliche ist, und da der Unterschied in bezug auf die Harnbildung nur im Beginn dieses anurischen Zustandes besteht. Es wird nämlich bei Ureterenverschluß der Druck im Harnleiter oberhalb des Hindernisses sehr groß; er pflanzt sich bis in die Kanälchen fort, führt dort zu einer Erweiterung und Epithelabplattung, sodann zu einer Behinderung des Kreislaufes, Kompression der Gefäße, Anämie des Organs mit rasch folgendem Aufhören der Harnbildung. Die reflektorische Anurie (Sekretionsstillstand in beiden Nieren bei einseitiger Abflußbehinderung) ist sehr selten. Es handelt sich um einen renorenalen Reflex, der auf Nervenfasern, die von einer Niere zur anderen verlaufen, zustande kommt. Die anatomischen Verhältnisse sind sehr wechselnde, indem fördernde Vagusfasern und hemmende Sympathicusfasern teils unmittelbar, teils durch das Ganglion coeliacum verlaufend, dazu markhaltige, sensible Elemente in wechselnder Zahl und Zuteilung in das Organ eintreten.

Die Anurie führt zu dem höchsten Grad der Ausscheidungsinsuffizienz.

Eine renale Anurie gibt es sowohl bei Glomerulonephritis als auch bei akuter Nephrose. Bei dieser geht sie ohne schwere Störung des Allgemeinbefindens einher und gibt eine gute Prognose. Folgende Beobachtung eines Falles von 6 tägiger Anurie infolge epithelialer Nephropathie nach einer Erkrankung durch Paratyphus B zeigt im Verhalten des Blutes und in der nachträglichen Ausscheidung die Höhe der Retention und die Schnelligkeit an, mit der sich die Konzentrierung von N und Harnsäure, nicht aber die von Chlorid wiederherstellt.

| Datum | Harn-menge | Urin | | | | | | Blut | | |
| | | Cl′ | | N | | Harnsäure | | Rest-N | Harnsäure | Cl′ . |
		% mg	g	%	g	% mg	g	in mg %		
25. 8.	0							280	19,2	
28. 8.	0							241	16,8	334
29. 8.	0									
30. 8.	0									
31. 8.	510	14	0,072	1,15	5,9	61	0,32			
1. 9.	500	14	0,07	1,18	6,1	56	0,28	302	24,1	327
2. 9.	1900	6,8	0,13	1,32	25,2	110	0,21			
3. 9.	3000	21,7	0,64	1,35	40,9	55	1,67			
4. 9.	4000	14	0,57	1,4	57,0	39	1,56			
5. 9.	1000	14	0,14	1,39	13,9	35	0,35			
6. 9.	1650	12	0,23	1,32	24,4	49	0,92			
7. 9.	1025	14	0,15	1,37	14,1	48	0,49			
8. 9.	1750	14	0,25	1,25	21,9	58	1,02	81	5,9	362

Das Bild, unter dem die nicht durch nephritische Prozesse hervorgerufene Anurie — also die arenale, prärenale und subrenale — verläuft, ist in seinem Beginn und ersten Teil meist insofern außerordentlich überraschend, als zunächst, etwa für die ersten Tage, aber in manchen Fällen auch länger, bis zur Dauer einer Woche, völlige Symptomlosigkeit und fast völliges Wohlbefinden besteht. Erst nach diesem — von BRADFORD latente Urämie geannten — Stadium treten Folgeerscheinungen auf, von denen hier nur die von chemischem Interesse zu erwähnen sind. Es bildet sich ein klebriger Schweiß, besonders auf der Stirn, der in seltenen Fällen beim Eintrocknen auf der Haut feine glänzende, aus Harnstoff bestehende Schüppchen hinterläßt. Die Atemluft riecht deutlich urinös und ammoniakalisch. Bei Vorhalten eines mit Salzsäure befeuchteten Glasstabes vor den Mund bilden sich Salmiaknebel.

In den Fällen von subrenaler Anurie kommt es nach den Bobachtungen von H. PÄSSLER, W. BRASCH u. a. zu einer Blutdrucksteigerung. Bei renaler Anurie ist die Blutdrucksteigerung eine Folge des nephritischen Prozesses. Nach Beobachtung am Tier führt Unterbindung beider Nierenarterien nicht zur Blutdrucksteigerung. Demnach ist zu erwarten, daß eine prärenale Anurie (etwa durch Thrombose beider Nierenarterien) das gleiche Verhalten zeigt. In einem Falle von Thrombose beider Nierenvenen beobachtete E. MEYER auffallend niedrigen Blutdruck. Wie die arenale Anurie den Blutdruck beeinflußt, bedarf noch weiterer Beobachtungen. Im entsprechenden Tierexperiment steigt der Blutdruck nicht. Ich beobachtete bei einem Fall von arenaler Anurie, der erst am 21. Tag starb, am 14. Tag einen Blutdruck von 140 mm Hg.

Bei denjenigen Anurien, die nicht durch Nephritis bedingt sind, kommt es, wie die Beobachtung des Körpergewichtes zeigt, trotz vermehrter Ausscheidung durch Darm, Magen (Erbrechen) und Haut zu einer Wasserretention, aber erst sehr spät und nur in sehr geringem Maße zu Ödemen, die dann nicht die Lokalisation nephritischer Ödeme (Augenlider) zeigen, sondern an den Fußknöcheln auftreten. So hat H. PÄSSLER einen Fall von subrenaler Anurie beobachtet, in dem nur ganz spärliche Knöchelschwellungen auftraten, obwohl eine Wassermenge, die 13—14% des Körpergewichtes betrug, im Körper verblieben war. Eine solche Flüssigkeitsmenge pflegt beim Nephritiker bereits recht deutliche Schwellungen zu machen.

Der Reststickstoff steigt stets erheblich an, der Kochsalzgehalt des Blutes ist gleichfalls in einer Anzahl von Fällen, wenn auch nicht regelmäßig, erhöht befunden worden. Der Gefrierpunkt sinkt. Alle diese Zeichen einer höheren Konzentration des Blutserums treten ein, obwohl, wie die Abnahme von Hämoglobin und Zahl der roten Blutkörperchen zeigen, sich das Volumen des Blutes infolge der Wasserretention vermehrt.

Literatur.

BRASCH, W.: Über die klinischen Erscheinungen bei langdauernder Anurie. Dtsch. Arch. klin. Med. **103**, 488 (1911).

LICHTWITZ, L.: Praxis der Nierenkrankheiten. 2. Aufl. Berlin 1925.

MEYER, E.: Doppelseitige Nierenvenenthrombose. Straßburger med. Z. **1913**, H. 4.

PÄSSLER, H.: Beitrag zur Pathologie der Nierenkrankheit, nach klinischen Beobachtungen bei totaler Harnsperre. Dtsch. Arch. klin. Med. **87**, 569 (1906).

Zweiundzwanzigstes Kapitel.

Die Niere. III.

Die unmittelbaren Nierenzeichen.

1. Die Albuminurie.

Ein jeder Harn vom Menschen enthält Eiweiß (C. Posner, K. A. H. Moerner),
wenn auch gewöhnlich nur in Spuren. Zu deutlichen Reaktionen und sogar zu an-
sehnlichen Mengen kommt es aber auch bei völlig Nierengesunden in einer sehr
beträchtlichen Zahl von Fällen unter Bedingungen, deren Kenntnis uns dem Verständnis der pathologischen Albuminurie näherführt. Eine physiologische Eiweißausscheidung besteht in den ersten 8—10 Lebenstagen, ferner in der Menstruation,
bei Kreißenden und Gebärenden, sowie post partum. Ebstein hat Albuminurie
(und Cylindrurie) bei Obstipation beschrieben: Schiff hat nach Magenaushebe-
rung Eiweiß im Harn gefunden. Ob es eine „Verdauungsalbuminurie" gibt, ist
strittig. Aber sicher kann man bei einer Anzahl von Menschen durch Zuführung
von Eiweiß sein Auftreten im Harn hervorrufen. Bei Cl. Bernard genügten im
Selbstversuch dazu bereits zwei Hühnereier. Das entspricht aber sicher nicht dem
gewöhnlichen Verhalten.

Diese Bedingungen der Albuminurie treten an Bedeutung weit zurück hinter
drei Faktoren, die in einem großen Prozentsatz der Untersuchten oft sehr viel
Eiweiß im Harn auftreten lassen. Diese Faktoren sind: Gemütsbewegung, körperliche Anstrengung, Kälteeinwirkung auf die Haut.

Cl. Bernard hat nach Stich in den IV. Ventrikel Albuminurie beobachtet,
der, als Folge eines zuerst nervösen Reizes, vielleicht die Eiweißausscheidung
nach Commotio cerebri und im Kollaps in Parallele zu setzen ist. E. Meyer u.
Jungmann haben die orthostatische Albuminurie (s. unten) ganz außerordentlich
abhängig vom nervösen Einfluß gefunden. Sehr interessant ist die Beobachtung
von Rapp, daß von Kadetten vor dem Examen 33%, nach dem Examen nur
11% Eiweiß ausschieden.

Nach stärkeren körperlichen Anstrengungen ist von verschiedenen Unteruchern
in 10—80% der Fälle Albuminurie (bis 0,4%) festgestellt worden. H. Christensen fand bei 67 sporttreibenden Menschen nach den gewöhnliche Leistungen
eines Übungsabends 25mal Albuminurie, 64mal hyaline und körnige Zylinder,
5mal rote Blutkörperchen. Da es sich hier um trainierte Menschen handelt, so
scheint es, als ob Übung nicht imstande sei, die Erscheinung zu verhindern.
Dem widersprechen aber ältere Beobachtungen von Leube und von Noorden.
Insbesondere hat man auch in dieser Beziehung eine günstige Wirkung der
militärischen Ausbildung festgestellt.

Nach kalten Bädern treten bei mehr als 50% der Untersuchten Eiweiß und
Zylinder auf. H. Christensen fand bei 19 „Vikingern" (Leuten, die auch im
Winter regelmäßig in der offenen See baden) nach dem Bade 6mal Albumen
(bis 0,1%), 13mal hyaline und granulierte Zylinder, 4mal Erythrocyten. In
diesen Fällen ist es nicht zu einer Gewöhnung an den Kältereiz gekommen.

Die Beobachtung solcher Menschen lehrt, daß diese Ausscheidung von Eiweiß,

Zylindern und Blut, auch wenn sie sich oft wiederholt, keinen schädigenden Einfluß auf die Niere hat.

Diese Erkenntnis ist von großer praktischer Bedeutung für die Beurteilung derjenigen Albuminurien, die bei gesunden Nieren durch Störungen an anderen Organen oder auf konstitutionell-funktioneller Basis auftreten.

Die wichtigste Albuminurie dieser Art ist die orthostatische (orthotische, lordotische, juvenile, cyclische, intermittierende). Sie findet sich im Kindesalter, vorzugsweise in der Pubertät und hängt in erster Linie von der Körperhaltung (L. JEHLE) ab. In den reinen Fällen ist der im Liegen oder bei vornübergebeugter Stellung gebildete Harn eiweißfrei; der im Stehen oder in liegender lordotischer Haltung gebildete enthält Eiweiß (von Spuren bis zu 1,6%). JEHLE hat festgestellt, daß die wesentliche Veranlassung die Lordose der Lendenwirbelsäule darstellt. Alle Verrichtungen, die zu Lordose führen, wie Erheben der Arme, Kämmen der Haare, Festmachen der Kleidung am Rücken, Handstand, Tornistertragen, Schwimmen und ähnliches verursachen Eiweißausscheidung, und zwar leichter und häufiger in den Vormittagsstunden als nachmittags. Nahrungsaufnahme schwächt für etwa 2 Stunden die Reaktion ab (VON NOORDEN, E. FRANK). Die Abscheidung eiweißhaltigen Harns tritt 30 Sekunden (F. ENGEL) bis einige Minuten (FRANK) nach Einnahme der verantwortlichen Haltung auf und überdauert diese um 45—60 Minuten. Charakteristisch für diese Albuminurie ist das Auftreten eines „in der Kälte durch Essigsäure fällbaren Eiweißkörpers" neben einem durch Hitze gerinnbaren Protein.

Dieser „Essigsäurekörper" ist kein chemisches Individuum, sondern ein Fällungsprodukt aus einem löslichen Eiweiß und einer eiweißfällenden Substanz bei schwachsaurer Reaktion. Eine unlösliche Verbindung dieser Art, die Nubecula, entsteht auch im normalen Harn, weil jeder Harn eiweißfällende Stoffe (so Chondroitinschwefelsäure, Nucleinsäure) enthält. Die Ausscheidung dieser Stoffe ist bei der orthostatischen Albuminurie vermehrt. Man erhält daher mit einem solchen Harn nach Ansäuern mit Essigsäure bei Zusatz von Blutserum eine deutliche (mitunter erst nach einigen Minuten auftretende) Trübung. Zu diesen charakteristischen Symptomen (hitzekoagulables Eiweiß, Essigsäurekörper, eiweißfällende Substanz) kommt durch die Bedingung, unter welcher diese Veränderung eintritt, hinzu: Verminderung der Harnmenge, Änderung der Harnreaktion und eine sehr große Neigung zu Sedimenten von oxalsaurem Kalk, phosphorsaurem Kalk und Uraten.

Diese Albuminurie ist im jugendlichen Alter sehr häufig. R. W. RAUDNITZ fand bei Bürgerschülern in 40,5%, unter den stark und schnell Gewachsenen in 100%, LUEDKE u. STURM unter 60 Menschen mit beginnender Tuberkulose bei 53 nach 1 stündigem Stehen Albumen (bis 0,1 und 0,2%) im Harn.

Zur differentialdiagnostischen Abgrenzung dieser Befunde ist es notwendig zu wissen, daß auch bei abklingender, akuter Nephritis (im „postnephritischen Zustand") und bei der in der Regel gutartigen chronischen „Pseudonephritis" der Kinder der orthotische Typus der Albuminurie nicht selten auftritt.

Die orthostatische Albuminurie geht fließend in eine konstante über und kann auch bei einem und demselben Individuum zeitweise als Daueralbuminurie auftreten. Die Niere des Orthotikers reagiert auch auf andere Bedingungen als die Lordose mit Eiweißausscheidung, so auf seelische Erregungen (E. MEYER u. JUNGMANN), Reize aus der sexuellen Sphäre in der Pubertät, Obstipation, Ein-

geweidewürmer, zumal diesen Menschen eine ausgeprägte reizbare Schwäche des
vegetativen Nervensystems eigen ist. Man findet bei ihnen kardiovasculäre Stig-
mata (so Labilität der Pulsfrequenz, Neigung zu arterieller Hypotension, positives
Bulbusdruckphänomen, Steigen des Blutdruckes beim Übergang in die aufrechte
Stellung [H. POLITZER], Steigerung der vasomotorischen Erregbarkeit [blasse
Haut, leichtes Frieren, kalte Füße, Akrocyanose] und leichte Ermüdbarkeit).

Als wirksames Moment bei der Entstehung der orthostatischen Albuminurie
hat JEHLE die venöse Stauung angesehen, die durch eine Knickung oder Dehnung
der Nierenvenen bei der lordotischen Stellung oder durch Behinderung des Stromes
in der unteren Hohlvene infolge der bei Lordose veränderten Zwerchfellstellung
zustande kommt. Die anatomische Lage muß zur Folge haben, daß bei Lordose
die Nierengefäße angespannt werden, und zwar besonders die linke Nierenvene,
die über die Aorta zu der rechts gelagerten Vena cava verläuft. C. SONNE hat
daher vermutet, daß die lordotische Albuminurie besonders oder auschließlich
die linke Niere betreffe. In der Tat fand er in fünf Fällen, bei denen er den
Ureter beiderseits katheterisierte, den Harn der rechten Niere frei von Eiweiß,
zweimal links Albuminurie, dreimal links Anurie und einmal doppelseitige Anurie.

Albuminurie und Anurie infolge venöser Stauung in der Niere würde nach
klinischen Erfahrungen und nach Ergebnissen von Tierexperimenten verständlich sein. Die Schnelligkeit aber, mit der der Symptomenkomplex verschwindet,
die Harmlosigkeit auch eines langdauernden Lordoseversuches passen nicht ganz
zu der erklärenden Annahme, daß nur eine Behinderung des venösen Abflusses
aus der Niere das schuldige Moment sei. Auch die Veränderung anderer Eigenschaften des Harns (s. oben) widerstrebt einer so einfachen Deutung.

Wie viel verwickelter die Verhältnisse liegen, geht daraus hervor, daß der
unter dem Namen Marschhämoglobinurie zusammengefaßte Tatsachenkreis sehr
nahe Beziehungen zur orthotischen Albuminurie hat (JEHLE, PORGES u. STRI-
SOWER, LICHTWITZ). Nicht nur treten beide Erscheinungen bei jungen Leuten
gleicher Konstitution auf, sondern die lordotische Haltung kann bei geeigneten
Individuen das eine Mal eine Hämoglobinurie, das andere Mal eine Albuminurie
hervorrufen. Auch in reinen Fällen von orthotischer Albuminurie hat der in lordotischer Stellung gebildete Harn einen höheren Urobilingehalt, woraus die Vermutung folgt, daß eine geringe Vermehrung des Blutabbaues dem Symptomenkomplex zugehörig sein könnte. Von der Kältehämoglobinurie her ist bekannt,
daß die venöse Stauung wohl eine Bedingung der anfallsweise auftretenden Blutauflösung darstellt, aber allein den Effekt nicht hervorbringen kann. Da bei
Hämoglobinurien verschiedener Art und auch bei der Marschhämoglobinurie die
Hämoglobinfreiheit des Serums die Annahme nahelegt, daß die Blutkörperchenzerstörung in den Nieren selbst vor sich geht, so erscheint eine einfache Zirkula-
tionsstörung als Causa movens unzureichend.

Die Häufigkeit der psychischen Auslösung der Albuminurie und die Erfahrung,
daß Harnmenge, Harnreaktion und Sedimentbildung von nervösen Einflüssen
stark abhängig sind, führt dazu, die nervösen Bedingungen der orthotischen Albuminurie näher ins Auge zu fassen.

Es ist offensichtlich. daß hier stärkere Schwankungen im Tonus des vegetativen
Nervensystems vorliegen, Dämpfung des Vagustonus bringt in manchen Fällen
Beseitigung, in anderen Verstärkung der Albuminurie hervor. Eine Einordnung

in das nur sehr bedingt gültige Schema ,,Vagotonie — Sympathocotonie“ ist also nicht möglich. Wohl aber ist daran zu denken, daß die Lordose der Lendenwirbelsäule außer den Blutgefäßen auch die zahlreichen, zwischen Nierenbecken und Ganglion solare gelagerten Nervenfasern und Ganglien tangiert.

Ob der Reiz an dieser peripheren Stelle oder höher ansetzt, in jedem Falle muß man annehmen, daß er nicht nur die Gefäßnerven betrifft, sondern vor allem auch sekretorische Fasern. Daß bei besonderen fördernden und hemmenden Sekretionsreizen, bei gleichzeitiger abnormer Innervation der Gefäßnerven und bei Behinderung des venösen Abflusses eine Vielheit von der Norm abweichender Vorgänge eintreten kann, erscheint verständlich.

Der Wechsel zwischen normalem und in der geschilderten Weise verändertem Harn unter dem Einfluß der Innervation (und zwar der sekretorischen und vasomotorischen) erinnert an analoge Erscheinungen bei den Speicheldrüsen und Schweißdrüsen, die bei einer Innervation, die eine geringere Durchblutung veranlaßt (Sympathicusreizung bei den Speicheldrüsen, im Kollaps bei den Schweißdrüsen), ein qualitativ verändertes, eiweißreiches Sekret liefern.

Die orthostatische Albuminurie lehrt eine große Zahl der Bedingungen kennen, die, vom Gipfel des Zentralnervensystems bis zur Nierenzelle und den Blutgefäßen an irgendeiner Stelle der Systeme angreifend, bei vollständig gesunden Nieren Albuminurie veranlassen. Sie ist daher auch theoretisch von großem Interesse.

Das Eiweiß, das bei jeder Albuminurie (von besonderen seltenen Ausnahmen wie der Albuminurie nach BENCE JONES abgesehen) im Harn erscheint, stammt, nach seinen Fällungsbedingungen zu schließen, aus dem Blutserum.

Daß das Protoplasma der Niere selbst (tubulogenes Eiweiß — H. STRAUSS) einen nennenswerten Betrag zum Harneiweiß liefert, kann nicht angenommen werden. Eine längerdauernde und stärkere Albuminurie (man hat bis 110 g Harneiweiß pro die beobachtet) kann aus dieser Quelle nicht unterhalten werden. FISCHER, der eine solche Annahme macht, schreibt der Niere ein besonderes großes Regenerationsvermögen zu. Daß die Niere unter krankhaften Verhältnissen, z. B. im Zustande der Entzündung, vielleicht aber auch bei einer gewissen Art vermehrter Arbeit, sehr viel Protein aus dem Plasma aufnimmt, kann wohl als sehr wahrscheinlich gelten. Daß aber die kranke Niere Plasmaeiweiß in dem Grade der Albuminurie zu zellspezifischem Eiweiß umbaut, ist eine Hypothese, an die zu glauben schwer fällt. Eine vermittelnde Stellung nimmt die Ansicht ein, daß das Harneiweiß aus dem Blutplasma stammt, aber als solches — vorübergehend — in den Verband oder Bestand der Nierenzelle eingetreten ist, bevor es in den Harn abgegeben wurde.

Es handelt sich um Albumin und Globulin, dessen Verhältnis (A/G) wechselt, gewöhnlich zwischen 5 und 10 liegt. SENATOR u. a. haben versucht, Beziehungen dieses Quotienten zur Natur der Nierenerkrankung aufzufinden. Eine einheitliche Auffassung ist noch nicht erzielt worden. Nach F. A. HOFFMANN ist bei schweren Nierenerkrankungen A/G niedrig (unter 5), bei leichten hoch. Sehr hohe Globulinausscheidung findet F. MUNK bei Lipoidnephropathie, O. GROSS ebenso wie R. L. M. WALLIS bei funktioneller Albuminurie. Es scheint also, als ob A/G weder für die Art noch für den Grad des Nierenprozesses charakteristische Eigentümlichkeiten erkennen läßt. Indessen ist diese Frage erneuter Beobachtung bedürftig, bei der gleichzeitig die Aufteilung der Plasmaeiweißkörper zu studieren wäre.

Diese Aufteilung, das Bluteiweißbild, zeigt bei Nierenerkrankungen bedeutende Veränderungen derart, daß bei einer Verminderung des Gesamtplasmaeiweißes das Albumin bedeutend (bis auf ein Siebentel) absinkt, das Globulin absolut oder relativ vermehrt ist und besonders das Fibrinogen (in deutlicher Weise bei der Lipoidnephropathie) eine beträchtliche Zunahme erfahren kann. Es findet also eine Verschiebung der Plasmaeiweißkörper nach der Richtung der größeren Moleküle statt. KOLLERT u. STARLINGER haben beobachtet, daß (bei Lipoidnephropathie) die Größe der Albuminurie dem Fibrinogengehalt des Plasmas entspricht. Auf die Ansichten und Hypothesen, die über die Ursachen der Änderung des Bluteiweißbildes und dessen Beziehungen zur Albuminurie gemacht worden sind, werden wir später zurückkommen. Im allgemeinen geht der größte Teil des Harneiweißes in die Albuminfraktion. In keinem Fall ist das Verhältnis A/G in Blut und Harn gleich.

Hierdurch kennzeichnet sich die Albuminurie als ein Vorgang, der nicht als ein einfaches, mechanisches Durchgehen des Blutserums durch die Niere infolge „größerer Durchlässigkeit des Nierenfilters" oder „größerer Porenweite", wie die den Mangel an Wissen verdeckenden Ausdrücke lauten, „erklärt" werden kann. Mit Hilfe der Goldzahlmethode läßt sich nachweisen, daß in keinem Fall das Harneiweiß so gut gelöst (so fein verteilt) ist als im Blut. Es befindet sich in einem Zustande der Teilchenvergröberung, der durch Harn der verschiedensten Art nicht erzeugt wird, also schon beim Durchgang durch die Zellen, d. h. beim Akt der Eiweißsekretion, vor sich gegangen sein muß. Diese Eiweißflockung kann so stark sein, daß das gesamte Harneiweiß in Form feinster Trübung vorliegt, so daß der Harn keine Koagulationsreaktion gibt (LICHTWITZ).

Als Orte der Eiweißausscheidung gelten Glomerulus und Tubulus. Es liegt nahe, den Glomerulus als die Hauptstätte anzusehen, da hier das Blut als Eiweißquelle dem Lumen der Nierenkanälchen näher liegt. Erfahrungsgemäß finden sich aber die höchsten Harneiweißwerte bei den tubulären Erkrankungen. Die Annahme, daß die einzige Bedingung für dieses Zusammentreffen in der eben erwähnten Verschiebung des Bluteiweißbildes liege, paßt nicht zu der Erhebung, daß bei intakten Nieren Fibrinogenvermehrung des Plasmas nicht mit Albuminurie einhergeht. Inwieweit bei diesen Zuständen die Plasmaveränderung durch eine Allgemeinerkrankung bedingt ist, die auch die Niere betrifft, inwieweit die Plasmaveränderung Folge der Albuminurie, der pathologische Prozeß in den Nieren von der Grundkrankheit, der Plasmazusammensetzung als ihrer Folge oder von einer hinzugetretenen Nierenerkrankung abhängig ist, läßt sich nicht entscheiden. Die Beobachtung aber, daß eine sehr starke Albuminurie bei der Schwangerschaftsniere von einem Tage zum anderen, in der Geburt, vollständig verschwinden kann, und die Erfahrung, daß bei der Lipoidnephropathie die Intensität der Albuminurie in ganz kurzer Frist, ohne erkennbare Veranlassung, die stärksten Schwankungen zeigen kann, legen die Vermutung nahe, daß die Albuminurie weniger die Folge eines greifbaren pathologisch-anatomischen Prozesses als einer dynamischen Veränderung darstellt.

Die Eiweißreaktionen im Harn. Der weit überwiegende Teil des Eiweißes ist im Harn im Zustande der Lösung, als Sol, enthalten. Die Nachweismethoden haben die Absicht, das Eiweiß in den grob sichtbaren Zustand der Ausflockung oder Gerinnung überzuführen.

Die Kochprobe bewirkt eine irreversible Fällung. Koagulationsfähigkeit und -temperatur sind abhängig von der Acidität und der Salzkonzentration der Lösung. Die Hitzegerinnung wird nach den Untersuchungen von Wo. Pauli und seinen Schülern durch eine Entwässerung des Proteinmoleküls vollzogen.

Salzfreie oder sehr salzarme Lösungen sind besonders bei ungünstigen Aciditätsverhältnissen durch Hitze nicht koagulierbar; in sehr stark verdünnten Harnen kann also die Kochprobe, trotz der Anwesenheit von Eiweiß, negativ ausfallen. Wenn es notwendig ist, einem Harn zur Erzielung eines positiven Ausfalls der Kochprobe Salz und Säure zuzusetzen, so bedient man sich am besten einer Lösung von primärem Kaliumphosphat, die Salz- und Säurewirkung zugleich ausübt und, da p_H nicht über 4,5 hinausgeht, eine zu starke Säuerung ausschließt (K. Spiro). Alkaliprotein, d. h. Eiweiß in alkalischer Lösung, ist durch Hitze sehr schwer koagulierbar, auch dann, wenn man vor dem Kochen neutralisiert und nach dem Kochen Essigsäure zusetzt. Es ist dann mitunter ein Kochen von langer Dauer notwendig, um den Niederschlag zu erzielen, wie überhaupt die Hitzekoagulation auch bei der erforderlichen Temperatur nicht augenblicklich, sondern mit einer meßbaren Geschwindigkeit erfolgt. Es ist sehr notwendig, die Schwergerinnbarkeit von Alkaliprotein zu kennen und zu beobachten, um Fehler bei der Untersuchung zu vermeiden und um ein Urteil über die Angabe zu gewinnen, daß man durch Darreichung von Alkalicarbonat und ähnlichen Salzen manche Albuminurie beseitigen kann.

Eine wichtige Rolle beim Eiweißnachweis im Harn spielen die Alkaloidreagenzien. Die in der Praxis gebräuchlichsten sind: Ferrocyanwasserstoffsäure (Ferrocyankalium + Essigsäure), Pikrinsäure (mit Citronensäure in Esbachs Reagens), Sulfosalicylsäure, Quecksilberchlorid (mit Weinsäure und Glycerin in Spieglers Reagens). In dieselbe Gruppe gehören die physiologischen Eiweißfällungsmittel: Chondroitinschwefelsäure, Nucleinsäure, Taurocholsäure. Bei diesen Reaktionen bildet das Eiweiß als Base mit der Säure des Reagens ein komplexes unlösliches Salz. Die Fällung tritt also nur bei einem Überschuß an Säure auf. Bei alkalischer Reaktion lösen sich die Niederschläge wieder auf. Eine vollständige Fällung ist, wie bei kolloidalen Reaktionen häufig, von einem Optimum der Konzentrationen abhängig; die Niederschläge sind im Überschuß des Fällungsmittels löslich. Nahe verwandt den Alkaloidreagenzien sind die eiweißfällenden Farbstoffe; die Bedeutung dieser Beziehungen für Fragen der histologischen Technik hat M. Heidenhain bearbeitet.

Eiweißfällend wirken auch starke Mineralsäuren, von denen die Salpetersäure in der Praxis Anwendung findet. Die Fällung ist irreversibel. Weder Überschuß des Fällungsmittels noch Erwärmen wirken lösend. Wohl aber ist die Albumosenfällung durch Salpetersäure in der Hitze rückgängig, um beim Erkalten wiederzukehren. Auf die bekannten Fehlerquellen der Salpetersäuremethode (Harnsäure, Harze, Harnstoff) sei hier nur kurz hingewiesen.

Eine geringe Rolle bei der Harnuntersuchung auf Eiweiß spielen die Neutralsalzfällungen, die reversibel sind, und die irreversiblen, aber im Überschuß des Fällungsmittels wieder löslichen Fällungen durch die Salze der Schwermetalle, die bei der klinischen Analyse des Blutes und der Exsudate und ähnlichem (Untersuchung auf Blutzucker, Reststickstoff) eine ausgedehnte Anwendung finden.

Die Fällungsreaktionen müssen notwendigerweise versagen, wenn das Eiweiß

nicht im gelösten Zustand, sondern bereits ausgeflockt im Harn enthalten ist.
So beobachtet man mitunter bei einer akuten Nephritis, wenn die Eiweißausscheidung sehr klein, die Harnmenge sehr groß geworden ist, einen von sehr kleinen
Eiweißpartikelchen dicht getrübten Harn; bei einem Fall von orthostatischer
Albuminurie sahen wir eine Harnportion, die aus einem gelatineartigen Klumpen
bestand. Diese selteneren Erscheinungen treten aber an Bedeutung weit zurück
hinter der häufigsten Form der Eiweißgerinnung in den Harnwegen, der Zylindrurie.

Literatur.

CHRISTENSEN, H.: Untersuchungen des Urinsediments von Sportsleuten und Nephritikern.
Dtsch. Arch. klin. Med. **98**, 379 (1910).

EBSTEIN, W.: Einige Bemerkungen über das Auftreten von Albuminurie und Cylindrurie
bei chronischer Koprostase. Berl. klin. Wschr. **1909,** 1837.

ENGEL, F.: Über orthotische Albuminurie bei Nephritis. Münch. med. Wschr. **1907,** Nr 45.

FISCHER, M. H.: Die Nephritis. Dresden 1921.

FRANK, E.: Über den genuinen orthostatischen Typus. Inaug.-Diss. Straßburg 1908.

GROSS, O.: Über die Eiweißkörper des eiweißhaltigen Harns. Dtsch. Arch. klin. Med. **86,**
578 (1906).

HANDOVSKY, H.: Fortschritte in der Kolloidchemie der Eiweißkörper. Dresden 1912.

HEIDENHAIN, M.: Die Anilinfarben als Eiweißfällungsmittel. Münch. med. Wschr. **1902,** 437.

HOFFMANN, F. A.: Über das Verhältnis zwischen Serumalbumin und Globulin im Harn.
Virchows Arch. **89,** 271 (1882).

JEHLE, L.: Die lordotische Albuminurie. Leipzig und Wien 1902.

KOLLERT, V. und W. STARLINGER: Die Albuminurie als Zeichen vermehrten Eiweißzerfalls
bei geschädigter Nierenfunktion. Z. exper. Med. **30,** 293 (1922).

LEUBE, W.: Über physiologische Albuminurie. Z. klin. Med. **13,** 1 (1888).

LICHTWITZ, L. (1): Untersuchungen über Kolloide im Urin. II. Hoppe-Seylers Z. **72,** 215
(1911). — (2): Über Marschhämoglobinurie. Berl. klin. Wschr. **1916,** Nr 46.

LUEDKE, H. und J. STURM: Die orthotische Albuminurie bei Tuberkulose. Münch. med.
Wschr. **1911,** Nr 19.

MEYER, E. und P. JUNGMANN (1): Die Innervation der Niere. Jahreskurse ärztlicher Fortbildung **1914,** Nr 5. — (2): Über experimentelle Beeinflussung der Nierentätigkeit vom
Nervensystem aus. Kongr. inn. Med. **30,** 211 (1913).

MOERNER, K. A. H.: Über die Proteinstoffe und die eiweißfällenden Substanzen des Harns.
Skand. Arch. Physiol. (Berl. u. Lpz.) **6,** 332 (1895).

MUNK, F.: Pathologie und Klinik der Nephrosen, Nephritiden und Schrumpfnieren. Berlin
1918.

VON NOORDEN, C. (1): Die Krankheiten der Nieren. Handbuch des pathologischen Stoffwechsels **1,** 969 (1906). — (2): Albuminurie beim gesunden Menschen. Dtsch. Arch. klin.
Med. **38,** 205 (1896).

PAULI, Wo. und R. WAGNER (1): Untersuchungen über physikalische Zustandsänderungen
der Kolloide. Biochem. Z. **18,** 340 (1909); **24,** 239 (1910). — (2): Die innere Reibung
von Albuminlösungen. Ebenda **27,** 296 (1910).

POLITZER, H.: Ren juvenum. Wien 1913.

PORGES, O. und R. STRISOWER: Über Marschhämoglobinurie. Dtsch. Arch. klin. Med.
117, 13 (1915).

POSNER, C.: Über traumatischen Morbus Brightii. Dtsch. med. Wsch. **1906,** 454.

RAPP: Militärärztl. Z. **1903,** Nr 1.

RAUDNITZ, R. W.: Über einige Ergebnisse der Harnuntersuchung bei Kindern. Prag.
Med. W. 1901, Nr 45—50.

ROBERTSON, T. B.: Die physikalische Chemie der Proteine. Dresden 1912.

SENATOR, H.: Über physiologische und pathologische Albiuminurie. Dtsch. med. Wschr.
1904. Nr 50.

Sonne, C.: Beitrag zur Ätiologie der lordotischen Albuminurie. Z. klin. Med. **90**, 1 (1920).
Torben Deill: Über den Gehalt des Albumins und Globulins im Blutserum unter normalen und pathologischen Verhältnissen. Klin. Wschr. **1927**, 220 (Literatur).
Wallis, R. L. M.: Non-nephritic albuminuria. Proc. roy. Soc. Med. **13**, 96 (1920).

2. Die Kolloidurie.

Der normale Harn des Menschen enthält im Liter 0,2—0,6 g adialysable Stoffe, zu denen vor allem die bereits erwähnten Körper Nucleinsäure, Chondroitinschwefelsäure, Eiweiß gehören, daneben an Menge und Bedeutung zurücktretend das sogenannte tierische Gummi, ein stickstoffhaltiges komplexes Kohlehydrat und gewisse Farbstoffe. Unter pathologischen Umständen können die Mengen und Arten der Kolloide weit größer werden durch das Auftreten von Eiweiß, Hämoglobin, Schleim, Bestandteilen der Galle, Glykogen u. a. mehr. Insbesondere wird auch bei Nephritiden und bei Eklampsie, im Fieber- und Stauungsharn eine oft sehr beträchtliche Steigerung der Menge der nicht eiweißartigen Kolloide beobachtet. Der höchste Wert, den Lichtwitz beobachtete, betrug 29 g neben 24 g Eiweiß im Liter. Die Kolloidmenge geht vielfach der Eiweißmenge parallel.

Was die Herkunft der Harnkolloide betrifft, so ist als eine Quelle das Blutserum anzunehmen, da die Niere zweifellos für kolloidale Stoffe durchgängig ist. Bei dem Akt der Sekretion wird aus den Zellen kolloidales Material abgegeben, das in der Zelle zur Bildung der Granula (Sekretionsvakuole, Tonoblast, Sphärolith) diente. Für die funktionelle Bedeutung dieser Kolloide, auf die hingewiesen wurde, scheint die Beobachtung zu sprechen, daß im alkalisch sezernierten Harn ein besonderes ätherlösliches Kolloid zu finden ist (Lichtwitz).

Die Kolloide werden im Harn nicht stets in vollkommen gelöstem, sondern oft in ausgeflocktem Zustande ausgeschieden. Die Fällung kann eine reversible sein und bei Erwärmen und Aufkochen in einen besseren Lösungszustand übergehen, woraus man ersieht, daß sich die Harnkolloide in bezug auf die Temperaturbeeinflussung ihres Lösungszustandes wie Gelatine verhalten. Neben dieser reversiblen Fällung gibt es auch eine irreversible.

Literatur.

Lichtwitz, L.: Untersuchungen über Kolloide im Urin. Hoppe-Seylers Z. **61**, 112 (1909); **64**, 144 (1910); **72**, 215 (1911).

3. Die Harnzylinder.

Die Harnzylinder sind zuerst von J. Fr. Simon (1843), sodann von Nasse und Henle im Harn, von Henle auch in der Niere gefunden worden.

Man unterscheidet hyaline, bestäubte, granulierte, wachsartige Zylinder, aus Epithelzellen zusammengefügte, mit weißen und roten Blutkörperchen besetzte, aus Blutfarbstoff gebildete Zylinder und Cylindroide.

Die hyalinen Zylinder sind die häufigsten. Sie kommen in geringen Mengen auch im normalen Harn vor, unter gewissen physiologischen Bedingungen auch zahlreicher, finden sich aber nicht in jedem Harn Nierenkranker. Sie sind 0,1—2 mm lang und 10—15 μ breit, gerade gestreckt, mitunter leicht gebogen, gelegentlich auch gewulstet. Diese Wulstung rührt nicht davon her, daß die Zylinder in den Tubulis contortis entstanden sind, gestattet aber den Schluß, daß ihre Substanz von knetbarer Weichheit ist und daher beim Herauspressen aus einem Kanälchen sich wie Salbe verhält, die aus einer Tube herausgedrückt wird. Wie dieser kommt den Zylindern eine Klebrigkeit zu, die zur Folge hat, daß auf der Oberfläche Harnsalze (besonders Urat), Eiweißkörnchen, Zellen, Zelltrümmer u. a. haften. Diese Anlagerung von nichtorganischen oder nicht mehr deutlich organisierten Teilchen ergibt eine dünne oder teilweise Bestäubung, die gewöhnlich der Granulation der Zylinder gleichgesetzt, richtiger aber von dieser unterschieden wird.

Die granulierten Zylinder zeigen eine gröbere, zusammenhängende Körnchenoberfläche. Diese Körnchen sind stark fetthaltig und enthalten nicht selten doppelbrechende Substanz. Die Granulierung besteht aus zusammenhängendem Zelldetritus. Daher sind die granulierten Zylinder den Epithelzylindern nahe verwandt. Nicht selten findet man Übergänge zwischen beiden. Auch durch Besetzung eines Zylinders mit Steatophagen (Leukocyten, die aus Epithelien stammendes Fett aufgenommen haben) kann das Bild des granulierten Zylinders entstehen. Hier wie in anderen Zweifelsfällen gibt die Beachtung des Gesamtsediments (Nierenepithelien, Steatophagen) Aufschluß.

Von den Zylindern, die einen Kanälchenausguß darstellen, sind gewisse Epithelzylinder zu unterscheiden, die aus einem abgestoßenen Epithelschlauch bestehen.

Hämoglobinzylinder finden sich neben körnigem und gelöstem Blutfarbstoff (Hämoglobin, Methämoglobin) bei akuter hämorrhagischer Nephritis und besonders bei den Hämoglobinurien. Das Hämoglobin erfährt bei seinem Nierendurchgang eine Ausfällung, die nicht selten bereits bei einfacher Betrachtung feststellbar ist.

Die Wachszylinder sind von auffallender Länge und Breite, stark lichtbrechend mit scharfem Rand. Querverlaufende Risse und Sprünge lassen auf eine gewisse Sprödigkeit schließen. Sie treten bei schwerer, meist chronischer Nierenentzündung auf. Ihre Breite weist daraufhin, daß sie in erweiterten Harnkanälchen gelegen haben.

Cylindroide sind durchscheinende Gebilde, etwa von derselben optischen Dichte wie hyaline Zylinder, aber viel länger als diese, weniger scharf begrenzt und häufig verzweigt. Sie finden sich in besonders großen Mengen im postnephritischen Zustand, aber auch unter anderen Bedingungen, z. B. bei Ikterus. Es ist nicht selten, daß das ganze Sediment aus einem dickflüssigen, schleimigen Klumpen von Cylindroiden besteht.

Die diagnostische Bedeutung der Zylinder läßt sich in folgender Weise zusammenfassen:

1. Hyaline Zylinder. Bedeutung ergibt sich aus Zahl, Dauer des Auftretens und Zylinderbreite (s. Wachszylinder).

2. Bestäubte Zylinder. Zylinder mit Auflagerungen. Bewertung der Grundsubstanz wie bei 2. Bewertung der Auflagerung entsprechend ihrer chemischen und morphologischen Beschaffenheit, die auch aus dem sonstigen Sediment erkennbar ist.

3. Granulierte Zylinder, Epithelzylinder, Epithelschläuche, Fettzylinder, Lipoidzylinder zeugen von degenerativen Vorgängen an den Epithelien.

4. Blutfarbstoffzylinder. Hämoglobinurie oder Hämaturie mit Hämolyse.

5. **Wachszylinder.** Schwere chronische Nierenerkrankung.

6. **Zylindroide.** Fast charakteristisch für den postnephritischen Zustand.

Die Bildung der Harnzylinder. Die Zylinder (mit Ausnahme der Epithelschläuche und mancher Epithelzylinder) stellen Ausgüsse von Harnkanälchen dar. Sie bestehen aus Eiweiß, von dem nur bekannt ist, daß es nicht die Eigenschaften des Fibrins zeigt. Es handelt sich um geronnenes Eiweiß. Und es ist nach Lage der Dinge gewiß, daß gelöstes Eiweiß durch Gerinnung in den Harnkanälchen in die Form von Zylindern übergeht. Man hat früher geglaubt, daß ein besonderer Eiweißkörper, so z. B. das Protoplasma der Nierenzellen, zur Zylinderbildung erforderlich sei. Ich glaube, daß jedes Harneiweiß unter geeigneten Bedingungen gerinnungsfähig ist, da das Eiweiß im Harn (s. oben) stets eine Neigung zur gröberen Dispersion hat und Gerinnungsvorgänge verschiedener Art (Nubecula, irisierendes Häutchen bei Phosphaturie, Harn von Beschaffenheit eines Gelatinklumpens) im Harn stattfinden.

In der älteren Literatur (SENATOR) herrscht die Ansicht, daß eine Gerinnung der Eiweißkörper des Blutserums nicht vorliegt, sondern daß die Epithelien der Harnkanälchen bei der Zylinderbildung die Hauptrolle spielen, entweder so, daß diese Zellen absterben, sich in die hyaline Substanz umwandeln und zu Zylindern verschmelzen, oder daß durch Vermischung des abgestorbenen Zellmaterials mit der Lymphe eine Gerinnung eintritt (C. WEIGERT) oder dadurch, daß die Zellen durch eine Art von Sekretion gerinnendes Material liefern.

Die beiden ersten Erklärungsversuche können nicht gut richtig sein. Es ist nicht zutreffend, daß in den zahlreichen Fällen, in denen hyaline Zylinder entstehen, überhaupt eine krankhafte Veränderung von Nierenepithelien vorliegt, geschweige denn eine solche, die zum Absterben führt. Aber auch dann, wenn, wie bei degenerativen tubulären Prozessen, eine Epithelerkrankung eintritt, geht sie nicht bis zu einer so völligen Lösung des Zellinhaltes vor sich, daß eine homogene Lösung, und aus dieser ein homogenes Gerinnungsgebilde, wie es eben der hyaline Zylinder ist, entstehen könnte. Es müßten bei einer solchen Entstehung hyaliner Zylinder Zelltrümmer in Form von Eiweiß- und Fettkörnchen in der Fällung zu sehen sein. Die Meinung, daß der Stoff, aus dem die hyalinen Zylinder entstehen, ein Sekretionspunkt der Nierenepithelzellen sei, ist in dieser Allgemeinheit gewiß richtig, da ja alle Stoffe, die in den Harn gehen, auch das Harneiweiß, diese Herkunft haben. Daß es sich um einen besonderen Stoff handelt, wird in dieser Entschiedenheit nirgends betont. AUFRECHT hat nach Ureterenunterbindung hyalin aussehende Kugeln beobachtet, die aus den Harnkanälchenepithelien hervorragen, darauf in das Lumen der Harnkanä'chen gelangen und dort zu Zylindern zusammenschmelzen. Die Epithelien bleiben dabei überall erhalten. Es handelt sich also nicht um eine Degeneration, sondern um eine aktive Leistung der Zellen. ROVIDA, LUBARSCH u. a. haben diese Beobachtungen bestätigt. Für die besondere Natur des Zylinderstoffes oder für eine besondere Sekretionsart wird damit nichts bewiesen, da im Bereich der Tubuli diese Differenzierung im Zellinhalt, die man auch als Granula-, Vacuolen- oder Tonoplastenbildung bezeichnet, charakteristisch für die Sekretion aller löslichen Substanzen und ihres Lösungswassers ist.

Ein Bedenken gegen das Harneiweiß als Muttersubstanz der Zylinder wird darin erblickt, daß Eiweißgehalt und Zylinderbildung in gar keinem konstanten

Verhältnis zueinander stehen, daß sehr viel Eiweiß ohne Zylinder und daß Cylindrurie ohne Eiweißausscheidung vorkommt. Bei der abklingenden akuten Nephritis, sowie im Harn nach körperlichen Anstrengungen, findet sich dieses zweite Verhältnis sogar sehr häufig. Dieser scheinbare Widerspruch ist auflösbar durch die Betrachtung der Bedingungen, die zu einer Eiweißgerinnung notwendig sind. Eine wesentliche ist die saure Reaktion. Im alkalischen Harn kommt es nur schwer zur Zylinderbildung, wie auch in solchem die Eiweißfällung nicht leicht vor sich geht. Weiterhin kann ein Zuviel an Eiweiß (oder anderem Kolloid) die Gerinnungsneigung vermindern und sogar aufheben. Zu einer gegenseitigen Fällung von Kolloiden gehört ein Optimum der Konzentrationen. So wird im Harn die Chondroitinschwefelsäureprobe nach H. POLITZER bei Anwesenheit größerer Mengen Eiweiß negativ. Es ist also nicht zu erwarten, daß sich die Abstammung der hyalinen Zylinder aus dem Harneiweiß dadurch kundgibt, daß Eiweißgehalt und Zylinderzahl in einem einfachen zahlenmäßigen Verhältnis zueinander stehen. Im Gegenteil: die Auffassung der Zylinderbildung als eines Eiweißgerinnungsvorgangs stimmt mit der Erfahrungstatsache überein, daß oft relativ um so mehr Zylinder da sind, je kleiner die Eiweißmenge, und daß besonders bei hoher Harnacidität gar kein gelöstes Eiweiß, aber eine sehr große Zahl von Zylindern gefunden wird. Ein solches Verhältnis findet sich oft im ikterischen Harn, der bei saurer Reaktion fast immer hyaline Zylinder enthält. Da die Gallensäuren eiweißfällende Stoffe sind, so führt uns diese Tatsache unmittelbar zu der Erkenntnis, daß die eiweißfällenden Stoffe des Harns an der Zylinderbildung beteiligt sind. Untersuchungen meines früheren Mitarbeiters O. HOEPER haben ergeben, daß in Harnen, die sehr reich an Zylindern sind, die Zahl der Zylinder mit einer überraschenden Genauigkeit dem Produkt aus Eiweißmenge und Eiweißlösungszustand proportional ist. Je weniger fein verteilt das Harneiweiß ist, in je stärkerem Maße also Gerinnungserscheinungen an dem noch gelösten Eiweiß kenntlich sind, um so größer ist die Zylinderzahl.

Nach C. POSNER ist auch die Herabsetzung der Oberflächenspannung des Harns, wie sie durch manche Kolloide und Semikolloide hervorgerufen wird, von Einfluß auf die Zylinderbildung. Dieser Gesichtspunkt ist darum sehr beachtenswert, weil jede Gerinnung, außer von den gerinnungsfähigen Stoffen und den in der Lösung gegebenen Bedingungen, von einer geeigneten Oberfläche und den Beziehungen der gerinnungsfähigen Stoffe zu dieser abhängt. Von den Gerinnungserscheinungen des Blutplasmas in vitro weiß man, daß eine die Gerinnung fördernde (aktive) Oberfläche eine solche ist, an der die Lösung haftet, an der also eine Benetzung stattfindet. Von den capillaren Röhren der Niere muß angenommen werden, daß eine Benetzung mit Harn nicht stattfindet, da eine solche die Entleerung der Röhrensysteme sehr erschweren würde. Eine Veränderung der Oberfläche im Bereich der Tubuli, wie sie sicher bei Erkrankungen, vielleicht aber auch bei erheblicher funktioneller Beanspruchung (Konzentrierungsleistung) eintritt, schafft der Gerinnung eine günstigere Fläche, genau so wie eine Veränderung der Intima eines Gefäßes den Ort für einen Thrombus gibt. Die Bedeutung der Oberfläche für die Zylinderbildung zeigt sich deutlich bei der Beobachtung einer abklingenden akuten Nephritis. Die Ausscheidung hyaliner Zylinder überdauert die mit den gewöhnlichen Methoden feststellbare Albuminurie. Zu dieser Zeit treten neben Zylindern bereits die Cylindroide hervor, die die Ausscheidung gerinnungsfähigen und jenseits der Kanälchen geronnenen Materials, das auch nach Untersuchungen von ROVIDA mit dem der hyalinen Zylinder identisch ist, anzeigt. In einem späteren Stadium sind die hyalinen Zylinder verschwunden, aber die Cylindroide noch in reichlicher Menge vorhanden. Es wird also noch gerinnungsfähiges Material abgesondert, aber die Stellen, an denen hyaline Zylinder entstehen können, sind nicht mehr geeignet, die Gerinnung zu befördern. Die Oberfläche ist inaktiv geworden, so daß die Gerinnung nicht mehr in Form eines Röhrchenausgusses (Zylinders) eintritt.

Literatur.

AUFRECHT: Zur Pathologie und Therapie der diffusen Nephritiden. Berlin 1918.
HENLE, J. bei PFEUFFER: Morbus Brightii. Z. ration. Med. **1**, 68 (1844).
HOEPER, O.: Die Entstehung der Harncylinder. Inaug.-Diss. Göttingen 1912.
LICHTWITZ, L.: Die Entstehung der Harncylinder. Arch. f. Dermat. **131**, 95 (1921).
LUBARSCH, O.: Über Natur und Entstehung der Harncylinder. Zbl. Path. **4**, 209 (1893).
POLLITZER, H.: Chondroiturie und fakultative Albuminurie. Dtsch. med. Wschr. **1912**, 1538.
POSNER, C.: Studien über pathologische Exsudatbildungen. Virchows Arch. **79**, 311 (1880).
ROVIDA: Über das Wesen der Harnzylinder. MOLESCHOTTS Untersuchungen **11**, 1 (1876).
WEIGERT, C.: Die BRIGHTsche Nierenerkrankung vom pathologisch-anatomischen Standpunkt. Slg. klin. Vortr. 1879, Nr 162/163.

Dreiundzwanzigstes Kapitel.

Die Niere. IV.

1. Das Ödem.

Wenn auch die Lehre vom nephritischen Ödem nur einen Teil des Ödemproblems ausmacht, so soll doch an dieser Stelle eine zusammenfassende Besprechung erfolgen.

Ein allgemeines Ödem setzt eine Zunahme des Wassergehaltes des Körpers voraus; ein lokales Ödem, wie das vasomotorische, QUINCKEsche, das nach Insektenstichen oder bei lokalen venösen Stauungen entstehende, kann sich bei normalem Wassergehalt durch Änderung der Wasserverteilung bilden. Da der Organismus über physiologische Wasserniederlagen verfügt, die besonders in Haut und Muskeln sitzen, so kann eine örtlich begrenzte Wasservermehrung erfolgen, ohne daß an einer anderen Stelle eine die Lebensvorgänge beeinträchtigende Verminderung des Wassergehaltes eintritt. Wenn J. BENCE berichtet, daß nephrektomierte Ratten auch ohne Wasserzufuhr ödematös werden, so kann es sich nur um eine hochgradige Wasserverschiebung handeln.

Beim Menschen macht das Wasser 65% des Körpergewichts aus: von dem Wasser befinden sich 56,8% in der Muskulatur, 6,66% in der Haut, 4,7% im Blut, 2,8% in der Leber. Der Wassergehalt dieser Organe ist, auf ihr Gesamtgewicht bezogen, nicht ganz der gleiche; die Reihenfolge, nach absteigendem Gehalt geordnet, ist Blut (77,98%), Muskel (73,53%), Leber (70,79%), Haut (63,86%). Von bemerkenswerter Konstanz ist aber der prozentuale Trockenrückstand der fettfreien Gewebe (RUBNER) der erwachsenen Wirbeltierkörper. Während des Wachstums findet eine gesetzmäßige fortschreitende Verminderung des Wassergehalts statt, so daß der fett- und aschefreie Trockenrückstand von rund 10% im 6. Fötalmonat auf rund 23% nach Wachstumsabschluß steigt (H. ECKERT, RUBNER, K. THOMAS). Hoher Wassergehalt ist Zeichen und wahrscheinlich auch Bedingung des Wachstums, findet sich demgemäß auch in bösartigen, rasch wachsenden Geschwülsten (PFLÜGER). Fortschreitende Wasserverarmung der Gewebe ist ein Teil des Vorganges des Alterns (BÜRGER u. SCHLOMKE).

Das große Gewicht und der Wasserreichtum des Muskels bewirken, daß ungefähr die Hälfte des gesamten Wassers in der Muskulatur sitzt.

Der individuelle Wassergehalt des Körpers ist im allgemeinen konstant: er zeigt geringe Schwankungen um ein physiologisches Optimum, dessen Regulation neuroendokrin besorgt wird und zu einem für das Lebensalter und den Typus charakteristischen Wassergehalt führt.

Der physiologische Wassergehalt umfaßt die ganze Breite der individuellen Typen.

Die Fähigkeiten zu raschen Veränderungen des Körpergewichts bezeichnet die Labilität der Einstellung, die im Säuglingsalter sehr deutlich hervortritt, beim Erwachsenen, besonders bei Erkrankungen oder von außen herbeigeführten Alterationen im endokrinen System (z. B. nach Anwendung von Insulin, Thyreoidin) die Breite des Phsyiologischen überschreiten kann, im höheren Alter aber abnimmt.

Führt man dem Körper per os oder durch die Vene größere Mengen Flüssigkeit zu, so wird der gesamte regulatorische Mechanismus in Gang gesetzt, kraft dessen der Körper überschüssiges Wasser ausscheidet oder festlegt, damit die Zusammensetzung von Blut, Gehirn und Drüsen nicht verändert wird.

R. MAGNUS hat im Tierexperiment gezeigt, daß nur kurze Zeit nach einer Infusion in die Vene die Blutmenge vermehrt ist, daß der Abfluß in die Gewebe sehr bald einsetzt, und daß das Wasser von den Geweben durch Blut und Nieren abströmt. W. ENGELS hat an Hunden die Wasserverteilung nach Wasserzufuhr studiert und gefunden, daß die Muskulatur bis zu 67,9% die Haut bis zu 17,7% des Wassers aufnimmt.

Muskeln und Haut sind auch die Aufnahmeorgane für Kochsalz. Zwei Drittel von eingeführtem Chlorid verbleiben in Haut, Muskulatur und Darm (W. WAHLGREN). J. H. PADTBERG fand sogar beim Hund bis zu 90% in der Haut, die also von allen Organen und Geweben die stärkste Kochsalzkapazität und den höchsten Kochsalzgehalt hat.

Das getrunkene Wasser bewirkt beim Menschen eine kurzdauernde Blutverdünnung, der nach einem Konzentrationsanstieg eine zweite etwas länger dauernde folgt (H. MARX). Die erste Verdünnung ist nicht proportional der aufgenommenen Flüssigkeitsmenge, so daß angenommen werden muß, daß beim Trinken zwischen Blut und Geweben sehr verwickelte Austauschprozesse eintreten, die zu einem Anwachsen des Blutvolumens führen (R. SIEBECK).

Nach den Versuchen von SIEBECK und seiner Schule ist die Konstanz der Blutzusammensetzung und Blutmenge nicht so gewährleistet, als man bisher annahm. Bemerkenswerterweise haben diese Versuche bestätigt, was bereits nach früheren feststand (C. ÖHME), daß die Wasserausscheidung durch die Nieren mit Hydrämie, vermehrter Blutmenge keinen unmittelbaren Zusammenhang hat. Auch in den Versuchen von MARX begann die Diurese zum Teil erst dann, als die Blutkonzentration zum Ausgangswert zurückgekehrt war.

Der Strom des Wassers geht offensichtlich nicht vom Magendarm durch das Blut in die Nieren, sondern in die Gewebe und Organe, unter denen die Leber eine besondere Rolle spielt.

Das Endothel der Lebercapillaren erscheint als ein Syncytium mit zahlreichen Kernen, aber ohne Zellgrenzen, so wie bei embryonalen Capillaren (A. KROGH). Eine besondere Eigentümlichkeit der Lebercapillaren bildet die freie Kommunikation ihres Lumens mit den in der Leberzelle gelegenen „Canaliculis". Für die Beobachtung, daß die Capillaren in der Leber für gelöste Stoffe viel durchlässiger sind als in anderen Organen, gibt es also einige anatomische Grundlagen. Dazu kommt, daß in dem intrahepatischen Anteil der Vena hepatica der Fleischfresser besondere muskuläre Venensperren ausgebildet sind, deren Kontraktion das aus der Pfordader zuströmende Blut unter höheren Druck setzt, die Abgabe von Blutwasser, wie es zu der in der Leber stattfindenden Bildung der thorakalen Lymphe notwendig ist, begünstigt und zur Bluteindickung führt. Alle Stoffe, die, wie Histamin, Pepton, Arsen und Phosphor, schwere Zirkulationsstörungen in der Leber machen, stören den Wasseraustausch. Auch bei Leberkranken sind Hemmungen der Diurese beobachtet worden.

Schon COHNHEIM u. LICHTHEIM hatten beobachtet, daß die Leber nach Zufuhr großer Mengen Wassers anschwillt und ödematös wird. LAMSON u. ROCA sahen, daß nach Exstirpation der Leber eine intravenös zugeführte Kochsalzlösung viel länger im Blut verbleibt als bei erhaltener Leber, daß Adrenalin, das beim normalen Tier ein beschleunigtes Verschwinden der infundierten Lösung aus dem Blut bewirkt, beim leberlosen Tier keinen Einfluß hat. MAUTNER u. PICK haben festgestellt, daß Adrenalin die Muskelapparate in den Lebervenen der Fleischfresser zu Kontraktion und damit die Venen zum Verschluß bringt. Sie sahen weiter, daß nach Ausschaltung der Leber durch eine ECKsche Fistel eine intravenös injizierte Kochsalzlösung stundenlang im Blut bleibt, während bei einem Normalen die Verwässerung des Blutes bereits nach 30—40 Minuten verschwunden ist.

Von der Leber geht der Strom durch den Ductus thoracicus in die Blutbahn zurück und von dieser in die Gewebe, besonders in Muskulatur und Haut. Von dort wird die Flüssigkeit, entsprechend dem Verbrauch, in das Blut gegeben und durch die Nieren ausgeschieden.

Da sich alle Lebensvorgänge im Wasser, in wässerigen Lösungen, abspielen, da alle stofflichen Prozesse innerhalb der Zellen sowohl als im Austausch durch die Zelloberfläche auf Bewegung in Wasser gelöster Teilchen beruhen, so ist zu erwarten, daß die Beziehungen des Wassers zu den Geweben bzw. zu ihren spezifischen Bestandteilen nicht die Form einer festen oder gar einheitlichen Bindung darstellen, sondern in einer Dynamik zusammenspielen, deren vielfache Abhängigkeiten dem Verständnis einige Schwierigkeiten machen.

Da alle Gewebe aus Gelen und Solen bestehen, so bringt uns die Micellartheorie von NAEGELI, nach der in den quellenden Stoffen das Wasser in drei verschiedenen Arten, als dem Krystallwasser analoges festgebundenes Konstitutionswasser, als Capillar- oder Adhäsionswasser und als freies Wasser, auftritt, dem Problem näher. WO. OSTWALD hat eine weitergehende Einteilung versucht, und es ist möglich, daß, wenn eine Methodik bestände, im lebenden oder überlebenden Material die Arten der Wasserbindung zu erkennen, sich so verschiedene Formen mit ihren Übergängen ergeben würden, daß die Zahl der Typen, die der Modellversuch am toten Material findet, nicht ausreicht.

In den Körper eingeführtes oder im Organismus entstehendes Wasser tritt sogleich in Beziehung zu den krystalloiden und kolloiden Bestandteilen. Besonders die Bindung an die Kolloide ist eine so innige, daß aus einem eröffneten Gewebe normalen Wassergehaltes Flüssigkeit nicht austritt.

Bei den kolloiden Bestandteilen ist nicht nur an Eiweißkörper zu denken. Auch den Lipoiden und besonders den Cholesterinestern kommt große Bedeutung zu. Nach MAYER u. SCHAFFER hat der Quotient $\dfrac{\text{Lipoidphosphor}}{\text{Cholesterin}}$ Beziehungen zu der Wasserbindung in den drüsigen Organen (nicht in den Muskeln).

Die Frage, ob die Gewebe normalerweise freie Flüssigkeit enthalten, ist noch strittig.

Nach neueren Untersuchungen fehlen dem normalen Gewebe präformierte Spalten. „Die gesamte Bindesubstanz zeigt auch im reifen Organismus noch einen in sich zusammenhängenden Bau. Alle Fasern liegen in einer Grundsubstanz, die lediglich umgewandeltes Protoplasma darstellt und die sich auch von dem Protoplasma der Zellen nicht immer so scharf trennen läßt, wie es meist hingestellt wird. Die sogenannten Saftspalten im Bindegewebe sind keine unabänderlichen von dem lebendigen Gewebe scharf zu trennenden Gebilde" (W. HUECK). Nach W. HÜLSE sind im normalen Bindegewebe Saftspalten überhaupt nicht sichtbar. „Die Bewegung des Säftestromes vollzieht sich lediglich innerhalb der geformten Elemente."

Früher hat man angenommen, daß im Bindegewebe ein vorgebildetes Saftkanälchensystem existiere, aus dem die Gewebslymphe in offen endende Lymphcapillaren eintrete. Jetzt geht die Auffassung im allgemeinen dahin, daß das Lymphsystem vollständig vom Endothel ausgekleidet, also geschlossen ist.

In der Intercellulargrundsubstanz des Bindegewebes differenzieren sich unter dem Einfluß von Zug und Druck (VON EBNER, ROUX) die Fibrillen. Da im allgemeinen eine Beziehung zwischen Struktur und Wassergehalt besteht, so kann man annehmen, daß Fibrillenbildung auf Veränderung des Wassergehaltes oder auf Änderung der Bindung von Wasser beruht. Daß in der Grundsubstanz auch ein Vorgang entgegengesetzter Richtung eintreten, d. h. daß Wasser in einem Betrage, wie er zur Füllung eines mikroskopisch sichtbaren Raumes ausreicht, aus der Substanz ausgesondert werden kann, erscheint durchaus möglich. Das würde bedeuten, daß sich in der Grundsubstanz funktionelle Spalten bilden können, und würde verständlich machen, daß dieser physiologisch vorgezeichnete Vorgang im Falle des Ödems, durch die Menge des Wassers in einem so gesteigerten Maße, daß es zum Abtropfen von Flüssigkeit aus dem angestochenen Gewebe kommt, erzwungen wird.

Die Frage, ob die pathologische Wasseransammlung eine Steigerung der normalen ist, d. h. auf der gleichen Art der Wasserbindung beruht, kann also nicht verneint werden, weil aus dem ödematösen Gewebe im Gegensatz zum normalen, Flüssigkeit abtropft. Sie kann um so weniger verneint werden, weil ein Übergangsstadium, das Präödem, eine natürliche Verbindung zwischen beiden darstellt. Im Präödem kann der Wassergehalt des Körpers bis zu 6 kg gesteigert sein, ohne daß sicht- und fühlbare Schwellungen vorhanden sind. Der innere Zusammenhang mit dem Ödem geht aus dem Folgen des Ödems auf den unsichtbaren Gewichtsansatz ebenso klar hervor, wie aus der Erfahrung, daß nach Schwinden des Ödems noch eine austreibbare Wassermenge von einigen Kilogramm Gewicht (als Postödem) verbleibt. Die Meinung, daß das Präödem auf intracellulärer Wasseransammlung beruhe, ist in dieser Ausschließlichkeit wohl nicht richtig. Ob im Zustand des Präödems das Gewebe abtropfbare Flüssigkeit enthält, sollte systematisch untersucht werden. Daß das Gewebe wie im Ödem in seinen elastischen Eigenschaften verändert ist, zeigen Untersuchungen von Schade.

Beim Ödem und Präödem ist ebenso wie bei der entzündlichen Schwellung die Haut leichter dehnbar; die Rückkehr zu der ursprünglichen Länge erfolgt langsamer und weniger vollkommen. Die Elastizität von Gelen nimmt bei der Entquellung ab. Da aber auch andere Kolloidzustandsänderungen (Sol-Gelumwandlung, Koagulation) Einfluß auf die Elastizität haben, so kann man aus der beim Ödem und Präödem (aber auch bei vielen anderen Zuständen) nachweisbaren Elastizitätsminderung nicht eindeutig auf eine Entquellung schließen, sondern muß sich damit begnügen, festzustellen, daß sich die Beschaffenheit des Gewebsgels gegen die Norm verändert hat.

Wächst das Ödem über das Präödem hinaus, so bilden sich, wie Hülse festgestellt hat, in der Grundsubstanz zunächst runde kleine Hohlräume, die bald konfluieren und schließlich zu einem unregelmäßigen weiten Spaltraumsystem anwachsen. Das diese Räume erfüllende Wasser wird also aus dem Gewebe abgeschieden. Es liegt darin ein Hinweis, daß der Zustand der pathologischen Wasserbindung des Protoplasmas nicht mit einem Ruhezustand der Wasserbewegung gleichbedeutend ist. Da das gequollene Gewebe lebt, da alle Lebensvorgänge in wässerigen Lösungen oder unter Beteiligung von solchen verlaufen, so ist eine Wasserbewegung auch in einem ödematösen Gewebe eine selbstverständliche Sache. Wenn man die Aufnahme von Wasser in Protoplasma als Quellung bezeichnet, so muß die Abgabe auf einer Entquellung beruhen. Auch das ödematöse Gewebe besitzt also die Reversibilität der Wasserfunktion. Aber sein Gleichgewicht ist — entsprechend dem Grade der ödematösen Veränderung — auf ein anderes Niveau eingestellt als das des normalen Gewebes.

Bei dieser Betrachtung bleibt die Frage offen, warum die aus dem gequollenen Protoplasma zunächst in Form von Vakuolen abgeschiedene, dann ein Labyrinth von Spalten erzwingende Flüssigkeit nicht, wie es bei dem normalen Wasserwechsel geschieht, in die Blut- oder Lymphcapillaren aufgenommen wird. Daß das in Wirklichkeit nicht geschieht, geht außer aus der pathologischen Speicherung in den Geweben auch daraus hervor, daß der Ductus thoracicus und die Cysterna chyli zur Zeit der Ödembildung auffallend wenig, zur Zeit der Ödemresorption stark gefüllt sind (Hülse).

Damit kommen wir dazu, das Ödem nicht nur als einen Vorgang des Bindegewebes, sondern vom Gesichtspunkt des gesamten Wasserhaushaltes zu betrachten.

Der durch den Körper hindurchgehende Flüssigkeitsstrom führt vom Blut durch die Capillarwand (Capillartranssudat, primäre Lymphe — C. Ludwig, Blutlymphe — R. Heidenhain) in die Zelle, von der Zelle nach vollzogenem Stoffaustausch in das Gewebe zurück (Gewebslymphe) und vom Gewebe in die Blut- und

Lymphcapillaren. Die Bildung der Gewebsflüssigkeit (Capillartranssudat, Gewebslymphe) vollzieht sich also durch die Trennungsflächen der Blutcapillare und der Zelloberfläche, die Aufnahme der Gewebslymphe durch die Endothelauskleidung der Blut- und Lymphcapillaren. Diese Vorgänge, deren Intensität mit der Funktion des Organs wechselt, stehen in einem Gleichgewicht, so daß bei ungestörtem Mechanismus die Menge der Gewebsflüssigkeit annähernd unverändert bleibt.

Das Anwachsen der Gewebsflüssigkeit — im höchsten Grade also das Ödem — beruht auf einer Störung dieses Gleichgewichtes, die in vermehrter Transsudation, in verminderter Resorption oder in verstärkter Flüssigkeitshaftung bestehen könnte.

Es soll hier versucht werden, den Stand des Problems, unabhängig von seiner Entwicklung, durch Diskussion der drei Fragen zu entwickeln, welche Bedingungen dem Austritt des Transsudates aus den Blutcapillaren, dem Verbleiben der Flüssigkeit im Gewebe und der Resorption in die Blut- und Lymphcapillaren zugrunde liegen.

Vorausgeschickt muß werden, daß die verschiedenartigen Kräfte, um die es sich hier handelt, in dem gesamten System der Wasserbewegung als harmonisches Ganzes zusammenwirken. Die nervöse Regulation durch die Zentren im Zwischenhirn, zentrales und peripheres Angreifen der Hormone und gegenseitige Einflußnahme der Kräfte aufeinander stellen die Mittel dar, durch welche das Zusammenspiel erfolgt.

Der Austritt des Transsudates aus den Blutcapillaren hat eine Bedingung im Capillardruck. BAYLISS u. STARLING haben festgestellt, daß der Capillardruck viel mehr von dem Venendruck als von dem arteriellen Druck abhängt. Daher kommt es im Tierexperiment (COHNHEIM) bei Venenstauung zu Flüssigkeitsaustritt aus den Capillaren und beim Menschen nach Venenverschluß (Thrombose) zu Ödem.

Auch das Beinödem der Graviden ist Folge des erhöhten Venendrucks (RUNGE).

C. LUDWIG hat den Austritt der Flüssigkeit aus den Gefäßen auf eine Filtration zurückgeführt. Diese einfache Annahme hat sich als unzureichend erwiesen. Der Flüssigkeitsaustritt findet dabei Widerstand an der elastischen Spannung der Gewebe (LANDERER, M. BOENNIGER), die je nach ihrer Höhe an verschiedenen Orten verschieden stark dämpfend einwirkt. Daher kommt es, daß an Stellen mit lockerem Bindegewebe das Ödem früher eintritt.

Der Stoffaustausch durch die Capillarwand ist eine Funktion der Fläche, deren Größe wohl u. a. von dem Verhältnis des Innendruckes zum Außendruck abhängt. Die Capillaren stellen Endothelröhren dar, deren Durchmesser durch ein umkleidendes weitmaschiges, muskuläres Netzwerk sehr stark veränderlich ist (A. KROGH). KROGH schätzt die Gesamtausdehnung des Capillarsystems eines Menschen von 50 kg auf 100000 km Länge ($=2^{1}/_{2}$ mal Äquatorumfang) und auf 6300 qm Fläche. In einem Muskelquerschnitt von der Dicke einer Stecknadel liegen 700 parallel verlaufende blutführende Röhrchen neben 200 Muskelfasern. Diese Röhrchen sind nicht dauernd geöffnet und durchströmt. Ihre Entfaltung erfolgt bei Bedarf durch die Tätigkeit der Muskelelemente, denen für die Größe der Durchtrittfläche eine sehr viel höhere Bedeutung zukommt, als den Druckverhältnissen in den Gefäßen und im Gewebe.

Der Flüssigkeitsaustritt aus den Gefäßen wird dadurch gebremst, daß die Capillarwand im allgemeinen für Kolloide nicht durchlässig ist. Der kolloid-osmotische Druck, den die Plasmaeiweißkörper ausüben, hält das Wasser im Blut zurück (s. S. 480, 515). Da für den Durchtritt als wirksame Größe nur die Differenz zwischen Capillardruck und kolloidosmotischem Druck in Betracht kommt, und da bei einem capillaren Druck von 15 mm Hg (TIGERSTEDT) und bei einem kolloidosmotischen Druck von 30 mm Hg (STARLING) der Wert dieser Differenz negativ ist, so wird klar, daß der (normale) Capillardruck für den Flüssigkeitsdurchtritt wohl in der algebraischen Summe der wirksamen Faktoren, aber keine selbständige Bedeutung hat.

Die Undurchlässigkeit für Kolloide ist weder eine allgemeine noch eine unabänderliche Eigenschaft der Capillaren. So lassen die Lebercapillaren einzelne Eiweißarten passieren (STARLING, BAYLISS). Und unter einer großen Zahl von Bedingungen, die vielleicht nicht einmal sämtlich die Breite des Physiologischen überschreiten, werden die Capillaren für Proteine teilweise durchlässig. Die dominierende Bedingung der Permeabilitätssteigerung, des Durchgängigwerdens für Eiweiß, ist die Erweiterung der Capillaren. KROGH hat gesehen, daß dann das gesamte Plasma des Blutes die Capillare verläßt und ein Haufen roter Blutkörperchen zurückbleibt, der so stark zusammengepreßt ist, daß das Blut nicht deckfarben, sondern lackfarben erscheint. Es entsteht dann die Stase, ein vollkommener Stillstand des Blutflusses in der Capillare. Die Stase ist das sicherste Zeichen für Kolloiddurchlässigkeit der Capillarwand. Entwickelt sich eine solche Stase langsam oder wird sie nicht vollständig, so kommt es in dem umgebenden Gewebe zu Ödem. Im Histaminshock treffen wir Capillarerweiterung, Bluteindickung und Ödem (DALE u. LAIDLAW). Es ist möglich, daß diese wichtige Beobachtung zum Ödem oder wenigstens zu manchen Formen des Ödems eine nahe Beziehung hat. So hat man Gründe, die Quaddeleruptionen, die als anaphylaktische Reaktion auftreten, auf innerhalb des Organismus gebildete capillarerweiternde Stoffe zurückzuführen. Bekanntlich können sich im Stoffwechsel nur aus Eiweiß bzw. aus gewissen Aminosäuren in so minimalen Dosen stark wirksame Stoffe bilden. So hat man besonders auch die Bildung von Histamin aus Histidin im Gewebe angenommen, z. B. durch Trauma (L. HILL).

Es liegt im Bereich der Möglichkeit, daß Gifte vom Charakter der proteinogenen Amine im Zustande der Asphyxie entstehen. R. KLEMENSIEWICZ sah nach Blutleere hochgradiges Ödem auftreten. Das Ödem bei Kreislaufinsuffizienz ist aber sicher auch durch den gesteigerten Venendruck und durch die schlechtere Ernährung des Gewebes, einschließlich der Capillarwandungen, bedingt oder mitbedingt.

Weiter sind es, wie R. MAGNUS gezeigt hat, gewisse Gifte, und zwar die von SCHMIEDEBERG und W. HEUBNER als solche charakterisierten Capillargifte, die Capillarerweiterung und bei gleichzeitiger Hydrämie Ödem verursachen. Ebenso wirkt, wie COHNHEIM u. LICHTHEIM gezeigt haben, die Hydrämie an Stellen, an denen durch Entzündungsprozesse die Capillaren erweitert sind. Mechanische Reizung führt an der Froschzunge (KROGH) wie an der Leberoberfläche (U. EBBECKE) zu scharf lokalisierter Capillarerweiterung und zu Flüssigkeitsaustritt (Quaddel). Dasselbe erzielte BRUCK durch fortgesetzte Reizung des Nervus glossopharyngeus. Ähnlich, wenn auch schwächer wie Histamin, ist der Einfluß von Pituitrin (KROGH).

Dieser Forscher hat auch festgestellt, daß lösliche Stärke von einer Teilchengröße von 5 $\mu\mu$ von der normalen Capillare zurückgehalten, von der erweiterten durchgelassen wird. Es handelt sich dann keineswegs um eine Lückenbildung etwa zwischen den Endothelzellen, sondern wie bei einer Ultrafiltrationsmembran um eine größere Porenweite, die aber sicher, wie die Undurchlässigkeit der chinesischen Tusche zeigt, unter etwa 200 $\mu\mu$ bleibt. Da die Capillarwand physikalisch-chemisch ein Gel darstellt, so kann man sich eine Zunahme der Porenweite durch Dehnung leicht vorstellen. Es scheint aber auch eine Änderung der Capillardurchlässigkeit ohne Kaliberänderung einzutreten. Ein Wechsel im Quellungszustand der Capillarwand beeinflußt vielleicht die Permeabilität. HÜLSE teilt mit, daß im Ödem auch die Capillarendothelien quellen, und daß diese Quellung der Bildung der freien Ödemflüssigkeit vorausgeht. SIEBECK hat gezeigt, daß Strukturelemente einer Zelle, die den Durchtritt der Stoffe beherrschen, durch Oberflächenwirkungen beeinflußbar sind. Dafür, daß eine Änderung der Capillardurchlässigkeit von dem Quellungszustand der Wand abhängt, spricht auch die entzündungswidrige Wirkung der Calciumionen. H. J. HAMBURGER hat beobachtet, daß ein gewisser Gehalt von Calciumionen im Durchströmungsversuch trotz Erhöhung des hydrostatischen Druckes die Bildung von Ödem verhindert. Mit Rücksicht auf die Verhältnisse bei der akuten hydropischen Glomerulonephritis ist es sehr interessant zu hören, daß HAMBURGER bei geringer weiterer Erhöhung des Gehaltes an Calciumionen hochgradige Blutgefäßkontraktion fand.

Ob beim Menschen die erhebliche Verminderung der Konzentration der Calciumionen im Blut, wie sie bei Nierenkranken beobachtet ist (s. S. 521), ausreicht, den Zustand der Endothelgrenzfläche der Capillaren in so empfindlicher Weise zu beeinflussen, ist noch ungewiß. Bei der außerordentlichen Empfindlichkeit kolloidaler Strukturen aber kann man sich sehr wohl vorstellen, daß die durch den Körper fließende kolloidale Lösung durch ihre physikalischen und chemischen Eigenschaften auf alle Zellen, die sie berührt, in der Richtung ihrer für die Permeabilität maßgebenden kolloiden Struktur einwirkt (SIEBECK). Es wird also ein verminderter kolloidosmotischer Druck des Blutes auf die Endothelzellen nicht ohne Einfluß bleiben, wie auch aus den Untersuchungen von GÄRTNER und ALBU hervorgeht. Zwar ruft im Tierexperiment eine Hydrämie kein Hautödem hervor (COHNHEIM u. LICHTHEIM), und auch beim Menschen sehen wir Hydrämie ohne Ödem. Aber daß eine Veränderung der Blutbeschaffenheit in Verbindung mit anderen Faktoren zu Hydrops führt, ist, so wie in den Experimenten von MAGNUS, auch in der menschlichen Pathologie durchaus möglich.

Das Ziel, Menge und Zusammensetzung des Blutes konstant zu halten, wird bei stärkerer Belastung durch die Arbeit der Ausscheidungsorgane erreicht. Ist diese Arbeit unzulänglich, so muß eine salzhaltige Flüssigkeit im Körper verbleiben und müßte Ödem auftreten, wenn Wasser- und Kochsalzretention (eines gewissen Betrages) mit Ödem gleichbedeutend wäre. Die Erfahrung, daß bei der renalen und subrenalen Anurie Hydrops überhaupt nicht oder nicht im Verhältnis zur Retention (Gewichtszunahme) eintritt, lehrt, daß die Annahme einer einfachen physikalisch-chemischen Regulation, durch die Wasser (mit der entsprechenden Menge Kochsalz) oder Kochsalz (mit der entsprechenden Menge Wasser) aus dem Blut entfernt wird, in der Frage der Ödembildung keine primäre Rolle spielt.

Wasser und Kochsalz wirken nicht als Ödembedingung, sondern als Ödemmaterial. Da beim wachsenden Ödem Wasser aus dem Blut abläuft und im Gewebe bleibt, so kommt es zü einem sehr starken Durst, dessen Stillung erklärt, daß z. B. bei der akuten Nephritis in kurzer Zeit Gewichtszunahme von 10 und mehr Kilogramm eintritt.

Wie sehr aber selbst bei der Beschränkung von Wasser und Kochsalz auf ihre Eigenschaft als Ödemmaterial die physikalisch-chemische (osmotische) Beziehung an Bedeutung zurücktritt, geht daraus hervor, daß Wasser und Kochsalz durchaus nicht immer im Verhältnis der NaCl-Konzentration des Blutes retiniert werden, sondern daß die Konzentrationen zwischen 0,17 und 4,6% NaCl schwanken. Es kommt also sowohl eine Wasserretention vor, die nicht durch eine entsprechende Einbehaltung von Kochsalz osmotisch ausgeglichen ist, als auch eine trockene Kochsalzretention (Historetention-Strauss).

Auch im Falle des Ödems und jeder Art von Ödem ändert die Capillarwand die Durchlässigkeit für Kolloide nicht so, daß die Ödemflüssigkeit dem Eiweißgehalt des Blutplasmas gleichkommt. Damit sind die Bedingungen für ein Membrangleichgewicht (s. S. 26) gegeben. Da bei dem p_H des Blutes die Eiweißkörper Anionen bilden und Kationen binden, so müssen nach der von Donnan gefundenen Regel mehr Elektrolytanionen als Elektrolytkationen in das Ödem übertreten. Dem entspricht die alte Erfahrung, daß die Ödemflüssigkeit mehr Cl' enthält als das Blut, und die Beobachtung von Klothilde Gollwitzer-Meier, daß das Ödem auch reicher an HCO_3' ist als das Blutplasma.

So gut die gefundenen Zahlen der Anionen auch quantitativ mit der Donnan-Regel übereinstimmen, so bleibt doch die Frage noch unklar, ob für diese Elektrolytverschiebung das Membrangleichgewicht allein verantwortlich zu machen ist. Das Blut, aus dem sich die Ödemflüssigkeit bildet, zeigt in der Regel eine abnorme Zusammensetzung insofern, als eine Verschiebung des Bluteiweißbildes nach der grobdispersen Seite stattgefunden hat (s. S. 515). Unter diesen Verhältnissen verändert sich die adsorptive Stoffbindung an die Eiweißkörper sehr wesentlich. H. Bennhold hat gezeigt, daß Farbstoffe aus einem solchen Blut sehr viel schneller als aus normalem in ein Gelatinegel hinein diffundieren. Die Beobachtung, daß im Blut solcher Zusammensetzung (von Nephrosekranken stammend) eine im Verhältnis zur Cl'- und HCO_3'-Konzentration ungewöhnlich hohe elektrische Leitfähigkeit besteht (Atchley, Loeb, Benedict u. Palmer; Gram u. Norgaard), zeigt, daß hier ungewöhnliche Adsorptions- und Ionisierungsverhältnisse vorliegen.

Die Veränderung des Bluteiweißbildes und der Ionisierung ist —wahrscheinlich — ein Faktor oder einer der Faktoren, die auf die Permeabilität der Capillarwand (Membran) einwirken.

Die Durchlässigkeit einer tierischen Membran ist nicht nur, wie man früher annahm, eine Funktion der Porenweite, sondern hängt sehr wesentlich von dem Zustand der Wandschichten (L. Michaelis, R. Keller, E. Wertheimer), von der Adsorption oberflächenaktiver Stoffe an den Wandschichten und in den Porenkanälchen und von der elektrischen Ladung der Wandschichten ab. Diese Ladung bedingt ein Potential zwischen Wand und Lösung; sie ist imstande, die Teilchenbewegung zu beschleunigen oder zu hemmen, ja sogar ihre Richtung entgegen dem osmotischen Gefälle umzukehren (anomale Osmose). Auch eine

„tote“ Membran ist ein Gebilde von ganz außerordentlicher Reaktionsfähigkeit. Die Membranen im lebenden Organismus können auf nervösem, ionalem und inkretorischem Wege Zustandsänderungen erfahren, die ihre Funktion tiefgehend beeinflussen. Insbesondere können sie auch durch die Flüssigkeiten, mit denen sie in Berührung kommen, so beeinflußt werden (H. ZANGGER), daß zwischen den drei Phasen — im Falle des Ödems zwischen Blut, Capillarwand und Gewebe (bzw. Gewebsflüssigkeit) — eine kolloidchemische Koordination (physikalische Koordination-SIEBECK) eintritt.

Die zweite Frage geht dahin, warum die Flüssigkeit im Gewebe verbleibt. Das Gewebe kann in bezug auf sein Wasserbindungsvermögen nicht als eine Einheit betrachtet werden, da nach SCHADE die Sehne bei saurer, die faserarme Nabelschnur bei alkalischer Reaktion das Quellungsmaximum hat. Das Unterhautzellgewebe quillt bei alkalischer Reaktion und gibt bei saurer Wasser ab. Die Flüssigkeitsmenge, die in der pathophysiologischen Breite des p_H aufgenommen oder abgegeben werden kann, ist aber zu gering, um das Ödem auf eine Säureentquellung des Bindegewebes zurückführen zu können, wie M. H. FISCHER versucht hat. Im Stauungsödem sind zwar p_H-Werte bis 6,91 gemessen worden. A. FODOR u. G. H. FISCHER nehmen an, daß sich bei ungenügender Oxydation „Atmungssäuren“ im Gewebe anhäufen. Ein solcher Vorgang liegt durchaus im Bereich der Möglichkeit (der Nachweis der Säureproteine ist noch nicht erbracht), kann aber nur für das Stauungsödem Geltung haben, da die aktuelle Reaktion des nephritischen Ödems alkalischer ist als die des Blutes. In diesem Falle müßte also das Gewebe mehr Wasser (durch Quellung) aufgenommen haben. Ganz allgemein muß man also Quellungsprozesse und Entquellungsprozesse als wirksame, wenn auch quantitativ nicht ausreichende Faktoren betrachten.

Eine strenge Sonderung dieser entgegengesetzt gerichteten Vorgänge nach der Art des Ödems ist nicht möglich. Das nephritische Präödem weist eher auf eine vermehrte Quellung hin, während das alte Stauungsödem mit seiner Verhärtung des Bindegewebes den Eindruck einer Dehydratation macht.

Da im normalen Gewebe das Wasser nicht frei, sondern an die Eiweißkörper und Lipoide gebunden ist, da die Bewegung der Flüssigkeit durch wechselseitige Quellung und Entquellung erfolgt, da auch im ödematösen Gewebe Flüssigkeitsbewegung stattfindet, so ergibt sich, daß sowohl Erhöhung als auch Verminderung der Quellungsfähigkeit zu einer Vermehrung des Wassergehalts führen kann.

Mehr als die aktuelle Reaktion macht wahrscheinlich an dieser Gewebsänderung das Verhalten der Lipoide und besonders die Zusammensetzung des Gewebeeiweißes aus, das vermutlich ebenso aus Fraktionen verschiedener Dispersität, verschiedener Ionisierungsfähigkeit und verschiedenen Wasseraufnahmevermögens besteht, wie das Plasmaprotein, und unter der gleichen krankmachenden Bedingung die analoge Veränderung erleidet. P. TH. MÜLLER und G. ORGLMEISTER haben für eine gleichsinnige Veränderung der Proteinzusammensetzung in den Organen (auch in den Nieren—ORGLMEISTER) analytische Belege gebracht. Es ist so gut wie sicher, daß die Umwandlung von Serumalbumin in Serumglobulin nicht humoral erfolgt, sondern Folge zellulärer Vorgänge ist.

Die dritte Frage geht dahin, ob die Resorption aus dem Gewebe in die Blut- und Lymphkapillaren gegen die Norm verlangsamt ist. Das ist zweifellos der Fall. Faktoren, die den Austritt aus dem Blut begünstigen, müssen notwendig die

Aufnahme in das Blut hemmen. Im gleichen Sinne wirkt die Gewebsveränderung, die auch der Abgabe in die Lymphbahnen Schwierigkeiten bereitet.

Man muß auch annehmen, daß die Wandung der Lympkapillaren im gleichen Sinne verändert ist, wie die Blutkapillaren und das Gewebe, da die hydropigene Gewebsalteration wahrscheinlich alle Gewebsbestandteile betrifft.

Als Kräfte, durch welche die Flüssigkeit durch die Gewebe bewegt wird, wirken also gemeinschaftlich und in gegenseitiger Gebundenheit: Kapillardruck, Gewebespannung, kolloidosmotischer Druck der Bluteiweißkörper und Zusammensetzung des Blutplasmas, Wasserbindung im Gewebe und Gewebeeiweißzusammensetzung, kolloidosmotischer Druck des Transsudateiweißes, aktive Tätigkeit der Capillaren (sowohl ihrer Muskelelemente, wie ihres Endothels.) Die Regulation erfolgt auf nervösem, hormonalem und ionalem Wege. Im Komplex des letztgenannten kommt dem osmotischen Druck nur geringe Bedeutung, eine größere aber dem spezifischen Einfluß gewisser Ionen und Ionenverhältnisse zu.

So hat Natriumsalz die Fähigkeit der Wasserretention, während Kaliumsalze rasch aus dem Körper entfernt werden und daher entwässernd wirken. Eine geringere differente Wirkung haben auch die Anionen. So wirkt Bromid und Iodid weniger retinierend als Chlorid (in äquivalenter Menge).

Indessen liegen die Verhältnisse viel verwickelter. So kann Kochsalz in manchen Fällen diuretisch wirken; und Natriumbikarbonat, das bei dem acidotischen Diabetiker Ödeme macht, kann bei gewissen Anurien die Diurese in Gang bringen. Sicherlich hängt die Richtung der Wirkung eines Ions von der mineralischen Zusammensetzung ab, wie sie durch die Kost, durch die Richtung des Stoffwechsels und durch Ausscheidungshemmung oder Auswaschung gegeben ist.

Die starke Wasserverarmung, die im Zustand der Acidose besteht und im Coma diabeticum ihr Maximum erreicht, hat zu der erfolgreichen therapeutischen Methode geführt, Hydropsien, insbesondere solche kardialer Genese, mit der Unterstützung acidotisch wirkender Salze zu behandeln.

Das nephritische Ödem. Für die Entstehung des Ödems bei Glomerulonephritis bestehen folgende Möglichkeiten:

1. Das nephritische Ödem ist abhängig von Funktionsschädigungen der kranken Niere.

2. Das nephritische Ödem ist bedingt durch Giftstoffe, die in der kranken Niere entstehen oder infolge der Nierenerkrankung im Körper verbleiben.

Diesen beiden renalen Theorien, die das extrarenale Geschehen als Folge renaler Vorgänge auffassen, steht die dritte Möglichkeit gegenüber:

3. Capillarerkrankung und Nierenerkrankung sind parallel geschaltete Zustände, die der gleichen Schädlichkeit ihre Entstehung verdanken.

Wenn es auch noch nicht möglich ist, in diesem schwierigen Gebiet die Wahrheit klar zu erkennen, so kann doch eine kritische Erörterung den Kreis um die Wahrheit enger ziehen.

Was zunächst die Abhängigkeit des Ödems von der Nierenfunktion betrifft, so steht außer Frage, daß es eine Behinderung und völlige Hemmung der Wasserausscheidung renaler Art gibt. Thannhauser hat durch Untersuchungen an einer sehr großen Zahl ödematöser Kriegsnephritiker ermittelt, daß in allen frischen

Fällen Kochsalzgehalt und Wassergehalt des Serums erhöht sind. Ich kann das aus eigener Erfahrung für einen Teil frischer Fälle bestätigen. Es ist an die Möglichkeit zu denken, daß eine solche hyperchlorämische Hydrämie auf die Capillarwände nicht ohne Einfluß bleibt. Von größerer Bedeutung noch könnte die Änderung der Ionenzusammensetzung sein, die das Blut dadurch erleidet, daß die kranke Niere die Fähigkeit der Isoionie verliert. Besonders wird es hier auf das Verhältnis der Kationen Na, K und Ca ankommen.

Mit Sicherheit kann ausgesagt werden, daß die Fähigkeit oder Unfähigkeit der Niere, Chlorion zu konzentrieren, mit der Ödembildung nichts zu tun hat.

Gibt es nun bei der akuten Glomerulonephritis außer der Veränderung der Blutzusammensetzung auch eine Veränderung der Blutmenge? Diese bereits oben (S. 512) berührte Frage ist in praktischer wie theoretischer Beziehung von der allergrößten Bedeutung. Wir sahen, daß sich das Blut in der Norm an der Wasserspeicherung so gut wie gar nicht beteiligt. Wenn wir bei der akuten Nephritis eine echte Plethora anträfen, so würde das bedeuten, daß gegenüber dem Verhalten des Normalen in diesen Fällen die Capillarwände dichter geworden sind.

Bereits nach der klinischen Beobachtung zweifle ich nicht daran, daß eine solche Störung vorkommt. Es gibt Patienten mit frischer Nephritis, die, ohne Ödeme oder wesentliche Ödeme aufzuweisen, — wie die nachfolgende Entwässerung und Gewichtsabnahme lehrt — viel Wasser zurückbehalten haben. Die Gesichtsfarbe dieser Patienten ist nicht blaß, sondern tiefrot. Ihre Gesichtshaut ist ganz und gar nicht gedunsen. Das Gesicht erscheint unförmig groß. Man kann mit Sicherheit voraussagen, daß der Patient nach Ablauf der bedrohlichen Erscheinungen ein ganz verändertes kleines Gesicht haben wird. Man könnte sich damit zufrieden geben, daß in diesen Fällen ein Präödem vorliegt. Aber dieses schlagflüssige Aussehen ist nicht das eines Präödematösen. Daß die retinierte Flüssigkeit zu einem guten Teil innerhalb der Gefäße sitzt, geht daraus hervor, daß diese Nephritiker ganz besonders zu Lungenödem neigen. Das stimmt mit den Erfahrungen von COHNHEIM und LICHTHEIM überein, daß im Experiment Hydrämie kein Hautödem, wohl aber Ödem der großen Drüsen verursacht. In dieser Neigung zu Lungenödem liegt die praktische Bedeutung der nephritischen Plethora. Gesteigerte Durchlässigkeit der Capillaren, wie sie der Mehrzahl der akuten nephritischen Erkrankungen zukommt, und Festhaften des Wassers in den Geweben stellt einen Sicherheitsfaktor gegen das Eintreten dieses lebensgefährlichen Zustandes dar.

Datum	Körpergewicht	Blutmenge	Hb %	Millionen Rote	Eiweiß %	Cl'	Serum R—N mg %	Harnsäure mg %
20. II.	58	5000	71	4,5	6,6	0,412	46	7,3
26. II.	45	4076	—	—	7,8	0,298	50	10,8
12. III.	47[1]	3174	77	4,5	6,3	0,369	27	4,7
4. IV.	48[1]	3352	75	—	8,8	0,383	31	4,1
7. IV	52[1]	3537	74	5,2	8,2	0,362	24	4,0

AD. WOLFF hat in unserer Klinik bei einigen Fällen frischer Glomerulonephritis Bestimmungen der Gesamtblutmenge vorgenommen und wiederholt Plasmawerte

---

[1] Diese Gewichtszunahme beruht nicht auf Ödem.

gefunden, die zweifelfrei über der Norm liegen. Ich gebe ein Protokoll über einen Patienten (III, 397) wieder, der Wasser im Betrage von 29% seines Körpergewichtes (nach erfolgter Entwässerung festgestellt) retiniert, dabei aber nur ein mäßiges, über die ganze Haut verteiltes Ödem und keine nachweisbaren Höhlenergüsse hatte. Die retinierte Flüssigkeit war, wie die fortlaufende Analyse des Harns ergab, kochsalzarm.

Leider sind solche eingehenden Untersuchungen nur selten ausführbar. Eine einmalige Prüfung gibt kein ausreichendes Bild. Von sehr großem Interesse wäre die Anwendung dieser Methode bei einem Fall von arenaler Anurie, die trotz großer Wasserretention kaum zu Ödem führt. Es ist hier in erster Linie daran zu denken, daß in diesem Zustand das Verhältnis Na : K : Ca keine wesentlichen Veränderungen erfährt, da die Kationen gleichmäßig zurückbehalten werden.

Auf die „nephritische Plethora" ohne „Ödem" werden wir bald noch einmal zurückkommen.

Den Wasserausscheidungsprozeß der Niere kann man sich kaum anders vorstellen, als daß die Flüssigkeit vorübergehend in gewisse Nierenelemente aufgenommen und von diesen wieder abgegeben wird. Nach dieser Vorstellung, die auf die Arbeiten von HOFMEISTER zurückgeht, handelt es sich also um eine rhythmische Quellung und Entquellung. Die Nierenrinde zeigt insofern ein eigentümliches Verhalten, als der Temperaturkoeffizient ihrer Quellung dem von Nierenmark und Muskel entgegengesetzt gerichtet ist (LICHTWITZ u. RENNER). Die Wasser anziehende Kraft der Niere, ihr kolloidosmotischer Druck, muß demnach, solange Harnbildung erfolgt, dem entsprechenden Druck des Blutes überlegen sein. Die Meinung von SCHADE, daß die Niere den einzigen Ausscheidungsregulator für den kolloidosmotischen Druck des Blutes darstelle, kann nicht richtig sein. Da der Glomerulus sicher ein wesentlicher Ort der Wasserausscheidung ist, so kann deren erster Akt auf nichts anderem beruhen als auf der Funktion der Capillarschlingen der BOWMANschen Kapsel. Da sich diese Schlingen nicht von anderen Capillaren unterscheiden, so liegt morphologisch kein Anlaß vor, die Niere ausschließlich für die Erhaltung der Wasser anziehenden Kraft des Blutes verantwortlich zu machen. In funktioneller Beziehung wäre es ganz unverständlich, wie ein an einer einzigen Stelle des Kreislaufsystems (in der Niere) erfolgender Ausgleich an einem entfernten Orte einen bestimmten Zwecken dienenden Wasserwechsel herbeiführen sollte. Ein örtlicher Wasserwechsel kann im wesentlichen nur auf örtlichen Bedingungen beruhen. Ich glaube daher, daß sich die Niere mit allen Gewebscapillaren, wenigstens soweit sie Kolloide nicht durchlassen, in die Funktion der Erhöhung des kolloidosmotischen Druckes des Blutes teilt. Daß eine Herabsetzung der Wassersekretion durch die Niere den kolloidosmotischen Druck des Blutes niedrig hält, indem seine Erhebung gehindert wird, ist ohne Zweifel. Wenn diese Veränderung allein zur Ödembildung ausreichte, so müßte die arenale Anurie zu starken Ödemen führen. Da das aber nicht geschieht, so muß man bei dem nephritischen Ödem nach einem zweiten hydropigenen Element suchen. Das haben wir in der veränderten Durchgängigkeit der Capillarwandungen gefunden, die vielleicht durch Störung gewisser Nierenfunktionen (Wasserfunktion, Partialfunktionen der Kationenausscheidungen) bedingt ist.

Die zweite Möglichkeit, die Hypothese einer von der Niere ausgehenden Vergiftung, schließt zwei Probleme in sich, nämlich die Retention physiologisch entstehender Gifte, die von der normalen Niere ausgeschieden werden, und die Bildung von Giften in einer kranken Niere.

Soweit es sich um die Annahme einer Nichtausscheidung von Giften handelt, könnte diese These auch in dem Zusammenhang der Funktionsschädigungen betrachtet werden. Indessen ist uns nach dieser Richtung nichts bekannt, was als überzeugend oder gesichert gelten könnte. Die Erfahrungen bei der arenalen Anurie sprechen durchaus gegen einen solchen Zusammenhang. Dagegen ist die Bildung proteinogener Gifte in einer Niere, die bei schlechter Durchblutung arbeitet, eine Möglichkeit, die sowohl für das nephritische Ödem, als auch für die anderen extrarenalen Symptome (Blutdrucksteigerung, Urämie) durchaus in Betracht kommt. Greifbare Tatsachen fehlen aber gänzlich.

Die dritte Möglichkeit, deren geistige Urheber Cohnheim und Senator sind, führt die Affektion der Capillaren auf eine selbständige, der Nierenerkrankung parallel gehende Bedingung zurück. Diese Auffassung hat in den letzten Jahren im Kreise der Klinik viel Zustimmung gefunden. O. Müller u. Weiss sehen in der Glomerulonephritis die Teilerscheinung einer allgemeinen Capillaritis. E. Kylin versucht sogar die Bezeichnung „akute Glomerulonephritis" durch „Capillaropathia acuta universalis" zu ersetzen.

Volhard hat die Lehre aufgestellt, daß der erste krankhafte Vorgang bei der akuten Nephritis ein Spasmus der renalen und extrarenalen Arteriolen sei. Ödem und Blutdrucksteigerung gehen bisweilen der Albuminurie voraus. Kylin findet auch eine pränephritische Steigerung des Capillardruckes. Da in Wirklichkeit aber der Druck in den präcapillaren Arteriolen gemessen ist, so ist der Schluß auf „Capillaropathia" nicht vollberechtigt.

Aber auch wenn Erscheinungen von Seiten der Capillaren der Albuminurie vorausgehen, so ist ihre Deutung als pränephritisches Symptom nur dann gültig, wenn die Albuminurie gesetzmäßig und zwingend den frühesten Beginn der Nephritis anzeigt. Diese Voraussetzung der Lehre von der allgemeinen Capillaritis trifft aber nicht zu. Ist die Aufmerksamkeit besonders auf diese Verhältnisse gerichtet, so kann man beobachten, daß der Albuminurie eine Cylindrurie, eine Vermehrung der Harnkolloide oder ein Sinken der Cl′-Konzentration auf bluthypotonische Werte und also auch ein Sinken der Cl′-Ausscheidung vorausgehen kann.

Es handelt sich aber, wie Fahr hervorhebt, bei der akuten Nephritis gar nicht um eine allgemeine Capillarschädigung. Im Beginn der Krankheit ist der außerhalb des Glomerulus gelegene Blutgefäßapparat der Niere in der Regel morphologisch völlig unverändert (Th. Fahr).

In der Haut findet sich eine Pericapillaritis. Gelegentlich kommt es auch zur Schwellung, Vermehrung und Desquamation der Endothelien. Aber der Prozeß ist keineswegs so diffus und so charakteristisch wie bei der Glomerulusveränderung (Fahr). Nach Fahr scheinen noch weitere Untersuchungen darüber notwendig, ob man es hier mit einem bestimmten charakteristischen capillaritischen Prozeß oder mit unspezifischen Veränderungen zu tun hat, wie man sie an den Hautgefäßen oft bei allen möglichen Erkrankungen findet.

Ganz gewiß braucht der Grad der Capillarveränderung, der zu Ödem führt, nicht für das Auge darstellbar zu sein. Aber es gibt auch diffuse akute Glomerulonephritis ohne Ödem, also ohne Capillarveränderung.

Fahr nimmt in dieser Frage eine vermittelnde Stellung an. Wenn die Niere erkrankt, weil sie bakterielle Gifte auszuscheiden hat, so wird auch die Haut als Ausscheidungsorgan erkranken können, wenn die Niere allein die Entfernung der Gifte nicht bewältigen kann. Gegenüber dem eindrucksvollen pathologischen Geschehen, das sich bei der akuten Glomerulonephritis in den Glomerulusschlingen abspielt und bei dem Fehlen aller Symptome, die eine allgemeine Capillarentzündung, besonders auch in den inneren Organen, bieten müßte, ist die Annahme einer primären diffusen Capillaritis unwahrscheinlich. Diese Annahme leidet auch an dem inneren Widerspruch, daß die gleiche Affektion im Glomerulus eine Verminderung, im Gewebe eine Erhöhung des Flüssigkeitsdurchtritts zur Folge habe. Mit größerem Rechte könnte man an einen solchen Vorgang bei der „nephritischen Plethora ohne Ödem" denken, bei der die Gewebecapillaren gegen eine Überfüllung des Kreislaufs nicht in normaler Weise mit erhöhter Transsudation zu reagieren scheinen.

Das Ödem bei Nephrose. Die Ödemflüssigkeit bei Nephrose hat einen sehr niedrigen Eiweißgehalt. Wir finden in diesem Zustand eine Hypalbuminämie, eine starke Linksverschiebung des Bluteiweißbildes und eine noch stärkere Herabsetzung des kolloidosmotischen Druckes, als der Eiweißkonzentration entspricht. Nach Krogh kann man durchschnittlich für jedes Prozent Plasmaeiweiß einen Druck von 50 mm Wasser rechnen. Bei Nephrose findet man nur Werte von etwa 20 mm. Ist der Bluteiweißgehalt auf 5%, der kolloidosmotische Druck auf 100 gesunken, so muß bei normalem Capillardruck durch normale Capillarwände Filtration erfolgen. Bei der Nephrose besteht eine starke Albuminurie. Das Harneiweiß ist kolloidosmotisch sehr viel wirksamer als das Bluteiweiß; sein Druck kann den normalen Wert von 50 mm überschreiten. Iversen u. Nakazawa finden eine kolloidosmotische Aktivität des Harneiweißes von 60—100 mm%. Krogh stellt sich den Mechanismus so vor, daß die Niere nur die kleinsten Eiweißmoleküle, denen am gesamten kolloidosmotischen Druck der höchste Anteil zukommt, passieren läßt.

Die Wirkung der Diuretica. Die alte Streitfrage, ob die Diuretica renal oder extrarenal angreifen, ob auch eine Einwirkung auf das Blut stattfindet, läßt sich nur so beantworten, daß das gesamte dem Wasserwechsel dienende System Erfolgsort ist oder sein kann.

Die Methoden, deren man sich zur Aufklärung dieser Verhältnisse bedient, sind sehr mannigfaltig, aber durchaus nicht immer befriedigend. Eine wesentliche Rolle hat in der Arbeit der letzten Jahre die Analyse des Blutes gespielt. Man untersucht vor und nach Anwendung eines diuretischen Mittels den Eiweiß- und Wassergehalt, den Trockenrückstand, den Kochsalz- und Harnstoffgehalt, die Viscosität des Blutes u. a. mehr und sieht, in welchem zeitlichen Verhältnis eine entscheidende Veränderung des Blutes zu dem Eintritt der Diurese steht. So vielfach diese Methode auch angewandt worden ist, es ist nicht gelungen, eine bessere Einsicht in diese Verhältnisse zu gewinnen. Die Resultate, die verschiedene Untersucher erzielt haben, stehen im Widerspruch zueinander. So z. B. findet Volhard nach Anwendung eines Purinderivates eine auffallende Blutverdünnung, aus der er auf den Angriffspunkt des Mittels außerhalb der Niere, d. h. in den Geweben, schließt. Veil u. P. Spiro dagegen beobachten im gleichen Experiment am normalen und nephrektomierten Tier eine Bluteindickung und halten diese extrarenale Wirkung für den ersten Akt der Diurese. Diese Widersprüche, die sich auch in den Arbeiten anderer Autoren finden, beruhen natürlich nicht auf analytischen Fehlern. Man kann daher aus ihnen schließen, daß die Diuretica wirklich einen extrarenalen Angriffspunkt haben, daß aber der Erfolg dieses Angriffs nach den beiden entgegengesetzten Richtungen, nach der Bluteindickung und nach der Blutverwässerung, gehen kann. Diese Widersprüche bieten dem Verständnis keine unüberwindlichen Schwierigkeiten.

ELLINGER hat mit seinen Mitarbeitern die Veränderung der Serumkolloide durch Diuretica untersucht und gefunden, daß diese in Dosen, wie sie therapeutisch in Betracht kommen, die Viscosität der Proteine herabsetzen, d. h. ihr Wasserbindungsvermögen vermindern. Obgleich nach SCHADE u. CLAUSSEN die Viscosität mit der hier in Betracht kommenden Kraft, dem kolloidosmotischen Druck, nicht übereinstimmt, so gibt sie doch ein Maß für die Beeinflussung der gelösten Kolloide. A. ELLINGER hat gefunden, daß Coffein (und andere Diuretica), je nach der Konzentration, die Viscosität sowohl erhöhen als erniedrigen. Auf den Verlauf dieser zweiphasischen Kurve sind bereits recht geringe Änderungen der Wasserstoffionenkonzentration von sehr großem Einfluß. ELLINGER findet im Durchströmungsversuch am Frosch dieselben Widersprüche, wie sie oben für die Blutuntersuchungen mitgeteilt sind. Entweder zieht das Coffeinserum weniger Wasser aus den Geweben oder es geht weniger Wasser aus dem Serum in das Gewebe als bei Anwendung von Normalserum. Diese entgegengesetzten Reaktionen erklärt ELLINGER so, daß das Coffein das eine Mal im Serum, das andere Mal in den Geweben das Wasserbindungsvermögen herabsetzt. Nimmt man zu dieser wechselnden Verteilung des Diureticums auf Blut und Gewebe den Einfluß der Konzentration, der Reaktion und vielleicht auch den Gehalt an Salzionen und Anelektrolyten hinzu, so scheint es an Erklärungsmöglichkeiten für die entgegengesetzten extrarenalen Wirkungen der Diuretica nicht zu fehlen.

ELLINGER meint, daß die physikalisch-chemische Veränderung der Bluteiweißkörper alle wesentlichen experimentellen und klinischen Beobachtungen über die Wirkung der Diuretica befriedigend erkläre. Diese Meinung kann ich nicht teilen. Die Untersuchungen ELLINGERs liefern sehr wertvolles Material dafür, daß die Diuretica den Quellungszustand der Proteine des Blutes und der Gewebe verändern; sie beweisen aber nicht, daß diese Veränderungen wesentliche Momente des diuretischen Erfolges bedeuten. Ein solcher kann nicht aus den Wasserbeständen des Blutes, sondern nur aus der Mobilisierung der normalen und pathologischen Wasserbestände der Gewebe hervorgehen. Blutwasser, das z. B. durch Coffein aus der Proteinbindung austritt, wird fähig, die Gefäßbahn zu verlassen. Es hat dann die Möglichkeit, durch die Niere oder in die Gewebe zu gehen. Es ist nicht einzusehen, warum es im Zustande des Ödems nicht dorthin gehen sollte, wohin auch sonst der größte Teil des Wassers geht, nämlich in die Gewebe. Wirkt aber dann auch, wie ELLINGER annimmt, das Coffein im Gewebe durch Entquellung wassermobilisierend, so trifft die Aufnahme dieses Wassers in das Blut und sein Abtransport zur Niere die ungünstige Bedingung der (durch Coffein) verminderten Wasseraufnahmefähigkeit des Blutes, worin, wie wir bald sehen werden, ein Hindernis für die Diurese liegt.

Der Flüssigkeitsaustausch zwischen Blut und Geweben kann durch Diuretica beeinflußt werden: aber eine Diurese ist damit keineswegs gesichert, nicht zum wenigsten deshalb, weil die Richtung des Austausches unter vielen Bedingungen schwankt und weil die Herabsetzung der Wasserbindung im Blut den Wassertransport zur Niere hemmt.

Wir wissen, daß die Niere Wasser und Salz sehr unabhängig von dem Wasser- und Salzgehalt des Blutes ausscheidet (VEIL, MONAKOW, OEHME, NONNENBRUCH u.a.). Sezerniert die Niere aus einem Blut von normaler Zusammensetzung, so ergänzt sich das Blut aus den Beständen der Gewebe, vorausgesetzt, daß die Gewebe in normaler Weise reagieren. Das in der Niere entquollene Blut quillt wieder durch Anziehung von Gewebswasser, um in der Niere von neuem zu entquellen. Wie bereits bei der Darstellung des normalen Wasserhaushaltes ausgeführt, handelt es sich um einen Rhythmus von Quellung und Entquellung. Eine befriedigende Diuresetheorie kann nicht auf der Eigenschaft eines Mittels, entquellend zu wirken, begründet werden, sondern muß auf dem Verständnis dieses Rhythmus beruhen, der bei guter Diurese von größerem Ausschlag oder beschleunigt ist.

Die besten Bedingungen für Diurese werden dann gegeben sein, wenn die kolloidosmotischen Kräfte in den Systemen Gewebe, Blut, Niere mit einem starken Gefälle nach der Niere eingestellt sind. Betrachtet man die Niere als ein quellendes und entquellendes Kolloidsystem, so unterscheidet es sich von dem „Gewebe", dem zweiten derartigen System, dadurch, daß der Strom gerichtet ist. Während in den Geweben Wasseraufnahme und Wasserabgabe durch dieselbe Grenzfläche gehen, hier also die Richtung der Pumpe umgestellt werden kann, ist die Niere eine einseitig gerichtete Ventilpumpe, die von einer Seite quillt und nach der anderen entquillt. Die Geschwindigkeit des Wasserdurchtritts ist abhängig von der Zahl der eingeschalteten Rohrleitungen (Glomeruli) und dem Rhythmus und der Stärke der Quellung-Entquellung. Die Diuretica vermehren die Zahl der tätigen Glomeruli (A. N. RICHARDS); sie können weiter auf die Stärke und den Rhythmus der Kolloidreaktion von Einfluß sein. Der der Niere an sich innewohnende Rhythmus und das Gerichtetsein des Stromes machen es a priori sehr wahrscheinlich, daß der Hauptangriffspunkt der Diuretica in der Niere liegt. Die Richtung des Stromes in der Niere schließt aus, daß hier so entgegengesetzte Wirkungen der Diuretica stattfinden, wie sie zwischen Blut und Geweben beobachtet sind.

Bekanntlich hat W. v. SCHRÖDER die Coffeindiurese auf eine Reizung des Nierenepithels zurückgeführt. Während die zuerst von SCHRÖDER vertretene Meinung, daß ein Einfluß des Coffeins auf Blutdruck und Durchblutung den diuretischen Erfolg nicht erklärt, heute wohl von der Mehrzahl der Autoren geteilt wird, hat seine Lehre von der Reizwirkung wenig Anklang gefunden. Daß aber tatsächlich durch Diuretica der Puringruppe eine Steigerung von Drüsensekretion eintritt, sah ich an einem sehr starken Speichelfluß, der bei einer Patientin in zwei Versuchen durch Theocin, bei einer anderen in einem Versuch durch Theacylon erfolgte. LICHTWITZ hat dann versucht, im Anschluß an die Arbeiten von HOFMEISTER, die renale Wirkung der Diuretica auf Grund ihres bereits von SCHRÖDER beobachteten Einflusses auf die Konzentrationsleistungen der Niere kolloidchemisch zu deuten.

Mit und ohne Wasserdiurese sieht man auch beim Menschen auf ein Diureticum die Konzentrationen der gelösten Stoffe ansteigen. Besonders deutlich wird das beim Kochsalz dann, wenn seine Konzentration zwangsmäßig unter dem Blutwert gelegen hat. Folgende Fälle dienen als Beispiele:

Tabelle. I, 186. Insufficientia cordis.

Datum	Harn-menge	Spez. Gewicht	Cl' %	Cl' g	N %	N g	
16. III. 1910	310	1030	0,24	0,74	1,37	4,22	
17. III. „	285	1031	0,23	0,67	1,33	3,78	
18. III. „	110	1034	0,06	0,07	1,73	1,90	
19. III. „	215	1030	0,30	0,64	1,76	3,79	
21. III. „	275	1024	**0,52**	1,44	1,36	3,73	Diuretin 2,0
22. III. „	360	1021	0,23	0,82	1,23	4,41	„ 2,0
23. III. „	380	1021	0,34	1,28	—	—	
24. III. „	560	1021	0,42	2,34	0,84	4,72	
25. III. „	750	1020	**0,88**	6,57	0,64	4,84	Theocin 30,25
26. III. „	480	1021	**0,78**	3,74	0,69	3,32	„ 30,25

I, 93, Insufficientia cordis.

Datum	Harn-menge	Spez. Gewicht	Cl %	Cl g	N %	N g	
30. IX. 1915	340	1028	0,17	0,58	1,68	5,73	
1. X. „	360	1027	0,21	0,77	1,54	5,55	
2. „ „	660	1026	**0,35**	2,34	1,43	9,43	Theacylon 3×1 g
3. „ „	1050	1020	**0,55**	5,74	1,14	11,97	„ 3×1,0 g
4. „ „	1580	1020	**0,70**	11,10	0,71	11,29	„ 3×1,0 g
5. „ „	1200	1020	**0,74**	8,85	0,77	9,19	„ 3×1,0 g
6. „ „	740	1022	**0,62**	4,62	0,86	6,3	„ 3×1,0 g
7. „ „	630	1023	**0,65**	4,07	1,00	6,3	Cl'-Gehalt der
8. „ „	460	1026	**0,51**	2,35	1,16	5,3	Ödemflüssigkeit
9. „ „	360	1030	0,31	1,12	1,61	5,8	
10. „ „	380	1028	0,39	1,48	1,56	5,9	0,47—0,48%
11. „ „	360	1030	0,23	0,82	1,72	6,2	

I, 76. Tumor in abdomine. Ascites.

Datum	Harn-menge	Spez. Gewicht	Cl %	Cl g	N %	N g	
9. I. 1915	490	1018	0,25	1,23	1,19	5,83	
11. „ „	435	**1031**	**0,49**	2,15	**1,81**	7,77	Kalomel 2×0,2
12. „ „	360	1020	0,36	1,12	1,43	5,15	„ 2×0,2
13. „ „	310	1012	0,26	0,82	0,88	2,72	Cl'-Gehalt des
14. „ „	510	1028	0,30	1,52	1,56	7,96	Ascites 0,410%
15. „ „	120	1024	0,16	0,19	1,89	2,28	

III, 389. Lues hepatis et renum. Ascites.

Datum	Harn-menge	Spez. Gewicht	Cl %	Cl g	N %	N g	
21. VIII. 1924	400	1022	0,15	0,60	1,40	5,84	
22. „ „	520	1026	0,13	0,67	1,55	8,08	
23. „ „	450	1025	0,23	1,05	1,09	4,02	
24. „ „	550	1027	0,30	1,64	1,49	8,18	
25. „ „	**4900**	1009	**0,52**	**25,38**	0,13	6,45	Novasurol
26. „ „	500	1021	0,27	1,35	1,04	5,22	
27. „ „	450	1023	0,16	0,74	1,59	6,97	
28. „ „	500	1022	0,14	0,71	1,60	7,99	
29. „ „	650	1022	0,16	1,06	1,44	9,34	
30. „ „	450	1022	0,17	0,77	1,60	7,18	
31. „ „	480	1024	0,23	0,94	1,64	6,54	
1. IX. „	**3900**	1010	**0,48**	**18,55**	0,49	**19,00**	Novasurol
2. „ „	**1570**	1010	0,30	4,79	0,62	9,71	
3. „ „	600	1021	0,14	0,85	1,27	7,63	
3. „ „	400	1022	0,16	0,62	1,35	5,40	

Die Konzentrierung ist eine ausschließlich renale Leistung. Mithin ist die konzentrationssteigernde Wirkung der Diuretica ein bündiger Beweis für renalen Angriff.

Dadurch, daß der Strom durch die Niere wieder zu fließen anfängt, wird die

Wasser anziehende Kraft des Blutes erhöht und das Gewebswasser aufgenommen, vorausgesetzt, daß diese Kolloidsysteme in ihren Beziehungen zum Wasser nicht zu stark umgestellt sind.

Der renale Angriff der Diuretica geht ferner aus den Versuchen am isolierten Organ und besonders auch aus einem Experiment hervor, das P. GOVAERTS angestellt hat. GOVAERTS hat eine gegenseitige Transplantation der Nieren eines mit Novasurol behandelten und eines unbehandelten Hundes ausgeführt und gesehen, daß die Vermehrung der Diurese an die Novasurolnieren gebunden ist, daß der Novasurolhund mit den unbehandelten Nieren keine Steigerung der Diurese zeigte.

Ein gleichzeitiger extrarenaler Angriff wird die Diurese fördern, wenn durch die Beeinflussung der Niere dem Strom die Richtung gegeben ist.

Eine Vorbedingung der renalen Wirkung ist, daß die Mittel durch die Niere hindurchgehen. Man kann sich vorstellen, daß die durch den Eintritt des Mittels in das sezernierende Parenchym ausgelöste Kolloidreaktion Sekretionsreaktionen für Wasser und gelöste Bestandteile mitbedingt.

Das kardiale Ödem. Bei der Dekompensation des Kreislaufs kommt es zu einer Überfüllung des venösen Systems. Hieraus ergeben sich verschiedene Folgen. Die Stauung bedingt Verschlechterung der O_2-Versorgung, die — diese Annahme liegt am nächsten — eine Ödemneigung herbeiführt. Die Steigerung des venösen und capillaren Drucks wird unter solchen Verhältnissen ein erheblicher Ödemfaktor. Das geht aus folgender graphisch dargestellten Beobachtung der Diurese bei einem kreislaufsuffizienten Menschen mit Ödemneigung bei Nephritis hervor.

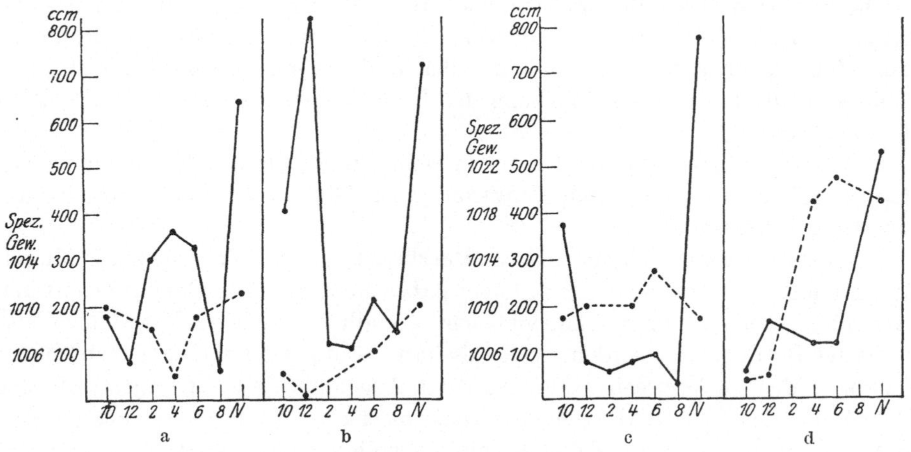

Abb. 51. Wasserversuche bei einem Kranken mit Ödemneigung.
a Bei Bettruhe. Normaltag. b Bei Bettruhe. Wassertag. c Außer Bett. Normaltag. d Außer Bett. Wassertag.

Nach KROGH sinkt bei dem kardialen Ödem infolge der Albuminurie, die hier nicht so elektiv wie bei der Nephrose das am feinsten disperse Eiweiß betrifft, der kolloidosmotische Druck auf nur 40 mm für jedes % Eiweiß ab. Eine Herabsetzung des Gesamtdrucks auf 300 mm genügt aber bei der Erhöhung des Capillardrucks, um Filtrationsödem zu erzeugen.

Die Oligurie, die bei Kreislaufinsuffizienz auch Folge der Stauungsniere ist, sorgt dafür, daß Ödemmaterial im Körper verbleibt, zumal infolge der Beschlagnahme von Flüssigkeit durch die Gewebe Durstgefühl besteht.

Die Ödembildung bei Kreislaufinsuffizienz führt zu einer Entlastung des Kreislaufs. Denselben Erfolg hat die Ausschaltung einer gewissen Menge des Blutes aus der Zirkulation durch Aufnahme in die Depotorgane.

Nachdem Barcroft (s. S. 343) gezeigt hat, daß die Milz eine gewisse Blutmenge so beherbergen kann, daß sie von der Zirkulation ausgeschlossen ist, im Bedarfsfalle aber (so bei Erwärmung und bei Arbeit) in den Blutumlauf zurückkehrt, ist prinzipiell zwischen Gesamtblutmenge und zirkulierender Blutmenge zu unterscheiden. Eppinger u. Schürmeyer haben für die seit langer Zeit (Naunyn, Quincke, Romberg, Pässler, Englisches Shock-Komitee) gut fundierte Auffassung, daß die kreisende Blutmenge im Collaps (Shock) vermindert sei, Zahlenmaterial beigebracht und festgestellt, daß es neben der Milz noch andere Blutlagerstätten im Körper gibt.

E. Wollheim hat diese Verhältnisse bei Herzkranken (allerdings mit einer kolorimetrischen Methode, die, da es sich um Absperrung von roten Blutkörperchen handelt, durch die Kohlenoxydmethode kontrolliert werden sollte) untersucht und gefunden, daß Kreislaufdekompensation mit Vermehrung und mit Verminderung der zirkulierenden Blut-(Plasma)-Menge einhergehen kann. Die Verminderung der Blutmenge erfolgt nach Wollheim auch durch Aufnahme in die subpapillaren Capillarnetze der Haut, die also ein Blutdepotorgan darstellen. Ob den von Eppinger und Wollheim gefundenen Depotgeweben eine regulierende Bedeutung im Bereich des physiologischen Geschehens zukommt, ob sie also der Milz gleichzusetzen sind, ist noch nicht bekannt.

Die Funktion dieses Depots kann nach Wollheim bei Herzkranken nach beiden Richtungen fehlerhaft sein. Die Verkleinerung der zirkulierenden Blutmenge kann einen regulierenden Faktor darstellen und zur Kompensierung beitragen. Nach Wollheim beruht die Wirkung des Digitalis zum Teil auf Bluteintritt in die Depotorgane.

Zu diesen gehört auch die Leber, in denen E. P. Pick u. Mautner Venenklappen gefunden haben, deren Funktion es ist, Blut in der Leber zurück- und vom Herzen fernzuhalten.

Die Frage, warum dekompensierte Herzkranke (z. B. Menschen mit Mitralstenose) jahrelang eine sehr große Leber haben können, ohne Ödem der unteren Extremitäten zu bekommen, kann vielleicht — endlich — in befriedigenderer Weise als bisher beantwortet werden. Oder es kann wenigstens versucht werden der Antwort näher zu kommen, wenn man das Augenmerk darauf richtet, ob eine Überfüllung des rechten Herzens den Depotmechanismus der Leber anregt, und ob Menschen mit größerer Neigung zur Leberfüllung als Ödembildung eine besonders starke Fähigkeit der Blutdeponierung in inneren Organen haben. Nach Wollheim sinkt die zirkulierende Blut(plasma)menge beim Übergang von der Horizontallage in Sitzstellung um 400—1500 ccm. Auch durch Anlegung von Staubinden an beiden Oberschenkeln erfolgt eine Verminderung bis zu 1200 ccm. Diese Ablagerung von Blut im Unterhautzellgewebe kann — im Gegensatz zur Ablagerung in Leber und Milz — nur als Vorstadium des Ödems betrachtet werden.

Blutablagerung und Ödem sind koordinierte Maßnahmen zur Verminderung der zirkulierenden Blutmenge und zur Entlastung des Kreislaufs.

Ödem durch Unterernährung. Bei chronischer Unterernährung kommt es zu einer Ödembereitschaft und bei Zuführung von genügender Menge Ödemmaterial (Wasser, Kochsalz) zu Ödem. Welcher Faktor der Nahrung — Mangel an Eiweiß, Mangel an Fett und Lipoiden — schuldig ist, läßt sich ebensowenig entscheiden, wie die Frage, ob die Gewebeschädigung unmittelbar oder über den bei Unterernährung entstehenden Abbau der Hormondrüsen erfolgt. Wahrscheinlich handelt es sich um eine Mehrheit von Bedingungen.

Beim Hungerödem findet sich häufig eine Hypalbuminämie.

Ödem unklaren Ursprungs. Fälle von Ödem bei herz- und nierengesunden Menschen (E. WAGNER) sind in den letzten Jahren genauer untersucht worden. P. JUNGMANN beschrieb einen solchen Fall, in dem die Diagnose auf einen Tumor der Regio subthalamica gestellt wurde. Der Kranke hatte eine Achylia gastrica und pancreatica. Er war imstande eine Wasserzulage auszuscheiden, retinierte aber Kochsalz vollständig. Der Kochsalzgehalt des Blutes war ungewöhnlich niedrig (430 bis 480 mg). Es bestand Hypalbuminämie. Es handelte sich also um eine neuroendokrin bedingte Kochsalzabgabe aus dem Blut und Kochsalzhaftung im Gewebe. Einen ähnlichen Fall, der auch eine Achylia gastrica aufwies, hat K. CSÉPAI beschrieben.

MEYER-BISCH hat vier Fälle beobachtet, von denen drei eine Subacidität, einer eine Pankreasinsuffizienz hatte. Alle hatten Hypalbuminämie, aber normalen Kochsalzgehalt des Blutes. FALTA u. HÖGLER beschreiben eine Kranke, bei der das Ödem nach Schädeltrauma auftrat, zuerst nur die rechte Hand betraf, dann auf die linke und das Gesicht überging und erst später universell wurde. Der Grundumsatz war normal, Schilddrüsentherapie wirkungslos. Diese Beobachtungen geben einen Hinweis auf die zentrale Regulation der Ionen-Wasser-Bewegung nicht nur in ihrer Bedeutung für das Ödem, sondern vielleicht in ihrer Beziehung zur Salzsäurebildung im Magen. Es wäre sehr interessant in solchen Fällen nachzusehen, wie sich die Cl'-Ausscheidung in den Magen vollzieht, wie die Beziehungen dieser Funktion zum Cl'-Gehalt des Blutes, gegenüber Kochsalzzufuhr und Histamin liegen.

Literatur.

BARCROFT, J.: Some recent Work on the Function of the Spleen. Lancet **210**, 544 (1926).

BAYLISS, W. M.: The osmotic pressure of electrolytically dissociated Colloids. Proc. roy. Soc. Lond. 84 (B), 229 (1911).

— and E. H. STARLING: Observation on venous pressure and their relationship to capillary pressures. J. of Physiol. **16**, 159 (1894).

BENCE, J.: Experimentelle Beiträge zur Entstehung der nephritischen Ödeme. Z. klin. Med. **67**, 69 (1909).

BENNHOLD, H.: Über die Adsorptionsfähigkeit der Serumkolloide tubulär Nierenkranker gegenüber Farbstoffen. Z. exper. Med. **49**, 71 (1926).

BISCHOFF, E.: Einige Gewichts- und Trockenbestimmungen der Organe des menschlichen Körpers. Z. ration. Med. **20**, 75 (1863).

BOENNIGER, M.: Die elastische Spannung der Haut und deren Beziehung zum Ödem. Z. exper. Path. u. Ther. **1**, 163 (1905).

BRUCK, C.: Experimentelle Beiträge zur Ätiologie und Pathogenese der Urticaria. Arch. f. Dermat. **96**, 241 (1909).

BÜRGER, M. und SCHLOMKE: Ergebnisse und Bedeutung chemischer Untersuchungen für die Alternsforschung. Klin. Wschr. **1928**, 1944.

COHNHEIM, J. und L. LICHTHEIM: Über Hydrämie und hydrämische Ödeme. Virchows Arch. **69**, 106 (1877).

CSÉPAI, K.: Über isolierte Störung des Salzstoffwechsels bei einem Fall von polyglandulärer Sclerose. Klin. Wschr. **1923**, 1898.

DALE, H. H. and R. P. LAIDLAW: Histamine Shock. J. of Physiol. **52**, 355 (1918/19).

v. Ebner: Köllikers Handbuch der Gewebelehre 3, 342 (1902).

Eckert, H.: Ursachen und Wesen angeborener Diathesen. Habilitationsschrift. Berlin 1913.

Engels, W.: Die Bedeutung der Gewebe als Wasserdepots. Arch. f. exper. Path. 51, 346 (1904).

Eppinger, H. und Schürmeyer: Über den Kollaps und analoge Zustände. Klin. Wschr. 1928, 777.

Falta, W. und F. Högler: Über Ödeme unklarer Genese. Wien. Arch. inn. Med. 13, 641 (1927).

Govaerts, P.: Origine rénale ou tissulaire de la diurèse par un composé mercurial organique. C. r. Soc. Biol. Paris 99, 647 (1928).

Heubner, W.: Über Vergiftung der Blutkapillaren. Arch. exper. f. Path. 56, 370 (1907).

Hill, L.: A lecture on capillary pressure and edema. Brit. med. J. 1921, 767.

Hueck, W.: Über das Mesenchym. Zieglers Beitr. path. Anat. 66, 330 (1920).

Hülse, W. (1): Untersuchungen über Inanitionsödeme. Ein Beitrag zur Pathologie des Ödems. Virchows Arch. 225, 234 (1918). — (2): Die Ödempathogenese von anatomischen Gesichtspunkten betrachtet. Klin. Wschr. 1923, 63.

Iversen, P. und F. Nakazana: Über die Biochemie des Filtrationsödems. Biochem. Z. 191, 307 (1927).

Jungmann, P.: Über eine isolierte Störung des Salzstoffwechsels. Klin. Wschr. 1922, 1546.

— und H. Bernhardt: Experimentelle Untersuchungen über die Abhängigkeit der Osmoregulation vom Nervensystem. Z. klin. Med. 99, 84 (1924).

— und E. Meyer: Experimentelle Untersuchungen über die Abhängigkeit der Nierenfunktionen vom Nervensystem. Arch. f. exper. Path. 73, 49 (1913).

Klemensiewicz, R. (1): Über das Ödem. Verh. Ges. dtsch. Naturforsch. u. Ärzte, Münster 1, 327 (1913). — (2): In: Krehl-Marchand, Handbuch der allgemeinen Pathologie 2, 341. Leipzig 1912.

Krogh, A.: Der Stoffaustausch durch die Kapillaren. Die Ödemtheorie. Klin. Wschr. 1927, 769.

Lamson, P. D. and J. Roca: The liver as a blood concentrating organ. J. of Pharmacol. 17, 481 (1921).

Landerer: Die Gewebsspannung. Leipzig 1884.

Lichtwitz, L.: Die Konzentrationsarbeit der Niere. Arch. f. exper. Path. 65, 128 (1911).

— und A. Renner: Über die Temperaturabhängigkeit der Quellung von Muskel und Niere. Hoppe-Seylers Z. 92, 104 (1914).

Magnus, R. (1): Über die Änderung der Blutzusammensetzung nach Kochsalzinfusion und ihre Beziehung zur Diurese. Arch. f. exper. Path. 44, 101 (1900). — (2): Über Diurese. Ebenda 44, 396 (1900); 45, 210, 223 (1901).

Marx, H.: Untersuchungen über den Wasserhaushalt. Klin. Wschr. 1925, 2339; 1926, 92; Dtsch. Arch. klin. Med. 152, 354 (1926).

Mautner, H. und E. P. Pick: Über die durch Shockgifte erzeugten Zirkulationsstörungen. Biochem. Z. 127, 72 (1922); Münch. med. Wschr. 1915, 1141.

Mayer, A. et G. Schaeffer: Récherches sur la teneur des tissues en lipoides. J. Physiol. et Path. gén. 15, 510, 534, 984 (1913).

Meyer-Bisch, R.: Über isolierte Störungen des intermediären Salzstoffwechsels und ihre klinische Bedeutung. Klin. Wschr. 1925, 588.

v. Monakow, P.: Untersuchungen über die Funktion der Niere unter gesunden und krankhaften Verhältnissen. Dtsch. Arch. klin. Med. 115, 47 (1914); 116, 1 (1914).

v. Naegeli, C.: Theorie der Gärung (1879).

Nonnenbruch, W. (1): Über Diurese. Erg. inn. Med. 26, 119 (1924). — (2): Pathologie und Pharmakologie des Wasserhaushalts, einschließlich Ödem und Entzündung. Handbuch der normalen und pathologischen Physiologie 17, 223 (1926).

Oehme, C. (1): Grundzüge der Ödempathogenese. Erg. inn. Med. 30, 1 (1926). — (2): Das Lymphsystem. Handbuch der normalen und pathologischen Physiologie 6, 2, 925 (1828).

Ostwald, Wo.: Kolloid-Z. 29, 316 (1921); 32, 220 (1923).

Padtberg, J. H.: Über die Bedeutung der Haut als Cl-Depot. Arch. f. exper. Path. 63, 60 (1910).

Pflüger, Ed.: Über einige Gesetze des Eiweißstoffwechsels. Pflügers Arch. 54, 333 (1893).

Richards, A. N.: Kidney Funktion. Amer. J. med. Sci. 163, 1 (1922).

ROMBERG, E., H. PÄSSLER, C. BRUHNS und W. MÜLLER: Experimentelle Untersuchungen über die allgemeine Pathologie der Kreislaufstörung bei akuten Infektionskrankheiten. Dtsch. Arch. klin. Med. **64**, 652 (1899).

RUBNER, M. H.: Die Bedeutung des Kolloidzustandes der Gewebe für den Ablauf des Wachstums. Biochem. Z. **148**, 187 (1924).

RUNGE, H.: Über den Venendruck in Schwangerschaft, Geburt und Wochenbett. Arch. Gynäk. **122**, 142 (1924).

SCHADE, H. (1): Untersuchungen zur Organfunktion des Bindegewebes. Z. f. exper. Pat. u. Ther. **11**, 369 (1912); **14**, 1 (1913). — (2): Über Quellungsphysiologie und Ödementstehung. Erg. inn. Med. **32**, 425 (1927).

— und E. CLAUSSEN: Der onkotische Druck des Blutplasmas und die Entstehung der renal bedingten Ödeme. Z. klin. Med. **100**, 363 (1924).

v. SCHROEDER, W.: Über die diuretische Wirkung des Coffeins. Arch. f. exper. Path. **24**, 85 (1888).

SIEBECK, R.: Physiologie des Wasserhaushalts. Handbuch der normalen und pathologischen Physiologie **17**, 161. Berlin 1926.

SPIRO, P.: Über die Wirkung der Diuretica der Purinreihe auf den Stoffaustausch zwischen Blut und Gewebe. Arch. f. exper. Path. **84**, 123 (1919).

STARLING, E. H.: On the absorption of Fluids from the Connective Tissue. J. of Physiol. **19**, 312 (1896).

TIGERSTEDT, R.: Physiologie des Kreislaufs. **3**, 272.

VEIL, W. H.: Über die Wirkung gesteigerter Wasserzufuhr auf Blutzusammensetzung und Wasserbilanz. Biochem. Z. **91**, 267 (1918).

— Physiologie und Pathologie des Wasserhaushalts. Erg. inn. Med. **23**, 648 (1923).

WAGNER, E.: Die sogenannte essentielle Wassersucht. Dtsch. Arch. klin. Med. **41**, 509 (1887).

WAHLGREEN, W.: Über die Bedeutung der Gewebe als Cl-Depot. Arch. f. exper. Path. **61**, 97 (1909).

WOLLHEIM, E. (1): Zur Funktion der subpapillaren Gefäßplexus in der Haut. Klin. Wschr. **1927**, 2134. — (2): Kompensation und Dekompensation des Kreislaufs. Ebenda **1928**, 1261. — (3): Zur funktionellen Bedeutung der Cyanose. Z. klin. Med. **108**, 248 (1928). — (4): Die Bestimmung der zirkulierenden Blutmenge. Ebenda **108**, 463 (1928).

2. Die Blutdrucksteigerung.

Über die chemischen Grundlagen der Blutdrucksteigerung läßt sich wenig, jedenfalls wenig Positives sagen. Die nahen Beziehungen der Blutdrucksteigerung zur Niere zeigen sich darin, daß sich arterieller Hochdruck findet:

1. bei der akuten Glomerulonephritis,

2. bei der fortschreitenden chronischen Nephritis, auch im Zustande völliger renaler und kardialer Kompensation,

3. bei der sekundären und genuinen Schrumpfniere,

4. bei der Harnstauungsniere, mitunter sogar bei einseitiger Hydronephrose,

5. in manchen Fällen von degenerativer Epithelerkrankung, z. B. bei der Sublimatniere,

6. bei einer Form der Schwangerschaftniere,

7. in manchen Fällen von polycystischer Nierendegeneration.

In vielen Fällen von Nierenentzündung, sowohl bei der frischen wie bei der chronischen, und in vielen Fällen von Schrumpfniere finden wir Blutdrucksteigerung und Reststickstofferhöhung. Ganz sicher besteht aber aber zwischen diesen beiden eindrucksvollen Symptomen kein innerer Zusammenhang. Wir finden bei der akuten Nephritis hohen Blutdruck und niedrigen RN und das umgekehrte Verhalten, und zwar bei klinisch in bezug auf Herzkraft, Ödem und Fehlen der Urämie vergleichbaren Fällen. Bei einer schweren Nephropathie infolge einer

Quecksilber-Bichromatintoxikation (um nur ein Beispiel aus einer Reihe solcher Beobachtungen zu nennen) habe ich bei dauernd niedrigem Blutdruck von 95—90 mm Quecksilber und bei guter Herzkraft folgendes Verhalten des Blutserums gesehen:

Datum	Rest N	Δ (Blutserum)	Cl′ im Serum	Eiweiß im Serum
26. III. 1919	133,9			
28. „ „	220,5	−0,646		7,74
31. „ „	276,8	−0,685	0,330	
3. IV. „	370,4	−0,791	0,300	
9. „ „	300,1	−0,721	0,291	7,66
14. „ „	136,8	−0,605	0,469	

Also selbst so extreme Veränderungen der Blutzusammensetzung führen nicht zur Hypertonie. Ich halte eine solche Beobachtung für beweisender als die von E. L. Backmann, der mit verschiedenen, zum Teil differenten Stickstoffverbindungen (darunter Kreatin, Hypoxanthin, Xanthin) in einer weit konzentrierteren Lösung, als sie klinisch im Blutserum auch nur annähernd gefunden wird, am Tier eine Hypertonie hervorrief.

Diese Inkonstanz des Zusammenhanges von Blutdrucksteigerung und Retention besonders N-haltiger Produkte läßt einen Versuch, die bei RN-Erhöhung beobachteten Drucksteigerungen von den bei normalem RN-Gehalt vorkommenden abzutrennen, als unberechtigt erscheinen.

Trotzdem bleibt die Möglichkeit, daß die nephritische Hypertonie vom Blut aus entsteht. Das pressorische Prinzip könnte N-haltig und ein Eiweißabbauprodukt von einer Tiefe der Spaltung (etwa ein Amin) sein, daß es einen Teil des Reststickstoffes bildet. Aber es handelt sich dann um einen Stoff von ganz außerordentlicher Aktivität, so daß er in wenigen Milligrammen, vielleicht sogar in einer viel kleineren Größenordnung, wirkt, demnach auch in einem normalen RN-Werte reichlich Platz findet. Wo solche Stoffe entstehen, ist ungewiß. Das Auftreten der Hypertonie bei der akuten, im Glomerulus beginnenden Nephritis macht die Annahme wenigstens diskutierbar, daß die schlechten Durchblutungsverhältnisse an diesem Ort einen abnormen, etwa auf dem Wege der Spaltung erfolgenden Eiweißabbau veranlassen, der ein pressorisches Prinzip ergibt.

Kato u. Watanabe haben gefunden, daß das Blutserum chronischer Nephritiker den peripheren Sympathicus sensibilisiert. Hülse hat beobachtet, daß Nephritikerserum die Wirkung des Adrenalins auf den Blutdruck verstärkt. Nach Storm van Leeuwen kommt ein solcher Einfluß den Peptonen zu. Hülse u. Strauss fanden im Nephritikerblut Peptone in vermehrter Menge. Aber bei der Unsicherheit der Peptonbestimmung im Blut und bei der Gewißheit, daß Peptonämie an sich zu dem Verhalten des Blutdruckes keine Beziehungen hat, kann vorläufig zu diesen Analysen und den aus ihnen gezogenen Folgerungen nur eine abwartende Stellung eingenommen werden.

Weiterhin kommt als Möglichkeit der Beeinflussung des Blutdruckes durch die Niere in Betracht, daß durch Störung von Teilfunktionen der Niere eine Veränderung der Kationenzusammensetzung der Blutflüssigkeit eintritt, die, wie R. J. Hamburger am Frosch gezeigt hat, für den Kontraktionszustand der Arteriolen maßgebend ist. Nach dieser Richtung weisende Tatsachen liegen bisher auf klinischem Gebiete nicht vor.

Da der stärkste Druckabfall in den Arteriolen erfolgt, so kommt in der Genese des arteriellen Hochdrucks deren funktionellem und anatomischem Verhalten die größte Bedeutung zu.

Ein universeller Krampf der Arteriolen muß Erhöhung des Blutdruckes herbeiführen. Es gibt aber eine Reihe von Beobachtungen, nach denen auch eine lokale Beeinträchtigung der Durchblutung zu Blutdrucksteigerung führt. So beschrieb V. Cordier Hypertonie bei Menschen mit Akrocyanose während der Anfälle.

Wenn man einen solchen Zustand lokaler Ischämie, wie er bei der Akrocyanose besteht, künstlich durch Gewebskompression von außen hervorruft, wie das Martin u. White getan haben, so entsteht nach einer Latenz von 15 bis 45 Minuten eine erhebliche Blutdrucksteigerung, die nach weiteren 35—60 Minuten ihr Maximum erreicht und nach Aufhören des Außendruckes rasch wieder zurückgeht. Die Erscheinung ist unabhängig von psychischen Einflüssen; sie läßt sich genau so im Morphin-Scopolamindämmerschlaf hervorrufen. Es ist sehr wohl möglich, wenn auch noch nicht geprüft, daß der banale Gefäßspasmus, den fast jeder als „kalte Füße" kennt, eine vorübergehende Erhöhung des Blutdruckes bewirkt.

Fragen wir nach der Ursache, so ist es gewiß, daß, wie das Gefühl von Kälte oder auch Schmerz lehrt, in diesen schlecht durchbluteten Geweben eine Reizung von Nervenendigungen statthat, die eine reflektorische Beeinflussung des Blutdruckes zur Folge haben kann. Ja, es ist möglich noch tiefer einzudringen, wenn man sich daran erinnert, daß bei schlechter Sauerstoffversorgung im Gewebe Milchsäure entsteht. Frey u. Hageman haben beim Kaninchen eine Blutdrucksteigerung dadurch erzielt, daß sie eine sehr kleine Menge Milchsäure (1 ccm n/50) durch ein Hinterbein zirkulieren ließen. Sobald die Nerven dieses Beines durchschnitten wurden, blieb die Blutdrucksteigerung aus.

Es ist in erster Annäherung gestattet zu sagen, daß in einem Bezirk lokaler Ischämie eine vermehrte Milchsäurebildung stattfindet, durch die das Gewebe gereizt und reflektorisch eine allgemeine Hypertonie veranlaßt wird.

Wenn das so ist, dann ergibt sich die Frage, ob es sich nicht auch in der kranken Niere, die bei schlechter Durchblutung arbeitet, ebenso verhält.

Vielleicht gehört auch die Blutdrucksteigerung, die bei vermindertem O_2-Gehalt der Außenluft gesetzmäßig eintritt, z. B. beim Fliegen in größerer Höhe, hierher. Daß wirklich der Verdünnungsgrad der Luft das Maßgebende ist, zeigt die Blutdrucksteigerung, die auch in einer luftverdünnten Kammer regelmäßig eintritt.

Nicht anders — neben physikalischen Einflüssen — verhält es sich wohl bei Muskelarbeit.

Nach den Untersuchungen von Moritz u. a. steigt bei Arbeitsleistung der Blutdruck, und zwar nicht in Abhängigkeit von der Größe der Arbeit, sondern vom Grade der Ermüdung. Die Milchsäure, die bei der Muskelarbeit gebildet wird, ist die Substanz, die die muskulären Müdigkeitserscheinungen hervorruft. Bei einigen Untersuchungen, die ich vorgenommen habe, zeigte es sich, daß bei Ungeübten selbst durch leichte Arbeit der Milchsäuregehalt des Blutes auf sehr beträchtliche Werte (bis 130 mg in 100 ccm) ansteigt, während der geübte Muskelstarke auch bei sportlichen Dauerleistungen hohen Grades noch normalen Milchsäuregehalt aufweisen kann.

Die gesteigerte Milchsäurebildung bei O_2-Mangel verdient bei den nahen Beziehungen, die zwischen Hypertonie und Arteriosklerose bestehen, als Ursache der Blutdrucksteigerung die allergrößte Beachtung, weil, wie sehr gründliche, leider ganz unbeachtet gebliebene Versuche von OSWALD LOEB ergeben haben, die Milchsäure bei Kaninchen auch nach stomachaler Einverleibung eine der menschlichen Arteriosklerose durchaus ähnliche Gefäßerkrankung erzeugt.

Eine weitere chemische Beziehung hat der Blutdruckwert zur Ernährung und zum Ernährungszustand.

Eine an animalischem Eiweiß reiche Nahrung ist nach ärztlicher Erfahrung imstande den Blutdruck zu erhöhen oder seine Minderung zu hemmen.

Das animalische Eiweiß ist reich an Tyrosin, das die Muttersubstanz des Nebennieren- und Schilddrüsenhormons ist. Sehr eingehende Untersuchungen über die Unterernährung, die anzustellen wir vor einigen Jahren Gelegenheit hatten, haben ergeben, daß das Angebot an diesen Muttersubstanzen für die Funktion dieser Drüsen bestimmend ist. So sehen wir — darauf beruht der Erfolg der Hungerkur —, daß Unterernährung eine Hypertonie zum Schwinden bringt. Man findet dann bei Leuten, die früher einen hohen Blutdruck hatten, eine Blutdruckerniedrigung. Der Schluß, daß ein Überangebot an Hormonbildnern eine Blutdrucksteigerung zur Folge hat, liegt nahe. Von englischen und amerikanischen Autoren wird die Beziehung des Tyrosingehaltes der Nahrung zum Blutdruck in den Darmkanal verlegt. So spricht N. MUTCH von einer Blutdrucksteigerung durch abnorme Tyrosinderivate, die sich im Darm bilden. G. E. BROWN findet in solchen Fällen im Harn Oxyphenylessigsäure, die sich aus p-Oxyphenyläthylamin bildet, das im Darm aus Tyrosin durch einen fakultativ anaeroben Bacillus der Coli-Typhusgruppe gebildet wird und blutdrucksteigernd wirkt. Auch ein solcher Zusammenhang erscheint durchaus möglich. Nachprüfungen stehen noch aus.

Literatur.

BACKMANN E. L.: Einige Versuche über das Verhalten des Blutdrucks nach Nierenentfernung und Nierenverkleinerung. Z. exper. Med. 4, 63 (1916).

BROWN, G. E.: Calorimetric studies of the extremities. Clinical data on normal and pathological subjects with localized vascular disease. J. clin. Invest. 3, 369 (1926).

CORDIER, V.: Sur quelques épisodes d'hypertension artérielle générale ou localisée et leur valeur prognostique. Type d'acrocyanose du soldat. A. des mal. du coeur, des vaiss. et des sang. 13, 241 (1926).

FREY, W. und E. HAGEMANN: Die experimentelle Grundlage für den Begriff der Reflexhypertonie. Z. exper. Med. 25, 271 (1921).

HAMBURGER, R. J.: Über die Bedeutung der Kalium- und Calciumionen f. d. künstliche Ödem und für die Gefäßweite. Biochem. Z. 129, 153 (1922).

HÜLSE, W.: Zur Frage der Blutdrucksteigerung. Z. exper. Med. 30, 240 (1922).

— und H. STRAUSS: Zur Frage der Blutdrucksteigerung. Ebenda 39, 426 (1924).

KATO, T. und M. WATANABE: Über die Wirkung des Serums von chronischen Nephritikern auf die sympathischen Nerven. Tohoku J. exper. Med. 1, 167 (1920).

LOEB, OSWALD: Über experimentelle Arterienveränderungen mit besonderer Berücksichtigung der Wirkung der Milchsäure. Dtsch. med. Wschr. 1913, 1819.

MARTIN, K. A. and H. L. WHITE: Blood pressure responses to hypersystolic compression of tissues. Amer. J. Physiol. 60, 323 (1922).

MORITZ, F.: Der Blutdruck bei Körperarbeit gesunder und herzkranker Individuen. Dtsch. Arch. klin. Med. 77, 339 (1903).

MUTCH, N.: Cardiovascular disorders produced by disease in the digestive tract. New York med. J. 115, 208 (1922).

3. Die Urämie.

Bei der akuten und bei der chronischen Nephritis, bei den Schrumpfnieren und bei der Schwangerschaftnephropathie treten sehr verschiedene Komplexe psychischer und nervöser Erscheinungen auf. Es ist hier nicht der Ort, auf die Symptomatologie einzugehen, sondern es genügt festzustellen, daß zur Kennzeichnung der einzelnen Krankheitsbilder Ausdrücke wie nervöse, zentrale, psychotische, gastrointestinale, viscerale, eklamptische, epileptische, asthenische, paralytische, komatöse, dyspnoische (asthmatische) Urämie im Gebrauch sind. Auch die Begriffe Präurämie und latente Urämie, akute und chronische Urämie dienen der Verständigung.

Eine gute Übersicht ergibt die von E. Reiss eingeführte Einteilung in 1. asthenische Urämie (Nierensiechtum), 2. Krampfurämie, 3. psychotische Urämie, 4. Mischformen.

Mit der Einschränkung, daß auch bei Nierensiechtum eklamptische Anfälle auftreten können (Mischfälle), also nur mit Geltung für reine Symptomenbilder, kann man auch die asthenische Urämie als chronische, die eklamptische als akute bezeichnen.

Diese allein auf Symptomatik beruhende Gliederung ist frei von jeder Lehrmeinung über das Wesen der Urämie.

Volhard und andere wollen nur das Nierensiechtum als Urämie (Harnvergiftung) bezeichnen. Volhard teilt ein in 1. akute oder eklamptische Form der (falschen) Urämie, 2. echte chronische Urämie, 3. chronische Pseudourämie (das sind Eklampsie und andere cerebrale Symptome bei Hochdruckkrankheit).

Diese dritte Form der Urämie ist qualitativ der akuten eklamptischen Urämie gleich oder sehr ähnlich. Eklamptische Anfälle, Bewußtseinsverlust, äquivalente Herderscheinungen (Monoplegie, Hemiplegie, Amaurose), psychotische Zustände sind die Charakteristica, die, wie bei der akuten Urämie, rascher Rückbildung fähig sind. Als leichtere Form oder als Vorläufer treten Anfälle von heftigem Kopfschmerz auf, der, mit Schwindel und Augenflimmern einhergehend, einem Migräneanfall gleicht.

Solche Zustände finden sich auch bei akuter Nephritis. Sie können, wie der Migräneanfall, mit einer Steigerung des erhöhten Blutdruckes verlaufen.

So wie die leichteren Formen der akuten Urämie und der sogenannten chronischen Pseudourämie der Migräne gleichen, so der urämisch-eklamptische Anfall dem epileptischen.

Der migränöse und der epileptische Anfall beruhen auf cerebralen Angiospasmen. Der gleiche Mechanismus muß für die akute Urämie und für die Urämie bei Sklerose angenommen werden.

Bei der Hochdruckkrankheit (essentielle Hypertonie) findet sich eine Neigung zu lokalen Angiospasmen, die je nach Lokalisation als Angina pectoris, Angina abdominalis, intermittierendes Hinken auftreten. Zwischen den beiden Bewegungsstörungen der Gefäßmuskulatur, dem allgemeinen Hypertonus und dem lokalen Spasmus wird in der Klinik nicht immer scharf genug unterschieden. Daß es sich aber hier um Prozesse handelt, die grundsätzlich zu trennen sind, geht schon daraus hervor, daß die Pharmaka, die den Spasmus schnell und sicher beseitigen, gegen den Hypertonus ohne Wirkung sind. Weil sich Angiospasmen

so oft bei Hypertonikern einstellen, konnte sich in ärztlichen Kreisen die irrige
Meinung festsetzen, daß Diuretin, Papaverin, Nitrite und andere Mittel, die die
angiospastischen Beschwerden des Hypertonikers verringern, auch zur Bekämp-
fung der Blutdrucksteigerung geeignet seien.

Daß diese beiden Bewegungsstörungen der Gefäßwand gegenseitige Beziehungen zueinander haben, folgt nicht nur aus dem Auftreten von Angiospasmen bei
Hypertonus, sondern auch daraus, daß sich im migränösen Anfall (Angiospasmus)
eine Blutdrucksteigerung einstellen kann, und daß die Migräne eine Disposition
für Hochdruckkrankheit und genuine Schrumpfniere gibt.

LICHTWITZ hat vorgeschlagen, den epileptischen, migränösen, eklamptischen
und asthmatischen, auch den gichtischen Anfall u. a. unter dem Begriff der Entladungskrankheiten (Anfallskrankheiten) zusammenzufassen.

Damit soll nicht nur das Gewaltsame des Zustandes ausgedrückt, sondern auch
gemeint sein, daß die Dauer des Anfalles nicht der Dauer der Anwesenheit der primären Ursache entspricht. Wenn z. B. — ein tatsäch-
liches Ereignis — eine Kranke mit akuter Nephritis nach einem eklamptischen
Anfall noch 16 Tage im Zustande der Anurie lebt, ohne daß weitere Anfälle auftreten, so darf man wohl annehmen, daß das (hypothetische) giftige Prinzip sich
noch im Körper befindet, ja sich vielleicht vermehrt hat. Wenn aber trotzdem in dieser langen Reihe von Tagen bis zum Tode kein weiterer Anfall kommt,
so muß man schließen, daß das Entstehen eines Anfalles nicht allein von der Anwesenheit des Giftes abhängt.

Betrachten wir diese Erscheinung im weiteren Rahmen der Entladungskrankheiten, so ist vor allem die Periodizität bemerkenswert. Viele Epileptiker und
noch ausgesprochener Migränöse, erleiden ihre Anfälle in bestimmten Zwischenräumen und sind nicht selten nach dem Anfall für einige Zeit in besonders guter
Verfassung, als ob der Anfall wie ein reinigendes Gewitter gewirkt hätte. Über
die Dynamik der Stoffe, die diese Entladungserscheinungen machen, fehlt noch
jede Theorie. Vielleicht bringt uns das weitere Studium der Überempfindlichkeitsreaktionen auf diesem Gebiete weiter. Die Erscheinung der Periodizität erlaubt die
Vorstellung, daß der durch das Gift ausgelöste Anfall selbst wie eine antiallergische
Reaktion entgiftend wirkt, so daß in der Folgezeit ein Anfall ausbleibt. Bei der
Annahme eines solchen Mechanismus ist aber nicht zu übersehen, daß die Fähigkeit zu einer solchen Reaktion keine unbedingte ist, und daß ihr Versagen sich
im Status eclampticus, epilepticus usw. äußert.

Daß der epileptische und migränöse Anfall allergischer Natur sei, wird besonders in der französischen Literatur mit bejahender Tendenz diskutiert. Eine
Brücke zur Ausdehnung solcher Anschauungen auf das Gebiet der Urämie bildet
die Gleichheit der Symptome, die Kenntnis des Asthma uraemicum, einer entsprechenden Reaktionsfolge in der Bronchialmuskulatur, und der mitunter zu be-
obachtenden allergischen Natur der Angina pectoris bei Hochdruckkranken.

VOLHARD sieht in Anlehnung an die Theorie von TRAUBE die Ursache der
eklamptischen Urämie in einem Hirnödem, das die Folge eines Krampfes der
Hirngefäße sei. Zu dieser Auffassung kommt VOLHARD durch die gute Wirkung,
die Lumbalpunktionen bei eklamptischen Urämien haben. FAHR findet aber
Ödem in solchen Fällen nicht regelmäßig. Auch FAHR ist der Meinung, daß der
eklamptische Anfall die Folge eines Angiospasmus sei, der auch die Bildung des

Hirnödems herbeiführe. R. KLEMENSIEWICZ hat in seinem sehr bekannten Versuch gezeigt, daß Ischämie am Kaninchenohr zu starkem Ödem führt. Auch in der Niere wird bei der akuten Entzündung, die mit Verschlechterung des Blutumlaufs in der Niere einhergeht, ödematöse Schwellung beobachtet. Eine ausgiebige Herabsetzung des Hirndruckes durch Lumbalpunktion wird sicher einen vermehrten Zustrom von Blut in das Schädelinnere herbeiführen. Für die ursächliche Rolle des Hirnödems bildet daher der Punktionserfolg keinen Beweis.

Die Einreihung der eklamptischen Urämie in den Begriff der Entladungskrankheiten nimmt diese Zustände aus dem Zusammenhang mit krankhaften renalen Vorgängen heraus. In der Tat tritt auch der eklamptische Anfall ganz unabhängig von den Funktionszuständen und der Gesamtleistung der Niere auf. Wenn auch die akute Urämie bei Anurie und Oligurie vorzugsweise besteht, so ist sie doch auch nach Überwindung der schwersten renalen Symptome, selbst bei der Ausschwemmung der Ödeme, zu finden.

Wenn man in dem cerebralen Angiospasmus den Mechanismus der akuten Urämie erkennt oder anerkennt, so erhebt sich die Frage, durch welche Kraft er in Bewegung gesetzt wird.

Die stoffliche Grundlage kann in zwei Gebieten gesucht werden, im Eiweiß und in den Mineralien.

Die Retention von Eiweißabbauprodukten als solchen kommt nicht in Frage. Das geht aus der Seltenheit und Geringfügigkeit der eklamptisch-urämischen Erscheinungen bei arenaler Anurie und bei Anurie infolge Nephrose hervor. Alle Bemühungen, einen Zusammenhang mit der Höhe des Blutharnstoffs, des Rest-N oder des Residual-N zu finden, sind ergebnislos verlaufen.

N. B. FOSTER hat mitgeteilt, daß er aus dem Blut von Kranken mit Krampfurämie eine toxische, bei Tieren Krämpfe verursachende Base in krystallinischer Form isoliert habe. Eine weitere Veröffentlichung über diesen wichtigen Befund ist nicht erfolgt. Gleichwohl ist die Möglichkeit, daß das Urämiegift ein proteinogenes Amin sei, im Auge zu behalten. Es ist daran zu denken, daß die schlechte Durchblutung kranker Nieren dazu führen kann, an Stelle von Oxydationen Spaltungen als energieliefernden Prozeß zu setzen und bei der geringen Zufuhr an Nährmaterial auch Aminosäuren in dieser Richtung zu verwenden. Weitere Untersuchungen sind darauf gerichtet, zu sehen, inwieweit der Prozeß der Ammoniaklieferung, der (s. S. 97) bei schweren Nierenleiden gestört oder fast aufgehoben ist, mit urämischen Symptomen in Zusammenhang steht.

Außer der arbeitenden Niere als Ort der Giftbildung kommt die Retention stickstoffhaltiger Stoffwechselendprodukte als Bedingung der Entstehung eines giftigen Produktes in Betracht. Durch Sperrung des normalen Abbauweges infolge hoher Konzentration der Endprodukte könnten Nebenwege des Aminosäureabbaues (Decarboxylierung) zu schädlichen Stoffen führen (W. ROMMELAERE, LICHTWITZ, O. KLEIN).

Nach den Untersuchungen von BARGER u. DALE kommt den höheren Gliedern der Alkylaminreihe und den Phenylalkylaminen sympathico-mimetische Wirkung zu, von der zwei Ausdrucksformen, Blutdrucksteigerung und Pupillenerweiterung, im urämischen Anfall regelmäßig vorliegen. Nach KATO u. MASAO WATANABE steigert das Blutserum chronisch Nierenkranker die Erregbarkeit des peripheren Sympathicus.

Solche Beobachtungen geben der Vermutung, daß das Urämiegift in die Klasse der proteinogenen Amine gehöre, eine bescheidene Stütze. E. BECHER hat das Indican und aromatische Oxysäuren als Bedingungen der Urämie in Verdacht.

Die Besonderheiten der Ammoniakbildung in der schwer erkrankten Niere führen zu einem zweiten Komplex von Vorgängen, die für die Urämie und bei der Urämie eine bedeutende Rolle spielen, das sind die Veränderungen des Mineralstoffwechsels.

Die Veränderungen der mineralischen Zusammensetzung des Blutes, die Störungen der Isotonie, Isoionie und Isohydrie sind oben (s. S. 521) dargestellt worden.

Bei dem Versuch, die Frage zu beantworten, inwieweit diese chemischen und chemisch-physikalischen Abweichungen von der Norm in Beziehungen zu den urämischen Erscheinungen stehen, ist einschränkend zu bemerken, daß diese von dem Zustand des Nervengewebes abhängen, und daß die Frage, wie die ionale Zusammensetzung des Blutes auf die ionale Lage der Gewebe einwirkt, nicht beantwortet werden kann. Wir stehen hier vor derselben Schwierigkeit wie bei der Beurteilung der Abhängigkeit der urämischen Erscheinungen von einem Giftstoff organisch-chemischer Art. Vermutlich wird es bei einem solchen Zusammenhang weniger auf die Giftmenge ankommen, die im Blut kreist, als auf die, die in den reagierenden Zentren fixiert ist.

Unsere Kenntnis von der Abhängigkeit neuromuskulärer Übererregbarkeit von Veränderungen der ionalen Zusammensetzung sind noch sehr unvollständig. Die Verminderung des Calciums, der Anstieg des anorganischen Phosphors — aus physikalisch-chemischen Gründen koordiniert — und die Vermehrung des Kaliums im Blut sind Befunde, die oft mit Erhöhung der nervösen Erregbarkeit und mit Krampfneigung einhergehen. F. MAINZER hat auf die Ähnlichkeit dieses Blutverhaltens bei Urämie mit dem bei Epithelkörperchentetanie hingewiesen. Tetanische Symptome sind bei Urämie und bei Schwernierenkranken vor der Urämie bisweilen auffindbar. Die Veränderungen der ionalen Zusammensetzung stellen also wohl einen Faktor dar, der für die Entstehung der eklamptischen Anfälle und für die Entstehung neuromuskulärer Übererregbarkeit bei der chronischen Urämie von Bedeutung sind.

Das urämische Koma hat einige Ähnlichkeit mit dem Koma diabeticum. Es ist aber zu beachten, daß Koma, insbesondere seine charakteristische Atmung, auch bei solchen Urämikern vorkommt, die keine Blutacidose haben. Die Frage, inwieweit der Nierenacidose eine Bedeutung für die Pathogenese des Coma uraemicum zukommt, muß also vorerst unbeantwortet bleiben.

Literatur.

BARGER, G. and H. H. DALE: Chemical structure and Sympathomimetic Action of Amines. J. of Physiol. **41**, 499 (1911).

BECHER, E. siehe Kap. XXI, 2.

FOSTER, N. B.: Uremia. J. amer. med. Assoc. **76**, 281 (1921).

KLEIN, O.: Über die Beziehungen der Indikanämie zur Retention und zum toxischen Eiweißzerfall bei der Niereninsuffizienz. Zbl. inn. Med. **46**, 1137 (1925).

KLEMENSIEWICZ, R.: Über das Ödem. Verh. dtsch. Naturforsch. u. Ärzte, Münster **1**, 327 (1913).

LICHTWITZ, L. (1): Über chemische Gleichgewichte und Endzustände im Stoffwechsel. Hoppe-Seylers Z. **77**, 402 (1912). — (2): Über Fermentlähmung. Ebenda **78**, 128

(1912). — (3): Die Selbststeuerung des Reaktionsablaufs fermentativer Vorgänge. Dtsch. med. Wschr. **1916**, Nr 21. — (4): Urämie. Klin. Wschr. **1923**, 2013.

MAINZER, F.: Über spasmophile Zustände bei Urämie. Z. exper. Med. **56**, 498 (1927).

REISS, E.: Zur Klinik und Einteilung der Urämie. Z. klin. Med. **80**, 97, 424, 452 (1914).

ROMMELAIRE, W., zitiert nach BARTELS. In ZIEMSSENS Handbuch 9, 1 (1875).

Vierundzwanzigstes Kapitel.

Sedimentbildung, Phosphaturie, Steinbildung.

1. Sedimentbildung in Harn und Galle.

In der Galle und im Harn ist eine nicht geringe Zahl von Stoffen in Konzentrationen enthalten, die die wässerige Löslichkeit weit übertreffen. Die Frage, warum diese Flüssigkeiten in der Regel amorphe oder krystallinische Niederschläge nicht enthalten, ist vielfach untersucht worden.

Folgende Tatsachen können als gesichert gelten:

a) Der Übersättigungsgrad ist ohne entscheidenden Einfluß. Bei höchster Übersättigung kann vollständige Lösung bestehen, bei geringer Übersättigung kann bereits Sedimentbildung eintreten.

b) Bei den Stoffen, deren Ausfällung von der Reaktion der Lösung abhängt, ist — auch unabhängig von der Stärke ihrer Konzentration — das p_H ohne oder ohne wesentliche Bedeutung. So kann z. B. auch bei Zufügung von sehr viel Säure die Harnsäure im Harn gelöst bleiben.

c) Durch Behandlung mit Fällungsmitteln — z. B. bei dem Versuch, das Oxalat des Harns oder das Bilirubin der Galle durch Kalksalze auszufällen — geht, sofern überhaupt eine Fällung eintritt, die Konzentration nicht auf die Grenze des Löslichkeitsproduktes des Calciums und Oxalats bzw. Bilirubins zurück, sondern es bleibt eine immer noch stark übersättigte Lösung bestehen.

d) Die Niederschläge enthalten aus der Mutterlösung stammende gefärbte oder ungefärbte Stoffe, die sogenannte „Gerüstsubstanz".

Die Niederschlagbildung erfolgt also nicht wie aus reinen wässerigen Lösungen. Es könnte sein, daß das abnorme Verhalten der Löslichkeit dadurch bedingt ist, daß die Stoffe einander gegenseitig in Lösung halten. So z. B. nahmen G. KLEMPERER u. TRITSCHLER an, daß die abnorme Löslichkeit des Calciumoxalats im Harn durch das Magnesium erfolge. Eine Nachprüfung dieser Annahme durch H. BUCHHOLTZ hatte ein negatives Ergebnis.

G. KLEMPERER hat zuerst dem Gedanken Ausdruck gegeben, daß die abnorme Löslichkeit der Sedimentbildner im Harn auf dessen Gehalt an Kolloiden beruhe. Er fand, daß Lösungen von Eiweiß, Gelatine und Stärke die Löslichkeit der Harnsäure erhöhen, und führte im besonderen die Uratlöslichkeit auf das Urochrom des Harns zurück, für das er einen kolloidalen Zustand annahm.

Beweisendes Material für den Einfluß der Kolloide auf die abnorme Löslichkeit in Harn und Galle hat LICHTWITZ beigebracht.

Für den Einfluß der Harnkolloide auf die Löslichkeit der Harnsäure und des Natriumbiurats ließ sich folgendes feststellen:

Die Temperatur hat auf die Löslichkeit des sauren Natriumurats einen großen
Einfluß; das Sedimentum lateritium löst sich bereits wieder bei Körpertemperatur.
Es ist sehr häufig zu beobachten, daß, nach Lösung des Urats durch kurzes Auf-
kochen, bei nachfolgendem Abkühlen auf die Ausgangstemperatur der Nieder-
schlag nicht wieder eintritt, sondern daß der Harn für Stunden und sogar für Tage
klar bleibt. Es muß also durch das Aufkochen eine Veränderung im Harn
eingetreten sein. Um eine Zersetzung der Harnsäure handelt es sich nicht; eine
Abnahme der Acidität, etwa bedingt durch das Entweichen einer kleinen Menge
Kohlensäure, kann eine so große Änderung nicht bewirken. Man kann sogar den
Harn nach dem Kochen viel stärker sauer machen, als er vorher war, ohne daß die
Niederschlagbildung gefördert wird. Dieses Phänomen der Löslichkeitsänderung
durch Aufkochen ist auch gelegentlich an solchen Harnen zu beobachten, die bei
Ansäuern einen dicken Niederschlag von Harnsäure ergeben. Macht man den
gleichen Säurezusatz zu dem aufgekochten Harn, so kann die Fällung ausbleiben.
Es läßt sich nun zeigen, daß in solchen Harnen durch das Aufkochen eine Änderung
in dem Lösungszustand der Kolloide eingetreten ist.

LICHTWITZ hat derartige Harne auf ihren Kolloidzustand untersucht. Es
wurde die Goldzahl (R. ZSIGMONDY) vor und nach dem Aufkochen bestimmt und
die Zeit notiert, in der das Sediment in Lösung blieb. Die Goldzahl nahm um
das zwei- bis zehnfache zu, d. h. die Harnkolloide waren in diesen Harnen und im
Sediment in einem Zustand der Fällung, der durch Aufkochen reversibel war, so
wie Gelatine durch Erwärmen in eine feinere Aufteilung übergeht. Bei Harnen,
die beim Abkühlen das Sedimentum lateritium wieder ausfallen ließen, war die
Goldzahl vor und nach dem Kochen gleich; d. h. die Kolloide, die auch diese Harne
enthielten, waren in einem Zustande irreversibler Fällung. Derartige Harne
können auch ohne jede Schutzwirkung für kolloidale Goldlösung sein. So wurde
eine Patientin beobachtet, die 4 Wochen lang einen Harn ohne Goldzahl mit
starkem Harnsäuresediment entleerte; nur an einem Tage war der Harn klar
und übte auf Goldlösung einen Schutz aus.

Aus vielfachen Beobachtungen geht hervor, daß bei manchen Menschen eine
Neigung zu Harnsedimenten im allgemeinen besteht, daß aber die Art des Sediments — Phosphat, Oxalat, Urat — je nach der Reaktion des Harns und den Bedingungen der Ernährung wechselt. Einen weiteren Anhaltspunkt für die Grund-
bedingungen der Sedimentbildung gibt die Beachtung der gemischten Sedimente.
Harnsäure und Natriumbiurat, Urat und Oxalat, Erdphosphat und Oxalat, Cystin
und Oxalat finden sich nicht selten gleichzeitig.

Aus alledem folgt, daß die übergeordnete Bedingung der Sedimentbildung in dem kolloiden Zustand des Harns liegt.

Zustandsänderungen reversibler und irreversibler Art sind im Harn leicht feststellbar. Am längsten kennt man die Bildung der Nubecula, die nach MÖRNER
infolge einer Fällung des Harneiweißes durch Nucleinsäure und Chondroitinschwefelsäure bei saurer Reaktion, d. h. durch eine Reaktion zweier Kolloide,
entsteht. Die hyalinen Harnzylinder sind Ausdruck einer interrenalen Kolloidfällung (LICHTWITZ, O. HOEPER), die vermutlich der Bildung der Cylindroide,
die im Stadium der ausheilenden akuten Nephritis auftreten, nahe verwandt
ist. Die Häutchenbildung im alkalisch sezernierten Harn wird bald erwähnt.
Die spontane Ausfällung von Eiweiß, die man bei BENCE-JONES-Albuminurie mit-

unter beobachtet, gehört ebenfalls hierher. Gelegentlich haben wir auch die Entleerung eines Harns, der gelatineähnliche Klumpen bildete, gesehen.

Der Dispersitätsgrad der Harnkolloide, den man mit der Goldzahlmethode mißt, ist ganz und gar nicht von der Menge der adialysablen Substanz abhängig. So befindet sich das Harneiweiß meistenteils in einem so groben Zustande der Verteilung, daß Eiweißharn eine sehr kleine oder gar keine Schutzwirkung auf kolloidale Goldlösung ausübt (LICHTWITZ). Die normalen und pathologischen Harnkolloide können schon in grober Dispersion von der Nierenzelle ausgeschieden werden oder im Harn spontan und durch Reaktion mit anderen Kolloiden in einen schlechten Lösungszustand übergehen, ohne daß eine Fällung, wie die Nubecula, eintritt. So ist es zu verstehen, daß bei gewissen Albuminurien, z. B. bei der orthostatischen, Sedimentbildung häufig ist.

Die Krystallisation aus der wässerigen übersättigten Lösung, wie sie der Harn darstellt, tritt also dann nicht ein, wenn fein verteilte Kolloide zugegen sind. Diese Beobachtung steht in völliger Übereinstimmung mit den Befunden von R. MARC, der die Krystallisation aus wässerigen Lösungen untersucht hat. Er ist von der Annahme ausgegangen, daß der Krystallisation eine Adsorption vorausgeht, daß ein Krystall an seiner Oberfläche Materie verdichtet. MARC hat gefunden, daß anorganische Salze die Krystallisationsgeschwindigkeit teils erhöhen, teils herabsetzen. Die Adsorbierbarkeit anorganischer Salze ist sehr gering, und aus ihrer Wirkung auf die Krystallisation kann mit Sicherheit auf die Richtigkeit der Annahme von MARC nicht geschlossen werden. Das Aufziehen von Farben auf Wolle und Seide ist aber nach FREUNDLICH u. LOSEV mindestens primär ein Adsorptionsprozeß. Da Krystalle färbbar sind, so hat MARC die Krystallisationsgeschwindigkeit in Farblösungen untersucht und gefunden, daß solche Farbstoffe, die die Krystalle nicht färben, keinen merklichen Einfluß haben, daß schwachfärbende Stoffe die Krystallisationsgeschwindigkeit nicht unbeträchtlich herabsetzen, und daß stark färbende das Krystallisieren übersättigter Lösungen, trotz der Gegenwart zahlreicher Krystallkeime, praktisch vollständig verhindern. Aus dem Umstande, daß die Auflösungsgeschwindigkeit gefärbter Krystalle eine normale ist, ist der Einwand zu widerlegen, daß der Farbstoff die Krystallkeime umschließt und von der Lösung trennt.

Die Farbstoffe, die sich MARC als stark wirksam erwiesen haben, sind nicht notwendig kolloidal. Das Bismarckbraun, das die Krystallisation von Kaliumsulfat verhindert, dialysiert rasch. Aber es ist von diesen Krystallen, wie aus der Färbbarkeit hervorgeht, adsorbierbar, und darin liegt die Beziehung der wichtigen Untersuchungen von MARC zu dem Problem, das uns hier beschäftigt. Die reversiblen Kolloide sind, wie wir bereits aus ihren Beziehungen untereinander gesehen haben, in hohem Grade oberflächenaktiv, werden also auf die Krystallisationsgeschwindigkeit denselben Einfluß haben, wie die wirksamen Farbstoffe.

Daß in Galle und Harn eine Adsorptionsbeziehung zwischen Krystall (auch amorphem Sediment) und Kolloid besteht, geht daraus hervor, daß alle Niederschläge ein organisches Gerüst besitzen.

In der Galle — wenigstens in der Blasengalle aus der Leiche — findet man sehr oft Niederschläge. Vorherrschend sind braune amorphe Massen von Bilirubinkalk. Weniger häufig findet man auch freie Tafeln von Cholesterin und noch seltener Myelintropfen und Büschel brauner Nadeln von Bilirubinkalk, Cholesterin in Rosetten von feinen doppelbrechenden Nadeln und kohlensauren Kalk. Wie im Harn bildet sich auch in der Galle eine Nubecula, die, entsprechend dem größeren Kolloidreichtum, viel massiger ist und oft als eine dichte Wolke zu Boden sinkt. Es findet sich ferner gelegentlich wie auf dem Harn ein Oberflächenhäutchen, in dem Myelinbildungen und feine Cholesterinkrystalle beobachtet wurden. Neben dieser Kolloidfällungsreaktion enthält die Galle oft geronnenen Schleim, amorphe fädige oder körnige Massen organischer Substanz. Gelegentlich ist die gesamte Galle der Blase in eine grützige Masse umgewandelt, die fest an der Schleimhaut haftet. Der schwer veränderte Inhalt einer operativ entfernten Gallenblase war nicht flüssig, sondern bestand aus zahlreichen kugeligen Massen von gelatinösem Aussehen. Die größeren Kugeln erreichten die Größe einer Kirsche, waren durchscheinend und sehr weich. Die kleineren waren etwas fester. Bei erbsengroßen Gebilden war ein konzentrischer Kern zu erkennen. A. TAPPOLET hat festgestellt, daß aus normalen Gallenbestandteilen bei ganz bestimmter Reaktion der Mischung Gele entstehen, und daß bakterielle Infektion diesen Vorgang beschleunigt.

Trotz dieser Kolloidfällungssymptome muß man von einer beträchtlichen Beständigkeit des kolloidalen Systems der Galle sprechen, da ja nach den meisten Fällungsreaktionen eine Flüssigkeit zurückbleibt, die alle charakteristischen Merkmale der Galle aufweist. Diese Beständigkeit kann man wohl mit einiger Berechtigung darauf zurückführen, daß die Kolloide eine gleichsinnige Ladung tragen. Fällungen (über die Möglichkeit einer Fällung durch Schwermetalle, Aluminium und Kieselsäure s. S. 590) können stattfinden durch entgegengesetzt geladene Kolloide. So ist die Beobachtung von NAUNYN, daß Eiweißlösung aus der Galle den Farbstoff ausfällt, als eine die Dispersität der Schutzkolloide vermindernde Reaktion des positiv geladenen Albumins mit den anodischen Kolloiden der Galle (H. ISCOVESCO) verständlich. In Modellversuchen konnte gezeigt werden (LICHTWITZ), daß Eiereiweißlösung das Cholesterin aus wässerig-methylalkoholischen Suspensionen, aus Seifenlösungen und aus Lecithinaufquellungen, das Bilirubin aus Seifenlösungen, d. h. die Hauptbestandteile der Gallensteine aus ihren Lösungsmitteln kolloiden oder semikolloiden Charakters ausfällt. Die Verhältnisse in der nativen Galle liegen aber zweifellos viel verwickelter wegen der Vielheit der Kolloide und wegen der chemischen Beziehungen des Cholesterins zu den Gallensäuren (H. WIELAND). BOLT u. HEERES konnten aber die Kolloidschutztheorie im Experiment bestätigen. Sie durchströmten Froschleber mit Ringerlösung und erhielten Galle mit viel „Konkrement" (Cholesterin). Bei Zusatz von Kolloid (Gelatine, Lecithin) zur Ringerlösung bleibt die Galle frei von Niederschlägen.

Es darf also gesagt werden, daß die Kolloide des Harns und der Galle die übersättigte Lösung schützen und die Sedimentbildung verhüten, solange sie sich in feiner Dispersion befinden, und daß die Anwesenheit von Eiweiß oder vielleicht gewisser Mengen von Eiweiß die Stabilität vermindert.

Literatur.

BOLT, N. A. und P. A. HEERES: Physikalisch-chemische Untersuchungen über die Bildung von Gallensteinen. Nederl. Tijdschr. Geneesk. 65, 2074 (1921).
BUCHHOLTZ, H.: Die Löslichkeit des oxalsauren Kalks im Harn. Inaug.-Diss. Göttingen 1913.
FREUNDLICH, H. und G. LOSEV: Hoppe-Seylers Z. 59, 284 (1907).
HOEPER, O.: Über die Entstehung der Harncylinder. Inaug.-Diss. Göttingen 1913.

Iscovesco, H.: Extraction totale de la cholestérine du serum sanguin. C. r. Soc. Biol. Paris **72**, 257 (1912).

Klemperer, G. und F. Tritschler: Untersuchungen über Herkunft und Löslichkeit der im Harn ausgeschiedenen Oxalsäure. Z. klin. Med. **44**, 387 (1902).

Lichtwitz, L. (1): Experimentelle Untersuchungen über die Bildung von Niederschlägen in der Galle. Dtsch. Arch. klin. Med. **92**, 100 (1907). — (2): Untersuchungen über Kolloide im Urin. Hoppe-Seylers Z. **61**, 117 (1909); **64**, 144 (1910). — (3): Über die Entstehung der Harnzylinder. Arch. f. Dermat. **131**, 95 (1921).

Marc, R.: Über die Krystallisation aus wässerigen Lösungen. Hoppe-Seylers Z. **68**, 104 (1909); **73**, 685 (1910).

Mörner, K.A.H.: Untersuchungen über die Proteinstoffe und die eiweißfällenden Substanzen des normalen Menschenharns. Skand. Arch. Physiol. **6**, 332 (1895).

Tappolet, A.: Herzwirkung der Gallensäuren. Schweiz. med. Wschr. **1922**, 1210.

2. Phosphaturie.

Unter Phosphaturie versteht man die Entleerung eines milchig getrübten Harns, meistens von alkalischer, mitunter von amphoterer, in seltenen Fällen aber auch (gegen Lakmus) schwach saurer Reaktion. Kurze Zeit nach der Entleerung bildet sich auf dem Harn ein zusammenhängendes Häutchen, das Interferenzfarben zeigt, am Glase ziemlich fest haftet und bei vorsichtigem Bewegen der Flüssigkeit deutliche Falten wirft. Auf der freien Fläche ist das schillernde Häutchen nicht glatt, sondern durch viele anastomosierende, feine, wie eingeprägte Furchen gemustert. Während der Bildung dieses Häutchens hat sich am Boden des Glases ein ziemlich massiger, weißlicher Niederschlag angesammelt, der mikroskopisch aus einer amorphen krümeligen Masse (Calciumphosphat, Calciumcarbonat), mitunter aus großen Platten mit ausgebrochenen Rändern (phosphorsaures Magnesium), gelegentlich aus Rosetten oder Bündeln von langen Nadeln oder Prismen (einfachsaurer phosphorsaurer Kalk) besteht und auch manchmal Beimischung von Sargdeckelkrystallen (Magnesiumammoniumphosphat) aufweist.

Ein Präparat aus dem Oberflächenhäutchen zeigt eine zusammenhängende Grundsubstanz, in die feine Körnchen und große Platten von Magnesiumphosphat eingebettet sind. Gelegentlich kommt es aber auch zur Ablagerung feiner, in Büscheln liegender Nadeln, die in einem Falle, den ich beobachtete, von makroskopischer Größe waren und aus der Fläche hervorragten, so daß die Oberfläche wie rauh gefroren aussah. Sie war so stark verkalkt, daß sie beim Durchführen eines Glasstabes knirschte.

Mitunter werden Harne noch klar entleert und zeigen kurze Zeit später Sediment- und Häutchenbildung. Gelegentlich trifft man auch Harne, die bei alkalischer Reaktion klar bleiben, aber auf ihrer Oberfläche ein Häutchen bilden, das mit Magnesiumphosphat inkrustiert ist.

Diese Erscheinungen treten physiologischerweise bei alkalischer Kost (eiweißarmer Pflanzenkost) oder bei der Einnahme alkalischer Salze auf. Sodann, an der Grenze zum Pathologischen, bei superacidem Magensaft in den Stunden der Magenverdauung, und wenn saurer Mageninhalt erbrochen wird.

Der Grund für dieses Vorkommen liegt darin, daß bei Bildung des sauren Magensaftes ein äquivalenter Betrag von Hydroxylionen im Blute verbleibt, denen gegenüber der Organismus zur Aufrechterhaltung seiner Reaktion neutralisierende Maßnahmen ergreift. Zu diesen gehört auch die Bildung alkalischen oder nach der Richtung der Alkalinität veränderten Harns. Geht dem Körper durch Erbrechen sauren Mageninhalts Säure endgültig verloren, so entledigt er sich einer entsprechenden Menge Alkali durch die Nieren. Daher ist saurer Harn bei kontinuierlichem Erbrechen ein Hinweis auf Inacidität des Magens oder auf Acidose.

Die echte Phosphaturie ist dadurch charakterisiert, daß unter Verhältnissen, unter denen ein Normaler klaren sauren Harn bildet, trüber alkalischer Harn gebildet wird. Es handelt sich also um Pflanzenfresserharn bei Fleischfresserstoffwechsel. Dieses Verhalten ist so zu definieren, daß die Nierè (wenigstens zeitweise) die Fähigkeit der Säureausscheidung verloren hat. Diese Störung einer Teilfunktion ist analog ihrem Verhalten bei Diabetes insipidus (mangelhafte Konzentration von Cl′) und bei Gicht (mangelhafte Konzentration von Harnsäure bzw. Urat). Es wäre aber nicht richtig, den Sitz der Krankheit in den Nierenzellen selbst zu suchen. So wie die Kochsalzkonzentration von gewissen Hirnstellen (E. Meyer u. Jungmann) und von der Hypophyse abhängt, so könnte auch die Phosphaturie eine neuroendokrine Grundlage haben. Diese Auffassung wird durch die Erfahrung bestärkt, daß sich die echte Phosphaturie oft bei Neuropathen (gewissermaßen als objektives Symptom der Neurasthenie) findet, und daß sie nicht selten eine auslösende sensible Sphäre (besonders in den unteren Harnwegen) aufweist. Einen interessanten Beitrag liefert die Beobachtung von L. Dünner, der im Verlauf einer eitrigen Meningitis Phosphaturie beobachtet hat. Den Einfluß des Nervensystems auf die Reaktion des Harns zeigen Versuche, die Eckardt und später Rohde u. Ellinger ausgeführt haben. Diese Autoren fanden nach Splanchnicusdurchschneidung den Harn der betroffenen Seite weniger sauer und mitunter sogar alkalisch, und zwar auch dann, wenn die Harnmenge beiderseits fast gleich war. Eine einseitige Phosphaturie, wie sie wiederholt durch Ureterenkatheterismus festgestellt ist, könnte demnach durch eine halbseitige Störung im sympathischen System zustande kommen.

Das dauernde Fehlen der Säureausscheidung bei einer Kost, die einen sauren Harn notwendig macht, muß für den Organismus Folgen haben, die die anderen Neutralisierungsmechanismen, dann aber auch die mineralische Zusammensetzung des Körpers betreffen. Die stärkere Inanspruchnahme anderer Wege der Säureabscheidung könnte zu vermehrtem und stärker saurem Magensaft führen. Über das Bestehen dieses umgekehrten Zusammenhanges zwischen Magensäure und Harnalkalescenz ist nichts bekannt. Auch eine schwächere Alkalinität der anderen Verdauungssäfte wäre als Folge denkbar.

Wenn statt sauren Harns alkalischer gebildet wird, so tritt notwendigerweise eine Verarmung an Kation (Alkali, Erdalkali) ein. Die saure Reaktion des Harns wird zu einem guten Teil durch das sauer reagierende Mononatriumphosphat NaH_2PO_4 gebildet. Im alkalischen Harn befindet sich in überwiegendem Betrage das alkalisch reagierende Dinatriumphosphat Na_2HPO_4. Der Körper verliert also bei der Ausscheidung dieses Salzes mehr Natrium. Da aber in den alkalischen Harn auch Carbonat übertreten kann, das sonst ohne jeden Verlust an Alkali als gasförmige Kohlensäure von der Lunge abgegeben wird, so kann der Alkaliverlust noch größer werden als der Verschiebung des Verhältnisses $NaH_2PO_4 : Na_2HPO_4$ im Harn entspricht. Bei Phosphaturie kommt also der Organismus zu einer Gefährdung des Alkalibestandes wie bei der Acidose. Und es erhebt sich die Frage, ob sich, so wie bei dieser, der Organismus dagegen durch eine stärkere Bereitstellung von Ammoniak schützt. W. Moraczewski hat bei

Phosphaturikern eine Erhöhung der Ammoniakausscheidung beobachtet. Da in seinen Fällen aber Erscheinungen von Cystitis bestanden, so sind seine Befunde nicht eindeutig. Ich habe reine Fälle untersucht und einige Male (aber nicht in allen Fällen) sehr beträchtliche Steigerung der Ammoniakausscheidung (höchste Tagesmenge 1,20 g; Prozentverhältnis vom Gesamtstickstoff 16,8) festgestellt. Leider sind die Fälle in Kliniken zu selten. Kürzlich aber haben wir eine Frau beobachtet, die ein Ulcus ventriculi, aber keine Superacidität hatte und ganz konstant in mehr als dreiwöchentlicher Beobachtung im nicht infizierten frischen Harn bei alkalischer und neutraler Reaktion ein Sediment von Tripelphosphaten aufwies. Die Ammoniakausscheidung war bei einer Kost, die 8—10 g Harnstickstoff lieferte, ganz erheblich gesteigert. Der höchste beobachtete Tageswert von Ammoniak-N betrug 1,93 g (bei 10,14 Gesamt-N). 10—25% des Gesamt-N waren im Harnammoniak. Leider ließ sich eine vollständige Ionenbilanz nicht durchführen. Der hochnormale Blutkalkwert von 11,9 mg%, der sich in diesem Fall fand, weist vielleicht auch auf den Bedarf an Kationen hin. Aus der kleinen Zahl von Fällen mit dem Befund einer für einen alkalischen Harn ganz erstaunlich hohen Ammoniakausscheidung geht hervor, daß bei der Phosphaturie Störungen des Salzstoffwechsels auftreten. Man sollte vor allem in den Fällen, die im sterilen Harn ein Sediment von phosphorsaurer Ammoniakmagnesia haben, Nachforschungen anstellen. Bei der echten Acidose kommt es bekanntlich auch wegen des zur Ausscheidung starker Säuren größeren Kationenbedarfs zum Verlust von Erdalkalien und damit zu einer Verarmung an Knochenasche. Wie steht es nun mit der Ausscheidung der Erdalkalien und der Phosphorsäure bei der Phosphaturie? Zur Beantwortung dieser Frage ist ein kurzer Hinweis auf diesen Teil des Mineralstoffwechsels notwendig.

Die Gesamtmenge von Calcium im Körper beträgt etwa 0,7—1,4% des Körpergewichtes (FORBES u. KEITH), wobei die niedrigsten Werte den Neugeborenen zukommen (CAMERER u. SÖLDNER). Der Organkalk beträgt etwa 1% des gesamten im Körper vorhandenen Kalkes. Fast die ganze Masse sitzt also in den Knochen. Alle Fragen des Kalkstoffwechsels konzentrieren sich auf den Knochenkalk, und jeder Mangel an anderer Stelle kann von dort aus leicht ausgeglichen werden, ebenso wie auch ein Überschuß an Zufuhr dort gespeichert wird.

Das Calcium wird mit der Nahrung in anorganischer Form, in der Milch als komplexe Eiweißphosphorsäureverbindung zugeführt. Die Größe der Resorption ist abhängig von der Reaktion im Magen-Darmkanal, da durch Säure Kalkphosphate und -carbonate löslich werden, daneben aber auch stark abhängig von der Löslichkeit der Kalksalze in Galle. Ein Teil des resorbierten Calciums erscheint im Harn. Die Größe der Resorption kann man nur schwer oder gar nicht beurteilen, weil der Darm für den Kalk eine wesentliche Ausscheidungsstätte ist. Für die Phosphorsäure, die ja vom Calcium fast untrennbar ist, gilt das gleiche.

Die Kalkbilanz hängt von der Größe des Anwuchsstoffwechsels ab. Solange das Skelet nicht fertig verknöchert ist, verhält sich die Bilanz positiv. Aber auch später noch kommen erhebliche Retentionen vor. Ein Gleichgewicht zwischen Zufuhr und Ausscheidung stellt sich, wenn überhaupt, nur sehr langsam her. Kurzfristige Stoffwechselversuche, wie sie sich in der klinischen Literatur mehrfach finden, sind daher unbrauchbar.

Der tägliche Calciumbedarf des Erwachsenen ist von SHERMAN aus zahlreichen

Bilanzversuchen im Mittel zu 0,45 g Ca für 70 kg Körpergewicht festgestellt worden. RUBNER berechnet aus der japanischen Volksernährung einen täglichen Mindestbedarf von 0,43—0,51 g, auf deutsches Körpergewicht bezogen. Im Hunger ist der Körper gezwungen, von seinem Kalkbestande gewisse Mengen abzugeben. Vielleicht dient dieses Calcium als Kation der Aufrechterhaltung der Neutralität. Dafür spricht, daß durch Zusatz von Alkalicarbonaten zur Nahrung die Kalkretention steigt (DUBOIS u. STOLTE), während bei Acidose (GERHARDT u. SCHLESINGER) und bei Zufuhr von Salzsäure (G. RÜDEL) die Kalkbilanz negativ wird. Bei der Beurteilung der Größe einer Kalkausscheidung muß also, außer der Neigung zur Speicherung, auch die Kost in bezug auf ihre Fähigkeit zur Säurebildung und auf ihren gesamten Mineralstoffgehalt berücksichtigt werden.

Von Bedeutung für unsere Frage ist noch die Verteilung der Ausscheidung auf Harn und Kot. Von dem Gesamtkalk scheidet der Normale zwischen 18 und 64% im Harn aus. SENDTNER, SOETBEER u. TOBLER haben im Harn phosphaturischer Kinder eine höhere Calciumausscheidung gefunden als im Harn gesunder Kinder. Dasselbe hat UMBER an einem erwachsenen Phosphaturiker festgestellt. Die Autoren kommen zu der Auffassung, daß die Phosphaturie durch eine erhöhte Kalkausscheidung durch die Nieren (Kalkariurie), sowohl absolut als im Verhältnis zur Phosphorsäure, bedingt sei. G. KLEMPERER spricht sogar von einer Calciotropie der Niere. SOETBEER meint, weil sein Patient Zeichen von Kolitis hatte, daß die Kalkariurie die Folge einer Störung der Kalkausscheidung in den Dickdarm sei. Das ist aber rein hypothetisch. Bezüglich der Verhältnisse der Kalkausscheidung durch die Faeces findet sich in der Literatur nur die Angabe, daß bei Enteritis der Kalkgehalt des Stuhles über die in der Nahrung zugeführte Menge vermehrt sein kann (N. VOORHOEVE). Die Befunde eines vermehrten Harnkalkes bei Phosphaturie sind durch die oben über die Gefährdung des Alkalibestandes gemachten Ausführungen wohl zu verstehen. Wie das Ammonium dient das aus dem Calciumcarbonat des Knochens freigemachte Calcium der Aufrechterhaltung des Bestandes an fixem Alkali. Es dient dem Ionengleichgewicht. Aber ganz und gar nicht liegt in der Kalkariurie das Wesen der Anomalie. Und ebensowenig läßt sich aus ihr, wie wir später sehen werden, die Niederschlagsbildung erklären. Der Befund der Kalkariurie ist durchaus nicht konstant. Wie aus der Literatur hervorgeht (G. RENVALL, J. VON KITTLITZ), finden sich ebenso große Calciummengen, wie die genannten Autoren festgestellt haben, und noch größere, sowohl absolut als im Verhältnis zur Phosphorsäure, ohne die Erscheinungen der Phosphaturie.

Der Magnesiumstoffwechsel. Der Magnesiumgehalt des Neugeborenen beträgt etwa 20—30 mg%. Da sich Mg am Aufbau der Knochen nur sehr wenig beteiligt (auf 100 Teile Ca kommt 1 Teil Mg), so ist der prozentuale Gehalt des Erwachsenen ungefähr von der gleichen Größe. Der Tagesbedarf an Mg beträgt nach O. HOLSTI 124—130 mg, nach A. TIGERSTEDT das Mehrfache, nach BUNGE höchstens 0,6 g. Die Magnesiumausscheidung erfolgt nach G. RENVALL zu 29—34% durch die Nieren, im übrigen durch den Darm. Die Ausscheidung in Überschuß zugeführten Magnesiums geht nicht schnell vonstatten, sondern erstreckt sich über mehrere Tage.

Die Zuführung von Magnesiumsalzen bewirkt erhöhte Ausscheidung von Calcium, Zuführung von Calciumsalzen erhöhte Ausscheidung von Magnesium, während ein Teil des verabreichten Erdalkalis gespeichert wird.

Der Phosphorsäurestoffwechsel. Der Phosphor kommt in dem Organismus im wesentlichen in der Form von Salzen und Estern der Orthophosphorsäure vor. Auf die wichtige Rolle, die die Pyrophosphorsäure bei der Muskelkontraktion spielt, kann nur hingewiesen werden. Phosphor ist in folgenden Gruppen von Verbindungen enthalten: tertiären Alkali- und Erdalkaliphosphaten, primären und sekundären Alkali- und Erdalkaliphosphaten, wasserlöslichen Estern (Hexosediphosphorsäure, Lactazidogen), Phosphatiden, phosphorsäurehaltigen Eiweißkörpern (insbesondere den Nukleoproteiden).

Der Gehalt des Erwachsenen an Phosphorsäure ist sehr erheblich; er beträgt ungefähr 2% des Körpergewichtes, absolut 1—1,5 kg. Davon sitzt die Hauptmasse im Knochen. Von hier kann bei Bedarf HPO_4'' abgegeben werden, ohne daß ein merkbarer Verlust eintritt. Hier kann auch im Überschuß zugeführtes Phosphat als Spargut eingelagert werden. Zu beiden Prozessen gehört die äquivalente Menge Calcium. Die Phosphorsäure- und der Calciumstoffwechsel sind daher auf das engste miteinander verbunden.

Die verschiedenen Träger der Phosphorsäure werden im Magen-Darmkanal in verschiedener Weise resorbiert, teils in ionisierter, teils in komplexer Form. Die Größe der Resorption schwankt stark, je nach der Art der Phosphorsäureverbindung, der Magenacidität, dem Kalkgehalt u. a. Die Ausscheidung erfolgt zum weit überwiegenden Teil durch die Nieren.

Was den Tagesbedarf an Phosphat betrifft, so ist erst die Frage zu erledigen, ob er durch eine einzige Zahl angegeben werden kann, oder ob jeder der verschiedenen Phosphatträger besondere Berücksichtigung erfordert. G. FINGERLING, W. HEUBNER; PLIMMER u. SCOTT; OSBORNE u. MENDEL; HART, MACCOLLUM u. FULLER u. a. haben vollkommen sichergestellt, daß aus anorganischem Phosphat alle biologisch wichtigen Phosphorsäureverbindungen entstehen können, und daß alle Phosphorsäureverbindungen der Nahrung für alle entsprechenden Zwecke des Organismus verwendbar sind. Man kann also den gesamten Phosphatbedarf in einer einzigen Zahl zusammenfassen, die im Minimum für einen 70 kg schweren Menschen 2,5 g HPO_4'' beträgt (H. C. SHERMAN, G. v. WENDT), völlige Resorbierbarkeit vorausgesetzt. Der durchschnittliche Verzehr liegt zwischen 5 und 10 g pro die. Die Tagesausscheidung im Harn ist in erster Linie von der Aufnahme abhängig, kann aber durch Speicherung stark beeinflußt werden. Eine erhöhte Ausscheidung wird bei Phosphaturie nicht beobachtet.

Eine wichtige Aufgabe erfüllt das Phosphat des Blutes. Es kreist zum weit überwiegenden Teil in der Form des alkalisch reagierenden Dinatriumphosphats. Dieses Salz beteiligt sich an der Aufgabe des Transports der Kohlensäure, indem es sich mit dieser nach folgender Gleichung umsetzt:

$$Na_2HPO_4 + H_2CO_3 = NaH_2PO_4 + NaHCO_3.$$

Bekanntlich kommt einem Gemisch von primärem und sekundärem Alkaliphosphat in ausgesprochenem Maße Pufferwirkung zu, d. h. solche Gemische haben die Eigenschaft, auch bei starker Verschiebung ihres Konzentrationsverhältnisses zueinander in bezug auf die Zahl ihrer freien Wasserstoffionen ziemlich konstant zu bleiben (s. S. 349—351). Die Phosphate des Blutes haben also an dessen Neutralitätserhaltung Anteil.

Die Ursachen des Ausfallens der phosphorsauren Erdalkalien bei

Phosphaturie. Die Konzentration der Phosphorsäure spielt bei diesem Vorgang keine Rolle. Auch den Konzentrationen von Ca und Mg kommt keine ausschlaggebende Bedeutung zu. Darüber geben die in der Literatur niedergelegten Analysen ausreichende Klarheit. Bedeutungsvoller ist die alkalische Reaktion des Harns. H. Leo hat die Anomalie daher als Alkalinurie bezeichnet. Es gibt jedoch alkalische Harne ohne Phosphatsediment, und man kann jeden sauren Harn weit alkalischer machen, als es der phosphaturische ist, ohne daß so schnell ein so massiger Niederschlag ausfällt. Zudem trifft man ganz sicher, wie oben bereits hervorgehoben, schwach sauren phosphaturischen Harn. Ich habe solche Harne selbst beobachtet und in ihnen Aciditäten bis $(H^+) = 1 \times 10^{-6}$ gemessen.

Es wäre möglich, daß das Verhältnis der Calcium- und Phosphatkonzentration zur Reaktion die Bedingung zum Ausfallen bildet. Darüber gibt ein Modellversuch Aufschluß, der so angestellt ist, daß Calciumchloridlösungen mit Lösungen von Mono- und Dinatriumphosphat, die infolge verschiedener Konzentration der beiden Salze verschiedene Reaktion, aber den gleichen Phosphatgehalt haben, zusammengebracht werden. Die Konzentrationen der Salze wurden so gewählt, daß sie nach Vereinigung der beiden Lösungen den im Harn gewöhnlich vorkommenden Konzentrationen entsprechen.

Es werden 6,7 g $NaH_2PO_4 + 1\ H_2O$ in 750 ccm destilliertem Wasser gelöst und in einer gleichen Menge 17,22 g $Na_2HPO_4 + 12\ H_2O$. Jede Lösung enthält also 1,5 g P (durchschnittliche Tagesmenge im Harn). In 750 ccm Wasser werden 1,58 g $CaCl_2$ gelöst = 0,80 g CaO (obere Grenze der täglichen Kalkausscheidung im Harn) (Chlorcalciumlösung 1); in 750 ccm Wasser werden 0,65 g $CaCl_2$ gelöst = 0,33 g CaO (untere Grenze der täglichen Kalkausscheidung im Harn) (Chlorcalciumlösung 2).

ccm NaH_2PO_4-Lösung	ccm Na_2HPO_4-Lösung	Reaktion gegen Lakmus	Wasserstoff-ionenkonzen-trationen	5 ccm Chlorcalcium-Lösung	
				Nr. 1	Nr. 2
4,5	0,5	sauer	$5 \cdot 10^{-6}$	Nach einigen Stunden Krystalle	
4,0	1,0	sauer		Nach 6 Min. Krystalle	Opaleszenz, bald Niederschlag
			$2 \cdot 10^{-6}$		
3,5	1,0	sauer			Nach einigen Min. ger. Bodensatz
			$1,5 \cdot 10^{-6}$		
3,0	2,0	sauer		massig. Ndschl.	
2,5	2,5	amphoter	$3 \cdot 10^{-7}$	,, ,,	
2,0	3,0	alkalisch	$4 \cdot 10^{-7}$	,, ,,	Anfangs Opaleszens, nach einigen Minuten feinflockiger Nd.
1,5	3,5	alkalisch	—	,, ,,	
1,0	4,0	alkalisch	—	,, ,,	
0,5	4,5	alkalisch	—	,, ,,	

Bei saurer Reaktion sind die Niederschläge ganz krystallinisch, bei stärker alkalischer amorph, bei amphoterer gemischt.

Es tritt also in allen Fällen Niederschlagbildung ein, auch bei saurer Reaktion, entsprechend der klinischen Beobachtung. Da nach Hofmeister das sekundäre Calciumphosphat in Wasser zu etwa 0,02% löslich ist, die Konzentration aber bei dem Calciumgehalt dieses Versuches 0,052% bzw. 0,129% beträgt, so war dieses Ergebnis vorauszusehen. Wenn sich auch nach Rindell die wässerige Löslichkeit des sekundären Calciumphosphats bei Gegenwart von Kochsalz um einen mäßigen Betrag erhöht, so muß doch bei dem Überschuß von Phosphat in der Lösung (wie im Harn) das Löslichkeitsprodukt schon früher erreicht sein, also eine geringere Menge Calciumphosphat in der Lösung verbleiben.

Daraus geht hervor, daß alle alkalischen und amphoteren Harne und auch die schwachsauren, soweit sie nicht einen abnorm niedrigen Kalk- und Phosphorsäuregehalt haben, in bezug auf Mono- und Dicalciumphosphat übersättigt sind. Wenn sie trotzdem keinen Phosphatniederschlag ausfallen lassen, so liegt das an der Stabilität der Übersättigung. Man kann leicht zeigen, daß in einem alkalisch entleerten, aber noch klaren Harn diese Stabilität durch kurze Ausschüttlung mit Äther in wirksamer Weise gemindert wird, so daß sofort eine Trübung eintritt, der das Sediment bald folgt. Kein anderes Harnsediment läßt sich auf diese Weise herbeiführen. Der Grund für das eigenartige Verhalten des alkalisch entleerten Harnes liegt darin, daß dieser Harn ein ätherlösliches Kolloid enthält, das infolge seiner sehr großen Oberflächenaktivität sich an Oberflächen anreichert und dort in den festen Zustand übergeht. Das schillernde Häutchen, das sich auf alkalischem Harn so schnell bildet, und dem eine Häutchenbildung an der Grenzfläche Harn-Glas entspricht, ist das leicht sichtbare Zeichen dieser Vorgänge kolloidaler Veränderung (LICHTWITZ). Auch das Häutchen ist ätherlöslich. Durch diesen Gerinnungsvorgang, ebenso durch Ausschütteln mit Äther, wird der Gehalt an Schutzkolloid so vermindert, daß die Gesetze der wässerigen Löslichkeit der Erdalkaliphosphate in Kraft treten. Nach der Häutchenbildung ist der phosphaturische Harn außerordentlich arm an Schutzkolloiden.

Es scheint mir doch von einigem Interesse zu sein, daß dieses Kolloid an die Sekretion alkalischen Harns gebunden ist. Im sauren Harn findet es sich nicht. Diese Beobachtung bildet einen Beitrag zu den Anschauungen über die Beziehungen der Harnkolloide zum Sekretionsakt.

Die echte Phosphaturie findet sich am häufigsten bei nervös stigmatisierten Individuen, entweder spontan oder im Verlauf einer Gonorrhöe, Prostatitis, Cystitis, mitunter auch veranlaßt durch Darmstörungen. Sie äußert sich durch anfallsweise auftretende Schmerzen in Oberbauch-, Lenden- und Leistengegend, die mitunter den Charakter von Koliken annehmen. Wie diese können sie mit Mikrohämaturie und leichter Albuminurie einhergehen. Ich habe beobachtet, daß der im Anfall gebildete Harn phosphaturisch war, während die Harnportionen unmittelbar vor und nach dem Anfall neutrale bzw. saure Reaktion und andere Harnsalzsedimente (Urat, Oxalat) zeigten. Außer diesen Anfällen haben die Kranken Symptome von Seiten des Magens und ziemlich unbestimmte Allgemeinerscheinungen, wie Kopfschmerzen, Müdigkeit, Depression und bieten oft das unerfreuliche Bild der sexualen Hypochondrie. Der trübe Harn erweckt in den Patienten den Verdacht, daß sie sich gonorrhoisch infiziert haben. Wenn sich, wie mitunter beobachtet, durch die Phosphaturie (oder die Manipulationen, die diese Hypochonder mit ihrem Membrum vornehmen?) eine leichte Urethritis entwickelt, kann auch der Arzt auf diagnostische und therapeutische Abwege geführt werden. Die Frage, ob die Schmerzanfälle durch die phosphaturische Beschaffenheit des Harns bzw. auf der gleichen nervösen Basis beruhen oder auf einem Harnstein, läßt sich auch bei Anwendung aller in Betracht kommenden Untersuchungsmethoden nicht immer entscheiden.

Literatur.

BUNGE, G.: Lehrbuch der Physiologie des Menschen (1901).

CAMERER, W. und F. SÖLDNER: Die chemische Zusammensetzung der Neugeborenen. Z. Biol. **39**, 173 (1900); **40**, 529 (1900); **43**, 1 (1902); **44**, 61 (1903).

DUBOIS, M. und C. STOLTE: Abhängigkeit der Kalkbilanz von der Alkalizufuhr. Jb. Kinderheilk. **77**, 21 (1913).

Dünner, L.: Phosphaturie und organische Nervenkrankheit. Berl. klin. Wschr. 1920, 608.

Eckardt, C.: Zur Deutung der Entstehung der vom IV. Ventrikel aus erzeugten Hydrurien. Z. Biol. 44, 404 (1903).

Fingerling, G.: Die Bildung organischer Phosphorverbindungen aus Phosphaten. Biochem. Z. 38, 448 (1912).

Forbes, E. B. and Keith: Phosphorus compounds in animal metabolism (1914).

Gerhardt, D. und W. Schlesinger: Über Ca- und Mg-Ausscheidung beim Diabetes mellitus. Arch. f. exper. Path. 42, 82 (1899).

Hart, E. B., E. V. McCollum and J. G. Fuller: The role of inorganic phosphorus in the nutrition of animals. Amer. J. Physiol. 32, 246 (1909).

Heubner, W.: Der Mineralstoffwechsel. In: Handbuch der Pharmakologie.

Holsti, O.: Zur Kenntnis des P-Umsatzes beim Menschen. Skand. Arch. Physiol. 23, 143 (1910).

v. Kittlitz, J.: Beitrag zur Kenntnis der Phosphaturie. Inaug.-Diss. Leipzig 1909.

Klemperer, G.: Über Phosphaturie. Ther. Gegenw. 3, 48 (1908).

Lichtwitz, L. (1): Das schillernde Häutchen auf dem Harn bei Phosphaturie. Kongr. inn. Med. 29, 516 (1912). — (2): Über die Löslichkeit der wichtigsten Steinbildner im Harn. Z. exper. Path. u. Ther. 13, 271 (1913). — (3): Über die Bedeutung der Kolloide für die Konkrementbildung und Verkalkung. Dtsch. med. Wschr. 1910, Nr 15.

Meyer, E. und P. Jungmann: Abhängigkeit der Nierenfunktion vom Nervensystem. Arch. f. exper. Path. 73, 49 (1913).

Moraczewski, W.: Beitrag zur Kenntnis der Phosphaturie. Zbl. inn. Med. 1905, 401.

Osborne, Th. B. und L. B. Mendel: Beobachtungen über Wachstum bei Fütterungsversuchen mit isolierten Nahrungssubstanzen. Hoppe-Seylers Z. 80, 307 (1912).

Plimmer, R. H. Q. and Scott: The transform. in the phosph. compounds in the hens egg during development. J. of Physiol. 38, 247 (1909).

Renvall, G.: Zur Kenntnis des P-, Ca- und Mg-Stoffwechsels bei erwachsenen Menschen. Skand. Arch. Physiol. 16, 94 (1904).

Rindell, Arthur: Löslichkeit einiger Kalkphosphate. Helsingfors 1899.

Rohde, E. und Ph. Ellinger: Über die Funktion der Nierennerven. Zbl. Physiol. 27, 1 (1913).

Rubner, M.: Über die Frage des Kalkmangels in der Kost. Vtschr. gerichtl. Med. 60, 1 (1920); 61, 155 (1921).

Rüdel, G.: Über die Resorption und Ausscheidung von Kalksalzen bei rachitischen Kindern. Arch. f. exper. Path. 33, 90 (1894).

Sendtner: Zur Phosphaturie. Münch. med. Wschr. 1888, Nr 40.

Sherman, H. C.: Calcium requirement of maintenance in man. J. of biol. Chem. 44, 21 (1920).

Soetbeer, F.: Über Phosphaturie. Jb. Kinderheilk. 54, 1 (1901).

— und H. Krieger: Über Phosphaturie. Dtsch. Arch. klin. Med. 72, 553 (1902).

Tigerstedt, A.: Beitrag zur Kenntnis des P-Stoffwechsels beim erwachsenen Menschen. Skand. Arch. Physiol. 16, 64 (1904); 24, 97 (1910).

Tobler, L.: Phosphaturie und Kalkariurie. Arch. f. exper. Path. 52, 116 (1904).

Umber, F.: Atropinbehandlung bei Phosphaturie. Ther. Gegenw. 53, 97 (1912).

Voorhoeve, N.: Über den Einfluß großer Kalkgaben auf die Kalkbilanz. Dtsch. Arch. klin. Med. 110, 461 (1913).

v. Wendt, G.: Über den Eiweiß- und Salzstoffwechsel beim Menschen. Skand. Arch. Physiol. 17, 260 (1905).

3. Steinbildung.
a) Gallensteinbildung und Gallensteine.
Vorkommen. Häufigkeit. Abhängigkeit von Alter, Konstitution, Gravidität, Krankheiten.

Nach einer Schätzung von Riedel gibt es in Deutschland mehr als zwei Millionen Gallensteinträger. Die Sektionsstatistiken — und nur solche gewähren in dieser Frage Aufschluß — zeigen, daß 11—25% aller erwachsenen Menschen Gallensteine besitzen.

Gallensteine können sich in jedem Alter bilden; sie sind im frühesten Kindesalter und sogar bei Neugeborenen gefunden worden, entstehen aber gesetzmäßig in den beiden ersten Jahrzehnten äußerst selten. Mit dem Alter steigt die Zahl der Steinträger. Wenn die Bedingung der Gallensteinbildung das ganze Leben hindurch gleich groß wäre, so müßte das Steinvorkommen dem Alter proportional sein. Eine nach den großen Statistiken von SCHEEL, SVEND HANSEN, FIBIGER aufgestellte Rechnung zeigt, daß bis zum 60. Lebensjahre die Kurve geradlinig verläuft, nach diesem aber, besonders bei Männern — darauf haben bereits CHARCOT und NAUNYN aufmerksam gemacht — ansteigt.

Gallensteine sind bei Frauen häufiger als bei Männern. In den Sektionsstatistiken (HEIN, H. MIYAKE, NAITO und den drei oben erwähnten zusammengezogenen dänischen Statistiken) verhalten sich die Gallensteinträger männlichen und weiblichen Geschlechts wie 1 : 1,18 bis : 1,83.

Darum und weil die Gallensteinkrankheit sehr häufig in oder nach einer Schwangerschaft eintritt, gilt es als ausgemachte Tatsache, daß die Gallensteinbildung Beziehungen zur Schwangerschaft habe. Indessen zeigt die Kurve des Steinvorkommens in den Altersstufen (in der dänischen Statistik ebenso wie in der von HEIN) bei den Frauen geradlinigen Anstieg. Der Prozentsatz der Gallensteinträgerinnen erhöht sich vom 45. Lebensjahr bis ins Greisenalter, also in der Zeit ohne Schwangerschaft, um das Dreifache. Ein Einfluß der der Fortpflanzung dienenden Jahre auf die Häufigkeit der Gallensteine ist nicht zu erkennen. Eine Statistik, wie oft sich Gallensteine bei Frauen, die gravid waren und Frauen, die nicht gravid waren, vorfinden, gibt es nicht. Nur auf diese Weise, nicht aber durch eine Gegenüberstellung von Männern und Frauen, kann ein Einfluß der Schwangerschaft auf die Gallensteinbildung erkannt werden. Männer zwischen 40 und 50 Jahren haben häufiger Gallensteine als 20—30jährige Frauen. Nach dem 70. Lebensjahr ist dieser Unterschied zwischen den Geschlechtern nur noch sehr gering. Beim männlichen Geschlecht sind bekanntlich bereits vom frühesten Kindesalter an die Nierenbeckensteine unendlich viel häufiger als beim weiblichen (A. v. BOKAY). Den Grund dafür kennen wir ebensowenig wie für das viel geringere Überwiegen der Gallensteine bei dem Genus femininum. Daß die Bedingung im Tragen eines Korsetts liege, in der geringeren Zwerchfellatmung, dem geringeren Muskelgebrauch und Muskeltonus, der Raumbeengung durch Gravidität, der Splanchnoptose sind Vermutungen, die sich an NAUNYNs Theorie von der Gallenstauung als Vorbedingung der Gallensteinbildung angeschlossen haben.

Was kann man in diesem Zusammenhang unter Gallenstauung verstehen? Das Volumen Galle, das eine Gallenblase vollkommen ausfüllt, enthält wohl genügend Material, um Steinkerne entstehen zu lassen, aber viel zu wenig Steinbildner, um auch nur einen einzigen Herdenstein geringer Größe zu ergeben. Bei völligem Verschluß des Ductus cysticus findet keine Steinbildung statt. Für den von V. SCHMIEDEN und L. ASCHOFF aufgestellten Typus der Stauungsgallenblase das ist eine Gallenblase, die zum Vollaufen neigt und sich nicht leicht entleert ist das Fehlen von Steinen geradezu charakteristisch.

Man hat früher wohl als selbstverständlich angenommen, daß sich jede Gallenblase vollständig entleere oder entleeren könne. Die Erfahrungen mit der cholecystographischen Methode haben aber ergeben, daß gewöhnlich eine völlige Gallenblasenentleerung nicht eintritt, weil der endogene oder exogene Reiz unzulänglich ist, und daß es Gallenblasen ohne schwere anatomische Veränderungen gibt, die sich auch bei stärkstem Reiz nicht völlig entleeren. Das Bestehenbleiben von „Restgalle" muß also als physiologisch angesehen werden.

Das Bestehenbleiben der Restgalle hängt sicher mit der Form der Gallenblase, mit dem Muskeltonus und den Elastizitätsverhältnissen des extrahepatischen Gallenwegsystems zusammen, hat also enge Beziehungen zur Konstitution. Hereditäres und familiäres Vorkommen von Gallensteinen und Gallensteinkrankheit, ihr häufiges Zusammentreten mit Migräne und endogener Adipositas zu einer wohlcharakterisierten Trias wird so zum Teil verständlich.

Wir glauben, daß der Begriff der Gallenstauung in der Lehre von der Steinbildung nicht so verstanden werden darf, daß Galle aus der Blase überhaupt gar nicht mehr heraus kann, so daß nach vollständiger Füllung der Blase keine Flüssigkeitsbewegung mehr erfolgt, sondern so verstanden werden muß, daß Restgalle nachbleibt. Das Verbleiben der Restgalle hat zur Voraussetzung, daß die Gallenblase einen toten Raum enthält, der nicht anatomisch, sondern funktionell definiert ist, nämlich so, daß der mit der Körperhaltung wechselnd gelagerte tiefste Teil der Gallenblase die Restgalle ständig beherbergt.

So ein toter Raum ist für die Gallensteinbildung so lange belanglos, als es sich um homogene Galle handelt, als es nicht zur Entstehung von Niederschlägen gekommen ist, die infolge ihres höheren spezifischen Gewichts in diesem toten Raum, dem tiefst gelegenen Teil des Blasenhohlraums, verbleiben.

Zu dieser wichtigen Folgerung führt die gesicherte Tatsache (Naunyn, J. Boysen u. a.), daß in der überwiegenden Zahl (90% und mehr) alle Gallensteine einer Herde gleichzeitig entstanden sind. Alle Steine einer Herde haben genau dasselbe Aussehen, dieselbe Form und Farbe, dieselbe Struktur (die gleiche Beschaffenheit des Kerns und des Körpers, vollständige Gleichheit in bezug auf Zahl und Färbung der Rindenschichten) und denselben Härtegrad. Die Größe kann verschieden sein, weil sie sich nach der Größe des Kerns richtet, und weil durch Zusammenbacken mehrerer Steine größere Gebilde (Konglomeratsteine) entstehen.

Daraus geht mit Sicherheit hervor, daß in der überwiegenden Mehrzahl der Fälle die Steinbildung einen einmaligen Akt darstellt.

Da die eine Bedingung der Steinbildung, die Steinkernbildung, ein leicht zu verstehender physikalisch-chemischer Vorgang, sicher sehr häufig gegeben ist, so kann man folgern, daß ein Auswachsen der Steinkerne zu Steinen dann nicht erfolgen kann, wenn bereits Steine anwesend sind. Und zwar aus dem Grunde, weil diese Steine als Körper höheren spezifischen Gewichts den toten Raum der Gallenblase besetzt halten, in dem allein die zweite Bedingung der Steinbildung, nämlich das Verbleiben der Steinkerne in der Gallenblase, gewährleistet ist. Das geht daraus hervor, daß Steinkerne, die dasselbe spezifische Gewicht haben wie die Steine selbst, auch bei Anwesenheit von Steinen, eine neue zweite Steinbildung ermöglichen. Solche Steinkerne des gleichen spezifischen Gewichts finden sich nicht selten in der Form von Steinsplittern.

Als eine wesentliche Bedingung für Entstehung von Gallensteinen gilt seit H. Meckel von Hemsbach die Infektion der Gallenwege. Besonders Naunyn hat die Lehre vom steinbildenden Katarrh vertreten, und die Mehrzahl der Autoren hat für alle Gallensteine oder für einen Teil die Bedeutung der Infektion zugegeben. Naunyn hat aber klar erkannt, daß die schwere cholangitische und chole-

cystitische Infektion Steine nicht erzeugt. Er hat daher den Begriff der steinbildenden Cholangie eingeführt, der pathologisch-anatomisch nicht faßbar ist und auch
klinisch keine Bedeutung gewonnen hat. Wir glauben, daß noch niemals jemand
am Krankenbett erkannt hat: „das ist der Zustand, in dem sich jetzt — in diesen
Tagen oder Wochen — Gallensteine bilden". Und diese Cholangie müßte bei der
großen Zahl der Gallensteinträger eine außerordentlich häufige Krankheit sein.
G. von Bergmann hat den Ausspruch getan: „Die Gallensteinträger sind zu einem
großen Teil geheilte und während ihrer eigentlichen Krankheit verkannte Gallen-
blasenpatienten". Hier muß man fragen: Waren es überhaupt Patienten? Ist ein
Vorgang, der ohne subjektive und objektive Symptome einhergeht, eine Krankheit?

So — beispielsweise — ist die Bildung eines Oxalatsteines im Nierenbecken
nicht Folge einer subjektiv, anamnestisch, klinisch oder pathologisch-anatomisch
faßbaren Gesundheitsstörung. Es ist aber im höchsten Grade unwahrscheinlich,
daß Stauung und Infektion der Gallenwege so ganz ohne Symptome verläuft, daß
die steinbildende Cholangie als Krankheit unerkannt bleibt und als Krankheitsbild hätte unbekannt bleiben können.

Es gibt keinen Beweis, daß Stauung und Infektion zur Gallensteinbildung
notwendige Bedingungen darstellen. Das Tierexperiment hat die Theorie von
Naunyn — scheinbar — gestützt, da durch milde Infektion Gebilde erzeugt
wurden, von denen Naunyn sagt, „daß sie wenigstens in einzelnen Fällen eine
genügende Ähnlichkeit mit Gallensteinen zeigten." Aber es ist unrichtig, diese Ergebnisse auf die Gallensteinbildung des Menschen zu übertragen. Denn in diesen
Versuchen zeigten die Gallenblasen schwerste Veränderungen, Entzündungen und
Schrumpfungen, während beim Menschen in allen den Fällen, in denen es nicht
zur Gallensteinkrankheit gekommen ist — und das ist die Mehrzahl —, die Gallenblase im wesentlichen normal, nicht anders als die gallensteinfreie Blase befunden
wird.

Im Experiment ist die Erzeugung von Gallensteinen auch bei Ausschluß von
Infektion gelungen.

Von allergrößtem Interesse für die Theorie der Steinbildung ist die bereits
mehrfach bestätigte Entdeckung von Fujimaki, daß bei Vitamin-A-frei ernährten
Ratten Steine im Nierenbecken, in der Harnblase und im Gallengang (Ratten
haben keine Gallenblase) auftreten.

Damit beginnt die Gallensteinbildung tatsächliche Beziehungen zu Stoffwechsel
und Ernährung zu gewinnen, Beziehungen, die aber ganz anders orientiert sind als
die Zusammenhänge, die man bisher gesucht und zu finden geglaubt hat. So hat
Aschoff die Lehre aufgestellt, daß der radiäre Cholesterinstein auf der Basis einer
Störung des Cholesterinstoffwechsels entstehe. In der jetzt als irrtümlich erkann-
ten Annahme, daß der menschliche Organismus zur Cholesterinbildung nicht befähigt sei, und daß der Cholesteringehalt der Galle von dem durch Resorption von
Nahrungscholesterin unter günstigen Umständen erhöhbaren Cholesteringehalt
des Blutes abhänge, hat man bei Gallensteinkrankheit Einschränkung cholesterinreicher Nahrungsmittel empfohlen (Chauffard u. Grigaut).

Alle in der Gallenblase gewachsenen Steine bestehen zum größten Teil
aus Cholesterin. Es lag daher nahe anzunehmen, daß der Cholesteringehalt
der Galle von maßgebendem Einfluß auf die Steinbildung sei. Man scheint, da
dieses Sterin nach seinem Vorkommen in der Galle benannt ist, sich nicht darüber

klar zu sein, daß der Cholesteringehalt der Lebergalle kleiner ist (20—70 mg%)
als der des Gesamtcholesterins und auch des freien Cholesterins im Blute. So sehr
auch das Cholesterin der Lebergalle unter physiologischen und pathologischen
Bedingungen schwanken kann, so kommt die Größenordnung dieser Schwankungen nicht in Betracht gegenüber der Konzentration, die das Cholesterin durch
Eindickung der Galle in der Gallenblase erfährt. Die Blasengalle, auf die es in der
Steinbildung ankommt, kann bis 900 mg% Cholesterin enthalten, ohne daß Ausfall
oder Steinbildung erfolgt.

Der Cholesterinstoffwechsel im allgemeinen, der ja im wesentlichen noch nicht
genügend bekannt ist, und der Anteil, den die Gallenbildung an ihm n'mmt,
hat zur Steinbildung keine unmittelbaren Beziehungen, da — bei der praktischen Unlöslichkeit des Cholesterins in Wasser — in jeder Blasengalle der
Cholesteringehalt hoch genug ist, um den Übergang in eine halbflüssige oder feste
Phase verständlich erscheinen zu lassen.

Das Cholesterin entstammt zweifellos der Leber. Daß aber auch die Schleimhaut der Gallenblase — unter krankhaften Bedingungen — Cholesterin zum Stein-
aufbau liefert, haben wir in der überzeugendsten Weise selbst beobachtet.

Ganz ähnlich steht es mit dem Kalkgehalt. Die von altersher vertretene
Meinung, daß sich bei entzündlichen oder katarrhalischen Zuständen der Kalkgehalt vermehre, steht nicht im Einklang mit den analytischen Befunden (LICHT-
WITZ u. BOCK). Jede Galle enthält genug Calcium, um unter geeigneten Bedingungen mit einem geeigneten Anion ein unlösliches Salz zu ergeben.

Jeder (junge) Gallenstein enthält ein Eiweißgerüst. Die normale Menschengalle führt Eiweißkörper (ein Mucin und ein Nucleoproteid). Unter pathologischen
Verhältnissen, und zwar nicht nur bei entzündlichen, ist der Eiweißgehalt erhöht.

Schon sehr lange ist bekannt, daß Gallensteine Schwermetalle enthalten. Ganz gewöhnlich ist der Befund von Kupfer und Eisen, auch Kieselsäure und Aluminiumoxyd
sind häufige Bestandteile. In seltenen Fällen wurde auch Quecksilber nachgewiesen.

Andere wichtige Bestandteile sind das Bilirubin und seine Abkömmlinge,
Gallensäuren und phosphorsaure und kohlensaure Salze.

Alle diese Stoffe sind, auf Wasser bezogen, in weit übersättigter Lösung in
der Blasengalle enthalten, ohne daß sich in der Regel Niederschläge oder Kon-,
kretionen bilden. Die Galle ist also eine stabile Flüssigkeit. Diese Eigenschaft ist
die Folge der Menge sowie der physikalischen und chemischen Beschaffenheit ihrer
Kolloide, unter denen die gallensauren Alkalien und die Seifen an erster Stelle
stehen. Alle Einflüsse, die diese Stabilität vermindern, führen zu Niederschlägen. Als wirksame Einflüsse kommen in Betracht: Albuminocholie, Bacterio-
cholie, Schwermetalle, bakterielle oder fermentative Zersetzung der Gallensäuren.

Die Fällung kann so weit führen, daß der flüssige Zustand der Galle aufhört
und die Gallenblase mit einem grützigen, der Schleimhaut ziemlich fest anhaften-
den Inhalt gefüllt ist.

Die Beobachtung lehrt, daß ein solcher Niederschlag aus einer großen Zahl
kleiner schwarzbrauner Partikelchen besteht, die aus Eiweiß und Bilirubinkalk
zusammengesetzt sind (Bilirubinkalkeiweißflocke NAUNYNS). Cholesterin ist in
diesen Flocken enthalten, wenn auch nicht in Form von Tropfen oder Krystallen
Es lagert sich der Oberfläche der Flocke schnell an. Diese Flocken werden zu
Steinkernen, wenn sie in der Gallenblase (dem „toten Raum") verbleiben.

In einer kleinen Zahl von Fällen wird der Steinkern von intrahepatischen Bilirubinkalksteinchen gebildet, kleinen cholesterinarmen oder -freien Gebilden von unregelmäßiger Oberfläche und meist erheblicher Härte. S. Aufrecht hat in den Leberzellen selbst Gebilde dieser Art beobachtet, also eine Art von „Lebersediment", das im Modus seiner Entstehung und in seiner Bedeutung für Steinbildung etwa einem Nierensediment, z. B. dem Harnsäureinfarkt, entsprechen könnte. Die Möglichkeit, daß Galle in einem solchen Zustand sezerniert werden, daß also die Unstabilität bereits in der Leberzelle beginnen könnte, ist zu beachten, da in ihr vielleicht der Schlüssel zu dem Verständnis für den Einfluß des Vitamins liegt.

In ganz seltenen Fällen wird der Steinkern von einem Fremdkörper gegeben, von denen klinisch Darmparasiten und deren Eier und von einer Operation zurückgebliebene Seidenfäden Interesse haben.

Von Bedeutung für die Theorie der Steinbildung sind die bereits erwähnten Steinsplitter als Kerne.

Die Steinbildung um einen Steinkern ist ein Vorgang an einer fremden Oberfläche. Wie aus der sehr verschiedenen Natur der Steinkerne hervorgeht, kommt es dabei nicht auf deren chemische Zusammensetzung an. Das, was den Ansatz an den Steinkernen bewerkstelligt, ist die Aktivität der Oberfläche. Fremde Oberflächen können auch inaktiv werden und werden es im Falle der Gallensteinbildung in der Regel. Das geht daraus hervor, daß das Wachstum der Steine zeitlich sehr begrenzt ist.

Die adsorptionsfähigen Stoffe der Galle — diese sind im wesentlichen Eiweiß und Cholesterin — werden ceteris paribus um so leichter an einer geeigneten Oberfläche niedergeschlagen, je niedriger die Stabilität des Kolloidkomplexes liegt, den die Galle darstellt.

Die Anlagerung in kolloidaler Aufteilung befindlicher Stoffe findet — das ist eine Gesetzmäßigkeit von allgemeiner Geltung — nicht in krystallinischer Form statt, sondern in Form eines Gels.

Durch diesen Adsorptionsvorgang kommt es zur Ausbildung mehrerer Lagen, die auf dem Durchschnitt als konzentrische Schichten sichtbar sind. An diesen Lagen ist bei Gallensteinen, wie bei allen anderen Konkrementen, die Eiweißsubstanz sehr wesentlich beteiligt. Das geht daraus hervor, daß nach Herauslösung der anderen Steinbildner ein aus Protein bestehendes „Gerüst" übrig bleibt, das die konzentrische Schichtung in voller Deutlichkeit aufweist. Zur Ausbildung der Schichten ist nichts anderes nötig als Eiweißsubstanz. Das lehrt die Existenz der konzentrisch geschichteten „Eiweißsteine", die man in der Gallenblase freilich noch seltener als im Nierenbecken findet (s. S. 605). Die Menge der Gerüstsubstanz geht der konzentrischen Schichtung vollkommen parallel.

Der primäre Gallenstein ist ein kugeliger Gelstein (Naunyn); er besteht aus einem weichen Kern, der von der aus mehreren Lagen gebildeten Rinde umgeben ist. Die Entstehung eines solchen Gebildes erfordert einen Zeitraum, den man sich kaum kurz genug vorstellen kann. Und mit einer die übliche Vorstellung weit übersteigenden Geschwindigkeit geht seine Umwandlung vor sich, die durchaus gesetzmäßig verläuft.

Die Schnelligkeit dieser Umwandlung bringt es notwendigerweise mit sich, daß junge und jüngste Gallensteine verhältnismäßig selten gefunden werden.

Die Umwandlungsprozesse bestehen in folgendem: der Kern löst sich; das in ihm enthaltene Bilirubincalcium wandert aus und schlägt sich in den Lagen in Form der Liesegangschen Ringe nieder. Diese Ringbildung, die Zeichnung und Farbigkeit des Querschnitts so reizvoll bereichert, ist ein sicheres Kriterium der Gelnatur des Steines. Aus dem im Kern enthaltenen Cholesterin und aus Cholesterin, das von außen in den Stein einwandert, bildet sich zwischen Kern und Rinde der Steinkörper aus, der zunächst aus amorphem (kolloidalem) Cholesterin besteht (daher in ihm Liesegangsche Ringe zu sehen sind), aber rasch der Krystallisierung verfällt. Es ist ein nur von seltenen Ausnahmen durchbrochenes Gesetz, daß die Krystalle radiär gestellt sind. Durch die Lösung des Kerns und durch die Änderung der inneren Spannung, die wahrscheinlich mit der bald zu besprechenden Formänderung der Steine zusammenhängt, kommt es im Kern zur Ausbildung eines Hohlraumes, dessen Gestalt (im Querschnitt) ganz charakteristisch ist und dem Fabrikzeichen der Mercedes-Kraftwagen gleicht. In den Lagen der Rinde geht Abbau der Gerüstsubstanz und Krystallisation des Cholesterins vor sich. Auch der Hohlraum füllt sich mit Cholesterin, dessen Krystalle hier ungeordnet liegen. Im vorgeschrittenen Stadium kann das ganze Kernpigment aus dem Zentrum abgewandert und an seine Stelle Cholesterin getreten sein (falscher Kern nach NAUNYN). Ausdrücklich muß hier vermerkt werden, daß primäre Bildung eines solchen Cholesterinkerns nicht vorkommt. Primäre Ausfällung von Cholesterin spielt also als Steinkernbildung so gut wie gar keine Rolle (von seltenen Ausnahmen kann hier abgesehen werden). Nach strengen Gesetzen, die NAUNYN und v. GOLDSCHMIDT aufgeklärt haben, erfolgt der Übergang der Steinform von der Gestalt der Kugel in die des Tetraeders und Hexaeders. Diese Bildung der Gallensteinfacetten (der facettierten Steine) geschieht nicht durch Druck von außen, sondern durch Änderung der inneren Spannung.

Durch diese Vielheit der gleichzeitig nebeneinander verlaufenden Vorgänge (Bilirubinkalkabwanderung, Cholesterinierung, Cholesterinkrystallisation, Abbau der Gerüstsubstanz, Änderung der äußeren Form), die frei in der Gallenblase befindliche Steine erfahren, wird deren ungeheuere Mannigfaltigkeit verständlich.

Das ist — in Kürze dargestellt — der Werdegang der häufigsten Gallensteine, die bis zu einer Zahl von mehreren Tausenden in einer Gallenblase vorkommen. Daß sich ein facettierter Stein in der Einzahl findet, ist nach dem von NAUNYN und GOLDSCHMIDT gefundenen Gesetz unmöglich. Kommt ein einzelner Stein, in der Blase frei beweglich, zur Ausbildung, so muß er notwendig die Gestalt einer Kugel oder eines Rotationskörpers beibehalten. Alle Beobachtungen stehen damit im Einklang.

Zahl und Größe der Steine sind im allgemeinen umgekehrt proportional.

Zur Gewinnung einer Übersicht über die Vielheit der Formen sind verschiedene Versuche einer Systematik der Gallensteine gemacht worden. NAUNYN hat das Alter der Steine als Einteilungsprinzip genommen und in Jugendformen, reife Steine und alte Steine getrennt. Diese Einteilung ist von bleibendem Wert für alle, die sich mit der Erforschung der Steingenese beschäftigen. ASCHOFF u. BACMEISTER haben auf Grund ihrer allgemein bekannten Hypothese der kausalen Steingenese, also nach dem strittigsten Punkt in der Lehre von den Gallensteinen, gesondert. Eine allgemeine Charakterisierung nach dem Gehalt an den wichtigsten Steinbildnern ist nicht möglich, da sich Steine ganz verschiedenen Aussehens in ihrer Zusammensetzung sehr gleichen können. Für praktische Zwecke erscheint es ausreichend, nach der Struktur in Verbindung mit der Zusammensetzung, wie folgt, zu gliedern:

a) Steinkerne. Intrahepatische Bilirubinkalksteine.

b) Gallensteine, deren Struktur von mehreren Bestandteilen gebildet wird.
1. Facettierte Steine (Herdensteine, gewöhnliche Gallensteine, Cholesterinpigmentkalksteine).
2. Große Steine, Tonnensteine, Riesensteine.

c) Steine, deren Struktur von einem Bestandteil vorherrschend bedingt ist:
1. Radiäre Cholesterinsteine.
2. Bilirubinkalksteine.
3. Calciumcarbonatsteine.
4. Eiweißsteine.

d) Kombinationssteine, gestreckte Steine.

Die großen Steine (Tonnensteine, Riesensteine) sind als Solitäre Rotationskörper, die gelegentlich eine flache Eindellung haben. Liegen mehrere in einer Gallenblase, so können sie diese ganz ausfüllen. Ein größerer, bei dreien der mittlere, hat dann Tonnengestalt. Die sich berührenden Teile zeigen häufig Schleifspuren und passen wie Gelenkflächen aufeinander. Es sind alte Steine im Zustand vorgeschrittener Cholesterinierung. Das Zentrum ist erfüllt von Sphärolithen, die einen falschen Kern bilden. Die seitlichen Teile, die an die Schleimhaut grenzen, haben eine höckerige Oberfläche und sind von Sphärolithen gebildet, deren Cholesterin vermutlich — zum Teil — der Schleimhaut entstammt. Die Genese dieser Steine ist wahrscheinlich so, daß der Inhalt der Gallenblase zu einer breiartigen, nicht mehr entleerbaren Masse, einem Magma, gerinnt, die durch Einwanderung von Cholesterin und Abwanderung von Bilirubinkalk allmählich umgebaut wird (NAUNYN).

Von größerem Interesse sind die radiären Cholesterinsteine, die sich immer als Solitäre in der Gallenblase finden. Es ist sehr bemerkenswert, daß die kleinsten Steine dieser Art einen Durchmesser von etwa 1 cm haben. Die Form ist immer die eines symmetrischen Rotationskörpers. Auf der Bruchfläche zeigen sie das prächtige Bild durchgehender grobradiärer Krystallisation. Sie können fast ganz pigmentfrei sein. Meistens aber zeigen sie wenigstens im Zentrum Pigment, das von den Cholesterinbalken in Richtung gebracht ist. Manche aber sind auch so farbstoffreich, daß sie braunschwarz aussehen. Andere endlich haben einen richtigen Kern, wie man ihn bei nicht zu alten facettierten Steinen findet.

ASCHOFF vertritt die Meinung, daß diese Steine ohne Entzündung, infolge einer Diathese des Cholesterinstoffwechsels und ihrer Folge, nämlich durch eine vorübergehende stark erhöhte Cholesterinausscheidung in die Galle entstehen.

Wir teilen diese Meinung nicht, sondern halten es für erwiesen, daß sich diese Steine ebenso wie die gewöhnlichen Gallensteine bilden, ganz in Übereinstimmung mit NAUNYN, der zu der Überzeugung gekommen ist, daß der radiäre Cholesterinstein keine primäre Bildung ist, sondern durch Umformung aus einem um einen gewöhnlichen Kern gebildeten runden geschichteten Stein entsteht.

Die Tatsachen sind in Kürze folgende:

Die radiären Cholesterinsteine haben zum Teil einen Kern. Wir haben einen solchen Stein (Solitär) beobachtet, dessen Kern aus dem Splitter eines facettierten

Steines bestand. Kernlosigkeit ist kein Beweis, daß Bildung ohne Pigmentkern stattgefunden hat, denn die Kernsubstanz diffundiert hinaus. Die Zeichen der Abwanderung, LIESEGANGsche Ringe, sind bei fast allen radiären Cholesterinsteinen noch nachweisbar. Daraus geht hervor, daß die um den Kern gelegenen Teile primär nicht krystallinisch, sondern daß sie gelisch beschaffen waren. Tritt die krystallinische Erstarrung unter gleichzeitigem Schwund der Gerüstsubstanz ein, bevor das Kerndepot erschöpft ist, so bleibt der Kern bestehen. Die LIESEGANGschen Ringe werden durch die krystallinische Erstarrung fixiert und können von den Krystallbalken durchbrochen werden, so daß sie auf dem Querschnitt als punktierte Kreislinien erscheinen. Nicht selten sind Steine (meist von der Form eines länglichen Rotationskörpers), die kernlos, vom Zentrum aus grob radiärkrystallinisch sind, aber in der Peripherie besonders an den Polen ganz deutliche konzentrische Schichtung aufweisen. Es gibt also Übergänge zwischen radiärkrystallinen und geschichteten Steinen.

Eine vollständige Lösung von Gallensteinen ist beim Menschen bisher nicht sichergestellt und unwahrscheinlich. Teilweise Lösungen, die zum Zerfall und zum Auftreten von Steinsplittern führen, kommen vor, sind aber ihrem Wesen nach ungeklärt.

Literatur.

ASCHOFF, L. (1): Über die Entstehung der Gallenblasensteine. Klin. Wschr. **1922**, 1345. — (2): Über rhythmische Fällungen im tierischen Organismus. — (3): Dtsch. Arch. klin. Chir. **126**, 333 (1923).
— Vorträge über Pathologie. **1925**, 221.
— und A. BACMEISTER: Die Cholelithiasis. Jena 1909.
AUFRECHT, S. (1): Der Ursprung der Gallensteine. Dtsch. Arch. klin. Med. **128**, 242 (1919).
BACMEISTER, A.: Die Entstehung des Gallensteinleidens. Erg. inn. Med. **11**, 1 (1913). (2): Die Gallensteinbildung und ihre Verhütung. Berl. klin. Wschr. **1921**, 1873.
v. BERGMANN, G.: Die Cholecystopathien. Dtsch. med. Wschr. **1926**, 1757, 1801.
v. BOKAY, A.: Die Lithiasis des Kindesalters in Ungarn. Jb. Kinderheilk. **40**, 2 (1895).
BOYSEN, J.: Über die Struktur und die Pathogenese der Gallensteine. Berlin 1909.
CHAUFFARD, A.: La lithiase biliaire. Paris 1922.
— et A. GRIGAUT: Récherches sur l'origine de la cholestérine biliaire. C. r. Soc. Biol. **74**, 1005, 1093 (1913).
FIBIGER, zitiert nach ROVSING.
FUJIMAKI, J.: Progress of the science of Nutrition in Japan. Herausgeg. vom Völkerbund (1926).
GERLACH, FR.: Das Gallensteinpathogeneseproblem. Erg. inn. Med. **30**, 221 (1926).
GOLDSCHMIDT, V.: Über tetraedrische und würfelförmige Gallensteine. Arch. f. exper. Path. **99**, 33 (1923).
HANSEN, SVEND: Undersøgelser over Cholelithiasis. Ugeskr. f. Laeger 1922 Nr. 17, zitiert nach ROVSING.
HEIN: Über Gallensteine. Z. ration. Med. **1846**.
KLEINSCHMIDT, K.: Über Entstehung und Bau der Gallensteine. Zieglers Beitr. path. Anat. **72**, 128 (1923).
KRETZ, R.: Über Gallen- und Pankreassteine. In: KREHL-MARCHAND, Handbuch der allgemeinen Pathologie 2, II, 423. Leipzig 1913.
KÜSTER, W.: Über das Vorkommen von Desoxycholsäure in Gallensteinen. Hoppe-Seylers Z. **69**, 463 (1910).
LICHTWITZ, L. (1): Über die Bildung der Harn- und Gallensteine. Berlin 1914. — (2): Prinzipien der Konkrementbildung. Handbuch der normalen und pathologischen Physiologie 4, **3**/4, 591 (1929).
— und BOCK: Der Kalkgehalt der Galle und seine Bedeutung für die Bildung der Gallensteine. Dtsch. med. Wschr. **1915**, Nr 41.
LIESEGANG, R. ED.: Die Achate (1915).
MECKEL VON HEMSBACH, H.: Mikrogeologie. Berlin 1856.

MIYAKE, H.: Statistische, klinische und chemische Untersuchungen zur Ätiologie der Gallensteine. Grenzgeb. Med. u. Chir. **6**, 54 (1900).
— Statistische, klinische und chemische Untersuchungen zur Ätiologie der Gallensteine. Arch. klin. Chir. **101**, 54 (1913).
NAUNYN, B. (1): Klinik der Cholelithiasis. Leipzig 1899. — (2): Die Gallensteine, ihre Entstehung und ihr Bau. Jena 1921. — (3): Über pseudokrystalline Formen der Gallensteine. Dtsch. med. Wschr. **1922**, 1244. — (4): Weiteres über den Umbau der Gallensteine. Arch. f. exper. Path. **93**, 115 (1922). — (5): Über die Facettierung und die Krystallmimese menschlicher Gallensteine. Ebenda **96**, 145 (1923). — (6): Kolloidmorphologie der Gallensteine des Menschen. Ebenda **99**, 38 (1923). — (7): Weitere Beiträge zur Entstehung und zum Bau der Gallensteine. Grenzgeb. Med. u. Chir. **36**, 1 (1923). — (8): Versuch einer Übersicht und Ordnung der Gallensteine der Menschen. Jena 1924. — (9): Zur Deutung der krystallähnlichen Formen menschlicher Gallensteine. Arch. f. exper. Path. **102**, 1 (1924).
RIEDEL: Über die Gallensteine. Berl. klin. Wschr. **1901**, Nr 1/2.
ROSIN, Ä.: Über die Lösung von Gallensteinen. Hoppe-Seylers Z. **124**, 282 (1923).
ROVSING, TH.: Pathogenese der Gallensteinkrankheit. Acta chir. scand. **56**, 103 (1923).
SCHEEL, VICTOR: Undersøgelser over Cholelithiasis. Ugeskr. f. Laeger 1911 Nr. 48, zitiert nach ROVSING.
SCHMIEDEN, V.: Über die Stauungsgallenblase. Zbl. Chir. **1920**, Nr 41.
— und C. ROHDE: Die Stauungsgallenblase. Dtsch. Arch. klin. Chir. 118 (1921).

b) Harnsteinbildung und Harnsteine.

Seit den ältesten Zeiten der Menschheit und der Medizin haben die Harnsteine und namentlich die Steine in der Harnblase ein besonderes Interesse erweckt. Es ist bekannt, daß die bis zum Jahre 5867 v. Chr. hinaufreichenden ägyptischen Dynasten an Steinbeschwerden gelitten haben. MECKEL VON HEMSBACH äußerte im Jahre 1856 die Vermutung, daß ,,die genauere anatomische Untersuchung der die Eingeweide der Mumien enthaltenden Kanopen vielleicht die Steinkrankheit auf höchstes Alter hinaufführen würde". Und wirklich hat im Jahre 1901 ERIOT SMITH in einer 7000 Jahre alten Mumie in einem ägyptischen Dorf, El Alma genannt, Harnsteine gefunden.

Bereits HIPPOKRATES und GALEN haben sich mit den Harnsteinen eingehend beschäftigt. Und schon zu jener Zeit, ganz deutlich aber im ganzen vorigen Jahrhundert, das eine sehr bedeutende Literatur über die Harnsteine hervorgebracht hat, waren die Probleme und Streitfragen dieselben, die uns noch heute beschäftigen.

1. Vorkommen. Häufigkeit. Geographische Verbreitung. Abhängigkeit von Alter und Geschlecht. Heredität.

Harnsteine findet man außer beim Menschen bei Schweinen, Pferden, Rindern, Hunden, Hasen, bei der wilden Katze, bei Fischen, Boa constrictor, Kröten, Schildkröten (W. EBSTEIN), namentlich bei Ratten. Die Häufigkeit der Harnsteine ist regionär ganz außerordentlich verschieden und scheint auch starken zeitlichen Schwankungen zu unterliegen. Die Beobachtung von PRÄTORIUS, daß in Hannover zur Zeit Harnsteine (besonders Oxalatsteine) mit zunehmender Häufigkeit auftreten, wird auch in Hamburg-Altona gemacht. Seit langer Zeit aber sind bestimmte Gegenden und auch einzelne eng begrenzte kleinere Bezirke durch das häufige Vorkommen von Harnsteinen bekannt. So gibt es im westlichen Asien viel Urolithiasis. Im östlichen steinarmen Asien bildet aber die Stadt Kanton und ihre Umgebung eine an Harnsteinen reiche

Insel. Ebenso verhält sich Altenburg, die Gegend zwischen München und Landshut, die Schwäbische Alb in dem sonst, zur Zeit der Aufstellung dieser Statistiken, harnsteinarmen Deutschland. Viele Steine gibt es im Zentrum Rußlands, besonders im Wolgagebiet, in einigen ungarischen Bezirken, auch in England (in den südlichen und östlichen Distrikten und in Schottland) und in Italien. In Afrika sind Mauritius, Réunion und namentlich Ägypten Steinländer. In Holland sind Harnsteine früher häufig gewesen, jetzt selten geworden, während in der Schweiz der entgegengesetzte Verlauf beobachtet wird.

Wie bereits HIRSCH festgestellt hat, hat die geographische Verbreitung der Harnsteine keine Beziehungen zu Bodenbeschaffenheit und Klima. Die Häufigkeit der Steine in Ägypten ist die Folge der Bilharziakrankheit. Im übrigen sind die Bedingungen der ungleichen geographischen Verbreitung gänzlich unbekannt. Nicht ohne Bedeutung aber für die Einsicht in diese interessante Frage ist die sichergestellte Tatsache, daß in Gegenden mit endemischem Steinvorkommen mindestens die Hälfte der Befallenen (in manchen Statistiken bis 85%) Kinder unter 16 Jahren sind, und zwar vorwiegend Kinder aus der ärmeren Bevölkerung. Im Gegensatz dazu finden sich in solchen Gegenden, in denen Steine nur sporadisch vorkommen, vorzugsweise ältere Männer als Steinträger. Wenn die Befunde von JUJIMAKI (Erzeugung von Nierenbecken-, Blasen- und Gallengangsteinen bei Ratten durch vitamin-A-freie Ernährung) sich auch für die Menschen bestätigen, so werden die Bedingungen des endemischen Steinvorkommens vielleicht klar und beherrschbar werden.

Das Alter der Steinträger und damit die Lebenszeit, in der sich Steine bilden, ist, wie sich aus der verschiedenen geographischen Verbreitung der Steine ergibt, kaum so summarisch anzugeben, wie MECKEL es tut, indem er sagt, daß die Urolithiasis vorzüglich eine Krankheit der Kinderjahre sei. Spätere Beobachtungen differenzieren nach dem Sitz der Steine. So schreibt SENATOR, daß Nierensteine am häufigsten im Alter von 30—60 Jahren sind, während Blasensteine im frühen Kindesalter verhältnismäßig oft vorkommen und auch nach dem 50. Lebensjahre eine steigende Frequenz haben. Die Statistik von H. NAKANO bestätigt diese Angabe.

Man nimmt meistens an, daß die Steinbildung im Kindesalter auf den Harnsäureinfarkt der Neugeborenen zurückgeht. H. NAKANO findet aber unter 45 Fällen zwischen dem 2. und 10. Lebensjahr 16 Oxalatsteine, 10 Uratsteine, 15 Steine aus gemischter Substanz. Daraus geht mit Sicherheit hervor, daß im Kindesalter eine allgemeine Bedingung wirksam sein muß.

Harnsteine sind beim männlichen Geschlecht sehr viel häufiger als beim weiblichen. Dieses Verhältnis besteht bereits im Kindesalter. A. v. BOKAY fand unter 1621 steintragenden Kindern nur 4% Mädchen (s. S. 587). Die Annahme, daß die weitere und kürzere weibliche Harnröhre für den Abgang von Konkrementen günstigere Bedingungen biete (SENATOR), scheint keine befriedigende Erklärung zu sein. Es ist nichts davon bekannt, daß bei Frauen häufiger kleine Konkremente oder auch nur Konkrementanlagen zur Ausscheidung kommen. Es ist aber sicher, daß die Harnröhre des Mannes bei normalen anatomischen Verhältnissen die Nierensteine, die nach einem Kolikanfall in die Blase gekommen sind, ohne Schwierigkeit passieren läßt.

Von altersher besteht die Ansicht, daß Harnsteine hereditär und familiär vorkommen, besonders in solchen Familien, in denen die Gicht heimisch ist. SYDENHAM hat selbst an Gicht und Urolithiasis gelitten. ERASMUS schrieb an THOMAS MORUS: ,,Du hast Nierensteine und ich die Gicht, wir haben zwei Schwestern geheiratet." (Zit. nach CHARCOT.) Auch bei einseitig auf das Verhalten des Purinstoffwechsels gerichteter Definition der Gicht kann man nicht daran zweifeln, daß eine verwandtschaftliche Beziehung zwischen den beiden Affektionen besteht. Das erscheint sonderbar, da bei der Gicht die Harnsäurekonzentration des Harns im Vergleich zum Normalen niedrig liegt. Der Gichtkranke hat aber eine sehr starke Neigung zu Harnsedimenten von Harnsäure, Mononatriumurat und ebenso von Calciumoxalat. LICHTWITZ, der zusammen mit THANNHAUSER — im Sinne der Theorie von GARROD — die Besonderheiten des Purinstoffwechsels bei der Gicht für renale Funktionsanomalien hält, sieht in dieser Neigung zu Sedimenten ein Zeichen funktioneller Nierenstörung.

2. Bestandteile der Harnsteine. Steinarten. Untersuchungsmethoden.

NAKANO definiert Harnsteine als ,,Krystalle von Harnbestandteilen enthaltende, in den Harnwegen gebildete Konkretionsmassen" und schließt damit die Gerüstsubstanz und diejenigen Konkremente, die keine Krystalle enthalten und als ,,Eiweißsteine" bezeichnet werden, aus. Da aber diese Eiweißsteine — trotz ihrer Seltenheit — für das Verständnis der formalen Genese sehr wichtig sind, so ist es vielleicht zweckmäßig, als Harnsteine ,,scharf begrenzte, Gerüstsubstanz und meistenteils Krystalle von Harnbestandteilen enthaltende, in den Harnwegen gebildete Konkretionsmassen" zu bezeichnen. Danach würden also mit Tripelphosphat inkrustierte geronnene Schleimmassen, wie wir sie wiederholt fanden, nicht unter den Begriff des Harnsteins fallen, da sie nicht scharf begrenzt sind.

Außer der Gerüstsubstanz, die uns später beschäftigen wird, bestehen Harnsteine aus Harnsäure, Natrium-, Kalium- und Ammoniumurat, Xanthin, Cystin, Calciumoxalat, Phosphaten und Carbonaten der alkalischen Erden. EBSTEIN teilt die Harnsteine in dieser Weise ein. Dieses Prinzip wird aber den Erscheinungen nicht ganz gerecht, weil die Steine fast niemals nur aus einem Stoff bestehen und weil besonders nicht selten die Kernsubstanz von der Zonensubstanz chemisch verschieden ist. In der Praxis begnügt man sich meistenteils damit, den Stein nach dem vorherrschenden Bestandteil zu benennen. Es ist aber von Bedeutung, die Kernsubstanz gesondert zu analysieren.

Nur solche Stoffe können an der Bildung von Harnsteinen teilnehmen, die im Harn in übersättigter Lösung enthalten sind. Diese Bedingung trifft für alle Steinbildner — wenn auch in den Grenzen der möglichen Harnreaktion nicht für alle gleichzeitig — unter allen physiologischen Verhältnissen der Harnbildung zu. Es gibt kaum je einen Harn, in dem diese Übersättigungen nicht bestehen. Es müßten also, wenn, wie ASCHOFF sagt, die Konkrementbildungen auf einer Übersättigung der Flüssigkeit mit Steinbildnern beruhten, alle Menschen Steine haben.

Zweifellos sind Menschen mit Neigung zu Harnsteinen auch für Harnsedimentbildung disponiert. Die Sedimentbildung tritt auch dann ein, wenn die Konzentrationen der betreffenden Stoffe (Ionen) keineswegs abnorm hoch liegen (vgl. ,,Gicht", S. 180, 181). Aber ceteris paribus wird bei gegebener Kolloidveränderung das Sediment leichter und stärker auftreten, wenn der betreffende Bildner in größerer Menge und Konzentration zur Ausscheidung kommt. Daraus folgt die bleibende Berechtigung der Durchspülungstherapie und der diätetischen Prophylaxe bei Sediment- und Steinbildung. Es ist früher (S. 576) vermerkt, daß bei einem und demselben Menschen Neigung zur Sedimentbildung im allgemeinen besteht, daß aber die Art des einheitlichen oder gemischten Sediments häufig und auch in kurzen Fristen wechselt. Der Wechsel des Steinmaterials in den einzelnen Steinteilen (Kern und verschiedenen Lagen) geht dieser Erscheinung parallel und zeigt, daß es eine allgemeine Tendenz zur Steinbildung gibt, und daß es nicht auf ein bestimmtes krystallisationsfähiges Material ankommt.

Die Steinkernbildung ist der erste Akt der Steinbildung; sie wird auch als primäre Steinbildung bezeichnet. Die chemische Natur der Steinkerne erweist sich bei den einzelnen Beobachtern als sehr verschieden. NAKANO stellt seine Fälle denen von R. ULTZMANN gegenüber. Dieser Aufstellung schließe ich die kleinere Statistik KLEINSCHMIDTs an.

Autor	Zahl der Steine	Kernsubstanz besteht aus					
		Urat und Harnsäure	Phosphate	Oxalate	Gemischt	Cystin	Fremdkörper
ULTZMANN . . .	545	441 = 80,9 %	47 = 8,6 %	31 = 5,7 %	—	8 = 1,4 %	18 = 3,3 %
NAKANO	485	113 = 23,3 %	94 = 19,4 %	166 = 34,2 %	79 = 16 %	7 = 1,4 %	26 = 5,3 %
KLEINSCHMIDT	40	24 = 60,0 %	8 = 20 %	—	7 = 17,5 %	1 = 2,5 %	—

Den großen Unterschied zwischen der Aufstellung ULTZMANNs und NAKANOS führt NAKANO auf die europäische Fleischkost und die japanische vegetarische Verpflegung zurück. Ich glaube, daß bei uns zur Zeit das Oxalat als Steinkern und Steinmaterial eine sehr viel größere Rolle spielt als zur Zeit ULTZMANNs. Die Oxalatsteine im Nierenbecken sind jetzt wohl die häufigsten Harnsteine, mit denen der Praktiker zu tun hat. Ob die Ernährungsverhältnisse dafür eine ausreichende Erklärung bieten, läßt sich nicht beurteilen. Wenn O. KLEINSCHMIDT (Freiburg 1911) die Oxalatsteine in bezug auf ihre Häufigkeit den Xanthin- und Cystinsteinen gleichstellt, so gilt das nur für das relativ kleine, von ihm bearbeitete Material (größtenteils Material aus der Institutssammlung), aber ganz und gar nicht für das natürliche Vorkommen.

Nach NAKANO überwiegen bei den Frauen die Phosphate (54,3%), bei den Männern die Oxalate (40,4%) als Kernsubstanz. Nach demselben Autor sind in Japan die Oxalate als Kern- und Zonensubstanz bei Bauern und Kaufleuten sehr häufig, während bei den geistigen Arbeitern die Phosphate und Urate vorherrschen.

Die Benennung der Steine erfolgt, da es im chemischen Sinne reine Steine nicht gibt, nach dem vorherrschenden Bestandteil. NAKANO berücksichtigt chemische Zusammensetzung und Struktur und gibt folgende Bezeichnungen:

1. Einfach zonierte Steine.

Der Stein ist von der Mitte bis zur Peripherie durchweg aus einer Substanz aufgebaut, z. B. Uratstein, Oxalatstein, Phosphatstein, Cystinstein = „einfach nicht gemischte Steine“.

Der Stein, der von der Mitte bis zur Peripherie aus demselben Substanzgemenge aufgebaut ist, heißt „einfach gemischter Stein", z. B. Urat-Oxalatstein. Die Schreibweise, die chemischen Bestandteile durch Bindestriche zu verbinden, deutet an, daß die Substanz als Gemenge im Stein enthalten ist. Die Reihenfolge richtet sich nach der Menge des Stoffes.

2. Mehrfach zonierte Steine.

Konzentrisch geschichteter radiärstrukturierter Typus. Die einzelnen Substanzen oder die Substanzgemenge sind als Zonen gelagert. Die Zonen werden vom Kern zur Peripherie gezählt.

3. Fremdkörpersteine.

Man unterscheidet Uratsteine, Oxalatsteine, Phosphatsteine, Cystinsteine, Carbonatsteine, Indigosteine, Cholesterinsteine, Urosteatolithen und Eiweißsteine.

Die chemische Untersuchung kann sich für praktische Zwecke auf die qualitative Analyse beschränken. Für die Vorprüfung verfährt man am besten nach der Vorschrift von ULTZMANN:

Steinpulver verbrennbar			Steinpulver nicht verbrennbar		
Ohne Flamme und Geruch	Mit Flamme und Geruch		Natives Pulver braust mit HCl auf	Natives Pulver braust mit HCl nicht auf	
Harnsäure, Natriumurat, Ammoniumurat	Schwach bläuliche Flamme mit Schwefelgeruch = Cystin	Gelbliche Flamme mit Haar- oder Federgeruch = Gerüstsubstanz	= Carbonate	Geglühtes Pulver braust mit HCl auf = Oxalat	Geglühtes Pulver braust mit HCl nicht auf = Phosphat

Die Farbstoffe der Harnsteine entstammen sicher den Harnfarbstoffen und vielleicht auch dem Hämoglobin, als Folge der durch die Steine bedingten Hämaturien. Trotz mancher Bemühungen (ULTZMANN) ist Näheres nicht bekannt geworden.

Jeder Harnstein enthält Gerüstsubstanz. An der Bildung der Gerüstsubstanz können sich auch Bakterien beteiligen. So beschreibt J. HALLSTRÖM Steine, deren Gerüst aus Staphylokokken bestand. G. LIEBERMEISTER hat drei Fälle von Nephrolithiasis bei Nierenbeckentuberkulose mitgeteilt, in denen die Steine säurefeste Stäbchen enthielten.

Die Menge der Gerüstsubstanz erfährt man, wenn man von dem Gesamtstickstoffgehalt des Konkrements Urat-, Ammoniak- und Cystin-N in Abzug bringt. NAKANO findet, wenn man den vermutlich sehr geringen N-Gehalt des Farbstoffes vernachlässigt, 1—3% N als Stickstoff der Gerüstsubstanz, das ist rund 6—18 g Eiweiß auf 100 g Stein.

Die morphologische Untersuchung des Gerüstes ergibt ein feines, aber sehr festes und dichtes Gefüge mit gut erkennbarer konzentrischer Schichtung. EBSTEIN und KLEINSCHMIDT geben sehr schöne Bilder der Gerüstsubstanz.

Dieses Gerüst, das nach Auflösung der krystallinischen Massen zurückbleibt, hat die Größe, die Form und das konzentrische Gefüge des Steines und ist den sogenannten Eiweißsteinen in Parallele zu stellen.

Eiweißsteine sind weiche, runde Gebilde von hellgrauer bis dunkelgrauer Farbe und deutlicher konzentrischer Schichtung. Es sind Fibrinsteine (MECKEL), amyloide Eiweißsteine (M.B.SCHMIDT) und auch Bakteriensteine (A.NEUMANN, W.BORNEMANN) beschrieben worden. Wir selbst fanden in einem Harn von einem Mann mit cystitischen Beschwerden drei runde, weiße Eiweißsteine von 2 mm Durchmesser, die die Konsistenz von hart gekochtem Reis hatten und sich unter dem Deckglas breitquetschen ließen. Es ist nicht auszuschließen, daß diese Steine aus der Prostata stammten und zu den Prostatakörperchen Beziehung haben, die wie die Eiweißsteine das Produkt einer Kolloidgerinnung darstellen. Gelegentlich ist in den Eiweißsteinen ein Oxalat- oder Uratkern gefunden worden.

Die Größe der Harnsteine liegt zwischen den Dimensionen eines Sandkorns und eines Kindskopfes. Man pflegt Nierensand und Nierengrieß von den Steinen zu unterscheiden. Das ist für Fragen der Praxis richtig, aber für die Fragen der Steingenese unwesentlich. Auch Bildungen von mikroskopischer Kleinheit (Harnsäure-Mikrolithe, C. POSNER) zeigen bereits alle für Steine charakteristischen Eigenschaften.

Die Harnsteine sind rund, solange sie frei beweglich wachsen. Bilden sie sich aber in einem Recessus oder nehmen sie bei starkem Wachstum den ganzen Hohlraum ein, so nehmen sie die Form des Raumes an. Bekannt sind die Konkremente, die das Nierenbecken vollständig ausfüllen und durch Hineinwachsen in die Kelche zu phantastischen Formen führen. So gibt es auch Harnsteine, die einen Ausguß der Harnblase darstellen. Die Steine, die sich im Ureter oder in der Urethra ausbilden, haben eine längliche Form.

Je nach dem Standort unterscheidet man Nierensteine, Uretersteine, Blasensteine und Harnröhrensteine. Das Häufigkeitsverhältnis der Steinorte läßt sich zahlenmäßig nicht angeben, da sich die große Mehrzahl der Nierensteinkranken nicht dort sammelt, wo die Blasensteinkranken Heilung finden, das ist beim Chirurgen und Urologen. Wenn NAKANO unter 451 Fällen nur 23 Nieren- und Uretersteine und 428 Blasen- und Harnröhrensteine hat, so steht das im Gegensatz zu den Erfahrungen eines praktischen Arztes oder der inneren Kliniken, die viel mehr Nierensteine (Nierenbeckenkoliken, Beschwerden durch Nierenbeckensteine, Uretersteine u. dgl.) sehen als Blasensteine.

3. Bedingungen der Harnsteinbildung. Experimentelle Steinbildung. Physikalische Chemie der Steinbildung. Theorien. Steinzertrümmerung. Steinlösung.

Auch in der Literatur der Harnsteinbildung spielt, wie in der der Gallensteine, die Frage der Infektion und des Katarrhs eine große Rolle. Es ist ganz sicher, daß sich in infizierten Harnwegen Steine bilden können. Diese Bedingung ist früher sehr hoch eingeschätzt worden. Wenn aber wirklich die Cystitis und Pyelitis einen größeren Einfluß hätte, dann würden beim weiblichen Geschlecht, das auch im Kindesalter sehr viel häufiger an diesen Krankheiten leidet als das Genus masculinum, Harnsteine nicht vergleichsweise so spärlich gefunden werden.

MECKEL, ALBARRAN und EBSTEIN haben für die formale Genese die Gerüstsubstanz als das primäre und wesentliche Moment angesehen und angenommen, daß sich (infolge der reichlichen Ausscheidung der krystallisationsfähigen Stoffe) ein sogenannter steinbildender, aseptischer Katarrh bilde, der durch Ausscheidung einer besonderen gerinnungsfähigen Substanz, von Schleim, durch Abschilferung von Epithelien, das Material für die Gerüstsubstanz liefere. Diese Lehre von der Herkunft der spezifischen Gerüstsubstanz gehört der Vergangenheit an. Man findet in jedem Krystall, wenn er in einem Medium, das adsorbierbare Stoffe — mögen sie molekular verteilt oder in gröberer Dispersion vorhanden sein — entstanden ist, Beimengungen dieser Stoffe. So enthält jedes Harnsediment ein zartes Gerüst (MORITZ, E. PFEIFFER) und ebenso jeder Krystall, der in eiweißhaltiger Lösung (Blut) entsteht (ASCHOFF). Es ist kein Zweifel, daß auch der normale Harn eine hinreichende Menge adsorbierbarer und gerinnungsfähiger Kolloide enthält, um die Gerüstsubstanz zu bilden. Mit dieser Erkenntnis ist die Lehre von dem aseptischen steinbildenden Katarrh hinfällig geworden, aber die Auffassung von der primären Rolle der gerinnungsfähigen Kolloide nicht erschüttert.

O. KLEINSCHMIDT versucht die nichtentzündliche Steinbildung von der entzündlichen (bakteriellen) zu trennen, indem er als ein Charakteristicum dieser den Gehalt der Steine an Ammoniumsalzen (Ammoniummagnesiumphosphat, Ammoniumurat) aufstellt. Ganz abgesehen von der praktisch unwesentlichen Tatsache, daß Sedimente dieser Salze auch im sterilen Harn vorkommen, bedingt die Infektion (Mischinfektion) mit harnstoffspaltenden Mikroorganismen nur einen Bruchteil der Blasenkatarrhe und einen verschwindend kleinen Teil der Nierenbeckenkatarrhe. Durch das Fehlen dieser Salze ist die entzündliche Entstehung anderer Steine nicht auszuschließen.

Es ist sicher, daß sich auch andere Steine als die von O. KLEINSCHMIDT genannten (so besonders Phosphatsteine) durch eine Infektion oder während einer Infektion bilden. Als ganz sicher aber kann angesehen werden, daß die Infektion keine notwendige Bedingung darstellt.

Im allgemeinen ist aber die Einteilung nach KLEINSCHMIDT zutreffend und jedenfalls ausreichend für die Praxis. Man unterscheidet demnach eine Steinkernbildung (primäre Steinbildung) und eine Schalenbildung (sekundäre Steinbildung) nichtentzündlicher und entzündlicher Ätiologie, deren wechselseitige Kombination möglich ist. Daß sich um einen Kern oder einen Stein nichtentzündlicher Herkunft eine Schale durch Entzündung bildet, ist wohl häufiger als die nichtentzündliche Steinbildung um einen durch Entzündung entstandenen Steinkern.

Der wichtigste Punkt für die Steinbildung ist die Entstehung der Steinkerne. Endogene Steinkerne enthalten krystallines Material meistens in radiärkonzentrischer Struktur. Ein strukturloser Kern kann sich strukturlos vergrößern. Dieser Prozeß stellt nach EBSTEIN die wirr krystallinische Steinbildung dar, während die Bildung einer konzentrisch-radiären Struktur als konzentrisch-schalige Steinbildung bezeichnet wird.

Sehr große Aufmerksamkeit verdient die von den älteren Forschern (A. KRÜCHE, ULTZMANN, W. M. ORD) erwiesene, von POSNER und LICHTWITZ gewürdigte, aber von ASCHOFF und KLEINSCHMIDT nicht beachtete Tatsache, daß in den Harnsteinen (mit Ausnahme der Cystinsteine) die Krystalle nicht in denselben Formen auftreten, wie in den Harnsedimenten. Das trifft auch für die Steinkerne zu. Es ist also nicht allgemein richtig, in der Steinkernbildung nichts anderes zu sehen als eine Anhäufung von Sediment. Und es ist sicher ganz unzutreffend zu meinen, daß das Wachstum der Steine durch Anlagerung von Sediment stattfindet.

Bereits wiederholt ist vermerkt worden, daß für ein Sediment nicht eine zu hohe Konzentration die vorherrschende Bedingung darstellt, daß aber ceteris paribus die Niederschlagbildung um so eher und stärker eintreten wird, je höher die Konzentration des Stoffes ist. Genau dasselbe gilt für den An- und Einbau der krystallinischen Bestandteile in einen Harnstein. Der Umstand, daß Sediment und Steinbildung so häufig gleichzeitig bei demselben Menschen vorliegt, hat dazu geführt, den Konzentrationsfaktor sehr hoch einzuschätzen und die Bildung des Steins aus krystallinischem Sediment anzunehmen. Bereits MECKEL VON HEMSBACH hat sich gegen diese Auffassung gewandt, indem er (S. 4) sagt: „Der etwas modernen Ansicht zuwider schließt sich die Bildung von krystallinischem Sediment und geschichteten Steinen gewissermaßen gegenseitig aus." Dieser Ausspruch darf so verstanden werden, daß derjenige Teil der Sedimentbildner, der als unlöslicher Niederschlag ausfällt, für die Einlagerung in geschichtete Steine nicht mehr in Betracht kommt, und daß das in Steinen irreversibel festgelegte Material nicht krystallinisches Sediment werden kann.

Wenn auch die Möglichkeit einer Steinkernbildung aus Sediment gegeben ist, so lehrt die Erfahrung, daß die Kernbildung gewöhnlich nach dem Modus der Steinbildung verläuft. Das schönste Beispiel dafür ist der Harnsäureinfarkt der Neugeborenen. Er besteht (LUBARSCH) aus bald langen, bald kürzeren wulstförmigen, bei durchfallendem Licht dunkelbräunlich bis grauschwarz erscheinenden Klumpen, die die erweiterten Sammelröhren ausfüllen und „sich zusammengesetzt zeigen aus größeren und kleineren Kügelchen, an denen man bei stärkerer Vergrößerung meist eine zentrale radiäre Streifung, konzentrische Schichtung der Ränder, erkennen kann". Diese Sphärolithe haben, wie alle konzentrischen Konkrementbildungen ein (feines) Eiweißgerüst. LUBARSCH hat in einigen Kanälchen der Rinde von Harnsäureinfarktnieren fast immer Eiweißausscheidung gesehen.

Zwischen einem krystallinen Sediment und einem Sphärolithen besteht ein für das Verständnis der Steinbildung bedeutungsvoller Unterschied.

Das Sediment tritt in übersättigter Lösung (bei günstigen p_H- und Temperaturverhältnissen) dann ein, wenn der Kolloidschutz versagt. Der Krystall nimmt Kolloid auf (Gerüstsubstanz). Die Bestimmung der Form geht vom Krystall aus.

Im Sphärolithen dagegen ist die Gerüstsubstanz mit dem versteinernden Material so verbunden, daß die Bildung der äußeren Gestalt (Kugel) und die konzentrische Schichtung durch das gefällte Kolloid erfolgt.

Die häufigste Art des Steinkerns besteht aus einer Gruppe von Mikrolithen. Daneben spielen in den Harnwegen Körper der verschiedensten Art, die von außen in die Blase gelangen oder vom Nierenbecken abwärts entstanden sind, eine größere Rolle. Zu solchen rechnet POSNER in erster Linie die Nubecula des Harns, die ja bekanntlich ein Fällungsprodukt der geringen, auch im normalen Harn vorhandenen Eiweißmengen und eiweißfällender Stoffe (Chondroitinschwefelsäure, Nucleinsäure) (C. A. H. MÖRNER) darstellt. Diese Nubecula ist (s. S. 576) eine Ablagerungsstätte für Krystalle (POSNER). Das Prinzip ihrer Entstehung ist wahrscheinlich für die Bildung der Steinkerne (und der Gerüstsubstanz) von Bedeutung. Es zeigt, daß der normale Harn gerinnungsfähige Stoffe enthält und lenkt die Aufmerksamkeit auf die Bedingungen, die eiweißfällend wirken. Vielleicht spielt die „Chondroitinurie" eine Rolle neben den zweifellos wirksamen physikalischen Einflüssen.

Als endogen entstandene Steinkerne findet man auch Blutkoagula, die selbst von krystallinischen Niederschlägen frei bleiben können, zur Bildung einer festen geschichteten Schale Veranlassung geben, dann schrumpfen oder austrocknen und so zu einem Konkrement führen, das einer hohlen Nuß gleicht.

Fremdkörper der verschiedensten Art (Haare, Haarnadeln, Stroh, Fäden, Gummischläuche, Bakterienhaufen, Bilharziaeier u. a.) können Steinkerne bilden.

Das Gemeinsame dieser so verschiedenen Bildungszentren liegt darin, daß sie dem Harn eine fremde Oberfläche bieten.

Die normale Oberfläche der Harnwege ist für die Stabilität des Harns genau so indifferent wie die Oberfläche der Gefäße für das strömende Blut. Ganz im Gegensatz zu der Grenzfläche Harn—Luft, an der eine Kolloidanreicherung und Gerinnung stattfindet (z. B. schillerndes Häutchen auf dem alkalischen Harn), ist die Oberfläche der Harnwege inaktiv. Es ist aber denkbar, daß eine Schleimhauterkrankung Verhältnisse schafft, die durch Adsorption von Kolloid die Stabilität des Harns so vermindern, wie es bei einer Gefäßendothelerkrankung in bezug auf die Fibrinogengerinnung geschieht. Ein Fremdkörper im Harn kann, aber muß nicht die Bedingungen einer aktiven Oberfläche bieten.

Im positiven Falle treten gesetzmäßige Folgen ein, die darin bestehen, daß oberflächenaktive Stoffe an der Oberfläche festgehalten werden.

Die Frage bezüglich der Harnsteinbildung um Steinkerne geht dahin, ob in erster Linie Krystalloide oder Kolloide oder beide gleichzeitig die Lage um den Kern bilden. Diese Frage schließt den alten Streit um die Bedeutung der Gerüstsubstanz ein.

Die älteren Autoren haben der Gerüstsubstanz die führende Rolle bei der Steinbildung zugeschrieben. Aschoff, Kleinschmidt, Nakano halten sie für ganz sekundär und stellen sie auf die gleiche Stufe wie die Gerüstsubstanz in den krystallinen Sedimenten.

Nakano hat in häufig gewechselten, normalen menschlichen Harn Fäden gehängt und nach 8 Monaten inkrustierte steinartige Massen erhalten, die aus Calciumoxalat, Phosphat, Urat bestanden. „Hier findet man auch die halbkugeligen und viertelkugeligen Sphärolithe von 20—50 Mikron Durchmesser, an denen sich konzentrische Schichtung nachweisen läßt." Dieses Experiment ist sehr interessant, da es zeigt, daß sich Steine im normalen klaren Harn bilden. Aber es entscheidet nicht für oder gegen die primäre Bildung der Gerüstsubstanz, da auch das Material für diese im normalen Harn gegeben ist.

H. Schade ist der Meinung, daß eine Kolloid- und Krystalloidfällung gleichzeitig eintritt. Er schließt das aus Modellversuchen, die so eingerichtet waren, daß Blutplasma mit frischgefällten Salzniederschlägen von Calciumphosphat, Calciumcarbonat oder Tripelphosphat versetzt, zu einer milchartig aussehenden Flüssigkeit verrührt und sodann dieser Mischung Chlorcalciumlösung in leichtem Überschuß zugefügt wurde. Es trat in 1—2 Minuten Gerinnung zu einer festen Masse ein, die mit der Zeit, je nach der Menge des Sediments, an Härte zunahm.

Gegen diesen Modellversuch ist vor allem einzuwenden, daß er den natürlichen Bedingungen in keiner Weise entspricht.

Gegenüber anderen Kritikern dieses Versuches halte ich es für unwesentlich, daß Fibrinogen benutzt wurde, das für die Harnsteinbildung als Vorstufe der Gerüstsubstanz sicher keine Rolle spielt, aber für einen Modellversuch wegen der leichten Beherrschbarkeit seiner Fällungsbedingungen in erster Linie in Betracht kam. Viel wesentlicher ist der Einwand, daß Schade nicht Kolloid und

Krystalloid gleichzeitig ausfallen ließ, sondern daß bereits gefällte Salzniederschläge zur Verwendung kamen, die natürlich in das Fibrinnetz eingeschlossen werden mußten. Wenn in den Harnwegen auf diese Weise geschichtete Steine entständen, so müßte ein Zustand des Harns bekannt sein derart, daß Salz- oder Harnsäureniederschläge nicht krystalliner Beschaffenheit (ganz frische Teilchenaggregation) auftreten, die von einem gerinnenden Kolloid mitgerissen werden könnten. Ein solcher Harn wird aber nicht beobachtet. Von der Beschaffenheit des Harns bei Steinträgern und auch während des Steinwachstums ist bekannt, daß krystalline Sedimente auftreten oder daß vollkommene Klarheit besteht. So beschreibt ROTH einen 220 g schweren Uratstein und bemerkt ausdrücklich, daß der Harn stets klar gewesen sei.

SCHADE führt als eine Stütze seiner Auffassung, daß konzentrisch geschichtete Konkremente durch kombinierte Ausfällung von Kolloiden und Krystalloiden entstehen, Beispiele aus der anorganischen Natur an, die Lothringer Rogensteine und Karlsbader Erbsensteine, die als gefällte Kolloide Eisenoxydhydrat bzw. Kieselsäure und als Krystallbestandteil Calciumcarbonat enthalten.

Bei diesen Bildungen liegen aber die Verhältnisse insofern ganz anders, als hier für alle an der Steinbildung beteiligten Stoffe die gleiche Fällungsbedingung vorliegt, nämlich das Entweichen von Kohlensäure beim Zutagetreten der Quellen. Daß zwei gleichzeitig ausfallende Massen einen gemeinsamen Niederschlag bilden und eine konzentrische Schicht, wenn die Bedingungen für eine solche gegeben sind, ist zwar selbstverständlich, berechtigt aber nicht, diesen Modus für einen gesetzmäßigen, für alle Schichtbildungen gültigen anzusehen. Die Ausfällungsbedingungen der Gerüstsubstanz und der krystallinen Steinbestandteile haben wohl Beziehungen zueinander insofern, als eine Vergröberung der Dispersität der Kolloide Sedimentbildung begünstigt, sind aber nicht primär miteinander identisch.

Das Nebeneinander von Harnstein und krystallinem Sediment ist vielleicht am ehesten so zu verstehen, daß stärkere Labilität der Harnkolloide die Bildung der Gerüstsubstanz und der krystallinen Sedimente begünstigt. Würde bei diesen kurz aufeinanderfolgenden Vorgängen im Harn ein Niederschlag von der Form entstehen, wie er sich in den Harnsteinen findet, so wäre SCHADES Auffassung der gleichzeitig kombinierten Kolloid-Krystall-Adsorption mit den Vorgängen in Übereinstimmung. So aber bleibt die dritte Auffassung übrig, die im Prinzip von den älteren Autoren, in moderner Gewandung hauptsächlich von POSNER und LICHTWITZ, vertreten wird, daß die Bildung der Gerüstsubstanz der erste, die der krystallinen Durchdringung und Verhärtung der zweite Akt der Steinbildung sei.

POSNER weist darauf hin — und bereits MECKEL VON HEMSBACH hat die Zusammengehörigkeit dieser Vorgänge betont —, daß im Tierreich harte Gebilde (sofern sie nicht wie der Chitinpanzer und Horngebilde aus rein kolloidem Material bestehen) so gebildet werden, daß in präformierte Lagen organischer Substanz Kalksalze eingelagert werden. „So entsteht die Schale der Muscheln; die Epidermiszellen des Mantels sondern eiweißartige Sekrete ab, die durch krystallinischen Kalk steinhart werden; so imprägniert sich die ursprünglich albuminöse Schale des Vogeleies im Eileiter mit Kalksalzen; so ist der Vorgang bei der „Verknöcherung‟ der Fischschuppen und genau so bei der Bildung derjenigen Formationen, in denen wir die physiologischen Vorbilder der pathologischen Konkremente erblicken dürfen, bei den durch das ganze Tierreich verbreiteten Otolithen. Auch die einzigartige Entstehung von normalen Konkretionen im menschlichen Körper, diejenige der Prostatakörperchen, vollzieht sich nach demselben Gesetz, nur daß hier — wie ich dies zwingend nachgewiesen zu haben glaube — das Konkrement überhaupt auf der kolloidalen Stufe stehen bleiben kann und eine Inkrustation mit Krystalloiden gar nicht zu erfolgen braucht" (Posner).

Lichtwitz hat darauf hingewiesen, daß die pathologische Verkalkung fast immer Bezirke gefällten kolloidalen Materials (hyaline Degeneration, Nekrose, Verkäsung) betrifft, daß für die physiologische Verkalkung vielleicht ähnliche, wenn auch für die morphologische Betrachtung weniger deutliche Veränderungen der kolloidalen Struktur des Knorpels angenommen werden dürfen, und daß für die Konzentrationsherde des Mononatriumurats im gichtischen Tophus derselbe Modus wirksam ist.

Das physikalisch-chemische Prinzip dieser Versteinerung besteht darin, daß Stoffe aus einer kolloidgeschützten übersättigten Lösung in Bezirken ohne Kolloidschutz, in die hinein sie diffundieren können, ausfallen. Da durch den Übergang in den Bodenkörper eine Konzentrationsverminderung stattfindet, die ein weiteres Diffundieren gelöster Substanz zur Folge hat, so müssen Bezirke gefällten Kolloids als Kollektoren wirken.

Man darf sich die Steinbildung in der Regel nicht so vorstellen, wie sie in einem Falle von Peipers beobachtet wurde. Hier fanden sich in einem Nierenbecken neben gewöhnlichen festen Steinen ein noch plastischer Stein, fibrinartig weiche zusammengeballte Eiweißgerinnsel von hellziegelgelber Farbe und ein Gebilde mit einem geschichteten harten Stein als Kern und einem umschließenden geschichteten, fast sedimentfreien Eiweißmantel, also Übergänge vom gewöhnlichen Stein zum Eiweißstein.

Gewöhnlich wird der Vorgang so verlaufen, daß sich um einen Kern ein ganz zartes Oberflächenhäutchen bildet, das sofort mit krystallinem Material inkrustiert wird. Aus der sehr häufigen Wiederholung folgt ein geschichteter Stein.

So verläuft die Bildung und Inkrustierung des Oberflächenhäutchens bei Phosphaturie und im „künstlichen Harn" (s. S. 584) (Lichtwitz).

Durch den Ausfall der Krystalle in einem geronnenen Kolloid (Gel) erklären sich die besonderen Krystallformen der Steinbildner im Stein. Bereits Ord hat gezeigt, daß in Gelatine Oxalatkrystalle nicht in Form von Quadratoktaedern, sondern als radiär gestreifte Kugeln ausfallen. Sabbatini u. Selvioli finden, daß $CaCO_3$ in reinem Wasser in Rhomboedern, bei Gegenwart von Kolloiden in ovalen Formen ausfällt u. a. m. Es handelt sich um Habitusänderung und Bildung somatoider Formen je nach den anwesenden Lösungsgenossen (Kohlschütter u. Egg).

Roberts und Posner haben darauf hingewiesen, daß das Calciumoxalat im Stein sehr stark, die Quadratoktaeder des Sediments nicht oder nur sehr schwach doppelbrechend sind.

Die Aufeinanderfolge von Kolloidfällung und Inkrustierung macht es verständlich, daß es „Steine" konzentrischen Baues ohne krystalline Einlagerung (Eiweißsteine), aber niemals Steine ohne Gerüstsubstanz gibt.

Ich halte demnach die Auffassung, daß die Bildung der Gerüstsubstanz der primäre, der die Form bestimmende Vorgang der Steinbildung ist, für die aller Wahrscheinlichkeit nach richtige. Daß auch Bestandteile des Harns, von denen es bekannt ist, daß sie leicht absorbierbar sind — zu diesen gehört vor allem die Harnsäure —, primär an einer aktiven Oberfläche angereichert und verfestigt werden, erscheint möglich.

Ebensowenig wie der Gallenstein ist der Harnstein ein fertiges ruhendes Gebilde. Auch bei ihm kommt es, zwar in viel geringerem Grade, zu Abwanderungslinien.

Auch für Harnsteine ist eine sehr kurze Bildungszeit anzunehmen, etwa von der gleichen Größenordnung wie für Gallensteine. Ein prinzipieller Unterschied zur Bildung der Gallenblasensteine liegt aber darin, daß sich Nierenbeckensteine nicht einmalig, sondern immer wieder bilden. Mit Hilfe der Röntgenuntersuchung ist es möglich, das Werden der Steine zeitlich zu verfolgen.

Sicher brauchen die ganz großen Steine für ihr Wachstum sehr lange Zeit. Das läßt sich aus ihrem Gehalt an krystallinem Material berechnen. Ein Uratstein von 200 g, der etwa 150 g Harnsäure enthält, könnte bei einer täglichen Uratausscheidung von 1 g in 5 Monaten gebildet werden, wenn die gesamte Harnsäure in den Stein ginge. Das ist aber natürlich nicht der Fall. Ganz im Gegenteil muß als sicher angenommen werden, daß nur ein kleiner Burchteil im Stein bleibt, der überwiegende Anteil aber mit dem Harn entleert wird. Ein solcher Stein braucht also viele Jahre zur Erreichung seiner Größe.

Harnsteine sind im chemischen Sinne unlöslich. Die Bildung der Gerüstsubstanz beruht auf einer irreversiblen Kolloidfällung. Das Gerüst ist als Eiweißsubstanz für proteolytische Fermente, die im Harn enthalten sind, aber auch von Leukocyten und Bakterien geliefert werden können, im Prinzip angreifbar. In Wirklichkeit aber erfolgt eine Verdauung nicht oder nicht in nachweisbarer oder ausreichender Weise. Ob die Risse und Spalten, die in Harnsteinen auftreten, auf Enzymwirkung beruhen, ist unbekannt. ORD und ULTZMANN haben den Bakterien für die Entstehung der Spalten und Risse eine einleitende Wirkung, die man vielleicht als eine enzymatische auffassen darf, zugeschrieben; andere ältere Autoren (HELLER, SOUTHAN) haben an plötzliche Gasentwicklung durch Harnstoffzersetzung gedacht. ORD hat auch eine Quellung, LEROY D'ETIOLLES dagegen eine Austrocknung des Kernes angenommen, also Veränderungen des kolloiden Materials, wie sie bei der Metamorphose der Gallensteine besprochen wurden. Da die Spalträume häufig von neu eingetretenen Massen ausgefüllt werden, so erklärt NAKANO ihre Entstehung durch Pseudomorphose. Auch eine schnelle Änderung der Kohäsion (Kohäsionsunterschiede in bestimmten Richtungen) wird von NAKANO in Betracht gezogen.

Infolge dieser Prozesse können Harnsteine zersplittern. K. SCHEELE gibt Bilder einer röntgenologisch festgestellten spontanen Verkleinerung von Harnsteinen. Bei der Operation wurden morsche Steintrümmer gefunden.

Das therapeutische Bestreben wird oft auf die Lösung der krystallinen Steinbestandteile gerichtet. Dafür besteht, auch wenn die Berührungsbedingungen mit dem Harn bessere wären, als sie unter den gegebenen Verhältnissen sein können, für das Calciumoxalat gar keine, für die Harnsäure kaum eine Möglichkeit. Daß Calciumphosphat und Ammoniummagnesiumphosphat durch stark sauren Harn allmählich aus dem Stein ausgelaugt werden, scheint dagegen nicht ausgeschlossen.

Die Erzeugung von Harnsteinen im Tierkörper ist EBSTEIN u. NIKOLAIER durch Verfütterung von Oxamid gelungen. L. D. KEYSER teilt mit, daß Oxamid aus Harn in anderen Krystallformen (Kreuzen und Sphäroiden) ausfällt als aus wässeriger Lösung oder aus Harn, der durch Kohle von seinen Kolloiden befreit ist. Die im Harn entstehenden Krystalle haben die Neigung, miteinander zu verschmelzen und Konkremente zu bilden. KEYSER hat bei Kaninchen auch durch Injektionen von Butyloxalat und Calciumchlorid Konkremente erzeugt. Alle Versuche, mit anderem Material (insbesondere auch mit Harnsäure) Steinbildung im Tierexperiment zu erzielen, sind fehlgeschlagen.

Literatur.

ASCHOFF, L.: Histologische Untersuchungen über die Harnsäureablagerungen. Verh. dtsch. path. Ges. Meran 1900.

v. BOKAY, A.: Die Lithiasis des Kindesalters in Ungarn. Jb. Kinderheilk. **40**, 2 (1895).

BORNEMANN, W.: Die sogenannten Bakteriensteine im Nierenbecken. Frankf. Z. Path. **14**, 458 1913).

CARTER, H. V.: The microscopie structure and mode of formation of urinary calculus. London 1873.

EBSTEIN, W. (1): Die Natur und Behandlung der Harnsteine (1884). — (2): Über Harnsteine bei Amphibien. Virchows Arch. **158**, 515 (1900).

HALLSTRÖM, J.: Über Entstehen, Wachsen und spontanen Abgang von Nierensteinen. Zitiert nach Kongreß-Zbl. **42**, 285 (1925).

HELLER, FL.: Die Harnkonkretionen, ihre Entstehung, Erkennung und Analyse. Wien 186 (1925).

HIRSCH, A.: Handbuch der historisch-geographischen Pathologie **3**. Stuttgart 1886.

KEYSER, L. D.: The etiology of urinary stones. Arch. Surg. **6**, 525 (1923).

KLEINSCMIDT, O.: Die Harnsteine. Berlin 1911.

KOHLSCHÜTTER, V. und C. EGG: Über somatoide Bildungsformen. Helvet. chim. Acta **8**, 457 (1925).

KRÜCHE, A.: Über Struktur und Entstehung der Uratsteine. Inaug.-Diss. Jena 1879.

LEROY D'ETIOLLES, zitiert nach NAKANO.

LIEBERMEISTER, G.: Nierensteine und Nierentuberkulose. Dtsch. Arch. klin. Med. **140**, 195 (1922).

LUBARSCH, O.: Über die pathologischen Ablagerungen, Speicherungen und Ausscheidungen in den Nieren. Handbuch der spec. pathologischen Anatomie **6**, 1, 525 Berlin 1925.

MORITZ, F.: Über den Einschluß von organischen Substanzen in den krystallinischen Sedimenten des Harns. Kongr. inn. Med. **14**, 323 (1896).

NAKANO, H.: Atlas der Harnsteine. Leipzig und Wien 1925.

NEUMANN, A.: Über Bakteriensteine im Nierenbecken. Dtsch. med. Wschr. **1911**, 1473.

ORD, W. M., zitiert nach NAKANO.

PEIPERS, A.: Über eine besondere Form von Nierensteinen. Münch. med. Wschr. **1894**, 531.

PFEIFFER, E.: Ätiologie und Therapie der harnsauren Steine. Kongr. inn. Med. **5**, 444 (1886).

POSNER, C.: Die Bildung der Harnsteine. Z. Urol. **7**, 799 (1913).

PRAETORIUS, G.: Zunehmende Häufigkeit von Harnsteinen in Hannover. Dtsch. med. Wschr. **1925**, 311.

SABBATINI, L. et SELVIOLI: Étude sur les processus de calcification et d'ossification. Arch. ital. de biol. (Pisa) **58**, 252 (1913).

SCHADE, H.: Beiträge zur Konkrementbildung. Münch. med. Wschr. **1909**, 77; **1911**, 723.

SCHEELE, K.: Über spontane Verkleinerung von Nierensteinen. Z. Urol. **18**, 528 (1924).

SCHMIDT, M. B.: Über amyloide Eiweißsteine im Nierenbecken. Zbl. Path. **23**, 865 (1912).

SMITH, ERIOT, zitiert nach NAKANO.

SOUTHAN, zitiert nach NAKANO.

Suter, F.: Die ein- und beiderseitig auftretenden Nierenkrankheiten (sogenannte chirurgische Nierenaffektionen). Mohr-Staehelin, Handbuch der inneren Medizin, I. Aufl., 3, 2. Berlin, Julius Springer, 1918.
Ultzmann, R.: Die Harnkonkretionen des Menschen. Wien 1882.
Walther: Die Harnsteine, ihre Entstehung und Klassifikation. Berlin 1820.

c) Konkretionen in Speicheldrüsen, Darm, Prostata, Praeputium, Lunge und Haut.

Pankreassteine. Die Bedingungen der Entstehung sind nicht bekannt. Ganz sicher bilden sie sich nicht infolge einfacher Abflußstauung. Man nimmt an, daß die Infektion des Pankreasganges einen wichtigen Faktor darstellt. Gewöhnlich bestehen sie zum größten Teil (bis zu 91%) aus anorganischer Substanz, und zwar aus kohlensaurem und phosphorsaurem Kalk, sind daher im Röntgenbild darstellbar. Der Gehalt an organischer Substanz, in welcher häufig Cholesterin, auch Fette und Fettsäuren, stets Protein gefunden wird, ist verhältnismäßig gering. S. Shattock fand einen Stein, der aus Calciumoxalat bestand, Taylor eine Bildung, die hauptsächlich Silicat enthielt.

Speicheldrüsensteine verhalten sich ähnlich wie Pankreassteine. Meistens bestehen sie aus Calciumcarbonat und Calciumphosphat, haben aber mehr Gerüstsubstanz. Hopkins fand einen Oxalatstein; Potties beschreibt einen Stein, dessen Kern aus Harnsäure bestand. Die Zusammensetzung des „Zahnsteins" entspricht der der gewöhnlichen Speichelsteine.

Darmsteine bilden sich immer um einen Kern, der aus Haaren oder unverdaulichen Pflanzenteilen (Fruchtkern) bestehen kann, gelegentlich auch aus einem Gallenstein, einem Knochenstück und dergleichen besteht. Die Konkremente enthalten organische Substanz (Protein), Kalk- und Magnesiumseifen, Calciumphosphat, Calciumcarbonat, Calciumsulfat und zu einem beträchtlichen Teil Ammoniummagnesiumphosphat.

M. Gonnermann fand in einem Darmstein, der wegen Ileus operativ entfernt werden mußte, beträchtliche Mengen von Kieselsäure und Tonerde. Nach den Untersuchungen von Stoklasa ist Kleie ziemlich reich an Tonerde. Nach H. G. Wells sind Darmsteine in Gegenden, in denen viel Hafermehl gegessen wird, nicht ganz selten. Die Asche von Hafermehl enthält etwa 30% Kieselsäure (von Noorden). In dem Brot, das die Patientin gegessen hatte, von der Gonnermanns Stein stammte, wurde viel Tonerde (in der frischen Brotkrume etwa 0,15%) gefunden. Neben dem natürlichen Gehalt des Mehls kommt auch ein Zusatz von Alaun, den manche Bäcker vornehmen, um den Teig backfähiger zu machen, in Betracht. Hoher Eiweißgehalt findet sich in Darmsteinen, wenn die Nahrung reich an Kleie (Kleiebrot) war. Auch Bismuth, von diagnostischer oder therapeutischer Zuführung stammend, ist in Darmsteinen beobachtet worden.

Zu erwähnen sind auch die sogenannten „Ölsteine", weiche aus Fett und Seifen bestehende Konkretionen, wie sie nach Gebrauch größerer Menge Öl entleert und dem Publikum als abgegangene Gallensteine vorgeführt werden.

Kotsteine, die sich im Processus vermiformis bilden, enthalten mehr Kalksalze als Tripelphosphat, ferner Seifen und Cholesterin.

Bei gewissen Antilopenarten finden sich im Darm glänzende, olivengrüne, eiförmige, konzentrisch geschichtete Konkremente, die Bezoare, die aus Lithofellinsäure ($C_{20}H_{36}O_4$) und Lithobilinsäure bestehen und Gallenfarbstoff enthalten.

Andere, die falschen Bezoare, enthalten als Bestandteil die Ellagsäure, ein Derivat der Gallensäure von der Formel $C_{14}H_6O_8$, haben also wie die Darmsteine des Menschen, eine Beziehung zur Nahrung.

Darmsand besteht entweder aus unverdaulichen Nahrungsbestandteilen pflanzlicher Herkunft oder aus phosphorsaurem und kohlensaurem Kalk mit organischem Material.

Prostatasteine entstehen durch Ablagerung von Kalk- und Magnesiumsalzen in die Corpora amylacea.

Präputiumsteine stellen eine Imprägnierung von Smegma mit Harnsalzen dar, unter denen gemäß den für ammoniakalische Harnzersetzung günstigen Bedingungen das Ammoniummagnesiumphosphat überwiegt.

Lungensteine bilden sich in den Bronchien um einen Fremdkörper in der gewöhnlichen Weise. Als Lungensteine gelten auch verkalkte Gewebsteile (z. B. Drüsen), die in den Bronchialraum durchbrechen und ausgehustet werden. Nicht selten handelt es sich um verkalkte Tuberkel, in denen Tuberkelbazillen nachgewiesen werden können.

Hautsteine, die sich oft zu mehreren im Unterhautzellgewebe finden, entstehen wahrscheinlich durch Verkalkung des retinierten Inhalts von Talgdrüsen. Die Vermutung von Unna, daß sich zunächst Kalkseifen bilden, haben Analysen nicht bestätigt.

Literatur.

Gonnermann, M.: Biochemie der Kieselsäure und Tonerde. Biochem. Z. 88, 401 (1918).

Hopkins, F. S.: Calculus in the submaxillary gland. Boston Med. Surg. J. 1921 (2), 378.

von Noorden, C. und Salomon: Handbuch der Ernährungslehre 1, 403. Berlin 1920.

Roedelius, E.: Beiträge zur Speichelsteinkrankheit. Dtsch. Z. Chir. 141, 263 (1917).

Shattock, S.G.: Calculi of calcium oxalate from a pancreatic cyst. Brit. med. J.1896(1),1034.

Stoklasa, J.: Das Brot der Zukunft. Jena 1917.

Taylor, J. George: A case of syphilis of the pancreas with a pancreatic calculus in the duct. Lancet 1909 (2), 1816.

Wells, H. G.: Chemical Pathology. 5. Aufl., 1925, S. 519 ff.

Fünfundzwanzigstes Kapitel.

Das Calcium.

1. Zustandsform des Blutkalks unter normalen Verhältnissen.

Das Blutserum enthält normalerweise 10—12 mg% Calcium. In der Klinik ist bisher — aus methodischen Gründen — vorwiegend diesem Gesamtwert Beachtung geschenkt worden. In einer sehr großen Zahl von Untersuchungen allgemein biologischer und klinischer Art, die sich mit dem Ionenantagonismus beschäftigen, spielt diese Zahl eine bedeutende Rolle. In Wirklichkeit aber liegen die Calciumprobleme im Organismus viel verwickelter, als daß man sich mit dieser Zahl begnügen dürfte.

Das Calcium des Serums verteilt sich auf drei Fraktionen. Die erste besteht aus den Calciumionen. Rona u. Takahashi haben deren Wert berechnet,

indem sie ihre Konzentration in Beziehung zur Bicarbonat- und H-Ionen-
konzentration setzten:

$$\frac{(Ca^{++}) \cdot (HCO'_3)}{(H^+)} = k_{(18^0)}.$$

Sie fanden die Konstante = 350. Daraus ergibt sich der Wert der Calciumionen im Serum = 2,5 mg%. Von den späteren Untersuchungen ist die von ERIK
J. WARBURG zu nennen, der die Konstante auf Grund der Aktivitätstheorie von
BJERRUM, d. h. unter Berücksichtigung des Einflusses, den die gesamten Ionen
des Serums durch ihre anziehenden und abstoßenden Kräfte auf die Dissoziationskonstanten und das Löslichkeitsprodukt ausüben, bei 38⁰ zu 275 berechnet. Das
entspricht einem Calciumionengehalt von 1,8 mg%. HASTINGS, MURRAY u. SEND-
ROY berechnen auf Grund der Löslichkeitsverhältnisse von $CaCO_3$ unter Berücksichtigung der Aktivitätstheorie den Calciumionengehalt zu 1,56 mg%.

Die Menge der freien Calciumionen hängt aber nicht nur von (H^+) und (HCO'_3),
sondern auch von der Konzentration des Phosphations ab (H. BEHRENDT; KUGEL-
MAS u. SHOL; HOLT, LA MER u. CHOWN). Aus den Analysen von HOLT, LA MER
u. CHOWN und aus deren nach der Aktivitätstheorie vorgenommenen Umrechnung
von HASTINGS, MURRAY u. SENDROY ergibt sich im Serum die Calciumionenmenge
zu 0,45 mg%, unter der Voraussetzung, daß Calciumphosphat in übersättigtem,
aber trotzdem ionisiertem Zustand nicht vorliegt.

Indessen trifft diese Voraussetzung höchstwahrscheinlich nicht zu.

Wäre die Menge der Calciumionen durch das Phosphat begrenzt, so würden
bei einem Gesamt-P-Gehalt von 3,35 mg% nur 0,45 mg als Ion bestehen können.
Bei Begrenzung durch CO'_3-Ion wären es 1,56—1,8 mg%.

Es hat sich gezeigt (HOLT, LA MER u. CHOWN), daß beim Schütteln von ste-
rilem Serum mit festem (unlöslichem) tertiärem Calciumphosphat der Kalkgehalt
abnimmt, daß aber in den Niederschlag viel mehr Calcium als Phosphat und außerdem Carbonat eintritt, aber zwischen dem Kation und der Summe der Anionen
kein stöchiometrisches Verhältnis besteht (K. KLINKE; HASTINGS, MURRAY u.
SENDROY). Beim Animpfen mit Calciumcarbonat tritt eine entsprechende Folge
nicht ein (MOND u. NETTER; HASTINGS c. s.).

W. HEUBNER hat festgestellt, daß die Taumellähmung, die sich bei Katzen nach
Injektion größerer Mengen von Kalksalzen einstellt, auch durch fein verteiltes
$Ca_3(PO_4)_2$ auftritt, und daß sie durch Zufügung von Phosphat zur Calciuminjek-
tion verstärkt wird. Daraus geht hervor, daß es sich nicht um eine Vergiftung
mit Calciumionen, sondern daß es sich um eine Giftwirkung von eingeführtem oder
im Körper entstehendem tertiärem Calciumphosphat handelt. Indessen zeigte
sich (HEUBNER), daß andere fein verteilte Niederschläge (Baryumsulfat und kolloidale Kieselsäure) die gleichen Erscheinungen hervorrufen.

In Übereinstimmung damit fand KLINKE, daß nicht nur Calciumphosphat,
sondern auch andere fein verteilte Niederschläge positiver Adsorptionskraft, wie
Aluminiumhydroxyd, Baryumsulfat, Ammoniummagnesiumphosphat, im Schüt-
telversuch Serumkalk zum Ausfällen bringen. Da von $CaCO_3$ bekannt ist, daß es
keine Adsorptionswirkung ausübt, so liegen die Tatsachen hinreichend klar, und es
wird deutlich, daß diejenige Fraktion des Serumkalks, die nicht frei ionisiert ist
und den Hauptteil des Serumkalks darstellt, eine komplexe, wenig dissoziierte
Verbindung negativer Ladung darstellt. Diese Verbindung ist dialysabel.

In der Tat fanden BEAVER u. BERNHARD, daß bei der Elektrolyse nur 2,8 mg% Calcium kathodisch wandern, ein Teil des Calciums aber an die Anode geht. KLINKE stellte fest, daß von dem Serum zugesetzten Kalksalzen solche besonders stark von $Ca_3(PO_4)_2$ adsorbiert werden, die wie Calciumnitrat und Calciumacetat komplexe Salze bilden.

Entgegen dieser Meinung, daß der Hauptteil des Kalkes in Form einer Komplexverbindung im Serum enthalten sei, treten MOND u. NETTER dafür ein, daß das gesamte dialysable Calcium des Serums als übersättigtes und zum Teil ionisiertes $CaCO_3$ vorliege. Die Übersättigung wird so aufgefaßt, daß die Gitterkräfte der $CaCO_3$- und $Ca_3(PO_4)_2$-Krystalle durch Eiweiß besetzt und diese so in ihrer Löslichkeit stabilisiert sind. Bei dieser Auffassung ist nicht verständlich, warum bei Schütteln der Kalk frei wird und in den Niederschlag übergeht.

Auch H. KLEINMANN kommt zu der Auffassung, daß das Serum eine übersättigte Calciumphosphatlösung darstelle, aus der bei Impfung festes Calciumphosphat ausfällt. Der Bodenkörper geht mit der Lösung eine „Austauschadsorption" ein, die so verläuft, daß CO''_3 in den Niederschlag, PO'''_4 in die Lösung geht. Dadurch wird die Konzentration an Phosphat gesteigert und, da das Löslichkeitsprodukt bei Gegenwart des Bodenkörpers nicht überschritten werden kann, weiteres Ausfallen von Calcium als Calciumphosphat veranlaßt.

Die dritte Calciumfraktion des Serums stellt der adialysable Kalk dar, dessen Menge 4—5 mg% (= etwa 40%) beträgt. RONA u. TAKAHASHI haben diesen Wert mit Hilfe der Kompensationsdialyse ermittelt. Das Serum enthält also eine Eiweiß-Calciumverbindung. RONA u. PETOW zeigten die Abhängigkeit der Calciumbindung an Eiweiß vom isoelektrischen Punkt der Eiweißkörper. Während normalerweise bei der Dialyse das Serum einen höheren Kalkgehalt hat als die Außenflüssigkeit, kehrt sich bei $p_H = 5$ dieses Verhältnis um. Die ungleiche Verteilung des Calciums auf Plasma und Blutkörperchen ist eine Folge der tieferen Lage des isoelektrischen Punktes des Hämoglobins (RONA c. s.), regelt sich also nach der Konzentration und der Dissoziationskonstante des Hämoglobins und der Plasmaeiweißkörper als Kolloidelektrolyten und ist abhängig von dem Lösungsraum, das ist das Flüssigkeitsvolumen vermindert um den Raum, den die Kolloide selbst einnehmen. Da in künstlich zubereiteten Lösungen eine Kompensation, die physiologischen Verhältnissen entspricht, nicht gegen alle Ionen herzustellen ist, haben CAMERON u. MOORHOUSE diese Untersuchungen durch ein elegantes Experiment ergänzt, indem sie Serum gegen das vollkommenste natürliche Dialysat, den Liquor cerebrospinalis, setzen. In diesem fehlt Eiweiß und die Fraktion des an Eiweiß gebundenen Calciums. Das Experiment ergab, daß Serum und Liquor physikalisch-chemisch im Gleichgewicht stehen. Danach muß es als sicher gelten, daß etwa 40% des Serumkalks an Eiweiß gebunden und adialysabel ist.

R. LOEB hat festgestellt, daß die Calciumbindung an Kolloide mit der Menge des zur Verfügung stehenden Calciums wächst, und daß bei der Dialyse gegen große Mengen physiologischer Kochsalzlösung alles Calcium des Serums diffusibel wird.

Welche Beziehungen zwischen den drei Fraktionen bestehen, ist noch nicht übersehbar. Uber das Verhalten des Calciums in den Körperflüssigkeiten gibt KLINKE folgende Tabelle, deren Zahlen Mittelwerte aus den vorliegenden Untersuchungen darstellen:

	Serum	Gewebs-flüssigkeit	Liquor cerebro-spinalis	Galle	Milch	Speichel
Gesamtmenge	10—12	10	5—6	10—50	150	8—10
Echt ionisiert (Fraktion I)	2	2	2	0,2	1— 2	2
Dialysabel	6— 7	nicht bekannt	alles	8—30	7—10	6— 7
Überschuß über den echt ionisierten Teil (Fraktion II)	4— 5	nicht bekannt	3—4	8—30	5— 8	4— 5
Am Eiweiß gebunden Fraktion III)	4— 5	nicht bekannt	0	?	140	?

Verteilung des Calciums in den Korperflüssigkeiten ausgedrückt in mg %.

2. Die Regulation des Blutkalkgehaltes.

Der Calciumgehalt des Blutes hat in der Norm nur eine sehr geringe Schwankungsbreite. Es ist nicht möglich, durch perorale Zufuhr von Kalksalzen den Blutkalkwert für längere Zeit zu erhöhen. Eine vorübergehende Erhöhung tritt je nach der Resorptionsgeschwindigkeit, die von dem Anion und den im Darm herrschenden Verhältnissen abhängt, nach verschieden langer Zeit ein.

Die Art der Regulation ist nicht genügend bekannt. Man weiß, daß nach Kalkzufuhr die Phosphorausscheidung durch den Darm ansteigt und im Harn abnimmt, und kann daraus schließen, daß sich eine unlösliche Kalkphosphatverbindung bildet.

Bei Abnahme des Calciums im Blut, wie sie im Hungerzustand stattfindet, steigt der Phosphorgehalt. Diese Gebundenheit der beiden Ionen findet sich unter den mannigfaltigsten Verhältnissen.

Eingeführtes Calcium findet sich aber nicht quantitativ in Kot und Harn, weil ein großer Teil — je nach den bestehenden Bedingungen für kürzere oder für lange Zeit — in den Geweben, hauptsächlich im Skelet (G. Hetenyi) abgelagert wird.

Zuführung von Calciumchlorid führt zu einer Acidose. Bei peroraler Gabe kommt als Ursache die schnellere Resorption des Chlorions in Betracht, so daß nach der Gleichung

$$CaCl_2 + 2NaHCO_3 \rightarrow CaCO_3 + 2NaCl + H_2O + CO_2$$

die Wirkung ebenso sein muß, als ob statt eines Moleküls $CaCl_2$ zwei Moleküle Salzsäure zugeführt werden. Da aber auch intravenöse Gabe die gleiche Wirkung hat, das CO_2-Bindungsvermögen des Blutes herabsetzt, das p_H und die alveolare CO_2-Spannung erniedrigt, die Harnammoniakmenge erhöht, das p_H des Harns erniedrigt, so reicht diese Deutung nicht aus. Da aber nach $CaCl_2$, auf welchem Wege es auch beigebracht wird, eine Ausscheidung von $CaHPO_4$, $Ca_3(PO_4)_2$ und $CaCO_3$ durch den Darm stattfindet, so ergibt sich, daß dem Körper unter allen Umständen ein Plus an Anionen, in diesem Fall Chloriden, verbleibt, die im Blut an Stelle von Bicarbonat treten und daher acidotisch wirken. Mit anderen Worten: die acidotische Wirkung des $CaCl_2$ (und anderer Neutralsalze der alkalischen Erden) beruht darauf, daß es als Neutralsalz in den Körper eintritt, als alkalisches Salz ausgeschieden wird und so Säureäquivalente zurückläßt.

Nach den Untersuchungen von Kishi Isami führt NaCl zu einer vermehrten Ca-Ausscheidung, während KCl keinen merkbaren Einfluß hat. Das hängt vielleicht damit zusammen, daß unter bestimmten Bedingungen das NaCl dadurch acidotisch wirkt, daß das Na^+ schneller ausgeschieden wird als das Cl'. Unter den Bedingungen der Acidose findet eine Steigerung der Kationenausscheidung statt, die (s. S. 617, 619) bei genügend langer Dauer zu einer Verarmung des Skelets Calcium und Magnesium führen kann.

3. Die Verkalkung.

Das Gemisch von Kalk- und Magnesiumsalzen, das physiologischerweise im Knochen abgelagert wird, hat — in sehr engen Grenzen — die gleiche quantitative Zusammensetzung wie der „Kalk", der sich pathologischerweise in Gewebsablagerungen findet (H. G. WELLS, MEYER u. WELLS). Das Verhältnis von an $Ca_3(PO_4)_2 : CaCO_3 : Mg_3(PO_4)_2$ ist in allen Fällen etwa $86 : 12 : 1$.

Aus dieser Tatsache ergibt sich, daß die physiologische und pathologische Verkalkung nach den gleichen Gesetzen vor sich geht. Da die verkalkenden Gewebe (osteoide Substanz, nekrobiotisches Gewebe der verschiedensten Art) eine sehr verschiedene Struktur und chemische Zusammensetzung haben, so wird wahrscheinlich, daß die Bedingungen der Verkalkung nicht oder nicht nur im Gewebe, sondern in der mineralischen Zusammensetzung des Blutes und der Gewebsflüssigkeit gegeben sind.

A. WERNER und TH. GASSMANN vermuten, daß Ca^{++}, PO_4''' und CO_3'' im Knochen in Form eines Komplexsalzes vom Typus der Apatits

$$\left[Ca \left(\begin{array}{c} OPO_3Ca \\ \diagdown \\ \diagup \\ OPO_3Ca \end{array} \right\rangle Ca \right)_3 \right] Cl_2$$

enthalten sei.

BARSETT hat bei Versuchen über die Löslichkeit von Calciumphosphaten gefunden, daß ein basisches Phosphat von der Formel $3 Ca_3(PO_4)_2 \cdot Ca(OH)_2$ in Wasser sehr schwer löslich sei, und daraus gefolgert, daß die Knochensubstanz dieses basische Phosphat enthalten müsse. Wie schon früher GABRIEL hat R. KLEMENT Knochen einer sehr milden Behandlung unterworfen und bei der Analyse Werte von $Ca : PO_4 : CO_3 = 1 : 0,57 : 0,11$ erhalten. Die Zusammensetzung des frischen Knochens wurde, wie folgt, ermittelt:

$$52,7\% \; Ca_3(PO_4)_2; \; 5,2\% \; Ca(OH)_2; \; 2,3\% \; CaCO_3.$$

Danach besteht also die Knochensubstanz in der Hauptsache aus basischem Calciumphosphat $(3 Ca_3(PO_4)_2 \cdot Ca(OH)_2)$, dem Erdalkalicarbonat und Alkalibicarbonat beigemengt sind. Eine sehr ähnliche Verbindung von etwas geringerer Basizität bildet sich im Reagenzglas bei einem $p_H = 7,35{-}7,65$.

HOFMEISTER war der Meinung, daß ein Wechsel im Kohlensäuregehalt, also in dem p_H, den Vorgang in der Weise erklären könne, daß bei hohem CO_2-Gehalt das Gewebe sich mit löslichen Kalksalzen fülle und bei niedrigem CO_2-Gehalt, also bei alkalischer Reaktion, die Kalksalze unlöslich werden. PFAUNDLER macht die Annahme, daß das osteoide Gewebe eine Affinität zu den Kalksalzen des Blutes habe, die mit der organischen Grundsubstanz in Verbindung treten und bei deren Abbau präcipitieren. Die Auffassung von O. KLOTZ, daß der Verkalkung ein Auftreten von Kalkseifen vorangehe, ist durch die Untersuchungen von BALDAUF und WELLS widerlegt. WELLS brachte durch Kochen sterilisierte Gewebsstückchen in die Bauchhöhle von Kaninchen und beobachtete reichliche Kalkaufnahme. Die größte Kalkspeicherung geschah im Knorpel, und zwar am meisten in dem, der auch unter physiologischen Umständen verkalkt, viel weniger im Trachealknorpel. WELLS kommt zu dem Schluß, daß die Kalkaufnahme nicht chemischen Gesetzen folgt, und daß auch „kein vitaler Prozeß" vorliegt, da die Organstückchen tot waren, sondern daß die Verkalkung von einer spezifischen physikalischen Adsorptionskraft des Knorpels abhängt. W. STÖLTZNER und andere sind der Meinung, daß das osteoide Gewebe sich von der Knochengrundsubstanz nicht nur durch den Mangel an Kalksalzen unterscheidet, sondern daß es erst eine gewisse Umwandlung erfahren muß, um zum Kalkfänger zu werden. Diese in ihrem Wesen noch unklare Umwandlung des osteoiden Gewebes, die allgemein als ein die Verkalkung vorbereitendes Geschehen angesehen wird, erhält einige Beleuchtung durch die Betrachtung der pathologischen Verkalkung.

Wenn wir zunächst von der metastatischen Verkalkung (VIRCHOW) absehen, so kann als ein Grundgesetz gelten, daß normale Gewebe nicht verkalken. Im Experiment ist es möglich, durch Einführung von Kalksalzen Verkalkungen zu erzielen (M. TANAKA): aber die dazu notwendigen Kalkkonzentrationen ähneln mehr denen bei der metastatischen Verkalkung. Auf dem Sektionstisch und im Experiment beobachtet man, daß nekrotisierte Gewebe und Organe als Kalkfänger wirken. Verkäsungen, hyaline und amyloide Degenerationen, fibroide Glomeruli, nekrotisierte Nierenepithelien, Infarkte, verfettete Aorten (auch die Verfettung ist eine regressive Metamorphose), Schleimgerinnsel, Sklerose des Bindegewebes und der Muskeln führen sekundär zu Verkalkungen. Alle diese regressiven Veränderungen, so verschiedenartig sie auch im histologischen Bild aussehen, stellen physikalisch-chemisch eine Einheit dar: sie sind durch eine Eiweißfällung entstanden, so daß der Solzustand des Protoplasmas, der für Lebensprozesse unerläßlich ist, einem Gerinnungszustand, einem lokalen Tod, Platz gemacht hat. In dieser Weise veränderte Gewebe wirken als Kalkfänger, wenn eine Kalklösung die Fähigkeit hat, in die Gewebe auf osmotischem Wege hineinzugehen. Fibringerinnsel (Thrombus) ist für Kalklösungen anscheinend schwer durchdringbar. Bei Fibrinurie werden in der Regel nicht verkrustete Fibringerinnsel ausgeschieden, während andere Koagula im Harn, so Schleim, Nubecula, das Häutchen auf dem Harn bei Phosphaturie, leicht verkalken. Das versteinernde Material muß in einer Konzentration, welche die der gesättigten wässerigen Löslichkeit übersteigt, d. h. in übersättigter Lösung, vorliegen. Von der damals nicht bestrittenen Meinung ausgehend, daß das Blutserum in bezug auf Ca, PO_4''' und CO_3'' übersättigt sei, hat LICHTWITZ folgende Meinung über die Verkalkung geäußert:

Mit dem Zusammentreffen einer kolloidgeschützten übersättigten Lösung und einem kolloidgefällten, aber osmotisch zugänglichen Bezirk sind alle Bedingungen für eine Verkalkung so erfüllt, daß diese entstehen muß. Im Bereich der Kolloidfällung fehlt der Kolloidschutz. Geht auf osmotischem Wege die übersättigte Lösung in diesen Bezirk hinein, wobei durch die Hindernisse der halbdurchlässigen

Grenzschicht den Schutzkolloiden des Serums der Eintritt verwehrt wird, so wandern die Ionen so lange, bis allenthalben die gleiche Konzentration besteht, bzw. Konzentrationen, die dem Membrangleichgewicht entsprechen. Im Bereich des gefällten Kolloids findet sodann die Ausfällung statt. Hierdurch wird die Konzentration im Bezirk der Fällung sehr stark herabgesetzt; es findet eine neue osmotische Wanderung, eine neue Fällung statt, und es kommt zu einer so hochgradigen Anreicherung von Kalksalzen, daß eine vollständige Verhärtung des abgestorbenen Gewebsteils die Folge ist.

RÖHMANN (und nach ihm auch O. KLOTZ und WATT) meint, daß die „Osteoblasten" den „Knochenapatit" in spezifischer Weise secernieren. Diese Auffassung kann bei der Gleichheit der Zusammensetzung der Knochenasche mit der Asche der physiologischen Verkalkung nicht richtig sein.

PAULI u. SAMEC finden, daß Calciumcarbonat und Calciumphosphat bei Gegenwart von Albumin eine erhebliche Steigerung ihrer Löslichkeit erfahren und stellen die Hypothese auf, daß die Knorpelgrundsubstanz durch ihren hohen Eiweißgehalt mit löslichen Kalksalzen imprägniert werde, die beim Abbau der Grundsubstanz ausfallen. Da dieser Vorgang ein einmaliger ist, so müßte der gesamte Aschegehalt in löslicher Form im noch nicht verkalkten Knorpel vorhanden sein. Da das nicht zutrifft, so führt dieser Erklärungsversuch nicht zum Ziele.

FREUDENBERG u. GYÖRGY fassen den Verkalkungsprozeß so auf, daß sich zunächst eine Calcium-Eiweißverbindung bildet, die imstande ist, Phosphat aufzunehmen, so daß ein Calciumphosphatprotein und nach demselben Modus ein Calciumcarbonatprotein entsteht, dessen Menge aber darum viel kleiner ist, weil die Eiweißkörper durch ihre sauren Eigenschaften Kohlensäure frei machen. Von den Komplexverbindungen wird angenommen, daß sie reversibel seien, in Calciumphosphat, Calciumcarbonat und Protein zerfallen, so daß das Protein für die Wiederholung der Reaktion immer wieder frei wird und eine Anhäufung von Aschebestandteilen stattfindet. Diese Annahme, für die jeder Beweis fehlt, ist ein sehr wesentlicher Teil der Theorie von FREUDENBERG u. GYÖRGY, weil im Knochen das Verhältnis der Kalksalze zum Protein viel zu hoch liegt, als daß eine Salzeiweißverbindung dieser Zusammensetzung und eine nur einmalige Bindung von Salz an Eiweiß zur Erklärung ausreichen könnte.

Nach diesem Mechanismus müßten alle Gewebe verkalken, wenn nicht eine große Reihe von Stoffen die Calciumbindung an die Gewebe verhinderten. Stoffe dieser Funktion finden FREUDENBERG u. GYÖRGY in zahlreichen Produkten des Stoffwechsels, so daß sich ihnen die Folgerung ergibt, daß der normale Stoffwechsel eines Gewebes seine Verkalkung verhindert.

Die Theorie von FREUDENBERG u. GYÖRGY hat außer dem bereits erwähnten hypothetischen Charakter, der besonders der dritten Verkalkungsstufe zukommt, nicht wenige Bedenken gegen sich. Dem Einwand von H. G. WELLS, daß auch totes Material, das nicht aus Eiweiß besteht, wie Gazetupfer u. dgl. verkalkt, kann entgegengehalten werden, daß sich die Fasern mit einer Eiweißhülle umkleiden, die der Verkalkung verfällt. Schwerer wiegt die Kritik, die R. E. LIESEGANG an der Methodik geübt hat. FREUDENBERG u. GYÖRGY nehmen an, daß der Knorpel sowohl positive als negative Ionen binden kann, aber Phosphat nur aufnimmt, wenn er mit Calcium beladen ist. Diese Auffassung folgt nach LIESE-

GANG aus einem Fehler der Versuchsanordnung. Die Auffassung von FREUDEN-
BERG u. GYÖRGY, daß das Knorpelkolloid gleichzeitig positive und negative
Ionen bilden kann, widerspricht der von J. LOEB aufgestellten Regel, daß ein
Protein bei einem bestimmten konstanten p_H nur das eine der Ionen eines Neutral-
salzes, und zwar das, dessen Ladung der des Proteinions entgegengesetzt ist,
binden kann.

Allmählich hat sich die Meinung wohl dahin geklärt, daß eine chemische Bindung der Salze an das Protein nicht in Betracht kommt. Findet bei der Verkalkung eine Bindung von Kalksalzen an Proteine statt, so kann es sich nach
KLINKE nur um die Adsorption eines nicht dissociierten Salzes handeln.

KLEINMANN hält es nach seinen Versuchen für wahrscheinlich, daß nekrotisches
(dystrophisches) Gewebe alkalischer reagiert als lebendes, daß das höhere p_H das
Auftreten von Krystallkeimen von Calciumphosphat beschleunigt, und daß diese
Krystallkeime als Bodenkörper weiteres Ausfallen veranlassen.

R. ROBINSON hat im wachsenden Knorpel ein Ferment nachgewiesen, das aus den
organischen Phosphatverbindungen (Estern) des Blutes Phosphat frei macht.
Diese Phosphatase hat ihr Wirkungsoptimum bei $p_H = 8,5$. Da nach H. HUMMEL
in der Umgebung des Knochens $p_H = 7,5—8,2$ angenommen werden darf, so ist
es möglich, daß es durch das Ferment zu einer Konzentrationssteigerung anorganischen Phosphats im Knorpel kommt.

Nach SCHWARZ, EDEN u. HERRMANN ist der Callus bedeutend phosphat-
ärmer als der Knochen. Während im Knochen das Verhältnis $Ca : P = 1 : 0,6$
enthalten ist, liegt im Callus das Verhältnis bei $1 : 0,2$ bis $0,4$. Leider haben die
Autoren den Carbonatgehalt nicht bestimmt. Wenn, wie anzunehmen ist, der
Callus mehr Calciumcarbonat enthält — das würde vielleicht dem Ausfall der
Schüttelversuche entsprechen —, so müßte man folgern, daß mit dem Fortschreiten
der Knochenbildung ein Ionenaustausch stattfindet, der gerade umgekehrt verläuft wie die von KLEINMANN im Reagenzglas gefundene Austauschadsorption.

Daß die Knochensalze zunächst entsprechend der Zusammensetzung der Kalk-
verbindungen im Blut ausfallen und erst allmählich, vielleicht unter Einwirkung
der durch die Phosphatase erfolgenden Phosphaterhöhung, zu der endgültigen
Zusammensetzung umgelagert werden, könnte vielleicht das Überwiegen des
Phosphats erklären, wenn nicht das gleiche Verhältnis der Anionen bei der
dystrophischen Verkalkung auf eine allgemeine Bedingung hinwiese.

Nach HASTINGS c. s. adsorbieren die Knochensalze ebenso wie $Ca_3(PO_4)_2$ die
Calciumverbindungen des Serums. N. R. DHAR nimmt an, daß sich auch viele
andere Stoffe (wie nekrotisches Gewebe und Fremdkörper) so verhalten.

Metastatische Verkalkung. Eine Verkalkung normaler Gewebe — von
VIRCHOW metastatische Verkalkung genannt — findet sich, wenn ein starker
Abbau von Knochensubstanz stattfindet, so bei Osteosarkomatose, multiplem
Myelom, Osteomalacie. Es verkalken dann in erster Linie und besonders stark
Lungen, Magen und Nieren. In einem derartigen Falle bestanden 13% vom
Trockengewicht der Lunge und 12% vom Trockengewicht der Niere aus Calcium-
oxyd. Die drei Vorzugsorgane der metastatischen Verkalkung haben die Bildung
eines sauren Ausscheidungsprodukts (Kohlensäure, Magensalzsäure, saurer Harn)
gemeinsam, wobei in den Organen ein Zustand höherer Alkalinität zurückbleiben
muß, die das Ausfallen der Kalksalze begünstigt. In der Tat liegt im Magen der

Kalk im Zwischendrüsengewebe um den oberen Teil der Fundusdrüsen, entsprechend denjenigen Stellen, denen die Salzsäuresekretion zugeschrieben wird.

Der Einfluß der Reaktion auf Kalkablagerung zeigt sich auch darin, daß metastatische Verkalkung in den Lungenvenen, dem Endokard des linken Herzens und in den großen Arterien vorkommt; das sind die Gewebe, die mit dem Blut des geringsten CO_2-Gehalts in Berührung kommen.

Da bei den schweren Knochenerkrankungen, die zu der metastatischen Verkalkung führen, gewöhnlich auch ein schweres Nierenleiden vorliegt, so glaubte VIRCHOW, daß Behinderung der Kalkausscheidung eine wesentliche Vorbedingung dieser Verkalkung darstelle.

Gelegentlich wird aber auch metastatische Verkalkung beobachtet, ohne daß Veränderung im Skelett oder eine Nierenerkrankung nachweisbar ist. Im Tierexperiment gelingt es durch Zuführung von Kalksalzen und Phosphaten Verkalkungen in Niere, Herz, Magen, Dickdarm und Lunge hervorzurufen (M. TANAKA, C. R. H. RABL, H. KLEINMANN). RABL kommt zu der Meinung, daß eine Behinderung der Phosphatausscheidung bei basenreicher Nahrung die Kalkablagerung in die Gewebe herbeiführt. KLEINMANN stellt die Anhäufung von Ca^{++} und PO_4'''-Ionen in den Vordergrund, die besonders dort erfolgt, wo infolge von Wasserabgabe eine Konzentrierung stattfindet. Die Verkalkung des Herzens und der Gefäße lassen sich aber dieser Betrachtungsweise nicht einordnen.

Ausgedehnte Verkalkung von Lungen, Arterien und Sehnen findet sich bei der Marmorkrankheit (ALBERS-SCHÖNBERG), einer von der Corticalis ausgehenden enormen Knochenverkalkung, die mit starker Knochenbrüchigkeit einhergeht und zu sehr charakteristischen Veränderungen der Schädelbasis, besonders der Selle turcica, führt.

Eine abnorme Knochenverkalkung stellt auch die Osteosclerose dar, bei der eine so starke Wucherung der Spongiosa stattfindet, daß die Markhöhle bis auf schmale Reste verloren geht. Infolgedessen zeigen diese Kranken die Symptome schwerer Blutkrankheit (Anämie, aleukämische Myelose) (M. B. SCHMIDT, A. JORES).

In einem Fall von Hyperplasie der Epithelkörperchen haben HUBBARD u. WENTWORTH Hypercalcämie und metastatische Verkalkung festgestellt. Das Parathyreoidhormon von J. B. COLLIP führt zu Vermehrung des Blutkalks. Ob es gelingt, bei langdauernder Behandlung mit diesem Hormon Verkalkung herbeizuführen, scheint noch nicht geprüft zu sein. Adrenalin erhöht den Calciumgehalt des Blutes.

Das Bild der metastatischen Verkalkung entsteht bei den Laboratoriumstieren, besonders bei der Katze, auch durch bestrahltes Ergosterin, wenn es in einer das therapeutische Maß weit überschreitenden Dosierung zugeführt wird (RABL, DREIFUSS, KREITMAYR u. HINTZELMANN). Unter dieser Behandlung verarmt der Knochen an Calcium. WENZEL hat gezeigt, daß eine starke Kalkablagerung durch bestrahltes Ergosterin in den großen Arterien stattfindet, und daß sich schwere Veränderungen der Gefäßwand anschließen.

4. Die Entkalkung.

Die im Knochen abgelagerten Kalksalze sind unter bestimmten Bedingungen löslich. Am längsten bekannt ist die Tatsache, daß bei Acidose der Knochen an Asche verarmt und eine negative Bilanz der Erdalkalien eintritt (D. GERHARDT u. SCHLESINGER). Durch medikamentöse Acidose (Zuführung von Ammonium-

chlorid) soll es möglich sein, Knochen so weich zu machen, daß sie biegsam
werden.

Zwei Arten der Knochenerweichung sind denkbar. Es kann sich um Lösung
der Salze (Halisterese) handeln oder um einen primären Abbau der Knochengrundsubstanz.

G. POMMER hat auf Grund ausgedehnter morphologischer Untersuchungen den
Schluß gezogen, daß Frührachitis, Spätrachitis und Osteomalacie Er-
scheinungsformen derselben Knochenerkrankung in verschiedenen Lebens-
abschnitten darstellen. Die allgemeinen biologischen und therapeutischen Erfahrungen der letzten Jahre haben diese Auffassung befestigt.

Rachitis. Auf S. 61 ist das Wesen der Rachitis als Mangelkrankheit behandelt.
An dieser Stelle wird daher nur auf die chemischen Besonderheiten eingegangen.

Der Gehalt des Knochens an anorganischen Salzen ist bei Rachitis stark vermindert. Nach GASSMANN ist das Verhältnis von $Ca^{++} : PO_4''' : CO_3''$ wie in der
Norm, aber der Magnesiumgehalt relativ vermehrt (0,5—0,74% gegen 0,1% normal
auf Asche berechnet). Es verdient Interesse, daß GASSMANN den Magnesiumgehalt
der prähistorischen Zähne niedriger findet als den der Zähne unserer Zeit. Auch
zur Caries neigende Zähne enthalten viel Magnesium. Eine Untersuchung rachitischer Zähne wäre gewiß lohnend.

Für den rachitischen Prozeß sind nach POMMER, G. SCHMORL, M. B. SCHMIDT
folgende Kennzeichen charakteristisch: überschüssiges osteoides Gewebe mit
mangelhafter Verkalkung der Trabekeln; Fehlen der provisorischen Verkalkungs-
zone und Unregelmäßigkeit der Epiphysenlinie; unregelmäßige Zerstörung der
Knorpelzellen; Bildung einer rachitischen Metaphyse, die aus Blutgefäßen, Knorpelzellen, Bindegewebe, mangelhaft verkalkten Trabekeln, übermäßigem osteoidem
Gewebe und spärlichen myeloiden Stoffen besteht und erweiterte Kapillaren aufweist; Fehlen von Zeichen für vermehrte Zerstörung und Resorption der Trabekeln.

Bei der manifesten Rachitis der Menschen wird der Knochen weich, also ärmer
an Kalksalzen. Es muß also die Frage nicht nur auf Fehlen der Verkalkung,
sondern auch auf Entkalkung gerichtet werden.

Die experimentelle Forschung, die auf diesem Gebiete so erfolgreich war wie
kaum auf einem anderen, hat festgestellt, daß kalkarme Ernährung nicht zu
Rachitis, sondern zu Osteoporose führt.

W. HEUBNER hat versucht, bei jungen Hunden durch eine höchst phosphor-
arme Nahrung (0,07% P) Rachitis zu erzeugen. Es entstand eine Knochenver-
änderung, die SCHMORL als skorbutähnlich ansah, aber keine Rachitis. Zu diesen
Versuchen und anderen, die in der Zeit vor der Vitaminaera durchgeführt wurden,
bemerkt J. HOWLAND, daß die Kost in bezug auf Vitamine unvollständig und in
bezug auf P-Armut zu streng war, so daß kein Wachstum erfolgen konnte. Rachitis
tritt aber nur auf, wenn der Organismus wächst (J. HOWLAND).

E. MELLANBY ist es gelungen, bei Tieren regelmäßig durch Diät Rachitis hervorzubringen. MCCOLLUM, PARK, SHIPLEY u. SIMMONDS und unabhängig von dieser
Schule H. C. SHERMAN und A. M. PAPPENHEIMER haben bei Ratten durch Fütterung
mit Nahrungsgemischen besonders dann regelmäßig unzweifelhafte Rachitis erzeugt,
wenn die Nahrung relativ phosphorarm war. Die in bezug auf Vitamin und Protein
vollwertige Kost muß Ca und P in einem bestimmten Verhältnis besitzen. Auch
bei einer infolge von Kalküberschuß nur relativ phosphorarmen Kost kommt es

zu Rachitis. McCollum u. Park benutzen zur Erzeugung von Rachitis und zur Prüfung der antirachitischen Wirkung von Nahrungsmitteln und therapeutischen Maßnahmen die Diät Nr. 3143, die an sich in jeder Beziehung normales Wachstum und Gesundheit verbürgt und nur dadurch rachitogen wirkt, daß sie einen Zusatz von 3% Calciumcarbonat erhält. McCollum hält (bei Tieren) das Verhältnis P : Ca = 1 : 0,6 für das Optimum des Knochenwachstums. In der Kuhmilch ist Ca/P = 0,79, in der Frauenmilch 1,31. Für den Menschen ist wohl die letzte Zahl maßgebend.

Indessen entsteht Rachitis auch bei Ernährung mit Frauenmilch.

Howland u. Kramer sowie Iversen u. Lenstrup fanden bei Rachitis das anorganische Phosphat im Serum wesentlich vermindert. Beim erwachsenen gesunden Menschen beträgt dessen Wert 3—3,5 mg%. In der ganzen Periode des Knochenwachstums liegt er wesentlich höher, bei 5—6 mg%. Der Abfall nach Aufhören des Wachstums erfolgt sehr rasch. Sehr bemerkenswerterweise findet beim Erwachsenen ein Anstieg während der Heilung eines Knochenbruches statt. Wie bereits früher erwähnt, hat Robison im wachsenden Knorpel eine Phosphatase nachgewiesen. Es ist wichtig zu prüfen, ob sich diese auch im osteoiden Gewebe bei Knochenbrüchen findet. Das wäre eine bedeutende Stütze für die Annahme, daß diese Phosphatase aus den Phosphorsäureestern, die sich auch bei Rachitis im Blut in normaler Menge finden, Phosphat frei macht.

Howland u. Kramer, sowie Iversen u. Lenstrup finden bei Rachitis 1—3,5 mg% anorganisches Phosphat im Serum, während das Serumcalcium entweder normal (10—11 mg%) oder leicht vermindert ist (Durchschnittswert 9,4 mg% — Howland u. Marriott).

Schon früher war J. Schabad auf Grund eingehender Stoffwechseluntersuchungen zu der Auffassung gekommen, daß dem anorganischen Phosphat bei der mangelhaften Verkalkung der Rachitis die größte Bedeutung zukommt.

Bei der Rachitis besteht eine kompensierte Acidose, kenntlich an der Steigerung der Ausscheidung von Phosphat, organischen Säuren und Ammoniak durch die Nieren. Diese Acidose ist nicht mehr als ein unwesentliches Begleitsymptom; sie ist nicht, wie L. Blum c. s. meinen, die Veranlassung zur Verminderung des Serumphosphats.

Alle therapeutisch wirksamen Mittel und Maßnahmen führen zu Erhöhung des anorganischen Phosphats im Serum. Die Beobachtung dieses Wertes ist sowohl für die Diagnose (latente Rachitis!) wie für die Beurteilung des Verlaufs maßgebend. Durch Zuführung von Na_2HPO_4 läßt sich experimentelle Rachitis verhüten; durch Calcium- und Natriumglykophosphat, nicht aber durch Natriumphosphat (Gross u. Underhill; V. Korenchewsky) läßt sich bei Mensch und Tier, durch tägliche Injektionen von K_2HPO_4 bei der Ratte (Pappenheimer), Rachitis heilen.

Nach Schabad, E. Schloss u. a. besteht bei der Rachitis eine negative P- und Ca-Bilanz, die durch wirksame Therapeutica ausgeglichen wird. Der Hauptteil der Calciumausscheidung erfolgt durch den Darm. Da der Stuhl viel mehr Calcium als Fettsäuren enthält, so muß angenommen werden, daß ein Teil des Ca als Tricalciumphosphat abgegeben wird.

Kapsinow u. Deborah Jakson haben nachgewiesen, daß Fütterung von Schweinegalle bei Ratten Rachitis verhütet und heilt. Ihr Schluß, daß die Galle den antirachitischen Stoff enthalte, wird durch die Untersuchungen von SEYDER-HELM u. TAMMANN gestützt. Da aber Galle die Fähigkeit hat, unlösliche Kalksalze zu lösen und die Resorption im Darm zu verbessern, so hat auch die Meinung von KLINKE, daß hierin die Wirkung der Galle liege, Berechtigung.

HOWLAND vertritt die Meinung, daß das primum movens bei der Rachitis in einer Darmresorptionsstörung beruhe, daß hierdurch der niedrige Phosphatgehalt des Serums entstehe, der die Verkalkung unmöglich mache.

Daß der Knochen bei der Rachitis Kalk abgibt, ist nach den Untersuchungen von POMMER verständlich, der fand, daß während des ganzen Lebens appositionelle und resorptive Prozesse stattfinden. Da im Beginn der Rachitis eine Acidose fehlt und die später auftretende zu gering ist, um die Entkalkung zu erklären, so muß man annehmen, daß bei der Rachitis der normale Abbau weitergeht, aber nicht durch Anbau kompensiert wird. Wie der Abbau des Knochens und die Lösung der Knochensalze zustande kommt, ist noch sehr unklar. Man weiß, daß die Osteoklasten an diesem Prozeß beteiligt sind; aber man weiß nicht, auf welche Weise sie wirken.

Eine wichtige Stütze der Resorptionstheorie liegt in dem Verhalten des Serumphosphats.

FREUDENBERG u. GYÖRGY stellen, entsprechend ihrer Verkalkungstheorie, die These auf, daß bei der Rachitis die Kalkbindung an den Knorpel gestört sei, daß die Umwandlung der Grundsubstanz, die zu Erniedrigung des Stoffwechsels führe und die Verkalkung ermögliche, nicht eintrete. STÖLTZNER vermutet, daß die Neubildung kalkaffiner Eiweißkörper gestört sei.

Die Versuche von P. G. SHIPLEY, K. W. McMARRIOTT, HOWLAND u. KRAMER haben indessen dargetan, daß der Knorpel bei Rachitis ganz ebenso verkalkt wie beim Gesunden. SHIPLEY fand, daß aseptisch entfernter Knorpel von rachitischen Ratten im eigenen Blutserum unverkalkt bleibt, im Serum von Normalratten aber verkalkt. Ganz ebenso verhalten sich Rippenknorpel rachitischer Kinder (KRAMER u. HOWLAND). Die Verkalkung wird durch Protoplasmagifte und Erhitzung unmöglich gemacht. HOWLAND schließt daraus, daß die Verkalkung nicht eine einfache Fällung ist, sondern von der Tätigkeit des lebenden Gewebes abhängt. Dieser Auffassung läßt sich die Kenntnis über die Wirkung der Phosphatase einordnen, deren Verhalten im rachitischen Knorpel danach normal sein müßte. Als unklarer Punkt in der Theorie von HOWLAND bleibt die Tatsache, daß der rachitische Knorpel, wie sein Aufbau und der Vorgang der Entkalkung zeigt, vom gesunden Knorpel stark abweicht.

Osteomalacie. Die Osteomalacie ist morphologisch mit der Rachitis identisch. LOOSER erklärt das Entstehen der Knochenveränderungen durch Hemmung der physiologischen Apposition von Knochengewebe, als „Hemmung aller aktiven Prozesse der Knochenbildung und des Knochenwachstums". Darüber, ob bei der Osteomalacie eine Halisterese stattfindet, besteht unter den Morphologen keine Einigkeit. Zwischen Rachitis, Spätrachitis und Osteomalacie gibt es Übergangsformen. Die Unterschiede im klinischen Bilde werden damit erklärt, daß bei Rachitis der wachsende, bei Osteomalacie der fertige Knochen betroffen wird. Nach SCHMORL erkranken die Skeletteile mit Wachstumstendenz oder mechanischer Beanspruchung am frühesten und stärksten.

Bei der Osteomalacie ist der Aschegehalt des Knochens auf 20—40% (gegen

60% normal) vermindert, der Gehalt an organischer Substanz relativ vermehrt. Die Kalkbilanz ist häufig negativ befunden worden. Der Blutkalkwert ist bis auf 7 mg% vermindert, der Gehalt des Blutes an anorganischem Phosphat normal. Nach L. BLUM ist bei der Osteomalacie, im Gegensatz zu Rachitis (E.W.H. CRUIK-SHANK), der Serumkalk fast völlig dialysabel, wodurch der vermehrte Übergang des Kalks in den Harn verständlich wird (MILES u. CHI-TUNG-WENG). Die Angaben, ob bei der Osteomalacie Acidose besteht, lauten verschieden.

5. Tetanie.

Das Calcium hat die Eigenschaft, die nervöse und muskuläre Erregbarkeit herabzusetzen. Nach den berühmten Untersuchungen von J. LOEB beruht dieser Erfolg auf einer Ionenwirkung. Indessen haben — wie bereits vermerkt — spätere Arbeiten gezeigt, daß es sich um sehr verwickelte Verhältnisse handelt.

Neuromuskuläre Übererregbarkeit ist ein Hauptsymptom der Tetanie. Die Tetanie des Kindes und des Erwachsenen geht in einer sehr großen Zahl von Fällen mit einer Verminderung des Serumkalks einher. J. GREENWALD hat als erster bei der thyreopriven Tetanie eine Vermehrung des anorganischen Phosphats im Serum nachgewiesen. Bei den Tetanien anderer Ätiologie ist derselbe Befund erhoben worden (ELIAS u. SPIEGEL, SCHEER u. SALOMON u. a.). B. KRAMER hat erhöhten Kaliumgehalt festgestellt.

Tetanie tritt unter verschiedenen Bedingungen auf. FREUDENBERG u. GYÖRGY haben auf Grund einer vielleicht anfechtbaren genetischen Sonderung folgende Formen unterschieden:

a) Atmungstetanie
b) Bicarbonattetanie } Bluttetanien
c) Phosphattetanie

d) parathyreoprive Tetanie
e) Guanidintetanie } Gewebstetanien
f) idiopathische Tetanie

Von der Atmungstetanie war bereits die Rede (s. S. 354).

Bicarbonattetanie. Langsame Injektion einer 5%igen Bicarbonatlösung führt bei Hunden zur Steigerung der neuromuskulären Erregbarkeit und zu tetanischen Krämpfen (P. VAN PAASSEN). Indessen ist (beim Menschen) diese Bicarbonatwirkung nicht eindeutig durch die Veränderung der Blutreaktion bedingt. Man kann durch Bicarbonatinfusion eine stärkere Alkalose herbeiführen, als durch eine Tetanie erzeugende Überventilation, ohne daß die neuromuskulären Erscheinungen eintreten (H. ELIAS, F. MAINZER). Bei der Infusion von NaOH und KOH werden Hunde nicht tetanisch (HOLT, STRIEGEL u. PERLZWEIG), auch wenn die Blutreaktion stärker nach der alkalischen Seite verändert ist als nach der Injektion von $NaHCO_3$. Diese Erscheinungen passen nicht zu der Annahme, daß die Tetanie durch eine Abnahme der Calciumionen bedingt werde. MAINZER sah bei einem Epileptiker auch nach Injektion einer 10%igen NaCl und einer 25%igen Natriumacetatlösung den Anfall auftreten. In diesen Versuchen fand nur ein so geringer Anstieg der Alkalireserve statt, daß die Alkalose als Bedingung nicht in Betracht kommt. Nach P. GYÖRGY und F. MAINZER sind die Übererregbarkeitssymptome Folgen einer Störung des allgemeinen Ionengleichgewichtes.

Beobachtungen dieser Art ergeben sich auch bei der Magentetanie, die ja
(KL. GOLLWITZER-MEIER) (s. S. 461) eine Bicarbonattetanie ist. Das Auftreten
der Krämpfe hängt nicht von dem p_H des Blutes ab. Bicarbonattetanie ist sowohl
nach peroraler als nach intravenöser therapeutischer Zufuhr von $NaHCO_3$ beobachtet worden.

Die Phosphattetanie. Nach Injektion größerer Mengen von Phosphat
kommt es zu Steigerungen des anorganischen Blutphosphats, einer Verminderung
des Blutkalks und zu Tetanie. Phosphat wirkt schon in geringeren Dosen erreg-
barkeitsteigernd, wenn es per os gegeben wird (GYÖRGY u. WILKENS).

Eine praktische Bedeutung gewinnt die Phosphattetanie durch die Analyse
der spasmophilen Zustände bei Urämie. F. MAINZER hat einige Fälle dieser Art
an unserer Klinik untersucht. Ich gebe das Resultat in folgender Tabelle:

| | Serum | | | | | | Blut | | |
| Fall | Kationen | | | Anionen | | | $p_H\,38^0$ | Rest-N | Harn-säure |
	K mg %	Na mg %	Ca mg %	Cl′ mg %	anorg. P mg %	Vol % CO_2			
I	—	721	10,7	340	11,5	23,5	7,25	205	9,0
II	—	—	7,2	410	12,0	14,7	—	178	14,5
III	27,8	328	10,0	340	11,0	57,6	7,41	75	8,2

Es fand sich also nur einmal eine Verminderung des Blutserumkalks, aber
in allen Fällen eine starke Phosphatvermehrung und zweimal eine beträchtliche
in Fall I sogar eine dekompensierte Acidose.

Eine ausreichende Erklärung für die Entstehung der Bluttetanien gibt es nicht,
weil es ja nicht auf die Veränderungen des Blutes, die man messen kann, sondern
die des Nervengewebes, die sich der Feststellung entziehen, ankommt.

Die (geringe) Abnahme der Calciumionen des Blutes, die sich bei steigendem
p_H und bei hoher Alkalireserve ergeben muß, kann zu einer vermehrten Kalkbindung im Gewebe führen. Die Abdunstung von CO_2 aus dem Blut bei der
Überventilation hat einen Austritt von Cl′ aus den Erythrocyten (und vielleicht
auch aus anderen Zellen) in das Plasma zur Folge. Umgekehrt geht die Bicarbonattetanie mit einer Verminderung der Cl′-Ionen im Plasma einher, die bei
der Magentetanie einen ganz extremen Grad erreichen kann. Bei der Über-
ventilationstetanie kommt vielleicht auch der paradoxen Anoxämie (s. S. 354) ein
Einfluß zu (J. B. HALDANE).

Die Tetanie, die bei der Sprue und Cöliacie (s. S. 476) auftritt, kann — ganz
allgemein — auf die schweren Veränderungen im Mineralstoffwechsel, wie sie
durch die abnormen Darmverhältnisse entstehen müssen, zurückgeführt werden.

Nicht klarer liegen die Verhältnisse bei den Gewebstetanien.

Beziehungen der Epithelkörperchen zum Kalkstoffwechsel fand ERDHEIM in
den Veränderungen des Zahnwachstums und der Knochenbildung, die nach Para-
thyreoidektomie auftreten. Bei Masern, Osteomalacie und Osteoporose sind Veränderungen der Epithelkörperchen beschrieben. Wir fanden solche auch im Zustand schwerer Unterernährung, die oft zu Osteoporose führt und bisweilen mit
Tetanie einhergeht (H. SCHLESINGER, LICHTWITZ), LUCE bei Nephritis mit abnormem
Kalkstoffwechsel. Nach LUCE führt kalkfreie Kost (bei Ratten) zu Vergrößerung

der Epithelkörperchen, „als ob dieses Organ versuchte, durch Vermehrung seiner Zellen eine durch Calciummangel entstandene Stoffwechselstörung auszugleichen".

Nach den Untersuchungen von Gross u. Underhill sinkt nach Exstirpation der Epithelkörperchen bei Hunden der Blutkalk (niedrigster Wert 1,4 mg%) und steigt das anorganische Phosphat (höchster Wert 34,4 mg%). Die tetanischen Erscheinungen beginnen, wenn der Blutkalk auf 7 mg% heruntergegangen ist (Hastings u. Murray). Die früheren, ganz verschieden lautenden Angaben über das Verhalten der Blutreaktion haben sich dahin geklärt, daß der Operation eine Alkalose folgt, die nach dem Auftreten von Krämpfen in eine Acidose umschlägt (Cruickshank). Diese Veränderung der Reaktionslage beruht wahrscheinlich auf Säurebildung in der krampfenden Muskulatur. Milchsäure und Acetessigsäure (diese aber nicht als Folge der Krämpfe, sondern vielleicht als Folge der Narkose, der Überventilation oder der mangelhaften Ernährung) werden im Harn ausgeschieden. Die Untersuchungen von Hammet haben ergeben, daß das Calcium, dessen Verminderung im Blut nicht (Greenwald) auf einer vermehrten Ausscheidung beruht, auch nicht im Knochen abgelagert wird. Da es auch nicht im Gewebe zu finden ist, so bleibt als Erklärung nur eine Beeinträchtigung der Kalkresorption aus dem Darm übrig (Wesselkin, Slawitsch u. Szudakowa-Wesselkina).

Bei Zufuhr großer Mengen von Calciumsalzen findet aber, wie auch der therapeutische Erfolg lehrt, eine genügende Resorption statt. Es handelt sich hier nicht um eine acidotische Wirkung dieser Salze, da auch organische Kalksalze brauchbar sind.

Die Kenntnis der Guanidintetanie hat zu der Theorie geführt, daß es sich auch bei der parathyreopriven und bei der idiopathischen Tetanie um eine Guanidinwirkung handelte (Noel Paton, E. Frank). W. F. Koch, Noel Paton, Sharpe, Kühnau finden bei der parathyreopriven Tetanie Guanidin im Blut und Harn in übernormaler Menge. J. Greenwald hat methodische Bedenken erhoben, so daß diese Frage noch als unentschieden betrachtet werden muß. Shanks fand bei parathyreoidektomierten Hunden erhöhten Cholingehalt des Blutes.

Die Auffassung der Tetanie als gastrointestinale Intoxikation erfährt durch die Veränderungen der Magen-Darmschleimhaut (J. Spadolini) und durch die günstigen Resultate, die durch Anregung der Diurese (mit täglichen Injektionen großer Mengen Ringerlösung) und durch Adsorptionstherapie (mit Kaolin) zu erreichen sind, eine gewisse Stütze (L. R. Dragstedt c. s.).

Gegen eine Vereinheitlichung von Epithelkörperchen- und Guanidintetanie sprechen aber die Erfahrungen mit Collips Epithelkörperchenhormon. Durch dieses Hormon wird bei gesunden und kranken Tieren der Kalkgehalt des Blutes und des Liquor cerebrospinalis erhöht, der Phosphatgehalt vermindert. Es kommt zu einer vermehrten Ausscheidung von Calcium und Phosphat. Bei kranken Tieren geht das Befinden dem Verhalten des Blutes vollständig parallel. Dieses Hormon, das den Kalkgehalt des Blutes regelt, ist ein ätiologisches Therapeuticum gegen die parathyreoprive Tetanie.

Daß diese mit der Methylguanidinvergiftung, bei der Serumphosphat erheblich erhöht, aber Calciumverminderung nicht regelmäßig ist, nicht völlig identisch ist, geht daraus hervor, daß ein parathyreoidektomiertes, aber mit Collips Hormon anfallfrei gehaltenes Tier, mit Guanidin vergiftet, unter den typischen Symptomen erkrankt (DRAGSTEDT, LESTER u. SUDAN).

Die idiopathische oder spontane Tetanie, die im Kindesalter am häufigsten ist, deren Häufigkeit jahreszeitlich und geographisch große Verschiedenheiten aufweist, geht in der größten Zahl der Fälle mit Verminderung des Blutkalks und mäßiger Phosphatstauung und Erhöhung des Kaliumgehaltes (B. KRAMER) einher. Die Blutreaktion ist normal. ELIAS fand bei tetanischen Erwachsenen Kohlensäurebindungskurven, die mit denen von Gesunden ganz übereinstimmen. FREUDENBERG u. GYÖRGY, die eine Alkalose für vorliegend erachten und diese Meinung in dem guten therapeutischen Erfolg acidotisch wirkender Salze, wie Salmiak und Calciumchlorid, bekräftigt finden, betonen, daß eine alkalotische Stoffwechselrichtung im Blutchemismus nicht zum Ausdruck kommen muß. Bei der Tetanie eines Erwachsenen fand MAINZER einen anscheinend normalen Säure-basenhaushalt. Die trotzdem bestehende alkalotische Stoffwechselrichtung zeigte sich aber nach einer acidotischen Therapie in einem alkalotischen Nachstadium, das in bezug auf Grad und Dauer sich von dem Verhalten des Normalen sehr unterscheidet. Dieser Versuch bedeutet eine funktionelle Belastungsprüfung des Säure-basenhaushaltes und erscheint geeignet, Aufschluß über die acidotische oder alkalotische Stoffwechselrichtung zu gewähren.

Die therapeutische Wirkung der Kalksalze bei der Tetanie ist von sehr kurzer Dauer. Es ist auch bei Anwendung großer Dosen wegen der schnellen Ausscheidung nicht möglich, den Blutkalk für eine längere Zeit hochzuhalten. Bei der Salmiaktherapie tritt eine Besserung der Symptome ein, ohne daß der Blutkalk ansteigt. Bei der parathyreopriven Tetanie betrifft die Calciumarmut nicht das Blut allein. MC COLLUM u. VOEGTLIN haben auch Kalkverminderung im Gehirn nachgewiesen. Die nahen Beziehungen der neuromuskulären Übererregbarkeit zum Calcium, die sich auch nach zahlreichen eigenen Beobachtungen bei der Oxalatvergiftung zeigen, beginnen sich zu klären. PINCUS, PETERSON u. KRAMER haben den Serumkalk durch Ultrafiltration fraktioniert und gesehen, daß aus Serum von Gesunden und von Nephritikern 5—6 mg%, aus Serum von tetanischen Hunden und Menschen nur 2—3 mg% durch die Membran gehen.

K. KLINKE hat diese Resultate bestätigt und erweitert, indem er zeigte, daß bei urämischen Krämpfen dieselbe Verminderung an ultrafiltrablem Kalk auftritt wie bei der Tetanie. Die Anwendung dieser Methode bei Epilepsie, bei Tetanus (Tetanustoxin erzeugt nach J. M. KRINIZKI Hypocalcämie), bei Oxalatvergiftung u. a. m. verspricht interessante Aufschlüsse.

KLINKE kommt zu der Auffassung, daß bei der Tetanie die primäre Veränderung die komplexe Calciumverbindung betrifft, die ein Reservoir von Calciumionen darstellt bzw. mit den Calciumionen ein Puffersystem bildet. Bei der Tetanie ist der Komplexrest, der mit dem Calcium die komplexe Verbindung bildet, nicht vorhanden. Daher kann kein Calciumvorrat gebildet werden. Durch die Vermehrung des Phosphats (bei der Phosphattetanie und bei Nephritis) tritt eine Verarmung des Serums an Calciumionen und an komplexen Salzen ein. Ist die Menge an komplexem Salz zu gering oder steht sie in einem Mißverhältnis zur adsorbierenden Kraft der Gewebskolloide, so tritt neuromuskuläre Übererregbarkeit ein.

Nach Analysen von PINCUS, PETERSON u. KRAMER verhalten sich bei Tetanie auf der Höhe der Krankheit und nach Heilung Calcium und Phosphat in Serum und Ultrafiltrat, wie folgende Tabelle zeigt:

Analysen des Blutserums von Patienten mit kindlicher Tetanie vor und nach Behandlung.

Nr.	Alter Jahre		Serum		Ultrafiltrat		Serumeiweiß
			Ca	P	Ca	P	
1	7	Aktive Tetanie	6,4	5,2	2,2	5,6	7,4
		nach Heilung	8,5	3,1	5,1	3,3	7,5
2	8	Aktive Tetanie	5,8	6,0	2,0	5,2	7,1
		nach Heilung	8,2	2,8	5,0	3,0	7,2
3	10	Aktive Tetanie	6,1	6,2	2,2	6,4	6,8
		nach Heilung	8,7	3,0	5,3	3,2	7,0

Über das Verhältnis der Calciumfraktionen und des anorganischen Phosphats des Blutserums bei Gesunden und Kranken gibt KLINKE folgendes Schema:

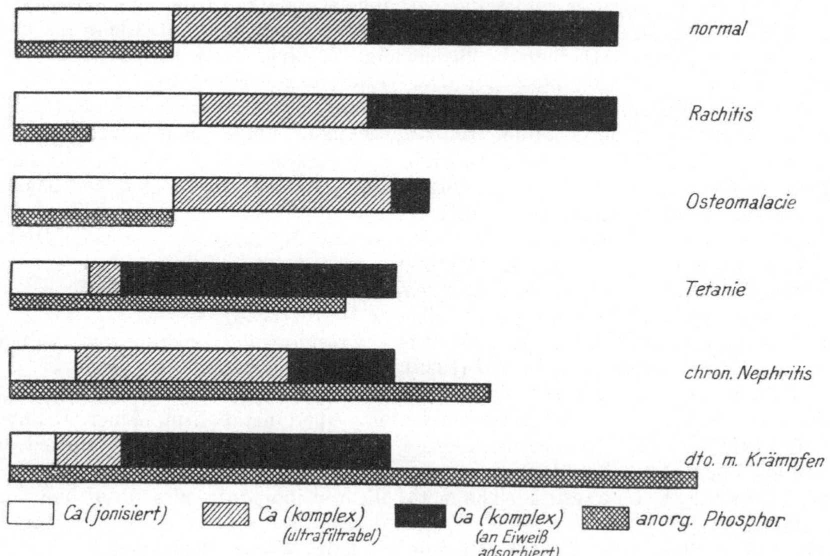

Abb. 52. Verteilung der Ca-Fraktionen im Serum.

Literatur.

ALBERS-SCHÖNBERG, H., siehe SCHULZE: Arch. klin. Chir. **118**, 410 (1921).

BEHRENDT, H.: Über den Einfluß von Phosphat und Bicarbonat auf die Dissoziation des Kalks im Liquor cerebrospinalis. Biochem. Z. **144**, 72 (1924).

BERNHARD, A. and J. J. BEAVER: The electrodialysis of human blood serum. J. of biol. Chem. **69**, 113 (1926).

BIRREL, R. G. and E. W. H. CRUICKSHANK: Variations in the distribution of CO_2 and Cl' in the cells and plasma of blood in tetany following parathyreoidectomy on dogs. Proc. Roy. Soc. exper. Biol. a. Med. **21**, 115 (1923).

BLÜHDORN, K: Zur Frage der Wirkungsweise des Calciums bei Spasmophilie. Klin. Wschr. **1922**, 2525.

BLUM, L., M. DELAVILLE et VAN CAULAERT: Récherches sur la composition minérale du sang dans un cas d'ostéomalacie. C. r. Soc. Biol. Paris **91**, 599, 1291 (1924); **92**, 184 (1925).

CAMERON, A. T. and V. H. K. MOORHOUSE: The tetany of parathyreoid deficiency and the calcium of the blood and cerebrospinal fluid. J. of biol. Chem. **63**, 687 (1925).

COLLIP, J. B. and P. L. BACKUS: The effect of prolonged hyperpnoea etc. Amer. J. Physiol. 51, 568 (1920).

CRUICKSHANK, E. W. H.: Studies in exp. tetany. Biochem. J. 27, 13 (1923); 18, 47 (1924).

CURSCHMANN, H.: Über neurotische Atmungstetanie. Klin. Wschr. 1922, 1667.

DRAGSTEDT, R. LESTER, KENNETH PHILLIPS and A. C. SUDAN: Studies on the pathogenesis of tetany. Amer. J. Physiol. 65, 368, 503 (1923).

— — and S. C. PEACOCK: Studies on the pathogenesis of tetany. Ebenda 64, 424 (1923).

DREYFUSS, W.: Über den Kalkstoffwechsel im Tierversuch. Zieglers Beitr. path. Anat. 76, 254 (1927).

EDEN, R.: Untersuchungen über Vorgänge bei der Verknöcherung. Klin. Wschr. 1923, 1708.

ELIAS, H.: Zur Bedeutung des Säurebasenhaushalts und seiner Störungen. Erg. inn. Med. 25, 192 (1924) (Literatur).

— und E. A. SPIEGEL: Beiträge zur Klinik und Pathologie der Tetanie. Wien. Arch. klin. Med. 2, 447 (1921).

ERDHEIM, J.: Morphologische Studien über die Beziehung der Epithelkörperchen zum Kalkstoffwechsel. Frankf. Z. Path. 7, 175 (1911).

FRANK, E., R. STERN und M. NOTHMANN (1): Das klinische Bild der Vergiftung mit Guanidinen beim Säugetier und seine pathophysiologische Bedeutung. Kongr. inn. Med. 33, 369 (1921). — (2): Die Guanidin- und Dimethylguanidintoxikose des Säugetiers und ihre physio-pathologische Bedeutung. Z. exper. Med. 24, 341 (1921).

FREUDENBERG, E. und P. GYÖRGY (1): Der Verkalkungsvorgang bei der Entwicklung des Knochens. Erg. inn. Med. 24, 17 (1923) (Literatur); Biochem. Z. 147, 195 (1924). — (2): Zur Pathogenese der Tetanie. Jb. Kinderheilk, 3. Folge, 46, 5 (1921).

GASSMANN, TH. (1): Chemische Untersuchungen der Zähne. Hoppe-Seylers Z. 55, 455 (1908). — (2): Chemische Untersuchungen von gesunden und rachitischen Knochen. Ebenda 70, 161 (1910); 83, 403 (1913).

GERHARDT, D. und SCHLESINGER: Über die Ca- und Mg-Ausscheidung beim Diabetes mellitus. Arch. f. exper. Path. 42, 83 (1899).

GOLLWITZER-MEIER, KL: Tetaniestudien. Z. exper. Med. 40, 59, 70, 83 (1924).

— und E. CHR. MEYER: Tetaniestudien. Ebenda 40, 70, (1924).

GRANT, S. M. and A. GOLDMANN: A study of forced respiration; Experimental production of tetany. Amer. J. Physiol. 53, 209 (1920).

GREENWALD, J. (1): Alkalosis, sodium poisoning and tetany. J. of biol. Chem. 59, 329 (1924). — (2): The effect of parathyreoidectomy upon metabolism. Amer. J. Physiol. 28, 103 (1911). — (3): Further metabolism exper. upon parathyreoidectomized dogs. J. of biol. Chem. 14, 363 (1913).

GROSS, E. G. and F. P. UNDERHILL: The metabolism of inorganic salts. J. of biol. Chem. 54, 105 (1922).

GYÖRGY, P.: Zur Theorie der Tetaniebehandlung. Klin. Wschr. 1922, 2044.

— und E. WILKES: Weitere Beiträge zur Tetanielehre. Z. exper. Med. 43, 454 (1924).

HALDANE, J. B.: Respiration. Yale University-Press 1922.

HASTINGS, A. B. and C. D. MURRAY: Observation on parathyreoidectomized dogs. J. of biol. Chem. 46, 233 (1921).

— C. D. MURRAY and J. SENDROY jr.: Studies of the solubility of calcium salts. I—III. 71, 723, 783, 797 (1926).

HEUBNER, W. (1): Über eine Wirkung fein disperser anorganischer Substanzen. Klin. Wschr. 1923, 1603. — (2): Versuche über den P-Umsatz des wachsenden Organismus. Ges. Kinderheilk. 26, 194 (1909).

HETÉNYI, G.: Die Blutkalkregulation im menschlichen Organismus. Z. exper. Med. 43, 123 (1924).

HOFMEISTER, F.: Über Ablagerung und Resorption von Kalksalzen in den Geweben. Erg. Physiol. 10, 429 (1910).

HOLT jr., L. E., V. K. LA MER and H. B. CHOWN: Studies in calcification. J. of biol. Chem. 64, 509, 567, 579 (1925).

— R. J. STRIEGEL und W. A. PERLZWEIG: Über das Verhältnis zwischen Alkalose und Tetanie. Mschr. Kinderheilk. 34, 437 (1926).

HOWLAND, J.: Experimentelle Beiträge zur Biologie der Rachitis. Erg. Physiol. **25**, 517 (1926) (Literatur).

— and K. W. McMARRIOTT: Observation upon the Calcium content of the blood in infantile tetany. Quart. J. Med. **2**, 289 (1918).

— and B. KRAMER (1): Ca und P in the serum in relation to rickets. Amer. J. Dis. Childr. **22**, 105 (1921). — (2): Factors concerned in the calcification of bone. Trans. amer. pediatr. Soc. **34**, 204 (1922).

HUBBARD, S. R. and WENTWORTH: Proc. Soc. exper. Biol. a. Med. **18**, 307 (1921).

HUMMEL, H.: Über die Wechselbeziehungen zwischen Kalkbindung und Säurebasenverhältnis in ihrer Bedeutung für die Rachitis und Spasmophilieforschung. Klin. Wschr. **1924**, 2384.

IVERSEN, P. und E. LENSTRUP, zitiert nach HOWLAND.

JORES, A.: Ein Fall von aleukämischer Myelose mit Osteosclerose des gesamten Sketettsystems. Virchows Arch. **265**, 845 (1927).

KANON: The production of prolonged apnoea in Man. J. of Physiol. **38**, 19 (1909).

KAPSINOW, R. and D. JAKSON: The prevention and cure of rickets by means of bile. Proc. Soc. exper. Biol. and Med. **21**, 472 (1924).

KISHI, ISAMI: Experimentelle Beiträge über Ca- und Mg-Stoffwechsel. Mitt. med. Fak. Tokyo **30**, 91 (1922).

KLEINMANN, H.: Über die Bedeutung der Kalkablagerungen in tierischen Geweben. I.—III. Biochem. Z. **196**, 98, 146, 161 (1928). Virchows Arch. **268**, 686 (1928).

KLEMENT, R.: Die Zusammensetzung der Knochenstützsubstanz. Hoppe-Seylers Z. **184**, 132 (1929).

KLINKE, K.: Neuere Ergebnisse der Calciumforschung. Erg. Physiol. **26**, 235 (1928) (Literatur).

KLOTZ, O.: Studies upon Calcarous Degeneration. J. of exper. Med. **7**, 613 (1905); **8**, 322 (1906).

KOCH, W. F.: Toxic bases in the urina of parathyreoidectomized dogs. J. of biol. Chem. **15**, 43 (1913).

KORENCHEWSKY, V.: The etiology and pathology of rickets from an experim. point of view. Med. Res., Spec. Rep. Ser. Nr 71.

KRAMER, B. and J. HOWLAND: Factors which determ. the concentr. of Ca and inorganic P in the blood serum of salts. Bull. Hopkins Hosp. **33**, 313 (1922).

— TISADLL, FR. F. and B. KRAMER: Methods for the direct quantitative determination of Na, K, Ca and Mg in urine and stools. J. of biol. Chem. **48**, 1 (1921).

KREITMAYR, H. und U. HINTZELMANN: Über sklerotische Organveränderungen, in Sonderheit der Arterien. Arch. f. exper. Path. **137**, 203 (1928).

KRINIZKI, J. M.: Zur Frage nach dem Mineralstoffwechsel beim experimentell erzeugten Tetanus. Biochem. Z. **183**, 81 (1927).

KUGELMASS, J. N. and A. T. SHOL: The determination of the equilibra involving Ca, hydrogen, carbonate, bicarbonate and phosphate ions. J. of biol. Chem. **58**, 649 (1924); **60**, 237 (1924).

KÜHNAU, J.: Über den Nachweis von Guanidinsubstanzen im Blut bei parathyreogener Tetanie. Arch. f. exper. Path. **115**, 75 (1926).

LICHTWITZ, L.: Über die Bedeutung der Kolloide für die Konkrementbildung und die Verkalkung. Dtsch. med. Wschr. **1910**, Nr 15.

LIESEGANG, R. E.: Über Kalkbindung durch tierische Gewebe. Biochem. Z. **145**, 96 (1924).

LOEB, J.: Die Eiweißkörper. Berlin 1924.

LOEB, R. F. and G. EMILY NICHOLS: Factors influencing the diffusibility of Calcium in human blood serum. J. of biol. Chem. **72**, 687 (1927).

LUCE, ETHEL M.: The size of the parathyreoids of rats, and the effect of diet deficienzy of calcium. J. of Path. **26**, 200 (1923).

McCOLLUM, E. V. and N. SIMMONDS: The newer knowledge of Nutrition. New York 1925. (Ausführliches Literaturverzeichnis; siehe dort den Nachweis der sehr zahlreichen Arbeiten von E. MELLANBY, E. V. McCOLLUM, E. A. PARK, P. SHIPLEY, H. C. SHERMAN, A. M. PAPPENHEIMER.)

— and C. VOEGTLIN: On the relation of tetany to the parathyr. glands and the calcium metabolism. J. of exper. Med. **51**, 118 (1909).

MAINZER, F. (1): Die Grundlagen der Säuretherapie mit Neutralsalzen. Klin. Wschr. 1927, 1889. — (2): Zur Pathogenese des konvulsivischen Anfalls nach Überventilation. Z. exper. Med. 52, 476 (1925).

MELLANBY, E.: Experimental Rickets. Med. Res. Council. London 1921.

MILES, W. R. and CHI-FUNG-TENG: Calcium and Phosphorus metabolism in osteomalacia. J. of exper. Med. 41, 137 (1926).

MOND, R. und H. NETTER: Über den Zustand des Calciums im Serum. Pflügers Arch. 212, 558 (1926).

VAN PAASSEN, P.: Bedeutung der Konzentration freier Ca-Ionen für die Entstehung spasmophiler Erscheinungen. Nederl. Tijdschr. Geneesk. 65, 1162 (1921).

PATON, NOEL D.: Recent investigations on tetania parathyreopriva and idiopathic tetany and on the functions of the parathyreoids. Edinburgh med. J. 31, 541 (1924).

PAULI, WO. und M. SAMEC: Löslichkeitsbeeinflussung von Elektrolyten durch Eiweißkörper. Biochem. Z. 17, 235 (1909).

PINCUS, J. B., H. A. PETERSON and B. KRAMER: A study by means of ultrafiltration on the condition of several inorganic constituents of blood serum in disease. J. of biol. Chem. 68, 601 (1926).

POMMER, G.: Untersuchungen über Osteomalacie und Rachitis. Leipzig 1885.

RABL, C. R. H.: Zum Problem der Verkalkung. Virchows Arch. 245, 542 (1923).

ROBISON, R. and K. M. SOAMES: The possible significance of hexose phosphoric esters in ossification. Biochem. J. 18, 740, 755 (1924).

RÖHMANN, F.: Über künstliche Ernährung und Vitamine. Berlin 1916.

RONA, P. und D. TAKAHASHI: Beiträge zur Frage nach dem Verhalten des Calciums im Serum. Biochem. Z. 49, 370 (1913).

— u. H. PETOW: Beiträge zur Frage der Ionenverteilung im Blutserum. Ebenda 137, 356 (1923).

SCHABAD, J.: Zwei Fälle von sogenannter Spätrachitis. Grenzgeb. Med. a. Chir. 23, 82 (1911).

SCHEER, K. und A. SALOMON: Zur Pathogenese und Therapie der Tetanie. Jb. Kinderheilk. 104, 65 (1924).

SCHLOSS, E.: Zur Therapie der Rachitis. Ebenda 79, 40, 194 (1914).

SCHMIDT, M. B. (1): Über osteosklerotische Anämie und ALBERS-SCHÖNBERGsche Krankheit. Zieglers Beitr. path. Anat. 77, 158 (1927). — (2): Allgemeine Pathologie und pathologische Anatomie der Knochen. Erg. allg. Path. 4, 531 (1897).

SCHMORL, G.: Die pathologische Anatomie der rachitischen Knochenerkrankung. Erg. inn. Med. 4, 403 (1909).

SCHWARZ, R., R. EDEN und E. HERRMANN: Chemischer Ablauf und Beeinflussung von Frakturheilungen. Biochem. Z. 149, 100 (1924).

SEYDERHELM, R. und H. TAMMANN: Über die Blutmauserung. Zt. ges. exp. Med. 57, 641 (1927).

SHANKS, W. F.: Cholin in the blood after parathyreoidectomia. J. of Physiol. 58, 466 (1924).

SHARPE, J. SMITH: The determination of guanidines in urine as picrates. Biochem. J. 19, 168 (1925).

SHIPLEY, P. G.: The haling of rickets bones in vitro. Bull. Hopkins Univ. Baltimore 35, 304 (1924).

SPADOLINI, J.: Ricerche sulla patogenesi delle tetania. Arch. di fisiol. 22, 417 (1925).

STÖLTZNER, W.: Die zweifache Bedeutung des Ca für das Knochenwachstum. Pflügers Arch. 122, 599 (1908).

TANAKA, M.: Über Kalkresorption und Verkalkung. Biochem. Z. 35, 113 (1911); 38, 285 (1912).

TEZNER, O.: Tetanie und Alkalose. Mschr. Kinderheilk. 29, 207 (1924).

WARBURG, E. J.: Bemerkung über die Berechnung der Konzentration der im Plasma löslichen Calciumionen. Biochem. Z. 178, 208 (1926).

WELLS, H. G. (1): Chemical Pathology, 5. Aufl., S. 486 ff. (Literatur). — (2): Pathological Calcifications. J. med. Res. 14, 491 (1905/06).

WENZEL, H.: Über sklerotische Organveränderungen, insonderheit der Arterien. Arch. f. exper. Path. 137, 215 (1928).

WESSELKIN, N. W., W. W. SLAWITSCH und W. W. SZUDAKOWA-WESSELKINA: Über den Einfluß der Exstirpation der Schild- und Nebenschilddrüsen auf die Entstehung die Retentionsgelbsucht und auf die Bildung der Ätherschwefelsäuren (russisch). Zitiert nach Ber. Physiol. 29, 776 (1924).

Sechsundzwanzigstes Kapitel.

Transsudate, Exsudate. Liquor cerebrospinalis. Sputum.

1. Transsudate, Exsudate.

Die Unterscheidung von Ergüssen entzündlicher und nichtentzündlicher Natur ist eine alte, aber immer noch nicht erfüllte Forderung der Klinik. Die ältesten Versuche gründen sich auf die Beobachtung der Eiweißmenge, die bei entzündlichen Affektionen größer ist als bei Transsudaten. Die Endglieder der Reihe sind leicht auseinanderzuhalten. Aber es gibt fließende Übergänge; und eine große Zahl von Ergüssen steht mit ihrem Eiweißgehalt in diesem Grenzbereich, so daß eine scharfe diagnostische Trennung nach diesem Kriterium nicht möglich ist.

Nur ganz ausnahmsweise kommt ein Erguß in seinem Eiweißgehalt dem Blutplasma gleich. Die Eiweißkonzentrationen schwanken von Spuren bis zu 6%. Am häufigsten trifft man Werte von 2—4%. Alle Werte über 3% werden den Exsudaten zugerechnet.

Der zweite Versuch, die Exsudate von den Transsudaten zu trennen, beruht auf dem Studium der Art der Eiweißkörper. Die Ergüsse enthalten Albumin, Globulin und Fibrinogen. Ein Fibrinogengehalt spricht für Entzündung. Das Verhältnis des Albumins zum Globulin ist ganz schwankend und zur Unterscheidung ungeeignet. Von größerem Wert ist ein durch Essigsäure fällbarer Eiweißkörper, der von Rivalta für die Trennung von Exsudaten und Transsudaten verwandt worden ist. Über die Natur dieses Körpers sind die Meinungen sehr geteilt; er ist als ein Serosamucin, als Globulin, als Globulinmischung und besonders als ein Gemenge von Euglobulin und Fibrinoglobulin angesprochen worden. Nach der Meinung von K. Ujihara findet er sich nicht im Blut, sondern wird an der Stelle der Entzündung gebildet. Die einen halten ihn für ein sicheres Zeichen eines Exsudats; andere sprechen ihm jede differentialdiagnostische Bedeutung ab.

Mit den Eiweißkörpern steht die Sedimentierungsgeschwindigkeit der Erythrocyten in Zusammenhang, die im Exsudat größer, im Transsudat meist kleiner ist als im Blut. Sie ist nicht vom Gesamteiweißgehalt, sondern u. a. vom Fibrinogengehalt abhängig. Von Interesse ist auch die stark erhöhte Sedimentierungsgeschwindigkeit der Leukocyten, die bei den lehmwasserartigen Exsudaten Grippekranker häufig beobachtet wird.

Das p_H der Exsudate liegt fast immer niedriger als das des Blutes (H. Schade). Am stärksten sauer reagieren die eitrigen Exsudate. Die molare Konzentration hat bei wässerigen Ergüssen verschiedener Genese keine charakteristischen Unterschiede; sie bewegt sich in der Höhe der Gefrierpunktserniedrigung des Blutserums, kann sie aber nach beiden Seiten um ein Geringes überschreiten. Bei eitrigen Prozessen werden sehr erhebliche osmotische Konzentrationen gefunden, die die Blutwerte bis zum 2,5fachen übertreffen können. Die Ursache dieser Erscheinung liegt in den lebhaften fermentativen Prozessen, die im Eiter bei akuten

Entzündungen vor sich gehen. In kalten Abszessen wird die Gefrierpunktserniedrigung gleich der des Blutserums gefunden. Da sich diese beiden Gruppen von eitrigen Erkrankungen auch durch die Schmerzhaftigkeit unterscheiden, so glaubt RITTER, daß die Hypertonie der Lösung reizend auf die sensiblen Nerven einwirkt. Nach SCHADE c. s. besteht bei Exsudaten mit p_H 7,30—6,97 fast immer Hypotonie, während bei stärker saurer Reaktion stets Hypertonie gefunden wird.

Nach R. SCHELLER und G. D. BARNETT haben Transsudate denselben Milchsäuregehalt wie das Blut, Exsudate, besonders solche tuberkulösen Ursprungs, einen höheren. Einen sehr hohen Wert fand SCHELLER in einem Pleuraerguß bei Lymphosarkom. Nach den Untersuchungen von OTTO WARBURG und in Hinsicht auf die Auffassung von der Herkunft der Milchsäure im carcinomatösen Magen ist zu erwarten, daß Ergüsse durch maligne Tumoren sehr reich an Milchsäure sind.

An der Gesamtkonzentration sind Elektrolyte und Anelektrolyte beteiligt. Die Verteilung der Ionen zwischen Blut und Ergüssen vollzieht sich nach der Regel von DONNAN (ATCHLEY, LOEB u. BENEDICT). HASTINGS, SALVESEN, SENDROY jr. u. VAN SLYKE haben die Verteilungsverhältnisse von HCO_3', Cl', Na^+ und H^+ zwischen Serum und Transsudat in folgendem Verhältnis zueinander gefunden:

$$\frac{(BHCO_3)\ Serum}{(BHCO_3)\ Trans} > \frac{(Cl')\ Serum}{(Cl')\ Trans} > \frac{(Na^+)\ Trans}{(Na^+)\ Serum} > \frac{(H^+)\ Trans}{(H^+)\ Serum}.$$

Diese Unterschiede führen sie auf Änderungen der Aktivitätskoeffizienten dieser Ionen zurück.

Jeder Erguß enthält Reststickstoff und Traubenzucker. Der Zuckergehalt wurde im Transsudat höher als im Blut befunden.

Der Eiweißabbau kann in Exsudaten so weit gehen, daß es zum Auftreten freier Aminosäuren kommt. Darüber hinaus kann sogar Desaminierung stattfinden. Diese Abbauvorgänge erfolgen durch Fermente, die mindestens zu einem bedeutenden Teil von den zelligen Elementen der Ergüsse geliefert werden. Und zwar sind es die polymorphkernigen Leukocyten, aus denen die proteolytischen Fermente kommen. Bei reiner Lymphocytose des Exsudats fehlt der Eiweißabbau. Die gleiche Differenz der proteolytischen Wirkungen hat ED. MÜLLER auch im Blut von myeloischer und lymphatischer Leukämie gefunden. Im tuberkulösen Eiter findet keine Eiweißspaltung statt. Dieses unterschiedliche Verhalten hat ED. MÜLLER zu einer biochemischen Differentialdiagnose tuberkulösen und nichttuberkulösen Eiters verwandt. Ein Dipeptide spaltendes Ferment, das mit der Glycyltryptophanprobe von O. NEUBAUER u. H. FISCHER leicht nachgewiesen werden kann, findet sich in allen Ergüssen, am wenigsten in Stauungsergüssen, am meisten bei Tuberkulose und Carcinom.

Harnsäure ist in allen Ergüssen in einer etwa der Urikämie gleichen Menge enthalten.

Für die Bildung der Transsudate und Exsudate gelten im wesentlichen die Gesetze der Ödembildung (s. S. 545ff.). Die Änderung der Permeabilität der Capillaren, ihr Durchlässigwerden für Eiweiß, das so bedingte Überwiegen des Capillardrucks über den kolloidosmotischen Druck bewirken einen Einstrom in die serösen Höhlen.

Die klinische Beobachtung lehrt, daß im Stadium des Wachstums der Ergüsse der Strom nicht umkehrbar, daher jeder therapeutische Versuch vergeblich ist.

Auch im Stadium des Gleichgewichts, in dem die Exsudatmenge unverändert bleibt, findet wie im Ödem des Unterhautzellgewebes eine Flüssigkeitsbewegung statt. In diesem Stadium, mehr noch im Stadium der Resorption, in dem der Strom blutwärts gerichtet ist, sind therapeutische Effekte durch diuretische Mittel zu erzielen.

Die Analyse der Ergüsse muß diese drei Stadien unterscheiden. Sonst können übersichtliche Resultate nicht erzielt werden.

Nach Schade c. s. ist der kolloidosmotische Druck der Exsudatflüssigkeit immer niedriger als der des Blutes. Aber der auf 1% Eiweiß berechnete kolloidosmotische Druck des Blutes liegt (Schade u. Claussen) bei Gesunden zwischen 0,31 und 0,26, bei Kranken mit Exsudat zwischen 0,34 und 0,23, im Exsudat selbst zwischen 0,44 und 0,16, im eiterigen Exsudat zwischen 0,7 und 2,0 cm Hg.

Im Exsudat ist der Dispersionszustand der Eiweißkörper von größerer Variabilität. Der Dispersionsgrad und damit auch der kolloidosmotische Druck ist für jeden Eiweißkörper bei seinem isoelektrischen Punkt am niedrigsten (s. S. 25).

Wenn wir chemische, physikalisch-chemische und kolloid-chemische Analysen von jedem Exsudat in den drei Stadien seines Verlaufs haben werden, so werden sich vielleicht auch therapeutische Folgen ergeben.

Die milchartigen Ergüsse. Man hat früher drei Arten derartiger Ergüsse unterschieden, nämlich solche, die ihren Fettgehalt durch eine Beimengung von Chylus haben (chylöse Ergüsse), solche, deren Fett aus verfetteten Zellen stammt (chyliforme oder adipöse Ergüsse) und solche, deren milchartige Trübung nicht durch Fett, sondern durch irgendeine opalisierende Substanz bedingt wird (pseudochylöse Ergüsse). Die beiden ersten Bezeichnungen stammen von Quincke, der auch als erster eine nicht auf Fett beruhende Opalescenz in Ergüssen beschrieben hat. Auf die Unterscheidung dieser drei Arten von milchigen Ergüssen ist viel Mühe verwandt worden. Eine sehr sorgfältige kritische Sichtung der Literatur durch S. Gandin hat ergeben, daß in bezug auf den Fettgehalt, den Gehalt an Zucker, Salzen, Eiweiß, in bezug auf das spezifische Gewicht und das mikroskopische Verhalten durchgreifende charakteristische Unterschiede nicht bestehen. Milchartige Trübung ist bereits durch einen sehr geringen Fettgehalt (0,01—0,1%) zu bewirken, wenn sich nur das Fett in einem fein emulgierten Zustand befindet. Das trübende Agens in den pseudochylösen Ergüssen ist sehr verschiedenen chemischen Substanzen (Lecithin, Mucoid, Globulin, Globulinlecithin, Eiweißkörnchen, Nucleoalbumin) zugeschrieben worden. Die Fettnatur wurde dieser Substanz abgesprochen, weil die Ausschüttelung durch Äther nicht gelang, weil die Reaktionen mit Osmiumsäure und Sudan negativ ausfielen, und weil das Fett in der Wärme nicht konfluierte. Gandin hat durch Versuche an einer „homogenisierten" Milch gezeigt, daß auch bei unzweifelhafter Fettnatur des opalescierenden Stoffes diese Reaktionen negativ ausfallen, wenn die Emulsion eine sehr feine ist. Gandin kommt zu dem Schluß, daß das milchige Aussehen von Ergüssen immer durch Fett bedingt wird, daß kein anderer Stoff bekannt ist, der Ergüssen ein milchiges Aussehen geben kann; und daß es daher pseudochylöse Ergüsse nicht gibt.

Es wird allgemein angenommen, daß das Fett in den milchigen Ergüssen aus den Chylusgefäßen stammt, wenn auch die Verbindung der Chylusgefäße mit den serösen Höhlen anatomisch nur selten nachweisbar und in ihrem Zustandekommen noch ganz unklar ist. Unterbindung des Ductus thoracicus oder entsprechende pathologische Prozesse sind nicht imstande, einen chylösen Ascites zu erzeugen. Den Zusammenhang des Fettes der Ergüsse von dem Nahrungsfett hat bereits QUINCKE durch Darreichung einer Nahrung von großem Fettgehalt zu erweisen versucht. J. STRAUS hat in einer Reihe von Fällen ein Steigen des Fettgehaltes des Ergusses bei fettreicher Nahrung gesehen. Besonders bemerkenswert ist der Fall von MINKOWSKI, der die leicht nachweisbare freie Erucasäure per os gab und im Ascites das entsprechende Neutralfett, Erucin, fand. Auch bei der tropischen Chylurie, für deren Zustandekommen man eine abnorme Verbindung der Harnwege mit Lymphbahnen für notwendig hält, kann nach fettreicher Nahrung eine Zunahme des Fettgehalts des Harns beobachtet werden. Aber in anderen Fällen fehlt diese Reaktion. Und auch bei Lymphgefäßfisteln wurde der Fettgehalt nicht in gesetzmäßiger Weise abhängig von der Nahrung befunden.

QUINCKE sieht die Quelle des Fettes solcher Ergüsse in fettig entarteten Zellen (zerfallenden Carcinomknoten, verkäsenden tuberkulösen Drüsen). Es ist sicher, daß in solchen Ergüssen Fettkörnchenzellen zu finden sind. Aber auch bei ausgesprochener fettiger Degeneration kann die milchartige Beschaffenheit des Ergusses fehlen. Ähnlich wie QUINCKE hat JOUSSET die Opalescenz der chyliformen Ergüsse auf eine Verflüssigung von Leukocyten zurückgeführt, die durch die Wandungen der Lymphgefäße einwandern. Da aber Diapedesis und Transsudation vergesellschaftet sind, so ist auch die gleichzeitige Beimengung von Chylus verständlich. GANDIN kommt daher zu dem Schluß, daß auch in den Ergüssen, in denen die Spuren einer fettigen Zelldegeneration nachzuweisen sind, die milchige Natur durch Chylus bedingt ist, und daß es andere milchige Ergüsse als chylöse nicht gibt.

GRUND u. JASTROWITZ weisen darauf hin, daß die Bildung der aus Lipoid und Eiweiß bestehenden grobdispersen Phase um so leichter zustande kommen muß, je mehr das Bluteiweißbild des Exsudats nach der Seite der gröberen Aufteilung liegt. GRUND u. JASTROWITZ meinen, daß das Material, aus dem die trübenden Teilchen bestehen, nicht ein Körper fester (chemischer) Bindung zwischen Lipoid und Protein sein könne, weil das Lipoid sehr leicht auswaschbar ist, sondern durch eine Adsorptionsbindung entstehe.

Es ist sehr wohl möglich, daß bei geeigneten Konzentrations- und Ladungsverhältnissen von Eiweißkörpern und Lipoid eine grobdisperse Phase durch eine Fällungsreaktion zustandekommt.

Mitunter findet man in Exsudaten große Mengen von Cholesterinkrystallen. Auch in den Hautblasen eines Falles von Pemphigus malignus haben wir massenhaft Cholesterin in Krystallform gefunden.

Literatur.

ATCHLEY, DANA W., ROBERT F. LOEB and ETHEL M. BENEDICT: Certains applications of the Donnan Equilibrium to human blood serum. Proc. Soc. exper. Biol. a. Med. **20**, 238 (1923).

BARNETT, G. D. and McKENNEY jr., A. C.: Lactic acid in exsudates and transsudates. Ebenda **23**, 505 (1926).

BRAUN, H.: Experimentelle Untersuchungen und Erfahrungen über Infiltrationsanästhesie. Arch. klin. Chir. **57**, 370 (1898).

FOÀ, C.: La reazione dei liquidi dell' organismo determinata col metodo elettrometrico. Arch. di fisiol. **3**, 369 (1906).

GANDIN, S.: Pathogenese und Klassifikation der milchartigen Ergüsse. Erg. inn. Med. **12**, 218 (1913).

GRUND, G. und H. JASTROWITZ: Zur Kenntnis pseudochylöser Ergüsse. Z. klin. Med. **100**, 521 (1924).

HAMBURGER, H. J.: Osmotischer Druck und Ionenlehre in den medizinischen Wissenschaften. Wiesbaden 1900.

HASTINGS, A. BAIRD, HARALD A. SALVESEN, JULIUS SENDROY jr. and DONALD D. v. SLYKE: Studies of gas and electrolytic equilibria in the blood. J. of gen. Physiol. **8**, 701 (1927).

JOUSSET: Des Humeurs opalescents de l'organisme. Paris 1901.

LENK, R. und L. POLLAK: Über das Vorkommen von peptolytischen Fermenten in Exsudaten. Biochem. Z. **41**, 149 (1912).

MINKOWSKI, O.: Über die Synthese des Fettes aus Fettsäuren im Organismus des Menschen. Arch. f. exper. Path. **21**, 373 (1886).

MÜLLER, ED.: Über das Verhalten des proteolytischen Leukocytenferments in den normalen und krankhaften Ausscheidungen. Dtsch. Arch. klin. Med. **92**, 199 (1908).

NEUBAUER, O. und H. FISCHER: Dtsch. Arch. klin. Med.

ORSI, A. et LUIGI VILLA: Über die Entstehung der Ergüsse. Fol. clin. chim. et microsc. **2**, 505 (1927).

QUINCKE, H.: Über fetthaltige Transsudate. Dtsch. Arch. klin. Med. **16**, 121 (1875).

RADOSSAVLIÉVITCH, A.: La vitesse de sédimentation dans differents liquides organiques en rapport avec les albumines. C. r. Soc. Biol. Paris **96**, 1004 (1927).

RITTER: Die natürlichen schmerzlindernden Mittel des Organismus. Arch. klin. Med. **68**, 429 (1902).

RIVALTA, F.: Riforma med. **1895**.

RUNEBERG, J. W.: Klinische Studien über Exsudationsprozesse. Dtsch. Arch. klin. Med. **35**, 266 (1884).

RZENTKOWSKI, K. V.: Über den Gehalt des Blutes und der Ex- und Transsudate an Trockensubstanz, Gesamt- und Rest-N bei verschiedenen Krankheiten. Virchows Arch. **179**, 405 (1905).

SCHADE, H., F. CLAUSSEN, C. HÄBLER, F. HOFF, N. MOCHIZUKI und M. BIRNER: Weitere Untersuchungen zur Molekularpathologie der Entzündung: die Exsudate. Z. exper. Med. **49**, 334 (1926).

SCHELLER, R.: Über den Milchsäuregehalt pathologischer Ergüsse. Münch. med. Wschr. **1926**, 1879.

van SLYKE, DONALD D., A. BAIRD HASTINGS, CECIL D. MURRAY and JULIUS SENDROY jr.: Studies of gas and electrolytic equilibria in the blood. VIII. J. of biol. Chem. **65**, 701 (1925).

STRAUS, J.: Sur un cas d'ascite chyleuse. Arch. de physiol. **18**, 367 (1886).

UJIHARA, K.: Über Herkunft und Art des mit verdünnter Essigsäure fällbaren Eiweißkörpers des Exsudates. Biochem. Z. **61**, 55 (1914).

2. Der Liquor cerebrospinalis.

Der Liquor cerebrospinalis ist von schwach alkalischer Reaktion. Seine aktuelle Reaktion (im Mittel = 7,40) liegt etwas tiefer als die des Blutes (KLOTHILDE MEIER). Die Kohlensäurebindungskurve zeigt naturgemäß eine bedeutend schwächere Pufferung als die des Blutes und — entsprechend dem niedrigen Eiweißgehalt — auch als die des Serums. Die CO_2-Spannung ist gleich oder etwas niedriger als im Blut. Reaktion und Kohlensäurebindungsvermögen sind bei Tabes und tuberkulöser Meningitis wie in der Norm. Bei epidemischer Meningitis fand sich stark hypokapnische Bindungskurve und Verminderung des p_H bis 7,06 (KLOTHILDE MEIER). K. ESKUCHEN findet den Mittelwert von $p_H = 7,44$ (7,35 bis 7,50), bei Neurolues, Hydrocephalus, Encephalitis keine Abweichung, bei purulenter Meningitis und Coma diabeticum Verschiebung nach der sauren Seite, bei

urämischem Coma normale oder wenig veränderte Werte. Nach SHOHL u. KARE-
LITZ ist die nach der HENDERSON-HASSELBALCHschen Gleichung berechnete CO_2-
Spannung im Liquor 5—7 mm höher als im Blut. Eine kompensierte Acidose kann im
Liquor bei gleichzeitiger kompensierter Blutalkalose bestehen. Bei schwerer Acidose ist die CO_2-Spannung im Liquor wie im Plasma herabgesetzt. SCHÜRMEYER
u. SCHWARZ finden die Alkalireserve des Liquors bei Gesunden (55—58 Vol%)
höher als die des Blutes, bei dekompensiertem Kreislauf eine Verminderung auf 40,
in einem Falle von Coma diabeticum einen Wert von 6 Vol% bei einem Blutwert
von 12 Vol%.

Das spezifische Gewicht schwankt in der Norm zwischen 1005 und 1008. Die
Gefrierpunktserniedrigung beträgt — 0,56 bis — 0,61. DEPISCH u. RICHTER-
QUITTNER finden niedrige Werte (bis — 0,52) bei tuberkulöser Meningitis, hohe
Werte (bis — 0,74) bei Nierenkranken.

Die ionale Konzentration (Leitfähigkeit normal $1{,}31—1{,}38 \times 10^{-2}$) entspricht
der des Blutes; die spezifische Leitfähigkeit liegt entsprechend dem niedrigen
Eiweißgehalt höher (L. TESCHLER). Die Leitfähigkeit hat keine Beziehungen zur
Goldsolreaktion (R. SCHAEFER) (s. S. 637). Herabsetzung findet J. L. ECKEL bei
tuberkulöser Meningitis.

Der Trockenrückstand der Lumbalflüssigkeit beträgt in der Norm 1,05 bis
1,25%. Unter pathologischen Verhältnissen geht er bis 1,94 (DEPISCH u. RICH-
TER-QUITTNER). Von den festen Bestandteilen sind 25% organischer, 75% anorganischer Natur.

Der Eiweißgehalt ist normalerweise sehr niedrig = 0,02—0,03%. Von allen
Körperflüssigkeiten ist nur dem Kammerwasser und der Perilymphe des inneren
Ohres ein so niedriger Wert eigen.

Nach L. F. HEWITT enthält normaler Liquor 20 mg% Albumin und 3 mg%
Globulin, also einen Quotienten $\frac{\text{Globulin}}{\text{Albumin}} = \frac{1}{6}$. Unter pathologischen Verhältnissen
wachsen beide Fraktionen, aber das Globulin stärker, so daß sich bei Fieber
der Quotient $= \frac{1}{3}$, bei Paralyse $= \frac{1}{1{,}3}$ ergibt.

Der Nachweis der Globuline und der Globulinvermehrung geschieht in der
Klinik durch Fällungsreaktionen. Die Verwendung von gesättigter Ammo-
niumsulfatlösung, wie sie der Methode von NONNE-APELT-SCHUMM (sogenannte
Phase I) und der Methode von ROSS-JONES zugrunde liegt, die Carbolsäurereak-
tion nach PANDY, die Sublimatprobe nach WEICHBRODT, die Buttersäurereaktion
nach NOGUCHI, die Sulfosalicylsäurereaktion nach HUDVERNIG sind allesamt Globulinreaktionen.

Die Praxis hat erwiesen, daß diese Methoden diagnostisch genügen. Bei der
Untersuchung rein wissenschaftlicher Fragen aber bedient man sich besser eines
analytischen quantitativen Verfahrens.

Bei der Mehrzahl der Erkrankungen des Zentralnervensystems ist der Eiweißgehalt des Liquor vermehrt, am meisten bei der eiterigen Meningitis und bei der
mit Liquorstauung einhergehenden Kompression.

Fibrinogen findet sich im Liquor bei tuberkulöser, auch bei septischer Meningitis und bei Liquorstase (C. LANGE). Von Bedeutung ist seine Anwesenheit im
klaren Liquor; sie gibt sich in dem Auftreten des Fibringerinnsels kund und macht

die Diagnose der tuberkulösen Meningitis höchstwahrscheinlich. K. Waltner
gibt für den Liquor eine Fibrinogenreaktion an, die darin besteht, daß der Liquor,
mit starker Alkalilauge geschüttelt, für kurze Zeit (so wie bei der Eiterprobe nach
Donné) eine zähflüssige Beschaffenheit annimmt, so daß die durch das Schütteln
erzeugten Luftblasen in der Flüssigkeit stehen bleiben. Diese Reaktion ermöglicht die Feststellung des Fibrinogens unmittelbar nach der Punktion.

Der Liquor enthält ein peptisches Ferment, dessen Anwesenheit keine Abhängigkeit von entzündlichen Veränderungen der Meningen hat (Loeper u.
Tonnet). Bei Meningitiden treten weitere Eiweißabbaufermente auf, durch welche es zur Bildung von Albumosen kommt.

Der Aminostickstoff des Liquors kann durch intrameningeale Prozesse oder
durch Einwanderung von Blut anwachsen. Der normale Wert liegt bei 1,6 mg%
(1,5—1,9) (Wiechmann u. Dominik, Ad. Massazza). Er steigt bei meningitischen
und luischen Prozessen. Nach G. Aiello findet sich bei tuberkulöser Meningitis Tryptophanreaktion. Bei Erhöhung des Rest-N im Blut steigt auch der Wert im Liquor.

Der Harnsäuregehalt des normalen Liquors liegt ein wenig unter dem des
Serums. Bei Herzinsuffizienz besteht Gleichheit. Bei Hyperurikämie steigt auch
die Harnsäure im Liquor; sie geht bei meningitischen Prozessen über den Blutwert (Brogsitter u. Krauss).

Eskuchen u. Lickint finden bei Schrumpfnierenkranken ein Ansteigen des
Xanthoproteingehaltes, bei Urämie auch ein Auftreten von Indican.

Der Zuckergehalt des Liquors beträgt normalerweise 55—77 mg%. Zuckervermehrung tritt nicht nur bei Hyperglykämie auf, sondern auch bei intracra-
niellen oder meningealen Prozessen (so bei Tumor cerebri, cerebraler Blutung,
Parkinsonismus, überhaupt bei zentralen Nervenkrankheiten und auch bei Gei-
steskrankheiten). Die Bedingungen dieses Vorganges sind unbekannt. Bei meningitischen Prozessen findet sich Zuckerverminderung.

Die Annahme, daß ein niedriger Zuckergehalt des Liquors für tuberkulöse
Meningitis charakteristisch sei, hat sich nicht als zutreffend erwiesen. Die normale Cerebrospinalflüssigkeit enthält ein glykolytisches Ferment, das den
Zucker quantitativ in Milchsäure verwandelt (K. Chevassut). Die Untersuchung
auf Zucker im Liquor muß also wie im Blut sofort nach Entnahme vorgenommen
werden. Die Glykolyse findet bereits in corpore statt. J. Glaser findet im normalen
Liquor einen Milchsäuregehalt von 11—27 mg%, im Durchschnitt in der Höhe
von 75% der Blutmilchsäure. Die Zuckerverminderung bei Meningitiden scheint
auf gesteigerter Glykolyse zu beruhen, da K. Morgenstern eine der Liquor-
zuckerverminderung entsprechende Erhöhung der Milchsäure findet.

Thomas u. Maftei beobachten im Liquor Acetaldehyd im Betrag von 1 bis
2 mg% (Blutgehalt 0,5 mg%). Über seine Entstehung, insbesondere den Zusammenhang mit dem Zuckerabbau, ist nichts bekannt.

Über das Cholesterin des Liquors lauten die Angaben verschieden. Nach
F. Lasch enthält der Liquor weder in der Norm noch unter pathologischen Verhältnissen, auch nicht bei positiver Wassermannschen Reaktion, Cholesterin.
Auch Eskuchen u. Lickint finden den normalen Liquor cholesterinfrei. Nach
älteren Angaben ist der Cholesteringehalt äußerst gering. Nach Kulkow u. Schamburow enthält der Liquor etwas Cholesterin, dessen Menge nicht bei luischen
Erkrankungen, wohl aber bei Meningitis und Hirntumoren die Norm übersteigt.

Fr. Hiller findet im Liquor eine Esterasevermehrung bei solchen organischen Hirnkrankheiten, die mit meningealen Prozessen einhergehen. Der Gehalt des Liquors an Esterase entspricht dem Zellgehalt. Hiller konnte bei destruierenden Prozessen des Zentralnervensystems im Liquor ganz geringe Mengen von Methyl-Stickstoffverbindungen nachweisen, die er auf Cholin, also auf den Lipoidstoffwechsel, zurückführt.

Die ionale Zusammensetzung des Liquor cerebrospinalis, der infolge der Kolloidundurchlässigkeit der Blut-Liquorschranke (Lina Stern) fast als ein Ultrafiltrat des Blutplasmas betrachtet werden kann, muß als Resultat eines Membrangleichgewichts angenommen werden.

Die Feststellung der Werte der Ionen hat ohne Kenntnis der Plasmakonzentrationen nur eine sehr begrenzte Bedeutung.

B. Hamilton gibt folgende Zahlen:

$$
\begin{aligned}
&\text{Cl}' \ldots \ldots \ldots \ldots \quad 416-451 \text{ mg} \\
&\text{HCO}_3' \ldots \ldots \ldots \quad 42-49 \text{ Vol \%} \\
&\text{P} \ldots \ldots \ldots \ldots \quad 1,6-4 \text{ mg} \\
&\text{Einwertige Basen} \ldots \quad 154-170 \text{ ccm n}/10 \\
&\text{Ca} \ldots \ldots \ldots \ldots \quad 4,4-4,6 \text{ mg.}
\end{aligned}
$$

Nach Hamilton stellen für Serum und Liquor folgende Zahlen (in Millimol) Durchschnittswerte dar:

Cl'		HCO_3'		PO_4'''		$\text{Cl}' + \text{HCO}_3'$		Einwertige Basen		Ca		Gesamt-Elektrolyte	
Ser.	Liqu.	Ser.	Liqu.	Ser.	Liqu.	Ser.	Liqu.	Ser.	Liqu.	Ser.	Liqu.	Ser.	Liqu.
111	124	25	21	1,2	0,6	136	145	162	155	2,6	1,3	304	303

Mg kann wegen seines geringen Wertes vernachlässigt werden.

Es zeigte sich, daß von den drei Verhältnissen:

$$
\frac{\text{HCO}_3' \ (\text{Liquor})}{\text{HCO}_3' \ (\text{Serum})}, \qquad \frac{\text{Cl}' \ (\text{Liquor})}{\text{Cl}' \ (\text{Serum})}, \qquad \frac{\text{Einwertige Basen (Serum)}}{\text{Einwertige Basen (Liquor)}}
$$

das erste Schwankungen aufweist, die weit über die Breite analytischer Fehler hinausgehen, während die beiden anderen der Theorie des Membrangleichgewichts folgen. Eine gute Konstanz zeigt das Verhältnis der Summe der beiden hauptsächlichen Anionen: $\dfrac{(\text{Cl}' + \text{HCO}_3') \ (\text{Liquor})}{(\text{Cl}' + \text{HCO}_3' \ (\text{Serum})}$.

Hamilton kommt zu dem Schluß, daß die Elektrolytverteilung zwischen Serum und Liquor nach dem Donnan-Gleichgewicht erfolgt, daß aber unbekannte modifizierende Faktoren mitwirken. Von solchen ist zunächst ein methodischer in Erwägung zu ziehen, daß nämlich das Gleichgewicht sich primär zwischen arteriellem Blut und Ventrikelinhalt einstellt, während das Verhältnis der Verteilung zwischen venösem Blut und Lumbalpunktat gemessen wird.

Bei akuten Meningitiden wird verminderter Chloridgehalt gefunden.

Der Calciumwert wird zu 4—6,5 mg angegeben, von denen sich 2 mg im Zustand echter Ionisation befinden (K. Brucke; Cameron u. Moorhouse). Da im Liquor die an Eiweiß gebundene Calciumfraktion (Fraktion 3) fehlt, so ist die Fraktion 2 in Serum und Liquor gleich hoch (s. S. 612).

Der Betrag an ionisiertem Kalk ist abhängig von dem p_H, das im wesentlichen durch die Konzentrationen von HCO_3' und PO_4''' bestimmt ist.

Eine Erhöhung des Calciumgehalts wird bei Meningitis gefunden (F. Lickint). Der Liquor kann durch Blutfarbstoff und seine Derivate gefärbt sein (Xanthochromie). Schamburow u. Lurje unterscheiden hämorrhagische Xanthochromie, die ohne starke Erhöhung des Eiweißgehaltes einhergeht, von der Stauungsxanthochromie, bei der die Globulinreaktionen positiv sind.

Die Viscosität des Liquors wird in erster Linie durch den Eiweißgehalt beeinflußt.

Das Prinzip der Kolloidreaktionen besteht in der Ausfällung eines Suspensionskolloids (Goldlösung, Berlinerblau-, Nachtblau-, Mastix-, Benzoeharzsuspension u. a. m.) durch Kolloide des Liquors. Die Reaktionen sind vom Verteilungszustand des Suspensoids und von der Ladung und Konzentration der Liquorkolloide abhängig. Auf deren Ladung und gleichzeitig auf die die Stabilität bedingende Ladung der Testkörper hat die Wasserstoffionenkonzentration einen großen Einfluß (L. W. Shaffer). Da das p_H des Liquors beim Stehen im Glase von 7,75 auf 8,85 geht, so ist es vielleicht notwendig zu prüfen, welche Resultate sich bei konstant gehaltenem p_H ergeben.

Die „Blut-Liquorschranke" (L. Stern) ist von physiologischer wie therapeutischer Bedeutung. Der Übertritt von Stoffen der verschiedensten Art, auch Eiweiß, Toxinen, aus dem Liquor in das Blut findet leicht und schnell statt. Der umgekehrte Weg ist unter normalen Verhältnissen nicht gangbar. Vom Blut treten in den Liquor Anionen entsprechend ihren Blutkonzentrationsverhältnissen über (Krebs u. Wittgenstein), während Kationen unter physiologischen Bedingungen nach einmaliger intravenöser Injektion nicht in den Liquor gehen.

Nach Lina Stern ist die Blut-Liquorschranke bei neugeborenen Tieren, deren Zentralnervensystem noch nicht ausgereift ist, nur schwach ausgebildet. Später zeigt sie sich abhängig von Alter, Körpertemperatur, p_H des Blutes, osmotischem Druck des Blutes, Infektion, Schwangerschaft u. a. m. Bakterielle Intoxikation bewirkt Abschwächung, Alkohol und Morphin Verstärkung.

Literatur.

Aiello, G.: Sui prodotti di scissione dell'albumina nel liquido cephalo-rachidiano. Policlinico **29**, 537 (1922).

Brogsitter, Ad. M. und E. Krauss: Vergleichende chemische Analysen normaler und pathologischer Körperflüssigkeiten. Dtsch. Arch. klin. Med. **143**, 297 (1924).

Brucke, K.: Über den Gehalt des Liquor cerebrospinalis an Zucker und Calcium. Ebenda **148**, 183 (1925).

Cameron, A. T. and Moorhouse, V. H. K.: The tetany of parathyreoid deficienzy and the calcium of the blood and cerebrospinal fluid. J. of biol. Chem. **63**, 687 (1925).

Chevassut, Kathleen: Glykolysis in cerebro-spinal fluid and its clinical significance. Quart. J. Med. **21**, 91 (1927).

Depisch, F. und Richter-Quittner, M.: Über die chemische Zusammensetzung des menschlichen Liquor cerebrospinalis. Wien. Arch. inn. Med. **5**, 321 (1923).

Eckel, John L.: Electrical conductivity of the spinal fluid. Arch. of Neur. **14**, 225 (1925).

Eskuchen, K.: Die Lumbalpunktion. Berlin und Wien 1919.

— und F. Lickint (1): Die Wasserstoffionenkonzentration im Liquor cerebrospinalis. Dtsch. med. Wschr. **1927**, 651. — (2): Xanthoprotein- und Indikangehalt in Serum und Liquor. Münch. med. Wschr. **1927**, 448. — (3): Cholesteringehalt des Liquors. Z. Neur. **113**, 214 (1928).

Glaser, J.: The lactic acid content of cerebrospinal fluid. J. of biol. Chem. **69**, 539 (1926).

Hamilton, Bengt: A comparison of the concentrations of inorganic substances in serum and spinal fluid. Ebenda **65**, 101 (1925).

HEWITT, L. F.: Proteins of the cerebro-spinal fluid. Brit. J. exper. Path. 8, 84 (1927).

HILLER, FR.: Die Beziehungen der degenerativen Veränderungen des Zentralnervensystems zu seinem Gehalt an Fett und Ester spaltenden Enzymen. Z. Neur. 109, 263 (1927).

KAFKA, V.: Der Eiweißquotient des Liquor cerebrospinalis. Klin. Wschr. 1926, 2068.

KULKOW, A. E. und D. A. SCHAMBUROW: Zur Frage des Cholesteringehalts im Liquor cerebrospinalis bei Nervenkrankheiten. Z. Neur. 113, 193 (1928).

LANGE, C.: Lumbalpunktion und Liquordiagnostik. In: KRAUS-BRUGSCH, Spec. Pathologie und Therapie 2, 3, 435 (1923).

LASCH, F.: Cholesterin im Liquor. Biochem. Z. 153, 150 (1924).

LICKINT, F.: Calciumgehalt im Liquor. Klin. Wschr. 1926, 556.

LOEPER, D. et J. TONNET: Présence d'un ferment peptique dans le liquide rachidien. Progrès med. 48, 318 (1921).

MASSAZZA, AD.: Sul contenuto nel „liquor" dei prodotti di scissione della molecola albuminoidea. Riv. diput. Nerv. e Ment. 32, 1 (1927).

MEIER, KLOTILDE: Über die aktuelle Reaktion des Liquor cerebrospinalis. Biochem. Z. 124, 137 (1921).

MORGENSTERN, K.: Wechselbeziehungen zwischen Milchsäure- und Zuckergehalt des Liquor cerebrospinalis. Kongr. inn. Med. 40, 465 (1928).

SCHAEFER, R.: Elektrische Leitfähigkeit des Liquors in Beziehung zur Goldsolreaktion. Klin. Wschr. 1925, 2202.

SCHAMBUROW, D. A. und S. L. LURJE: Xanthochromie der Cerebrospinalflüssigkeit. Z. Neur. 114, 602 (1928).

SCHÜRMEYER, A. und H. SCHWARZ: Über den CO_2-Gehalt der Lumbalflüssigkeit bei Kreislaufkranken. Klin. Wschr. 1927, 2470.

SHAFFER, L. W.: The effect of hydrogen-ion concentration on the precipitation of colloidal benzoin and gold solutions by cerebrospinal fluid. J. of Labor. a. clin. Med. 9, 757 (1924).

SHOHL, ALFRED F. and S. KARELITZ: The carbon dioxide tension of cerebrospinal fluid. J. of biol. Chem. 71, 119 (1926).

STERN, LINA: Les dernières récherches concernant le fonctionnement de la Barrière Hémato-Encéphalique. Schweiz. med. Wschr. 1929, 935.

TESCHLER, L: Beiträge zur physikalisch-chemischen Untersuchung des Liquors. Dtsch. Z. Nervenheilk. 103, 87 (1928).

THOMAS, P. et E. MAFTEI: La présence de l'acétaldehyde dans le liquide cephalo-rachidien. Bull. Sect. sci. Acad. roum. 10, 16 (1927).

WALTNER, K.: Liquoruntersuchungen bei Kindern. Klin. Wschr. 1924, 1271.

WIECHMANN, E. und M. DOMINICK: Vergleichende Untersuchungen über den Aminosäurengehalt vom Blutplasma und Liquor cerebrospinalis. Dtsch. Arch. klin. Med. 153, 1(1926).

WITTGENSTEIN, ANNELISE und H. A. KREBS: Studien zur Permeabilität der Meningen. Z. exper. Med. 49, 553, 563, 587, 615 (1926).

3. Das Sputum.

Die Reaktion des Sputums ist im allgemeinen alkalisch, in seltenen Fällen neutral. Saure Reaktion tritt bei Zersetzungsvorgängen auf, bei welchen organische Säuren, vor allem Ameisensäure, Essigsäure, Buttersäure entstehen. Das spezifische Gewicht zeigt, je nach der Beschaffenheit des Sputums, sehr große Schwankungen. Es ist um so höher, je größer der Gehalt an Eiter und an Blutserum ist. Den höchsten Wert zeigt das „Sputum" bei Lungenödem, das ja aber kein Produkt der Bronchialschleimdrüsen, sondern ein Transsudat des Blutes ist. Der Eiweißgehalt dieses Auswurfs beträgt etwa 3%. H. KOSSEL fand das spezifische Gewicht entsprechend dem Eiweißgehalt bis 1037,5.

Das Sputum besteht zu 90—98% aus Wasser, zu 2—10% aus festen Bestandteilen, unter denen die organischen die anorganischen an Menge um das 4—7fache übertreffen.

Organische Bestandteile. An erster Stelle steht das Mucin, das aus den Schleimdrüsen der Trachea und der Bronchien stammt. Seine Menge, auf feuchte Substanz bezogen, beträgt 0,7—3,0%. Von der Trockensubstanz macht es 25—50% aus.

Die Anwesenheit hitzekoagulablen Eiweißes im Sputum ist ein Zeichen für Entzündungsprozesse im Bereich des Bronchialbaums. Mit Ausnahme der Verhältnisse beim Lungenödem geht die Eiweißmenge dem Zellgehalt parallel (F. WANNER). Die Angaben, ob das Sputum bei Bronchitis Eiweiß enthält, lauten verschieden. In der Literatur werden Zahlen von 0—1,1% angegeben. Bei Asthma bronchiale wird Eiweiß in der Regel nicht gefunden. Bei der Pneumonie ist der Eiweißgehalt hoch (bis 3,5%). Bei der Tuberkulose unterliegt der Eiweißgehalt sehr großen Schwankungen entsprechend der verschiedenen Sputumbeschaffenheit. Im Auswurf bei Lungengangrän ist der Gehalt an nativem Eiweiß klein.

Das Eiweiß des Sputums wird durch das in den Leukocyten enthaltene proteolytische Ferment abgebaut. So kommt es zum Auftreten von Albumosen (FR. MÜLLER) und freien Aminosäuren, die mitunter als solche nachgewiesen wurden und leicht durch die Bestimmung des Rest-N des Sputums nachweisbar sind. Sekundäre Albumosen finden sich in größerer Menge im Sputum bei Bronchiektasie und Lungengangrän, bei der Pneumonie im Stadium der Lösung, in wechselnden Mengen bei Tuberkulose.

WANNER erhielt folgende Zahlen von Rest-N:

<pre>
             Rest-N % mg
Bronchitis. . . . . 52—157
Bronchiektasie. . . . . . 114—296
Lungengangrän . . . . . 210—362
Pneumonie . . . . 146—283
Tuberkulose. . . . . . . 128—183
</pre>

Leucin und Tyrosin wurden bei Bronchiektasie in den DITTRICHschen Pfröpfen, bei putrider Bronchitis und bei Lungengangrän festgestellt. SOTNISCHEWSKY hat auch im pneumonischen Sputum Tyrosin nachgewiesen. Von den Aminosäuren gehen die Abbauprozesse in verschiedener Richtung weiter. Bei Bronchiektasen kann Desaminierung solchen Grades stattfinden, daß es zu alkalischer Reaktion infolge Auftretens von Ammoniak kommt (LEYDEN u. JAFFÉ). Auch bei der Bronchitis foetida tritt Ammoniak im Sputum auf. Auch eine Decarboxylierung kann eintreten, so daß das Sputum Amine (z. B. Cadaverin-LOEBISCH u. ROKITANSKY) enthält. Von proteinogenen Stoffen fanden HIRSCHLER u. TERRAY im Sputum von Lungengangrän Phenol, Kresol, Indol und Skatol.

Die Menge des Ätherextrakts geht wie der Eiweißgehalt der Zahl der Zellen parallel. Bei foetider Bronchitis findet L. JAKOBSOHN freie Fettsäuren und Seifen, H. VON HOESSLIN Fettsäurenadeln. Bei Bronchiektasie wurden Caprin- und Caprylsäure, bei Lungengangrän Fettkügelchen und Fettsäurekrystalle, bei Tuberkulose Fettsäuren und Seifen nachgewiesen. Auch die DITTRICHschen Pfröpfe enthalten Fettsäuren.

Cholesterin spielt als Bestandteil des Auswurfs im wesentlichen nur dann eine Rolle, wenn eine Dermoidcyste der Lunge, ein alter pulmonaler, pleuritischer oder hepatischer Eiterherd, ein vereiterter Echinococcus in den Bronchialbaum durchbricht (BIERMER).

Von tieferen organischen Abbauprodukten sind vor allem Ameisensäure, Essigsäure und Buttersäure zu erwähnen, die bei foetider Bronchitis, Bronchiektasen und Lungengangrän auftreten. Auch Schwefelwasserstoff ist bei Bronchiektasie beobachtet worden. In seltenen Fällen wurde, so bei Asthma (E. UNGAR), bei Tuberkulose und von FÜRBRINGER bei einem Diabetiker, dessen Lungen mit Aspergillus niger infiziert waren, Oxalsäure gefunden.

An anorganischen Bestandteilen enthält das Sputum Na, K, Ca, Mg und Fe, von Anionen Cl', SO_4'', PO_4''', Silicat. Die anorganischen Stoffe machen 0,5—1,6% der frischen Substanz und 11—28% der Trockensubstanz aus. 100 Teile Salz enthalten 50—75 % NaCl.

Bei der Pneumonie, im Stadium der grauen Hepatisation, findet eine Anreicherung von Salzen in den erkrankten Teilen der Lunge statt (L. BEALE, H. BAMBERGER, E. SALKOWSKI). Der Chloridgehalt des Sputums kann dann den des Blutes bis zum Vierfachen übertreffen.

Das Sputum bei Tuberkulose hat einen hohen Salzgehalt. Besonders ist der Phosphatgehalt gesteigert (BAMBERGER, J. PLESCH). Es ist daran zu denken, daß die Demineralisation der Phthisiker, die in der französischen Literatur eine größere Beachtung findet, (zum Teil) durch Salzverluste mit dem Sputum erfolgt (PLESCH).

Bei Blutgehalt des Sputums findet Bilirubinbildung statt. Nach OBERMEYER u. POPPER ist in jedem rostfarbenen Sputum Bilirubin enthalten. Bei Ikterus geht Gallenfarbstoff in das Sputum über.

In das pneumonische Sputum tritt Salicylsäure ein, deren Nachweis im Sputum zur Erkennung zentral gelegener pneumonischer Herde beitragen kann.

Über die Natur der CHARCOT-LEYDENschen Krystalle, die sich im Sputum bei Asthma bronchiale, Bronchitis fibrinosa und Distomiasis pulmonalis, bei myeloischer Leukämie im Leichenblut, in eosinophilen Exsudaten und bei Helminthiasis im Speichel finden, ist wenig bekannt. SALKOWSKI hält sie für Mucinkrystalle. Wahrscheinlich steht das Material, aus dem sie sich bilden, in Beziehungen zur Substanz der Granula der eosinophilen Leukocyten.

Ein sehr gewöhnlicher Bestandteil des Sputums ist Kohlenstaub, von dem besonders der Großstädter eine erhebliche Menge in seine oberen Luftwege aufnimmt. Anthrakotischer Auswurf aus den Lungen findet sich bei Menschen, die durch ihren Beruf große Mengen fester Teilchen (Kohle, Eisenstaub, Steinstaub) inhalieren. Wir sahen klinisch und autoptisch einen geradezu grotesken Fall von Lungenmelanose bei einem Arbeiter einer Sargfabrik, in der das Schwärzen der Särge mit Ruß geschieht. Bei einem Manne, der infolge seiner früheren Beschäftigung als Steinschleifer eine auch röntgenologisch sehr eindrucksvolle Chalikosis pulmonum hatte, fanden wir im Sputum wiederholt Lungensteine.

Der Verlust an wertvollen Abbau- und Nährstoffen, den der Körper durch das Sputum erleiden kann, kann beachtenswerte Beiträge annehmen. So sah PLESCH bei einem Tuberkulösen einen täglichen Calorienverlust von 5% des Brennwertes der aufgenommenen Nahrung mit dem Auswurf, FALK bei einem Bronchiektatiker einen Verlust von 7% = 167 Cal.

PLESCH fand einen N-Verlust durch das Sputum im Betrag von 18% des mit der Nahrung aufgenommenen Stickstoffs. Wir haben wiederholt Zahlen derselben Größenordnung beobachtet. Eine tägliche N-Abgabe durch das Sputum im Betrage von 3,66 g sah FR. FALK.

Literatur.

BAMBERGER, H.: Zur Lehre vom Auswurf. Würzburger med. Z. **1854**, 333.

BEALE, L.: Chemische Untersuchungen bei Pneumonie. Med. chir. Transacta **35**, 325 (1852).

BIERMER, A.: Über cholesterinreichen Auswurf als Zeichen von Perforation eines alten Empyems in die Brochien. Virchows Arch. **16**, 545.

FALK, FR.: Zur Chemie des Sputums. Erg. Physiol. **9**, 406 (1910).

FÜRBRINGER, P.: Zur Lehre vom Diabetes mellitus. Dtsch. Arch. klin. Med. **16**, 499 (1875).

HIRSCHLER, A. und T. v. FERRAY: Untersuchungen über die Ätiologie des Lungenbrandes. Wien. med. Presse **1890**, 697.

VON HOESSLIN, H.: Das Sputum. Berlin 1921.

JACOBSOHN, L.: Beiträge zur Chemie des Sputums und des Eiters. Inaug.-Diss. Berlin 1899,

KOSSEL, H.: Beiträge zur Lehre vom Auswurf. Z. klin. Med. **13**, 149 (1887).

LEYDEN, E.: Eigenartige Krystalle im Sputum. 44. Vers. Dtsch. Naturforsch. u. Ärzte Rostock 1871.

— und M. JAFFÉ: Über putride Sputa. Dtsch. Arch. klin. Med. **2**, 488 (1867).

LOEBISCH, W. und P. v. ROKITANSKY: Zur Chemie der bronchiektalen Sputa. Z. klin. Med. **11**, 1 (1890).

MÜLLER, FR.: Die Erkrankungen der Bronchien. Dtsche Klin. **1904**.

OBERMAYER, F. und M. POPPER: Über den Bilirubingehalt des pneumonischen Sputums. Wien. klin. Wschr. **1908**, Nr 28.

PETTERS: Chemie des bronchoblenorrhoischen Sputums. Prag. med. Wschr. **1864**, Nr 4/5.

PLESCH, J. (1): Stoffwechsel bei Tuberkulose und bei Berücksichtigung des Sputums. Z. exper. Path. u. Ther. **3**, 446 (1916). — (2): Chemie des Sputums. OPPENHEIMERS Handbuch der Biochemie **5**, 418 (1925).

SALKOWSKI, E. (1): Zur Kenntnis des pathologischen Speichels. Virchows Arch. **109**, 358 (1887). — (2): Untersuchungen über die Ausscheidung der Alkalisalze. Ebenda **53**, 209 (1871).

SOTNISCHEWSKY: Über die Zusammensetzung des Lungengewebes bei kruppöser Pneumonie. Hoppe-Seylers Z. **4**, 217 (1880).

UNGAR, E.: Zur Lehre vom Asthma. Dtsch. Arch. klin. Med. **21**, 4, 455 (1878).

WANNER, F.: Beiträge zur Chemie des Sputums. Ebenda **75**, 347 (1903).

Sachverzeichnis.

Abnutzungsquote 51.
Abszesse, kalte 630.
Accessory factors 59.
Acetaldehyd 198, 205, 244, 245, 209, 325.
— im Liquor cerebrospinalis 635.
Acetessigsäure 245, 318, 319, 320, 321.
Acetessigsäurebildner 324.
Aceton 321.
Acetonämisches Erbrechen der Kinder 460.
Acetonitrilreaktion 129.
Acetonitrilverseifung 127.
Acetonkörper 318.
— Reaktionen mit Glucose 261.
Acetonkörper als Zwischenstufen beim Fettumbau zu Zucker 327.
Acetonkörperausscheidung 113.
Acetonkörperbildung bei Schwangerschaft 280.
— synthetische 321.
Acetonreaktionen 321.
Acetylcholin 83.
Acetylierungen 77.
Acetylphenylaminobuttersäure 76.
Achylia gastrica 368, 458, 494.
— — und Anaemia BIERMER 370.
— pancreatica 468, 494.
Aciditätskurve, Typen der 453, 454.
Acidose 354, 439.
— Aschenverarmung der Knochen bei 617.
— durch Calciumchlorid 612, 613.
— dekompensierte 356.
— diabetische 355.
— experimentelle oder therapeutische 355.
— kompensierte 619.

Acidose bei Leberatrophie, WEILscher Krankheit und Lues 438.
— bei Leberkrankheiten und Vergiftungen 355.
— manifeste und kompensierte 350.
— renale (urämische) 97.
— bei Schwangerschaft 280.
— urämische 503.
Acidosen bei Diabetes, Urämie und Säuglingsintoxikation 357.
Acidotisches Erbrechen 460.
Acidotische Stoffwechselrichtung 350.
Acrose 232.
ADAMKIEWICZ, Probe nach 6.
ADDISONsche Krankheit, Melaninablagerung bei 139.
Adenin 87, 161.
Adenindesamidase 165.
Adeninnucleotid 98.
Adenosin 165, 168.
Adenosinphosphorsäure 98, 200.
— eine Tätigkeitssubstanz des Muskels 90.
Adenylsäure 98.
Aderlaßlipämie 307.
Adipocire 292.
Adipöse Ergüsse 631.
Adipositas, pankreatogene 315.
— und spezifisch-dynamische Wirkung 47.
Adrenalin 82, 83, 117, 138, 140, 142, 248.
— Erhöhung der spezifisch-dynamischen Wirkung durch 313.
— Glykogenspeicherung in der Leber durch 242.
— Steigerung des Grundumsatzes und der spezifisch-dynamischen Wirkung durch 46.

Adrenalingehalt der Nebennieren, Abnahme nach dem Zuckerstich 248.
Adrenalininjektion, Blutzuckerkurve nach 225.
Adrenalin-Novokainanästhesie, Porphyrinurie nach 410.
Adsorptionshämolytica 367.
Adsorptionsisotherme 201.
Äquivalente, calorische, für 1 Liter Sauerstoff 42.
Ätherextrakt des Sputums 639.
Äthernarkose, Lipämie nach 307.
Ätherschwefelsäure 153.
Ätherschwefelsäurebildung 107, 108.
— in der Leber 443.
Ätioporphyrin 332, 402, 406.
Aglukon 62.
Agglutination 25, 27, 28.
Agglutinin 28.
Agmatin 82.
Akromegalie 497.
Akrylsäure 299.
Aktivator 467.
Aktivatoren 31, 32, 33.
Aktive Stoffe, Bildung von — — aus Eiweiß 240.
Aktivitätstheorie 347, 610.
Alanin 77, 79.
d-Alanin 2.
Albinismus 141.
Albumin 14, 29.
— -A. 14, 147.
— und Globulinverhältnis 537.
Albumin-Globulinverhältnis in Ergüssen 629.
— und kolloidosmotischer Druck 515.
Albuminate 20.
— lösliche 33.
Albumine 20.
Albuminocholie 433.

Albuminoide 20.
Albuminurie 534.
— BENCE-JONESsche 145.
— intermittierende, cyclische 535.
— bei Kälteeinwirkung 386.
— nach kalten Bädern 534.
— mit Ausscheidung kolloidaler Farbstoffe 482.
— nach körperlichen Anstrengungen 534.
— lordotische 535.
— und Marschhämoglobinurie 388.
— bei Obstipation 534.
— orthostatische 534, 535.
— psychische Auslösung der 536.
— nach Stich in den 4. Ventrikel 534.
Albuminuriegrad und Linksverschiebung des Plasmaeiweißbildes 514.
Albuminuriezunahme nach Gemütserregung und geistiger Überanstrengung 485.
Albumosämie 12.
Albumosen 7, 11, 12, 20, 33, 34.
— bei Fieber 74.
— im Sputum 639.
Albumosurie 12.
— und Lebererkrankungen 12.
— nephrogene 12,
Aldehyde 54, 80, 195, 196, 204, 327.
Aldehydhydrate 204.
Aldehydmutase 76, 199.
Aldehydreagens, EHRLICHsches 145.
Aldehydreaktion 6, 417.
Aldohexosen mit 4 C-Atomen 194.
Aldol 195, 290.
Aldolkondensation 232.
Aldosen 193.
Alkalibestandgefährdung bei Phosphaturie 580.
Alkalinurie 584.
Alkalireserve 350, 355, 357.
— bei Leberatrophie, Lues und WEILscher Krankheit 438.

Alkalische Salze in der Magen-Darmtherapie 461.
Alkaloide 81, 107, 121.
Alkaloidreagenzien 81.
— beim Eiweißnachweis im Harn 539.
Alkalose 354, 435, 459, 621.
— dekompensierte 356, 459.
— Diagnose der 461.
— bei Magentetanie 461.
— manifeste und kompensierte 350.
— relative 460.
Alkalotische Stoffwechselrichtung 350.
Alkanolamine 82.
Alkaptochromreaktion 111, 112.
Alkaptonsäure 113.
Alkaptonurie 111.
— bei Ochronose 119.
Alkohol 80.
Alkoholatbildung mit Schwermetallsalzen 194.
Alkoholintoxikation, Lipämie bei 307.
Alkoholische Gärung 198.
Alkoholprobetrunk 453.
Alkylamine 82.
Alkylenamine 82.
Allantoin 166, 168.
Allergische Krankheiten 190.
Aluminium in Gallensteinen 442, 590.
Amboceptor und Komplement im Hämolysin 384.
Ameisensäure 80.
— im Sputum 640.
Amenorrhöe bei Unterernährung 68.
Amidoazobenzol 152.
Amidoazokörper 152.
o-Amidobenzoesäure 120.
p-Amidobenzolsulfosäure 152.
o-Amidomandelsäure 120.
Amin, aromatisches 152.
Aminacidämiemessung 435.
Aminaciduriemessung 435.
Aminaciduriesteigerung 434.
Aminbildung bei Vergiftungszuständen 437.
Amine, aromatische oder heterozyklische 153.
Amine, biogene, unbekannter Konstitution 83.
— methylierte 81.

Amine, proteinogene 81, 437, 551.
— im Sputum 639.
Aminoäthylalkohol 87, 295.
Aminobernsteinsäure 3.
γ-Aminobuttersäure 82, 436, 437.
— methylierte, im Harn bei Phosphorvergiftung 81.
α-Aminocapronsäure 3.
Aminodicarbonsäuren 5.
Aminoessigsäure 2.
α-Aminoglutarsäure 3.
Aminoglykol 296.
Aminoglykuronsäure 149.
α-Amino-β-imidazolpropionsäure 4.
α-Aminoisocapronsäure 2.
2-Amino-6-Oxypurin 161.
l-α-Aminopropionsäure 2.
6-Aminopurin 161.
Aminosäure, isolierte, Umsatzsteigerung durch 46.
— unbekannte, aus Casein 108.
Aminosäuren 1, 31, 434, 516.
— der aliphatischen Reihe 2.
— Ampholytformel der 5.
— Antiketonwirkung der 324.
— aromatische und heterozyklische 3.
— basische 8.
— Betainformel der 5.
— Eigenschaften der 4.
— in Exsudaten 630.
— Farbreaktionen der 5.
— freie, im Dünndarminhalt 35.
— — im Sputum 639.
— bei akuter gelber Leberatrophie 438.
— Übergang in Zucker 237.
α-Aminosäuren und Ketonkörperbildung 324.
Aminosäurenabbau 78.
ω-Aminosäuren 82.
— durch Oxydation am β-C-Atom 80.
Aminosäurenbildung im Tierkörper 75, 77.
Aminosäurengehalt der Leber 438.
— des Blutes bei der Verdauung 35.

Aminostickstoff des Liquor cerebrospinalis 635.
Aminosäurestickstoff, quantitativeBestimmung des 5.
Aminosäurenstickstoffbestimmung im Harn 434.
Aminosäurestickstoffzunahme bei Pentosurie 283.
α-Aminovaleriansäure 2.
Ammoniak im Sputum 639.
Ammoniakausscheidung, vermehrte, bei Phosphaturie 581.
— verringerte, bei Schrumpfniere 503.
Ammoniakbereitstellung bei Phosphaturie 580, 581.
Ammoniakbildung u. Muskeltätigkeit 98.
— in der Niere 97.
— eine Eigenschaft aller Zellen 97.
Ammoniakbildungsstörung in der kranken Niere 356.
Ammoniakgehalt des Blutes 96, 503.
— des Harns 460, 503.
— — bei Nierenkrankheiten 97.
Ammoniakmuttersubstanz im Blut 96.
— -Verminderung bei Leberkrankheiten 97.
Ammoniakproblem 96.
Ammoniakproduktion, mangelhafte, bei Nierenerkrankung 439.
Ammoniakzahl 460.
— reduzierte, des Harns 356, 460.
Ammoniakzunahme bei Fieber 73.
Ammonium, carbaminsaures 99.
Ampholyte 5, 25.
Ampholytformel der Aminosäuren 5.
Amylalkohol 80.
Amylase 211.
Amylenoxydische Form der Hexosen 209.
Amyloid 147.
— achromatisches 150.
— chromatisches 151.
— ein Eiweißkörper 149,150.
Amyloid als Ernährungsfolge 148.

Amyloide Eiweißsteine 599.
Amyloidose 148.
Amyloidtumor 148.
Amylopektin 211.
Amylose 211.
Amylosen, krystallisierte 211.
Anacidität des Magensaftes 456.
Anaemia BIERMER 368, 378.
— — Pathogenese 368, 371.
— — enterogene Theorie der 370.
Anämie bei hämolytischem Icterus 366.
— bei Myxödem 129, 371
— durch Östrin 369.
— bei Porphyrinurie 409.
— bei Ratten nach Milzexstirpation 371.
— bei Unterernährung 68.
— perniziöse, Bilirubinbildung bei 421.
— — Blutammoniakzunahme bei 97.
— — Pepsinmangel bei 458.
— — der Pferde 369.
— sekundäre 361.
Anämien, Chemische Genese der 367.
— Porphyrinbildung bei 402.
Anaphylaktische Krankheit 16, 17, 18.
— — neuroendokrine Bedingungen der 18.
— Reaktion 21.
— Reaktionen an der glatten Muskulatur und an Capillarendothelzellen 16.
Anaphylaktischer Shock 12, 13, 15, 16, 17, 84, 359.
— — Abnahme des Gesamtgaswechsels und der Gewebsatmung beim 16.
— Zustand und abnorme Durchlässigkeit der Gefäßwand 400.
Anaphylaxie 13.
— Therapie durch Desensibilisierung 18.
Anfallskrankheit, Gicht als 190.
Anfallskrankheiten 18.
Angiospasmus 572.
Anhydrid des Kreatins 86.

Anhydride, zyklische, aus Eiweiß 8.
Anhydrozucker 211.
Anilinnitrat 152.
Anionendefizit 355.
— bei Nierenkrankheiten 521.
Anionenreihe, HOFMEISTERsche 26.
Anoxämie 96.
— Herzkranker 352.
— paradoxe 340, 354.
Antagonismus zwischen Glykogen- und Fettbildung der Leber 292.
Anthranilsäure 120.
Antiferment 31.
Antigen bei Anaphylaxiebehandlung 18.
Antiketogene oder antiketoplastische Stoffe 324.
— Wirkung des Zuckers 261.
Antiketone 324.
Antikomplemente im Serum bei Kältehämoglobinurie 385.
Antipepsin 462.
— des Serums 31.
Antirachitisches Nahrungshormon 60.
— Vitamin 61.
Antithrombosin 394.
Antitrypsin 34.
Antitrypsingehalt des Blutserums 31.
Antixerophthalmisches Vitamin 60.
Antoxyproteinsäure 153.
Anurie, arenale 531.
— Blutharnsäuresteigerung bei 173.
— bei chronischer Nephritis 531.
— echte und falsche 532.
— prärenale 531.
— reflektorische 531.
— renale, subrenale 531.
Apatit 613.
Apfelsäure 118, 206, 321.
— Zucker- bzw. Glykogenbildung aus 239.
Apnoe 352.
Appetitfrühstück 453.
Arabinose 193.
— razemische 283.
Arbeit, körperliche, Acidose durch 355.

Arbeitsleistung des Muskel 91.
Arbeitsmaschine, mechanischer Nutzeffekt der 44.
Arbutin 144, 214.
Arcus senilis corneae, Cholesterinanhäufung im 303.
Arginase 85, 106.
— im Dünndarm 473.
Arginin 82, 85, 86, 87, 91, 149, 153, 437.
d-Arginin 3.
Arginingehalt der Leber bei Phosphorvergiftung 85.
Argininphosphorsäure 91.
Argininstickstoff in bösartigen Geschwülsten 85.
Aromatische und heterozyklische Aminosäuren 3.
Arsenvergiftung 438.
Arteriosklerose nach Cholesterinfütterung 303.
Arthritis deformans und Ochronose 119.
Arthritismus 190.
Asparagin, Zucker- bzw. Glykogenbildung aus 239.
Asparaginsäure 3, 78.
Asparaginsäurediamid 7.
Assimilationsprozeß 233.
Atherom der Gefäße 303.
Atherosklerose, experimentelle 304.
Atmung 346.
— äußere und innere 351.
— „große" 357.
Atmungsferment 203, 378.
Atmungsfermente 336, 337.
Atmungstetanie 621.
Atophan, Auslösung von Gichtanfällen durch 192.
Atophanwirkung 181, 191.
Atoxyl als Fermentgift 31.
Atoxylempfindlichkeit der Leberlipase 470.
Atoxylresistenz der Pankreaslipase 286, 470.
Ausheberung, fraktionierte 454.
Aussalzbarkeit 11.
Ausscheidungsinsuffizienz bei Anurie 532.
Ausscheidungsstörungen der Nieren 500.
Austauschadsorption 611, 616.
Autoavitaminosen 59.

Autohämolysin bei Syphilitikern 387.
Autointoxikation 475.
— gastrointestinale 84, 122.
Autoxydation 345.
Avitaminosen 57, 59.
Azofarbstoff in Tuberkuloseharn 153.
Azotämie bei Kochsalzverarmung 517.

Bacterium oxalatigenum 156.
Bakterien im Magen 454.
Bakteriensteine 599.
Bartonella muris, Anämie bei Ratten durch 371.
Basalstoffwechsel 43.
BASEDOWsche Krankheit 68, 130.
— — Eiweißabbau bei 71.
— — Melaninablagerung bei 139.
— — negative Stickstoffbilanz bei 127.
— — Stoffumsatzerhöhung bei 127.
Begleitstoffe - Wirkung auf Fermente 30.
BENCE-JONESsche Albuminurie 145.
BENCE-JONESscher Eiweißkörper 35, 145.
BENEDICTsche Voraussagetafeln 43.
Bengalrot 443.
Benzidinprobe 463.
Benzoesäure 53, 54.
Benzoldiazoniumnitrat 152.
Benzol - p - diazoniumsulfosäure 152.
Benzolumwandlung, vitale 206.
β-Benzylbrenztraubensäure 76.
Beri-Beri 58, 63.
— experimentelle, Cholesterinvermehrung bei 305.
— -Tauben, Glutathiongehalt bei 104.
Bernsteinsäure 78, 80, 118, 321.
— Oxydation zu Apfelsäure 206.
— Zucker- bzw. Glykogenbildung aus 239.

Bernsteinsäurehalbaldehyd 80.
Betain 82.
Betainformel der Aminosäuren 5.
Bezoare 608.
— falsche 609.
Bicarbonat im Blut 451.
Bicarbonation im Blut 349.
Bicarbonattetanie 621.
Bilifuscin 416.
Bilihumin 416.
Bilipurpurin 416.
Bilirubin 416.
Bilirubinämie 422.
Bilirubinbildung, extrahepatische 421.
— im reticulo-endothelialen System 421.
— im Sputum 640.
Bilirubingehalt des Duodenalinhalts 433.
Bilirubinkalkeiweißflocke 590.
Bilirubinnachweis im Serum mittels Diazoreaktion 154.
Bilirubinsäure 416.
Bilirubinurie 422.
Biliverdin 416, 422.
Bindegewebsprobe 459.
Bindegewebsstoffwechsel 157.
Bindegewebsverdauung 459.
Biokolloide 22.
Biologische Oxydation 201.
— Wertigkeit der Eiweißkörper 52.
Biosterin 61.
Biuret 7.
Biuretreaktion 7.
Blasengalle, Cholesteringehalt der 590.
Blasensteine 596.
Blut, Cholesteringehalt im 302, 303.
— Jodgehalt des 132.
— als Pufferlösung 349.
Blutablagerung und Ödem 564.
Blutammoniakgehalt, erhöhter, bei perniciöser Anämie 97.
Blutammoniakvermehrung bei Lebercirrhose 97.
Blutammoniakzunahme bei Icterus catarrhalis 97.

Blutammoniakzunahme nach Überventilation 97.
Blutbildungshemmung 366.
Blutcholesteringehalt 432.
Blutdrucksteigerung 567.
— bei subrenaler Anurie 533.
Bluteindickung durch Insulin 254.
Bluteiweißbild und Diazoreaktion 423.
— Linksverschiebung bei Ödem 559.
— bei Nierenkrankheiten 513.
— bei Thrombophlebitis 396.
Bluteiweißbildveränderung bei Leberkrankheiten 439.
Bluteiweißbildveränderungen 15.
Bluterguß, vermehrte Urobilinausscheidung bei 429.
Blutfarbstoff 335.
— als Peroxydase 463.
Blutfarbstoffporphyrine, Übersicht 407.
Blutfarbstoffzylinder 542.
Blutgerinnung 390.
Blutgerinnungverlangsamung bei Phosphorvergiftung, Leberatrophie u. Cholämie 391.
Blutgerinnungszeit 397.
Blutgruppenzugehörigkeit bei Syphilitikern mit Autohämolysin 387.
Blutharnsäure 516.
— bei Gicht 177.
Blutharnsäurevermehrung bei Gicht und anderen Krankheiten 173.
Blutjod, organische und anorganische Fraktion 133.
Blutkalkabnahme nach Epithelkörperchenexstirpation 623.
Blutkalkgehalt-Regulation 612.
Blutkalkverminderung bei Osteomalacie 621.
Blutkrankheiten, Stoffwechsel bei 372.
Blutkörperchen, elektrische Ladung der roten 28.
Blutkörperchenresistenz 363.
— osmotische 343.

Blutkörperchensenkungsgeschwindigkeit 14, 28.
— bei Leberkrankheiten 439.
Blutkörperchenvolumen 24, 360, 361.
Blutlipase 286.
Blutlymphe 549.
Blutmenge 360.
— bei akuter Glomerulonephritis 556.
— bei chronischen Nierenkrankheiten 511.
— Vermehrung der zirkulierenden 342.
Blutmengevermehrung nach Infusion 546.
Blutmilchsäurevermehrung bei Leberkrankheiten 434.
Blutnachweis in den Faeces 463.
Blutplättchen als Quelle der Thrombokinase 391.
Blutplasma 14.
— kolloidale Struktur des 25.
Blutreaktion als Reiz für das Atemzentrum 351.
— bei Tetanie 624.
Blutsauerstoffbestimmung, quantitative 345.
Blutserum bei Anaemia BIERMER, Toxicität des 371.
— Erniedrigung der Oberflächenspannung des 23.
Blutserumcalcium 609.
Bluttetanien 621.
Blutungen, okkulte 463.
— Porphyrinbildung bei inneren 402.
Blutungszeit 397.
Blutuntergang und Blutneubildung 364.
— täglicher 380.
Blutviscosität 24.
Blutzerstörung 366.
Blutzucker 218.
— bei Adipositas 314.
— Beziehung zur Niere 246.
— Natur des 219.
Blutzuckerabnahme im Hunger 220.
— bei Leberatrophie 440.
Blutzuckeranstieg nach Traubenzuckereinnahme 440.

Blutzuckergehalt, Einfluß der Nahrung auf den 219.
Blutzuckergehaltsveränderung durch äußere Einflüsse 219.
Blutzuckerhöhe und Muskelarbeit 223.
Blutzuckerkurve nach Zukkerzufuhr und Adrenalininjektion 225.
Blutzuckerregulation 224.
Blutzuckerregulationsstörungen bei Hypophysenerkrankungen 497.
Blutzuckerverteilung auf Blutkörperchen und Plasma 219.
Blutzuckerwert des Menschen 218.
Blutzuckerzunahme nach Lävuloseeinnahme 441.
Blut - Liquorschranke 636, 637.
Botriocephalus latus 368.
Botriocephalusanämie, toxische Wirkung auf den Stoffwechsel 374.
Brechungsindex des Blutplasmas 14.
Brenzkatechin 111, 144.
Brenzkatechinase 143.
Brenzkatechincarbonsäure 144.
Brenzkatechinessigsäure 143.
Brenztraubensäure 77, 79, 198, 244, 290.
— Zucker- bzw. Glykogenbildung aus 239.
Bromid im Magensaft 448.
Brustdrüse, Glucoseumwandlung in Galaktose in der 211.
Buchweizenexanthem 414.
Bürzeldrüsen, Fettbildung der 292.
Bufotalin 300.
Bufotoxin 300.
Buttersäure 318.
— im Sputum 640.
Buttersäuregärung 198.
Butylaldehyd 290.
Butylenoxydische Form der Hexosen 209.
γ-Butyrobetain 436, 438.
Cadaverin 82.
— bei Fleischfäulnis 107.
— im Harn bei Cystinurie 106.

Cadaverin im Sputum 639.
Calcium 609.
— im Blut 519.
— im Serum bei Nieren-krankheiten 521.
— und anorganisches Phos-phat im Blutserum 625.
Calciumbedarf des Erwach-senen, täglicher 581.
Calciumbindung durch Fett-säuren bei Fettnekrose 471.
Calciumgesamtmenge des Körpers 581.
Calciumionen im Blut 552.
— im Serum 609.
Calciumwert des Liquor cere-brospinalis 636.
Calcium - Phosphorsäurever-hältnis 61.
Callus 616.
Calorienverlust durch Spu-tum 640.
Calorische Äquivalente für 1 Liter Sauerstoff 42.
CANNIZZAROsche Reaktion 205.
— Umlagerung 199, 244.
Capillardruck 480, 550.
Capillarendothelzellen, ana-phylaktische Reaktionen an 16.
Capillargifte 551.
Capillaritis 558.
— haemorrhagica 380.
Capillaropathia acuta uni-versalis 558.
Capillartranssudat 549.
Caprin- und Caprylsäure im Sputum 639.
Carbinolgruppe 192.
Carbonatsteine 599.
Carbonylgruppe 192.
Carbonyl-(CO)-Reaktionen mit Pikrinsäure und So-dalösung 9.
Carboxylase 198.
Carboxy-Polypeptidase 467.
Carcinom, Arginin im Exsu-dat von 85.
Carcinose, Blutharnsäurezu-nahme bei 173.
Carnit 437.
Carnosin 82.
Carotin 59.
Casein 53, 55, 57.

Casein, unbekannte Ammino-säure aus 108.
Cellulose 211.
Celluloseverdauungsvermö-gen 474.
Cerasin 305.
Cerebronsäure 301.
Cerebroside 301, 305.
CHARCOT-LEYDENsche Kry-stalle im Sputum 640.
Cheno-desoxy-cholsäure 300.
CHEYNE-STOKESsches At-men 352.
Chinin als Fermentgift 31.
Chininempfindlichkeit der Pankreaslipase 470.
— der Serumlipase 286.
Chininidiosynkrasie 388.
Chinole 115.
Chinolin 334.
Chinon 117, 204.
— als Wasserstoffacceptor 205.
Chinone 142.
Chinonessigsäure 118.
Chlorgehalt der Ödemflüssig-keit 553.
Chloridausscheidung in den Magen und Chloridmenge des Harns 448.
Chloridbestimmungsmetho-dik im Blut 495.
Chloridgehalt des Gesamt-blutes 451.
— des Liquor cerebrospina-lis 636.
— des Magensaftes 447.
— des Sputums 640.
Chloridkonzentrierungs-schwäche 495.
Chloridsekretionsabnahme bei Achylie 448.
Chloridverarmung, Diagnose der 461.
Chlorion in Blutkörperchen und Plasma 519.
— des Magensaftes 447.
Chloroform, glykosurische Wirkung 245.
Chloroformnarkose, Lipämie nach 307.
— Porphyrinurie nach 410.
Chloroformvergiftung 438.
— direkte Diazoreaktion bei 424.
Chlorophyll 232, 332, 416.
Chlorophylle A und B 402, 406.

Chlorose 346.
— Sauerstoffverbrauch bei 372.
Chlorzinkvergiftung, Por-phyrinurie nach 410.
Cholämische Vergiftung 437.
— Zustände und Lipämie 308.
Cholagoga, Shockgifte als 17.
Cholalsäure 105.
Cholalurie 431.
Choleinsäure 300.
Choleinsäureprinzip 301.
Choleraerreger, Indol und Nitritbildung durch 124.
Cholestane 299.
Cholestanole 299.
Cholesterin 61, 297, 298, 367.
— bestrahltes 62.
— des Liquor cerebrospina-lis 635.
— Lösungsfähigkeit der Galle für 301.
— im Sputum 639.
Cholesterinämie 423.
Cholesterinbestimmung durch Digitoninfällung 301.
Cholesterinbildung im Orga-nismus 301.
— Ort der 303.
Cholesteringehalt des Blutes 302, 303, 432.
— des Duodenalinhalts 433.
— der Galle 431.
— der Lebergalle 590.
Cholesterinkrystalle in Exsu-daten 632.
Cholesterinoxyde 302.
Cholesterinresorption aus dem Darm 302.
Cholesterinspeicherung 303.
Cholesterinstein, radiärer 589, 593.
Cholesterinsteine 599.
Cholesterinverfettung 303.
Cholesterin-Cholesterinester-verhältnis bei Leberpar-enchymerkrankungen 307.
Cholin 82, 83, 86, 294, 436.
— in der Darmwand 479.
Cholingehalt des Blutes, er-höhter, bei parathyreoid-ektomierten Hunden 623.
Cholophilie der Farbstoffe 442.

Cholsäure 105, 298, 300.
Chondroitin 149, 150.
Chondroitinschwefelsäure
    149, 151.
— im Amyloid 149.
— im Blutserum bei Amy-
    loid 149.
— in Chondromen, Knorpel
    und Harn 149.
— im Harn 535.
— im Magenschleim 449.
Chondroitinurie 602.
Chromatophoren 137.
Chromogen, eisenhaltiges 330.
Chromolyse 367.
— bei Hämoglobinurie 383.
Chromoproteide 20.
Chyliforme Ergüsse 631.
Chylöse Ergüsse 631.
Chylus, Zuckergehalt des 215.
Cirrhosis hepatis, Hyper-
    cholesterinämie bei 432.
Citronensäure 323.
Coeliacie 476, 477.
— Tetanie bei 622.
Coferment 200.
Coffein, glykosurische Wir-
    kung 245.
Colchicum bei Gicht 192.
Collagen 20.
Collaps, Blutmengenvermin-
    derung im 564.
Cozymase 200.
Crotonaldehyd 290.
Crotonsäure 118, 206.
Curare, glykosurische Wir-
    kung 245.
Cyanamid 87.
Cyanose 341, 353.
— bei kongenitalen Herz-
    fehlern 342.
Cyclopoiese 54, 112.
Cylindroide 542, 576.
Cylindrurie bei Obstipation
    534.
Cystein 2, 103, 104.
Cysteinreaktion 63.
Cysteinsäure 55, 104.
Cystein-Cholsäure 106.
Cystin 2, 6, 55, 63, 87, 102,
    149.
— in der Hornsubstanz und
    in der Linse 102.
— und Leucin in der Leber
    bei Porphyrinurie 412.
— Zucker- bzw. Glykogen-
    bildung aus 239.

Cystinbestimmung, quanti-
    tative im Harn 102.
Cystininfiltration 108.
Cystinkrankheit 103.
Cystinsteine 599.
Cystinurie 102, 106, 108.
— Gruppeneinteilung 108.
Cytochrom 338, 405.
Cytosin 162.
Cytozym 391.

Darm 473.
Darmerscheinungen bei Por-
    phyrinurie 412.
Darmpatronenmethode 473.
Darmresorptionsstörung bei
    Rachitis 620.
Darmsand 609.
Darmsteine 608.
Darmstriktur und Anaemia
    BIERMER 370.
Decarboxylierung 199.
Degeneration, fettige 291.
— hyaline 22.
Dehydrase 205.
Dehydrierung 76, 203.
— autoxydative 204.
Dehydrierung des Fettes 288.
— oxydative 204.
Dehydrierungsquotient 207.
DERCUMsche Krankheit 317.
Desaminierung von Amino-
    säuren 78.
— hydrolytische 79, 115.
— oxydative 79, 115.
Desaminierungsfunktion der
    Leber, Störung der 434.
Desaminierungsvermögen
    beim leberlosen Hund
    435.
Desensibilisierung bei Be-
    handlung der Anaphyla-
    xie 18.
Desmoidreaktion 459.
Desoxycholsäure 300, 301.
Desoxycholsäureverbindun-
    gen 301.
Dextrin im Diabetikerharn
    283.
Dextrinartige Substanzen
    281, 282.
Dextrine, krystallisierte 211.
Diabetes decipiens 274.
— gutartiger (D. innocens)
    277, 278.
— insipidus 488, 490 ff.
— — latens 495.

Diabetes insipidus sympto-
    matischer 495.
— mellitus 267.
— — Eiweißumsatz bei 272.
— — Fettstoffwechsel bei
    273.
— — Gesamtumsatz und
    Nahrungsbedarf 269.
— — Kreatin im Harn 273.
— — Lipämie bei 273, 307.
— — eine neuroendokrine
    Affektion 267.
— — Ödeme bei 274.
— — Oxalurie bei 158.
— — Polydipsie und Poly-
    urie bei 273.
— — Purinstoffwechsel bei
    273.
— — renale Komponente
    bei 280.
— — bei Unterernährung
    68.
— — Wasserhaushalt bei
    274.
— renaler 277.
Diabetestheorie 259, 327.
Diabetiker, gesteigerte Gly-
    kogenolyse beim 224.
Diät und aktuelle Reaktion
    des Körpers 358.
— saure und basische 359.
Diamine 82.
Diamine im Harn bei Cystin-
    urie 106.
α-ε-Diaminocapronsäure 3.
Diaminophosphatide 295.
Diaminosäuren 3, 5, 8, 20,
    85, 149, 161.
α-δ-Diaminovaleriansäure 3.
Diaminurie, alimentäre 107.
Diamylose 212.
Diastase 217.
— in Blut und Harn 470.
Diastase des Speichels 214.
Diathese, kolloidoklastische
    13.
Diazoamidobenzol 152.
Diazoamidoverbindungen
    152.
Diazomethode, direkte und
    indirekte Reaktion 422.
Diazoniumverbindungen 152.
Diazoreagens I und II 152.
Diazoreaktion 73, 419.
— zum Bilirubinnachweis
    im Serum 154.
— direkte 424.

Diazoreaktion des Harns 152.
— in normalem Harn 153.
— indirekte 424.
— nach H. PAULY 6.
— bei Phosphorvergiftung 438.
Dicarbonylbildung 210.
Dickdarm, Eisenausscheidung im 375.
Dickdarmfäulnis 474.
Digitalisglykoside 300.
Digitoxin 62.
Dihexosan 212.
Dijodtyramin 129.
Dijodtyrosin 125, 129.
Diketopiperazin 8, 9, 10.
Dimethyläthylpyrrol 331.
β-Dimethylalanin 2.
Dimethylamidoazobenzol 457.
Dimethylamidobenzaldehyd 145.
p-Dimethylamidobenzaldehyd 6.
Dimethylguanidin 92.
Dimethylphenylendiamin 139.
o-Dinitrobenzol 206.
Dinitrobenzolatmung 207.
Dinitrobenzolreduktion zu m-Nitrophenylhydroxylamin 344.
Dinitrobenzolvergiftung 438.
Diuretisches Hormon in der Leber 442.
Diosen 193.
Dioxindol 120.
Dioxyaceton 193, 197, 256.
Dioxybenzol 111, 117.
o-Dioxybenzol 111.
p-Dioxybenzol 111.
5, 6-Dioxydihydrindol-2-Carbonsäure 138.
5, 6-Dioxyindol 138.
— -2-Carbonsäure 138.
Dioxyphenylalanin 142.
3, 4-Dioxyphenylalanin 117, 138, 140.
3, 4-Dioxyphenylessigsäure 113, 142.
Dioxyphenyl-α-methylamino-β-oxypropionsäure 140.
2, 6-Dioxypyrimidin 162.
Dipeptide 7, 10.
Disaccharide 210.

Dispersionszustand der Eiweißkörper im Exsudat 631.
Dispersität der Protoplasmakolloide 17.
Dispersitätsgrad der Harnkolloide 577.
— der Plasmaproteine 14.
Dissoziationskonstante 347, 348.
— für Oxyhämoglobin und Hämoglobin 340.
Dissoziationskurve für Sauerstoff und Oxyhämoglobin 339.
Distearobutyrin 285.
DITTRICHsche Pfröpfe 639.
Diureide 161.
Diurese 25.
Diuretica, renaler Angriff der 563.
— Wirkung der 559.
Diuretin, glykosurische Wirkung 245.
Diuretinhyperglykämie 248.
DONNAN-Gleichgewicht 26, 27, 28.
DONNANsche Regel 553.
DONNAN-Theorie 28.
DONATH-LANDSTEINERscher Versuch 385.
Dopareaktion 141.
Dopaoxydase 141.
Drüsen, inkretorische 46.
DU BOISsche Formel 43.
Dünndarminhalt, freie Aminosäuren im 35.
Dulcit 197.
Duodenalinhaltuntersuchung 433.
Durst 488.
— nach Bauchoperationen 489.
Durstversuch 491.
Dynamik des Blutuntergangs und der Blutneubildung 364.
Dysoxydabler Kohlenstoff 63.
Dyspnöe 351.
Dysthyreoidismus 130.
Dystrophia adiposo-genitalis 311.
Dyszooamylie der Leber 255, 259, 262.
— der Schwangerschaft 280.

Echinokokkenflüssigkeit 80.
EHRLICHS Aldehydreagens 145.
Eierschalen, Porphyrin in gefärbten 402.
Eigelbe Diazoreaktion bei Anwesenheit von Gallenfarbstoffderivaten 153.
Eingeweidewürmer, Anämie durch 368.
Eisen, aktives und inaktives bei Einzellern 379.
— dreiwertiges, in Hämatin 336.
— endogenes 375.
— exogenes 375.
— in Gallensteinen 442, 590.
— katalytisch-aktives 202.
Eisenablagerung in Leber, Milz usw. bei Anaemia BIERMER 378.
— in Leber, Milz u. Lymphdrüsen durch Hämolyse 368.
Eisenaufnahme, tägliche 380.
Eisenausscheidung durch den Dickdarm 375.
— im Harn, tägliche, 375.
Eisenbestand bei Hämochromatose 380.
Eisenbilanz 375.
— bei Hämochromatose 380.
— positive 380.
Eisenchloridreaktion, GERHARDTsche 321.
Eisengehalt des Hämoglobins 335.
— von Leber und Milz nach Blutverlusten 376.
Eisengesamtgehalt des Organismus 375.
Eisenoxydation 344.
Eisenreaktivierung 379.
Eisenreserven im Körper 377.
Eisenresorption im Darm 376.
Eisenschwund in der Leber 376.
Eisenstoffwechsel 375.
Eisensuperoxyd 202.
Eisentherapie 375.
Eisenvorräte im Organismus 377.
Eisenzufuhr und Blutfarbstoffbildung 376.

Eiterung, Amyloid bei 148.
Eiweiß 1.
— als Antiketon 324.
— arteigenes 35.
— Fettbildung aus 291.
— labiles 38, 75.
— Reizwirkung des 38.
— im Speichel bei Nieren-
kranken 446.
— im Sputum 639.
— spezifisch-dynamische
Wirkung des 270.
— totes 38.
— tubulogenes 537.
— zirkulierendes 36, 38, 74.
— zyklische Anhydride aus
8.
Eiweißabbau in Exsudaten
630.
— beim Hunger 69.
— bei Infektionskrankhei-
ten 72.
— bei Leukämie 71.
Eiweißabbaufermente 31.
— im Liquor cerebrospinalis
635.
Eiweißanionen 355.
Eiweißaufbau 35.
Eiweißausscheidung nach
Gemütserregungen und
geistigen Überanstren-
gungen 485.
— physiologische 534.
— nach seelischen Erregungen 535.
Eiweißausscheidungsorte
538.
Eiweißbedarfsteigerung bei
Fieber 73.
Eiweiß-Calciumverbindung
im Serum 611.
Eiweißeinverleibung, parenterale 37.
Eiweißernährung 48.
Eiweißfäulnis 84.
Eiweißfermente des Ver-
dauungskanals 33.
Eiweißgehalt in Blutplasma
und Erguß 629.
— des Harns und Zylinder-
zahl 544.
— des Liquor cerebrospinalis 634.
Eiweißgerüst der Gallen-
steine 590.
Eiweißgleichgewicht 51.
Eiweißhydrolyse 11.

Eiweißinjektion, Hyperproteinämie nach 15.
Eiweißkörper, BENCE-JO-
NESscher 145.
— biologische Wertigkeit
der 52.
— durch Essigsäure fäll-
barer 535.
— — — — in Ergüssen 629.
— jodhaltige 125.
— koagulierte 20.
— als Kolloide 21.
— Labilitätsreaktionen der
25.
— Mannigfaltigkeit u. Einteilung der 20.
— unvollständige 53, 124.
Eiweißkörperart in Exsudaten undTranssudaten 629.
Eiweißkörperaufbau aus
Aminosäuren 7.
Eiweißmast 74.
Eiweißminimum 51, 52.
Eiweißmolekül, Ringsysteme
im 8.
Eiweißreaktionen 538.
Eiweißreiche Fütterung 74.
Eiweißspaltprodukte, Giftwirkung der 13.
Eiweißsteine 599, 605.
Eiweißstoffwechsel 176.
—, 2 Arten von 38, 39.
— bei Blutkrankheiten 373.
— und Leber 434.
Eiweißstoffwechselbeein-
flussung durch dieSchild-
drüse 127.
Eiweißumbau 35.
Eiweißumsatz 38.
— bei Diabetes mellitus 372.
— im Fieber 71.
Eiweißverbrauch in ver-
schiedenen Bevölke-
rungsgruppen und Län-
dern 49.
Eiweißverdauung 33.
— im Magen 459.
Eiweißzerfall, krankhafter,
und Diazoreaktion 153.
— prämortaler 69.
— toxogener 70.
Eiweißzerfallsteigerung und
Blutharnsäurezunahme
173.
Elastin 20.
Elektrische Ladung der Kolloide 24.

Elektrische Ladung der roten
Blutkörperchen 28.
Elektrolyte, amphotere 25.
Elektrolytverteilung zwi-
schen Serum und Liquor
636.
Emulsionskolloide oder
Emulsoide 22.
Emulsoid 23, 27.
Encephalomeningomyelitis
durch Guanidin 93.
Energieumsatz 42.
Energiewechsel, Einwirkung
des Insulins auf den 260.
Enolbildung bei Glykogen-
entstehung 216.
Enolform der Acetessigsäure
319, 322.
— der Dextrose 244.
— der Hexosen 200, 221.
Enteritis, vermehrte Oxal-
säureausscheidung bei
156.
Enterogene und hepatogene
Bedingungen der Albu-
mosurie 12.
Enterokinase 467.
Entkalkung 617.
Entladungskrankheiten 572.
Eosinophile Leukocytengra-
nula, Eisengehalt der375.
Epithelkörperchen und Kalk-
stoffwechsel 622.
Epithelkörperchenexstirpa-
tion, Blutkalkabnahme
und Phosphatzunahme
nach 623.
Epithelkörperchenhormon
COLLIPS 623.
Epithelnephropathien 147.
Epithelschläuche 542.
Epithelzylinder 542.
Erbrechen 459.
— bei Porphyrinurie 410.
Erepsin 34.
Erepton 36, 37.
Ergosterin 302.
— betrahltes 62, 617.
Ergotamin 83.
Ergothionein 109.
Erkältungskrankheit, Kälte-
hämoglobinurie als 387.
Erkrankung, anaphylak-
tische 17, 18.
Ernährungsfaktor 56.
Ernährungsstoffwechsel 39.

Ernährungszustand, funktionell guter 313.
— und spezifisch-dynamische Wirkung 47.
Erythrämie 366.
— Blutmenge bei 361.
Erythrocyten, Alter der 364.
— Kaliumgehalt der 359.
— innere Leitfähigkeit der 362.
— Permeabilität der 362.
— Resistenz der 363, 364.
— retikulierte 343.
— Sauerstoffverbrauch der 343.
— Volumzunahme der 24.
Erythrocytenmembran, Störung des kolloidalen Gleichgewichts der 367.
Erythrocytenspeicher 343.
Erythrocytenzahl und Blutviscosität 24.
— Erhöhung durch Thyreoidin 129.
— Verminderung bei Myxödem 129.
Erythrocytolyse bei Hämoglobinurie 383.
— intracelluläre 421.
Erythrolyse 367.
Erythrose 193.
Essigsäure 77, 149, 206, 245.
— im Sputum 640.
Essigsäuregärung 198.
Essigsäurekörper 535.
Esterasen 286.
Esterasevermehrung im Liquor cerebrospinalis 636.
Estercholesterin 432.
Estersturz 433.
Exanthem bei Porphyrinurie 408.
Exsudate 629.
Extrazucker 238, 244.

Faecesuntersuchung, spektroskopische 463.
Fällungsreaktionen der Lumbalflüssigkeit 634.
Fäulnisprozesse im Darm 122.
Farbreaktionen der Aminosäuren 5.
Farbstoff, brauner, im Harn 414.
Farbstoffe der Harnsteine 599.

Farbstoffe zur Nierenfunktionsprüfung 505.
Farbstoffretention im Blut 443.
Farbstoffübergang in die Galle 442.
Ferment, anorganisches 205.
— cholesterinabspaltendes, in der Galle 433.
— glykolytisches, in der Cerebrospinalflüssigkeit 635.
— peptisches, im Liquor cereprospinalis 635.
— urikolytisches 166.
Fermentanalyse des Duodenalinhalts 470.
Fermente 30.
— anorganische 394.
— fettspaltende 286.
— Einfluß fluorescierender Stoffe auf 413.
— Lecithin spaltende 296.
— peptolytische und peptidspaltende 458.
— proteolytische 31.
Fermentketten 32.
Fermenttheorie der Gerinnung 394.
Fermentvergiftungen durch Pharmaka 31.
Fett des Menschen 288.
— der Neugeborenen 288.
— Sättigungsgrad 288.
— Zuckerbildung aus 241, 244.
Fettansatz, regionärer 317.
Fettbildung aus Eeiweiß 291.
— aus Fett 289.
— aus Kohlehydrat 289.
— der Milch 292.
— aus Zucker 262.
Fettdekomposition 291.
Fette, Ablagerung körperfremder 289.
— Chemie der 284ff.
— Doppelbindungen 285.
— Härtegrad der 285.
— physikalische Eigenschaften 285.
Fetteinwanderung in die Leber bei Störungen des Kohlehydratstoffwechsels 441.
Fettgehalt des Blutes bei Leberkrankheiten und Icterus 441.
Fettinfiltration 291.

Fettleberbildung und Glykogenverarmung 292.
Fettleibigkeit, relative 309.
Fettlösliches Vitamin 61.
Fettlöslichkeit der Phosphatide 294.
Fettphanerose 291.
Fettsäuren, freie, im Sputum 639.
— höhere 294.
— ungesättigte, hämolytische Wirkung der 368.
Fettsäurenabbau 318.
Fettstoffwechsel bei Diabetes mellitus 273.
Fettstoffwechsel und Leber 441.
Fettsucht, allgemeine und partielle 308.
— Blutmenge bei 361.
— cerebrale (intracraniale) Bedingungen der 316, 317.
— diabetogene 314.
— endogene 225.
— exogene und endogene oder endokrine 309.
— Oxalurie bei 158.
— Theorien der 315.
Fettsynthese aus Glycerin und Fettsäuren durch Lipasen 287.
Fetttransformation 291.
Fettverteilung beim Menschen 289.
Fettwanderung 307.
Fettzelle 316.
Fettzunahme, Vergleichswert 290.
Fettzylinder 542.
Fibrinferment 391, 392.
Fibringerinnsel in der Lumbalflüssigkeit 634.
Fibringerinnung 23.
Fibrinöse (kruppöse) Entzündungen 390.
Fibrinogen 14, 29, 391.
— im Liquor cerebrospinalis 634.
Fibrinogenbildung in der Leber 14, 391.
Fibrinogengehalt des Plasmas bei Nierenkranken 514.
Fibrinogenproduktion und Leber 439.

Fibrinogenreaktion für den Liquor cerebrospinalis 635.
Fibrinogenverminderung bei Phosphorvergiftung und nach Leberexstirpation 439.
Fibrinolyse 396.
Fibrinsteine 599.
Fieber, Gesamtstoffwechsel und Eiweißumsatz im 71.
— Glykogenverbrauch bei 72.
— Ketonurie bei 323.
— Säurebasengleichgewichtstörungen bei 357.
— vermehrte Harnsäureausscheidung bei 171.
Fieberhafte Krankheiten, Blutharnsäurevermehrung bei 173.
Filtration in den Nieren 480.
Fleischextrakt, basische Stoffe im 436.
Fleischfäulnis 107.
Fleischvergiftung der Hunde mit Eckscher Fistel 93.
Fluorescenz 413.
Fluorescierende Stoffe, Wirkung im Licht 413.
Formaldehyd 82, 238.
— Zucker- bzw. Glykogenbildung aus 239.
Formel von E. F. Du Bois 43.
Formoltitration der Aminosäuren nach Sörensen 5.
Fortpflanzungshormon, fettlösliches 64.
Fructose 193, 197.
α- und γ-Fructose 211.
Fütterung, eiweißreiche 74.
Fumarsäure 117, 206, 321.
Fuselöle 79.

Gärung 197, 198.
— alkoholische 80, 198.
— im Krebsgewebe 198.
— bei Sauerstoffmangel 198.
Gärungsdyspepsie, intestinale 474.
Galaktose 193, 197, 305.
— bei Leberkrankheiten 441.
— in Organen und Gehirn 211.
— Pentosebildung aus 283.
Galaktosurie 281, 282.

Galle, Cholesterin der 431.
— Eisengehalt der 375.
— Lösungsfähigkeit für Cholesterin usw.
— Niederschläge in der 577.
— Oxalsäureausscheidung durch die 157.
Gallenableitung nach außen, Anämie nach 371.
Gallenfarbstoffbildung 419.
— extrahepatische 420.
— aus Hämosiderin 421.
— Ort der 420.
Gallengangsteine 596.
Gallensäuren 62, 300, 425.
— im Blut 431.
Gallensäurenbildung, tägliche 431.
Gallenstauung 587.
Gallensteinbildung, einmaliger Akt 588.
— und Gallensteine 586.
Gallensteinträger, männliche und weibliche 587.
Gallensteinvorkommen 587.
Gallenthromben 425.
Gallussäure 138.
Gasacidose 355.
— bei Emphysem 356.
Gasbildung bei Darmfäulnis 474.
Gastrische Krisen bei Tabes, Migräne und Quinckeschem Ödem 455.
Gastritis 458.
Gastrointestinale Autointoxikation 84, 122.
Gastrophiluslarven im Pferdemagen 369.
Gastrosuccorrhöe 455.
Gaswechsel, Einwirkung des Insulins auf den 260.
Gaswechselerhöhung durch Reizstoffe des vegetativen Nervensystems 46.
Gefäßatherom, Cholesterin im 303.
Gefäßthrombose 390.
Gefäßverschluß durch Thrombenbildung 397.
Gefäßzerreißbarkeit, abnorme, bei Skorbut 400.
Gefrierpunkterniedrigung 478.
— des Harns 503.
Gehirnerweichung, gelbe 291.
Gelatine 53.

Gelenke bei Anaphylaxie 190.
Genin 62.
Gentisinaldehyd 112.
Gentisinsäure 111.
Gerbsäure 138.
Gerinnung 23.
Gerhardtsche Eisenchloridreaktion 321.
Gerüstsubstanz der Harnsteine 597, 599, 600, 603.
— der Niederschläge aus der Mutterlösung 575.
Gerüstsubstanzbildung durch Kolloidfällung 606.
Gesamtacidität 457.
Gesamtblutmenge und zirkulierende Blutmenge 564.
Gesamtgaswechselabnahme beim anaphylaktischen Shock 16.
Gesamthämoglobinmengebestimmung 364.
Gesamtkalkabnahme bei Nierenkranken 521.
Gesamtkonzentration der Ergüsse 630.
Gesamtstoffwechsel 40.
— im Fieber 71.
Gesamtstoffwechselbeeinflussung durch die Schilddrüse 127.
Gesamtumsatz 40.
— bei Diabetes mellitus 269.
Geschwülste, bösartige, Argininstickstoff in 85.
— krankhaftes Wachstum der malignen 68.
Gesetz des Minimums 53.
Getreideproteine, Verträglichkeit der 240.
— biologische Wertigkeit der 55.
Gewebeflüssigkeitszunahme 550.
Gewebelymphe 549.
Gewebeproteasen 34.
Gewebespannung 555.
Gewebestoffwechsel 40.
Gewebsatmungsabnahme beim anaphylaktischen Shock 16.
Gewebtetanien 621, 622.
Gewichtverlust der Organe und Gewebe 67.
Gicht als Anfallkrankheit 190.

Gicht ohne Harnsäure 191.
— Oxalurie bei 158.
— Stoffwechsel bei 176.
— Theorie der 189.
— und Urolithiasis 597.
— Verhalten der Niere bei 178.
Gichtanfälle - Auslösung durch Atophan 192.
Gichtherde und Nekrose des Gewebes 188.
Gifte, hämolytische 368.
— sympathische, Kreatinvermehrung durch 90.
— aus Proteinen 475.
Giftigkeit der Harnsäure186.
Giftstoffe im normalen Darminhalt 475.
— aus Faeces und Darmbakterien normaler und anämischer Menschen 370.
Giftwirkung der Eiweißspaltprodukte 13.
Gitalin 62.
Gitoxin 62.
Gliadin 54.
Globin 4, 330.
Globine, verschiedene 331.
Globulin 14, 29.
Globuline 20.
Globulinausscheidung bei Lipoidnephropathie und funktioneller Albumiurie 537.
Globulinfraktionverminderung bei Leberkrankheiten 439.
Glomerulonephritis, Hämoglobinurie bei 383.
Glucosan 211.
Glucosazon 196.
Glucose 193, 197.
α- und β-Glucose 208, 209, 214.
γ-Glucose 212, 216.
Glucose, Reaktionen mit Acetonkörpern 261.
— Reaktionsform der 216.
Glucosephenylhydrazon 196.
Glucoseumlagerung in Galaktose in der Brustdrüse 211.
Glucoside 210, 213, 214.
— der α- und β-Glucose 214.
Glucoson 216.
Gluconeogenie aus Eiweiß 239.

Glukokinine 252.
Glukolaldehyd 193, 232.
— Zucker- bzw. Glykogenbildung aus 239.
Glukoneogenie aus Eiweiß und Fett 325.
Glukoprive Intoxikation 253.
Glukoproteid der Galle 433.
Glukoproteide 20.
Glukosamin 149, 237.
Glukosurie 268.
— nach Einwirkung von Giften 245.
— und Nebennieren 247.
— renale 280.
— und Schilddrüse 265.
— bei Schwangeren 278.
Glukuronsäure 149, 197, 214, 234, 235.
— freie 282.
Glukuronsäurepaarung 107.
— in der Leber 443.
— mit Phenolen 144.
Glutaminsäure 3, 80, 82, 104, 206, 334, 437.
Glutathion 62, 77, 203.
— bei Tumorkachexie und bei Beri-Beri 104.
Glycerin 198, 244, 294.
— Zucker- bzw. Glykogenbildung aus 239.
Glycerinaldehyd 193, 232, 244.
— Zucker- bzw. Glykogenbildung aus 239.
Glycerinphosphorsäure 296.
Glycerinsäure 232.
— Zucker- bzw. Glykogenbildung aus 239.
Glycerophosphatase 296.
Glycinamid 7.
Glycylglycin 7, 8.
Glycyltryptophanprobe 630.
Glykämie 268.
Glykämiekurve nach Zuckerzuführung 222.
Glykocholsäure 300.
Glykogen 211, 215.
Glykogenabnahme in den Muskeln durch Insulin 257.
Glykogenbildung 221.
— aus Alkoholen, Aldehyden, Fettsäuren und Aminosäuren 239.
— und Zuckerabbau 263.

Glykogengehalt der Leber nach chronischer Adrenalinzufuhr 325.
Glykogenolyse 217, 247.
Glykogenschwund in der Leber nach Phlorhizininjektion 246.
Glykogenspeicherung in der Leber durch Adrenalin 242.
— in der Nierenzelle 277.
Glykogenverarmung und Fettleberbildung 292.
— der Leber bei Ileus 476.
Glykogenverbrauch bei Fieber 72, 73.
— beim Hunger 69.
Glykokoll 7, 53, 54, 63, 76.
Glykokollbetain 82, 436.
Glyoxalase 199.
Glyoxylsäure 6, 166.
Goldzahl im Harn 576.
Gorgonin 125.
Gravidität, Blutmenge bei 361.
— Hämoglobinurie bei 383.
— Säurebasengleichgewichtstörung bei 357.
— vermehrte Urobilinausscheidung bei 429.
Grenzflächenpotential 27.
Grundumsatz 311.
— oder Basalstoffwechsel 43, 44.
— bei Unterfunktion der Hypophyse 496.
Grundumsatzmessung 45.
Grundumsatzschwankungen, jahreszeitliche 44.
Grundumsatzsteigerung durch verschiedene Stoffe 46.
Grundumsatzverminderung bei Unterernährung 68, 69.
Guajacol-Brenzkatechinmonomethyläther 138.
Guajaconsäure 138.
Guajakprobe 463.
Guajaktinctur 138.
Guanidin 82, 85, 92.
Guanidin - α - Amino - n - Valeriansäure 3, 85.
Guanidinausscheidung im Harn bei Tetanie 92.

Guanidine als Tetaniegift 92.
Guanidinobuttersäure 85, 86.
Guanidinoessigsäure 85, 86.
Guanidintetanie 621, 623.
Guanidinverbindungen 82.
Guanidinvermehrung in Blut und Harn bei parathyreopriven Tieren 623.
Guanin 87, 161.
Guanosin 165, 168.
GÜNZBURGS Reagens 457.

Hämatin 330, 331.
Hämatinsäure 332.
Hämatoidin 419.
Hämatoporphyrin 330, 401.
— sensibilisierende Wirkung des 413.
Hämatoporphyrinurie, paroxysmale 412.
Hämin 331, 402, 406.
— Konstitutionsformel 333.
Häminsynthese bei Einzellern 378.
Hämochromatose 380.
— familiäres Vorkommen 381.
Hämochromogen 330, 331, 344.
Hämochromogenperoxyd 344.
Hämofuszin 380.
Hämoglobin 330, 340.
— A 403.
— A und B 335.
— der Arenicola 330.
— Eisengehalt des 335.
— inaktives 337.
— Menge des zirkulierenden 361.
— Molekulargewicht 337.
— reduziertes 336.
Hämoglobinabbau, Geschwindigkeit im 386.
Hämoglobinabbauprodukte 364.
Hämoglobinämie durch Hämolyse 368.
— bei Marschhämoglobinurie 388.
Hämoglobinumsatzsteigerung und Koturobilinvermehrung 429.
Hämoglobinurie 382.
— durch Gifteinwirkung 382.
— und Hämaturie bei Anämie 383.

Hämoglobinurie bei Hämochromatose 383.
— ohne Hämoglobinämie 383.
— durch Hämolyse 368.
— durch Lordose 388.
— nächtliche, paroxysmale 388.
— paroxysmale 388, 421.
— — vermehrte Urobilinausscheidung bei 429.
Hämoglobinzylinder 383, 542.
Hämoklasische Krise 439.
Hämolymphdrüsen, Eisenablagerung in den 378.
Hämolyse 367.
— extracelluläre, und Bilirubinbildung 421.
— intracelluläre 380.
— bei Stauungen 385.
— durch Substanzen mit hoher Oberflächenaktivität 367.
— vitale 368.
Hämolysin, komplexes 384.
Hämophilie 391, 398.
Hämopyrrol 331.
Hämorenaler Index von AMBARD 518.
Hämorrhagien 397.
— durch Anomalien der Thrombocyten 399.
— durch Gefäßerkrankung 399.
Hämorrhoidalblut 464.
Hämosiderin 377.
Hämosiderinbildung bei intracellulärer Erythrocytolyse 421.
Hämosiderosis 368, 370, 379, 380.
— bei Porphyrinurie 409.
Härtegrad der Fette 285.
Häutchenbildung im alkalisch secernierten Harn 23, 576, 579.
Halisterese 618.
Halogenphenylcystein 105.
Halogenphenylmerkaptursäure 105.
Harn, Bestimmung des Cystingehalts im 102.
— kolloider Zustand des 576.
— künstlicher 605.
— Porphyrin im 402.

Harn, spezifisches Gewicht 503.
Harnacidität und Magenacidität 450.
Harnaminosäurenstickstoff bei Leberkrankheiten 434.
Harnammoniak und Blutammoniak 97.
Harnammoniakvermehrung bei Leberkrankheiten 434.
Harneisen bei Anaemia BIERMER 378.
Harnfarbe 414.
Harnfarbstoff 414.
Harnfarbstoffausscheidung 414.
Harnfarbstoffe 153.
Harnkolloide, Einfluß der — auf die Löslichkeit der Harnsäure und des Natriumbiurats 575.
Harnkonzentrationsfaktor 479.
Harnkreatinin 88.
Harnreaktion nach Erbrechen 460.
Harnsäure 165, 516.
— Ausscheidungsverlangsamung der exogenen — bei Gicht 177.
— im Blut 173.
— im Blut bei Gicht 184.
— im Blut bei Leberatrophie 71.
— physikalische Chemie der — und ihrer Salze 174.
— enterotrope 169.
— in Ergüssen 630.
— in Form von Sphärolithen 180.
— gebundene, im Blut 166, 167.
— Giftigkeit der 186.
— Intravenöse Injektion der 166.
— Tautomerie der 174.
Harnsäureablagerungen bei Gicht 184, 186.
Harnsäureausscheidung, endogene 167.
— bei Gicht 177.
— bei myeloischer Leukämie 374.
— durch die Niere 178, 180.
— vermehrte, bei Leukämie und Pneumonie 171.

Gicht ohne Harnsäure 191.
— Oxalurie bei 158.
— Stoffwechsel bei 176.
— Theorie der 189.
— und Urolithiasis 597.
— Verhalten der Niere bei 178.
Gichtanfälle - Auslösung durch Atophan 192.
Gichtherde und Nekrose des Gewebes 188.
Gifte, hämolytische 368.
— sympathische, Kreatinvermehrung durch 90.
— aus Proteinen 475.
Giftigkeit der Harnsäure186.
Giftstoffe im normalen Darminhalt 475.
— aus Faeces und Darmbakterien normaler und anämischer Menschen 370.
Giftwirkung der Eiweißspaltprodukte 13.
Gitalin 62.
Gitoxin 62.
Gliadin 54.
Globin 4, 330.
Globine, verschiedene 331.
Globulin 14, 29.
Globuline 20.
Globulinausscheidung bei Lipoidnephropathie und funktioneller Albumiurie 537.
Globulinfraktionverminderung bei Leberkrankheiten 439.
Glomerulonephritis, Hämoglobinurie bei 383.
Glucosan 211.
Glucosazon 196.
Glucose 193, 197.
α- und β-Glucose 208, 209, 214.
γ-Glucose 212, 216.
Glucose, Reaktionen mit Acetonkörpern 261.
— Reaktionsform der 216.
Glucosephenylhydrazon 196.
Glucoseumlagerung in Galaktose in der Brustdrüse 211.
Glucoside 210, 213, 214.
— der α- und β-Glucose 214.
Glucoson 216.
Gluconeogenie aus Eiweiß 239.

Glukokinine 252.
Glukolaldehyd 193, 232.
— Zucker- bzw. Glykogenbildung aus 239.
Glukoneogenie aus Eiweiß und Fett 325.
Glukoprive Intoxikation 253.
Glukoproteid der Galle 433.
Glukoproteide 20.
Glukosamin 149, 237.
Glukosurie 268.
— nach Einwirkung von Giften 245.
— und Nebennieren 247.
— renale 280.
— und Schilddrüse 265.
— bei Schwangeren 278.
Glukuronsäure 149, 197, 214, 234, 235.
— freie 282.
Glukuronsäurepaarung 107.
— in der Leber 443.
— mit Phenolen 144.
Glutaminsäure 3, 80, 82, 104, 206, 334, 437.
Glutathion 62, 77, 203.
— bei Tumorkachexie und bei Beri-Beri 104.
Glycerin 198, 244, 294.
— Zucker- bzw. Glykogenbildung aus 239.
Glycerinaldehyd 193, 232, 244.
— Zucker- bzw. Glykogenbildung aus 239.
Glycerinphosphorsäure 296.
Glycerinsäure 232.
— Zucker- bzw. Glykogenbildung aus 239.
Glycerophosphatase 296.
Glycinamid 7.
Glycylglycin 7, 8.
Glycyltryptophanprobe 630.
Glykämie 268.
Glykämiekurve nach Zuckerzuführung 222.
Glykocholsäure 300.
Glykogen 211, 215.
Glykogenabnahme in den Muskeln durch Insulin 257.
Glykogenbildung 221.
— aus Alkoholen, Aldehyden, Fettsäuren und Aminosäuren 239.
— und Zuckerabbau 263.

Glykogengehalt der Leber nach chronischer Adrenalinzufuhr 325.
Glykogenolyse 217, 247.
Glykogenschwund in der Leber nach Phlorhizininjektion 246.
Glykogenspeicherung in der Leber durch Adrenalin 242.
— in der Nierenzelle 277.
Glykogenverarmung und Fettleberbildung 292.
— der Leber bei Ileus 476.
Glykogenverbrauch bei Fieber 72, 73.
— beim Hunger 69.
Glykokoll 7, 53, 54, 63, 76.
Glykokollbetain 82, 436.
Glyoxalase 199.
Glyoxylsäure 6, 166.
Goldzahl im Harn 576.
Gorgonin 125.
Gravidität, Blutmenge bei 361.
— Hämoglobinurie bei 383.
— Säurebasengleichgewichtstörung bei 357.
— vermehrte Urobilinausscheidung bei 429.
Grenzflächenpotential 27.
Grundumsatz 311.
— oder Basalstoffwechsel 43, 44.
— bei Unterfunktion der Hypophyse 496.
Grundumsatzmessung 45.
Grundumsatzschwankungen, jahreszeitliche 44.
Grundumsatzsteigerung durch verschiedene Stoffe 46.
Grundumsatzverminderung bei Unterernährung 68, 69.
Guajacol-Brenzkatechinmonomethyläther 138.
Guajaconsäure 138.
Guajakprobe 463.
Guajaktinctur 138.
Guanidin 82, 85, 92.
Guanidin - α - Amino - n - Valeriansäure 3, 85.
Guanidinausscheidung im Harn bei Tetanie 92.

Hyperglykämie nach Kohle-
hydratzufuhr 220.
— nach Lävulose 441.
— nach Zuckerbelastung
220.
Hyperglykämische Reaktion
nach Muskelarbeit 224.
Hyperkaliämie im anaphy-
laktischen Shock 359.
Hypernephrom 145.
Hyperpigmentation 141.
Hyperproteinämie 15, 16.
Hyperthyreoidismus 134.
Hypertonus 572.
Hypertrophie von Organen
75.
Hyperurikämie 169.
— bei Gicht 178, 184.
Hypochlorie 457.
Hypocholesterinämie 432.
Hypoglykämie 218, 436, 440.
— und Lebermangel 216.
Hypoglykämischer Komplex
253.
Hypoglykämisches Nachsta-
dium 220.
Hypophysäre Ausfallerschei-
nungen 497.
Hypophyse 46.
— und spezifisch - dynami-
sche Wirkung der Nähr-
stoffe 47.
— Unterfunktionszustände
der 311.
Hypophysenerkrankungen,
Fehlen der spezifisch-dy-
namischen Eiweißwir-
kung bei 312.
Hypophysenhinterlappen-
hormon, Diuresehem-
mung durch 487.
Hyposthenurie 505.
Hyposulfite im Harn bei Cy-
stinurie 108.
Hypoxämie 97.
Hypoxanthin 98, 162.

Icterus 422.
— atelektatischer 426.
— catarrhalis, Blutammo-
niakzunahme bei 97.
— simplex 426.
— cyanotischer 425.
— duodenalis 426.
— dynamischer 425.
— extrahepatischer (häma-
togener) 420.

Icterus hämatogener (hämolytischer) 425.
— durch Hämolyse 368.
— hämolytischer, Diazore-
aktion bei 424.
— — Eisenablagerungen
bei 378.
— — Gallenfarbstoffbil-
dung bei 421.
— — Milztumor bei 366.
— — vermehrte Urobilin-
ausscheidung bei 429.
— hepatogener 425.
— bei Kältehämoglobinurie
386.
— bei Kreislaufschwäche
425.
— luicus, direkte Diazoreaktion bei 424.
— mechanischer 424.
— neonatorum, indirekte
Diazoreaktion bei 424.
— pleichromer 425.
— bei Pneumonie 425.
Idiopathische Tetanie 621,
623, 624.
Idiosynkrasien 18.
Ikterus, vermehrte Harn-
säureausscheidung bei
171.
— vermehrte Oxalsäureaus-
scheidung bei 157.
Ileus, Autointoxikation bei
475.
— Phenol im Harn bei 143.
— Reststickstofferhöhung
bei 476.
Imidazolkern 4.
Imidazolverbindungen 82.
Imidazolyläthylamin 437.
β-Imidazolyläthylamin 82,
83, 84.
Iminoharnstoff 85.
Iminosäure 76.
Immunitätsreaktionen 28.
Inacidität des Mageninhalts
454.
Index, hämolytischer 364.
Indican 122, 516.
— im Blutserum 124.
— im Harn 143.
Indicanämie 124.
Indicatoren bei der Magen-
saftuntersuchung 457.
Indigoblau 123.
Indigofarbstoff 203.

Indigokarminschwefelsaures
Alkali, Ausscheidung von
482.
Indigokrystalle in Sedimen-
ten und Konkrementen
123.
Indigorot 123.
Indigosteine 599.
Indigoweiß 203.
Indol 122.
— im Sputum 639.
Indoläthylamin 83.
— im Harn von Pellagra-
kranken 124.
Indolalanin 4.
Indolaldehyd 124.
Indolbildung und Carcinom-
entstehung 122.
Indolbrenztraubensäure 121.
Indolessigsäure 122, 124, 335.
Indolpropionsäure 122.
Indolring 120.
— Übergang in den Chinol-
ring 121.
Indophenolblausynthese 138.
Indoxyl 121, 122, 123.
Indoxylschwefelsäure 123.
Infantilismus, intestinaler,
HERTERS 477.
Infarkt, hämorrhagischer,
vermehrte Urobilinaus-
scheidung bei 429.
Infektionen, Hämoglobin-
urie bei 383.
Infektionskrankheiten, Por-
phyrinbildung bei 402.
— vermehrte Urobilinaus-
scheidung bei 429.
Inkretbildung 48.
Inkretdrüsen, Einfluß des
Hungers auf die 68.
— bei Unterernährung 313.
Inkretorische Drüsen 46.
Innere Reibung (Viskosität)
der Lösungen 23.
Inosinsäure 98.
Insulin 217, 249, 250, 251,
440, 468.
— Eigenschaften 252.
— in krystallinischem Zu-
stand 253.
Insulinalkalose 357.
Insulinangriffspunkt in der
Leber 257.
Insulinbehandlung, Wasser-
retention bei 276.
Insulindarstellung 251.

Insulineinwirkung auf den Gas- und Energiewechsel 260.
Insulinhypoglykämie 261.
Integument wirbelloser Tiere, Porphyrine im 401.
Intoxikation vom Darm aus 475.
— glykoprive 253, 436.
Inulin 211, 281.
Inversion 215.
Ionales Medium 32.
Ionenacidität 33.
Ionenaustausch zwischen Blutkörperchen und Plasma 24, 351.
Ionengleichgewichtsstörungen bei Tetanie 621.
Ionenhaushalt bei schwerem Erbrechen 460.
Ionenpermeabilität 363.
Isoamylalkohol 80.
Isobuttersäure, Zucker- bzw. Glykogenbildung aus 239.
Isobutylalkohol 80.
— Zucker- bzw. Glykogenbildung aus 239.
Isocapronsäure, Zucker- bzw Glykogenbildung aus.
Isodynamiegesetz der Nahrungsstoffe 48.
Isoelektrischer Punkt 25, 26.
— — für Albumin, Globulin und Fibrogen 515.
Isoionie 347.
Isoleucin 2, 80.
Isomerie 321.
Isophonopyrrolcarbonsäure 332.
Isoprenreste 298.
Isopropylalanin 2.
Isosmie 347.
Isovaleriansäure, Buttersäure aus 323.
— aus Leucin 324.

Jahreszeitliche Schwankungen des Grundumsatzes 44.
Japanische Diät 49.
Jod 130.
— im Ovarium 131.
— in der Schilddrüse 125, 131.
Jodalbacid 129.
Jodbehensäureäthylester 469.

Jodgehalt des Blutes und der Organe 132.
Jodgehalt der Nahrungsmittel 132.
Jodgehalt der Speisesalze 131.
Jodhaltige Eiweißkörper 125.
Jodzahl bei Doppelbindungen der Fette 285.
— des Lagerfetts und des Organfetts 288.
Jodkarte und Kropfkarte 132.
Jodthyreoglobulin 35, 125.

Kachexie, hypophysäre 311, 496.
— der Nephrotiker 514.
Kältehämoglobinurie 384.
— mit Hämatoporphyrinurie 412.
— Pathogenese der 386.
Kältehämolysin 384, 386.
KÄMMERER-Porphyrin 403.
Käsereifung 292.
Kalium des Serums 519.
Kaliumgehalt des Blutes 359.
Kalium - Calciumgleichgewicht 359.
Kalk, adialysabler, im Serum 611.
— ionisierter, im Liquor cerebrospinalis 636.
Kalkablagerung, Einfluß der Reaktion auf 617.
Kalkariurie 582.
Kalkbilanz 581.
Kalkfänger 614.
Kalkgehalt der Galle 590.
Kalkresorptionsbeeinträchtigung aus dem Darm 623.
Kalksalze, Affinität des osteoiden Gewebes zu 613.
— Lösungsfähigkeit der Galle für 301.
— therapeutische Wirkung der 624.
— Thrombogen und Thrombokinase 399.
Kalkverminderung im Gehirn bei Tetanie 624.
Kalkverteilung in Harn und Kot 582.

Katalase 201, 207.
Katalysatoren 30, 32, 205.
Kataphorese 25.
Katatonie, Kreatinvermehrung bei 89.
Kathämoglobin 330.
Kathepsin 34.
Kephalin 295.
Keratin 20.
Keratomalacie 60.
Kernprobe 468, 469.
Ketoaldehyd 79.
Ketoaldehydase 199.
Ketoform der Acetessigsäure 319.
Ketogen — antiketogenes Gleichgewicht bei Diabetesdiät 324.
Ketogene, antiketogene und zuckerbildende Fähigkeit einiger wichtiger Stoffe 326.
Ketonämie und Ketonurie bei Alkalose 357.
Ketone 196.
Ketonkörper 242.
Ketonkörperbildung, Dämpfung der, durch den Glykogengehalt der Leber 327.
— in der Leber 325.
Ketonurie 42, 242, 322, 328, 460.
— nach alkalischen Salzen 323.
Ketosäure 76, 318.
Ketosäuren 79, 115.
Ketose 193.
Ketotriose 256.
Kieselsäure in Gallensteinen 442, 590.
— und Tonerde in Darmsteinen 608.
Kinase 31.
Knochenaschengehaltverminderung bei Osteomalacie 620.
Knochengrundsubstanzabbau 618.
Knochenmark, Eisenablagerung im 378.
— oxydative Tätigkeit im 373.
Knochenmarkveränderungen bei der Unterernährung 68.

658 Sachverzeichnis.

Knochensubstanz, basisches Calciumphosphat in der 613.
Koagulation 25, 27.
Koagulationshämolytica 367.
Koagulationsnekrose 22.
Koagulierte Eiweißkörper 20.
Kobragift 368.
Kochsalzhypotonie im Harn 528.
Kochsalzisotonie zwischen Blut und Harn 528.
Körperfett und Ketonurie 242.
Kohlehydrat, Fettbildung aus 289.
— kolloidales, im Diabetikerharn 282.
Kohlehydrate, polymere 211.
— Chemie der 192.
— Verdauung und Resorption der 214.
Kohlehydratgärung im Dünndarm 474.
Kohlehydrat- und Fettstoffwechsel, Beziehungen zwischen 314.
Kohlehydratstoffwechsel u. Leber 439.
Kohlehydratstoffwechselstörungen bei Akromegalie 497.
Kohlehydratumsatz in der Leber durch neuroendokrine Beeinflussung 218.
Kohlenoxyd, Giftigkeit des 338.
— glykosurische Wirkung 245.
Kohlenoxydmethode 361.
Kohlenoxydvergiftung, Blutharnsäurezunahme bei 173.
Kohlensäure 198.
Kohlensäureabgabe bei Chlorose 372.
Kohlensäurebindungskurve oder Kohlensäuredissoziationskurve des Blutes 349, 350.
— des Liquor cerebrospinalis 633.
Kohlensäurebindungskurven bei tetanischen Erwachsenen 624.

Kohlensäurebindungsvermögen des Blutes, Ansteigen durch Säureverlust 459.
Kohlensäurespannung, alveolare 451.
Kohlenstaub im Sputum 640.
Kohlenstoff, aktivierter 202.
— dysoxydabler 63.
Kollagen 149.
Kollodiummembran, selektive Ionendurchlässigkeit 363.
Kolloid, ätherlösliches, im Harn 585.
Kolloidale Lösung 21.
— Struktur des Blutplasmas 25.
Kolloidaler Zustand 21.
Kolloide 21.
— des Harns 158, 541.
— hydrophile 22, 25, 27.
— hydrophobe 22.
— Lösung, Stabilität der 25.
Kolloidelektrolyte 26, 611.
Kolloidoklase 13.
Kolloidoklastische Diathese 13.
Kolloidosmotischer Druck 25, 27, 551.
— — des Blutes 480, 515.
— — der Exsudatflüssigkeit 631.
— — bei Leberkrankheiten 439.
— — bei Nephrose 559.
— — der Serumproteine 514.
Kolloidreaktionen des Liquor cerebrospinalis 637.
Kolloidschutz 614.
— durch Harnkolloide 418.
Kolloidschutzmangel in Gichtherden 188.
Kolloidstrukturstörungen des Zellprotoplasmas 22.
Kolloidtheorie der Gerinnung 394.
Kolloidurie 541.
Kondensationsprodukt aus Desoxycholsäure u. Fettsäuren 300.
Kongorot 151.
Konstanthaltung des osmotischen Druckes 347.
Konstanz der Glykämie, artspezifische 218.

Kontrakturen und Kreatin 90.
Konzentration, ionale, des Liquor cerebrospinalis 634.
— molare, bei Ergüssen 629.
Konzentrierungsarbeit der Niere 478.
Konzentrationsverhältnisse in Blut und Harn 502.
Konzentrierungsverlust der Niere 492.
Konzentrierungsfunktion der Niere 502.
Konzentrierungsfunktionen der Zellen 483.
Konzentrierungsschwäche u. Polyurie 490.
Konzentrierungsstörung der Nieren 504.
Konzentrierungsvermögen der Niere für Harnsäure 179.
Koproporphyrin 404.
Koprostan 300.
Koprosterin 299, 302.
Kot, Porphyrine im 402.
Kotsteine 608.
Kotsterin, Quelle des 431.
Kraftstoffwechsel 39.
Krampfurämie 571.
Krankheit, anaphylaktische 16, 17, 18.
— — neuroendokrine Bedingungen der 18.
Kreatin 82, 85, 86, 89, 516.
— bei Fieber 73.
— und Kreatinin bei Leberkranken 439.
Kreatin- und Kreatininausscheidung und Schilddrüse 86.
Kreatinentstehung durch Synthese 87.
Kreatinin 82, 85, 86.
— endogenes und exogenes 88.
Kreatininausscheidung, endogene, als Maß der Massenentwicklung der Muskulatur 91.
— vermehrte, bei Hunger 70.
— bei kreatininfreier Kost 43.
Kreatininbildung 43.

Kreatininbildung aus Gua-
nidinessigsäure 129.
Kreatininkoeffizient 88.
Kreatininzunahme im Fie-
ber 73.
Kreatinphosphorsäure 90.
Kreatinurie 91.
— bei Myasthenia gravis 89.
Kreatinvermehrung nach
Hirnverletzung 89.
— durch Kalksalze, Vera-
trin und Nicotin 89.
— durch sympathisch er-
regende Gifte 89.
Krebsgewebe, Gärung im 198.
Kresol 78.
— im Sputum 639.
p-Kresol 115, 137.
Kröpfe, Jodarmut der 126.
Krötengift 300.
Kropf, endemischer, und
Jodmangel 131.
Kropfkarte und Jodkarte 132.
Krotonsäure 319.
Krystallbildung, somatoide
Formen 605.
Krystalle der Harnsteine und
des Sediments 601.
Krystallisation aus der wäs-
serigen Harnlösung 577.
Kuhkasein 54.
Kumaron mit Phenolgrup-
pen 154.
Kupfer in Gallensteinen 442,
590.
KUSSMAULsche große At-
mung 357.
Kynurensäure 121, 334.
Kyrine 8.

Labferment 31.
Labilitätsreaktionen der Ei-
weißkörper 25.
Laccase 137.
Lactacidogen 229, 230.
Lactalbumin 54, 55.
Lactam- und Lactimform
der Harnsäure 174.
Lactase 215.
Lactosurie 281, 282.
— puerperale 282.
Lähmung bei Porphyrinurie
410.
Lävulose 194.
— und Dextrose bei pan-
kreasdiabetischem Hund
221.

Lävulosurie 281.
— alimentäre 441.
— neben Glykosurie 282.
Lävuloseumwandlung in
Dextrose 441.
Lagerfett 288.
Leber, Arginingehalt bei
Phosphorvergiftung 85.
— als Bildungsort des Fi-
brinogens 14.
— und Blutbildung 371.
— Eisenablagerung in der
378.
— entgiftende Funktion der
443.
— exkretorische Funktion
der 442.
— Glykogenarmut der —
bei Fieber 73.
— Ketonkörperbildung in
der 325.
— Kohlehydratumwand-
lung in Fett in der 290.
— Umwandlung der Lävu-
lose in Dextrose in der
216.
— und Wasserverteilung
547.
— Zuckerumwandlung in
der 215.
Leberaffektionen, Ketonurie,
bei 323.
Leberatrophie, akute gelbe
424, 438.
— — — direkte Diazore-
aktion bei 424.
— — — Harnstoffstick-
stoff bei 434.
— und negative Stickstoffbilanz 71.
Leberautolyse 434.
Lebercirrhose, Blutammo-
niakzunahme bei 97.
— Porphyrinbildung bei
402.
— und reticulo-endothelia-
les Gewebe 381.
Lebererkrankungen, Fibri-
nogenverminderung bei
439.
Leberexstirpation 435.
Leberfett 288.
Leberfunktionen und ihre
Prüfung 427.
Leberkrankheiten, Vermin-
derung der Ammoniak-
muttersubstanz bei 97.

Leberkrankheiten, Erbre-
chen bei 460.
— Hypercholesterinämie bei
432.
— vermehrte Urobilinaus-
scheidung bei 429.
Leberlipase im Blut bei Le-
berkrankheiten 287.
Leberloser Hund, Bilirubin-
bildung beim 420.
Lebermangel und Hypoglyk-
ämie 216.
Leberphagocytose 381.
Lebersediment 591.
Lebertherapie der Anämie
366.
Lebertran 60.
— Jodreichtum des 131.
Leberverfettung 291.
Lecithine 82, 294.
LEGALsche Probe 143.
Leibschmerzen bei Porphy-
rinurie 410.
Leichenwachsbildung 291,
292.
Leimfütterung, vermehrte
Oxalsäureausscheidung
nach 157.
Leitfähigkeit der Blutflüssig-
keit 522.
— der roten Blutkörperchen
362.
Leucin 2, 80, 149.
— im Blut 438.
— im Harn bei akuter Le-
beratrophie 434.
— Isovaleriansäure aus 324.
— im Sputum 639.
Leukämie 145.
— Eiweißabbau bei akuter
71.
— vermehrte Harnsäure-
ausscheidung bei 171.
— Stoffwechselsteigerung
bei 374.
— vermehrte Urobilinaus-
scheidung bei 429.
Leukocyten und Proteasen
34.
Leukoverbindung des Por-
phyrins 405.
LIEBERMANNsche Probe 6.
LIEBIGS Fleischextrakt, Neosin in 437.
LIESEGANGsche Ringe 592.
Lignocerinsäure 301, 305.

Linolensäure 203.
Lipämie bei Diabetes und Koma 273.
— und Lipoidämie 306.
Lipase, chininresistente, im Blut bei Leber- und Nierenkrankheiten 442.
— chininfeste, bei degenerativen Nephropathien 287.
— im Dünndarm 473.
— in der Fettzelle 315.
— im Harn 287.
Lipasen 286.
— blutfremde 286.
Lipasendifferenzierung 470.
Lipasenempfindlichkeit gegen Gifte 470.
Lipatische Wirkung, Abhängigkeit von der Wasserstoffzahl 286.
Lipochrome 288.
Lipodystrophie 316, 317.
Lipofuszin 380.
Lipoide 58, 297.
— wasserlösliche 294.
Lipoidextrakt, P:N-Verhältnis 294.
Lipoidgehalt des Blutes 307.
Lipoidnephrose 308.
Lipoidphosphor-Cholesterin-Quotient 548.
Lipoidzylinder 542.
Lipombildung 316.
Lipome, Lipasen in 287.
Liquor cerebrospinalis 611, 633.
— — Kohlensäurespannung im 633.
— — aktuelle Reaktion 633.
— — spezifisches Gewicht 634.
Liquorstase 634.
Lithobilinsäure 608.
Lithocholsäure 300.
Lithofellinsäure 608.
Lues degenerativa acuta maligna 71, 438.
— Hämoglobinurie bei 383.
Lumbalflüssigkeit, Trockenrückstand der 634.
Lungenemphysem 352.
Lungengangrän durch Aspergillus niger, vermehrte Oxalsäureausscheidung bei 156.
Lungensteine 609.

Lungentuberkulose, vermehrte Oxalsäureausscheidung bei 156.
Lupinus albus-Keimlinge, Toxicität des anämischen Serums gegen 371.
Luxuskonsumption 46, 270, 311.
Lymphagoga, Shockgifte als 17.
Lymphbildung in der Leber 17.
Lymphogranulomatose, Umsatzerhöhungen bei 374.
Lysin 3, 53, 54, 82, 149, 153, 237.
— im Blut 438.
— bei Cystinurie 106.

Magen 447ff.
Magenblutungen, Porphyrin im Kot bei 402.
Magen-Darminfektion bei BIERMERscher Anämie 370.
Magenentleerung und spezifisch-dynamische Wirkung 47.
Mageninhaltgewinnung, Methoden der 452.
Magenkatarrh durch Darmsaft 462.
Magenmotilität und Kohlensäuregehalt des Blutes 452.
Magensaftbildung 450.
Magensaftfluß, kontinuierlicher 455.
Magensaftmenge 447.
Magenschleim 449.
Magenschleimhautladung 450.
Magensekretion 452.
Magentetanie 354, 460, 461.
Magenverweilsonde 453.
Magnesium im Blut 519.
— in Chlorophyll 332.
Magnesiumsalze, Lösungsfähigkeit der Galle für 301.
Magnesiumstoffwechsel 582.
Mahlzeitenwirkung auf die Kohlensäurespannung des Blutes 451.
Malaria, Hämoglobinurie bei 383.

Malonsäure, Zucker- bzw. Glykogenbildung aus 239.
Maltafieber 72.
Maltose 210, 211.
Maltoseanhydrid 212.
l-Mandelsäure 115, 319.
Mangan in Gallensteinen 442.
Mangelkrankheiten 57, 60.
Mannit 197.
Mannose 193, 197.
Marmorkrankheit 617.
d-Marmose 219.
Marschhämoglobinurie 383, 386, 388, 536.
Masern, Epithelkörperchenveränderungen bei 622.
Masteiweiß 75.
Mastsubstanz, unbekannte, 74.
Mechanischer Nutzeffekt der Arbeitsmaschine 44.
Medium, ionales 32.
Mehlnährschaden der Säuglinge 55.
Meiostagminreaktion nach M. ASCÖLI und G. IZAR 23.
Melanin 137, 138, 139.
— im Harn 119.
Melaninablagerung bei verschiedenen Erkrankungen 139.
Melaninbildung 139.
Melaninharn 143.
Melanoblasten 137.
Melanocarcinom 142.
Melanogen 142, 143.
Melanophoren 137.
Melanosarkom 143.
Membran, Durchlässigkeit der tierischen 553.
Membrangleichgewicht 26, 27, 553.
Membranpotential 26, 28.
— im Serum 515.
Meningitis, Phosphaturie bei 580.
— tuberculosa, Liquor cerebrospinalis bei 633.
Menthylglykuronsäure 235.
Merkaptursäuren 105.
Mesobilirubin 417.
Mesobilirubinogen 417.
Mesoporphyrin 330, 416.
Mesoxalsäure 161.
Messung der Doppelbindungen der Fette 285.

Messung der alveolaren Kohlensäurespannung 451.
— der Säure im Mageninhalt 457.
Metabolin 251.
Metadiazin 162.
Metallporphyrine 331.
Methämoglobin 336, 337, 344.
Methämoglobinämie 345.
Methämoglobinbildung durch medikamentöse und gewerbliche Vergiftungen 344.
Methan im Darm 474.
Methyläthylmaleinimid 416.
β-Methylalanin 2.
Methylalkoholvergiftung, Acidose bei 355.
Methylbutylessigsäure 194.
Methylen-α-Aminopropionsäure 5.
Methylenaminosäure 5.
Methylenblau 443.
— bei Mageninhaltuntersuchung 453.
— als Wasserstoffacceptor 205.
Methylenmethyldiketopiperazin 10.
Methylglyoxal 79, 198, 199, 233.
— Zucker-, bzw. Glykogenbildung aus 239.
Methylglykokoll 82, 87.
Methylguanidin 82, 85, 86.
— im Harn bei Verbrühungen 93.
Methylguanidinoessigsäure 86.
Methylguanidinvergiftung 623.
Methylierte γ-Aminobuttersäure im Harn bei Phosphorvergiftung 81.
Methylierung 85, 87.
— der Guanidinessigsäure 86.
— im Organismus 436.
Methylierungsprozeß 81.
Methylimidazol 238.
Methylindol 122.
Methylmerkaptan im Darm 474.
Methylorange 152.
m-Methylphenylalanin 116.
p-Methylphenylalanin 116.

Methylpyridylammoniumhydrat 81, 436.
Methyl-Stickstoffverbindungen im Liquor cerebrospinalis 636.
Methylsulfosäure bei Oxydation von Eiweiß 108.
5-Methyluracil 162.
Micell 9, 24.
Micellartheorie von NAEGELI 547.
Micellbildung 337.
Migräne und Gicht 191.
Milch und Milchzucker, Steigerung der Pentosurie durch 283.
Milchartige Ergüsse 631.
Milchfettbildung 291, 292.
Milchsäure 77, 79, 199, 232, 299, 321, 353, 635.
— im Harn bei Lebererkrankungen 434.
— Zucker- bzw. Glykogenbildung aus 239.
Milchsäureabbau zu Essigsäure 205.
Milchsäure-Acidose 355.
Milchsäurebildung in Magencarcinomzellen 454.
— bei Zuckerabbau 229, 230.
Milchsäuregärung 198, 199.
Milchsäuregehalt der Transsudate 630.
Milchsäurereichtum der Ergüsse durch maligne Tumoren 630.
Milchsäurevermehrung 439.
Milchzucker 210.
MILLONscheReaktion 5,6,111.
Milz, Blutmenge der 564.
— Eisenablagerung in der 378.
— als Vorratskammer für rote Blutkörperchen 343.
Milzexstirpation 366.
— Erhöhung der Erythrocytenresistenz nach 365.
— bei Ratten, Anämie nach 371.
Milzfunktion 366.
Milzhormon 366.
Milzhormontherapie 366.
Milzvenenblut 365.
Mineralische Zusammensetzung, Veränderung der
— — bei Nierenkranken 518.

Mineralstoffwechsel 25, 503.
Miosis und hohe Kohlensäurespannung im Blut 452.
Mischsedimente des Harns 158.
MÖLLER-BARLOWsche Krankheit 58, 63.
MOLISCHsche Reaktion 6.
Monoaminophosphatide 295.
Monoaminosäuren 85.
Mononatriumurat im Harnniederschlag 180.
— Löslichkeit von 175.
Mononitrotyrosin 6.
Mononucleotid 98.
Mononucleotide 162.
Monosaccharide, Chemie der 192.
Monosen oder Monosaccharide 193.
— höhere 194.
Morbus Addisonii 142, 248.
— BANG, Eiweißabbau bei 72.
— GAUCHER 305.
Morphin, glykosurische Wirkung 245.
Mucin in der Galle 433, 590.
— im Sputum 639.
Muconsäure 117, 118.
Muskel, Tätigkeitssubstanzen des 229.
Muskelarbeit und Blutdrucksteigerung 569.
— und Blutzuckerhöhe 223.
— vermehrte Harnsäureausscheidung bei ungewohnter 171.
— Stoffwechselsteigerung durch 44.
Muskelfarbstoff 335.
Muskelfunktion und Kreatin 89.
Muskelglykogenabnahme durch Insulin 257.
Muskeln und Haut als Aufnahmeorgane für Kochsalz 546.
— quergestreifte, Cholesteringehalt 305.
Muskelstarre, Kreatinvermehrung bei 89.
Muskelstoffwechsel und Kreatininbildung 43.
— Kreatininausscheidung, ein Maß des 91.

Muskeltätigkeit und Ammoniakbildung 98.
Muskeltonus und Kreatin 90.
Muskulatur, Ammoniakbildung in der 97.
— glatte, anaphylaktische Reaktionen an der 16.
Mutarotation 208.
Muttersubstanzen der Acetonkörper 323.
Myasthenia gravis, Kreatinurie bei 89.
Mydriasis bei niedriger Kohlensäurespannung im Blut 452.
Myelom, multiples 145.
Myoglobinurie, paroxysmale 388.
Myohämatin 405.
Myome 75.
Myositis myoglobinurica 389.
Myxödem 86, 130.
— Anämie bei 371.
— Plasmaeiweißgehalt bei 128.
— Stoffumsatzherabsetzung bei 127.
— Verminderung der Erythrocytenzahl bei 129.
— und Wasserhaushalt 129.

Nachsekretion des Magensaftes 455.
Nachtblindheit 60.
Nahrung, Jodgehalt der 132.
— lipoidfreie 58.
— spezifisch-dynamische Wirkung der 45.
— als Stoffwechselreiz 45.
Nahrungsbedarf des Diabetikers 271.
Nahrungsfett und Ketonurie 242.
Nahrungshormon, antirachitisches 60.
Nahrungshormon B 83.
Nahrungshormone 56, 57, 59, 61, 295.
Nahrungsstoffe, accessorische 59.
α-Naphthol 139.
Narcose, Erbrechen nach 460.
Narcotica, atmungshemmende Wirkung der 201.
Natrium im Blut 519.

Natrium-Kalium, weinsaures 195.
Natriumnitrit (Diazoreagens II) 152.
Natriumurat ein Kolloidelektrolyt 175.
Nebennieren, Bedeutung für den Kohlehydratstoffwechsel 248.
Nebennierenmarkveränderung nach dem Zuckerstich 248.
Nekrose 22.
Neosin 437.
Nephritis, akute, und Plethora 512.
— nach Erkältung 487.
— Hyperuricämie bei 174.
Nerven, Ammoniakbildung in den peripheren 97.
— sekretorische und vasomotorische, der Nieren 484.
Nervenerscheinungen bei Porphyrinurie 412.
Nervensystemeinfluß auf die Harnreaktion 580.
— auf den Zuckerstoffwechsel 264.
Nervöse Einflüsse auf Harnmenge, -reaktion und Sedimentbildung 536.
Neugeborenen, Hämoglobinurie bei 383.
Neugeborenenfett 288.
Neuringruppe 82.
Neuroendokrine Bedingungen der Anaphylaxie 18.
— — der Nierentätigkeit 484.
— Störungen im Unterernährungszustand 68.
Neuroendokriner Komplex in der mittleren Schädelgrube und Wasserhaushalt 496.
Neuromalacie und Unterernährung 68.
Neuromuskuläre Übererregbarkeit, Abhängigkeit von der ionalen Zusammensetzung 574.
— — Beziehung zum Calcium 624.
— — bei Tetanie 621.
Neutralschwefel 103.

Neutralschwefelausscheidung, vermehrte, bei Amyloidkranken 151.
Nicotin, Kreatinbildung durch 89.
Nicotinverbindung mit Hämatin 331.
Niere und Bence-Jonesscher Eiweißkörper 147.
— Gesamtenergieumsatz 481.
— Ort der Ammoniakbildung 97.
— und Hämolyse 388.
— osmotische Arbeit der 503.
— Teilfunktionen der 179.
— Verhalten der — bei Gicht 178.
Nieren, Ausscheidungsmodus 500.
— Ausscheidungsstörung 504.
— Cholesterinanhäufung in pathologischen 303.
— Eisenablagerung in den 378.
— Teilfunktionen der 500.
Nierenacidose 356, 520.
Nierenbeckensteine 596.
Nierenerkrankung, degenerative 438.
Nierenfunktion 500.
Nierenfunktionsprüfung 504, 505, 509.
Niereninsuffizienz 516, 526.
Nierenkranke, Blutharnsäurevermehrung bei 173.
— Blutmenge 361.
Nierenkrankheiten, geringer Ammoniakgehalt des Harns bei 97.
— Lipoidämie bei 308.
Nierennervenfunktion 485.
Nierenprobekost 508.
Nierenrindenquellung, Temperaturkoeffizient der 555.
Nierensekretion, Energetik der 478.
— reflektorische Beeinflußbarkeit der 486.
— Theorien der 478.
Nierenüberempfindlichkeit für Zucker bei Diabetes 264.
Nierenvasomotoren 485.
Nitrite im Harn 124.

Nitritreaktion 154.
Nitrogruppen, aromatische, Reduktionskraftbeeinträchtigung für — beim anaphylaktischen Shock 16.
o-Nitrophenylhydroxylamin 206.
Nonosen 197.
Norleucin 2, 3.
Normalgewicht 309.
Normoglykämie 225.
Nubecula im Harn 535, 576, 602.
Nuclease im Dünndarmsaft 473.
Nucleine, Eisengehalt der 375.
Nucleineisen 377.
Nucleinsäure 8.
— im Harn 535.
— im Magenschleim 449.
Nucleinsäuren 160.
— im Tierkörper, Aufbau der 164.
Nucleinsäurenabbau im Tierkörper 165.
Nucleoalbumine 20.
Nucleoproteid in der Galle 433, 590.
Nucleoproteide 20, 160.
— Zusammensetzung 160.
Nucleosid 162, 165, 173.
Nucleoside im Blute 173.
Nucleotidstickstoff 168.
Nüchterninhalt des Magens 454.
Nutzeffekt, mechanischer, der Arbeitsmaschine 44.
Nykturie 496, 528.
Nylanders Reagens 111.

Oberflächenaktive Stoffe 23.
Oberflächenenergie 23.
Oberflächengesetz 43.
Oberflächenspannung des Blutplasmas 14.
— des Harns 544.
Oberflächenspannungserniedrigung des Blutserums 23.
Oberflächenspannungsherabsetzung durch Emulsoide 23.
Obstipation bei Porphyrinurie 410.
Ochronose 111, 118.

Ochronose nach Carbolgebrauch 119.
Ödem 25, 545ff.
— kardiales 563.
— bei Nephrose 559.
— nephritisches 555.
— unklaren Ursprungs 565.
— durch Unterernährung 564.
Oedema Quincke und Kältehämoglobinurie 385.
Ödematophile Veränderungen bei Diabetes mellitus 273.
Ödembedingung und Ödemmaterial 553.
Ödeme bei Anurie 533.
— bei Diabetes mellitus 274.
Ödemmaterial bei Diabetes mellitus 275.
Ölfrühstück 456.
Ölsäure 285.
— in der Leber 369.
— und Zibeton 301.
Ölsäurecholesterinester aus Botriocephalusköpfen 369.
Ölsteine 608.
Östrin 368, 369.
Östrinanämie 369, 370.
Oestrus equi 369.
Oligurie unter dem Einfluß des Nervensystems 486.
— vor dem Migräneanfall 486.
Ooporphyrin 403.
Organe, Jodgehalt der menschlichen 132.
Organeiweiß, spezifisches 37, 38.
Organextrakte 84.
— hämolytische Wirkung der 368.
Organfett 288.
Organgewichte 68.
Organischer Hauptbestandteil des Magensaftes 449.
Organverfettung 291.
Ornithin 3, 82, 85, 107, 121.
Orthophosphorsäure 294.
Osazon 196.
Osmoregulation 494.
Osmotischer Druck 25.
— — des Blutes 522.

Osteohämochromatose 409.
Osteomalacie 145, 620.
— Epithelkörperchenveränderungen bei 622.
Osteopathie 61.
Osteoporose 61, 68.
— Epithelkörperchenveränderungen bei 622.
Osteosclerose 617.
Otolithen 605.
Ovarium, Jod im 131.
Oxäthylamin 82.
Oxalsäure 161.
— im Gehirn eines Diabetikers 156.
— in der Galle 156.
— im gichtischen Tophus 156.
— im N. ischiadicus und Plexus abdominalis 156.
— im Sputum 640.
Oxalsäureausscheidung, exogene Quote der 156.
— vermehrte, bei Krankheiten 156, 158.
— — nach Verfütterung von Leim und leimgebenden Geweben 157.
Oxalsäurebildner in der Nahrung 156.
Oxalsäurebildung und -ausscheidung 155.
— endogene 156.
— aus Kohlehydraten im Darm 156.
Oxalsäurestapelung im Tierkörper 156.
Oxalsäurestoffwechsel, Physiologie und Pathologie des 155.
Oxalurie 155.
2-Oxy-, 6-Aminopyrimidin 162.
Oxyaminosäure 76.
Oxyazobenzol 152.
p-Oxybenzoesäure 79.
β-Oxybrenztraubensäure 232.
β-Oxybuttersäure 118, 206, 242, 245, 290, 318, 320, 321, 322.
α-Oxy-β-chinolincarbonsäure 334.
Oxycholesterine 302.
Oxydasen 137.
Oxydasereaktionen 463.

Oxydation, biologische 76, 201.
— am β-C-Atom der Aminosäuren 80.
— in p-Stellung 115.
Oxydationen, sauerstofflose 204.
Oxydationsfermente 137, 201.
Oxydations-Reduktionsprozeß 76.
— gekoppelter 299.
Oxydations-Reduktionssystem 104, 199.
Oxydationstheorie, biologische, von H. WIELAND 203.
Oxydative Spaltung 205.
— Synthese 139.
Oxygenase 201.
Oxyglutarsäure 80.
Oxyhämoglobin 336, 340.
Oxyindolessigsäure 153.
p-Oxyphenyläthylalkohol 114.
p-Oxyphenyläthylamin 82, 83, 114.
o- und m-Oxyphenylalanin 4, 116.
p-Oxyphenylbrenztraubensäure 77, 113, 115.
p-Oxyphenylessigsäure 79, 114.
p-Oxyphenyl-a-Milchsäure 114, 438.
p-Oxyphenylmilchsäure nach Phosphorvergiftung 79.
p-Oxyphenylpropionsäure 78, 79, 114.
Oxyprolin 3.
β-Oxypropionsäure 2.
Oxyproteinsäure 101, 103, 153.
2,6-Oxypurin 162.
6-Oxypurin 162.
Oxypyrrolidincarbonsäure 3.
Oxypyrroline 8.
Oxysäure 318.
Oxysäuren 79.
— aromatische 153.
Oxytocin 83.

Palmitinsäure 285.
Pankreas 466.
— innersekretorische Funktion des 468.

Pankreas, Superinkretion des 314, 315.
Pankreasamylase 468.
Pankreasatrophie 470.
Pankreascysten 472.
Pankreasdiabetes 249.
Pankreasdiabetischer Hund, Glykogenbildung beim 221.
Pankreasexstirpation, Organverfettung nach 291.
Pankreasfunktionsstörungen, chemische Diagnose der 469.
Pankreashormon, chemische Natur des 251.
— Wirkungsart und Wirkungsort 254.
Pankreashormonwirkung auf die Niere 264.
Pankreaskinase 467.
Pankreaslipase 31, 286, 468, 469, 470.
Pankreas- und Fettgewebsnekrose 470.
Pankreassekret 456.
Pankreassteine 608.
Pankreastrypsin 34.
Pantoponvergiftung, toxogener Eiweißzerfall bei 70.
Parabansäure 161.
Paracholie 426.
Paradioxybenzol 138.
Parahämatin 330.
Paralysatoren 31, 32.
Paraoxyphenyläthylamin 141.
Parapedese der Leber 426.
Parathyreoidhormon 617.
Parathyreoprive Tetanie 621, 623.
PAULYS Diazoreaktion 6.
Pellagra 55, 56, 413.
— Melaninablagerung bei 139.
Pemphigus malignus, Cholesterinkrystalle in den Blasen von 632.
Pentaacetylglucose 194.
Pentamethylendiamin 107.
Pentosane 283.
Pentose, optisch inaktive 283.
Pentosebildung aus Galaktose 283.

Pentosen 193.
— als Bausteine der Nucleinsäuren 283.
Pentosurie 281, 283.
— spontane 283.
Pepsin 33, 458.
Pepsinase 34.
Pepsingehalt im Harn 458.
— des Magensaftes 447.
Pepsinwirkung, Optimum der 459.
Peptidase 34.
Peptide 8, 31.
Peptone 11, 12, 17, 20, 33, 34, 35.
Peptonshock 13.
Periodische Arbeit des Verdauungsapparates 459.
Permanganat-Reaktion 153.
Permeabilität der Blutkörperchen 362.
— — — für Zucker 219.
Permeabilitätsumkehr 482.
Peptonvermehrung im Nephritikerblut 568.
Peroxydase 137.
Peroxydasen 201, 463.
Peroxyde 201.
Peroxydhämoglobin 344.
PETTENKOFERsche Probe 431.
Phenol 79, 111, 137.
— im Sputum 639.
Phenolasen 138.
Phenolausscheidung, gepaarte, mit Schwefel- und Glukuronsäure 144.
Phenole im Harn 143.
Phenolglukuronsäure 235.
Phenolglyoxylsäure 319.
Phenolphthalein 138.
Phenolphthalin 138.
Phenylalanin als Acetessigsäurebildner 324.
Phenyläthylamin 82, 83, 114.
— Grundumsatzsteigerung durch 46.
— Erhöhung der spezifisch-dynamischen Wirkung durch 313.
l-Phenylalanin 4, 34, 77, 113.
Phenylalkanolamine 82.
Phenylalkylamine 82.
Phenylaminobuttersäure 76.

d-Phenylaminoessigsäure 80, 115.
Phenylbrenztraubensäure 77.
2-Phenylchinolin-4-Carbonsäure (Atophan) 181.
Phenylendiamin 139.
Phenylessigsäure 114.
Phenylglycincarbonsäure 121.
Phenylglyoxylsäure 80, 115.
Phenylhydrazin 196.
Phenylketobuttersäure 76.
Phenyl - α - Milchsäure 114.
Phlorhizin 214, 246.
Phlorhizinglykosurie 245, 246.
Phonopyrrolcarbonsäure 332.
Phosphagen 90, 91.
Phosphat, Tagesbedarf an 583.
Phosphatanstieg bei Knochenbruchheilung 619.
Phosphatase im wachsenden Knorpel 616, 619.
Phosphate, anorganische, im Blut 519, 520.
Phosphatgehalt des Sputums 640.
Phosphatide 58, 83, 294.
— Resorption und Speicherung der 296.
Phosphatid-Aufbau im Körper 295, 296.
Phosphation und Calciumion 610.
Phosphatsteine 599.
Phosphattetanie 621, 622.
Phosphaturie 579ff.
Phosphatvermehrung im Serum bei Tetanie 621.
Phosphatverminderung im Serum bei Rachitis 619.
Phosphatzunahme nach Epithelkörperchenexstirpation 623.
Phosphor- und Calciumbilanz, negative, bei Rachitis 619.
Phosphorglobuline 20.
Phosphorproteine 20.
Phosphorsäure 161.
Phosphorsäureester 58.
Phosphorsäurestoffwechsel 583.
Phosphorsäureverbindung, instabile 91.

Phosphorsaure Alkalien, Ursache ihres Ausfallens 583.
Phosphorverbindungen, organische 58.
Phosphorvergiftung 81, 263.
— Arginingehalt der Leber bei 85.
— direkte Diazoreaktion bei 424.
— experimentelle 437, 438.
— Fettverminderung nach 291.
— vermehrte Harnsäureausscheidung bei 171.
— p-Oxyphenylmilchsäure nach 79.
Photooxydation 413.
Phthise, kavernöse, vermehrte Oxalsäureausscheidung bei 156.
Phylloerythrin 416.
Phytosterine 297, 302.
Physikalische Chemie der Steinbildung 600.
Pigment, melanotisches 137.
Pigmentation 137.
Pigmente der Haut und der melanotischen Tumoren 111.
Pikrinsäurevergiftung 438.
Pilocarpin, vermehrte Harnsäureausscheidung durch 171.
Pilzgifte 438.
Piperidin 107.
Pitupressin 83.
Plättchenagglutination 397.
Plasma, Kaliumgehalt des 359.
Plasmachlorgehaltsenkung unter den Schwellenwert 501.
Plasmaeiweiß, arteigenes 36.
Plasmaeiweißbild bei Nierenkrankheiten 512.
Plasmaeiweißgehalt bei Myxödem 128.
Plasmagerinnung peptonisierter Hunde 393.
Plasmamenge 361.
Plasmaproteine, Dispersitätsgrad der 14.
Plasmaveränderung und Ödem 514.
Plasmozym 391.
Plethora bei Nephritis 512.

Plethora, hydrämische, bei Unterernährung 68.
Pneumonie, kruppöse, vermehrte Harnsäureausscheidung bei 171.
Poikiloglykämie 225.
Polarisation des Blutplasmas 14.
Pollakisurie und Polyurie 487.
Polyämie 361.
Polycytaemia VAQUEZ 362.
Polydipsie 490.
Polyglobulie 366.
Polyneuritis 58.
— akute, bei Porphyrinurie 411.
Polynucleotide 162, 163.
Polypeptide 8, 10, 20, 33, 34.
Polyphenole 138.
Polyphenoloxydasen 138, 141.
Polysaccharide 210, 211.
— der Pentosen 283.
Polyurie durch Konzentrierungsschwäche 490.
— unter Einfluß des Nervensystems 486.
— und Polydipsie bei Diabetes mellitus 273.
Porphyrinablagerungen in den Knochen 409.
Porphyrinbildung und Blutzerfall 412.
— bei Krankheiten 402.
Porphyrine 401.
— in den Organen 409.
— im Stuhl 463.
Porphyrinester 403.
Porphyrinnachweis 402.
Porphyrinogen 402, 405.
Porphyrinuria acuta 409.
— chronica 412.
— congenita 408.
Porphyrinurie, akute und kongenitale 408.
— paroxysmale nach Abkühlung 386.
— und Hämoglobinurie 412.
Porphyrinurien 401, 408.
Positiv-kapillaraktive Stoffe 23.
Postnephritischer Zustand 535.
Präcipitierung 25.
Präcipitin 17, 28.
Präcipitinreaktion 21.

Präödem 548, 556.
Präputiumsteine 609.
Proferment 467.
Prolamine 20.
Prolin 3, 34, 333.
Propepsin 458.
Propionsäure, Zucker- bzw. Glykogenbildung aus 239.
Propylalkohol, Zucker- bzw. Glykogenbildung aus 239.
Propylenglykol, Zucker- bzw. Glykogenbildung aus 239.
Prostatakörperchen 605.
Prostatasteine 609.
Protamine 8, 20, 161.
Protease 34.
Proteide 20, 85.
Proteinase 34, 467.
Proteine 20.
— Ringstruktur der 7.
Proteinfällung im Blutplasma 14.
Proteinogene Amine 81.
Proteinoide 20.
Proteinsäuren des Harns 153.
Proteinzusammensetzung in den Organen (Nieren) 554.
Proteolyse nach Proteininjektion 16.
Proteolytische Fermente 31.
Proteolytische Wirkungen in Exsudaten 630.
Proteose mit Histaminwirkung aus dem Darm 476.
Protokatechusäure 144.
Protoplasmakolloide, Dispersität der 17.
Protoporphyrine 330, 403.
Provitamin, antirachitisches (Cholesterin) 61, 62.
Pseudochylöse Ergüsse 631.
Pseudomorphose 606.
Pseudosklerose, Blutkreatinvermehrung bei 89.
Pseudourämie, chronische 571.
Pufferlösung 349.
Puffersystem 348, 349.
Pufferung 350.
Pufferungskapazität 350.
— des Blutes 351.
Purin 161.
Purinbase-Kohlehydrat 162.
Purinbasen 153, 161, 169, 173.
— im Blut 173.

Purinolyse 169.
Purinstickstoff 166.
Purinstoffwechsel 176.
— endogener 39.
— exogener und endogener 171.
Purpura, erhöhte Verletzbarkeit der Gefäße bei 399.
— als Symptom allergischer Krankheit 399.
Putrescin 82.
— bei Fleischfäulnis 107.
— im Harn bei Cystinurie 106.
Pyridin 81.
Pyridinring 121.
Pyridinverbindung mit Hämatin 331.
Pyrimidinbasen 161, 162.
Pyrogallol 138.
Pyrrol 139, 331.
Pyrrolidin 4, 107.
α-Pyrrolidincarbonsäure 3, 139.
Pyrrolkern 120.
Pyrrolleukobasen 418.
Pyrrolreaktion 6, 139, 417.

Quecksilber in Gallensteinen 442, 590.
Quecksilbersalze, Lösungsfähigkeit der Galle für 301.
Quellbarkeit der Phosphatide in Wasser 294.
QUINCKESches Ödem und Kältehämoglobinurie 385.
Quotient D : N. 236, 242, 245, 250.
— respiratorischer, 41, 207, 243, 290.
— — Anstieg des — —nach Zuckerdarreichung 221.
— — bei Diabetes 243.
— — bei Leberkranken 441.
— — im Winterschlaf 42.

Rachitis 60, 61, 618.
— experimentelle 61, 619.
Rachitiserzeugung durch Diät 618.
RAYNAUDsche Krankheit, fehlende spezifisch-dynamische Eiweißwirkung bei 312.

RAYNAUDsche Krankheit und Kältehämoglobinurie 385.
Reaktionsform des Traubenzuckers 209.
Reaktionsgeschwindigkeitsmessung bei Fermenten 31.
Reaktivierung des Eisens in der Zelle 379.
Reductase 205.
Reduktionskraftbeeinträchtigung für aromatische Nitrogruppen beim anaphylaktischen Shock 16.
Reduktionsvorgänge, gekoppelte 76.
Regeneration, fettige 293.
Regenwürmer, Porphyrine in 401.
Reibung, innere, der Lösungen 23.
REICHMANNsche Krankheit 455.
Reizglykosurie 243.
Reizharnsäure 171.
Reizstoffe des vegetativen Nervensystems, Gaswechselerhöhung durch 46.
— — — — Erhöhung der spezifisch-dynamischen Wirkung durch 313.
Reizwirkung des Eiweißes 38.
— des Indols auf Epithel 122.
Reserveeisen 377.
Reserveeiweiß 38, 74.
Reserveeiweißkörper 128.
Reservoirfunktion der Milz 366.
Respiratorischer Quotient 41, 207, 243, 290.
— — Anstieg des — — nach Zuckerzufuhr 221.
— — bei Diabetes 243.
— — bei Leberkranken 441.
— — Senkung des — — bei winterschlafenden Tieren 42.
Restgalle 588.
Reststickstoff 516.
— in Ergüssen 630.
— des Sputums 639.
Reststickstoffbestimmung im Blut 438.

Reststickstofferhöhung bei Schrumpfniere 567.
Reststickstoffsteigerung in Blut und Geweben bei Niereninsuffizienz 529.
Reticulin 20.
Reticuloendothel, Eisen im 381.
Retraktion des Gerinnsels 397.
Rhodan 129.
Rhodanreaktion im Speichel 447.
Ribose 193, 283.
d-Ribose 98, 162.
Riechstoff, krystallinischer, im Harn bei Cystinurie 108.
Ringstruktur der Proteine 7.
Ringsysteme im Eiweißmolekül 8.
ROHRER-Index 15.
Rohrzucker 210.
Rohrzuckersynthese 211.
Rückenmarkserkrankungen durch Botriocephalusgift 371.

Säuglinge, Blutmenge der 361.
Säureamide 7.
Säurebasengleichgewicht u. Atmung 346.
— Regulation des 97.
Säurebasengleichgewichtsstörungen bei Fieber, Gravidität und bei Herzkranken 357.
Säurebasenhaushaltstörungen 356.
Säurebildung, abnorme, bei Leberkrankheiten 434.
Säuredefizit, dekompensiertes 459.
Säureester 284.
Säuren, organische, im Sputum 638.
— unbekannte, im Blut 521.
Säurevergiftung, Acidose bei 355.
Salicin 214.
Salvarsanicterus, direkte Diazoreaktion bei 424.
Salze, alkalisch oder acidotisch wirkende 359.
Salzsäure, freie 457.

Salzsäure, Wert der freien — für die Eiweißverdauung 459.
Salzsäurebildung im Magen 448.
Salzsäuredefizit 458.
Salzsäuregehalt des Magensaftes 450.
Salzsäure-Konzentrationsschwankungen 455.
Salzwasserspülung, glykosurische Wirkung 245.
Salzstich 485.
Samenproteine 20.
Saponine 300, 367.
Saponinverbindung mit Cholesterin 301.
Sarkomatose 145.
Sarkosin 87.
Sauerstoff, aktivierter 202.
Sauerstoffbedarf 41.
Sauerstoffdissoziationskurve des Blutes 340.
Sauerstoffkapazität, spezifische 336.
Sauerstoffspannung des Blutes 339.
Sauerstoffverbrauch 41.
— bei Chlorose 372.
— der Erythrocyten 343.
— und Nierenarbeit 479.
Sauerstoffverbrauchsmessung 364.
Sauerstoffzehrung des anämischen Blutes 373.
Scharlach, vermehrte Urobilinausscheidung bei 429.
Schilddrüse 46.
— Einfluß auf das Blut 129.
— und Glykosurie 265.
— Jodgehalt der 126.
— und Kreatin- und Kreatininausscheidung 86.
— Pathologische Chemie der 125.
Schilddrüsenhormon 126, 134, 135.
Schilddrüsenhormon, Bindegewebsquellung bei Fehlen des 487.
— ein Diureticum 129.
— und spezifisch-dynamische Wirkung 313.
Schilddrüsensubstanz, Grundumsatzsteigerung durch 46.

Schilddrüsensubstanz in den Körpersäften, Nachweis von 134.
SCHÖNLEIN-HENOCHsche Purpura 399.
Schrumpfniere, Blutdrucksteigerung und Reststickstofferhöhung bei 567.
Schüttelfrost, Wärmeproduktion bei 71.
Schutzkolloid 27, 28.
— im Plasma 392.
Schutzkolloide des Harns 158.
Schwangerschaft, Erbrechen in der 460.
— und Gallensteinbildung 587.
Schwangerschaftsacidose 280.
Schwangerschaftsglykosurie 277.
Schwarzwasseranfall u. Albuminurie 386.
Schwarzwasserfieber 387, 421.
Schwefelbleireaktion 6.
Schwefelblumenprobe nach HAY auf Gallensäuren 23, 431.
Schwefelgehalt der Eiweißkörper 2.
— des Melanins 139.
Schwefelsäure 149.
Schwefelsäurepaarung in der Leber 443.
— mit Phenolen 144.
Schwefelwasserstoff im Sputum 640.
Schwefelwasserstoffbildung im Darm 474.
Schwellung, trübe 22.
Schwermetalle in Gallensteinen 590.
Schwermetallkatalyse 201.
Schwermetallsalze, glykosurische Wirkung 245.
Sediment, Oxalat im 158.
Sedimentbildner im Harn 158.
Sedimentbildung in Harn und Galle 575.
Sedimente, gemischte 576.
Sedimentierungsgeschwindigkeit der Erythrocyten 629.
Segelschiff-Beri-Beri 58.

Seifen im Blutplasma 368.
— im Sputum 639.
Seifenhämolyse 369.
Seignettesalz 195.
Sekretbildung 48.
Sekretin 466.
Sekretionskolloide 181.
Sekretionsvermehrung im Darm und Durchfälle 473.
Selbstregulation des Mageninhalts 456.
Selenverbindungen, Methylierung von — im Tierkörper 436.
SELIWANOFFsche Probe 282.
Senfölglucoside 214.
Senkung des respiratorischen Quotienten im Winterschlaf 42.
Sepsis, direkte Diazoreaktion bei 424.
l-Serin 2, 82, 104.
Serodiagnostik 25.
Serologische Spezifität 21.
Serum, Viscosität des menschlichen 24.
Serumantipepsin 31.
Serumcalcium bei Rachitis 619.
Serumkalk, komplexe Verbindung negativer Ladung 610.
Serumkalk-Ultrafiltration 624.
Serumkalkverminderung bei Tetanie 621.
Serumkolloide, Veränderung der — durch Diuretica 560.
Serumlipase, menschliche 286.
Serumlipaseanstieg bei Leberkranken 442.
Serumproteinbildung 439.
Shock, anaphylaktischer 12, 13, 15, 16, 17, 84.
Shockgifte — Lymphagoga und Cholagoga 17.
Shockorgane und Shockgewebe 16.
SIMMONDSsche Krankheit 496.
Skatol 122.
— im Harn 123.
— im Sputum 639.
Skeletine 20.
Sklerodermie 312.

Sklerodermie, Melaninablagerung bei 139.
Skorbut 58, 60, 63, 399.
Somatoide Formen der Krystalle 605.
Sorbit 197.
Sorbose 233.
Spaltung optisch-aktiver Substrate, Untersuchung der 286.
— oxydative 205.
Spasmophile Zustände bei Urämie 622.
Spastischer Harn 487.
Speichel, Chemie 446.
Speicheldrüsensteine 608.
Speichellipase 286.
Speichelreaktion 447.
Speisesalze, Jodgehalt der 131.
Spezifisch-dynamische Eiweißwirkung 39, 270.
— Wirkung und Ernährungszustand 47.
— — Ausbleiben der — — bei Hunger 69.
— — und Hypophyse 47.
— — bei hypophysären Ausfallerscheinungen 497.
— — und Magenentleerung 47.
— der Nahrung 45.
— sekundäre 311.
— — Steigerung durch verschiedene Stoffe 46, 47.
— — bei Typhus 73.
Sphärolithen, Harnsäure in Form von 180.
Sphingosin 305.
Spirochaeta icterohämoglobinurica 387.
Spirochäteninfektion 438.
Spontane Tetanie 624.
Sprue 476.
— und Anämia gravis 370.
— Tetanie bei 622.
Sputum 638.
— anorganische Bestandteile 640.
— organische Bestandteile 639.
— hämorrhagisches, Oxalatkrystalle im 156.
— spezifisches Gewicht 638.
Sputumreaktion 638.
Stabilität der kolloiden Lösung 25.

Stärke 211.
Stalagmometer 23.
Stauungsicterus, direkte Diazoreaktion bei 424.
Stauungsleber, vermehrte Urobilinausscheidung bei 429.
Stearinsäure 285.
Steinbildung 586.
— entzündliche (bakterielle) und nicht entzündliche 601.
— experimentelle 600.
— primäre 598, 601.
— bei Vitamin-A-freier Kost 589, 596.
Steinkernbildung in der Harnblase 598, 601.
Steinkerne, Entstehung der 601.
— in der Gallenblase 590.
Steinlösung 600.
Steinzertrümmerung 600.
Stercobilinausscheidung 364.
Stereokinasen 216.
Sterin 62.
— des Kotes 431.
Sterine 297.
Stickstoff, Gesamtretention des 517.
— nicht koagulabler, im Blut, bei Vergiftungen 71.
— Verteilung des retinierten, in Blut und Geweben 517.
Stickstoffansatz 35.
Stickstoffbedarf 54.
Stickstoffbilanz, negative, bei akuter BASEDOWscher Krankheit 127.
— negative, bei Ileus 476.
Stickstofferhöhung bei Fieber, Eiweißzerfall und Vergiftungen 517.
Stickstofffreie Körper aromatischer oder heterocyclischer Konstitution 523.
Stickstoffgehalt des Speichels 446.
Stickstoffgleichgewicht 35, 53.
Stickstoffminimum 35.
Stickstoffreaktionen 74.
Stickstoffretention im Blut 517.

Stickstoffverlust durch das Sputum 640.
Stoffumsatzerhöhung bei Basedowscher Krankheit 127.
Stoffumsatzherabsetzung bei Myxödem 127.
Stoffwechsel des Bindegewebes 157.
— bei Blutkrankheiten 372.
— endogener 40.
— Jodeinfluß auf den 133.
— respiratorischer 40.
— im Winterschlaf 325.
Stoffwechselreize: Arbeit u. Nahrung 45.
Stoffwechselsteigerung durch Muskelarbeit 44.
Stoffwechselvorgänge, zentrale Regulation der 73.
Streptothrixinfektion 72.
Strophantin 214.
Strychnin, glykosurische Wirkung 245.
Stundenversuch bei Probenahrung 448.
Subacidität des Magensaftes 456.
Subsplenismus 366.
Substratfermentkette 32.
Sulfanilsäure 152.
Sulfhydrylgruppe 206.
— des Cysteins 203.
β-Sulfhydrylpropionsäure 2.
Sulfonal, Porphyrinurie nach 409.
Superacidität 455.
Superinkretion des Pankreas 225.
Superinsulinarismus 315.
Superinsulinisierung 225.
Supersecretio pancreatica 470.
Supersekretion des Magensaftes 455.
Supersplenismus 366.
Suprarenin 117.
Suspensionskolloide oder Suspensoide 22, 27.
Suspensoid 27.
Sympathicuserregbarkeitsteigerung durch Blutserum Nierenkranker 573.
Sympathicusreizung und Änderung der Harnzusammensetzung 485.

Sympektothion 109.
Synthese von arteigenem Eiweiß aus Aminosäuregemisch 36.
Synthese, oxydative 139.
Synthesen durch Fermente 31.

Tabes, Liquor cerebrospinalis bei 633.
Tätigkeitssubstanzen des Muskels 229.
Talgdrüsen, Fettbildung der 292.
Taumellähmung bei Katzen nach Kalksalzinjektion 610.
Taurin 55, 87, 105.
Taurocholsäure 300.
Tautomerie 321.
— der Harnsäure 174.
Teichmannsche Krystalle 321.
Teilchenvolumen und Viscosität 24.
Teilfunktionen der Leber 428.
Tellurmethyl 81.
Tellurverbindungen, Methylierung von — im Tierkörper 436.
Tetanie 461, 621.
— durch Guanidin 92.
— bei Sprue 476.
— bei Unterernährung 68.
— Vermehrung der Guanidinausscheidung bei 92.
Tetrahydro-β-Naphthylamin, Kreatinvermehrung nach Vergiftung mit 90.
Tetramethylendiamin 107, 437.
Tetraoxyaminokapronsäure 149.
Tetrapeptide 7.
Tetrosen 193.
Texasfieber 387.
— der Rinder 388.
Theacylonvergiftung 438.
Theorie der biologischen Oxydation (H. Wieland) 203.
Thiasin 109.
Thioäthylamin 105.
Thiosinamin, Porphyrinurie durch 410.

Thormaehlensche Reaktion 143.
Thrombasthenie 397.
Thrombenbildungen 23.
Thrombocyten 397.
Thrombogen 391.
Thrombokinase 391.
Thrombopenie 400.
Thrombophlebitis, Bluteiweißbild bei 396.
Thromboplastische Substanzen 393.
Thrombose 395.
Thymin 162.
Thymushypoplasie bei eisenarmer Ernährung 377.
Thyreoglobulin, ein spezifisches Präcipitin 135.
Thyreoidektomie, Herabsetzung der Kreatin- und Kreatininausscheidung nach 86.
Thyroxin 126, 130.
Titrationsacidität 33.
— des Harns 358.
Toluhydrochinon 115.
Toluylendiamin 368.
— Anämie durch 369.
Tonus 89.
Totenstarre und Kreatin 90.
Toxin bei Darmverschluß 476.
Transsudat aus den Blutcapillaren 550.
Transsudate 629.
— Milchsäuregehalt der 630.
Traubenzucker in Ergüssen 630.
Triamylosen 212.
Triglycerid 284.
Trihexosan 212.
Triindylmethanfarbstoff 124.
γ-Trimethylaminobuttersäure 82.
Trimethyloxäthylammoniumhydroxyd 436.
γ-Trimethyl-α-oxybutyrobetain 437.
Triolein 284.
Triosen 193, 197.
Trioxybenzol 138.
Trioxycholansäure 300.
Trioxypurin 165.
Tripalmitin 284.

Tripeptide 7.
Triphenylmethane 124.
Tristearin 284.
TROMMERsche Probe 195.
Trypsin 30, 31, 33, 34, 467.
Trypsinogen 30, 31.
Tryptase 34.
Tryptophan 4, 34, 53, 54, 120, 139, 141, 143, 333.
— bei Cystinurie 106.
Tryptophangehalt der Proteine 6, 240.
Tuberkuloseharn, Azofarbstoff in 153.
Tuberkulosesterblichkeit 60.
Tumoren, bösartige, und Eiweißabbau 71.
Tumoren, xanthomatöse 304.
Tumorkachexie, Zunahme des Glutathiongehaltes bei 104.
Typhus, Abnahme der spezifisch-dynamischen Wirkung bei 73.
— abdominalis, vermehrte Oxalsäureausscheidung bei 156.
Tyramin, Grundumsatzsteigerung durch 46.
— Erhöhung der spezifisch-dynamischen Wirkung durch 313.
l-Tyrosin 4, 6, 53, 77, 79, 113, 137, 141, 153.
— als Acetessigsäurebildner 324.
— im Blut 438.
— im Harn bei Leberatrophie 434.
— im Sputum 639.
Tyrosinase 137, 141.
Tyrosinumwandlung, vitale 206.

Überempfindlichkeitsreaktionen 190.
Übererregbarkeit, neuromuskuläre 354.
Überhitzung, Organverfettung nach 291.
Überventilation 354, 621.
— Blutammoniakvermehrung nach 97.
— und Tetanie 621.
— zentrogene 352.

Ulcus duodeni, Bilirubinämie bei 424.
— trypticum durch duodenalen Rückfluß 462.
— ventriculi et duodeni 455, 462.
Ultrafiltration 480, 483.
— des Serums von Nierenkranken 521.
Ultraviolettbestrahlung und antirachitisches Vitamin 61.
Umsatzmessungsmethoden, gasanalytische und kalorimetrische 41.
Umsatzsenkung unter den Nüchternwert nach Abklingen der spezifisch-dynamischen Wirkung 46.
Umsatzsteigerung durch isolierte Aminosäuren 46.
— durch endokrine Drüsentätigkeit 47.
— durch Nahrung 45, 311.
Umsatzverminderung bei Diabetes mellitus 271.
Unterernährung 66, 313.
— Anpassung an die 272.
— Epithelkörperchenveränderungen bei 622.
Unterernährungsfolgen 66.
Unterernährungszustand, Störungen im neuroendokrinen System beim 68.
Unterleibstyphus, Porphyrinurie bei 410.
Uracil 162.
Urämie 571 ff.
— akute oder eklamptische Form der 571.
— alveolare Kohlensäurespannung bei 520.
— asthenische (Nierensiechtum) 571.
— echte chronische 571.
— latente 533.
— Mischformen 571.
— psychotische 571.
Uramidosäuren 101.
Uran, glykosurische Wirkung des 245.
Uratablagerung in den Geweben 187.
Uratausscheidung durch Galle und Darmsaft 169.
Urate, Haftfähigkeit der Gewebe für 166.

Uratische Ablagerung und Hyperurikämie bei Gicht 186, 187.
Uratkrystalle, Form der 188.
Uratohistechie 184.
Uratsteine 599.
Ureide 161.
Uricolyse 167, 168.
Urikolytisches Ferment 166.
Urobilin 417, 428.
— und Urobilinogen im Harn bei Kälteeinwirkung 386.
— und Urobilinogen in der Galle 433.
Urobilinausscheidung, vermehrte, bei Krankheiten 429.
— bei Pentosurie 283.
— vermehrte, durch Hämolyse 368.
Urobilinogen 417, 428.
— im Harn 143, 153.
Urobilinogenresorption im Darm 430.
Urobilinreaktion des porphyrinhaltigen Harnes 405.
Urobilinurie, physiologische 429.
Urochrom 153, 414.
— kolloidaler Zustand des 575.
Urochromogen 153.
Urochromogenreaktion 74, 153.
Uroerythrin 386.
Uroflavin 154.
Urolithiasis und Gicht 597.
Uroporphyrin 404.
Uroporphyrin-Kupfersalz in den Federn des Turacus 405.
Urorosein 124.
Uroroseinreaktion, diagnostische Verwertung der 124.
Urosteatolithen 599.

n-Valeriansäure, Zucker- bzw. Glykogenbildung aus 239.
d-Valin 2, 80.
Vanilin 138.
Vasodilatin POPIELSKI 84.

Vasomotorische Störungen bei Hämoglobinurie 385.
Venendruck 550.
Venöse Stauung in der Niere 536.
Veratrin, Kreatinbildung durch 89.
Verbrühungen, Methylguanidin im Harn bei 93.
Verdauung, Aminosäurenanstieg im Blut bei der 35.
Verdauungsalbuminurie 534.
Verdauungsalbumosämie 35.
Verdauungskanal, Eiweißfermente des 33.
Verdauungslipämie 306.
Verdauungstraktus 446 ff.
Verdünnungsarbeit der Niere 479, 480.
Verdünnungsbreite 490.
Verdünnungsreaktion 506.
Vergiftungen, Blutharnsäuresteigerung bei 173.
— Leberverfettung bei 291.
— toxogener Eiweißzerfall bei 70.
Vergiftungserscheinungen bei Hunden mit Eckscher Fistel nach Fleichfütterung 435.
Verkäsung 22.
Verkalkung, metastatische 614, 616.
— physiologische und pathologische 613.
Viscosität des Blutplasmas 14.
— und Erythrocytenzahl 24.
— des Liquor cerebrospinalis 637.
Viscosität der Lösungen 23.
— der Proteine 560.
— reduzierte 24.
Vitalgranulierte Zellen, Auszählung der 364.
Vitamin, antixerophthalmisches 60.
— B 83.
— D, antirachitisches 61.
— fettlösliches 61.
Vitamine 56, 57, 59.
Vitellin 54.
Vogelfedern, Porphyrine in 401.
Volumenzunahme der Erythrocyten 24.

Vorrateiweiß 38, 39, 74.
Voraussagetafeln von Benedict 43.

Wachstum, krankhaftes, maligner Geschwülste 68.
— physiologisches und pathologisches 75.
Wachstumsstoff 57.
Wachstumssubstanz 58.
Wachszylinder 542, 543.
Wärmeabgabe 41.
Wärmebildung 43.
Wärmeproduktion bei Schüttelfrost 71.
Wärmestarre und Kreatin 90.
Wasserausscheidungsprozeß der Niere 557.
Wasserbewegung 25.
Wasserbindung des Protoplasmas, pathologische 549.
Wasserdiurese 506.
Wassergehalt der Organe 545.
Wasserhaushalt bei Diabetes mellitus 274.
— Einfluß der Leber auf den 442.
Wasserhaushaltstörungen bei Unterernährung 68.
Wassermann-Amboceptor u. Kälteamboceptor 386.
Wassermannsche Reaktion 368.
Wasserretention bei Anurie 533.
— durch Insulin 254.
— bei Insulinbehandlung des Diabetes mellitus 276.
Wasserstoffionen des Blutes bei Nierenkrankheiten 520.
Wasserstoffacceptor 204.
Wasserstoffaktivierung 203.
Wasserstoffexponent 347.
Wasserstoffion als Aktivator 33.
Wasserstoffion des Magensaftes 447.
Wasserstoffionenkonzentration 347.
— der Exsudate 629.
— und Fermentwirkung 31.
— des Magensaftes 450.

Wasserstoffzahl des Blutes 349.
— bei Doppelbindungen der Fette 285.
Wasserströmung in die Gewebe und Organe 547.
Wasserverarmung beim Altern 546.
Wasserversuch 505, 506.
— bei Leberkranken 442.
— bei Myxödem 129.
Wasserverteilung nach Wasserzufuhr 546.
Weilsche Krankheit, direkte Diazoreaktion bei 424.
Widalsche Reaktion 25.
Wilsonsche Krankheit 499.
Winterschlaf, Senkung des respiratorischen Quotienten im 42.
Wundshock 190.

Xanthin 162.
Xanthochromie des Liquor cerebrospinalis 637.
Xanthom, Cholesterinanhäufung im 303.
Xanthoma diabeticum multiplex 304.
Xanthomatosis, allgemeine 304.
Xantophyllin 59.
Xanthoproteinreaktion 6.
Xerophthalmie 60.
Xylose 193, 293.

Zähne, Magnesiumgehalt der 618.
Zahnstein 608.
Zein 53, 54.
Zellatmung 201.
Zelleinschluß-Eiweiß 38, 74.
Zell- und Vorratseiweiß 51.
Zellhämin 338.
Zellprodukte, spezifische Bildung aus Eiweiß 51.
Zellprotoplasma, Kolloidstrukturstörungen des 22.
Zellverfettung 291.
Zellzerfallsteigerung u. vermehrte Harnsäureausscheidung 171.
Zentrale Regulation der Stoffwechselvorgänge 73.
Zentralnervensystem, Ammoniakbildung im 97.

Zibeton 301.
Zirbeldrüse 317.
Zirbeldrüsentumor 317.
Zirkulierendes Eiweiß 36, 38, 74.
Zoosterine 297.
Zucker 161.
— gebundener, des Blutes 219.
— intrarenale (intracellulare) Sekretion des 277.
— reaktionsfähige Form des 221.
Zuckerabbau 229.
— und Glykogenbildung 263.
— aus Alkoholen, Aldehyden, Fettsäuren und Aminosäuren 239.

Zuckerbildung aus Eiweiß 234.
— aus Fett 241.
— aus Fettsäuren 206.
Zuckereinführung, rectale 215.
Zuckerempfindlichkeit der Niere 277.
Zuckergärung durch Hefe 221.
Zuckergehalt des Blutes in verschiedenen Gefäßgebieten 219.
— des Chylus 215.
— des Liquor cerebrospinalis 635.
Zuckerphosphorsäure 162.
Zuckerreaktionen im klinischen Laboratorium 194.

Zuckerspeicherung 215.
Zuckerstich 247.
Zuckerstoffwechsel, Einfluß des Nervensystems auf den 264.
Zuckerverbrauch überlebender Zellen und Gewebe 258.
Zuckerzufuhr, Blutzuckerkurve nach 225.
Zustand, kolloidaler 21.
Zwangspolyurie 528, 529.
Zylinder, granulierte 542.
— hyaline 542.
Zylindroide 543.
Zymase 197.
Zymoplastische (thromboplastische) Substanzen 392.